어서와, 전기공사산업기사 준비는 처음이지?

전기공사산업기사 수험생을 위한
5가지 특별한 선물

기술사 교수진 집필 핵심요약집 무료 제공
→ 시험에 반드시 나오는 핵심만을 담은 필독서!

최근 1개년 기출문제 해설특강 무료
→ 과목별 최신 출제 트렌드 및 해설 제공

기초/입문강의 무료수강
→ 전기 기초강의 21강, 전기 입문강의 18강, 강의 교재 무료!

배울학 전 패키지 10% 할인쿠폰
→ 전기공사산업기사 전 패키지 10% 할인쿠폰 제공!

배울학 사이버머니 5천원 제공
→ 배울학에서 현금처럼 사용가능한 사이버머니 5,000원 즉시 지급

 QR코드를 통해 혜택을 확인하세요

* 제공 서비스는 변동될 수 있습니다.

배울학 전기공사산업기사

배울학 전기공사산업기사 시작하기

1. 배울학 사이트 접속
주소창에 직접 입력하기 : http://electric.baeulhak.com
네이버 검색창에 검색하기 : 「배울학 전기기사」 검색

2. 회원가입 및 로그인
❶ 「회원가입」 클릭 후 회원가입을 하고
❷ 「로그인」을 통해 로그인

3. 수강신청
❸ 「수강신청」 클릭 후 학습하고자 하는 패키지 및 강의 선택 후 수강신청

4. 강의수강
수강신청하신 강의를 ❹ 「나의강의실」에서 수강

· 배울학 커리큘럼 확인하기

〈 필기 〉

입문이론	기본이론	핵심요약	예상문제	기출문제	실전동형모의고사
본격 시작에 앞선 과목 전체 프리뷰	합격에 다가서는 이론 완성	시험에 나오는 핵심만 압축정리	시험에 나올 문제들로만 엄선	과년도 문제로 실전감각 완성	Final 마무리 완성

※ 제공되는 커리큘럼은 패키지별로 상이할 수 있습니다.

배울학 전기공사산업기사

기출 3회독 점수 체크리스트

1. 기출문제를 풀고 난 후, 과목별 점수를 기록하세요.
2. 점수 체크리스트에 회독별 점수를 기록하여 변화하는 점수를 확인하세요.

항목		2011			2012			2013			2014			2015			2016			2017			2018			2019			2020	
		1회	2회	4회	1회	2회	4회	1회	2회	4회	1회	2회	4회	1회	2회	4회	1회	2회	4회	1회	2회	4회	1회	2회	4회	1회	2회	4회	1,2회	3회
전기응용	1회독																													
	2회독																													
	3회독																													
전력공학	1회독																													
	2회독																													
	3회독																													
전기기기	1회독																													
	2회독																													
	3회독																													
회로이론	1회독																													
	2회독																													
	3회독																													
전기설비기술기준	1회독																													
	2회독																													
	3회독																													

배울학 전기공사산업기사

책의 특징

① 최근 10개년 기출문제

- 최근 10개년의 기출문제를 통해 최근 출제경향을 알 수 있고, 실전 감각을 기를 수 있다.
- **기술사** 및 **공학박사**의 30년 경력 노하우가 집약된 해설을 통해 신유형 문제를 완벽하게 대비할 수 있다.

② 자세한 해설 수록

- 문제를 푼 후 바로 해설을 통해 정확하게 이해할 수 있다.
- **기술사**와 **공학박사**가 직접 집필한 각 문제에 대한 자세한 해설을 통해 문제 해결력을 높일 수 있다.

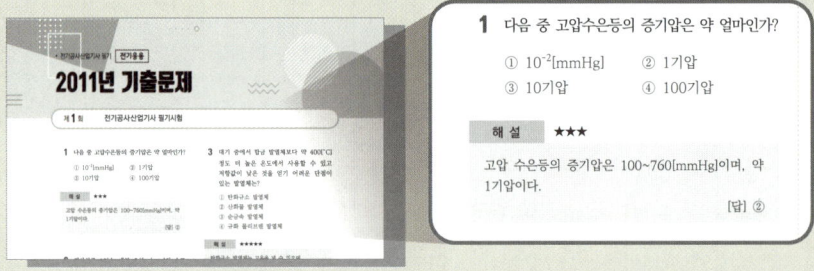

③ 과목별 학습방법 제시

전기 최고권위인 기술사, 공학박사가 제시한 과목별 학습방법을 통해 효과적인 학습 계획을 세울 수 있다.

· 효율적인 학습전략
· 과목별 최소 득점 및 목표 득점
· 체계적인 계획 수립 가능

④ 5단계 중요도 표시

- 각 문제마다 출제된 비율에 따라 중요도를 5단계로 파악하여 별(★)로 표시하였다.
- 중요도를 활용하여 효율적인 학습이 가능하다.

★	출제 빈도가 낮고 중요도 역시 낮은 문제
★★	출제 빈도가 있어 인지해야 하는 문제
★★★	자주 출제되는 기본적인 내용의 문제
★★★★	관련 내용을 이해하고 암기해야 하는 문제
★★★★★	출제 빈도가 매우 높은 문제로 반드시 숙지해야 하는 문제

⑤ 출제 경향 분석

- 교재에 수록된 모든 문제에 대한 분석을 하였다. (최근 10개년 : 2011~2020년도)
- 모든 과목에 대한 회차별 출제 횟수를 한 눈에 파악할 수 있다.
- 이를 바탕으로 각 항목별 빈출 및 중요도를 파악하여 효율적으로 학습할 수 있다.

⑥ 한국전기설비규정(KEC) 주요사항 요약

- 2021년부터 시행된 새로운 한국전기설비규정의 주요 변경사항을 확인할 수 있다.

  * 전기설비기술기준 및 판단기준과 한국전기설비규정(KEC)의 다른 점에 대한 주요내용입니다.

배울학 전기공사산업기사
과목별 학습방법

기술사, 공학박사가 알려주는 전기공사산업기사 학습방법

- **전기응용**

  자격시험은 각 과목별로 40점 이상, 전체 과목 평균 60점 이상이면 합격합니다. 따라서 학교공부와는 학습방법이 다릅니다. 수학능력, 전공 여부와 관계없이 시험 응시자격이 있으면 공부하여 합격할 수 있는 시험입니다. 각자의 능력에 따라서 학습시간은 땅에서 하늘까지입니다. 시험문제의 90% 이상은 각 과목의 기본이론 범위 내에서 출제됩니다. 기출문제를 공부하는 경우라 할지라도 기본서의 각 장별 기본 이론을 70% 정도 정리하고 암기해야만 문제풀이 및 문제의 해설을 이해할 수 있습니다.

  - 각 장별로 주요 이론을 학습한 후 문제풀이에 임해야 한다.
  - 기본이론을 공부할 때 만든 자신만의 노트 또는 핵심 이론 요약집을 활용한다.
    예) 용어의 정의 / 공식 및 계산식 적용 방법 / 유사점과 차이점이 있는 경우 등…
  - 기출문제 중 매회차 반복되는 문제, 즉 출제 빈도가 높은 문제는 별 표시를 하고 정확하게 반복한다.
  - 회차별로 스스로 해결할 수 있는 문제를 우선적으로 풀어보고
    나머지 문제는 스스로 판단하여 답을 정한 후 아래 해설을 참고하여 확인하고 학습한다.
  - 반드시 20문제 전체를 반복하여 학습한다. 자격증 공부는 반복학습이 최선임을 다시 강조한다.
  - 전기공사산업기사는 고난이도 문제가 매 회 1~3문제 정도 포함되는데,
    이런 문제는 표시해 놓고 패스한다.
  - 특히 조명과 전열편의 문제가 매회 10문제 정도로 출제되며 그 비중이 크다.

- **전력공학**

  전력공학은 최근 5개년 정도 분량의 기출문제만 완벽하게 소화시키면 충분히 원하는 득점을 얻어낼 수 있는 과목입니다. 기출문제의 내용을 정확하게 파악하고 3회독 이상 반복하신다면 최소 70점 정도는 무난하게 득점하리라 생각됩니다. 전력공학은 기출문제의 내용이 반복적으로 출제되는 경향이 강한 과목이므로 가장 기본적인 문제부터 차근차근히 준비해 나간다면 큰 어려움 없이 학습하실 수 있습니다.

  특히 전력공학은 매회 3~4문제 정도는 난이도가 높은 문제로 출제되고 있는데, 처음부터 난이도가 높은 문제를 이해하려고 무리한 학습 계획을 세우면 오히려 전체적인 전력공학 학습에 지장을 줄 수도 있으므로, 처음 기출문제를 공부할 때에는 점수를 충분히 얻어낼 수 있는 무난한 문제들부터 접근해 나가는 것이 중요합니다. 이렇게 평이한 수준의 문제들 중심으로 5개년 정도의 기출문제를 최소 3회독 정도 공부하신다면 목표 점수를 달성할 수 있을 것입니다.

• 전기기기

전기기기는 기본 원리를 기반으로 선별적 암기가 필요한 과목입니다. 기존 기출문제와 더불어 이해 중심의 응용 문제들이 다양한 경향으로 출제되고 있으며, 전체 20문제 중 난이도 중하 8~10문제가 공략 포인트입니다. 따라서 효율적인 학습범위와 이론 강의의 집중공략 Item문제를 활용하여 수험생의 부담을 최대한 줄이는 것이 합격 전략입니다.

• 회로이론

회로이론은 매회 시험에서 수험생 모두 무난하게 점수를 득점할 수 있는 문제가 50% 정도 (전기기사 기준 : 5문제, 전기산업기사 기준 : 10문제) 꾸준하게 출제되고 있습니다. 그러므로 이렇게 난이도가 평이한 문제 위주로 먼저 학습하여 최소한의 점수 득점이 가능하도록 하여야 합니다.

그 후 기본이론을 응용한 출제 문제를 중심으로 공부하여 응용력을 높여야 합니다. 특히 회로이론은 올바른 풀이를 이해할 수 없을 정도의 난이도 높은 문제가 매회 반드시 1~2문제 정도 포함되어 있는데, 처음부터 이러한 유형의 문제들에 너무 집중하면 시간 낭비가 크기 때문에 전체적인 과목에 대한 진도나 학습 계획에 차질이 생길 수 있습니다. 그러므로 처음에는 시간이 너무 소요되는 복잡한 문제들은 후 순위로 계획하여 학습하는 전략을 잘 세워야 하겠습니다.

• 전기설비기술기준

본 수험서의 "Be a step ahead" 전략은 중요 조항 핵심 단어의 효율적인 암기를 통해 "기본점수 + α점수"를 추구하는 데 있습니다. 암기하지 못한다면, 머릿속에 남아있지 않았다면 출제경향, 출제 빈도, 난이도 등은 불필요한 것들입니다. 과목의 이해도 중요하지만 효율적인 암기가 필요한 과목입니다.

[Be a step ahead 학습방법]
– 첫 번째 스텝은 기출문제를 가볍게 풀어봅니다. 해설의 핵심 단어만 표시합니다.
– 두 번째 스텝은 기출문제를 반복하여 풀어봅니다. 해설의 핵심 단어를 문장과 함께 암기합니다.

본 수험서의 해설은 출제 빈도가 높은 조항의 문구, 핵심 단어를 반복적으로 표현함으로써 기출문제를 접할 때 수험자가 효율적이고 쉽게 조항을 암기할 수 있도록 암기 문장의 형식으로 구성하였습니다.

이 수험서를 통해 숨어있는 + α점수를 꼭 찾으시기 바랍니다.

• 효율적인 학습순서

회로이론 ➡ 전력공학 ➡ 전기기기 ➡ 전기응용 ➡ 전기설비기술기준

회로이론 과목은 전기의 바탕이 되는 과목으로,
필기 전 과목을 이해하는 데 도움을 주기 때문에 첫 과목으로 학습하는 것이 좋습니다.

배울학 전기공사산업기사

출제분석

· **전기공사산업기사** 필기 기출문제 분석표

항목		2011			2012			2013			2014			2015			2016			2017			2018			2019			2020		항목별 %
		1회	2회	4회	1회	2회	4회	1회	2회	4회	1회	2회	4회	1회	2회	4회	1회	2회	4회	1회	2회	4회	1회	2회	4회	1회	2회	4회	1,2회	3회	
전기응용	조명	6	6	6	5	5	8	4	6	6	6	1	4	7	6	3	6	5	4	6	5	4	5	6	5	5	6	5	5	5	25%
	전열	4	4	4	5	6	5	3	5	6	5	7	6	3	4	6	5	4	6	5	4	6	5	4	5	5	4	5	5	5	25%
	전동기	2	1	4	2	1	1	2	2	2	2	5	3	1	4	2	2	4	1	2	4	1	2	2	2	2	3	2	2	1	12%
	자동제어	4	4	3	3	3	2	5	3	2	4	3	2	4	2	2	4	3	4	4	3	4	4	4	4	4	4	4	4	4	18%
	전기화학	2	1	2	2	2	2	2	2	2	1	2	1	2	2	3	2	2	3	2	2	3	2	2	2	2	2	2	2	2	10%
	전기철도	2	4	1	3	3	2	4	2	2	2	2	4	2	2	4	1	2	2	1	2	2	2	2	2	2	1	2	2	3	11%
전력공학	송전선로	2	2	2	2	2	2	2	2	2	2	2	2	1	2	2	2	1	2	1	2	2	1	1	2	2	2	2	2	2	9%
	선로정수 및 코로나	3	3	2	3	3	2	3	3	2	2	1	2	2	2	1	1	2	2	1	2	2	1	2	2	2	3	2	2	1	10%
	송전특성 및 조상설비	3	3	3	3	3	3	3	3	3	1	1	3	1	1	3	1	2	1	1	3	1	1	2	1	1	1	2	1	1	10%
	중성점 접지방식과 유도장해	1	3	2	1	2	2	1	2	2	1	2	2	2	2	2	2	2	2	2	2	2	2	1	2	2	1	0	2	1	9%
	전력 계통의 안정도	0	1	2	0	1	1	1	1	1	2	2	1	1	2	1	2	2	1	2	2	1	3	2	2	1	1	2	2	2	7%
	고장 계산	1	1	2	1	1	2	1	1	2	2	3	2	1	2	1	3	2	2	1	2	2	1	2	2	1	2	2	2	3	9%
	이상 전압 및 개폐기	3	2	2	3	2	2	3	2	2	3	1	2	1	2	2	1	2	1	1	2	2	2	2	2	2	3	2	3	1	11%
	보호 계전기	0	1	1	1	1	1	1	1	1	2	2	1	3	2	1	2	2	1	2	3	1	2	2	1	1	3	1	2	2	8%
	배전 선로	4	3	3	4	3	3	4	3	3	3	4	3	3	4	3	3	4	3	3	5	3	3	5	3	5	3	3	3	4	17%
	수력 발전	1	1	0	2	1	1	0	1	1	0	1	1	2	0	1	1	1	0	1	1	1	1	2	1	0	2	0	0	1	4%
	화력 발전	2	0	1	0	1	1	1	1	1	1	1	1	1	2	1	0	3	1	1	1	1	1	0	0	3	0	1	1	1	5%
	원자력 발전	0	0	0	0	0	0	0	0	0	1	0	0	1	0	0	1	1	0	1	0	0	1	0	0	0	0	0	1	0	1%
	새로운 발전	0	0	0	0	0	0	0	0	0	0	1	0	0	0	0	0	0	0	0	0	0	0	0	0	0	0	1	0	0	0%
전기기기	직류기	5	5	4	5	5	4	4	5	3	6	4	4	3	3	4	5	4	4	5	6	4	3	5	7	2	4	5	2	2	22%
	동기기	4	3	4	4	2	6	4	4	5	4	3	4	3	3	5	4	5	4	4	2	4	5	3	3	5	4	4			19%
	변압기	5	5	4	5	6	4	5	4	3	3	5	4	5	4	4	4	4	5	4	4	5	5	4	4	5	4	5			22%
	유도기	4	4	5	3	4	5	5	5	7	3	4	6	6	7	5	5	5	5	4	3	4	7	4	4	3	6	5	4		24%
	정류기 (전력변환기)	1	3	0	4	2	2	1	2	2	1	2	2	2	2	0	2	3	2	1	2	2	2	2	3	2					9%
	특수회전기 (교류정류자기 및 제어용기기)	1	0	2	1	0	0	0	0	1	1	2	1	1	0	2	1	1	2	0	1	2	0	1	1	0	1	0	0		4%

항목		2011			2012			2013			2014			2015			2016			2017			2018			2019			2020		항목별 %
		1회	2회	4회	1회	2회	4회	1회	2회	4회	1회	2회	4회	1회	2회	4회	1회	2회	4회	1회	2회	4회	1회	2회	4회	1회	2회	4회	1,2회	3회	
회로이론	기초 회로 법칙	2	1	2	2	2	0	2	0	1	2	1	1	1	1	2	2	1	2	1	1	2	2	1	2	0	1	2	2	1	7%
	회로망 해석 기법	1	1	1	1	2	2	1	2	0	1	1	1	2	1	1	1	2	1	2	1	1	1	2	1	2	2	1	1	1	6%
	교류 전원	1	2	1	2	2	2	0	3	2	1	2	1	1	2	2	2	1	1	1	2	2	2	2	1	0	3	2	1	2	8%
	교류 기본 회로	1	1	2	1	1	1	2	0	1	1	1	2	1	1	2	1	1	2	1	1	2	1	1	2	1	1	1	0	1	6%
	유도 결합 회로	1	1	2	1	1	0	0	1	0	1	1	1	2	1	2	1	1	1	1	2	1	1	1	0	1	0	1	1	1	5%
	교류 전력	1	1	2	1	2	0	0	0	2	1	1	1	1	1	1	2	1	2	0	1	1	2	1	1	0	0	1	1	1	5%
	3상 교류	1	2	2	1	2	1	5	5	6	1	2	1	1	1	1	1	2	1	2	1	2	1	2	2	1	5	5	1	2	11%
	비정현파 교류	2	2	2	2	2	2	2	1	0	2	1	2	2	1	2	2	2	1	1	3	2	2	2	1	2	1	2	2	2	9%
	2단자 회로망	1	2	1	1	1	0	1	0	1	1	1	1	1	2	1	1	1	2	1	1	2	1	1	1	1	0	1	0	2	6%
	4단자 회로망	2	2	1	2	1	2	2	2	2	2	2	2	2	2	2	1	2	1	1	1	3	1	2	2	2	2	1	2	2	9%
	분포 정수 회로	2	1	1	1	3	0	0	0	2	1	2	1	1	1	1	1	1	1	2	2	1	2	1	1	0	0	0	2	1	6%
	과도 현상	1	1	1	2	1	3	3	2	2	1	1	1	1	1	2	1	1	2	1	2	1	0	2	0	1	0	3	2	1	8%
	라플라스 변환	2	2	1	1	1	2	2	3	2	2	1	1	2	2	1	1	1	2	1	1	2	1	1	2	2	2	3	2	2	9%
	전달 함수	2	1	2	1	1	1	2	2	1	2	1	2	1	2	1	2	2	2	1	1	2	2	2	2	1	1	0	2	1	7%
전기설비 기술기준	공통사항	2	1	7	2	3	3	3	4	0	2	1	6	3	5	3	5	3	4	1	2	2	1	2	3	2	3	3	4	5	2	3	14%
	저압전기설비	0	0	0	0	0	3	0	1	0	0	0	0	1	0	1	1	2	1	0	3	0	0	3	2	0	0	1	0	0	3%
	고압, 특고압 전기설비	1	2	1	1	1	0	2	3	1	3	0	0	3	1	1	2	3	2	2	2	0	1	2	0	1	1	3	7%
	전선로	9	9	4	11	8	8	6	9	8	11	8	7	8	6	9	8	7	7	6	8	6	5	6	8	8	7	38%
	전력보안통신설비	0	0	1	0	1	1	0	2	0	1	0	0	0	0	0	1	3	1	1	1	1	1	1	1	4%
	배선 및 조명설비	4	4	4	3	3	3	5	3	2	1	3	3	3	5	2	4	5	2	5	0	5	4	4	2	3	2	3	1	3	16%
	특수설비	1	1	1	1	1	0	1	0	1	1	1	2	1	3	1	1	1	1	1	0	4	2	1	0	4	2	0	0	4	2	7%
	기계·기구 시설 및 옥내배선	3	2	1	2	1	2	1	3	2	2	1	1	0	2	1	0	2	0	2	0	1	2	1	2	3	0	2	0	7%
	전기철도설비	0	1	1	1	0	0	2	0	1	1	1	0	1	0	0	0	0	0	0	1	1	1	1	0	0	2	1	1	3%
	분산형전원 설비	0	0	0	0	1	0	0	0	0	0	0	1	0	0	0	0	1	1	0	0	0	0	0	0	0	0	0	1%

배울학 전기공사산업기사
시험 안내

■ 원서접수 안내
- 시행처 : 한국산업인력공단
- 큐넷(http://www.q-net.or.kr) 사이트를 통해 원서접수

■ 전기공사산업기사 응시자격
· 동일(유사)분야 산업기사
· 동일종목 외국자격 취득자
· 산업기사수준 훈련과정 이수
· 기능사 + 1년
· 관련학과 전문대졸(졸업예정자)
· 실무 경력 2년 (동일, 유사 분야)

■ 시험과목
① 전기응용   ② 전력공학   ③ 전기기기
④ 회로이론   ⑤ 전기설비기술기준

■ 검정방법
CBT 시험으로 진행
- 객관식 4지 택일, 과목당 20문항(과목당 30분)
- 100점을 만점으로 하여 과목당 40점 이상, 전과목 평균 60점 이상

• CBT(Computer Based Test) 시험이란?
CBT란, 컴퓨터를 통해 문제은행 방식으로 자동 출제된 문제를 푼 뒤 답안을 제출하여 즉시 그 결과를 알 수 있는 시험 방식입니다.

Q. CBT 시험 응시절차가 궁금합니다.
A. ① 시험 전 : 좌석번호 확인 → 신분 확인 → 시험 안내사항 확인
   ② 시험 시작 : 「시험 준비 완료」 버튼 클릭 → 「답안 표기란」에 각 문제 답 체크 → 「답안 제출」 버튼 클릭
   ③ 시험 끝 : 답안제출 → 취득 점수와 합격여부 확인

Q. 풀이용 연습장을 제공해주나요?
A. 네, 개인지참 연습장 등은 사용이 불가하지만 별도의 문제풀이용 연습지를 제공해드립니다. (단, 개인별 제공받은 연습지는 퇴실 시 반드시 반납하여야 합니다.)

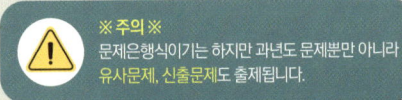
※주의※
문제은행식이기는 하지만 과년도 문제뿐만 아니라 유사문제, 신출문제도 출제됩니다.

■ **취업**
- 한국전력공사를 비롯한 전기공사업체, 발전소, 변전소, 설계회사, 감리회사, 조명공사 업체, 변압기, 발전기, 전동기 수리업체 등 전기가 쓰이는 모든 전기공사시공업체에 취업이 가능
- 일부는 전기공사업체를 자영하거나 전기직 공무원으로 진출하기도 함

■ **가산점**
· 6급 이하 및 기술공무원 채용 시험
· 공업직렬의 전기, 항공우주 직류와 해양수산직렬의 해양교통시설 직류에서 채용계급이 8·9급, 기능직 기능8급 이하일 경우에는 5%, 6·7급, 기능직 기능7급 이상일 경우에는 3% 가산점 부여 (다만, 가산 특전은 매 과목 4할 이상 득점자에게만, 필기시험 시행 전일까지 취득한 자격증)
· 한국산업인력공단 일반직 5급 채용 시 필기시험 만점의 5% 가산
· 경찰공무원 채용 시험

* 혜택사항은 기업 내규에 의해 변경될 수 있습니다.

■ **우대**
· 국가기술자격법에 의해 공공기관 및 일반기업 채용 시 그리고 보수, 승진, 전보, 신분보장 등

한국전기설비규정(KEC) 주요 변경사항

한국전기설비규정 제·개정 주요사항

■ 한국전기설비규정 제·개정

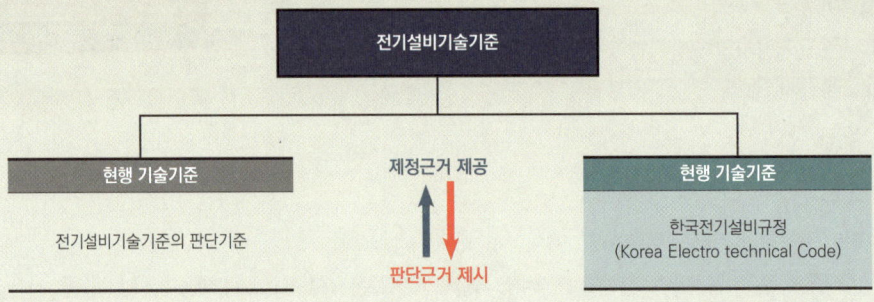

■ 저압범위 확대(KEC 111.1)

전압구분	현행 기술기준	KEC
저압	교류 : 600[V] 이하 직류 : 750[V] 이하	교류 : 1,000[V] 이하 직류 : 1,500[V] 이하
고압	교류 및 직류 : 7[kV]	(현행과 같음)
특고압	(상한 없음)	(현행과 같음)

■ 전선식별법 국제표준화(KEC 121.2)

전선구분	현행 기술기준	KEC 식별색상
상선(L1)	-	갈색
상선(L2)	-	흑색
상선(L3)	-	회색
중성선(N)	-	청색
접지/보호도체(PE)	녹색 또는 녹황교차	녹황교차

■ 개소별 시설조건을 고려한 배선 선정(KEC 232.5)

배선구분 (차단기정격)	현행 배선 선정방식		KEC 배선 선정방식
	차단기정격기반	허용전류	
15[A]	연동선 2.5[mm^2]	KS C IEC 60364 -5-52 "부속서 B" 에 의한 선종별 굵기 선정	[현행 허용전류방식(KS C IEC 60364-5-52 "부속서 B"에 의한 선정)에 의한 것과 같음]
20[A]	연동선 4.0[mm^2]		
30[A]	연동선 6.0[mm^2]		
40[A]	연동선 10.0[mm^2]		
50[A]	연동선 16.0[mm^2]		

■ 종별 접지설계 방식 폐지(KEC 140)

접지대상	현행 접지방식	KEC 접지방식
(특)고압설비	1종 : 접지저항 10[Ω]	• 계통접지 : TN, TT, IT 계통 • 보호접지 : 등전위본딩 등 • 피뢰시스템접지
600[V] 이하 설비	특3종 : 접지저항 10[Ω]	
400[V] 이하 설비	3종 : 접지저항 100[Ω]	
변압기	2종 : (계산요함)	"변압기 중성점 접지"로 명칭 변경

접지대상	현행 접지도체 최소단면적	KEC 접지/보호도체 최소단면적
(특)고압설비	1종 : 6.0[mm^2] 이상	상도체 단면적 $S([mm^2])$에 따라 선정* • $\quad\quad S \leq 16 : S$ • $16 < S \leq 35 : 16$ • $35 < S \quad\quad : S/2$ 또는 차단시간 5초 이하의 경우 • $S = \sqrt{I^2 t}/k$
600[V] 이하 설비	특3종 : 2.5[mm^2] 이상	
400[V] 이하 설비	3종 : 2.5[mm^2] 이상	
변압기	2종 : 16.0[mm^2] 이상	

* 접지도체와 상도체의 재질이 같은 경우로서, 다른 경우에는 재질 보정계수(k_1/k_2)를 곱함

■ 과전류보호장치 선정방식의 국제표준화(KEC 212)

구분	현행 배선 선정방식	KEC 배선 선정방식
과전류 보호장치 정격전류	[과부하보호] • 전등·전열회로 : I_z 이하 • 코드, 전등기구용심선 등 전로 : 15[A] 또는 20[A] • 정격 50[A] 초과 기계기구 전로 : 기계기구 정격의 1.3배 이하 • 전동기 등만의 전로 : 2.5 I_z 이하	[과부하보호] • 정격전류 선정 시 고려사항 – 부하의 설계전류　– 전선의 과부하 보호점 – 전동기 기동전류
	[단락보호] (정격 선정 관련 별도규정 없음)	[단락보호] • 단락보호장치 선정 시 고려사항 – 전선 허용온도 도달시간 [단시간사고, $t = (kS/I)^2$ 등] – 전동기 돌입전류 유형 – 회로의 최대고장전류
과전류 보호장치 설치위치 (분기점기준)	• 3[m] 이내 : 설치 원칙 • 8[m] 이내 : $I_{z2} \geq 0.35\ I_{nP1}$ • 제한 없음 : $I_{z2} \geq 0.55\ I_{nP1}$	• 분 기 점 : 설치 원칙 • 3[m] 이내 : 감전·화재보호 전제 • 제한 없음 : P_1로 P_2 전단 단락보호

* I_{zN} : 도체 N의 허용전류, I_{nPN} : 보호장치(PN)의 정격전류

배울학 전기공사산업기사

목차

전기응용

- 2011년 1회 ·················· 18
- 2011년 2회 ·················· 22
- 2011년 4회 ·················· 26

- 2012년 1회 ·················· 30
- 2012년 2회 ·················· 35
- 2012년 4회 ·················· 39

- 2013년 1회 ·················· 43
- 2013년 2회 ·················· 47
- 2013년 4회 ·················· 52

- 2014년 1회 ·················· 56
- 2014년 2회 ·················· 61
- 2014년 4회 ·················· 65

- 2015년 1회 ·················· 69
- 2015년 2회 ·················· 73
- 2015년 4회 ·················· 77

- 2016년 1회 ·················· 81
- 2016년 2회 ·················· 86
- 2016년 4회 ·················· 90

- 2017년 1회 ·················· 94
- 2017년 2회 ·················· 99
- 2017년 4회 ·················· 103

- 2018년 1회 ·················· 107
- 2018년 2회 ·················· 111
- 2018년 4회 ·················· 115

- 2019년 1회 ·················· 119
- 2019년 2회 ·················· 124
- 2019년 4회 ·················· 128

- 2020년 1, 2회 통합 ·········· 133
- 2020년 3회 ·················· 138

전력공학

- 2011년 1회 ·················· 144
- 2011년 2회 ·················· 150
- 2011년 4회 ·················· 155

- 2012년 1회 ·················· 160
- 2012년 2회 ·················· 165
- 2012년 4회 ·················· 170

- 2013년 1회 ·················· 175
- 2013년 2회 ·················· 181
- 2013년 4회 ·················· 186

- 2014년 1회 ·················· 192
- 2014년 2회 ·················· 197
- 2014년 4회 ·················· 201

- 2015년 1회 ·················· 206
- 2015년 2회 ·················· 212
- 2015년 4회 ·················· 218

- 2016년 1회 ·················· 223
- 2016년 2회 ·················· 227
- 2016년 4회 ·················· 233

- 2017년 1회 ·················· 238
- 2017년 2회 ·················· 242
- 2017년 4회 ·················· 246

- 2018년 1회 ·················· 251
- 2018년 2회 ·················· 256
- 2018년 4회 ·················· 261

- 2019년 1회 ·················· 266
- 2019년 2회 ·················· 271
- 2019년 4회 ·················· 276

- 2020년 1, 2회 통합 ·········· 281
- 2020년 3회 ·················· 286

전기기기

- 2011년 1회 · · · · · · · · · · · · · · · · · 294
- 2011년 2회 · · · · · · · · · · · · · · · · · 299
- 2011년 4회 · · · · · · · · · · · · · · · · · 304
- 2012년 1회 · · · · · · · · · · · · · · · · · 309
- 2012년 2회 · · · · · · · · · · · · · · · · · 314
- 2012년 4회 · · · · · · · · · · · · · · · · · 318
- 2013년 1회 · · · · · · · · · · · · · · · · · 323
- 2013년 2회 · · · · · · · · · · · · · · · · · 328
- 2013년 4회 · · · · · · · · · · · · · · · · · 333
- 2014년 1회 · · · · · · · · · · · · · · · · · 338
- 2014년 2회 · · · · · · · · · · · · · · · · · 343
- 2014년 4회 · · · · · · · · · · · · · · · · · 349
- 2015년 1회 · · · · · · · · · · · · · · · · · 355
- 2015년 2회 · · · · · · · · · · · · · · · · · 360
- 2015년 4회 · · · · · · · · · · · · · · · · · 365
- 2016년 1회 · · · · · · · · · · · · · · · · · 370
- 2016년 2회 · · · · · · · · · · · · · · · · · 375
- 2016년 4회 · · · · · · · · · · · · · · · · · 381
- 2017년 1회 · · · · · · · · · · · · · · · · · 386
- 2017년 2회 · · · · · · · · · · · · · · · · · 392
- 2017년 4회 · · · · · · · · · · · · · · · · · 397
- 2018년 1회 · · · · · · · · · · · · · · · · · 402
- 2018년 2회 · · · · · · · · · · · · · · · · · 407
- 2018년 4회 · · · · · · · · · · · · · · · · · 412
- 2019년 1회 · · · · · · · · · · · · · · · · · 417
- 2019년 2회 · · · · · · · · · · · · · · · · · 423
- 2019년 4회 · · · · · · · · · · · · · · · · · 429
- 2020년 1, 2회 통합 · · · · · · · · · · · · 434
- 2020년 3회 · · · · · · · · · · · · · · · · · 440

회로이론

- 2011년 1회 · · · · · · · · · · · · · · · · · 446
- 2011년 2회 · · · · · · · · · · · · · · · · · 453
- 2011년 4회 · · · · · · · · · · · · · · · · · 458
- 2012년 1회 · · · · · · · · · · · · · · · · · 463
- 2012년 2회 · · · · · · · · · · · · · · · · · 471
- 2012년 4회 · · · · · · · · · · · · · · · · · 476
- 2013년 1회 · · · · · · · · · · · · · · · · · 482
- 2013년 2회 · · · · · · · · · · · · · · · · · 489
- 2013년 4회 · · · · · · · · · · · · · · · · · 496
- 2014년 1회 · · · · · · · · · · · · · · · · · 503
- 2014년 2회 · · · · · · · · · · · · · · · · · 509
- 2014년 4회 · · · · · · · · · · · · · · · · · 516
- 2015년 1회 · · · · · · · · · · · · · · · · · 523
- 2015년 2회 · · · · · · · · · · · · · · · · · 529
- 2015년 4회 · · · · · · · · · · · · · · · · · 535
- 2016년 1회 · · · · · · · · · · · · · · · · · 541
- 2016년 2회 · · · · · · · · · · · · · · · · · 547
- 2016년 4회 · · · · · · · · · · · · · · · · · 555
- 2017년 1회 · · · · · · · · · · · · · · · · · 562
- 2017년 2회 · · · · · · · · · · · · · · · · · 567
- 2017년 4회 · · · · · · · · · · · · · · · · · 573
- 2018년 1회 · · · · · · · · · · · · · · · · · 579
- 2018년 2회 · · · · · · · · · · · · · · · · · 585
- 2018년 4회 · · · · · · · · · · · · · · · · · 591
- 2019년 1회 · · · · · · · · · · · · · · · · · 598
- 2019년 2회 · · · · · · · · · · · · · · · · · 604
- 2019년 4회 · · · · · · · · · · · · · · · · · 611
- 2020년 1, 2회 통합 · · · · · · · · · · · · 618
- 2020년 3회 · · · · · · · · · · · · · · · · · 624

전기설비기술기준

- 2011년 1회 ··················· 632
- 2011년 2회 ··················· 639
- 2011년 4회 ··················· 645

- 2012년 1회 ··················· 650
- 2012년 2회 ··················· 655
- 2012년 4회 ··················· 661

- 2013년 1회 ··················· 666
- 2013년 2회 ··················· 671
- 2013년 4회 ··················· 676

- 2014년 1회 ··················· 681
- 2014년 2회 ··················· 687
- 2014년 4회 ··················· 693

- 2015년 1회 ··················· 698
- 2015년 2회 ··················· 704
- 2015년 4회 ··················· 710

- 2016년 1회 ··················· 716
- 2016년 2회 ··················· 722
- 2016년 4회 ··················· 727

- 2017년 1회 ··················· 733
- 2017년 2회 ··················· 739
- 2017년 4회 ··················· 744

- 2018년 1회 ··················· 751
- 2018년 2회 ··················· 757
- 2018년 4회 ··················· 762

- 2019년 1회 ··················· 768
- 2019년 2회 ··················· 774
- 2019년 4회 ··················· 779

- 2020년 1, 2회 통합 ············ 785
- 2020년 3회 ··················· 792

전기공사산업기사 필기
전기응용

2011~2020년 과년도 기출문제

전기응용 출제 분석

항목	2011 1회	2011 2회	2011 4회	2012 1회	2012 2회	2012 4회	2013 1회	2013 2회	2013 4회	2014 1회	2014 2회	2014 4회	2015 1회	2015 2회	2015 4회	2016 1회	2016 2회	2016 4회	2017 1회	2017 2회	2017 4회	2018 1회	2018 2회	2018 4회	2019 1회	2019 2회	2019 4회	2020 1,2회	2020 3회
조명	6	6	6	5	5	8	4	6	6	6	1	4	7	6	3	6	5	4	6	5	4	5	6	5	5	6	5	5	5
전열	4	4	4	5	6	5	3	5	6	5	7	6	3	4	6	5	4	6	5	4	6	5	4	5	4	5	5	5	5
전동기	2	1	4	2	1	1	2	2	2	2	5	3	1	4	2	2	4	1	2	4	1	2	2	2	3	2	2	2	1
자동제어	4	4	3	3	3	2	5	3	2	4	3	2	4	2	4	3	3	4	3	4	3	4	4	4	4	4	4	4	4
전기화학	2	1	2	2	2	2	2	2	2	1	2	1	2	2	3	2	2	3	2	2	3	2	2	2	2	2	2	2	2
전기철도	2	4	1	3	3	2	4	2	2	2	2	4	2	2	4	1	2	2	1	2	2	2	2	2	2	1	2	2	3

• 전기공사산업기사 필기 　전기응용

2011년 기출문제

제1회　전기공사산업기사 필기시험

1 다음 중 고압수은등의 증기압은 약 얼마인가?

① 10^{-2}[mmHg]　② 1기압
③ 10기압　　　　 ④ 100기압

해 설 ★★★

고압 수은등의 증기압은 100~760[mmHg]이며, 약 1기압이다.

[답] ②

2 권상하중 10[t], 매분 24[m/min]의 속도로 물체를 올리는 권상용 전동기의 용량 [kW]은? 단, 전동기를 포함한 기중기의 효율은 65[%]이다.)

① 약 41[kW]　② 약 73[kW]
③ 약 60[kW]　④ 약 97[kW]

해 설 ★★★★★

$P = \dfrac{WV}{6.12\eta}k = \dfrac{10 \times 24}{6.12 \times 0.65} = 60.331$[kW]

W는 하중[ton], V는 속도[m/min], k는 여유계수, η는 효율이다.

[답] ③

3 대기 중에서 합금 발열체보다 약 400[℃] 정도 더 높은 온도에서 사용할 수 있고 저항값이 낮은 것을 얻기 어려운 단점이 있는 발열체는?

① 탄화규소 발열체
② 산화물 발열체
③ 순금속 발열체
④ 규화 몰리브덴 발열체

해 설 ★★★★★

탄화규소 발열체는 고온을 낼 수 있으며, 사용온도는 1,500[℃]정도이다

[답] ①

4 반도체 소자 중 게이트 부(-)의 신호를 줄 때 소호되는 소자는?

① UJT　② GTO
③ TRIAC　④ SCR

해 설 ★★★★★

GTO(gate turn off thyristor)는 게이트에 부(-)의 신호를 줄 때 소호(off)된다.

[답] ②

5 적분시간 1[sec], 비례감도가 2인 비례적분 동작을 하는 제어계가 있다. 이 제어계에 동작신호 $Z(t) = t$를 주었을 때 조작량은? (단, $t = 0$일 때, 조작량 $y(t)$의 값은 0으로 한다.)

① $t^2 + 2t$ ② $t^2 + 4t$
③ $t^2 + 5t$ ④ $t^2 + 6t$

해설 ★

조작량 $y(t) = K\left\{Z(t) + \dfrac{1}{T}\int Z(t)dt\right\}$
K는 비례감도, T는 적분시간이다.
$y(t) = 2\left\{t + \dfrac{1}{1}\int t\,dt\right\}$
$= 2(t + \dfrac{1}{2}t^2) = 2t + t^2 = t^2 + 2t$

[답] ①

6 조명기구를 일정한 높이 및 간격으로 배치하여 방 전체의 조도를 균일하게 조명하는 조명방식은?

① 국부조명 ② 직접조명
③ 전반조명 ④ 간접조명

해설 ★★★★★

전반 조명은 강의실과 같이 방 전체를 균일한 조도가 되도록 하는 조명방식이다. [답] ③

7 발광 현상에서 복사에 관한 법칙이 아닌 것은?

① 스테판 - 볼츠만의 법칙
② 빈의 변위 법칙
③ 입사각의 코사인 법칙
④ 플랑크의 법칙

해설 ★★★

입사각의 코사인 법칙은 광도 I[cd]로부터 조도 E[lx]을 구하는 방법이다. [답] ③

8 완전 확산면의 광속 발산도가 2,000[rlx]일 때 휘도는 약 몇 [cd/cm²]인가?

① 0.2   ② 0.064
③ 0.682 ④ 637

해설 ★★★★★

완전 확산면의 광속 발산도와 휘도의 관계는
$R = \pi B$[rlx], $B = \dfrac{R}{\pi} = \dfrac{2,000}{\pi} = 636.619$[cd/m²]
$B = 636.619$[cd/m²] $\times 10^{-4} ≒ 0.064$[cd/cm²]

[답] ②

9 양수량 5[m³/min], 총양정 10[m]인 양수용 펌프 전동기의 용량[kW]은 약 얼마인가? (단, 펌프 효율 $\eta = 85$[%], 설계상 여유계수 $K = 1.1$이다.)

① 9.01   ② 10.57
③ 16.60 ④ 17.66

해설 ★★★★★

$P = \dfrac{QH}{6.12\eta}k = \dfrac{5 \times 10}{6.12 \times 0.85} \times 1.1 = 10.572$[kW]
Q는 양수량[m³/min], H는 양정[m], k는 여유계수, η는 효율이다.

[답] ②

10 저항 용접에 속하지 않는 것은?

① 맞대기 저항용접 ② 아크용접
③ 불꽃용접   ④ 점용접

해설 ★★★★★

아크용접은 아크열을 이용하는 용접이다. 저항 용접의 종류인 플래시맞대기용접을 불꽃맞대기용접이라 부른다.

[답] ②

11 급전선의 급전 분기장치의 설치방식이 아닌 것은?

① 스팬선식 ② 암식
③ 커티너리식 ④ 브래킷식

해설 ★★★★★

커티너리식은 전차선을 설치하는 조가방식이다.

[답] ③

12 백열전구의 동정 곡선은 다음 중 어느 것을 결정하는 중요한 요소가 되는가?

① 전류, 광속, 전압, 시간
② 전류, 광속, 효율, 시간
③ 광속, 휘도, 전압, 시간
④ 광속, 휘도, 효율, 시간

해설 ★★★★★

백열전구의 동정 곡선은 점등시간의 경과에 대한 전류, 전력, 광속, 효율의 변화로 나타낸 것이다.

[답] ②

13 용량 600[W]의 전기풍로의 전열선의 길이를 5[%] 적게 하면 소비전력은 약 몇 [W]인가?

① 540 ② 570
③ 630 ④ 660

해설 ★★★

전열선의 저항은 $R = \rho \dfrac{l}{S} [\Omega]$이며 길이에 비례한다.

용량은 정격전압에서 $P = \dfrac{V^2}{R}[W]$이므로 저항 즉, 길이에 반비례한다.

$P : P' = \dfrac{1}{l} : \dfrac{1}{l'}$,

$P' = \dfrac{l}{l'}P = \dfrac{100}{95} 600 = 631.578[W]$

[답] ③

14 다음 중 고압 아크로와 관계없는 것은?

① 센헬로
② 포오링로
③ 페로알로이로
④ 비란게란드 아이데로

해설 ★★★

페로알로이로는 직접 저항가열로다.

[답] ③

15 전기화학에서 양이온이 되는 것은?

① H_2 ② SO_4
③ NO_3 ④ OH

해설 ★★

원자가 전자(-전기)를 잃으면 양자(+전기)가 많게 되며 이것이 양이온이다. 수소 및 금속은 양이온이다.

[답] ①

16 전기도금을 계속하여 두꺼운 금속층을 만든 후 원형을 떼어서 그대로 복제하는 방법을 무엇이라 하는가?

① 전기도금 ② 전주
③ 전해정련 ④ 전해연마

해설 ★★★★★

전주는 전기도금을 반복하여 두꺼운 금속층을 만든 후 원형을 떼어서 그대로 복제하는 방법이다. 인쇄용 활자 원판, 레코드 원판 등을 만드는 데 사용한다.

[답] ②

17 반지름이 1,500[m]인 곡선궤도를 시속 120[km/h]인 열차가 주행하기 위한 고도 [mm]는 약 얼마인가?
(단, 궤간은 1,435[mm]이다.)

① 25.4　　② 51.5
③ 84.0　　④ 108.5

해 설 ★★★★★

고도(cant)는 다음과 같이 구한다.
$C = \dfrac{GV^2}{127R} = \dfrac{1{,}435 \times 120^2}{127 \times 1{,}500} = 108.472[mm]$

[답] ④

18 SCR을 역병렬로 접속한 것과 같은 특성의 소자는?

① TRAIC　　② GTO
③ SCS　　　④ SSS

해 설 ★★★★★

SCR을 2개 사용하여 역병렬로 접속하면 양방향 소자가 되어 교류를 제어한다. 따라서 TRAIC과 같은 특성을 갖는다.

[답] ①

19 rate 동작이라고도 하며 제어 오차가 검출될 때 오차가 변화하는 속도에 비례하여 조작량을 가감하도록 하는 동작은?

① 미분동작　　② 비례적분동작
③ 적분동작　　④ 비례동작

해 설 ★★★

미분동작은 rate(속도) 동작이다.

[답] ①

20 백열전구에서 필라멘트 재료의 구비조건에 대하여 설명한 내용 중 틀린 것은?

① 점화온도에서 주위와 화합하지 않을 것
② 융해점이 높을 것
③ 선팽창 계수가 적을 것
④ 고유저항이 적을 것

해 설 ★★★★★

백열전구의 필라멘트 재료는 고유저항이 크다.

[답] ④

제 2 회 전기공사산업기사 필기시험

1 반사율 40[%], 투과율 10[%]인 종이에 1,000[lm]의 빛을 비추었을 때 흡수되는 광속[lm]은?

① 250 ② 400
③ 500 ④ 650

해설 ★★★★★

반사율 + 투과율 + 흡수율 = 100[%]
$\rho + \tau + \alpha = 1$,
$\alpha = 1 - (\rho + \tau) = 1 - (0.4 + 0.1) = 0.5$
흡수광속 $F_\alpha = 1,000 \times 0.5 = 500[lx]$

[답] ③

2 열차의 자동제어 목적이 아닌 것은?

① 운전 조작의 단순화
② 경제성 향상
③ 열차밀도의 감소
④ 운전속도의 향상

해설 ★★★

열차를 자동제어하면 열차밀도를 향상시킬 수 있다.

[답] ③

3 FL-20D의 역률을 90[%]로 개선하는 데 필요한 콘덴서의 용량[μF]은 약 얼마인가? (단, 정격전압은 100[V], 관전류는 0.375[A]이고 안정기의 손실은 2[W]이다.)

① 0.59 ② 5.19
③ 6.2   ④ 7.8

해설 ★★★

FL-20D는 20[W]이며 손실 2[W]를 합하여 유효전력은 $p = 20 + 2 = 22[W]$이다.
1) 처음의 역률은 피상전력에 대한 유효전력의 비
$\cos\theta_1 = \dfrac{22}{100 \times 0.375} = 0.586 ≒ 0.59$
2) 콘덴서 용량 Q_c
$Q_c = P(\dfrac{\sqrt{1-\cos^2\theta_1}}{\cos\theta_1} - \dfrac{\sqrt{1-\cos^2\theta_2}}{\cos\theta_2})$
$= 22(\dfrac{\sqrt{1-0.59^2}}{0.59} - \dfrac{\sqrt{1-0.9^2}}{0.9})$
$= 19.451 ≒ 19.45[VA]$
$Q_c = VI_c = \omega CV^2 = 2\pi fCV^2 = 19.45$
$C = \dfrac{19.45}{2\pi \times 60 \times 100^2} = 5.159 ≒ 5.2[\mu F]$

[답] ②

4 전철의 속도제어법 중 메타다인(metadyne) 제어법은?

① 정출력 제어법
② 직류 정전압 제어법
③ 직류 정전류 제어법
④ 정속도 제어법

해설 ★★★

메타다인(metadyne) 제어법은 정전류 제어법이다.

[답] ③

5 다음 중 플리커를 나타내는 식은?

① $\dfrac{최고광도 - 평균광도}{평균광도} \times 100[\%]$

② $\dfrac{최고광도 - 평균광도}{최고광도} \times 100[\%]$

③ $\dfrac{평균광도 - 최소광도}{최소광도} \times 100[\%]$

④ $\dfrac{최고광도 - 최소광도}{최소광도} \times 100[\%]$

해 설 ★★★★★

빛이 어른거림(flicker)을 구하는 식
$\dfrac{최고광도 - 평균광도}{평균광도} \times 100[\%]$

[답] ①

6 비례 적분 제어의 단점은?

① 사이클링을 일으킨다.
② 응답의 진동시간이 길다.
③ 간헐 현상이 있다.
④ 잔류 편차를 크게 일으킨다.

해 설 ★★★★★

비례 적분 제어는 응답의 진동시간이 길다.

[답] ②

7 100[cd]의 점광원 바로 밑 2[m] 되는 곳에 있는 반사율 80[%]인 백색판의 광속 발산도 [rlx]는?

① 20 ② 25
③ 40 ④ 50

해 설 ★★★★★

광속 발산도는 단위 면적당 나가는 광속이다. 백색판의 표면에서 80[%]가 발산한다.
$R = \rho E = \rho \dfrac{I}{r^2} = 0.8 \times \dfrac{100}{2^2} = 20[\text{rlx}]$

[답] ①

8 100[cd]의 점광원으로부터 점 P의 평면상 조도[lx]는?

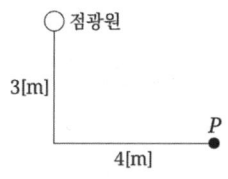

① 1.6 ② 2.4
③ 3.2 ④ 4

해 설 ★★★★★

$E = \dfrac{I}{r^2}\cos\theta$

$= \dfrac{100}{(\sqrt{4^2+3^2})^2} \dfrac{3}{(\sqrt{4^2+3^2})} = 2.4[\text{lx}]$

[답] ②

9 어떤 트랜지스터의 정합(Junction)온도 T_j의 최대 정격값을 75[°C], 주위온도 $T_a = 35$[°C]일 때의 컬렉터 손실 P_c의 최대 정격값을 10[W]라고 할 때 열저항[°C/W]은?

① 4   ② 40
③ 7.5 ④ 0.2

해 설 ★★

열저항 $R = \dfrac{75-35}{10} = 4[\text{°C/W}]$

[답] ①

10 온도 복사에 의하여 발광하는 등은?

① 네온관등   ② 탄소아크등
③ 형광등   ④ 백열등

해 설 ★★★★★

온도가 올라가면 발광하는 온도 복사의 원리를 이용한 것이 백열등이다.

[답] ④

11 축전지의 용량을 표시하는 단위는?

① [J]   ② [Wh]
③ [Ah]   ④ [VA]

해설 ★★★★★

축전지 용량은 전기량이다.
방전전류[A] × 방전시간[H] = 용량[AH]

[답] ②

---

12 전기 철도의 직접적인 효과로 볼 수 없는 것은?

① 수송 능력의 증대
② 수송 원가 절감
③ 에너지 사용 증가
④ 환경 개선

해설 ★★★★★

출력 대비 에너지 사용량은 낮다.

[답] ③

---

13 40[t]의 전차가 $\frac{40}{1,000}$ 의 구배를 올라가는 데 필요한 견인력[kg]은?
(단, 열차저항은 무시한다.)

① 1,000   ② 1,200
③ 1,400   ④ 1,600

해설 ★★★★★

$F = W\alpha = 40 \times 10^3 \times \frac{40}{1,000} = 1,600$[kg]

[답] ④

---

14 제너 다이오드(Zener diode)의 용도로 가장 타당한 것은?

① 고압 정류용   ② 검파용
③ 정전압용   ④ 전파 정류용

해설 ★★★★★

제너다이오드(zener diode)의 용도는 정전압용이다.

[답] ③

---

15 대기 중에 많이 있는 질소를 얻기 위하여 주로 사용되는 전기로에 해당되지 않는 것은?

① 에루(Heroult)로
② 파울링(Pauling)로
③ 비르켈랜드-아이데(Bireland-Eyde)로
④ 쉰헤르(Schonherr)로

해설 ★★★

공중 질소를 고정하는 고압 아크로는 파울링(Pauling)로, 비르켈랜드-아이데(Bireland-Eyde)로, 쉰헤르(Schonherr)로가 있다. 에루(Heroult)로는 직접식 방전로이다.

[답] ①

---

16 출력이 입력에 전혀 영향을 주지 못하는 제어는?

① 프로그램 제어   ② 되먹임 제어
③ 열린 루프제어   ④ 닫힌 루프제어

해설 ★★★★

개(열린) 루프제어계는 피드백 성능이 없다.

[답] ③

17 플라이휠의 직경을 D[m], 중량을 G[kg]라고 할 때, 플라이휠 효과(fly-wheel effect)를 구하는 식은?

① $\frac{1}{2}GD^2$ ② $\frac{1}{4}GD^2$

③ $\frac{1}{8}GD^2$ ④ GD^2

해 설 ★★★★★

플라이휠 효과(fly-wheel effect)는 GD^2이다.

[답] ④

18 금속의 전기저항이 온도에 의하여 변화하는 것을 이용한 온도계는?

① 광 고온계 ② 방사 고온계
③ 저항 온도계 ④ 열전 온도계

해 설 ★★★★★

금속의 전기 저항은 온도에 따라서 변한다.

[답] ③

19 단면적 0.5[m²], 길이 10[m]의 원형봉상 도체의 한쪽을 400[℃]로 하고 이로부터 100[℃]의 다른 단자로 매시간 40[kcal]의 열이 전도되었다면 이 도체의 열전도율 [kcal/mh℃]은?

① 267 ② 26.7
③ 2.67 ④ 0.267

해 설 ★★★★★

열류는 열저항에 대한 온도차이다.
열류 Q

$Q = \frac{kS\theta}{l} = \frac{k \times 0.5 \times (400-100)}{10}$
$= 15k = 40[\text{kcal/h}]$

$k = \frac{40}{15} = 2.666[\text{kcal/mh℃}]$

$k[\text{kcal/mh℃}]$: 열전도율, $S[\text{m}^2]$: 단면적,
$\theta[℃]$: 온도차, $l[\text{m}]$: 길이

[답] ③

20 방전용접 중 불활성 가스용접에 쓰이는 가스는?

① 아르곤 ② 수소
③ 산소 ④ 질소

해 설 ★★★★★

불활성 가스로 아르곤을 사용한다.

[답] ①

제4회 전기공사산업기사 필기시험

1 고압 수은등의 효율로 가장 적합한 것은?

① 10[lm/W]   ② 50[lm/W]
③ 100[lm/W] ④ 150[lm/W]

해설 ★★★★
고압 수은등의 효율은 20~50[lm/W]이다.
[답] ②

2 지름 1[m]의 원형, 탁자의 중심에서의 조도가 500[lx]이고 중심에서 멀어짐에 따라 조도는 직선으로 감소하여 주변에서의 조도는 100[lx]가 되었다. 평균 조도[lx]는?

① 283   ② 233
③ 123   ④ 332

해설 ★★★★★
원형은 지름의 가장자리 조도, 중앙 조도, 가장자리 조도 이렇게 3곳을 더하여 평균값을 정한다.
$E = \dfrac{100 + 500 + 100}{3} = 233.333[\text{lx}]$
[답] ②

3 열전온도계와 가장 관계 깊은 것은?

① 제벡 효과(Seebeck effect)
② 톰슨 효과(Thomson effect)
③ 핀치 효과(Pinch effect)
④ 홀 효과(Hall effect)

해설 ★★★★★
열전온도계는 제벡 효과를 이용한다.
[답] ①

4 직류-직류 변환기이고 전기철도의 직권 전동기 등 속도 제어에서 전기자 전압을 조정하면 속도 제어가 되는 것은?

① 듀얼 컨버터   ② 사이클로 컨버터
③ 초퍼   ④ 인버터

해설 ★★★★★
직류를 제어하는 것은 초퍼인버터이다.
[답] ③

5 전기철도에서 표정속도를 나타내는 것은?
(단, L : 정거장간격, t : 정차시간, n : 정거장 수, T : 전 주행시간)

① $\dfrac{L}{t+T}$ ② $\dfrac{nL}{nt+T}$
③ $\dfrac{(n-1)L}{nt+T}$ ④ $\dfrac{(n-1)L}{(n-2)t+T}$

해설 ★★★
표정속도는 이동거리를 소요시간으로 나눈다.
$v = \dfrac{(n-1)L}{(n-2)t+T}[\text{m/s}]$
[답] ④

6 음극만 발광하므로 직류 극성을 판별하는 데 이용되는 것은?

① 형광등   ② 수은등
③ 네온전구   ④ 나트륨등

해설 ★★★★
네온램프로 극성(±)을 판별한다.
[답] ③

7 열전온도계에 사용되는 열전대의 조합은?

① 구리-콘스탄탄 ② 아연-콘스탄탄
③ 아연-백금   ④ 백금-철

해설 ★★★★

열전온도계는 제벡 효과를 이용하는데 그 조합은 구리-콘스탄탄이다. 열전능은 5.1[mV/100℃]이다.

[답] ①

8 용해, 용접, 담금질, 가열 등에 가장 적합한 가열방식은?

① 복사가열 ② 유도가열
③ 저항가열 ④ 유전가열

해설 ★

유도가열은 도전성 물체의 용해, 용접, 담금질, 가열 등에 사용한다.

[답] ②

9 SCR에 대한 설명으로 잘못된 것은?

① 단방향으로만 전류를 흘리는 정류소자이다.
② 3층 다이오드 형태로 되어있다.
③ 입력타이밍에 따라 전력의 공급을 제어할 수 있다.
④ 게이트단자에 펄스신호가 입력되는 순간부터 도통된다.

해설 ★★★★★

SCR은 게이트에 신호를 줄때만 도통하므로 게이트 신호로 제어한다.

[답] ③

10 반사율 50[%], 면적 50[cm]×40[cm]인 완전확산면에 100[lm]의 광속을 투사하면 그 면의 휘도[cd/m²]는?

① 약 120 ② 약 100
③ 약 80   ④ 약 60

해설 ★★★★★

완전확산면의 광속 발산도 R[rlx], 휘도 B[cd/m²]의 관계는 $R=\pi B$이다.
광속 발산도는 단위 면적당 나가는 광속이다.

$R = \dfrac{100 \times 0.5}{0.5 \times 0.4} = 250[\text{rlx}]$,

$B = \dfrac{250}{\pi} = 79.577[\text{cd/m}^2]$

[답] ③

11 다음은 사이리스터를 이용하여 얻을 수 있는 결과들이다. 적당하지 않은 것은?

① 교류전력 제어
② 주파수 변환
③ 직류 위상 변환
④ 직류 전압 변환

해설 ★★★

직류는 시간에 대하여 크기 및 방향이 일정한 전기 에너지의 흐름이므로 위상이 없다. 위상은 상호간의 위치이다.

[답] ③

12 회전체의 축세 효과가 GD일 때 회전체에서 갖는 에너지는?
(단, ω는 회전 각속도이다.)

① $\frac{1}{2}GD\omega^2$ ② $\frac{1}{4}GD^2\omega$
③ $\frac{1}{8}GD^2\omega^2$ ④ $\frac{1}{12}GD\omega$

해설 ★★★★★

회전체의 운동에너지
$$W = \frac{1}{2}mv^2 = \frac{1}{2}J\omega^2$$
$$= \frac{1}{2}\frac{1}{4}GD^2\omega^2 = \frac{1}{8}GD^2\omega^2 [J]$$

[답] ③

13 납 축전지에 대한 설명 중 틀린 것은?

① 주요구성부분은 극판, 격리판, 전해액, 케이스로 되어있다.
② 전해액은 비중이 1.2~1.3인 묽은 황산이다.
③ 양극은 이산화납을 극판에 입힌 것이고, 음극은 해면 모양의 납이다.
④ 공칭전압은 1.2[V]이다.

해설 ★★★★★

납(연) 축전지의 공칭전압은 2[V]이다.

[답] ④

14 36[m]×40[m]인 테니스 코트를 메탈할라이드 램프 400[W] (램프 광속 F = 34,000 [lm])를 사용하여 투광조명을 할 때의 소요 투광기 수[개]는?
(단, 설계조도 250[lx], 조명률 U = 0.37, 보수율 M = 0.75로 한다.)

① 24 ② 31 ③ 38 ④ 28

해설 ★★★★★

$$FUN = AED = AE\frac{1}{M}[\text{lm}]$$
$$N = \frac{AED}{FU} = \frac{36 \times 40 \times 250 \times \frac{1}{0.75}}{34,000 \times 0.37} = 38.155[\text{개}]$$

[답] ③

15 2차 전지에 속하는 것은?

① 적층전지 ② 내한전지
③ 공기전기 ④ 자동차용 축전지

해설 ★★★★★

2차 전지는 반복으로 충전을 할 수 있는 전지이다.

[답] ④

16 기동 토크가 크며 입력변동이 적고 전차용 전동기로 적당한 전동기는?

① 직권형 ② 분권형
③ 가동복권형 ④ 차동복권형

해설 ★★★★★

직류 직권전동기 특성은 $P = \omega T = 2\pi\frac{N}{60}T[\text{W}]$
토크가 전류제곱에 비례하고 회전수는 전류에 반비례하므로 출력 및 입력 변동이 적다. 정출력 특성이다.

[답] ①

17 10[cd]의 광원으로부터 3[m] 거리에 있는 점 A의 조도는 16[cd]의 광원으로부터 6[m] 거리에 있는 점 B 조도의 몇 배가 되는가?

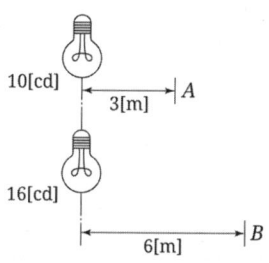

① 0.4 ② 2
③ 2.5 ④ 3.5

해설 ★★★★★

$E = \dfrac{I}{r^2}$ [lx], $E_A : E_B = \dfrac{10}{3^2} : \dfrac{16}{6^2}$

$\dfrac{E_A}{E_B} = \dfrac{10}{4} = 2.5$

[답] ③

18 정현파 입력에 대한 응답을 무엇이라고 하는가?

① 인디셜 응답 ② 주파수 응답
③ 전동기 응답 ④ 발전기 응답

해설 ★★★

정현파 입력은 시간에 대하여 각주파수 ω인 함수이며, 주파수 응답 $G(j\omega)$이다.

[답] ②

19 지름 20[cm], 길이 1[m]의 탄소전극의 열 저항값 [열Ω]은 약 얼마인가? (단, 전극의 고유저항은 2.5[열Ω·cm]이다.)

① 0.05 ② 0.5
③ 0.8   ④ 0.08

해설 ★

$R = \rho \dfrac{l}{S} = \rho \dfrac{l}{\pi (\dfrac{D}{2})^2}$

$= 2.5 \times \dfrac{100}{\pi (\dfrac{20}{2})^2} = 0.795$ [열Ω·cm]

[답] ③

20 전동기의 안정한 정상 운전 조건은?
(단, 부하 토크 L, 전동기 토크 M이다.)

① 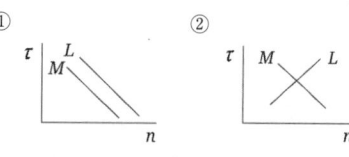 ②

③ 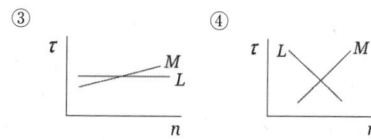 ④

해설 ★★★

회전수의 상승에 따라서 토크의 변화는 부하가 전동기보다 커야 한다.

[답] ②

• 전기공사산업기사 필기 　전기응용

2012년 기출문제

제 1 회　전기공사산업기사 필기시험

1 전기철도 선로의 궤도 요소가 아닌 것은?

① 공통 블록　② 도상
③ 침목　　　④ 레일

해설 ★★★★★

도상, 침목, 레일(궤조)은 궤도의 3요소이다.

[답] ①

2 고주파 유전 가열에서 피열물의 단위 체적당 소비 전력[W/m²]은? (단, E[V/cm]는 고주파 전계, δ는 유전체 손실각, f는 주파수, ε_s는 비유전율이다.)

① $\dfrac{5}{9}E^2 f\varepsilon_s \tan\delta \times 10^{-8}$

② $\dfrac{5}{9}E^2 f\varepsilon_s \tan\delta \times 10^{-9}$

③ $\dfrac{5}{9}E^2 f\varepsilon_s \tan\delta \times 10^{-10}$

④ $\dfrac{5}{9}E^2 f\varepsilon_s \tan\delta \times 10^{-12}$

해설 ★★★

$P = VI_R = VI_C \tan\delta = V\omega CV \tan\delta$
$\quad = V^2 2\pi f \dfrac{\varepsilon_0 \varepsilon_s S}{d} \tan\delta \times 10^{-2}$
$\quad = V^2 2\pi f \dfrac{\frac{1}{4\pi \times 9} \times 10^{-9} \times \varepsilon_s S}{d} \tan\delta$,　S[m²],　d[m]

$E = \dfrac{V}{d}$[V/m], $V = Ed$[V],
E[V/cm]$= E \times 10^2$[V/m]

$P = (Ed)^2 \times 10^4 \times 2\pi f\varepsilon_s \dfrac{1}{4\pi \times 9} \times 10^{-9} \dfrac{S}{d} \tan\delta$

$P = \dfrac{5}{9}E^2 f\varepsilon_s Sd \tan\delta \times 10^{-6}$[W],　Sd[m³]

$p = \dfrac{P}{Sd}$[W/m³]
$\quad = \dfrac{5}{9}E^2 f\varepsilon_s \tan\delta \times 10^{-6}$[W/m³]
$\quad = \dfrac{5}{9}E^2 f\varepsilon_s \tan\delta \times 10^{-12}$[W/cm³]

[답] ④

3 전력용 트랜지스터에 대한 설명으로 옳지 않은 것은?

① 트랜지스터는 구성에 따라 npn형과 pnp형이 있다.
② npn형은 도통 시 컬렉터에서 이미터 쪽으로만 전류가 흐른다.
③ 전압-전류 특성은 베이스 전류의 크기에 따라 달라지지 않는다.
④ 도통 상태를 유지하기 위해서는 계속 베이스 전류를 흐르게 해야 한다.

해 설 ★★★

전압-전류 특성은 베이스 전류의 크기에 따라 달라진다.

[답] ③

4 권상하중 40[t], 권상 속도 3[m/min]의 기중기용 전동기의 용량[kW]은?
(단, 권상기의 기계적 효율은 80[%]이다.)

① 0.245　　② 2.45
③ 24.5　　④ 245

해 설 ★★★★★

$$P = \frac{WV}{6.12\eta}k = \frac{40 \times 3}{6.12 \times 0.8} = 24.509[kW]$$

[답] ③

5 가로 2[m], 세로 3[m]인 완전확산면에 1,200[lm]의 광속을 투사하면 그 면의 휘도[cd/m²]는?
(단, 그 면의 반사율은 50[%]이다.)

① 약 31.8　　② 628.3
③ 127.3　　④ 2291.8

해 설 ★★★★★

광속 발산도 $R = \frac{F\tau}{S} = \frac{1,200 \times 0.5}{2 \times 3} = 100[rlx]$
완전확산면에서 $R = \pi B[rlx]$ 이다.
$B = \frac{R}{\pi} = \frac{100}{\pi} = 31.83[cd/m^2]$

[답] ①

6 열차 저항의 분류에 속하지 않는 것은?

① 복선 저항　　② 주행 저항
③ 가속 저항　　④ 곡선 저항

해 설 ★★★★★

열차 저항은 기동 저항, 주행 저항, 가속 저항, 곡선 저항, 구배 저항이 있다.

[답] ①

7 회전기 정격(rating)의 분류에 해당되지 않는 것은?

① 연속 정격　　② 단시간 정격
③ 반복 정격　　④ 단속 정격

해 설 ★★★★

회전기의 정격에 단속 정격은 없다.

[답] ④

8 그림과 같이 간판을 비추는 광원이 있다. 간판 면상 P점의 조도를 100[lx]로 하려면 광원의 광도[cd]는?

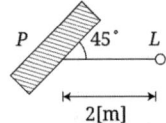

① 400
② 500
③ $400\sqrt{2}$
④ $500\sqrt{2}$

해 설 ★★★★

$E = \dfrac{I}{r^2}\cos\theta,$

$I = \dfrac{Er^2}{\cos\theta} = \dfrac{100 \times 2^2}{\cos(90° - 45°)} = 400\sqrt{2}\,[\text{cd/m}^2]$

[답] ③

9 주로 옥외 조명기구로 사용되며 실내에서는 체육관 등 넓은 장소에 일부 사용되는 조명기구는?

① 다운 라이트
② 트랙 라이트
③ 팬던트
④ 투광기

해 설 ★★★

투광기는 임의의 방향에 대하여 높은 조도를 확보하는 데 사용한다.

[답] ④

10 고도가 10[mm]이고 반지름이 1,000[m]인 곡선 궤도를 주행할 때 열차가 낼 수 있는 최대속도[km/h]는?
(단, 궤간은 1,435[mm]로 한다.)

① 29.75
② 38.46
③ 49.68
④ 96.50

해 설 ★★★★★

고도(cant)식은 $C = \dfrac{GV^2}{127R}$[mm]이다.

$V = \sqrt{\dfrac{127RC}{G}} = \sqrt{\dfrac{127 \times 1,000 \times 10}{1,435}}$

$= 29.749\,[\text{km/h}]$

[답] ①

11 초음파 용접의 특징으로 옳지 않은 것은?

① 표면의 전처리가 간단하다.
② 가열을 필요로 하지 않는다.
③ 이종 금속의 용접이 가능하다.
④ 가압하중에 비하여 냉간 압점이 적으므로 변형이 적다.

해 설 ★

냉간 압접에 비하여 가압하중이 적어 변형이 적다.

[답] ④

12 수은이나 불활성가스와 같은 준안정상태를 형성하는 기체에 극히 미량의 다른 기체를 혼합한 경우 방전전압이 하강하는 현상은?

① 파센의 법칙
② 빈의 변위효과
③ 웨버의 법칙
④ 페닝 효과

해 설 ★★★★★

페닝 효과는 불활성가스와 같은 준안정상태를 형성하는 기체에 극히 미량의 다른 기체를 혼합하면 방전전압이 낮아지는 현상이다.

[답] ④

13 제벡 효과의 역현상으로 동종의 금속의 접점에 전류를 통하면 전류 방향에 따라 열을 발생하거나 흡수하는 현상은?

① 표피 효과   ② 톰슨 효과
③ 펠티에 효과   ④ 핀치 효과

해 설 ★★★★★
펠티에 효과는 제벡 효과의 역현상이다.
[답] ③

14 르클랑셰 전지(망간 건전지)의 전해액으로 어느 것을 사용하는가?

① KOH   ② $CuSO_4$
③ NH_4Cl ④ H_2SO_4

해 설 ★★★
망간 건전지의 전해액은 NH_4Cl이다.
[답] ③

15 제어 오차가 검출될 때 오차가 변화하는 속도에 비례하여 조작량을 가감하는 동작으로서 오차가 커지는 것을 미연에 방지하는 동작은?

① PD 동작   ② PID 동작
③ D 동작   ④ P 동작

해 설 ★★★
D 동작(미분 동작)은 오차가 커지는 것을 미리 방지한다.
[답] ③

16 다음 중 감극제가 필요 없는 전지는?

① 알칼리 건전지   ② 수은 전지
③ 리튬 전지   ④ 다니엘 전지

해 설 ★★
다니엘 전지는 분극현상이 없으므로 감극제가 필요 없다.
[답] ④

17 완전 흑체의 절대온도가 4,000[K]일 때 단색 방사 발산도가 최대가 되는 파장은 724[μm]이다. 최대의 단색 방사 발산도가 555[μm]인 흑체의 절대온도[K]는?

① 5,218   ② 5,812
③ 5,918   ④ 5,981

해 설 ★★★★★
빈의 변위 법칙은 최대 스펙트럼 방사 발산도를 생기게 하는 파장은 절대온도에 반비례한다.
$$4,000 : x = \frac{1}{724} : \frac{1}{555},$$
$$x = \frac{724}{555} \times 4,000 = 5,218.018[K]$$
[답] ①

18 FET에 관한 설명 중 옳지 않은 것은?

① 극성이 2개 존재하는 쌍극성 접합 트랜지스터이다.
② 다수 캐리어인 자유전자나 정공 중 어느 하나에 의해서 전류의 흐름이 제어된다.
③ 제조기술에 따라 MOS형과 접합형이 있다.
④ 게이트에 역전압을 인가하여 드레인 전류를 제어하는 전압제어 소자이다.

해 설 ★★★
FET는 단극성 소자이다.
[답] ①

19 금속의 표면 담금질에 가장 적합한 것은?

① 적외선 가열   ② 유도 가열
③ 유전 가열   ④ 아크 가열

해 설 ★★★★★

유도 가열은 도전성 물체의 가열에 사용한다.
표면 가열 및 단결정 제조 등에 적당하다.

[답] ②

20 1[kW]의 전열기를 이용하여 20[℃]의 물 5[ℓ]를 70[℃]까지 올리는 데 요하는 시간 [min]은?

① 12.1   ② 14.6
③ 17.4   ④ 25.6

해 설 ★★★★★

$1[kWH] = 860[kcal]$
$860Pt = Mc(T_2 - T_1)$,
$t = \dfrac{5 \times 1(70-20) \times 60}{860 \times 1} = 17.441[min]$

[답] ③

제 2 회 전기공사산업기사 필기시험

1 다음 전동기 중에서 속도변동률이 가장 큰 것은?

① 3상 유도 전동기
② 3상 권선형 유도 전동기
③ 3상 동기 전동기
④ 단상 유도 전동기

해 설 ★★★★

3상 동기 전동기는 가장 정속도 전동기이며, 3상 유도 전동기에 비하여 단상 유도전동기는 속도변동률이 더 크다.

[답] ④

2 FL-20D 형광등의 전압이 110[V], 전류가 0.35[A], 안정기의 손실이 5[W]일 때 역률은 약 몇 [%]인가?

① 57   ② 65   ③ 71   ④ 85

해 설 ★★★

FL-20D는 20[W]이며 손실 5[W]를 합하여 유효전력은 p = 20 + 5 = 25[W]이다.
역률은 피상전력에 대한 유효전력의 비
역률 = $\frac{25}{100 \times 0.35} \times 100[\%] = 71.428[\%]$

[답] ③

3 다음 중 전해정제법이 이용되고 있는 금속 중 최대규모로 행하여지는 대표 금속은?

① 구리   ② 철
③ 납   ④ 망간

해 설 ★★★

전해정제법으로 얻는 최대 규모는 구리이다.

[답] ①

4 직접저항 가열방식은 다음 중 어느 원리를 이용한 것인가?

① 아크손   ② 유전체손
③ 줄열   ④ 히스테리시스손

해 설 ★★★★★

직접저항 가열은 저항에 전류가 흐를 때 발생하는 줄열을 이용하는 것이다.

[답] ③

5 터널 다이오드의 용도로 다음 중 가장 널리 사용되는 것은?

① 검파회로   ② 스위칭 회로
③ 정류기   ④ 정전압 소자

해 설 ★★★

터널 다이오드는 고속 스위칭 기능이 있다.

[답] ②

6 열차가 곡선 궤도를 운행할 때 차륜의 프런치와 레일 두부간의 측면 마찰을 피하기 위하여 내측 궤조의 궤간을 약간 넓히는 것을 무엇이라 하는가?

① 구배   ② 유간   ③ 고도   ④ 확도

해 설 ★★★★★

확도는 열차가 곡선 궤도를 운행할 때 차륜의 프런치와 레일 두부간의 측면 마찰을 피하기 위하여 궤조의 궤간을 약간 넓게 하는 것이다.

[답] ④

7 어느 쪽 게이트에서든 게이트 신호를 인가할 수 있고, 역저지 4극 사이리스터로 구성된 것은?

① SCS ② GTO
③ PUT ④ DIAC

해 설 ★★★

SCS는 게이트가 2개인 역저지 4극 사이리스터이다.
[답] ①

8 전지의 국부작용을 방지하는 방법은?

① 감극제 ② 완전밀폐
③ 니켈 도금 ④ 수은 도금

해 설 ★★★

음극의 아연판에 수은 도금을 하면 국부작용이 방지된다.
[답] ④

9 저항 용접의 특징으로 맞지 않는 것은?

① 온도가 낮기 때문에 모재에 대한 열 영향이 적다.
② 양호한 금속 조직을 얻을 수 있다.
③ 대전류가 필요하기 때문에 전기 용량이 크다.
④ 용접용 플럭스(Flux)가 필요하다.

해 설 ★★

아크 용접은 용접할 때 용융금속의 산화를 경감하기 위하여 용접봉에 플럭스(Flux)가 있다.
[답] ④

10 반사율 30[%]의 완전 확산성 종이를 100[lx]의 조도로 비추었을 때 종이의 광속 발산도[rlx]는?

① 30 ② 50 ③ 70 ④ 90

해 설 ★★★★★

광속발산도은 단위면적당 나가는 광속이다.
$R = \rho E = 100 \times 0.3 = 30[\text{rlx}]$
[답] ①

11 형광등의 전압 특성과 온도특성으로 틀린 것은?

① 전원전압의 변화에 민감하므로 정격전압의 10[%]의 범위 내에서 사용하는 게 바람직하다.
② 전원전압의 변화 시 광속, 전류 및 전력은 전원전압에 비례하여 변화한다.
③ 전원전압 상승으로 전극이 과열되어 램프 양끝에서 흑화가 촉진된다.
④ 전원전압이 낮은 경우 시동이 불확실하게 되어 전극 물질의 스파크 등으로 수명이 짧아진다.

해 설 ★★

전압이 낮은 경우 시동 및 방전이 곤란하다.
[답] ①

12 전구의 필라멘트나 열전대 용접에 알맞은 용접방법은?

① 점 용접 ② 돌기 용접
③ 심 용접 ④ 불활성 용접

해 설 ★★★

백열전구의 필라멘트, 열전대 등의 용접은 점용접이 좋다.
[답] ①

13 금속을 양극으로 한 후 적당한 전해액 중에서 단시간 전류를 통하면 금속 표면의 돌기부분만이 먼저 분해되어 거울과 같은 표면을 얻는 방법은?

① 전해 정제 ② 전해 채취
③ 전기 도금 ④ 전해 연마

해설 ★★★

전해 연마는 전기 분해를 이용하여 금속표면의 돌기 부분을 윤활하게 한다.

[답] ④

14 자중 100[t], 바퀴위의 무게가 75[t]인 기관차의 최대 견인력[kg]은?
(단, 바퀴와 레일의 점착계수는 0.2이다.)

① 7,500   ② 10,000
③ 15,000   ④ 20,000

해설 ★★★★★

$F = 1,000 \mu W = 1,000 \times 0.2 \times 75 = 15,000 [kg]$

[답] ③

15 700[W] 전열기의 전열선 지름이 5[%] 감소하고, 길이가 10[%] 감소하였을 때의 소비전력은 약 몇 [W]인가?

① 501   ② 507
③ 702   ④ 707

해설 ★★

전열선은 일정 전압에서 $P = \dfrac{V^2}{R}[W]$로 저항 $R = \rho \dfrac{l}{S} = \rho \dfrac{4l}{\pi D^2}[\Omega]$에 반비례하는 줄열을 발생한다.

$P_1 : P_2 = \dfrac{D^2}{l} : \dfrac{(0.95D)^2}{0.9l}$

$P_2 = \dfrac{0.95^2}{0.9} \times 700 = 701.944[W]$

[답] ③

16 폭 6[m], 길이 10[m], 높이 4[m]인 교실에 40[W] 형광등 20개를 점등하였다. 교실의 평균조도[lx]는? (단, 조명률 0.45, 감광보상률 1.3, 40[W] 형광등의 광속은 1,500[lm]이다.)

① 153   ② 163
③ 173   ④ 183

해설 ★★★★★

$FUN = EAD$,
$E = \dfrac{FUN}{AD} = \dfrac{1,500 \times 0.45 \times 20}{6 \times 10 \times 1.3} = 173.076[lx]$

[답] ③

17 피드백 제어 중 물체의 위치, 방위, 자세 등의 기계적 변위를 제어량으로 하는 것은?

① 프로세스 제어   ② 자동 조정
③ 서보 기구   ④ 시퀀스 제어

해설 ★★★★★

서보 기구는 물체의 위치, 방위, 자세 등의 기계적 변위를 제어량으로 한다.

[답] ③

18 파장폭이 좁은 3가지의 빛을 조합하여 효율이 높은 백색 빛을 얻는 3파장 형광램프에서 3가지 빛이 아닌 것은?

① 청색   ② 녹색   ③ 황색   ④ 적색

해설 ★★★★★

3파장 형광등은 청색, 녹색, 적색의 3파장대의 에너지 밴드가 집중되어 연색성 및 효율이 좋다.

[답] ③

19 시속 45[km/h]의 열차가 반경 1,000[m]의 곡선궤도를 주행할 때 고도(cant)는 약 몇 [mm]인가? (단, 궤간은 1,067[mm]이다.)

① 10.3 ② 13.4
③ 17.0 ④ 18.0

해 설 ★★★★★

$$C = \frac{GV^2}{127R} = \frac{1,067 \times 45^2}{127 \times 1,000} = 17.013[\text{mm}]$$

[답] ③

20 고주파 가열방식에서 유도가열의 용도는?

① 금속의 열처리 ② 목재의 건조
③ 목재의 접착   ④ 비닐막의 접착

해 설 ★★★★★

유도가열은 도전성 물질을 가열하는 것으로 금속의 열처리에 적합하다.

[답] ①

제 4 회 전기공사산업기사 필기시험

1 절대온도 T[K]인 흑체의 복사발산도(전방사 에너지)는?
(단, σ는 5.56696×10^{-8}[W/m²·K⁴])

① σT ② $\sigma T^{1.6}$
③ σT^2 ④ σT^4

해 설 ★★★★★

흑체의 단위 표면적으로부터 단위 시간에 복사(방사)되는 전 에너지는 절대온도 4승에 비례한다.
$W = \sigma T^4$[W/cm²]

[답] ④

2 SCR을 사용할 때 올바른 전압공급 방법은?

① 애노드(+), 캐소드(-), 게이트(+)
② 애노드(-), 캐소드(+), 게이트(-)
③ 애노드(+), 캐소드(-), 게이트(-)
④ 애노드(-), 캐소드(+), 게이트(+)

해 설 ★★★★★

SCR은 애노드(+), 캐소드(-), 게이트(+) 인가할 때 도통한다.

[답] ①

3 제너 다이오드는 다음 중 어느 회로에 쓰이는가?

① 일정한 전압을 얻는 회로이다.
② 일정한 전류를 흘리는 회로이다.
③ 검파회로이다.
④ 발진회로이다.

해 설 ★★★★★

제너 다이오드는 정전압소자이다.

[답] ①

4 나트륨등의 이론 효율[lm/W]은 약 얼마인가?

① 255   ② 300   ③ 395   ④ 500

해 설 ★★★★

나트륨등은 분광 분포가 D선이 전 복사(방사) 에너지의 76[%]이고 그 비시감도는 0.765이다. 최대시감도는 680[lm/W]이므로 효율을 계산하면
$\eta = 680 \times 0.765 \times 0.76 = 395.352$[lm/W]이다.

[답] ③

5 탄소 아크용접에 대한 설명으로 옳지 않은 것은?

① 심(芯)이 들은 탄소봉을 사용하면 교류로도 사용될 수 있다.
② 전원은 주로 교류를 사용한다.
③ 탄소봉을 음극으로 하고 모재를 양극으로 한 정극을 사용한다.
④ 가스용접에 비해 용접이 빠르고 경제적이다.

해 설 ★★★

탄소 아크용접은 일정한 방전을 얻기 위하여 직류를 사용한다.

[답] ②

6 진공 텅스텐 전구에 사용되는 게터는?

① 적린   ② 질화바륨
③ 탄산칼슘   ④ 소오다 석회

해 설 ★★★★★

게터는 전구내에 잔류하는 공기에 의한 산화 및 흑화를 방지하는 것으로, 진공 전구에는 적린을 사용한다.

[답] ①

7 반사율 ρ, 투과율 τ, 흡수율 δ일 때 이들의 관계식은?

① $-\rho+\tau+\delta=1$ ② $\rho+\tau+\delta=1$
③ $\rho+\tau+\delta=-1$ ④ $\rho-\tau-\delta=1$

해설 ★★★★★

반사율 + 투과율 + 흡수율 = 1

[답] ③

8 어떤 전열기에서 5분 동안에 900,000[J]의 일을 했다고 한다. 이 전열기에서 소비한 전력은 몇 [W]인가?

① 450   ② 1,800
③ 3,000   ④ 18,000

해설 ★★★★★

전력×시간 = 전력량
1[J]=1[Ws], 1[J/s]=1[W]
$W = Pt$, $P = \dfrac{W}{t} = \dfrac{900,000}{5 \times 60} = 3,000[W]$

[답] ③

9 그림과 같은 반구형 천정이 있다. 반지름 r, 휘도 B이고 균일하다. 이때 h의 거리에 있는 바닥의 중앙점의 조도는 얼마나 되는가?

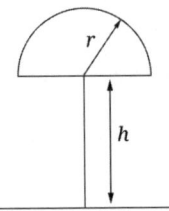

① $\dfrac{\pi r^2 B}{r^2+h^2}$ ② $\dfrac{\pi r^2 B}{\sqrt{r^2+h^2}}$

③ $\dfrac{\pi r^2 B}{r+h}$ ④ $\dfrac{r^2 B}{\sqrt{r^2+h^2}}$

해설 ★★★★★

반구형 천장의 조도는 $E = \pi B sin^2\theta [lx]$이다.
$E = \pi B(\dfrac{r}{\sqrt{r^2+h^2}})^2 = \pi B \dfrac{r^2}{r^2+h^2}[lx]$

[답] ①

10 직접 가열식 저항로의 고온을 가열하여 흑연화시키는 데 이용되는 전극은?

① 텅스텐 전극   ② 니켈 전극
③ 탄소 전극   ④ 철 전극

해설 ★★★★

직접저항로인 흑연화로는 탄소전극을 사용한다.

[답] ③

11 열차가 주행할 때 중력에 의하여 발생하는 저항으로 두 점간의 수평거리와 고저차의 비로 표시되는 저항은?

① 출발저항 ② 구배저항
③ 곡선저항 ④ 주행저항

해 설 ★★★★★

구배저항은 열차가 경사면을 올라갈 때 중력에 의하여 발생하는 저항이다.

[답] ②

12 표준전구의 광도 40[cd], 반사판과의 거리 80[cm], 피측정 전구까지의 거리 1.2[m]인 곳에서 광도계 두부가 평형이 되었다면, 피측정 전구의 광도는 몇 [cd]인가?

① 60 ② 70 ③ 80 ④ 90

해 설 ★★★

표준전구의 광도 I_1, 피측정 전구의 광도 I_2인 경우, 거리 역제곱의 법칙으로 계산한다.

$\frac{I_1}{0.8^2} = \frac{I_2}{1.2^2}$, $I_2 = \frac{1.2^2}{0.8^2} \times 40 = 90[cd]$

[답] ④

13 파이로 루미네슨스를 이용한 것은?

① 텔레비전 영상 ② 수은등
③ 네온관등 ④ 발염 아크등

해 설 ★★★

파이로 루미네슨스는 발염 아크등에 사용한다.
파이로 루미네슨스는 알칼리 금속을 알코올 램프의 불꽃 속에 넣을 때 발광하는 현상이다.

[답] ④

14 다음 중 1차 전지가 아닌 것은?

① 망간건전지 ② 공기전지
③ 수은전지 ④ 연축전지

해 설 ★★★★★

연축전지 = 납축전지
연축전지는 충전을 반복적으로 할 수 있는 2차 전지이다. 1차 전지는 충전을 반복적으로 할 수 없다.

[답] ④

15 백열전구의 전압이 10[%] 저하하면 광속의 감소율은? (단, 광속은 전압의 3.4제곱에 비례한다.)

① 약 15[%] ② 약 20[%]
③ 약 30[%] ④ 약 35[%]

해 설 ★★

$F_1 : F_2 = V_1^{3.4} : V_2^{3.4}$, $F_2 = (\frac{90}{100})^{3.4} F_1 = 0.698 F_1$
$(1 - 0.698) \times 100 = 30.2[\%]$

[답] ③

16 유전가열에서 피열물내의 소비전력에 비례하는 것은? (단, ε : 피열물의 비유전율, $\tan\delta$: 유전체 손실각, E : 전계의 세기, 주파수 : 일정)

① $\varepsilon \cdot \tan\delta \cdot E^2$ ② $\varepsilon \cdot \tan\delta \cdot E$
③ $\frac{\tan\delta}{\varepsilon} \cdot E^2$ ④ $\frac{\tan\delta}{\varepsilon} \cdot E$

해 설 ★★★★★

단위 체적당 유전체의 소비전력식이다.

$p = \frac{5}{9} E^2 f \varepsilon_s \tan\delta \times 10^{-6} [W/m^3]$
$= \frac{5}{9} E^2 f \varepsilon_s \tan\delta \times 10^{-12} [W/cm^3]$

[답] ①

17 권상하중 10[t], 권상속도 8[m/min]인 권상기의 권상용 전동기의 소요동력[kW]은 약 얼마인가? (단, 권상장치의 효율은 67[%]이다.)

① 10.5   ② 19.5
③ 29.5   ④ 39.5

해 설 ★★★★★

$$P = \frac{WV}{6.12\eta}k = \frac{10 \times 8}{6.12 \times 0.67} = 19.51[\text{kW}]$$

[답] ②

18 전기가열 방식 중 전기적 절연물에 교번 전계를 가할 때 물체 내부의 전기쌍극자의 회전에 의해 발열하는 가열방식은?

① 저항 가열   ② 유도 가열
③ 유전 가열   ④ 전자빔 가열

해 설 ★★★★★

유전가열은 교번 전계 내에서 유전체(절연체)의 손실 에너지를 이용하는 가열법이다.

[답] ③

19 화학공장 등의 폭발성 가스가 많은 곳에 사용하는 전동기는?

① 방수형 전동기   ② 방진형 전동기
③ 방식형 전동기   ④ 방폭형 전동기

해 설 ★★★

방폭형 전동기는 폭발성 가스가 많은 곳에서 안전하게 사용하는 전동기이다.

[답] ④

20 흡상 변압기의 주된 용도는?

① 전원의 불평형을 조정하는 변압기이다.
② 궤도용 신호 변압기이다.
③ 전기기관차의 보조 변압기이다.
④ 전자유도를 경감시키는 변압기이다.

해 설 ★★★

흡상변압기(Booster Transformer)는 권수비가 1:1인 단권변압기이다. 전차선의 귀선에서 누설되는 전류에 의한 통신유도 장해를 방지하기 위한 변압기이다. 현재 우리나라는 교류전차선로가 모두 AT 방식이며, 국제적으로 전기철도 초기에 사용하였다.

[답] ④

• 전기공사산업기사 필기 전기응용

2013년 기출문제

제 1 회 전기공사산업기사 필기시험

1 목표값이 시간에 따라 변화하는 것을 목표값에 제어량을 추종하도록 하는 제어가 아닌 제어는?

① 프로그램 제어 ② 비율 제어
③ 정치 제어 ④ 추치 제어

해 설 ★★★

추치 제어는 출력변동을 조정하면서 목표값에 정확하게 추종하도록 하는 제어계이다. 프로그램 제어, 추종 제어, 비율 제어로 구분한다.

[답] ③

2 일반적으로 사용되는 서미스터는 온도가 증가할 때 저항값 변화는?

① 감소한다. ② 증가한다.
③ 임의로 변한다. ④ 변화가 없다.

해 설 ★★★★

온도가 높아지면 저항은 감소한다. 반도체인 서미스터는 온도계수가 부(-)특성이다.

[답] ①

3 배리스터의 주된 용도는?

① 전압 증폭
② 온도 보상
③ 출력 전류 조절
④ 스위칭 과도 전압에 대한 회로 보호

해 설 ★★★

배리스터는 이상 전압에 대하여 회로 보호용으로 사용한다.

[답] ④

4 가스입 전구에 아르곤 가스를 넣을 때에 질소를 봉입하는 이유는?

① 대류작용 촉진 ② 대류작용 억제
③ 아크 억제 ④ 흑화 방지

해 설 ★★★

아르곤 가스에 질소를 섞으면 아크를 억제하여 수명을 길게 한다.

[답] ③

5 전기 도금에 사용되는 전원 장치로 적합한 것은?

① 건전지 ② 유도 발전기
③ 셀렌 정류기 ④ 교류 발전기

해 설 ★★★★★

반도체 정류기가 적합하다.

[답] ③

6 자동제어에서 검출장치로 소형 직류 발전기를 사용하였다. 이것은 다음 중 무엇을 검출하기 위한 것인가?

① 속도 ② 온도 ③ 위치 ④ 유량

해 설 ★★★

자동 제어에서 속도 검출기로는 소형 직류 발전기, 주파수 검출법 등이 있다.

[답] ①

7 3,300[K]에서 흑체의 최대 파장[μm]은 약 얼마인가? (단, 빈의 변위 법칙에서 상수 값은 2,896[μ·K]이다.)

① 0.878 ② 1.140
③ 1.579 ④ 1.899

해 설 ★

흑체복사의 최대 에너지 파장은 그 절대온도에 반비례한다.

$\lambda_m = \dfrac{2,896}{3,300} = 0.8775[\mu m]$

[답] ①

8 단상 유도전동기의 기동법에서 기동 토크가 큰 순으로 알맞은 것은?

① 콘덴서 기동형 - 분상 기동형 - 반발 기동형
② 반발 기동형 - 분상 기동형 - 콘덴서 기동형
③ 반발 기동형 - 분상 기동형 - 세이딩 코일형
④ 콘덴서 기동형 - 반발 기동형 - 세이딩 코일형

해 설 ★★★★★

기동토크가 큰 순서는 반발 기동형, 반발 유도형, 콘덴서 기동형, 분상 기동형, 세이딩 코일형 순이다.

[답] ③

9 인쇄도장, 난방, 보온, 조리 등 각 분야에서 많이 응용되고 있으며 전구의 필라멘트 온도는 2,400~2,500[K]로서 수명은 약 5,000시간 정도이고 내열유리를 사용하고 있는 전구는?

① 적외선 전구 ② 할로겐 전구
③ 자동차용 전구 ④ 투광기용 전구

해 설 ★★★

적외선 전구의 필라멘트 온도는 2,400~2,500[K], 수명은 5,000~10,000[h]이다.

[답] ①

10 레일 본드와 관계가 없는 것은?

① 진동 방지 ② 동 연선 사용
③ 전기저항 감소 ④ 전압강하 저하

해 설 ★★★★★

레일 본드는 레일과 레일 사이 유간을 연동선으로 접속하여 전기저항을 감소하는 것이다. 따라서 전압강하도 감소한다.

[답] ①

11 철차의 반대쪽 궤조 측에 설치하는 궤조는?

① 전철기 ② 철차
③ 호륜 궤조 ④ 도입 궤조

해 설 ★★★★★

철차가 있는 곳은 레일(궤조)이 중단되므로 차륜을 분기 선로로 유도하고 탈선을 막기 위해서 반대쪽 레일에 설치하는 보조 궤조가 호륜 궤조이다.

[답] ③

12 프로젝션 용접의 특징이 아닌 것은?

① 작업속도가 빠르다.
② 용접의 신뢰도가 높다.
③ 판재의 두께가 다른 것도 용접할 수 있다.
④ 피치가 작은 용접은 불가능하다.

해 설 ★★★

프로젝션 용접(돌기 용접)은 돌기 부분이 녹아서 용접이 된다.

[답] ④

13 적외선 건조에 대한 설명으로 틀린 것은?

① 효율이 좋다.
② 온도 조절이 쉽다.
③ 대류열을 이용한다.
④ 많은 장소가 필요하지 않다.

해 설 ★★★★★

적외선 건조는 적외선전구에서 발산하는 복사열을 이용한다.

[답] ③

14 직류 직권전동기의 용도로 적당한 것은?

① 크레인용   ② 전기 철도용
③ 압연기용   ④ 공작 기계용

해 설 ★★★★★

직류 직권전동기는 토크가 전류의 제곱에 비례한다. 따라서 큰 토크가 필요한 전기 철도용 전동기로 적당하다.

[답] ②

15 피열물에 직접 통전하여 발열시키는 직접식 저항로가 아닌 것은?

① 카바이드로   ② 염욕로
③ 흑연화로   ④ 카보런덤로

해 설 ★★★★

직접 저항로의 종류는 흑연화로, 카바이드로, 카보런덤로이며, 간접저항로인 염욕로는 전극사이에서 용융염(소금)을 발열체로 1,300[℃]의 액체로 가열한다.

[답] ②

16 서로 관계 깊은 것들끼리 짝지은 것이다. 옳지 않은 것은?

① 유도가열 - 와전류손
② 형광등 - 스토크스 정리
③ 표면가열 - 표피효과
④ 열전온도계 - 톰슨효과

해 설 ★★★★

제벡 효과는 두 금속을 접속하여 폐회로를 만들고 두 접점에 온도차를 주면 열기전력이 발생한다. 이 원리를 이용한 것이 열전 온도계이다.

[답] ④

17 전기 화학 당량의 단위는?

① [C/g]   ② [g/C]
③ [g/K]   ④ [Ω/m]

해 설 ★★

전기 화학당량은 1[C]의 전기량으로 석출하는 물질의 량[g]이며, K[g/C]이다.

[답] ②

18 열차 제동 방법 중 전기에너지를 트롤리선으로 반환하는 제동 방법은?

① 전자 제동　　② 유압 제동
③ 발전 제동　　④ 회생 제동

해 설 ★★★★★

전동기를 전원에 접속한 상태에서 전동기의 역기전력을 전원 전압보다 높게 하고 회전자의 운동 에너지로 발생되는 전력을 전원에 반환하며 제동하는 방식이 회생 제동이다.

[답] ④

19 피드백 제어계의 특징이 아닌 것은?

① 외부 조건의 변화에 대한 영향을 감소할 수 있다.
② 제어계의 특성을 향상시킬 수 있다.
③ 목표값을 정확히 달성할 수 있다.
④ 제어계가 단순하고 제작비용이 낮아질 수 있다.

해 설 ★★★

피드백 제어계는 복잡하고 제작비용이 많아진다.

[답] ④

20 10층 빌딩에 설치된 적재중량 1,000[kg]의 엘리베이터 승강속도를 60[m/min]로 할 때 필요한 전동기의 출력은 약 몇 [kW]인가? (단, 평형추의 평형률은 0.6, 효율은 1이다.)

① 3　　② 6
③ 10　　④ 13

해 설 ★★★★★

$1,000[kg] = 1[ton]$
전동기 출력
$P = \dfrac{WVK}{6.12\eta}[kW] = \dfrac{1 \times 60 \times 0.6}{6.12 \times 1} = 5.882[kW]$

[답] ②

제 2 회 전기공사산업기사 필기시험

1 전동기 운전 시 발생하는 진동 중 전자력의 불평형이 원인인 경우는?

① 회전자의 정적 및 동적 불균형
② 베어링의 불균형
③ 상대기계와의 연결 불량 및 설치 불량
④ 회전 시 공극의 변동

해 설 ★★★

고정자권선의 회전자계의 축과 회전자의 축이 일치하지 않으면 전동기 운전 시 공극이 반복적으로 변하고 자기저항이 변하여 전자력이 변한다.

[답] ④

2 고융점 재료 및 금속박 재료의 용접을 쉽게 할 수 있는 가열 방식은?

① 저항 가열   ② 아크 가열
③ 유도 가열   ④ 전자빔 가열

해 설 ★★★★★

전자빔 가열은 가열범위를 극히 국한된 부분에 집중할 수 있다. 따라서 고융점 재료 및 금속박 재료의 용접이 용이하다.

[답] ④

3 전기차량의 집전 장치가 아닌 것은?

① 트롤리 봉   ② 복진지
③ 뷔겔   ④ 팬터 그래프

해 설 ★★★★★

일반적으로 전기차량의 집전자는 팬터 그래프, 트롤리 봉, 뷔겔이다.

[답] ②

4 그림과 같은 점광으로부터 원뿔의 밑면까지의 거리가 4[m]이고, 밑면의 반경이 3[m]인 원형면의 평균 조도가 100[lx]라면 이 점광원의 평균 광도[cd]는?

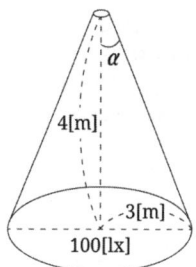

① 225   ② 250
③ 2,250   ④ 2,500

해 설 ★★★

조도 $E = \dfrac{F}{S} = \dfrac{\omega I}{\pi r^2}$

$= \dfrac{2\pi(1-\cos\alpha)I}{\pi r^2} = \dfrac{2I}{r^2}(1-\cos\alpha)$

$100 = \dfrac{2I\left(1-\dfrac{4}{5}\right)}{3^2}$, $I = \dfrac{900}{0.4} = 2,250$[cd]

[답] ③

5 진공도가 $10^{-4} - 10^{-5}$[mmHg] 정도의 진공 중에서 가열된 텅스텐 합금의 음극으로부터 튀어나온 전자를 직류 고전압으로 가속해서 피용접물에 집중하여 용접하는 방법은?

① 전자빔 용접　② 플라즈마 용접
③ 레이저 용접　④ 초음파 용접

해 설 ★★★

전자빔 용접은 가열범위를 극히 국한된 부분에 집중할 수 있다. 따라서 고융점 재료 및 금속박 재료의 용접이 용이하다. 작업이 진공 중에서 행해진다. 실리콘, 티탄이나 몰리브덴 등의 용접이 용이하다.

[답] ①

6 연축전지(납축전지)의 방전이 끝나면 그 양(+)극은 어느 물질로 되는가?

① Pb　　② PbO
③ PbO_2　④ $PbSO_4$

해 설 ★★★★★

납(연)축전지의 화학 반응식은 다음과 같다.

$PbO_2 + 2H_2SO_4 + Pb$
(양극　전해액　음극)
충전 ⇅ 방전
$PbSO_4 + 2H_2O + PbSO_4$
(양극　전해액　음극)

[답] ④

7 다음 설명 중 비열을 설명한 것은?

① 단위 시간에 흐른 열량이다.
② 기체나 액체의 운동, 열의 전달이다.
③ 1[g]의 물체를 1[℃] 상승시키는 데 필요한 열량이다.
④ 적외선이나 광 등의 복사에너지에 의해서 열이 전달되는 것이다.

해 설 ★★★

비열 c[cal/g·℃]은 물체 1[g]을 1[℃]만큼 온도를 상승시키는 데 필요한 열량[cal]이다.

[답] ③

8 평등 전계 하에서 방전 개시 전압은 기체의 압력과 전극 간 거리와의 곱의 함수가 된다는 것은?

① 스토크스의 법칙
② 스테판 볼츠만의 법칙
③ 파센의 법칙
④ 프랑크의 법칙

해 설 ★★★★★

방전 개시 전압은 방전관 내의 압력과 전극 간 간격의 곱으로 결정한다. 이 관계를 파센의 법칙이라 한다. 방전 개시 전압[V]은 압력 p × 전극 간의 간격 d와 관계된다.

[답] ③

9 루소 선도가 그림과 같이 표시되는 광원의 하반구 광속은 약 몇 [lm]인가?

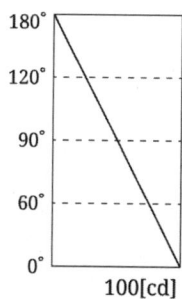

① 371
② 471
③ 571
④ 671

해 설 ★★★

하반구 광속 구할 때 면적 : 0°~90°의 면적이다.
광속 F와 면적 S에서 $F = \frac{2\pi}{r}S$, 그림에서
$r = 100$, $S = \frac{100(100+50)}{2} = 7,500$
$F = \frac{2\pi}{100} \times 7,500 = 150\pi = 471.238[\text{lm}]$

[답] ②

10 백열전구의 시험 항목에 해당되지 않는 것은?

① 구조 시험
② 투광 시험
③ 초특성 시험
④ 동정 특성 시험

해 설 ★★

백열전구의 시험 항목에 투광 시험은 없다.

[답] ②

11 다음의 소자 중 쌍방향성 사이리스터가 아닌 것은?

① DIAC
② TRIAC
③ SSS
④ SCR

해 설 ★★★★★

SCR은 단일방향성 3단자 제어용 사이리스터(thyristor)이다.

[답] ④

12 다음 중 전기저항 용접이 아닌 것은?

① 점용접
② 불꽃 용접
③ 심용접
④ 원자 수소 용접

해 설 ★★★★★

저항 용접은 점용접, 돌기용접, 심용접, 맞대기용접이 있다.

[답] ④

13 포토다이오드에 관한 설명 중 틀린 것은?

① 온도 특성이 나쁘다.
② 빛에 대하여 민감하다.
③ PN 접합에 역방향으로 바이어스를 가한다.
④ PN 접합의 순방향 전류가 빛에 대하여 민감하다.

해 설 ★★★

포토다이오드는 온도 특성이 좋으며, 반도체의 접합부에 빛을 조사하면 전기가 발생한다. 빛을 감지하는 광센서 등에 사용한다.

[답] ①

14 1.2[L]의 물을 15[℃]에서 75[℃]까지 10분 간 가열시킬 때 전열기의 용량[W]은? (단, 효율은 70[%]이다.)

① 720　　② 795
③ 856　　④ 942

해 설 ★★★★

$$P = \frac{mc\theta}{860t\eta} = \frac{1.2 \times 1 \times (75-15)}{860 \times \frac{10}{60} \times 0.7}$$
$$= 0.717[kW] \fallingdotseq 720[W]$$

[답] ①

15 황산 용액에 양극으로 구리 막대, 음극으로 은 막대를 두고 전기를 통하면 은 막대는 구리색이 나는 것을 무엇이라고 하는가?

① 전기 도금　　② 이온화 현상
③ 전기 분해　　④ 분극 작용

해 설 ★★★

도금하고자 하는 금속을 양극에 도금되는 금속을 음극으로 하여 직류를 인가한다. 전해액 중에서 전기분해로 음극에서 금속을 석출한다.

[답] ①

16 연속식 압연기용 전동기에 대한 자동 제어는?

① 정치 제어　　② 추종 제어
③ 프로그래밍 제어　④ 비율 제어

해 설 ★★★★★

압연기용 전동기는 일정속도를 필요로 한다. 따라서 제어량을 어떤 일정한 목표값으로 유지시키는 정치 제어이다.

[답] ①

17 전구에 게터(getter)를 사용하는 목적은?

① 광속을 많게 한다.
② 전력을 적게 한다.
③ 효율을 좋게 한다.
④ 수명을 길게 한다.

해 설 ★★★

게터는 유리구에 남아있는 수소나 산소와 화합한다. 따라서 필라멘트의 증발이 감소하고 수명을 길게 한다.

[답] ④

18 자동제어 분류에서 제어량에 의한 분류가 아닌 것은?

① 서보 기구　　② 프로세스 제어
③ 자동 조정　　④ 정치 제어

해 설 ★★★★

제어량의 종류에 의한 분류는 서보 제어, 자동 조정 제어, 프로세스 제어이다. 정치 제어는 제어목적에 의한 분류이다.

[답] ④

19 저압 나트륨등의 특성에 관한 설명으로 틀린 것은?

① 증기압은 4×10^{-3}[mmHg]이다.
② 광원의 광색이 단일광색이다.
③ 요철 식별이 우수하고 연색성이 좋다.
④ 간선도로, 터널 등의 도로조명에 주로 사용된다.

해 설 ★★★

저압 나트륨등은 연색성이 나쁘다. 파장이 길어 투과력이 좋고, 효율이 가장 높고, 도로나 터널 조명 등에 사용된다.

[답] ③

20 전기 철도에서 전식을 방지하는 방법이 아닌 것은?

① 전차선 전압을 승압한다.
② 변전소 간격을 단축한다.
③ 도상의 절연저항을 작게 한다.
④ 귀선로의 저항을 적게 한다.

해 설 ★★★★

노반 위에 자갈을 깔고 그 위에 침목을 배치한다. 도상은 자갈을 깐 부분으로 배수를 잘되게 하고 소음을 감소하는 효과가 있으며, 전식 방지와 무관하다.

[답] ③

제 4 회 전기공사산업기사 필기시험

1 열전 온도계의 특징에 대한 설명으로 잘못된 것은?

① 적절한 열전대를 선정하면 0~2,500[℃] 온도 범위의 측정이 가능하다.
② 응답속도가 늦으나 시간지연에 의한 오차가 비교적 적다.
③ 특정한 위치나 좁은 장소의 온도 측정이 가능하다.
④ 온도가 열기전력으로써 검출되므로 측정, 조절, 증폭, 변환 등의 정보처리가 용이하다.

해 설 ★★

열전온도계는 응답속도가 빠르며 시간 지연에 의한 오차가 비교적 적다.

[답] ②

2 전기 철도의 궤간에 대한 설명으로 옳은 것은?

① 궤조를 직접 지지한다.
② 철도차량을 주행시키는 선로이다.
③ 1,435[mm]의 궤간을 표준궤간이라 한다.
④ 기온차를 대비한 레일의 간격이다.

해 설 ★★★★★

궤간은 레일(궤조)의 상호 간격으로 표준 궤간은 1,435[mm]이다.

[답] ③

3 백열전구의 봉함부 도입선으로 쓰이는 재료는?

① 니켈강에 동을 피복한 것(듀밋선)
② 몰리브덴 선
③ 동에 니켈강을 피복한 것(텅스텐 선)
④ 동선

해 설 ★★★

듀밋선은 니켈강에 구리를 피복한 것으로 체적팽창계수가 유리와 비슷하다.

[답] ①

4 평균 구면광도 I[cd]인 전등으로부터 방사되는 전광속 F[lm]는?

① 4π ② π
③ $\pi^2 I$ ④ $4\pi I$

해 설 ★★★★★

전구의 방사 전광속은 $F = 4\pi I$[lm]이다.

[답] ④

5 열 회로에서 열용량의 단위는?

① [J/℃·cm] ② [J/℃]
③ [J/cm² ℃] ④ [J/cm³ ℃]

해 설 ★★

열용량은 물체의 온도를 1[℃] 높이는 데 필요한 열량[J]이다.

[답] ②

6 동력 전달 효율이 78.4[%]의 권상기로 30[t]의 하중을 매분 4[m]의 속력으로 끌어올리는 데 필요한 동력[kW]은?

① 14　② 18　③ 21　④ 25

> **해 설**　★★★★★
>
> 권상기의 동력
> $P = \dfrac{WV}{6.12\eta}k = \dfrac{30 \times 4}{6.12 \times 0.784} \times 1 = 25.01[\text{kW}]$,
> 여유계수(손실계수) k는 주어지지 않는 경우 1로 한다.
>
> [답] ④

7 다음 중 기중기의 종류가 아닌 것은?

① 벨트 기중기　② 천장 기중기
③ 갠트리 기중기　④ 지브 기중기

> **해 설**　★★★
>
> 기중기의 종류는 천장 기중기, 갠트리 기중기, 지브 기중기, 탑형 기중기가 있으며 벨트 기중기는 없다.
>
> [답] ①

8 5[kg]의 강재를 20[℃]에서 85[℃]까지 35초 사이에 가열하면 몇 [kW]의 전력이 필요한가? (단, 강재의 평균 비열은 0.15[kcal/℃kg]이고 강재에서 온도의 방사는 무시)

① 약 3.5　② 약 4.0
③ 약 5.3　④ 약 5.8

> **해 설**　★★★★
>
> 가열에 필요한 전력 :
> $P = \dfrac{mc\theta}{860t\eta} = \dfrac{5 \times 0.15 \times (85-20)}{860 \times \frac{35}{3,600}} = 5.830[\text{kW}]$
>
> [답] ④

9 터널 내에 설치하는 터널 조명의 기능에 따른 분류에 해당되지 않는 것은?

① 중앙 조명　② 입구 조명
③ 출구 조명　④ 기본 조명

> **해 설**　★★★★★
>
> 터널 내부 조명에는 기본 조명, 입구 조명, 출구 조명이 있다.
>
> [답] ①

10 SCR의 애노드 전류가 20[A]로 흐르고 있을 때 게이트 전류를 반으로 줄이면 애노드 전류는 몇 [A]가 되는가?

① 0　② 10
③ 20　④ 40

> **해 설**　★★★
>
> SCR의 게이트전류는 펄스이며 도통 후 애노드 전류의 크기는 게이트 전류와 관계없다.
>
> [답] ③

11 열차의 운전 방법에 의한 전력 소비량을 감소시키는 방법이 아닌 것은?

① 가속도를 크게 한다.
② 감속도를 크게 한다.
③ 표정 속도를 작게 한다.
④ 차량의 중량을 가볍게 한다.

> **해 설**　★★★
>
> 열차의 운전 방법으로 한정한 전력 소비량을 감소시키는 방법이므로 차량의 중량은 관계없다.
>
> [답] ④

12 직접 조명 시 벽면을 이용할 경우 등기구와 벽면 사이의 간격 S_0는? (단, H는 작업면에서 광원까지의 높이이다.)

① $S_0 \leq \dfrac{H}{3}$ ② $S_0 \leq \dfrac{H}{2}$
③ $S_0 \leq 1.5H$ ④ $S_0 \leq 2H$

해 설 ★★★★★

광원과 벽면 거리
- $S_0 \leq \dfrac{H}{2}$: 벽면을 이용하지 않을 경우
- $S_0 \leq \dfrac{H}{3}$: 벽면을 이용할 경우

[답] ①

13 전압, 속도, 주파수, 역률을 제어량으로 하는 제어계는?

① 자동 조정 ② 추종 제어
③ 프로세스 제어 ④ 피드백 제어

해 설 ★★★★

자동 조정 제어는 제어량이 전기와 동력에 관계되는 전압, 전류, 속도, 주파수, 장력 등이다.

[답] ①

14 기체 또는 금속 증기 내의 방전에 따른 발광현상을 이용한 것으로 수은등, 네온관등에 이용된 루미네슨스는?

① 결정 루미네슨스
② 화학 루미네슨스
③ 전기 루미네슨스
④ 열 루미네슨스

해 설 ★★★

전기 루미네선스는 기체 중의 방전에 따른 발광현상이다. 방전등의 원리이다.

[답] ③

15 유전가열에 관한 사항이다. 관계되지 않는 것은?

① 선택가열이 용이
② 균일 가열 가능
③ 온도 제어 용이
④ 열전 효과 이용

해 설 ★★★★

유전가열은 유전체손을 이용한 가열방법이다. 열전효과와 관계없다.

[답] ④

16 태양전지에 이용되는 효과는?

① 광전자 방출 효과
② 광기전력 효과
③ 핀치 효과
④ 펠티어 효과

해 설 ★★★★★

태양전지는 반도체소자에 태양광을 조사하여 기전력을 얻는 원리이다.

[답] ②

17 화학공업 제품의 생산에 전기로를 이용할 경우 연료를 사용하는 연소로에 비해 장점이 아닌 것은?

① 불순물의 혼입을 막을 수 있다.
② 광범위한 온도를 얻을 수 있다.
③ 정밀도가 높은 온도 제어가 가능하다.
④ 낮은 온도를 얻을 수 있으며 효율이 낮다.

해 설 ★★★

전기로는 높은 온도를 얻을 수 있고 정밀한 온도 제어가 가능한 점이 장점이다.

[답] ④

18 내경 r_1, 외경 r_2인 중공 원통의 내외간의 온도차가 θ라고 하면 이 사이를 통하는 길이 l의 원통의 열류 I를 나타내는 식은? (단, 고유 열저항을 ρ라고 한다.)

① $I = \dfrac{2\pi\theta}{\rho l}$ ② $I = \dfrac{2\pi\theta l}{\rho}$

③ $I = \dfrac{2\pi\theta}{\rho l \log \dfrac{r_2}{r_1}}$ ④ $I = \dfrac{2\pi l\theta}{\rho \log \dfrac{r_2}{r_1}}$

해설 ★★

열 옴의 법칙을 적용한다.
$$I = \dfrac{\theta}{R} = \dfrac{\theta}{\dfrac{\rho}{2\pi l}\int_{r_1}^{r_2}\dfrac{1}{r}dr} = \dfrac{2\pi l\theta}{\rho[\log r]_{r_1}^{r_2}} = \dfrac{2\pi l\theta}{\rho \log \dfrac{r_2}{r_1}}$$

[답] ④

19 500[W]는 약 몇 [cal/s]인가?

① 71 ② 86 ③ 98 ④ 120

해설 ★★★★★

열량 : $H = 0.24Pt$
$\quad = 0.24 \times 500 \times 1 = 120[\text{cal/s}]$

[답] ④

20 200[W]의 전구를 우유색 구형 글로브에 넣었을 경우 우유색 유리 반사율을 30[%], 투과율을 60[%]라고 할 때 글로브의 효율 [%]은 얼마인가?

① 75 ② 85.7
③ 116.3 ④ 133.3

해설 ★★★★★

글로브는 전등의 눈부심을 방지하는 것이다.
$\eta = \dfrac{\tau}{1-\rho} = \dfrac{0.6}{1-0.3} = 0.857 = 85.7[\%]$

[답] ②

• 전기공사산업기사 필기 | 전기응용

2014년 기출문제

제1회 전기공사산업기사 필기시험

1 서미스터의 저항값이 감소한다는 것은 서미스터의 온도 변화와 어떤 관계를 갖는가?

① 서미스터의 온도가 상승하고 있다.
② 서미스터의 온도가 낮아지고 있다.
③ 서미스터의 온도는 변화가 없이 일정하다.
④ 서미스터의 온도변화와 관련이 없다.

해설 ★★★★

반도체 소자는 온도계수가 부(−)이다. 온도가 오르면 저항은 감소한다. 따라서 서미스터는 온도가 상승하는 경우 전기 저항값이 감소한다.

[답] ①

2 서보 전동기(servo motor)는 서보기구에서 주로 어느 부의 기능을 맡는가?

① 검출부   ② 제어부
③ 비교부   ④ 조작부

해설 ★★★★

서보기구에서 서보 전동기는 조작부의 역할을 한다.

[답] ④

3 복진 방지(Anti-Creeper)방법으로 적당하지 않은 것은?

① 레일에 임피던스 본드를 설치한다.
② 철도용 못을 이용하여 레일과 침목과의 체결력을 강화한다.
③ 레일에 앵커를 부설한다.
④ 침목과 침목을 연결하여 침목의 이동을 방지한다.

해설 ★★★★★

임피던스 본드는 전기차의 귀로 전류를 흐르게 하고, 신호 전류는 흐르지 못하게 하는 본드로 복진 방지와 무관하다.

[답] ①

4 전동기 절연물의 종별에서 허용온도 상승한도가 130[℃]인 것은 어느 것인가?

① Y종   ② A종   ③ E종   ④ B종

해설 ★★★★

절연물의 종별에서 B종 절연물은 허용온도가 130[℃]이다.

[답] ④

5 형광등의 광속이 감소하는 원인이 아닌 것은?

① 전극의 소모에 의한 열전자방출의 감소
② 램프 양단의 흑화 현상
③ 형광체의 열화
④ 형광등의 부 특성

해 설 ★★★

형광등의 부 특성은 점등 후 전류가 증가하면 전압이 낮아지는 특성이다. 따라서 광속의 감소원인과 무관하다.

[답] ④

6 교류식 전기철도에서 전압 불평형을 경감시키기 위해 사용되는 급전용 변압기는?

① 흡상 변압기
② 단권 변압기
③ 크로스 결선 변압기
④ 스코트 결선 변압기

해 설 ★★★★★

3상 전원을 2상으로 변환하며 2상의 각 부하가 평형일 때 3상 전원이 평형이 되도록 하는 결선을 스코트 결선이라 한다.

[답] ④

7 전동기의 토크 단위는?

① [kg]   ② [kg·m²]
③ [kg·m]   ④ [kg·m/s]

해 설 ★★★★★

토크의 단위는 [N·m] 또는 [kg·m]이다.

[답] ③

8 블록선도에서 $\dfrac{C}{R}$는 얼마인가?

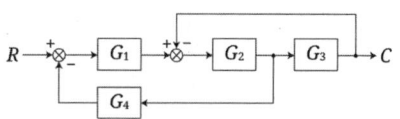

① $\dfrac{G_1 G_2 G_3}{1 + G_2 G_3 + G_1 G_2 G_4}$

② $\dfrac{G_2 G_3 G_4}{1 + G_1 G_2 + G_1 G_2 G_3 G_4}$

③ $\dfrac{G_2 G_3}{1 + G_1 G_2 + G_3 G_4}$

④ $\dfrac{G_4}{1 + G_1 + G_2 G_3 G_4}$

해 설 ★★★

전달함수는 다음과 같이 간단하게 구할 수 있다.

$$G(s) = \frac{C}{R} = \frac{\sum 전향경로}{1 - \sum 피드백경로}$$

$$= \frac{G_1 G_2 G_3}{1 - (-G_2 G_3 - G_1 G_2 G_4)}$$

$$= \frac{G_1 G_2 G_3}{1 + G_2 G_3 + G_1 G_2 G_4}$$

[답] ①

9 반사율 ρ, 투과율 τ, 반지름 r인 완전 확산성 구형 글로브의 중심에 광도 I의 점광원을 켰을 때, 광속 발산도는?

① $\dfrac{\tau I}{r^2(1-\rho)}$ ② $\dfrac{\rho I}{r^2(1-\tau)}$

③ $\dfrac{4\pi \rho I}{r^2(1-\tau)}$ ④ $\dfrac{\rho \pi}{r^2(1-\rho)}$

해 설 ★★★

광속 발산도는 광원 또는 글로브 표면에서 발산되는 단위 면적당 광속이다.

$$R = \frac{F\tau}{S} = \frac{\dfrac{\tau \cdot 4\pi I}{1-\rho}}{4\pi r^2} = \frac{\tau I}{r^2(1-\rho)} [\text{rlx}],$$

여기서 $\eta = \dfrac{\tau}{1-\rho}$은 글로브 효율이다.

[답] ①

10 그림과 같이 광원 L에 의한 모서리 B의 바닥면 조도가 20[lx]일 때, B로 향하는 방향의 광도[cd]는 약 얼마인가?

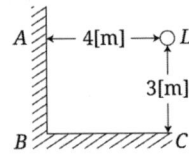

① 780　　② 833
③ 900　　④ 950

해 설 ★★

모서리 B의 조도는 $E = \dfrac{I}{r^2}\cos\theta$ [lx],

$E = 20 = \dfrac{I}{(\sqrt{4^2+3^2})^2} \times \dfrac{3}{\sqrt{4^2+3^2}}$ [lx]이다.

따라서 광도는

$I = \dfrac{20 \times 5^2}{\dfrac{3}{\sqrt{4^2+3^3}}} = 833.333$ [cd]이다.

[답] ②

11 고온도에 의한 환원으로 떨어진 조금속(粗金屬) 또는 정제 금속을 주입한 것을 양극으로 하고 목적 금속과 동일한 금속염을 함유한 수용액을 전해액으로 전해하여 순도가 높은 금속을 얻는 방법은?

① 전해정제　　② 전해채취
③ 전기도금　　④ 전해연마

해 설 ★★★

전기분해를 이용하여 순수한 금속만을 음극에서 석출하여 정제하는 것을 전해정제라 한다. 이 방법으로 정제하는 금속은 구리, 주석, 금, 은, 니켈 등이다.

[답] ①

12 150[W] 백열전구를 반경 20[cm], 투과율 80[%]의 글로브 속에서 점등시켰을 때의 휘도[sb]는 약 얼마인가? (단, 글로브의 반사는 무시하고 전구의 광속은 2,450[lm]이라 한다.)

① 0.124　　② 0.390
③ 0.487　　④ 0.496

해 설 ★★

글로브를 통하는 광속

$F' = 4\pi I = \tau F = 0.8 \times 2,450 = 1,960$ [lm]

광도 $I = \dfrac{1,960}{4\pi}$ [cd],

휘도 $B = \dfrac{I}{\pi r^2}$ [sb = cd/cm²]

$B = \dfrac{1,960}{4\pi \times \pi \times 20^2} = 0.124$ [cd/cm² = sb]

[답] ①

13 전열기에서 발열선의 지름이 1[%] 감소하면 저항 및 발열량은 몇 [%] 증감되는가?

① 저항 2[%] 증가, 발열량 2[%] 감소
② 저항 2[%] 증가, 발열량 2[%] 증가
③ 저항 4[%] 증가, 발열량 4[%] 감소
④ 저항 4[%] 증가, 발열량 4[%] 증가

해 설 ★

저항은 $R = \rho\dfrac{l}{s} = \rho\dfrac{l}{\pi(\dfrac{d}{2})^2} = \rho\dfrac{4l}{\pi d^2}$ [Ω]이다.

따라서 저항은 지름 제곱에 반비례한다.

$R' = \dfrac{R}{(1-0.01)^2} = \dfrac{R}{0.9801} = 1.020R$,

저항은 2[%] 증가한다.
발열량은 소비전력에 비례한다.

$H : H' = \dfrac{V^2}{R} : \dfrac{V^2}{R'}$

$\to H' = \dfrac{R}{R'}H = \dfrac{R}{1.02R}H = 0.98H$,

발열량은 2[%] 감소한다.

[답] ①

14 광속에 대한 설명으로 옳은 것은?

① 가시범위의 방사속을 눈의 감도를 기준으로 측정한 것
② 하나의 점광원으로부터 임의의 방향을 나타낸 것
③ 단위 시간당 복사되는 에너지
④ 피조면의 단위 면적당 입사되는 에너지

해 설 ★★★★★

광속은 가시범위인 파장 380~760[nm]의 방사속을 시감을 기준으로 측정한 것이며, 단위는 루멘[lm]이다.

[답] ①

15 사람의 눈이 가장 밝게 느낄 때의 최대 시감도는 약 몇 [lm/W]인가?

① 540   ② 555
③ 680   ④ 760

해 설 ★★★★★

최대 시감도는 파장 555[nm] 황록색이고, 시감도는 680[lm/W]이다.

[답] ③

16 유도가열의 용도에 가장 적합한 것은?

① 목재의 접착   ② 금속의 용접
③ 금속의 열처리 ④ 비닐의 접착

해 설 ★★★★★

유도가열은 도체의 와류 및 히스테리시스손을 이용한다. 용도는 금속의 열처리, 반도체 정련 등이다.

[답] ③

17 목재의 건조, 베니어판 등의 합판에서의 접착 건조, 약품의 건조 등에 적합한 전기 건조 방식은?

① 고주파 건조   ② 적외선 건조
③ 자외선 건조   ④ 아크 건조

해 설 ★★★★★

유전가열은 유전체(절연체)를 고주파수에 의한 유전체손으로 가열하는 것이다. 용도는 목재의 건조, 목재의 접착, 비닐막 가공 등이다.

[답] ①

18 알루미늄, 마그네슘의 용접에 가장 적합한 용접 방법은?

① 피복금속 아크용접
② 불꽃 용접
③ 원자 수소용접
④ 불활성가스 아크용접

해 설 ★★★

불활성가스 용접은 알루미늄이나 마그네슘의 용접 및 스테인리스강, 동 기타 이종 금속의 용접에 적당하다.

[답] ④

19 다음 사이리스터 중 2단자 양방향 소자는?

① SCR   ② LASCR
③ TRIAC   ④ DIAC

해 설 ★★★★

사이리스터(thyristor)의 종류 중 2단자 양방향 소자는 DIAC, SSS이다.

[답] ④

20 전극 및 용접부가 공기로부터 차단되어 산화방지 효과가 있는 용접은?

① 탄소 아크 용접
② 원자 수소 용접
③ 나금속 아크 용접
④ 불활성가스 아크 용접

해 설 ★★★

원자 수소 용접은 텅스텐 전극 사이의 아크와 여기에 수소 기류를 불어주어 포위하며 용접하는 방법이다. 수소 기류는 산화를 방지한다.

[답] ②

제 2 회 전기공사산업기사 필기시험

1 물을 전기분해할 때 수산화나트륨을 20[%] 정도 첨가하는 이유는?

① 물의 도전율을 높이기 위해
② 수소와 산소가 혼합되는 것을 막기 위해
③ 전극의 손상을 막기 위해
④ 열의 발생을 줄이기 위해

해 설 ★★★★★

물은 도전율이 낮으므로 전기분해 시 20[%] 정도의 수산화나트륨(NaOH) 또는 수산화칼륨(KOH)을 넣어 도전율을 높인다.

[답] ①

2 다음 SCR 기호 중 옳은 것은?

① 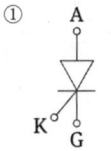 ②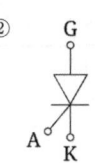

③ 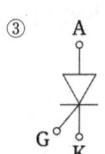 ④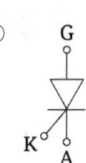

해 설 ★★★★★★

SCR은 애노드(A)에 (+), 케소드(K)에 (-), 게이트(G)에 (+)를 인가하면 도통한다.

[답] ③

3 초음파 용접의 특징으로 틀린 것은?

① 표면의 전처리가 간단하다.
② 가열을 필요로 하지 않는다.
③ 이종 금속의 용접이 가능하다.
④ 고체 상태에서의 용접이므로 열적 영향이 크다.

해 설 ★★★

초음파 용접은 고체 상태에서의 용접이므로 열적 영향이 적다. 또한 초음파 진동으로 표면의 산화 피막 등이 제거됨으로 다른 용접에 비하여 표면의 전처리가 간단하다.

[답] ④

4 인가전압 100[V]인 회로에서 매초 0.12[kcal]를 발열하는 전열기가 있다. 이 전열기의 용량은 몇 [W]이며, 이 전열기가 사용되고 있을 때 저항[Ω]은 얼마인가?

① 613.5, 16.2   ② 502.3, 19.9
③ 423.7, 23.6   ④ 353.4, 28.3

해 설 ★★

전력량과 열량의 환산관계에 다음과 같이 순차적으로 계산한다.
$4.186[J = W \cdot s] = 1[cal]$, $1[J] = 0.2389[cal]$
$Pt \times 0.2389 = 0.12 \times 1,000[cal]$,
$t = 1[s]$, $P = \dfrac{V^2}{R}[W]$
$P = \dfrac{0.12 \times 10^3}{0.2389 \times 1} = 502.302[W]$,
$H = 0.2389 \times \dfrac{V^2}{R}t[cal]$
$R = 0.2389 \times \dfrac{100^2}{0.12 \times 10^3} \times 1 = 19.908[\Omega]$

[답] ②

5 금속전극의 분극전위에서 과전압의 원인이 아닌 것은?

① 농도 과전압　② 천이 과전압
③ 온도 과전압　④ 결정화 과전압

해설 ★★

전극 표면의 저항물질의 생성인 피막저항이 생겼을 때 이것을 극복해서 반응이 일어나기 위한 과전압이 저항 과전압이다. 온도 과전압은 없다.

[답] ③

6 1,000[lm]을 복사하는 전등 10개를 100[m²]의 방에 설치하였다. 조명률 0.5, 감광 보상률 1.5일 때 방의 평균조도는 약 몇 [lx]인가?

① 23　② 33　③ 43　④ 53

해설 ★★★★★

광속법에 의한 조도계산을 다음과 같이 한다.
$FNU = EAD$ [lm]
$E = \dfrac{1,000 \times 10 \times 0.5}{100 \times 1.5} = 33.333$ [lx]

[답] ②

7 기중기로 150[t]의 하중을 2[m/min]의 속도로 권상시킬 때 필요한 전동기의 용량 [kW]은 약 얼마인가?
(단, 기계효율은 70[%]이다.)

① 70　② 80　③ 90　④ 100

해설 ★★★★★

$P = \dfrac{WV}{6.12\eta} k$ [kW], k : 여유계수(손실계수)는 주어지지 않는 경우 1로 한다.
$P = \dfrac{150 \times 2}{6.12 \times 0.7} \times 1 = 70.028$ [kW]

[답] ①

8 다음 중 열전대의 조합이 아닌 것은?

① 크롬-콘스탄탄　② 구리-콘스탄탄
③ 철-콘스탄탄　④ 크로멜-알루멜

해설 ★★★★★

크롬-콘스탄탄은 열전대의 조합이 아니다.

[답] ①

9 전기기기에 사용하는 각종 절연물의 종류별 허용 최고 온도로 옳은 것은?

① A : 120°　② B : 130°
③ C : 150°　④ E : 105°

해설 ★★★

절연의 종류	Y	A	E	B	F	H	C
허용 최고 온도[℃]	90	105	120	130	155	180	180 초과

[답] ②

10 다음 중 전기로의 가열방식이 아닌 것은?

① 저항 가열　② 유전 가열
③ 유도 가열　④ 아크 가열

해설 ★★★★★

전기로 종류는 가열방식에 따라 저항로, 유도로, 아크로가 있다. 유전 가열은 유전체(절연체)가 대상물이다.

[답] ②

11 전차선로의 철차(crossing)에 관한 설명으로 옳은 것은?

① 궤도를 분기하는 장치
② 차륜을 하나의 궤도에서 다른 궤도로 유도하는 장치
③ 열차의 진로를 완전하게 전환시키기 위한 전환장치
④ 열차의 통과 중 헐거움 또는 잘못된 조작이 없도록 하는 쇄정장치

해설 ★★★★★

철차(crossing)는 궤도를 분기하는 장치이고, 전철기는 차륜을 주 궤도에서 분기 궤도로 유도하는 장치이다.

[답] ①

12 플라이 휠 효과가 $GD^2[\text{kg} \cdot \text{m}^2]$인 동기의 회전자가 $n_2[\text{rpm}]$에서 $n_1[\text{rpm}]$으로 감속할 때 방출한 에너지[J]는?

① $\dfrac{GD^2(n_2-n_1)^2}{730}$
② $\dfrac{GD^2(n_2^2-n_1^2)}{730}$
③ $\dfrac{GD^2(n_2-n_1)^2}{375}$
④ $\dfrac{GD^2(n_2^2-n_1^2)}{375}$

해설 ★★★★★

운동 에너지 식

$W = \dfrac{1}{2}J\omega^2 = \dfrac{1}{2}\dfrac{GD^2}{4}(2\pi\dfrac{n}{60})^2[\text{J}]$

$W = \dfrac{GD^2}{730}n_2^2 - \dfrac{GD^2}{730}n_1^2 = \dfrac{GD^2(n_2^2-n_1^2)}{730}[\text{J}]$

[답] ②

13 불활성 가스 용접에서 아르곤 가스가 헬륨보다 널리 사용되는 이유로 틀린 것은?

① 전리전압이 낮으므로 아크의 발생과 유지가 쉽다.
② 피포작용이 강하여 기류가 견고하다.
③ 용접면의 산화방지 효과가 크다.
④ 가스필요량이 적으며 가격이 저렴하다.

해설 ★★★

불활성 가스 용접은 용접면의 산화방지 효과로 아크 용접부에 공기가 닿지 않도록 불활성 가스 내에서 용접이 진행된다.

[답] ③

14 단면적 $S[\text{m}^2]$의 파이프를 θ로 경사시켜서 비중 ρ인 액체를 $Q[\text{m}^3/\text{s}]$의 유량으로 양정 $H[\text{m}]$까지 끌어올린다고 할 때 액체 펌프에 요하는 소요동력 $P[\text{kW}]$는?

① $P = \rho HQS$
② $P = 9.8\rho HQS$
③ $P = \rho HQ$
④ $P = 9.8\rho HQ$

해설 ★

소요동력 : $P = F \cdot v$

$= 9.8\rho HS\dfrac{1}{\sin\theta} \times 10^3 \times \dfrac{Q}{S\dfrac{1}{\sin\theta}}$

$= 9.8\rho HQ[\text{kW}]$

[답] ④

15 목표 값이 시간에 대하여 변하지 않는 제어로 주파수를 제어하는 제어는?

① 비율 제어   ② 정치 제어
③ 추종 제어   ④ 비율 제어

해설 ★★★★

목표 값의 시간적 성질에 대한 분류는 다음과 같다.
• 정치 제어 : 프로세스 제어, 자동조정
• 추치 제어 : 추종 제어, 프로그램 제어 및 비율 제어

[답] ②

16 전동기의 사용장소에 따른 보호방식 중 연직면에서 15° 이내의 각도로 낙하하는 물방울이나 이물체가 직접 내부로 침입함이 없는 구조는?

① 방수형   ② 방적형
③ 방진형   ④ 방식형

해설 ★★

방적형 전동기는 이물질 및 낙하하는 물방울 내부로 침입할 수 없는 구조이다.

[답] ②

17 무궤도 전차가 노면전차보다 좋은 점이 아닌 것은?

① 기동성이 풍부하다.
② 궤도가 필요하지 않아 건설비가 적다.
③ 전식의 염려가 없다.
④ 마찰계수가 없으므로 가·감속을 작게 할 수 있다.

해설 ★★

무궤도 전차는 전차선에서 집전하며 자동차와 같은 바퀴로 도로를 주행하는 전차이므로 마찰계수가 노면전차보다 크다.

[답] ④

18 자기소호 기능을 갖지 않는 반도체 소자는?

① Diode   ② GTO
③ MOSFET   ④ IGBT

해설 ★★★★

자기소호 기능이란 소자 자신이 on 상태에서 off 상태로 되는 것이며 Diode는 자기소호 기능이 없다.

[답] ①

19 다음 중 겹치기 용접이 아닌 것은?

① 점 용접   ② 업셋 용접
③ 시임 용접   ④ 프로젝션 용접

해설 ★★★★★

겹치기 저항 용접의 종류는 점 용접, 시임 용접, 돌기 용접(프로젝션 용접)이다. 업셋 용접은 맞대기 용접이다.

[답] ②

20 5[Ω]의 전열선을 100[V]에 사용할 때의 발열량[kcal/h]은 약 얼마인가?

① 1,720   ② 2,770
③ 3,745   ④ 4,728

해설 ★★★★

전력량과 열량 환산식을 적용한다.
$H = 0.24 Pt \times 10^{-3}[\text{kcal}]$, $P = \dfrac{V^2}{R}[\text{W}]$
$H = 0.24 \times \dfrac{100^2}{5} \times 3,600 \times 10^{-3} = 1,728[\text{kcal/h}]$

[답] ①

제 4 회 전기공사산업기사 필기시험

1 열전 온도계와 가장 관계가 깊은 것은?

① 제벡 효과(Seebeck effect)
② 톰슨 효과(Thomson effect)
③ 핀치 효과(Pinch effect)
④ 홀 효과(Hall effect)

해설 ★★★★★

제벡 효과는 두 금속을 접속하여 폐회로를 만들고, 접속점의 온도차에 따라 기전력이 발생한다. 열전 온도계는 이 원리를 이용한다.

[답] ①

2 서로 관계 깊은 것들끼리 짝지은 것이다. 틀린 것은?

① 유도 가열 : 와전류손
② 형광등 : 스토크스의 정리
③ 표면 가열 : 표피 효과
④ 열전 온도계 : 톰슨 효과

해설 ★★★★

제벡 효과는 두 금속을 접속하여 폐회로를 만들고, 접속점의 온도차에 따라 기전력이 발생한다. 열전 온도계는 이 원리를 이용한다.

[답] ④

3 금속의 표면 담금질에 가장 적합한 가열은?

① 적외선 가열   ② 유도 가열
③ 유전 가열   ④ 저항 가열

해설 ★★★★★

유도 가열은 금속의 표면 담금질, 용해 등에 이용한다.

[답] ②

4 피열물에 직접 통전하여 발생시키는 방식의 전기로는?

① 직접식 저항로   ② 간접식 저항로
③ 아크로   ④ 유도로

해설 ★★★★

직접식 저항로는 피열물에 직접 전류를 흘려서 발열하는 방식이다.

[답] ①

5 단위변환이 틀리게 표현된 것은?

① $1[J] = 0.2389 \times 10^{-3}[kcal]$
② $1[kWh] = 860[kcal]$
③ $1[BTU] = 0.252[kcal]$
④ $1[kcal] = 3,968[J]$

해설 ★★

$4.186[J] = 1[cal]$, $1[kcal] = 4,186[J]$
$1[W \cdot h] = 3,600[W \cdot s] = 3,600[J] = 860[cal]$

[답] ④

6 교류식 전기철도가 직류식 전기철도보다 유리한 점은?

① 전철용 변전소에 정류 장치를 설치한다.
② 전선의 굵기가 크다.
③ 차내에서 전압의 선택이 가능하다.
④ 변전소 간의 간격이 짧다.

해 설 ★★★★★

1) 전식이 없다.
2) 교류 전기철도의 급전방식은 직류 방식에 비하여 전압이 높다.
3) 전선의 굵기가 가늘다.
4) 차내에서 전압의 선택이 가능하다.
5) 변전소 간격을 길게 할 수 있다.

[답] ③

7 전기철도의 곡선부에서 원심력 때문에 차체가 외측으로 넘어지려는 것을 막기 위하여 외측 레일을 약간 높여준다. 이 내외 측의 레일 높이의 차를 무엇이라고 하는가?

① 가이드 레일   ② 이도
③ 고도   ④ 확도

해 설 ★★★★★

고도(cant)는 차량이 곡선부를 달릴 때에 발생하는 원심력 때문에 차체가 외측으로 넘어지려는 것을 막기 위하여 외측 레일을 약간 높여준다.
$C = \dfrac{GV^2}{127R}$[mm], G : 궤간[mm],
V : 열차속도[km/h], R : 곡선 반지름[m]

[답] ③

8 트랜지스터의 정합(Junction)온도 Tj의 최대 정격값을 75[℃], 주위온도 $Ta = 35$[℃]일 때의 컬렉터 손실 Pc의 최대 정격값을 10[W]라고 할 때 열저항[℃/W]은?

① 40   ② 4
③ 2.5   ④ 0.2

해 설 ★★

열저항은 $R = \dfrac{75 - 35}{10} = 4$[℃/W]이다.

[답] ②

9 단상 유도전동기 중 운전 중에도 전류가 흘러 손실이 발생하여 효율과 역률이 좋지 않고 회전 방향을 바꿀 수 없는 전동기는?

① 반발 기동형   ② 콘덴서 기동형
③ 분상 기동형   ④ 셰이딩 코일형

해 설 ★★★★★

셰이딩 코일형은 이동자계를 이용하는 원리이므로 회전 방향을 바꿀 수 없다.

[답] ④

10 어떤 종이가 반사율 50[%], 흡수율 20[%]이다. 여기에 1,200[lm]의 광속을 비추었을 때 투과 광속은 몇 [lm]인가?

① 360   ② 430
③ 580   ④ 960

해 설 ★★★★

투과율과 반사율 및 흡수율을 더하면 100[%]이다.
$\tau = 1 - 0.5 - 0.2 = 0.3$
투과 광속 : $F_\tau = \tau F = 0.3 \times 1,200 = 360$[lm]

[답] ①

11 형광등의 전압특성과 온도특성으로 틀린 것은?

① 전원전압의 변화에 민감하므로 정격전압의 ±10[%]의 범위 내에서 사용하는 게 바람직하다.
② 전원전압의 변화 시 광속, 전류 및 전력은 전원전압에 비례하여 변화한다.
③ 전원전압 상승으로 전극이 과열되어 램프 양 끝에서 흑화가 촉진된다.
④ 전원전압이 낮은 경우 시동이 불확실하게 되어 전극 물질의 스파크 등으로 수명이 짧아진다.

해 설 ★★

형광등은 백열전구에 비해 전압특성의 변동이 적으나 전압이 어느 이상 낮아지면 점등이 불확실하다.

[답] ①

12 유도전동기를 기동하여 각속도 ω_s에 이르기까지 회전자에서의 발열손실 Q를 나타낸 식은? (단, J는 관성모멘트이다.)

① $Q = \frac{1}{2}J^2\omega_s^2$ ② $Q = \frac{1}{2}J^2\omega_s$
③ $Q = \frac{1}{2}J\omega_s^2$ ④ $Q = \frac{1}{2}J\omega_s$

해 설 ★★★

기동시의 발열손실 Q는 회전자의 운동에너지와 같다.
$Q = \frac{1}{2}J\omega_s^2[J]$

[답] ③

13 200[W]는 약 몇 [cal/s]인가?

① 0.2389   ② 0.8621
③ 47.78   ④ 71.67

해 설 ★★★★

전력량과 열량의 환산 관계이다.
$H = 0.2389Pt = 0.2389 \times 200 \times 1 = 47.78[cal/s]$

[답] ③

14 전지에서 자체방전 현상이 일어나는 것으로 가장 옳은 것은?

① 전해액 온도   ② 전해액 농도
③ 불순물 혼합   ④ 이온화 경향

해 설 ★★★

전지의 전해액에 불순물(Cu, Ni, Fe, Sb 등)이 혼합하면 자체방전이 생기고 수명이 감소한다.

[답] ③

15 자동제어에서 폐회로 제어계의 특징으로 틀린 것은?

① 정확성의 감소
② 감대폭의 증가
③ 비선형과 왜형에 대한 효과의 감소
④ 특성변화에 대한 입력 대 출력비의 강도 감소

해 설 ★★★

폐회로 제어계는 출력이 목표값과 일치하는가를 비교하여 일치하지 않을 때는 그 차에 비례하는 동작신호가 제어계로 다시 보내져 오차를 수정하도록 하는 궤로 경로를 가지고 있는 제어계이다. 따라서 정확성이 높다.

[답] ①

16 레일 대신으로 공중에 강삭(wire rope)을 가설하고 여기에 운반기(gondola)를 매달아서 사람 또는 물건을 운반하는 시설을 무엇이라 하는가?

① 가공삭도   ② 트롤리버스
③ 케이블카   ④ 모노레일

해 설 ★★★

가공삭도는 산악 지역 등에서 주로 물건을 운반하는 목적으로 시설한다.

[답] ①

17 권상하중 40[t], 권양속도 12[m/min]의 기중기용 전동기의 용량은 약 몇 [kW]인가? (단, 전동기를 포함한 기중기의 효율은 60[%]이다.)

① 800   ② 278.9
③ 189.8 ④ 130.7

해 설 ★★★★★

$$P = \frac{WV}{6.12\eta}k[\text{kW}] = \frac{40 \times 12}{6.12 \times 0.6} \times 1$$
$$= 130.718[\text{kW}],$$
여유계수 k는 주어지지 않는 경우 1로 한다.

[답] ④

18 다음 광원 중 루미네선스에 의한 발광현상을 이용하지 않는 것은?

① 형광등   ② 수은등
③ 백열전구 ④ 네온전구

해 설 ★★★★★

루미네선스는 온도복사 이외의 모든 발광현상이다. 백열전구는 온도복사를 이용한 광원이다.

[답] ③

19 리드 레일(lead rail)에 대한 설명으로 옳은 것은?

① 열차가 대피궤도로 도입되는 레일
② 전철기와 철차와의 사이를 연결하는 곡선 레일
③ 직선부에서 하단부로 변화하는 부분의 레일
④ 직선부에서 경사부로 변화하는 부분의 레일

해 설 ★★★★★

리드 레일(도입 궤조)은 전철기와 철차 사이를 연결하는 곡선 궤조이다.

[답] ②

20 FL-20D 형광등의 전압이 100[V], 전류가 0.35[A], 안정기의 손실이 6[W]일 때 역률 [%]은?

① 57   ② 65   ③ 74   ④ 85

해 설 ★★

역률은 피상전력에 대한 유효전력의 비이다.

역률 $\cos\theta = \frac{20+6}{100 \times 0.35} = 0.7428 = 74.28[\%]$

[답] ③

- 전기공사산업기사 필기 | 전기응용

2015년 기출문제

제1회 전기공사산업기사 필기시험

1 등기구의 표시 중 H자로 표시가 있는 것은 어떤 등인가?

① 백열등　　② 수은등
③ 형광등　　④ 나트륨등

해 설 ★★★★★

H자는 수은등, F자는 형광등, N자는 나트륨등이다.
[답] ②

2 방의 가로가 8[m], 세로가 10[m], 광원의 높이가 4[m]인 방의 실지수는?

① 1.1　② 2.1　③ 3.1　④ 4.1

해 설 ★★★★★

실지수 $RI = \dfrac{XY}{H(X+Y)}$
$= \dfrac{8 \times 10}{4 \times (8+10)} = 1.111$
[답] ①

3 로켓, 터빈, 항공기와 같은 고도의 기계공업 분야의 재료 제조에 적합한 전기로는?

① 크리프톨로　　② 지로식 전기로
③ 진공 아크로　　④ 고주파 유기로

해 설 ★★★

진공 아크로는 품질에 대한 요구도가 높은 로켓, 터빈, 항공기와 같은 고도의 기계공업 분야의 재료 제조에 적합하다.
[답] ③

4 반사율 60[%], 흡수율 20[%]인 물체에 2,000[lm]의 빛을 비추었을 때 투과되는 광속은 몇 [lm]인가?

① 100　　② 200
③ 300　　④ 400

해 설 ★★★

투과율은 $\tau = 1 - 0.6 - 0.2 = 0.2$이다.
따라서 투과 광속은
$F_\tau = 0.2 \times 2,000 = 400[lm]$이다.
[답] ④

5 PN 접합 다이오드에서 cut-in Voltage란?

① 순방향에서 전류가 현저히 증가하기 시작하는 전압
② 순방향에서 전류가 현저히 감소하기 시작하는 전압
③ 역방향에서 전류가 현저히 감소하기 시작하는 전압
④ 역방향에서 전류가 현저히 증가하기 시작하는 전압

해 설 ★★★★★

cut-in voltage란 순방향으로 전류가 크게 증가하기 시작하는 전압이다.
[답] ①

6 3상 교류 전동기의 입력을 표시하는 식은? (단, V_s는 공급전압, I는 선전류이다.)

① $V_s I \cos\theta$ ② $2 V_s I \cos\theta$
③ $V_s I \sin\theta$ ④ $\sqrt{3} V_s I \cos\theta$

해 설 ★★★★★

3상 입력은 $P = \sqrt{3} V_s I \cos\theta \, [\text{W}]$이다.

[답] ④

7 녹색 형광램프의 형광체로 옳은 것은?

① 텅스텐 칼슘 ② 규소 카드뮴
③ 규산 아연   ④ 붕산 카드뮴

해 설 ★★★

형광체 규산 아연을 사용하면 광색은 녹색이 나온다.

[답] ③

8 아크 용접기는 어떤 원리를 이용한 것인가?

① 주울 열   ② 수하특성
③ 유전체 손   ④ 히스테리시스 손

해 설 ★★★★★

아크 용접용 전원의 전압 전류는 수하특성으로 전류가 증가하면 단자전압이 낮아지는 특성이다. 아크열을 이용한다.

[답] ②

9 니켈-카드뮴(Ni-Cd) 축전지에 대한 설명으로 틀린 것은?

① 1차 전지이다.
② 전해액으로 수산화칼륨이 사용된다.
③ 양극에 수산화니켈, 음극에 카드뮴이 사용된다.
④ 탄광의 안전등 및 조명등용으로 사용된다.

해 설 ★★★★★

충전이 가능한 2차 전지에는 납축전지, 니켈-카드뮴 전지, 리튬 2차 전지 등이 있다.

[답] ①

10 제어대상을 제어하기 위하여 입력에 가하는 양을 무엇이라 하는가?

① 변환부   ② 목표값
③ 외란   ④ 조작량

해 설 ★★★★

제어대상을 제어하기 위해 제어대상에 가하는 양은 조작량이다.

[답] ④

11 가로 10[m], 세로 20[m], 천정의 높이가 5[m]인 방에 완전 확산성 FL-40D 형광등 24등을 점등하였다. 조명률 0.5, 감광보상률 1.5일 때 이 방의 평균 조도는 몇 [lx]인가? (단, 형광등의 축과 수직 방향의 광도는 300[cd]이다.)

① 38   ② 118
③ 150   ④ 177

해 설 ★★★★

광속법에 의한 조도계산을 다음과 같이 한다.
$FNU = EAD \, [\text{lm}]$,
$F = \pi^2 I = \pi^2 \times 300 = 2{,}960.881 \, [\text{lm}]$
$E = \dfrac{FNU}{AD}$
$= \dfrac{2{,}960.881 \times 24 \times 0.5}{10 \times 20 \times 1.5} = 118.435 \, [\text{lx}]$

[답] ②

12 전지에서 자체 방전 현상이 일어나는 것은 다음 중 어느 것과 가장 관련이 있는가?

① 전해액 고유저항 ② 이온화 경향
③ 불순물 혼합 ④ 전해액 농도

해 설 ★★★

전해액에 불순물이 있거나 음극 아연판에 불순물이 있으면 부분적으로 용해되어 전지에서 자체 방전이 생기는데 이것을 국부작용이라 한다. 전지 수명이 짧아진다.

[답] ③

13 열차의 자체 중량이 75[ton]이고 동륜상의 중량이 50[ton]인 기관차가 열차를 끌 수 있는 최대 견인력은 몇 [kg]인가? (단, 궤조의 접착계수는 0.3으로 한다.)

① 10,000 ② 15,000
③ 22,500 ④ 1,125,000

해 설 ★★★★★

$F = 1{,}000\mu W = 1{,}000 \times 0.3 \times 50 = 15{,}000[\text{kg}]$

[답] ②

14 어느 쪽 게이트에서든 게이트 신호를 인가할 수 있고 역저지 4극 사이리스터로 구성된 것은?

① SCS ② GTO
③ PUT ④ DIAC

해 설 ★★★★

SCS는 4단자 4층 구조이다. SCR에 비교하여 감도가 좋다.

[답] ①

15 전류에 의한 옴[Ω]손을 이용하여 가열하는 것은?

① 복사가열 ② 유전가열
③ 유도가열 ④ 저항가열

해 설 ★★★★★

전류에 의한 옴손(저항손)을 이용하는 가열은 저항가열이다.

[답] ④

16 점광원 150[cd]에서 5[m] 떨어진 곳의 그 방향과 직각인 면과 기울기 60°로 설치된 간판의 조도는 몇 [lx]인가?

① 1 ② 2 ③ 3 ④ 4

해 설 ★★★★★

$E = \dfrac{I}{r^2}\cos\theta = \dfrac{150 \times 0.5}{5^2} = 3[\text{lx}]$

[답] ③

17 특고압 또는 고압회로 및 기기의 단락보호 등으로 사용되는 것은?

① 플러그 퓨즈 ② 통형 퓨즈
③ 고리 퓨즈 ④ 전력 퓨즈

해 설 ★★★

전력 퓨즈는 특고압 또는 고압회로 및 기기의 단락보호용의 퓨즈로 전차단시간이 반 사이클로 짧다.

[답] ④

18 전기철도에서 귀선 궤조에서의 누설전류를 경감하는 방법과 관련이 없는 것은?

① 보조 귀선
② 크로스 본드
③ 귀선의 전압강하 감소
④ 귀선을 정(+)극성으로 설정

해 설 ★★★★

누설전류를 경감하려면 귀선을 부(−)극성으로 한다.

[답] ④

19 네온전구에 대한 설명으로 옳지 않은 것은?

① 소비전력이 적으므로 배전반의 파이롯 램프 등에 적합하다.
② 전극간의 길이가 짧으므로 부글로우를 발광으로 이용한 것이다.
③ 음극 글로우를 이용하고 있어 직류의 극성 판별용에 이용된다.
④ 광학적 검시용으로 이용된다.

해 설 ★★★

광학적 검시용(유리 굴절률 측정, 평면 검사 등)은 나트륨등이 사용된다.

[답] ④

20 점멸기를 사용하여 방 안의 온도를 23[℃] 로 일정하게 유지하려고 할 경우 제어대상 과 제어량을 바르게 연결한 것은?

① 제어대상 : 방, 제어량 : 23[℃]
② 제어대상 : 방, 제어량 : 방 안의 온도
③ 제어대상 : 전열기, 제어량 : 23[℃]
④ 제어대상 : 전열기, 제어량 : 방 안의 온도

해 설 ★★★

제어대상 : 방 안, 제어량 : 방 안의 온도,
제어요소 : 전열기, 목표값 : 23[℃]이다.

[답] ②

제 2 회 전기공사산업기사 필기시험

1 광도의 단위는 무엇인가?

① 루멘[lm] ② 칸델라[cd]
③ 스틸브[sb] ④ 럭스[lx]

해설 ★★★★★

광도는 광속의 입체각밀도이다.
[lm/sr = cd]로 표시한다.

[답] ②

2 열 절연재료로 사용되지 않는 것은?

① 운모 ② 석면
③ 탄화 실리콘 ④ 자기

해설 ★★★★★

탄화규소(SiC)를 탄화 실리콘이라고도 한다. 탄화규소(SiC)는 비직선 저항 특성을 갖는다. 따라서 갭 피뢰기의 특성요소로 사용한다.

[답] ③

3 다음 중 형광체로 쓰이지 않는 것은?

① 텅스텐산 칼슘 ② 규산 아연
③ 붕산 카드뮴 ④ 황산 나트륨

해설 ★★

황산 나트륨은 형광체로 사용하지 않는다.

[답] ④

4 2차 저항제어를 하는 권선형 유도전동기의 속도 특성은?

① 가감 정속도 특성
② 가감 변속도 특성
③ 다단 변속도 특성
④ 다단 정속도 특성

해설 ★★★

비례추이 원리를 적용한 권선형 유도전동기의 2차 저항제어는 가감 변속도 특성이다.

[답] ②

5 황산용액에 양극으로 구리막대, 음극으로 은막대를 두고 전기를 통하면, 은막대는 구리색이 난다. 이를 무엇이라고 하는가?

① 전기 도금 ② 이온화 현상
③ 전기 분해 ④ 분극 작용

해설 ★★★★★

전기 도금은 양(+)극에 있는 구리가 음(-)극에 있는 은막대로 이동하여 은막대가 구리색이 나게 된다.

[답] ①

6 급전선의 급전 분기장치의 설치 방식이 아닌 것은?

① 스팬선식 ② 암식
③ 커티너리식 ④ 브래킷식

해설 ★★★★

커티너리식은 전차선의 조가 방식 중 하나이다.

[답] ③

7 방전개시 전압을 나타내는 것은?

① 빈의 변위 법칙
② 스테판-볼츠만의 법칙
③ 톰슨의 법칙
④ 파센의 법칙

해 설 ★★★★★

방전개시 전압은 전극간격과 압력의 곱에 관계된다. 이것이 파센의 법칙이다.

[답] ④

8 전기 분해로 제조되는 것은 어느 것인가?

① 암모니아   ② 카바이드
③ 알루미늄   ④ 철

해 설 ★★★

보크사이트를 용해하여 순수한 산화알루미늄을 만들고, 빙정석을 넣고 약 1,000[℃]로 전기 분해하여 고순도의 알루미늄을 얻는다.

[답] ③

9 용접용 전원의 특성은 부하가 급히 증가할 때 전압은?

① 일정하다.   ② 급히 상승한다.
③ 급히 강하한다. ④ 서서히 상승한다.

해 설 ★★★★

아크 용접용 전원은 전류가 증가하면 전압이 낮아지는 수하특성이다.

[답] ③

10 권상하중 10,000[kg], 권상속도 5[m/min]의 기중기용 전동기 용량은 약 몇 [kW]인가? (단, 전동기를 포함한 기중기의 효율은 80[%]라 한다.)

① 7.5   ② 8.3
③ 10.2   ④ 14.3

해 설 ★★★★★

$P = \dfrac{WV}{6.12\eta}k[\text{kW}]$, k : 여유계수(손실계수)는 주어지지 않는 경우 1로 한다.

$P = \dfrac{10,000 \times 10^{-3} \times 5}{6.12 \times 0.8} = 10.212[\text{kW}]$

[답] ③

11 다음 중 토크가 가장 적은 전동기는?

① 반발 기동형   ② 콘덴서 기동형
③ 분상 기동형   ④ 반발 유도형

해 설 ★★★★★

단상유도전동기의 기동토크가 큰 순서는 다음과 같다.
반발 기동형 > 반발 유도형 > 콘덴서 기동형 > 분상 기동형 > 세이딩 코일형

[답] ③

12 다음 중 고압 아크로가 아닌 것은?

① 에르식 제강로
② 쉔흐르로
③ 파우링로
④ 비르게란드 아이데로

해 설 ★★

에르식 제강로는 직접식 저압 아크로이며 특수강, 주강, 고급 주철의 제조에 사용한다.

[답] ①

13 역방향 바이어스 전압에 따라 접합 정전용량이 가변되는 성질을 이용하는 다이오드는?

① 제너 다이오드
② 버랙터 다이오드
③ 터널 다이오드
④ 브리지 다이오드

해설 ★★★★

버렉터 다이오드는 역방향 전압이 변하면 등가 정전용량이 비직선적으로 변화하는 특성이 있다.

[답] ②

14 공구, 기계부품, 전기기구, 부품 등의 납땜 작업에 널리 사용되는 용접은?

① 유도 용접   ② 시임 용접
③ 프로젝션 용접 ④ 점 용접

해설 ★★★

납땜 작업은 전자유도 작용을 이용한 가열방식이다.

[답] ①

15 조절계의 조절요소에서 비례미분에 관한 기호는?

① P   ② PD
③ PI   ④ PID

해설 ★★

자동제어 장치에서 조절요소의 기호와 명칭은 다음과 같다.
P : 비례동작, PD : 비례미분동작,
PI : 비례적분동작, PID : 비례적분미분동작

[답] ②

16 전동력 응용기술의 특성으로 틀린 것은?

① 동력 전달기구가 간단하고 효율적이다.
② 전동력의 집중, 분배가 쉽고 경제적이다.
③ 전원의 전압, 주파수 변동에 의한 영향이 없다.
④ 동력을 얻기가 쉽다.

해설 ★★★

$N = (1-s)\dfrac{120f}{p}[rpm]$
따라서 주파수 변동에 의한 영향이 있다.

[답] ③

17 엘리베이터용 전동기에 대한 설명으로 틀린 것은?

① 기동토크가 큰 것이 요구된다.
② 플라이휠 효과(GD^2)가 커야 한다.
③ 관성 모멘트가 작아야 한다.
④ 유도전동기도 엘리베이터에 사용된다.

해설 ★★★★★

엘리베이터용 전동기는 기동 정지가 빈번함으로 회전 부분의 관성 모멘트가 작고, 플라이휠 효과(GD^2)가 작아야 한다.

[답] ②

18 눈부심을 일으키는 램프의 휘도 한계는 얼마인가?

① $0.5[cd/cm^2]$ 이하
② $1.5[cd/cm^2]$ 이하
③ $2.5[cd/cm^2]$ 이하
④ $3[cd/cm^2]$ 이하

해설 ★★★★★

사람이 눈부심을 느끼는 한계는 $0.5[cd/cm^2]$이다.

[답] ①

19 200[W] 전구를 우유색 구형 글로브에 넣었을 경우 우유색 유리의 반사율 40[%], 투과율은 50[%]라고 할 때 글로브의 효율은 약 몇 [%]인가?

① 23   ② 43   ③ 53   ④ 83

해설 ★★★★★

$$\eta = \frac{\tau}{1-\rho} = \frac{0.5}{1-0.4} = 0.833 = 83.3[\%]$$

[답] ④

20 평균 구면 광도가 90[cd]인 전구로부터의 총 발산 광속[lm]은?

① 1,130   ② 1,230
③ 1,330   ④ 1,440

해설 ★★★★★

$$F = 4\pi I = 4\pi \times 90 = 1,130.973[\text{lm}]$$

[답] ①

제 4 회　　전기공사산업기사 필기시험

1 다음 중 전해정제법이 이용되고 있는 금속 중 최대 규모로 행하여지는 대표 금속은?

① 구리　　② 철
③ 납　　　④ 망간

해설 ★★★★★

전기분해를 이용하여 순수한 금속만을 음극에서 석출하여 정제하는 것을 전해정제라 한다. 이 방법으로 정제하는 금속은 구리가 가장 많고 주석, 금, 은, 니켈 등이 있다.

[답] ①

2 전기철도의 전기차 주전동기 제어방식 중 특성이 다른 것은?

① 개로 제어　　② 계자 제어
③ 단락 제어　　④ 브리지 제어

해설 ★★★★★

직류 직권전동기를 주전동기로 한 전기철도의 속도 제어는 전압 제어, 계자 제어, 직병렬 제어가 있다.

[답] ②

3 열이 이동하는 방식 중 복사에 해당하는 것은?

① 도체를 통하여 이동한다.
② 기체를 통하여 이동한다.
③ 액체를 통하여 이동한다.
④ 전자파로 이동한다.

해설 ★★★

복사(방사)는 전자파 형태로 열이 전달한다.

[답] ④

4 저압 아크로에 해당되지 않는 것은?

① 제철　　　　② 제강
③ 합금의 제조　④ 공중질소고정

해설 ★★★★

저압 아크로는 제철, 제강, 고급 주철의 제조에 이용하고, 고압 아크로는 공중질소를 고정하여 질산을 제조한다.

[답] ④

5 평균 구면 광도 80[cd]의 전구 4개를 지름 8[m] 원형의 방에 점등하였다. 조명률을 0.4라고 하면 방의 평균조도[lx]는?

① 18　② 22　③ 28　④ 32

해설 ★★★★★

전구의 광속은 $F = 4\pi I$ [lm]이다.
$$E = \frac{FNU}{AD} = \frac{4\pi \times 80 \times 4 \times 0.4}{\pi \times \left(\frac{8}{2}\right)^2 \times 1} = 32[lx]$$

[답] ④

6 비닐막 등의 접착에 주로 사용하는 가열 방식은?

① 저항 가열　　② 유도 가열
③ 아크 가열　　④ 유전 가열

해설 ★★★★★

유전 가열은 유전체손을 이용하는 가열로 목재의 건조, 비닐막의 접착 등에 사용된다.

[답] ④

7 주로 옥외 조명기구로 사용되며 실내에서는 체육관 등 넓은 장소에 사용되는 조명기구는?

① 다운 라이트　② 트랙 라이트
③ 투광기　　　④ 팬던트

해설 ★★★

투광기는 반사경을 사용하여 임의의 방향으로 광속이 향하도록 하는 조명기구이다. 체육관, 야간 경기장 등에서 사용한다.

[답] ③

8 다음 중 금속의 이온화 경향이 가장 큰 것은?

① Ag　② Pb　③ Na　④ Sn

해설 ★★

문제의 금속에서 이온화 경향이 큰 순서는 Na > Sn 순이다.

[답] ③

9 그림과 같은 전동차선의 조가법(弔架法)은?

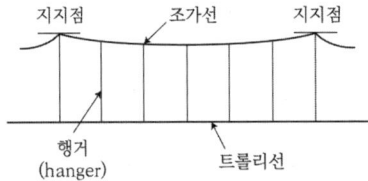

① 직접 조가식
② 단식 커티너리식
③ 변형 Y형 단식 커티너리식
④ 복식 커티너리식

해설 ★★★★

단식 커티너리 조가 방식은 조가선으로 전차선을 궤조면에 대하여 평행이 되도록 행거로 잡아맨 방식이다.

[답] ②

10 다음 합금 발열체 중 최고 사용 온도가 가장 낮은 것은?

① 니크롬 제1종　② 니크롬 제2종
③ 철크롬 제1종　④ 철크롬 제2종

해설 ★★★★★

합금속 발열체의 최고 사용 온도는 다음과 같다.
• 니크롬 제1종 : 1,100[℃]
• 니크롬 제2종 : 900[℃]
• 철-크롬 제1종 : 1,200[℃]
• 철-크롬 제2종 : 1,100[℃]

[답] ②

11 소형이면서 대전력용 정류기로 사용하는 것은?

① 게르마늄 정류기
② SCR
③ CdS
④ 셀렌 정류기

해설 ★★★★★

SCR은 전류용량이 1,000[A] 이상의 대전력 정류용도 있다.

[답] ②

12 서로 다른 두 개의 금속이나 반도체를 접속하여 전류를 인가하면 접합부에서 열이 발생하거나 흡수되는 현상은?

① 제벡 효과　② 펠티에 효과
③ 톰슨 효과　④ 핀치 효과

해설 ★★★★★

펠티에 효과는 두 종류의 금속선을 접속점하고 전류를 흘리면 접속점에서 열의 발생 또는 흡수가 일어나는 현상이다.

[답] ②

13 모든 방향의 광도가 균일하게 1,000[cd]인 광원이 있다. 이것을 직경 40[cm]의 완전 확산성 구형 글로브의 중심에 두었을 때, 그 휘도가 1[cm²]당 0.56[cd]가 되었다. 이 글로브의 투과율은 약 몇 [%]인가? (단, 글로브 내면의 반사는 무시한다.)

① 65   ② 70   ③ 83   ④ 92

해설 ★★★

휘도는 광도를 정사영(그림자)면적으로 나눈 것이다.

$B = \dfrac{I}{A}\tau, \ \tau = \dfrac{BA}{I}$

$\tau = \dfrac{0.56 \times \pi \times 20^2}{1,000} = 0.703 ≒ 70[\%]$

[답] ②

14 터널 다이오드의 용도로 가장 널리 사용되는 것은?

① 검파 회로   ② 스위칭 회로
③ 정류기   ④ 정전압소자

해설 ★★★★

터널 다이오드는 고속 스위칭(개폐) 용도로 사용한다.

[답] ②

15 전구의 필라멘트나 열전대 용접에 알맞은 방법은?

① 점 용접   ② 돌기 용접
③ 심 용접   ④ 불활성 용접

해설 ★★★

점 용접은 전구의 필라멘트나 열전대의 접속점 용접에 알맞다.

[답] ①

16 축전지를 사용할 때 극판이 휘고 내부저항이 매우 커져서 용량이 감퇴되는 원인은?

① 전지의 황산화   ② 과도방전
③ 전해액의 농도   ④ 감극작용

해설 ★★★★★

전지의 황산화 현상은 납(연)축전지가 방전된 상태에서 장시간 방치되면 극판에 백색의 황산납이 생기는 현상이며, 심하면 극판이 휘고 내부저항이 증가한다.

[답] ①

17 직선궤도에서 호륜 궤조를 반드시 설치해야 하는 곳은?

① 분기개소   ② 병용궤도
③ 고속운전 구간   ④ 교량 위

해설 ★★★★★

궤도의 분기 개소의 철차가 있는 곳은 궤조가 중단되므로 차체를 분기 선로로 유도하기 위해서 반대 궤조 측에 호륜 궤조를 설치한다.

[답] ①

18 다음 전동기 중에서 속도 변동률이 가장 큰 것은?

① 3상 농형 유도전동기
② 3상 권선형 유도전동기
③ 3상 동기전동기
④ 단상 유도전동기

해설 ★★★

단상 유도전동기는 3상 유도전동기와 비교하여 속도 변동률이 크다.

[답] ④

19 15[kW] 이상의 중형 및 대형기의 기동에 사용되는 농형 유도전동기의 기동법은?

① 기동 보상기법
② 전전압 기동법
③ 2차 임피던스 기동법
④ 2차 저항기동법

해 설 ★★★★★

기동 보상기법은 단권변압기 3대를 Y결선하여 감전압 기동하는 방법으로 15[kW] 이상의 중형 및 대형 농형유도 전동기를 기동하는 방법이다.

[답] ①

20 전기 기관차의 자중이 150[t]이고, 동륜상의 중량이 95[t]이라면 최대 견인력[kg]은? (단, 궤조의 점착 계수는 0.2라 한다.)

① 19,000   ② 25,000
③ 28,500   ④ 38,000

해 설 ★★★★★

최대 견인력은 동륜상의 중량으로 계산한다.
$F = 1,000\mu W = 1,000 \times 0.2 \times 95 = 19,000[kg]$

[답] ①

• 전기공사산업기사 필기 | 전기응용 |

2016년 기출문제

제1회 전기공사산업기사 필기시험

1 인버터(inverter)의 용도는?

① 교류를 교류로 변환
② 직류를 직류로 변환
③ 교류를 직류로 변환
④ 직류를 교류로 변환

해설 ★★★★★

인버터는 직류를 교류로 변환하는 장치이다.

[답] ④

2 전기분해에서 패러데이의 법칙은? (단, Q[C]=통과한 전기량, K=물질의 전기화학 당량, W[g]=석출된 물질의 양, t=통과시간, I=전류, E[V]=전압이다.)

① $W = K\dfrac{Q}{E}$
② $W = KEt$
③ $W = KQ = KIt$
④ $W = \dfrac{1}{R}Q = \dfrac{1}{R}It$

해설 ★★★★★

전기분해에 의해 석출되는 물질의 양은 전기량에 비례하고, 전기화학 당량에 비례한다.
$W = KQ = KIt$ [g]

[답] ③

3 2,000[cd]의 점광원으로부터 4[m] 떨어진 점에서 광원에 수직한 평면상으로 1/50초간 빛을 비추었을 때의 노출[lx·s]은?

① 2.5   ② 3.7   ③ 5.7   ④ 6.3

해설 ★★★

노출 $= Et = \dfrac{I}{r^2}t = \dfrac{2,000}{4^2} \times \dfrac{1}{50} = 2.5$ [lx·s]

[답] ①

4 제어 요소는 무엇으로 구성되는가?

① 검출부
② 검출부와 조절부
③ 검출부와 조작부
④ 조작부와 조절부

해설 ★★★★

제어 요소는 조절부와 조작부로 구성된다.

[답] ④

5 그림과 같이 간판을 비추는 광원이 있다. 간판면상 P점의 조도를 200[lx]로 하려면 광원의 광도[cd]는?

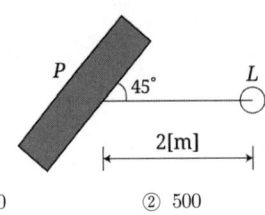

① 400 ② 500
③ $800\sqrt{2}$ ④ $500\sqrt{2}$

해설 ★★★★★

$E = \dfrac{I}{r^2}\cos\theta$, $I = \dfrac{Er^2}{\cos\theta}$,

$I = \dfrac{200 \times 2^2}{\cos 45°} = 800\sqrt{2}\,[\text{cd}]$

[답] ③

6 직접조명 시 벽면을 이용할 경우 등기구와 벽면사이의 간격 S_o는? (단, H는 작업면에서 광원까지의 높이이다.)

① $S_o \leq \dfrac{H}{2}$ ② $S_o \leq \dfrac{H}{3}$
③ $S_o \leq 1.5H$ ④ $S_o \leq 2H$

해설 ★★★★★

광원과 벽면 거리는 다음과 같다.

$S_0 \leq \dfrac{H}{3}$: 벽면을 이용할 경우

$S_0 \leq \dfrac{H}{2}$: 벽면을 이용하지 않을 경우

[답] ②

7 간접식 저항가열에 사용되는 발열체의 필요 조건이 아닌 것은?

① 내열성이 클 것
② 내식성이 클 것
③ 저항률이 비교적 크고 온도계수가 작을 것
④ 발열체의 최고온도가 가열온도보다 낮을 것

해설 ★★★★

발열체의 최고온도가 가열온도보다 높아야 한다.

[답] ④

8 적외선전구를 사용하는 건조과정에서 건조에 유효한 파장인 1~4[μm]의 방사파를 얻기 위하여 적외선전구의 필라멘트 온도[°K] 범위는?

① 1,800 ~ 2,200 ② 2,200 ~ 2,500
③ 2,800 ~ 3,000 ④ 2,800 ~ 3,200

해설 ★★★★

적외선전구의 필라멘트 온도는 2,200~2,500[°K] 정도이고, 수명은 5,000~10,000[h]이다.

[답] ②

9 루소선도에서 전광속 F와 면적 S 사이의 관계식으로 옳은 것은? (단, a와 b는 상수이다.)

① $F = \dfrac{a}{S}$ ② $F = aS$
③ $F = aS + b$ ④ $F = aS^2$

해설 ★★★

전광속 $F = \dfrac{2\pi}{r} \times S$ (루소그림의 면적)

$= aS\,[\text{lm}]$

[답] ②

10 효율이 높고 고속 동작이 용이하며, 소형이고 고전압 대전류에 적합한 정류기로 사용되는 것은?

① 수은 정류기　　② 회전 변류기
③ 전동 발전기　　④ 실리콘 제어 정류기

해 설 ★★★★★

실리콘 제어 정류기(SCR)은 반도체 소자로 효율이 높고, 고속 동작이 가능하며, 소형 경량이고, 전력 정류용으로 적합하다.

[답] ④

11 열차가 곡선 궤도부를 원활하게 통과하기 위한 조치는?

① 궤간(gauge)
② 확도(slack)
③ 복진지(anti-creeping)
④ 종곡선(vertical curve)

해 설 ★★★★

확도는 곡선 궤도 부분에서 동륜 후렌지가 레일 측면에 닿아 마찰이 커지고 탈선하는 것을 방지하기 위하여 궤간을 직선부보다 약간 넓게 하는 것이다.

[답] ②

12 자동차 등 차량공업, 기계 및 전기 기계 기구, 기타 금속제품의 도장을 건조하는 데 주로 이용되는 가열방식은?

① 저항 가열　　② 유도 가열
③ 고주파 가열　　④ 적외선 가열

해 설 ★★★★★

적외선전구를 이용한 가열은 주로 섬유, 금속제품의 도장 건조에 사용한다.

[답] ④

13 제품제조 과정에서의 화학 반응식이 다음과 같은 전기로의 가열 방식은?

$$SiO_2 + 3C \rightarrow SiC + 2CO$$

① 유전 가열　　② 유도 가열
③ 간접저항 가열　　④ 직접저항 가열

해 설 ★★

- 직접식 가열 저항로의 종류는 흑연화로, 카아버런덤로, 지로식 전기로이다.
- 카아버런덤은 모래와 코크스를 혼합하고 전류를 흘려 2,000[℃] 이상 가열하면 다음과 같은 반응으로 제조된다.
$SiO_2 + 3C \rightarrow SiC + 2CO$

[답] ④

14 저항 가열은 어떤 원리를 이용한 것인가?

① 줄열　　② 아크손
③ 유전체손　　④ 히스테리시스손

해 설 ★★★★★

직접저항 가열은 줄열(저항손)을 이용하여 가열하는 방법이다.

[답] ①

15 SCR을 두 개의 트랜지스터 등가 회로로 나타낼 때의 올바른 접속은?

① 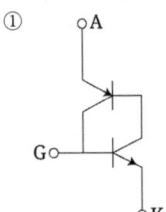 ②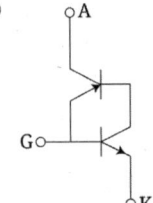

③ 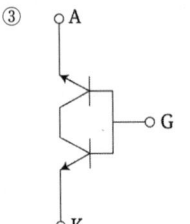 ④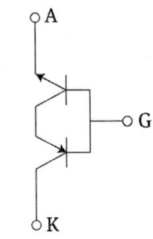

해 설 ★★★

A : 애노드(양극), G : 게이트(양극), K : 캐소드(음극)

[답] ①

16 전기 집진기는 무엇을 이용한 것인가?

① 자기력
② 전자기력
③ 유도기전력
④ 대전체 간의 정전기력

해 설 ★★★★

전기 집진기는 정전기력을 이용하여 기체 중의 부유하는 고체형 액상 미립자를 제거하거나 한다.

[답] ④

17 출력 7,200[W], 800[rpm]로 회전하고 있는 전동기의 토크[kg·m]는 약 얼마인가?

① 0.14   ② 8.77
③ 86   ④ 115

해 설 ★★★★★

$$T = 0.975 \frac{P}{N} = 0.975 \times \frac{7,200}{800} = 8.775 [\text{kg} \cdot \text{m}]$$

[답] ②

18 아크용접에 주로 사용되는 가스는?

① 산소   ② 헬륨   ③ 질소   ④ 오존

해 설 ★★★

아크 용접에는 불활성 가스인 아르곤이나 헬륨 가스를 사용한다.

[답] ②

19 전동기의 회생 제동이란?

① 전동기의 기전력을 저항으로서 소비시키는 방법이다.
② 와류손으로 회전체의 에너지를 잃게 하는 방법이다.
③ 전동기를 발전 제동으로 하여 발생 전력을 선로에 보내는 방법이다.
④ 전동기의 결선을 바꾸어서 회전방향을 반대로 하여 제동하는 방법이다.

해 설 ★★★★★

회생 제동은 전동기를 전원에 연결한 상태에서 전동기의 역기전력을 전원 전압보다 높게 하여 전력을 전원 측에 반환하며 제동하는 방법이다.

[답] ③

20 파장폭이 좁은 3가지의 빛을 조합하여 효율이 높은 백색 빛을 얻는 3파장 형광램프에서 3가지 빛이 아닌 것은?

① 청색　② 녹색　③ 황색　④ 적색

해설 ★★★★

3파장 형광램프는 청색, 녹색, 적색 3가지 파장대에서 광속이 집중하도록 하여 효율도 높고 연색성도 좋게 한 것이다.

[답] ③

제 2 회　전기공사산업기사 필기시험

1 고주파 유전 가열에서 피열물의 단위 체적당 소비전력[W/cm³]은? (단, E[V/cm]는 고주파 전계, δ는 유전체 손실각, f는 주파수, ϵ_s는 비유전율이다.)

① $\dfrac{5}{9} E^2 f \epsilon_s \tan\delta \times 10^{-8}$

② $\dfrac{5}{9} E f \epsilon_s \tan\delta \times 10^{-9}$

③ $\dfrac{5}{9} E f \epsilon_s \tan\delta \times 10^{-10}$

④ $\dfrac{5}{9} E^2 f \epsilon_s \tan\delta \times 10^{-12}$

해 설 ★★★

단위 체적[cm³]당 전력을 구하면 다음식이 된다.
$P = \dfrac{W}{S \cdot d} = \dfrac{5}{9} E^2 f \epsilon_s \tan\delta \times 10^{-12}$[W/cm³]

[답] ④

2 전기철도의 교류 급전방식 중 AT급전방식은 어떤 변압기를 사용하여 급전하는 방식을 말하는가?

① 단권 변압기
② 흡상 변압기
③ 스코트결선 변압기
④ 3권선 변압기

해 설 ★★★★★

AT급전방식은 단권 변압기(AT)를 이용하는 급전이다.

[답] ①

3 수은이나 불활성 가스와 같은 준안정상태를 형성하는 기체에 극히 미량의 다른 기체를 혼합한 경우 방전개시전압이 매우 낮아지는 현상은?

① 페닝 효과　② 파센의 법칙
③ 웨버의 법칙　④ 빈의 변위효과

해 설 ★★★★

페닝 효과는 기체에 극히 미량의 다른 기체를 혼합하는 경우 방전개시전압이 더 낮아지는 현상이다.

[답] ①

4 태양광선이나 방사선을 조사(照射)해서 기전력을 얻는 전지를 태양 전지, 원자력 전지라고 하는데 이것은 다음 어느 부류의 전지에 속하는가?

① 1차 전지　② 2차 전지
③ 연료 전지　④ 물리 전지

해 설 ★★★★★

물리 전지는 태양 전지, 원자력 전지 등이 있다.

[답] ④

5 전철 전동기에 감속 기어를 사용하는 주된 이유는?

① 역률 개선　② 정류 개선
③ 역회전 방지　④ 주전동기의 소형화

해 설 ★★★

출력이 일정한 경우 전동기의 회전수를 낮추면 토크가 증가하게 되므로 전동기의 크기를 소형화할 수 있다.

[답] ④

6 전기 가열의 특징에 해당되지 않는 것은?

① 내부 가열이 가능하다.
② 열효율이 매우 나쁘다.
③ 방사열의 이용이 용이하다.
④ 온도제어 및 조작이 간단하다.

해 설 ★★★★★

전기 가열은 열효율이 높다.

[답] ②

7 높이 10[m]의 곳에 있는 용량 100[m³]의 수조를 만수시키는 데 필요한 전력량은 약 [kWh]인가? (단, 펌프의 종합 효율은 90[%], 전손실 수두는 2[m]이다.)

① 3.6　② 4.1　③ 7.2　④ 8.9

해 설 ★★★

양수량 100[m³]는 $Q = \frac{100}{60 \times 60}$[m³/s]로 환산한다.

$P = \frac{9.8QH}{\eta} \times K$ [kW],

$W = Pt = \frac{9.8 \times \frac{100}{60 \times 60} \times (10+2)}{0.9} \times 1$

$= 3.63$ [kWh]

[답] ①

8 폭 6[m], 길이 10[m], 높이 4[m]인 교실에 32[W] 형광등 20개를 점등하였다. 교실의 평균조도는 약 몇 [lx]인가? (단, 조명률 0.45, 감광보상률 1.3, 32[W] 형광등의 광속은 1,500[lm]이다.)

① 153　② 163　③ 173　④ 183

해 설 ★★★★★

조도 $E = \frac{FUN}{DA}$ [lx]이다.

$E = \frac{1,500 \times 0.45 \times 20}{6 \times 10 \times 1.3} = 173.076$[lx]

[답] ③

9 광도가 160[cd]인 점광원으로부터 4[m] 떨어진 거리에서, 그 방향과 직각인 면과 기울기 60°로 설치된 간판의 조도[lx]는?

① 3　　　② 5
③ 10　　④ 20

해 설 ★★★★★

$E = \frac{I}{r^2}\cos\theta = \frac{160}{4^2} \times \cos 60° = 5$[lx]

[답] ②

10 다음 중 인버터(Inverter)에 대한 설명으로 옳은 것은?

① 직류를 더 높은 직류로 변환하는 장치
② 교류전원을 직류전원으로 변환하는 장치
③ 직류전원을 교류전원으로 변환하는 장치
④ 교류전원을 더 낮은 교류전원으로 변환하는 장치

해 설 ★★★★★

인버터는 직류전원을 교류전원으로 변환하는 장치이다.

[답] ③

11 (　)의 도금의 종류로 옳은 것은?

(　) 도금은 철, 구리, 아연 등의 장식용과 내식용으로 사용되며, 대부분 그 위에 얇은 크롬도금을 입혀서 사용한다.

① 동　　　② 은
③ 니켈　　④ 카드뮴

해 설 ★★★

니켈도금은 전기도금으로 니켈을 양극으로 하고 금속을 음극으로 해서 전류를 흐르게 한다.

[답] ③

12 플라이휠의 사용과 무관한 것은?

① 효율이 좋아진다.
② 최대 토크를 감소시킨다.
③ 전류의 동요가 감소한다.
④ 첨두 부하값을 감소시킨다.

해설 ★★★★★

플라이휠은 부하 변동이 심한 경우 여기에 축적된 운동에너지의 영향으로 최대 토크의 감소, 전원 측의 전력변동을 적게 한다. 효율과는 무관하다.

[답] ①

13 곡선 도로 조명 상 조명기구의 배치 조건으로 가장 적합한 것은?

① 양측배치의 경우는 지그재그 식으로 한다.
② 한쪽만 배치하는 경우는 커브 바깥쪽에 배치한다.
③ 직선도로에서 보다 등 간격을 조금 더 넓게 한다.
④ 곡선 도로의 곡률 반경이 클수록 등 간격을 짧게 한다.

해설 ★★★

곡선 도로의 조명 배치 방법은 다음과 같다.
• 양쪽 배치 시는 대칭식, 한쪽 배치 시는 커브 바깥쪽에 배치한다.
• 안전상 직선 도로보다 높은 조도를 유지한다. 즉, 등 간격을 좁게 배치한다.
• 곡률 반경이 클수록 등 간격을 크게 한다.

[답] ②

14 프로세스 제어에 속하지 않는 것은?

① 위치 ② 온도 ③ 압력 ④ 유량

해설 ★★★

프로세스 제어량의 종류는 온도, 유량, 압력, 액위 등이다.

[답] ①

15 지름 40[cm]인 완전 확산성 구형 글로브의 중심에 모든 방향의 광도가 균일하게 130[cd]되는 전구를 넣고 탁상 3[m]의 높이에서 점등하였을 때 탁상 위의 조도 약 몇 [lx]인가? (단, 글로브 내면의 반사율은 40[%], 투과율은 50[%]이다.)

① 12 ② 20 ③ 25 ④ 32

해설 ★★★★

글로브 효율은
$$\eta = \frac{\tau}{1-\rho} = \frac{0.5}{1-0.4} = 0.833$$이다.
$$E = \frac{130}{3^2} \times 0.833 = 12.032[lx]$$

[답] ①

16 직류직권 전동기는 어느 부하에 적당한가?

① 정토크 부하 ② 정속도 부하
③ 정출력 부하 ④ 변출력 부하

해설 ★★★★★

직류직권 전동기는 전차와 같이 속도와 관계없이 일정출력을 필요로 하는 정출력 부하에 적당하다.

[답] ③

17 니크롬 전열선에서 제1종의 최고 사용온도 [℃]는?

① 700   ② 900
③ 1,100   ④ 1,300

해설 ★★★★

니크롬 제1종은 최고 사용온도가 1,100[℃]이다.

[답] ③

18 열에 의한 물질의 상태변화에 대한 설명 중 틀린 것은?

① 액체를 냉각시키면 고체로 된다. 이것을 응고라 한다.
② 기체를 냉각시키면 액체로 된다. 이것을 승화라 한다.
③ 액체에 열을 가하면 기체로 된다. 이것을 기화라 한다.
④ 고체를 가열하면 용융되어 액체로 된다. 이것을 융해라 한다.

해 설 ★★★

기체가 액체로 되는 현상은 액화이다.

[답] ②

19 220[V]의 교류전압을 전파 정류하여 순저항 부하에 직류전압을 공급하고 있다. 정류기의 전압강하가 10[V]로 일정할 때 부하에 걸리는 직류전압의 평균값은 약 몇 [V]인가? (단, 브리지 다이오드를 사용한 전파 정류 회로이다.)

① 99　　② 188
③ 198　　④ 220

해 설 ★★★★

$E_d = 0.9V - e = 0.9 \times 220 - 10 = 188[V]$

[답] ②

20 직류전동기의 속도 제어법으로 쓰이지 않는 것은?

① 저항 제어법　　② 계자 제어법
③ 전압 제어법　　④ 주파수 제어법

해 설 ★★★★★

주파수 제어법은 농형 유도전동기의 속도 제어방법이다.

[답] ④

제4회 전기공사산업기사 필기시험

1 자동 제어의 추치 제어에 속하지 않는 것은?

① 추종 제어 ② 비율 제어
③ 프로그램 제어 ④ 프로세스 제어

해설 ★★★★

추치 제어의 종류는 추종 제어, 프로그램 제어, 비율 제어 등이다.

[답] ④

2 정전압 소자로 사용되는 다이오드는?

① 제너 다이오드 ② 터널 다이오드
③ 포토 다이오드 ④ 발광 다이오드

해설 ★★★★

제너 다이오드는 정전압 소자로 사용한다.

[답] ①

3 유전가열의 특징으로 틀린 것은?

① 표면의 소손, 균열이 없다.
② 온도상승 속도가 빠르고 속도가 임의 제어 된다.
③ 반도체의 정련, 단결정의 제조 등 특수열 처리가 가능하다.
④ 열이 유전체손에 의하여 피열물 자신에게 발생하므로 가열이 균일하다.

해설 ★★★

유도가열은 반도체 정련, 금속의 표면처리 등에 사용한다.

[답] ③

4 용접의 종류 중에서 저항 용접이 아닌 것은?

① 점 용접 ② 심 용접
③ TIG 용접 ④ 프로젝션 용접

해설 ★★

저항 용접의 겹치기 용접은 점 용접, 돌기 용접(프로젝션 용접), 심 용접이 있다.

[답] ③

5 곡선 궤도에 있어 캔트(cant)를 두는 주된 이유는?

① 시설이 곤란하기 때문에
② 운전속도를 제한하기 위하여
③ 운전의 안전을 확보하기 위하여
④ 타고 있는 사람의 기분을 좋게 하기 위하여

해설 ★★★★

궤도의 곡선부에서 바깥쪽 레일의 높이를 약간 높이는 것으로 안전운전을 위하는 것이다.

[답] ③

6 유도전동기의 비례추이 특성을 이용한 기동 방법은?

① 전전압 기동 ② $Y-\triangle$ 기동
③ 리액터 기동 ④ 2차 저항 기동

해설 ★★★★

권선형 유도 전동기의 기동은 2차 측에 저항을 넣어서 비례추이 원리를 이용한다. 기동토크가 크고 기동 전류는 적다.

[답] ④

7 도체에 고주파 전류가 흐르면 도체 표면에 전류가 집중하는 현상이며 금속의 표면 열처리에 이용되는 것은?

① 핀치 효과　② 제벡 효과
③ 톰슨 효과　④ 표피 효과

해 설 ★★★★

표피 효과는 도체에 고주파 교류전류가 만드는 시변 자속의 영향으로 전류가 표면에 집중하는 현상이다. 금속의 표면 열처리에 이용한다.

[답] ④

8 납 축전지에 대한 설명 중 틀린 것은?

① 공칭전압은 1.2[V]이다.
② 전해액으로 묽은 황산을 사용한다.
③ 주요구성부분은 극판, 격리판, 전해액, 케이스로 이루어져 있다.
④ 양극은 이산화납을 극판에 입힌 것이고, 음극은 해면 모양의 납이다.

해 설 ★★★★★

납 축전지의 공칭전압은 2.0[V/cell]이다.

[답] ①

9 다이액(DIAC)에 대한 설명 중 틀린 것은?

① 과전압 보호회로에 사용되기도 한다.
② 역저지 4극 사이리스터로 되어 있다.
③ 쌍방향으로 대칭적인 부성저항을 나타낸다.
④ 콘덴서 방전전류에 의하여 트라이액을 ON 시킬 수 있다.

해 설 ★★★

DIAC은 양방향성 2극 소자이다.

[답] ②

10 빛을 아래쪽에 확산, 복사시키며 눈부심을 적게 하는 조명 기구는?

① 루버　② 글로브
③ 반사볼　④ 투광기

해 설 ★★★★

루버 조명 기구는 빛을 아래쪽에 확산, 복사시켜 각도에 따라서 눈부심을 적게 한다.

[답] ①

11 망간건전지에서 분극작용에 의한 전압강하를 방지하기 위하여 사용되는 감극제는?

① O_2　② HgO
③ MnO_2　④ $H_2Cr_2O_7$

해 설 ★★★★

망간건전지의 감극제는 이산화망간(MnO_2)이다.

[답] ③

12 옥내 전반 조명에서 바닥면의 조도를 균일하게 하기 위한 등 간격은? (단, 등간격 : S, 등높이 : H이다.)

① $S = H$　② $S \leq 2H$
③ $S \leq 0.5H$　④ $S \leq 1.5H$

해 설 ★★★★★

기구의 간격은 $S \leq 1.5H$ 이다.

[답] ④

13 반경 3[cm], 두께 1[cm]의 강판을 유도가열에 의하여 3초 동안에 20[℃]에서 700[℃]로 상승시키기 위해 필요한 전력은 약 몇 [kW]인가? (단, 강판의 비중은 7.85[ton/m³], 비열은 0.16[kcal/kg·℃]이다.)

① 3.37　　② 33.7
③ 6.67　　④ 66.7

해설 ★★★★

$860Pt\eta = mc\theta \text{[kcal]}$

$P = \dfrac{7.85 \times 10^3 \times \pi \times 0.03^2 \times 0.01 \times 0.16 \times (700-20)}{860 \times \dfrac{3}{3,600} \times 1}$

$= 33.695 \text{[kW]}$

[답] ②

14 형광등은 주위온도가 약 몇 [℃]일 때 가장 효율이 높은가?

① 5~10　　② 10~15
③ 20~25　　④ 35~40

해설 ★★★★★

형광등은 주위 온도가 20~25[℃]일 때 효율이 가장 좋다.

[답] ③

15 금속의 전기저항이 온도에 의하여 변화하는 것을 이용한 온도계는?

① 광 고온계　　② 저항 온도계
③ 방사 고온계　　④ 열전 온도계

해설 ★★★★

저항 온도계는 금속의 전기저항이 온도에 따라 변화하는 것을 이용한 것이다.

[답] ②

16 블록선도에서 $\dfrac{C}{R}$는 얼마인가?

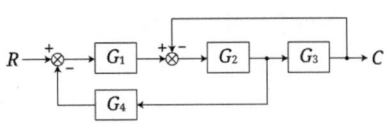

① $\dfrac{G_4}{1 + G_1 + G_2 G_3 G_4}$

② $\dfrac{G_2 G_3}{1 + G_1 G_2 + G_3 G_4}$

③ $\dfrac{G_1 G_2 G_3}{1 + G_2 G_3 + G_1 G_2 G_4}$

④ $\dfrac{G_2 G_3 G_4}{1 + G_1 G_2 + G_1 G_2 G_3 G_4}$

해설 ★★★

$G(s) = \dfrac{C}{R} = \dfrac{\Sigma \text{전향 경로}}{1 - \Sigma \text{피드백 경로}}$

$= \dfrac{G_1 G_2 G_3}{1 - (-G_2 G_3 - G_1 G_2 G_4)}$

$= \dfrac{G_1 G_2 G_3}{1 + G_2 G_3 + G_1 G_2 G_4}$

[답] ③

17 납 축전지가 충분히 방전됐을 때 양극판의 색깔은?

① 청색　　② 황색
③ 적갈색　　④ 회백색

해설 ★★★★★

양극판은 충분히 방전했을 때 회백색을 나타낸다.

[답] ④

18 투명 네온관등에 네온가스를 봉입하였을 때 광색은?

① 등색   ② 황갈색
③ 고동색 ④ 등적색

해설 ★★★★

투명한 유리관에 네온가스를 봉입하면 관등의 색은 등적색이 된다.

[답] ④

19 전기회로의 전류는 열회로의 무엇에 대응하는가?

① 열류   ② 열량
③ 열용량 ④ 열저항

해설 ★★★

전류는 열류에 대응한다.

[답] ①

20 열차가 주행할 때 중력에 의하여 발생하는 저항으로 두 점 간의 수평거리와 고저 차의 비로 표시되는 저항은?

① 출발 저항 ② 구배 저항
③ 곡선 저항 ④ 주행 저항

해설 ★★★★

구배 저항은 열차가 구배를 올라갈 때 발생하는 저항이다.

[답] ②

• 전기공사산업기사 필기 | 전기응용

2017년 기출문제

제 1 회 전기공사산업기사 필기시험

1 $t\sin wt$의 라플라스 변환은?

① $\dfrac{w}{s^2+w^2}$ ② $\dfrac{w^2}{s^2+w^2}$

③ $\dfrac{ws}{(s^2+w^2)^2}$ ④ $\dfrac{2ws}{(s^2+w^2)^2}$

해설 ★

기본함수의 라플라스 변환표를 이용한다.
$\mathcal{L}[t\sin wt] = \dfrac{2ws}{(s^2+w^2)^2}$

[답] ④

2 목재건조에 적합한 가열 방식은?

① 저항 가열   ② 유전 가열
③ 유도 가열   ④ 적외선 가열

해설 ★★★★★

유전체(절연체)는 유전체손을 이용한다.

[답] ②

3 5[Ω]의 전열선을 100[V]에 사용할 때의 발열량은 약 몇 [kcal/h]인가?

① 1,720   ② 2,770
③ 3,745   ④ 4,728

해설 ★★★★

$H = 0.2389\dfrac{V^2}{R}t$
$= 0.2389 \times \dfrac{100^2}{5} \times 3{,}600 \times 10^{-3}$
$= 1{,}720.08\,[\text{kcal/h}]$

[답] ①

4 SCR의 애노드 전류가 20[A]로 흐르고 있을 때 게이트 전류를 반으로 줄이면 애노드 전류는 몇 [A]가 되는가?

① 0   ② 10
③ 20   ④ 40

해설 ★★★

게이트 전류는 펄스파이므로 애노드 전류가 흐르는 중에는 무관계이다.

[답] ③

5 고도(cant)가 20[mm]이고 반지름이 800[m] 인 곡선 궤도를 주행할 때 열차가 낼 수 있는 최대 속도는 약 몇 [km/h]인가? (단, 궤간 은 1,067[mm]이다.)

① 34.94 ② 38.94
③ 43.64 ④ 83.64

해설 ★★

고도 $C = \dfrac{GV^2}{127R}$ [mm],

$v = \sqrt{\dfrac{127 \times 800 \times 20}{1,067}} = 43.64$ [kcal/h]

[답] ③

6 인견 공업에 쓰이는 포트 모터의 속도 제어 에 적합한 것은?

① 저항에 의한 제어
② 극수 변환에 의한 제어
③ 1차 측 회전에 의한 제어
④ 주파수 변환에 의한 제어

해설 ★★★★★

인견실을 감는 고속모터이므로 주파수 제어이다.

[답] ④

7 다음 ( ) 안에 들어갈 말이 순서대로 되어 있는 것은?

> 곡선도로에서 조명기구를 한쪽 열에만 배치 할 경우 ( )에만 배치하며, 곡선의 경우 곡률반경이 작을수록 조명기구의 배치 간격 을 ( ) 한다.

① 안쪽, 짧게 ② 안쪽, 길게
③ 바깥쪽, 길게 ④ 바깥쪽, 짧게

해설 ★★★★★

곡선 도로 조명 배치 방법
- 양쪽 배치 시는 대칭식, 한쪽 배치 시는 커브 바깥 쪽에 배치한다.
- 안전상 직선 도로보다 높은 조도(등간격을 좁게)를 유지한다.
- 곡률반경이 클수록(완만한 커브길) 등간격은 길게 해도 된다.

[답] ④

8 궤도의 확도(slack)는 약 몇 [mm]인가? (단, 곡선의 반지름 100[m], 고장차축 거리 5[m]이다.)

① 21.25 ② 25.68
③ 29.35 ④ 31.25

해설 ★★★

$S = \dfrac{l^2}{8R} = \dfrac{25}{8 \times 100} \times 10^3 = 31.25$ [mm]

[답] ④

9 백열전구의 동정 곡선은 다음 중 어느 것을 결정하는 중요한 요소가 되는가?

① 전류, 광속, 전압
② 전류, 광속, 효율
③ 전류, 광속, 휘도
④ 전류, 광도, 전압

해 설 ★★★

에이징이 끝난 전구는 사용함에 따라 필라멘트가 승화하여 가늘어지며, 저항은 증가하고 전류나 광속, 효율 등은 감소하는데 이 변화과정을 동정이라 하고, 이 변화를 곡선으로 그린 것을 동정 곡선이라 한다.

[답] ②

10 제너 다이오드(zener diode)의 용도로 가장 옳은 것은?

① 검파용　② 정전압용
③ 고압 정류용　④ 전파 정류용

해 설 ★★★★★

제너 다이오드는 브레이크 다운 전압이 낮다.

[답] ②

11 전자 빔 가열의 특징으로 틀린 것은?

① 진공 중에서의 가열이 가능하다.
② 신속하고 효율이 좋으며 표면 가열이 가능하다.
③ 고융점 재료 및 금속박 재료의 용접이 쉽다.
④ 에너지의 밀도나 분포를 자유로이 조절할 수 있다.

해 설 ★★★

국부가열에 유리하다.

[답] ②

12 납축전지의 특징으로 옳은 것은?

① 저온특성이 좋다.
② 극판의 기계적 강도가 강하다.
③ 과방전, 과전류에 대해 강하다.
④ 전해액의 비중에 의해 충·방전 상태를 추정할 수 있다.

해 설 ★★★

완충전 시 전해액 비중은 1.28이고, 완방전 시는 1.08이다.

[답] ④

13 열전도율이 가장 좋은 것은?

① 철　② 은
③ 니크롬　④ 알루미늄

해 설 ★★★

열전도율이 가장 좋은 금속은 은이다.

[답] ②

14 200[W] 전구를 우유색 구형 글로브에 넣었을 경우 우유색 유리 반사율은 30[%], 투과율은 50[%]라고 할 때 글로브의 효율은 약 몇 [%]인가?

① 71　② 76　③ 83　④ 88

해 설 ★★★★

$$\eta = \frac{0.5}{1-0.3} = 0.714 = 71.4[\%]$$

[답] ①

15 형광 방전등의 효율이 가장 좋으려면 주위 온도[℃]와 관벽온도[℃]는 각각 어느 정도가 적당한가?

① 주위온도 : 40[℃], 관벽온도 : 40~45[℃]
② 주위온도 : 25[℃], 관벽온도 : 40~45[℃]
③ 주위온도 : 40[℃], 관벽온도 : 20~30[℃]
④ 주위온도 : 25[℃], 관벽온도 : 20~30[℃]

해 설 ★★★★★

형광등은 일반적으로 주위온도가 20~25[℃]일 때 관벽온도는 40~45[℃]이므로 이때 최고 효율이 되도록 설계되어 있다.

[답] ②

16 그림과 같이 광원 S로 단면의 중심이 O인 원통형 연돌을 비추었을 때 원통의 표면상의 한 점 P에서의 조도는 약 몇 [lx]인가? (단, SP의 거리는 10[m], ∠OSP = 10°, ∠SOP = 20°, 광원의 SP 방향의 광도를 1,000[cd]라고 한다.)

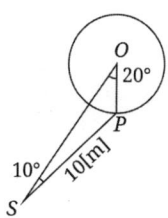

① 4.3
② 6.7
③ 8.6
④ 9.9

해 설 ★★★

$E = \dfrac{I}{r^2} \cos\theta = \dfrac{1,000}{10^2} \times \dfrac{\sqrt{3}}{2} = 8.66[\text{lx}]$,
$\cos 30° = \dfrac{\sqrt{3}}{2}$ 이다.

[답] ③

17 알칼리 축전지의 전해액은?

① KOH
② PbO₂
③ H₂SO₄
④ NiOOH

해 설 ★★★★★

알칼리 축전지 종류인 에디슨 축전지, 융그너 축전지의 전해액은 수산화칼륨(KOH)이다.

[답] ①

18 다음 중 전기로의 가열 방식이 아닌 것은?

① 저항 가열
② 유전 가열
③ 유도 가열
④ 아크 가열

해 설 ★★★★★

전기로 가열 방식은 저항로, 아크로, 유도로이다.

[답] ②

19 3상 유도전동기에서 플러깅의 설명으로 가장 옳은 것은?

① 단상 상태로 기동할 때 일어나는 현상
② 플러그를 사용하여 전원을 연결하는 방법
③ 고정자와 회전자의 상수가 일치하지 않을 때 일어나는 현상
④ 고정자 측의 3단자 중 2단자를 서로 바꾸어 접속하여 제동하는 방법

해 설 ★★★★★

역상 제동으로 3단자 중 2단자를 서로 바꾸어 접속하여 제동하는 방법이다.

[답] ④

20 자동제어에서 검출장치로 소형 직류발전기를 사용하여 무엇을 검출하는가?

① 속도 ② 온도 ③ 위치 ④ 방향

해 설 ★★★

자동제어에서 속도 검출기의 적용으로는 회전 발전기, 주파수 검출법, 스피더 등이 있다.

[답] ①

제 2 회 전기공사산업기사 필기시험

1 전열기에서 5분 동안에 900,000[J]의 일을 했다고 한다. 이 전열기에서 소비한 전력은 몇 [W]인가?

① 500
② 1,500
③ 2,000
④ 3,000

해 설 ★★★★★

$W = Pt$ [W·s = J],
$P = \dfrac{W}{t} = \dfrac{900,000}{5 \times 60} = 3,000$ [W]

[답] ④

2 가로조명, 도로조명 등에 사용되는 저압 나트륨 등의 설명으로 틀린 것은?

① 효율은 높고 연색성은 나쁘다.
② 점등 후 10분 정도에서 방전이 안정된다.
③ 냉음극이 설치된 발광관과 외관으로 되어 있다.
④ 실용적인 유일한 단색광원으로 589[nm] 의 파장을 낸다.

해 설 ★★★★★

냉음극 방전등은 음극을 예열하지 않고 즉시 점등 하는 네온사인 등이다.

[답] ③

3 전기분해에 의하여 전극에 석출되는 물질 의 양은 전해액을 통과하는 총 전기량에 비례하며 그 물질의 화학당량에 비례하는 법칙은?

① 줄(Joule)의 법칙
② 암페어(Ampere)의 법칙
③ 톰슨(Thomson)의 법칙
④ 패러데이(Faraday)의 법칙

해 설 ★★★★★

$W = kQ = kIt$ [g], k [g/c] : 화학당량

[답] ④

4 고압 아크로의 종류가 아닌 것은?

① 로킹(Rocking)로
② 센헬(Shonherr)로
③ 포오링(Pauling)로
④ 비라케란드 아이데(Birkeland-Etde)로

해 설 ★★★

고압 아크로는 센헬로, 포오링로, 비르케란드 아이 데로 3가지이다.

[답] ①

5 자동 제어에서 제어량에 의한 분류인 것은?

① 정치 제어
② 연속 제어
③ 불연속 제어
④ 프로세스 제어

해 설 ★★★

제어량에 의한 분류는 프로세스 제어, 서보기구, 자동 조정 제어이다.

[답] ④

6 다음 중 유도가열은 어떤 것을 이용한 것인가?

① 복사열 ② 아크열
③ 와전류손 ④ 유전체손

해설 ★★★★★

유도가열은 와류손과 히스테리시스손을 이용한 가열이다.

[답] ③

7 기중기 등으로 물건을 내릴 때 또는 전차가 언덕을 내려가는 경우 전동기가 갖는 운동 에너지를 전기에너지로 변환하고, 이것을 전원에 반환하면서 속도를 점차로 감속시키는 제동법은?

① 발전 제동 ② 회생 제동
③ 역상 제동 ④ 와류 제동

해설 ★★★★★

회생 제동은 회전 운동 에너지로 발생되는 전력을 전원 측에 반환하면서 제동하는 방법이다.

[답] ②

8 시감도가 가장 좋은 광색은?

① 청색 ② 백색 ③ 적색 ④ 황록색

해설 ★★★★★

시감도가 최대인 파장은 555[nm]의 황록색이다.

[답] ④

9 직류방식 전차용 전동기로 적당한 전동기는?

① 분권형 ② 직권형
③ 가동복권형 ④ 차동복권형

해설 ★★★★★

직권전동기는 기동 및 운전 토크가 전류 제곱에 비례하여 크다.

[답] ②

10 반사율 ρ, 투과율 τ, 반지름 r인 완전 확산성 구형 글로브의 중심에 광도 I의 점광원을 켰을 때, 광속 발산도는?

① $\dfrac{\tau I}{r^2(1-\rho)}$ ② $\dfrac{\rho I}{r^2(1-\tau)}$
③ $\dfrac{4\pi \rho I}{r^2(1-\tau)}$ ④ $\dfrac{\rho I}{r^2(1-\rho)}$

해설 ★★★★

광속 발산도 $R = \dfrac{F}{S} = \dfrac{4\pi I}{4\pi r^2} \times \dfrac{\tau}{1-\rho}$
$= \dfrac{\tau I}{r^2(1-\rho)}$ [rlx]

[답] ①

11 전자빔 가열의 특징이 아닌 것은?

① 에너지 밀도를 높게 할 수 있다.
② 진공 중 가열로 산화 등의 영향이 크다.
③ 필요한 부분에 고속으로 가열시킬 수 있다.
④ 빔의 파워와 조사 위치를 정확히 제어할 수 있다.

해설 ★★★

가열범위가 좁고, 진공 중 가열이 가능하여 산화 등 변질이 적다.

[답] ②

12 알칼리 축전지의 양극에 쓰이는 것은?

① 납　　　　② 철
③ 카드뮴　　④ 수산화니켈

해 설 ★★★★★

알칼리 축전지 종류인 에디슨 축전지, 융그너 축전지의 양극은 수산화니켈이다.

[답] ④

13 다이오드를 사용한 단상 전파정류회로에서 전원 220[V], 주파수 60[Hz]일 때 출력전압의 평균값은 약 몇 [V]인가?

① 100　② 168　③ 198　④ 215

해 설 ★★★

$V = 0.45 \times 220 = 99[V]$: 단상 반파 정류
$V = 0.9 \times 220 = 198[V]$: 단상 전파 정류

[답] ③

14 전기철도에서 통신유도장해의 경감 대책으로 통신선의 케이블화, 전차선과 통신선의 이격거리 증대 등의 방법은 어느 측에 하는 대책인가?

① 전철　　　② 통신선
③ 전기차　　④ 지중매설관

해 설 ★★★★★

전차선 측 대책은 흡상변압기 설치이다.

[답] ②

15 바깥쪽 레일은 원심력의 작용으로 지나친 하중이 걸려 탈선하기 쉬우므로 안쪽 레일보다 얼마간 높게 한다. 이 바깥쪽 레일과 안쪽 레일의 높이 차를 무엇이라 하는가?

① 편위　② 확도　③ 캔트　④ 궤간

해 설 ★★★★★

고도(cant) $C = \dfrac{CV^2}{127R}[mm]$

$G[mm]$: 궤간, $R[m]$: 곡선 반지름,
$V[km/h]$: 열차 속도

[답] ③

16 2[g]의 알루미늄을 60[℃] 높이는 데 필요한 열량은 약 몇 [cal]인가? (단, 알루미늄의 비열은 0.2[cal/g℃]이다.)

① 24　　　　② 20.64
③ 860　　　④ 20,640

해 설 ★★★★★

$Q = mc\theta = 2 \times 0.2 \times 60 = 24[cal]$

[답] ①

17 피드백 제어(feedback control)에 꼭 있어야 할 장치는?

① 출력을 검출하는 장치
② 안정도를 좋게 하는 장치
③ 응답속도를 빠르게 하는 장치
④ 입력과 출력을 비교하는 장치

해 설 ★★★★

입력과 출력을 비교하여 오차를 자동적으로 정정하게 하는 자동 제어 방식을 피드백 제어라 한다.

[답] ④

18 청색 형광 방전등의 램프에 사용되는 형광체는?

① 규산 아연 ② 규산 카드뮴
③ 붕산 카드뮴 ④ 텅스텐산 칼슘

해 설 ★★★★

형광체로 텅스텐 칼슘을 사용하면 광색은 청색으로 나온다.

[답] ④

19 반도체에 광이 조사되면 전기저항이 감소되는 현상은?

① 열전능 ② 홀효과
③ 광전효과 ④ 제벡효과

해 설 ★★★

광전도 효과는 빛을 받으면 저항값이 변화하는 효과이다.

[답] ③

20 폭 10[m], 길이 20[m]의 교실에 총광속 3,000[lm]인 32[W] 형광등 24개를 점등하였다. 조명률 50[%], 감광보상률 1.5라 할 때 이 교실의 공사 후 초기 조도[lx]는?

① 90 ② 120
③ 152 ④ 180

해 설 ★★★★★

$EAD = NFD$

$E = \dfrac{24 \times 3{,}000 \times 0.5}{10 \times 20 \times 1.5} = 120[\text{lx}]$

[답] ②

제 4 회   전기공사산업기사 필기시험

1 내화 단열재의 구비조건으로 틀린 것은?

① 내식성이 클 것
② 급열, 급냉에 견딜 것
③ 열전도율, 체적비열이 클 것
④ 피열물간에 화학작용이 없을 것

해 설 ★★★

열전도율 및 체적비열이 작아야 한다.
[답] ③

2 발전소에 설치된 50[t]의 천장주행 기중기의 권상속도가 2[m/min]일 때 권상용 전동기의 용량은 약 몇 [kW]인가? (단, 효율은 70[%]이다.)

① 5 ② 10
③ 15 ④ 23

해 설 ★★★★★

권상기용 전동기의 용량
$P = \dfrac{KWV}{6.12\eta} = \dfrac{50 \times 2}{6.12 \times 0.7} = 23.34 [kW]$
W[ton] : 중량, V[m/min] : 권상속도,
η : 효율, K : 여유계수(주어지지 않으면 1로 한다.)
[답] ④

3 적분 요소의 전달함수는?

① K ② Ts
③ $\dfrac{1}{Ts}$ ④ $\dfrac{K}{1+Ts}$

해 설 ★★

T : 비례요소, Ts : 미분요소,
$\dfrac{K}{1+Ts}$: 1차 지연 요소
[답] ③

4 차륜의 탈선을 막기 위해 분기 반대쪽 레일에 설치한 레일은?

① 전철기 ② 완화곡선
③ 호륜궤조 ④ 도입궤조

해 설 ★★★★

주된 궤조에서 다른 궤조로 유도하는 장치가 전철기이다. 차륜을 유도하는 도입궤조가 있고, 호륜궤조(guard rail)은 탈선을 막기 위한 것이다.
[답] ③

5 200[cd]의 점광원으로부터 5[m]의 거리에서 그 방향과 직각인 면과 60° 기울어진 수평면상의 조도[lx]는?

① 4 ② 6 ③ 8 ④ 10

해 설 ★★★★★

조도를 구할 때 입사각여현의 법칙을 적용한다.
$E_h = \dfrac{I}{r^2}\cos\theta = \dfrac{200}{5^2} \times \dfrac{1}{2} = 4 [lx]$
[답] ①

6 전동기의 진동 원인 중 전자적 원인이 아닌 것은?

① 베어링의 불평등
② 고정자 철심의 자기적 성질 불평등
③ 회전자 철심의 자기적 성질 불평등
④ 고조파 자계에 의한 자기력의 불평형

해 설 ★★★

베어링의 불평등에 의한 진동은 기계적인 진동이다.
[답] ①

7 무인 엘리베이터의 자동 제어는?

① 정치 제어   ② 추종 제어
③ 비율 제어   ④ 프로그램 제어

해 설 ★★★★★

무인 엘리베이터의 제어는 프로그램 제어이다.
[답] ④

8 반지름 20[cm]인 완전 확산성 반구를 사용하여 평균 휘도가 0.4[cd/cm²]인 천정 직부등을 설치하려고 한다. 기구효율을 0.8이라 하면 광속은 약 몇 [lm]인가?

① 1,985   ② 3,944
③ 7,946   ④ 10,530

해 설 ★★

완전 확산성 반구에서 휘도 B와 광도 I의 관계는 다음과 같다. S는 정사영면적이다.

$B = \dfrac{I}{S}\eta = \dfrac{I\eta}{\pi r^2}$[cd/cm²],

$F = 4\pi I \times \dfrac{1}{2}$[lm], $I = \dfrac{F}{2\pi}$

$B = \dfrac{F\eta}{\pi r^2 \times 2\pi}$[cd/cm²],

$F = \dfrac{B\pi r^2 \cdot 2\pi}{\eta}$

$= 0.4 \times 3.14 \times 20^2 \times 2 \times 3.14 \div 0.8$
$= 3,943.84$[lm]
[답] ②

9 금속 중 이온화 경향이 가장 큰 물질은?

① K   ② Fe
③ Zn   ④ Na

해 설 ★★

금속이 액체와 접촉 시 양이온으로 되는 이온화 경향이 큰 순서는 Li > K > Ba > Ca > Na … 이다. 따라서 K(칼륨)이다.
[답] ①

10 고주파 유도가열에 사용되는 전원이 아닌 것은?

① 동기발전기
② 진공관 발진기
③ 고주파 전동발전기
④ 불꽃 간극식 고주파 발진기

해 설 ★★★★★

고주파 유도로는 5~20[kHz]의 주파수를 사용한다. 동기발전기는 상용주파 유도가열의 전원이다.
[답] ①

11 광석에 함유되어 있는 금속을 산 등으로 용해시킨 전해액으로 사용하여 캐소드에 순수한 금속을 전착시키는 방법은?

① 전해정제   ② 전해채취
③ 식염전해   ④ 용융점전해

해 설 ★★★

전해정제는 전해정련이라고도 하며 전기분해를 이용하여 순도가 높은 금속을 얻는 방법이다. 음극에 순수한 금속을 전착시키는 방법은 전해채취이다.
[답] ②

12 광질과 특색이 고휘도이고 광색은 적색 부분이 많고 배광제어가 용이하며 흑화가 거의 일어나지 않는 램프는?

① 수은 램프 ② 형광 램프
③ 크세논 램프 ④ 할로겐 램프

해 설 ★★★★

할로겐 램프(Halogen lamp)는 유리구 안에 할로겐 물질을 주입하여 필라멘트의 증발을 억제하며 백열전구에 비하여 더 밝고 수명도 길다.

[답] ④

13 음극만 발광하므로 직류 극성을 판별하는 데 이용되는 것은?

① 네온 램프 ② 크립톤 램프
③ 크세논 램프 ④ 나트륨 램프

해 설 ★★★

네온 램프(Neon lamp)는 직류를 인가할 경우 음극에서 빛이 발생한다.

[답] ①

14 열전 온도계의 특징에 대한 설명으로 틀린 것은?

① 제벡효과의 동작원리를 이용한 것이다.
② 열전대를 보호할 수 있는 보호관을 필요로 하지 않는다.
③ 온도가 열기전력으로써 검출되므로 피측 온점의 온도를 알 수 있다.
④ 적절한 열전대를 선정하면 0~1,600[℃] 온도범위의 측정이 가능하다.

해 설 ★★★

백금-백금로듐은 0~1,400[℃], 1회 사용할 때는 1,600[℃]까지 가능하다. 열전대를 보호할 수 있는 보호관이 필요하다.

[답] ②

15 전기회로와 열회로의 대응관계로 틀린 것은?

① 전류 – 열류
② 전압 – 열량
③ 도전율 – 열전도율
④ 정전용량 – 열용량

해 설 ★★★★

전압(전위차) - 온도차, 전기량 - 열량

[답] ②

16 유도장해를 경감할 목적으로 하는 흡상 변압기의 약호는?

① PT ② CT ③ BT ④ AT

해 설 ★★★★★

AT는 단권변압기이며 고속 주행이 가능한 고속철 AT 급전방식이 있다. PT는 계기용변압기, CT는 변류기이다.

[답] ③

17 발산 광속이 상향으로 90~100[%] 정도 발산하며 직사 눈부심이 없고 낮은 휘도를 얻을 수 있는 조명방식은?

① 직접조명 ② 간접조명
③ 국부조명 ④ 전반확산조명

해 설 ★★★★★

발산 광속이 하향으로 90~100[%] 정도 발산하면 직접조명 방식이다.

[답] ②

18 배리스터(Varistor)의 주된 용도는?

① 전압 증폭
② 온도 보상
③ 출력 전류 조절
④ 스위칭 과도전압에 대한 회로 보호

> **해설** ★★★★★
> 2단자 반도체 소자이다.
> [답] ④

19 60[m²]의 정원에 평균조도 20[lx]를 얻기 위해 필요한 광속[lm]은? (단, 유효한 광속은 전 광속의 40[%]이다.)

① 3,000   ② 4,000
③ 4,500   ④ 5,000

> **해설** ★★★★
> 조도는 단위면적당 입사광속이다.
> $E = \dfrac{F\eta}{A}$ [lx],
> $F = \dfrac{EA}{\eta} = \dfrac{20 \times 60}{0.4} = 3,000$ [lx]
> [답] ①

20 반도체 소자 중 게이트-소스간 전압으로 드레인 전류를 제어하는 전압제어 스위치로 스위칭 속도가 빠른 소자는?

① SCR   ② GTO
③ IGBT   ④ MOSFET

> **해설** ★★★
> MOSFET의 입력저항은 $10^{10} \sim 10^{15}[\Omega]$이며 스위칭 속도가 빠르다.
> [답] ④

• 전기공사산업기사 필기 전기응용

2018년 기출문제

제 1 회   전기공사산업기사 필기시험

1 가시광선 중에서 시감도가 가장 좋은 광색과 그때의 시감도[nm]는 얼마인가?

① 황적색, 680[nm]
② 황록색, 680[nm]
③ 황적색, 555[nm]
④ 황록색, 555[nm]

해설 ★★★★★

시감도가 가장 좋은 광색은 황록색이고, 파장은 555[nm], 효율은 680[lm/w]이다.

[답] ④

2 적외선 가열과 관계없는 것은?

① 설비비가 적다.
② 구조가 간단하다.
③ 두꺼운 목재의 건조에 적당하다.
④ 공산품(工産品)의 표면건조에 적당하다.

해설 ★★★★★

적외선 가열은 적외선 전구에서 발산되는 열을 이용하여 피 건조물의 표면을 가열 및 건조하는 것이다.

[답] ③

3 600[W]의 전열기로서 3[ℓ]의 물을 15[℃]로부터 100[℃]까지 가열하는 데 필요한 시간은 약 몇 분인가? (단, 전열기의 발생 열은 모두 물의 온도상승에 사용되고 물의 증발은 없다.)

① 30 ② 35 ③ 40 ④ 45

해설 ★★★★★

발생 열에너지와 필요한 열에너지를 비교하여 시간을 산출한다.
$860 P t \eta = m(T_2 - T_1)$,
$t = \dfrac{m(T_2 - T_1)}{860 P \eta} = \dfrac{3(100-15)}{860 \times 600 \times 10^{-3} \times 1}$
$= 0.494[h]$
$T = 0.494 \times 60 = 29.64[min]$,
따라서 약 30분이다.

[답] ①

4 광원 중 루미네선스(luminescence)에 의한 발광현상을 이용하지 않는 것은?

① 형광 램프 ② 수은 램프
③ 네온 램프 ④ 할로겐 램프

해설 ★★★

할로겐 램프는 적은 양의 할로겐 화합물을 넣은 텅스텐 전구이다. 흑화 방지에 따른 수명이 길다.

[답] ④

5 2차 전지에 속하는 것은?

① 공기전지 ② 망간전지
③ 수은전지 ④ 연축전지

해 설 ★★★★★

2차 전지는 어느 한도 내에서 충전을 반복적으로 할 수 있는 전지이다. 예비전원 설비에 주로 사용하는 2차 전지는 연(납)축전지와 알칼리 축전지가 있다.

[답] ④

6 저항 용접의 특징으로 틀린 것은?

① 잔류응력이 작다.
② 용접부의 온도가 높다.
③ 전원에는 상용주파수를 사용한다.
④ 대전류가 필요하기 때문에 설비비가 높다.

해 설 ★★★

저항 용접은 용접부분의 접촉저항에 의한 주울열을 이용한다. 아크 용접에 비하면 용접부분의 온도는 낮다.

[답] ②

7 전기철도에서 궤도(track)의 3요소가 아닌 것은?

① 레일 ② 침목 ③ 도상 ④ 구배

해 설 ★★★★

철도 궤도의 3요소는 도상, 침목, 레일이다.

[답] ④

8 연축전지(납축전지)의 방전이 끝나면 그 양극(+극)은 어느 물질로 되는가?

① Pb ② PbO
③ PbO_2 ④ $PbSO_4$

해 설 ★★★★★

연축전지는 방전이 되면 양극과 음극 모두 황산납 ($PbSO_4$)이다.

[답] ④

9 전압과 전류의 관계에서 수하 특성을 이용한 가열 방식은?

① 저항가열 ② 유도가열
③ 유전가열 ④ 아크가열

해 설 ★★★★

수하 특성은 정전류 특성이다. 아크가열은 정전류 특성이 필요하다.

[답] ④

10 프로세서(공정) 제어에 속하지 않는 것은?

① 방위 ② 유량 ③ 압력 ④ 온도

해 설 ★★★

플랜트나 생산 공정의 상태량을 제어하는 프로세스 제어는 그 대상이 온도, 유량, 압력, 농도 등이다. 제어 대상이 물체의 위치, 방위 등은 서보기구이다.

[답] ①

11 파이로 루미네선스(Pyro-luminescence)를 이용한 것은?

① 형광등　　② 수은등
③ 화학 분석　④ 텔레비전 영상

> **해 설** ★★★
>
> 파이로 루미네선스는 염색반응에 의한 화학 분석, 스펙트럼 분석 등에 응용된다.
>
> [답] ③

12 그림과 같이 광원 L에 의한 모서리 B의 조도가 20[lx]일 때, B로 향하는 방향의 광도는 약 몇 [cd]인가?

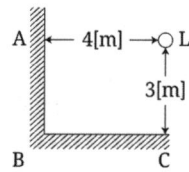

① 780　② 833　③ 900　④ 950

> **해 설** ★★★
>
> 수평면조도는 법선조도에 대한 여현의 법칙을 적용한다.
>
> $E_h = \dfrac{I}{r^2}\cos\theta\,[\text{lx}]$,
>
> $I = \dfrac{E_h r^2}{\cos\theta} = \dfrac{20\times 5^2}{3/5} = 833\,[\text{cd}]$
>
> [답] ②

13 정류방식 중 맥동률이 가장 적은 것은? (단, 저항부하인 경우이다.)

① 3상 반파방식　② 3상 전파방식
③ 단상 반파방식　④ 단상 전파방식

> **해 설** ★★★★★
>
> 맥동률은 단상 정류방식보다는 3상 정류방식, 반파 정류방식보다는 전파 정류방식이 작다.
>
> [답] ②

14 잔류편차가 발생하는 제어 방식은?

① 비례제어　　② 적분제어
③ 비례적분제어　④ 비례적분미분제어

> **해 설** ★★★
>
> 비례제어는 잔류편차가 발생하며 정상오차가 나타난다.
>
> [답] ①

15 5층 빌딩에 설치된 적재중량 1,000[kg]의 엘리베이터를 승강속도 50[m/min]로 운전하기 위한 전동기의 출력은 약 몇 [kW]인가? (단, 권상기의 기계효율은 0.9이고 균형추의 불평형률은 1이다.)

① 4　② 6　③ 7　④ 9

> **해 설** ★★★★★
>
> 전동기출력 P[kW], 평형추의 평형률 F, 손실계수(여유계수) k, 중량 W[ton], 권상속도 V[m/min], 효율 η인 경우 다음 식으로 구한다.
>
> $P = \dfrac{kWV}{6.12\times \eta}F = \dfrac{1\times 1\times 50}{6.12\times 0.9}\times 1 = 9.077\,[\text{kW}]$
>
> [답] ④

16 전기철도의 전기차에 대한 직류방식의 특징이 아닌 것은?

① 직류변환장치가 필요하다.
② 교류에 비해 전압강하가 크다.
③ 사고 시 선택차단이 용이하다.
④ 교류에 비해 절연계급을 낮출 수 있다.

> **해설** ★★★
> 사고 시 선택차단은 전기차의 직류방식의 특징이 아니다. 선택차단은 전차선의 문제이다.
> [답] ③

17 열전 온도계의 원리는?

① 홀 효과   ② 핀치 효과
③ 톰슨 효과 ④ 제벡 효과

> **해설** ★★★★★
> 종류의 금속을 접속하고 접속점의 온도 구배를 주는 경우 열기전력 및 열전류가 흐르는데 이것이 제벡 효과이다. 원리를 이용하여 열전 온도계를 만든다.
> [답] ④

18 플라이휠 효과가 $GD^2[\text{kg}\cdot\text{m}^2]$인 전동기의 회전자가 $n_2[\text{rpm}]$에서 $n_1[\text{rpm}]$으로 감속할 때 방출한 에너지[J]는?

① $\dfrac{GD^2(n_2-n_1)^2}{730}$ ② $\dfrac{GD^2(n_2^2-n_1^2)}{730}$

③ $\dfrac{GD^2(n_2-n_1)^2}{375}$ ④ $\dfrac{GD^2(n_2^2-n_1^2)}{375}$

> **해설** ★★★★★
> 회전 운동에너지
> $W = \dfrac{1}{2}J\omega^2 = \dfrac{1}{2} \times \dfrac{GD^2}{4} \times (2\pi\dfrac{n}{60})^2 = \dfrac{GD^2}{730}n^2[\text{J}]$
> 감속할 때 그 차 에너지는
> $\dfrac{GD^2(n_2^2-n_1^2)}{730}[\text{J}]$이다.
> [답] ②

19 반사율 10[%], 흡수율 20[%]인 5.6[m²]의 유리면에 광속 1,000[lm]인 광원을 균일하게 비추었을 때 그 이면의 광속발산도 [rlx]는? (단, 전등기구 효율은 80[%]이다.)

① 25   ② 50
③ 100   ④ 125

> **해설** ★★★
> 반사율 ρ, 흡수율 δ, 투과율 τ이라 하면 다음의 관계가 있다.
> $\rho + \delta + \tau = 1$,
> $\tau = 1 - (\rho + \delta) = 1 - (0.1 + 0.2) = 0.7$
> 광속 발산도는
> $R = \dfrac{\tau F}{S}\eta = \dfrac{0.7 \times 1,000}{5.6} \times 0.8 = 100[\text{rlx}]$이다.
> [답] ③

20 반도체 소자의 동작방향성에 따른 분류 중 단방향 전압저지 소자가 아닌 것은?

① BJT   ② IGBT
③ 다이오드 ④ MOSFET

> **해설** ★★★
> IGBT(Insulated Gate Bipolar Transistor)은 절연 게이트 양극성 트랜지스터이다.
> [답] ②

제 2 회 전기공사산업기사 필기시험

1 열차저항이 커지고 속도가 떨어져 표정속도가 낮아지는 원인은?

① 건축한계를 초과한 경우
② 차량한계를 초과한 경우
③ 곡선이 있고 구배가 심한 경우
④ 표준 궤간을 채택하지 않은 경우

해 설 ★★★

$$표정속도 = \frac{운전거리}{순주행시간 + 정차시간}$$

- 단면에 규정값을 둔다.
- 차량의 규정값을 둔다.

[답] ③

2 전기가열 방식 중 전기적 절연물에 교번전계를 가할 때 물체 내부의 전기 쌍극자의 회전에 의해 발열하는 가열 방식은?

① 저항 가열   ② 유도 가열
③ 유전 가열   ④ 전자빔 가열

해 설 ★★★★

유전 가열은 절연물(유전체)내에서 교번전계를 인가하여 가열한다.

[답] ③

3 제어대상을 제어하기 위하여 입력에 가하는 양을 무엇이라 하는가?

① 외란   ② 변환부
③ 목표값   ④ 조작량

해 설 ★★★★★

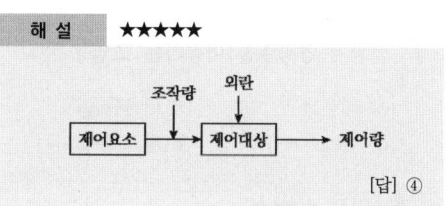

[답] ④

4 전해정제법이 이용되고 있는 금속 중 최대 규모로 행하여지는 대표 금속은?

① 철   ② 납
③ 구리 ④ 망간

해 설 ★★★★

전해정제법으로 순도를 높인다.
전기분해를 이용하여 순수한 금속만을 음극에서 얻는 방법이다. 구리가 제일 많다. 주석, 금, 은 등

[답] ③

5 휘도가 낮고 효율이 좋으며 투과성이 양호하여 터널조명, 도로조명, 광장조명 등에 주로 사용되는 것은?

① 형광등   ② 백열전구
③ 나트륨등 ④ 할로겐등

해 설 ★★★★★

나트륨등은 파장이 길어서 투과성이 좋다.
파장 589~589.6[nm]의 황색선(D선)이 76[%]이다.

[답] ③

6 저항 용접에 속하지 않는 것은?

① 심 용접   ② 아크 용접
③ 스폿 용접   ④ 프로젝션 용접

해 설 ★★★★★

저항 용접은 심 용접, 점 용접, 돌기 용접이 있다.

[답] ②

7 발광에 양광주를 이용하는 조명등은?

① 네온전구   ② 네온관등
③ 탄소아크등   ④ 텅스텐아크등

해 설 ★★★★

네온관등은 양광주가 빛을 낸다. 네온전구는 음극 글로우(glow)를 이용한다. 전자와 양이온 밀도가 같은 양으로 공존하는 부분이다. 플라즈마(plasma) 상태이다.

[답] ②

8 어떤 정류회로에서 부하양단의 평균전압이 2,000[V]이고 맥동률은 2[%]라 한다. 출력에 포함된 교류분 전압의 크기[V]는?

① 60   ② 50   ③ 40   ④ 30

해 설 ★★★★

맥동률 = $\frac{\text{정류파형의 교류분}}{\text{직류분}} \times 100(\%)$,

$2,000 \times \frac{2}{100} = 40[V]$

[답] ③

9 200[W]의 전구를 우유색 구형 글로브에 넣었을 경우 우유색 유리 반사율을 30[%], 투과율을 60[%]라고 할 때 글로브의 효율은 약 몇 [%]인가?

① 75   ② 85.7
③ 116.7   ④ 133.3

해 설 ★★★★★

글로브의 효율

$\eta = \frac{\tau}{1-\rho} = \frac{0.6}{1-0.3} \times 100(100\%) = 85.714[\%]$

[답] ②

10 물을 전기분해할 때 음극에서 발생하는 가스는?

① 황산   ② 산소   ③ 염산   ④ 수소

해 설 ★★★★

물을 전기분해하면 음극은 H^+가 이동하여 수소가스가 된다.

[답] ④

11 피열물에 직접 통전하여 발열시키는 직접식 저항로가 아닌 것은?

① 염욕로   ② 흑연화로
③ 카바이드로   ④ 카보런덤로

해 설 ★★★★★

전극간에 설치한 용융염을 발열체로 하여 간접저항 가열하는 원리이다. 형태가 복잡한 금속체가열을 균일하게 한다.

[답] ①

12 적외선 건조에 대한 설명으로 틀린 것은?

① 효율이 좋다.
② 온도 조절이 쉽다.
③ 대류열을 이용한다.
④ 소요되는 면적이 작다.

해 설 ★★★★★

적외선 건조는 적외선전구의 복사열을 이용한다.
[답] ③

13 20[Ω]의 전열선 1개를 100[V]에 사용할 때 몇 [W]의 전력이 소비되는가?

① 400 ② 500 ③ 650 ④ 750

해 설 ★★★

$P = \dfrac{V^2}{R} = \dfrac{100^2}{20} = 500[W]$

[답] ②

14 60[cd]의 점광원으로부터 2[m]의 거리에서 그 방향에 직각되는 면과 30° 기울어진 평면상의 조도는 약 몇 [lx]인가?

① 11 ② 13 ③ 20 ④ 26

해 설 ★★★★★

$E = \dfrac{I}{r^2}\cos\theta = \dfrac{60}{2^2} \times \dfrac{\sqrt{3}}{2} = 12.99[lx]$

[답] ②

15 지름이 1[m]인 원형 탁자의 중심에서 조도가 500[lx]이고 중심에서 멀어짐에 따라 조도는 직선으로 감소하여 주변에서의 조도가 100[lx]로 되었다면 평균 조도는 약 몇 [lx]인가?

① 123 ② 233 ③ 283 ④ 332

해 설 ★★★

$E = \dfrac{500 + 100 + 100}{3} = 233.333[lx]$

[답] ②

16 전동기의 손실 중 직접 부하손에 해당하는 것은?

① 풍손
② 베어링 마찰손
③ 브러시 마찰손
④ 전기자 권선의 저항손

해 설 ★★★

권선의 저항에 의한 저항손이다.
[답] ④

17 물체의 위치, 방위, 자세 등의 기계적 변위를 제어량으로 하는 것은?

① 자동조정   ② 서보기구
③ 시퀀스 제어 ④ 프로세스 제어

해 설 ★★★★★

서보기구(제어)는 기계적 변위를 제어량으로 해서 목표값의 임의의 변화에 추종하도록 구성된 제어이다. 비행기 및 선박의 방향 제어이다.
[답] ②

18 양수량 5[m³/min], 총양정 10[m]인 양수용 펌프 전동기의 용량은 약 몇 [kW]인가? (단, 펌프 효율 85[%], 여유계수 $K=1.1$ 이다.)

① 9.01   ② 10.56
③ 16.60 ④ 17.66

해설 ★★★★★

$$P = \frac{KQH}{6.12\eta} = \frac{1.1 \times 5 \times 10}{6.12 \times 0.85} = 10.572[kW]$$

[답] ②

19 FET에 관한 설명 중 틀린 것은?

① 제조기술에 따라 MOS형과 접합형이 있다.
② 극성이 2개 존재하는 쌍극성 접합 트랜지스터이다.
③ 다수 캐리어인 자유전자나 정공 중 어느 하나에 의해서 전류의 흐름이 제어된다.
④ 게이트에 역전압을 인가하여 드레인 전류를 제어하는 전압제어 소자이다.

해설 ★★

전계효과 트랜지스터 (Field Effect Transistor)
FET는 단자 3개에 단극성이다. 단자는 소스, 게이트, 드레인이다. 스위칭 속도가 빠르다.

[답] ②

20 궤간이 1[m]이고 반경이 1,270[m]인 곡선 궤도를 64[km/h]로 주행하는 데 적당한 고도는 약 몇 [mm]인가?

① 13.4   ② 15.8
③ 18.6   ④ 25.4

해설 ★★★

곡선부 제도에서 바깥쪽 레일을 안쪽보다 높게 한다.
캔트(cant), 고도 구하는 식 :

$$C = \frac{GV^2}{127R} = \frac{1,000 \times 64^2}{127 \times 1,270} = 25.395[mm]$$

C : 캔트[mm], G : 궤간[mm] 표준 1,435[mm]
R : 곡선반지름[m], V : 열차속도[km/h]

[답] ④

제 4 회　　전기공사산업기사 필기시험

1 온도의 변화로 인한 궤조의 신축에 대응하기 위한 것은?

① 궤간　② 곡선　③ 유간　④ 확도

해설 ★★★★★

궤조(rail)는 온도상승에 따라 선팽창을 하므로 안전 운행을 위하여 유간을 둔다.

[답] ③

2 우리나라 전기철도에 주로 사용하는 집전장치는?

① 뷔겔　　　　② 집전슈
③ 트롤리봉　　④ 팬터그래프

해설 ★★★★★

전기철도의 집전장치는 세계적으로 대부분 팬터그래프를 사용한다.

[답] ④

3 용해, 용접, 담금질, 가열 등에 가장 적합한 가열방식은?

① 복사가열　② 유도가열
③ 저항가열　④ 유전가열

해설 ★★★★

유도가열은 반도체 정련, 금속의 표면 가열 즉 담금질 및 국부가열에 적합하다.

[답] ②

4 서로 관계 깊은 것들끼리 짝지은 것이다. 틀린 것은?

① 유도가열 : 와전류손
② 표면가열 : 표피효과
③ 형광등 : 스토크스정리
④ 열전온도계 : 톰슨효과

해설 ★★★★★

열전온도계는 제벡효과를 원리로 한다.

[답] ④

5 평균 수평광도는 200[cd], 구면 확산률이 0.8일 때 구광원의 전광속은 약 몇 [lm]인가?

① 2,009　② 2,060
③ 2,260　④ 3,060

해설 ★★★★

$F = 4\pi I \eta = 4 \times 3.14 \times 200 \times 0.8 = 2,009.6 [lm]$

[답] ①

6 복사속의 단위로 옳은 것은?

① [sr]　② [W]
③ [lm]　④ [cd]

해설 ★★★★

복사(방사)는 전자파형태로 전달되는 에너지[J]이고, 복사속(방사속)은 단위시간당 복사이다. 따라서 복사속의 단위는 [J/s = W]이다.

[답] ②

7 고주파 유전가열에서 피열물의 단위 체적당 소비전력[W/cm³]은? (단, E[V/m]는 고주파 전계, δ는 유전체 손실각, f는 주파수, ϵ_s는 비유전율이다.)

① $\dfrac{5}{9}Ef\epsilon_s\tan\delta \times 10^{-9}$

② $\dfrac{5}{9}Ef\epsilon_s\tan\delta \times 10^{-10}$

③ $\dfrac{5}{9}E^2f\epsilon_s\tan\delta \times 10^{-8}$

④ $\dfrac{5}{9}E^2f\epsilon_s\tan\delta \times 10^{-12}$

> **해 설** ★★★
>
> 유전체 손실은 $P = VI\tan\delta$[W]이다.
> 면적 S[cm²], 두께 d[cm], 유전률 $\varepsilon = \epsilon_0\epsilon_s$[F/m],
> 각주파수 $\omega = 2\pi f$[rad/s],
> $E = \dfrac{V}{d}$[V/cm]인 경우 유전체 손실은
> $P = V\omega CV\tan\delta = V^2 2\pi f \dfrac{\epsilon_0\epsilon_s S \times 10^{-4}}{d \times 10^{-2}}\tan\delta$[W]
> 단위 체적당 손실은
> $P' = \dfrac{5}{9}E^2f\epsilon_s\tan\delta \times 10^{-12}$[W/cm³]이다.
>
> [답] ④

8 1,000[lm]인 광속을 발산하는 전등 10개를 500[m²] 방에 점등하였다. 평균조도는 약 몇 [lx]인가? (단, 조명률은 0.5이고 감광보상률이 1.5이다.)

① 1.67 ② 2.52
③ 6.67 ④ 60

> **해 설** ★★★★★
>
> 광원에서 발산되는 총 유효광속으로부터 피조면의 평균조도를 산출한다.
> $NFU = EAD$,
> $E = \dfrac{NFU}{AD} = \dfrac{10 \times 1,000 \times 0.5}{500 \times 1.5} = 6.666$[lm]
>
> [답] ③

9 SCR 각 단자에 접속되는 전압극성이 옳게 표기된 것은?

① A⊕ ─▷|─ K⊖
      └○G⊕

② A⊖ ─▷|─ K⊕
      └○G⊕

③ A⊕ ─▷|─ K⊖
      └○G⊖

④ A⊖ ─▷|─ K⊕
      └○G⊖

> **해 설** ★★★★★
>
> SCR의 맞는 전압극성은 A(애노드) : (+),
> K(캐소드) : (-), G(게이트) : (+)이다.
>
> [답] ①

10 직접조명의 장점이 아닌 것은?

① 설비비가 저렴하며 설계가 단순하다.
② 그늘이 생기므로 물체의 식별이 입체적이다.
③ 조명률이 크므로 소비전력은 간접조명의 1/2~1/3이다.
④ 등기구의 사용을 최소화하여 조명효과를 얻을 수 있다.

> **해 설** ★★★
>
> 직접조명은 조명효과를 최대로 한다.
>
> [답] ④

11 생산공정이나 기계장치 등에 이용하는 자동제어의 필요성이 아닌 것은?

① 노동 조건의 향상
② 제품의 생산속도를 증가
③ 제품의 품질향상, 균일화, 불량품 감소
④ 생산설비에 일정한 힘을 가하므로 수명감소

해 설 ★★★

생산공정 등에 이용하는 자동제어는 생산설비에 일정한 힘을 가하지 않는다.

[답] ④

12 아래에서 금속의 이온화 경향이 가장 큰 것은?

① Ag   ② Pb   ③ Na   ④ Sn

해 설 ★★

주어진 보기에서 이온화 경향이 큰 순서는 Na > Sn > Ag이다.

[답] ③

13 20[℃]의 물 5[ℓ]를 용기에 넣어 1[kW]의 전열기로 가열하여 90[℃]로 하는 데 40분 걸렸다. 이 전열기의 효율은 약 몇 [%]인가?

① 46   ② 51
③ 5   ④ 61

해 설 ★★★★★

$860 P t \eta = m c \theta$,

$\eta = \dfrac{5 \times 1 \times (90-20)}{860 \times 1 \times \frac{40}{60}} \times 100[\%] = 61.046[\%]$

[답] ④

14 유도전동기를 기동하여 각속도 ω_s에 이르기까지 회전자에서의 발열손실 $Q[J]$를 나타낸 식은? (단, J는 관성모멘트이다.)

① $Q = \dfrac{1}{2} J \omega_s$ ② $Q = \dfrac{1}{2} J \omega_s^2$

③ $Q = \dfrac{1}{2} J^2 \omega_s$ ④ $Q = \dfrac{1}{2} J^2 \omega_s^2$

해 설 ★★★★

전동기를 기동하여 일정 각속도로 올리는 데 회전자의 발열손실은 $Q = \dfrac{1}{2} J \omega_s^2 [J]$이다.

[답] ②

15 플라즈마 용접의 특징이 아닌 것은?

① 비드(bead)폭이 좁고 용입이 깊다.
② 용접속도가 빠르고 균일한 용접이 된다.
③ 가스의 보호가 충분하며, 토치의 구조가 간단하다.
④ 플라즈마 아크의 에너지 밀도가 커서 안정도가 높다.

해 설 ★★★

플라즈마 용접은 전극이 토치 안에 있어서 그 구조가 복잡하다.

[답] ③

16 광속 계산의 일반식 중에서 직선 광원(원통)에서의 광속을 구하는 식은 어느 것인가? (단, I_0는 최대 광도, I_{90}은 $\theta = 90°$ 방향의 광도이다.)

① πI_0 ② $\pi^2 I_{90}$
③ $4\pi I_0$ ④ $4\pi I_{90}$

해 설 ★★★

원통 광원의 광속은 $F = \pi^2 I_{90} [\text{lm}]$이다.

[답] ②

17 망간 건전지에 대한 설명으로 틀린 것은?

① 1차 전지이다.
② 공칭전압이 1.5[V]이다.
③ 음극으로 아연이 사용된다.
④ 양극으로 이산화망간이 사용된다.

해 설 ★★★

망간 건전지의 양극은 탄소, 감극제는 이산화망간(MnO_2)이다.

[답] ④

18 3상 반파정류회로에서 변압기의 2차 상전압 220[V]를 SCR로써 제어각 $a = 60°$로 위상제어 할 때 약 몇 [V]의 직류전압을 얻을 수 있는가?

① 108.7   ② 118.7
③ 128.7   ④ 138.7

해 설 ★★★★

$E_{da} = 1.17 V \cos \alpha = 1.17 \times 220 \times \frac{1}{2} = 128.7 [V]$

[답] ③

19 기동토크가 가장 큰 단상 유도 전동기는?

① 반발 기동전동기
② 분상 기동전동기
③ 콘덴서 기동전동기
④ 세이딩코일형 전동기

해 설 ★★★★★

단상유도전동기 중 반발 기동전동기가 기동토크는 가장 크다.

[답] ①

20 물체의 위치, 방향 및 자세 등의 기계적 변위를 제어량으로 해서 목표 값의 임의의 변화에 추종하도록 구성된 제어계는?

① 자동조정   ② 서보기구
③ 프로세스 제어   ④ 프로그램 제어

해 설 ★★★★★

서보기구는 제어량이 기계적 변위이다.

[답] ②

2019년 기출문제

제 1 회 전기공사산업기사 필기시험

1 루소선도가 아래 그림과 같을 때, 배광곡선의 식은?

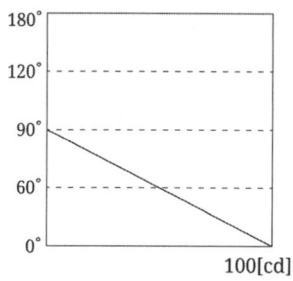

① $I_\theta = 100\cos\theta$ ② $I_\theta = 50(1+\cos\theta)$
③ $I_\theta = \dfrac{2\theta}{\pi}100$ ④ $I_\theta = \dfrac{\pi-2\theta}{\pi}100$

해설 ★★★

광원의 광도 분포를 나타낸 루소선도에서 그림과 같은 경우 광도 식은 다음과 같다.
$I_\theta = I\cos\theta = 100\cos\theta\,[\text{cd}]$
여기서 $\cos 0° = 1$일 때
$I_0 = 100\,[\text{cd}]$, $\cos 90° = 0$일 때
$I_{90} = 0\,[\text{cd}]$이다.

[답] ①

2 형광등은 주위온도가 몇 [℃]일 때 가장 효율이 높은가?

① 5~10[℃] ② 10~15[℃]
③ 20~25[℃] ④ 35~40[℃]

해설 ★★★★★

형광등은 주위온도 25[℃]에서 관벽온도 40~45[℃]일 때의 효율이 가장 좋다.

[답] ③

3 전기가열 방식에 대한 설명으로 틀린 것은?

① 저항가열은 줄열을 이용한 가열방식이다.
② 유도가열은 표면 담금질 등의 열처리에 이용되는 방식이다.
③ 유전가열은 와전류손과 히스테리시스손에 의한 가열방식이다.
④ 아크가열은 전극 사이에 발생하는 아크열을 이용한 가열방식이다.

해설 ★★★

유전가열은 유전체손실을 이용하여 가열한다.
따라서 금속이 아닌 유전체(부도체) 가열에 이용한다.
(유전체 = 절연체 = 부도체)

[답] ③

4 엘리베이터용 전동기에 대한 설명으로 틀린 것은?

① 관성모멘트가 작아야 한다.
② 기동토크가 큰 것이 요구된다.
③ 플라이휠 효과(GD^2)가 커야 한다.
④ 가속도의 변화율이 적어야 한다.

해 설 ★★★★★

엘리베이터는 운전과 정지가 반복됨으로 신속한 동작을 위하여 관성모멘트가 작고, 기동토크가 큰 것이 요구된다. 따라서 플라이휠 효과(GD^2)는 작아야 한다.

[답] ③

5 열차의 무인운전과 같이 미리 정해진 시간적 변화에 따라 정해진 순서대로 제어하는 방식은?

① 추종제어   ② 비율제어
③ 정치제어   ④ 프로그램 제어

해 설 ★★★★★

무인 엘리베이터나 열차의 무인운전은 정해진 시간적 변화에 따라 정해진 순서대로 제어하는 프로그램 제어이다.

[답] ④

6 전기철도의 전기차량용으로 교류전동기를 사용할 때 장점으로 틀린 것은?

① 제한된 공간에서 소형·경량으로 할 수 있고, 대출력화가 가능하다.
② 브러시 및 정류자가 있어서, 구조가 간단하고 제작 및 유지보수가 간단하다.
③ 속도제어 범위가 넓기 때문에 고속운전에 적합하다.
④ 인버터 제어방식으로 주 회로를 무접점화 할 수 있다.

해 설 ★★★

현재 국내의 지하철도 및 지상의 고속철도용 전동기는 모두 교류전동기이다. 교류전동기는 브러시 및 정류자가 필요 없고, 구조가 간단하고 제작 및 유지보수가 용이하다.

[답] ②

7 축전지의 용량을 표시하는 단위는?

① [J]   ② [Wh]
③ [Ah]   ④ [VA]

해 설 ★★★★★

축전지 용량은 전기량으로 전류와 시간의 곱이다.
$Q = It\,[Ah]$

[답] ③

8 유도가열과 유전가열의 공통된 특성은?

① 도체만을 가열한다.
② 선택가열이 가능하다.
③ 절연체만을 가열한다.
④ 직류를 사용할 수 없다.

해 설 ★★★★★

유도가열은 전자유도 작용을 원리로 도체를 가열한다. 유전가열은 유전체손실을 원리로 절연체(부도체)를 가열한다. 따라서 주파수가 있는 교류 전원이 필요하다.

[답] ④

9 궤간의 확도(slack)[mm]를 표시하는 식은?
(단, ℓ은 차축거리[m], R[m]는 곡선의 반지름이다.)

① $\dfrac{\ell^2}{8R}$ ② $\dfrac{8\ell^2}{R}$

③ $\dfrac{\ell^2}{R}$ ④ $\dfrac{\ell^2}{5R}$

해 설 ★★★★

확도는 차량이 곡선부를 주행할 때 바퀴와 레일 사이의 마찰을 줄이기 위해 안쪽레일의 궤간을 넓히는 정도이다.
슬랙 $S = \dfrac{\ell^2}{8R}$[mm],
ℓ : 고정 차축거리[m], R : 곡선반지름[m]

[답] ①

10 다음 ( )에 들어갈 도금의 종류로 옳은 것은?

( )도금은 철, 구리, 아연 등의 장식용과 내식용으로 사용되며, 크롬도금의 전 단계 공정으로 이용되고 있다.

① 동 ② 은
③ 니켈 ④ 카드뮴

해 설 ★★★

니켈도금은 장식용 및 부식방지용으로 이용한다.

[답] ③

11 고주파 유전가열을 응용한 사항으로 틀린 것은?

① 고무의 가황
② 합판의 건조, 접착
③ 플라스틱의 성형과 비닐막 접착
④ 강재의 표면 담금질

해 설 ★★★★★

유전가열은 유전체손실을 이용하여 연체(부도체)를 가열한다. 강재는 가열은 도체임으로 유도가열로 가능하다.

[답] ④

12 토크가 증가할 때 가장 급격히 속도가 낮아지는 전동기는

① 직류 분권전동기
② 직류 복권전동기
③ 직류 직권전동기
④ 3상 유도전동기

해 설 ★★★★★

직류직권 전동기의 회전수는 전류에 반비례하고, 토크는 전류제곱에 비례한다.
따라서 $N \propto \dfrac{1}{I}$, $T \propto I^2$, $T \propto \dfrac{1}{N^2}$ 토크가 증가하면 속도가 크게 감소한다.

[답] ③

13 그림과 같이 광원 L에서 P점 방향의 광도가 50[cd]일 때 P점의 수평면 조도는 약 몇 [lx]인가?

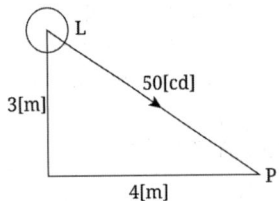

① 0.6 ② 0.8 ③ 1.2 ④ 1.6

해 설 ★★★★★

수평면 조도(바닥면 조도)
$E = \dfrac{I}{r^2}\cos\theta = \dfrac{50}{5^2} \times \dfrac{3}{5} = 1.2\,[\text{lx}]$ 이다.
$r = \sqrt{3^2 + 4^2} = 5\,[\text{m}]$
거리 역자승의 법칙과 여현의 법칙을 적용한다.

[답] ③

14 양방향 전압저지 소자가 아닌 것은?

① MOSFET
② SCR 사이리스터
③ GTO 사이리스터
④ IGBT

해 설 ★★★★

MOSFET는 게이트에 +전압을 인가하는 경우 드레인에서 소스로 전류가 흐른다. 따라서 양방향 전압 저지 소자와 관계없다.

[답] ①

15 두 도체로 이루어진 폐회로에서 두 접점에 온도차를 주었을 때 전류가 흐르는 현상은?

① 홀 효과
② 광전 효과
③ 제벡 효과
④ 펠티에 효과

해 설 ★★★★★

제벡 효과는 2종 금속의 두 접합점에 온도차를 주면 열기전력이 발생하고, 열전류가 흐른다. 열전온도계와 열전대로 이용한다.

[답] ③

16 단면적 0.5[m²], 길이 10[m]인 원형 봉상 도체의 한쪽을 400[℃]로 하고 이로부터 100[℃]의 다른 단자로 매시간 40[kcal]의 열이 전도되었다면 이 도체의 열전도율은 약 몇 [kcal/m·h·℃]인가?

① 267
② 26.7
③ 2.67
④ 0.267

해 설 ★

열류 $= \dfrac{\text{온도차}}{\text{열저항}}$,

$40\,[\text{kcal/h}] = \dfrac{(400 - 100)[\text{℃}]}{\dfrac{10}{0.5k}}$,

$k = \dfrac{40 \times 10}{0.5(400 - 100)} = 2.666\,[\text{kcal/mh℃}]$

열전도율은 $k = 2.67\,[\text{kcal/mh℃}]$ 이다.

[답] ③

17 전구에 게터(getter)를 사용하는 목적은?

① 광속을 많게 한다.
② 전력을 적게 한다.
③ 진공도를 10^{-2}[mmHg]로 낮춘다.
④ 수명을 길게 한다.

> **해설** ★★★
> 필라멘트의 산화방지와 수명연장을 위해 필라멘트에 발라주는 물질이다.
> [답] ④

18 제어기의 요소 중 기계적 요소에 포함되지 않는 것은?

① 스프링
② 벨로즈
③ 래더 다이어그램부
④ 노즐 플래퍼

> **해설** ★★
> 래더 다이어그램은 제어진행에 대한 도면이다. 따라서 기계적 요소에 포함되지 않는다.
> [답] ③

19 두 개의 사이리스터를 역병렬로 접속한 것과 같은 특성을 나타내는 소자는?

① TRIAC
② GTO
③ SCS
④ SSS

> **해설** ★★★★★
> 두 개의 사이리스터를 역병렬로 접속한 것과 같은 특성은 TRAC의 특성이다. TRAC은 게이트에 신호를 줄 때 양방향으로 도통하는 것이다. 교류를 제어한다.
> [답] ①

20 가시광선 파장[nm]의 범위는?

① 280~310
② 380~760
③ 400~430
④ 555~580

> **해설** ★★★★★
> 가시광선의 파장은 380[nm]~760[nm] 범위를 갖는다. 가시광선은 파장에 따라 그 빛깔이 달라진다.
>
> | 색 | 보라 | 파랑 | 초록 | 노랑 | 주황 | 빨강 |
> |---|---|---|---|---|---|---|
> | 파장[nm] | 380~450 | 450~490 | 490~550 | 550~590 | 590~640 | 640~760 |
>
> [답] ②

제 2 회 전기공사산업기사 필기시험

1 전기철도에 적용하는 직류 직권전동기의 속도제어 방법이 아닌 것은?

① 저항제어
② 초퍼제어
③ VVVF 인버터 제어
④ 사이리스터 위상제어

해 설 ★★★★★

가변전압가변주파수(VVVF) 인버터 제어방식은 3상 유도전동기의 속도제어 방식이다.

[답] ③

2 전기로에 사용되는 전극재료의 구비조건이 아닌 것은?

① 열전도율이 클 것
② 전기전도율이 클 것
③ 고온에 견디며 기계적 강도가 클 것
④ 피열물과 화학작용을 일으키지 않을 것

해 설 ★★★★★

전기로 전극재료의 구비조건은 다음과 같다.
• 전기도전율이 커서 전류가 잘 통할 것
• 열전도율이 작을 것
• 고온에서 기계적 강도가 크며 견딜 것
• 피열물과 화학작용을 일으키지 않을 것

[답] ①

3 500[W]의 전열기를 정격상태에서 1시간 사용할 때 발생하는 열량은 약 몇 [kcal]인가?

① 430   ② 520   ③ 610   ④ 860

해 설 ★★★

전력량 1[kWh]는 열량 860[kcal]이다.
$500 \times 10^{-3} \times 1 = 0.5$ [kWh], 따라서 비례식으로 계산한다.
$1 : 0.5 = 860 : x$, $x = 0.5 \times 860 = 430$ [kcal]

[답] ①

4 반도체 소자 중 게이트-소스 간 전압으로 드레인 전류를 제어하는 전압제어 스위치로 스위칭 속도가 빠른 소자는?

① GTO   ② SCR
③ IGBT   ④ MOSFET

해 설 ★★★★★

금속산화막반도체 전계효과트랜지스터(MOSFET : Metal Oxide Semiconductor Field Effect Tra.)는 게이트-소스간 전압으로 드레인 전류를 제어한다.

[답] ④

5 광속의 정의에 대한 설명으로 옳은 것은?

① 광원의 면 또는 발광면에서의 빛나는 정도
② 단위시간에 복사되는 에너지 양
③ 복사 에너지를 눈으로 보아 빛으로 느끼는 크기로 나타낸 것
④ 임의의 장소에서의 밝기를 나타내고, 밝음의 기준이 되는 것

해 설 ★★★★★

복사(방사)는 전자파 형태로 전달되는 에너지이다. 광속은 복사 에너지를 눈으로 보아 빛으로 느끼는 크기로 나타낸 것이다.

[답] ③

6 교번 자계 중에서 도전성 물질 내에 생기는 와류손과 히스테리시스손에 의한 가열 방식은?

① 저항가열   ② 유도가열
③ 유전가열   ④ 아크가열

해 설 ★★★★★

유도가열은 전류가 흐르는 도전성 물질에서 와류손과 히스테리시스손에 의한 가열방법이다.

[답] ②

7 목표값이 시간에 따라 변화하지 않는 제어는?

① 정치제어   ② 비율제어
③ 추종제어   ④ 프로그램제어

해 설 ★★★★★

정치제어는 제어량을 어떤 일정 값으로 유지시키는 것을 목적으로 한다. 연속식 압연기, 항온조의 온도 제어가 해당된다.

[답] ①

8 그림과 같은 배광곡선과 루소선도에서 반사갓이 없는 형광등의 루소선도는 어느 것인가?

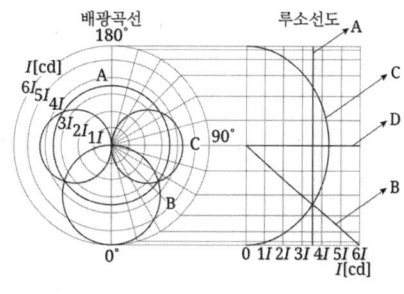

① A   ② B   ③ C   ④ D

해 설 ★★

반사갓이 없는 형광등은 광도 분포가 형광등 위와 아래에 대칭적으로 된다.

[답] ③

9 20[cm²]의 면적에 0.5[lm]의 광속이 입사할 때 그 면의 조도[lx]는?

① 200   ② 250   ③ 300   ④ 350

해 설 ★★★★★

조도는 작업면(책상면)의 단위면적당 입사광속이다.
$$E = \frac{F}{A} = \frac{0.5}{20 \times 10^{-4}} = 250[\text{lx}]$$

[답] ②

10 절대온도 T[K]인 흑체의 복사발산도(전 방사에너지)는? (단, σ는 스테판-볼츠만의 상수이다.)

① σT ② $\sigma T^{1.6}$
③ σT^2 ④ σT^4

해 설 ★★★★
스테판 볼츠만의 법칙은 흑체의 전 방사에너지가 절대온도의 4승에 비례한다는 이론이다.
[답] ④

11 동력 전달 효율이 78.4[%]인 권상기로 30[t]의 하중을 매분 4[m]의 속력으로 끌어 올리는 데 필요한 동력은 약 몇 [kW]인가?

① 14   ② 18   ③ 21   ④ 25

해 설 ★★★★★
$P = \dfrac{WV}{6.12\eta}k = \dfrac{30 \times 4}{6.12 \times 0.784} \times 1 = 25.01[kW]$
여기서 k는 여유계수인데 주어지지 않는 경우 1로 한다.
[답] ④

12 기전반응을 하는 화학 에너지를 전지 밖에서 연속적으로 공급하면 연속방전을 계속할 수 있는 전지는?

① 2차전지   ② 물리전지
③ 연료전지   ④ 생물전지

해 설 ★★★★
연료전지는 수소와 산소의 전기화학반응을 이용하여 전기를 만든다.
[답] ③

13 2개의 곡선반경 중심이 선로에 대해 서로 반대 측에 위치하는 선로 곡선은?

① 단심곡선   ② 복심곡선
③ 반향곡선   ④ 완화곡선

해 설 ★★★
철도에서 반향곡선은 2개의 곡선반경 중심이 선로에 대해 서로 반대 측에 위치하는 선로 곡선이다.
[답] ③

14 물체의 위치, 방위, 자세 등의 기계적 변위를 제어량으로 하는 것은?

① 서보기구   ② 자동조정
③ 프로그램 제어종   ④ 프로세스 제어

해 설 ★★★★★
서보기구(제어)는 제어량이 물체의 위치, 방위, 자세, 각도 등의 기계적 변위인 경우이다.
[답] ①

15 3상 유도전동기의 기동방식이 아닌 것은?

① 직입기동   ② Y−△기동
③ 콘덴서기동   ④ 리액터기동

해 설 ★★★★★
콘덴서 기동방식은 단상유도전동기 기동방식이다.
[답] ③

16 전력용 반도체 소자의 종류 중 스위칭 소자가 아닌 것은?

① GTO   ② Diode
③ TRIAC   ④ SSS

해 설 ★★★
다이오드(diode)는 정류소자이다.
[답] ②

17 동의 원자량의 63.54이고 원자가가 2라면 전기화학당량은 약 몇 [mg/C]인가?

① 0.229   ② 0.329
③ 0.429   ④ 0.529

해설 ★★

(1) 화학당량 = $\dfrac{원자량}{원자가} = \dfrac{63.54}{2} = 31.77\,[g]$

(2) 전기화학당량 = $\dfrac{화학당량}{패러데이\,상수}$
$= \dfrac{31.77}{96{,}500} = 0.3292 \times 10^{-3}$
$= 0.3292\,[mg/C]$

전기화학당량은 전기량 1[C]당 석출물의 양[g] 이다.

[답] ②

18 광속 5,500[lm]인 광원에서 4[m²]의 투명 유리를 일정 방향으로 조사(照射)하는 경우 그 유리 뒷면의 광속발산도 R[rlx] 및 휘도 B[nt]는 약 얼마인가? (단, 투명 유리의 투과율은 80%이다.)

① $R = 550$, $B = 175$
② $R = 1{,}100$, $B = 350$
③ $R = 2{,}200$, $B = 700$
④ $R = 4{,}400$, $B = 1{,}400$

해설 ★★★

(1) 광속발산도 $R = \dfrac{F\tau}{A} = \dfrac{5{,}500 \times 0.8}{4}$
$= 1{,}100\,[rlx]$

(2) 완전확산면에서 광속발산도와 휘도의 관계는 다음과 같다.
$R = \pi B$, $B = \dfrac{R}{\pi} = \dfrac{1{,}100}{\pi} = 350.14\,[nt]$

[답] ②

19 백색 LED의 발광 원리가 아닌 것은?

① GaN계 적색 LED와 청색 발광형광체를 조합한 형태
② GaN계 청색 LED와 황색 발광형광체를 조합한 형태
③ GaN계 자외선 LED와 적·녹·청색 발광의 혼합형광체를 조합한 형태
④ 3색(적·녹·청)의 개별 LED 칩을 1개의 패키지 안에 조합한 멀티칩 형태

해설 ★★★

GaN계 질화합물 반도체로부터 백색 LED를 얻기 위하여 LED와 보색관계에 있는 형광체를 사용한다. 여기에 다음과 같은 3가지 방법이 있다.
• 3원색(적·녹·청)의 개별 LED 칩을 1개의 패키지 안에 조합하여 백색을 얻는 방법
• GaN계 청색 LED와 황색 발광형광체를 조합하는 방법
• GaN계 자외선 LED와 3원색(적·녹·청)색 혼합형 광체를 조합하는 방법

[답] ①

20 최고 사용온도가 1,100[℃]이고 고온강도가 크며 냉간가공이 용이한 고온용 발열체는?

① 니크롬 제1종   ② 니크롬 제2종
③ 철크롬 제1종   ④ 철크롬 제2종

해설 ★★★★★

최고 사용온도가 1,100[℃]이며 고온 강도가 큰 발열체는 니크롬 제1종이다.

[답] ①

제4회 전기공사산업기사 필기시험

1 루소선도에서 광원의 전광속 F의 식은?
(단, F : 전광속, R : 반지름, S : 루소선도의 면적이다.)

① $F = \dfrac{\pi}{R} \times S$ ② $F = \dfrac{2\pi}{R} \times S$

③ $F = \dfrac{\pi}{R^2} \times S$ ④ $F = \dfrac{2\pi}{R} \times S^2$

해설 ★★★

루소선도에서 전체 광속은 $F = \dfrac{2\pi}{R} \times S \, [\text{lm}]$이다.
여기서, F : 전광속, R : 반지름,
S : 루소선도의 면적이다.

[답] ②

2 직류전동기의 속도제어법 중 가장 효율이 낮은 것은?

① 전압제어 ② 저항제어
③ 계자제어 ④ 워드 레오너드 제어

해설 ★★★★★

직류전동기 속도식은 $N = \dfrac{V - R_a I_a}{k\phi} \, [\text{rpm}]$이다.
전압제어는 V를 제어, 계자제어는 ϕ를 제어, 저항제어는 전기자와 직렬로 저항을 접속하여 $(R_a + R)I_a \, [\text{V}]$ 식에서 $RI_a \, [\text{V}]$ 전압강하만큼 전압을 낮추어 속도를 제어한다. 따라서 $RI_a^2 \, [\text{W}]$만큼 전력손실이 발생한다.

[답] ②

3 흑체 복사의 최대 에너지의 파장 λ_m은 절대온도 T와 어떤 관계인가?

① T^4에 비례 ② $\dfrac{1}{T}$에 비례

③ $\dfrac{1}{T^2}$에 비례 ④ $\dfrac{1}{T^4}$에 비례

해설 ★★★★★

빈의 변위법칙 : 흑체의 분광방사 발산도가 최대가 되는 파장 λ_m은 그 흑체의 절대온도 $T[\text{K}]$에 반비례한다.
$\lambda_m = \dfrac{2,896 \, [\mu\text{m} \cdot \text{K}]}{T[\text{K}]}$, $\lambda_m \propto \dfrac{1}{T}$ 이다.

[답] ②

4 노 바닥의 하부전극은 탄소덩어리로 되어 있으며 세로형이고, 선철, 페로알로이, 카바이트 등의 제조에 사용되는 전기로는?

① 제선로 ② 아크로
③ 유도로 ④ 지로식전기로

해설 ★★★

지로식전기로는 아크저항로이며 상부에 전극 1개를 그리고 노 밑바닥에 또 하나의 전극(노저 전극 또는 하부 전극)을 설치한다.

[답] ④

5 다음 회로에서 입력전압 e_i[V]와 출력전압 e_0[V] 사이의 전달함수 $G(s)$는?

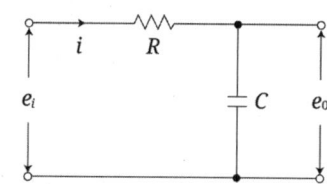

① $1 + \dfrac{R}{Cs}$ ② $1 + \dfrac{1}{Rs}$

③ $\dfrac{1}{RCs+1}$ ④ $\dfrac{1}{RCs^2+1}$

해설 ★★

전달함수
$G(s) = \dfrac{\text{출력 } E_0(s)}{\text{입력 } E(s)}$

$= \dfrac{(\frac{1}{Cs})I(s)}{(R+\frac{1}{Cs})I(s)} = \dfrac{1}{RCs+1}$ 이다.

[답] ③

6 조절부의 전달특성이 비례적인 특성을 가진 제어시스템으로서 조절부의 입력이 주어지고 그 결과로 조절부의 출력을 만들어 내는 동작은?

① 비례동작 ② 적분동작
③ 미분동작 ④ 불연속동작

해설 ★★★

조절부의 전달특성이 비례적인 특성은 비례동작을 한다. 제어요소는 조절부와 조작부로 구성되며, 조절부는 기준입력신호와 검출부의 출력신호를 제어시스템에 필요한 신호로 만들어 조작부에 보내는 부분이다. 또한 조작부는 조절부로부터 받은 신호를 조작량으로 변환하여 제어대상에 보내는 것이다.

[답] ①

7 200[V]의 단상 교류 전압을 반파 정류하였을 경우, 직류 출력전압의 평균값[V]은?

① 90   ② 110
③ 180   ④ 200

해설 ★★★★★

단상 반파정류 : 직류전압 $E_d = 0.45 V$[V],
여기서 V[V]는 교류 실효값으로 상전압이다.
$E_d = 0.45 \times 200 = 90$ [V]

[답] ①

8 200[W]는 약 몇 [cal/s]인가?

① 0.24   ② 0.86
③ 47.8   ④ 71.7

해설 ★★★★

이 문제는 단위 환산의 문제이다.
4.186 [J] $= 1$ [cal], 1[J] $= 1$[W·s]
$1 : 4.186 = x : 200$,
$x = \dfrac{200 [\text{W·s}]}{4.186 [\text{J}]} = 47.778$ [cal],
200[W] $= 47.778$ [cal/s]

[답] ③

9 PN 접합 다이오드에서 Cut-in Voltage란?

① 순방향에서 전류가 현저히 증가하기 시작하는 전압
② 순방향에서 전류가 현저히 감소하기 시작하는 전압
③ 역방향에서 전류가 현저히 감소하기 시작하는 전압
④ 역방향에서 전류가 현저히 증가하기 시작하는 전압

해설 ★★★★★

컷인전압(cut in voltage)은 순방향에서 전류가 현저하게(급격하게) 증가하기 시작하는 전압이다.

[답] ①

10 열차의 차체 중량이 75[ton]이고 동륜상의 중량이 50[ton]인 기관차의 최대 견인력은 몇 [kg]인가? (단, 궤조의 점착계수는 0.3으로 한다.)

① 10,000 ② 15,000
③ 22,500 ④ 1,125,000

해 설 ★★★★★

열차의 최대 견인력은 $F = 1,000\mu W$[kg]이다.
$F = 1,000 \times 0.3 \times 50 = 15,000$[kg]
W[ton]은 동륜의 중량, μ는 점착계수(레일과 동륜의 마찰계수)이다.

[답] ②

11 평등전계에서 기체의 온도가 일정한 경우, 방전개시전압은 기체의 압력과 전극간격의 곱의 함수로 결정된다. 이것을 표현한 법칙은?

① 파센의 법칙
② 스토크의 법칙
③ 플랑크의 법칙
④ 스테판 볼츠만의 법칙

해 설 ★★★★

파센의 법칙은 전극사이의 방전개시 전압이 기체의 압력 p와 전극간격 d의 곱에 관계한다는 이론이다. 따라서 방전개시 전압 $V \propto pd$에서 최저 방전개시 전압을 찾을 수 있다.

[답] ①

12 교류 3상 직권 정류자 전동기는 다음에 분류하는 전동기 중 어디에 속하는가?

① 정속도 전동기   ② 다속도 전동기
③ 변속도 전동기   ④ 가감속도 전동기

해 설 ★★★

교류 3상 직권 정류자 전동기는 직류직권 전동기와 비슷한 속도 및 토크특성을 갖는다. 따라서 부하전류가 증가하면 속도가 크게 감소하는 변속도 전동기이다.

[답] ③

13 열 절연재료로 사용되는 내화물의 구비조건이 아닌 것은?

① 사용 온도에 견딜 것
② 열간 하중에 견딜 것
③ 급열, 급랭에 견딜 것
④ 내식성이 적을 것

해 설 ★★★★

내화물질은 고온에서 연화되지 않는 물질이다. 보통 1,000[℃] 이상에서 견디는 내화벽돌을 예로 들 수 있다. 내식성도 커야 한다.

[답] ④

14 열전온도계에 사용되는 열전대의 조합은?

① 백금-철   ② 아연-백금
③ 구리-콘스탄탄   ④ 아연-콘스탄탄

해 설 ★★★★★

열전대의 조합은 구리-콘스탄탄, 철-콘스탄탄, 백금-백금로듐, 크로멜-알루멜 등이 있다.

[답] ③

15 전기화학 공업에서 직류전원으로 요구되는 사항이 아닌 것은?

① 일정한 전류로서 연속운전에 견딜 것
② 효율이 높을 것
③ 고전압 저전류일 것
④ 전압조정이 가능할 것

해설 ★★★★

전기화학 공업용으로 직류전원은 일반적으로 저전압 대전류이다.

[답] ③

16 전철의 급전선의 구간은?

① 전동기에서 레일까지
② 변전소에서 트롤리선까지
③ 트롤리선에서 집전장치까지
④ 집전장치에서 주전동기까지

해설 ★★★★★

급전선은 전철변전소에서 전차선(트롤리선)까지의 구간이다.

[답] ②

17 모든 방향으로 360[cd]의 광도를 갖는 전등을 직경 2[m]의 원형 탁자의 중심에서 수직으로 3[m] 위에 점등하였다. 이 원형 탁자의 평균 조도는 약 몇 [lx]인가?

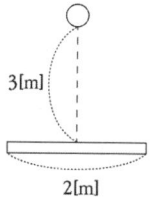

① 37   ② 126
③ 144   ④ 180

해설 ★★★★★

점광원에서 원뿔입체각일 때 광도는
$I = \dfrac{F}{\omega}[cd]$이다.
광속은 $F = \omega I = 2\pi(1-\cos\theta)I[lm]$이다.
따라서 조도는 $E = \dfrac{F}{A} = \dfrac{2\pi(1-\cos\theta)I}{\pi r^2}$

$= \dfrac{2(1 - \dfrac{3}{\sqrt{1^2+3^2}}) \times 360}{1^2}$

$= 36.948[lx]$

[답] ①

18 고주파 유전가열의 용도로 적합하지 않은 것은?

① 목재의 접착   ② 플라스틱 성형
③ 비닐의 접착   ④ 금속의 열처리

해설 ★★★★★

고주파유전가열은 유전체(절연체) 손실로 가열한다. 금속은 도체이며 보통 유도가열 및 아크가열을 한다.

[답] ④

19 음극에 아연, 양극에 탄소봉, 전해액은 염화 암모늄을 사용하는 1차 전지는?

① 수은전지　　② 리튬전지
③ 망간건전지　④ 알칼리건전지

해설 ★★★★★

망간건전지는 양극에 탄소봉, 음극에 아연판, 전해에 염화 암모늄(NH_4Cl)을 사용한다.

[답] ③

20 기체 또는 금속 증기 내의 방전에 따른 발광현상을 이용한 것으로 수은등, 네온관 등에 이용된 루미네선스는?

① 열 루미네선스
② 결정 루미네선스
③ 화학 루미네선스
④ 전기 루미네선스

해설 ★★★

전기 루미네선스는 기체 또는 금속 증기 중의 방전에 의한 발광현상이다.

[답] ④

• 전기공사산업기사 필기 전기응용

2020년 기출문제

제 1, 2 회 전기공사산업기사 필기시험

1 회전축에 대한 관성모멘트가 150[kg·m²]인 회전체의 플라이휠 효과(GD^2)는 몇 [kg·m²]인가?

① 450 ② 600
③ 900 ④ 1,000

해설 ★★★★★

관성모멘트를 구하는 식 $J = \dfrac{GD^2}{4}$[kg·m²]에서 플라이휠 효과는
$GD^2 = 4J = 4 \times 150 = 600$[kg·m²]이다.

[답] ②

2 전기철도의 교류 급전방식 중 AT 급전방식은 어떤 변압기를 사용하여 급전하는 방식을 말하는가?

① 단권 변압기 ② 흡상 변압기
③ 스코트 변압기 ④ 3권선 변압기

해설 ★★★★★

교류 급전에서 단권 변압기(Auto Transformer)를 이용하는 방식이 AT 급전방식이다.

[답] ①

3 오픈루프 제어계와 비교하여 폐루프 제어계를 구성하기 위해 반드시 필요한 장치는?

① 응답속도를 빠르게 하는 장치
② 안정도를 좋게 하는 장치
③ 입·출력 비교장치
④ 고주파 발생장치

해설 ★★★

폐루프 제어계는 입력과 출력을 비교하는 장치가 반드시 필요하다.

[답] ③

4 시속 45[km/h]의 열차가 곡률 반지름 1,000[m]인 곡선궤도를 주행할 때 고도(cant)는 약 몇 [mm]인가? (단, 궤간은 1,067[mm]이다.)

① 10 ② 13 ③ 17 ④ 20

해설 ★★★★★

고도(cant)를 구하는 식은 $C = \dfrac{GV^2}{127R}$[mm]이며, G[mm] 궤간, V[km/h] 열차속도, R[m] 곡선 반지름이다.

$C = \dfrac{1,067 \times 45^2}{127 \times 1,000} = 17.013$[mm]

[답] ③

5 다음 중 유도가열은 어떤 것을 이용한 것인가?

① 복사열   ② 아크열
③ 와전류손 ④ 유전체손

해설 ★★★★★

유도가열은 금속에 와류(맴돌이 전류)가 흘러 발생하는 열을 이용하는 가열법이다. 이 와류에 의한 전력손실이 와전류손이다.

[답] ③

6 전동기 운전 시 발생하는 진동 중 전자력적인 원인에 의한 것은?

① 회전자의 정적 및 동적 불균형
② 베어링의 불균형
③ 상대기계와의 연결 불량 및 설치 불량
④ 회전 시 공극의 변동

해설 ★★

유도전동기의 전류 중에 고조파 전류가 포함되면 타원형 회전자계가 되어 진동을 유발하고, 약간의 공극의 변동을 가져온다.

[답] ④

7 점광원으로부터 원뿔의 밑면까지의 거리가 4[m]이고, 밑면의 반경이 3[m]인 원형면의 평균 조도가 100[lx]라면, 이 점광원의 평균 광도[cd]는?

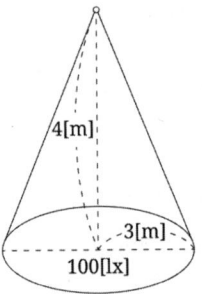

① 225   ② 250
③ 2,250 ④ 2,500

해설 ★★★★★

1) 조도는 단위면적당 입사광속이다.
$$E = \frac{F}{A} = \frac{\omega I}{A} = \frac{2\pi(1-\cos\theta)I}{\pi r^2}$$
$$= \frac{2(1-\cos\theta)I}{r^2} [\text{lx}]\text{이다.}$$

광도 $I[\text{cd}]$는 광속 $F[\text{lm}]$의 입체각 $\omega[\text{sr}]$ 밀도, $I = \frac{F}{\omega}[\text{cd}]$, $F = \omega I[\text{lm}]$이다.

입체각은 원뿔에서
$\omega = 2\pi(1-\cos\theta) [\text{sr}]$이다.

2) 광도 $I = \frac{Er^2}{2(1-\cos\theta)}$
$$= \frac{100 \times 3^2}{2(1-\frac{4}{\sqrt{3^2+4^2}})} = 2,250[\text{cd}]$$

[답] ③

8 다음 중 적외선의 기능은?

① 살균작용   ② 온열작용
③ 발광작용   ④ 표백작용

해 설 ★★★

적외선은 온열작용, 자외선은 살균작용을 한다.

[답] ②

9 다음 중 전기 화학 당량의 단위는?

① [C/g]   ② [g/C]
③ [g/k]   ④ [Ω/m]

해 설 ★★★

전기량 1[C]으로 석출되는 물질의 양[g]을 전기화학 당량[g/C]이라 한다.

[답] ②

10 제너다이오드에 관한 설명 중 틀린 것은?

① 정전압 소자이다.
② 전압 조정기에 사용된다.
③ 인가되는 전압의 크기에 따라 전류방향이 달라진다.
④ 제너 항복이 발생되면 전압은 거의 일정하게 유지되나 전류는 급격하게 증가한다.

해 설 ★★★

제너다이오드는 전압안정회로에 사용한다. 전압이 변하면 전류도 변하지만 전류방향은 일정하다.

[답] ③

11 반도체 소자의 종류 중에서 게이트에 의한 턴온을 이용하지 않는 소자는?

① SSS   ② SCR
③ GTO   ④ SCS

해 설 ★★★

SSS는 5층 구조의 2단자 소자이며 게이트는 없고, 인가전압이 저지전압 이상으로 높은 경우 양방향으로 도통하는 특성이다.

[답] ①

12 다음 중 열전대의 조합이 아닌 것은?

① 크롬 - 콘스탄탄
② 구리 - 콘스탄탄
③ 철 - 콘스탄탄
④ 크로멜 - 알루멜

해 설 ★★★★★

열전대는 구리 - 콘스탄탄, 철 - 콘스탄탄, 크로멜 - 알루멜, 백금 - 백금로듐이 있다.

[답] ①

13 방전용접 중 불활성 가스용접에 쓰이는 불활성 가스는?

① 아르곤   ② 수소
③ 산소   ④ 질소

해 설 ★★★

불활성 가스는 다른 원소와 화학작용을 일으키지 않는 가스이다. 아르곤(Ar), 헬륨(He), 네온(Ne) 등이 여기에 속한다.

[답] ①

14 금속을 양극으로 하고 음극은 불용성의 탄소 전극을 사용한 다음, 전기 분해하면 금속 표면의 돌기 부분이 다른 표면 부분에 비해 선택적으로 용해되어 평활하게 되는 것은?

① 전주
② 전기 도금
③ 전해 정련
④ 전해 연마

해 설 ★★★★

전해 연마는 양극에 접속된 금속 표면의 돌기 부분을 매끈하게 한다. 전해 정련은 음극에서 순도가 높은 금속을 얻는 방법이다.

[답] ④

15 기계적 변위를 제어량으로 하는 기기로서 추적용 레이더 등에 응용되는 것은?

① 서보기구
② 자동 조정
③ 프로세스 제어
④ 프로그램 제어

해 설 ★★★★

서보제어는 물체의 위치, 방위, 자세, 각도 등의 기계적 변위를 제어대상으로 한다.

[답] ①

16 전기회로와 열회로의 대응관계로 틀린 것은?

① 전류 - 열류
② 전압 - 열량
③ 도전율 - 열전도율
④ 정전용량 - 열용량

해 설 ★★★★

전기회로와 열회로에서 전기량은 열량과 대응관계이다.

[답] ②

17 가로조명, 도로조명 등에 사용되는 저압 나트륨 등의 설명으로 틀린 것은?

① 효율은 높고 연색성은 나쁘다.
② 등황색의 단일 광색이다.
③ 냉음극이 설치된 발광관과 외관으로 되어 있다.
④ 나트륨의 포화 증기압은 0.004[mmHg]이다.

해 설 ★★★★

발광효율은 관벽온도가 260~270[℃]에서 가장 양호하다. 외관을 사용하여 단열효과를 크게 하고 효율을 향상시킨다.

[답] ③

18 광질과 특색이 고휘도이고 배광제어가 용이하며 흑화가 거의 일어나지 않는 램프는?

① 수은램프
② 형광램프
③ 크세논램프
④ 할로겐램프

해 설 ★★★★★

할로겐 램프는 고휘도, 광색은 적색부분이 비교적 많다. 흑화가 거의 일어나지 않아 백열등보다 수명이 길다.

[답] ④

19 목재의 건조, 베니어판 등의 합판에서의 접착 건조, 약품의 건조 등에 적합한 전기 건조 방식은?

① 아크 건조
② 고주파 건조
③ 적외선 건조
④ 자외선 건조

해 설 ★★★★★

고주파 유전가열로 목재건조에는 2~5[MHz]를 적용한다.

[답] ②

20 반사율 70[%]의 완전확산성 종이를 100[lx]의 조도로 비추었을 때 종이의 휘도 [cd/m²]는 약 얼마인가?

① 50   ② 45   ③ 32   ④ 22

해설 ★★★★

광속 발산도 R[rlx], 휘도 B[cd/m²], 조도 E[lx], 반사율 ρ인 경우 상호 관계는 다음과 같다.
$R = \pi B = \rho E$,
$B = \dfrac{\rho E}{\pi} = \dfrac{0.7 \times 100}{\pi} = 22.281$ [cd/m²]

[답] ④

제 3 회 전기공사산업기사 필기시험

1 다음 전기로 중 열효율이 가장 좋은 것은?

① 저주파 유도로 ② 흑연화로
③ 고압아크로 ④ 카보런덤로

해 설 ★★

저항로는 직접식과 간접식이 있으며 직접식은 피열물에 직접 통전하여 발열시킴으로 열효율이 좋다. 직접식에는 카바이드로, 흑연화로(2,300~3,000[℃]), 카보런덤로(2,000[℃])가 있다.

[답] ④

2 트랜지스터 정합온도(T_j)의 최대 정격값이 75[℃], 주위온도(T_a)가 35[℃]이다. 컬렉터 손실 P_c의 최대 정격값을 10[W]라고 할 때 열저항[℃/W]은?

① 40 ② 4
③ 2.5 ④ 0.2

해 설 ★★★

열저항 : $\frac{75-35}{10} = 4[℃/W]$

[답] ②

3 열전도율을 표시하는 단위는?

① [J/℃] ② [℃/W]
③ [W/m·℃] ④ [m·℃/W]

해 설 ★★★★★

열전도율은 단위 길이당 이동한 열에너지이다.
단위는 [W/m·℃] 또는 [kcal/m·h·℃]

[답] ③

4 평행평판 전극 사이에 유전체인 피열물을 삽입하고 고주파 전계를 인가하면 피열물 내 유전체손이 발생하여 가열되는 방식은?

① 저항가열 ② 유도가열
③ 유전가열 ④ 원자수소가열

해 설 ★★★★★

유전가열은 교번전계로 유전체(부도체)를 유전체손실에 의한 열로 가열한다.

[답] ③

5 조도 E[lx]에 대한 설명으로 옳은 것은?

① 광도에 비례하고 거리에 반비례한다.
② 광도에 반비례하고 거리에 비례한다.
③ 광도에 비례하고 거리의 제곱에 반비례한다.
④ 광도의 제곱에 반비례하고 거리에 비례한다.

해 설 ★★★★★

법선조도는 광도 I에 비례하고 거리 r의 제곱에 반비례한다.
$E = \frac{I}{r^2}[\text{lx}]$

[답] ③

6 제어요소가 제어대상에 주는 양은?

① 제어량 ② 조작량
③ 동작신호 ④ 되먹임 신호

해 설 ★★★★★

조작량은 제어요소가 제어대상에 주는 양이다.

[답] ②

7 망간건전지에서 분극작용에 의한 전압강하를 방지하기 위하여 사용되는 감극제는?

① O_2 ② HgO
③ MnO_2 ④ $H_2Cr_2O_7$

해 설 ★★★

망간전지의 감극제는 MnO_2(이산화망간)이다. 분극작용은 전지내부에서 반대극성의 기전력이 발생하는 현상이다.

[답] ③

8 열차의 자중이 120[t]이고, 동륜상의 중량이 90[t]인 기관차의 최대 견인력[kg]은? (단, 레일의 점착계수는 0.2로 한다.)

① 1,800   ② 2,160
③ 18,000   ④ 21,600

해 설 ★★★★★

동륜상의 중량이 주어지는 경우 견인력은
$F = 1,000 \mu W [kg]$ 이다.
여기서 μ 는 점착계수, $W[t]$ 는 동륜상의 중량이다.
$F = 1,000 \times 0.2 \times 90 = 18,000 [kg]$

[답] ③

9 루소선도가 그림과 같이 표시되는 광원의 전광속[lm]은 약 얼마인가?

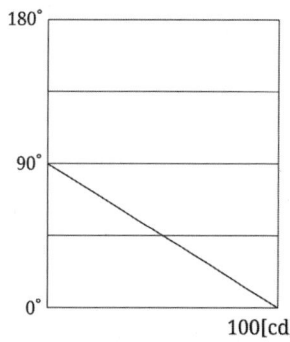

① 314   ② 628
③ 942   ④ 1,256

해 설 ★★★

$F = \dfrac{2\pi}{r} S [lm]$, $F = \dfrac{2\pi}{100} \times \dfrac{100 \times 100}{2} = 314 [lm]$

F는 전체 광속, r은 광도를 나타낸 반원의 반지름, S는 루소선도의 면적이다.

[답] ①

10 사람이 눈부심을 느끼는 한계 휘도[cd/m²]는?

① 0.5×10^4 ② 5×10^4
③ 50×10^4 ④ 500×10^4

해 설 ★★★★★

사람은 눈부심을 느끼는 한계 휘도가
$0.5 [cd/cm^2 = sb :$ 스틸브$]$ 또는
$0.5 \times 10^4 [cd/m^2 = nt :$ 니트$]$이다.

[답] ①

11 전기도금에 의해 원형과 같은 모양의 복제품을 만드는 것은?

① 용융염 전해 ② 전주
③ 전해정련 ④ 전해연마

해 설 ★★★★★

전주는 전기도금을 이용한 주조이다. 금속활자 등을 만드는 데 이용한다.

[답] ②

12 리드 스위치(reed switch)의 특성이 아닌 것은?

① 회로 구성이 복잡하다.
② 사용 온도 범위가 넓다.
③ 내전압 특성이 우수하다.
④ 소형, 경량이다.

해 설 ★★★

리드 스위치는 유리관 내에서 자성체(자석에 붙는 물체)의 가동전극이 자석의 접근으로 접속되는 원리로 회로 구성 및 구조가 간단하다.

[답] ①

13 적분 요소의 전달함수는?

① K ② Ts
③ $\dfrac{1}{Ts}$ ④ $\dfrac{K}{1+Ts}$

해 설 ★★★★★

K : 비례요소, Ts : 미분요소, $\dfrac{1}{Ts}$: 적분요소,

$\dfrac{K}{1+Ts}$: 1차 지연요소

[답] ③

14 40[t]의 전차가 40/1,000의 구배를 올라가는 데 필요한 견인력[kg]은? (단, 열차 저항은 무시한다.)

① 1,000 ② 1,200
③ 1,400 ④ 1,600

해 설 ★★★

$F = 1,000[g]W = 1,000 \times \dfrac{40}{1,000} \times 40 = 1,600[\text{kg}]$

여기서 $g[0/00]$는 구배(경사), $W[t]$는 열차의 중량이다.

[답] ④

15 반사율 60[%], 흡수율 20[%]인 물체에 1,000[lm]의 빛을 비추었을 때 투과되는 광속[lm]은?

① 100 ② 200
③ 300 ④ 400

해 설 ★★★★★

$\rho + \tau + \delta = 1$, $\tau = 1 - (0.6 + 0.2) = 0.2$,
$F_\tau = 1,000 \times 0.2 = 200[\text{lm}]$
ρ 반사율, τ 투과율, δ 흡수율
투과되는 광속은 입사광에 투과율을 곱하여 얻는다.

[답] ②

16 권상하중 10[t], 매분 24[m/min]의 속도로 물체를 올리는 권상용 전동기의 용량 [kW]은 약 얼마인가? (단, 전동기를 포함한 기중기의 효율은 65[%]이다.)

① 41 ② 73 ③ 60 ④ 97

해 설 ★★★★★

권상기용 전동기의 용량

$F = \dfrac{WV}{6.12\eta} = \dfrac{10 \times 24}{6.12 \times 0.65} = 60.331[\text{kW}]$

[답] ③

17 전차를 시속 100[km]로 운전하려 할 때 전동기의 출력[kW]은 약 얼마인가? (단, 차륜상의 견인력은 400[kg]이다.)

① 95　　② 100
③ 109　　④ 121

해설 ★★★

전철용 전동기의 출력
$$P = \frac{FV}{367\eta} = \frac{400 \times 100}{367 \times 1} = 108.991 [\text{kW}]$$
F[kg] 차륜상의 견인력, V[km/h] 열차운전속도, η 효율, 효율이 주어지지 않는 경우는 1로 한다.

[답] ③

18 목재건조에 적합한 가열 방식은?

① 저항가열　　② 적외선 가열
③ 유전가열　　④ 유도가열

해설 ★★★★★

유전가열은 교번전계를 유전체(부도체)에 가하여 유전체손실의 열을 가열에 이용하는 것이다.

[답] ③

19 평균구면광도가 780[cd]인 전구로부터 발산하는 전광속[lm]은 약 얼마인가?

① 9,800　　② 8,600
③ 7,000　　④ 6,300

해설 ★★★★★

구면광도로부터 전체 발산광속은
$F = 4\pi I = 4\pi \times 780 = 9,801.769 [\text{lm}]$이다.

[답] ①

20 초음파 용접의 특징으로 틀린 것은?

① 전기 저항 용접에 비해 표면의 전처리가 간단하다.
② 가열을 필요로 하지 않는다.
③ 냉간 압전 등에 비하여 접합부 표면의 변형이 적다.
④ 고체 상태에서의 용접이므로 열적 영향이 크다.

해설 ★★★

초음파 용접은 초음파 진동 에너지로 가열하고 적당히 가압하여 용접한다. 따라서 열적 영향이 적다.

[답] ④

MEMO

전기공사산업기사 필기
전력공학

2011~2020년 과년도 기출문제

전력공학 출제분석

항목	2011			2012			2013			2014			2015			2016			2017			2018			2019			2020	
	1회	2회	4회	1회	2회	4회	1회	2회	4회	1회	2회	4회	1회	2회	4회	1회	2회	4회	1회	2회	4회	1회	2회	4회	1회	2회	4회	1,2회	3회
송전선로	2	2	2	2	2	2	2	2	2	2	2	2	1	2	2	2	1	2	2	1	2	2	1	2	2	2	2	2	2
선로정수 및 코로나	3	3	2	3	3	2	3	3	2	2	1	2	2	2	1	1	2	2	2	1	2	1	2	2	2	3	2	2	1
송전특성 및 조상설비	3	3	3	3	3	3	3	3	3	1	1	3	1	1	3	1	2	2	1	1	3	1	1	2	1	1	2	1	1
중성점 접지방식과 유도장해	1	3	2	1	2	2	1	2	2	1	2	2	2	2	2	2	2	2	2	2	2	2	2	2	1	0	2	1	2
전력 계통의 안정도	0	1	2	0	1	1	1	1	1	2	2	1	1	2	1	2	2	1	2	1	3	2	2	2	1	1	2	2	2
고장 계산	1	1	2	1	1	2	1	1	2	2	3	2	1	2	2	1	3	2	1	2	1	2	1	2	1	2	2	2	3
이상 전압 및 개폐기	3	2	2	2	3	2	2	2	2	3	2	2	2	1	2	2	2	2	2	2	2	2	2	2	3	3	2	3	1
보호 계전기	0	1	1	1	1	1	1	1	1	2	2	1	3	2	1	2	2	1	2	3	1	2	1	2	1	3	1	2	2
배전 선로	4	3	3	4	3	3	4	3	3	3	4	3	3	4	3	4	3	3	5	3	5	3	5	3	5	3	3	3	4
수력 발전	1	1	0	2	1	1	1	1	0	1	0	1	2	0	1	0	1	1	0	1	1	1	2	1	0	2	0	0	1
화력발전	2	0	1	0	1	1	1	1	1	1	1	1	1	2	1	0	3	1	1	1	1	0	0	3	0	1	1	1	1
원자력 발전	0	0	0	0	0	0	0	0	0	1	0	0	1	0	0	1	1	0	1	0	0	1	0	0	0	0	0	1	0
새로운 발전	0	0	0	0	0	0	0	0	0	0	0	0	1	0	0	0	0	0	0	0	0	0	0	0	0	0	1	0	0

• 전기공사산업기사 필기 | 전력공학

2011년 기출문제

제 1 회 전기(공사)산업기사 필기시험

1 선간거리가 $2D$[m]이고 선로 도선의 지름이 d[m]인 선로의 정전용량은 몇 [μF/km]인가?

① $\dfrac{0.02413}{\log_{10}\dfrac{4D}{d}}$ ② $\dfrac{0.02413}{\log_{10}\dfrac{2D}{d}}$

③ $\dfrac{0.02413}{\log_{10}\dfrac{D}{d}}$ ④ $\dfrac{0.2413}{\log_{10}\dfrac{4D}{d}}$

해 설 ★★★

$C = \dfrac{0.02413}{\log_{10}\dfrac{D}{r}} = \dfrac{0.02413}{\log_{10}\dfrac{2D}{\frac{d}{2}}} = \dfrac{0.02413}{\log_{10}\dfrac{4D}{d}}$ [μF/km]

[답] ①

2 200[V], 10[kVA]인 3상 유도전동기가 있다. 어느 날의 부하실적은 1일의 사용전력량 72[kWh], 1일의 최대전력이 9[kW], 최대 부하일 때의 전류가 35[A]이었다. 1일의 부하율과 최대 공급전력일 때의 역률은 몇 [%]인가?

① 부하율 : 31.3, 역률 : 74.2
② 부하율 : 33.3, 역률 : 74.2
③ 부하율 : 31.3, 역률 : 82.5
④ 부하율 : 33.3, 역률 : 82.5

해 설 ★★

(1) 1일의 부하율 :
$F = \dfrac{\text{평균전력}}{\text{최대전력}} \times 100 [\%]$

$= \dfrac{\frac{72}{24}}{9} \times 100 [\%] ≒ 33.33 [\%]$

(2) 최대 공급전력일 때의 역률 :
$\cos\theta = \dfrac{P_m}{P_{am}} \times 100 [\%]$

$= \dfrac{9,000}{\sqrt{3} \times 200 \times 35} \times 100 [\%] ≒ 74.2 [\%]$

[답] ②

3 배전선로의 전기방식 중 전선의 중량(전선비용)이 가장 적게 소요되는 전기방식은? (단, 배전전압, 거리, 전력 및 선로손실 등은 같다고 한다.)

① 단상 2선식　② 단상 3선식
③ 3상 3선식　④ 3상 4선식

해 설 ★★★

배전방식별 소요 전선 비교
(1) 단상 2선식 : W_1 (100[%] 기준)
(2) 단상 3선식 : $\dfrac{W_2}{W_1} = \dfrac{3}{4}$ (75[%])
(3) 3상 3선식 : $\dfrac{W_3}{W_1} = \dfrac{3}{4}$ (75[%])
(4) 3상 4선식 : $\dfrac{W_4}{W_1} = \dfrac{1}{3}$ (33.3[%])

[답] ④

4 가공 송전선에 사용되는 애자 1연 중 전압부담이 최대인 애자는?

① 철탑에 제일 가까운 애자
② 전선에 제일 가까운 애자
③ 중앙에 있는 애자
④ 철탑과 애자연 중앙의 그 중간에 있는 애자

해 설 ★★★

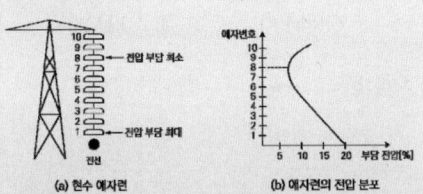

(a) 현수 애자련　(b) 애자련의 전압 분포

(1) 전압 부담이 가장 큰 애자 : 전선에서 가장 가까운 애자
(2) 전압 부담이 최소인 애자 : 전선에서 8번째 애자

[답] ②

5 철탑의 탑각 접지저항이 커지면 가장 크게 우려되는 문제점은?

① 역섬락 발생　② 코로나 증가
③ 정전 유도　④ 차폐각 증가

해 설 ★★★

(1) 섬락 : 가공 지선의 차폐각이 부적절하여 전선에서 철탑으로 아크 방전하는 것
(2) 역섬락 : 철탑의 접지 저항이 너무 커서 철탑에서 전선으로 아크 방전하는 것

[답] ①

6 직접접지방식에 대한 설명 중 옳지 않은 것은?

① 이상전압 발생의 우려가 거의 없다.
② 계통의 절연수준이 낮아지므로 경제적이다.
③ 변압기의 단절연이 가능하다.
④ 보호계전기가 신속히 작동하므로 과도 안정도가 좋다.

해 설 ★★★

직접 접지 방식의 특징
(1) 지락 전류가 매우 크다.
(2) 지락 사고 시 건전상 전위 상승이 작다.
(3) 기기의 단 절연, 저감 절연이 가능하다.
(4) 보호 계전기 동작이 확실하다.
(5) 과도 안정도가 나빠진다.
(6) 통신선에 대한 유도 장해가 크다.
(7) 지락 전류가 커서 기기에 주는 충격이 크다.

[답] ④

7 전압 3,300/105[V]의 단상 3선식 변압기에 60[A], 60[%] 및 50[A], 80[%]의 불평형, 늦은 역률 부하를 걸었을 때 총 유효전력은 약 몇 [kW]인가?

① 5 ② 8
③ 11 ④ 14

해설 ★

$P = VI\cos\theta = 105 \times (60 \times 0.6 + 50 \times 0.8)$
$= 7,980[W] ≒ 8[kW]$

[답] ②

8 자가용 변전소의 1차 측 차단기의 용량을 결정할 때 가장 밀접한 관계가 있는 것은?

① 부하설비 용량
② 공급 측의 전기설비 용량
③ 부하의 부하율
④ 수전계약 용량

해설 ★★

전력계통에 적용하는 차단기의 용량은 전원에서 차단기 설치점까지의 단락전류를 구하여 결정하므로, 공급 측(전원 측)의 전기설비 용량이 가장 중요한 결정 요소로 작용한다.

[답] ②

9 소호각(arcing horn)의 사용 목적은?

① 클램프의 보호
② 전선의 진동 방지
③ 애자의 보호
④ 이상전압의 발생 방지

해설 ★★★

아킹링, 아킹혼(소호각)
(1) 뇌격으로 인한 섬락 사고 시 애자련 보호
(2) 애자련의 전압 분담을 균등시켜 애자의 련능률을 개선
(3) 전선의 이상 현상으로 인한 애자의 열적 파괴 방지

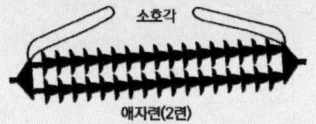

〈 애자련의 아킹링(소호각) 설치 모습 〉

[답] ③

10 단상 교류회로에 3,150/210[V]의 승압기를 80[kW], 역률 0.8인 부하에 접속하여 전압을 상승시키는 경우 약 몇 [kVA]의 승압기를 사용하여야 적당한가?
(단, 전원전압은 2,900[V]이다.)

① 3.6[kVA] ② 5.5[kVA]
③ 6.8[kVA] ④ 10[kVA]

해설 ★★

(1) 2차 측 전압 :
$$V_2 = V_1\left(1 + \frac{n_2}{n_1}\right) = 2,900 \times \left(1 + \frac{210}{3,150}\right)$$
$$= 3,093.33[V]$$
(2) 승압기의 2차 측(부하 측)에 흐르는 전류 :
$$I_2 = \frac{80 \times 10^3}{3,093.33 \times 0.8} = 32.33[A]$$
(3) 승압기 용량 :
$$P = e_2 I_2 = 210 \times 32.33 = 6,789[VA]$$
$$≒ 6.8[kVA]$$

[답] ③

11 차단기의 정격차단 시간의 표준이 아닌 것은?

① 3[Hz]　② 5[Hz]
③ 8[Hz]　④ 10[Hz]

해 설 ★★

차단기의 정격 차단시간 : 3~8[Hz]

[답] ④

12 전선의 손실계수 H와 부하율 F와의 관계는?

① $0 \leq F^2 \leq H \leq F \leq 1$
② $0 \leq H^2 \leq F \leq H \leq 1$
③ $0 \leq H \leq F^2 \leq F \leq 1$
④ $0 \leq F \leq H^2 \leq H \leq 1$

해 설 ★★

평균 수요전력과 최대 수요전력의 비로서 구해지는 부하율 F와 손실계수 H의 사이에는,
• $1 \geq F \geq H \geq F^2 \geq 0$
의 관계가 있다.

[답] ①

13 저항 10[Ω], 리액턴스 15[Ω]인 3상 송전선로가 있다. 수전단 전압 60[kV], 부하역률 0.8[lag], 전류 100[A]라 할 때 송전단 전압은?

① 약 33[kV]　② 약 42[kV]
③ 약 58[kV]　④ 약 63[kV]

해 설 ★★★

$V_s = V_r + \sqrt{3}I(R\cos\theta + X\sin\theta)$
$= 60,000 + \sqrt{3} \times 100(10 \times 0.8 + 15 \times 0.6)$
$= 62,944[V] ≒ 63[kV]$

[답] ④

14 다음 설명 중 옳지 않은 것은?

① 직류송전에서는 무효전력을 보낼 수 없다.
② 선로의 정상 및 역상임피던스는 같다.
③ 계통을 연계하면 통신선에 대한 유도장해가 감소된다.
④ 장간애자는 2련 또는 3련으로 사용할 수 있다.

해 설 ★★

계통을 연계하면, 그 연계된 송전선로로 인해서 그만큼 주변 통신선에 대한 유도장해의 영향이 증가하게 된다.

[답] ③

15 발전소 원동기로 이용되는 가스터빈의 특징을 증기터빈과 내연기관에 비교하였을 때 옳은 것은?

① 평균효율이 증기터빈에 비하여 대단히 낮다.
② 기동시간이 짧고 조작이 간단하므로 첨두부하 발전에 적당하다.
③ 냉각수가 비교적 많이 든다.
④ 설비가 복잡하며, 건설비 및 유지비가 많고 보수가 어렵다.

해 설 ★★

가스터빈은 증기터빈에 비하여 구조가 간단하여 기동 및 정지 시간이 짧아 단시간 동안 운전하는 첨두부하(최대 부하) 운전에 적합한 발전방식이다.

[답] ②

16 연가를 하는 주된 목적으로 옳은 것은?

① 선로정수의 평형
② 유도뢰의 방지
③ 계전기의 확실한 동작의 확보
④ 전선의 절약

해 설 ★★★

송전선로의 각 상의 선로와 대 사이의 대지 정전 용량은 각 상마다 다르므로($C_a \neq C_b \neq C_c$) 연가를 실시하여 선로와 대지 간의 대지 정전용량 값을 같게 ($C_a = C_b = C_c$) 한다.

[답] ①

17 선로의 커패시턴스와 무관한 것은?

① 중성점 잔류전압
② 발전기 자기여자현상
③ 개폐서지
④ 전자유도

해 설 ★★

전선의 커패시턴스에 의한 영향
(1) 페란티 현상, 발전기 자기여자 현상 등의 이상 전압 발생
(2) 변압기 중성점에 중성점 잔류전압 발생
(3) 무부하 운전 시 개폐서지 이상전압 발생

[답] ④

18 그림과 같은 열사이클의 명칭은?

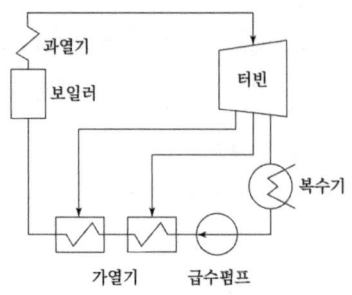

① 랭킨사이클   ② 재생사이클
③ 재열사이클   ④ 재생재열사이클

해 설 ★★

터빈 도중에서 증기를 일부 추기하여 급수가열기에 공급하여 급수를 예열하는 방식으로 재생사이클 방식의 그림이다.

[답] ②

19 저수지의 이용 수심이 클 때 사용하면 유리한 조압수조는?

① 차동 조압수조   ② 단동 조압수조
③ 수실 조압수조   ④ 제수공 조압수조

해 설 ★★★

수실 조압수조는 일반적인 단동 조압수조를 개량한 것으로 저수지의 이용 수심이 클수록 조압수조의 운영이 안정적이다.

[답] ③

20 3상 3선식 선로에서 각 선의 대지정전용량이 C_s[F], 선간 정전용량이 C_m[F]일 때, 1선의 작용정전용량은 몇 [F]인가?

① $2C_s + C_m$
② $C_s + 2C_m$
③ $3C_s + C_m$
④ $C_s + 3C_m$

> **해설** ★★★
> (1) 단상 2선식 : $C = C_s + 2C_m$ [F]
> (2) 3상 3선식 : $C = C_s + 3C_m$ [F]
> [답] ④

제 2 회   전기(공사)산업기사 필기시험

1 송전선의 전압변동률의 식은
$$\frac{V_{R1} - V_{R1}'}{V_{R2}} \times 100[\%]$$로 표현된다.
이 식에서 V_{R1}은 무엇인가?

① 무부하 시 송전단전압
② 부하 시 송전단전압
③ 무부하 시 수전단전압
④ 부하 시 수전단전압

해 설 ★★★

문제에 주어진 송전선의 전압변동률 식
$\frac{V_{R1} - V_{R1}'}{V_{R2}} \times 100[\%]$에서,
V_{R1}은 무부하 시 수전단 전압, V_{R2}는 전부하 시 수전단 전압을 나타내는 것으로 부하의 상태에 따른 전압의 변화가 어느 정도 인가를 나타낸다.

[답] ③

2 전력원선도에서 구할 수 없는 것은?

① 조상용량
② 송전손실
③ 정태안정 극한전력
④ 과도안정 극한전력

해 설 ★★

전력 원선도에서 알 수 있는 사항
(1) 송·수전 할 수 있는 최대 전력
(2) 송·수전단 전압 간의 상차각
(3) 전력 손실과 송전 효율
(4) 수전단 측의 역률
(5) 전력계통 전압을 유지하기 위한 조상 설비

[답] ④

3 어떤 고층건물의 총 부하 설비전력이 400[kW], 수용률 0.5일 때 이 건물의 변전시설 용량의 최저값은 몇 [kVA]인가? (단, 부하의 역률은 0.8이다.)

① 150   ② 200   ③ 250   ④ 300

해 설 ★★

$P_m = 400 \times 0.5 = 200[kW] = \frac{200[kW]}{0.8}$
$= 250[kVA]$

[답] ③

4 다음 중 전력계통에서 인터록(interlock)의 설명으로 적합한 것은?

① 차단기가 열려 있어야만 단로기를 닫을 수 있다.
② 차단기가 닫혀 있어야만 단로기를 닫을 수 있다.
③ 차단기의 접점과 단로기의 접점이 동시에 투입할 수 있다.
④ 차단기와 단로기는 각각 열리고 닫힌다.

해 설 ★★★

단로기는 내부에 아크를 소멸시키는 소호장치가 없으므로 반드시 차단기가 열려 있어야만 단로기를 개방 또는 투입할 수 있는 인터록장치(안전 장치)가 있어야 한다.

[답] ①

5 1상의 대지 정전용량이 0.5[μF]이고 주파수가 60[Hz]의 3상 송전선 소호 리액터의 인덕턴스는 몇 [H]인가?

① 2.69   ② 3.69
③ 4.69   ④ 5.69

해 설 ★★

$$\omega L = \frac{1}{3\omega C} = \frac{1}{3 \times 2\pi \times 60 \times 0.5 \times 10^{-6}}$$
$$= 1{,}768[\Omega]$$
$$\therefore L = \frac{1{,}768}{2\pi \times 60} = 4.69[H]$$

[답] ③

6 주상변압기의 1차 측 전압이 일정할 경우 2차 측 부하가 변하면, 주상변압기의 동손과 철손은 어떻게 되는가?

① 동손과 철손이 모두 변한다.
② 동손과 철손은 모두 변하지 않는다.
③ 동손은 변하고 철손은 일정하다.
④ 동손은 일정하고 철손이 변한다.

해 설 ★★

(1) 철손 : 무부하손으로서, 부하와 무관
(2) 동손 : 부하손으로서, 부하가 변하면 이에 비례하여 동손도 변화한다.

[답] ③

7 등가 송전선로의 정전용량 $C = 0.008$ [μF/km], 선로길이 $L = 100$[km], 대지전압 $E = 37{,}000$[V]이고 주파수 $f = 60$[Hz] 일 때, 충전전류는 약 몇 [A]인가?

① 11.2   ② 6.7
③ 0.635 ④ 0.426

해 설 ★★★

$$I_c = \omega CE$$
$$= 2\pi \times 60 \times 0.008 \times 10^{-6} \times 100 \times 37{,}000$$
$$= 11.2[A]$$

[답] ①

8 다음 중 가스차단기(GCB)의 보호장치가 아닌 것은?

① 가스압력계   ② 가스밀도검출계
③ 조작압력계   ④ 가스성분표시계

해 설 ★

가스 차단기는 소호 매체로 SF_6 가스를 사용하므로 가스의 성분을 나타내는 가스성분표시계는 별도로 필요 없다.

[답] ④

9 다음 중 조상(調相) 설비에 해당되지 않는 것은?

① 분로 리액터
② 동기 조상기
③ 상순(相順) 표시기
④ 진상 콘덴서

해 설 ★★★

(1) 진상 무효전력 공급장치 :
전력용(진상) 콘덴서, 동기 조상기(진상 운전)
(2) 지상 무효전력 공급장치 :
분로 리액터, 동기 조상기(지상 운전)

[답] ③

10 송전선에 낙뢰가 가해져서 애자에 섬락이 생기면 아크가 생겨 애자가 손상되는 경우가 있다. 이것을 방지하기 위하여 사용되는 것은?

① 댐퍼(damper)
② 아모로드(armour rod)
③ 가공지선
④ 아킹혼(arcing horn)

해 설 ★★★

아킹링, 아킹혼(소호각)
(1) 뇌격으로 인한 섬락 사고 시 애자련 보호
(2) 애자련의 전압 분담을 균등시켜 애자의 련능률을 개선
(3) 전선의 이상 현상으로 인한 애자의 열적 파괴 방지

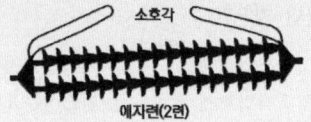

〈애자련의 아킹링(소호각) 설치 모습〉

[답] ④

11 출력 20[kW]의 전동기로 총양정 10[m], 펌프효율 0.75일 때 양수량은 몇 [m³/min]인가?

① 9.18　　② 9.85
③ 10.31　　④ 15.5

해 설 ★★★

양수 전동기의 출력 식 $P = \dfrac{9.8QH}{\eta}$ [kW]에서,

양수량 $Q = \dfrac{P\eta}{9.8H} = \dfrac{20 \times 0.75}{9.8 \times 10} = 0.15$[m³/s]

　　　　　　$= 0.15 \times 60 = 9.18$[m³/min]

[답] ①

12 피뢰기의 제한전압이란?

① 상용주파전압에 대한 피뢰기의 충격방전 개시전압
② 충격파 침입 시 피뢰기의 충격방전 개시 전압
③ 피뢰기가 충격파 방전 종료 후 언제나 속류를 확실히 차단 할 수 있는 상용주파 최대전압
④ 충격파 전류가 흐르고 있을 때의 피뢰기 단자전압

해 설 ★★★

피뢰기의 제한 전압
이상전압이 변전소로 침입 시 피뢰기가 동작하여 이상전압을 대지로 방전시켜 변압기를 보호하는 장치로서, 충격파 전류가 흐르고 있을 때의 피뢰기 단자전압

[답] ④

13 그림에서와 같이 부하가 균일한 밀도로 도중에서 분기되어 선로전류가 송전단에 이를수록 직선적으로 증가할 경우 선로 말단의 전압강하는 이 송전단 전류와 같은 전류의 부하가 선로의 말단에만 집중되어 있을 경우의 전압강하보다 대략 어떻게 되는가? (단, 부하역률은 모두 같다고 한다.)

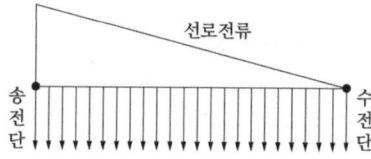

① $\frac{1}{3}$로 된다. ② $\frac{1}{2}$로 된다.
③ 동일하다. ④ $\frac{1}{4}$로 된다.

해설 ★★

배전선로 말단에 부하가 집중되어 있는 선로에 비하여 부하가 배전선로에 균등하게 배치된 경우의 전압강하는 $\frac{1}{2}IR$, 전력손실은 $\frac{1}{3}I^2R$로 감소하게 된다.

[답] ②

14 지중 케이블에서 고장점을 찾는 방법이 아닌 것은?

① 머리 루프(Murray loop)시험기에 의한 방법
② 메거(Megger)에 의한 측정 방법
③ 임피던스 브리지법
④ 펄스에 의한 측정법

해설 ★★

지중 케이블 고장점 측정법
(1) 머레이 루프법
(2) 펄스 측정법
(3) 임피던스 브리지법
(∴ 메거는 절연저항 측정기이다.)

[답] ②

15 수력발전소에서 서보 모터(servo-motor)의 작용으로 옳게 설명한 것은?

① 축받이 기름을 보내는 특수 전동펌프이다.
② 안내날개를 조절하는 장치이다.
③ 전기식 조속기용 특수 전동기이다.
④ 수압관 하부의 압력조정장치이다.

해설 ★

서보모터는 발전소에서 조속기가 검출한 수차의 속도량으로서 수차의 유량을 조정하는 안내날개를 동작시키는 장치이다.

[답] ②

16 선로 정수를 전체적으로 평행되게 만들어서 근접 통신선에 대한 유도 장해를 줄일 수 있는 방법은?

① 연가를 한다.
② 딥(dip)을 준다.
③ 복도체를 사용한다.
④ 소호 리액터 접지를 한다.

해설 ★★★

연가 목적
(1) 선로정수의 평형
(2) 통신선에 대한 유도장해 감소

[답] ①

17 철탑에서 차폐각에 대한 설명 중 옳은 것은?

① 차폐각이 클수록 보호 효율이 크다.
② 차폐각이 작을수록 건설비가 비싸다.
③ 가공지선이 높을수록 차폐각이 크다.
④ 차폐각은 보통 90[°] 이상이다.

해설 ★★

차폐각이 작게 하려면 차폐각이 큰 경우에 비해서 가공지선을 2조로 구성하여야 하므로 그만큼 공사비가 비싸진다.

[답] ②

18 3상 1회선 전선로에서 대지정전용량을 C_s[F/m], 선간 정전용량을 C_m[F/m]이라 할 때, 작용정전용량 C_n[F/m]은?

① $C_s + C_m$ ② $C_s + 2C_m$
③ $C_s + 3C_m$ ④ $2C_s + C_m$

해 설 ★★★

(1) 단상 2선식 : $C = C_s + 2C_m$[F]
(2) 3상 3선식 : $C = C_s + 3C_m$[F]

[답] ③

19 수전단전압 66[kV], 전류 100[A], 선로저항 10[Ω], 선로리액턴스 15[Ω]인 3상 단거리 송전선로의 전압강하율은 몇 [%]인가? (단, 수전단의 역률은 0.8이다.)

① 2.57   ② 3.25
③ 3.74   ④ 4.46

해 설 ★★★

(1) 송전단 전압 :
$V_s = V_r + \sqrt{3}(R\cos\theta + X\sin\theta)$
$= 66,000 + \sqrt{3} \times 100 \times (10 \times 0.8 + 15 \times 0.6)$
$= 68,944[V] ≒ 69[kV]$

(2) 전압 강하율 :
$\varepsilon = \dfrac{V_s - V_r}{V_r} \times 100[\%] = \dfrac{69 - 66}{66} \times 100[\%]$
$= 4.5[\%]$

[답] ④

20 차단기와 차단기의 소호 매질이 틀리게 결합된 것은 어느 것인가?

① 공기차단기 - 압축공기
② 가스차단기 - 냉매
③ 자기차단기 - 전자력
④ 유입차단기 - 절연유

해 설 ★★

가스 차단기 : SF_6 가스

[답] ②

# 제4회 전기공사산업기사 필기시험

1 3상 3선식 송전선로에서 송전전력 P[kW], 송전전압 V[kV], 전선의 단면적 A[mm²], 송전거리 ℓ[km], 전선의 고유저항 ρ[Ω·mm²/m], 역률 $\cos\theta$일 때 선로손실 P_ε은 몇 [kW]인가?

① $\dfrac{\rho \ell P^2}{AV^2\cos^2\theta}$ ② $\dfrac{\rho \ell P^2}{A^2 V\cos^2\theta}$

③ $\dfrac{\rho \ell P}{AV^2\cos^2\theta}$ ④ $\dfrac{\rho \ell P}{A^2 V\cos^2\theta}$

해설 ★★

$P_l = 3I^2 R = 3\left(\dfrac{P}{\sqrt{3}\,V\cos\theta}\right)^2 \times \rho\dfrac{l\times 10^3}{A}$

$= \dfrac{\rho l P^2}{AV^2\cos^2\theta}\times 10^3 [\text{W}] = \dfrac{\rho l P^2}{AV^2\cos^2\theta}[\text{kW}]$

[답] ①

2 송전전압 154[kV], 주파수 60[Hz], 선로의 작용 정전용량 0.01[μF/km], 길이 100[km]인 1회선 송전선을 충전시킬 때 자기여자를 일으키지 않는 발전기의 최소 용량은 몇 [kVA]인가? (단, 발전기의 단락비는 1.1, 포화율은 0.1이다.)

① 8,900[kVA] ② 8,940[kVA]
③ 8,990[kVA] ④ 9,100[kVA]

해설 ★★

(1) 우선, 3선에 충전되는 충전용량을 구하면,

$Q_c = 3\omega CE^2 = 3\omega C\left(\dfrac{V}{\sqrt{3}}\right)^2 = \omega CV^2$

$= 2\pi \times 60 \times 0.01\times 10^{-6} \times 100 \times 154{,}000^2$

$= 8{,}940{,}721[\text{VA}] ≒ 8{,}940[\text{kVA}]$

(2) 따라서, 발전기 최소용량은,

$Q_G \geq \dfrac{Q_c}{K}\left(\dfrac{V}{V'}\right)^2(1+\sigma)$

$= \dfrac{8{,}940}{1.1}\times\left(\dfrac{154}{154}\right)^2\times(1+0.1)$

$= 8{,}940[\text{kVA}]$

[답] ②

3 22,000[kVA], % 임피던스 8[%]인 3상 변압기가 2차 측에서 3상 단락되었을 때 단락 용량은?

① 200[MVA] ② 250[MVA]
③ 275[MVA] ④ 320[MVA]

해설 ★★★

$P_s = \dfrac{100}{\%Z}P_n = \dfrac{100}{8}\times 22{,}000$

$= 275{,}000[\text{kVA}] = 275[\text{MVA}]$

[답] ③

4 송전계통의 접지에 대한 설명으로 옳은 것은?

① 소호리액터 접지방식은 선로의 정전용량과 직렬공진을 이용한 것으로 지락전류가 타방식에 비해 큰 편이다.
② 고저항 접지방식은 이중고장을 발생시킬 확률이 거의 없으나 비접지식보다는 많은 편이다.
③ 직접 접지방식을 채용하는 경우 이상전압이 낮기 때문에 변압기 선정 시 단절연이 가능하다.
④ 비접지방식을 택하는 경우 지락전류차단이 용이하고 장거리 송전을 할 경우 이중고장의 발생을 예방하기 좋다.

> **해 설** ★★★
> 직접 접지방식의 특징
> (1) 지락고장 시 건전상의 이상전압이 낮다.
> (2) 변압기의 단절연 및 기기의 저감절연이 가능하다.
> (3) 지락고장 시 보호 계전기의 동작이 확실하다.
> (4) 차단기 동작이 빈번하여 과도 안정도가 나빠진다.
> (5) 전력선 주변의 통신선에 대한 유도장해 영향이 심하다.
> [답] ③

5 송전선로의 안정도 향상 대책이 아닌 것은?

① 병행 다회선이나 복도체방식 채용
② 속응 여자 방식 채용
③ 계통의 직렬리액턴스 증가
④ 고속도 차단기 이용

> **해 설** ★★★
> 안정도 향상 대책
> (1) 발전기나 변압기의 리액턴스 감소
> (2) 직렬 콘덴서 설치
> (3) 복도체 또는 다도체 채용
> (4) 선로의 병행 회선수 증가
> (5) 발전기의 속응 여자 방식 채용
> (6) 발전기에 전기식 조속기 설치
> (7) 중간 조상방식 채용
> (8) 계통 연계
> (9) 고장 구간을 신속히 차단
> (10) 고저항 접지나 소호 리액터 방식 채용
> (11) 고속도 계전기, 고속도 차단기 설치
> (12) 고속도 재폐로 방식 채용
> [답] ③

6 그림과 같은 배전선로에서 부하의 급전 시와 차단 시에 조작 방법 중 옳은 것은?

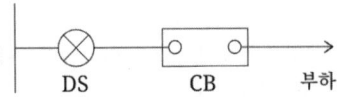

① 급전 시는 DS, CB 순이고, 차단 시는 CB, DS 순이다.
② 급전 시는 CB, DS 순이고, 차단 시는 DS, CB 순이다.
③ 급전 및 차단 시 모두 DS, CB 순이다.
④ 급전 및 차단 시 모두 CB, DS 순이다.

> **해 설** ★★★
> 단로기는 내부에 아크를 소멸시키는 소호장치가 없으므로 반드시 차단기가 열려 있는 상태에서 단로기를 열고 닫을 수 있다. 따라서,
> (1) 급전 시(투입 시) :
> 　단로기(DS) 투입 후, 차단기(CB) 투입
> (2) 차단 시(개방 시) :
> 　차단기(CB) 개방 후, 단로기(DS) 개방
> [답] ①

7 전력용콘덴서에 직렬로 콘덴서 용량의 5[%] 정도의 유도리액턴스를 삽입하는 목적은?

① 제3고조파 전류의 억제
② 제5고조파 전류의 억제
③ 이상전압의 발생방지
④ 정전용량의 조절

> **해 설** ★★★
> 제5고조파를 제거하기 위하여 콘덴서 용량의 5[%] 정도의 값을 갖는 직렬 리액터를 설치한다.
> [답] ②

8 증기의 엔탈피(Enthalpy)란?

① 증기 1[kg]의 잠열
② 증기 1[kg]의 기화 열량
③ 증기 1[kg]의 보유 열량
④ 증기 1[kg]의 증발열을 그 온도로 나눈 것

해설 ★★

증기의 엔탈피는 $i[\text{kcal/kg}]$으로 표시되며, 증기 1[kg]당 보유한 열량[kcal]을 말한다.

[답] ③

9 고압 배전선로의 선간전압을 3,300[V]에서 5,700[V]로 승압하는 경우, 같은 전선으로 전력손실을 같게 한다면 약 몇 배의 전력[kW]을 공급할 수 있는가?

① 1.5   ② 2
③ 3   ④ 4

해설 ★★

$$\frac{P_2}{P_1} = \left(\frac{V_2}{V_1}\right)^2 = \left(\frac{5,700}{3,300}\right)^2 = 2.98 ≒ 3$$

[답] ③

10 송전선로에서 역섬락을 방지하는 가장 유효한 방법은?

① 피뢰기를 설치한다.
② 가공지선을 설치한다.
③ 소호각을 설치한다.
④ 탑각 접지저항을 작게 한다.

해설 ★★★

역섬락은 직격뢰가 가공지선에 내리쳤을 때, 가공지선의 접지저항값이 너무 클 경우에 발생하므로, 가공지선의 접지저항을 작게하여야 한다. (매설지선 설치)

[답] ④

11 차동계전기는 무엇에 의하여 동작하는가?

① 정상전류와 역상전류의 차로 동작한다.
② 정상전류와 영상전류의 차로 동작한다.
③ 전압과 전류의 배수의 차로 동작한다.
④ 양쪽 전류의 차로 동작한다.

해설 ★★

전류 차동계전기는 발전기나 변압기의 양단에 설치된 계기용 변류기(CT)로 구성된 차동 회로의 양쪽 전류의 차로 동작하는 계전기이다.

[답] ④

12 그림과 같은 전선의 배치에서 등가선간 거리는?

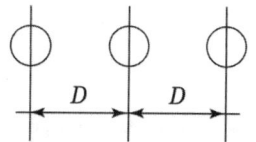

① $\sqrt{2}D$ ② $\sqrt{3}D$
③ $\sqrt[3]{3}D$ ④ $\sqrt[3]{2}D$

해설 ★★

$$D_e = \sqrt[3]{D_1 D_2 D_3} = \sqrt[3]{D \times D \times (2D)} = \sqrt[3]{2}\,D$$

[답] ④

13 계기용 변성기 중에서 전압, 전류를 동시에 변성하여 전력량을 계량할 목적으로 사용하는 것은?

① CT   ② MOF
③ PT   ④ ZCT

해설 ★★

MOF는 절연된 케이스 내에 계기용 변류기(CT)와 계기용 변압기(PT)를 모두 내장시킨 계기용 변압 변류기로서 전압과 전류를 동시에 변성하는 변성기이다.

[답] ②

14 단상 2선식과 3상 3선식의 송전선로가 있다. 송전전력, 송전전압, 전력손실, 송전거리가 같을 경우 이 두 송전선로의 전선 총량을 비교하면 3상 3선식은 단상 2선식의 몇 [%]인가? (단, 역률은 다같이 1이다.)

① 75 ② 80 ③ 85 ④ 90

해 설 ★★★

배전방식별 소요 전선 비교
(1) 단상 2선식 : W_1 (100[%] 기준)
(2) 단상 3선식 : $\dfrac{W_2}{W_1} = \dfrac{3}{4}$ (75[%])
(3) 3상 3선식 : $\dfrac{W_3}{W_1} = \dfrac{3}{4}$ (75[%])
(4) 3상 4선식 : $\dfrac{W_4}{W_1} = \dfrac{1}{3}$ (33.3[%])

[답] ①

15 고압 배전선 간선에 역률 100[%]의 수용가가 두 군으로 나누어 각 군에 변압기 1대씩 설치되어 있다. 각 군의 수용가 총 설비 용량은 각각 30[kW], 20[kW]라 한다. 고압 간선의 최대 부하[kW]는?
(단, 각 수용가의 수용률 0.5, 수용가 상호간의 부등률 1.2, 변압기 상호간의 부등률은 1.3이라 한다.)

① 10[kW] ② 14[kW]
③ 16[kW] ④ 20[kW]

해 설 ★★★

$P_m = \dfrac{\dfrac{30 \times 0.5}{1.2} + \dfrac{20 \times 0.5}{1.2}}{1.3} = 16[\text{kW}]$

[답] ③

16 선간전압 V, 각선의 대지정전용량 C, 중성점 접지 리액터의 인덕턴스 L, 사용주파수 f의 송전선이 1선 지락시 지락전류 I_g는?

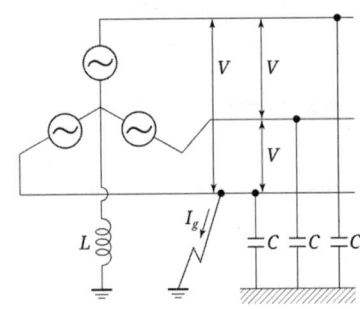

① $\dfrac{1}{\sqrt{3}}\left(\dfrac{1}{\omega L} - 3\omega C\right)V$

② $\left(\dfrac{1}{\omega L} - \omega C\right)V$

③ $\dfrac{1}{\sqrt{3}}\left(\dfrac{1}{\omega L} - \omega C\right)V$

④ $\left(\dfrac{1}{\omega L} - 3\omega C\right)V$

해 설 ★

(1) 소호 리액터 접지방식에서 소호 리액터의 용량은,
$\omega L = \dfrac{1}{3\omega C}$

(2) 1선 지락 시 흐르는 전류는,
$\dfrac{\dfrac{V}{\sqrt{3}}}{\omega L} = \dfrac{\dfrac{V}{\sqrt{3}}}{\dfrac{1}{3\omega C}} = 3\omega C \dfrac{V}{\sqrt{3}}$

$\rightarrow \therefore \dfrac{1}{\sqrt{3}}\left(\dfrac{1}{\omega L} - 3\omega C\right)V$

[답] ①

17 변류기 개방 시 2차 측을 단락하는 이유는?

① 2차 측 절연 보호
② 2차 측 과전류 보호
③ 측정오차 방지
④ 1차 측 과전류 방지

해 설 ★★★

변류기 2차 측의 전류계나 보호 계전기를 교체하기 위하여 변류기 2차 측을 개방할 때에는 반드시 변류기 2차 측 단자를 먼저 단락시켜 변류기 개방 순간의 과전압으로부터 변류기 2차 측의 절연을 보호해 주어야 한다.

[답] ①

18 3상 3선식 1선 1[km]의 임피던스가 Z이고, 어드미턴스가 Y일 때 특성 임피던스는?

① $\sqrt{\dfrac{Z}{Y}}$ ② $\sqrt{\dfrac{Y}{Z}}$
③ $\sqrt{ZY}$ ④ $\sqrt{Z+Y}$

해 설 ★★★

$Z_0 = \sqrt{\dfrac{Z}{Y}} = \sqrt{\dfrac{R+j\omega L}{G+j\omega C}}\,[\Omega]$

[답] ①

19 유도장해를 방지하기 위한 전력선 측의 대책으로서 옳지 않은 것은?

① 전력선의 연가를 충분히 한다.
② 중성점접지에 고저항을 사용한다.
③ 차폐선을 설치한다.
④ 배류 코일을 설치한다.

해 설 ★★

배류 코일을 설치하여 전자 유도장해를 감소시키는 방법은 통신선 측의 대책이다.

[답] ④

20 같은 고압배전선로에 접속되어 있는 2대 이상의 배전용 변압기의 저압 측을 병렬 접속하는 방식으로 고장보호 방법이 적당하지 않을 때 캐스케이딩 현상이 발생할 수 있는 저압 배전 방식은?

① 방사 방식
② 저압 뱅킹 방식
③ 저압 네트워크 방식
④ 스폿 네트워크 방식

해 설 ★★

저압 뱅킹 방식은 방사상 방식보다는 공급 신뢰도는 높지만, 보호 방법이 적당하지 않으면 어느 한 곳의 사고가 전체적으로 사고가 확대될 수 있는 캐스케이딩의 단점이 있다.

[답] ②

• 전기공사산업기사 필기 | 전력공학

2012년 기출문제

제 1 회   전기(공사)산업기사 필기시험

1 송전거리 50[km], 송전전력 5,000[kW]일 때의 still식에 의한 송전전압은 대략 몇 [kV]정도가 적당한가?

① 10   ② 30   ③ 50   ④ 70

해설 ★★

$$V[\text{kV}] = 5.5\sqrt{0.6l + \frac{P}{100}}$$
$$= 5.5\sqrt{0.6 \times 50 + \frac{5,000}{100}} = 49.19[\text{kV}]$$

[답] ③

2 연가의 효과로 볼 수 없는 것은?

① 선로 정수의 평형
② 대지 정전용량의 감소
③ 통신선의 유도 장해의 감소
④ 직렬 공진의 방지

해설 ★★★

연가 목적
(1) 선로정수의 평형
(2) 통신선에 대한 유도장해 감소
(3) 직렬 공진 방지

[답] ②

3 3상 3선식에서 일정한 거리에 일정한 전력을 송전할 경우 전로에서의 저항손은?

① 선간전압에 비례한다.
② 선간전압에 반비례한다.
③ 선간전압의 2승에 비례한다.
④ 선간전압의 2승에 반비례한다.

해설 ★★★

$$P_l = 3I^2R = 3\left(\frac{P}{\sqrt{3}\,V\cos\theta}\right)^2 R$$
$$= \frac{P^2 R}{V^2 \cos^2\theta}$$

로서, 전력 손실은 전압의 제곱에 반비례한다.

[답] ④

4 단락점까지의 한 선의 임피던스 $Z = 3 + j4[\Omega]$(전원포함), 단락전의 단락점 전압이 3,450[V]인 단상 2선식 전선로의 단락용량은 약 몇 [kVA]인가? (단, 부하전류는 무시한다.)

① 540   ② 650
③ 840   ④ 1,190

해설 ★★

$$P_a = \frac{V^2}{Z} = \frac{3,450^2}{2 \times \sqrt{3^2 + 4^2}}$$
$$= 1,190,250[\text{VA}] \fallingdotseq 1,190[\text{kVA}]$$

[답] ④

5 어떤 수력발전소의 수압관에서 분출되는 물의 속도와 직접적인 관련이 없는 것은?

① 수면에서의 연직거리
② 관의 경사
③ 관의 길이
④ 유량

해설 ★

수압관의 물의 속도는 관의 길이와는 무관하다.

[답] ③

6 전원이 양단에 있는 방사상 송전선로의 단락보호에 사용되는 계전기의 조합 방식은?

① 방향거리계전기와 과전압계전기의 조합
② 방향단락계전기와 과전류계전기의 조합
③ 선택접지계전기와 과전류계전기의 조합
④ 부족전류계전기와 과전압계전기의 조합

해설 ★★

전원이 양단에 있는 방사상 선로는 선로에 고장 발생 시 양단 전원에서 각각 고장전류가 고장점에 흐르므로 고장전류의 방향성까지 판단할 수 있는 방향 단락 계전기가 필요하므로 방향 단락 계전기와 과전류 계전기를 조합하여 보호하여야 한다.

[답] ②

7 소호리액터 접지방식에 대한 설명 중 옳지 못한 것은?

① 전자유도장해가 경감된다.
② 지락 중에도 계속 송전이 가능하다.
③ 지락전류가 적다.
④ 선택지락계전기의 동작이 용이하다.

해설 ★★★

소호 리액터 접지 방식은 지락 사고 시 지락전류의 크기가 작으므로 선택 지락 계전기의 동작이 잘 안 된다.

[답] ④

8 다음 중 배전 선로에 사용되는 개폐기의 종류와 그 특성의 연결이 바르지 못한 것은?

① 컷아웃 스위치(COS) - 주된 용도로는 주상변압기의 고장이 배전선로에 파급되는 것을 방지하고 변압기의 과부하 소손을 예방하고자 사용한다.
② 부하 개폐기 - 고장 전류와 같은 대전류는 차단할 수 없지만 평상 운전 시의 부하전류는 개폐할 수 있다.
③ 리클로저(recloser) - 선로에 고장이 발생 하였을 때 고장 전류를 검출하여 지정된 시간 내에 고속 차단하고 자동 재폐로 동작을 수행하여 고장 구간을 분리하거나 재송전하는 장치이다.
④ 섹셔널라이저(sectionalizer) - 고장 발생 시 신속히 고장 전류를 차단하여 사고를 국부적으로 분리시키는 것으로 후비 보호 장치와 직렬로 설치하여야 한다.

해설 ★★

섹셔널라이저는 차단기와는 달리 고장전류의 차단 능력이 없다. 따라서 고장 발생 시 고장전류를 차단하지 못하며, 리클로저가 동작하여 개방 상태가 되었을 때 무전압 상태에서만 섹셔널라이저가 동작한다.

[답] ④

9 연간 최대전류 200[A], 배전거리 10[km]의 말단에 집중부하를 가진 6.6[kV], 3상 3선식 배전선이 있다. 이 선로의 연간 손실 전력량은 약 몇 [MWh] 정도인가? (단, 부하율 $F=0.6$, $H=0.3F+0.7F^2$이고, 전선의 저항은 $0.25[\Omega/km]$이다.)

① 685　　② 1,135
③ 1,585　④ 1,825

> **해 설**　★
> (1) 우선, 문제의 조건에 제시한 사항을 참고로 손실 계수를 구하면,
> $H = 0.3F + 0.7F^2 = 0.3 \times 0.6 + 0.7 \times 0.6^2$
> $= 0.432$
> (2) 최대 전류가 흐르는 경우의 최대 전력 손실은,
> $P_m = 3I_m^2 R = 3 \times 200^2 \times 0.25 \times 10$
> $= 300,000[W]$
> (3) 손실 계수까지 적용한 연간 손실 전력량은,
> $W = P_m \times T \times H$
> $= 300,000 \times (365 \times 24) \times 0.432$
> $\fallingdotseq 1135 \times 10^6 [Wh] = 1,135[MWh]$
> 　　　　　　　　　　　　　　　　[답] ②

10 수전 용량에 비해 첨두부하가 커지면 부하율은 그에 따라 어떻게 되는가?

① 높아진다.
② 낮아진다.
③ 변하지 않고 일정하다.
④ 부하의 종류에 따라 달라진다.

> **해 설**　★★
> 부하율 = $\frac{평균\ 전력}{최대\ 전력} \times 100[\%]$ 이므로,
> 첨두부하(최대 전력)가 커지면 부하율은 낮아진다.
> 　　　　　　　　　　　　　　　　[답] ②

11 저압 뱅킹 방식에 대한 설명 중 맞지 않는 것은?

① 전압동요가 적다.
② 캐스케이딩 현상에 의해 고장확대가 축소된다.
③ 부하증가에 대해 융통성이 좋다.
④ 고장 보호 방식이 적당할 때 공급 신뢰도는 향상된다.

> **해 설**　★★★
> 저압 뱅킹 방식은 배전선로의 어느 한 곳에서 발생한 고장으로 인해서 다른 정상적인 변압기나 배전선로에 고장이 확대되는 캐스케이딩 현상의 단점이 있는 방식이다.
> 　　　　　　　　　　　　　　　　[답] ②

12 유량을 구분할 때 매년 1~2회 발생하는 출수의 유량을 나타내는 것은?

① 홍수량　　② 풍수량
③ 고수량　　④ 갈수량

> **해 설**　★
> (1) 갈수량 : 1년(365일) 중 355일은 이 유량 이하로 내려가지 않는 유량
> (2) 저수량 : 1년(365일) 중 275일은 이 유량 이하로 내려가지 않는 유량
> (3) 평수량 : 1년(365일) 중 185일은 이 유량 이하로 내려가지 않는 유량
> (4) 풍수량 : 1년(365일) 중 95일은 이 유량 이하로 내려가지 않는 유량
> (5) 고수량 : 1년(365일) 중 1~2회 정도만 발생할 수 있는 유량
> 　　　　　　　　　　　　　　　　[답] ③

13 SF_6 가스차단기의 설명으로 적절하지 않은 것은?

① SF_6 가스는 절연내력이 공기보다 크다.
② 개폐 시의 소음이 작다.
③ 근거리 고장 등 가혹한 재기전압에 대해서 우수하다.
④ 아크에 의해 SF_6 가스는 분해되어 유독 가스를 발생시킨다.

해 설 ★★★

가스차단기에 사용하는 SF_6 가스는 가스가 분해되지도 않아야 하며, 가스 분해 시 유독가스가 발생되 않아야 한다.

[답] ④

14 부하의 밸런스가 필요로 하는 배전 방식은?

① 3상 3선식   ② 3상 4선식
③ 단상 2선식   ④ 단상 3선식

해 설 ★★★

단상 3선식은 각 상과 중성선 사이에 연결된 부하의 용량 차이로 발생하는 수전단 측에서의 전압 불평형을 줄이기 위하여 밸런서를 설치하여야 한다.

[답] ④

15 수전단에 관련된 다음 사항 중 틀린 것은?

① 경부하 시 수전단에 설치된 동기조상기는 부족여자로 운전
② 중부하 시 수전단에 설치된 동기조상기는 부족여자로 운전
③ 중부하 시 수전단에 전력 콘덴서를 투입
④ 시충전 시 수전단 전압이 송전단보다 높게 됨

해 설 ★★

중부하시에는 부하의 전력 소비량이 크므로 이로 인해서 수전단 전압이 저하하므로 수전단전압을 높이기 위하여 동기 조상기를 과여자로 운전하여 전력계통에 무효전력을 공급하여야 한다.

[답] ②

16 가공전선을 단도체식으로 하는 것보다 같은 단면적의 복도체식으로 하였을 경우 옳지 않은 것은?

① 전선의 인덕턴스가 감소된다.
② 전선의 정전용량이 감소된다.
③ 코로나 손실이 적어진다.
④ 송전용량이 증가한다.

해 설 ★★★

단도체에 비하여 복도체 선로는,
(1) 인덕턴스는 감소
(2) 정전용량은 증가

[답] ②

17 단상 2선식 배전선로에서 대지정전용량을 C_s, 선간정전용량을 C_m이라 할 때 작용 정전용량은?

① $C_s + C_m$ ② $C_s + 2C_m$
③ $2C_s + C_m$ ④ $C_s + 3C_m$

해설 ★★★

(1) 단상 2선식 : $C = C_s + 2C_m [\text{F}]$
(2) 3상 3선식 : $C = C_s + 3C_m [\text{F}]$

[답] ②

18 가공 선로에서 이도를 D라 하면 전선의 실제 길이는 경간 S보다 얼마나 차이가 나는가?

① $\dfrac{5D}{8S}$ ② $\dfrac{3D^2}{8S}$
③ $\dfrac{9D}{8S^2}$ ④ $\dfrac{8D^2}{3S}$

해설 ★★★

전선의 실제 길이 구하는 공식
$L = S + \dfrac{8D^2}{3S} [\text{m}]$에서,
전선의 실제 길이(L)는 경간(S)보다
$\dfrac{8D^2}{3S}$ 만큼 길어진다.

[답] ④

19 전력용 콘덴서에 직렬로 콘덴서 용량의 5[%] 정도의 유도 리액턴스를 삽입하는 목적은?

① 제3고조파를 제거시키기 위하여
② 제5고조파를 제거시키기 위하여
③ 이상전압의 발생을 방지하기 위하여
④ 정전용량을 조절하기 위하여

해설 ★★★

직렬 리액터 : 제5고조파를 제거하기 위하여 콘덴서 용량의 5[%] 정도의 유도성 리액턴스를 전력용 콘덴서에 직렬로 설치한다.

[답] ②

20 케이블의 전력손실과 관계가 없는 것은?

① 도체의 저항손   ② 유전체손
③ 연피손   ④ 철손

해설 ★★

케이블 구성은 도체, 절연층, 시스층으로 이루어져 있으므로 각각의 부분에서 도체의 저항손, 유전체손, 연피손(시스손)이 발생한다. 케이블은 철로 이루진 부분이 없으므로, 철손은 발생하지 않는다.

[답] ④

제2회 전기(공사)산업기사 필기시험

1 부하가 P[kW]이고, 그의 역률이 $\cos\theta_1$인 것을 $\cos\theta_2$로 개선하기 위한 전력용 콘덴서의 용량[kVA]은?

① $P(\tan\theta_1 - \tan\theta_2)$
② $P(\dfrac{\cos\theta_1}{\sin\theta_1} - \dfrac{\cos\theta_2}{\sin\theta_2})$
③ $\dfrac{P}{(\tan\theta_1 - \tan\theta_2)}$
④ $\dfrac{P}{(\cos\theta_1 - \cos\theta_2)}$

해 설 ★★★

역률 개선용 콘덴서 용량 산출식 :
$Q_c = P(\tan\theta_1 - P\tan\theta_2)$
$= P\left(\dfrac{\sin\theta_1}{\cos\theta_1} - \dfrac{\sin\theta_2}{\cos\theta_2}\right)$[kVA]

[답] ①

2 지락보호계전기의 동작이 가장 확실한 송전 계통방식은?

① 고저항접지식 ② 비접지식
③ 소호리액터접지식 ④ 직접접지식

해 설 ★★★

직접접지 방식은 지락 사고 시 지락전류가 크므로, 지락 보호 계전기의 동작이 매우 확실하다.

[답] ④

3 유효저수량 200,000[m³], 평균유효낙차 100[m], 발전기출력 7,500[kW]이다. 1대를 운전할 경우 약 몇 시간 정도 발전할 수 있는가? (단, 발전기 및 수차의 합성효율은 85[%]이다.)

① 4 ② 5 ③ 6 ④ 7

해 설 ★★

(1) 우선, 문제의 조건을 적용하여 사용하는 유량을 계산하면,
$P = 9.8QH\eta$[kW] 에서,
$Q = \dfrac{P}{9.8H\eta} = \dfrac{7,500}{9.8 \times 100 \times 0.85} = 9$[m³/s]

(2) 따라서, 문제에 주어진 유효 저수량을 적용하여 운전 시간을 계산하면,
$T = \dfrac{200,000}{9 \times 60 \times 60} = 6.17$[h]

[답] ③

4 3상 Y결선된 발전기가 무부하 상태로 운전 중 3상 단락고장이 발생하였을 때 나타나는 현상으로 적합하지 않은 것은?

① 영상분 전류는 흐르지 않는다.
② 역상분 전류는 흐르지 않는다.
③ 정상분 전류는 영상분 및 역상분 임피던스에 무관하고 정상분 임피던스에 반비례한다.
④ 3상 단락전류는 정상분 전류의 3배가 흐른다.

해 설 ★★

3상 단락사고 시 영상분과 역상분은 존재하지 않으며, 정상분 전류의 크기에 비례하는 고장전류만 흐른다.

[답] ④

5 공칭전압 154[kV]에 대한 250[mm] 현수애자의 연결 개수는 대략 몇 개 정도인가?

① 5~6　　② 9~10
③ 14~15　　④ 19~23

해 설 ★★

전압별 1련의 현수애자 개수
(1) 154[kV] = 10개 정도
(2) 345[kV] = 20개 정도
(1) 765[kV] = 40개 정도

[답] ②

6 재폐로 차단기에 대한 설명으로 가장 옳은 것은?

① 배전선로용은 고장구간을 고속 차단하여 제거한 후 다시 수동조작에 의해 배전이 되도록 설계된 것이다.
② 재폐로계전기와 함께 설치하여 계전기가 고장을 검출하여 이를 차단기에 통보, 차단하도록 된 것이다.
③ 3상 재폐로 차단기는 1상의 차단이 가능하고 무전압 시간을 약 20~30초로 정하여 재폐로 하도록 되어 있다.
④ 송전선로의 고장구간을 고속 차단하고 재송전하는 조작을 자동적으로 시행하는 재폐로 차단장치를 장비한 자동차단기이다.

해 설 ★★

재폐로 차단기 : 전력계통에서 발생하는 사고의 대부분은 순간적인 1선 지락사고이므로, 사고 시 즉시 차단기를 개방한 후 사고 제거가 된 후 차단기를 다시 투입하는 재로로 동작을 자동적으로 실시하는 차단기

[답] ④

7 전압이 정정치 이하로 되었을 때 동작하는 것으로서 단락시 고장 검출용으로 사용되는 계전기는?

① 재폐로 계전기　　② 역상 계전기
③ 부족 전류 계전기　　④ 부족 전압 계전기

해 설 ★★★

부족 전압 계전기(UVR) : 전압이 정정치 이하로 되었을 때 동작하는 것으로서 단락시 고장 검출용으로 사용

[답] ④

8 송전선로의 저항은 R, 리액턴스를 X라 하면 다음의 어느 식이 성립하는가?

① $R \geq X$　　② $R < X$
③ $R = X$　　④ $R > X$

해 설 ★★★

송전선로의 임피던스 $Z = R + jX[\Omega]$에서 저항(R)보다는 유도성 리액턴스(X)의 값이 큰 편이다.

[답] ②

9 3상 3선식 송전선에서 1선의 저항이 15 [Ω], 리액턴스는 20[Ω]이고 수전단의 선간전압은 30[kV], 부하역률이 0.8인 경우 전압강하률을 10[%]라 하면 이 송전선로는 몇 [kW]까지 수전할 수 있는가?

① 2,500[kW] ② 2,750[kW]
③ 3,000[kW] ④ 3,250[kW]

해 설 ★★★

전압 강하율 $\varepsilon = \dfrac{\sqrt{3}\,I(R\cos\theta + X\sin\theta)}{V_r}$

$= \dfrac{P_r}{V_r^2}\left(R + X\dfrac{\sin\theta}{\cos\theta}\right)$

에서, 수전 전력을 구하면,

$P_r = \dfrac{\varepsilon \times V_r^2}{R + X\dfrac{\sin\theta}{\cos\theta}} = \dfrac{0.1 \times 30,000^2}{15 + 20 \times \dfrac{0.6}{0.8}}$

$= 3,000,000[W] = 3,000[kW]$

[답] ③

10 전력계통의 주파수가 기준치보다 증가하는 경우 어떻게 하는 것이 타당한가?

① 발전출력[kW]을 증가시켜야 한다.
② 발전출력[kW]을 감소시켜야 한다.
③ 무효전력[kVar]을 증가시켜야 한다.
④ 무효전력[kVar]을 감소시켜야 한다.

해 설 ★★★

전력계통에서 주파수가 증가하는 경우는 전력계통에서 소비되는 유효전력보다 발전소에서 공급하는 유효전력이 더 많은 경우이므로, 빨리 발전기의 출력[kW]을 감소시켜야 한다.

[답] ②

11 지중선 계통을 가공선 계통에 비교하였을 때 옳은 것은?

① 인덕턴스, 정전용량이 모두 크다.
② 인덕턴스, 정전용량이 모두 적다.
③ 인덕턴스는 적고, 정전용량은 크다.
④ 인덕턴스는 크고, 정전용량은 적다.

해 설 ★★★

지중선로에 적용하는 케이블은 가공선로에 적용하는 전력선보다 전선의 이격거리(D)가 작으므로 인덕턴스는 작아지고, 정전용량은 커진다.

[답] ③

12 공기차단기에 비해 SF_6 가스차단기의 특징으로 볼 수 없는 것은?

① 같은 압력에서 공기의 2~3배 정도의 절연내력이 있다.
② 밀폐된 구조이므로 소음이 없다.
③ 소전류 차단 시 이상전압이 높다.
④ 아크에 SF_6 가스는 분해되지 않고 무독성이다.

해 설 ★★★

가스 차단기는 SF_6 가스의 강력한 소호능력으로 인해서 소전류 차단시 이상전압이 매우 작다.

[답] ③

13 수관식 보일러의 장점에 속하지 않는 것은?

① 수관의 지름이 적어지고 고압에 견딜 수 있다.
② 드럼 안의 순환이 좋으며 증기발생이 빠르다.
③ 용량을 크게 할 수 있고 과열기를 설치하기 쉽다.
④ 구조가 간단하고 증발량이 크다.

해 설 ★★

수관식 보일러는 관류식 보일러에 비해서 증기를 발생시키는 드럼이 필요하므로 구조가 복잡하다.
[답] ④

14 일반적인 경우 그 값이 1 이상인 것은?

① 부등률 ② 전압강하율
③ 부하율 ④ 수용률

해 설 ★★★

(1) 수용률 = $\dfrac{\text{최대 전력}}{\text{설비 용량}} \times 100[\%]$

(2) 부하율 = $\dfrac{\text{평균 전력}}{\text{설최 최대 전력}} \times 100[\%]$

(3) 부등률 = $\dfrac{\text{각 부하의 최대 전력의 합계}}{\text{합성 최대 전력}} \geq 1$

로서 수용률과 부하율은 [%]값으로 부등률은 숫자로 표현되며, 일반적으로 부등률은 1보다 같거나 큰 값을 가진다.
[답] ①

15 일정거리를 동일전선으로 송전할 때 송전전력은 송전전압의 대략 몇 승에 비례하는가?

① 2 ② $\dfrac{1}{2}$ ③ 1 ④ $\dfrac{1}{3}$

해 설 ★★★

송전 용량 관계식 $P = \dfrac{V_s V_r}{X}\sin\theta$ 에서 송전 전력은 전압의 제곱에 비례한다.
[답] ①

16 송전선로의 매설지선의 가장 중요한 설치 목적은?

① 뇌해방지 ② 코로나 전압감소
③ 구조물 보호 ④ 절연강도 증가

해 설 ★★★

매설지선 역할 : 직격뢰가 가공지선에 내리쳤을 때 가공지선의 접지저항값이 너무 크면, 가공지선에서 전력선 측으로 직격뢰가 방전하는 역섬락 사고가 발생하므로 이를 방지하기 위해서 가공지선의 접지저항값을 줄이는 매설지선을 설치한다.
[답] ①

17 과전류계전기(OCR)의 탭(tap) 값을 옳게 설명한 것은?

① 계전기의 최소 동작전류
② 계전기의 최대 부하전류
③ 계전기의 동작시한
④ 변류기의 권수비

해 설 ★★

과전류 계전기는 계통의 사고 발생 시 즉시 동작하여야 하므로 과전류 계전기의 동작 탭의 위치는 최소 동작전류에 설정하여야 한다.
[답] ①

18 위상 비교 반송 방식에 대한 설명으로 맞는 것은?

① 일단에서의 저압과 타단에서의 전압의 위상각을 비교한다.
② 일단에서 유입하는 전류와 타단에서 유출하는 전류의 위상각을 비교한다.
③ 일단에서 유입하는 전류와 타단에서의 전압의 위상각을 비교한다.
④ 일단에서의 전압과 타단에서 유출되는 전류의 위상각을 비교한다.

해 설 ★★

위상 비교 반송 계전방식 : 일단에서 유입하는 전류와 타단에서 유출하는 전류의 위상각을 비교하여 동작한다.

[답] ②

19 어떤 발전소의 발전기가 13.2[kV], 용량 9.3[MVA], 동기임피던스 94[%]일 때, 임피던스는 몇 [Ω]인가?

① 9.8[Ω] ② 12.8[Ω]
③ 17.6[Ω] ④ 22.4[Ω]

해 설 ★★★

%임피던스 구하는 공식 $\%Z = \dfrac{PZ}{10V^2}$ 에서

$Z = \dfrac{\%Z \times 10V^2}{P} = \dfrac{94 \times 10 \times 13.2^2}{9.3 \times 10^3} = 17.6[\Omega]$

[답] ③

20 가공전선로의 선로정수에 대한 설명 중 틀린 내용은?

① 송배전선로는 저항, 인덕턴스, 정전용량, 누설컨덕턴스라는 4개의 정수로 이루어진다.
② 선로정수를 평형시키기 위해서는 연가를 하지 않는다.
③ 장거리 송전선로에 대해서는 분포정수 회로를 취급한다.
④ 도체와 도체 사이 또는 도체와 대지 사이에는 정전용량이 존재한다.

해 설 ★★

연가 목적
(1) 선로정수의 평형
(2) 통신선에 대한 유도장해 감소
(3) 직렬 공진 방지

[답] ②

제 4 회 전기공사산업기사 필기시험

1 저전압 단거리송전선에 적당한 접지방식은?

① 직접 접지방식
② 저항 접지방식
③ 비접지방식
④ 소호리액터 접지방식

해 설 ★★

비접지방식은 장거리, 고전압 계통에 적용하면 지락전류가 커지므로 주로 저전압, 단거리 선로에 적용하는 접지방식이다.

[답] ③

2 가스터빈의 특징을 증기터빈과 비교하였을 때 옳지 않은 것은?

① 기동시간이 짧다.
② 조작이 간단하므로 첨두부하발전에 적당하다.
③ 무부하일 때 연료의 소비량이 적게 든다.
④ 냉각수가 비교적 적게 든다.

해 설 ★★

가스터빈 발전방식의 특징
(1) 구조가 간단하여 설치비가 싸다.
(2) 기동 및 정지가 빨라 첨두 부하용에 적합하다.
(3) 복수기가 없어 냉각수가 적게 필요하다.
(4) 증기 터빈에 비하여 연료비가 비싸다
(5) 증기 터빈에 비해 열효율이 나쁘다.

[답] ③

3 송전선의 안정도를 증진시키는 방법이 아닌 것은?

① 선로의 회선수 감소를 시킨다.
② 재폐로 방식을 채용한다.
③ 속응 여자 방식을 채용한다.
④ 직렬 리액턴스를 감소시킨다.

해 설 ★★★

안정도 향상 대책
(1) 발전기나 변압기의 리액턴스 감소
(2) 직렬 콘덴서 설치
(3) 복도체 또는 다도체 채용
(4) 선로의 병행 회선수 증가
(5) 발전기의 속응 여자 방식 채용
(6) 발전기에 전기식 조속기 설치
(7) 중간 조상방식 채용
(8) 계통 연계
(9) 고장 구간을 신속히 차단
(10) 고저항 접지나 소호 리액터 방식 채용
(11) 고속도 계전기, 고속도 차단기 설치
(12) 고속도 재폐로 방식 채용

[답] ①

4 단로기(Disconnecting switch)의 사용 목적은?

① 회로의 개폐
② 단락사고의 차단
③ 부하의 차단
④ 과전류의 차단

해 설 ★★★

단로기는 내부에 아크를 소멸시키는 소호장치가 없어 무부하시에 회로의 개폐만 할 수 있다.

[답] ①

5 합성임피던스 0.25[%]의 개소에 시설해야 할 차단기의 차단용량으로 다음 중 가장 적당한 것은? (단, 합성 임피던스는 10[MVA]를 기준으로 환산한 값이다.)

① 2,500[MVA] ② 3,300[MVA]
③ 3,700[MVA] ④ 4,000[MVA]

해설 ★★★

$P_s = \dfrac{100}{\%Z} P_n = \dfrac{100}{0.25} \times 10 = 4,000 [\text{MVA}]$

[답] ④

6 전력 사용의 변동 상태를 알아보기 위한 것으로 가장 적당한 것은?

① 수용률   ② 부등률
③ 부하율   ④ 역률

해설 ★★

부하율 $= \dfrac{평균 전력}{최대 전력} \times 100 [\%]$ 로서, 부하의 사용에 따라 평균전력이 변하므로 전력 사용의 변동 상태를 확인할 수 있다.

[답] ③

7 150[kVA] 단상변압기 3대를 △-△결선으로 사용하다가 1대의 고장으로 V-V결선으로 사용하면 약 몇 [kVA]부하까지 사용할 수 있는가?

① 130[kVA] ② 235[kVA]
③ 260[kVA] ④ 450[kVA]

해설 ★★★

$P_v = \sqrt{3} P = \sqrt{3} \times 150 = 260 [\text{kVA}]$

[답] ③

8 계기용변성기의 점검 시 1차 측은 어떻게 하여야 하며, 그 이유는?

① 1차 측 개방, 과전압으로부터 보호
② 1차 측 단락, 절연보호
③ 1차 측 개방, 지락사고로부터 보호
④ 1차 측 단락, 2차권선 보호

해설 ★★★

계기용 변성기라 함은 계기용 변압기(PT) 및 계기용 변류기(CT)의 총칭을 말한다.
(1) 계기용 변압기(PT) : 1차 측 개방하여 과전압으로부터 보호
(2) 계기용 변류기(CT) : CT 2차 측을 단락시켜 과전압으로부터 2차 측 회로를 보호

[답] ①

9 네트워크 배전방식의 장점이 아닌 것은?

① 사고 시 정전범위를 축소시킬 수 있다.
② 전압변동이 적어진다.
③ 부하의 증가에 대한 적응성이 좋다.
④ 인축의 접지사고가 적어진다.

해설 ★★★

네트워크 배전 방식
(1) 공급 신뢰도가 매우 우수하다.
(2) 부하의 증가에 적응성이 뛰어나다.
(3) 구성이 복잡하여 인축에 대한 감전 사고의 우려가 커진다.

[답] ④

10 장거리 대전력 송전에 있어서 직류 송전방식의 장점이 아닌 것은?

① 전력손실이 작다.
② 절연내력이 강하다.
③ 비동기 연계가 가능하다.
④ 전압의 승압과 강압이 용이하다.

해 설 ★★★

직류 송전 방식은 변압기에서 패러데이의 유도 법칙이 성립하지 않아서 전압의 변성을 할 수가 없다.

[답] ④

11 송전선로의 인덕턴스 L과 정전용량 C가 다음과 같을 때 파동임피던스는? (단, r은 도체 반지름, D는 선간거리임)

$$L = 0.4605\log_{10}\frac{D}{r}\,[\text{mH/km}],$$
$$C = \frac{0.02413}{\log_{10}\frac{D}{r}}\,[\mu\text{F/km}]$$

① 약 $159\log_{10}\sqrt{\frac{D}{r}}\,[\Omega]$
② 약 $138\log_{10}\frac{D}{r}\,[\Omega]$
③ 약 $122\log_{10}\frac{\sqrt{r}}{D}\,[\Omega]$
④ 약 $102\log_{10}\frac{r}{\sqrt{D}}\,[\Omega]$

해 설 ★★

$$Z_0 = \sqrt{\frac{L}{C}} = \sqrt{\frac{0.4605\log_{10}\frac{D}{r}\times 10^{-3}}{\frac{0.02413}{\log_{10}\frac{D}{r}}\times 10^{-6}}}$$

$$= 138\log_{10}\frac{D}{r}\,[\Omega]$$

[답] ②

12 송전선의 파동임피던스를 $Z_0[\Omega]$, 전파속도를 V라 할 때 이 송전선의 단위길이에 대한 인덕턴스 L은 몇 [H]인가?

① $L = \dfrac{V}{Z_0}$
② $L = \dfrac{Z_0}{V}$
③ $L = \sqrt{Z_0}\,V$
④ $L = \dfrac{Z_0^2}{V}$

해 설 ★★

파동(특성) 임피던스는 $Z_0 = \sqrt{\dfrac{L}{C}}$,

전파속도는 $V = \dfrac{1}{\sqrt{LC}}$ 이므로 두 식을 나누어 보면,

$$\therefore \frac{Z_0}{V} = \frac{\sqrt{\dfrac{L}{C}}}{\dfrac{1}{\sqrt{LC}}} = L$$

[답] ②

13 배전계통에서 전력용 콘덴서를 설치하는 주된 목적은?

① 기기의 보호
② 전력손실의 감소
③ 이상전압 방지
④ 안정도 향상

해 설 ★★★

전력용 콘덴서 설치 목적(역률 개선 효과)
(1) 전력 손실 감소
(2) 전압강하, 전압 변동률 감소
(3) 설비용량 여유 증대
(4) 전기 요금 절약

[답] ②

14 역률 80[%](지상)인 1,000[kVA]의 부하를 100[%]의 역률로 개선하는 데 필요한 전력용 콘덴서의 용량은 몇 [kVA]인가?

① 200[kVA]　② 400[kVA]
③ 600[kVA]　④ 800[kVA]

해 설 ★★★

$Q_c = P(\tan\theta_1 - \tan\theta_2)$
$= 1,000 \times 0.8 \times \left(\dfrac{0.6}{0.8} - \dfrac{0}{1}\right)$
$= 600 [kVA]$

[답] ③

15 인장 강도는 작으나 도전율이 높아 옥내 배선용으로 주로 사용되는 전선은?

① 연동선　② 알루미늄선
③ 경동선　④ 동복강선

해 설 ★

연동선은 순수한 구리 재질로 만든 전선으로서, 도전율은 상당히 뛰어나나, 경동선에 비해서 약하므로 주로 옥내 배전용으로 사용된다.

[답] ①

16 공칭단면적 200[mm²], 전선무게 1.838[kg/m], 전선의 바깥지름 18.5[mm]인 경동연선을 경간 250[m]로 가선하는 경우 이도는?
(단, 경동연선의 인장하중은 7,910[kg], 빙설하중은 0.416[kg/m], 풍압하중은 1.525[kg/m]이고 안전율은 2.2이다.)

① 약 2.17[m]　② 약 3.78[m]
③ 약 4.73[m]　④ 약 5.92[m]

해 설 ★★

(1) 우선, 전선에 작용하는 전체 무게를 구하면,
$W = \sqrt{(1.838 + 0.416)^2 + 1.525^2}$
$= 2.72 [kg/m]$
(2) 따라서, 이도를 구하면,
$D = \dfrac{WS^2}{8T}k = \dfrac{2.72 \times 250^2}{8 \times 7910} \times 2.2$
$= 5.91 [m]$

[답] ④

17 전선의 자체 중량과 빙설의 종합하중을 W_1, 풍압하중을 W_2라 할 때 합성하중은?

① $W_1 + W_2$　② $W_2 - W_1$
③ $\sqrt{W_1 - W_2}$　④ $\sqrt{W_1^2 + W_2^2}$

해 설 ★★

전선의 자체 중량과 빙설 하중은 철탑에 수직으로 작용하는 하중이고, 풍압 하중은 철탑에 수평으로 작용하는 하중으로서, 전체 하중은 벡터 하중으로 계산하여야 한다. 따라서,
$W = \sqrt{W_1^2 + W_2^2}$

[답] ④

18 중거리 송전선로 π형 일반회로의 관계식 $E_s = AE_R + BI_R$에서 4단자정수 B의 값은?

① $(1+\frac{ZY}{2})$ ② $Y(1+\frac{ZY}{4})$
③ Z ④ Y

해 설 ★★★

π형 회로의 송전단 전압, 전류식
- $E_s = \left(1+\frac{ZY}{2}\right)E_r + ZI_r$
- $I_s = Y\left(1+\frac{ZY}{4}\right)E_r + \left(1+\frac{ZY}{2}\right)I_r$

에서, $B = Z$ 가 된다.
[답] ③

19 전력용 콘덴서에 직렬로 콘덴서 용량의 5[%] 정도의 유도 리액턴스를 삽입하는 주된 목적은?

① 제3고조파를 제거시키기 위하여
② 제5고조파를 제거시키기 위하여
③ 이상전압의 발생을 방지하기 위하여
④ 정전용량을 조절하기 위하여

해 설 ★★★

직렬 리액터 : 제5고조파를 제거하기 위하여 콘덴서 용량의 5[%] 정도의 유도성 리액턴스를 전력용 콘덴서에 직렬로 설치한다.
[답] ②

20 반동수차의 일종으로 주요 부분은 러너, 안내날개, 스피드링, 차실 및 흡출관 등으로 되어있으며 50~500[m] 정도의 중낙차 발전소에 사용되는 수차는?

① 카플란 수차 ② 프란시스 수차
③ 펠턴 수차 ④ 튜우블러 수차

해 설 ★★

프란시스 수차 : 대표적인 반동 수차의 일종으로서, 주로 사용 낙차가 50~500[m] 정도인 곳에 적용한다.
[답] ②

• 전기공사산업기사 필기 　전력공학

2013년 기출문제

제 1 회　　전기(공사)산업기사 필기시험

1 차단기의 소호 재료가 아닌 것은?

① 수소　　② 기름
③ 공기　　④ SF$_6$

해 설 ★★

차단기의 소호 작용에 따른 종류
(1) 유입 차단기(OCB) : 절연유(기름)
(2) 진공 차단기(VCB) : 진공
(3) 자기 차단기(MCB) : 자기력
(4) 공기 차단기(ABB) : 압축 공기
(5) 가스 차단기(GCB) : SF$_6$ 가스

[답] ①

2 3상 배전선로의 전압 강하율을 나타내는 식이 아닌 것은? (단, V_s : 송전단 전압, V_r : 수전단 전압, I : 전부하 전류, P : 부하 전력, Q : 무효전력 이다.)

① $\dfrac{\sqrt{3}I}{V_r}(R\cos\theta + X\sin\theta) \times 100 [\%]$

② $\dfrac{PR+QX}{V_r^2} \times 100 [\%]$

③ $\dfrac{V_s - V_r}{V_r} \times 100 [\%]$

④ $\dfrac{V_r}{V_s} \times 100 [\%]$

해 설 ★★

$\varepsilon = \dfrac{V_s - V_r}{V_r} \times 100 [\%]$

$= \dfrac{\sqrt{3}I(R\cos\theta + X\sin\theta)}{V_r} \times 100 [\%]$

$= \dfrac{PR+QX}{V_r^2} \times 100 [\%]$

[답] ④

3 송전단 전압을 V_s, 수전단 전압을 V_r, 선로의 직렬 리액턴스를 X라 할 때 이 선로에서 최대 송전전력은? (단, 선로 저항은 무시한다.)

① $\dfrac{V_s V_r}{X}$ ② $\dfrac{V_s^2 - V_r^2}{X}$

③ $\dfrac{V_s V_r}{X^2}$ ④ $\dfrac{V_s^2 V_r^2}{X}$

> **해 설** ★★
>
> 송전전력 $P = \dfrac{V_s V_r}{X} \sin\theta$ 에서,
> 최대 송전전력은 $\sin 90° = 1$ 일 때이므로,
> - $P_m = \dfrac{V_s V_r}{X}$
>
> [답] ①

4 전선의 굵기가 균일하고 부하가 균등하게 분산 분포되어 있는 배전선로의 전력손실은 전체 부하가 송전단으로부터 전체 전선로 길이의 어느 지점에 집중되어 있을 경우의 손실과 같은가?

① $\dfrac{3}{4}$ ② $\dfrac{2}{3}$ ③ $\dfrac{1}{3}$ ④ $\dfrac{1}{2}$

> **해 설** ★★★
>
> 말단 집중 부하에 비해서 균등 부하의 전압강하 및 전력손실 비 :
> - $e = \dfrac{1}{2}IR[\text{V}]$, $P_l = \dfrac{1}{3}I^2 R[\text{W}]$
>
> [답] ③

5 선로의 전압을 25[kV]에서 50[kV]로 승압할 경우, 공급 전력을 동일하게 취급하면 공급 전력은 승압 전의 (ⓐ)배로 되고, 선로 손실은 승압 전의 (ⓑ)배로 된다. (단, 동일 조건에서 공급 전력과 선로 손실률을 동일하게 취급함)

① ⓐ $\dfrac{1}{4}$ ⓑ 2

② ⓐ $\dfrac{1}{4}$ ⓑ 4

③ ⓐ 2 ⓑ $\dfrac{1}{4}$

④ ⓐ 4 ⓑ $\dfrac{1}{4}$

> **해 설** ★★★★
>
> (1) 전압을 승압했을 경우의 각 전기적 효과 :
> - 공급 전력 : $P \propto V^2$
> - 전압 강하 : $P \propto \dfrac{1}{V}$
> - 전압 강하율 : $P \propto \dfrac{1}{V^2}$
> - 전력 손실(률) : $P_l \propto \dfrac{1}{V^2}$
>
> (2) 전압을 25[kV]에서 50[kV]로 2배를 승압하였으므로,
> - 공급 전력 : $P \propto V^2 = 2^2 = 4$[배]
> - 전력 손실 : $P_l \propto \dfrac{1}{V^2} = \dfrac{1}{2^2} = \dfrac{1}{4}$[배]
>
> [답] ④

6 전력 퓨즈(Power Fuse)의 특성이 아닌 것은?

① 현저한 한류 특성이 있다.
② 부하전류를 안전하게 차단한다.
③ 소형이고 경량이다.
④ 릴레이나 변성기가 불필요하다.

해설 ★★★

전력 퓨즈(PF)의 특징
(1) 소형이면서, 차단용량이 매우 크다. (단락전류 차단용)
(2) 현저한 한류 특성을 가진다.
(3) 차단기와는 달리 릴레이나 변성기가 불필요하다.

[답] ②

7 발전기의 자기여자 현상을 방지하기 위한 대책으로 적합하지 않은 것은?

① 단락비를 크게 한다.
② 포화율을 작게 한다.
③ 선로의 충전전압을 높게 한다.
④ 발전기 정격전압을 높게 한다.

해설 ★★

발전기 자기여자 현상 방지 조건
$Q_G \geq \dfrac{Q_c}{K}\left(\dfrac{V_G}{V_c}\right)(1+\delta)$ 에 의하여,
(1) 발전기의 단락비(K)를 크게 한다.
(2) 발전기의 포화율(δ)을 작게 한다.
(3) 선로의 충전전압(V_c)을 높게 한다.
(4) 발전기의 정격전압(V_G)을 낮게 한다.

[답] ④

8 차단기에서 "$O-t_1-CO-t_2-CO$"의 표기로 나타내는 것은? (단, O : 차단 동작, t_1, t_2 : 시간 간격, C : 투입 동작, CO : 투입 직후 차단)

① 차단기 동작 책무
② 차단기 재폐로 계수
③ 차단기 속류 주기
④ 차단기 무전압 시간

해설 ★★

차단기의 동작 책무 : 차단기를 차단 동작과 재투입을 정해놓은 재폐로 동작 규격

[답] ①

9 화력 발전소에서 탈기기의 설치 목적으로 가장 타당한 것은?

① 급수 중의 용해 산소의 분리
② 급수의 습증기 건조
③ 연료 중의 공기 제거
④ 염류 및 부유 물질 제거

해설 ★

탈기기 : 급수 중에 산소가 섞여 있으면 보일러와 증기관을 부식시키므로 급수 중에 섞여 있는 산소를 제거하는 장치

[답] ①

10 3상의 같은 전원에 접속하는 경우, △결선의 콘덴서를 Y결선으로 바꾸어 연결하면 진상 용량은?

① $\sqrt{3}$배의 진상 용량이 된다.
② 3배의 진상 용량이 된다.
③ $\dfrac{1}{\sqrt{3}}$배의 진상 용량이 된다.
④ $\dfrac{1}{3}$배의 진상 용량이 된다.

해 설 ★★

(1) Y 결선 :
- $Q_Y = 3\omega CE^2 = 3\omega C\left(\dfrac{V}{\sqrt{3}}\right)^2 = \omega CV^2$

(2) △ 결선 :
- $Q_\triangle = 3\omega CE^2 = 3\omega CV^2$

(3) · $\dfrac{C_Y}{C_\triangle} = \dfrac{\omega CV^2}{3\omega CV^2} = \dfrac{1}{3}$

[답] ④

11 수력 발전소의 조압 수조(서지 탱크)의 설치 목적은?

① 수차 보호 ② 흡출관 보호
③ 수격작용 흡수 ④ 조속기 보호

해 설 ★

조압 수조의 역할
(1) 수압으로부터 수압관의 보호
(2) 수격 작용(서징 작용) 흡수

[답] ③

12 전압이 일정값 이하로 되었을 때 동작하는 것으로서 단락 시 고장 검출용으로도 사용되는 계전기는?

① 재폐로 계전기 ② 역상 계전기
③ 부족 전류 계전기 ④ 부족 전압 계전기

해 설 ★★

부족 전압 계전기(UVR) : 전압이 일정값 이하로 되었을 때 동작하는 계전기

[답] ④

13 전력계통의 전압 조정과 무관한 것은?

① 변압기
② 발전기의 전압 조정 장치
③ MOF
④ 동기 조상기

해 설 ★★

MOF(계기용 변압 변류기) : CT와 PT를 한 탱크 내에 수납한 변성기로서 계통의 전류 및 전압을 안전하게 낮추는 역할

[답] ③

14 송배전 선로의 도중에 직렬로 삽입하여 선로의 유도성 리액턴스를 보상함으로써 선로정수 그 자체를 변화시켜서 선로의 전압강하를 감소시키는 직렬 콘덴서 방식의 특성에 대한 설명으로 옳은 것은?

① 최대 송전전력이 감소하고 정태 안정도가 감소된다.
② 부하의 변동에 따른 수전단의 전압 변동률은 증대된다.
③ 장거리 선로의 유도 리액턴스를 보상하고 전압 강하를 감소시킨다.
④ 송·수 양단의 전달 임피던스가 증가하고 안정 극한 전력이 감소한다.

해 설 ★★

직렬 콘덴서 : 선로의 유도 리액턴스를 작게 하여 선로에서 발생하는 전압강하를 줄여 계통의 안정도를 향상시킨다.

[답] ③

15 배전반 및 분전반의 설치 장소로 가장 적당한 곳은?

① 벽장 내부   ② 화장실 내부
③ 노출된 장소   ④ 출입구 신발장 내부

해 설 ★

배전반 및 분전반은 노출된 장소(건물의 복도 등)에 설치하여 항상 점검 및 조작이 쉽게 하여야 한다.

[답] ③

16 배전선로의 접지 목적과 거리가 먼 것은?

① 고장전류의 크기 억제
② 고저압 혼촉, 누전, 접촉에 의한 위험 방지
③ 이상전압의 억제, 대지전압을 저하시켜 보호 장치 확실
④ 피뢰기 등의 뇌해 방지 설비의 보호 효과 향상

해 설 ★★

배전선로 접지 목적
(1) 고저압 혼촉, 누전, 접촉에 의한 위험 방지
(2) 이상전압의 억제, 대지전압을 저하시켜 보호 장치 확실
(3) 피뢰기 등의 뇌해 방지 설비의 보호 효과 향상

[답] ①

17 철탑의 탑각 접지저항이 커질 때 생기는 문제점은?

① 속류 발생
② 역섬락 발생
③ 코로나 증가
④ 가공지선의 차폐각 증가

해 설 ★★★

매설 지선 : 철탑의 접지저항이 너무 크면 직격뢰가 애자를 통해서 전력선으로 방전하는 역섬락 사고가 발생하므로 매설 지선으로 접지저항을 줄인다.

[답] ②

18 전선 양측의 지지점의 높이가 동일할 경우 전선의 단위길이당 중량을 W[kg], 수평 장력을 T[kg], 경간을 S[m], 전선의 이도를 D[m]라 할 때 전선의 실제 길이 L[m]를 계산하는 식은?

① $L = S + \dfrac{8S^2}{3D}$ ② $L = S + \dfrac{8D^2}{3S}$

③ $L = S + \dfrac{3S^2}{8D}$ ④ $L = S + \dfrac{3D^2}{8S}$

해 설 ★★

(1) 전선의 이도 : $D = \dfrac{WS^2}{8T}$ [m]

(2) 전선의 실제 길이 : $L = S + \dfrac{8D^2}{3S}$ [m]

[답] ②

19 22.9[kV-Y] 배전 선로의 보호협조 기기가 아닌 것은?

① 컷아웃 스위치 ② 인터럽터 스위치
③ 리클로저   ④ 섹셔널라이저

해 설 ★★

배전선로 보호 협조기기 종류
(1) 리클로저
(2) 섹셔널라이저
(3) 컷아웃 스위치

[답] ②

20 뒤진 역률 80[%], 1,000[KW]의 3상 부하가 있다. 여기에 콘덴서를 설치하여 역률을 95[%]로 개선하려면 콘덴서의 용량[kVA]은?

① 328[kVA]   ② 421[kVA]
③ 765[kVA]   ④ 951[kVA]

해 설 ★★★★

$Q_c = P(\tan\theta_1 - \tan\theta_2)$

$= 1,000 \left(\dfrac{0.6}{0.8} - \dfrac{\sqrt{1-0.95^2}}{0.95} \right)$

$= 421[kVA]$

[답] ②

제2회 전기(공사)산업기사 필기시험

1 가공 전선로의 작용 인덕턴스를 L[H], 작용 정전용량을 C[F], 사용 전원의 주파수를 f[Hz]라 할 때 선로의 특성 임피던스는? (단, 저항과 누설 컨덕턴스는 무시한다.)

① $\sqrt{\dfrac{C}{L}}$ ② $\sqrt{\dfrac{L}{C}}$

③ $\sqrt{LC}$ ④ $2\pi fL - \dfrac{1}{2\pi fC}$

해설 ★★★

특성 임피던스 :
$Z_0 = \sqrt{\dfrac{Z}{Y}} = \sqrt{\dfrac{R+j\omega L}{G+j\omega C}} = \sqrt{\dfrac{L}{C}}$ [Ω]

[답] ②

2 중성점 비접지 방식이 이용되는 송전선은?

① 20~30[kV] 정도의 단거리 송전선
② 40~50[kV] 정도의 중거리 송전선
③ 80~100[kV] 정도의 장거리 송전선
④ 140~160[kV] 정도의 장거리 송전선

해설 ★★

비접지 방식 : 1선 지락사고 시 지락전류가 작아야 하므로 단거리 및 저전압 선로에만 적용된다.

[답] ①

3 중성점 저항 접지방식의 병행 2회선 송전선로의 지락사고 차단에 사용되는 계전기는?

① 선택 접지 계전기
② 거리 계전기
③ 과전류 계전기
④ 역상 계전기

해설 ★★★

선택 접지 계전기(SGR) : 2회선 이상의 송전선로에서 지락 사고 회선만 선택 차단

[답] ①

4 주상 변압기의 1차 측 전압이 일정한 경우, 2차 측 부하가 증가하면 주상 변압기의 동손과 철손은 어떻게 되는가?

① 동손은 감소하고 철손은 증가한다.
② 동손은 증가하고 철손은 감소한다.
③ 동손은 증가하고 철손은 일정하다.
④ 동손과 철손이 모두 일정하다.

해설 ★★

철손은 부하와 상관없는 손실이므로 2차 측 부하가 증가해도 일정하며, 동손은 부하손이므로 2차 측 부하가 증가하면 동손도 같이 증가하게 된다.

[답] ③

5 풍압이 $P[\text{kg/m}^2]$이고 빙설이 적은 지방에서 지름이 $d[\text{mm}]$인 전선 1[m]가 받는 풍압 하중은 표면계수를 k라고 할 때 몇 [kg/m]가 되는가?

① $\dfrac{Pk(d+12)}{1,000}$ ② $\dfrac{Pk(d+6)}{1,000}$

③ $\dfrac{Pkd}{1,000}$ ④ $\dfrac{Pkd^2}{1,000}$

해 설 ★

(1) 고온계 : (온도가 높아 빙설이 없는 지역)
- $W = P[\text{kg/m}^2] \times d[\text{m}] \times 10^{-3} \times 1[\text{m}] \times k$
  $= \dfrac{Pdk}{1,000}$ [kg]

(2) 저온계 : (온도가 낮아 빙설이 많은 지역)
- $W = P[\text{kg/m}^2] \times d(+12)[\text{m}] \times 10^{-3} \times 1[\text{m}] \times k$
  $= \dfrac{P(d+12)k}{1,000}$ [kg]

[답] ③

6 다음 중 3상 차단기의 정격 차단용량으로 알맞은 것은?

① 정격전압 × 정격 차단전류
② $\sqrt{3}$ × 정격전압 × 정격 차단전류
③ 3 × 정격전압 × 정격 차단전류
④ $3\sqrt{3}$ × 정격전압 × 정격 차단전류

해 설 ★★

3상 차단기의 정격 차단용량 : $P_s = \sqrt{3}\, VI_s$ [kVA]
(V : 정격전압, I_s : 정격 차단전류)

[답] ②

7 배전선로의 전기적 특성 중 그 값이 1 이상인 것은?

① 부등률 ② 전압 강하율
③ 부하율 ④ 수용률

해 설 ★★★

부등률 = $\dfrac{\text{각 수용가의 최대 수용전력의 합}}{\text{합성 최대 수용전력}} \geq 1$

[답] ①

8 단상 2선식 계통에서 단락점까지 전선 한 가닥의 임피던스가 $6 + j8\,[\Omega]$(전원포함), 단락 전의 단락점 전압이 3,300[V]일 때 단상 전선로의 단락 용량은 약 몇 [kVA]인가? (단, 부하 전류는 무시한다.)

① 455 ② 500
③ 545 ④ 600

해 설 ★★

(1) 단상 2선식의 전선 2가닥에 대한 임피던스는,
- $Z = 2 \times \sqrt{6^2 + 8^2} = 20\,[\Omega]$
(2) 단락 용량 :
- $P_s = EI_s = E \times \dfrac{E}{Z} = \dfrac{E^2}{Z} = \dfrac{3,300^2}{20}$
  $= 544,500[\text{VA}] \fallingdotseq 545[\text{kVA}]$

[답] ③

9 전선 a, b, c가 일직선으로 배치되어 있다. a와 b와 c 사이의 거리가 각각 5[m]일 때 이 선로의 등가 선간거리는 몇 [m]인가?

① 5 ② 10
③ $5\sqrt[3]{2}$ ④ $5\sqrt{2}$

해 설 ★★

$D_e = \sqrt[3]{D_1 D_2 D_3} = \sqrt[3]{5 \times 5 \times (5 \times 2)}$
$= 5\sqrt[3]{2}$ [m]

[답] ③

10 충전된 콘덴서의 에너지에 의해 트립되는 방식으로 정류기, 콘덴서 등으로 구성되어 있는 차단기의 트립방식은?

① 과전류 트립방식
② 직류전압 트립방식
③ 콘덴서 트립방식
④ 부족전압 트립방식

해설 ★★

콘덴서 트립방식 : 평상시에는 콘덴서에 일정한 전하를 충전하여 놓았다가 차단기를 차단시킬 때 이 충전 전하를 이용하여 트립하는 방식

[답] ③

11 소호 리액터 접지방식에서 사용되는 탭의 크기로 일반적인 것은?

① 과보상   ② 부족보상
③ (-)보상   ④ 직렬공진

해설 ★★

소호 리액터는 단선사고 시 직렬 공진에 의한 이상 전압 발생을 방지하기 위해 과보상 $\left(\omega L < \dfrac{1}{3\omega C}\right)$ 조건에 탭의 위치를 둔다.

[답] ①

12 다음 중 송전선의 1선 지락 시 선로에 흐르는 전류를 바르게 나타낸 것은?

① 영상전류만 흐른다.
② 영상전류 및 정상전류만 흐른다.
③ 영상전류 및 역상전류만 흐른다.
④ 영상전류, 정상전류 및 역상전류가 흐른다.

해설 ★★★★

1선 지락사고 : 지락사고 종류(영상전류 I_0 포함)이면서 불평형(역상전류 I_2) 사고이므로, 영상전류, 역상전류 및 정상전류(I_1)가 모두 흐른다.

[답] ④

13 기력 발전소에서 과잉 공기가 많아질 때의 현상으로 적당하지 않은 것은?

① 노 내의 온도가 저하된다.
② 배기가스가 증가된다.
③ 연도 손실이 커진다.
④ 불완전 연소로 매연이 발생한다.

해설 ★

기력 발전소의 보일러에 공기량이 많아질 때의 특성
(1) 공기량이 많아 연료의 연소는 완전 연소로 된다.
(2) 공기량이 많아져서 보일러 내의 온도를 높이기 어려워진다.
(3) 공기량이 많으면 보일러에서 배출되는 배기가스도 증가한다.
(4) 공기량이 많아져서 보일러 내의 열손실이 증가한다.

[답] ④

14 불평형 부하에서 역률은 어떻게 표현되는가?

① $\dfrac{유효전력}{각\ 상의\ 피상전력의\ 산술\ 합}$

② $\dfrac{유효전력}{각\ 상의\ 피상전력의\ 벡터\ 합}$

③ $\dfrac{무효전력}{각\ 상의\ 피상전력의\ 산술\ 합}$

④ $\dfrac{무효전력}{각\ 상의\ 피상전력의\ 벡터\ 합}$

해설 ★★

역률 $\cos\theta = \dfrac{P}{P_a} = \dfrac{P}{\sqrt{P^2+Q^2}}$

$= \dfrac{유효전력}{피상전력(벡터\ 합)}$

[답] ②

15 역률 0.8, 출력 360[kW]인 3상 평형 유도 부하가 3상 배전선로에 접속되어 있다. 부하단의 수전 전압이 6,000[V], 배전선 1조의 저항 및 리액턴스가 각각 5[Ω], 4[Ω]라고 하면 송전단 전압은 몇 [V]인가?

① 6,120　　② 6,277
③ 6,300　　④ 6,480

해 설 ★★★

(1) 선로에 흐르는 전류 :
$$I = \frac{P_r}{\sqrt{3}\, V_r \cos\theta} = \frac{360,000}{\sqrt{3} \times 6,000 \times 0.8}$$
$$= 43.3[A]$$
(2) 송전단 전압 :
$$V_s = V_r + \sqrt{3}\, I(R\cos\theta + X\sin\theta)$$
$$= 6,000 + \sqrt{3} \times 43.3 \times (5 \times 0.8 + 4 \times 0.6)$$
$$= 6,480[V]$$

[답] ④

16 초호각(arcing horn)의 역할은?

① 풍압을 조정한다.
② 차단기의 단락 강도를 높인다.
③ 송전 효율을 높인다.
④ 애자의 파손을 방지한다.

해 설 ★★

소호각(초호각)의 역할
(1) 섬락이나 역섬락으로부터 현수애자의 보호
(2) 애자의 련능률(련효율) 개선

[답] ④

17 단상 2선식과 3상 3선식의 부하전력, 전압을 같게 하였을 때 단상 2선식의 선로 전류를 100[%]로 보았을 경우, 3상 3선식의 선로 전류는?

① 38[%]　　② 48[%]
③ 58[%]　　④ 68[%]

해 설 ★★

부하전력 및 전압이 같다고 하였으므로,
$$VI_2\cos\theta = \sqrt{3}\, VI_3\cos\theta$$
$$\Rightarrow \therefore \frac{I_3}{I_2} = \frac{1}{\sqrt{3}} = 0.577 \quad (\therefore 58[\%])$$

[답] ③

18 154[kV] 송전선로에 10개의 현수 애자가 연결되어 있다. 다음 중 전압 부담이 가장 적은 것은?

① 철탑에 가장 가까운 것
② 철탑에서 3번째에 있는 것
③ 전선에서 가장 가까운 것
④ 전선에서 3번째에 있는 것

해 설 ★★★

154[kV] 송전선로에서 현수애자 10개 사용 시 전압 분담
(1) 전압 부담이 가장 큰 애자 : 전선에서 가까운 1번째 애자
(2) 전압 부담이 가장 작은 애자 : 전선에서 8번째 애자 (철탑에서 3번째 애자)

[답] ②

19 154[kV] 송전선로에서 송전 거리가 154[km]라 할 때 송전용량 계수법에 의한 송전용량은 몇 [kW]인가? (단, 송전용량 계수는 1,200으로 한다.)

① 61,600 ② 92,400
③ 123,200 ④ 184,800

해 설 ★★

$$P = k\frac{V^2}{l} = 1,200 \times \frac{154^2}{154} = 184,800[\text{kW}]$$

[답] ④

20 1선의 대지 정전용량이 C인 3상 1회선 송전선로의 1단에 소호 리액터를 설치할 때 그 인덕턴스는?

① $\dfrac{1}{3\omega^2 C}$ ② $\dfrac{1}{wC}$

③ $\dfrac{1}{w^2 C}$ ④ $\dfrac{1}{3wC}$

해 설 ★★

• $\omega L = \dfrac{1}{3\omega C} \Rightarrow \therefore L = \dfrac{1}{3\omega^2 C}$

[답] ①

제4회 전기공사산업기사 필기시험

1 초고압 장거리 송전선로에 접속되는 1차 변전소에 병렬 리액터를 설치하는 목적은?

① 송전 용량의 증가
② 페란티 효과의 방지
③ 과도 안정도의 증대
④ 전력 손실의 경감

해 설 ★★★

페란티 현상
(1) 정의 : 심야의 경부하 시에 수전단 전압이 송전단 전압보다 높아지는 현상
(2) 발생 원인 : 선로의 대지 정전용량에 흐르는 충전 전류(진상 전류)
(3) 대책 : 변전소에서 분로(병렬) 리액터 투입

[답] ②

2 단상 2선식과 3상 3선식에서 선간 전압, 송전 거리, 수전 전력, 역률을 같게 하고 선로 손실을 동일하게 하는 경우, 3상에 필요한 전선 무게는 단상의 얼마인가?

① $\dfrac{1}{4}$ ② $\dfrac{2}{4}$ ③ $\dfrac{3}{4}$ ④ $\dfrac{2}{3}$

해 설 ★★★★

배전 방식별 전선 소요량 비교
(1) 단상 2선식 : 1 (기준)
(2) 단상 3선식 : 3/8 (0.375)
(3) 3상 3선식 : 3/4 (0.75)
(4) 3상 4선식 : 1/3 (0.33)

[답] ③

3 저수지의 이용 수심이 클 때 사용하면 유리한 조압수조는?

① 단동 조압 수조
② 수실 조압 수조
③ 제수공 조압 수조
④ 차동 조압 수조

해 설 ★

수실 조압 수조 : 저수지의 이용 수심이 크면 조압 수조의 수위가 더 높이 올라가므로 수조 중간에 수실을 설치하여 수위 조절을 하여 수격작용을 줄인다.

[답] ②

4 금속관 공사로부터 애자 사용 공사로 바뀔 때 금속관 끝에 사용하는 기구가 아닌 것은?

① 링 리듀서   ② 절연 부싱
③ 터미널 캡   ④ 엔트런스 캡

해 설 ★

(1) 부싱 : 전선의 절연 피복을 보호하기 위하여 금속관 끝에 취하여 사용
(2) 엔트런스 캡 : 금속관 끝에 설치하여 빗물의 침입을 방지하기 위해 사용
(3) 터미널 캡 : 전선관으로부터 전선을 뽑아 전동기 등에 연결할 때 사용
(4) 링 리듀서 : 박스의 녹아웃 지름보다 작은 지름의 전선관을 접속하는 경우 녹아웃 지름을 작게 하기 위해 사용

[답] ①

5 송전선로에서 가장 많이 발생되는 사고는?

① 단선 사고 ② 단락 사고
③ 지락 사고 ④ 지지물 전도 사고

해 설 ★★

송전선로에서 가장 빈번한 사고는 직격뢰에 의한 송전선로로부터 대지로 순간적으로 아크가 방전하면서 발생하는 1선 지락사고가 전체 사고의 90[%] 이상이다.

[답] ③

6 부하 역률인 배전선로의 저항 손실은 같은 크기의 부하 전력에서 역률 1일 때의 저항 손실과 비교하면 그 비는 어떻게 되는가?

① $\sin\theta$ ② $\cos\theta$
③ $\dfrac{1}{\cos^2\theta}$ ④ $\dfrac{1}{\sin^2\theta}$

해 설 ★★★★

전력 손실은,
$$P_l = 3I^2R = 3\left(\dfrac{P}{\sqrt{3}\,V\cos\theta}\right)^2 R = \dfrac{P^2R}{V^2\cos^2\theta}\,[W]$$
으로서 $P_l \propto \dfrac{1}{\cos^2\theta}$ 의 관계가 있으므로 이를 적용하면,

- $\dfrac{P_{l2}}{P_{l1}} = \left(\dfrac{\cos\theta_1}{\cos\theta_2}\right)^2 = \left(\dfrac{1}{\cos\theta}\right)^2 = \dfrac{1}{\cos^2\theta}$

[답] ③

7 터빈 발전기의 극수는 보통 몇 극인가?

① 2 또는 4 ② 6 또는 8
③ 10 또는 12 ④ 14 또는 16

해 설 ★

화력 발전소에 적용되는 터빈 발전기는 고속기로서 회전수가 보통 3,600[rpm] 또는 1,800[rpm]이므로 발전기 극수는,

- $p_1 = \dfrac{120f}{N} = \dfrac{120 \times 60}{3,600} = 2\,[극]$
- $p_2 = \dfrac{120f}{N} = \dfrac{120 \times 60}{1,800} = 4\,[극]$

[답] ①

8 500[kVA]변압기 3대를 △-△결선 운전하는 변전소에서 부하의 증가로 500[kVA] 변압기 1대를 증설하여 2뱅크로 하였다. 최대 몇 [kVA]의 부하에 응할 수 있는가?

① $500\sqrt{3}$ ② $1,000\sqrt{3}$
③ $2,000\sqrt{3}$ ④ $3,000\sqrt{3}$

해 설 ★★

△ 결선의 500[kVA] 변압기 3대와 증설한 500[kVA] 변압기 1대를 모두 사용할 수 있는 방법은 V 결선 변압기 2조이므로 공급 가능한 용량은,

- $2 \times P_v = 2 \times \sqrt{3}\,P$
  $= 2\sqrt{3} \times 500 = 1,000\sqrt{3}\,[kVA]$

[답] ②

9 345[kV] 초고압 송전선로에 사용되는 현수 애자는 1연 현수인 경우 대략 몇 개 정도 사용되는가?

① 6~8   ② 12~14
③ 18~20 ④ 28~38

해 설 ★★

송전전압별 현수애자 1련의 개수
(1) 154[kV] : 250[mm] 현수애자 10개 정도
(2) 345[kV] : 250[mm] 현수애자 20개 정도
(3) 765[kV] : 250[mm] 현수애자 40개 정도

[답] ③

10 2회선 송전선로가 있다. 사정에 따라 그 중 1회선을 정지하였다고 하면 이 송전선로의 일반 회로정수(4단자 정수)중 B의 크기는?

① 변화 없다.   ② $\frac{1}{2}$로 된다.
③ 2배로 된다. ④ 4배로 된다.

해 설 ★★

4단자 정수 중 B정수는 임피던스 정수이므로 2회선 운전 중 1회선이 정지하면 B정수는 2배가 된다.

[답] ③

11 전력용 퓨즈의 장점으로 옳지 않은 것은?

① 소형으로 큰 차단용량을 갖는다.
② 밀폐형 퓨즈는 차단 시에 소음이 없다.
③ 가격이 싸고 유지 보수가 간단하다.
④ 과도 전류에 의해 쉽게 용단되지 않는다.

해 설 ★★★

전력 퓨즈(PF)
(1) 소형으로서 차단 용량이 매우 커서 단락사고 차단용으로 사용
(2) 구조가 간단하여 보수가 쉽다.
(3) 구조가 간단하여 가격이 저렴한 편이다.
(4) 일시적인 과전류나 과도 전류에 퓨즈가 용단되는 단점이 있다.

[답] ④

12 3상 변압기의 임피던스가 $Z[\Omega]$이고 선간 전압이 $V[kV]$, 정격 용량이 $P[kVA]$일 때 이 변압기의 % 임피던스는?

① $\frac{10PZ}{V}$ ② $\frac{PZ}{10V^2}$
③ $\frac{PZ}{100V^2}$ ④ $\frac{PZ}{V}$

해 설 ★★★

$\%Z = \frac{PZ}{10V^2}$ [%]

단, $P[kVA]$: 정격 용량,
$Z[\Omega]$: 기기의 임피던스,
$V[kV]$: 정격 전압 (선간 전압)

[답] ②

13 154[kV] 2회선 송전 선로의 길이가 154[km]이다. 송전용량 계수법에 의하면 송전용량은 약 몇 [MW]인가? (단, 154[kV]의 송전용량 계수는 1,300 이다.)

① 400   ② 350   ③ 300   ④ 250

해설 ★★

$P = k\dfrac{V^2}{l} = 1,300 \times \dfrac{154^2}{154} = 200,200[\text{kW}]$

≒ 200[MW] 인데,
문제에서 2회선이라고 하였으므로,
- $200 \times 2 = 400[\text{MW}]$

[답] ①

14 그림과 같은 선로에서 점 F에서의 1선 지락이 발생한 경우 영상 임피던스는?

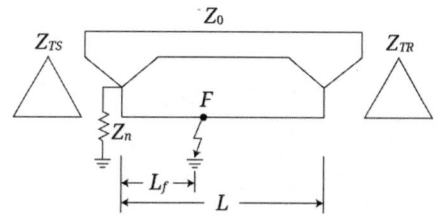

① $Z_{TS} + Z_n + 3Z_0$
② $Z_{TS} + 3Z_n + Z_0$
③ $Z_{TS} + Z_n + Z_0\dfrac{L_f}{L}$
④ $Z_{TS} + 3Z_n + Z_0\dfrac{L_f}{L}$

해설 ★★★

(1) 영상전류(I_0)의 특성 :
- 변압기 △ 결선 내부를 순환하여 소멸한다.
- 접지 임피던스에는 3배의 영상전류가 흐른다.
- 영상전류는 반드시 접지회로에만 흐른다.
  (비접지 측 제외)

(2) 위 내용을 문제에 적용하면,
- 영상 임피던스 $= Z_0 \times \dfrac{L_f}{L} + Z_{TS} + 3Z_n$ [Ω]

[답] ④

15 그림과 같은 수전단 전압 3.3[kV], 역률 0.85(뒤짐)인 부하 300[kW]에 공급하는 선로가 있다. 이때의 송전단 전압은 약 몇 [V]인가?

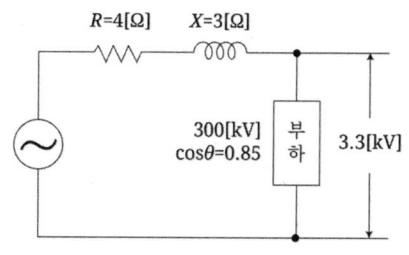

① 3,930[V]   ② 3,230[V]
③ 3,530[V]   ④ 3,830[V]

해설 ★★

(1) 우선, 계통에 흐르는 전류를 구하면,
- $I = \dfrac{P_r}{V_r \cos\theta} = \dfrac{300}{3.3 \times 0.85} = 106.95[\text{A}]$

(2) 따라서, 송전단 전압은,
- $V_s = V_r + I(R\cos\theta + X\sin\theta)$
  $= 3,300 + 106.95 \times (4 \times 0.85 + 3 \times \sqrt{1 - 0.85^2})$
  ≒ 3,830[V]

[답] ④

16 역률 0.8인 부하 480[kW] 공급하는 변전소에 전력용 콘덴서 220[kVA]를 설치하면 역률은 몇 [%]로 개선할 수 있는가?

① 92[%] ② 94[%] ③ 96[%] ④ 99[%]

해 설 ★★★★

(1) 문제의 조건을 이용하여 우선 지상 무효전력을 계산하면,
- $Q = P\tan\theta = 480 \times \dfrac{0.6}{0.8} = 360[\text{kVar}]$

(2) 따라서, 새로 개선된 역률은,
- $\cos\theta = \dfrac{P}{P_a} = \dfrac{P}{\sqrt{P^2+(Q-Q_c)^2}}$

$= \dfrac{480}{\sqrt{480^2+(360-220)^2}}$

$= 0.96 \quad (\therefore 96[\%])$

[답] ③

17 전력선 반송 보호 계전방식이 아닌 것은?

① 영상전류 비교방식
② 고속도 거리 계전기와 조합하는 방식
③ 방향 비교방식
④ 위상 비교방식

해 설 ★★

전력선 반송 보호 계전방식의 종류
(1) 전력 방향 비교방식
(2) 고속도 거리 계전기와 조합하는 방식
(3) 위상 비교방식

[답] ①

18 복도체 또는 다도체에 대한 설명으로 옳지 않은 것은?

① 복도체는 3상 송전선의 1상의 전선을 2본으로 분할한 것이다.
② 2본 이상으로 분할된 도체를 일반적으로 다도체라고 한다.
③ 복도체 또는 다도체를 사용하는 주목적은 코로나 방지에 있다.
④ 복도체의 선로정수는 같은 단면적의 단도체 선로에 비교할 때 변함이 없다.

해 설 ★★★★

복도체(다도체)의 특징
(실기 시험에서도 자주 나오는 내용)
(1) 인덕턴스가 감소한다.
(2) 정전용량이 증가한다.
(3) 송전용량이 증가하여 안정도가 향상된다.
(4) 코로나 임계전압이 증가하여 코로나 발생이 억제된다.

[답] ④

19 부하 전력 W[kW], 전압 V[V], 선로의 왕복선 2ℓ [m], 고유저항 ρ [$\Omega \cdot$mm^2], 역률 100[%]인 단상 2선식 선로에서 선로 손실을 P[W]라 하면 전선의 단면적은 몇 [mm^2]인가?

① $\dfrac{2PV^2 W^2}{\rho \ell} \times 10^6$

② $\dfrac{2\rho \ell W^2}{PV^2} \times 10^6$

③ $\dfrac{\rho \ell^2 W^2}{PV^2} \times 10^5$

④ $\dfrac{\rho \ell W^2}{2PV^2} \times 10^5$

해설 ★★

$P_l = I^2 R = \left(\dfrac{P}{V\cos\theta}\right)^2 \times \rho \dfrac{l}{A}$ [W] 에서,

$A = \dfrac{P^2 \rho l}{P_l V^2 \cos^2\theta}$ 에 문제의 조건을 적용하면,

• $A = \dfrac{W^2 \times 10^6 \rho \times 2l}{PV^2 \times 1} = \dfrac{2\rho l\, W^2}{PV^2} \times 10^6$ [mm^2]

[답] ②

20 어떤 콘덴서 3개를 선간 전압 3,300[V], 주파수 60[Hz]의 선로에 △로 접속하여 60[kVA]가 되도록 하려면 콘덴서 1개의 정전용량은?

① 약 4.88[μF]   ② 약 9.74[μF]
③ 약 14.61[μF]   ④ 약 19.48[μF]

해설 ★★

• $Q = 3\omega CE^2 = 3\omega CV^2$

$\Rightarrow \therefore C = \dfrac{Q}{3\omega V^2}$

$= \dfrac{60{,}000}{3 \times 2\pi \times 60 \times 3{,}300^2}$

$= 4.88 \times 10^{-6}$ [F]

$= 4.88\, [\mu\text{F}]$

[답] ①

2014년 기출문제

제 1 회 전기(공사)산업기사 필기시험

1 공기 예열기를 설치하는 효과로 볼 수 없는 것은?

① 화로의 온도가 높아져 보일러의 증발량이 증가한다.
② 매연의 발생이 적어진다.
③ 보일러 효율이 높아진다.
④ 연소율이 감소한다.

해설 ★

공기 예열기 : 보일러에서 배출된 배기가스의 열을 이용하여 보일러 연소용 공기를 가열시키는 장치
(1) 보일러 연소 효율이 좋아지므로 연소가 잘되므로 매연의 발생이 적다.
(2) 완전 연소가 되므로 보일러 효율이 좋아진다.
(3) 연소가 잘되므로 보일러 화로의 온도가 높아져 증기 증발량이 증가한다.

[답] ④

2 장거리 송전선에서 단위 길이당 임피던스 $Z = R + jwL\,[\Omega/\text{km}]$, 어드미턴스 $Y = G + jwC\,[\mho/\text{km}]$라 할 때 저항과 누설 컨덕턴스를 무시하는 경우 특성 임피던스의 값은?

① $\sqrt{\dfrac{L}{C}}$ ② $\sqrt{\dfrac{C}{L}}$ ③ $\dfrac{L}{C}$ ④ $\dfrac{C}{L}$

해설 ★★★

특성 임피던스 :
$Z_0 = \sqrt{\dfrac{Z}{Y}} = \sqrt{\dfrac{R+j\omega L}{G+j\omega C}} = \sqrt{\dfrac{L}{C}}\,[\Omega]$

[답] ①

3 영상 변류기를 사용하는 계전기는?

① 과전류 계전기 ② 지락 계전기
③ 차동 계전기 ④ 과전압 계전기

해설 ★★★★

영상 변류기(ZCT)는 지락사고 시 영상전류를 검출하여 지락 계전기를 동작시킨다.

[답] ②

4 62,000[kW]의 전력을 60[km] 떨어진 지점에 송전하려면 전압은 약 몇 [kV]로 하면 좋은가? (단, still식을 사용한다.)

① 66 ② 110
③ 140 ④ 154

해설 ★★

$V\,[\text{kV}] = 5.5\sqrt{0.6l + \dfrac{P}{100}}$
$= 5.5\sqrt{0.6 \times 60 + \dfrac{62{,}000}{100}}$
$\fallingdotseq 140\,[\text{kV}]$

[답] ③

5 계통 내의 각 기기, 기구 및 애자 등의 상호 간에 적정한 절연강도를 지니게 함으로써 계통 설계를 합리적으로 하는 것은?

① 기준충격 절연강도
② 절연 협조
③ 절연 계급 선정
④ 보호계전 방식

해 설 ★★★

절연 협조 : 계통에서 발생하는 이상전압으로부터 각 전력기기를 보호하기 위해서 계통 내의 전력기기들의 절연을 합리적, 경제적으로 설계하는 것

[답] ②

6 그림과 같은 배전선로에서 부하의 급전 시와 차단 시에 조작 방법 중 옳은 것은?

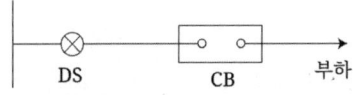

① 급전 시는 DS, CB순이고, 차단 시는 CB, DS순이다.
② 급전 시는 CB, DS순이고, 차단 시는 DS, CB순이다.
③ 급전 및 차단 시 모두 DS, CB순이다.
④ 급전 및 차단 시 모두 CB, DS순이다.

해 설 ★★★★

(1) 단로기의 인터록 동작 :
 • 단로기 내부에 소호장치가 없으므로 차단기가 반드시 열려있어야만 단로기를 조작할 수 있도록 한 안전 장치
(2) 위 인터록 동작에 의하여,
 • (급전 시) 단로기(DS)부터 투입한 후, 차단기(CB)를 투입해야 한다.
 • (차단 시) 차단기(CB)부터 개방한 후, 단로기(DS)를 개방해야 한다.

[답] ①

7 옥내배선의 전압강하는 될 수 있는 대로 적게 해야 하지만 경제성을 고려하여 보통 다음 값 이하로 하고 있다. 옳은 것은?

① 인입선 1[%], 간선 1[%], 분기 회로 2[%]
② 인입선 2[%], 간선 2[%], 분기 회로 1[%]
③ 인입선 1[%], 간선 2[%], 분기 회로 3[%]
④ 인입선 2[%], 간선 1[%], 분기 회로 1[%]

해 설 ★

옥내배선의 전압강하 허용 범위
(1) 인입선 : 1[%] 이하
(2) 간선 : 1[%] 이하
(3) 분기 회로 : 2[%] 이하

[답] ①

8 페란티 현상이 생기는 주된 원인으로 알맞은 것은?

① 선로의 인덕턴스
② 선로의 정전용량
③ 선로의 누설 컨덕턴스
④ 선로의 저항

해 설 ★★★★

페란티 현상
(1) 정의 : 심야의 경부하 시에 수전단 전압이 송전단 전압보다 높아지는 현상
(2) 발생 원인 : 선로의 대지 정전용량에 흐르는 충전 전류(진상 전류)
(3) 대책 : 변전소에서 분로(병렬) 리액터 투입

[답] ②

9 중성점 접지방식 중 1선 지락고장일 때 선로의 전압 상승이 최대이고, 통신 장해가 최소인 것은?

① 비접지방식
② 직접 접지방식
③ 저항 접지방식
④ 소호 리액터 접지방식

해 설 ★★★★

소호 리액터 접지방식 : 지락전류를 최소화하여 전력선 주변의 통신선에 대한 유도장해를 억제시킨 접지방식

[답] ④

10 부하 역률이 $\cos\phi$ 인 배전선로의 저항 손실은 같은 크기의 부하 전력에서 역률 1일 때 저항 손실의 몇 배인가?

① $\cos^2\phi$
② $\cos\phi$
③ $\dfrac{1}{\cos\phi}$
④ $\dfrac{1}{\cos^2\phi}$

해 설 ★★★★

전력 손실은,
$P_l = 3I^2R = 3\left(\dfrac{P}{\sqrt{3}\,V\cos\theta}\right)^2 R = \dfrac{P^2R}{V^2\cos^2\theta}$ [W]

으로서 $P_l \propto \dfrac{1}{\cos^2\theta}$ 의 관계가 있으므로 이를 적용하면,

· $\dfrac{P_{l2}}{P_{l1}} = \left(\dfrac{\cos\theta_1}{\cos\theta_2}\right)^2 = \left(\dfrac{1}{\cos\phi}\right)^2 = \dfrac{1}{\cos^2\phi}$

[답] ④

11 전력용 퓨즈에 대한 설명 중 틀린 것은?

① 정전 용량이 크다.
② 차단 용량이 크다.
③ 보수가 간단하다.
④ 가격이 저렴하다.

해 설 ★★★

전력 퓨즈(PF)
(1) 소형으로서 차단 용량이 매우 커서 단락사고 차단용으로 사용
(2) 구조가 간단하여 보수가 쉽다.
(3) 구조가 간단하여 가격이 저렴한 편이다.
(4) 일시적인 과전류나 과도 전류에 퓨즈가 용단되는 단점이 있다.

[답] ①

12 100[kVA] 단상 변압기 3대로 3상 전력을 공급하던 중 변압기 1대가 고장났을 때 공급 가능 전력은 몇 [kVA]인가?

① 200
② 100
③ 173
④ 150

해 설 ★★

$P_v = \sqrt{3}\,P = \sqrt{3}\times 100 = 173$ [kVA]

[답] ③

13 변압기의 보호 방식에서 차동 계전기는 무엇에 의하여 동작하는가?

① 정상전류와 역상전류의 차로 동작한다.
② 정상전류와 영상전류의 차로 동작한다.
③ 전압과 전류의 배수의 차로 동작한다.
④ 1, 2차 전류의 차로 동작한다.

해 설 ★★

(비율)차동 계전기 : 변압기의 1차와 2차에 차동 회로를 구성하여 계전기를 설치한 보호 계전방식으로서, 변압기 1차와 2차의 차전류에 동작한다.

[답] ④

14 선간전압 3,300[V], 피상전력 330[kVA], 역률 0.7인 3상 부하가 있다. 부하의 역률을 0.85로 개선하는 데 필요한 전력용 콘덴서의 용량은 약 몇 [kVA]인가?

① 62
② 72
③ 82
④ 92

해설 ★★★★

$$Q_c = P(\tan\theta_1 - \tan\theta_2)$$
$$= (330 \times 0.7) \times \left(\frac{\sqrt{1-0.7^2}}{0.7} - \frac{\sqrt{1-0.85^2}}{0.85}\right)$$
$$\fallingdotseq 92[kVA]$$

[답] ④

15 철탑에서 전선의 오프셋을 주는 이유로 옳은 것은?

① 불평형 전압의 유도 방지
② 상하 전선의 접촉 방지
③ 전선의 진동 방지
④ 지락사고 방지

해설 ★★

철탑의 오프셋 : 전선에 붙어 있던 착빙설이 온도 상승 시 갑자기 탈락하면 그 반동력으로 위로 튀어오르면서 전선의 상간단락 사고를 일으키는데 이를 방지하기 위해서 철탑 암의 길이를 서로 틀리게 하는 것

[답] ②

16 3상 송배전 선로의 공칭전압이란?

① 그 전선로를 대표하는 최고전압
② 그 전선로를 대표하는 평균전압
③ 그 전선로를 대표하는 선간전압
④ 그 전선로를 대표하는 상전압

해설 ★★

공칭전압 : 송·배전 선로를 전부하 상태에서 송전단 측에서의 선간전압 (예 : 22.9[kV], 154[kV], 345[kV], 765[kV] 모두 공칭전압이다.)

[답] ③

17 무손실 송전선로에서 송전할 수 있는 송전용량은? (단, E_S : 송전단 전압, E_R : 수전단 전압, δ : 부하각, X : 송전선로의 리액턴스, R : 송전선로의 저항, Y : 송전선로의 어드미턴스이다.)

① $\dfrac{E_S E_R}{X} \sin\delta$
② $\dfrac{E_S E_R}{R} \sin\delta$
③ $\dfrac{E_S E_R}{Y} \cos\delta$
④ $\dfrac{E_S E_R}{X} \cos\delta$

해설 ★★

송전용량 계산식 : • $P = \dfrac{E_S E_R}{X} \sin\delta$ [MW]

[답] ①

18 부하 측에 밸런스를 필요로 하는 배전 방식은?

① 3상 3선식
② 3상 4선식
③ 단상 2선식
④ 단상 3선식

해설 ★★

밸런서 : 단상 3선식 배전선로에서 부하의 불평형에 의한 배전 말단의 전압 불균형을 완화시키기 위한 단권 변압기의 일종

[답] ④

19 345[kV] 송전계통의 절연 협조에서 충격 절연내력의 크기순으로 나열한 것은?

① 선로애자 > 차단기 > 변압기 > 피뢰기
② 선로애자 > 변압기 > 차단기 > 피뢰기
③ 변압기 > 차단기 > 선로애자 > 피뢰기
④ 변압기 > 선로애자 > 차단기 > 피뢰기

해설 ★★★★

절연내력이 큰 순서 : 선로애자 → 차단기, 단로기 → 변압기 → 피뢰기의 제한전압

[답] ①

20 3상 66[kV]의 1회선 송전선로의 1선 리액턴스가 11[Ω], 정격전류가 600[A]일 때 % 리액턴스는?

① $\dfrac{10}{\sqrt{3}}$ ② $\dfrac{100}{\sqrt{3}}$

③ $10\sqrt{3}$ ④ $100\sqrt{3}$

해 설 ★★★

$$\%X = \dfrac{PX}{10\,V^2} = \dfrac{\sqrt{3}\,VIX}{10\,V^2}$$

$$= \dfrac{\sqrt{3}\times 66 \times 600 \times 11}{10\times 66^2}$$

$$= 10\sqrt{3}\,[\%]$$

[답] ③

제 2 회 전기(공사)산업기사 필기시험

1 선로의 단락 보호용으로 사용되는 계전기는?

① 접지 계전기 ② 역상 계전기
③ 재폐로 계전기 ④ 거리 계전기

해설 ★★★

거리 계전기 : 주로 송전선로의 단락사고나 지락사고 보호용 계전기

[답] ④

2 송전계통의 중성점을 직접 접지하는 목적과 관계없는 것은?

① 고장전류 크기의 억제
② 이상전압 발생의 방지
③ 보호 계전기의 신속 정확한 동작
④ 전선로 및 기기의 절연 레벨을 경감

해설 ★★★★

직접 접지방식의 특징
(1) 1선 지락전류가 커서 보호 계전기의 동작이 확실하다.
(2) 이상전압이 낮아 변압기의 단절연과 계통의 저감 절연이 가능하다.
(3) 지락전류가 커서 통신선에 대한 유도장해 영향이 크다.
(4) 보호 계전기 동작이 빈번하여 차단기 동작 횟수의 증가로 안정도가 나빠진다.

[답] ①

3 옥내배선의 보호 방법이 아닌 것은?

① 과전류 보호 ② 지락 보호
③ 전압강하 보호 ④ 절연 접지 보호

해설 ★

전압강하 보호라는 말 자체가 없다. (전압강하는 감소시키는 대책만 존재한다.)

[답] ③

4 송전선로에 근접한 통신선에 유도장해가 발생하였다. 전자유도의 원인은?

① 역상 전압 ② 정상 전압
③ 정상 전류 ④ 영상 전류

해설 ★★★★

(1) 정전 유도장해 : 전력선과 통신선 간의 상호 정전용량 때문에 발생하는 영상전압
(2) 전자 유도장해 : 전력선과 통신선 간의 상호 인덕턴스 때문에 발생하는 영상전류

[답] ④

5 배전선로 개폐기 중 반드시 차단기능이 있는 후비 보호 장치와 직렬로 설치하여 고장 구간을 분리시키는 개폐기는?

① 컷아웃 스위치 ② 부하 개폐기
③ 리클로저 ④ 섹셔널라이저

해설 ★★

배전선로 보호장치 설치 순서
• 리클로저 → 섹셔널라이저 → 라인 퓨즈
(섹셔널라이저는 차단 기능이 없으므로 반드시 리클로저와 직렬로 설치)

[답] ④

6 가공 송전선에 사용되는 애자 1연 중 전압 부담이 최대인 애자는?

① 철탑에 제일 가까운 애자
② 전선에 제일 가까운 애자
③ 중앙에 있는 애자
④ 전선으로부터 1/4 지점에 있는 애자

해 설 ★★★

154[kV] 선로에서 250[mm] 현수애자 10개를 1련 사용 시 전압 분담
(1) 전압이 가장 크게 걸리는 애자 : 전선에서 가까운 1번째 애자
(2) 전압이 가장 적게 걸리는 애자 : 전선에서 8번째 애자 (철탑에서 3번째 애자)

[답] ②

7 다음은 무엇을 결정할 때 사용되는 식인가? (단, ℓ 은 송전거리[km]이고, P는 송전 전력[kW]이다.)

$$5.5\sqrt{0.6\ell + \frac{P}{100}}$$

① 송전전압
② 송전선의 굵기
③ 역률개선 시 콘덴서의 용량
④ 발전소의 발전전압

해 설 ★★

문제에 주어진 계산식은 A-Still의 식으로서, 송전 선로의 가장 경제적인 전압을 구하는 식이다.

[답] ①

8 자가용 변전소의 1차 측 차단기의 용량을 결정할 때 가장 밀접한 관계가 있는 것은?

① 부하설비 용량
② 공급 측의 단락 용량
③ 부하의 부하율
④ 수전 계약 용량

해 설 ★★

차단기 용량 $P_s = \frac{100}{\%Z}P_n$ 에서 $\%Z$ 값은 전원 측 (공급 측)에서 고장점까지의 합성 % 임피던스이다.

[답] ②

9 일반적으로 수용가 상호 간, 배전 변압기 상호 간, 급전선 상호 간 또는 변전소 상호 간에서 각각의 최대 부하는 그 발생 시각이 약간씩 다르다. 따라서 각각의 최대 수요 전력의 합계는 그 군의 종합 최대 수요 전력보다도 큰 것이 보통이다. 이 최대 전력의 발생 시각 또는 발생 시기의 분산을 나타내는 지표는?

① 전일 효율
② 부등률
③ 부하율
④ 수용률

해 설 ★★

부등률 = $\frac{\text{각 수용가의 최대수용전력의 합}}{\text{합성 최대수용전력}}$ 은 최대 전력의 발생 시각 또는 발생 시기의 분산을 나타내는 지표로서 사용된다.

[답] ②

10 다음 중 SF_6 가스 차단기의 특징이 아닌 것은?

① 밀폐 구조로 소음이 작다.
② 근거리 고장 등 가혹한 재기 전압에 대해서도 우수하다.
③ 아크에 의해 SF_6 가스가 분해되며 유독가스를 발생시킨다.
④ SF_6 가스의 소호 능력은 공기의 100~200배이다.

해 설 ★★★

SF_6 가스의 특징
(1) 소호 능력이 공기에 비해서 매우 크다.
(2) 가스의 절연 성능이 우수하여 전력기기를 밀폐구조로 소형화 가능
(3) 무색, 무독성 가스이다.
(4) 가혹한 아크 사고 등에도 절연 성능 저하가 적다.

[답] ③

11 3상 3선식에서 전선의 선간 거리가 각각 1[m], 2[m], 4[m]로 삼각형으로 배치되어 있을 때 등가 선간 거리는 몇 [m]인가?

① 1   ② 2   ③ 3   ④ 4

해 설 ★★

$D_e = \sqrt[3]{D_1 D_2 D_3} = \sqrt[3]{1 \times 2 \times 4} = 2[m]$

[답] ②

12 원자로 내에서 발생한 열 에너지를 외부로 끄집어내기 위한 열매체를 무엇이라고 하는가?

① 반사체   ② 감속재
③ 냉각재   ④ 제어봉

해 설 ★

냉각재 : 원자로에서 핵분열 결과 발생한 막대한 열 에너지를 외부로 끄집어내기 위한 열전달 매체로서, 주로 경수(H_2O)나 중수(D_2O)를 사용한다.

[답] ③

13 송전선로에 복도체를 사용하는 가장 주된 목적은?

① 건설비를 절감하기 위하여
② 진동을 방지하기 위하여
③ 전선의 이도를 주기 위하여
④ 코로나를 방지하기 위하여

해 설 ★★★★

복도체
(1) 선로의 인덕턴스 감소
(2) 선로의 작용 정전용량 증가
(3) 리액턴스 감소로 송전용량 증대 및 계통 안정도 향상
(4) 코로나 임계전압을 높여서 코로나 발생 방지 (가장 주된 복도체 사용 목적)

[답] ④

14 선로 임피던스 Z, 송수전단 양쪽에 어드미턴스 Y인 π형 회로의 4단자 정수에서 B의 값은?

① Y ② Z
③ $1 + \dfrac{ZY}{2}$ ④ $Y(1 + \dfrac{ZY}{4})$

해 설 ★★★

중거리 π형 회로의 송전단 전압, 전류 식 :
• $E_s = \left(1 + \dfrac{ZY}{2}\right)E_r + ZI_r$
• $I_s = Y\left(1 + \dfrac{ZY}{4}\right)E_r + \left(1 + \dfrac{ZY}{2}\right)I_r$ 에서,
B 정수에 해당하는 값은, • $B = Z$

[답] ②

15 수전단 전압이 송전단 전압보다 높아지는 현상을 무엇이라 하는가?

① 옵티마 현상 ② 자기 여자 현상
③ 페란티 현상 ④ 동기화 현상

해설 ★★★

페란티 현상 : 심야의 경부하 시에 대지 정전용량에 의한 진상전류의 영향으로 수전단 전압이 송전단 전압보다 높아지는 현상 (방지 대책 : 분로 리액터 투입)

[답] ③

16 출력 20[kW]의 전동기로서 총양정 10[m], 펌프 효율 0.75일 때 양수량은 몇 [m³/min]인가?

① 9.18 ② 9.85
③ 10.31 ④ 11.02

해설 ★

$P = \dfrac{9.8QH}{\eta}$ [kW] 에서,

- $Q = \dfrac{P\eta}{9.8H} = \dfrac{20 \times 0.75}{9.8 \times 10}$

  $= 0.153 [\text{m}^3/\text{sec}]$

  $= 0.153 \times 60 [\text{m}^3/\text{min}] = 9.18 [\text{m}^3/\text{min}]$

[답] ①

17 전압이 일정값 이하로 되었을 때 동작하는 것으로서 단락 시 고장 검출용으로도 사용되는 계전기는?

① OVR ② OVGR
③ NSR ④ UVR

해설 ★★

부족전압 계전기(UVR) : 전압이 정해놓은 일정값 이하로 저하하였을 경우에 동작하는 계전기

[답] ④

18 취수구에 제수문을 설치하는 목적은?

① 모래를 배제한다.
② 홍수위를 낮춘다.
③ 유량을 조절한다.
④ 낙차를 높인다.

해설 ★★

제수문 : 취수구에 설치하여 유량의 과·부족을 조절한다.

[답] ③

19 송전단 전압 161[kV], 수전단 전압 154[kV], 상차각 45°, 리액턴스 14.14[Ω]일 때, 선로 손실을 무시하면 전송 전력은 약 몇 [MW]인가?

① 1,753 ② 1,518
③ 1,240 ④ 877

해설 ★★

$P = \dfrac{V_s V_r}{X} \sin\theta$

$= \dfrac{161 \times 154}{14.14} \times \sin 45° = 1,240 [\text{MW}]$

[답] ③

20 연가를 하는 주된 목적에 해당되는 것은?

① 선로정수를 평형시키기 위하여
② 단락사고를 방지하기 위하여
③ 대전력을 수송하기 위하여
④ 페란티 현상을 줄이기 위하여

해설 ★★★

연가 효과
(1) 선로정수의 평형
(2) 통신선에 대한 정전 유도장해 감소
(3) 중성점 잔류전압의 감소
(4) 직렬공진 방지

[답] ①

제 4 회 전기공사산업기사 필기시험

1 송전계통에서 1선 지락고장 시 인접 통신선의 유도장해가 가장 큰 중성점 접지방식은?

① 비접지방식
② 고저항 접지방식
③ 직접 접지방식
④ 소호 리액터 접지방식

해 설 ★★★★

직접 접지방식
(1) 지락사고 시 지락전류가 커서 보호 계전기 동작이 확실하다.
(2) 지락사고 시 건전상의 이상전압이 낮아서 단절연 및 저감절연이 가능하다.
(3) 지락전류가 커서 정전횟수가 많아 과도 안정도가 나쁘다.
(4) 지락전류가 커서 전력선 근처의 통신선에 유도장해가 심하다.

[답] ③

2 저압 뱅킹 배전방식에서 캐스케이딩(cascading) 현상이란?

① 전압 동요가 적은 현상
② 변압기의 부하 분배가 균일하지 못한 현상
③ 저압선의 고장에 의하여 건전한 변압기의 일부 또는 전부가 차단되는 현상
④ 저압선이나 변압기에 고장이 생기면 자동적으로 고장이 제거되는 현상

해 설 ★★★

캐스케이딩 : 저압 뱅킹 방식에서 어느 한 곳의 사고로 인하여 다른 건전한 변압기나 배전선로에 사고가 확대되는 현상

[답] ③

3 복도체를 사용하면 송전 용량이 증가하는 주된 이유로 알맞은 것은?

① 코로나가 발생하지 않는다.
② 전압강하가 적어진다.
③ 선로의 작용 인덕턴스는 감소하고 작용 정전용량이 증가한다.
④ 무효전력이 적어진다.

해 설 ★★★

복도체를 사용하면 선로의 작용 인덕턴스는 감소하므로 이에 따라
선로의 유도성 리액턴스 ($X_L = 2\pi fL$)도 감소하여
송전용량($P = \dfrac{V_s V_r}{X} \sin\theta$)은 반비례하여 증가하게 된다.

[답] ③

4 다음 중 보일러에서 흡수 열량이 가장 큰 것은?

① 수냉벽   ② 과열기
③ 절탄기   ④ 공기 예열기

해 설 ★★

화력 발전소에서 가장 흡수 열량이 가장 큰 장치는 보일러 내의 수냉벽이다.

[답] ①

5 3상 3선식 가공 송전선로가 있다. 전선 한 가닥의 저항은 15[Ω], 리액턴스는 20[Ω]이고 수전단의 선간전압은 30[kV], 부하역률은 0.8(늦음)이다. 전압 강하율을 5[%]로 하면 이 송전선로로 몇 [kW]까지 수전할 수 있는가?

① 1,000 ② 1,500
③ 2,000 ④ 2,500

해 설 ★★

(1) 전압 강하율 5[%]에서 송전단 전압을 구하면,
- $\varepsilon = 0.05 = \dfrac{V_s - 30{,}000}{30{,}000}$

  $\Rightarrow \therefore V_s = 0.05 \times 30{,}000 + 30{,}000$

  $= 31{,}500 [V]$

(2) 전압 강하로부터 전류를 구하면,
- $e = \sqrt{3}\,I(R\cos\theta + X\sin\theta)$

  $\Rightarrow \therefore I = \dfrac{V_s - V_r}{\sqrt{3}(R\cos\theta + X\sin\theta)}$

  $= \dfrac{31{,}500 - 30{,}000}{\sqrt{3}(15 \times 0.8 + 20 \times 0.6)}$

  $= 36.08 [A]$

(3) 따라서, 수전 전력은,
- $P_r = \sqrt{3}\,V_r I\cos\theta$

  $= \sqrt{3} \times 30 \times 36.08 \times 0.8 = 1{,}500 [W]$

[답] ②

6 연가를 하는 주된 목적으로 옳은 것은?

① 선로정수의 평형
② 유도뢰의 방지
③ 계전기의 확실한 동작의 확보
④ 전선의 절약

해 설 ★★★★

연가 효과
(1) 선로정수의 평형
(2) 통신선에 대한 정전 유도장해 감소
(3) 중성점 잔류전압의 감소
(4) 직렬공진 방지

[답] ①

7 초고압용 차단기에 사용되는 개폐 저항기의 목적은?

① 차단속도 증진
② 차단전류 감소
③ 차단전류의 역률 개선
④ 개폐서지 이상전압 억제

해 설 ★★★

개폐 저항기 : 차단기와 병렬로 설치되는 (개폐기+저항)으로서 차단기 차단 시 발생하는 개폐서지 이상전압을 억제시킨다.

[답] ④

8 최대 수용전력의 합계와 합성 최대 수용전력의 비를 나타내는 계수는?

① 부하율 ② 수용률
③ 부등률 ④ 보상률

해 설 ★★

부등률 = $\dfrac{\text{각 수용가의 최대 수용전력의 합}}{\text{합성 최대 수용 전력}}$ 은 최대 전력의 발생 시각 또는 발생 시기의 분산을 나타내는 지표로서 사용된다.

[답] ③

9 가공지선에 대한 설명으로 틀린 것은?

① 직격뢰에 대해서는 특히 유효하며 전선 상부에 시설하므로 뇌는 주로 가공지선에 내습한다.
② 가공지선은 강연선, ACSR 등이 사용된다.
③ 차폐효과를 높이기 위하여 도전성이 좋은 전선을 사용한다.
④ 가공지선은 전선의 차폐 및 진행파의 파고값을 증폭시키기 위해서이다.

해 설 ★★

가공지선
(1) 철탑의 최상부에 설치되어 직격뢰로부터 전력선을 보호한다.
(2) 가공지선은 보통 ACSR 전선이나 강연선을 사용한다.
(3) 가공지선의 차폐각이 작을수록 차폐 효율이 좋아진다.

[답] ④

10 연간 최대 전류 200[A], 배전거리 10[km]의 말단에 집중 부하를 가진 6.6[kV], 3상 3선식 배전선로가 있다. 이 선로의 연간 손실 전력량은 약 몇 [MWh]인가? (단, 부하율 $F = 0.6$, 손실계수 $H = 0.3F + 0.7F^2$이고, 전선의 저항은 0.25[Ω/km]이다.)

① 685   ② 1,135
③ 1,585   ④ 1,825

해 설 ★

(1) 우선, 손실계수 H 값을 구해보면,
• $H = 0.3F + 0.7F^2$
$= 0.3 \times 0.6 + 0.7 \times 0.6^2 = 0.432$
(2) 따라서, 연간 손실 전력량은,
• $W = 3I^2RT \times H$
$= 3 \times 200^2 \times 0.25 \times 10 \times 365 \times 24 \times 0.432$
$= 1,135 \times 10^6 [Wh] = 1,135 [MWh]$

[답] ②

11 제5고조파를 제거하기 위하여 전력용 콘덴서 용량의 몇 [%]에 해당하는 직렬 리액터를 설치하는가?

① 2~3   ② 5~6
③ 7~8   ④ 9~10

해 설 ★★★

직렬 리액터 : 제5고조파를 제거 목적
(1) 이론상 : 콘덴서 용량의 4[%] 리액터 설치
(2) 실제상 : 콘덴서 용량의 5~6[%] 리액터 설치

[답] ②

12 영상 변류기를 사용하는 계전기는?

① 차동 계전기   ② 접지 계전기
③ 과전압 계전기   ④ 과전류 계전기

해 설 ★★★★

영상 변류기(ZCT) : 지락사고 시 지락전류(영상전류)를 검출하여 지락(접지) 계전기를 동작시킨다.

[답] ②

13 단위 길이당 인덕턴스 및 커패시턴스가 각각 L 및 C일 때 장거리 전송선로의 특성 임피던스는?

① $\dfrac{L}{C}$ ② $\dfrac{C}{L}$
③ $\sqrt{\dfrac{C}{L}}$ ④ $\sqrt{\dfrac{L}{C}}$

해 설 ★★

특성 임피던스 $Z_0 = \sqrt{\dfrac{Z}{Y}} = \sqrt{\dfrac{R+j\omega L}{G+j\omega C}}$
$= \sqrt{\dfrac{L}{C}} [\Omega]$

[답] ④

14 수압 철관의 안지름이 4[m]인 곳에서의 유속이 4[m/s]이었다. 안지름이 3.5[m]인 곳에서의 유속은 약 몇 [m/s]인가?

① 4.2   ② 5.2
③ 6.2   ④ 7.2

해설 ★

연속의 원리에 의하여,
- $Q_1 = Q_2 \Rightarrow \therefore A_1 v_1 = A_2 v_2$
- $v_2 = v_1 \dfrac{A_1}{A_2} = 4 \times \dfrac{\frac{\pi}{4} \times 4^2}{\frac{\pi}{4} \times 3.5^2} \fallingdotseq 5.2\,[\text{m/s}]$

[답] ②

---

15 현수 애자 4개를 1련으로 한 66[kV] 송전선로가 있다. 현수애자 1개의 절연저항은 1,500[MΩ], 이 선로의 경간이 200[m]라면 선로 1[km]당의 누설 컨덕턴스는 몇 [℧]인가?

① 0.83×10^{-9} ② 0.83×10^{-6}
③ 0.83×10^{-3} ④ 0.83×10^{-2}

해설 ★★

(1) 현수애자 1련의 합성저항은,
 $4 \times 1,500 = 6,000\,[\text{M}\Omega] = 6,000 \times 10^6\,[\Omega]$
(2) 표준 경간이 200[m]이므로,
 1[km] 즉, 1,000[m]에서의 경간은 애자 5련을 병렬로 설치하여야 하므로 애자의 총 합성 저항은,
 - $R = \dfrac{6,000 \times 10^6}{5} = 1.2 \times 10^9\,[\Omega]$
(3) 따라서, 누설 컨덕턴스는,
 - $G = \dfrac{1}{R} = \dfrac{1}{1.2 \times 10^9} = 0.83 \times 10^{-9}\,[\text{℧}]$

[답] ①

---

16 3상 3선식에서 일정한 거리에 일정한 전력을 송전할 경우 선로에서의 저항손은?

① 선간전압에 비례한다.
② 선간전압에 반비례한다.
③ 선간전압의 2승에 비례한다.
④ 선간전압의 2승에 반비례한다.

해설 ★★★

전력 손실은,
$$P_l = 3I^2 R = 3\left(\dfrac{P}{\sqrt{3}\,V\cos\theta}\right)^2 R = \dfrac{P^2 R}{V^2 \cos^2\theta}\,[\text{W}]$$
으로서 $P_l \propto \dfrac{1}{V^2}$ 의 관계

[답] ④

---

17 3상 3선식 송전선에서 바깥 지름 20[mm]의 경동 연선을 2[m] 간격으로 일직선 수평 배치로 하여 연가를 했을 때, 인덕턴스는 약 몇 [mH/km]인가?

① 1.16   ② 1.32
③ 1.48   ④ 1.64

해설 ★★★

$$L = 0.05 + 0.4605 \log_{10} \dfrac{D}{r}$$
$$= 0.05 + 0.4605 \log_{10} \dfrac{2}{10 \times 10^{-3}}$$
$$= 1.16\,[\text{mH/km}]$$

[답] ①

18 송배전 선로에 사용하는 직렬 콘덴서에 대한 설명으로 옳은 것은?

① 최대 송전전력이 감소하고 정태 안정도가 감소된다.
② 부하의 변동에 따른 수전단의 전압변동률은 증대된다.
③ 장거리 선로의 유도 리액턴스를 보상하고 전압강하를 감소시킨다.
④ 송·수 양단의 전달 임피던스가 증가하고 안정 극한 전력이 감소한다.

해설 ★★

선로에 직렬 콘덴서를 설치하면, 송전선로의 유도성 리액턴스가 감소하고, 이에 따라 송전 전력이 증가하여 계통의 안정도는 향상된다.

[답] ③

19 변전소에 분로 리액터를 설치하는 주된 목적은?

① 진상 무효전력 보상
② 전압강하 방지
③ 전력손실 경감
④ 잔류전하 방지

해설 ★★★

분로 리액터 : 계통에 지상 무효전력을 공급하여 진상 무효전력을 감소시켜서 계통의 전압 상승을 줄여준다. (페란티 현상 방지)

[답] ①

20 차단기의 정격 투입전류란 투입되는 전류의 최초 주파의 어느 값을 말하는가?

① 평균값   ② 최대값
③ 실효값   ④ 순시값

해설 ★★★

차단기의 정격 투입전류 : 차단기의 투입 전류의 최초 주파수의 최대값으로 표시되며, 크기는 정격 차단 전류(실효값)의 2.5배를 표준으로 한다.

[답] ②

• 전기공사산업기사 필기 　전력공학

2015년 기출문제

제 1 회　　전기(공사)산업기사 필기시험

1 뇌해 방지와 관계가 없는 것은?

① 매설 지선　② 가공 지선
③ 소호각　　④ 댐퍼

해 설 ★★

직격뢰로부터 전력선을 보호하는 뇌해 방지 장치
(1) 가공 지선　(2) 매설 지선　(3) 소호각

[답] ④

2 선로 임피던스가 Z인 단상 단거리 송전선로의 4단자 정수는?

① $A = Z, B = Z, C = 0, D = 1$
② $A = 1, B = 0, C = Z, D = 1$
③ $A = 1, B = Z, C = 0, D = 1$
④ $A = 0, B = 1, C = Z, D = 0$

해 설 ★★

(1) 직렬 임피던스 회로 :
$\begin{bmatrix} A & B \\ C & D \end{bmatrix} = \begin{bmatrix} 1 & Z \\ 0 & 1 \end{bmatrix}$

(2) 병렬 어드미턴스 회로 :
$\begin{bmatrix} A & B \\ C & D \end{bmatrix} = \begin{bmatrix} 1 & 0 \\ Y & 1 \end{bmatrix}$

[답] ③

3 송전선로의 안정도 향상 대책이 아닌 것은?

① 병행 다회선이나 복도체 방식 채용
② 계통의 직렬 리액턴스 증가
③ 속응 여자 방식 채용
④ 고속도 차단기 이용

해 설 ★★★★★

안정도 향상 대책
(실기 시험에서도 자주 나오는 내용)
(1) 발전기나 변압기의 리액턴스 감소
(2) 직렬 콘덴서 설치
(3) 복도체 또는 다도체 채용
(4) 선로의 병행 회선수 증가
(5) 발전기의 속응 여자 방식 채용
(6) 발전기에 전기식 조속기 설치
(7) 중간 조상방식 채용
(8) 계통 연계
(9) 고장 구간을 신속히 차단
(10) 고저항 접지나 소호 리액터 방식 채용
(11) 고속도 계전기, 고속도 차단기 설치
(12) 고속도 재폐로 방식 채용

[답] ②

4 저압 뱅킹 방식에 대한 설명으로 틀린 것은?

① 전압 동요가 적다.
② 캐스케이딩 현상에 의해 고장 확대가 축소된다.
③ 부하 증가에 대해 융통성이 좋다.
④ 고장 보호 방식이 적당할 때 공급 신뢰도는 향상된다.

해설 ★★

저압 뱅킹 방식의 최대의 단점은 캐스케이딩 장해이다. (캐스케이딩 : 선로 어느 한 곳의 사고로 인하여 다른 건전한 변압기와 배전선로에 사고가 확대되는 현상)

[답] ②

5 리클로저에 대한 설명으로 가장 옳은 것은?

① 배전선로용은 고장 구간을 고속 차단하여 제거한 후 다시 수동 조작에 의해 배전이 되도록 설계된 것이다.
② 재폐로 계전기와 함께 설치하여 계전기가 고장을 검출하고 이를 차단기에 통보, 차단하도록 된 것이다.
③ 3상 재폐로 차단기는 1상의 차단이 가능하고 무전압 시간을 약 20~30초로 정하여 재폐로 하도록 되어있다.
④ 배전선로의 고장 구간을 고속 차단하고 재송전하는 조작을 자동적으로 시행하는 재폐로 차단장치를 장비한 자동 차단기이다.

해설 ★★

리클로저 : 배전선로 보호용 차단기로서, 고장 발생 시 즉시 차단한 후, 사고 제거 후 다시 재투입하는 동작을 자동적으로 행하는 재폐로 차단기

[답] ④

6 원자력 발전소와 화력 발전소의 특성을 비교한 것 중 틀린 것은?

① 원자력 발전소는 화력 발전소의 보일러 대신 원자로와 열 교환기를 사용한다.
② 원자력 발전소의 건설비는 화력 발전소에 비해 싸다.
③ 동일 출력일 경우 원자력 발전소의 터빈이나 복수기가 화력 발전소에 비하여 대형이다.
④ 원자력 발전소는 방사능에 대한 차폐 시설물의 투자가 필요하다.

해설 ★

원자력 발전소
(1) 화력 발전소의 보일러 대신 원자로를 설치하여, 연료를 우라늄을 사용한다.
(2) 화력 발전소의 공사비보다 훨씬 많은 공사 비용이 필요하다.
(3) 같은 발전 출력에서 화력 발전소보다 터빈이나 복수기 등 설비들의 크기가 크다.
(4) 방사능에 대한 철저한 차폐가 중요해진다.

[답] ②

7 송전선로에서 역섬락을 방지하는 가장 유효한 방법은?

① 피뢰기를 설치한다.
② 가공지선을 설치한다.
③ 소호각을 설치한다.
④ 탑각 접지저항을 작게 한다.

해설 ★★★

매설 지선 : 가공지선의 접지저항 값이 크면 직격뢰가 애자를 통하여 전력선으로 방전하는 역섬락 사고가 발생하므로 매설 지선으로 접지저항 값을 줄여 역섬락을 방지한다.

[답] ④

8 우리나라의 특고압 배전 방식으로 가장 많이 사용되고 있는 것은?

① 단상 2선식　② 단상 3선식
③ 3상 3선식　④ 3상 4선식

해 설 ★★★

(1) 송전 선로 : 3상 3선식 직접접지 방식 채용
(2) 배전 선로 : 3상 4선식 다중접지 방식 채용

[답] ④

9 양 지지점의 높이가 같은 전선의 이도를 구하는 식은? (단, 이도는 D[m], 수평 장력은 T[kg], 전선의 무게는 W[kg/m], 경간은 S[m]이다.)

① $D = \dfrac{WS^2}{8T}$　② $D = \dfrac{SW^2}{8T}$

③ $D = \dfrac{8WT}{S^2}$　④ $D = \dfrac{ST^2}{8W}$

해 설 ★★★

이도 : 전선의 수평에서 밑으로 내려온 부분
- $D = \dfrac{WS^2}{8T}$ [m]

[답] ①

10 배전선로의 역률 개선에 따른 효과로 적합하지 않은 것은?

① 전원 측 설비의 이용률 향상
② 선로 절연에 요하는 비용 절감
③ 전압강하 감소
④ 선로의 전력손실 경감

해 설 ★★★★

역률개선 시 효과
(1) 전력손실 감소
(2) 전압 강하, 전압 변동률 감소
(3) 설비 이용률 향상
(4) 전기 요금 절약

[답] ②

11 발전기의 정태 안정 극한전력이란?

① 부하가 서서히 증가할 때의 극한전력
② 부하가 갑자기 크게 변동할 때의 극한전력
③ 부하가 갑자기 사고가 났을 때의 극한전력
④ 부하가 변하지 않을 때의 극한전력

해 설 ★★

정태 안정 극한전력 : 전력계통의 정상운전 시 부하가 서서히 증가할 때의 최대 송전전력

[답] ①

12 유역 면적 80[km²], 유효 낙차 30[m], 연간 강우량 1,500[mm]의 수력 발전소에서 그 강우량의 70[%]만 이용하면 연간 발전 전력량은 몇 [kWh]인가? (단, 종합 효율은 80[%]이다.)

① 5.49×10^7　② 1.98×10^7
③ 5.49×10^6　④ 1.98×10^6

해 설 ★

$$W = 9.8 QH\eta \times T$$
$$= 9.8 \times \left(\dfrac{80 \times 10^6 \times 1,500 \times 10^{-3}}{365 \times 24 \times 60 \times 60} \times 0.7 \right)$$
$$\times 30 \times 0.8 \times 365 \times 24$$
$$= 5.49 \times 10^6 [\text{kWh}]$$

[답] ③

13 낙차 350[m], 회전수 600[rpm]인 수차를 325[m]의 낙차에서 사용할 때의 회전수는 약 몇 [rpm]인가?

① 500　　② 560
③ 580　　④ 600

해설 ★

(1) 낙차 변화에 따른 수력 발전소 특성 변화 :
- 회전수 : $\dfrac{N_2}{N_1} = \left(\dfrac{H_2}{H_1}\right)^{\frac{1}{2}}$
- 유량 : $\dfrac{Q_2}{Q_1} = \left(\dfrac{H_2}{H_1}\right)^{\frac{1}{2}}$
- 출력 : $\dfrac{P_2}{P_1} = \left(\dfrac{H_2}{H_1}\right)^{\frac{3}{2}}$

(2) 따라서, 문제의 조건을 대입하며,
- 회전수 변화 :

$N_2 = N_1 \left(\dfrac{H_2}{H_1}\right)^{\frac{1}{2}}$

$= 600 \times \left(\dfrac{325}{350}\right)^{\frac{1}{2}} \fallingdotseq 580[\text{rpm}]$

[답] ③

14 가공 송전선의 코로나를 고려할 때 표준 상태에서 공기의 절연 내력이 파괴되는 최소 전위경도는 정현파 교류의 실효값으로 약 몇 [kV/cm] 정도인가?

① 6　　② 11
③ 21　　④ 31

해설 ★★

공기의 파열 극한 전위경도
(1) 직류 : 30[kV/cm]
(2) 교류 : 21[kV/cm] (실효값)

[답] ③

15 차단기의 개폐에 의한 이상전압의 크기는 대부분의 경우 송전선 대지 전압의 최고 몇 배 정도인가?

① 2배　② 4배　③ 6배　④ 8배

해설 ★★

차단기 개폐 시 이상전압 중에서 가장 큰 경우는 무부하 송전선로를 개방할 경우로서, 그 값은 평상 시 송전선로의 상전압(대지 전압)의 4배 정도이다.

[답] ②

16 선로의 작용 정전용량 0.008[μF/km], 선로 길이 100[km], 상전압 37,000[V]이고 주파수 60[Hz]일 때 한 상에 흐르는 충전 전류는 약 몇 [A]인가?

① 6.7　　② 8.7
③ 11.2　　④ 14.2

해설 ★★★

$I_c = \omega C E$

$= 2\pi \times 60 \times 0.008 \times 10^{-6} \times 100 \times 37{,}000$

$= 11.2[\text{A}]$

[답] ③

17 송전선로의 단락보호 계전방식이 아닌 것은?

① 과전류 계전방식
② 방향단락 계전방식
③ 거리 계전방식
④ 과전압 계전방식

해설 ★★

송전선로의 단락사고 보호 방식의 종류
(1) 과전류 계전방식
(2) 방향단락 계전방식
(3) 거리 계전방식

[답] ④

18 동일 전력을 동일 선간전압, 동일 역률로 동일 거리에 보낼 때 사용하는 전선의 총 중량이 같으면, 단상 2선식과 3상 3선식의 전력 손실비(3상 3선식/단상 2선식)는?

① $\frac{1}{3}$ ② $\frac{1}{2}$ ③ $\frac{3}{4}$ ④ 1

> **해 설** ★★★
>
> (1) 배전 방식별 전력 손실 비교
> (전선의 총 중량이 같은 조건)
> - 단상 2선식 : 1 (기준)
> - 단상 3선식 : 3/8 (0.375)
> - 3상 3선식 : 3/4 (0.75)
> - 3상 4선식 : 1/3 (0.33)
>
> (2) 따라서,
> 단상 2선식과 3상 3선식의 전력 손실비는,
>
> - $\dfrac{3\varnothing 3W}{1\varnothing 2W} = \dfrac{\frac{3}{4}}{1} = \dfrac{3}{4}$
>
> [답] ③

19 정정된 값 이상의 전류가 흘러 보호 계전기가 동작할 때 동작 전류가 낮은 구간에서는 동작 전류의 증가에 따라 동작 시간이 짧아지고, 그 이상이면 동작 전류의 크기에 관계없이 일정한 시간에서 동작하는 특성을 무슨 특성이라 하는가?

① 정한시 특성
② 반한시 특성
③ 순시 특성
④ 반한시성 정한시 특성

> **해 설** ★★★★★
>
> 보호 계전기의 동작 시간에 따른 종류
> (1) 순한시 계전기 :
>   - 최소 동작전류 이상이 흐르면 전류의 크기에 관계없이 즉시 동작하는 것
> (2) 정한시 계전기 :
>   - 최소 동작전류 이상이 흐르면 전류의 크기에 관계없이 일정한 시간이 지난 후 동작하는 것
> (3) 반한시 계전기 :
>   - 동작시간이 전류값의 크기에 따라 변하는 것으로, 전류값이 클수록 빠르게 동작하고 반대로 전류값이 작아질수록 느리게 동작하는 것
> (4) 반한시성 정한시 계전기 :
>   - 위의 반한시 계전기와 정한시 계전기를 조합한 것으로, 어느 전류값까지는 반한시성이지만 그 이상이 되면 정한시로 동작하는 것
>
> [답] ④

20 어떤 건물에서 총 설비 부하용량이 850[kW], 수용률이 60[%]이면 변압기 용량은 최소 몇 [kVA]로 하여야 하는가? (단, 설비 부하의 종합 역률은 0.75이다.)

① 740 ② 680
③ 650 ④ 500

해 설 ★★

$$P_a = \frac{850 \times 0.6}{0.75} = 680[\text{kVA}]$$

[답] ②

제2회 전기(공사)산업기사 필기시험

1 60[Hz], 154[kV], 길이 200[km]인 3상 송전선로에서 대지 정전용량 $C_s = 0.008$ [μF/km], 선간 정전용량 $C_m = 0.0018$ [μF/km]일 때, 1선에 흐르는 충전전류는 약 몇 [A]인가?

① 68.9　　② 78.9
③ 89.8　　④ 97.6

해설 ★★★

(1) 우선, 선로의 전체 작용 정전용량을 구하면,
- $C_n = C_s + 3C_m = 0.008 + 3 \times 0.0018$
  $= 0.0134 [\mu F/km] \times 200 [km]$
  $= 2.68 [\mu F]$

(2) 따라서, 1선에 흐르는 충전전류는,
- $I_c = \omega CE$
  $= 2\pi \times 60 \times 2.68 \times 10^{-6} \times \dfrac{154,000}{\sqrt{3}}$
  $= 89.8 [A]$

[답] ③

2 440[V] 공공시설의 옥내배선을 금속관 공사로 시설하고자 한다. 금속관에 어떤 접지공사를 해야 하는가?

① 제1종 접지공사
② 제2종 접지공사
③ 제3종 접지공사
④ 특별 제3종 접지공사

해설 ★

440[V] 금속관 공사 : 반드시 특별 제3종 접지공사를 실시하여야 한다.

[답] ④

3 조상설비가 있는 1차 변전소에서 주 변압기로 주로 사용되는 변압기는?

① 승압용 변압기　② 단권 변압기
③ 단상 변압기　　④ 3권선 변압기

해설 ★★

조상설비를 설치할 권선이 필요하므로 3권선 변압기를 사용하여 제3차 권선에 조상설비를 설치한다.

[답] ④

4 소수력 발전의 장점이 아닌 것은?

① 국내 부존자원 활용
② 일단 건설 후에는 운영비가 저렴함
③ 전력 생산 외에 농업용수 공급, 홍수 조절에 기여
④ 양수 발전과 같이 첨두 부하에 대한 기여도가 많음

해설 ★

소수력 발전소 : 일반 수력 발전보다 수량이 적은 하천을 이용하여 소규모로 발전
(1) 비교적 저렴한 공사비로 무용의 하천 자원을 이용
(2) 건설 후 유지 관리비 등 운영비가 작다.
(3) 전력 생산 외에도 지역 농업 용수 보급 등에 기여도가 높다.

[답] ④

5 아킹혼의 설치 목적은?

① 코로나손의 방지
② 이상전압 제한
③ 지지물의 보호
④ 섬락사고 시 애자의 보호

해설 ★★★

소호각(아킹혼) 설치 효과
(1) 현수 애자의 섬락이나 역섬락 사고 시 애자련의 보호
(2) 현수 애자련의 련능률 개선

[답] ④

6 유효낙차 400[m]의 수력 발전소에서 펠턴 수차의 노즐에서 분출하는 물의 속도를 이론값의 0.95배로 한다면 물을 분출 속도는 약 몇 [m/s]인가?

① 42.3
② 59.5
③ 62.6
④ 84.1

해설 ★

$$v = k\sqrt{2gH}$$
$$= 0.95\sqrt{2 \times 9.8 \times 400} = 84.1[m/s]$$

[답] ④

7 초고압 장거리 송전선로에 접속되는 1차 변전소에 병렬 리액터를 설치하는 목적은?

① 페란티 효과 방지
② 코로나 손실 경감
③ 전압강하 경감
④ 선로손실 경감

해설 ★★

분로(병렬) 리액터 : 심야의 경부하 시 장거리 선로는 대지 정전용량에 의한 충전전류(진상전류)에 의한 영향으로 페란티 현상이 발생하므로, 변전소에서 분로 리액터를 투입하여 지상 무효전력을 공급한다.

[답] ①

8 SF_6 가스 차단기의 설명으로 틀린 것은?

① 밀폐 구조이므로 개폐 시 소음이 작다.
② SF_6 가스는 절연 내력이 공기보다 크다.
③ 근거리 고장 등 가혹한 재기전압에 대해서 성능이 우수하다.
④ 아크에 의해 SF_6 가스는 분해되어 유독가스를 발생시킨다.

해설 ★★★

SF_6 가스 차단기
(1) 불연성, 무독성의 가스이므로 안전하다.
(2) 절연 내력이 공기에 비해 매우 크다.
(3) 소호 능력이 우수하여 차단기 성능이 우수하다.

[답] ④

9 송전선로에서 역섬락을 방지하려면?

① 가공지선을 설치한다.
② 피뢰기를 설치한다.
③ 탑각 접지저항을 적게 한다.
④ 소호각을 설치한다.

해설 ★★★

매설지선 : 가공지선의 접지저항 값이 너무 크면 애자를 통하여 전력선으로 역섬락 사고가 발생하게 되므로, 이를 방지하기 위하여 매설지선으로 접지저항 값을 줄여서 역섬락을 방지한다.

[답] ③

10 직류 송전방식이 교류 송전방식에 비하여 유리한 점이 아닌 것은?

① 선로의 절연이 용이하다.
② 통신선에 대한 유도잡음이 적다.
③ 표피효과에 의한 송전손실이 적다.
④ 정류가 필요 없고 승압 및 강압이 쉽다.

> **해설** ★★★
>
> 직류 송전방식의 장점
> (1) 교류송전에 비하여 절연이 쉽다.
> (2) 전력선 주변의 통신선에 대한 유도장해가 적다.
> (3) 전선의 표피효과가 없어 전력손실이 적다.
>
> [답] ④

11 그림과 같은 평형 3상 발전기가 있다. a상이 지락한 경우 지락전류는 어떻게 표현되는가? (단, Z_0 : 영상 임피던스, Z_1 : 정상 임피던스, Z_2 : 역상 임피던스이다.)

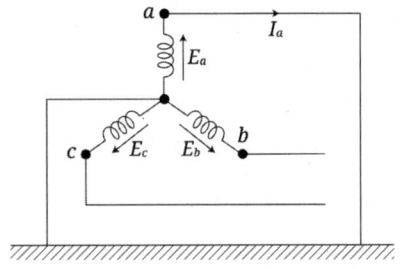

① $\dfrac{E_a}{Z_0 + Z_1 + Z_2}$ ② $\dfrac{3E_a}{Z_0 + Z_1 + Z_2}$

③ $\dfrac{-Z_0 E_a}{Z_0 + Z_1 + Z_2}$ ④ $\dfrac{2Z_2 E_a}{Z_1 + Z_2}$

> **해설** ★★
>
> (1) $V_a = 0$, $I_b = 0$, $I_c = 0$ 이므로,
> - $I_0 = \dfrac{1}{3}(I_a + I_b + I_c) = I_a$,
> $I_1 = \dfrac{1}{3}(I_a + aI_b + a^2 I_c) = I_a$,
> $I_2 = \dfrac{1}{3}(I_a + a^2 I_b + aI_c) = I_a$
> - $V_a = V_0 + V_1 + V_2$
> $= -Z_0 I_0 + E_a - Z_1 I_1 - Z_2 I_2$
> $= -Z_0 I_0 + E_a - Z_1 I_0 - Z_2 I_0 = 0$
>
> (2) 따라서, a상의 지락전류는,
> - $I_a = I_0 + I_1 + I_2 = 3 I_0$
> $= 3 \times \dfrac{E_a}{Z_0 + Z_1 + Z_2}$
>
> [답] ②

12 전력계통의 안정도 향상 대책으로 볼 수 없는 것은?

① 직렬 콘덴서 설치
② 병렬 콘덴서 설치
③ 중간 개폐소 설치
④ 고속 차단, 재폐로 방식 채용

해 설 ★★★★★

안정도 향상 대책
(1) 발전기나 변압기의 리액턴스 감소
(2) 직렬 콘덴서 설치
(3) 복도체 또는 다도체 채용
(4) 선로의 병행 회선수 증가
(5) 발전기의 속응 여자 방식 채용
(6) 발전기에 전기식 조속기 설치
(7) 중간 조상방식 채용
(8) 계통 연계
(9) 고장 구간을 신속히 차단
(10) 고저항 접지나 소호 리액터 방식 채용
(11) 고속도 계전기, 고속도 차단기 설치
(12) 고속도 재폐로 방식 채용

[답] ②

13 π형 회로의 일반회로 정수에서 B는 무엇을 의미하는가?

① 컨덕턴스 ② 리액턴스
③ 임피던스 ④ 어드미턴스

해 설 ★★★

(1) 중거리 π형 회로의 송전단 전압, 전류 식 :
- $E_s = \left(1 + \frac{ZY}{2}\right)E_r + ZI_r$
- $I_s = Y\left(1 + \frac{ZY}{4}\right)E_r + \left(1 + \frac{ZY}{2}\right)I_r$

(2) 따라서, $B = Z$로서 임피던스를 의미한다.

[답] ③

14 전원이 양단에 있는 방사상 송전선로에서 과전류 계전기와 조합하여 단락보호에 사용하는 계전기는?

① 선택지락 계전기
② 방향단락 계전기
③ 과전압 계전기
④ 부족전류 계전기

해 설 ★★

(1) 전원이 1단에만 있는 방사상 선로의 단락 보호
: 과전류 계전기(OCR)
(2) 전원이 양단에만 있는 방사상 선로의 단락 보호
: 과전류 계전기 + 방향단락 계전기

[답] ②

15 송전단의 전력원 방정식이 $P_s^2 + (Q_s - 300)^2 = 250,000$인 전력계통에서 최대 전송 가능한 유효전력은 얼마인가?

① 300 ② 400
③ 500 ④ 600

해 설 ★

(1) 유효전력이 최대값이 되려면 무효전력이 0이 되어야 하므로,
- $Q_s = 300[\text{Var}]$

(2) 따라서, 최대 유효전력은,
- $P_s^2 = 250,000$
- $\Rightarrow \therefore P_s = \sqrt{250,000} = 500[\text{W}]$

[답] ③

16 그림의 X 부분에 흐르는 전류는 어떤 전류인가?

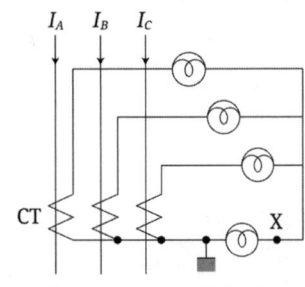

① b상 전류　② 정상 전류
③ 역상 전류　④ 영상 전류

해 설　★★★

X 부분은 3상 회로의 중성점 회로이다.
따라서, 지락전류(영상전류)가 흐르게 된다.

[답] ④

17 변류기 개방 시 2차 측을 단락하는 이유는?

① 2차 측 절연 보호
② 2차 측 과전류 보호
③ 측정 오차 방지
④ 1차 측 과전류 방지

해 설　★★★★

변류기 2차 개방 시 1차 전류가 모두 여자전류가 되어 2차 측에 과전압이 유기되어 절연파괴의 우려가 있다. (변류기 개방 시 2차 측을 단락시킨다.)

[답] ①

18 그림과 같은 배전선이 있다. 부하에 급전 및 정전할 때 조작 방법으로 옳은 것은?

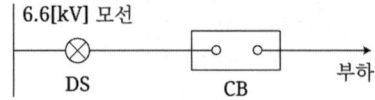

① 급전 및 정전할 때는 항상 DS, CB순으로 한다.
② 급전 및 정전할 때는 항상 CB, DS순으로 한다.
③ 급전 시는 DS, CB순이고 정전 시는 CB, DS순이다.
④ 급전 시는 CB, DS순이고 정전 시는 DS, CB순이다.

해 설　★★★★

인터록 : 차단기가 개방되어 있어야 단로기를 투입하거나 재방시킬 수 있다.
(1) 급전 시 : 단로기(DS)를 투입한 후,
　　　　　　 차단기(CB)를 투입한다.
(2) 정전 시 : 차단기(CB)를 개방한 후,
　　　　　　 단로기(DS)를 개방한다.

[답] ③

19 피뢰기가 방전을 개시할 때 단자전압의 순시값을 방전 개시전압이라 한다. 피뢰기 방전 중 단자전압의 파고값을 무슨 전압이라고 하는가?

① 뇌전압
② 상용주파 교류전압
③ 제한전압
④ 충격절연 강도전압

해 설　★★★★

피뢰기의 제한전압 : 피뢰가 동작하여 이상전압이 방전 중일 때의 피뢰기 단자전압의 파고값

[답] ③

20 3상 1회선과 대지 간의 충전전류가 1[km]당 0.25[A]일 때 길이가 18[km]인 선로의 충전전류는 몇 [A]인가?

① 1.5 ② 4.5
③ 13.5 ④ 40.5

해 설 ★

$I_c = 0.25[\text{A/km}] \times 18[\text{km}] = 4.5[\text{A}]$

[답] ②

제4회 전기공사산업기사 필기시험

1 지중 케이블의 금속체 전식 방지를 위한 배류 방식이 아닌 것은?

① 유전 양극 방식
② 직접 배류 방식
③ 선택 배류 방식
④ 강제 배류 방식

해 설 ★

유전 양극법은 배류법을 이용한 전식 방지 대책이 아니다.

[답] ①

2 과전류 차단기의 설치 장소로 적합하지 않은 곳은?

① 수용가의 인입선 부분
② 고압배전 선로의 인출장소
③ 직접접지 계통에 설치한 변압기의 접지선
④ 역률 조정용 고압 병렬 콘덴서 뱅크의 분기선

해 설 ★★

변압기의 접지선에는 과전류 차단기를 시설하여서는 안 된다.

[답] ③

3 송전선로의 저항을 R, 리액턴스를 X라 하면, 일반적인 경우 R과 X의 관계로 옳은 것은?

① $R > X$
② $R < X$
③ $R = X$
④ $R = 2X$

해 설 ★★

송전선로에서 $R < L$의 관계가 있으므로, $R < X$의 관계가 된다. ($\therefore X = 2\pi f L\,[\Omega]$)

[답] ②

4 ACSR 전선을 154[kV]의 송전선에 사용할 경우 최대 송전전력을 70[MW], 역률을 0.8로 하면 가장 경제적인 전선의 굵기는 약 몇 [mm²]인가?
(단, 전선의 무게 8.89[kg/mm²·m], 저항율은 1/35[Ω·mm²/m], 전선 1[kg]의 가격은 25,000[원/kg], 전기요금 70[원/kWh], 1년간의 이자와 상각비와의 합계 $p = 0.15$, 송전선로의 연간 이용률은 70[%]이다.)

① 132.8   ② 145.7
③ 152.3   ④ 166.5

해 설   ★

(1) 가장 경제적인 전선의 굵기를 정하는 켈빈의 법칙을 이용, 전류밀도를 계산하면,

- $i = \sqrt{\dfrac{8.89 \times 35 \times Mp}{N}}$

  $= \sqrt{\dfrac{8.89 \times 35 \times 25{,}000 \times 0.15}{365 \times 24 \times 70}}$

  $= 1.38[A/mm^2]$

(2) 송전선로의 연간 이용률이 70[%]이므로, 가장 경제적인 전류밀도는,

- $i' = \dfrac{1.38}{0.7} = 1.97[A/mm^2]$

(3) 한편, 전선을 흐르는 전류는,

- $I = \dfrac{P}{\sqrt{3}\, V\cos\theta}$

  $= \dfrac{70 \times 10^6}{\sqrt{3} \times 154 \times 10^3 \times 0.8} = 328[A]$

(4) 따라서, 구하고자 하는 가장 경제적인 전선의 굵기는,

- $A = \dfrac{I}{i'} = \dfrac{328}{1.97} = 166.5[mm^2]$

[답] ④

5 현수애자 4개를 1련으로 한 66[kV] 송전선로가 있다. 현수애자 1개의 절연저항이 1,500[MΩ]이고, 경간을 250[m]로 할 때 1[km]당의 누설컨덕턴스는 약 몇 [℧]인가?

① 0.17×10^{-9} ② 0.33×10^{-9}
③ 0.67×10^{-9} ④ 0.93×10^{-9}

해 설   ★★

(1) 현수애자 1련의 합성저항은,
  $4 \times 1{,}500 = 6{,}000[M\Omega]$
  $= 6{,}000 \times 10^6[\Omega]$

(2) 표준 경간이 200[m]이므로, 1[km] 즉, 1,000[m]에서의 경간은 애자 4련을 병렬로 설치하여야 하므로 애자의 총 합성 저항은,

- $R = \dfrac{6{,}000 \times 10^6}{4} = 1.5 \times 10^9[\Omega]$

(3) 따라서, 누설 컨덕턴스는,

- $G = \dfrac{1}{R} = \dfrac{1}{1.5 \times 10^9} = 0.67 \times 10^{-9}[℧]$

[답] ③

6 자동 경제 급전(ELD : Economic Load Distribution)의 주 목적은?

① 발전 연료비의 절약
② 계통 주파수를 유지하는 것
③ 수용가의 낭비 전력의 자동 선택
④ 경제성이 높은 수용가의 자동 선택

해 설   ★

자동 경제급전(ELD) : 화력 발전소에 설치되어있는 발전기들의 출력을 가장 효율적으로 배분하여 연료비를 최소로 하는 경제적인 운전 방법

[답] ①

7 전력용 콘덴서 회로에 방전 코일을 설치하는 주된 목적은?

① 합성 역률의 개선
② 전압의 파형개선
③ 콘덴서의 등가 용량 증대
④ 전원 개방 시 잔류 전하를 방전시켜 인체의 위험 방지

해 설 ★★★

방전 코일 : 전력용 콘덴서에 충전되어있는 잔류 전하를 신속하게 방전시켜 작업자들의 감전사고를 방지하는 역할

[답] ④

8 송전 계통에서 절연협조의 기본이 되는 것은?

① 애자의 섬락 전압
② 권선의 절연 내력
③ 피뢰기의 제한 전압
④ 변압기 부싱의 섬락 전압

해 설 ★★★★

전력계통의 절연을 합리적, 경제적으로 하기 위하여 피뢰기의 제한전압을 가장 낮게 설계하여 절연협조의 기본으로 기준잡고, 나머지 전력기기들의 절연강도를 조정한다.

[답] ③

9 화력 발전소에서 연도의 맨 끝에 설치하는 장치는?

① 절탄기   ② 온수기
③ 공기 예열기   ④ 터빈

해 설 ★

공기 예열기 : 굴뚝으로 배출되는 배기가스의 남아 있는 열을 이용하여 보일러 연소용 공기를 예열시키는 장치로 연도(굴뚝)의 맨 끝에 설치한다.

[답] ③

10 수전단 전압 66[kV], 전류 100[A], 선로 저항 10[Ω], 선로 리액턴스 15[Ω]인 3상 단거리 송전선로의 전압 강하율은 몇 [%]인가? (단, 수전단의 역률은 0.8이다.)

① 2.57   ② 3.25
③ 3.74   ④ 4.46

해 설 ★★★

(1) 우선, 전압강하를 구하면,
- $e = \sqrt{3}\,I(R\cos\theta + X\sin\theta)$
  $= \sqrt{3} \times 100 \times (10 \times 0.8 + 15 \times 0.6)$
  $= 2,944.49[V]$

(2) 따라서, 전압 강하율은,
- $\varepsilon = \dfrac{e}{V_r} \times 100$
  $= \dfrac{2,944.49}{66,000} \times 100 = 4.46[\%]$

[답] ④

11 석탄 연소 화력 발전소에서 사용되는 집진 장치의 효율이 가장 큰 것은?

① 전기식 집진장치
② 수세식 집진장치
③ 원심력식 집진장치
④ 직렬 결합식 집진장치

해 설 ★

집진기 : 화력 발전소에서 연소한 후 배출되는 배기가스에 있는 매연을 포집하는 장치로서, 전기식 집진기가 가장 집진 효율이 우수하다.

[답] ①

12 변압기의 기계적 보호 계전기인 부흐홀츠 계전기의 설치 위치로 알맞은 것은?

① 컨서베이터 내부
② 유면 위의 탱크 내
③ 변압기의 고압 측 부싱
④ 주탱크와 컨서베이터를 연결하는 파이프의 관 도중

해 설 ★★

부흐홀츠 계전기 : 변압기를 보호하기 위하여 변압기의 탱크와 콘서메이터를 연결하는 관 내에 설치하는 기계식 보호 계전기

[답] ④

13 연가를 하는 주된 목적은?

① 미관상 필요
② 선로정수의 평형
③ 유도뢰의 방지
④ 직격뢰의 방지

해 설 ★★★★

연가의 목적(효과)
(1) 선로정수의 평형
(2) 통신선의 정전 유도장해의 감소

[답] ②

14 배전선로에서 고장전류를 차단할 수 있는 장치는?

① 단로기   ② 리클로우저
③ 선로 개폐기   ④ 구분 개폐기

해 설 ★★★

리클로우저 : 배전선로에 사용하는 차단기로서, 고장 발생 시 회로를 개방시키고 다시 재투입 동작을 자동적으로 실시하는 자동 개폐 장치

[답] ②

15 인장 강도는 작으나 도전율이 높아 옥내 배선용으로 주로 사용되는 전선은?

① 연동선   ② 알루미늄선
③ 경동선   ④ 동복강선

해 설 ★

연동선 : 경동선에 비하여 기계적 강도는 약하나 도전율이 100[%]로서 매우 높으므로 전압강하가 적어서 주로 옥내 배선용으로 주로 사용된다.

[답] ①

16 유효낙차 300[m]인 충동 수차의 노즐에서 분출되는 유수의 이론적인 분출 속도는 약 몇 [m/sec]인가?

① 47   ② 57   ③ 67   ④ 77

해 설 ★★

$v = \sqrt{2gH} = \sqrt{2 \times 9.8 \times 300} ≒ 77[m/s]$

[답] ④

17 송전단 전압이 161[kV], 수전단 전압이 155[kV], 송수전단 전압의 상차각이 40°, 리액턴스가 50[Ω]일 때, 선로 손실을 무시하면 송전 전력은 약 몇 [MW]인가? (단, cos40° = 0.766, cos50° = 0.643 이다.)

① 107   ② 321
③ 408   ④ 580

해 설 ★★

$P = \dfrac{V_s V_r}{X} \sin\theta$

$= \dfrac{V_s V_r}{X} \sqrt{1 - \cos^2\theta}$

$= \dfrac{161 \times 155}{50} \times \sqrt{1 - 0.766^2} ≒ 321[MW]$

[답] ②

18 고압 배전선로의 중간에 승압기를 설치하는 주목적은?

① 역률 개선
② 전력 손실의 감소
③ 전압 변동률의 감소
④ 말단의 전압 강하의 방지

해 설 ★★

배전선로 길이가 길게 되면 배전선로 말단에서의 전압이 많이 저하되므로, 승압기를 설치하여 전압을 높여 준다.

[답] ④

20 변류기 개방 시 2차 측을 단락하는 이유는?

① 1차 측 과전류 방지
② 2차 측 과전류 보호
③ 측정 오차 방지
④ 2차 측 절연 보호

해 설 ★★★★

변류기(CT) : 변류기 2차 개방 시 1차 전류가 모두 여자전류가 되어 2차 측에 과전압이 유기되어 절연파괴의 우려가 있다. (변류기 개방 시 2차 측을 단락시킨다.)

[답] ④

19 정전용량 C [F]의 콘덴서를 △결선해서 3상 전압 V[V]를 가했을 때의 충전용량과 같은 전원을 Y결선으로 했을 때 충전용량의 비(△결선/Y결선)는?

① 3
② $\sqrt{3}$
③ $\dfrac{1}{3}$
④ $\dfrac{1}{\sqrt{3}}$

해 설 ★★

(1) △ 결선 시 충전용량 :
- $Q_\triangle = 3\omega CE^2 = 3\omega CV^2$ [VA]

(2) Y 결선 시 충전용량 :
- $Q_Y = 3\omega CE^2$
  $= 3\omega C\left(\dfrac{V}{\sqrt{3}}\right)^2 = \omega CV^2$ [VA]

(3) 따라서, 충전용량의 비는,
- $\dfrac{Q_\triangle}{Q_Y} = \dfrac{3\omega CV^2}{\omega CV^2} = 3$

[답] ①

2016년 기출문제

제1회 전기(공사)산업기사 필기시험

1 송전선로에서 연가를 하는 주된 목적은?

① 미관상 필요
② 직격뢰의 방지
③ 선로정수의 평형
④ 지지물의 높이를 낮추기 위하여

해 설 ★★★

연가의 목적(효과)
(1) 선로정수의 평형
(2) 통신선의 정전 유도장해의 감소

[답] ③

2 어떤 발전소의 유효 낙차가 100[m]이고, 최대 사용 수량이 10[m³/s]일 경우 이 발전소의 이론적인 출력은 몇 [kW]인가?

① 4,900
② 9,800
③ 10,000
④ 14,700

해 설 ★★

$P = 9.8QH = 9.8 \times 10 \times 100 = 9,800 \, [\text{kW}]$

[답] ②

3 우리나라 22.9[kV] 배전선로에서 가장 많이 사용하는 배전 방식과 중성점 접지방식은?

① 3상 3선식 비접지
② 3상 4선식 비접지
③ 3상 3선식 다중접지
④ 3상 4선식 다중접지

해 설 ★★

(1) 송전선로 : 3상 3선식 직접접지 방식
(2) 배전선로 : 3상 4선식 다중접지 방식

[답] ④

4 다음 송전선의 전압 변동률 식에서 V_{R1}은 무엇을 의미하는가?

$$\epsilon = \frac{V_{R1} - V_{R2}}{V_{R2}} \times 100 \, [\%]$$

① 부하 시 송전단 전압
② 무부하 시 송전단 전압
③ 전부하 시 수전단 전압
④ 무부하 시 수전단 전압

해 설 ★★

전압 변동률 : $\delta = \dfrac{V_0 - V}{V} \times 100 \, [\%]$

$= \dfrac{V_{R1} - V_{R2}}{V_{R2}} \times 100 \, [\%]$

• $V_0 = V_{R1}$: 무부하 시 수전단 전압
• $V = V_{R2}$: 전부하 시 수전단 전압

[답] ④

5 100 단상 변압기 3대를 △−△결선으로 사용하다가 1대의 고장으로 V−V결선으로 사용하면 약 몇 [kVA] 부하까지 사용할 수 있는가?

① 150　　② 173
③ 225　　④ 300

해설 ★★

$P_v = \sqrt{3}\,P = \sqrt{3} \times 100 = 173[\text{kVA}]$

[답] ②

6 우리나라 22.9[kV] 배전선로에 적용하는 피뢰기의 공칭 방전전류[A]는?

① 1,500　　② 2,500
③ 5,000　　④ 10,000

해설 ★★

피뢰기의 공칭 방전전류
(1) 22.9[kV] : 2,500[A]
(2) 154[kV] : 5,000[A]

[답] ②

7 1선 지락 시에 전위 상승이 가장 적은 접지 방식은?

① 직접 접지　　② 저항 접지
③ 리액터 접지　　④ 소호 리액터 접지

해설 ★★★★

직접 접지방식
(1) 1선 지락전류가 커서 보호 계전기 동작이 확실하다.
(2) 1선 지락사고 시 이상전압이 작아서 변압기의 단절연, 저감절연이 가능하다.

[답] ①

8 전원으로부터의 합성 임피던스가 0.5[%] (15,000[kVA] 기준)인 곳에 설치하는 차단기 용량은 몇 [MVA] 이상이어야 하는가?

① 2,000　　② 2,500
③ 3,000　　④ 3,500

해설 ★★★

$P_s = \dfrac{100}{\%Z} P_n = \dfrac{100}{0.5} \times 15 = 3,000[\text{MVA}]$

[답] ③

9 직렬 콘덴서를 선로에 삽입할 때의 장점이 아닌 것은?

① 역률을 개선한다.
② 정태 안정도를 증가한다.
③ 선로의 인덕턴스를 보상한다.
④ 수전단의 전압 변동률을 줄인다.

해설 ★★★

(1) 직렬 콘덴서 설치 목적 :
　❶ 선로의 유도성 리액턴스 감소
　❷ 유도성 리액턴스의 감소로 수전단 전압강하 감소
　❸ 유도성 리액턴스 감소로 계통 안정도 향상
(2) 병렬 콘덴서 : 수전단의 역률을 개선시키는 효과

[답] ①

10 부하에 따라 전압 변동이 심한 급전선을 가진 배전 변전소의 전압 조정 장치로서 적당한 것은?

① 단권변압기　　② 주 변압기 탭
③ 전력용 콘덴서　　④ 유도 전압조정기

해설 ★★

(1) 유도 전압조정기 : 부하 변동이 심한 배전선로에 적용
(2) 변압기 탭 조정장치 : 부하 변동이 심하지 않아 전압이 일정한 배전선로에 적용

[답] ④

11 부하전류 및 단락전류를 모두 개폐할 수 있는 스위치는?

① 단로기　　② 차단기
③ 선로 개폐기　④ 전력 퓨즈

해 설 ★★★★

차단기 : 내부에 소호장치가 있어, 부하전류 및 단락전류 등 모든 전류를 개폐할 수 있다.

[답] ②

12 선로의 커패시턴스와 무관한 것은?

① 전자 유도
② 개폐 서지
③ 중성점 잔류 전압
④ 발전기 자기여자 현상

해 설 ★★

전선의 커패시턴스에 의한 영향
(1) 페란티 현상, 발전기 자기여자 현상 등의 이상 전압 발생
(2) 변압기 중성점에 중성점 잔류전압 발생
(3) 무부하 운전 시 개폐서지 이상전압 발생

[답] ①

13 배전선에서 균등하게 분포된 부하일 경우 배전선 말단의 전압강하는 모든 부하가 배전선의 어느 지점에 집중되어 있을 때의 전압강하와 같은가?

① $\frac{1}{2}$　② $\frac{1}{3}$　③ $\frac{2}{3}$　④ $\frac{1}{5}$

해 설 ★★★★

말단 집중 부하에 비해서 균등 부하의 전압강하 및 전력손실 비
• $e = \frac{1}{2}IR[V]$, • $P_l = \frac{1}{3}I^2R[W]$

[답] ①

14 화력 발전소에서 석탄 1[kg]으로 발생할 수 있는 전력량은 약 몇 [kWh]인가? (단, 석탄의 발열량은 5,000[kcal/kg], 발전소의 효율은 40[%]이다.)

① 2.0　　② 2.3
③ 4.7　　④ 5.8

해 설 ★★

• $\eta = \frac{860 W}{BH}$

$\Rightarrow \therefore W = \frac{\eta \times BH}{860}$

$= \frac{0.4 \times 1 \times 5,000}{860}$

$\fallingdotseq 2.3[kWh]$

[답] ②

15 송전거리, 전력, 손실률 및 역률이 일정하다면 전선의 굵기는?

① 전류에 비례한다.
② 전류에 반비례한다.
③ 전압의 제곱에 비례한다.
④ 전압의 제곱에 반비례한다.

해 설 ★★★★

전압과 각 전기 요소의 관계
(1) 공급 전력 : $P \propto V^2$
　(공급 전력과 전압과는 비례한다.)
(2) 전압 강하 : $e \propto \frac{1}{V}$
　(전압 강하와 전압과는 반비례한다.)
(3) 전압 강하율 : $\varepsilon \propto \frac{1}{V^2}$
　(전압 강하율과 전압과는 제곱에 반비례한다.)
(4) 전력 손실 : $P_l \propto \frac{1}{V^2}$
　(전력 손실과 전압과는 제곱에 반비례한다.)
(5) 전선 굵기 : $A \propto \frac{1}{V^2}$
　(전선의 단면적과 전압과는 제곱에 반비례한다.)

[답] ④

16 총 부하 설비가 160[kW], 수용률이 60[%], 부하 역률이 80[%]인 수용가에 공급하기 위한 변압기 용량[kVA]은?

① 40　　② 80
③ 120　　④ 160

> **해설** ★★
>
> $P = \dfrac{160 \times 0.6}{0.8} = 120[\text{kVA}]$
>
> [답] ③

17 154[kV] 송전계통에서 3상 단락고장이 발생하였을 경우 고장 점에서 본 등가 정상 임피던스가 100[MVA] 기준으로 25[%]라고 하면 단락용량은 몇 [MVA]인가?

① 250　　② 300
③ 400　　④ 500

> **해설** ★★★
>
> $P_s = \dfrac{100}{\%Z} P_n = \dfrac{100}{25} \times 100 = 400[\text{MVA}]$
>
> [답] ③

18 감전 방지 대책으로 적합하지 않은 것은?

① 외함 접지　　② 아크혼 설치
③ 2중 절연기기　　④ 누전 차단기 설치

> **해설** ★
>
> 소호각(아크혼) : 직격뢰로부터 발생한 아크로 인한 송전 애자의 파괴 방지 목적
>
> [답] ②

19 3상 1회선 송전 선로의 소호 리액터의 용량[kVA]은?

① 선로 충전 용량과 같다.
② 선간 충전 용량의 1/2이다.
③ 3선 일괄의 대지 충전 용량과 같다.
④ 1선과 중성점 사이의 충전 용량과 같다.

> **해설** ★★
>
> 소호 리액터 용량 계산식
> • $\omega L = \dfrac{1}{3\omega C}$ 에서 3선 일괄 대지 정전용량 $\left(\dfrac{1}{3\omega C}\right)$ 에 해당하는 리액터를 설치한다.
>
> [답] ③

20 18~23개를 한 줄로 이어 단 표준 현수 애자를 사용하는 전압[kV]은?

① 23[kV]　　② 154[kV]
③ 345[kV]　　④ 765[kV]

> **해설** ★★
>
> 현수 애자의 전압별 사용 개수
> (1) 154[kV] : 10개 정도
> (2) 345[kV] : 20개 정도
> (3) 765[kV] : 40개 정도
>
> [답] ③

제2회 전기(공사)산업기사 필기시험

1 그림과 같이 지지점 A, B, C에는 고저차가 없으며, 경간 AB와 BC 사이에 전선이 가설되어, 그 이도가 12[cm]이었다. 지금 경간 AC의 중점인 지지점 B에서 전선이 떨어져서 전선의 이도가 D로 되었다면 D는 몇 [cm]인가?

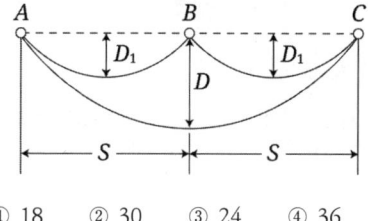

① 18　② 30　③ 24　④ 36

해 설 ★★

두 전선로의 경간(S)이 같은 상태에서 중간 지지점에서 전선 탈락 시 이도는 원래 이도의 2배로 쳐지게 된다. 즉,
- $D = 2D_1 = 2 \times 12 = 24[cm]$

[답] ③

2 전력 원선도에서 알 수 없는 것은?

① 조상 용량
② 선로 손실
③ 송전단의 역률
④ 정태안정 극한 전력

해 설 ★★★

전력 원선도에서 알 수 있는 사항
(1) 송·수전단 유효전력 및 무효전력
(2) 송전 전력손실 및 수전 전력손실
(3) 조상설비 용량
(4) 송·수전단 최대전력 (정태안정 극한전력)
(5) 수전단의 역률

[답] ③

3 3상 3선식 복도체 방식의 송전선로를 3상 3선식 단도체 방식 송전선로와 비교한 것으로 알맞은 것은? (단, 단도체의 단면적은 복도체 방식 소선의 단면적 합과 같은 것으로 한다.)

① 전선의 인덕턴스와 정전용량은 모두 감소한다.
② 전선의 인덕턴스와 정전용량은 모두 증가한다.
③ 전선의 인덕턴스는 증가하고, 정전용량은 감소한다.
④ 전선의 인덕턴스는 감소하고, 정전용량은 증가한다.

해 설 ★★★

복도체(다도체)의 특징
(실기 시험에서도 자주 나오는 내용)
(1) 인덕턴스가 감소한다.
(2) 정전용량이 증가한다.
(3) 송전용량이 증가하여 안정도가 향상된다.
(4) 코로나 임계전압이 증가하여 코로나 발생이 억제된다.

[답] ④

4 접촉자가 외기(外氣)로부터 격리되어 있어 아크에 의한 화재의 염려가 없으며 소형, 경량으로 구조가 간단하고 보수가 용이하며 진공 중의 아크 소호 능력을 이용하는 차단기는?

① 유입 차단기　② 진공 차단기
③ 공기 차단기　④ 가스 차단기

해설 ★★

(1) OCB : 절연유에 분해가스 흡부력 이용
(2) VCB : 진공상태에서의 아크의 급속적인 확산을 이용하여 소호작용
(3) ABB : 압축 공기를 아크에 불어 넣어서 차단
(4) MBB : 전자력을 이용하여 아크를 소호실 내로 유도하여 냉각
(5) GCB : SF_6 가스의 강력한 소호작용을 이용

[답] ②

5 인입되는 전압이 정정값 이하로 되었을 때 동작하는 것으로서 단락 고장 검출 등에 사용되는 계전기는?

① 접지 계전기　② 부족 전압 계전기
③ 역전력 계전기　④ 과전압 계전기

해설 ★★

부족전압 계전기(UVR) : 계통 전압이 저하하였을 때 동작하는 계전기

[답] ②

6 배전선로용 퓨즈(Power Fuse)는 주로 어떤 전류의 차단을 목적으로 사용하는가?

① 충전 전류　② 단락 전류
③ 부하 전류　④ 과도 전류

해설 ★★★

전력 퓨즈(PF) : 단락사고 시 단락 전류를 차단하기 위해 사용

[답] ②

7 그림과 같은 열 사이클은?

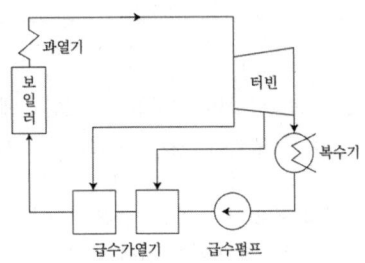

① 재생 사이클　② 재열 사이클
③ 카르노 사이클　④ 재생 재열 사이클

해설 ★

재생 사이클 : 터빈에서 증기를 일부 추출하여 보일러용 급수를 미리 예열시키는 열 사이클 방식

[답] ①

8 설비 용량 800[kW], 부등률 1.2, 수용률 60[%]일 때, 변전시설 용량은 최저 약 몇 [kVA] 이상이어야 하는가? (단, 역률은 90[%] 이상 유지되어야 한다.)

① 450　② 500
③ 550　④ 600

해설 ★★

$P = \dfrac{800 \times 0.6}{1.2} = 400[kW]$

$= \dfrac{400[kW]}{0.9} = 444.44[kVA] ≒ 450[kVA]$

[답] ①

9 송배전 선로에서 내부 이상전압에 속하지 않는 것은?

① 개폐 이상전압
② 유도뢰에 의한 이상전압
③ 사고 시의 과도 이상전압
④ 계통 조작과 고장 시의 지속 이상전압

> **해 설** ★★
>
> (1) 외부 이상전압 : 직격뢰, 유도뢰
> (2) 내부 이상전압 : 차단기의 개폐서지, 계통 사고 시 이상전압
>
> [답] ②

10 유효낙차 75[m], 최대 사용 수량 200[m³/s], 수차 및 발전기의 합성 효율이 70[%]인 수력 발전소의 최대 출력은 약 몇 [MW]인가?

① 102.9
② 157.3
③ 167.5
④ 177.8

> **해 설** ★★
>
> $P = 9.8 Q H \eta [kW] = 9.8 \times 200 \times 75 \times 0.7$
> $= 102,900 [kW] = 102.9 [MW]$
>
> [답] ①

11 200[kVA] 단상 변압기 3대를 △결선에 의하여 급전하고 있는 경우 1대의 변압기가 소손되어 V 결선으로 사용하였다. 이때의 부하가 516[kVA]라고 하면 변압기는 약 몇 [%]의 과부하가 되는가?

① 119
② 129
③ 139
④ 149

> **해 설** ★★
>
> (1) V 결선 운전 시 출력 :
> $P_v = \sqrt{3} P = \sqrt{3} \times 200 = 346.4 [kVA]$
> (2) 과부하율 :
> $\dfrac{P_L}{P_v} \times 100 = \dfrac{516}{346.4} \times 100 \fallingdotseq 149 [\%]$
>
> [답] ④

12 터빈 발전기의 냉각 방식에 있어서 수소 냉각 방식을 채택하는 이유가 아닌 것은?

① 코로나에 의한 손실이 적다.
② 수소 압력의 변화로 출력을 변화시킬 수 있다.
③ 수소의 열전도율이 커서 발전기 내 온도 상승이 저하한다.
④ 수소 부족 시 공기와 혼합 사용이 가능하므로 경제적이다.

> **해 설** ★★
>
> 수소와 공기가 혼합되면 폭발의 위험이 있다.
>
> [답] ④

13 고압 배전선로의 선간전압을 3,300[V]에서 5,700[V]로 승압하는 경우, 같은 전선으로 전력손실을 같게 한다면 약 몇 배의 전력[kW]을 공급할 수 있는가?

① 1   ② 2   ③ 3   ④ 4

해 설 ★★★★

(1) 전압과 각 전기 요소의 관계 :
- 공급 전력 : $P \propto V^2$
  (공급 전력과 전압과는 비례한다.)
- 전압 강하 : $e \propto \dfrac{1}{V}$
  (전압 강하와 전압과는 반비례한다.)
- 전압 강하율 : $\varepsilon \propto \dfrac{1}{V^2}$
  (전압 강하율과 전압과는 제곱에 반비례한다.)
- 전력 손실 : $P_l \propto \dfrac{1}{V^2}$
  (전력 손실과 전압과는 제곱에 반비례한다.)
- 전선 굵기 : $A \propto \dfrac{1}{V^2}$
  (전선의 단면적과 전압과는 제곱에 반비례한다.)

(2) 따라서, 승압시의 공급전력의 변화는,
- $\dfrac{P_2}{P_1} = \left(\dfrac{V_2}{V_1}\right)^2 = \left(\dfrac{5,700}{3,300}\right)^2 ≒ 3$

[답] ③

14 송전방식에서 선간 전압, 선로 전류, 역률이 일정할 때 (3상 3선식/단상 2선식)의 전선 1선당 전력비는 약 몇 [%]인가?

① 87.5   ② 94.7
③ 115.5   ④ 141.4

해 설 ★★

(1) 단상 2선식 :
$P_2 = EI\cos\theta\,[\text{W}] \rightarrow P_1 = \dfrac{EI\cos\theta}{2}\,[\text{W}]$

(2) 3상 3선식 :
$P_3 = \sqrt{3}\,EI\cos\theta\,[\text{W}] \rightarrow P_1 = \dfrac{\sqrt{3}\,EI\cos\theta}{3}\,[\text{W}]$

(3) 따라서, 전선 1선당 전력비는,
- $\dfrac{3상3선식}{단상2선식} = \dfrac{\dfrac{\sqrt{3}\,EI\cos\theta}{3}}{\dfrac{EI\cos\theta}{2}} = \dfrac{2\sqrt{3}}{3}$

$= 1.155 \;(\therefore 115.5[\%])$

[답] ③

15 중성점 접지방식에서 직접 접지방식을 다른 접지방식과 비교하였을 때 그 설명으로 틀린 것은?

① 변압기의 저감 절연이 가능하다.
② 지락고장 시의 이상전압이 낮다.
③ 다중접지 사고로의 확대 가능성이 대단히 크다.
④ 보호 계전기의 동작이 확실하여 신뢰도가 높다.

해 설 ★★★★

직접 접지방식
(1) 지락사고 시 지락전류가 커서 보호 계전기 동작이 확실하다.
(2) 보호 계전기 동작이 확실하여 계통사고가 확대되지 않는다.
(3) 지락사고 시 이상전압이 작아서 변압기의 단절연 및 저감절연이 가능하다.

[답] ③

16 서울과 같이 부하밀도가 큰 지역에서는 일반적으로 변전소의 수와 배전 거리를 어떻게 결정하는 것이 좋은가?

① 변전소의 수를 감소하고 배전 거리를 증가한다.
② 변전소의 수를 증가하고 배전 거리를 감소한다.
③ 변전소의 수를 감소하고 배전 거리도 감소한다.
④ 변전소의 수를 증가하고 배전 거리도 증가한다.

해 설 ★★

부하 밀집지역은 변전소 수를 가능한 한 늘리고, 그 대신 배전거리를 짧게 단축시키는 것이 전력 공급 측면에서 유리하다.

[답] ②

17 어떤 가공선의 인덕턴스가 1.6[mH/km]이고 정전용량이 0.008[μF/km]일 때 특성 임피던스는 약 몇 [Ω]인가?

① 128   ② 224
③ 345   ④ 447

해 설 ★★

$$Z_0 = \sqrt{\frac{Z}{Y}} = \sqrt{\frac{R+j\omega L}{G+j\omega C}} = \sqrt{\frac{L}{C}}$$

$$= \sqrt{\frac{1.6 \times 10^{-3}}{0.008 \times 10^{-6}}} = 447[\Omega]$$

[답] ④

18 소호 리액터 접지방식에 대하여 틀린 것은?

① 지락 전류가 적다.
② 전자유도 장애를 경감할 수 있다.
③ 지락 중에도 송전이 계속 가능하다.
④ 선택 지락 계전기의 동작이 용이하다.

해 설 ★★★

소호리액터 접지방식
(1) 지락사고 시 지락전류가 작아서 통신선에 대한 유도장해가 작다.
(2) 지락전류가 작아서 지락 계전기 동작이 불확실하다.
(3) 차단기 동작이 적어서 지락중에도 계속 송전이 가능하다.
(4) 지락사고 시 이상전압이 큰 편이다.

[답] ④

19 단선식 전력선과 단선식 통신선이 그림과 같이 근접되었을 때, 통신선의 정전유도 전압 E_0는?

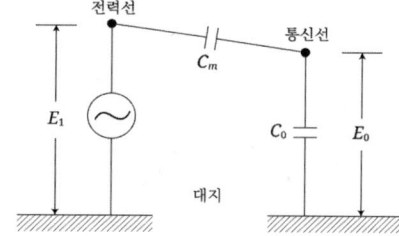

① $\dfrac{C_m}{C_0+C_m}E_1$ ② $\dfrac{C_0+C_m}{C_m}E_1$

③ $\dfrac{C_0}{C_0+C_m}E_1$ ④ $\dfrac{C_0+C_m}{C_0}E_1$

해 설 ★★

전력선의 전압 E_1이 정전용량 C_m과 C_0를 통하여 E_0의 크기로 통신선에 전압 분배되므로,

$$E_0 = \frac{C_m}{C_m+C_0} \times E_1$$

[답] ①

20 피뢰기의 제한전압이란?

① 피뢰기의 정격전압
② 상용 주파수의 방전개시전압
③ 피뢰기 동작 중 단자전압의 파고치
④ 속류의 차단이 되는 최고의 교류전압

> **해 설** ★★★★
>
> (1) 피뢰기의 제한전압 : 이상전압 침입 시 피뢰기가 동작할 때의 피뢰기 양단의 전압
> (2) 피뢰기의 정격전압 : 피뢰기 방전이 끝난 후, 속류가 차단되는 피뢰기 양단의 전압
>
> [답] ③

제 4 회   전기공사산업기사 필기시험

1 복도체 또는 다도체에 대한 설명으로 틀린 것은?

① 복도체는 3상 송전선의 1상의 전선을 2본으로 분할한 것이다.
② 2본 이상으로 분할된 도체를 일반적으로 다도체라고 한다.
③ 복도체 또는 다도체를 사용하는 주목적은 코로나 방지에 있다.
④ 복도체의 선로정수는 같은 단면적의 단도체 선로와 비교할 때 변함이 없다.

해 설 ★★★

복도체(다도체)의 특징
(실기 시험에서도 자주 나오는 내용)
(1) 인덕턴스가 감소한다.
(2) 정전용량이 증가한다.
(3) 송전용량이 증가하여 안정도가 향상된다
(4) 코로나 임계전압이 증가하여 코로나 발생이 억제된다.
[답] ④

2 화력 발전소의 보일러 손실이 보일러 입력의 20[%]이고, 터빈 출력이 터빈 입력의 50[%]일 때, 화력 발전소의 열 소비율은 몇 [kcal/kWh]인가?

① 1,850   ② 1,950
③ 2,050   ④ 2,150

해 설 ★

(1) 보일러 효율 : $\eta_b = \dfrac{입력-손실}{입력} = \dfrac{1-0.8}{1} = 0.8$
(2) 터빈 효율 : $\eta_t = \dfrac{출력}{입력} = \dfrac{0.5}{1} = 0.5$
(3) 전력 1[kWh]를 생산하는 데 필요한 열량 :
 • $H = \dfrac{860}{\eta_b \times \eta_t} = \dfrac{860}{0.8 \times 0.5} = 2,150[kcal]$
[답] ④

3 3상 1회선 전선로의 작용 정전용량을 C, 선간 정전용량을 C_1, 대지 정전용량을 C_2라 할 때 C, C_1, C_2의 관계는?

① $C = C_1 + 3C_2$ ② $C = 3C_1 + C_2$
③ $C = C_1 + C_2$ ④ $C = 3(C_1 + C_2)$

해 설 ★★★

(1) 단상 2선식 : $C = C_s + 2C_m = C_2 + 2C_1$
(2) 3상 3선식 : $C = C_s + 3C_m = C_2 + 3C_1$
[답] ②

4 어떤 발전소에서 발열량 5,500[kcal/kg]의 석탄 12[t]을 사용하여 25,000[kWh]의 전력을 발생하였을 경우 이 발전소의 열효율은 약 몇 [%]인가?

① 22.5   ② 32.6
③ 34.4   ④ 35.3

해 설 ★★

$\eta = \dfrac{860 W}{mH} \times 100[\%] = \dfrac{860 \times 25,000}{12 \times 10^3 \times 5,500} \times 100$
$= 32.58[\%]$
[답] ②

5 일반적으로 송전선로의 중성점을 직접 접지하는 목적으로 틀린 것은?

① 단절연 가능
② 과도 안정도의 증진
③ 이상전압 발생의 억제
④ 보호 계전기의 신속, 확실한 작동

해 설 ★★★★

직접접지 방식
(1) 지락사고 시 지락전류가 커서 보호 계전기 동작이 확실하다.
(2) 지락사고 시 건전상의 이상전압이 낮아서 단절연 및 저감절연이 가능하다.
(3) 지락전류가 커서 정전횟수가 많아 과도 안정도가 나쁘다.
(4) 지락전류가 커서 전력선 근처의 통신선에 유도 장해가 심하다.

[답] ②

6 차단기에서 'O − t_1 − CO − t_2 − CO'의 표기로 나타내는 것은? (단, O는 차단 동작, t_1, t_2는 시간 간격, C는 투입 동작, CO는 투입 직후 차단 동작이다.)

① 차단기 동작 책무
② 차단기 속류 주기
③ 차단기 재폐로 계수
④ 차단기 무전압 시간

해 설 ★★

(1) 차단기의 동작 책무 : 계통의 사고 시 차단기가 차단 후, 고장 제거 후 다시 재투입 동작을 규정한 것
(2) 고속도 재투입용 : O − t_1(0.3초) − CO − t_2(1분) − CO

[답] ①

7 66[kV], 60[Hz] 3상 3선식 선로에서 중성점을 소호 리액터 접지하여 완전 공진 상태로 되었을 때 중성점에 흐르는 전류는 몇 [A]인가? (단, 소호 리액터를 포함한 영상회로의 등가 저항은 200[Ω], 중성점 잔류전압은 4,400[V]라고 한다.)

① 11 ② 22 ③ 33 ④ 44

해 설 ★★

완전 공진 상태에서 계통의 전류는 저항에만 흐르므로,
• $I = \dfrac{V}{R} = \dfrac{4,400}{200} = 22[A]$ [답] ②

8 전력계통에서 전력용 콘덴서와 직렬로 연결하는 직렬 리액터는 어떤 고조파를 제거하는가?

① 제5고조파   ② 제4고조파
③ 제3고조파   ④ 제2고조파

해 설 ★★★★

제5고조파를 제거하기 위해 설치하는 직렬 리액터 용량
(1) 이론 상 : 전력용 콘덴서 용량의 4[%]
(2) 실제 상 : 전력용 콘덴서 용량의 5~6[%]

[답] ①

9 발전기의 회전수가 높을 때의 설명으로 옳은 것은?

① 원심력이 작아진다.
② 수소 냉각이 공기 냉각식보다 유리하다.
③ 극수가 많아져서 권선 간의 절연이 쉽게 된다.
④ 축장이 짧아져서 공기의 순환이 원활하게 이루어진다.

해 설 ★

발전기의 회전수가 빠른 고속기일수록 발전기에서 열이 많이 발생하므로, 공기보다 냉각 효과가 우수한 수소로 냉각을 시키는 것이 유리하다.   [답] ②

10 한류 리액터의 사용 목적은?

① 단락전류의 제한
② 충전전류의 제한
③ 누설전류의 제한
④ 접지전류의 제한

해 설 ★★★★

(1) 한류 리액터 : 단락전류 억제
(2) 분로(병렬) 리액터 : 페란티 현상 감소
(3) 직렬 리액터 : 제5고조파 제거
(4) 소호 리액터 : 지락사고 시 지락전류 억제

[답] ①

11 선로의 인덕턴스에 대한 설명으로 옳은 것은?

① 선로의 도체간 거리가 클수록 인덕턴스의 값이 작아진다.
② 선로 도체의 반지름이 클수록 인덕턴스의 값이 커진다.
③ 일반적으로 지중 케이블은 가공 선로에 비해 인덕턴스의 값이 작다.
④ 인덕턴스의 값은 선로의 기하학적 배치와는 전혀 무관하다.

해 설 ★★★

인덕턴스 $L = 0.05 + 0.4605 \log_{10} \dfrac{D}{r}$ [mH/km]에서, 지중선은 가공선에 비하여 전선의 간격(D)이 작으므로 지중 케이블이 가공전선보다도 인덕턴스가 작다.

[답] ③

12 배전 선로의 전기방식 중 전선의 중량(전선 비용)이 가장 적게 소요되는 전기방식은? (단, 상전압, 거리, 전력 및 선로 손실 등은 같다.)

① 단상 2선식
② 3상 3선식
③ 단상 3선식
④ 3상 4선식

해 설 ★★★★

배전 방식별 전선 소요량 비교
(1) 단상 2선식 : 1 (기준)
(2) 단상 3선식 : 3/8 (0.375)
(3) 3상 3선식 : 3/4 (0.75)
(4) 3상 4선식 : 1/3 (0.33)

[답] ④

13 동일한 전압에서 동일한 전력을 송전할 때 역률을 0.8에서 0.9로 개선하면 전력 손실은 약 몇 [%] 감소하는가?

① 5
② 10
③ 21
④ 40

해 설 ★★★★

(1) 전력 손실은,
$$P_l = 3I^2R = 3\left(\dfrac{P}{\sqrt{3}\,V\cos\theta}\right)^2 R$$
$$= \dfrac{P^2 R}{V^2 \cos^2\theta} \text{ [W] 으로서,}$$
$P_l \propto \dfrac{1}{\cos^2\theta}$ 이므로

· $\dfrac{P_{l2}}{P_{l1}} = \left(\dfrac{\cos\theta_1}{\cos\theta_2}\right)^2 = \left(\dfrac{0.8}{0.9}\right)^2 = 0.79$

(2) 따라서, 전력손실 감소는,
$1 - 0.79 = 0.21$ (∴ 21[%])

[답] ③

14 배전용 주상 변압기의 2차 측 접지 보호의 목적은?

① 1차 측 과부하 보호
② 2차 회로의 단락 보호
③ 2차 측 접지의 확산 방지
④ 1차 측과 2차 측의 혼촉에 대한 보호

해설 ★★

주상 변압기 2차 측을 접지하는 이유는 변압기 1차와 2차 회로의 혼촉 사고 시 2차 측 부하에 과전압이 유기되는 것을 방지하기 위함이다. [답] ④

15 플리커 예방을 위한 수용가 측의 대책이 아닌 것은?

① 공급 전압을 승압한다.
② 전압 강하를 보상한다.
③ 전원 계통에 리액터분을 보상한다.
④ 부하의 무효전력 변동분을 흡수한다.

해설 ★★

플리커 방지 대책
(1) 승압 (공급자 측 대책)
(2) 전압강하를 보상
(3) 플리커 발생 부하를 전용 공급
(4) 전원의 유도성 리액터분 보상
(5) 부하의 무효전력 변동분을 흡수 [답] ①

16 변류기를 개방할 때 2차 측을 단락하는 이유는?

① 1차 측 과전류 보호
② 1차 측 과전압 방지
③ 2차 측 과전류 보호
④ 2차 측 절연 보호

해설 ★★★★

변류기(CT) : 변류기 2차 개방 시 1차전류가 모두 여자전류가 되어 2차 측에 과전압이 유기되어 절연 파괴의 우려가 있다. (변류기 개방 시 2차 측을 단락시킨다.) [답] ④

17 그림과 같은 수전단 전력 원선도가 있다. 부하 직선을 참고하여 전압조정을 위한 조상 설비가 없어도 정전압 운전이 가능한 부하 전력은 대략 어느 정도일 때인가?

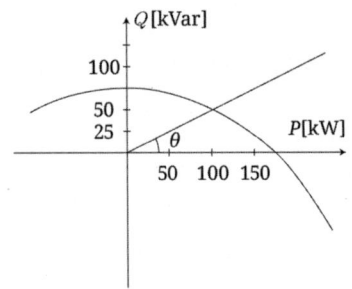

① 무부하일 때
② 50[kW]일 때
③ 100[kW]일 때
④ 150[kW]일 때

해설 ★

문제에 주어진 원선도에서 100[kW] 부하에서 역률 직선과 원선도가 일치하는 위치로서 이 지점에서는 조상설비가 필요 없다. [답] ③

18 22.9[kV]로 수전하는 자가용 전기 설비가 있다. 수전점에서 계산한 3상 단락용량이 520[MVA]일 때 차단기의 정격차단전류는 약 몇 [kA]인가?

① 3.5   ② 5.5
③ 8.5   ④ 12.5

해설 ★★

$$I_s = \frac{P_s}{\sqrt{3}\,V} = \frac{520}{\sqrt{3} \times 22.9 \times \frac{1.2}{1.1}} = 12.5[kA]$$

($\therefore 22.9 \times \frac{1.2}{1.1}$: 정격전압)

[답] ④

19 지상 높이 h[m]인 곳에 수평 하중 P[kg]을 받는 전주에 지선을 설치할 때 지선 l[m]이 받는 장력은 몇 [kg]인가?

① $\dfrac{l}{h}P$ ② $\dfrac{\sqrt{l^2-h^2}}{h}P$

③ $\dfrac{l}{\sqrt{l^2-h^2}}P$ ④ $\dfrac{h^2}{\sqrt{l^2-h^2}}P$

해 설 ★

$T_0 = \dfrac{P}{\cos\theta} \Rightarrow \therefore T_0 = \dfrac{P}{\dfrac{\sqrt{l^2-h^2}}{l}}$

$\therefore T_0 = \dfrac{l}{\sqrt{l^2-h^2}}P$

[답] ③

20 △ 결선의 3상 3선식 배전선로가 있다. 1선이 지락하는 경우 건전상의 전위상승은 지락 전의 몇 배인가?

① $\dfrac{\sqrt{3}}{2}$ ② 1

③ $\sqrt{2}$ ④ $\sqrt{3}$

해 설 ★★

비접지 방식(△ 결선)에서 1선 지락사고 발생 시 건전상의 전위는 $\sqrt{3}$ 배로 상승한다.

[답] ④

• 전기공사산업기사 필기 　전력공학

2017년 기출문제

제 1 회　전기(공사)산업기사 필기시험

1 어떤 건물에서 총 설비 부하용량이 700[kW], 수용률이 70[%]라면, 변압기 용량은 최소 몇 [kVA]로 하여야 하는가? (단, 여기서 설비 부하의 종합 역률은 0.8이다.)

① 425.9　　② 513.8
③ 612.5　　④ 739.2

해 설 ★★

$$TR[\text{kVA}] = \frac{700[\text{kW}] \times 0.7}{0.8} = 612.5[\text{kVA}]$$

[답] ③

2 전력계통에서 안정도의 종류에 속하지 않는 것은?

① 상태 안정도　② 정태 안정도
③ 과도 안정도　④ 동태 안정도

해 설 ★★

안정도의 종류 : 정태 안정도, 과도 안정도, 동태 안정도

[답] ①

3 다음 중 VCB의 소호 원리로 맞는 것은?

① 압축된 공기를 아크에 불어넣어서 차단
② 절연유 분해가스의 흡부력을 이용해서 차단
③ 고진공에서 전자의 고속도 확산에 의해 차단
④ 고성능 절연 특성을 가진 가스를 이용하여 차단

해 설 ★★

진공차단기(VCB)의 소호 매체 = 진공

[답] ③

4 직접접지 방식에 대한 설명이 아닌 것은?

① 과도 안정도가 좋다.
② 변압기의 단절연이 가능하다.
③ 보호 계전기의 동작이 용이하다.
④ 계통의 절연 수준이 낮아지므로 경제적이다.

해 설 ★★★★

직접접지 방식은 지락 고장 시 지락 전류가 커서 계통의 안정도가 나빠진다.

[답] ①

5 3,300[V], 60[Hz], 뒤진 역률 60[%], 300[kW]의 단상 부하가 있다. 그 역률을 100[%]로 하기 위한 전력용 콘덴서의 용량은 몇 [kVA]인가?

① 150　　② 250
③ 400　　④ 500

해 설 ★★★

$Q_c = P(\tan\theta_1 - \tan\theta_2) = 300 \times (\dfrac{0.8}{0.6} - \dfrac{0}{1.0})$
$= 400[\text{kVA}]$

[답] ③

6 일반적으로 전선 1가닥의 단위 길이당 작용 정전용량이 다음과 같이 표시되는 경우 D가 의미하는 것은?

$$C_n = \dfrac{0.02413\varepsilon_s}{\log_{10}\dfrac{D}{r}} \ [\mu\text{F/km}]$$

① 선간거리　　② 전선 지름
③ 전선 반지름　④ 선간거리 $\times \dfrac{1}{2}$

해 설 ★★

D의 의미는 전선 간의 선간거리[m]를 말한다.

[답] ①

7 19/1.8[mm] 경동 연선의 바깥 지름은 몇 [mm]인가?

① 5　　② 7
③ 9　　④ 11

해 설 ★

(1) 문제의 조건인 19/1.8의 의미는 소선수가 19 가닥이고, 소선의 지름이 1.8[mm]를 사용했다는 것으로 우선 연선의 층수를 계산하면,
$N = 19 = 3n(n+1) + 1$ 에서, $n = 2$층
(2) $D = (2n+1)d = (2 \times 2 + 1) \times 1.8$
$= 9[\text{mm}]$

[답] ③

8 갈수량이란 어떤 유량을 말하는가?

① 1년 365일 중 95일간은 이보다 낮아지지 않는 유량
② 1년 365일 중 185일간은 이보다 낮아지지 않는 유량
③ 1년 365일 중 275일간은 이보다 낮아지지 않는 유량
④ 1년 365일 중 355일간은 이보다 낮아지지 않는 유량

해 설 ★

갈수량 = 1년(365일) 중 355일간은 충분히 확보될 수 있는 하천의 유량

[답] ④

9 동작전류가 커질수록 동작시간이 짧게 되는 특성을 가진 계전기는?

① 반한시 계전기   ② 정한시 계전기
③ 순한시 계전기   ④ 부한시 계전기

해설 ★★★★

반한시 계전기 :
• 동작전류가 작으면 동작시간이 길다.
• 동작전류가 커질수록 동작시간이 짧아진다.

[답] ①

10 3상 3선식 1선 1[km]의 임피던스가 Z [Ω]이고, 어드미턴스가 Y[℧]일 때 특성 임피던스는?

① $\sqrt{\dfrac{Z}{Y}}$ ② $\sqrt{\dfrac{Y}{Z}}$
③ $\sqrt{ZY}$ ④ $\sqrt{Z+Y}$

해설 ★★

특성 임피던스 :
• $Z_0 = \sqrt{\dfrac{Z}{Y}} = \sqrt{\dfrac{R+j\omega L}{G+j\omega C}} = \sqrt{\dfrac{L}{C}}$ [Ω]

[답] ①

11 피뢰기의 제한전압에 대한 설명으로 옳은 것은?

① 방전을 개시할 때의 단자전압의 순시값
② 피뢰기 동작 중 단자전압의 파고값
③ 특성요소에 흐르는 전압의 순시값
④ 피뢰기에 걸린 회로전압

해설 ★★★★

제한전압 = 피뢰기 동작 중 피뢰기 양 단자간의 전압 파고값

[답] ②

12 가공 선로에서 이도를 D[m]라 하면 전선의 실제 길이는 경간 S[m]보다 얼마나 차이가 나는가?

① $\dfrac{5D}{8S}$ ② $\dfrac{5D^2}{8S}$ ③ $\dfrac{5D}{8S^2}$ ④ $\dfrac{8D^2}{3S}$

해설 ★★

전선의 실제 길이 : $L = S + \dfrac{8D^2}{3S}$ [m] 이므로,
실제길이(L)은 경간(S)보다 $\dfrac{8D^2}{3S}$ 만큼 더 길다.

[답] ④

13 유도뢰에 대한 차폐에서 가공지선이 있을 경우 전선상에 유기되는 전하를 q_1, 가공지선이 없을 때 유기되는 전하를 q_0라 할 때 가공지선의 보호율을 구하면?

① $\dfrac{q_0}{q_1}$ ② $\dfrac{q_1}{q_0}$
③ $q_1 \times q_0$ ④ $q_1 - \mu_s q_0$

해설 ★

가공지선의 보호율 :
$m = \dfrac{\text{가공지선이 있을 경우의 유기전하}(q_1)}{\text{가공지선이 없을 경우의 유기전하}(q_0)}$

[답] ②

14 선간 단락 고장을 대칭좌표법으로 해석할 경우 필요한 것 모두를 나열한 것은?

① 정상 임피던스
② 역상 임피던스
③ 정상 임피던스, 역상 임피던스
④ 정상 임피던스, 영상 임피던스

해설 ★★★★

(1) 지락사고 : 영상분, 정상분, 역상분 모두 존재
(2) 단락사고 : 정상분과 역상분만 존재

[답] ③

15 거리 계전기의 종류가 아닌 것은?

① 모우(Mho) 형
② 임피던스(Impedance) 형
③ 리액턴스(Reactance) 형
④ 정전용량(Capacitance) 형

> **해 설** ★
>
> 거리 계전기의 종류 :
> • 임피던스 형
> • 오옴(Ohm) 형
> • 모오(Mho) 형
> • 오프셋 모오(Off-set Mho) 형
> • 리액턴스 형
>
> [답] ④

16 저수지에서 취수구에 제수문을 설치하는 목적은?

① 낙차를 높인다.
② 어족을 보호한다.
③ 수차를 조절한다.
④ 유량을 조절한다.

> **해 설** ★★
>
> 제수문의 역할 : 수력 발전소의 유량을 조절한다.
>
> [답] ④

17 전력용 퓨즈의 설명으로 옳지 않은 것은?

① 소형으로 큰 차단용량을 갖는다.
② 가격이 싸고 유지보수가 간단하다.
③ 밀폐형 퓨즈는 차단 시에 소음이 없다.
④ 과도 전류에 의해 쉽게 용단되지 않는다.

> **해 설** ★★★
>
> 전력퓨즈(P.F) : 과도전류나 돌입전류에 용단될 수도 있는 단점이 있다.
>
> [답] ④

18 송전단 전압이 154[kV], 수전단 전압이 150[kV]인 송전선로에서 부하를 차단하였을 때 수전단 전압이 152[kV]가 되었다면 전압 변동률은 약 몇 [%]인가?

① 1.11   ② 1.33
③ 1.63   ④ 2.25

> **해 설** ★★
>
> 전압 변동률 : $\delta = \dfrac{V_{r0} - V_r}{V_r} \times 100$
>
> $= \dfrac{152 - 150}{150} \times 100 = 1.33[\%]$
>
> [답] ②

19 전력 원선도의 가로축(㉠)과 세로축(㉡)이 나타내는 것은?

① ㉠ 최대 전력, ㉡ 피상 전력
② ㉠ 유효 전력, ㉡ 무효 전력
③ ㉠ 조상 용량, ㉡ 송전 손실
④ ㉠ 송전 효율, ㉡ 코로나 손실

> **해 설** ★★
>
> 전력 원선도에서,
> 가로축 = 유효전력(P)
> 세로축 = 무효전력(Q)
>
> [답] ②

20 역률 개선을 통해 얻을 수 있는 효과와 거리가 먼 것은?

① 고조파 제거
② 전력손실의 경감
③ 전압강하의 경감
④ 설비용량의 여유분 증가

> **해 설** ★★★★
>
> 역률개선 효과 :
> • 전력손실 감소   • 전압강하 감소
> • 설비용량의 여유 증대   • 전기요금 절약
>
> [답] ①

제2회 전기(공사)산업기사 필기시험

1 경수감속 냉각형 원자로에 속하는 것은?

① 고속 증식로
② 열중성자로
③ 비등수형 원자로
④ 흑연감속 가스 냉각로

해 설 ★

비등수형 원자로(BWR), 가압 경수형 원자로(PWR) 모두 냉각재 및 감속재를 경수(H_2O)를 사용한다.

[답] ③

2 송전선로의 보호 방식으로 지락에 대한 보호는 영상 전류를 이용하여 어떤 계전기를 동작시키는가?

① 선택 지락 계전기
② 전류차동 계전기
③ 과전압 계전기
④ 거리 계전기

해 설 ★★★★

(1) 영상 전류(지락 전류)는 지락 계전기(GR)를 동작시킨다.
(2) 선택 지락 계전기(SGR) : 지락 계전기에 선택 기능의 추가로 2회선 이상의 선택 지락 사고 차단

[답] ①

3 3상 배전선로의 전압 강하율[%]을 나타내는 식이 아닌 것은? (단, V_s : 송전단 전압, V_r : 수전단 전압, I : 전부하 전류, P : 부하 전력, Q : 무효 전력 이다.)

① $\dfrac{PR+QX}{V_r^2} \times 100$

② $\dfrac{V_s + V_r}{V_r} \times 100$

③ $\dfrac{V_s - V_r}{V_r} \times 100$

④ $\dfrac{\sqrt{3}I}{V_r}(R\cos\theta + X\sin\theta) \times 100$

해 설 ★★

$$\epsilon = \frac{V_s - V_r}{V_r} \times 100[\%]$$
$$= \frac{\sqrt{3}I}{V_r}(R\cos\theta + X\sin\theta) \times 100[\%]$$
$$= \frac{V_r\sqrt{3}I}{V_r^2}(R\cos\theta + X\sin\theta) \times 100[\%]$$
$$= \frac{PR+QX}{V_r^2} \times 100[\%]$$

[답] ②

4 송전선로에 근접한 통신선에 유도장해가 발생하였다. 전자유도의 주된 원인은?

① 영상 전류
② 정상 전류
③ 정상 전압
④ 역상 전압

해 설 ★★★★

(1) 정전유도 장해 = 전력선과 통신선 간의 상호 정전용량이 원인(영상 전압)
(2) 전자유도 장해 = 전력선과 통신선 간의 상호 인덕턴스가 원인(영상 전류)

[답] ①

5 3상으로 표준 전압 3[kV], 800[kW]를 역률 0.9로 수전하는 공장의 수전회로에 시설할 계기용 변류기의 변류비로 적당한 것은? (단, 변류기의 2차 전류는 5[A]이며, 여유율은 1.2로 한다.)

① 10 ② 20 ③ 30 ④ 40

해 설 ★★

(1) $I_1 = \dfrac{P}{\sqrt{3}\,V\cos\theta} \times 1.2 = \dfrac{800}{\sqrt{3}\times 3\times 0.9}\times 1.2$
  $= 205.28\,[A]$
  205.28[A]을 규격값 200[A]로 정함

(2) $I_2 = 5\,[A]$ 이므로, $a = \dfrac{I_1}{I_2} = \dfrac{200}{5} = 40\,(배)$

[답] ④

6 3,000[kW], 역률 80[%](뒤짐)의 부하에 전력을 공급하고 있는 변전소에 전력용 콘덴서를 설치하여 변전소에서의 역률을 90[%]로 향상시키는 데 필요한 전력용 콘덴서의 용량은 약 몇 [kVA]인가?

① 600 ② 700 ③ 800 ④ 900

해 설 ★★★

$Q_c = 3,000\left(\dfrac{0.6}{0.8} - \dfrac{\sqrt{1-0.9^2}}{0.9}\right) = 800\,[\text{kVA}]$

[답] ③

7 발전기나 변압기의 내부 고장 검출에 주로 사용되는 계전기는?

① 역상 계전기 ② 과전압 계전기
③ 과전류 계전기 ④ 비율차동 계전기

해 설 ★★★

비율차동 계전기(87) : 발전기, 변압기, 모선 보호용

[답] ④

8 다음 중 표준형 철탑이 아닌 것은?

① 내선 철탑 ② 직선 철탑
③ 각도 철탑 ④ 인류 철탑

해 설 ★★

표준형 철탑 종류 : 직선 철탑, 각도 철탑, 인류 철탑, 내장 철탑

[답] ①

9 개폐 서지를 흡수할 목적으로 설치하는 것의 약어는?

① CT ② SA
③ GIS ④ ATS

해 설 ★★

(1) LA(피뢰기) : 직격뢰(뇌서지)로부터 기기보호 목적
(2) SA(서지흡수기) : 개폐서지로부터 기기보호 목적

[답] ②

10 역률 0.8인 부하 480[kW]를 공급하는 변전소에 전력용 콘덴서 220[kVA]를 설치하면 역률은 몇 [%]로 개선할 수 있는가?

① 92 ② 94 ③ 96 ④ 99

해 설 ★★★

(1) $Q_L = P\tan\theta = 480 \times \dfrac{0.6}{0.8} = 360\,[\text{kVar}]$

(2) $Q' = Q_L - Q_C = 360 - 220 = 140\,[\text{kVar}]$

(3) $\cos\theta = \dfrac{P}{P_a} = \dfrac{480}{\sqrt{480^2 + 140^2}} = 0.96\,(\therefore 96[\%])$

[답] ③

11 1,000[kVA]의 단상 변압기 3대를 △-△ 결선의 1뱅크로 하여 사용하는 변전소가 부하 증가로 다시 1대의 단상 변압기를 증설하여 2뱅크로 사용하면 최대 약 몇 [kVA]의 3상 부하에 적용할 수 있는가?

① 1,730 ② 2,000
③ 3,460 ④ 4,000

해 설 ★★

$2P_V = 2 \times \sqrt{3}P = 2\sqrt{3} \times 1,000$
$= 3,464.10 ≒ 3,460[kVA]$

[답] ③

12 전력계통의 전압 안정도를 나타내는 $P-V$ 곡선에 대한 설명 중 적합하지 않은 것은?

① 가로축은 수전단 전압을, 세로축은 무효 전력을 나타낸다.
② 진상 무효전력이 부족하면 전압은 안정되고 진상 무효전력이 과잉되면 전압은 불안정 하게 된다.
③ 전압 불안정 현상이 일어나지 않도록 전압을 일정하게 유지하려면 무효전력을 적절하게 공급하여야 한다.
④ $P-V$ 곡선에서 주어진 역률에서 전압을 증가시키더라도 송전할 수 있는 최대 전력이 존재하는 임계점이 있다.

해 설 ★

$P-V$ 곡선은 계통의 전압 안정도를 판정하기 위한 특성곡선으로서 가로축은 유효전력, 세로축은 전압을 나타낸다.

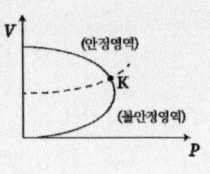

[답] ①

13 배전선로의 전기적 특성 중 그 값이 1 이상인 것은?

① 전압 강하율 ② 부등률
③ 부하율   ④ 수용률

해 설 ★★

부등률은 $\dfrac{\text{각 부하의 최대 전력의 합}}{\text{합성 최대 전력}}$ 으로서, 항상 1보다 큰 값을 갖는다.

[답] ②

14 배전선로에 3상 3선식 비접지 방식을 채용할 경우 장점이 아닌 것은?

① 과도 안정도가 크다.
② 1선 지락고장 시 고장전류가 작다.
③ 1선 지락고장 시 인접 통신선의 유도장해가 작다.
④ 1선 지락고장 시 건전상의 대지전위 상승이 작다.

해 설 ★★★

비접지방식은 1선 지락사고 시 건전상의 대지전압 상승이 $\sqrt{3}$ 배로서 큰 편이다.

[답] ④

15 기력 발전소의 열사이클 과정 중 단열 팽창 과정에서 물 또는 증기 상태 변화로 옳은 것은?

① 습증기 → 포화액
② 포화액 → 압축액
③ 과열 증기 → 습증기
④ 압축액 → 포화액 → 포화 증기

해 설 ★

기력 발전소의 열사이클 과정에서 단열팽창은 증기 터빈에서 발생하며, 이 과정을 거치면서 과열증기가 습증기로 변환되면서 열량을 소비한다.

[답] ③

16 장거리 송전선로의 특성을 표현한 회로로 옳은 것은?

① 분산부하 회로   ② 분포정수 회로
③ 집중정수 회로   ④ 특성 임피던스 회로

해설 ★★★

장거리 선로는 R, L, G, C의 4정수가 선로에 고르게 분포된 회로이므로, 오차를 적게 해석하기 위해 반드시 분포정수 회로로 해석해야 한다.

[답] ②

17 3,300[V] 배전선로의 전압을 6,600[V]로 승압하고 같은 손실률로 송전하는 경우 송전전력은 승압전의 몇 배인가?

① $\sqrt{3}$ ② 2   ③ 3   ④ 4

해설 ★★★★

$$\frac{P_2}{P_1} = \left(\frac{V_2}{V_1}\right)^2 = \left(\frac{6,600}{3,300}\right)^2 = 4\,[\text{배}]$$

[답] ④

18 배전전압, 배전거리 및 전력손실이 같다는 조건에서 단상 2선식 전기 방식의 전선 총 중량을 100[%]라 할 때 3상 3선식 전기 방식은 몇 [%]인가?

① 33.3   ② 37.5
③ 75.0   ④ 100.0

해설 ★★★★

전기방식	전선중량비
단상 2선식	1 (기준)
단상 3선식	$\frac{3}{8}$
3상 3선식	$\frac{3}{4}$
3상 4선식	$\frac{1}{3}$

[답] ③

19 외뢰(外雷)에 대한 주 보호장치로서 송전계통의 절연협조의 기본이 되는 것은?

① 애자   ② 변압기
③ 차단기   ④ 피뢰기

해설 ★★★★

피뢰기의 제한전압 = 절연 협조의 기준

[답] ④

20 수전단을 단락한 경우 송전단에서 본 임피던스는 300[Ω]이고, 수전단을 개방한 경우에는 1,200[Ω]일 때 이 선로의 특성 임피던스는 몇 [Ω]인가?

① 300   ② 500
③ 600   ④ 800

해설 ★★

$$Z_0 = \sqrt{\frac{Z_s}{Y_f}} = \sqrt{Z_s Z_f} = \sqrt{300 \times 1,200} = 600\,[\Omega]$$

[답] ③

제 4 회 전기공사산업기사 필기시험

1 다음 중 대한민국에서 가장 많이 사용하는 현수애자의 폭의 표준은 몇 [mm]인가?

① 160　　② 250
③ 280　　④ 320

해설 ★★

현수애자의 규격은 250[mm], 280[mm], 320[mm]가 있으며, 가장 많이 사용되는 현수애자는 250[mm]이다.

[답] ②

2 다음 중 코로나 방지 대책으로 적당하지 않은 것은?

① 복도체를 사용한다.
② 가선 금구를 개량한다.
③ 선간거리를 감소시킨다.
④ 가선 시 전선 표면이 금구를 손상하지 않게 한다.

해설 ★★★★

코로나가 발생하는 임계 전압
$E_0 = 24.3 m_0 m_1 d \log_{10} \dfrac{D}{r}$ [mH/km]에서 선간거리 (D [m])를 감소시키면 임계 전압이 더욱 작아져 코로나 발생이 더 자주 일어난다.

[답] ③

3 그림과 같은 선로에서 점 F에서의 1선 지락이 발생한 경우 영상 임피던스는?

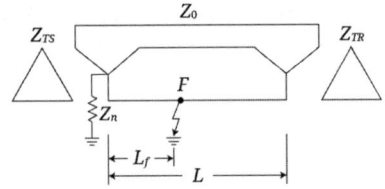

① $Z_{TS} + Z_n + 3Z_0$
② $Z_{TS} + 3Z_n + Z_0$
③ $Z_{TS} + Z_n + Z_0 \dfrac{L_f}{L}$
④ $Z_{TS} + 3Z_n + Z_0 \dfrac{L_f}{L}$

해설 ★★★

(1) 영상 전류의 성질 :
   ❶ 영상분은 변압기 △결선 내부에서 순환하여 소멸하고, 비접지 회로에는 흐를 수 없다.
   ❷ 접지 임피던스에는 영상 전류가 3배가 흐르므로, 접지 임피던스 값을 3배로 한다.
   ❸ 선로 전체 길이 L중에서 지락 고장점이 L_f 지점에서 발생하였으므로 이를 감안한다.
(2) 위 내용을 문제에 주어진 회로에 적용하여 영상 임피던스를 구하면,
   • $Z = Z_{TS} + 3Z_n + Z_0 \times \dfrac{L_f}{L}$ [Ω]

[답] ④

4 옥내배선 공사에서 간선(도체)의 굵기를 결정하기 위해서 고려할 사항이 아닌 것은?

① 전압 강하   ② 기계적 강도
③ 전선의 길이 ④ 전선의 허용전류

해 설 ★★

전선 굵기 결정 시 고려 사항
(1) 허용 전류 (2) 전압 강하 (3) 기계적 강도
[답] ③

5 과전류 계전기의 탭 값은 무엇으로 표시되는가?

① 변류기의 권수비
② 계전기의 동작시한
③ 계전기의 최대 부하전류
④ 계전기의 최소 동작전류

해 설 ★★

과전류 계전기는 고장 발생 시 신속하게 동작하여야 하므로 최소 동작전류에 탭 값을 조정한다.
[답] ④

6 같은 전력을 수송하는 배전선로에서 다른 조건은 현 상태로 유지하고 역률만을 개선할 때의 효과로 기대하기 어려운 것은?

① 고조파의 경감
② 전압강하의 경감
③ 배전선의 손실 경감
④ 설비 용량의 여유 증가

해 설 ★★★★

역률 개선 효과
(1) 전력 손실 감소
(2) 전압 강하, 변압 변동률 감소
(3) 설비 용량 여유 증가
(4) 전기 요금 절약
[답] ①

7 선로의 특성 임피던스에 대한 설명으로 알맞은 것은?

① 선로의 길이에 비례한다.
② 선로의 길이에 반비례한다.
③ 선로의 길이에 관계없이 일정하다.
④ 선로의 길이보다 부하에 따라 변화한다.

해 설 ★★★

선로의 특성 임피던스는
$Z_0 = \sqrt{\dfrac{Z}{Y}} = \sqrt{\dfrac{R+j\omega L}{G+j\omega C}}\,[\Omega]$ 으로서,
선로 길이가 증가하면, 4정수(R, L, G, C)가 모두 증가하여 결국 특성 임피던스 값은 변화가 없다.
[답] ③

8 유효낙차 30[m], 출력 2,000[kW]의 수차 발전기를 전부하로 운전하는 경우 1시간당 사용 수량은 약 몇 [m³]인가? (단, 수차 및 발전기의 효율은 각각 95[%], 82[%]로 한다.)

① 15,500   ② 22,500
③ 25,500   ④ 31,500

해 설 ★

• $P = 9.8QH\eta\,[\text{kW}]$ 에서,
• $Q = \dfrac{P}{9.8H\eta} = \dfrac{2,000}{9.8 \times 30 \times 0.95 \times 0.82}$
  $= 8.73\,[\text{m}^3/\text{s}] \times 60 \times 60\,[\text{sec}] = 31,437\,[\text{m}^3]$
[답] ④

9 임피던스 Z_1, Z_2 및 Z_3을 그림과 같이 접속한 선로의 A쪽에서 전압파 E가 진행해 왔을 때 접속점 B에서 무반사로 되기 위한 조건은?

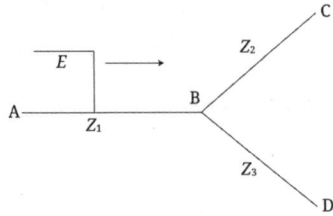

① $Z_1 = Z_2 + Z_3$
② $\dfrac{1}{Z_1} = \dfrac{1}{Z_3} - \dfrac{1}{Z_2}$
③ $\dfrac{1}{Z_1} = \dfrac{1}{Z_2} + \dfrac{1}{Z_3}$
④ $\dfrac{1}{Z_1} = -\dfrac{1}{Z_2} - \dfrac{1}{Z_3}$

해설 ★★★

무반사로 되기 위해서는 $A-B$ 구간의 임피던스 값과 $B-C$, $B-D$ 구간의 병렬 합성 임피던스 값이 같아야 하므로,
$Z_1 = \dfrac{Z_2 \times Z_3}{Z_2 + Z_3}$ 이 되고,
이 식을 좌변과 우변 모두 역수를 취해서 정리하면,
$\dfrac{1}{Z_1} = \dfrac{Z_2 + Z_3}{Z_2 Z_3} \Rightarrow \therefore \dfrac{1}{Z_1} = \dfrac{1}{Z_3} + \dfrac{1}{Z_2}$

[답] ③

10 차단기와 비교하여 전력 퓨즈에 대한 설명으로 적합하지 않은 것은?

① 가격이 저렴하다.
② 보수가 간단하다.
③ 고속 차단을 할 수 있다.
④ 재투입을 할 수 있다.

해설 ★★★

전력 퓨즈(PF)의 가장 큰 단점은 한 번 동작해서 퓨즈가 용단되면 재사용이 안 된다는 점이다.

[답] ④

11 154[kV] 2회선 송전 선로의 길이가 154[km]이다. 송전용량 계수법에 의하면 송전용량은 약 몇 [MW]인가? (단, 154[kV]의 송전용량 계수는 1,300이다.)

① 250   ② 300
③ 350   ④ 400

해설 ★★

• $P = k\dfrac{V^2}{l} = 1,300 \times \dfrac{154^2}{154}$
$= 200,200 [\text{kW}] \fallingdotseq 200 [\text{MW}]$ 이고,
2회선 선로라 하였으므로 전체 송전용량은
$P = 200 \times 2 = 400 [\text{MW}]$

[답] ④

12 다음 중 송·배전 선로의 진동 방지 대책에 사용되지 않는 기구에 해당되는 것은?

① 댐퍼   ② 죔임쇠
③ 클램프   ④ 아머 로드

해설 ★

전선의 미풍에 의한 진동 방지 장치 : 댐퍼, 아머 로드, 프리 센터형 현수 클램프

[답] ②

13 소호 리액터 접지 계통에서 리액터의 탭을 사용할 경우 합조도가 부족 보상 상태로 운전하면 안 되는 이유는?

① 전력 손실을 줄이기 위해서
② 통신선에 대한 유도장해를 줄이기 위해서
③ 접지 계전기의 동작을 확실하게 하기 위해서
④ 지락사고 발생 시 건전상의 대지전압이 과도하게 상승할 우려가 있기 때문에 위험 방지를 위해서

해설 ★★

소호 리액터를 부족 보상 $\left(\omega L > \dfrac{1}{3\omega C}\right)$로 하게 되면, 고장 발생 시 정전 용량 C가 감소하므로 $\omega L = \dfrac{1}{3\omega C}$의 조건이 근접하게 되어 합조도 효과가 없어지게 된다. 따라서 과도한 이상 전압의 발생 가능성이 커지게 된다.

[답] ④

14 공기 차단기에 비해 SF_6 가스 차단기의 특징으로 볼 수 없는 것은?

① 밀폐된 구조이므로 소음이 없다.
② 소전류 차단 시 이상전압이 높다.
③ 아크에 SF_6 가스는 분해되지 않고 무독성이다.
④ 같은 압력에서 공기의 2~3배 정도의 절연 내력이 있다.

해설 ★★★

가스 차단기는 다른 차단기에 비해서 차단 성능이 가장 우수하여 비교적 값이 작은 소전류를 차단할 때에도 이상전압이 거의 없는 편이다.

[답] ②

15 송전선로에서 코로나 임계전압이 높아지는 경우는?

① 기압이 낮은 경우
② 온도가 높아지는 경우
③ 전선의 지름이 큰 경우
④ 상대 공기밀도가 작을 경우

해설 ★★★★

코로나가 발생하는 임계전압
$E_0 = 24.3 m_0 m_1 d \log_{10} \dfrac{D}{r}$ [mH/km]에서
코로나 임계전압을 높이는 가장 유효한 방법은 전선의 지름(d)을 크게 하는 방법으로서, 이에는 굵은 전선 사용, 다도체(복도체)의 사용이 있다.

[답] ③

16 반한시 계전기의 동작 특성에 대한 설명으로 가장 알맞은 것은?

① 설정된 값 이상의 전류가 흘렀을 때 동작 전류의 크기와는 관계없이 항상 일정한 시간 후에 작동한다.
② 설정된 최소 동작 전류 이상의 전류가 흐르면 즉시 작동하는 것으로 한도를 넘은 양과는 관계없이 작동한다.
③ 동작 시간이 어느 전류값까지는 그 크기에 따라 반비례 특성을 가지며 그 이상이 되면 일정한 시간 후에 작동한다.
④ 동작 시간이 전류값의 크기에 따라 변하는 것으로 전류값이 클수록 빠르게 작동하고 반대로 전류값이 작아질수록 느리게 작동한다.

해설 ★★★★★

반한시 계전기의 특성은, 동작 전류가 작을 때에는 느리게 동작되었다가 동작 전류가 커질수록 동작 시간이 빨라지는 계전기이다.

[답] ④

17 전력선과 통신선과의 상호 인덕턴스에 의하여 발생되는 유도장해는?

① 전력 유도장해 ② 전자 유도장해
③ 정전 유도장해 ④ 고조파 유도장해

해설 ★★★★

(1) 정전 유도장해 : 전력선과 통신선 간의 상호 정전용량에 의해서 발생
(2) 전자 유도장해 : 전력선과 통신선 간의 상호 인덕턴스에 의해서 발생

[답] ②

18 피뢰기의 직렬 갭의 작용은?

① 이상전압의 진행파를 증가시킨다.
② 상용 주파수의 전류를 방전시킨다.
③ 이상전압의 파고치를 저감시킨다.
④ 이상전압이 내습하면 뇌전류를 방전하고, 속류를 차단하는 역할을 한다.

해설 ★★★

피뢰기에서 직렬 갭의 역할은, 이상전압 침입 시 재빨리 뇌전류를 대지에 방전시키고, 그 후에 흐르는 정상적인 전류인 속류는 즉시 차단해야 한다.

[답] ④

19 송전선로에서 역섬락이 생기기 가장 쉬운 경우는?

① 선로 손실이 큰 경우
② 코로나 현상이 발생한 경우
③ 선로정수가 균일하지 않을 경우
④ 철탑의 탑각 접지 저항이 큰 경우

해설 ★★★

철탑의 상부에 설치하는 가공 지선의 접지 저항이 너무 크게 되면 가공 지선에서 전력선 측으로 아크방전이 일어나는 역섬락 사고가 우려된다.

[답] ④

20 어떤 발전소에서 발열량 5,000[kcal/kg]의 석탄 15[t]을 사용하여 40,000[kWh]의 전력을 발생하였을 경우 이 발전소의 열효율은 약 몇 [%]인가?

① 23.5 ② 34.4
③ 45.9 ④ 53.4

해설 ★★

$$\eta = \frac{860\,W}{m\,H} \times 100[\%]$$
$$= \frac{860 \times 40,000 \times 1}{15 \times 10^3 \times 5,000} \times 100 = 45.9[\%]$$

[답] ③

• 전기공사산업기사 필기 전력공학

2018년 기출문제

제 1 회 전기(공사)산업기사 필기시험

1 차단기의 정격투입전류란 투입되는 전류의 최초 주파수의 어느 값을 말하는가?

① 평균값
② 최대값
③ 실효값
④ 직류값

해 설 ★★★

차단기의 정격 투입전류 : 차단기의 투입전류의 최초 주파수의 최대값으로 표시되며, 크기는 정격 차단전류(실효값)의 2.5배를 표준으로 한다.

[답] ②

2 화력 발전소에서 가장 큰 손실은?

① 소내용 동력
② 복수기의 방열손
③ 연돌, 배출가스 손실
④ 터빈 및 발전기의 손실

해 설 ★★

화력 발전소에서 가장 열손실이 큰 장치는 복수기로서, 화력 발전 전체 열손실의 50[%] 정도를 차지한다.

[답] ②

3 보일러 급수 중에 포함되어 있는 산소 등에 의한 보일러배관의 부식을 방지할 목적으로 사용되는 장치는?

① 탈기기
② 공기 예열기
③ 급수 가열기
④ 수위 경보기

해 설 ★★

탈기기 : 보일러에 보급되는 급수 중에 산소가 섞여 있으면 보일러 배관이나 터빈 날개 등을 부식시키므로, 이 산소를 제거할 목적으로 설치하는 장치가 탈기기이다.

[답] ①

4 수차의 특유속도 N_s를 나타내는 계산식으로 옳은 것은? (단, 유효낙차 : H[m], 수차의 출력 : P[kW], 수차의 정격 회전수 : N[rpm]이라 한다.)

① $N_s = \dfrac{NP^{\frac{1}{2}}}{H^{\frac{5}{4}}}$
② $N_s = \dfrac{H^{\frac{5}{4}}}{NP}$
③ $N_s = \dfrac{HP^{\frac{1}{4}}}{N^{\frac{5}{4}}}$
④ $N_s = \dfrac{NP^2}{H^{\frac{5}{4}}}$

해 설 ★★

수차의 특유속도(비속도) 산출 식 :

$N_s = N\dfrac{P^{\frac{1}{2}}}{H^{\frac{5}{4}}}$ [m·kW] (폐하 일이오사!)

[답] ①

5 송전계통에서 발생한 고장 때문에 일부 계통의 위상각이 커져서 동기를 벗어나려고 할 경우 이것을 검출하고 계통을 분리하기 위해서 차단하지 않으면 안 될 경우에 사용되는 계전기는?

① 한시 계전기 ② 선택단락 계전기
③ 탈조보호 계전기 ④ 방향거리 계전기

해 설 ★★

탈조보호 계전기 : 전력계통에서 갑작스런 사고 발생 시 동기 발전기와 부하간의 위상각이 크게 벌어지게 되면 발전기가 계통으로부터 분리되어버리는 탈조 현상이 발생하는데 이를 방지하기 위해서 설치하는 계전기 (보통 거리 계전기를 적용)

[답] ③

6 배전선로의 용어 중 틀린 것은?

① 궤전점 : 간선과 분기선의 접속점
② 분기선 : 간선으로 분기되는 변압기에 이르는 선로
③ 간 선 : 급전선에 접속되어 부하로 전력을 공급하거나 분기선을 통하여 배전하는 선로
④ 급전선 : 배전용 변전소에서 인출되는 배전선로에서 최초의 분기점까지의 전선으로 도중에 부하가 접속되어 있지 않은 선로

해 설 ★★

배전선로 관련 용어
(1) 급전선(피더) : 배전용 변전소로부터 최초로 인출된 배전선로
(2) 간선 : 급전선으로부터 인출된 배전선로
(3) 분기선 : 간선으로부터 인출된 배전선로
(4) 궤전점 : 급전선과 배전 간선과의 접속점

[답] ①

7 3상 계통에서 수전단전압 60[kV], 전류 250[A], 선로의 저항 및 리액턴스가 각각 7.61[Ω], 11.85[Ω]일 때 전압강하율은? (단, 부하역률은 0.8(늦음)이다.)

① 약 5.50[%] ② 약 7.34[%]
③ 약 8.69[%] ④ 약 9.52[%]

해 설 ★★

(1) 우선 전압 강하부터 구해보면
- $e = \sqrt{3}\,I(R\cos\theta + X\sin\theta)$
  $= \sqrt{3} \times 250(7.61 \times 0.8 + 11.85 \times 0.6)$
  $= 5,715[V]$

(2) 따라서, 전압 강하율은,
- $\varepsilon = \dfrac{e}{V_r} \times 100[\%]$
  $= \dfrac{5,715}{60,000} \times 100 = 9.52[\%]$

[답] ④

8 송전선로의 중성점 접지의 주된 목적은?

① 단락전류의 제한
② 송전용량의 극대화
③ 전압강하의 극소화
④ 이상전압의 발생방지

해 설 ★★★

중성점 직접접지 방식의 가장 큰 목적 :
1선 지락사고 시 건전상의 대지전압이 가장 작다.
(∴ 문제에서 접지방식의 종류를 특별히 주어지지 않을 경우, 우리나라 한전에서 채택하고 있는 중성점 직접접지 방식을 기준으로 문제를 풀면 된다.)

[답] ④

9 선간거리를 D, 전선의 반지름을 r이라 할 때 송전선의 정전용량은?

① $\log_{10}\dfrac{D}{r}$에 비례한다.
② $\log_{10}\dfrac{r}{D}$에 비례한다.
③ $\log_{10}\dfrac{D}{r}$에 반비례한다.
④ $\log_{10}\dfrac{r}{D}$에 반비례한다.

해 설 ★★★

송전선로의 정전용량 $C = \dfrac{0.02413}{\log_{10}\dfrac{D}{r}}[\mu\text{F/km}]$에서

송전선로의 정전용량 C는 $\log_{10}\dfrac{D}{r}$에 반비례한다.

[답] ③

10 피뢰기의 구비조건이 아닌 것은?

① 속류의 차단 능력이 충분할 것
② 충격 방전 개시전압이 높을 것
③ 상용주파 방전 개시전압이 높을 것
④ 방전 내량이 크고, 제한 전압이 낮을 것

해 설 ★★★★★

피뢰기 구비 조건
(실기 시험에서도 자주 나오는 내용)
(1) 충격 방전 개시전압이 낮을 것
(2) 상용주파 방전 개시전압이 높을 것
(3) 방전 내량이 크면서, 제한 전압이 낮을 것
(4) 속류의 차단 능력이 충분할 것

[답] ②

11 가공 송전선에 사용되는 애자 1연 중 전압 부담이 최대인 애자는?

① 중앙에 있는 애자
② 철탑에 제일 가까운 애자
③ 전선에 제일 가까운 애자
④ 전선으로부터 1/4 지점에 있는 애자

해 설 ★★★

250[mm] 현수애자 10개를 1연으로 한 경우의 전압 부담
(1) 전압 부담이 가장 큰 애자 :
전선에서 가장 가까운 1번째 애자
(2) 전압 부담이 가장 작은 애자 :
전선에서 8번째 애자 (철탑에서 3번째 애자)

[답] ③

12 선간전압, 부하역률, 선로손실, 전선중량 및 배전거리가 같다고 할 경우 단상 2선식과 3상 3선식의 공급전력의 비(단상/3상)는?

① $\dfrac{3}{2}$　　② $\dfrac{1}{\sqrt{3}}$
③ $\sqrt{3}$　　④ $\dfrac{\sqrt{3}}{2}$

해 설 ★★★

(1) 이 문제는 두 방식의 공급 전력의 비를 비교하는 문제이므로 동등한 조건인 1선당 공급전력으로 생각해야 한다.
(2) 단상 2선식의 1선당 공급 전력은
$P = \dfrac{1}{2}EI\cos\theta$ [W]이고,
3상 3선식의 공급 전력은
$P = \dfrac{1}{3}\sqrt{3}\,EI\cos\theta = \dfrac{1}{\sqrt{3}}EI\cos\theta$ [W]
이므로 이를 비교해보면,

$\dfrac{\text{단상 2선식}}{\text{3상 3선식}} = \dfrac{\dfrac{1}{2}EI\cos\theta}{\dfrac{1}{\sqrt{3}}EI\cos\theta} = \dfrac{\sqrt{3}}{2}$

[답] ④

13 영상 변류기와 관계가 가장 깊은 계전기는?

① 차동 계전기 ② 과전류 계전기
③ 과전압 계전기 ④ 선택접지 계전기

해설 ★★★★

전력계통에서 1선 지락사고를 차단하기 위해서는 영상 변류기(ZCT)를 통해서 지락전류(영상 전류)를 검출하여 지락 계전기(GR, SGR)를 동작시킨다.

[답] ④

14 다음 중 그 값이 1 이상인 것은?

① 부등률 ② 부하율
③ 수용률 ④ 전압 강하율

해설 ★★

부등률 = $\dfrac{\text{각 부하의 최대전력의 합계}}{\text{합성 최대전력}}$ 은 일정 값을 가지는(백분율이 아닌 일반 상수) 것으로서, 그 크기는 1보다 항상 같거나 크다.

[답] ①

15 송전선에 복도체를 사용하는 주된 목적은?

① 역률개선
② 정전용량의 감소
③ 인덕턴스의 증가
④ 코로나 발생의 방지

해설 ★★★

복도체(다도체)의 특징
(실기 시험에서도 자주 나오는 내용)
(1) 인덕턴스가 감소한다.
(2) 정전용량이 증가한다.
(3) 송전용량이 증가하여 안정도가 향상된다.
(4) 코로나 임계전압이 증가하여 코로나 발생이 억제된다.

[답] ④

16 고장점에서 전원 측을 본 계통 임피던스를 $Z[\Omega]$, 고장점의 상전압을 $E[V]$라 하면 3상 단락전류 [A]는?

① $\dfrac{E}{Z}$ ② $\dfrac{ZE}{\sqrt{3}}$
③ $\dfrac{\sqrt{3}\,E}{Z}$ ④ $\dfrac{3E}{Z}$

해설 ★★

오옴$[\Omega]$법에 의한 3상 단락전류 계산은
$I_s = \dfrac{E}{Z}$ [A]로서 구한다. 단, E : 상전압[V]

[답] ①

17 송전계통의 안정도 증진방법에 대한 설명이 아닌 것은?

① 전압변동을 작게 한다.
② 직렬 리액턴스를 크게 한다.
③ 고장 시 발전기 입·출력의 불평형을 작게 한다.
④ 고장전류를 줄이고 고장구간을 신속하게 차단한다.

해설 ★★★★★

안정도 향상 대책
(실기 시험에서도 자주 나오는 내용)
(1) 발전기나 변압기의 리액턴스 감소
(2) 직렬 콘덴서 설치
(3) 복도체 또는 다도체 채용
(4) 선로의 병행 회선수 증가
(5) 발전기의 속응 여자 방식 채용
(6) 발전기에 전기식 조속기 설치
(7) 중간 조상방식 채용
(8) 계통 연계
(9) 고장 구간을 신속히 차단
(10) 고저항 접지나 소호 리액터 방식 채용
(11) 고속도 계전기, 고속도 차단기 설치
(12) 고속도 재폐로 방식 채용

[답] ②

18 전력계통에서의 단락용량 증대가 문제가 되고 있다. 이러한 단락용량을 경감하는 대책이 아닌 것은?

① 사고 시 모선을 통합한다.
② 상위전압 계통을 구성한다.
③ 모선 간에 한류 리액터를 삽입한다.
④ 발전기와 변압기의 임피던스를 크게 한다.

해설 ★★

단락 용량(단락 전류)를 감소시키기 위해서는
단락 전류 $I_s = \frac{100}{\%Z} I_n = \frac{100}{\%Z} \times \frac{P_n}{\sqrt{3} V_n}$ [A]
에서, 사고 시 계통의 모선을 분리하여 %Z 값을 증가시켜야 한다.

[답] ①

19 150[kVA] 전력용 콘덴서에 제5고조파를 억제시키기 위해 필요한 직렬리액터의 최소 용량은 몇 [kVA]인가?

① 1.5   ② 3
③ 4.5   ④ 6

해설 ★★

제5고조파를 제거하기 위한 직렬리액터의 용량은 이론적으로,
$X_L = 0.04 X_c = 0.04 \times 150 = 6 [kVA]$

[답] ④

20 전주 사이의 경간이 80[m]인 가공전선로에서 전선 1[m] 당의 하중이 0.37[kg], 전선의 이도가 0.8[m]일 때 수평장력은 몇 [kg]인가?

① 330   ② 350
③ 370   ④ 390

해설 ★★★

이도 계산 식 $D = \frac{WS^2}{8T}$에서,
전선의 수평 장력 T는,
$T = \frac{WS^2}{8D} = \frac{0.37 \times 80^2}{8 \times 0.8} = 370 [kg]$

[답] ③

제 2 회 전기(공사)산업기사 필기시험

1 정정된 값 이상의 전류가 흘렀을 때 동작전류의 크기와 상관없이 항상 정해진 시간이 경과한 후에 동작하는 보호계전기는?

① 순시 계전기
② 정한시 계전기
③ 반한시 계전기
④ 반한시성 정한시 계전기

해 설 ★★★★★

(1) 순한시 계전기 : 최소 동작전류가 흐르면 즉시 동작하는 계전기
(2) 정한시 계전기 : 최소 동작전류가 흐르면 일정한 시간이 지난 후 동작하는 계전기
(3) 반한시 계전기 : 동작전류가 작을 때에는 느리게 동작하고, 동작전류가 커질수록 빨리 동작하는 계전기

[답] ②

2 교류 저압 배전방식에서 밸런서를 필요로 하는 방식은?

① 단상 2선식   ② 단상 3선식
③ 3상 3선식   ④ 3상 4선식

해 설 ★★★

밸런서 : 단상 3선식에서 각상과 중성선 간의 단상 부하의 불평형으로 인한 배전선로 말단 지점에서 전압 불균형이 발생하는 것을 평형으로 유지하는 역할

[답] ②

3 변류기 개방 시 2차 측을 단락하는 이유는?

① 측정 오차 방지
② 2차 측 절연 보호
③ 1차 측 과전류 방지
④ 2차 측 과전류 보호

해 설 ★★★

변류기(CT) : 변류기 2차 개방 시 1차 전류가 모두 여자전류가 되어 2차 측에 과전압이 유기되어 절연 파괴의 우려가 있다. (변류기 개방 시 2차 측을 단락시킨다.)

[답] ②

4 전력용 퓨즈는 주로 어떤 전류의 차단을 목적으로 사용하는가?

① 지락전류   ② 단락전류
③ 과도전류   ④ 과부하전류

해 설 ★★★

전력용 퓨즈(PF) : 차단기의 단락용량이 부족할 때 직렬로 설치된 전력용 퓨즈에서 큰 단락전류를 신속히 차단

[답] ②

5 소호리액터 접지에 대한 설명으로 틀린 것은?

① 지락전류가 작다.
② 과도안정도가 높다.
③ 전자유도장애가 경감된다.
④ 선택지락계전기의 작동이 쉽다.

해설 ★★★

소호리액터 접지 방식
(1) 1선 지락전류가 매우 작아 계속 송전이 가능하여 계통 안정도가 좋다.
(2) 1선 지락전류가 작아 전력선 근처에 설치된 통신선에 대한 유도장해가 작다.
(3) 1선 지락전류가 작아 지락 계전기(접지 계전기)의 동작이 어렵다.

[답] ④

6 단상 2선식의 교류 배전선이 있다. 전선 한 줄의 저항은 0.15[Ω], 리액턴스는 0.25[Ω]이다. 부하는 무유도성으로 100[V], 3[kW]일 때 급전점의 전압은 약 몇 [V]인가?

① 100   ② 110
③ 120   ④ 130

해설 ★★

(1) 1선당 흐르는 전류 :
$I = \dfrac{P}{V\cos\theta} = \dfrac{3,000}{100 \times 1} = 30[A]$
(∴ $\cos\theta = 1$: 무유도성)
(2) 급전점 전압 :
$V_s = V_r + 2I(R\cos\theta + X\sin\theta)$
$\quad = 100 + 2 \times 30 \times (0.15 \times 1 + 0.25 \times 0)$
$\quad = 109[V]$

[답] ②

7 보호계전기 동작이 가장 확실한 중성점 접지방식은?

① 비접지 방식
② 저항접지 방식
③ 직접접지 방식
④ 소호 리액터접지 방식

해설 ★★★★

직접접지 방식
(1) 1선 지락전류가 커서 지락 계전기 동작이 가장 확실하다.
(2) 이상전압이 낮아 변압기의 단절연과 계통의 저감 절연이 가능하다.
(3) 1선 지락전류가 커서 차단기 동작이 빈번하여 계통의 안정도가 나빠진다.
(4) 전력선 근처에 설치된 통신선에 대한 전자유도 장해 영향이 매우 크다.

[답] ③

8 3상 차단기의 정격차단용량을 나타낸 것은?

① $\sqrt{3}$ × 정격전압 × 정격전류
② $\dfrac{1}{\sqrt{3}}$ × 정격전압 × 정격전류
③ $\sqrt{3}$ × 정격전압 × 정격차단전류
④ $\dfrac{1}{\sqrt{3}}$ × 정격전압 × 정격차단전류

해설 ★★

3상 차단기의 정격 차단용량 : $P_s = \sqrt{3}\,VI_s$[kVA]
(V : 정격전압, I_s : 정격 차단전류)

[답] ③

9 송전선로의 뇌해방지와 관계없는 것은?

① 댐퍼   ② 피뢰기
③ 매설지선   ④ 가공지선

해설 ★★

(1) 직격뢰에 대한 방호설비 :
  ❶ 가공지선 ❷ 매설지선 ❸ 피뢰기
(2) 전선 진동 방지 장치 :
  ❶ 댐퍼 ❷ 아머로드

[답] ①

10 3상 1회선 전선로에서 대지정전용량은 C_s이고 선간정전용량을 C_m이라 할 때, 작용 정전용량 C_n은?

① $C_s + C_m$ ② $C_s + 2C_m$
③ $C_s + 3C_m$ ④ $2C_s + C_m$

해설 ★★★

작용 정전용량
(1) 단상 2선식 : $C_n = C_s + 2C_m\,[\mu F]$
(2) 3상 3선식 : $C_n = C_s + 3C_m\,[\mu F]$

[답] ③

11 우리나라에서 현재 사용되고 있는 송전 전압에 해당되는 것은?

① 150[kV]   ② 220[kV]
③ 345[kV]   ④ 700[kV]

해설 ★★

우리나라 송전전압
(1) 154[kV] (우리나라 최초의 송전전압)
(2) 345[kV] (1단계 승압)
(3) 765[kV] (2단계 승압)

[답] ③

12 유효낙차가 40[%] 저하되면 수차의 효율이 20[%] 저하된다고 할 경우 이때의 출력은 원래의 약 몇 [%]인가? (단, 안내 날개의 열림은 불변인 것으로 한다.)

① 37.2   ② 48.0
③ 52.7   ④ 63.7

해설 ★

(1) 수력 발전 출력 :
$$P = 9.8QH\eta = 9.8Av H\eta$$
$$= 9.8A\sqrt{2gH} \times H\eta$$
$$= 9.8A\sqrt{2g}\,H^{\frac{3}{2}}\eta\,[\text{kW}]$$
(2) 유효낙차 H가 40[%] 저하하고, 수차효율 η이 20[%] 저하하였으므로 출력은,
$$P' = 9.8A\sqrt{2g} \times (0.6H)^{\frac{3}{2}} \times 0.8\eta$$
$$= 0.372P$$
로서, 37.2[%]로 감소한다.

[답] ①

13 제5고조파를 제거하기 위하여 전력용 콘덴서 용량의 몇 [%]에 해당하는 직렬 리액터를 설치하는가?

① 2~3   ② 5~6
③ 7~8   ④ 9~10

해설 ★★★

직렬 리액터 용량
(1) 이론값 : 전력용 콘덴서 용량의 4[%]
(2) 실제값 : 전력용 콘덴서 용량의 5~6[%]

[답] ②

14 저압 뱅킹(Banking) 배전방식이 적당한 곳은?

① 농촌 ② 어촌
③ 화학공장 ④ 부하 밀집지역

해설 ★★★

저압 뱅킹 방식
(1) 공급 신뢰도가 우수하여 부하 밀집지역(대도시)에 적당하다.
(2) 전압강하 및 전력손실이 작다.
(3) 캐스케이딩 장애의 우려가 있다.
(4) 구성이 복잡하여 시설비가 비싸다.

[답] ④

15 변전소에서 사용되는 조상설비 중 지상용으로만 사용되는 조상설비는?

① 분로 리액터
② 동기 조상기
③ 전력용 콘덴서
④ 정지형 무효전력 보상장치

해설 ★★★

조상설비
(1) 분로 리액터 : 지상 무효전력만 공급 가능
(2) 전력용 콘덴서 : 진상 무효전력만 공급 가능
(3) 동기 조상기 : 진상 및 지상 무효전력 모두 공급 가능

[답] ①

16 장거리 송전선로의 4단자 정수(A, B, C, D) 중 일반식을 잘못 표기한 것은?

① $A = \cosh\sqrt{ZY}$
② $B = \sqrt{\dfrac{Z}{Y}}\sinh\sqrt{ZY}$
③ $C = \sqrt{\dfrac{Z}{Y}}\sinh\sqrt{ZY}$
④ $D = \cosh\sqrt{ZY}$

해설 ★★

장거리 송전선로 :
- $E_s = AE_r + BI_r = \cosh\gamma l\, E_r + Z_0\sinh\gamma l\, I_r$
- $I_s = CE_r + DI_r = \dfrac{1}{Z_0}\sinh\gamma l\, E_r + \cosh\gamma l\, I_r$

단, 특성 임피던스 : $Z_0 = \sqrt{\dfrac{Z}{Y}}$,
전파정수 : $\gamma l = \sqrt{ZY}$

[답] ③

17 3상 3선식 배전선로에 역률이 0.8(지상)인 3상 평형 부하 40[kW]를 연결했을 때 전압강하는 약 몇 [V]인가? (단, 부하의 전압은 200[V], 전선 1조의 저항은 0.02[Ω]이고, 리액턴스는 무시한다.)

① 2 ② 3 ③ 4 ④ 5

해설 ★★

$e = \sqrt{3}\,I(R\cos\theta + X\sin\theta)$
$= \sqrt{3} \times \dfrac{P}{\sqrt{3}\,V\cos\theta}(R\cos\theta + X\sin\theta)$
$= \dfrac{P}{V} \times R = \dfrac{40{,}000}{200} \times 0.02 = 4[\text{V}]$
(∴ 리액턴스 무시 : $X = 0$)

[답] ③

18 분기회로용으로 개폐기 및 자동 차단기의 2가지 역할을 수행하는 것은?

① 기중 차단기 ② 진공 차단기
③ 전력용 퓨즈 ④ 배선용 차단기

해 설 ★★

배선용 차단기 : 주로 저압 배전선로의 분기회로 개폐 및 자동 차단기의 역할을 수행한다.

[답] ④

19 보일러에서 흡수열량이 가장 큰 것은?

① 수냉벽 ② 과열기
③ 절탄기 ④ 공기예열기

해 설 ★★

보일러 : 급수에 열량을 가하여 증기로 만드는 장치로서, 수냉벽에서 가장 많은 열량을 흡수한다.

[답] ①

20 단상 승압기 1대를 사용하여 승압할 경우 승압 전의 전압을 E_1이라 하면, 승압 후의 전압 E_2는 어떻게 되는가? (단, 승압기의 변압비는 $\dfrac{\text{전원 측 전압}}{\text{부하 측 전압}} = \dfrac{e_1}{e_2}$ 이다.)

① $E_2 = E_1 + e_1$ ② $E_2 = E_1 + e_2$
③ $E_2 = E_1 + \dfrac{e_2}{e_1}E_1$ ④ $E_2 = E_1 + \dfrac{e_1}{e_2}E_1$

해 설 ★★

승압기(Booster)
(1) 2차 승압 전압 : $E_2 = E_1\left(1 + \dfrac{e_2}{e_1}\right)[\text{V}]$
(2) 승압기 용량 : $W = e_2 I_2 [\text{VA}]$
(3) 부하 용량 : $W_L = E_2 I_2 [\text{VA}]$

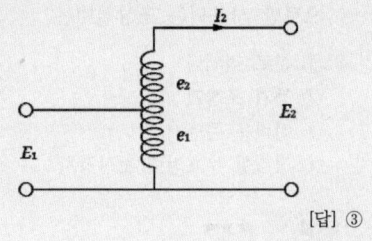

[답] ③

제 4 회 전기공사산업기사 필기시험

1 전력계통에서 인터록(interlock)의 설명으로 적합한 것은?

① 차단기와 단로기는 각각 열리고 닫힌다.
② 차단기가 열려 있어야만 단로기를 닫을 수 있다.
③ 차단기가 닫혀 있어야만 단로기를 닫을 수 있다.
④ 차단기의 접점과 단로기의 접점이 동시에 투입될 수 있다.

해설 ★★★★

인터록 : 차단기가 개방되어 있는 상태에서만이 단로기를 작동시킬 수 있는 안전 장치
[답] ②

2 전력용 조상설비 중 무효전력 흡수를 진상과 지상 양용으로 할 수 있는 것은?

① 동기 조상기
② 분로 리액터
③ 직렬 리액터
④ 전력용 콘덴서

해설 ★★★

4동기 조상기 : 진상 운전과 지상 운전을 마음대로 할 수 있는 동기 전동기
[답] ①

3 지중선로는 가공선로와 비교하여 인덕턴스와 정전용량이 어떠한가?

① 인덕턴스, 정전용량이 모두 크다.
② 인덕턴스, 정전용량이 모두 작다.
③ 인덕턴스는 크고, 정전용량은 작다.
④ 인덕턴스는 작고, 정전용량은 크다.

해설 ★★

지중선로는 가공선로에 비해서 전선 간의 선간 거리가 작으므로, 인덕턴스는 작아지고, 정전용량 값은 커지게 된다.
[답] ④

4 수력발전소의 저수지 용량 등을 결정하는 데 사용되는 것으로 가장 적합한 것은?

① 유량도
② 유황곡선
③ 수위 유량곡선
④ 적산 유량곡선

해설 ★

어느 하천의 물의 유량이 누적되는 수량을 기록하여, 이 자료를 토대로 수력 발전소의 규모를 결정하게 된다.
[답] ④

5 옥내 저압배선에서 전선의 굵기를 결정하는 주요 요인이 아닌 것은?

① 허용 전류
② 단락 전류
③ 전압 강하
④ 기계적 강도

해설 ★★

전선의 굵기 결정 시 고려 사항
(1) 허용 전류 (2) 전압 강하 (3) 기계적 강도
[답] ②

6 가공 전선로의 전선 진동을 방지하기 위한 방법으로 틀린 것은?

① 경동선을 ACSR로 교환
② 아멀로드(Armour Rod)로 전선 보강
③ 토쇼널 댐퍼(Torsional Damper)의 설치
④ 스톡 브리지 댐퍼(Stock Bridge Damper)의 설치

해설 ★★★

전선이 바람에 진동하는 것은 전선이 너무 가벼운 ACSR 전선을 사용하였기 때문이므로, 댐퍼나 아머로드를 설치한다.

[답] ①

7 그림과 같이 지선을 설치하여 전주에 가해지는 수평장력 600[kg]을 지지하고 있다. 지선으로 4[mm]의 철선을 사용하면 철선은 최소 몇 가닥이 필요한가? (단, 이 철선의 허용하중은 440[kg], 안전율은 2.5이다.)

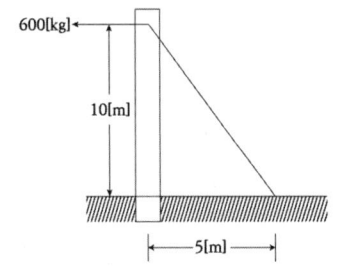

① 6 ② 7 ③ 8 ④ 9

해설 ★★

(1) 우선, 지선에 가해지는 장력을 구해보면,

- $T_0 = \dfrac{T}{\cos\theta} k$

  $= \dfrac{600}{\dfrac{5}{\sqrt{10^2 + 5^2}}} \times 2.5 = 3,354 [kg]$

(2) 따라서,
이 장력에 견딜 수 있는 지선의 총 가닥수는,

- $n = \dfrac{3,354}{440} = 7.6$ (∴ 8 [가닥])

[답] ③

8 3상 3선식 1회선의 가공 송전선로에서 D를 등가 선간거리, r을 전선의 반지름이라고 하면 1선당 작용 정전용량은?

① $\dfrac{D}{r}$에 비례한다.
② $\dfrac{D}{r}$에 반비례한다.
③ $\log\dfrac{D}{r}$에 비례한다.
④ $\log\dfrac{D}{r}$에 반비례한다.

해설 ★★★

- $C = \dfrac{0.02413}{\log_{10}\dfrac{D}{r}} [\mu F/km]$

  (∴ $C \propto \dfrac{1}{\log_{10}\dfrac{D}{r}}$ 로서, 반비례 관계)

[답] ④

9 전력케이블의 고장점 탐색방법 중 휘스톤 브리지의 평형상태를 이용하여 고장점을 측정하는 방법은?

① 수색 코일법   ② 펄스 측정법
③ 머레이 루프법 ④ 정전용량 측정법

해설 ★★

머레이 루프 시험법 : 브리지 평형 원리를 이용한 지중 케이블 고장점 측정법

[답] ③

10 페란티 효과의 발생 원인은?

① 선로의 저항
② 선로의 정전용량
③ 선로의 인덕턴스
④ 선로의 누설컨덕턴스

해설 ★★★★

페란티 현상 : 심야의 경부하나 무부하 시에 대지 정전용량의 영향으로 수전단 전압이 송전단 전압보다 높아지는 현상
[답] ②

11 소호리액터를 송전계통에 사용하면 리액터의 인덕턴스와 선로의 정전용량이 어떤 상태가 되어 지락전류를 소멸시키는가?

① 병렬 공진
② 직렬 공진
③ 고 임피던스
④ 저 임피던스

해설 ★★★★

소호리액터 : 병렬 공진을 이용하여 지락전류를 소멸시킨다.
[답] ①

12 중성점 직접접지 방식의 특징 중 틀린 것은?

① 과도안정도가 좋다.
② 변압기의 단절연이 가능하다.
③ 절연레벨을 저하시킬 수 있다.
④ 정격전압이 낮은 피뢰기를 사용할 수 있다.

해설 ★★★★★

중성점 직접접지 방식은 지락전류가 크기 때문에 차단기 동작 횟수가 많아져 정전이 많이 발생하게 되므로 계통의 안정도가 나빠진다.
[답] ①

13 단상 2선식 배전선의 전선 총량을 100[%]라 할 때 3상 3선식과 단상 3선식의 전선의 총량은 각각 몇 [%]인가? (단, 선간전압, 공급전력, 전력손실 및 배전거리는 같으며, 중성선의 굵기는 외선과 같다고 한다.)

① 3상 3선식 : 37.5[%], 단상 3선식 : 75[%]
② 3상 3선식 : 50[%], 단상 3선식 : 75[%]
③ 3상 3선식 : 75[%], 단상 3선식 : 37.5[%]
④ 3상 3선식 : 100[%], 단상 3선식 : 37.5[%]

해설 ★★★

단상 2선식을 기준(100[%])으로 하였을 때 나머지 배전 방식의 전선 소요량
(1) 단상 3선식 : 37.5[%]
(2) 3상 3선식 : 75[%]
(3) 3상 4선식 : 33.3[%]
[답] ③

14 루프(환상) 배전방식의 장점은?

① 농촌에 적당하다.
② 전압변동이 적다.
③ 증설이 용이하다.
④ 전선비가 적게 든다.

해설 ★★★

루프 배전 방식
(1) 공급 신뢰도가 우수하여 부하 밀집지역(대도시)에 적당하다.
(2) 전압강하 및 전력손실이 작다.
(3) 전선 소요량이 많이 필요하다.
(4) 구성이 복잡하여 시설비가 비싸다.
[답] ②

15 유효낙차 400[m]의 수력발전소에서 펠턴 수차의 노즐에서 분출하는 물의 속도를 이론값의 0.95배로 한다면 물의 분출속도는 약 몇 [m/s]인가?

① 42.3   ② 59.5
③ 62.6   ④ 84.1

해 설 ★★

$v = k\sqrt{2gH}$
$= 0.95 \times \sqrt{2 \times 9.8 \times 400} = 84.1 [\text{m/s}]$

[답] ④

16 송배전 선로에 사용하는 직렬 콘덴서에 대한 설명으로 옳은 것은?

① 최대 송전전력이 감소하고 정태 안정도가 감소된다.
② 부하의 변동에 따른 수전단의 전압변동률은 증대된다.
③ 선로의 유도 리액턴스를 보상하고 전압강하를 감소시킨다.
④ 송·수 양단의 전달 임피던스가 증가하고 안정극한전력이 감소한다.

해 설 ★★

직렬 콘덴서 : 선로의 유도성 리액턴스 값을 감소시켜, 전압강하를 줄여준다.

[답] ③

17 단상 2선식 110[V] 저압배전선로를 단상 3선식 110/220[V]로 변경할 때 부하의 크기 및 공급전압을 일정하게 하고 또 부하를 평형시켰을 때 전선로의 전압강하율은 변경 전에 비하여 어떻게 되는가?

① $\dfrac{1}{2}$ ② $\dfrac{1}{3}$ ③ $\dfrac{1}{4}$ ④ $\dfrac{1}{5}$

해 설 ★★★★

전압 강하율은 전압의 제곱에 반비례하므로,

• $\dfrac{e_2}{e_1} = \left(\dfrac{V_1}{V_2}\right)^2 = \left(\dfrac{110}{220}\right)^2 = \dfrac{1}{4}$

[답] ③

18 154[kV] 송전선로의 철탑에 90[kA]의 직격전류가 흐를 때 역섬락을 일으키지 않을 탑각 접지저항으로 적합한 것은? (단, 154[kV]의 송전선에서 1련의 애자수는 9개를 사용하였고, 이때 애자의 섬락전압은 860[kV]이다.)

① 9   ② 14
③ 17   ④ 21

해 설 ★★

• $R = \dfrac{V}{I} = \dfrac{860}{90} = 9.56 [\Omega]$
(따라서, 9[Ω] 이하가 되어야 한다.)

[답] ①

19 200[V], 10[kVA]인 3상 유도전동기가 있다. 어느 날의 부하 실적은 1일의 사용전력량이 72[kWh], 1일의 최대전력이 9[kW], 최대 부하일 때의 전류가 35[A]이었다. 1일의 부하율과 최대 공급전력일 때의 역률은 약 몇 [%]인가?

① 부하율 : 31.3, 역률 : 74.2
② 부하율 : 31.3, 역률 : 82.5
③ 부하율 : 33.3, 역률 : 74.2
④ 부하율 : 33.3, 역률 : 82.5

해 설 ★★

(1) 일 부하율 :
- $F = \dfrac{\frac{72}{24}}{9} \times 100 = 33.3[\%]$

(2) 최대 공급전력일 때의 역률 :
- $\cos\theta = \dfrac{P_m}{\sqrt{3}\,VI_m} \times 100$
  $= \dfrac{9{,}000}{\sqrt{3} \times 200 \times 35} \times 100 = 74.2[\%]$

[답] ③

20 전력선과 통신선과의 상호 인덕턴스에 의하여 발생되는 유도장해는?

① 정전 유도장해
② 전자 유도장해
③ 고조파 유도장해
④ 전자파 유도장해

해 설 ★★★★

(1) 정전유도 : 전력선과 통신선 간의 상호 정전용량이 발생 원인
(2) 전자유도 : 전력선과 통신선 간의 상호 인덕턴스가 발생 원인

[답] ②

• 전기공사산업기사 필기 | 전력공학

2019년 기출문제

제 1 회 전기(공사)산업기사 필기시험

1 직렬 콘덴서를 선로에 삽입할 때의 현상으로 옳은 것은?

① 부하의 역률을 개선한다.
② 선로의 리액턴스가 증가된다.
③ 선로의 전압강하를 줄일 수 없다.
④ 계통의 정태 안정도를 증가시킨다.

해 설 ★★

직렬 콘덴서 설치 효과
(1) 유도성 리액턴스를 보상하여 전압강하 감소
(2) 송전용량이 증가한다.
(3) 계통의 안정도가 좋아진다.

[답] ④

2 송전선로의 중성점을 접지하는 목적으로 가장 옳은 것은?

① 전압강하의 감소
② 유도장해의 감소
③ 전선 동량의 절약
④ 이상전압의 발생 방지

해 설 ★★★

이 문제에서 "중성점을 접지한다."라는 의미는 현재 우리나라 계통에서 주로 적용하는 직접 접지방식에 대해서 물어본 것으로서, 직접접지 방식 채용의 가장 주된 목적은 이상전압을 방지하는 데 있다.

[답] ④

3 그림과 같은 3상 송전계통의 송전전압은 22[kV]이다. 한 점 P에서 3상 단락했을 때 발전기에 흐르는 단락전류는 약 몇 [A]인가?

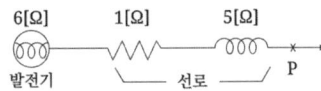

① 725
② 1,150
③ 1,990
④ 3,725

해 설 ★★

(1) 우선, 계통의 임피던스를 구하면,
 • $Z = R + jX = 1 + j(6+5) = 1 + j11$
(2) 따라서, 단락전류 값을 구하면,
 • $I = \dfrac{E}{|Z|} = \dfrac{\frac{22,000}{\sqrt{3}}}{11.05} ≒ 1,150[A]$

[답] ②

4 전력계통의 전력용 콘덴서와 직렬로 연결하는 리액터로 제거되는 고조파는?

① 제2고조파
② 제3고조파
③ 제4고조파
④ 제5고조파

해 설 ★★★

직렬 리액터 : 변압기에서 발생하는 제 5고조파 제거 역할

[답] ④

5 배전선로에서 사용하는 전압 조정방법이 아닌 것은?

① 승압기 사용
② 병렬콘덴서 사용
③ 저전압 계전기 사용
④ 주상변압기 탭 전환

해설 ★★

저전압 계전기 : 계통에 전압이 저하되었을 때 동작하여 계통을 보호하는 보호 계전기로서, 전압 조정 설비와는 무관하다.

[답] ③

6 다음 중 뇌해방지와 관계가 없는 것은?

① 댐퍼   ② 소호환
③ 가공지선   ④ 탑각접지

해설 ★★

댐퍼 및 아머로드 : 전선의 진동으로부터 전선의 단선 사고 방지(전선의 진동 억제 장치)

[답] ①

7 다음 ( )에 알맞은 내용으로 옳은 것은?
(단, 공급 전력과 선로 손실률은 동일하다.)

> 선로의 전압을 2배로 승압할 경우, 공급전력은 승압 전의 (㉮)로 되고, 선로 손실은 승압 전의 (㉯)로 된다.

① ㉮ $\frac{1}{4}$ ㉯ 2배   ② ㉮ $\frac{1}{4}$ ㉯ 4배

③ ㉮ 2배 ㉯ $\frac{1}{4}$ ④ ㉮ 4배 ㉯ $\frac{1}{4}$

해설 ★★★

(1) 공급 전력 및 전력 손실과 전압과의 관계 :
  ❶ 공급 전력 : $P \propto V^2$
  ❷ 전력 손실 : $P_l \propto \frac{1}{V^2}$

(2) 따라서, 전압을 2배로 승압했을 때의 공급 전력과 전력 손실은 각각,
  • $P \propto V^2 = 2^2 = 4$, $P_l \propto \frac{1}{V^2} = \frac{1}{2^2} = \frac{1}{4}$

[답] ④

8 일반회로정수가 A, B, C, D이고 송전단 상전압이 E_s 인 경우, 무부하 시의 충전 전류(송전단 전류)는?

① CE_S ② ACE_S
③ $\frac{C}{A}E_S$ ④ $\frac{A}{C}E_S$

해설 ★★

(1) 송전단 전압 및 전류 식(무부하 $I_r = 0$) :
  • $E_s = AE_r + BI_r = AE_r \rightarrow \therefore E_r = \frac{E_s}{A}$
  • $I_s = CE_r + DI_r = CE_r$

(2) 따라서, 송전단 전류(충전 전류)는,
  • $I_s = CE_r = C \times \frac{E_s}{A} = \frac{C}{A}E_s$

[답] ③

9 주상변압기의 고장이 배전선로에 파급되는 것을 방지하고 변압기의 과부하 소손을 예방하기 위하여 사용되는 개폐기는?

① 리클로저　　② 부하개폐기
③ 컷아웃 스위치　　④ 섹셔널라이저

해 설 ★★

주상변압기 보호 장치
(1) COS(컷아웃 스위치) :
 • 주상변압기의 1차 측(고압 측)에 설치하여 주상변압기 및 배전선로 보호
(2) Catch-Holder(캐치 홀더) :
 • 주상변압기의 2차 측(저압 측)에 설치하여 주상변압기 및 부하 측 보호

[답] ③

10 중성점 저항접지방식에서 1선 지락 시의 영상전류를 I_0라고 할 때, 접지저항으로 흐르는 전류는?

① $\frac{1}{3}I_0$　　② $\sqrt{3}I_0$
③ $3I_0$　　④ $6I_0$

해 설 ★★

(1) 선로의 각 상에 흐르는 전류는,
 • $I_a = I_0 + I_1 + I_2$, $I_b = I_0 + a^2I_1 + aI_2$,
  $I_c = I_0 + aI_1 + a^2I_2$
(2) 따라서 접지 저항을 통해 흐르는 전류는,
 $I_n = I_a + I_b + I_c$
  $= (I_0 + I_1 + I_2) + (I_0 + a^2I_1 + aI_2) + (I_0 + aI_1 + a^2I_2)$
  $= 3I_0 + I_1(1 + a^2 + a) + I_2(1 + a + a^2)$
  $= 3I_0$

[답] ③

11 변전소에서 수용가로 공급되는 전력을 차단하고 소내 기기를 점검할 경우, 차단기와 단로기의 개폐 조작 방법으로 옳은 것은?

① 점검 시에는 차단기로 부하회로를 끊고 난 다음에 단로기를 열어야 하며, 점검 후에는 단로기를 넣은 후 차단기를 넣어야 한다.
② 점검 시에는 단로기를 열고 난 후 차단기를 열어야 하며, 점검 후에는 단로기를 넣고 난 다음에 차단기로 부하회로를 연결하여야 한다.
③ 점검 시에는 차단기로 부하회로를 끊고 단로기를 열어야 하며, 점검 후에는 차단기로 부하회로를 연결한 후 단로기를 넣어야 한다.
④ 점검 시에는 단로기를 열고 난 후 차단기를 열어야 하며, 점검이 끝난 경우에는 차단기를 부하에 연결한 다음에 단로기를 넣어야 한다.

해 설 ★★★

(1) 차단기(CB) : 소호 장치가 있어 부하전류 및 고장전류를 개폐할 수 있다.
(2) 단로기(DS) : 소호 장치가 없어 무부하 상태에서만 선로를 개폐할 수 있다.
(3) 투입 시 : 단로기부터 투입하고, 차단기를 투입한다.
(4) 개방 시 : 차단기를 먼저 개방시킨 후에, 무부하 상태에서 단로기를 개방시킨다.

[답] ①

12 설비용량 600[kW], 부등률 1.2, 수용률 60[%]일 때의 합성 최대전력은 몇 [kW]인가?

① 240　② 300　③ 432　④ 833

해 설 ★★★

최대전력 = $\frac{설비용량 \times 수용률}{부등률}$
　　　　 = $\frac{600 \times 0.6}{1.2}$ = $300[kW]$

[답] ②

13 다음 보호계전기 회로에서 박스(A) 부분의 명칭은?

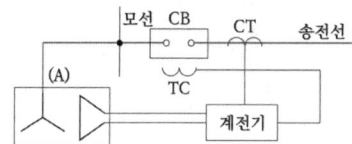

① 차단코일 ② 영상 변류기
③ 계기용 변류기 ④ 계기용 변압기

> **해설** ★
>
> (1) 계기용 변압기(PT) :
>   • 1차 측의 고전압을 변성하여 보호 계전기에 낮은 전압으로 공급하는 장치
> (2) 계기용 변류기(CT) :
>   • 1차 측의 대전류를 변성하여 보호 계전기에 저전류로 공급하는 장치
>
> [답] ④

14 단거리 송전선로에서 정상상태 유효전력의 크기는?

① 선로 리액턴스 및 전압위상차에 비례한다.
② 선로 리액턴스 및 전압위상차에 반비례한다.
③ 선로 리액턴스에 반비례하고 상차각에 비례한다.
④ 선로 리액턴스에 비례하고 상차각에 반비례한다.

> **해설** ★★
>
> 정상 상태 유효전력 식 $P = \dfrac{V_s V_r}{X}\sin\theta$ 에서 리액턴스(X)에 반비례하고, 위상각(θ)에 비례한다.
>
> [답] ③

15 전력 원선도의 실수축과 허수축은 각각 어느 것을 나타내는가?

① 실수축은 전압이고, 허수축은 전류이다.
② 실수축은 전압이고, 허수축은 역률이다.
③ 실수축은 전류이고, 허수축은 유효전력이다.
④ 실수축은 유효전력이고, 허수축은 무효전력이다.

> **해설** ★★
>
> 전력 원선도는 계통의 유효전력과 무효전력을 평면도로 그린 그림으로서,
> (1) 실수축 : 유효전력(P) 위치
> (2) 허수축 : 무효전력(Q) 위치
>
> [답] ④

16 전선로의 지지물 양쪽의 경간의 차가 큰 장소에 사용되며, 일명 E형 철탑이라고도 하는 표준 철탑의 일종은?

① 직선형 철탑 ② 내장형 철탑
③ 각도형 철탑 ④ 인류형 철탑

> **해설** ★★
>
> 철탑의 용도에 따른 종류
> (1) 직선 철탑(A형)
>   • 수평각도 3° 이하인 직선 선로에 채용되는 철탑
> (2) 각도 철탑(B형, C형)
>   • 수평각도 3°를 초과하는 부분에 채용되는 철탑 (B형 : 수평각도 3~20°, C형 : 수평각도 20° 초과)
> (3) 인류 철탑(D형)
>   • 전선로가 끝나는 부분에 채용되는 철탑
> (4) 내장 철탑(E형)
>   • 장경간이나 A형 철탑 10기마다 1기씩 보강용으로 채용되는 철탑 (∴ 장경간 = 표준 경간 + 250[m])
>
> [답] ②

17 수차 발전기가 난조를 일으키는 원인은?

① 수차의 조속기가 예민하다.
② 수차의 속도 변동률이 적다.
③ 발전기의 관성 모멘트가 크다.
④ 발전기의 자극을 제동권선이 있다.

해 설 ★★

발전소에서 조속기의 동작이 너무 예민하면 속도의 조정 빈도수가 빈번해지므로 수차 및 발전기의 속도가 너무 자주 변동하여, 결국 발전기 난조의 원인이 된다.

[답] ①

18 차단기가 전류를 차단할 때, 재점호가 일어나기 쉬운 차단 전류는?

① 동상전류   ② 지상전류
③ 진상전류   ④ 단락전류

해 설 ★★★

재점호가 가장 일어나기 쉬운 경우는 전류가 전압보다 위상이 90° 앞선 진상 전류의 조건(무부하 상태)일 경우이다.

[답] ③

19 배전선에 부하가 균등하게 분포되었을 때 배전선 말단에서의 전압강하는 전 부하가 집중적으로 배전선 말단에 연결되어 있을 때의 몇 [%]인가?

① 20   ② 50
③ 75   ④ 100

해 설 ★★★

부하 형태별 전압 강하 및 전력 손실

부하 형태	모양	전압 강하	전력 손실
평등 부하		$\frac{1}{2}$	$\frac{1}{3}$
말단일수록 큰 부하		$\frac{2}{3}$	$\frac{8}{15}$
송전단일수록 큰 부하		$\frac{1}{3}$	$\frac{1}{5}$

[답] ②

20 송전선의 특성임피던스를 Z_0, 전파속도를 V라 할 때, 이 송전선의 단위길이에 대한 인덕턴스 L은?

① $L = \frac{V}{Z_0}$ ② $L = \frac{Z_0}{V}$

③ $L = \frac{Z_0^2}{V}$ ④ $L = \sqrt{Z_0} V$

해 설 ★★

(1) 특성 임피던스 : $Z_0 = \sqrt{\frac{L}{C}}$

(2) 전파 속도 : $V = \frac{1}{\sqrt{LC}}$

(3) 따라서, 위 두 식을 나누면,

• $\frac{Z_0}{V} = \frac{\sqrt{\frac{L}{C}}}{\frac{1}{\sqrt{LC}}} = L$

[답] ②

제 2 회 전기(공사)산업기사 필기시험

1 화력 발전소의 기본 사이클이다. 그 순서로 옳은 것은?

① 급수펌프 → 과열기 → 터빈 → 보일러 → 복수기 → 급수펌프
② 급수펌프 → 보일러 → 과열기 → 터빈 → 복수기 → 급수펌프
③ 보일러 → 급수펌프 → 과열기 → 복수기 → 급수펌프 → 보일러
④ 보일러 → 과열기 → 복수기 → 터빈 → 급수펌프 → 축열기 → 과열기

해 설 ★★

기력 발전소에서 물과 증기의 흐름은, 급수가 보일러로 보급
→ 보일러(물 → 습증기 변환)
→ 과열기(습증기 → 과열증기 변환)
→ 터빈(과열증기에서 습증기로 변환)
→ 복수기(습증기 → 급수로 변환)

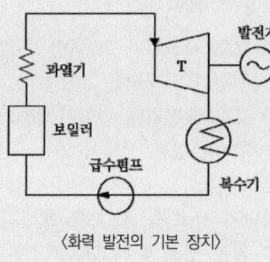

〈화력 발전의 기본 장치〉

[답] ②

2 저압뱅킹 배전방식에서 저전압 측의 고장에 의하여 건전한 변압기의 일부 또는 전부가 차단되는 현상은?

① 아킹(Arcing)
② 플리커(Flicker)
③ 밸런서(Balancer)
④ 캐스케이딩(Cascading)

해 설 ★★★

캐스케이딩 : 저압 뱅킹방식에서 어느 한 곳의 사고로 인하여 다른 건전한 변압기나 배전선로에 사고가 확대되는 현상

[답] ④

3 증기의 엔탈피(Enthalpy)란?

① 증기 1[kg]의 잠열
② 증기 1[kg]의 기화 열량
③ 증기 1[kg]의 보유 열량
④ 증기 1[kg]의 증발열을 그 온도로 나눈 것

해 설 ★★

증기 엔탈피는, i[kcal/kg]로 표시되며 증기 1[kg]당 보유한 열량[kcal]을 말한다.

[답] ③

4 그림에서 X 부분에 흐르는 전류는 어떤 전류인가?

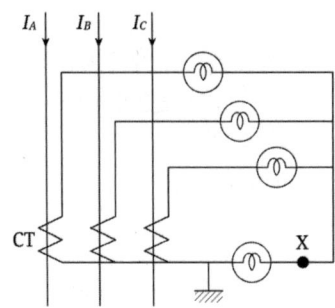

① b상 전류   ② 정상전류
③ 역상전류   ④ 영상전류

해설 ★★

X 부분은 3상 회로의 중성점 회로이다. 따라서, 지락전류(영상전류)가 흐르게 된다.

[답] ④

5 지름 5[mm]의 경동선을 간격 1[m]로 정삼각형 배치를 한 가공전선 1선의 작용 인덕턴스는 약 몇 [mH/km]인가? (단, 송전선은 평형 3상 회로)

① 1.13   ② 1.25
③ 1.42   ④ 1.55

해설 ★★★

$L = 0.05 + 0.4605 \log_{10} \dfrac{D}{r}$ [mH/km]

$= 0.05 + 0.4605 \log_{10} \dfrac{1}{2.5 \times 10^{-3}}$

$= 1.25$ [mH/km]

[답] ②

6 직류 송전 방식의 장점은?

① 역률이 항상 1이다.
② 회전자계를 얻을 수 있다.
③ 전력변환장치가 필요하다.
④ 전압의 승압, 강압이 용이하다.

해설 ★★

직류 송전 방식의 장점
(1) 기기의 절연을 낮게 할 수 있다.
(2) 표피효과와 유전체 손실이 없어 전력 손실이 적어 송전 효율이 좋다.
(3) 주파수가 0이므로 리액턴스 영향이 없어 안정도가 우수하다.
(4) 직류로 계통 연계 시 교류 계통의 차단 용량이 적어진다.
(5) 주파수가 다른 교류 계통 간을 연계할 수 있다.
(6) 유도 리액턴스의 영향이 없어 역률을 항상 100[%]로 운전할 수 있다.

[답] ①

7 송전선로의 후비 보호 계전 방식의 설명으로 틀린 것은?

① 주 보호 계전기가 그 어떤 이유로 정지해 있는 구간의 사고를 보호한다.
② 주 보호 계전기에 결함이 있어 정상 동작을 할 수 없는 상태에 있는 구간 사고를 보호한다.
③ 차단기 사고 등 주 보호 계전기로 보호할 수 없는 장소의 사고를 보호한다.
④ 후비 보호 계전기의 정정값은 주 보호 계전기와 동일하다.

해설 ★

후비 보호와 주보호 계전기의 동작 정정값은 후비 보호 계전기가 주보호 계전기보다는 느리게 동작하도록 정정하여야 한다.

[답] ④

8 최대 수용전력의 합계와 합성 최대 수용전력의 비를 나타내는 계수는?

① 부하율   ② 수용률
③ 부등률   ④ 보상률

해설 ★★★

부등률 = $\dfrac{\text{각 수용가의 최대 수용전력의 합}}{\text{합성 최대 수용전력}} \geq 1$

[답] ③

9 주파수 60[Hz], 정전용량 $\dfrac{1}{6\pi}$[μF]의 콘덴서를 △결선해서 3상 전압 20,000[V]를 가했을 때의 충전용량은 몇 [kVA]인가?

① 12   ② 24   ③ 48   ④ 50

해설 ★★★

- $Q = 3\omega CE^2$
  $= 3 \times 2\pi \times 60 \times \dfrac{1}{6\pi} \times 10^{-6} \times 20,000^2$
  $= 24 \times 10^3 \text{[VA]} = 24 \text{[kVA]}$

[답] ②

10 3상 3선식 3각형 배치의 송전선로에 있어서 각 선의 대지 정전용량이 0.5038[μF]이고, 선간 정전용량이 0.1237[μF]일 때 1선의 작용 정전용량은 약 몇 [μF]인가?

① 0.6275   ② 0.8749
③ 0.9164   ④ 0.9755

해설 ★★★

- $C_n = C_s + 3C_m$
  $= 0.5038 + 3 \times 0.1237 = 0.8749 [\mu F]$

[답] ②

11 지상 역률 80[%], 10,000[kVA]의 부하를 가진 변전소에 6,000[kVA]의 콘덴서를 설치하여 역률을 개선하면 변압기에 걸리는 부하[kVA]는 콘덴서 설치 전의 몇 [%]로 되는가?

① 60   ② 75   ③ 80   ④ 85

해설 ★★★

(1) 지상 역률 80[%]에서의 10,000[kVA] 부하의 유효전력과 무효전력은,
- $P = 10,000 \times 0.8 = 8,000 \text{[kW]}$,
  $Q = 10,000 \times 0.6 = 6,000 \text{[kVar]}$

(2) 6,000[kVA]의 진상 무효전력을 갖는 콘덴서를 설치한 후의 피상전력은,
- $P_a = \sqrt{P^2 + Q^2}$
  $= \sqrt{8,000^2 + (6,000 - 6,000)^2}$
  $= 8,000 \text{[kVA]}$

로서, 역률 개선 전에 비하여, 피상전력은 $\dfrac{8,000}{10,000} = 0.8$ (∴ 80[%])로 감소한다.

[답] ③

12 가공지선을 설치하는 주된 목적은?

① 뇌해 방지
② 전선의 진동 방지
③ 철탑의 강도 보강
④ 코로나의 발생 방지

해설 ★★★

가공지선 : 철탑의 최상부에 설치하여 직격뢰 및 유도뢰로부터 송전선로를 보호한다.

[답] ①

13 송전계통의 안정도를 증진시키는 방법은?

① 중간 조상설비를 설치한다.
② 조속기의 동작을 느리게 한다.
③ 계통의 연계는 하지 않도록 한다.
④ 발전기나 변압기의 직렬 리액턴스를 가능한 크게 한다.

해 설 ★★★

안정도 향상 대책
(1) 발전기나 변압기의 리액턴스 감소
(2) 직렬 콘덴서 설치
(3) 복도체 또는 다도체 채용
(4) 선로의 병행 회선수 증가
(5) 발전기의 속응 여자 방식 채용
(6) 발전기에 전기식 조속기 설치
(7) 중간 조상방식 채용
(8) 계통 연계
(9) 고장 구간을 신속히 차단
(10) 고저항 접지나 소호 리액터 방식 채용
(11) 고속도 계전기, 고속도 차단기 설치
(12) 고속도 재폐로 방식 채용

[답] ①

14 보일러 절탄기(economizer)의 용도는?

① 증기를 과열한다.
② 공기를 예열한다.
③ 석탄을 건조한다.
④ 보일러 급수를 예열한다.

해 설 ★★

절탄기 : 보일러에서 연소된 후의 뜨거운 연소 공기를 이용하여 보일러에 공급되는 급수를 예열시켜 연료를 절약하는 장치

[답] ④

15 345[kV] 송전계통의 절연협조에서 충격 절연내력의 크기순으로 나열한 것은?

① 선로애자 > 차단기 > 변압기 > 피뢰기
② 선로애자 > 변압기 > 차단기 > 피뢰기
③ 변압기 > 차단기 > 선로애자 > 피뢰기
④ 변압기 > 선로애자 > 차단기 > 피뢰기

해 설 ★★

절연내력이 큰 순서 : 선로애자 → 차단기, 단로기 → 변압기 → 피뢰기의 제한전압

[답] ①

16 전선에서 전류의 밀도가 도선의 중심으로 들어갈수록 작아지는 현상은?

① 표피효과   ② 근접효과
③ 접지효과   ④ 페란티효과

해 설 ★★★

표피효과 : 전선에 교류 전류를 흘렸을 때, 도체 표면 쪽으로 전류가 많이 흘러서 도체 중심 부분에는 전류밀도가 작아지는 현상

[답] ①

17 차단기의 정격 차단시간을 설명한 것으로 옳은 것은?

① 계기용 변성기로부터 고장전류를 감지한 후 계전기가 동작할 때까지의 시간
② 차단기가 트립 지령을 받고 트립 장치가 동작하여 전류차단을 완료할 때까지의 시간
③ 차단기의 개극(발호)부터 이동행정 종료 시까지의 시간
④ 차단기 가동 접촉자 시동부터 아크 소호가 완료될 때까지의 시간

해 설 ★★

차단기의 정격 차단시간 : 차단기가 트립 지령을 받고 트립 장치가 동작하여 전류차단을 완료할 때까지의 시간으로서, 보통 3~8사이클 정도이다.

[답] ②

18 연가를 하는 주된 목적은?

① 미관상 필요
② 전압강하 방지
③ 선로정수의 평형
④ 전선로의 비틀림 방지

해 설 ★★★

연가 효과
(1) 선로정수의 평형
(2) 통신선에 대한 정전 유도장해 감소
(3) 중성점 잔류전압의 감소
(4) 직렬공진 방지

[답] ③

19 변압기의 보호방식에서 차동계전기는 무엇에 의하여 동작하는가?

① 1, 2차 전류의 차로 동작한다.
② 전압과 전류의 배수 차로 동작한다.
③ 정상전류와 역상전류의 차로 동작한다.
④ 정상전류와 영상전류의 차로 동작한다.

해 설 ★★

차동계전기(비율 차동 계전기) : 1, 2차 전류의 차로 동작하는 보호 계전기로서, 주로 발전기, 변압기 및 모선을 보호한다.

[답] ①

20 보호 계전 방식의 구비 조건이 아닌 것은?

① 여자돌입전류에 동작할 것
② 고장 구간의 선택 차단을 신속 정확하게 할 수 있을 것
③ 과도 안정도를 유지하는 데 필요한 한도 내의 동작 시한을 가질 것
④ 적절한 후비 보호 능력이 있을 것

해 설 ★★★

보호 계전기의 구비 조건
(1) 고장의 정도 및 위치를 정확히 파악할 것
(2) 보호 계전기 동작이 정확하고 신속할 것
(3) 소비 전력이 적고 경제적일 것
(4) 오래 사용하여도 특성 변화가 없을 것
(5) 후비 보호 능력을 갖추고 있을 것

[답] ①

제 4 회   전기공사산업기사 필기시험

1 송전선로의 4단자 정수가 A, B, C, D 이고 송전단 상전압이 E_s인 경우 무부하 시의 충전전류(송전단전류)는?

① $\dfrac{C}{A}E_s$ ② $\dfrac{A}{C}E_s$
③ ACE_s ④ CE_s

해 설 ★★

$E_s = AE_r + BI_r$ 및 $I_s = CE_r + DI_r$에서 무부하에서는 $I_r = 0$(수전단 개방)이므로,

$E_s = AE_r$, $I_s = CE_r = C \times \dfrac{E_s}{A} = \dfrac{C}{A}E_s$

[답] ①

2 3상 1회선 송전선로의 소호 리액터의 용량 [KVA]은?

① 선로 충전 용량과 같다.
② 선간 충전 용량의 1/2이다.
③ 3선 일괄의 대지 충전 용량과 같다.
④ 1선과 중성점 사이의 충전 용량과 같다.

해 설 ★★

소호 리액터 용량 계산식 :
· $\omega L = \dfrac{1}{3\omega C}$ 에서 3선 일괄 대지 정전용량$\left(\dfrac{1}{3\omega C}\right)$에 해당하는 리액터를 설치한다.

[답] ③

3 전력 퓨즈(Power Fuse)는 주로 어떤 전류의 차단을 목적으로 사용하는가?

① 충전전류   ② 과부하전류
③ 단락전류   ④ 과도전류

해 설 ★★

전력 퓨즈(PF)
(1) 소형으로서 차단 용량이 매우 커서 단락사고 차단용으로 사용
(2) 구조가 간단하여 보수가 쉽다.
(3) 구조가 간단하여 가격이 저렴한 편이다.
(4) 일시적인 과전류나 과도 전류에 퓨즈가 용단되는 단점이 있다.

[답] ③

4 출력 20[kW]의 전동기로서 총 양정 10[m], 펌프효율 0.75일 때 양수량은 약 몇 [m³/min]인가?

① 9.18   ② 9.85
③ 10.31   ④ 11.02

해 설 ★★

양수펌프의 전동기 출력 $P = \dfrac{9.8QH}{\eta}$ [kW]에서 양수량은,

$Q = \dfrac{P\eta}{9.8H} = \dfrac{20 \times 0.75}{9.8 \times 10}$
$= 0.153 [\text{m}^3/\text{sec}] = 0.153 \times 60$
$= 9.18 [\text{m}^3/\text{min}]$

[답] ①

5 Y결선으로 접속된 커패시터를 △결선으로 변경하여 연결하였을 때 진상용량의 변화로 옳은 것은? (단, 3상의 동일한 전원에 접속하는 경우이고, Q_Y는 Y결선한 커패시터의 진상용량이고, $Q_\triangle$는 △결선한 커패시터의 진상용량이다.)

① $Q_\triangle = \sqrt{3}\,Q_Y$ ② $Q_\triangle = 3Q_Y$
③ $Q_\triangle = \dfrac{1}{\sqrt{3}}Q_Y$ ④ $Q_\triangle = \dfrac{1}{3}Q_Y$

> **해 설** ★★
>
> (1) Y 결선 :
> - $Q_Y = 3\omega CE^2 = 3\omega C\left(\dfrac{V}{\sqrt{3}}\right)^2 = \omega CV^2$
>
> (2) △ 결선 : $Q_\triangle = 3\omega CE^2 = 3\omega CV^2$
>
> (3) 따라서, 진상 용량의 비는, $Q_\triangle = 3Q_Y$
>
> [답] ②

6 수용가 측에서 부하의 무효전력 변동분을 흡수하여 플리커의 발생을 방지하는 대책이 아닌 것은?

① 부스터 방식
② 동기조상기와 리액터 방식
③ 사이리스터 이용 콘덴서 개폐 방식
④ 사이리스터용 리액터 방식

> **해 설** ★★
>
> 수용가 측 플리커 방지 대책
> (1) 동기 조상기와 리액터 방식 채용
> (2) 사이리스터 소자를 이용한 콘덴서 개폐 방식 채용
> (3) 사이리스터 소자를 이용한 리액터 투입 방식 채용
>
> [답] ①

7 과전류 차단기의 설치 장소로 적합하지 않은 곳은?

① 수용가의 인입선 부분
② 고압배전 선로의 인출장소
③ 직접접지 계통에 설치한 변압기의 접지선
④ 역률조정용 고압 병렬 커패시터 뱅크의 분기선

> **해 설** ★
>
> 변압기의 접지선에는 과전류 차단기를 시설하여서는 안 된다.
>
> [답] ③

8 계통 내의 각 기기, 기구 및 애자 등의 상호간에 적정한 절연강도를 지니게 함으로써 계통 설계를 합리적, 경제적으로 할 수 있게 하는 것은?

① 기준충격절연강도 ② 절연협조
③ 절연계급 선정 ④ 보호계전 방식

> **해 설** ★★★
>
> 절연 협조 : 계통에서 발생하는 이상전압으로부터 각 전력기기를 보호하기 위해서 계통 내의 전력기기들의 절연을 합리적, 경제적으로 설계하는 것
>
> [답] ②

9 감전방지 대책으로 적합하지 않은 것은?

① 외함접지   ② 아크혼 설치
③ 2중 절연기기 ④ 누전 차단기 설치

> **해 설** ★
>
> 소호각(아크혼) : 직격뢰로부터 발생한 아크로 인한 송전 애자의 파괴 방지 목적
>
> [답] ②

10 전력원선도에서 구할 수 없는 것은?

① 조상용량
② 송전손실
③ 정태안정 극한전력
④ 과도안정 극한전력

해설 ★★

전력 원선도에서 알 수 있는 사항
(1) 송·수전단 유효전력 및 무효전력
(2) 송전 전력손실 및 수전 전력손실
(3) 조상설비 용량
(4) 송·수전단 최대전력 (정태안정 극한전력)
(5) 수전단의 역률

[답] ④

11 복도체를 사용하면 송전용량이 증가하는 주된 이유로 옳은 것은?

① 코로나가 발생하지 않는다.
② 전압강하가 적어진다.
③ 선로의 작용 인덕턴스는 감소하고 작용 정전용량이 증가한다.
④ 무효전력이 적어진다.

해설 ★★★

복도체(다도체)의 특징
(1) 인덕턴스가 감소한다.
(2) 정전용량이 증가한다.
(3) 송전용량이 증가하여 안정도가 향상된다.
(4) 코로나 임계전압이 증가하여 코로나 발생이 억제된다.
(5) 복도체를 사용하면 선로의 작용 인덕턴스는 감소하므로 이에 따라 선로의 유도성 리액턴스($X_L = 2\pi f L$)도 감소하여 송전용량($P = \dfrac{V_s V_r}{X}\sin\theta$)은 반비례하여 증가하게 된다.

[답] ③

12 수차발전기의 출력 P, 수두 H, 수량 Q 및 회전수 N 사이에 성립하는 관계는?

① $P \propto QN$
② $P \propto QH$
③ $P \propto QH^2$
④ $P \propto QHN$

해설 ★★

• $P = 9.8 QH\eta \,[\text{kW}]$ 에서, $P \propto QH$ 의 관계

[답] ②

13 전력계통에서 전력용 커패시터와 직렬로 연결하는 직렬 리액터는 계통 내 어떤 고조파를 제거하기 위해서 설치하는가?

① 제5고조파
② 제4고조파
③ 제3고조파
④ 제2고조파

해설 ★★★

제5고조파를 제거하기 위해 설치하는 직렬 리액터 용량
(1) 이론상 : 전력용 콘덴서 용량의 4[%]
(2) 실제상 : 전력용 콘덴서 용량의 5~6[%]

[답] ①

14 수지식 배전방식과 비교한 저압 뱅킹 방식에 대한 설명으로 틀린 것은?

① 전압 변동이 적다.
② 캐스케이딩 현상에 의해 고장확대가 축소된다.
③ 부하증가에 대해 탄력성이 향상된다.
④ 고장 보호 방식이 적당할 때 공급 신뢰도는 향상된다.

해설 ★★

저압 뱅킹 방식
(1) 공급 신뢰도가 우수하여 부하 밀집지역(대도시)에 적당하다.
(2) 전압강하 및 전력손실이 작다.
(3) 캐스케이딩 현상에 의한 고장 확대의 우려가 있다.
(4) 구성이 복잡하여 시설비가 비싸다.

[답] ②

15 서울과 같이 부하밀도가 큰 지역에서는 일반적으로 변전소의 수와 배전거리를 어떻게 결정하는 것이 좋은가?

① 변전소의 수를 줄이고 배전거리를 증가시킨다.
② 변전소의 수를 늘리고 배전거리를 감소시킨다.
③ 변전소의 수를 줄이고 배전거리를 감소시킨다.
④ 변전소의 수를 늘리고 배전거리를 증가시킨다.

해 설 ★★

부하 밀집지역은 변전소 수를 가능한 한 늘리고, 그 대신 배전거리를 짧게 단축시키는 것이 전력 공급 측면에서 유리하다.

[답] ②

16 다음 중 부하 전류의 차단능력이 없는 것은?

① 기중차단기(ACB)
② 유입차단기(OCB)
③ 진공차단기(VCB)
④ 단로기(DS)

해 설 ★★★

단로기(DS)는 내부에 소호장치가 없어 무부하 상태에서만 회로를 개방하거나 투입할 수 있다.

[답] ④

17 풍력발전에 대한 설명으로 적합하지 않은 것은?

① 자연에너지 이용의 신시스템으로 각광을 받고 있다.
② 풍력발전은 풍향, 풍속과 관계없이 설치가 가능하다.
③ 풍차는 수평축과 수직축 풍차로 분류할 수 있다.
④ 대용량발전에는 프로펠러와 다리우스풍차가 있다.

해 설 ★

풍력 발전은 바람의 힘을 이용하여 발전하는 형식의 발전이므로 바람의 풍향이 일정하고, 충분한 풍속이 부는 위치에 설치하여야 한다.

[답] ②

18 파동 임피던스 $Z_1 = 600[\Omega]$인 선로 종단에 파동임피던스 $Z_2 = 1,300[\Omega]$의 변압기가 접속되어 있다. 지금 선로에서 파고 $e_1 = 900[kV]$의 전압이 진입하였다면 접속점에서의 전압의 반사파는 약 몇 [kV]인가?

① 530 ② 430
③ 330 ④ 230

해 설 ★★

$$e_r = \frac{Z_2 - Z_1}{Z_2 + Z_1} e_i$$
$$= \frac{1,300 - 600}{1,300 + 600} \times 900 = 331.6 [kV]$$

[답] ③

19 페란티 현상이 발생하는 주된 원인은?

① 선로의 저항
② 선로의 인덕턴스
③ 선로의 정전용량
④ 선로의 누설컨덕턴스

해 설 ★★★

심야의 경부하 시 장거리 선로는 대지 정전용량에 의한 충전전류(진상전류)에 의한 영향으로 페란티 현상이 발생하므로, 변전소에서 분로 리액터를 투입하여 지상 무효전력을 공급한다.

[답] ③

20 다음 중 전력계통의 안정도 향상 대책으로 옳은 것은?

① 송전계통의 전달 리액턴스를 증가시킨다.
② 고속 재폐로 방식을 채용한다.
③ 전원 측 원동기용 조속기의 작동을 느리게 한다.
④ 고장을 줄이기 위하여 각 계통을 분리시킨다.

해 설 ★★★

안정도 향상 대책
(1) 발전기나 변압기의 리액턴스 감소
(2) 직렬 콘덴서 설치
(3) 복도체 또는 다도체 채용
(4) 선로의 병행 회선수 증가
(5) 발전기의 속응 여자 방식 채용
(6) 발전기에 전기식 조속기 설치
(7) 중간 조상방식 채용
(8) 계통 연계
(9) 고장 구간을 신속히 차단
(10) 고저항 접지나 소호 리액터 방식 채용
(11) 고속도 계전기, 고속도 차단기 설치
(12) 고속도 재폐로 방식 채용

[답] ②

2020년 기출문제

제 1, 2회 전기(공사)산업기사 필기시험

1 다음 중 송·배전선로의 진동 방지대책에 사용되지 않는 기구는?

① 댐퍼   ② 조임쇠
③ 클램프   ④ 아머 로드

해설 ★★★★★

전선의 미풍에 의한 진동 방지 장치 : 댐퍼, 아머 로드, 프리 센터형 현수 클램프

[답] ②

2 교류 송전방식과 직류 송전방식을 비교할 때 교류 송전방식의 장점에 해당되는 것은?

① 전압의 승압, 강압 변경이 용이하다.
② 절연계급을 낮출 수 있다.
③ 송전효율이 좋다.
④ 안정도가 좋다.

해설 ★★★★★

교류 송전방식은 변압기를 이용하여 필요한 전압으로 손쉽게 승압 또는 강압을 할 수 있다.

[답] ①

3 반동수차의 일종으로 주요부분은 러너, 안내 날개, 스피드링 및 흡출관 등으로 되어 있으며 50~500[m] 정도의 중낙차 발전소에 사용되는 수차는?

① 카플란 수차   ② 프란시스 수차
③ 펠턴 수차   ④ 튜블러 수차

해설 ★★

프란시스 수차
(1) 유효 낙차 50~530[m]에 적용 가능하여, 유효 낙차 범위가 가장 넓다.
(2) 같은 출력에서 펠턴 수차보다 소형으로 되어 경제적이다.
(3) 수차 하부에 유효 낙차를 늘리기 위한 흡출관이 반드시 필요하다.

[답] ②

4 주상 변압기의 2차 측 접지는 어느 것에 대한 보호를 목적으로 하는가?

① 1차 측의 단락
② 2차 측의 단락
③ 2차 측의 전압강하
④ 1차 측과 2차 측의 혼촉

해설 ★★★★

주상 변압기 2차 측 접지 이유 : 변압기 1, 2차 측 혼촉사고 시 2차 측 전위상승 방지

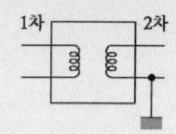

[답] ④

5 가공전선을 단도체식으로 하는 것보다 같은 단면적의 복도체식으로 하였을 경우에 대한 내용으로 틀린 것은?

① 전선의 인덕턴스가 감소된다.
② 전선의 정전용량이 감소된다.
③ 코로나 발생률이 적어진다.
④ 송전용량이 증가한다.

해 설 ★★★★★

복도체(다도체)의 특징
(1) 인덕턴스가 감소한다.
(2) 정전용량이 증가한다.
(3) 송전용량이 증가하여 안정도가 향상된다.
(4) 코로나 임계전압이 증가하여 코로나 발생이 억제된다.

[답] ②

6 전압이 일정값 이하로 되었을 때 동작하는 것으로서 단락 시 고장 검출용으로도 사용되는 계전기는?

① OVR   ② OVGR
③ NSR   ④ UVR

해 설 ★★★

부족 전압 계전기(UVR) : 전압이 일정값 이하로 되었을 때 동작하는 계전기

[답] ④

7 반한시성 과전류계전기의 전류-시간 특성에 대한 설명으로 옳은 것은?

① 계전기 동작시간은 전류의 크기와 비례한다.
② 계전기 동작시간은 전류의 크기와 관계없이 일정하다.
③ 계전기 동작시간은 전류의 크기와 반비례한다.
④ 계전기 동작시간은 전류의 크기의 제곱에 비례한다.

해 설 ★★★★★

반한시 계전기는, 동작 전류가 작을 때에는 느리게 동작했다가 동작 전류가 클수록 동작 시간이 점점 빨라지는 특성을 가지는 계전기이다.

[답] ③

8 페란티현상이 발생하는 원인은?

① 선로의 과도한 저항
② 선로의 정전용량
③ 선로의 인덕턴스
④ 선로의 급격한 전압강하

해 설 ★★★★★

페란티 현상
(1) 정의 : 심야의 경부하시에 수전단 전압이 송전단 전압보다 높아지는 현상
(2) 발생 원인 : 선로의 대지 정전용량에 흐르는 충전 전류(진상 전류)
(3) 대책 : 변전소에서 분로 리액터(Sh.R) 투입

[답] ②

9 100[MVA]의 3상 변압기 2뱅크를 가지고 있는 배전용 2차 측의 배전선에 시설할 차단기 용량[MVA]은? (단, 변압기는 병렬로 운전되며, 각각의 %Z는 20[%]이고, 전원의 임피던스는 무시한다.)

① 1,000　　② 2,000
③ 3,000　　④ 4,000

해 설 ★★★★★

$P_s = \dfrac{100}{\%Z}P_n = \dfrac{100}{20} \times (100 \times 2) = 1,000[\mathrm{MVA}]$

[답] ①

10 발전기나 변압기의 내부고장 검출로 주로 사용되는 계전기는?

① 역상계전기　　② 과전압계전기
③ 과전류계전기　　④ 비율차동계전기

해 설 ★★★★

비율차동계전기(87) : 발전기, 변압기, 모선 보호용

[답] ④

11 연가의 효과로 볼 수 없는 것은?

① 선로 정수의 평형
② 대지 정전용량의 감소
③ 통신선의 유도 장해의 감소
④ 직렬 공진의 방지

해 설 ★★★★★

연가 효과
(1) 선로정수의 평형
(2) 통신선에 대한 정전 유도장해 감소
(3) 중성점 잔류전압의 감소
(4) 직렬공진 방지

[답] ②

12 단락전류를 제한하기 위하여 사용되는 것은?

① 한류리액터　　② 사이리스터
③ 현수애자　　④ 직렬콘덴서

해 설 ★★★★★

한류리액터 : 계통에 직렬로 설치하는 유도성 리액턴스로서 계통의 합성 임피던스를 증가시켜 단락전류를 억제한다.

[답] ①

13 단상 2선식 교류 배전선로가 있다. 전선의 1가닥 저항이 0.15[Ω]이고, 리액턴스는 0.25[Ω]이다. 부하는 순저항 부하이고 100[V], 3[kW]이다. 급전점의 전압[V]은 약 얼마인가?

① 105　　② 110　　③ 115　　④ 124

해 설 ★★★

$E_s = E_r + 2I(R\cos\theta + X\sin\theta)[\mathrm{V}]$에서 순저항 부하라고 하였으므로 역률은 100[%]이다.
따라서,
- $E_s = E_r + 2I(R\cos\theta + X\sin\theta)$
 $= 100 + 2 \times \left(\dfrac{3,000}{100 \times 1}\right) \times (0.15 \times 1 + 0.25 \times 0)$
 $= 109[\mathrm{V}]$

[답] ②

14 배전선로의 전압을 $\sqrt{3}$ 배로 증가시키고 동일한 전력 손실률로 송전할 경우 송전전력은 몇 배로 증가되는가?

① $\sqrt{3}$　　② $\dfrac{3}{2}$
③ 3　　④ $2\sqrt{3}$

해 설 ★★★★★

- $\dfrac{P_2}{P_1} = \left(\dfrac{V_2}{V_1}\right)^2 = \left(\dfrac{\sqrt{3}\,V_1}{V_1}\right)^2 = 3$

[답] ③

15 송전선로에서 역섬락을 방지하는 가장 유효한 방법은?

① 피뢰기를 설치한다.
② 가공지선을 설치한다.
③ 소호각을 설치한다.
④ 탑각 접지저항을 작게 한다.

해설 ★★★★★

매설 지선 : 철탑 상부에 설치된 가공지선을 접지할 때 사용하며, 가능한 한 접지 저항값을 줄여 송전선로의 역섬락 사고를 방지한다.

[답] ④

16 열의 일당량에 해당되는 단위는?

① [kcal/kg] ② [kg/cm²]
③ [kcal/cm³] ④ [kg·m/kcal]

해설 ★★

열의 일당량 : 열에너지 1[cal]로 변환되는 일의 양
$W = F \cdot r$ 로서 단위 관계는,
$1[J] = [kg \cdot m] = 0.24[cal]$
∴ $[J/cal] = [kg \cdot m/cal]$ 또는 $[kg \cdot m/kcal]$

[답] ④

17 전력계통의 경부하시나 또는 다른 발전소의 발전전력에 여유가 있을 때, 이 잉여전력을 이용하여 전동기로 펌프를 돌려서 물을 상부의 저수지에 저장하였다가 필요에 따라 이 물을 이용해서 발전하는 발전소는?

① 조력발전소   ② 양수식발전소
③ 유역변경식발전소 ④ 수로식발전소

해설 ★★★★

양수 발전소 : 계통에서 사용 후 남는 전력을 이용하여 펌프로 상부 저수지에 물을 저장하였다가 필요할 때에 이 물을 자연 낙하시켜 발전을 하는 형식의 수력 발전소

[답] ②

18 교류 단상 3선식 배전방식을 교류 단상 2선식에 비교하면?

① 전압강하가 크고, 효율이 낮다.
② 전압강하가 작고, 효율이 낮다.
③ 전압강하가 작고, 효율이 높다.
④ 전압강하가 크고, 효율이 높다.

해설 ★★★

단상 3선식 : 단상 2선식에 비하여 전압 강하 및 전력 손실이 적어서 효율이 좋다.

[답] ③

19 어느 변전설비의 역률을 60[%]에서 80[%]로 개선하는 데 2,800[kVA]의 전력용 커패시터가 필요하였다. 이 변전설비의 용량은 몇 [kW]인가?

① 4,800   ② 5,000
③ 5,400   ④ 5,800

해설 ★★★

$Q_c = P(\tan\theta_1 - \tan\theta_2)$
$= P\left(\dfrac{0.8}{0.6} - \dfrac{0.6}{0.8}\right) = 2,800[kVA]$ 에서,

• $P = \dfrac{2,800}{\left(\dfrac{0.8}{0.6} - \dfrac{0.6}{0.8}\right)} = 4,800[kW]$

[답] ①

20 지상부하를 가진 3상 3선식 배전선로 또는 단거리 송전선로에서 선간 전압강하를 나타낸 식은? (단, I, R, X, θ는 각각 수전단 전류, 선로저항, 리액턴스 및 수전단 전류의 위상각이다.)

① $I(R\cos\theta + X\sin\theta)$
② $2I(R\cos\theta + X\sin\theta)$
③ $\sqrt{3}\,I(R\cos\theta + X\sin\theta)$
④ $3I(R\cos\theta + X\sin\theta)$

해 설 ★★★★★

3상 3선식의 전압강하 식 :
$e = \sqrt{3}\,I(R\cos\theta + X\sin\theta)\,[V]$

[답] ③

제 3 회 전기(공사)산업기사 필기시험

1 수전용 변전설비의 1차 측에 설치하는 차단기의 용량은 어느 것에 의하여 정하는가?

① 수전전력과 부하율
② 수전계약용량
③ 공급 측 전원의 단락용량
④ 부하설비용량

해 설 ★★★★★

단락 사고 발생 시, 전원 측으로부터 고장점으로 고장전류가 흐르므로 수전용 변전설비의 1차 측 차단기는 공급 측 전원의 단락용량에 의하여 결정된다.

[답] ③

2 어떤 발전소의 유효낙차가 100[m]이고, 사용 수량이 10[m³/s]일 경우 이 발전소의 이론적인 출력[kW]은?

① 4,900
② 9,800
③ 10,000
④ 14,700

해 설 ★★★★

$P_0 = 9.8QH[\text{kW}] = 9.8 \times 10 \times 100 = 9,800[\text{kW}]$

[답] ②

3 피뢰기의 제한전압이란?

① 상용주파전압에 대한 피뢰기의 충격방전 개시전압
② 충격파 침입 시 피뢰기의 충격방전 개시전압
③ 피뢰기가 충격파 방전 종료 후 언제나 속류를 확실히 차단할 수 있는 상용주파 최대전압
④ 충격파 전류가 흐르고 있을 때의 피뢰기 단자전압

해 설 ★★★★★

(1) 정격 전압 : 피뢰기에서 속류를 차단할 수 있는 최고의 상용 주파수의 교류전압의 실효값
(2) 제한 전압 : 피뢰기의 동작으로 내습한 충격파 전압이 방전으로 저하되어서 피뢰기의 단자 간에 남게 되는 충격 전압(충격파 전류가 흐르고 있을 때의 피뢰기 단자전압)

[답] ④

4 발전기의 정태 안정 극한전력이란?

① 부하가 서서히 증가할 때의 극한전력
② 부하가 갑자기 크게 변동할 때의 극한전력
③ 부하가 갑자기 사고가 났을 때의 극한전력
④ 부하가 변하지 않을 때의 극한전력

해 설 ★★★★

(1) 정태 안정도 : 계통에 아무런 사고가 발생하지 않은 상태에서 완만한 부하 변화 시의 전력 공급 능력
(2) 정태 안정 극한전력 : 부하가 서서히 증가할 때의 극한전력

[답] ①

5 3상으로 표준전압 3[kV], 용량 600[kW], 역률 0.85로 수전하는 공장의 수전회로에 시설할 계기용 변류기의 변류비로 적당한 것은? (단, 변류기의 2차 전류는 5[A]이며, 여유율은 1.5배로 한다.)

① 10 ② 20
③ 30 ④ 40

해설 ★★★★

(1) 우선, 변류기의 1차 측 전류를 구해보면,
- $I_1 = \dfrac{P}{\sqrt{3}\,V\cos\theta}k$
  $= \dfrac{600 \times 10^3}{\sqrt{3} \times 3{,}000 \times 0.85} \times 1.5 = 203.77[A]$

(2) 따라서, 1차 측 전류를 계산값에 가까운 근사값 200[A]로 정하여 변류비를 구하면,
- $\dfrac{I_1}{I_2} = \dfrac{200}{5} = 40$

[답] ④

6 30,000[kW]의 전력을 50[km] 떨어진 지점에 송전하려고 할 때 송전전압[kV]은 약 얼마인가? (단, still식에 의하여 산정한다.)

① 22 ② 33
③ 66 ④ 100

해설 ★★★

$V[\text{kV}] = 5.5\sqrt{0.6l + \dfrac{P}{100}}$
$= 5.5 \times \sqrt{0.6 \times 50 + \dfrac{30{,}000}{100}} ≒ 100[\text{kV}]$

[답] ④

7 다음 중 전력선에 의한 통신선의 전자유도 장해의 주된 원인은?

① 전력선과 통신선 사이의 상호 정전용량
② 전력선의 불충분한 연가
③ 전력선의 1선 지락 사고 등에 의한 영상 전류
④ 통신선 전압보다 높은 전력선의 전압

해설 ★★★★★

(1) 정전 유도장해의 원인 : 상호 정전용량에 의한 영상 전압(V_0)
(2) 전자 유도장해의 원인 : 상호 인덕턴스에 의한 영상 전류(I_0)

[답] ③

8 조상설비가 있는 발전소 측 변전소에서 주 변압기로 주로 사용되는 변압기는?

① 강압용 변압기 ② 단권 변압기
③ 3권선 변압기 ④ 단상 변압기

해설 ★★★

전력용 콘덴서 및 분로 리액터 등의 조상설비는 변압기의 3차 측 권선에 접속되므로 조상설비가 있는 변압기는 3권선 변압기를 사용하여야 한다.

[답] ③

9 3상 1회선의 송전선로에 3상 전압을 가해 충전할 때 1선에 흐르는 충전전류는 30[A], 또 3선을 일괄하여 이것과 대지 사이에 상전압을 가하여 충전시켰을 때 전 충전전류는 60[A]가 되었다. 이 선로의 대지정전용량과 선간정전용량의 비는?
(단, 대지정전용량 = C_s,
    선간정전용량 = C_m이다.)

① $\dfrac{C_m}{C_s} = \dfrac{1}{6}$ ② $\dfrac{C_m}{C_s} = \dfrac{8}{15}$

③ $\dfrac{C_m}{C_s} = \dfrac{1}{3}$ ④ $\dfrac{C_m}{C_s} = \dfrac{1}{\sqrt{3}}$

해 설 ★★

1) 우선, 문제에 주어진 조건에서 각각의 충전전류는,
   (1) 1선당 충전전류 :
   $I_1 = \omega CE = \omega(C_s + C_m)E = 30[\text{A}]$
   (2) 3선 일괄 시 충전전류 :
   $I_2 = \omega CE = \omega \times 3C_s E = 60[\text{A}]$
2) 위 두 식을 나누어 보면,
   - $\dfrac{I_1}{I_2} = \dfrac{\omega(C_s + 3C_m)E}{\omega \times 3C_s E}$

   $= \dfrac{1}{3} + \dfrac{C_m}{C_s} = \dfrac{30}{60} = \dfrac{1}{2}$
3) 따라서, 전선 1선의 대지 정전용량(C_s)과 선간 정전용량(C_m)의 비를 구해보면,
   - $\dfrac{C_m}{C_s} = \dfrac{1}{2} - \dfrac{1}{3} = \dfrac{3}{6} - \dfrac{2}{6}$

   $= \dfrac{1}{6}$

[답] ①

10 전력 사용의 변동 상태를 알아보기 위한 것으로 가장 적당한 것은?

① 수용률   ② 부등률
③ 부하율   ④ 역률

해 설 ★★

부하율은 $F = \dfrac{\text{평균 수용 전력}}{\text{최대 수용 전력}} \times 100[\%]$ 이므로, 최대 수용전력에 대해서 어느 기간 중의 평균 수용전력이 얼만큼 사용하는지를 알 수 있으므로 전력 사용의 변동 상태를 알기 쉽다.

[답] ③

11 단상 교류회로에 3,150/210[V]의 승압기를 80[kW], 역률 0.8인 부하에 접속하여 전압을 상승시키는 경우 약 몇 [kVA]의 승압기를 사용하여 적당한가? (단, 전원전압은 2,900[V]이다.)

① 3.6   ② 5.5
③ 6.8   ④ 10

해 설 ★★★

(1) 우선 승압기의 2차 측 전압 및 전류를 구해보면,
   - $V_2 = V_1\left(1 + \dfrac{e_2}{e_1}\right)$

   $= 2,900 \times \left(1 + \dfrac{210}{3,150}\right) = 3,093.33[\text{V}]$
   - $I_2 = \dfrac{P_L}{V_2 \cos\theta}$

   $= \dfrac{80,000}{3,093.33 \times 0.8} = 32.33[\text{A}]$
(2) 따라서, 승압기의 용량은,
   ∴ $P = e_2 I_2 = 210 \times 32.33$
   $= 6,788.8[\text{VA}] ≒ 6.79[\text{kVA}]$

[답] ③

12 철탑의 접지저항이 커지면 가장 크게 우려되는 문제점은?

① 정전 유도　② 역섬락 발생
③ 코로나 증가　④ 차폐각 증가

해 설 ★★★★★

역섬락(back-flashover)
(1) 섬락 사고와 반대로 철탑에서 전선으로 불꽃 방전을 일으키는 현상
(2) 철탑의 접지저항이 높아서 철탑 전위의 파고값 (E)이 상승하여 애자의 절연 파괴 전압 이상으로 될 경우에 발생
(3) 대책 : 탑각 접지 저항의 감소(매설지선 설치)

[답] ②

13 역률 0.8(지상), 480[kW] 부하가 있다. 전력용 콘덴서를 설치하여 역률을 개선하고자 할 때 콘덴서 220[kVA]를 설치하면 역률은 몇 [%]로 개선되는가?

① 82　② 85　③ 90　④ 96

해 설 ★★★

(1) 우선 콘덴서 설치 전의 무효전력과 피상전력을 구해보면,
 - $Q = P\tan\theta = 480 \times \dfrac{0.6}{0.8} = 360[\text{kVar}]$
 - $P_a = \dfrac{P}{\cos\theta} = \dfrac{480}{0.8} = 600[\text{kVA}]$

(2) 따라서, 콘덴서 설치 후의 역률은,
$$\therefore \cos\theta_2 = \dfrac{P}{\sqrt{P^2 + (Q-Q_c)^2}}$$
$$= \dfrac{480}{\sqrt{480^2 + (360-220)^2}}$$
$$= 0.96 \quad (\therefore 96[\%])$$

[답] ④

14 화력발전소에서 탈기기를 사용하는 주목적은?

① 급수 중에 함유된 산소 등의 분리 제거
② 보일러 관벽의 스케일 부착의 방지
③ 급수 중에 포함된 염류의 제거
④ 연소용 공기의 예열

해 설 ★★★

탈기기 : 화력 발전소에 공급하는 급수 내에 공기(산소)가 포함되어 있으면, 보일러 관벽 등이 부식되므로 급수 내에 산소를 분리 제거해야 하는데, 이때 사용하는 장치가 탈기기이다.

[답] ①

15 변류기를 개방할 때 2차 측을 단락하는 이유는?

① 1차 측 과전류 보호
② 1차 측 과전압 방지
③ 2차 측 과전류 보호
④ 2차 측 절연보호

해 설 ★★★

변류기를 개방한 상태에서 변류기 2차 측의 부하(전류계 또는 보호 계전기)를 제거하면, 순간적 변류기 권선에 과전압이 발생하여 변류기 2차 측의 절연을 파괴시킨다. 따라서, 변류기 2차 측은 반드시 단락시킨 후, 작업을 하여야 한다.

[답] ④

16 ( ) 안에 들어갈 알맞은 내용은?

"화력발전소의 (㉠)은 발생 (㉡)을 열량으로 환산한 값과 이것을 발생하기 위하여 소비된 (㉢)의 보유열량 (㉣)를 말한다."

① ㉠ 손실율 ㉡ 발열량 ㉢ 물 ㉣ 차
② ㉠ 열효율 ㉡ 전력량 ㉢ 연료 ㉣ 비
③ ㉠ 발전량 ㉡ 증기량 ㉢ 연료 ㉣ 결과
④ ㉠ 연료소비율 ㉡ 증기량 ㉢ 물 ㉣ 차

해설 ★★

화력발전소의 열효율은 발생 전력량[kWh]을 열량으로 환산한 값과 이것을 발생하기 위하여 소비된 연료의 보유열량의 비를 말한다.

[답] ②

17 다음 중 전압강하의 정도를 나타내는 식이 아닌 것은? (단, E_S는 송전단전압, E_R은 수전단전압이다.)

① $\dfrac{I}{E_R}(R\cos\theta + X\sin\theta) \times 100[\%]$

② $\dfrac{\sqrt{3}I}{E_R}(R\cos\theta + X\sin\theta) \times 100[\%]$

③ $\dfrac{E_S - E_R}{E_R} \times 100[\%]$

④ $\dfrac{E_S + E_R}{E_S} \times 100[\%]$

해설 ★★★★★

전압 강하율(전압강하의 정도)

(1) 단상 : $\varepsilon = \dfrac{E_s - E_R}{E_R} \times 100[\%]$

$= \dfrac{I(R\cos\theta + X\sin\theta)}{E_R} \times 100[\%]$

(2) 3상 : $\varepsilon = \dfrac{E_s - E_R}{E_R} \times 100[\%]$

$= \dfrac{\sqrt{3}I(R\cos\theta + X\sin\theta)}{E_R} \times 100[\%]$

[답] ④

18 수전단 전압이 송전단 전압보다 높아지는 현상과 관련된 것은?

① 페란티 효과 ② 표피 효과
③ 근접 효과   ④ 도플러 효과

해설 ★★★★★

페란티 현상
(1) 페란티 현상의 정의 : 심야의 경부하 또는 무부하 시에 수전단 전압이 송전단 전압보다 높아지는 현상
(2) 페란티 현상의 원인 : 선로의 대지 정전 용량으로 인한 충전 전류(진상 전류)
(3) 페란티 현상 방지 대책 :
❶ 분로 리액터(Sh.R)를 설치한다.
❷ 동기 조상기를 저여자(지상) 운전하여 지상 무효전력을 공급한다.

[답] ①

19 송전선로의 중성점을 접지하는 목적으로 가장 알맞은 것은?

① 전선량의 절약
② 송전용량의 증가
③ 전압강하의 감소
④ 이상전압의 경감 및 발생 방지

해설 ★★★

송전선로를 직접접지하면, 1선지락사고 시 건전상의 이상전압이 경감되고 발생을 방지할 수 있다.

[답] ④

20 송전선로에서 4단자정수 A, B, C, D 사이의 관계는?

① $BC - AD = 1$
② $AC - BD = 1$
③ $AB - CD = 1$
④ $AD - BC = 1$

> **해 설** ★★★★★
>
> (1) T형 회로의 송전단 전압, 전류식 :
> • 송전단 전압 :
> $$E_s = \left(1 + \frac{ZY}{2}\right)E_r + Z\left(1 + \frac{ZY}{4}\right)I_r$$
> • 송전단 전류 :
> $$I_s = YE_r + \left(1 + \frac{ZY}{2}\right)I_r$$
>
> (2) 위 식에서 A, B, C, D를 정리해보면,
> • $AD - BC$
> $= \left(1 + \frac{ZY}{2}\right) \times \left(1 + \frac{ZY}{2}\right) - Z\left(1 + \frac{ZY}{4}\right) \times Y$
> $= 1 + \frac{ZY}{2} + \frac{ZY}{2} + \frac{Z^2Y^2}{4} - ZY - \frac{Z^2Y^2}{4}$
> $= 1$ 임을 알 수 있다.
>
> [답] ④

MEMO

전기공사산업기사 필기

전기기기

2011~2020년 과년도 기출문제

전기기기 출제 분석

항목	2011			2012			2013			2014			2015			2016			2017			2018			2019			2020	
	1회	2회	4회	1회	2회	4회	1회	2회	4회	1회	2회	4회	1회	2회	4회	1회	2회	4회	1회	2회	4회	1회	2회	4회	1회	2회	4회	1,2회	3회
직류기	5	5	5	4	5	5	4	4	5	3	6	4	4	3	3	4	5	4	4	5	5	6	4	3	5	7	2	4	5
동기기	4	3	4	4	4	2	6	4	4	5	4	3	4	3	4	3	5	4	5	4	4	2	4	5	3	3	5	4	4
변압기	5	5	4	5	4	6	3	5	3	4	5	4	5	4	4	4	4	4	4	5	4	4	4	5	5	4	4	4	5
유도전동기	4	4	5	3	4	5	5	5	4	7	3	4	6	6	7	5	5	5	5	4	3	4	7	4	4	3	6	5	4
정류기 (전력변환기)	1	3	0	4	2	2	1	2	2	1	3	2	1	2	2	2	0	2	0	2	3	2	1	2	2	2	3	2
특수회전기 (교류정류자기 및 제어용기기)	1	0	2	1	0	0	0	0	0	1	1	2	1	0	2	1	1	0	2	0	1	2	0	1	1	0	1	0	0

• 전기공사산업기사 필기 　전기기기

2011년 기출문제

제 1 회　　전기(공사)산업기사 필기시험

1 유도전동기의 회전력 발생 요소 중 제곱에 비례하는 요소는?

① 슬립　　　　② 2차 권선저항
③ 2차 임피던스　④ 2차 기전력

해 설 ★★★★★

유도전동기 토크 특성
토크는 전압 2승에 비례
$\tau \propto V^2$ ($\tau = 0.975 \dfrac{P_2}{N_s}$[kg·m])

[답] ④

2 직류 분권발전기의 무부하 포화 곡선이 $V = \dfrac{940 i_f}{33 + i_f}$ 이고, i_f는 계자전류[A], V는 무부하 전압[V]으로 주어질 때 계자 회로의 저항이 20[Ω]이면 몇 [V]의 전압이 유기되는가?

① 140　② 160　③ 280　④ 300

해 설 ★★★★★

직류 분권발전기 단자전압
1) $V = \dfrac{940 i_f}{33 + i_f}$[V], $i_f = \dfrac{V}{r_f} = \dfrac{V}{20}$[A]
2) $V = \dfrac{940 \times \dfrac{V}{20}}{33 + \dfrac{V}{20}}$[V] 에서, $V = 280$[V]

[답] ③

3 동기전동기의 자기동법에서 계자권선을 단락하는 이유는?

① 고전압이 유도된다.
② 전기자 반작용을 방지한다.
③ 기동권선으로 이용한다.
④ 기동이 쉽다.

해 설 ★★★

동기전동기 기동법
1) 자기동법 : 제동권선을 이용 기동하는 방식, 기동시 회전자계에 의해서 계자권선에 고압이 유기되어 절연이 파괴할 우려가 있으므로 계자권선을 단락시킨다.
2) 기동 전동기법 : 동기기보다 2극 적은 유도전동기를 이용 기동하는 방식

[답] ①

4 단상 전파 정류 회로에서 교류 전압 $v = 628\sin 315t$[V], 부하 저항 20[Ω]일 때 직류 측 전압의 평균값[V]은?

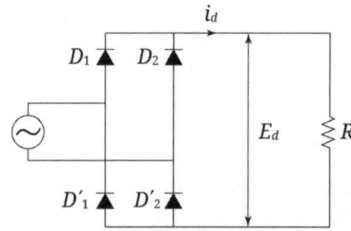

① 약 200   ② 약 400
③ 약 600   ④ 약 800

해 설 ★★★★

단상 직류 전파 평균전압
$E_d = 0.9E = 0.9 \times \dfrac{628}{\sqrt{2}} = 399.656$ [V]

[답] ②

5 직류기에서 양호한 정류를 얻는 조건이 아닌 것은?

① 정류 주기를 크게 한다.
② 전기자 코일의 인덕턴스를 작게 한다.
③ 평균 리액턴스 전압을 브러시 접촉면 전압 강하보다 크게 한다.
④ 브러시의 접촉저항을 크게 한다.

해 설 ★★★★

직류기 양호한 정류 대책
1) 평균 리액턴스 전압이 작을 것
   (브러시 접촉 전압 강하 > 리액턴스 전압)
2) 보극을 적당한 위치에 설치할 것 (전압정류)
3) 탄소 브러시 접촉저항이 클 것
   (저항정류 : 고유저항 증가 전류감소)
4) 정류 주기를 길게 할 것

[답] ③

6 3상 유도전동기의 특성 중 비례추이를 할 수 없는 것은?

① 동기속도   ② 2차전류
③ 1차전류   ④ 역률

해 설 ★★★★★

권선형 유도전동기 특징
비례추이 할 수 없는 것은 출력, 효율, 2차 동손, 동기속도

[답] ①

7 직류발전기의 정류시간에 비례하는 요소를 바르게 나타낸 것은? (단, b : 브러시의 두께[mm], δ : 정류자편 사이의 두께[m], v_c : 정류자의 주변속도이다.)

① $v_c - \delta$ ② $b - \delta$
③ $\delta - b$ ④ $b + \delta$

해 설 ★★

직류발전기의 정류주기
$T_c = \dfrac{b - \delta}{v_c}$ [S]
여기서, b : 브러시 두께,
δ : 절연물 두께, ($b - \delta$: 정류구간)
D : 정류자지름, n : 회전수[rps]
$v_c = \pi D n$ [m/s] : 정류자 주변속도

[답] ②

8 직류 분권전동기 운전 중 계자 권선의 저항이 증가할 때 회전속도는?

① 일정하다. ② 감소한다.
③ 증가한다. ④ 관계없다.

> **해 설** ★★★★
>
> 직류 분권전동기 속도특성
> 1) $N = k\dfrac{V - I_a r_a}{\phi}$ [rps]에서 계자저항을 증가시키면 계자전류가 감소
> 2) 자속이 감소하므로 속도는 증가 [답] ③

9 △결선 변압기의 한 대가 고장으로 제거되어 V결선으로 공급할 때 공급할 수 있는 전력은 고장 전 전력에 대하여 몇 [%]인가?

① 57.7 ② 66.7
③ 75.0 ④ 86.6

> **해 설** ★
>
> 변압기 V결선 출력 (△결선 대비)
> 1) 이용률 : $\dfrac{\sqrt{3}}{2} = 0.866 = 86.6[\%]$
> 2) 출력비 : $\dfrac{\sqrt{3}}{3} = 0.577 = 57.7[\%]$ [답] ①

10 부흐홀쯔 계전기는 주로 어느 기기를 보호하는 데 사용하는가?

① 변압기 ② 발전기
③ 동기전동기 ④ 회전변류기

> **해 설** ★★★★★
>
> 변압기 내부 고장보호
> 1) 기계적인 보호 : 부흐홀쯔 계전기, 온도 계전기
> 2) 전기적인 보호 : 비율차동 계전기, 과전류 계전기, 과전압 계전기
> 3) 비율차동계전기는 전기적인 고장 보호용으로, 단락, 지락, 결상 과부하에 이용된다.
> [답] ①

11 다음 중 변압기의 절연내력 시험법이 아닌 것은?

① 단락시험
② 가압시험
③ 오일의 절연파괴전압시험
④ 충격전압시험

> **해 설** ★
>
> 변압기 단락시험
> 동손, 임피던스 전압, 전압변동률을 측정하기 위함
> [답] ①

12 22[kW] 3상 유도전동기 1대를 운전하기 위해서 2대의 단상변압기를 사용한다. 이 변압기의 용량은? (단, 피상효율은 0.75이다.)

① 29.3[kVA] ② 16.9[kVA]
③ 12.4[kVA] ④ 9.78[kVA]

> **해 설** ★★★★★
>
> V결선 변압기 출력 (△결선 대비)
> 1) 이용률 : $\dfrac{\sqrt{3}}{2} = 0.866 = 86.6[\%]$
> 2) $P_a = \dfrac{P}{0.866 \times \eta} = \dfrac{22}{0.866 \times 0.75}$
> $= 33.872[kVA]$
> 3) 한 대 용량 $= \dfrac{P_a}{2} = \dfrac{33.872}{2} = 16.936[kVA]$
> [답] ②

13 전기자 반작용이 직류발전기에 영향을 주는 것을 설명한 것으로 틀린 것은?

① 전기자 중성축을 이동시킨다.
② 자속을 감소시켜 부하시 전압강하의 원인이 된다.
③ 정류자 편간전압이 불균일하게 되어 섬락의 원인이 된다.
④ 전류의 파형은 찌그러지나 출력에는 변화가 없다.

해설 ★★★★

직류 발전기 전기자 반작용 영향 (감자작용)
1) 전기자 전류에 의한 자속이 계자 권선의 주자속에 영향을 주어 자속이 일그러지는 현상
2) 전기적 중성축 이동
   (발전기 : 회전방향, 전동기 : 회전반대방향)
3) 정류자 편간 국부적 불꽃 발생, 정류불량 및 브러시 손상
4) 발전기의 전체적인 효율 저하
5) 자속 감소 → 기전력 감소 → 발전기 출력 감소

[답] ④

14 3,150/210[V] 5[kVA]의 단상변압기가 있다. 2차를 개방하고 정격 1차 전압을 가할 때의 입력은 60[W], 2차를 단락하고 여기에 정격 1차 전류가 흐르도록 1차 측에 저전압을 가했을 때의 입력은 120[W]이었다. 역률 100[%]에서의 전부하 효율[%]은?

① 약 96.5   ② 약 95.5
③ 약 86.5   ④ 약 70.7

해설 ★★★★★

변압기 효율
1) 전부하 효율 $\eta = \dfrac{P}{P+P_i+P_c} \times 100[\%]$
2) $\eta = \dfrac{5{,}000 \times 1.0}{5{,}000 \times 1.0 + 60 + 120} \times 100 = 96.525[\%]$

[답] ①

15 220[kVA]의 단상 변압기가 있다. 철손이 1.6[kW]이고, 전부하 동손이 2.4[kW]이다. 변압기의 역률이 0.8일 때 전부하 시의 효율[%]은 약 얼마인가?

① 96.6   ② 97.6
③ 98.6   ④ 99.6

해설 ★★★★★

변압기 효율
1) 전부하 효율 $\eta = \dfrac{P}{P+P_i+P_c} \times 100[\%]$
2) $\eta = \dfrac{220 \times 0.8}{220 \times 0.8 + 1.6 + 2.4} \times 100 = 97.777[\%]$

[답] ②

16 동기발전기의 전기자 권선을 분포권으로 하는 이유는 다음 중 어느 것인가?

① 권선의 누설 리액턴스가 증가한다.
② 분포권은 집중권에 비하여 합성 유기기전력이 증가한다.
③ 기전력의 고조파가 감소하여 파형이 좋아진다.
④ 난조를 방지한다.

해설 ★★★★★

동기발전기 권선법
분포권 : 고조파가 제거되어 파형이 좋아지고, 누설 리액턴스가 작고, 유기기전력이 작다.

[답] ③

17 병렬운전을 하고 있는 2대의 3상 동기발전기 사이에 무효순환전류가 흐르는 경우는?

① 여자 전류의 변화
② 부하의 증가
③ 부하의 감소
④ 원동기의 출력변화

해설 ★★★★★

동기발전기 병렬운전 조건
1) 기전력의 크기, 위상, 주파수, 파형, 상회전 방향이 같을 것
2) 두 발전기의 기전력의 크기가 같지 않게 되어 무효순환전류가 흐르게 된다.
3) 대책 : 여자 전류 조정
　(여자전류 증가 → 발전기 역률 저하)

[답] ①

18 동기전동기의 공급 전압, 주파수 및 부하를 일정하게 유지하고 여자 전류만을 변화시키면?

① 출력이 변화한다.
② 토크가 변화한다.
③ 각속도가 변화한다.
④ 부하각이 변화한다.

해설 ★★★★★

동기전동기
계자 전류 I_f를 조정하여 진상 및 지상 무효전력 조정 가능, 즉 부하각이 변화한다.

[답] ④

19 50[Hz] 12극의 3상 유도 전동기가 정격 전압으로 정격출력 10[HP]를 발생하며 회전하고 있다. 이때의 회전수는 약 몇 [rpm]인가? (단, 회전자 동손은 350[W], 회전자 입력은 출력과 회전자 동손과의 합이다.)

① 468　② 478　③ 485　④ 500

해설 ★★★★★

유도전동기 슬립(s) : 회전자계의 회전수와 회전자 회전수의 차이

1) $N_s = \dfrac{120f}{p} = \dfrac{120 \times 50}{12} = 500$[rpm]
2) 2차 동손(P_{c2}) : $P_{c2} = sP_2[\text{W}] = 350[\text{W}]$
3) 2차 입력(P_2) : $P_2 = \dfrac{350}{s}$[W]
4) 출력(P_0) : $P_0 = (1-s)P_2 = (1-s)\dfrac{350}{s}$
　　　　　　　$= 10 \times 746[\text{W}]$,
　여기서 $s = 0.0448$
5) $N = (1-0.0448) \times 500 = 477.6$[rpm]

[답] ②

20 단상 반발전동기의 종류가 아닌 것은?

① 아트킨손형　② 톰슨형
③ 테리형　　　④ 유도자형

해설 ★★

단상 반발전동기 종류
1) 아트킨손, 테리, 톰슨 전동기가 있다.
2) 시라게전동기는 3상 분권 정류자 전동기이다.

[답] ④

제 2 회 전기(공사)산업기사 필기시험

1 권선형 유도전동기에서 2차 저항을 변화시켜서 속도제어를 하는 경우 최대 토크는?

① 항상 일정하다.
② 2차 저항에만 비례한다.
③ 최대 토크가 생기는 점의 슬립에 비례한다.
④ 최대 토크가 생기는 점의 슬립에 반비례한다.

해설 ★★★★★

유도전동기 토크 특성
1) 토크와 2차 입력 P_2는 비례 :
$\tau = P_2 = E_2 I_2 \cos\theta_2 [W]$,
$\tau = \dfrac{E_2^2 \dfrac{r_2}{s}}{(\dfrac{r_2}{s})^2 + x_2^2}[N \cdot m]$

2) 최대 토크 슬립 : $s_t ≒ \dfrac{r_2^2}{x_1 + x_2'} ≒ \dfrac{r_2^2}{x_2'}$,
최대 출력 슬립 : $s_p ≒ \dfrac{r_2'}{r_2' + z}$

3) $s_t ≒ \dfrac{r_2^2}{x_2'}$ 대입, 최대토크 : $\tau_{max} = \dfrac{E_2^2}{2x_2'}[N \cdot m]$

4) 최대토크는 2차 저항과는 관계없이 항상 일정

[답] ①

2 그림에서 밀리암페어계의 지시[mA]를 구하면 얼마인가? (단, 밀리암페어계는 가동코일형이고, 정류기의 저항은 무시한다.)

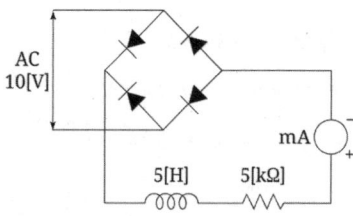

① 9   ② 6.4
③ 4.5   ④ 1.8

해설 ★★★

단상 전파정류
1) 전파 평균전압 : $E_d = 0.9E = 0.9 \times 10 = 9[V]$
2) 직류전류 : $I_d = \dfrac{E_d}{R} = \dfrac{9}{5,000} = 1.8[mA]$

[답] ④

3 직류 분권 발전기를 역회전하면?

① 발전되지 않는다.
② 정회전 때와 마찬가지다.
③ 과대전압이 유기된다.
④ 섬락이 일어난다.

해설 ★★

직류 발전기 계자회로 (자여자)
직류 자여자 발전기는 회전자를 역회전시키면 잔류자기가 소멸되어 발전되지 않는다.

[답] ①

4 단상 주상변압기의 2차 측(105[V] 단자)에 1[Ω]의 저항을 접속하고, 1차 측에 900[V]를 가하여 1차 전류가 1[A]라면, 1차 측 탭 전압[V]은? (단, 변압기의 내부 임피던스는 무시한다.)

① 3,350   ② 3,250
③ 3,150   ④ 3,050

해설 ★★★★★

변압기 등가 1차 환산 (권수비 = a)

1) $Z_1 = a^2 Z_2$, $a^2 = \dfrac{Z_1}{Z_2} \left(a = \sqrt{\dfrac{Z_1}{Z_2}} \right)$

2) $Z_1 = \dfrac{900}{1} = 900[\Omega]$, $Z_2 = 1[\Omega]$

3) $a = \sqrt{\dfrac{Z_1}{Z_2}} = \sqrt{\dfrac{900}{1}} = 30$, $a = \dfrac{V_1}{V_2}$ 에서
$V_1 = a V_2 = 30 \times 105 = 3,150[V]$

[답] ③

5 정격 150[kVA], 철손 1[kW], 전부하 동손이 4[kW]인 단상 변압기의 최대 효율[%]과 최대효율 시의 부하[kVA]는?
(단, 부하역률은 1이다.)

① 96.8[%], 125[kVA]
② 97.4[%], 75[kVA]
③ 97[%], 50[kVA]
④ 97.2[%], 100[kVA]

해설 ★★★★★

변압기 최대효율 조건

1) 최대효율 조건 : 철손 $p_i[W]$ = 동손 $p_c[W]$

2) 최대효율 시 부 :
$\dfrac{1}{m}(최대효율시 부하) = \sqrt{\dfrac{p_i}{p_c}} = \sqrt{\dfrac{1}{4}} = \dfrac{1}{2}$,
$150 \times \dfrac{1}{2} = 75[kVA]$

3) $\eta(최대효율) = \dfrac{최대효율시 출력}{최대효율시 출력 + 2p_i}$
$= \dfrac{75}{75 + 2 \times 1} \times 100 = 97.4[\%]$

[답] ②

6 유도전동기의 특성에서 토크 τ와 2차 입력 P_2, 동기속도 N_s의 관계는?

① 토크는 2차 입력에 비례하고, 동기속도에 반비례한다.
② 토크는 2차 입력과 동기속도의 곱에 비례한다.
③ 토크는 2차 입력에 반비례하고, 동기속도에 비례한다.
④ 토크는 2차 입력의 자승에 비례하고, 동기속도의 자승에 반비례한다.

해설 ★★★★★

유도전동기 토크 특성

전동기 토크 $\tau = 0.975 \dfrac{P_2}{N_s} [kg \cdot m]$, $s = \dfrac{P_{c2}}{P_2}$,

$N_s = \dfrac{120f}{p} [rpm]$

[답] ①

7 직류기의 보상권선은?

① 계자와 병렬로 연결
② 계자와 직렬로 연결
③ 전기자와 병렬로 연결
④ 전기자와 직렬로 연결

해설 ★★★★★

전기자 반작용 방지 대책

보상권선 : 전기자 자속을 상쇄시키기 위한 자속을 발생시키는 부분이므로 전기자 권선과 직렬 연결하고 전기자 전류 방향과는 반대로 전류를 흘려주어야 한다.

[답] ④

8 백분율 저항강하 2[%], 백분율 리액턴스 강하 3[%]인 변압기가 있다. 역률(지역률) 80[%]인 경우의 전압 변동률[%]은?

① 1.4　　② 3.4
③ 4.4　　④ 5.4

해 설 ★★★★★

변압기 전압 변동률
$\varepsilon = p\cos\theta + q\sin\theta$
$= 2 \times 0.8 + 3 \times 0.6 = 3.4[\%]$
참고로 문제에서 역률이 어떤 상황인지 설명이 없으면 교류기에서는 역률을 지상으로 본다.

[답] ②

---

9 사이리스터에서의 래칭 전류에 관한 설명으로 옳은 것은?

① 게이트를 개방한 상태에서 사이리스터 도통 상태를 유지하기 위한 최소의 순전류
② 게이트 전압을 인가한 후에 급히 제거한 상태에서 도통 상태가 유지되는 최소의 순전류
③ 사이리스터의 게이트를 개방한 상태에서 전압을 상승하면 급히 증가하게 되는 순전류
④ 사이리스터가 턴온하기 시작하는 순전류

해 설 ★★★

SCR 특징
사이리스터를 턴온 시키기 위해 필요한 최소의 순방향 전류를 래칭전류라 한다.

[답] ④

---

10 변압기 2대로 출력 P[kW], 역률 $\cos\theta$의 3상 유도전동기에 V결선 변압기로 전력을 공급할 때 변압기 1대의 최소용량[kVA]은?

① $\dfrac{P}{3\cos\theta}$　　② $\dfrac{P}{\sqrt{3}\cos\theta}$
③ $\dfrac{3P}{\cos\theta}$　　④ $\dfrac{\sqrt{3}P}{\cos\theta}$

해 설 ★★★★★

변압기 V결선 출력 (Δ결선 대비)
V결선 시 단상변압기 용량 $= \dfrac{3상부하[kW]}{\sqrt{3} \times \cos\theta \times \eta}$
$= \dfrac{P}{\sqrt{3} \times \cos\theta}[kVA]$

[답] ②

---

11 3상 동기발전기에서 권선 피치와 자극 피치의 비를 $\dfrac{13}{15}$의 단절권으로 하였을 때의 단절권 계수는?

① $\sin\dfrac{13}{15}\pi$　　② $\sin\dfrac{13}{30}\pi$
③ $\sin\dfrac{15}{26}\pi$　　④ $\sin\dfrac{15}{13}\pi$

해 설 ★★★★★

동기발전기 단절계수
기본파 단절계수 : $K_p = \sin\dfrac{\beta\pi}{2} = \sin\dfrac{13\pi}{15 \times 2}$

[답] ②

12 특수 동기기에 대한 설명 중 잘못 연결된 것은?

① 반작용 전동기 : 역률이 좋다.
② 유도 동기 전동기 : 기동 토크와 인입 토크가 크다.
③ 동기 주파수 변환기 : 조작이 간편하고 효율이 좋다.
④ 정현파 발전기 : 부하에 관계없이 정현파 기전력을 발생한다.

해 설 ★★

특수 동기기
반작용 전동기 : 토크는 비교적 작고, 직류여자기가 필요 없으므로 구조가 간단하나 역률은 매우 나쁘다.
[답] ①

13 부하가 변하면 심하게 속도가 변하는 직류 전동기는?

① 직권전동기   ② 분권전동기
③ 차등복권전동기   ④ 가동복권전동기

해 설 ★★★★

직류전동기는 부하가 증가할 때 직권, 가동복권, 분권, 차동복권 순으로 속도 변동이 작다.
[답] ①

14 직류 발전기의 보극에 관한 설명 중 틀린 것은?

① 보극의 계자권선은 전기자권선과 직렬로 접속한다.
② 보극의 극성은 주자극의 극성을 회전방향으로 옮겨 놓은 것과 같은 극성이다.
③ 보극의 수는 주자극과 동일한 수이지만 어떤 경우에는 주자극의 수보다 적은 것도 있다.
④ 보극에 의한 자속은 전기자전류에 비례하여 변화한다.

해 설 ★★★

보상권선 설치
1) 주자극의 자극편에 슬롯을 만들고 그 속에 절연된 권선을 설치
2) 전기자 권선과는 직렬 접속하고 전기자 도체의 전류와 반대 방향의 전류를 흘려주면 이때 발생된 자속이 전기자 자속을 상쇄시키도록 한다.
[답] ②

15 3상 유도전동기에서 $s=1$일 때의 2차 유기기전력을 E_2[V], 2차 1상의 리액턴스를 $x_2[\Omega]$, 저항을 $r_2[\Omega]$, 슬립을 s, 비례상수를 K_0라고 하면 토크는?

① $K_0 \dfrac{E_2^2}{r_2^2+x_2^2}$ ② $K_0 \dfrac{sE_2^2 r_2}{r_2^2+sx_2^2}$
③ $K_0 \dfrac{E_2^2 r_2}{r_2^2+(sx_2)^2}$ ④ $K_0 \dfrac{sE_2^2 r_2}{r_2^2+(sx_2)^2}$

해 설 ★★★★★

유도전동기 토크 특성
토크와 2차 입력 P_2는 비례 :
$$\tau = P_2 = E_2 I_2 \cos\theta_2 [W], \quad \tau = \dfrac{E_2^2 \dfrac{r_2}{s}}{(\dfrac{r_2}{s})^2 + x_2^2}[N \cdot m]$$
[답] ④

16 다음 중 역률이 가장 좋은 전동기는?

① 단상유도전동기 ② 3상유도전동기
③ 동기전동기 ④ 반발전동기

해설 ★★★

동기전동기가 운전 중 역률이 가장 좋다.

[답] ③

17 변압기 철심에서 자속변화에 의하여 발생하는 손실은?

① 와전류 손실
② 표유 부하손실
③ 히스테리시스 손실
④ 누설 리액턴스 손실

해설 ★★★★★

변압기 손실
1) 부하 손실 : 동손($P_c = I^2R$[W]), 표류부하손
2) 무부하 손실 : 철손(히스테리시스손, 와전류손), 유전체손(절연물 손실로 무시)

[답] ①

18 직류 분권 발전기를 병렬로 운전하는 경우 발전기용량 P와 정격전압 V 값은?

① P와 V 모두 같아야 한다.
② P는 임의, V는 같아야 한다.
③ P는 같고, V는 임의이다.
④ P와 V 모두 임의이다.

해설 ★★★★★

직류 발전기 병렬운전 조건
1) 극성과 단자 전압이 같고, 외부 특성이 수하특성일 것
2) 직권·복권발전기는 수하특성을 갖지 못하므로 균압선(환)을 설치

[답] ②

19 권선형 3상 유도전동기가 있다. 2차 회로는 Y로 접속되고 2차 각 상의 저항은 0.3[Ω]이며, 1차, 2차 리액턴스의 합은 2차측에서 보아 1.5[Ω]이라 한다. 기동 시에 최대 토크를 발생하기 위해서 삽입하여야 할 저항 [Ω]은 얼마인가? (단, 1차 각 상의 저항은 무시한다.)

① 1.2 ② 1.5
③ 2 ④ 2.2

해설 ★★★

권선형 유도전동기 기동저항
1) 기동 시 최대토크의 크기로 기동하기 위한 2차 외부 저항 $R = \sqrt{r_1^2 + (x_1 + x_2)^2} - r_2$ [Ω]
2) 기동 시 2차 외부 저항 증가 : 기동전류 감소, 기동토크 증가
3) $R = \sqrt{r_1^2 + (x_1 + x_2)^2} - r_2$
   $= (x_1 + x_2) - r_2 = 1.5 - 0.3 = 1.2$[Ω]

[답] ①

20 반파 정류회로에서 직류전압 200[V]를 얻는 데 필요한 변압기 2차 상전압은 약 몇 [V]인가? (단, 부하는 순저항, 변압기내 전압강하를 무시하면 정류기내의 전압강하는 5[V]로 한다.)

① 68 ② 113
③ 333 ④ 455

해설 ★★★★

단상 직류 반파 평균전압
$E_d = 0.45E - e$[V]에서 $E = \dfrac{200 + 2}{0.45} = 455$[V]

[답] ④

제 4 회 전기공사산업기사 필기시험

1 3상 유도전동기의 2차 저항을 2배로 하면 2배로 되는 것은?

① 토크 ② 전류 ③ 역률 ④ 슬립

해 설 ★★★★★

권선형 유도전동기 속도
1) 전부하시 슬립 :
$$s = \frac{N_s - N}{N_s} = \frac{1,800 - 1,728}{1,800} = 0.04$$
2) 비례추이 : $\frac{r_2}{s} = \frac{r_2 + R}{s'}$
 2차 저항을 3배로 증가하면 슬립도 3배로 증가
[답] ④

2 그림은 복권발전기의 외부특성곡선이다. 이 중 과복권을 나타내는 곡선은?

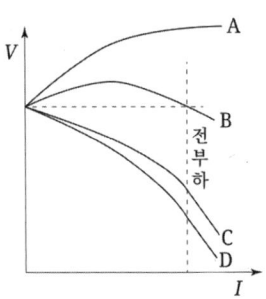

① A ② B ③ C ④ D

해 설 ★★

복권 발전기 외부특성곡선
A : 과복권, B : 평복권, C : 부족복권,
D : 차동복권
[답] ①

3 분권전동기의 정격회전수가 1,500[rpm]이다. 속도변동률이 5[%]이면 공급전압 및 계자 저항값을 변화시키지 않고 무부하로 하였을 때의 회전수[rpm]는?

① 1,575 ② 1,682
③ 1,840 ④ 2,120

해 설 ★

분권전동기 속도변동률
$$\varepsilon = \frac{n_0 - n}{n} \times 100 = \frac{n_0 - 1,500}{1,500} \times 100 = 5[\%]$$
에서 $n_0 = 1,575[\text{rpm}]$
[답] ①

4 다음 중 토크의 비례추이를 응용할 수 있는 전동기는?

① 3상 농형 유도전동기
② 3상 권선형 유도전동기
③ 3상 동기전동기
④ 단상 유도전동기

해 설 ★★★★★

권선형 유도전동기 특징
1) 비례추이 : $\frac{r_2}{s} = \frac{r_2 + R}{s'}$,
2) 최대토크 : $\tau_{\max} = \frac{E_2^2}{2x_2}[\text{N} \cdot \text{m}]$
3) 비례추이 할 수 없는 것 : 출력, 효율, 2차 동손
[답] ②

5 4극 3상 유도전동기를 60[Hz]의 전원에 접속하여 운전하고 있다. 회전자의 주파수가 3[Hz]일 때 회전자 속도[rpm]는?

① 1,700　　② 1,710
③ 1,720　　④ 1,730

> **해 설**　★★★★
> 유도전동기 회전자(2차) 특성
> 1) 슬립주파수 $f_2 = sf_1[Hz]$
> 2) 회전 시 2차 주파수 $f_2 = sf_1$ 에서
> $$s = \frac{f_2}{f_1} = \frac{3}{60} = 0.05$$
> 3) 유도전동기 속도 :
> $$N = (1-s)\frac{120 f_1}{p} \text{에서}$$
> $$N = (1-0.05)\frac{120 \times 60}{4} = 1,710[rpm]$$
> [답] ②

6 권수비 a인 단상변압기 3개로 Y-△결선하여 3상 평형부하 P[kVA]에 전력을 공급할 때 변압기의 1차 권선에 흐르는 전류[A]는? (단, V_2는 2차 선간전압이다.)

① $\dfrac{P}{3V_2}$　　② $\dfrac{P}{\sqrt{3}\,V_2}$
③ $\dfrac{P}{3aV_2}$　　④ $\dfrac{P}{\sqrt{3}\,aV_2}$

> **해 설**　★★★★★
> 변압기 권수비
> 1) $\dfrac{V_1}{V_2} = \dfrac{I_2}{I_1} = \dfrac{E_1}{E_2} = \dfrac{N_1}{N_2} = a$
> 2) 2차 측 선전류 : $I_2 = \dfrac{P}{\sqrt{3}\,V_2}[A]$
> 3) 2차 측 상전류 : $I_2' = \dfrac{P}{\sqrt{3}\,V_2} \times \dfrac{1}{\sqrt{3}}[A]$
> 4) 1차 측 상전류 : $I_1' = \dfrac{P}{3V_2} \times \dfrac{1}{a}[A]$
> [답] ③

7 2상 제어모터에 관한 설명으로 잘못된 것은?

① 전원 중 하나는 가변이어야 한다.
② 전원의 위상차는 120[°]이다.
③ 전원은 동기가 유지되어야 한다.
④ 전원은 불평형이다.

> **해 설**　★
> 2상 제어모터 특징
> 1) 전원 중 하나는 가변이어야 한다.
> 2) 전원의 위상차는 90[°]이다.
> 3) 전원은 동기가 유지되어야 한다.
> 4) 전원은 불평형이다.
> [답] ②

8 동기발전기의 자기 여자 현상의 방지법에 해당되지 않는 것은?

① 발전기의 단락비를 크게 한다.
② 발전기를 여러 대 병렬로 연결한다.
③ 충전전류를 증가시킨다.
④ 송전선말단에 동기조상기를 설치한다.

> **해 설**　★★
> 동기발전기 자기여자현상
> 1) 무부하 시 송전 선로의 대지 정전용량(C)으로 진상 전류에 의해 수전단 전압이 송전단 전압보다 높아지는 페란티 현상이 발생하는 경우
> 2) 동기 발전기가 스스로 여자 되어 전압이 상승하는 현상
> 3) 방지 대책 : 동기 조상 시 지상 운전, 분로 리액터 설치, 발전기 및 변압기 병렬운전, 시송전 시 충전 전압을 낮은 전압으로 충전
> [답] ③

9 동기발전기의 전기자권선을 단절권으로 감는 이유는?

① 절연이 잘된다.
② 역률이 좋아진다.
③ 고조파가 제거되어 기전력의 파형이 좋아진다.
④ 자속이 증가된다.

> **해 설** ★★★★★
>
> 동기발전기 권선법 단절권
> 1) 전절권에 비해 권선을 좁게 배치하는 권선법
> 2) 고조파 성분을 제거해 기전력의 파형을 개선
> 3) 전절권에 비해 권선량이 절약
>
> [답] ③

10 다음 중 단권변압기의 장점에 해당되지 않는 것은?

① 동량이 절감된다.
② 1차와 2차간의 절연이 양호하다.
③ 효율이 좋다.
④ % 임피던스 강하가 작다.

> **해 설** ★★
>
> 단권변압기 특징
> 1) 1차, 2차를 별도로 절연할 수 없음
>   (권선 일부공용)
> 2) 단락 시 단락 전류가 큼
> 3) 철손, 동손이 작고 효율이 좋음
> 4) 누설 리액턴스가 작고 전압변동이 작음
>
> [답] ②

11 직류발전기의 극수가 10, 전기자 도체수가 500, 단중 파권일 때 매극의 자속수가 0.01[Wb]이면 600[rpm]일 때 기전력[V]은?

① 150   ② 200   ③ 250   ④ 300

> **해 설** ★★★★★
>
> 직류 발전기 유기기전력
> 1) $E = \dfrac{z}{a}p\phi n[V]$, $E \propto \phi n \propto I_f n[V]$,
> $E = V + I_a r_a[V]$, 파권 : $a = 2$
> 2) $E = \dfrac{500}{2} \times 10 \times 0.01 \times \dfrac{600}{60} = 250[V]$
>
> [답] ③

12 동기발전기의 병렬운전 시 동기화력은 부하각 δ와 어떠한 관계인가?

① $\tan\delta$에 비례   ② $\cos\delta$에 비례
③ $\sin\delta$에 반비례   ④ $\cos\delta$에 반비례

> **해 설** ★★★
>
> 동기발전기 병렬운전(동기화력)
> 1) 동기화력 : $P_s = \dfrac{E^2}{2x_s}\cos\delta[W]$
> 2) 수수전력 : $P_s = \dfrac{E^2}{2x_s}\sin\delta[W]$
>
> [답] ②

13 변압기의 입력전원이 정현파일 때, 여자 전류가 정현파가 아닌 원인은?

① 와전류
② 포유 부하손
③ 누설 리액턴스
④ 자기포화와 히스테리시스 현상

해 설 ★★★★
변압기 유기기전력 파형
변압기는 철심의 자기포화와 히스테리시스손 현상으로 여자전류에 3고조파가 포함되어야 만이 유기기전력이 정현파가 유기된다.

[답] ④

14 다음 중 브러시리스 모터(BLDC)의 회전자 위치 검출을 위해 사용하는 소자는?

① 홀(Hall) 소자   ② 리니어 스케일
③ 회전형 엔코더   ④ 회전형 디코더

해 설 ★
브러시리스 모터(BLDC)
DC모터에서 브러시가 없는 모터로 전기자는 고정자로 하고 영구자석을 회전자로 하는 모터로 위치 검출용 센서로 홀센서, 로타리엔코더, 레졸버를 이용하고 있다.

[답] ①

15 직류기의 정류작용에서 전압 정류의 역할을 하는 것은?

① 탄소   ② 보상권선
③ 보극   ④ 리액턴스 전압

해 설 ★★★
직류 발전기 양호한 정류 대책
1) 평균 리액턴스 전압이 작을 것
   (브러시 접촉 전압 강하 > 리액턴스 전압)
2) 보극을 적당한 위치에 설치할 것 (전압정류)
3) 탄소 브러시 접촉저항이 클 것
   (저항정류 : 고유저항 증가 전류감소)
4) 정류 주기를 길게 할 것

[답] ③

16 변압기의 개방회로 시험으로 구할 수 없는 것은?

① 무부하 전류   ② 동손
③ 히스테리시스손실 ④ 와류손

해 설 ★★
등가회로 작도시 시험
1) 무부하 시험 : 철손, 여자전류, 여자어드미턴스
2) 단락 시험 : 동손, 임피던스 전압, 전압변동률
3) 권선저항측정 : 권선저항

[답] ②

17 유도전동기에서 인가 전압이 일정하고 주파수가 정격값에서 수[%] 감소할 때 나타나는 현상으로 옳지 않은 것은?

① 철손이 증가한다.
② 효율이 나빠진다.
③ 동기 속도가 감소한다.
④ 누설 리액턴스가 증가한다.

해 설 ★★★
유도전동기 특성
1) 유도전동기가 전압이 일정한 상태에서 주파수가 감소하면 철손이 증가되어 효율이 나빠진다.
2) 동기속도는 주파수와 비례하므로 속도가 감소하고 리액턴스는 주파수와 비례하므로 감소한다.

[답] ④

18 다음 중 설명이 잘못된 것은?

① 터빈발전기의 회전자는 주로 비돌극형이다.
② 동기발전기의 전기자권선에 교류전압을 인가하면 동기전동기가 된다.
③ 동기발전기를 교류발전기라고도 한다.
④ 고속형 동기기는 주로 돌극형 회전자를 사용한다.

해설 ★

고속형 동기기는 주로 비돌극형 회전자를 사용
[답] ④

19 단상 직권 정류자 전동기의 원리와 같은 전동기는?

① 직류 직권 전동기
② 직류 가동 복권 전동기
③ 직류 분권 전동기
④ 직류 차동 복권 전동기

해설 ★★★★

단상 직권 정류자 전동기(만능형 전동기)
직류직권전동기 특성을 갖는 전동기로 전원은 교류를 인가시키는 전동기로, 믹서기, 영사기, 재봉틀, 치과의료용에 이용된다.
[답] ①

20 파권 4극 직류 전동기의 총 도체수 250, 전기자 전류 50[A], 1극당 자속수 0.05[Wb], 회전수가 800[rpm]일 때 발생하는 출력 [kW]는?

① 약 15.8 ② 약 16.7
③ 약 17.9 ④ 약 20.3

해설 ★★★★

3상 유도전동기 슬립
1) 출력(P_0) : $P_0 = (1-s)P_2$
2) P_2(2차 입력) = $EI = \frac{z}{a}p\phi n \times I$
$= \frac{250}{2} \times 4 \times 0.05 \times \frac{800}{60} \times 50 = 16.66[kW]$
[답] ②

• 전기공사산업기사 필기 | 전기기기

2012년 기출문제

제 1 회 　전기(공사)산업기사 필기시험

1 3상 유도전동기의 속도제어법이 아닌 것은?

① 1차 주파수제어　② 2차 저항제어
③ 극수변환법　　　④ 1차 여자제어

해 설　★

유도전동기 속도제어법
1) 농형 : 주파수 제어법, 극수 제어법, 전압 제어법
2) 권선형 : 2차 저항법, 2차 여자법, 종속법

[답] ④

2 50[Hz] 4극 15[kW]의 3상 유도전동기가 있다. 전부하시의 회전수가 1,450[rpm]이라면 토크는 몇 [kg·m]인가?

① 약 68.52　② 약 88.65
③ 약 98.68　④ 약 10.07

해 설　★★★★

유도전동기 토크 특성

$\tau = 0.975 \dfrac{P_2}{N_s} = 0.975 \times \dfrac{15 \times 10^3}{1,450} = 10.08 [\text{kg} \cdot \text{m}]$

[답] ④

3 동기 전동기를 부족여자로 운전하면 어떠한 작용을 하는가?

① 충전전류가 흐른다.
② 콘덴서 작용을 한다.
③ 뒤진 전류가 흐른다.
④ 뒤진 전류를 보상한다.

해 설　★★★

동기조상기
부족여자 운전 : 계자전류 감소 → 부족여자 → 지상 무효전력(리액터 L) → 지상전류

[답] ③

4 주상변압기에서 보통 동손과 철손의 비는 (a)이고 최대효율이 되기 위해서는 동손과 철손의 비는 (b)이다. ( ) 안에 알맞은 것은?

① a = 1:1, b = 1:1
② a = 2:1, b = 1:1
③ a = 1:1, b = 2:1
④ a = 3:1, b = 1:1

해 설　★★★★★

변압기 최대효율 조건
일반변압기는 P_c과 P_i 비는 2:1이고, 1:1일 때 최대효율이 된다.

[답] ②

5 단상 전파정류회로에서 맥동률은?

① 약 0.17   ② 약 0.34
③ 약 0.48   ④ 약 0.96

해설 ★★★★

정류기 전압 맥동률
1) 상수가 클수록 맥동률이 작다.
   (맥동 주파수는 증가)
2) 단상반파(121[%]), 단상전파(48[%]),
   3상반파(17[%]), 3상전파(4[%])

[답] ③

6 3상 6극 슬롯수 54의 동기 발전기가 있다. 어떤 전기자 코일의 두 변이 제1슬롯과 제8슬롯에 들어 있다면 기본파에 대한 단절권 계수는 약 얼마인가?

① 0.6983   ② 0.7848
③ 0.8749   ④ 0.9397

해설 ★★★

동기발전기 단절계수
$K_p = \sin\frac{\beta\pi}{2} = \sin\frac{7}{54/6} \times \frac{\pi}{2} = 0.9394$

[답] ④

7 변압기 철심으로 갖추어야 할 성질로 맞지 않는 것은?

① 투자율이 클 것
② 전기 저항이 작을 것
③ 히스테리시스 계수가 작을 것
④ 성층 철심으로 할 것

해설 ★★

변압기 철심의 구비조건
1) 투자율이 클 것
2) 자기저항이 작을 것
3) 성층 철심으로 할 것
4) 히스테리시스손 계수가 작을 것

[답] ②

8 단상 전파 제어 정류 회로에서 순저항 부하일 때의 평균 출력 전압은? (단, V_m은 인가 전압의 최대값이고 점호각은 α이다.)

① $\frac{V_m}{\pi}(1+\cos\alpha)$ ② $\frac{V_m}{\pi}(1+\sin\alpha)$

③ $\frac{2V_m}{\pi}(1+\cos\alpha)$ ④ $\frac{2V_m}{\pi}(1+\sin\alpha)$

해설 ★★★

SCR 단상 직류 평균전압
1) 반파 : $E_d = \frac{\sqrt{2}E}{\pi}(\frac{1+\cos\alpha}{2})[V]$
2) 전파 : $E_d = \frac{2\sqrt{2}E}{\pi}(\frac{1+\cos\alpha}{2})$
   $= \frac{E_m}{\pi}(1+\cos\alpha)[V]$

[답] ①

9 동기기의 안정도를 증진시키는 방법은?

① 속응 여자 방식을 채용한다.
② 역상 임피던스를 작게 한다.
③ 회전부의 플라이휠 효과를 작게 한다.
④ 단락비를 작게 한다.

해설 ★★★★

동기발전기 안정도
1) 단락비를 크게 한다.
2) 속응 여자 방식을 사용한다.
3) 동기 임피던스를 작게 한다.
4) 회전자의 플라이 휠 효과를 크게 한다.
5) 정상분은 작고, 영상과 역상분이 크게 한다.

[답] ①

10 직류 분권전동기 기동 시 계자 저항기의 저항값은?

① 최대로 해 둔다.
② 0(영)으로 해 둔다.
③ 중간으로 해 둔다.
④ 1/3로 해 둔다.

해설 ★★★★

직류 분권전동기 기동
계자저항기를 영으로 놓고 기동하면 계자전류가 최대가 되어 자속이 최대가 되므로 속도가 최소로 되어 기동 시 토크를 크게 할 수 있다.

[답] ②

11 6,300/210[V], 20[kVA] 단상변압기 1차 저항과 리액턴스가 각각 15.2[Ω]과 21.6[Ω], 2차 저항과 리액턴스가 각각 0.019[Ω]과 0.028[Ω]이다. 백분율 임피던스[%]는?

① 약 1.86   ② 약 2.87
③ 약 3.86   ④ 약 4.86

해설 ★★★★★

%Z, 퍼센트 임피던스(강하), z

1) 권수비 $a = \dfrac{6,300}{210} = 30$

2) $Z_1' = \sqrt{(r_1 + a^2 r_2)^2 + (x_1 + a^2 x_2)^2}$
   $= \sqrt{(15.2 + 30^2 \times 0.019)^2 + (21.6 + 30^2 \times 0.028)^2}$
   $= 56.8 [\Omega]$

3) $\%z = \dfrac{I_{1n} \times Z_1'}{V_{1n}} \times 100$
   $= \dfrac{\frac{20 \times 1,000}{6,300} \times 56.8}{6,300} \times 100 = 2.86 [\%]$

[답] ②

12 전기자 저항이 0.05[Ω]인 직류 분권발전기가 있다. 회전수가 1,000[rpm]이고 단자전압이 220[V]일 때 전기자전류가 100[A]이다. 분권발전기를 전동기로 사용하여 그 단잔전압 및 전기자전류가 위의 값과 똑같을 경우 그 회전수[rpm]는 약 얼마인가? (단, 전기자 반작용은 무시한다.)

① 약 1,046.5   ② 약 977.8
③ 약 977.3   ④ 약 955.6

해설 ★★★★★

직류기 단자전압, 유기기전력

1) 발전기 유기기전력 : $E = V + I_a r_a [V]$
   $E = 220 + 100 \times 0.05 = 225 [V]$

2) 전동기 유기기전력 : $E = V - I_a r_a [V]$
   $E = 220 - 100 \times 0.05 = 215 [V]$

3) $E \propto \phi n \propto I_f n [V]$, $E : E' = n : n'$
   $225 : 215 = 1,000 : n'$, $n' = 955.55 [rpm]$

[답] ④

13 75[W] 정도 이하의 소형 공구, 영사기, 치과의료용 등에 사용되고 만능 전동기라고도 하는 정류자 전동기는?

① 단상 직권 정류자 전동기
② 단상 반발 정류자 전동기
③ 3상 직권 정류자 전동기
④ 단상 분권 정류자 전동기

해설 ★★★

단상 직권 정류자 전동기(만능형 전동기)
직류 직권전동기 특성을 갖는 전동기로 전원은 교류를 인가시키는 전동기로, 믹서기, 영사기, 재봉틀, 치과의료용에 이용된다.

[답] ①

14 직류 발전기에서 양호한 정류를 얻는 조건이 아닌 것은?

① 보극을 마련한다.
② 보상권선을 마련한다.
③ 브러시의 접촉저항을 적게 한다.
④ 정류를 받는 코일의 자기인덕턴스를 적게 한다.

해 설 ★★★

직류 발전기 양호한 정류 대책
1) 평균 리액턴스 전압이 작을 것
  (브러시 접촉 전압 강하 > 리액턴스 전압)
2) 보극을 적당한 위치에 설치할 것 (전압정류)
3) 탄소 브러시 접촉저항이 클 것
  (저항정류 : 고유저항 증가 전류감소)
4) 정류 주기를 길게 할 것

[답] ③

15 철극형(凸극형) 발전기의 특징은?

① 자극편 부분의 공극이 크다.
② 회전이 빨라진다.
③ 자극편 부분의 자기저항은 크고 그 밖의 부분에서는 자기저항이 현저히 낮다.
④ 전기자 반작용 자속수가 역률의 영향을 받는다.

해 설 ★

철극형(凸극형) 발전기는 전기자 반작용 자속수가 역률의 영향을 받는다.

[답] ④

16 1차 권선수 N_1, 2차 권선수 N_2, 1차 권선계수 kw_1, 2차 권선계수 kw_2인 유도전동기가 슬립 s로 운전하는 경우 전압비는?

① $\dfrac{kw_1 N_1}{kw_2 N_2}$ ② $\dfrac{kw_2 N_2}{kw_1 N_1}$

③ $\dfrac{kw_1 N_1}{s\, kw_2 N_2}$ ④ $\dfrac{s\, kw_2 N_2}{kw_1 N_1}$

해 설 ★★★

유도전동기가 슬립 s로 운전하는 경우
전압비 $a = \dfrac{kw_1 N_1}{s\, kw_2 N_2}$

[답] ③

17 SCR의 애노드 전류가 10[A]일 때 게이트 전류를 1/2로 줄이면 애노드 전류는 몇 [A]인가?

① 20 ② 10
③ 5   ④ 2

해 설 ★

SCR의 게이트 전류는 SCR의 도통상태를 제어할 뿐 애노드 전류 크기는 동일

[답] ②

18 20[kVA]의 단상변압기가 역률 1일 때 전부하 효율이 97[%]이다. 3/4 부하일 때 이 변압기는 최고 효율을 나타낸다. 전부하에서 철손(P_i)과 동손(P_c)은 각각 몇 [W]인가?

① $P_i = 222$, $P_c = 396$
② $P_i = 232$, $P_c = 386$
③ $P_i = 242$, $P_c = 376$
④ $P_i = 252$, $P_c = 356$

해설 ★★★★★

변압기 효율
1) 전부하 효율 : $\eta = \dfrac{P}{P+P_i+P_c} \times 100[\%]$

$\eta = \dfrac{20 \times 10^3 \times 1.0}{20 \times 10^3 \times 1.0 + P_i + P_c} \times 100 = 97[\%]$

여기서, $P_i + P_c = 618.556$

2) 3/4부하율 최대 효율 : $P_i = (\dfrac{3}{4})^2 P_c$

3) $P_i + P_c = \dfrac{25}{16}P_c = 618.556$, $P_c = 395.87[W]$

[답] ①

19 단상 유도 전압 조정기의 1차 권선과 2차 권선의 축사이의 각도를 α라 하고, 양 권선의 축이 일치할 때 2차 권선의 유기 전압을 E_2, 전원전압을 V_1, 부하 측의 전압을 V_2라고 하면 임의의 각 α일 때 V_2를 나타내는 식은?

① $V_2 = V_1 + E_2 \cos\alpha$
② $V_2 = V_1 - E_2 \cos\alpha$
③ $V_2 = E_2 + V_1 \cos\alpha$
④ $V_2 = E_2 - V_1 \cos\alpha$

해설 ★★★

단상 유도 전압 조정기
2차전압 : $V_2 = V_1 + E_2 \cos\alpha [V]$,
(1차 권선과 2차 권선의 축 사이의 각도 : α)

[답] ①

20 3상 서보모터에 평형 2상 전압을 가하여 동작시킬 때의 속도-토크 특성곡선에서 최대토크가 발생할 슬립 s는?

① $0.05 < s < 0.2$
② $0.2 < s < 0.8$
③ $0.8 < s < 1$
④ $1 < s < 2$

해설 ★

3상 서보모터
속도-토크 특성곡선 최대토크 발생 슬립 범위 : $0.2 < s < 0.8$

[답] ②

제 2 회 전기(공사)산업기사 필기시험

1 440/13,200[V] 단상 변압기의 2차 전류가 3.3[A]이면 1차 출력은 약 몇 [kVA]인가?

① 22 ② 33 ③ 44 ④ 62

해설 ★★★★★

단상 변압기 용량 산정
$P = VA = 13,200 \times 3.3 = 43.56 [kVA]$

[답] ③

2 3상 유도전동기 원선도 작성에 필요한 기본량이 아닌 것은?

① 저항측정 ② 단락시험
③ 무부하시험 ④ 구속시험

해설 ★★★★

유도전동기 원선도 작도전 시험법
무부하시험, 구속시험, 고정자 저항측정

[답] ②

3 단상변압기 3대를 Y-△ 결선해서 3상 20,000[V]를 3,000[V]로 내려서 3,000[kW], 역률 80[%]의 부하에 전력을 공급할 때 변압기 1대의 정격용량[kVA]은?

① 1,250 ② 1,767
③ 2,500 ④ 3,750

해설 ★★★★★

변압기 용량 선정
1) 부하용량 : $P = \dfrac{3,000}{0.8} = 3,750 [kVA]$
2) 3상 전력 변압기의 1대 정격 :
$P_1 = \dfrac{3,750}{3} = 1,250 [kVA]$

[답] ①

4 내철형 3상 변압기를 단상 변압기로 사용할 수 없는 이유는?

① 1차, 2차간의 각변위가 있기 때문에
② 각 권선마다의 독립된 자기 회로가 있기 때문에
③ 각 권선마다의 독립된 자기 회로가 없기 때문에
④ 각 권선이 만든 자속이 $\dfrac{3\pi}{2}$ 위상차가 있기 때문에

해설 ★

내철형 변압기는 각 권선마다의 독립된 자기 회로가 없기 때문에 단상 변압기로 사용할 수 없다.

[답] ③

5 3상 동기발전기를 병렬 운전하는 도중 여자 전류를 증가시킨 발전기에서는 어떤 현상이 생기는가?

① 무효전류가 감소한다.
② 역률이 나빠진다.
③ 전압이 높아진다.
④ 출력이 커진다.

해설 ★★★★★

동기발전기 병렬운전 조건
1) 기전력의 크기, 위상, 주파수, 파형, 상회전 방향이 같을 것
2) A 발전기의 여자 전류 증가 시
 (A 발전기 유기기전력 증가, 무효분 증가)
 ❶ A 발전기 : 지상 전류가 흘러 A 발전기의 역률은 저하
 ❷ B 발전기 : 진상 전류가 흘러 B 발전기의 역률은 향상

[답] ②

6 3상 유도전동기의 2차 저항을 m배로 하면 동일하게 m로 되는 것은?

① 역률　② 전류　③ 슬립　④ 토크

해 설 ★★★★

권선형 유도전동기 특징

1) 비례추이 : $\dfrac{r_2}{s} = \dfrac{r_2 + R}{s'}$

2) 2차 권선저항(r_2)을 m배 증가시키면 슬립도 m배 증가, 속도 감소

[답] ③

7 전압이나 전류의 제어가 불가능한 소자는?

① IGBT　　② SCR
③ GTO　　④ Diode

해 설 ★★

반도체 소자
Diode 소자는 전압이나 전류의 제어가 불가능

[답] ④

8 단상 전파정류로 직류 450[V]를 얻는 데 필요한 변압기 2차 권선의 전압은 몇 [V] 인가?

① 525　② 500　③ 475　④ 465

해 설 ★★★★

SCR 단상 전파정류 평균전압 :

$E_d = 0.9E[V], \ E = \dfrac{E_d}{0.9} = \dfrac{450}{0.9} = 500[V]$

[답] ②

9 다음 동기기 중 슬립링을 사용하지 않는 기기는?

① 동기발전기
② 동기전동기
③ 유도자형 고주파발전기
④ 고정자 회전기동형 동기전동기

해 설 ★★★

동기기 중 유도자형 고주파발전기는 슬립링을 사용하지 않는다.

[답] ③

10 직류기의 다중 중권 권선법에서 전기자 병렬회로수(a)와 극수(P)와의 관계는? (단, 다중도는 m이다.)

① $a = 2$　　② $a = 2m$
③ $a = P$　　④ $a = mP$

해 설 ★★★

직류기의 권선법
1) m중 중권이면 병렬회로수 $a = mp$
2) m중 파권이면 $a = 2m$

[답] ④

11 직권 전동기의 전기자 전류가 30[A]일 때 210[kg·m]의 토크를 발생한다. 전기자 전류가 90[A]로 되면 토크는 몇 [kg·m]로 되는가? (단, 자기포화는 무시한다.)

① 1,625　　② 1,758
③ 1,890　　④ 1,935

해 설 ★★★★★

직류 직권전동기 토크

1) 토크 : $\tau \propto I_a^2 \propto \dfrac{1}{N^2}$, $\tau_1 : \tau_2 = I_1^2 : I_2^2$

2) $210 : \tau_2 = 30^2 : 90^2$

3) $\tau_2 = 210 \times \dfrac{90^2}{30^2} = 1,890[kg·m]$

[답] ③

12 직류발전기의 전기자에 대한 설명 중 잘못된 것은?

① 전기자 권선은 대전류인 경우 평각동선을 사용한다.
② 전기자 권선은 소전류인 경우 연동환선을 사용한다.
③ 소형기에는 반폐 슬롯을 사용한다.
④ 중형 및 대형기에는 가지형 슬롯을 사용한다.

> **해 설** ★★★
> 직류발전기 전기자 슬롯
> 직류발전기는 중형 및 대형기에는 반폐 슬롯을 사용
> [답] ④

13 60[Hz], 12극, 회전자 외경 2[m]의 동기발전기에 있어서 자극면의 주변속도[m/s]는 약 얼마인가?

① 34　② 43　③ 59　④ 62

> **해 설** ★★★★
> 직류발전기 전기자 주변속도
> 1) 회전자 주변속도 :
> $v = \pi D n = 3.14 \times 2 \times \dfrac{600}{60} = 62.8 [m/s]$
> 2) 여기서, $n = \dfrac{N_s [rpm]}{60} [rps]$,
> $N_s = \dfrac{120f}{p} = \dfrac{120 \times 60}{12} = 600 [rpm]$
> [답] ④

14 유도전동기의 2차 동손(P_c), 2차 입력(P_2), 슬립(s)일 때의 관계식으로 옳은 것은?

① $P_2 P_c s = 1$　② $s = P_2 P_c$
③ $s = \dfrac{P_2}{P_c}$　④ $P_c = s P_2$

> **해 설** ★★★★★
> 유도전동기 슬립(s)
> 회전자계의 회전수와 회전자 회전수의 차이
> 1) $P_2 : P_{c2} : P_0 = 1 : s : (1-s)$
> 2) 출력(P_0) : $P_0 = (1-s) P_2$
> 3) 2차 동손(P_{c2}) : $P_{c2} = s P_2 [W]$
> [답] ④

15 전압 380[V]에서의 기동 토크가 전부하 토크의 186[%]인 3상 유도전동기가 있다. 기동 토크가 100[%]되는 부하에 대해서는 기동 보상기로 전압을 약 몇 [V] 공급하면 되는가?

① 280　② 270　③ 290　④ 300

> **해 설** ★★★★★
> 유도전동기 토크 특성
> 1) 토크는 전압 2승에 비례 : $\tau \propto V^2$
> 2) $186 : 100 = 380^2 : V'^2$, $V' = 278.62 [V]$
> [답] ①

16 직류 직권 전동기를 정격전압에서 전부하 전류 50[A]로 운전할 때, 부하토크가 1/2로 감소하면 그 부하전류는 약 몇 [A]인가? (단, 자기포화는 무시한다.)

① 20　　② 25　　③ 30　　④ 35

해 설 ★★★★★

직류 직권전동기 토크
1) 토크 : $\tau \propto I_a^2 \propto \dfrac{1}{N^2}$,
2) 부하토크 1이라 하면
$1 : \dfrac{1}{2} = 50^2 : I'^2$ 에서 $I' = 35.35[A]$

[답] ④

17 1차 전압 3,300[V], 권수비 50인 단상 변압기가 순저항 부하에 10[A]를 공급할 때의 입력[kW]은?

① 0.66　　② 1.25
③ 2.43　　④ 2.82

해 설 ★★★★★

변압기 용량 선정
1) 2차 전압 : $V_2 = \dfrac{3,300}{50} = 66[V]$
2) 순저항 부하 입력 :
$P_2 = VA = 66 \times 10 = 0.66[kW]$

[답] ①

18 정격전압 6,000[V], 용량 5,000[kVA]의 3상 동기발전기에서 여자전류가 200[A]일 때 무부하 단자 전압이 6,000[V], 단락전류는 500[A]이었다. 동기 리액턴스는 약 몇 [Ω]인가?

① 8.65　　② 7.26
③ 6.93　　④ 5.77

해 설 ★★★

동기 리액턴스
1) 단락 시 유도 기전력은 동기 임피던스 강하와 같다.
: $E_s = \dfrac{V_s}{\sqrt{3}} = I_s Z_s [V]$
2) $Z_s = \dfrac{E_s}{I_s} = \dfrac{V_s}{\sqrt{3} I_s} = \dfrac{6,000}{\sqrt{3} \times 500} = 6.928[\Omega]$

[답] ③

19 변압기 단락시험에서 계산할 수 있는 것은?

① 백분율 전압강하, 백분율 리액턴스강하
② 백분율 저항강하, 백분율 리액턴스강하
③ 백분율 전압강하, 여자 어드미턴스
④ 백분율 리액턴스강하, 여자 어드미턴스

해 설 ★★★

변압기 단락 시험
동손(임피던스 와트), 임피던스 전압, 전압변동률

[답] ②

20 동기발전기의 병렬운전 조건에서 같지 않아도 되는 것은?

① 주파수　　② 용량
③ 위상　　　④ 기전력

해 설 ★★★★★

동기발전기 병렬운전 조건
기전력의 크기, 위상, 주파수, 파형, 상회전 방향이 같을 것

[답] ②

제4회 전기공사산업기사 필기시험

1 변압기 병렬 운전이 불가능한 권선은?

① △-Y, Y-△ ② Y-Y, Y-Y
③ △-△, △-Y ④ Y-△, Y-△

해설 ★★★★★

변압기 병렬운전 조건
1) 극성, (2차 측) 정격 전압, 권수비, %Z 강하 (저항과 리액턴스 강하), 위상이 같을 것, 상회전 방향과 각 변위가 같을 것(3상 변압기)
2) 부하분담 : 용량에는 비례하고 퍼센트 임피던스에는 반비례할 것
3) 불가능 결선 : △-△와 △-Y, △-Y와 Y-Y

[답] ③

2 권수비가 a인 단상 변압기 3대가 있다. 이것을 1차에 Y, 2차에 △로 결선하여 3상 교류 평형 회로에 접속할 때 1차측의 단자전압을 V[V], 전류를 I[A]라고 하면 2차측의 단자전압[V] 및 선전류[A]는 얼마인가? (단, 변압기의 저항, 누설리액턴스, 여자전류는 무시한다.)

① $\dfrac{V}{\sqrt{3}}a$, $\dfrac{\sqrt{3}I}{a}$ ② $\sqrt{3}aV$, $\dfrac{I}{\sqrt{3}a}$

③ $\dfrac{\sqrt{3}V}{a}$, $\dfrac{aI}{\sqrt{3}}$ ④ $\dfrac{V}{\sqrt{3}a}$, $\sqrt{3}aI$

해설 ★★★★★

변압기 권수비 (1차 Y 결선, 2차 △ 결선)
1) 1차 측 단자전압(V)과 상전압(E) :
$\dfrac{V}{\sqrt{3}} = E$[V]
→ 2차 상전압(단자전압) $V_2 = E_2 = \dfrac{V}{\sqrt{3}a}$
2) 1차 선전류(I)와 상전류(I_p) : $I = I_p$
→ 2차 선전류는 상전류의 $\sqrt{3}$ 배로
$I_{2p} = a\sqrt{3}I$

[답] ④

3 전압변동률이 작은 동기 발전기는?

① 단락비가 크다.
② 전기자 반작용이 크다.
③ 값이 싸진다.
④ 동기 리액턴스가 크다.

해설 ★★★★

동기발전기 단락비 (철크, 동작)
1) 단락비 : 부하 측을 단락 또는 개방한 경우에 각각 정격전류, 전압을 유지하기 위한 계자전류비
2) 단락비가 큰 동기기는 안정도가 좋고, 전압변동이 작고, 전기자 반작용도 작으나 구조가 커서 가격이 비싸다.
3) 출력이 증대되어 송전선로의 충전용량도 증가된다.

[답] ①

4 직류 복권발전기의 외부특성곡선은 다음 중 어느 관계를 나타낸 것인가?

① 부하전류와 단자전압
② 계자전류와 단자전압
③ 부하전류와 계자전류
④ 계자전류와 회전속도

해설 ★★★

직류 발전기 특성곡선 분류
1) 무부하 특성곡선 : $E - I_f$
 (정격 속도, 무부하 상태)
2) 부하 특성곡선 : $V - I_f$
 (정격 속도, I를 정격 값으로 유지)
3) 외부 특성곡선 : $V - I$
 (정격 속도, 계자전류 I_f를 일정하게 유지)

[답] ①

5 회전자가 슬립 s로 회전하고 있을 때 고정자와 회전자의 실효 권수비를 a라 하면 고정자 기전력 E_1과 회전자 기전력 E_2와의 비는?

① $\dfrac{\alpha}{s}$ ② $s\alpha$

③ $(1-s)\alpha$ ④ $\dfrac{\alpha}{1-s}$

> **해 설** ★
>
> 유도전동기 슬립(s)
> 1) 1차 입력 전압 = 고정자 기전력 E_1
> 2) 정지 시 2차 권전 전압
>   = 회전자 기전력 $E_2 = \dfrac{E_1}{a}$, a는 권수비
> 3) 회전 시 2차 기전력 : $E'_2 = sE_2$
> 4) 실효 권수비 = $a = \dfrac{E_1}{E_2} = \dfrac{E_1}{E_1 \times \dfrac{s}{a}} = \dfrac{a}{s}$
>
> [답] ①

6 슬립 5[%]인 유도 전동기의 등가 부하저항은 2차 저항 r_2의 몇 배인가?

① 12   ② 19   ③ 24   ④ 32

> **해 설** ★
>
> 권선형 유도전동기 특징
> 1) 비례추이 : $\dfrac{r_2}{s} = \dfrac{r_2 + R}{s'}$, 기동 시 $s' = 1$
> 2) 기동 시 전부하 토크와 같은 토크로 기동하기 위한 2차 외부저항
> $R = \dfrac{1-s}{s}r_2 = \dfrac{1-0.05}{0.05} \times r_2 = 19\,r_2[\Omega]$
>
> [답] ②

7 다음 중 전기자반작용을 줄이는 방법으로 옳지 않은 것은?

① 보상권선을 설치한다.
② 보극을 설치한다.
③ 기하학적 중성축과 전기적 중성축을 일치시킨다.
④ 보상권선에 전기자 전류와 같은 방향의 전류를 흘린다.

> **해 설** ★
>
> 전기자 반작용 대책
> 1) 보상권선을 설치한다.
> 2) 보극을 설치한다.
> 3) 기하학적 중성축과 전기적 중성축을 일치시킨다.
> 4) 보상권선에 전기자 전류와 반대 방향의 전류를 흘린다.
>
> [답] ④

8 20[kVA] 단상 변압기가 있다. 역률이 1일 때 전부하 효율은 97[%]이고 75[%] 부하에서 최고 효율이 되었다. 전부하 시 철손[W]은?

① 약 223   ② 약 256
③ 약 356   ④ 약 396

> **해 설** ★★★
>
> 변압기 효율 (p_i(철손), p_c(동손))
> 1) 전부하 효율 : $\eta = \dfrac{20}{20 + p_i + p_c} = 0.97$,
> $p_i + p_c = 0.6185$
> 2) 75[%] 부하율 시 최대 효율 : $p_i = 0.75^2 p_c$
> 3) $p_i + \dfrac{1}{0.75^2}p_i = 0.6185$, $p_i = 0.22266$ [kW]
>
> [답] ①

9 직류 전동기의 속도 제어법 중에서 정출력 가변속도의 용도에 적합한 제어법은?

① 저항 제어법 ② 전압 제어법
③ 계자 제어법 ④ 일그너 방식법

해 설 ★★★★★

직류 전동기 속도제어
1) 제어방식 : 전압제어(정토크제어), 계자제어(정출력제어), 저항제어
2) 전압제어 : 효율이 가장 좋고, 광범위한 속도제어가 가능하며 정토크 제어 방식

[답] ③

10 변압기의 히스테리시스손실은 자속밀도 최대값의 몇 승에 비례하는가? (단, 자속밀도 최대값은 1.5[Wb/m²]이다.)

① 1.6 ② 2
③ 2.6 ④ 4

해 설 ★★★★★

변압기 손실
1) 무부하 손실 : 철손(히스테리시스손, 와전류손), 유전체손(절연물 손실로 무시)
2) 히스테리시스손 : $P_h = kfB_m^2$[W]

[답] ②

11 3상 권선형 유도전동기의 2차 회로에 저항을 삽입하는 목적이 아닌 것은?

① 속도는 줄지만 최대 토크를 크게 하기 위하여
② 속도제어를 하기 위하여
③ 기동 토크를 크게 하기 위하여
④ 기동 전류를 줄이기 위하여

해 설 ★★★★★

권선형 유도전동기 특징
1) 비례추이 : $\dfrac{r_2}{s} = \dfrac{r_2 + R}{s'}$,

　최대토크 : $\tau_{max} = \dfrac{E_2^2}{2x_2}$[N·m]

2) 2차 권선저항(r_2)을 증가시키면 외부저항(R) 삽입, 속도는 감소
3) 최대토크는 2차 저항과 관계없이 항상 일정

[답] ①

12 직류기의 정류작용에서 전압정류와 관계되는 것은?

① 탄소브러시 ② 보극
③ 보상권선 ④ 접촉저항

해 설 ★★★

직류발전기 양호한 정류 대책
1) 평균 리액턴스 전압이 작을 것
　(브러시 접촉 전압 강하 > 리액턴스 전압)
2) 보극을 적당한 위치에 설치할 것(전압정류)
3) 탄소 브러시 접촉저항이 클 것
　(저항정류 : 고유저항 증가 전류감소)
4) 정류 주기를 길게 할 것

[답] ②

13 1,000[V]의 단상 교류를 전파정류해서 150[A]의 직류를 얻는 정류기의 교류 측 전류는 약 몇 [A]인가?

① 106　② 116　③ 125　④ 166

해 설 ★

단상 전파 정류 회로 직류 전류

$I_d = \dfrac{2\sqrt{2}}{\pi}I[A]$, $I = \dfrac{\pi}{2\sqrt{2}} \times 150 = 166[A]$

[답] ④

14 단상 유도전동기에서 기동토크가 가장 큰 것은?

① 콘덴서 전동기　② 셰이딩 코일형
③ 반발 기동형　④ 분상 기동형

해 설 ★★★★★

단상 유도전동기 기동 방식 (토크가 큰 순서)
반발기동형 > 반발유도형 > 콘덴서기동형 > 콘덴서전동기 > 분상기동형 > 셰이딩코일형

[답] ③

15 두 대의 변압기 병렬운전에서 다른 정격은 모두 같고 1차 환산 누설 임피던스만이 $2+j3[\Omega]$과 $3+j2[\Omega]$이다. 부하전류가 50[A]이면 순환전류[A]는 얼마인가?

① 3　② 5
③ 10　④ 25

해 설 ★★★

병렬운전 조건
1) 내부저항, 리액턴스 비(r/x)가 같지 않을 경우 순환전류(I_c)가 흐름
2) 두 변압기의 누설임피던스의 절대값은 같기 때문에 50[A]는 두 변압기에 각각 25[A]로 흐름
3) 두 변압기의 전압차 만큼 순환전류 발생

$I_c = \dfrac{V_1 - V_2}{Z_{TR}} = \dfrac{25(3+j2) - 25(2+j3)}{3+j2+2+j3}$
$= -j5[A]$

[답] ②

16 12극과 8극인 2개의 유도 전동기를 종속법에 의한 직렬접속법으로 속도제어할 때 전원주파수가 50[Hz]인 경우 무부하 속도 N_0는 몇 [rps]인가?

① 4　② 5
③ 200　④ 300

해 설 ★

권선형 유도전동기 속도제어 방식 (종속법)
1) 직렬 종속법 : $N_s = \dfrac{120f}{p_1 + p_2}$ [rpm]
2) $N_s = \dfrac{120 \times 50}{12+8} = 300$ [rpm] $= \dfrac{300}{60} = 5$ [rps]

[답] ②

17 내분권 복권 발전기의 전기자 권선, 직권 계자 권선, 분권 계자 권선의 저항이 각각 $0.06[\Omega]$, $0.05[\Omega]$, $41[\Omega]$이고, 유도기 전력이 211[V], 전기자 전류가 105[A]일 때 부하전류는 약 몇 [A]인가?

① 20　② 60
③ 80　④ 100

해 설 ★★★★

내분권 복권 발전기 특성
1) 발전기 내부단자전압
$V_e = E - r_a I_a = 210 - 0.06 \times 105 = 203.7[V]$
2) 계자전류
$I_f = \dfrac{\text{내부단자전압}}{\text{계자저항}} = \dfrac{203.7}{41} = 4.96[A]$
3) 부하전류 $I = I_a - I_f = 105 - 4.96 = 100[A]$

[답] ④

18 정격 단자전압 V_n, 무부하 단자전압 V_o일 때 동기 발전기의 전압변동률[%]은?

① $\dfrac{V_n - V_o}{V_n} \times 100$ ② $\dfrac{V_n - V_o}{V_o} \times 100$

③ $\dfrac{V_o - V_n}{V_n} \times 100$ ④ $\dfrac{V_o - V_n}{V_o} \times 100$

해 설 ★★★★★

변압기 전압 변동률
$$\varepsilon = \dfrac{V_{20} - V_{2n}}{V_{2n}} \times 100\,[\%]$$
(무부하 시 단자전압 : V_{20}, 부하 시 단자전압 : V_{2n})

[답] ③

19 3상 동기 발전기의 전기자 반작용은 부하의 성질에 따라 다르다. 잘못 설명한 것은?

① $\cos\theta ≒ 1$일 때 즉, 전압과 전류가 동상일 때는 실제적으로 교차자화작용을 한다.
② $\cos\theta ≒ 0$일 때 즉, 전류가 전압보다 90[°] 뒤질 때는 감자작용을 한다.
③ $\cos\theta ≒ 0$일 때 즉, 전류가 전압보다 90[°] 앞설 때는 증자작용을 한다.
④ $\cos\theta ≒ \phi$일 때 즉, 전류가 전압보다 ϕ만큼 뒤질 때는 증자작용을 한다.

해 설 ★★★★★

동기발전기 전기자 반작용
전기자 권선에 전류가 흐를 때 발생되는 자속이 계자 주자속에 영향을 주어 유기기전력을 변화하게 하는 현상

위상 (유기기전력 E)	전기자전류(I)		
	동상(R)	90° 지상 전류(L)	90° 진상 전류(C)
반작용	횡축 반작용	직축 반작용	
동기발전기	교차 자화작용	감자작용	증자작용
동기전동기	교차 자화작용	증자작용	감자작용

[답] ④

20 교류에서 직류로 변환하는 기기가 아닌 것은?

① 회전 변류기   ② 인버터
③ 전동 직류발전기   ④ 셀렌 정류기

해 설 ★★★

전력 변환 기기의 종류
1) 컨버터 : 교류(AC)를 직류(DC)로 변환하는 장치
2) 인버터 : 직류(DC)를 교류(AC)로 변환하는 장치
3) 초퍼 : 직류(DC)를 직류(DC)로 직접 제어하는 장치
4) 사이클로 컨버터 : 교류(AC)를 교류(AC)로 주파수 변환하는 장치

[답] ②

2013년 기출문제

제1회 전기(공사)산업기사 필기시험

1 정격출력 P[kW], 회전수 N[rpm]인 전동기의 토크[kg·m]는?

① $0.975\dfrac{P}{N}$ ② $1.026\dfrac{P}{N}$

③ $975\dfrac{P}{N}$ ④ $1,026\dfrac{P}{N}$

해설 ★★★

유도전동기 토크

출력이 [W]일 때는 : $\tau = 0.975\dfrac{P_m}{N}$[kg·m]

출력이 [kW]일 때는 : $\tau = 975\dfrac{P_m}{N}$[kg·m]

[답] ③

2 트랜지스터에 비해 스위칭 속도가 매우 빠른 이점이 있는 반면에 용량이 적어서 비교적 저전력용에 주로 사용되는 전력용 반도체 소자는?

① SCR   ② GTO
③ IGBT   ④ MOSFET

해설 ★★

전력변환기
MOSFET는 저전력에서도 사용 가능하고, 고속도로 스위칭 작용을 하는 전력용 반도체 소자이다.

[답] ④

3 변압기에 사용하는 절연유의 성질이 아닌 것은?

① 절연 내력이 클 것
② 인화점이 높을 것
③ 점도가 클 것
④ 냉각효과가 클 것

해설 ★★★★

변압기유의 구비조건
1) 절연내력이 클 것
2) 점도가 낮을 것
3) 인화점이 높고, 응고점은 낮을 것
4) 비열이 클 것

[답] ③

4 단권변압기의 3상 결선에서 △결선인 경우, 1차 측 선간 전압 V_1, 2차측 선간전압 V_2일 때 단권변압기의 자기용량/부하용량은? (단, $V_1 > V_2$인 경우이다.)

① $\dfrac{V_1 - V_2}{V_1}$ ② $\dfrac{V_1^2 - V_2^2}{\sqrt{3}\,V_1 V_2}$

③ $\dfrac{\sqrt{3}(V_1^2 - V_2^2)}{V_1 V_2}$ ④ $\dfrac{V_1 - V_2}{\sqrt{3}\,V_1}$

해설 ★★★

단권변압기 자기용량과 부하용량

3상 △결선 : $\dfrac{\text{자기용량}}{\text{부하용량}} = \dfrac{V_h^2 - V_l^2}{\sqrt{3}\,V_h V_l}$

[답] ②

5 75[W] 이하의 소출력으로 소형 공구, 영사기, 치과의료용 등에 널리 이용되는 전동기는?

① 단상 반발 전동기
② 3상 직권정류자 전동기
③ 영구자석 스텝전동기
④ 단상 직권정류자 전동기

해설 ★★

단상 직권 정류자 전동기(만능형 전동기)
단상직권정류자 전동기는 직류직권전동기 특성을 갖는 전동기로 전원은 교류를 인가시키는 전동기로, 믹서기, 영사기, 재봉틀, 치과의료용에 이용된다.

[답] ④

6 직류발전기의 구조가 아닌 것은?

① 계자 권선   ② 전기자 권선
③ 내철형 철심   ④ 전기자 철심

해설 ★★★

직류 발전기 구조 (3대 요소)
1) 계자 권선 : 자속을 발생시키는 부분
2) 전기자 권선 : 자속을 끊어 기전력을 유기시키는 부분
3) 정류자 : 교류를 직류로 변환시켜주는 부분

[답] ③

7 3상 유도전동기의 원선도 작성 시 필요한 시험이 아닌 것은?

① 슬립 측정
② 무부하 시험
③ 구속 시험
④ 고정자권선의 저항 측정

해설 ★★★

유도전동기 원선도 작도전 시험법
무부하 시험, 구속 시험, 고정자 저항 측정

[답] ①

8 주파수 60[Hz], 슬립 3[%], 회전수 1,164[rpm]인 유도전동기의 극수는?

① 4   ② 6   ③ 8   ④ 10

해설 ★★★★

유도전동기 슬립(s)
회전자계의 회전수와 회전자 회전수의 차이
1) 유도전동기 속도 : $N = (1-s)\dfrac{120 f_1}{p}$[rpm]
2) $1,164 = (1-0.03)\dfrac{120 \times 60}{p}$ 에서 $p = 6$극

[답] ②

9 4극 60[Hz]의 3상 동기발전기가 있다. 회전자의 주변속도를 200[m/s] 이하로 하려면 회전자의 최대 직경을 약 몇 [m]로 하여야 하는가?

① 1.5   ② 1.8   ③ 2.1   ④ 2.8

해설 ★★

회전자주변속도
1) $v = \pi D \dfrac{N_s}{60}$[m/s] $200 = \pi \times D \times \dfrac{1,800}{60}$
2) $D = 2.1$[m]

[답] ③

10 동기전동기에서 제동권선의 역할에 해당되지 않는 것은?

① 기동 토크를 발생한다.
② 난조 방지작용을 한다.
③ 전기자반작용을 방지한다.
④ 급격한 부하의 변화로 인한 속도의 요동을 방지한다.

해 설 ★★★★

동기기 제동권선 역할
1) 동기기 난조 발생 방지
2) 불평형 부하 시에 전류, 전압 파형의 개선
3) 송전선의 불평형 단락 시에 이상 전압의 방지
4) 동기전동기 : 기동 토크의 발생(자기동법)

[답] ③

11 유도전동기에서 부하를 증가시킬 때 일어나는 현상에 관한 설명 중 틀린 것은?
(단, n_s : 회전자계의 속도,
 n : 회전자의 속도이다.)

① 상대속도$(n_s - n)$ 증가
② 2차 전류 증가
③ 토크 증가
④ 속도 증가

해 설 ★★

유도전동기 부하 증가
속도는 감소하고, 슬립이 증가, 2차 기전력이 증가하여 1차 측 전부하전류 증가

[답] ④

12 비철극(원통)형 회전자 동기발전기에서 동기 리액턴스 값이 2배가 되면 발전기의 출력은?

① 1/2로 줄어든다.
② 1배이다.
③ 2배로 증가한다.
④ 4배로 증가한다.

해 설 ★★

3상 동기발전기 출력 (비돌극기 = 원통형)
비돌극기 출력 : $P = \dfrac{EV}{x_s}\sin\delta[\mathrm{W}]$

[답] ①

13 직류 전동기의 실측효율을 측정하는 방법이 아닌 것은?

① 보조 발전기를 사용하는 방법
② 프로니 브레이크를 사용하는 방법
③ 전기 동력계를 사용하는 방법
④ 블론델법을 사용하는 방법

해 설 ★

직류 전동기 효율측정
브론델법은 전기기기의 출력과 입력을 비교해서 그에 대한 손실을 인가해서 온도를 시험하는 방법이다.

[답] ④

14 2극 단상 60[Hz]인 릴럭턴스(reluctance) 전동기가 있다. 실효치 2[A]의 정현파 전류가 흐를 때 발생 토크의 최대값[N·m]은?
(단, 직축(L_d) 및 횡축(L_q) 인덕턴스는
$L_d = 2L_q = 200[\mathrm{mH}]$이다.)

① 0.1   ② 0.5   ③ 1.0   ④ 1.5

해 설 ★

자기저항 회전력(릴럭턴스 토크)
$T_m = \dfrac{1}{8} I_m^2 (L_d - L_q) \sin 2\delta$
$= \dfrac{1}{8} \times (2\sqrt{2})^2 \times (200 - 100) \times 10^{-3} \times 1$
$= 0.1[\mathrm{N \cdot m}]$

[답] ①

15 동일 정격의 3상 동기발전기 2대를 무부하로 병렬 운전하고 있을 때 두 발전기의 기전력 사이에 30°의 위상차가 있으면 한 발전기에서 다른 발전기에 공급되는 유효전력은 몇 [kW]인가? (단, 각 발전기의(1상의) 기전력은 1,000[V], 동기 리액턴스는 4[Ω]이고, 전기자 저항은 무시한다.)

① 62.5
② 62.5 × $\sqrt{3}$
③ 125.5
④ 125.5 × $\sqrt{3}$

해 설 ★★★

동기발전기 병렬운전 (동기화력)

수수전력 : $P = \dfrac{E_a^2}{2x_s}\sin\delta$

$= \dfrac{1,000^2}{2\times 4}\sin 30 = 62.5[kW]$

[답] ①

16 3상 유도전동기의 슬립과 토크의 관계에서 최대 토크를 T_m, 최대 토크를 발생하는 슬립을 S_t, 2차 저항이 R_2일 때의 관계는?

① $T_m \propto R_2$, $S_t = $ 일정
② $T_m \propto R_2$, $S_t \propto R_2$
③ $T_m = $ 일정, $S_t \propto R_2$
④ $T_m \propto \dfrac{1}{R_2}$, $S_t \propto R_2$

해 설 ★★★★

권선형 유도전동기 특징

1) 최대토크 : $\tau_{\max} = \dfrac{E_2^2}{2x_2}[N\cdot m]$

2) 2차 권선저항($\dfrac{r_2}{s}$)을 증가시키면 외부저항은 감소, 속도는 상승

3) 최대토크는 2차 저항과 관계없이 항상 일정

[답] ③

17 50[kW], 610[V], 1,200[rpm]의 직류 분권 전동기가 있다. 70[%] 부하일 때 부하전류는 100[A], 회전 속도는 1,240[rpm]이다. 전기자 발생 토크[kg·m]는? (단, 전기자 저항은 0.1[Ω]이고, 계자 전류는 전기자 전류에 비해 현저히 작다.)

① 약 39.3
② 약 40.6
③ 약 47.17
④ 약 48.75

해 설 ★★★

직류 분권전동기 토크

1) $E = V - I_a r_a = 610 - 100\times 0.1 = 600[V]$
2) I_f는 무시, $I_a = I$, 출력 : $P_m = EI_a[W]$
3) $\tau = 0.975\dfrac{P_m}{N}$

$= 0.975 \times \dfrac{600\times 100}{1,240} = 47.15[kg\cdot m]$

[답] ③

18 변압기 온도시험을 하는 데 가장 좋은 방법은?

① 반환 부하법
② 실 부하법
③ 단락 시험법
④ 내전압 시험법

해 설 ★★★

변압기 온도상승 시험

1) 반환부하법 : 카프법, 홉킨스법, 브론델법
2) 전기기기 온도 시험법으로 가장 많이 이용되는 방법이 반환 부하법이다.

[답] ①

19 변압기 결선방법 중 3상 전원을 이용하여 2상 전압을 얻고자 할 때 사용할 결선 방법은?

① Fork 결선　② Scott 결선
③ 환상 결선　④ 2중 3각 결선

해설 ★★★

변압기 결선방식
1) 3상을 6상으로 변환 결선방식
   : 환상결선, 대각결선, 포크결선, 2중Δ결선, 2중 Y결선
2) 3상을 2상으로 변환 결선방식
   : 스콧트결선 (단상부하 사용)
3) 정류기는 상수가 클수록 맥동이 작기 때문에 6상을 많이 사용

[답] ②

20 동기발전기의 전기자 권선법 중 집중권에 비해 분포권의 장점에 해당되는 것은?

① 기전력의 파형이 좋아진다.
② 난조를 방지할 수 있다.
③ 권선의 리액턴스가 커진다.
④ 합성유도기전력이 높아진다.

해설 ★★★★

동기발전기 권선법
1) 분포권 : 매극 매상의 도체수가 2개 이상의 슬롯에 분포시켜 권선하는 방식으로 고조파 감소, 파형 개선, 누설리액턴스 감소, 유기기전력 감소
2) 분포권으로 권선하면 파형이 좋아지고, 누설리액턴스가 작고, 집중권에 비하여 유기기전력이 작다.

[답] ①

제 2 회   전기(공사)산업기사 필기시험

1 6극 3상 유도전동기가 있다. 회전자도 3상이며 회전자 정지시의 1상의 전압은 200[V]이다. 전부하시의 속도가 1,152[rpm]이면 2차 1상의 전압은 몇 [V]인가? (단, 1차 주파수는 60[Hz]이다.)

① 8.0　　② 8.3
③ 11.5　　④ 23.0

해 설 ★★★

유도전동기 회전자(2차) 특성
1) 회전 시 2차 유기기전력 : $E_2' = sE_2[V]$
2) $N_s = \dfrac{120f_1}{p} = \dfrac{120 \times 60}{6} = 1,200[rpm]$
   $s = \dfrac{N_s - N}{N_s} = \dfrac{1,200 - 1,152}{1,200} = 0.04$
3) $E_2' = sE_2 = 0.04 \times 200 = 8[V]$

[답] ①

2 SCR에 대한 설명으로 옳은 것은?

① 턴온을 위해 게이트 펄스가 필요하다.
② 게이트 펄스를 지속적으로 공급해야 턴온 상태를 유지할 수 있다.
③ 양방향성의 3단자 소자이다.
④ 양방향성의 3층 구조이다.

해 설 ★★

SCR 특성
SCR은 단일방향성 위상제어 소자로 게이트에 전류가 흘러야 턴온이 되며, 턴온된 상태에서는 게이트에 전류가 흐르지 않아도 유지전류 이상 전류가 흐르면 지속적으로 온을 유지한다.

[답] ①

3 다음 중 인버터(inverter)의 설명을 바르게 나타낸 것은?

① 직류를 교류로 변환
② 교류를 교류로 변환
③ 직류를 직류로 변환
④ 교류를 직류로 변환

해 설 ★★★★

전력 변환 기기의 종류
1) 컨버터 : 교류(AC)를 직류(DC)로 변환하는 장치
2) 인버터 : 직류(DC)를 교류(AC)로 변환하는 장치
3) 초퍼 : 직류(DC)를 직류(DC)로 직접 제어하는 장치
4) 사이클로 컨버터 : 교류(AC)를 교류(AC)로 주파수 변환하는 장치

[답] ①

4 동기발전기에 관한 다음 설명 중 옳지 않은 것은?

① 단락비가 크면 동기임피던스가 적다.
② 단락비가 크면 공극이 크고 철이 많이 소요된다.
③ 단락비를 적게 하기 위해서 분포권과 단절권을 사용한다.
④ 전압강하가 감소되어 전압변동률이 좋다.

해 설 ★★

동기발전기 단락비 (철크, 동작)
단락비가 큰 기계는 철기계라고 하며 동기 임피던스가 작아서 전압강하가 작고 전압변동이 작다. 그리고 공극이 크고 전기자 반작용도 작으나 단락전류가 크고 발전기 구조가 크다.

[답] ③

5 와류손이 3[kW]인 3,300/110[V], 60[Hz]용 단상 변압기를 50[Hz], 3,000[V]의 전원에 사용하면 이 변압기의 와류손은 약 몇 [kW]로 되는가?

① 1.7　② 2.1　③ 2.3　④ 2.5

해설 ★★★

변압기 손실
1) 와류손은 주파수와는 무관하고, 전압의 제곱에 비례한다.
2) $3,300^2 : 3,000^2 = 3 : p_e'$ 에서 $p_e' = 2.5[kW]$

[답] ④

6 440/13,200[V], 단상 변압기의 2차 전류가 4.5[A]이면 1차 출력은 약 몇 [kVA]인가?

① 50.4　② 59.4
③ 62.4　④ 65.4

해설 ★★★

변압기 권수비
1) 권수비 : $a = \dfrac{440}{13,200} = 0.033$
2) 1차 전류 : $I_1 = \dfrac{I_2}{a} = \dfrac{4.5}{0.0333} = 135[A]$
3) $P_1 = V_1 I_1 = 440 \times 135 = 59.4[kVA]$

[답] ②

7 전기철도에 주로 사용되는 직류전동기는?

① 직권 전동기
② 타여자 전동기
③ 자여자 분권전동기
④ 가동 복권전동기

해설 ★★★★

직류전동기 특성
전기철도에 주로 사용되는 직류전동기는 토크 특성이 우수한 직권 전동기 ($\gamma \propto \dfrac{1}{N^2}$)

[답] ①

8 200[V], 50[Hz], 8극, 15[kW]의 3상 유도 전동기에서 전부하 회전수가 720[rpm]이면 이 전동기의 2차 동손은 몇 [W]인가?

① 435　② 537
③ 625　④ 723

해설 ★★★

유도전동기 슬립(s)
1) 회전자계의 회전수와 회전자 회전수의 차이
2) $P_2 : P_{c2} : P_0 = 1 : s : (1-s)$
3) $N_s = \dfrac{120 f_1}{p} = \dfrac{120 \times 50}{8} = 750[rpm]$
$s = \dfrac{750 - 720}{750} = 0.04$
4) P_0(2차출력) $= (1-s)P_2[W]$ 에서
$P_2 = \dfrac{P_0}{1-s} = \dfrac{15,000}{1-0.04} = 15,625[W]$
P_{c2}(2차동손) $= sP_2 = 0.04 \times 15,625 = 625[W]$

[답] ③

9 전압비가 무부하에서는 33 : 1, 정격부하에서는 33.6 : 1인 변압기의 전압변동률[%]은?

① 약 1.5　② 약 1.8
③ 약 2.0　④ 약 2.2

해설 ★★

변압기 전압 변동률
$a = \dfrac{V_1}{V_{20}} = 33, \ a = \dfrac{V_1}{V_{2n}} = 33.6$ 을
전압변동율에 대입하면
$\varepsilon = \dfrac{V_{20} - V_{2n}}{V_{2n}} \times 100 = \dfrac{\dfrac{V_1}{33} - \dfrac{V_1}{33.6}}{\dfrac{V_1}{33.6}} \times 100$
$= 1.82[\%]$

[답] ②

10 변압기의 전일효율을 최대로 하기 위한 조건은?

① 전부하 시간이 짧을수록 무부하손을 적게 한다.
② 전부하 시간이 짧을수록 철손을 크게 한다.
③ 부하시간에 관계없이 전부하 동손과 철손을 같게 한다.
④ 전부하 시간이 길수록 철손을 적게 한다.

해 설 ★

변압기 최대효율 조건
1) 최대효율 조건 : 철손 $P_i[W]$ = 동손 $P_c[W]$
2) 전일효율 최대 : 무부하손 = 부하손
전부하 시간이 짧으면 부하손이 작고 무부하손이 크게 되므로 무부하손을 작게 하여야 한다.
[답] ①

11 동기 발전기의 단락비나 동기 임피던스를 산출하는 데 필요한 특성곡선은?

① 단상 단락곡선과 3상 단락곡선
② 무부하포화곡선과 3상 단락곡선
③ 부하포화곡선과 3상 단락곡선
④ 무부하포화곡선과 외부특성곡선

해 설 ★★★

동기발전기 단락비
무부하포화곡선과 3상 단락곡선과의 관계로 단락비 산출
[답] ②

12 3상 유도전동기의 전전압 기동토크는 전부하 시의 1.8배이다. 전전압의 2/3로 기동할 때 기동토크는 전부하 시보다 약 몇 [%] 감소하는가?

① 80   ② 70   ③ 60   ④ 40

해 설 ★★

유도전동기 토크 특성
1) $\tau \propto V^2$에 비례
2) $1^2 : (\frac{2}{3})^2 = 1.8 : \tau'$ 에서 $\tau' = 0.8$
[답] ①

13 전기자를 고정자로 하고 계자극을 회전자로 한 전기기계는?

① 직류 발전기   ② 동기 발전기
③ 유도 발전기   ④ 회전 변류기

해 설 ★★★

동기발전기 종류
동기기는 회전자가 계자이므로 회전계자형이 유리
[답] ②

14 변압기의 내부고장 보호에 쓰이는 계전기로서 가장 적당한 것은?

① 과전류 계전기   ② 역상 계전기
③ 접지 계전기   ④ 부흐홀쯔 계전기

해 설 ★★★★★

변압기 내부 고장보호
1) 기계적인 보호 : 부흐홀쯔 계전기, 온도 계전기
2) 전기적인 보호 : 비율차동 계전기, 과전류 계전기, 과전압 계전기
3) 비율차동계전기는 전기적인 고장 보호용으로, 단락, 지락, 결상 과부하에 이용된다.
[답] ④

15 직류전동기의 속도제어법 중 정지 워드 레오나드 방식에 관한 설명으로 틀린 것은?

① 광범위한 속도제어가 가능하다.
② 정토크 가변속도의 용도에 적합하다.
③ 제철용 압연기, 엘리베이터 등에 사용된다.
④ 직권전동기의 저항제어와 조합하여 사용한다.

해설 ★★

직류 전동기 속도제어
워드레오너드 방식 : 전압제어 방식, 광범위한 속도제어 가능, 정토크제어 방식이므로 압연기 엘리베이터 기중기 속도 제어에 적합

[답] ④

16 3상 동기발전기에서 그림과 같이 1상의 권선을 서로 똑같은 2조로 나누어서 그 1조의 권선전압을 E[V], 각 권선의 전류를 I[A]라 하고 2중 △형(double delta)으로 결선하는 경우 선간전압과 선전류 및 피상전력은?

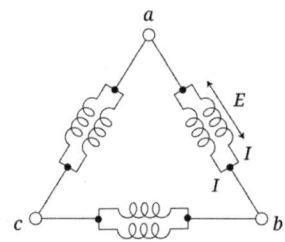

① $3E$, I, $5.19EI$
② $\sqrt{3}E$, $2I$, $6EI$
③ E, $2\sqrt{3}I$, $6EI$
④ $\sqrt{3}E$, $\sqrt{3}I$, $5.19EI$

해설 ★

동기발전기 3상 결선 △결선
1) 선간전압 = 상전압 = E
2) 선전류 = $\sqrt{3}$ 상전류 = $\sqrt{3} \times 2I$
3) 3상출력 : $P = \sqrt{3} V_l I_l = \sqrt{3} \times E \times 2\sqrt{3} I$
$= 6EI$

[답] ③

17 권선형 유도전동기에 한하여 이용되고 있는 속도제어법은?

① 1차 전압제어법, 2차 저항제어법
② 1차 주파수제어법, 1차 전압제어법
③ 2차 여자제어법, 2차 저항제어법
④ 2차 여자제어법, 극수변환법

해설 ★★★

유도전동기 속도제어 방식
1) 농형 : 주파수 제어, 극수 제어, 전압 제어 방식
2) 권선형 : 2차 저항, 2차 여자전압, 종속법 방식

[답] ③

18 직류기에서 양호한 정류를 얻을 수 있는 조건이 아닌 것은?

① 전기자 코일의 인덕턴스를 작게 한다.
② 정류주기를 크게 한다.
③ 자속 분포를 줄이고 자기적으로 포화시킨다.
④ 브러시의 접촉저항을 작게 한다.

해설 ★★★

직류 발전기 양호한 정류 대책
1) 평균 리액턴스 전압이 작을 것
   (브러시 접촉 전압 강하 > 리액턴스 전압)
2) 보극을 적당한 위치에 설치할 것 (전압정류)
3) 탄소 브러시 접촉저항이 클 것
   (저항정류 : 고유저항 증가 전류감소)
4) 정류 주기를 길게 할 것

[답] ④

19 저전압 대전류에 가장 적합한 브러시 재료는?

① 금속 흑연질　② 전기 흑연질
③ 탄소질　　　④ 금속질

> **해 설** ★★
>
> 직류기 브러시
> 1) 탄소 브러시(carbon brush) : 전류용량이 적은 소형기, 저속기에 사용(직류기)
> 2) 전기흑연 브러시(electro graphite brush) : 접촉저항 및 마찰계수가 크므로 각종 기계에 광범위하게 사용
> 3) 금속흑연 브러시(metallic carbon brush) : 저전압, 대전류
>
> [답] ①

20 스테핑 모터의 특징을 설명한 것으로 옳지 않은 것은?

① 위치제어를 할 때 각도오차가 적고 누적되지 않는다.
② 속도제어 범위가 좁으며 초저속에서 토크가 크다.
③ 정지하고 있을 때 그 위치를 유지해주는 토크가 크다.
④ 가속, 감속이 용이하며 정·역전 및 변속이 쉽다.

> **해 설** ★
>
> 스테핑모터(스텝모터)
> 속도제어 범위가 광범위하며, 저속일수록 토크가 크고, 오차가 누적되지 않고, 정역전 및 변속이 쉽다.
>
> [답] ②

제 4 회　전기공사산업기사 필기시험

1 유도전동기의 토크 속도 곡선이 비례추이 한다는 것은 그 곡선이 무엇에 비례해서 이동하는 것을 말하는가?
① 슬립　② 회전수
③ 공급전압　④ 2차 합성저항

해 설 ★★★★

권선형 유도전동기 특징
1) 비례추이 : $\dfrac{r_2}{s} = \dfrac{r_2 + R}{s'}$,

　최대토크 : $\tau_{max} = \dfrac{E_2^2}{2x_2}[\text{N} \cdot \text{m}]$

2) 2차 권선저항 ($\dfrac{r_2}{s}$)을 증가시키면 외부저항은 감소, 속도는 상승
3) 최대토크는 2차 저항과 관계없이 항상 일정

[답] ④

2 직류 분권전동기를 무부하로 운전 중 계자 회로가 단선이 되었다. 이때 전동기의 속도는?
① 즉시 정지한다.
② 속도가 가속되어 위험하다.
③ 속도가 약간 낮아진다.
④ 역방향으로 회전한다.

해 설 ★★★

직류 분권전동기 속도
$n = K\dfrac{V - I_a r a}{\phi}$[rps] 에서 계자권선이 단선되면 무여자가 되어 자속이 발생되지 않아서 속도가 과속도가 되어 위험

[답] ②

3 동기기의 전기자 권선법 중 단절권과 분포권을 사용하는 이유 중 가장 중요한 목적은?
① 높은 전압을 얻기 위해서
② 일정한 주파수를 얻기 위해서
③ 좋은 파형을 얻기 위해서
④ 효율을 좋게 하기 위해서

해 설 ★★★★

동기기 전기자 권선법
동기기에서 전기자 권선법으로 단절권, 분포권으로 권선하는 가장 큰 이유는 고조파를 제거하여 파형을 좋게 하기 위함이다.

[답] ③

4 보극과 보상권선이 없는 직류발전기에서 부하가 증가하면 전기적 중성축은 어떻게 되는가? (단, 전기적 중성축과 기하학적 중성축의 사이각을 θ라고 한다.)
① 전기적 중성축은 직류발전기의 회전방향으로 이동하며 θ는 증가
② 전기적 중성축은 직류발전기의 회전방향으로 이동하며 θ는 감소
③ 전기적 중성축은 직류발전기의 회전방향과 반대로 이동하며 θ는 증가
④ 전기적 중성축은 직류발전기의 회전방향과 반대로 이동하며 θ는 감소

해 설 ★★★

직류기 전기자 반작용 (감자 기전력)
부하가 증가하면 발전기는 회전방향으로 이동하고, 전동기는 회전 반대방향으로 이동하며 θ는 증가한다.

[답] ①

5 4극 전기자 권선이 단중 중권인 직류발전기의 전기자 전류가 20[A]이면 각 전기자 권선의 병렬회로에 흐르는 전류[A]는?

① 10 ② 8
③ 5   ④ 2

해 설 ★★

직류발전기 전기자 권선법
1) 단중 중권으로 권선하면 $a = p = 4$이므로
2) 각 병렬회로의 전류 $i_a = \dfrac{I_a}{a} = \dfrac{20}{4} = 5[A]$

[답] ③

6 수은 정류기의 이상 현상 또는 전기적 고장이 아닌 것은?

① 역호 ② 이상전압
③ 점호 ④ 통호

해 설 ★★

수은 정류기 특성
이상 현상 : 역호, 통호, 실호, 이상전압

[답] ③

7 다음 전자석의 그림 중에서 전류의 방향이 화살표와 같을 때 위쪽 부분이 N극인 것은?

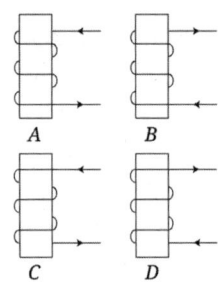

① A, B   ② B, C
③ A, D   ④ B, D

해 설 ★★

앙페르의 법칙
앙페르의 오른나사 법칙을 적용하여 자속의 방향을 보면 A, D는 위로 되어 위쪽이 N극이고 B, C는 아래로 되어 아래쪽이 N극이 된다.

[답] ③

8 동기 발전기에서 단락비 K_s의 범위가 옳은 것은?

① 수차 발전기는 0.9 ~ 1.2 정도이다.
② 수차 발전기는 0.5 ~ 1.5 정도이다.
③ 터빈 발전기는 0.9 ~ 1.2 정도이다.
④ 터빈 발전기는 0.5 ~ 1.5 정도이다.

해 설 ★★★

동기 발전기 단락비
1) 수차발전기 : K_s = 0.9~1.2 정도
2) 터빈발전기 : K_s = 0.6~1.0 정도

[답] ①

9 변압기의 임피던스 전압이란?

① 단락 전류에 의한 변압기 내부 전압 강하
② 정격 전류시 2차 측 단자전압
③ 무부하 전류에 의한 2차 측 단자전압
④ 정격 전류에 의한 변압기 내부 전압 강하

해설 ★★★★

%Z, 퍼센트 임피던스(강하) : 임피던스 전압
1) 임피던스 전압이란 변압기 2차 측을 단락하고 1차 측에 정격전류가 흐를 때까지 인가하는 전압
2) 정격전류에 의한 변압기 내의 전압 강하

[답] ④

10 변압기의 부하가 증가할 때의 현상이다. 옳지 않은 것은?

① 동손의 증가   ② 철손의 증가
③ 누설자속 증가 ④ 온도상승

해설 ★★★

변압기 손실
1) 무부하 손실 : 철손(히스테리시스손, 와전류손), 유전체손(절연물 손실로 무시)
2) 철손은 고정손인 무부하손으로 부하의 영향을 받지 않는다.

[답] ②

11 단상 유도전압조정기에서 단락권선의 직접적인 역할은?

① 누설 리액턴스로 인한 전압강하 방지
② 역률보상
③ 용량증대
④ 고조파 방지

해설 ★★★

단상 유도전압조정기
2차 측의 누설자속을 상쇄시켜서 누설 리액턴스에 의한 전압강하를 방지하기 위함이다.

[답] ①

12 3상 유도전동기의 원선도를 그리는 데 필요하지 않은 시험은?

① 슬립 측정 시험   ② 구속 시험
③ 무부하 시험   ④ 저항 측정 시험

해설 ★★★★★

유도전동기 원선도 작도전 시험법
무부하 시험, 구속 시험, 고정자 저항 측정

[답] ①

13 전부하 시 슬립 5[%], 회전자 1상의 저항 0.05[Ω]인 3상 권선형 유도전동기를 전부하 토크로 가동시키려면 회전자에 몇 [Ω]의 저항을 삽입하면 되는가?

① 0.85   ② 0.90
③ 0.95   ④ 1.05

해설 ★★★★★

권선형 유도전동기 특징
1) 기동 시 전부하 토크와 같은 토크의 크기로 기동하기 위한 2차 외부저항 : $\frac{r_2}{s} = \frac{r_2 + R}{s'}$
 기동 시 $s' = 1$ 이므로,
2) $R = \frac{1-s}{s}r_2 = \frac{1-0.05}{0.05} \times 0.05 = 0.95[\Omega]$

[답] ③

14 그림은 동기전동기의 V곡선(위상 특성곡선)이다. 부하가 가장 큰 경우는?

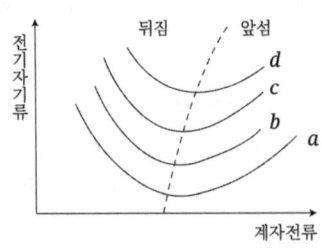

① a ② b ③ c ④ d

| 해 설 | ★★★ |

동기조상기
부하가 증가하면 출력이 비례해서 증가하므로 곡선은 상향이 된다.

[답] ④

15 그림은 일반적인 반파 정류회로이다. 변압기 2차 전압의 실효값을 E[V]라 할 때 직류전류 평균값은? (단, 정류기의 전압강하는 무시한다.)

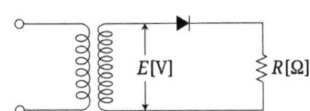

① $\dfrac{\sqrt{2}E}{\pi R}$ ② $\dfrac{2\sqrt{2}E}{\pi R}$

③ $\dfrac{1}{2} \cdot \dfrac{E}{R}$ ④ $\dfrac{E}{R}$

| 해 설 | ★★★★ |

정류회로의 특성 비교
1) 단상반파 직류전압 : $E_d = \dfrac{\sqrt{2}E}{\pi}$[V] (직류전류)
2) $I_d = \dfrac{E_d}{R} = \dfrac{\frac{\sqrt{2}E}{\pi}}{R} = \dfrac{\sqrt{2}E}{\pi R}$[A]

[답] ①

16 4극, 7.5[kW], 200[V], 60[Hz]의 3상 유도전동기가 있다. 전부하에서의 2차 입력이 7,950[W]일 경우 슬립은? (단, 여기서 기계손은 130[W]이다.)

① 0.04   ② 0.05
③ 0.06   ④ 0.07

| 해 설 | ★★★ |

3상 유도전동기 슬립
1) 2차출력 = 전부하출력+기계손
         = 7,500 + 130 = 7,630[W]
2) $P_{c2} = sP_2$에서
$s = \dfrac{P_{c2}}{P_2} = \dfrac{7,950 - 7,630}{7,630} = 0.04$

[답] ①

17 동기 발전기에서 극수 4, 1극의 자속수 0.062[Wb], 회전속도 1,800[rpm], 코일 권수가 100일 때 코일의 유기기전력의 실효치[V]는 약 얼마인가? (단, 권선계수는 1.0이라 한다.)

① 526   ② 1,488
③ 1,652   ④ 2,336

| 해 설 | ★★★ |

동기 발전기 유기기전력
1) $N_s = \dfrac{120f}{p}$에서
$f = \dfrac{N_s \times p}{120} = \dfrac{1,800 \times 4}{120} = 60$[Hz]
2) $E = 4.44f\omega\phi K_w = 4.44 \times 60 \times 100 \times 0.062 \times 1$
    $= 1,652$[V]

[답] ③

18 어떤 주상 변압기가 4/5 부하일 때 최대 효율이 된다고 한다. 전부하에 있어서의 철손과 동손의 비 P_c/P_i는 약 얼마인가?

① 0.64 ② 1.56
③ 1.64 ④ 2.56

해설 ★★

변압기 최대효율

1) 최대 효율시 부하 : $\frac{1}{m} = \sqrt{\frac{p_i}{p_c}}$ 에서

$\frac{p_i}{p_c} = (\frac{1}{m})^2 = (\frac{4}{5})^2 = 0.64$

2) $\frac{p_c}{p_i} = \frac{1}{0.64} = 1.56$

[답] ②

19 5[kVA]의 단상변압기의 % 저항강하가 2.4[%], % 리액턴스 강하가 1.6[%]이다. % 임피던스 강하[%]는?

① 약 3.2 ② 약 2.9
③ 약 2.5 ④ 약 2.2

해설 ★★

퍼센트 임피던스 강하
$\%z = \sqrt{p^2 + q^2} = \sqrt{2.4^2 + 1.6^2} = 2.88[\%]$

[답] ②

20 다음 중 직류기의 철손에 해당하는 것은?

① 히스테리시스손 ② 풍손
③ 표류 부하손   ④ 동손

해설 ★★

직류기 손실
무부하손 : 철손 = 히스테리시스손 + 와류손

[답] ①

2014년 기출문제

제1회 전기(공사)산업기사 필기시험

1 제13차 고조파에 의한 회전자계의 회전방향과 속도를 기본파 회전자계와 비교할 때 옳은 것은?

① 기본파와 반대방향이고, 1/13의 속도
② 기본파와 동일방향이고, 1/13의 속도
③ 기본파와 동일방향이고, 13배의 속도
④ 기본파와 반대방향이고, 13배의 속도

해설 ★★

기본파 회전자계와 고조파 회전자계
1) 회전자계와 동방향 고조파 : 7, 13
2) 회전자계와 역방향 고조파 : 5, 11
3) 3, 9고조파 : 회전자계를 발생하지 않으며, 속도는 $\frac{1}{n}$배 (n : 고조파차수)

[답] ②

2 브러시 홀더(brush holder)는 브러시를 정류자면의 적당한 위치에서 스프링에 의하여 항상 일정한 압력으로 정류자면에 접촉하여야 한다. 가장 적당한 압력 [kg/cm²]은?

① 0.01 ~ 0.15   ② 0.5 ~ 1
③ 0.15 ~ 0.25   ④ 1 ~ 2

해설 ★★★

브러시 구조
1) 종류 : 탄소, 전기흑연, 금속흑연
2) 스프링 압력 : 0.15~0.25[kg/cm²]

[답] ③

3 3상 동기기의 제동권선을 사용하는 주목적은?

① 출력이 증가한다.
② 효율이 증가한다.
③ 역률을 개선한다.
④ 난조를 방지한다.

해설 ★★★

동기기 제동권선 역할
1) 동기기 난조 발생 방지
2) 불평형 부하 시에 전류, 전압 파형의 개선
3) 송전선의 불평형 단락 시에 이상 전압의 방지
4) 동기전동기 : 기동 토크의 발생(자기동법)

[답] ④

4 동기발전기의 병렬운전에서 기전력의 위상이 다른 경우, 동기화력(P_δ)을 나타낸 식은? (단, P : 수수전력, δ : 상차각이다.)

① $P_\delta = \dfrac{dP}{d\delta}$ ② $P_\delta = \int P d\delta$

③ $P_\delta = P \times \cos\delta$ ④ $P_\delta = \dfrac{P}{\cos\delta}$

해설 ★★★

동기발전기 병렬운전 (동기화력)

동기화력 : $P_\delta = \dfrac{dP}{d\delta}$

여기서, P : 수수전력, δ : 상차각

[답] ①

5 220[V], 6극, 60[Hz], 10[kW]인 3상 유도전동기의 회전자 1상의 저항은 0.1[Ω], 리액턴스는 0.5[Ω]이다. 정격전압을 가했을 때 슬립이 4[%]일 때 회전자 전류는 몇 [A]인가? (단, 고정자와 회전자는 △결선으로서 권수는 각각 300회와 150회이며, 각 권선계수는 같다.)

① 27　② 36　③ 43　④ 52

해설 ★★

유도전동기 회전자 2차 전류
1) 권수비(고정자/회전자) : $a = 2$이므로
$$E_2 = \frac{E_1}{a} = \frac{220}{2} = 110[V]$$
2) 2차 전류 :
$$I_2' = \frac{sE_2}{\sqrt{r_2^2 + sx_2^2}} = \frac{0.04 \times 110}{\sqrt{0.1^2 + (0.04 \times 0.5)^2}}$$
$$= 43[A]$$

[답] ③

6 계자저항 100[Ω], 계자전류 2[A], 전기자저항이 0.2[Ω]이고, 무부하 정격속도로 회전하고 있는 직류 분권발전기가 있다. 이때의 유기기전력[V]은?

① 196.2　② 200.4
③ 220.5　④ 320.2

해설 ★★★★★

직류 발전기 유기기전력
1) $E = \frac{z}{a}p\phi n[V]$, $E \propto \phi n \propto I_f n[V]$,
$E = V + I_a r_a[V]$
2) 분권발전기 : $V = I_f r_f = 2 \times 100 = 200[V]$
(무부하 시, $I_a = I + I_f$에서 $I = 0$, $I_a = I_f$)
3) 무부하 시 유기기전력 :
$E_0 = V + I_f r_a = 200 + 2 \times 0.2 = 200.4[V]$

[답] ②

7 6극, 220[V]의 3상 유도전동기가 있다. 정격전압을 인가해서 기동시킬 때 기동토크는 전부하토크의 220[%]이다. 기동토크를 전부하토크의 1.5배로 하려면 기동전압[V]을 얼마로 하면 되는가?

① 163　② 182　③ 200　④ 220

해설 ★★★★★

유도전동기 토크 특성
1) 토크는 전압 2승에 비례 : $\tau \propto V^2$
$$\left(\tau = 0.975\frac{P_2}{N_s}[kg \cdot m]\right)$$
2) $220 : 150 = 220^2 : V'^2$, $V' = 182[V]$

[답] ②

8 교류 전동기에서 브러시의 이동으로 속도 변화가 가능한 것은?

① 농형 전동기
② 2중 농형 전동기
③ 동기 전동기
④ 시라게 전동기

해설 ★★★

3상 분권 정류자 전동기(시라게 전동기)는 브러시의 이동으로 속도를 제어할 수 있다.

[답] ④

9 변압기의 임피던스 와트와 임피던스 전압을 구하는 시험은?

① 충격전압 시험　② 부하 시험
③ 무부하 시험　④ 단락 시험

해설 ★★★

변압기 시험
1) 단락 시험 : 동손(임피던스 와트), 임피던스 전압, 전압변동률
2) 무부하 시험 : 철손, 여자전류, 여자어드미턴스

[답] ④

10 3상 유도전동기의 속도제어법이 아닌 것은?

① 1차 주파수제어
② 2차 저항제어
③ 극수변환법
④ 1차 여자제어

해 설 ★★★★

유도전동기 속도제어 방식
1) 농형 : 주파수 제어, 극수 제어, 전압 제어 방식
2) 권선형 : 2차 저항, 2차 여자전압, 종속법 방식

[답] ④

11 직류기에서 공극을 사이에 두고 전기자와 함께 자기회로를 형성하는 것은?

① 계자   ② 슬롯
③ 정류자 ④ 브러시

해 설 ★★

직류기 자기회로
계자, 전기자, 공극, 계철로 이루어져 있으며 계자와 전기자 사이에 공극이 있다.

[답] ①

12 60[Hz], 12극의 동기전동기 회전자계의 주변속도[m/s]는? (단, 회전자계의 극 간격은 1[m]이다.)

① 10   ② 31.4
③ 120   ④ 377

해 설 ★★

동기전동기 회전자계 주변속도
1) 동기속도 :
$N_s = \dfrac{120f}{p} = \dfrac{120 \times 60}{12} = 600[\text{rpm}]$
2) 주변속도 : $v = \pi D n = 12 \times \dfrac{600}{60} = 120[\text{m/s}]$,
회전자 원둘레 : $\pi D = 12 \times 1 = 12[\text{m}]$

[답] ③

13 4극, 60[Hz], 3상 권선형 유도전동기에서 전부하 회전수는 1,600[rpm]이다. 동일 토크로 회전수를 1,200[rpm]으로 하려면 2차 회로에 몇 [Ω]의 외부 저항을 삽입하면 되는가? (단, 2차 회로는 Y결선이고, 각 상의 저항은 r_2이다.)

① r_2 ② $2r_2$
③ $3r_2$ ④ $4r_2$

해 설 ★★★★★

권선형 유도전동기 특징
1) 전부하 슬립 :
$s = \dfrac{N_s - N}{N_s} = \dfrac{1,800 - 1,600}{1,800} = 0.11$,
$s' = \dfrac{1,800 - 1,200}{1,800} = 0.33$
2) 비례추이 : $\dfrac{r_2}{s} = \dfrac{r_2 + R}{s'}$, $\dfrac{r_2}{0.11} = \dfrac{r_2 + R}{0.33}$에서
$R = 2r_2$

[답] ②

14 3상 유도전동기의 원선도 작성 시 필요치 않은 시험은?

① 저항 측정 ② 무부하 시험
③ 구속 시험 ④ 슬립 측정

해 설 ★★★★

유도전동기 원선도 작도전 시험법
무부하 시험, 구속 시험, 고정자 저항 측정

[답] ④

15 3상 직권 정류자 전동기에 있어서 중간 변압기를 사용하는 주된 목적은?

① 역회전의 방지를 위하여
② 역회전을 하기 위하여
③ 권수비를 바꾸어서 전동기의 특성을 조정하기 위하여
④ 분권 특성을 얻기 위하여

> **해 설** ★★★
>
> 중간변압기 역할
> 1) 자속을 포화시켜서 속도 상승을 억제
> 2) 전동기 특성을 조정
> 3) 회전자 전압을 정류전압에 맞게 조정
>
> [답] ③

16 동기 발전기의 안정도를 증진시키기 위하여 설계상 고려할 점으로서 틀린 것은?

① 속응 여자 방식을 채용한다.
② 단락비를 작게 한다.
③ 회전부의 관성을 크게 한다.
④ 영상 및 역상 임피던스를 크게 한다.

> **해 설** ★★★★
>
> 동기발전기 안정도
> 1) 단락비를 크게 한다.
> 2) 속응 여자 방식을 사용한다.
> 3) 동기 임피던스를 작게 한다.
> 4) 회전자의 플라이 휠 효과를 크게 한다.
> 5) 정상분은 작게, 영상과 역상분이 크게 한다.
>
> [답] ②

17 단상 반파 정류회로에서 변압기 2차 전압의 실효값을 E[V]라 할 때 직류 전류 평균값[A]은? (단, 정류기의 전압강하는 e[V], 부하저항은 R[Ω]이다.)

① $(\frac{\sqrt{2}}{\pi}E - e)/R$ ② $\frac{1}{2} \cdot \frac{E-e}{R}$

③ $\frac{2\sqrt{2}}{\pi} \cdot \frac{E}{R}$ ④ $\frac{\sqrt{2}}{\pi} \cdot \frac{E-e}{R}$

> **해 설** ★★★★
>
> 단상 반파 정류회로
>
> 반파 직류전류 : $I_d = \frac{E_d}{R} = \frac{\frac{\sqrt{2}E}{\pi} - e}{R}$ [A]
>
> [답] ①

18 단상 직권 정류자 전동기의 설명으로 틀린 것은?

① 계자권선의 리액턴스 강하 때문에 계자권선수를 적게 한다.
② 토크를 증가하기 위해 전기자권선수를 많게 한다.
③ 전기자 반작용을 감소하기 위해 보상권선을 설치한다.
④ 변압기 기전력을 크게 하기 위해 브러시 접촉저항을 적게 한다.

> **해 설** ★★★★★
>
> 단상 직권 정류자 전동기(만능형 전동기)
> 1) 계자권선과 전기자 권선이 직렬로 연결되어 있는 전동기(직류·교류 모두 사용)로, 계자 철심은 성층 철심, 원통형 고정자 구조로 제작
> 2) 종류 : 직권형, 보상 직권형, 유도보상 직권형
> 3) 역류 개선 : 약계자, 강전기자 형, 회전속도 상승, 브러시 접촉저항 증가
> 4) 보상권선 설치 : 역률 개선, 전기자 반작용 억제, 누설 리액턴스 감소
> 5) 저항도선 설치 : 변압기 기전력에 의한 단락 전류 감소
> 6) 적용 : 기동 토크와 고속 회전수가 필요한 재봉틀, 소형공구, 치과 의료용 기기
>
> [답] ④

19 그림과 같은 동기발전기의 무부하 포화 곡선에서 포화계수는?

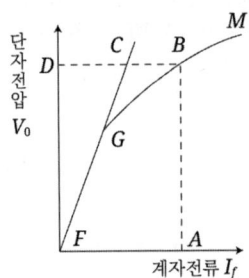

① $\overline{OA}/\overline{OG}$ ② $\overline{OD}/\overline{DB}$
③ $\overline{BC}/\overline{CD}$ ④ $\overline{CD}/\overline{CO}$

해설 ★★

동기발전기 무부하 포화곡선
1) 동기발전기에서 포화율은 공극선과 무부하 포화 곡선을 써서 산출한다.
2) 포화계수 : $\sigma = \dfrac{\overline{CB}}{\overline{CD}}$

[답] ③

20 단상 단권변압기 2대를 V결선으로 해서 3상 전압 3,000[V]를 3,300[V]로 승압하고, 150[kVA]를 송전하려고 한다. 이 경우 단상 단권변압기 1대분의 자기용량[kVA]은 약 얼마인가?

① 15.74 ② 13.62
③ 7.87 ④ 4.54

해설 ★★★

단권변압기 2대를 V결선
1) $\dfrac{\text{자기용량}}{\text{부하용량}} = \dfrac{2}{\sqrt{3}}\left(\dfrac{V_h - V_l}{V_h}\right)$,
$\dfrac{\text{자기용량}}{150} = \dfrac{2}{\sqrt{3}}\left(\dfrac{3,300 - 3,000}{3,300}\right)$
2) 자기용량 $= 15.75[\text{kVA}]$이나
한대용량 $= \dfrac{15.75}{2} = 7.87[\text{kVA}]$

[답] ③

제 2 회   전기(공사)산업기사 필기시험

1 동기발전기의 병렬운전조건에서 같지 않아도 되는 것은?

① 기전력   ② 위상
③ 주파수   ④ 용량

해 설 ★★★★★

동기발전기 병렬운전 조건
기전력의 크기, 위상, 주파수, 파형, 상회전 방향이 같을 것

[답] ④

2 다음 중 반자성 특성을 갖는 자성체는?

① 규소강판   ② 초전도체
③ 페리자성체   ④ 네오디뮴 자석

해 설 ★

반자성체
외부자기장에 대해 항상 반대방향의 자기모멘트를 가지는 물질로 금, 수은, 은, 납, 초전도체가 있다.

[답] ②

3 직류 분권발전기의 무부하 포화 곡선이 $V = \dfrac{950 I_f}{30 + I_f}$ 이고, I_f는 계자 전류[A], V는 무부하 전압 [V]으로 주어질 때 계자 회로의 저항이 25[Ω]이면 몇 [V]의 전압이 유기되는가?

① 200   ② 250
③ 280   ④ 300

해 설 ★★★★★

직류 발전기 유기기전력

1) $E = \dfrac{z}{a} p\phi n$ [V], $E \propto \phi n \propto I_f n$ [V],
$E = V + I_a r_a$ [V]

2) 분권발전기 : $I_f = \dfrac{V}{r_f} = \dfrac{V}{25}$ [A],

$V = \dfrac{950 \times \dfrac{V}{25}}{30 + \dfrac{V}{25}}$ [V] 에서 $V = 200$ [V]

[답] ①

4 권선형 유도전동기에서 비례추이를 할 수 없는 것은?

① 회전력   ② 1차 전류
③ 2차 전류   ④ 출력

해 설 ★★★★★

권선형 유도전동기 특징

1) 비례추이 : $\dfrac{r_2}{s} = \dfrac{r_2 + R}{s'}$,

최대토크 : $\tau_{max} = \dfrac{E_2^2}{2x_2}$ [N·m]

2) 비례추이 할 수 없는 것은 출력, 효율, 2차 동손이다.

[답] ④

5 용량 150[kVA]의 단상 변압기의 철손이 1[kW], 전부하 동손이 4[kW]이다. 이 변압기의 최대효율은 몇 [kVA]에서 나타나는가?

① 50
② 75
③ 100
④ 150

해 설 ★★★★★

변압기 최대효율 조건
1) 최대효율 조건 : 철손 p_i[W] = 동손 p_c[W]
2) 최대효율 시 부하 :
$\frac{1}{m} = \sqrt{\frac{p_i}{p_c}} = \sqrt{\frac{1}{4}} = \frac{1}{2}$ 이므로
$150 \times \frac{1}{2} = 75$[kVA]

[답] ②

6 전력용 MOSFET와 전력용 BJT에 대한 설명 중 틀린 것은?

① 전력용 BJT는 전압제어소자로 온 상태를 유지하는데 거의 무시할 만큼의 전류가 필요로 된다.
② 전력용 MOSFET는 비교적 스위칭 시간이 짧아 높은 스위칭 주파수로 사용할 수 있다.
③ 전력용 BJT는 일반적으로 턴온 상태에서의 전압강하가 전력용 MOSFET보다 작아 전력손실이 적다.
④ 전력용 MOSFET는 온·오프 제어가 가능한 소자이다.

해 설 ★

BJT는 베이스전류 제어 방식
온 상태를 유지하기 위해서는 지속적인 전류가 흘러야 한다.

[답] ①

7 단상 유도전동기의 기동방법 중 기동 토크가 가장 큰 것은?

① 반발기동형
② 반발유도형
③ 콘덴서기동형
④ 분상기동형

해 설 ★★★★★

단상 유도전동기 기동 방식 (토크가 큰 순서)
반발기동형 > 반발유도형 > 콘덴서기동형 > 콘덴서전동기 > 분상기동형 > 셰이딩코일형

[답] ①

8 단락비가 큰 동기기는?

① 안정도가 높다.
② 전압변동률이 크다.
③ 기계가 소형이다.
④ 전기자 반작용이 크다.

해 설 ★★★★★

동기발전기 단락비 (철크, 동작)
1) 단락비 : 부하 측을 단락 또는 개방한 경우에 각각 정격전류, 전압을 유지하기 위한 계자전류비
2) 단락비가 큰 동기기는 안정도가 좋고, 전압변동이 작고, 전기자 반작용도 작으나 구조가 커서 가격이 비싸다.
3) 출력이 증대되어 송전선로의 충전용량도 증가된다.

[답] ①

9 단상 전파 제어 정류 회로에서 순저항 부하일 때의 평균 출력 전압은? (단, V_m은 인가 전압의 최대값이고 점호각은 α이다.)

① $\dfrac{V_m}{\pi}(1+\cos\alpha)$

② $\dfrac{V_m}{\pi}(1+\tan\alpha)$

③ $\dfrac{2V_m}{\pi}(1+\cos\alpha)$

④ $\dfrac{2V_m}{\pi}(1+\tan\alpha)$

해설 ★★★

SCR 단상 직류 평균전압

1) 반파 : $E_d = \dfrac{\sqrt{2}\,V}{\pi}(1+\cos\alpha)$

   $= \dfrac{V_m}{\pi}(1+\cos\alpha)\,[V]$

2) 전파 : $E_d = \dfrac{2\sqrt{2}\,E}{\pi}\left(\dfrac{1+\cos\alpha}{2}\right)$

   $= \dfrac{E_m}{\pi}(1+\cos\alpha)\,[V]$

[답] ①

10 직류 분권전동기의 공급 전압의 극성을 반대로 하면 회전 방향은 어떻게 되는가?

① 변하지 않는다. ② 반대로 된다.
③ 발전기로 된다. ④ 회전하지 않는다.

해설 ★★★★

공급 전압의 역접속

1) 직류 분권, 직권, 복권전동기는 전원 극성을 바꾸어도 회전 방향은 변하지 않는다.
2) 그러나 타여자 전동기는 주전원 극성을 반대로 하면 역회전 된다.

[답] ①

11 [보기]의 설명에서 빈칸(㉠ ~ ㉢)에 알맞은 말은?

[보기]
권선형 유도전동기에서 2차 저항을 증가시키면 기동 전류는 (㉠)하고 기동 토크는 (㉡)하며, 2차 회로의 역률이 (㉢)되고 최대토크는 일정하다.

① ㉠ 감소 ㉡ 증가 ㉢ 좋아지게
② ㉠ 감소 ㉡ 감소 ㉢ 좋아지게
③ ㉠ 감소 ㉡ 증가 ㉢ 나빠지게
④ ㉠ 증가 ㉡ 감소 ㉢ 나빠지게

해설 ★★★★★

유도전동기 토크 특성

1) 토크와 2차 입력 P_2는 비례 :
$\tau = P_2 = E_2 I_2 \cos\theta_2\,[W]$,

$\tau = \dfrac{E_2^2 \dfrac{r_2}{s}}{\left(\dfrac{r_2}{s}\right)^2 + x_2^2}\,[N\cdot m]$

2) 최대 토크 슬립 : $s_t ≒ \dfrac{r_2}{x_1+x_2} ≒ \dfrac{r_2}{x_2}$,

   최대 출력 슬립 : $s_p ≒ \dfrac{r_2'}{r_2'+z}$

3) $s_t ≒ \dfrac{r_2}{x_2}$ 대입, 최대토크 : $\tau_{max} = \dfrac{E_2^2}{2x_2}\,[N\cdot m]$

4) 2차 저항을 증가시키면 기동 시 전류는 감소하고 토크는 증가, 2차 역률은 좋아지고 최대토크는 항상 일정하다.

[답] ①

12 10[kVA], 2,000/380[V]의 변압기 1차 환산 등가임피던스가 $3+j4[\Omega]$이다. % 임피던스 강하는 몇 [%]인가?

① 0.75 ② 1.0
③ 1.25 ④ 1.5

해설 ★★★★★

%Z, 퍼센트 임피던스(강하), z

1) $\%Z = \dfrac{I_n \times Z}{V_n} \times 100[\%] = \dfrac{PZ}{10V^2}[\%]$,

$\%Z = \dfrac{I_n}{I_s} \times 100[\%]$

2) $Z_1 = \sqrt{3^2 + 4^2} = 5[\Omega]$,

$\%Z = \dfrac{I_{1n} \times Z_1}{V_{1n}} \times 100$

$= \dfrac{\frac{10 \times 10^3}{2,000} \times 5}{2,000} \times 100 = 1.25[\%]$

[답] ③

13 동기조상기를 부족여자로 사용하면?

① 리액터로 작용
② 저항손의 보상
③ 일반 부하의 뒤진 전류를 보상
④ 콘덴서로 작용

해설 ★★★★★

동기조상기
1) 동기 전동기를 무부하 상태(역률 '0')로 운전하는 조상설비
2) 계자 전류 I_f를 조정하여 진상 및 지상 무효전력 조정 가능
3) 과여자 운전 : 계자전류 증가 → 과여자 → 진상 무효전력(콘덴서 C) → 진상전류
4) 부족여자 운전 : 계자전류 감소 → 부족여자 → 지상 무효전력(리액터 L) → 지상전류

[답] ①

14 직류 분권전동기의 운전 중 계자저항기의 저항을 증가하면 속도는 어떻게 되는가?

① 변하지 않는다. ② 증가한다.
③ 감소한다.   ④ 정지한다.

해설 ★★★★★

직류 전동기 속도특성
1) $n = \dfrac{E}{K\phi}$[rps] (여기서, K : 기계 상수),

$n \propto K\dfrac{E}{\phi}$[rps] (여기서, K : 기계 정수)

2) 계자권선 단선 시 계자전류(I_f) = 자속(ϕ_f) = 0 (영)이 되어 과속도 위험
3) 타여자 : 부하가 변화하더라도 계자전류(I_f) = 일정, 속도 변동이 가장 작음

[답] ②

15 사이리스터 특성에 대한 설명 중 틀린 것은?

① 하나의 스위치 작용을 하는 반도체이다.
② pn접합을 여러 개 적당히 결합한 전력용 스위치이다.
③ 사이리스터를 턴온시키기 위해 필요한 최소의 순방향 전류를 래칭전류라 한다.
④ 유지전류는 래칭전류보다 크다.

해설 ★★★

SCR 특징
유지전류는 SCR이 ON된 상태에서 ON 상태를 유지하기 위한 최소전류로 래칭전류보다는 작다.

[답] ④

16 $E_1 = 2,000[V]$, $E_2 = 100[V]$의 변압기에서 $r_1 = 0.2[\Omega]$, $r_2 = 0.0005[\Omega]$, $X_1 = 2[\Omega]$, $X_2 = 0.005[\Omega]$이다. 권수비 a는?

① 60　② 30　③ 20　④ 10

해 설 ★★★★★

변압기 권수비
$$\frac{V_1}{V_2} = \frac{I_2}{I_1} = \frac{E_1}{E_2} = \frac{N_1}{N_2} = a,$$
$$a = \frac{E_1}{E_2} = \frac{2,000}{100} = 20$$

[답] ③

17 출력이 20[kW]인 직류발전기의 효율이 80[%]이면 손실[kW]은 얼마인가?

① 1　② 2　③ 5　④ 8

해 설 ★★★

발전기 효율
1) 규약효율 : $\eta = \dfrac{출력}{출력 + 손실} \times 100[\%]$
2) $80 = \dfrac{20}{20 + 손실} \times 100$ 에서 손실 = 5[kW]

[답] ③

18 단상 교류정류자 전동기의 직권형에 가장 적합한 부하는?

① 치과의료용　② 펌프용
③ 송풍기용　　④ 공작기계용

해 설 ★★★★★

단상 직권 정류자 전동기(만능형 전동기)
1) 계자권선과 전기자 권선이 직렬로 연결되어 있는 전동기(직류·교류 모두 사용)로, 계자 철심은 성층 철심, 원통형 고정자 구조로 제작
2) 종류 : 직권형, 보상 직권형, 유도보상 직권형
3) 역류 개선 : 약계자, 강전기자 형, 회전속도 상승, 브러시 접촉저항 증가
4) 보상권선 설치 : 역률 개선, 전기자 반작용 억제, 누설 리액턴스 감소
5) 저항도선 설치 : 변압기 기전력에 의한 단락 전류 감소
6) 적용 : 기동 토크와 고속 회전수가 필요한 재봉틀, 소형공구, 치과 의료용 기기

[답] ①

19 전기자를 고정자로 하고, 계자극을 회전자로 한 회전계자형으로 가장 많이 사용되는 것은?

① 직류발전기　② 회전변류기
③ 동기발전기　④ 유도발전기

해 설 ★★★★

동기발전기를 회전 계자형으로 하는 이유
1) 계자 권선은 직류의 2선만 인출하면 됨
2) 계자 회로는 약전류 전선이므로 소요 전력이 적은 편
3) 전기자 권선은 최소 4개의 선을 인출해야 함 (회전 전기자형은 결선이 복잡)
4) 회전자를 튼튼하게 만들 수 있음
5) 발전기의 안정도가 좋아짐
6) 종합적으로 발전기 제작이 경제적

[답] ③

20 명판(name plate)에 정격전압 220[V], 정격전류 14.4[A], 출력 3.7[kW]로 기재되어 있는 3상 유도전동기가 있다. 이 전동기의 역률을 84[%]라 할 때 이 전동기의 효율[%]은?

① 78.25 ② 78.84
③ 79.15 ④ 80.27

해설 ★★★

직류 전동기 효율
1) 전동기 규약효율 :
$$\eta_m = \frac{출력}{입력} \times 100 = \frac{입력 - 손실}{입력} \times 100 [\%]$$
2) 입력 $= \sqrt{3}\,VI\cos\theta$
$\quad = \sqrt{3} \times 220 \times 14.4 \times 0.84$
$\quad = 4,609[\text{W}]$
3) $\eta = \dfrac{3,700}{4,609} \times 100 = 80.27[\%]$

[답] ④

제 4 회 전기공사산업기사 필기시험

1 3상 동기발전기의 단자를 3상 단락하고 계자전류 200[A]를 흘린 경우 3상 단락전류는 280[A]이었다. 계자전류를 250[A]로 증가했을 때 3상 단락전류[A]는?

① 300 ② 330
③ 350 ④ 370

해설 ★★★★

동기발전기 단락전류
1) 단락전류 : $I_s = \dfrac{E}{Z_s}$[A] 서 $I_s \propto E$ 이고,
   $I_f \propto \phi \propto E$ 이므로 $I_f \propto I_s$ 이다.
2) $200 : 250 = 280 : I_s'$ 에서 $I_s' = 350$[A]

[답] ③

2 총 도체수 200, 단중 파권으로 자극수 4, 자속수 3.14[wb]의 부하를 가하여 전기자에 3[A]가 흐르고 있는 직류 분권전동기의 토크는 몇 [N·m]인가?

① 600 ② 500
③ 400 ④ 300

해설 ★★★★★

직류전동기 토크
1) $\tau = \dfrac{P}{w} = \dfrac{EI_a}{2\pi n} = \dfrac{pz\phi I_a}{2\pi a}$ [N·m],
   (파권 : $a = 2$)
2) $\tau = \dfrac{pz\phi I_a}{2\pi a} = \dfrac{4 \times 3.14 \times 200 \times 3}{2 \times 3.14 \times 2} = 600$[N·m]

[답] ①

3 서보 모터가 갖추어야 할 조건이 아닌 것은?

① 기동 토크가 클 것
② 관성 모멘트가 클 것
③ 가감속이 용이할 것
④ 토크 속도곡선이 수하특성을 가질 것

해설 ★★

서보 모터 특성
(기능 3요소 : 토크제어, 속도제어, 위치제어)
1) 기동 토크가 크다.
2) 급가속, 감속, 정역전 운전이 가능하다.
3) 관성 모멘트가 작다.
4) 토크-속도 곡선이 수하 특성을 가진다.
5) 직류 서보 모터의 기동 토크가 교류 서보 모터의 기동 토크보다 작다.

[답] ②

4 권선형 유도전동기의 기동 시 2차 저항을 넣는 이유는?

① 기동 전류 증대
② 회전수 감소
③ 기동 토크 감소
④ 기동 전류 감소와 기동 토크 증대

해설 ★★★

권선형 유도전동기 기동저항
1) 기동 시 2차 외부저항 삽입
   $R = \sqrt{r_1^2 + (x_1 + x_2)^2} - r_2$[Ω] (최대토크 기동)
2) 기동 시 : 외부저항 증가 → 기동 전류 감소 → 기동 토크 증가

[답] ④

5 전원 200[V], 부하 20[Ω]인 단상 반파 정류회로의 부하전류는 약 몇 [A]인가?

① 9.4 ② 8.7
③ 5.5 ④ 4.5

해설 ★★★

단상 직류 평균전압 (반파)
1) 직류 출력 : $E_d = 0.45E = 0.45 \times 200 = 90[V]$
2) 직류 전류 : $I_d = \dfrac{E_d}{R} = \dfrac{90}{20} = 4.5[A]$

[답] ④

6 직류전압을 교류전압으로 변환하는 기기는?

① 인버터 ② 정류기
③ 초퍼 ④ 사이클로 컨버터

해설 ★★★

전력 변환 기기의 종류
1) 컨버터 : 교류(AC)를 직류(DC)로 변환하는 장치
2) 인버터 : 직류(DC)를 교류(AC)로 변환하는 장치
3) 초퍼 : 직류(DC)를 직류(DC)로 직접 제어하는 장치
4) 사이클로 컨버터 : 교류(AC)를 교류(AC)로 주파수 변환하는 장치

[답] ①

7 1차 전압 6,900[V], 1차 권선 3,000회, 권수비 20의 변압기가 60[Hz]에 사용될 때 철심의 최대자속[wb]은?

① 863×10^{-3} ② 86.3×10^{-3}
③ 8.63×10^{-3} ④ 0.863×10^{-3}

해설 ★★★

변압기 유기기전력
$E_1 = 4.44fN_1\phi_m[V]$에서
$\phi_m = \dfrac{6,900}{4.44 \times 60 \times 3,000}$
$= 0.00863 = 8.63 \times 10^{-3}[wb]$

[답] ③

8 동기발전기의 돌발 단락전류를 제한하는 것은?

① 누설 리액턴스 ② 역상 리액턴스
③ 권선 저항 ④ 동기 리액턴스

해설 ★★★★

동기발전기 단락전류
1) 단락초기에 흐르는 돌발 단락전류를 억제할 수 있는 것은 누설 리액턴스이다.
2) 그 이유는 평상시 동기발전기 전기자에 존재하는 리액턴스는 대부분이 누설 리액턴스이기 때문이다.

[답] ①

9 8극, 60[Hz], 3상 권선형 유도전동기의 전부하 시의 2차 주파수가 3[Hz], 2차 동손이 500[W]일 때 발생토크는 약 몇 [kg·m]인가? (단, 기계손은 무시한다.)

① 10.4 ② 10.8 ③ 11.1 ④ 12.5

해설 ★★★★★

유도전동기 토크 특성

1) 토크 $\tau = 0.975\dfrac{P_2}{N_s}[\text{kg}\cdot\text{m}]\,(\tau \propto V^2)$,

   $s = \dfrac{P_{c2}}{P_2}$, $N_s = \dfrac{120f}{p}[\text{rpm}]$

2) $f_2' = sf_1$에서 $s = \dfrac{3}{60} = 0.05$, $P_{c2} = sP_2$에서

   $P_2 = \dfrac{500}{0.05} = 10{,}000[\text{W}]$

3) $N_s = \dfrac{120f}{p} = \dfrac{120 \times 60}{8} = 900[\text{rpm}]$

   $\tau = 0.975\dfrac{P_2}{N_s} = 0.975 \times \dfrac{10{,}000}{900} = 10.8[\text{kg}\cdot\text{m}]$

[답] ②

10 변압기의 손실비와 최대효율을 나타내는 부하전류와의 관계는?

① 손실비가 커지면 부하전류가 작아진다.
② 손실비가 커지면 부하전류가 커진다.
③ 손실비가 커지면 그 제곱에 비례하여 부하전류가 커진다.
④ 부하전류는 손실비에 관계없다.

해설 ★★★★★

변압기 최대효율 조건

1) 최대효율 조건 : 철손 $p_i[\text{W}]$ = 동손 $p_c[\text{W}]$

2) 부하율($\dfrac{1}{m}$)의 최대효율 조건 :

   $p_i = (\dfrac{1}{m})^2 p_c$, 부하율 $\dfrac{1}{m} = \sqrt{\dfrac{p_i}{p_c}}$

3) 최대효율 시 부하 : $\dfrac{1}{m} = \sqrt{\dfrac{p_i}{p_c}}$ 에서

   $\dfrac{p_i}{p_c} = (\dfrac{1}{m})^2$에서 손실비가 커진다는 것은 동손이 증가하게 되므로 부하는 감소하여 부하전류가 감소된다.

[답] ①

11 변압기의 벡터도에서 2차 유도기전력을 나타내는 식은?

(단, $\dot{E}_2$: 2차 유도기전력,

$\dot{V}_2$: 2차 단자전압, $\dot{I}_2$: 2차 전류,

$\dot{I}_o$: 여자전류,

$\dot{Z}_2$: 2차 권선의 임피던스이다.)

① $\dot{E}_2 = \dot{V}_2 + \dot{I}_2\dot{Z}_2$
② $\dot{E}_2 = \dot{V}_2 - \dot{I}_2\dot{Z}_2$
③ $\dot{E}_2 = \dot{V}_2 + (\dot{I}_2 + \dot{I}_o)\dot{Z}_2$
④ $\dot{E}_2 = \dot{V}_2 - (\dot{I}_2 + \dot{I}_o)\dot{Z}_2$

해설 ★★

변압기 벡터도

2차 유도기전력 : $\dot{V}_2 = \dot{E}_2 - \dot{I}_2\dot{Z}_2$에서
$\dot{E}_2 = \dot{V}_2 + \dot{I}_2\dot{Z}_2[\text{V}]$이다.

[답] ①

12 리니어 모터(linear motor)에 대한 설명으로 옳지 않은 것은?

① 기어, 벨트 등 동력 변환기구가 필요 없고 직접 원운동이 얻어진다.
② 회전형 모터를 축 방향으로 잘라서 펼쳐 놓은 형상이다.
③ 마찰을 거치지 않고 추진력이 얻어진다.
④ 모터 자체의 구조가 간단하여 신뢰성이 높다.

해설 ★

특수전동기

리니어 전동기 : 회전형 모터를 축방향으로 잘라서 펼쳐 놓은 형태로 기어, 벨트 등 동력변환 장치가 필요 없고 직선운동이 얻어지는 모터로, 구조가 간단하고 신뢰성이 높고 보수가 용이하다.

[답] ①

13 동기기의 안정도 향상에 유효하지 않은 것은?

① 관성모멘트를 크게 할 것
② 단락비를 크게 할 것
③ 속응 여자 방식으로 할 것
④ 동기 임피던스를 크게 할 것

해설 ★★★★

동기발전기 안정도
1) 단락비를 크게 한다.
2) 속응 여자 방식을 사용한다.
3) 동기 임피던스를 작게 한다.
4) 회전자의 플라이 휠 효과를 크게 한다.
5) 정상분은 작고, 영상과 역상분이 크게 한다.

[답] ④

14 가동 복권발전기의 내부 결선을 바꾸어 직권발전기로 사용하려면?

① 분권계자를 단락시킨다.
② 분권계자를 개방시킨다.
③ 직권계자를 단락시킨다.
④ 직권계자를 개방시킨다.

해설 ★★★

복권발전기를 직권발전기로 하려면 분권계자를 개방 시키고, 분권발전기로 하려면 직권계자를 단락시키면 된다.

[답] ②

15 직류기의 정류작용에서 전압정류를 하고자 한다. 어떻게 하여야 하는가?

① 계자를 이동시킨다.
② 보극을 설치한다.
③ 탄소 브러시를 단락시킨다.
④ 환상권선을 분리시킨다.

해설 ★★★★

직류 발전기 양호한 정류 대책
1) 평균 리액턴스 전압이 작을 것
   (브러시 접촉 전압 강하 > 리액턴스 전압)
2) 보극을 적당한 위치에 설치할 것 (전압정류)
2) 탄소 브러시 접촉저항이 클 것
   (저항정류 : 고유저항 증가 전류감소)
3) 정류 주기를 길게 할 것

[답] ②

16 6상 회전변류기의 직류 측 전압(E_d)과 교류 측 전압(E_a)의 실효값과 비($\frac{E_d}{E_a}$)는?

① $\sqrt{2}/2$ ② $\sqrt{2}$
③ $\sqrt{3}$ ④ $2\sqrt{2}$

해설 ★

회전변류기 전압비
$\frac{E_a}{E_d} = \frac{1}{\sqrt{2}}\sin\frac{\pi}{m} = \frac{1}{\sqrt{2}}\sin\frac{\pi}{6} = \frac{1}{2\sqrt{2}}$,
$\frac{E_d}{E_a} = 2\sqrt{2}$

[답] ④

17 2차 저항과 2차 리액턴스가 0.04[Ω], 0.06[Ω]인 3상 유도전동기의 슬립이 4[%]일 때 1차 부하전류가 10[A]이었다면 기계적 출력은 약 몇 [kW]인가? (단, 권선비 $\alpha = 2$, 상수비 $\beta = 1$ 이다.)

① 0.57 ② 0.85
③ 1.15 ④ 1.35

해 설 ★★★★★

유도전동기 슬립(s)
회전자계의 회전수와 회전자 회전수의 차이
1) $P_2 : P_{c2} : P_0 = 1 : s : (1-s)$
2) 출력(P_0) : $P_0 = (1-s)P_2$,
   2차 동손(P_{c2}) : $P_{c2} = sP_2$[W]
3) 기계손을 무시하면 기계적인 출력이 2차 출력이 므로,
$P_3 = 3(1-s)P_2$
$= 3(1-s)\dfrac{P_{C2}}{s} = 3(1-s)\dfrac{I_2^2 r_2}{s}$[W]
$I_2 = aI_1$
$P_3 = 3 \times (1-0.04) \times \dfrac{(2 \times 10)^2 \times 0.04}{0.04}$
$= 1.15$[kW]

[답] ③

18 3상 직권 정류자 전동기의 중간 변압기는 고정자 권선과 회전자 권선 사이에 직렬로 접속되는데 이 중간 변압기를 사용하는 중요한 이유는?

① 경부하 시 속도의 급상승 방지를 위하여
② 주파수 변동으로 속도를 조정하기 위하여
③ 회전자 상수를 감소하기 위하여
④ 역회전을 방지하기 위하여

해 설 ★★★

중간변압기 역할
1) 자속을 포화시켜서 속도 상승을 억제
2) 전동기 특성을 조정
3) 회전자 전압을 정류전압에 맞게 조정

[답] ①

19 10[kVA], 2,000/100[V] 변압기의 1차로 환산한 임피던스는 $6.2 + j7$[Ω]이다. % 저항강하[%]는?

① 1.55   ② 1.75
③ 0.175 ④ 0.35

해 설 ★★★★★

%r, 퍼센트 저항(강하), p
1) %$r = \dfrac{I_n \times r}{V_n} \times 100 = \dfrac{I_n^2 \times r}{V_n I_n} \times 100$[%]
2) $p = \dfrac{I_{1n} \times r_1'}{V_{1n}} \times 100 = \dfrac{\frac{10,000}{2,000} \times 6.2}{2,000} \times 100$
$= 1.55$[%]

[답] ①

20 2.2[kW]의 분권전동기가 있다. 전압 110[V], 전기자 전류 42[A], 속도 1,800[rpm]으로 운전 중에 계자전류 및 부하전류를 일정하게 두고 단자전압을 120[V]로 올리면 회전수[rpm]는? (단, 전기자 회로의 저항은 0.1[Ω], 전기자 반작용은 무시한다.)

① 1,440 ② 1,870
③ 1,970 ④ 2,070

해설 ★★★★★

직류 전동기 속도 특성

1) $n = \dfrac{E}{K\phi}$[rps] (여기서, K : 기계 상수),

   $n \propto K\dfrac{E}{\phi}$[rps] (여기서, K : 기계 정수)

2) 분권전동기는 $E \propto n$ 이므로
   $V = 110$[V]일 때
   $E = V - I_a r_a = 110 - 42 \times 0.1 = 105.8$[V]
   $V = 120$[V]일 때
   $E = V - I_a r_a = 120 - 42 \times 0.1 = 115.8$[V]

3) $105.8 : 115.8 = 1,800 : N'$ 에서
   $N' = 1,970$[rpm]

[답] ③

• 전기공사산업기사 필기 | 전기기기

2015년 기출문제

제 1 회   전기(공사)산업기사 필기시험

1 브러시의 위치를 바꾸어서 회전방향을 바꿀 수 있는 전기기계가 아닌 것은?

① 톰슨형 반발 전동기
② 3상 직권 정류자 전동기
③ 시라게 전동기
④ 정류자형 주파수 변환기

해 설 ★★

정류자형 주파수 변환기
유도전동기에 슬립주파수전압을 인가하기 위한 주파수 변환기이다.
[답] ④

2 직류 전동기의 역기전력에 대한 설명 중 틀린 것은?

① 역기전력이 증가할수록 전기자 전류는 감소한다.
② 역기전력은 속도에 비례한다.
③ 역기전력은 회전방향에 따라 크기가 다르다.
④ 부하가 걸려있을 때에는 역기전력은 공급전압보다 크기가 작다.

해 설 ★★★

직류 전동기 역기전력
1) $E = \dfrac{z}{a} p\phi n [V]$, $E \propto \phi n \propto I_f n [V]$,
  $E = V + I_a r_a [V]$
2) $I_a = \dfrac{V-E}{r_a} [A]$, $n = k\dfrac{E}{\phi} [rps]$,
  역기전력의 크기는 회전방향과는 무관하다.
3) $E = V - I_a r_a [V]$ 이므로 공급전압 [V]보다 작다.
[답] ③

3 정격 6,600/220[V]인 변압기의 1차 측에 6,600[V]를 가하고 2차 측에 순저항 부하를 접속하였더니 1차에 2[A]의 전류가 흘렀다. 이때 2차 출력[kVA]은?

① 19.8   ② 15.4
③ 13.2   ④ 9.7

해 설 ★★★★★

변압기 권수비
1) $\dfrac{V_1}{V_2} = \dfrac{I_2}{I_1} = \dfrac{E_1}{E_2} = \dfrac{N_1}{N_2} = a$, $I_2 = aI_1$
2) 변압기 2차 출력 :
  $P = V_2 I_2 = 220 \times (30 \times 2) = 13.2 [kVA]$
[답] ③

4 단자전압 220[V], 부하전류 50[A]인 분권 발전기의 유기기전력[V]은? (단, 전기자 저항 0.2[Ω], 계자전류 및 전기자 반작용은 무시한다.)

① 210   ② 225
③ 230   ④ 250

해 설 ★★★★★

직류발전기 유기기전력
1) $E = \dfrac{z}{a} p\phi n [V]$, $E \propto \phi n \propto I_f n [V]$,
  $E = V + I_a r_a [V]$
2) 분권발전기 : $I_a = I + I_f$ 에서 I_f 무시 $I_a = I$,
  $E = 220 + 50 \times 0.2 = 230 [V]$
[답] ③

5 200[kW], 200[V]의 직류 분권발전기가 있다. 전기자 권선의 저항이 0.025[Ω]일 때 전압변동률은 몇 [%]인가?

① 6.0　　② 12.5
③ 20.5　　④ 25.0

해설 ★★★★★

직류 분권발전기 전압 변동률
1) $\varepsilon = \dfrac{V_0 - V}{V} \times 100 = \dfrac{E - V}{V} \times 100 [\%]$,
$I_a = I + I_f [A]$
2) $I = \dfrac{P}{V} = \dfrac{200,000}{200} = 1,000 [A]$
3) $\varepsilon = \dfrac{I_a r_a}{V} = \dfrac{1,000 \times 0.025}{200} \times 100 = 12.5 [\%]$

[답] ②

6 6극 직류발전기의 정류자 편수가 132, 단자전압이 220[V], 직렬 도체수가 132개이고 중권이다. 정류자 편간 평균전압은 몇 [V]인가?

① 5　　② 10
③ 20　　④ 30

해설 ★★

직류발전기 정류자
정류자 편간 평균전압 :
$e_k = \dfrac{E}{K/a} = \dfrac{6 \times 220}{132} = 10 [V]$ 중권 $a = p = 6$

[답] ②

7 3,300[V]/210[V], 5[kVA] 단상변압기의 퍼센트 저항강하 2.4[%], 퍼센트 리액턴스 강하 1.8[%]이다. 임피던스 와트[W]는?

① 320　　② 240
③ 120　　④ 90

해설 ★★★★★

%r, 퍼센트 저항(강하), p
1) %$r = \dfrac{I_n \times r}{V_n} \times 100 = \dfrac{I_n^2 \times r}{V_n I_n} \times 100 [\%]$
$= \dfrac{동손}{정격출력} \times 100 [\%]$
2) 임피던스 와트 = 동손
$= \dfrac{p \times 정격출력}{100}$
$= \dfrac{2.4 \times 5,000}{100}$
$= 120 [W]$

[답] ③

8 변압기유가 갖추어야 할 조건으로 옳은 것은?

① 절연내력이 낮을 것
② 인화점이 높을 것
③ 비열이 적어 냉각효과가 클 것
④ 응고점이 높을 것

해설 ★★

변압기유 구비조건
1) 절연내력이 클 것
2) 점도가 낮을 것
3) 인화점은 높고 응고점은 낮을 것
4) 비열이 크고 산화되지 않을 것

[답] ②

9 단상 유도전동기의 기동토크에 대한 사항으로 틀린 것은?

① 분상기동형의 기동토크는 125[%] 이상이다.
② 콘덴서기동형의 기동토크는 350[%] 이상이다.
③ 반발기동형의 기동토크는 300[%] 이상이다.
④ 세이딩코일형의 기동토크는 40~80[%] 이상이다.

해 설 ★★

단상 유도전동기 토크
콘덴서 기동형 기동토크 : 200~300[%] 이상

[답] ②

10 3상 동기발전기에 평형 3상 전류가 흐를 때 전기자 반작용은 이 전류가 기전력에 대하여 (A)때 감자작용이 되고 (B)때 증자작용이 된다. A, B에 적당한 것은?

① A : 90[°] 뒤질, B : 90[°] 앞설
② A : 90[°] 앞설, B : 90[°] 뒤질
③ A : 90[°] 뒤질, B : 동상일
④ A : 동상일, B : 90[°] 앞설

해 설 ★★★★★

동기발전기 전기자 반작용
전기자 권선에 전류가 흐를 때 발생되는 자속이 계자 주자속에 영향을 주어 유기기전력을 변화하게 하는 현상

위상 (유기기전력 E)	전기자전류(I)		
	동상(R)	90° 지상 전류(L)	90° 진상 전류(C)
반작용	횡축 반작용	직축 반작용	
동기발전기	교차 자화작용	감자작용	증자작용
동기전동기	교차 자화작용	증자작용	감자작용

[답] ①

11 유도전동기의 슬립을 측정하려고 한다. 다음 중 슬립의 측정법이 아닌 것은?

① 동력계법
② 수화기법
③ 직류 밀리볼트계법
④ 스트로보스코프법

해 설 ★★★

유도전동기 슬립 측정법
1) 직류 밀리볼트계법, 수화기법
2) 스트로브스코프법, 동력계법은 대형전동기 토크 측정법이다.

[답] ①

12 3상 유도전동기 원선도 작성에 필요한 시험이 아닌 것은?

① 저항 측정 ② 슬립 측정
③ 무부하 시험 ④ 구속 시험

해 설 ★★

유도전동기 원선도 작도전 시험법
무부하 시험, 구속 시험(단락 시험), 저항 측정

[답] ②

13 스테핑모터의 여자방식이 아닌 것은?

① 2-4상 여자 ② 1-2상 여자
③ 2상 여자 ④ 1상 여자

해 설 ★★

스테핑모터(스텝모터)의 여자방식
1상 여자방식, 2상 여자방식, 1-2상 여자방식

[답] ①

14 단상 반발전동기에 해당되지 않는 것은?

① 아트킨손 전동기 ② 슈라게 전동기
③ 데리 전동기   ④ 톰슨 전동기

해 설 ★★

단상 반발전동기 종류
1) 아트킨손, 데리, 톰슨 전동기가 있다.
2) 슈라게 전동기는 3상 분권 정류자 전동기이다.

[답] ②

15 극수 6, 회전수 1,200[rpm]의 교류발전기와 병행 운전하는 극수 8의 교류발전기의 회전수는 몇 [rpm]이어야 하는가?

① 800   ② 900
③ 1,050   ④ 1,100

해 설 ★★★★★

동기발전기 병렬운전 조건
1) 기전력의 크기, 위상, 주파수, 파형, 상회전 방향이 같을 것
2) 극수가 6극일 때 주파수를 구하면 :
$N_s = \frac{120f}{p}$ 에서 $f = \frac{1,200 \times 6}{120} = 60[Hz]$
3) 극수가 8극일 때 : $N_s = \frac{120 \times 60}{8} = 900[rpm]$

[답] ②

16 반도체 사이리스터에 의한 제어는 어느 것을 변화시키는 것인가?

① 주파수   ② 전류
③ 위상각   ④ 최대값

해 설 ★★

위상제어방식
사이리스터는 위상을 제어하여 직류, 교류전압을 제어할 수 있다.

[답] ③

17 3상 동기발전기의 매극 매상의 슬롯수를 3이라고 하면 분포계수는?

① $\sin\frac{2}{3}\pi$ ② $\sin\frac{3}{2}\pi$
③ $6\sin\frac{\pi}{18}$ ④ $\frac{1}{6\sin\frac{\pi}{18}}$

해 설 ★★★★

동기발전기 분포계수
1) 기본파의 분포계수 :
$K_d = \frac{\sin\frac{\pi}{2m}}{q\sin\frac{\pi}{2mq}}$, (매극 매상당 슬롯수 : q)

2) $K_d = \frac{\sin\frac{\pi}{2m}}{q\sin\frac{\pi}{2mq}} = \frac{\sin\frac{\pi}{2 \times 3}}{3\sin\frac{\pi}{2 \times 3 \times 3}}$
$= \frac{1}{6\sin\frac{\pi}{18}}$

[답] ④

18 △ − Y 결선의 3상 변압기군 A와 Y − △ 결선의 3상 변압기군 B를 병렬로 사용할 때 A군의 변압기 권수비가 30이라면 B군의 변압기 권수비는?

① 10   ② 30   ③ 60   ④ 90

해 설 ★★★★★

변압기 권수비
1) 1차, 2차 상전압 각각 E_1, E_2,
  1차, 2차 선간전압은 각각 V_1, V_2 라고 하면
2) $\Delta - Y$ 결선일 때 권수비 :
$a_1 = \frac{E_1}{E_2} = \frac{V_1}{V_2/\sqrt{3}}$
3) $Y - \Delta$ 결선일 때 권수비 :
$a_2 = \frac{E_1}{E_2} = \frac{V_1/\sqrt{3}}{V_2}$
4) $\frac{a_2}{a_1} = \frac{V_1/\sqrt{3} / V_2}{V_1/\frac{V_2}{\sqrt{3}}} = \frac{1}{3}$ 이므로
$a_2 = \frac{1}{3}a_1 = \frac{1}{3} \times 30 = 10$

[답] ①

19 동기발전기에서 기전력의 파형이 좋아지고 권선의 누설 리액턴스를 감소시키기 위하여 채택한 권선법은?

① 집중권　② 형권
③ 쇄권　　④ 분포권

해설 ★★★★★

동기발전기 분포권
1) 고조파를 제거하여 파형이 좋아진다.
2) 누설 리액턴스가 작다.
3) 열발산이 빠르다.
4) 집중권에 비하여 유기기전력은 작다.

[답] ④

20 3상, 60[Hz] 전원에 의해 여자되는 6극 권선형 유도전동기가 있다. 이 전동기가 1,150[rpm]으로 회전할 때 회전자 전류의 주파수는 몇 [Hz]인가?

① 1　　② 1.5
③ 2　　④ 2.5

해설 ★★★★★

유도전동기 회전자(2차) 특성

1) $N_s = \dfrac{120f}{p} = \dfrac{120 \times 60}{6} = 1,200[\text{rpm}]$,

$s = \dfrac{N_s - N}{N_s} = \dfrac{1,200 - 1,150}{1,200} = 0.0417$

2) $f_2' = sf_1 = 0.0417 \times 60 = 2.5[\text{Hz}]$

[답] ④

제 2 회   전기(공사)산업기사 필기시험

1 직류 분권전동기가 단자전압 215[V], 전기자 전류 50[A], 1,500[rpm]으로 운전되고 있을 때 발생 토크는 약 몇 [N·m]인가? (단, 전기자 저항은 0.1[Ω]이다.)

① 6.8   ② 33.2
③ 46.8   ④ 66.9

해설 ★★★★★

직류 분권전동기 역기전력
1) $E = V - I_a r_a = 215 - 50 \times 0.1 = 210[V]$,
   P_m(출력) $= E I_a [W]$
2) $\tau = 0.975 \dfrac{P_m}{N} \times 9.8 [N \cdot m]$
   $= 0.975 \times \dfrac{210 \times 50}{1,500} \times 9.8 = 66.9 [N \cdot m]$

[답] ④

2 어느 변압기의 1차 권수가 1,500인 변압기의 2차 측에 접속한 20[Ω]의 저항은 1차 측으로 환산했을 때 8[kΩ]으로 되었다고 한다. 이 변압기의 2차 권수는?

① 400   ② 250
③ 150   ④ 75

해설 ★★★★★

변압기 권수비
1) $\dfrac{V_1}{V_2} = \dfrac{I_2}{I_1} = \dfrac{E_1}{E_2} = \dfrac{N_1}{N_2} = a$, 1차로 환산한
   저항 $R_1' = a^2 R_2$, $8,000 = a^2 20$에서 $a = 20$
2) $a = \dfrac{N_1}{N_2}$에서 $N_2 = \dfrac{N_1}{a} = \dfrac{1,500}{20} = 75$회

[답] ④

3 SCR의 특징이 아닌 것은?

① 아크가 생기지 않으므로 열의 발생이 적다.
② 열용량이 적어 고온에 약하다.
③ 전류가 흐르고 있을 때 양극의 전압강하가 작다.
④ 과전압에 강하다.

해설 ★★★

SCR 특징
1) 아크가 생기지 않으므로 열 발생이 적다.
2) 대전류용이고 동작 시간이 짧다.
3) 작은 게이트 신호로 대전력을 제어한다.
4) 역방향 내전압이 가장 크다.
5) 과전압에 약하다.
6) 위상각을 제어해서 직류·교류전압 제어한다.

[답] ④

4 8극과 4극 2개의 유도전동기를 종속법에 의한 직렬 종속법으로 속도제어를 할 때, 전원주파수가 60[Hz]인 경우 무부하 속도 [rpm]는?

① 600   ② 900
③ 1,200 ④ 1,800

해설 ★★★

권선형 유도전동기 속도제어 방식 (종속법)
1) 직렬 종속법 : $N_s = \dfrac{120f}{p_1 + p_2} [rpm]$
2) 전동기 속도 :
   $N_s = \dfrac{120f}{p_1 + p_2} = \dfrac{120 \times 60}{8 + 4} = 600 [rpm]$

[답] ①

5 1차 전압 6,900[V], 1차 권선 3,000회, 권수비 20의 변압기가 60[Hz]에 사용할 때 철심의 최대 자속[wb]은?

① 0.76×10^{-4} ② 8.63×10^{-3}
③ 80×10^{-3} ④ 90×10^{-3}

해 설 ★★★

변압기 유기기전력
$E_1 = 4.44 f N_1 \phi_m$ 에서
$$\phi_m = \frac{E_1}{4.44 f N_1} = \frac{6,900}{4.44 \times 60 \times 3,000}$$
$$= 8.63 \times 10^{-3} [wb]$$

[답] ②

6 동기발전기의 병렬운전 시 동기화력은 부하각 δ와 어떠한 관계인가?

① $\tan\delta$에 비례 ② $\cos\delta$에 비례
③ $\sin\delta$에 반비례 ④ $\cos\delta$에 반비례

해 설 ★★★

동기발전기 병렬운전 (동기화력)
1) 동기화력 : $P_s = \frac{E^2}{2x_s} \cos\delta [W]$
2) 수수전력 : $P_s = \frac{E^2}{2x_s} \sin\delta [W]$

[답] ②

7 30[kW]의 3상 유도전동기에 전력을 공급할 때 2대의 단상변압기를 사용하는 경우 변압기의 용량[kVA]은? (단, 전동기의 역률과 효율은 각각 84[%], 86[%]이고 전동기 손실은 무시한다.)

① 10 ② 20 ③ 24 ④ 28

해 설 ★★★★★

변압기 V결선 출력 (△결선 대비)
1) 이용률 : $\frac{\sqrt{3}}{2} = 0.866 = 86.6[\%]$
2) 출력비 : $\frac{\sqrt{3}}{3} = 0.577 = 57.7[\%]$
3) V결선 시 단상변압기 용량 $= \frac{3상부하[kW]}{\sqrt{3} \times \cos\theta \times \eta}$
$$= \frac{30}{\sqrt{3} \times 0.84 \times 0.86}$$
$$= 24 [kVA]$$

[답] ③

8 동기 주파수 변환기의 주파수 f_1 및 f_2 계통에 접속되는 양극을 P_1, P_2라 하면 다음 어떤 관계가 성립되는가?

① $\frac{f_1}{f_2} = \frac{P_1}{P_2}$ ② $\frac{f_1}{f_2} = P_2$
③ $\frac{f_1}{f_2} = \frac{P_2}{P_1}$ ④ $\frac{f_2}{f_1} = P_1 \cdot P_2$

해 설 ★★

동기 주파수 변환기
1) 동기 발전기와 동기 전동기를 직결하여 다른 주파수로 변환시켜주는 주파수 변환기이다.
2) 이때 두 발전기 속도는 동기속도이므로 극수와 주파수는 비례 관계이다.

[답] ①

9 유도전동기 원선도에서 원의 지름은? (단, E는 1차 전압, r은 1차로 환산한 저항, x를 1차로 환산한 누설 리액턴스라 한다.)

① rE에 비례 ② rxE에 비례
③ $\dfrac{E}{r}$에 비례 ④ $\dfrac{E}{x}$에 비례

해 설 ★★

3상 유도전동기 원선도
유도전동기 원선도 원의 지름은 리액턴스에 비례하고, 전압에 비례한다.

[답] ④

10 유도전동기의 2차 동손을 P_{c2}, 2차 입력을 P_2, 슬립을 s라 할 때 이들 사이의 관계는?

① $s = P_{c2}/P_2$ ② $s = P_2/P_{c2}$
③ $s = P_2 \cdot P_{c2}$ ④ $s = P_2 + P_{c2}$

해 설 ★★★★★

유도전동기 슬립(s)
회전자계의 회전수와 회전자 회전수의 차이
1) $P_2 : P_{c2} : P_0 = 1 : s : (1-s)$
2) 2차 동손(P_{c2}) : $P_{c2} = sP_2[\text{W}]$에서 $s = \dfrac{P_{c2}}{P_2}$

[답] ①

11 슬롯수 36의 고정자 철심이 있다. 여기에 3상 4극의 2층권을 시행할 때 매극 매상의 슬롯수와 총 코일수는?

① 3과 18 ② 9와 36
③ 3과 36 ④ 9와 18

해 설 ★★★

고정자 철심
1) 매극매상의 슬롯수
$$q = \dfrac{\text{총 슬롯수}}{\text{극수}\times\text{상수}} = \dfrac{36}{4\times 3} = 3$$
2) 코일수 = $\dfrac{\text{총도체수}}{2} = \dfrac{36\times 2}{2} = 36$

[답] ③

12 입력전압이 220[V]일 때 3상 전파제어정류회로에서 얻을 수 있는 직류 전압은 몇 [V]인가? (단, 최대전압은 점호각 $\alpha = 0$일 때이고, 3상에서 선간전압으로 본다.)

① 152 ② 198
③ 297 ④ 317

해 설 ★★★

SCR 3상 전파 직류 평균전압
1) $E_d = 2.34 E \cos\alpha [\text{V}]$
 (여기서 E : 상전압)
2) $E_d = 1.35 V \cos\alpha$
 $= 1.35 \times 220 \times \cos 0° = 297[\text{V}]$
 (여기서 V : 선간전압)

[답] ③

13 직류전동기의 회전수를 1/2로 줄이려면, 계자자속을 몇 배로 하여야 하는가? (단, 전압과 전류 등은 일정하다.)

① 1 ② 2 ③ 3 ④ 4

해 설 ★★★★★

직류 전동기 속도 특성

1) $n = \dfrac{E}{K\phi}$[rps] (여기서, K : 기계 상수),

$n \propto K\dfrac{E}{\phi}$[rps] (여기서, K : 기계 정수)

2) 직류전동기 속도 : $n = K\dfrac{V - I_a r_a}{\phi}$[rps]에서 자속과 속도는 반비례 관계이다.

[답] ②

14 전부하로 운전하고 있는 60[Hz], 4극 권선형 유도전동기의 전부하 속도는 1,728[rpm], 2차 1상의 저항은 0.02[Ω]이다. 2차 회로의 저항을 3배로 할 때의 회전수[rpm]는?

① 1,264 ② 1,356
③ 1,584 ④ 1,765

해 설 ★★★★★

권선형 유도전동기 속도

1) 전부하 시 슬립 :

$s = \dfrac{N_s - N}{N_s} = \dfrac{1{,}800 - 1{,}728}{1{,}800} = 0.04$

2) 비례추이 : $\dfrac{r_2}{s} = \dfrac{r_2 + R}{s'}$ 2차 저항을 3배로 증가하면 슬립도 3배로 증가

3) $s' = 0.04 \times 3 = 0.12$이므로

$N = (1-s)\dfrac{120f_1}{p} = (1-0.12)\dfrac{120 \times 60}{4}$

$= 1{,}584$[rpm]

[답] ③

15 단상 변압기 3대를 이용하여 3상 △ − △ 결선을 했을 때 1차와 2차 전압의 각변위(위상차)는?

① 30[°] ② 60[°]
③ 120[°] ④ 180[°]

해 설 ★★★★★

변압기 결선방식 각 변위

1) △-Y, Y-△결선 각 변위 :
30[°], -30[°](330[°]), 150[°], 210[°]

2) △ − △, Y − Y 결선 각 변위 :
0[°], 180[°]

[답] ④

16 변압기의 임피던스 전압이란?

① 정격전류 시 2차 측 단자전압이다.
② 변압기의 1차를 단락, 1차에 1차 정격전류와 같은 전류를 흐르게 하는 데 필요한 1차 전압이다.
③ 변압기 내부임피던스와 정격전류와의 곱인 내부전압강하이다.
④ 변압기의 2차를 단락, 2차에 2차 정격전류와 같은 전류를 흐르게 하는 데 필요한 2차 전압이다.

해 설 ★★★★★

%Z, 퍼센트 임피던스(강하) : 임피던스 전압
변압기 2차 측을 단락시킨 다음 1차 측에 정격전류가 흐를 때까지 인가하는 전압으로, 정격전류가 흐를 때 변압기내의 전압강하

[답] ③

17 3상 유도전동기를 급속하게 정지시킬 경우에 사용되는 제동법은?

① 발전 제동법 ② 회생 제동법
③ 마찰 제동법 ④ 역상 제동법

해설 ★★★

유도전동기 제동 방식
1) 제동방식 : 회생제동, 발전제동, 역상제동, 직류제동, 단상제동
2) 역상제동 : 3상중 2상을 바꿔 역상으로 전환, 제동하는 방식

[답] ④

18 동기전동기의 진상전류에 의한 전기자반작용은 어떤 작용을 하는가?

① 횡축반작용 ② 교차자화반작용
③ 증자작용   ④ 감자작용

해설 ★★★★★

해설 동기발전기 전기자 반작용
전기자 권선에 전류가 흐를 때 발생되는 자속이 계자 주자속에 영향을 주어 유기기전력을 변화하게 하는 현상

위상 (유기기전력 E)	전기자전류(I)		
	동상(R)	90° 지상 전류(L)	90° 진상 전류(C)
반작용	횡축 반작용	직축 반작용	
동기발전기	교차 자화작용	감자작용	증자작용
동기전동기	교차 자화작용	증자작용	감자작용

[답] ④

19 3상 권선형 유도전동기의 2차 회로의 한 상이 단선된 경우에 부하가 약간 커지면 슬립이 50[%]인 곳에서 운전이 되는 것을 무엇이라 하는가?

① 차동기 운전 ② 자기여자
③ 게르게스 현상 ④ 난조

해설 ★

게르게스 현상
1) 권선형 유도전동기에서 회전자 한상이 결상 시 더 이상 속도가 가속되지 않는 현상
2) 게르게스 현상 발생시 슬립 $S = 0.5$ 정도로 계속 운전

[답] ③

20 2상 서보모터의 제어방식이 아닌 것은?

① 온도제어
② 전압제어
③ 위상제어
④ 전압·위상 혼합제어

해설 ★★

2상 서보모터의 제어방식
전압제어, 위상제어, 전압·위상 혼합제어방식이 있다.

[답] ①

제4회 전기공사산업기사 필기시험

1 동기기의 전기자 저항을 $r[\Omega]$, 반작용 리액턴스를 $x_a[\Omega]$, 누설 리액턴스를 $x_e[\Omega]$라 하면 동기 임피던스는?

① $r + j(x_a + x_e)$ ② $j(x_a + x_e)$
③ $r + jx_a$ ④ $r + j(x_a - x_e)$

해 설 ★★★

동기 임피던스
1) 동기 임피던스 : $Z_s = r + jx_s = r + j(x_e + x_a)$
$= \sqrt{r^2 + (x_e + x_a)^2}\,[\Omega]$
여기서, 반작용 리액턴스 : $x_a[\Omega]$,
누설 리액턴스 : $x_e[\Omega]$
2) 전기자 저항은 상당히 미소하므로 무시하면 $Z_s = x_s$라고 할 수 있다.

[답] ①

2 동기발전기의 자기여자현상을 방지하는 방법이 아닌 것은?

① 발전기 여러 대를 모선에 병렬로 접속한다.
② 수전단에 동기조상기를 접속한다.
③ 수전단에 리액턴스를 병렬로 접속한다.
④ 단락비가 작은 발전기를 사용한다.

해 설 ★★

동기발전기 자기여자현상
1) 무부하 시 송전 선로의 대지 정전용량(C)으로 진상 전류에 의해 수전단 전압이 송전단 전압보다 높아지는 페란티 현상이 발생하는 경우
2) 동기발전기가 스스로 여자 되어 전압이 상승하는 현상
3) 방지 대책 : 동기 조상시 지상 운전, 분로 리액터 설치, 발전기 및 변압기 병렬운전, 시송전 시 충전 전압을 낮은 전압으로 충전

[답] ④

3 공장에서 역률을 개선하려고 할 때 적용하는 기기가 아닌 것은?

① 동기조상기
② 콘덴서용 직렬리액터
③ 전력용 콘덴서
④ 회전변류기

해 설 ★

회전변류기
1) 회전변류기는 동기전동기를 원동기로 하는 직류 발전기 구조
2) 교류전력을 직류전력으로 변환시키는 정류기
3) 회전자가 전기자이므로 회전계자와는 반대방향으로 동기속도로 회전한다.

[답] ④

4 발전기나 변압기 권선의 층간 단락 사고를 검출하는 계전기는?

① 방향 단락 계전기
② 과전류 계전기
③ 비율 차동 계전기
④ 과전압 계전기

해 설 ★★★★

변압기 내부 고장보호
1) 기계적인 보호 : 브흐홀쯔 계전기, 온도 계전기
2) 전기적인 보호 : 비율차동 계전기, 과전류 계전기, 과전압 계전기
3) 비율차동계전기는 전기적인 고장 보호용으로, 단락, 지락, 결상 과부하에 이용된다.

[답] ③

5 반파 정류회로에서 직류전압 200[V]를 얻는 데 필요한 변압기 2차 상전압은 약 몇 [V]인가? (단, 부하는 순저항, 변압기 내 전압강하를 무시하면 정류기 내의 전압강하는 5[V]로 한다.)

① 68 ② 113
③ 333 ④ 455

해설 ★★★★

단상 직류 평균전압
반파 평균전압 : $E_d = 0.45E - e\,[\text{V}]$ 에서
$$E = \frac{200+2}{0.45} = 455[\text{V}]$$

[답] ④

6 전전압 기동용량이 50[kVA]인 3상 유도전동기를 Y-△로 기동하는 경우의 기동용량은 약 몇 [kVA]인가?

① 17 ② 25 ③ 47 ④ 53

해설 ★★★

유도전동기 기동 용량
1) Y로 기동 시는 △로 기동 시에 비해 기동토크가 $\frac{1}{3}$로 감소하여 기동용량도 최대
2) $50 \times \frac{1}{3} = 16.67[\text{kVA}]$ 정도로 기동하여야 한다.

[답] ①

7 전기자 지름 0.1[m]의 직류발전기가 1.5[kW]의 출력에서 1,700[rpm]으로 회전하고 있을 때 전기자 주변속도는 약 몇 [m/s]인가?

① 8.9 ② 9.80
③ 10.89 ④ 11.80

해설 ★★

직류발전기 전기자 주변속도
회전자 주변속도 :
$$v = \pi Dn = \pi \times 0.1 \times \frac{1,700}{60} = 8.9[\text{m/s}]$$

[답] ①

8 3상 동기전동기에 있어서 제동권선의 역할은?

① 효율 향상 ② 역률 개선
③ 난조 방지 ④ 출력 증가

해설 ★★★

동기기 제동권선 역할
1) 동기기 난조 발생 방지
2) 불평형 부하 시에 전류, 전압 파형의 개선
3) 송전선의 불평형 단락 시에 이상 전압의 방지
4) 동기전동기 : 기동 토크의 발생(자기동법)

[답] ③

9 대형 직류발전기에서 전기자반작용을 보상하는데 이상적인 것은?

① 보극 ② 보상권선
③ 탄소 브러시 ④ 균압환

해설 ★★★★★

직류기 전기자 반작용 (감자 기전력)
1) 주자속이 감소하므로 직류전동기 속도는 증가하고, 토크는 감소
2) 전기자 반작용을 보상하는 가장 좋은 대책은 보상권선이다.

[답] ②

10 SCR의 설명 중 옳지 않은 것은?

① 스위칭 소자이다.
② P-N-P-N 소자이다.
③ 쌍방향성 사이리스터이다.
④ 직류, 교류, 전력 제어용으로 사용한다.

해 설 ★★★

SCR 특징
단일방향성 위상제어 소자로 직류, 교류 전력을 제어할 수 있다.

[답] ③

11 동기발전기의 전기자 권선을 단절권으로 하면 어떤 효과가 있는가?

① 고조파가 제거된다.
② 절연이 잘 된다.
③ 병렬운전이 가능해진다.
④ 코일단이 증가한다.

해 설 ★★★★★

동기발전기 권선법 단절권
1) 전절권에 비해 권선을 좁게 배치하는 권선법
2) 고조파 성분을 제거해 기전력의 파형을 개선
3) 전절권에 비해 권선량이 절약

[답] ①

12 권선형 유도전동기에서 2차저항을 변화시켜 속도를 제어하는 경우 최대 토크는?

① 항상 일정하다.
② 2차 저항에만 비례한다.
③ 최대 토크 시 생기는 점의 슬립에 비례한다.
④ 최대 토크 시 생기는 점의 슬립에 반비례한다.

해 설 ★★★★★

유도전동기 토크 특성
1) 토크와 2차 입력 P_2는 비례 :
$\tau = P_2 = E_2 I_2 \cos\theta_2 [W]$,

$\tau = \dfrac{E_2^2 \dfrac{r_2}{s}}{(\dfrac{r_2}{s})^2 + x_2^2}[N \cdot m]$

2) 최대 토크 슬립 : $s_t ≒ \dfrac{r_2^{'}}{x_1 + x_2^{'}} ≒ \dfrac{r_2^{'}}{x_2^{'}}$,

최대 출력 슬립 $s_p ≒ \dfrac{r_2^{'}}{r_2^{'} + z}$

3) $s_t ≒ \dfrac{r_2^{'}}{x_2^{'}}$ 대입, 최대토크 : $\tau_{max} = \dfrac{E_2^2}{2x_2}[N \cdot m]$

4) 최대토크는 2차 저항과는 관계없이 항상 일정

[답] ①

13 3상 유도전동기의 특성 중 비례추이 할 수 없는 것은?

① 역률   ② 출력
③ 동기 와트   ④ 2차 전류

해 설 ★★★★★

권선형 유도전동기 특징
1) 비례추이 : $\dfrac{r_2}{s} = \dfrac{r_2 + R}{s^{'}}$,

최대토크 : $\tau_{max} = \dfrac{E_2^2}{2x_2}[N \cdot m]$

2) 비례추이 할 수 없는 것은 출력, 효율, 2차 동손이다.

[답] ②

14 3상 변압기의 임피던스 $Z[\Omega]$이고, 선간 전압 $V[kV]$, 정격용량 $P[kVA]$일 때 $\%Z$는?

① $\dfrac{PZ}{V}$ ② $\dfrac{10PZ}{V}$

③ $\dfrac{PZ}{10V^2}$ ④ $\dfrac{PZ}{100V^2}$

해설 ★★★★★

$\%Z$, 퍼센트 임피던스(강하), z

$\%Z = \dfrac{I_n \times Z}{V_n} \times 100[\%] = \dfrac{PZ}{10V^2}[\%]$,

$\%Z = \dfrac{I_n}{I_s} \times 100[\%]$

[답] ③

15 권선형 유도전동기의 저항제어법의 장점은?

① 부하에 대한 속도변동이 크다.
② 구조가 간단하며, 제어조작이 용이하다.
③ 역률이 좋고, 운전효율이 양호하다.
④ 전부하로 장시간 운전하여도 온도 상승이 적다.

해설 ★★★

권선형 유도전동기 속도제어 방식
1) 권선형 : 2차 저항, 2차 여자전압, 종속법 방식
2) 2차 저항제어 : 구조가 간단하고 제어가 용이한 반면, 효율이 나쁘고 속도변동이 크고 가격은 비싸다.

[답] ②

16 단상변압기의 병렬 운전 조건 중 옳지 않은 것은?

① 권수비와 1, 2차의 정격전압이 같을 것
② 권선의 저항과 누설 리액턴스의 비가 같을 것
③ %저항 강하 및 리액턴스 강하가 같을 것
④ 출력이 같을 것

해설 ★★★★★

변압기 병렬운전 조건
1) 극성, (2차 측) 정격 전압, 권수비, %Z 강하(저항과 리액턴스 강하), 위상이 같을 것, 상회전 방향과 각 변위가 같을것(3상 변압기)
2) 부하분담 : 용량에는 비례하고 퍼센트 임피던스에는 반비례할 것
3) 불가능 결선 : Δ-Δ 와 Δ-Y, Δ-Y 와 Y-Y

[답] ④

17 60[Hz], 4극 5[kW]인 3상 유도전동기가 있다. 전부하 시 회전수가 1,500[rpm]일 때 발생하는 토크는 약 몇 [kg·m]인가?

① 9.34 ② 7.43
③ 5.52 ④ 3.25

해설 ★★★★★

유도전동기 토크 특성

1) 토크 $\tau = 0.975 \dfrac{P_2}{N_s}[\text{kg·m}]$ ($\tau \propto V^2$),

$s = \dfrac{P_{c2}}{P_2}$, $N_s = \dfrac{120f}{p}[\text{rpm}]$

2) $\tau = 0.975 \dfrac{P_0}{N} = 0.975 \times \dfrac{5,000}{1,500} = 3.25[\text{kg·m}]$

[답] ④

18 단상 유도전동기의 기동 방법에서 기동 토크의 크기가 가장 큰 것은?

① 반발유도형 ② 반발기동형
③ 콘덴서기동형 ④ 분상기동형

해설 ★★★★★

단상 유도전동기 기동 방식 (토크가 큰 순서)
반발기동형 > 반발유도형 > 콘덴서기동형 > 콘덴서전동기 > 분상기동형 > 세이딩코일형

[답] ②

19 전기자 도체의 총수 400, 10극 단중 파권으로 매극의 자속수가 0.2[wb]인 직류 발전기가 1,200[rpm]의 속도로 회전할 때 유도기전력[V]은?

① 800 ② 750
③ 720 ④ 700

해설 ★★★★★

직류 발전기 유기기전력

1) $E = \frac{z}{a}p\phi n[V]$, $E \propto \phi n \propto I_f n[V]$,
$E = V + I_a r_a[V]$, 파권 : $a = 2$

2) $E = \frac{z}{a}p\phi\frac{N}{60}$
$= \frac{400}{2} \times 10 \times 0.2 \times \frac{1,200}{60} = 800[V]$

[답] ①

20 권수비 60인 단상 변압기의 전부하 2차 전압 200[V], 전압변동률 3[%]일 때 1차 단자전압[V]은?

① 12,360 ② 12,720
③ 13,625 ④ 18,760

해설 ★★★★★

변압기 전압 변동율

1) $\varepsilon = \frac{V_{20} - V_{2n}}{V_{2n}} \times 100[\%]$ 에서
$3 = \frac{V_{20} - 200}{200} \times 100$, $V_{20} = V_{2T} = 206[V]$

2) $\frac{V_1}{V_2} = \frac{I_2}{I_1} = \frac{E_1}{E_2} = \frac{N_1}{N_2} = a$,
$V_{1T} = aV_{2T} = 60 \times 206 = 12,360[V]$

[답] ①

2016년 기출문제

제1회 전기(공사)산업기사 필기시험

1 교류 정류자 전동기의 설명 중 틀린 것은?

① 정류 작용은 직류기와 같이 간단히 해결된다.
② 구조가 일반적으로 복잡하여 고장이 생기기 쉽다.
③ 기동토크가 크고 기동 장치가 필요 없는 경우가 많다.
④ 역률이 높은 편이며 연속적인 속도 제어가 가능하다.

해 설 ★★★

교류 정류자 전동기
1) 구조가 일반적으로 복잡하여 고장이 생기기 쉽다.
2) 기동토크가 크고 기동 장치가 필요 없는 경우가 많다.
3) 역률이 높은 편이며 연속적인 속도 제어가 가능하다.
4) 브러시가 전기자 코일을 단락시키는 순간 발생되는 리액턴스 전압이 직류기보다 크기 때문에 정류에 악영향을 크게 준다.

[답] ①

2 직류 분권전동기의 계자저항을 운전 중에 증가시키면?

① 전류는 일정 ② 속도는 감소
③ 속도는 일정 ④ 속도는 증가

해 설 ★★★★★

직류 전동기 속도특성
1) $n = \dfrac{E}{K\phi}$[rps] (여기서, K : 기계 상수),
$n \propto K\dfrac{E}{\phi}$[rps] (여기서, K : 기계 정수)
2) 분권전동기 : 계자저항을 증가하면 계자전류가 감소되어 자속이 감소하므로 속도 증가

[답] ④

3 역률 80[%](뒤짐)로 전부하 운전 중인 3상 100[kVA], 3,000/200[V] 변압기의 저압 측 선전류의 무효분은 몇 [A]인가?

① 100   ② $80\sqrt{3}$
③ $100\sqrt{3}$ ④ $500\sqrt{3}$

해 설 ★★★★★

3상 변압기 정격출력
1) 정격출력 : $P = \sqrt{3}\,V_{2n}I_{2n}$에서
$$I_{2n} = \dfrac{100 \times 10^3}{\sqrt{3} \times 200} = 289[\text{A}]$$
2) 2차 측 무효분 :
$$I_{2n}\sin\theta = 289 \times 0.6 = 173.2 = 100\sqrt{3}[\text{A}]$$

[답] ③

4 권선형 유도전동기에서 2차 저항을 변화시켜서 속도제어를 하는 경우 최대 토크는?

① 항상 일정하다.
② 2차 저항에만 비례한다.
③ 최대 토크가 생기는 점의 슬립에 비례한다.
④ 최대 토크가 생기는 점의 슬립에 반비례한다.

해 설 ★★★★★

권선형 유도전동기 특징

1) 비례추이 : $\dfrac{r_2}{s} = \dfrac{r_2 + R}{s'}$,

   최대토크 : $\tau_{max} = \dfrac{E_2^2}{2x_2}[N \cdot m]$

2) 2차 권선저항(r_2)을 증가시키면 외부저항(R) 삽입, 속도는 감소
2) 최대토크는 2차 저항과 관계없이 항상 일정하다.

[답] ①

5 3상 유도 전동기로서 작용하기 위한 슬립 s의 범위는?

① $s \geq 1$ ② $0 < s < 1$
③ $-1 \leq s \leq 0$ ④ $s = 0$ 또는 $s = 1$

해 설 ★★★★★

유도전동기 슬립(s) : 회전자계의 회전수와 회전자 회전수의 차이

1) 유도전동기 : $0 < s < 1$
2) 유도발전기 : $s < 0$
   ($n_s < n$, 유도전동기로서는 기동 불가)
3) 유도제동기 : $1 < s < 2$

[답] ②

6 변압기유 열화방지 방법 중 틀린 것은?

① 밀봉방식
② 흡착제방식
③ 수소봉입방식
④ 개방형 콘서베이터

해 설 ★

변압기유 열화방지

1) 콘서베이터 : 질소를 봉입하여 호흡작용을 도와주면서 열화도 방지 대책
2) 변압기 절연물 건조법 : 열풍법, 단락법, 진공법

[답] ③

7 스텝 모터(step motor)의 장점이 아닌 것은?

① 가속, 감속이 용이하며 정·역전 및 변속이 쉽다.
② 위치제어를 할 때 각도 오차가 있고 누적된다.
③ 피드백 루프가 필요 없이 오픈 루프로 손쉽게 속도 및 위치제어를 할 수 있다.
④ 디지털 신호를 직접 제어할 수 있으므로 컴퓨터 등 다른 디지털 기기와 인터페이스가 쉽다.

해 설 ★★

스테핑모터(스텝모터)

1) 디지털 신호에 비례해서 일정한 각도만큼 회전하는 모터
2) 총회전각은 입력펄스 수로, 회전속도는 펄스의 주파수로 제어되며, 분해능이 클수록 스텝각은 작다.
3) 기동, 정지 및 가감속이 용이하고 응답이 좋다.
4) 오픈루프 제어 방식으로 오차가 누적되지 않는다.
5) 브러시가 없고 부품수가 작아서 유지보수에 유리하다.
6) 스텝각이 작을수록 1회전당 스텝수가 많아지고 축 위치의 정밀도가 높아진다.

[답] ②

8 동기기의 과도 안정도를 증가시키는 방법이 아닌 것은?

① 속응 여자 방식을 채용한다.
② 동기화 리액턴스를 크게 한다.
③ 동기 탈조 계전기를 사용한다.
④ 발전기의 조속기 동작을 신속히 한다.

> **해 설** ★★★★
>
> 동기발전기 안정도
> 1) 단락비를 크게 한다.
> 2) 속응 여자 방식을 사용한다.
> 3) 동기 임피던스를 작게 한다.
> 4) 회전자의 플라이 휠 효과를 크게 한다.
> 5) 정상분은 작고, 영상과 역상분이 크게 한다.
>
> [답] ②

9 직류기에서 전기자 반작용이란 전기자 권선에 흐르는 전류로 인하여 생긴 자속이 무엇에 영향을 주는 현상인가?

① 감자 작용만을 하는 현상
② 편자 작용만을 하는 현상
③ 계자극에 영향을 주는 현상
④ 모든 부문에 영향을 주는 현상

> **해 설** ★★★
>
> 직류 발전기 전기자 반작용 영향 (감자작용)
> 1) 전기자 전류에 의한 자속이 계자 권선의 주자속에 영향을 주어 자속이 일그러지는 현상
> 2) 전기적 중성축 이동
>   (발전기 : 회전방향, 전동기 : 회전반대방향)
> 3) 정류자 편간 국부적 불꽃 발생, 정류불량 및 브러시 손상
> 4) 발전기의 전체적인 효율 저하
> 5) 자속 감소 → 기전력 감소 → 발전기 출력 감소
>
> [답] ③

10 3상 유도전동기의 동기속도는 주파수와 어떤 관계가 있는가?

① 비례한다.   ② 반비례한다.
③ 자승에 비례한다.   ④ 자승에 반비례한다.

> **해 설** ★★★
>
> 유도전동기 속도 특성
> 동기속도 $N_s = \dfrac{120f}{p}$ [rpm]이므로 동기속도와 주파수는 비례한다.
>
> [답] ①

11 3단자 사이리스터가 아닌 것은?

① SCR   ② GTO
③ SCS   ④ TRIAC

> **해 설** ★★★★
>
> 반도체 소자
> 1) 단일방향성 3단자 : SCR, GTO
> 2) 단일방향성 4단자 : SCS
> 3) 2방향성 2단자 : SSS
> 4) 2방향성 3단자 : TRIAC
>
> [답] ③

12 60[Hz], 4극 유도전동기의 슬립이 4[%]인 때의 회전수[rpm]는?

① 1,728   ② 1,738
③ 1,748   ④ 1,758

> **해 설** ★★★★
>
> 유도전동기 속도(N)
> $$N = (1-s)\dfrac{120f}{p}$$
> $$= (1-0.04) \times \dfrac{120 \times 60}{4} = 1,728 [\text{rpm}]$$
>
> [답] ①

13 비례추이와 관계가 있는 전동기는?

① 동기 전동기
② 정류자 전동기
③ 3상 농형 유도전동기
④ 3상 권선형 유도전동기

해설 ★★★★★

권선형 유도전동기 특징
1) 비례추이 : $\dfrac{r_2}{s} = \dfrac{r_2+R}{s'}$,

   최대토크 : $\tau_{max} = \dfrac{E_2^2}{2x_2}$ [N·m]
2) 비례추이는 3상 권선형 유도 전동기만 가능하다.

[답] ④

14 200[kVA]의 단상변압기가 있다. 철손이 1.6[kW]이고 전부하 동손이 2.5[kW]이다. 이 변압기의 역률이 0.8일 때 전부하 시의 효율은 약 몇 [%]인가?

① 96.5   ② 97.0
③ 97.5   ④ 98.0

해설 ★★★★★

변압기 효율

전부하 효율 $\eta = \dfrac{P}{P+P_i+P_c} \times 100 [\%]$

$= \dfrac{200 \times 0.8}{200 \times 0.8 + 1.6 + 2.5} \times 100$

$= 97.5 [\%]$

[답] ③

15 직류직권 전동기에서 토크 τ와 회전수 N과의 관계는?

① $\tau \propto N$ ② $\tau \propto N^2$
③ $\tau \propto \dfrac{1}{N}$ ④ $\tau \propto \dfrac{1}{N^2}$

해설 ★★★★★

직류 전동기 토크
1) $\tau = \dfrac{P}{w} = \dfrac{EI_a}{2\pi n} = \dfrac{pz\phi I_a}{2\pi a}$ [N·m]
2) 직권전동기 : $\tau \propto I^2 \propto \dfrac{1}{N^2}$

[답] ④

16 변압기의 전부하 동손이 270[W], 철손이 120[W]일 때 최고 효율로 운전하는 출력은 정격출력의 약 몇 [%]인가?

① 66.7   ② 44.4
③ 33.3   ④ 22.5

해설 ★★★★★

변압기 최대효율 조건
1) 최대효율 조건 : 철손 p_i[W] = 동손 p_c[W]
2) 최대효율 시 부하 :

$\dfrac{1}{m} = \sqrt{\dfrac{p_i}{p_c}} = \sqrt{\dfrac{120}{270}} = 0.667$

[답] ①

17 단상 반파정류로 직류전압 150[V]를 얻으려고 한다. 최대 역전압(Peak Inverse Voltage)이 약 몇 [V] 이상의 다이오드를 사용하여야 하는가? (단, 정류회로 및 변압기의 전압강하는 무시한다.)

① 150　　② 166
③ 333　　④ 471

해설 ★★★★

다이오드 최대 역전압
단상 전파 $PIV = 2\sqrt{2}E$ [V]
또는 $PIV = $ 직류전압 $\times 3.14 = 150 \times 3.14$
$= 471$ [V]

종류	직류 출력	PIV (최대 역전압)	맥동 주파수	맥동률
단상 전파	$E_d = \dfrac{2\sqrt{2}}{\pi}E$ $= 0.9E$	$PIV = 2\sqrt{2}E$ (중간탭) $PIV = \sqrt{2}E$ (브릿지)	120[Hz]	48[%]

[답] ④

18 동기 전동기의 자기동법에서 계자권선을 단락하는 이유는?

① 기동이 쉽다.
② 기동권선으로 이용한다.
③ 고전압의 유도를 방지한다.
④ 전기자 반작용을 방지한다.

해설 ★★★

동기 전동기 자기동법
동기전동기 기동 시 회전자계에 의하여 계자권선에 고압이 유기되어 절연이 파괴되는 것을 방지하기 위해서다.

[답] ③

19 직류발전기 중 무부하일 때보다 부하가 증가한 경우에 단자전압이 상승하는 발전기는?

① 직권 발전기　　② 분권 발전기
③ 과복권 발전기　　④ 차동복권 발전기

해설 ★★

직류발전기 무부하 특성
1) 가동복권 발전기는 직권계자 권선과 분권계자 권선의 기자력에 의하여 과복권, 평복권, 부족복권으로 분류된다.
2) 과복권($V_0 < V$), 평복권($V_0 ≒ V$), 부족복권($V_0 > V$)

[답] ③

20 3상 교류 발전기의 기전력에 대하여 $\dfrac{\pi}{2}$ [rad] 뒤진 전기자 전류가 흐르면 전기자 반작용은?

① 증자작용을 한다.
② 감자작용을 한다.
③ 횡축 반작용을 한다.
④ 교차 자화작용을 한다.

해설 ★★★★★

동기발전기 전기자 반작용
전기자 권선에 전류가 흐를 때 발생되는 자속이 계자 주자속에 영향을 주어 유기기전력을 변화하게 하는 현상

위상 (유기기전력 E)	전기자전류(I)		
	동상(R)	90° 지상 전류(L)	90° 진상 전류(C)
반작용	횡축 반작용	직축 반작용	
동기발전기	교차 자화작용	감자작용	증자작용
동기전동기	교차 자화작용	증자작용	감자작용

[답] ②

제 2 회   전기(공사)산업기사 필기시험

1 6,600/210[V], 10[kVA] 단상 변압기의 퍼센트 저항 강하는 1.2[%], 리액턴스 강하는 0.9[%]이다. 임피던스 전압[V]은?

① 99   ② 81
③ 65   ④ 37

해설 ★★★★★

%Z, 퍼센트 임피던스(강하), z

1) $\%Z = \sqrt{p^2 + q^2} = \sqrt{1.2^2 + 0.9^2} = 1.5[\%]$,

$\%Z = \dfrac{I_{1n} \times Z_1'}{V_{1n}} \times 100 = \dfrac{V_s}{V_{1n}} \times 100[\%]$

2) V_s(임피던스 전압) $= \dfrac{\%Z \times V_{1n}}{100}$

$= \dfrac{1.5 \times 6,600}{100} = 99[V]$

[답] ①

2 변압기 1차 측 공급전압이 일정할 때, 1차 코일권수를 4배로 하면 누설리액턴스와 여자전류 및 최대자속은? (단, 자로는 포화 상태가 되지 않는다.)

① 누설 리액턴스 = 16, 여자전류 = $\dfrac{1}{4}$,

최대자속 = $\dfrac{1}{16}$

② 누설 리액턴스 = 16, 여자전류 = $\dfrac{1}{16}$,

최대자속 = $\dfrac{1}{4}$

③ 누설 리액턴스 = $\dfrac{1}{16}$, 여자전류 = 4,

최대자속 = 16

④ 누설 리액턴스 = 16, 여자전류 = $\dfrac{1}{16}$,

최대자속 = 4

해설 ★★★

변압기 여자회로

1) 인덕턴스 : $L = \dfrac{\mu A N^2}{l}$ 에서

$L \propto N^2$, $X_l = 2\pi f L$ 이므로 $X_l \propto N^2$

2) 여자전류 : $I_0 = \dfrac{V_1}{X_L} = \dfrac{V_1}{2\pi f L}$ 이므로 $I_0 \propto \dfrac{1}{N^2}$

3) 최대자속 : $E = 4.44 f N \phi_m$ 에서 $\phi_m \propto \dfrac{1}{N}$

[답] ②

3 2대의 같은 정격의 타여자 직류발전기가 있다. 그 정격은 출력 10[kW], 전압 100[V], 회전속도 1,500[rpm]이다. 이 2대를 카프법에 의해서 반환부하시험을 하니 전원에서 흐르는 전류는 22[A]이었다. 이 결과에서 발전기의 효율은 약 몇 [%]인가? (단, 각 기의 계자저항손을 각각 200[W]라고 한다.)

① 88.5　　② 87
③ 80.6　　④ 76

해 설 ★

반환부하법에 의한 2대의 손실
1) $p_0 = VI_0 = 100 \times 22 = 2,200[W]$ 이므로
　한대의 손실 = $\frac{2,200}{2} = 1,100[W]$ 이다.
2) 전손실 = $1,100 + 200 = 1,300[W]$
3) 발전기 효율 : $\eta = \frac{출력}{출력 + 손실} \times 100$

$= \frac{10 \times 10^3}{10 \times 10^3 + 1,300} \times 100$

$= 88.5[\%]$

[답] ①

4 직류전동기의 속도제어 방법에서 광범위한 속도제어가 가능하며, 운전효율이 가장 좋은 방법은?

① 계자제어　　② 전압제어
③ 직렬 저항제어　　④ 병렬 저항제어

해 설 ★★★★★

직류 전동기 속도제어
1) 제어방식 : 전압제어(정토크제어), 계자제어(정출력제어), 저항제어
2) 전압제어 : 효율이 가장 좋고, 광범위한 속도제어가 가능하며 정토크 제어 방식 (워드 레오나드 방식, 일그너 방식)

[답] ②

5 직류전동기의 발전제동 시 사용하는 저항의 주된 용도는?

① 전압강하　　② 전류의 감소
③ 전력의 소비　　④ 전류의 방향전환

해 설 ★★

직류 전동기의 제동법
1) 역전제동 : 전동기 전원을 인가한 상태에서 전기자의 접속을 바꾸어 역토크 발생 급정지
2) 발전제동 : 운전 중 전원분리, 회전체의 운동에너지로 발전, 저항에서 열로 소비
3) 회생제동 : 발전제동 원리, 전원 전압보다 크게 하여 전력을 전원 측으로 공급

[답] ③

6 동기발전기의 병렬운전에서 일치하지 않아도 되는 것은?

① 기전력의 크기　　② 기전력의 위상
③ 기전력의 극성　　④ 기전력의 주파수

해 설 ★★★★★

동기발전기 병렬운전 조건
기전력의 크기, 위상, 주파수, 파형, 상회전 방향이 같을 것

[답] ③

7 100[kVA], 6,000/200[V], 60[Hz]이고 % 임피던스 강하 3[%]인 3상 변압기의 저압 측에 3상 단락이 생겼을 경우의 단락전류는 약 몇 [A]인가?

① 5,650   ② 9,623
③ 17,000   ④ 75,000

해 설 ★★★★★

변압기 단락전류
1) 3상 변압기 2차 측 정격전류
$$I_{2n} = \frac{P}{\sqrt{3} \times V_{2n}} = \frac{100 \times 10^3}{\sqrt{3} \times 200} = 289[A]$$
2) $\frac{I_n}{I_s}$ 에서 $I_{2s} = \frac{I_{2n}}{\%Z} = \frac{289}{0.03} = 9,623[A]$

[답] ②

8 코일피치와 자극피치의 비를 β라 하면 기본파기전력에 대한 단절계수는?

① $\sin\beta\pi$ ② $\cos\beta\pi$
③ $\sin\frac{\beta\pi}{2}$ ④ $\cos\frac{\beta\pi}{2}$

해 설 ★★★★★

동기발전기 단절계수
1) 기본파 단절계수 : $K_p = \sin\frac{\beta\pi}{2}$
2) n차 고조파 단절계수 : $K_p = \sin\frac{n\beta\pi}{2}$

[답] ③

9 구조가 회전 계자형으로 된 발전기는?

① 동기 발전기   ② 직류 발전기
③ 유도 발전기   ④ 분권 발전기

해 설 ★★★★★

동기기는 전기자가 고정자이고 계자를 회전자로 한 회전 계자형이다.

[답] ①

10 8극 60[Hz]의 유도전동기가 부하를 연결하고 864[rpm]으로 회전할 때, 54.134 [kg·m]의 토크를 발생 시 동기와트는 약 몇 [kW]인가?

① 48   ② 50   ③ 52   ④ 54

해 설 ★★★

유도전동기의 동기와트
1) 동기속도로 운전 중, 2차 입력을 토크로 나타낸 것을 동기와트라 함
2) 전동기 토크 $\tau = 0.975\frac{P_2}{N_s}[\text{kg}\cdot\text{m}]$,

$54.134 = 0.975 \times \frac{P_2}{900}$, $P_2 = 50[\text{kW}]$

[답] ②

11 화학공장에서 선로의 역률은 앞선 역률 0.7이었다. 이 선로에 동기 조상기를 병렬로 결선해서 과여자로 하면 선로의 역률은 어떻게 되는가?

① 뒤진 역률이며 역률은 더욱 나빠진다.
② 뒤진 역률이며 역률은 더욱 좋아진다.
③ 앞선 역률이며 역률은 더욱 좋아진다.
④ 앞선 역률이며 역률은 더욱 나빠진다.

해 설 ★★★★★

동기조상기
1) 동기전동기를 무부하 상태(역률 '0')로 운전하는 조상설비
2) 계자전류 I_f를 조정하여 진상 및 지상 무효전력 조정 가능
3) 과여자 운전 : 계자전류 증가 → 과여자 → 진상 무효전력(콘덴서 C) → 진상전류
4) 부족여자 운전 : 계자전류 감소 → 부족여자 → 지상 무효전력(리액터 L) → 지상전류

[답] ④

12 전기설비 운전 중 계기용 변류기(CT)의 고장 발생으로 변류기를 개방할 때 2차 측을 단락해야 하는 이유는?

① 2차 측의 절연 보호
② 1차 측의 과전류 방지
③ 2차 측의 과전류 보호
④ 계기의 측정 오차 방지

해 설 ★★★

계기용 변류기 과도현상
1) CT는 2차 측을 개방하면 1차전류(부하전류)가 전부 여자전류가 되어 자속이 급격하게 증가된다.
2) 그러므로 2차 측에 고압이 유기되어 2차코일이 소손된다. 그리하여 사용 중에는 전류계를 떼기 전에 미리 2차 측을 단락시키면 2차 측 권선이 보호된다.

[답] ①

13 유도 전동기에서 인가전압이 일정하고 주파수가 정격 값에서 수 [%] 감소할 때 나타나는 현상 중 틀린 것은?

① 철손이 증가한다.
② 효율이 나빠진다.
③ 동기 속도가 감소한다.
④ 누설 리액턴스가 증가한다.

해 설 ★★★

유도전동기 특성
1) 유도전동기가 전압이 일정한 상태에서 주파수가 감소하면 철손이 증가되어 효율이 나빠진다.
2) 동기속도는 주파수와 비례하므로 속도가 감소하고 리액턴스는 주파수와 비례하므로 감소한다.

[답] ④

14 정격전압 200[V], 전기자 전류 100[A]일 때 1,000[rpm]으로 회전하는 직류 분권전동기가 있다. 이 전동기의 무부하 속도는 약 몇 [rpm]인가? (단, 전기자 저항은 0.15 [Ω], 전기자 반작용은 무시한다.)

① 981   ② 1,081
③ 1,100   ④ 1,180

해 설 ★★★★

직류 분권전동기 속도특성
1) $N \propto E$ 하므로 $N = 1,000$, $I_a = 100$일 때
$E = V - I_a r_a = 200 - 100 \times 0.15 = 185[V]$
2) 무부하 때 $I_a ≒ 0$이므로 $E_0 = V = 200$
3) $185 : 200 = 1,000 : N_0$, $N_0 = 1,081[rpm]$

[답] ②

15 유도 전동기에서 여자전류는 극수가 많아지면 정격 전류에 대한 비율이 어떻게 변하는가?

① 커진다.   ② 불변이다.
③ 적어진다.   ④ 반으로 줄어든다.

해 설 ★

유도 전동기 여자전류
유도전동기는 극수가 많아지면 여자전류가 증가하므로 정격전류에 대한 여자전류의 비율이 커진다.

[답] ①

16 단상 유도전동기를 기동 토크가 큰 것부터 낮은 순서로 배열한 것은?

① 모노사이클릭형 → 반발 유도형 → 반발 기동형 → 콘덴서 기동형 → 분상 기동형
② 반발 기동형 → 반발 유도형 → 모노사이클릭형 → 콘덴서 기동형 → 분상 기동형
③ 반발 기동형 → 반발 유도형 → 콘덴서 기동형 → 분상 기동형 → 모노사이클릭형
④ 반발 기동형 → 분상 기동형 → 콘덴서 기동형 → 반발 유도형 → 모노사이클릭형

해 설 ★★★★★

단상 유도전동기 기동 방식 (토크가 큰 순서)
반발기동형 > 반발유도형 > 콘덴서기동형 > 콘덴서전동기 > 분상기동형 > 세이딩코일형

[답] ③

17 브러시를 이동하여 회전속도를 제어하는 전동기는?

① 반발 전동기
② 단상 직권전동기
③ 직류 직권전동기
④ 반발기동형 단상 유도전동기

해 설 ★★★

반발 전동기 : 브러시 이동으로 기동, 정지, 속도 제어가 가능하다.

[답] ①

18 일정한 부하에서 역률 1로 동기전동기를 운전하는 중 여자를 약하게 하면 전기자 전류는?

① 진상전류가 되고 증가한다.
② 진상전류가 되고 감소한다.
③ 지상전류가 되고 증가한다.
④ 지상전류가 되고 감소한다.

해 설 ★★★★★

동기조상기
1) 동기전동기를 무부하 상태(역률 '0')로 운전하는 조상설비
2) 계자전류 I_f를 조정하여 진상 및 지상 무효전력 조정 가능
3) 과여자 운전 : 계자전류 증가 → 과여자 → 진상 무효전력(콘덴서 C) → 진상전류
4) 부족여자 운전 : 계자전류 감소 → 부족여자 → 지상 무효전력(리액터 L) → 지상전류

[답] ③

19 4극 7.5[kW], 200[V], 60[Hz]인 3상 유도전동기가 있다. 전부하에서의 2차 입력이 7,950[W]이다. 이 경우의 2차 효율은 약 몇 [%]인가? (단, 기계손은 130[W]이다.)

① 92 ② 94 ③ 96 ④ 98

해 설 ★

유도전동기 효율
1) 2차출력 = 전부하출력 + 기계손
    = 7,500 + 130 = 7,630[W]
2) $\eta_2 = \dfrac{2차출력}{2차입력} = \dfrac{7,630}{7,950} = 0.96 = 96[\%]$

[답] ③

20 직류기의 전기자권선 중 중권 권선에서 뒤피치가 앞피치보다 큰 경우를 무엇이라 하는가?

① 진권 ② 쇄권
③ 여권 ④ 장절권

해 설 ★

직류기 전기자 권선법
1) 진권 : 시계 방향으로 권선할 때 뒤피치가 앞피치보다 크다.
2) 역진권 : 반시계 방향으로 권선할 때 뒤피치가 앞피치보다 작다.

[답] ①

제4회 전기공사산업기사 필기시험

1 1차 전압 3,450[V], 권수비 30의 단상 변압기가 전등부하에 15[A]를 공급할 때의 입력은 약 몇 [kW]인가? (단, $\cos\theta = 1$ 이다.)

① 1.5   ② 1.7
③ 2.2   ④ 5.2

해설 ★★★★★

변압기 권수비

1) 1차전류 $I_1 = \dfrac{I_2}{a} = \dfrac{15}{30} = 0.5[\text{A}]$
2) 변압기 입력 : $P_1 = V_1 I_1 \cos\theta$
   $= 3,450 \times 0.5 \times 1$
   $= 1.725[\text{kW}]$

[답] ②

2 직류기의 전기자 권선에 있어서 m중 중권일 때 내부 병렬 회로수 a는? (단, a : 내부 병렬 회로수, p : 극수이다.)

① $a = \dfrac{p}{m}$ ② $a = \dfrac{m}{p}$
③ $a = mp$ ④ $a = p - m$

해설 ★★

직류기 권선법
1) 중권 : $a = p$, 파권 : $a = 2$
2) 다중중권 : $a = mp$, 다중파권 : $a = 2m$

[답] ③

3 그림의 정류자형 주파수변환기의 전기자권선에 슬립링(SR)을 통해 주파수 f_1의 교류전압을 인가하고, 전기자를 회전자계 ϕ 와 반대방향, 같은 속도로 회전시킬 때 브러시 간 전압(E_c)의 주파수는? (단, n_s[rps] : 회전자계의 속도)

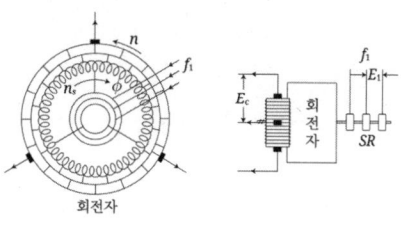

① f_1 ② 1   ③ 0   ④ $n_s f_1$

해설 ★★

전기자를 회전자계 ϕ 와 반대로 $n = n_s$로 회전시키면 ϕ 의 속도는 영이 되어 슬립주파수는 영이 된다.

[답] ③

4 MOSFET에 대한 설명으로 옳은 것은?

① on 상태에서는 높은 저항처럼 동작한다.
② BJT와 비교하여 게이트와 소스 간의 입력 임피던스가 매우 작다.
③ 소수캐리어 소자이므로 BJT에 비해 턴온과 턴오프가 늦게 이루어진다.
④ 게이트-소스 간의 전압으로 드레인 전류를 제어하는 전압제어스위치로 동작한다.

해설 ★

MOSFET 특징
게이트와 소스 간의 전압으로 드레인 전류를 제어하는 전압제어 소자로 고속 스윗칭이 가능하다.

[답] ④

5 변압기의 철손이 전부하 동손보다 크게 설계되었다면 이 변압기의 최대효율은 어떤 부하에서 생기는가?

① 1/2부하   ② 3/4부하
③ 전부하   ④ 과부하

> **해 설** ★★★
>
> 변압기 최대효율 조건
> (철손이 전부하 동손보다 크게 설계)
> 1) $p_i < p_c$ 일 때는 전부하보다 작은 부하에서 효율이 최대가 된다.
> 2) $p_i = p_c$ 전부하에서 효율이 최대가 된다.
> 3) $p_i > p_c$ 과부하일 때 효율이 최대가 된다.
>
> [답] ④

6 정전압 계통에 접속된 동기 발전기의 여자를 약하게 하면?

① 출력이 감소한다.
② 전압이 강하된다.
③ 지상 무효 전류가 증가한다.
④ 진상 무효 전류가 증가한다.

> **해 설** ★★★★★
>
> 동기발전기 병렬운전 조건
> 1) 기전력의 크기, 위상, 주파수, 파형, 상회전 방향이 같을 것
> 2) 여자전류를 감소시키면 기전력이 감소하여 무효분이 감소한다. 그리하여 역률이 좋아지므로 진상 무효전류가 흐른다.
>
> [답] ④

7 입력된 직류 전력의 크기를 변환된 다른 직류 전력으로 출력하는 전력변환장치는?

① 초퍼
② 인버터
③ 사이클로 컨버터
④ 다이오드 정류기

> **해 설** ★★★
>
> 전력 변환 기기의 종류
> 1) 컨버터 : 교류(AC)를 직류(DC)로 변환하는 장치
> 2) 인버터 : 직류(DC)를 교류(AC)로 변환하는 장치
> 3) 초퍼 : 직류(DC)를 직류(DC)로 직접 제어하는 장치
> 4) 사이클로 컨버터 : 교류(AC)를 교류(AC)로 주파수 변환하는 장치
>
> [답] ①

8 단락사고에 대한 전동기의 과전류 보호기가 아닌 것은?

① PF   ② MC
③ OCR   ④ MCCB

> **해 설** ★★★
>
> 전자접촉기(MC)는 전동기 주전원을 개폐하는 장치이다.
>
> [답] ②

9 5[kVA], 2,000/200[V]의 단상 변압기가 있다. 2차에 환산한 등가 저항 0.15[Ω]과 등가 리액턴스는 0.17[Ω]이다. 이 변압기에 역률 0.8(뒤짐)의 정격 부하를 연결할 때의 전압 변동률은 약 몇 [%]인가?

① 2.8
② 3.0
③ 3.2
④ 3.4

해설 ★★★★★

변압기 전압 변동률
1) 2차 측 정격전류 $I_{2n} = \frac{5,000}{200} = 25[A]$
2) 퍼센트 저항강하
$p = \frac{I_{2n} \times r_2}{V_{2n}} \times 100 = \frac{25 \times 0.15}{200} \times 100 = 1.88[\%]$
3) 퍼센트 리액턴스 강하
$q = \frac{I_{2n} \times r_2}{V_{2n}} \times 100 = \frac{25 \times 0.17}{200} \times 100 = 2.13[\%]$
4) $\varepsilon = p\cos\theta + q\sin\theta$
$= 1.88 \times 0.8 + 2.13 \times 0.6 = 2.8[\%]$

[답] ①

10 직류 전동기를 전 부하 전류 이하에서 동일 전류로 운전할 경우 회전수가 큰 순서대로 나열하면?

① 직권 > 차동복권 > 분권 > 화동(가동)복권
② 차동복권 > 분권 > 화동(가동)복권 > 직권
③ 직권 > 화동(가동)복권 > 분권 > 차동복권
④ 화동(가동)복권 > 분권 > 차동복권 > 직권

해설 ★★★

전부하 이하에서는 속도가 큰 순서 :
직권 > 가동복권 > 분권 > 차동복권

[답] ③

11 동기 발전기에서 고조파분을 제거하여 기전력의 파형을 개선하는 권선법은?

① 전절권
② 집중권
③ 장절권
④ 단절권

해설 ★★★★★

동기 발전기 권선법
단절권, 분포권 : 고조파를 제거하고 파형 개선

[답] ④

12 무부하인 경우 자기여자에 의한 전압을 확립하지 못하는 특성을 가진 발전기는?

① 직권 발전기
② 분권 발전기
③ 가동복권 발전기
④ 차동복권 발전기

해설 ★★★★★

직류 직권발전기
직권발전기는 $I = I_a = I_f$로, 무부하 시는 $I = 0$이므로 $I_f = 0$이 되어 자속이 발생하지 않으므로 유기기전력 $E = 0$이 되어 발전되지 않는다.

[답] ①

13 3상 유도전동기의 기동법 중 전전압기동에 대한 설명으로 틀린 것은?

① 기동 시에는 역률이 좋지 않다.
② 전동기 단자에 직접 정격전압을 가한다.
③ 소용량의 농형전동기에서는 일반적으로 기동시간이 길다.
④ 소용량 농형전동기에서 보편적으로 사용되는 기동법이다.

해설 ★★

3상 유도전동기 기동법
전전압기동(직입기동) : 기동 시 정격전압을 직접 인가하여 기동하는 방식으로 기동 시 기동전류가 크기 때문에 기동시간이 단시간이면서 소용량인 농형전동기에 주로 이용

[답] ③

14 장거리 고압송전선이나 케이블 송전선을 무부하에서 충전하는 동기발전기의 자기여자현상 방지법으로 틀린 것은?

① 수전단에 변압기를 병렬로 접속한다.
② 발전기에 콘덴서를 병렬로 접속한다.
③ 수전단에 리액턴스를 병렬로 접속한다.
④ 발전기 여러 대를 모선에 병렬로 접속한다.

해 설 ★★★

동기발전기 자기여자현상
동기발전기의 부하가 대부분이 C부하일 때 전기자 반작용의 증자 작용 때문에 계자에 전류가 흐르지 않아도 전압이 확립되어 가는 현상으로 이를 방지하기 위해서는 발전기를 지상으로 하면 된다.
[답] ②

15 그림은 복권 발전기의 외부특성곡선이다. 이 중 과복권을 나타내는 곡선은?

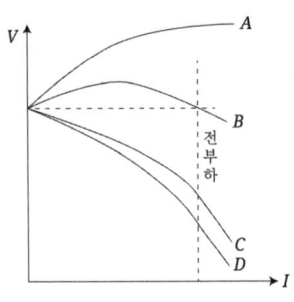

① A ② B ③ C ④ D

해 설 ★★

복권 발전기 외부특성곡선
A : 과복권, B : 평복권, C : 부족복권,
D : 차동복권이다.
[답] ①

16 권선비 20의 10[kVA]변압기가 있다. 1차 저항이 3[Ω]이라면 2차로 환산한 저항은 약 몇 [Ω]인가?

① 0.0038 ② 0.0075
③ 0.38   ④ 0.749

해 설 ★★★★

변압기 등가 1차 환산 (권수비 = a)
1) $Z_1 = a^2 Z_2$, $a^2 = \dfrac{Z_1}{Z_2}\left(a = \sqrt{\dfrac{Z_1}{Z_2}}\right)$
2) 2차로 환산한 저항
$R_2' = \dfrac{R_1}{a^2} = \dfrac{3}{20^2} = 0.0075[\Omega]$
[답] ②

17 유도전동기가 정방향으로 토크가 발생하고, 슬립이 1 이상에서 동작하는 경우는?

① 감자작용   ② 회생제동
③ 역상제동   ④ 게르게스

해 설 ★★

유도전동기 제동법
역상제동 : 전동기에 역상을 인가하여 제동하는 방식으로 역상 시는 슬립이 1 이상
[답] ③

18 2차 여자에 의한 권선형 3상 유도전동기의 속도제어에서 2차 유기전압과 반대방향으로 슬립 주파수 전압 E_c를 크게 하면 속도는?

① 속도가 증가한다.
② 속도가 감소한다.
③ 속도의 변화는 없다.
④ 속도는 증가하나 역률이 떨어진다.

해 설 ★★★

3상 유도전동기 속도제어
2차 여자법 : 슬립주파수 전압을 2차전압 sE_2와 같은 방향으로 인가하면 속도가 증가하고, sE_2와 반대로 인가하면 속도는 감소

[답] ②

19 3상 동기발전기의 전기자 권선을 Y결선으로 하는 이유 중 △결선과 비교할 때 장점이 아닌 것은?

① 권선의 코로나 현상이 적다.
② 출력을 더욱 증대할 수 있다.
③ 고조파 순환전류가 흐르지 않는다.
④ 권선의 보호 및 이상전압의 방지 대책이 용이하다.

해 설 ★★★★

발전기 전기자 3상 결선은 Y결선이나 △결선이나 3상 출력은 같다.

[답] ②

20 8극, 50[kW], 3,300[V], 60[Hz], 3상 유동전동기의 전부하 슬립이 4[%]라고 한다. 이 슬립링 사이에 0.16[Ω]의 저항 3개를 Y로 삽입하면 전부하 토크를 발생할 때의 회전수[rpm]는? (단, 2차 각상의 저항은 0.04[Ω]이고 Y접속이다.)

① 660 ② 720
③ 750 ④ 880

해 설 ★★★★★

권선형 유도전동기 특징

1) 비례추이 : $\dfrac{r_2}{s} = \dfrac{r_2 + R}{s'}$, $\dfrac{0.04}{0.04} = \dfrac{0.04 + 0.16}{s'}$

2) $s' = 0.2$이므로
$N = (1 - 0.2)\dfrac{120 \times 60}{8} = 720[\text{rpm}]$

[답] ②

• 전기공사산업기사 필기 전기기기

2017년 기출문제

제 1 회 전기(공사)산업기사 필기시험

1 450[kVA], 역률 0.85, 효율 0.9인 동기발전기의 운전용 원동기 입력은 500[kW]이다. 이 원동기의 효율은?

① 0.75 ② 0.80
③ 0.85 ④ 0.90

해설 ★★

원동기 효율

1) 원동기효율 = $\dfrac{원동기출력}{원동기입력} \times 100[\%]$

2) 원동기출력 = 발전기입력 = $\dfrac{발전기출력}{효율}$

   = $\dfrac{450[kVA] \times 0.85}{0.9}$ = 425[kW]

3) 원동기효율 = $\dfrac{425}{500}$ = 0.85

[답] ③

2 단상 반파정류회로에서 평균출력전압은 전원전압의 약 몇 [%]인가?

① 45.0 ② 66.7
③ 81.0 ④ 86.7

해설 ★★★★

단상 직류 평균전압

반파 평균전압 : $E_d = 0.45 E$ 이므로 45[%]이다.

[답] ①

3 다음 중 일반적인 동기전동기 난조 방지에 가장 유효한 방법은?

① 자극수를 적게 한다.
② 회전자의 관성을 크게 한다.
③ 자극면에 제동권선을 설치한다.
④ 동기리액턴스 x_x를 작게 하고 동기화력을 크게 한다.

해설 ★★★

동기기 제동권선 역할

1) 동기기 난조 발생 방지
2) 불평형 부하 시에 전류, 전압 파형의 개선
3) 송전선의 불평형 단락 시에 이상 전압의 방지
4) 동기전동기 : 기동 토크의 발생(자기동법)

[답] ③

4 그림과 같이 전기자 권선에 전류를 보낼 때 회전방향을 알기 위한 법칙 및 회전방향은?

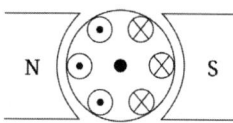

① 플레밍의 왼손법칙, 시계방향
② 플레밍의 오른손법칙, 시계방향
③ 플레밍의 왼손법칙, 반시계방향
④ 플레밍의 오른손법칙, 반시계방향

해 설 ★★

전동기 회전 방향은 플레밍의 왼손법칙을 적용
[답] ①

5 출력과 속도가 일정하게 유지되는 동기전동기에서 여자를 증가시키면 어떻게 되는가?

① 토크가 증가한다.
② 난조가 발생하기 쉽다.
③ 유기기전력이 감소한다.
④ 전기자 전류의 위상이 앞선다.

해 설 ★★★★★

동기조상기
1) 동기 전동기를 무부하 상태(역률 '0')로 운전하는 조상설비
2) 계자 전류 I_f를 조정하여 진상 및 지상 무효전력 조정 가능
3) 과여자 운전 : 계자전류 증가 → 과여자 → 진상 무효전력(콘덴서 C) → 진상전류
4) 부족여자 운전 : 계자전류 감소 → 부족여자 → 지상 무효전력(리액터 L) → 지상전류
[답] ④

6 동기발전기의 전기자 권선법 중 집중권에 비해 분포권이 갖는 장점은?

① 난조를 방지할 수 있다.
② 기전력의 파형이 좋아진다.
③ 권선의 리액턴스가 커진다.
④ 합성유도기전력이 높아진다.

해 설 ★★★★★

동기발전기 권선법
분포권 : 고조파가 제거되어 파형이 좋아지고, 누설 리액턴스가 작고, 유기기전력이 작다.
[답] ②

7 와류손이 50[W]인 3,300/110[V], 60[Hz] 용 단상 변압기를 50[Hz], 3,000[V]의 전원에 사용하면 이 변압기의 와류손은 약 몇 [W]로 되는가?

① 25   ② 31   ③ 36   ④ 41

해 설 ★★★★★

변압기의 손실
1) 부하 손실 : 동손, 표류부하손
2) 무부하 손실 : 철손(히스테리시스손, 와전류손), 유전체손
3) 와류손 $P_e \propto V^2$(주파수와 무관)
4) $3,300^2 : 3,000^2 = 50 : p_e'$에서 $p_e' = 41[W]$
[답] ④

8 다음 전자석의 그림 중에서 전류의 방향이 화살표와 같을 때 위쪽 부분이 N극인 것은?

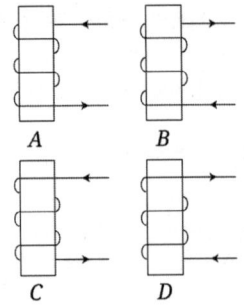

① A, B ② B, C
③ A, D ④ B, D

해설 ★★

전류에 의한 자속의 방향을 알아보는 앙페르의 오른나사 법칙을 적용

[답] ③

9 4극 단중 파권 직류발전기의 전전류가 I [A]일 때, 전기자 권선의 각 병렬회로에 흐르는 전류는 몇 [A]가 되는가?

① $4I$ ② $2I$
③ $I/2$ ④ $I/4$

해설 ★★★

직류기 권선법 : 파권 $a = 2$

[답] ③

10 3상 유도전동기의 전원주파수와 전압의 비가 일정하고 정격속도 이하로 속도를 제어하는 경우 전동기의 출력 P와 주파수 f와의 관계는?

① $P \propto f$ ② $P \propto \dfrac{1}{f}$
③ $P \propto f^2$ ④ P는 f에 무관

해설 ★★★★★

유도전동기 토크 특성
$P = \omega T = 2\pi n T = 2\pi(1-s)\dfrac{2f}{p}T$ 이므로
출력과 주파수는 비례

[답] ①

11 교류전동기에서 브러시 이동으로 속도변화가 용이한 전동기는?

① 동기전동기
② 시라게 전동기
③ 3상 농형 유도전동기
④ 2중 농형 유도전동기

해설 ★★★

3상 분권 정류자 전동기(시라게 전동기)는 브러시의 이동으로 속도를 제어할 수 있다.

[답] ②

12 일반적인 농형 유도전동기에 관한 설명 중 틀린 것은?

① 2차 측을 개방할 수 없다.
② 2차 측의 전압을 측정할 수 있다.
③ 2차저항 제어법으로 속도를 제어할 수 없다.
④ 1차 3선 중 2선을 바꾸면 회전방향을 바꿀 수 있다.

해설 ★★

농형 유도전동기
2차(회전자)가 단락되어 있으므로 전압을 측정할 수 없다.

[답] ②

13 3상 유도전동기가 경부하로 운전 중 1선의 퓨즈가 끊어지면 어떻게 되는가?

① 전류가 증가하고 회전은 계속한다.
② 슬립은 감소하고 회전수는 증가한다.
③ 슬립은 증가하고 회전수는 증가한다.
④ 계속 운전하여도 열손실이 발생하지 않는다.

해설 ★★

3상 유도전동기 경부하 시 퓨즈 단선
$\sqrt{3}$ 배의 전류가 증가하지만 경부하 시에는 소손되지 않고 회전은 계속된다.

[답] ①

14 변압기의 병렬운전 조건에 해당하지 않는 것은?

① 각 변압기의 극성이 같을 것
② 각 변압기의 정격 출력이 같을 것
③ 각 변압기의 백분율 임피던스 강하가 같을 것
④ 각 변압기의 권수비가 같고 1차 및 2차의 정격전압이 같을 것

해설 ★★★★★

변압기 병렬운전 조건
1) 극성, (2차 측) 정격 전압, 권수비, %Z 강하 (저항과 리액턴스 강하), 위상이 같을 것, 상회전 방향과 각 변위가 같을 것(3상 변압기)
2) 부하분담 : 용량에는 비례하고 퍼센트 임피던스에는 반비례할 것
3) 불가능 결선 : △-△ 와 △-Y, △-Y와 Y-Y

[답] ②

15 변압기의 철심이 갖추어야 할 조건으로 틀린 것은?

① 투자율이 클 것
② 전기 저항이 작을 것
③ 성층 철심으로 할 것
④ 히스테리시스손 계수가 작을 것

해설 ★★

변압기 철심의 구비조건
1) 투자율이 클 것
2) 자기저항이 작을 것
3) 성층 철심으로 할 것
4) 히스테리시스손 계수가 작을 것

[답] ②

16 단상 유도전압 조정기의 1차 전압 100[V], 2차 전압 100±30[V], 2차 전류는 50[A]이다. 이 전압 조정기의 정격용량은 약 몇 [kVA]인가?

① 1.5   ② 2.6
③ 5   ④ 6.5

해설 ★★

단상 유도전압 조정기
정격용량 : $P = E_2 I_2 [VA]$
$= 30 \times 50 = 1.5 [kVA]$

[답] ①

17 2대의 동기발전기를 병렬 운전할 때, 무효 횡류(무효순환전류)가 흐르는 경우는?

① 부하분담의 차가 있을 때
② 기전력의 위상차가 있을 때
③ 기전력의 파형에 차가 있을 때
④ 기전력의 크기에 차가 있을 때

해 설 ★★★★★

동기발전기 병렬운전 조건
1) 기전력의 크기, 위상, 주파수, 파형, 상회전 방향이 같을 것
2) 두 발전기의 기전력의 크기가 같지 않게 되어 무효순환전류가 흐르게 된다.
3) 대책 : 여자 전류 조정
   (여자전류 증가 → 발전기 역률 저하)

[답] ④

18 1차 측 권수가 1,500인 변압기의 2차 측에 접속한 저항 16[Ω]을 1차 측으로 환산했을 때 8[kΩ]으로 되어있다면 2차 측 권수는 약 얼마인가?

① 75   ② 70   ③ 67   ④ 64

해 설 ★★★★

변압기 등가 1차 환산 (권수비 $= a$)
1) $Z_1 = a^2 Z_2$, $a^2 = \dfrac{Z_1}{Z_2}$ $\left(a = \sqrt{\dfrac{Z_1}{Z_2}} \right)$
2) $R_1' = a^2 R_2$에서 $a = \sqrt{\dfrac{R_1}{R_2}} = \sqrt{\dfrac{8,000}{16}} = 22.36$
3) $a = \dfrac{N_1}{N_2}$에서 $N_2 = \dfrac{N_1}{a} = \dfrac{1,500}{22.36} = 67$

[답] ③

19 sE_2는 권선형 유도전동기의 2차 유기전압이고 E_c는 외부에서 2차 회로에 가하는 2차 주파수와 같은 주파수의 전압이다. E_c가 sE_2와 반대 위상일 경우 E_c를 크게 하면 속도는 어떻게 되는가? (단, $sE_2 - E_c$는 일정하다.)

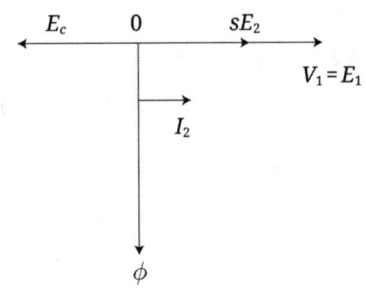

① 속도가 증가한다.
② 속도가 감소한다.
③ 속도에 관계없다.
④ 난조현상이 발생한다.

해 설 ★★★

권선형 유도전동기 속도제어
2차 여자법 : 슬립주파수 전압을 sE_2와 반대로 인가하면 속도는 감소하고 같은 방향으로 인가하면 속도는 증가한다.

[답] ②

20 포화하고 있지 않은 직류발전기의 회전수가 1/2로 감소되었을 때 기전력을 속도 변화 전과 같은 값으로 하려면 여자를 어떻게 해야 하는가?

① 1/2로 감소시킨다.
② 1배로 증가시킨다.
③ 2배로 증가시킨다.
④ 4배로 증가시킨다.

해 설 ★★★★★

직류 발전기 유기기전력

1) $E = \dfrac{z}{a} p \phi n [V]$, $E \propto \phi n \propto I_f n [V]$,
$E = V + I_a r_a [V]$

2) $E = k \phi n = k \phi \times 2 \times n \times \dfrac{1}{2} = $ 일정

[답] ③

제 2 회 전기(공사)산업기사 필기시험

1 단상 50[Hz], 전파 정류 회로에서 변압기의 2차 상전압 100[V], 수은 정류기의 전압 강하 20[V]에서 회로중의 인덕턴스는 무시한다. 외부 부하로서 기전력 50[V], 내부 저항 0.3[Ω]의 축전지를 연결할 때 평균 출력은 약 몇 [W]인가?

① 1,556   ② 4,667
③ 4,778   ④ 4,889

해 설 ★

단상 전파 정류회로
1) $E_d = 0.9E - e = 0.9 \times 100 - 20 = 70[V]$,
I_d(평균부하전력) $= \dfrac{70-50}{0.3} = 66.7[A]$
2) P(평균출력) $= E_d I_d = 70 \times 66.7 = 4,667[W]$

[답] ②

2 3상 유도전압조정기의 특징이 아닌 것은?

① 분로권선에 회전자계가 발생한다.
② 입력전압과 출력전압의 위상이 같다.
③ 두 권선은 2극 또는 4극으로 감는다.
④ 1차 권선은 회전자에 감고 2차 권선은 고정자에 감는다.

해 설 ★★

3상 유도전압조정기는 입력전압과 출력전압 위상차가 있다.

[답] ②

3 3상 동기발전기의 여자 전류 5[A]에 대한 1상의 유기기전력이 600[V]이고, 그 3상 단락 전류는 30[A]이다. 이 발전기의 동기 임피던스[Ω]는?

① 10   ② 20   ③ 30   ④ 40

해 설 ★★★

동기 임피던스
1) 동기 임피던스 : $Z_s = \dot{r} + j\dot{x_s} = \dot{r} + j(\dot{x_e} + \dot{x_a})$
$= \sqrt{r^2 + (x_e + x_a)^2} [\Omega]$
여기서, 반작용 리액턴스 : $x_a[\Omega]$,
누설리액턴스 : $x_e[\Omega]$
2) $I_s = \dfrac{E}{Z_s}$[A]에서 $Z_s = \dfrac{E}{I_s} = \dfrac{600}{30} = 20[\Omega]$

[답] ②

4 동기전동기의 제동권선은 다음 어떤 것과 같은가?

① 직류기의 전기자
② 유도기의 농형 회전자
③ 동기기의 원통형 회전자
④ 동기기의 유도자형 회전자

해 설 ★★★

동기기 제동권선 역할
1) 동기기 난조 발생 방지
2) 불평형 부하 시에 전류, 전압 파형의 개선
3) 송전선의 불평형 단락 시에 이상 전압의 방지
4) 동기전동기 : 기동 토크의 발생(자기동법)
5) 동기기의 제동권선은 농형유도전동기 회전자 권선과 같이 단락되어 있다.

[답] ②

5 권선형 유도전동기의 속도제어 방법 중 저항 제어법의 특징으로 옳은 것은?

① 효율이 높고 역률이 좋다.
② 부하에 대한 속도 변동률이 작다.
③ 구조가 간단하고 제어조작이 편리하다.
④ 전부하로 장시간 운전하여도 온도에 영향이 적다.

해 설 ★★★

권서형 유도전동기 속도제어
2차 저항제어 : 구조가 간단하고 제어가 용이한 반면, 효율이 나쁘고 가격이 비싸다.

[답] ③

6 2방향성 3단자 사이리스터는?

① SCR   ② SSS
③ SCS   ④ TRIAC

해 설 ★★★★

반도체 소자
1) 단일방향성 3단자 : SCR, GTO
2) 단일방향성 4단자 : SCS
3) 2방향성 2단자 : SSS
4) 2방향성 3단자 : TRIAC

[답] ④

7 전기자 지름 0.2[m]의 직류발전기가 1.5[kW]의 출력에서 1,800[rpm]으로 회전하고 있을 때 전기자 주변속도는 약 몇 [m/s]인가?

① 18.84   ② 21.96
③ 32.74   ④ 42.85

해 설 ★★★

직류발전기 전기자 주변속도
회전자 주변속도 :
$v = \pi D n = \pi \times 0.2 \times \dfrac{1,800}{60} = 18.84 [\text{m/s}]$

[답] ①

8 6,300/210[V], 20[kVA] 단상변압기 1차 저항과 리액턴스가 15.2[Ω]과 21.6[Ω], 2차 저항과 리액턴스가 각각 0.019[Ω]과 0.028[Ω]이다. 백분율 임피던스는 약 몇 [%]인가?

① 1.86   ② 2.86
③ 3.86   ④ 4.86

해 설 ★★★★★

%Z, 퍼센트 임피던스(강하), z

1) $Z_1' = \sqrt{(r_1 + a^2 r_2)^2 + (x_1 + a^2 x_2)^2}$
$= \sqrt{(15.2 + 30^2 \times 0.019)^2 + (21.6 + 30^2 \times 0.028)^2}$
$= 56.8 [\Omega]$

2) %$Z = \dfrac{I_{1n} \times Z_1'}{V_{1n}} \times 100$

$= \dfrac{\dfrac{20 \times 1,000}{6,300} \times 56.8}{6,300} \times 100$

$= 2.86 [\%]$

[답] ②

9 직류 분권전동기의 공급전압의 극성을 반대로 하면 회전 방향은 어떻게 되는가?

① 반대로 된다.   ② 변하지 않는다.
③ 발전기로 된다.   ④ 회전하지 않는다.

해 설 ★★★

자여자 전동기는 전원극성을 바꿔도 회전 방향은 변하지 않는다.

[답] ②

10 정격 주파수 50[Hz]의 변압기를 일정 전압 60[Hz]의 전원에 접속하여 사용했을 때 여자전류, 철손 및 리액턴스 강하는?

① 여자전류와 철손은 $\frac{5}{6}$ 감소, 리액턴스 강하 $\frac{6}{5}$ 증가

② 여자전류와 철손은 $\frac{5}{6}$ 감소, 리액턴스 강하 $\frac{5}{6}$ 증가

③ 여자전류와 철손은 $\frac{6}{5}$ 감소, 리액턴스 강하 $\frac{6}{5}$ 증가

④ 여자전류와 철손은 $\frac{6}{5}$ 감소, 리액턴스 강하 $\frac{6}{5}$ 증가

해설 ★★★★★

변압기 손실
주파수 증가 : 철손 감소, 여자전류 감소, 리액턴스 증가

[답] ①

11 3상 직권 정류자 전동기의 중간변압기의 사용목적은?

① 역회전의 방지
② 역회전을 위하여
③ 전동기의 특성을 조정
④ 직권 특성을 얻기 위하여

해설 ★★★

중간변압기 역할
1) 자속을 포화시켜서 속도 상승을 억제
2) 전동기 특성을 조정
3) 회전자 전압을 정류 작용에 맞게 조정

[답] ③

12 어떤 주상 변압기가 4/5 부하일 때 최대 효율이 된다고 한다. 전부하에 있어서의 철손과 동손의 비 p_c/p_i는 약 얼마인가?

① 0.64
② 1.56
③ 1.64
④ 2.56

해설 ★★★★★

변압기 최대효율 조건
1) 최대효율 조건 : 철손 $p_i[W]$ = 동손 $p_c[W]$
2) 최대효율 시 부하 : $\frac{1}{m} = \sqrt{\frac{p_i}{p_c}}$ 에서

$\frac{p_i}{p_c} = (\frac{1}{m})^2 = (\frac{4}{5})^2 = 0.64$

$\frac{p_c}{p_i} = \frac{1}{0.64} = 1.56$

[답] ②

13 변압기의 부하가 증가할 때의 현상으로서 틀린 것은?

① 동손이 증가한다.
② 온도가 상승한다.
③ 철손이 증가한다.
④ 여자전류는 변함없다.

해설 ★★★★★

변압기 손실
1) 부하 손실 : 동손($P_c = I^2R[W]$), 표류부하손
2) 무부하 손실 : 철손 (히스테리시스손, 와전류손), 유전체손(절연물 손실로 무시)
 ❶ 히스테리시스손 : $P_h = kfB_m^2[W]$ - 규소강판
 ❷ 와전류손 : $P_e = kf^2B_m^2[W]$ - 성층
  (※ 주의 : $P_e \propto V^2$, 주파수와 무관)
 ❸ k : 히스테리시스계수, f : 주파수, B_m : 자속밀도
3) 무부하손의 대부분은 철손으로 철손에는 히스테리시스손과 와류손이 있으며 대부분을 차지하는 것은 히스테리시스손이다.
4) 부하가 증가하면 부하전류가 증가하여 온도가 상승하고 동손이 증가한다. 부하가 변화하더라도 철손은 변하지 않는다.

[답] ③

14 직류기에서 전기자 반작용의 영향을 설명한 것으로 틀린 것은?

① 주자극의 자속이 감소한다.
② 정류자편 사이의 전압이 불균일하게 된다.
③ 국부적으로 전압이 높아져 섬락을 일으킨다.
④ 전기적 중성점이 전동기인 경우 회전방향으로 이동한다.

해 설 ★★★★

직류발전기 전기자 반작용 영향 (감자작용)
1) 전기자 전류에 의한 자속이 계자 권선의 주자속에 영향을 주어 자속이 일그러지는 현상
2) 전기적 중성축 이동
   (발전기 : 회전방향, 전동기 : 회전반대방향)
3) 정류자 편간 국부적 불꽃 발생, 정류불량 및 브러시 손상
4) 발전기의 전체적인 효율 저하
5) 자속 감소 → 기전력 감소 → 발전기 출력 감소

[답] ④

15 동기발전기의 전기자 권선을 단절권으로 하는 가장 큰 이유는?

① 과열을 방지
② 기전력 증가
③ 기본파를 제거
④ 고조파를 제거해서 기전력 파형 개선

해 설 ★★★★

교류기 권선법 단절권
1) 전절권에 비해 권선을 좁게 배치하는 권선법
2) 고조파 성분을 제거해 기전력의 파형을 개선
3) 전절권에 비해 권선량이 절약

[답] ④

16 직류기의 손실 중 기계손에 속하는 것은?

① 풍손
② 와전류손
③ 히스테리시스손
④ 브러시의 전기손

해 설 ★★

기계손에 속하는 것은 마찰손과 풍손이다.

[답] ①

17 권선형 3상 유도전동기의 2차 회로는 Y로 접속되고 2차 각 상의 저항은 0.3[Ω]이며, 1차, 2차 리액턴스의 합은 1.5[Ω]이다. 기동 시에 최대 토크를 발생하기 위해서 삽입하여야 할 저항[Ω]은?
(단, 1차 각 상의 저항은 무시한다.)

① 1.2   ② 1.5
③ 2   ④ 2.2

해 설 ★★★

권선형 유도전동기 기동저항
1) 기동 시 최대토크의 크기로 기동하기 위한 2차 외부저항 $R = \sqrt{r_1^2 + (x_1+x_2)^2} - r_2 [\Omega]$
2) 기동 시 2차 외부저항 증가 : 기동전류 감소, 기동토크 증가
3) $R = \sqrt{r_1^2 + (x_1+x_2)^2} - r_2$
   $= (x_1+x_2) - r_2 = 1.5 - 0.3 = 1.2[\Omega]$

[답] ①

18 권선형 유도전동기가 기동하면서 동기속도 이하까지 회전속도가 증가하면 회전자의 전압은?

① 증가한다.   ② 감소한다.
③ 변함없다.   ④ 0이 된다.

해 설 ★★

권선형 유도전동기 슬립
1) $E_2' = sE_2 [V]$
2) 속도가 증가하면 슬립이 감소되어 회전 시 2차 전압도 감소한다.

[답] ②

19 동기전동기의 특징으로 틀린 것은?

① 속도가 일정하다.
② 역률을 조정할 수 없다.
③ 직류전원을 필요로 한다.
④ 난조를 일으킬 염려가 있다.

해 설 ★★

동기전동기 V(위상)특성곡선
1) 단자전압과 출력은 일정 $I_f - I_a$와의 관계곡선
2) 공급전압, 주파수 및 부하를 일정한 상태에서 여자전류를 변화시키면 역률과 전기자 전류가 변한다.

[답] ②

20 직류기에서 양호한 정류를 얻는 조건으로 틀린 것은?

① 정류 주기를 크게 한다.
② 브러시의 접촉저항을 크게 한다.
③ 전기자 권선의 인덕턴스를 작게 한다.
④ 평균 리액턴스 전압을 브러시 접촉면 전압 강하보다 크게 한다.

해 설 ★★★★

직류 발전기 양호한 정류 대책
1) 평균 리액턴스 전압이 작을 것
   (브러시 접촉 전압 강하 > 리액턴스 전압)
2) 보극을 적당한 위치에 설치할 것 (전압정류)
3) 탄소 브러시 접촉저항이 클 것
   (저항정류 : 고유저항 증가 전류감소)
4) 정류 주기를 길게 할 것

[답] ④

제4회 전기공사산업기사 필기시험

1 200[V], 3상 유도전동기의 전부하 슬립이 0.06이다. 공급전압이 10[%] 저하된 경우의 전부하 슬립은 약 얼마인가?

① 0.074 ② 0.067
③ 0.054 ④ 0.049

해설 ★★★★★

유도전동기 슬립(s)
$s \propto \dfrac{1}{V^2}$, $0.06 : s' = 180^2 : 200^2$ 에서 $s' = 0.074$

[답] ①

2 220/110[V], 60[Hz]인 이상적인 변압기가 있다. 변압기의 철심자속이 5×10^{-3}[wb] 일 경우 1차 및 2차 권선은 약 몇 턴으로 하여야 하는가?

① 1차 권선 : 182, 2차 권선 : 91
② 1차 권선 : 166, 2차 권선 : 83
③ 1차 권선 : 154, 2차 권선 : 77
④ 1차 권선 : 150, 2차 권선 : 75

해설 ★★★

변압기 유기기전력
1) 1차 권선 : $E_1 = 4.44 f N_1 \phi_m$에서
$N_1 = \dfrac{220}{4.44 \times 60 \times 5 \times 10^{-3}} = 166$
2) 2차 권선 : $E_2 = 4.44 f N_2 \phi_m$에서
$N_2 = \dfrac{110}{4.44 \times 60 \times 5 \times 10^{-3}} = 83$
또는 $a = \dfrac{N_1}{N_2}$에서 $N_2 = \dfrac{N_1}{a} = \dfrac{166}{2} = 83$

[답] ②

3 3상 4극 유도전동기가 있다. 고정자의 슬롯 수가 24라면 슬롯과 슬롯 사이의 전기각은?

① 40[°] ② 30[°]
③ 20[°] ④ 10[°]

해설 ★★★

전기각 & 기계각
1) 전기적인 각 = 기하학적인 각 × $\dfrac{p}{2}$
$= 2\pi \times \dfrac{4}{2} = 4\pi$
2) 슬롯과 슬롯 사이 전기적인 각 = $\dfrac{4 \times \pi}{24}$
$= 30[°]$

[답] ②

4 어떤 변압기의 전부하동손이 270[W], 철손이 120[W]일 때 이 변압기를 최고효율로 운전하는 출력은 정격출력의 약 몇 [%]가 되는가?

① 22.5 ② 33.3
③ 44.4 ④ 66.7

해설 ★★★★★

변압기 최대효율 조건
1) 최대효율 조건 : 철손 p_i[W] = 동손 p_c[W]
2) 최대효율 시 부하 :
$\dfrac{1}{m} = \sqrt{\dfrac{p_i}{p_c}} = \sqrt{\dfrac{120}{270}} = 0.667 = 66.7[\%]$

[답] ④

5 동기발전기의 전기자권선을 전절권보다 단절권으로 감으면 나타나는 현상은?

① 효율이 낮아진다.
② 권선의 동손이 증가한다.
③ 권선의 재료가 증가한다.
④ 기전력의 파형이 좋아진다.

해 설 ★★★★★

교류기 권선법 단절권
1) 전절권에 비해 권선을 좁게 배치하는 권선법
2) 고조파 성분을 제거해 기전력의 파형을 개선
3) 전절권에 비해 권선량이 절약

[답] ④

6 인버터(inverter)에 대한 설명으로 옳은 것은?

① 직류를 교류로 변환
② 교류를 교류로 변환
③ 직류를 직류로 변환
④ 교류를 직류로 변환

해 설 ★★★★★

전력변환기기
1) 콘버터 : 교류전력을 직류전력으로 변환
2) 인버터 : 직류전력을 교류전력으로 변환
3) 초퍼 : 직류전력을 다른 직류전력으로 변환

[답] ①

7 직류기의 특성에 대한 설명으로 옳은 것은?

① 직권전동기에서는 부하가 줄면 속도가 감소한다.
② 분권전동기는 부하에 따라 속도가 많이 변화한다.
③ 전차용 전동기에는 차동복권전동기가 적합하다.
④ 분권전동기의 운전 중 계자회로가 단선되면 위험속도가 된다.

해 설 ★★★

직류기 특성
1) 직권전동기는 부하가 줄면 속도가 증가하고 전차에 많이 이용된다.
2) 분권전동기는 부하변화에 대하여 속도 변동이 작다.
3) 분권전동기는 계자권선이 단선되면 무여자가 되어 과속도가 된다.

[답] ④

8 3상 유도전동기의 전전압 기동토크는 전부하 시의 1.8배이다. 전전압의 2/3로 기동할 때 기동토크는 전부하 시의 몇 [%]인가?

① 80 ② 70 ③ 60 ④ 40

해 설 ★★★★★

유도전동기 토크 특성
1) 토크는 전압 2승에 비례 : $\tau \propto V^2$
 ($\tau = 0.975 \dfrac{P_2}{N_s} [\text{kg} \cdot \text{m}]$)
2) 전전압 V 를 1로 놓으면
 $1^2 : (\dfrac{2}{3})^2 = 1.8 : \tau'$ 에서 $\tau' = 0.8 = 80[\%]$

[답] ①

9 직류기에서 정류를 좋게 하기 위한 방법이 아닌 것은?

① 보상권선을 설치하여 전기자 반작용을 보상한다.
② 보극을 설치하여 정류 전압을 얻어 리액턴스 전압을 보상한다.
③ 저항 정류를 위하여 브러시의 접촉 저항이 큰 것을 선정한다.
④ 자속변화를 줄이기 위하여 자극편의 모양을 좋게 하고 전기자 교차 기자력에 대한 자기저항을 적게 하여 반작용 자속을 늘린다.

해 설 ★★★★

직류 발전기 양호한 정류 대책
1) 평균 리액턴스 전압이 작을 것
   (브러시 접촉 전압 강하 > 리액턴스 전압)
2) 보극을 적당한 위치에 설치할 것 (전압정류)
2) 탄소 브러시 접촉저항이 클 것
   (저항정류 : 고유저항 증가 전류감소)
3) 정류 주기를 길게 할 것
[답] ④

10 단상변압기 3대로 Y-Y결선을 하는 경우에 대한 설명으로 틀린 것은?

① 중성점 접지가 가능하다.
② 제3고조파 전류가 흐르며 유도장해를 일으킨다.
③ 1차 측과 2차 측의 각 상전압의 위상은 같다.
④ 상전압이 선간전압의 $\sqrt{3}$ 배이므로 절연이 용이하다.

해 설 ★★★

변압기 결선법
Y결선의 상전압이 선간전압의 $\frac{1}{\sqrt{3}}$ 배가 되어 절연이 용이하다.
[답] ④

11 동기발전기에서 전기자전류와 유기기전력이 동상인 경우에 전기자반작용은?

① 증자작용   ② 감자작용
③ 편자작용   ④ 교차자화작용

해 설 ★★★★★

동기발전기 전기자 반작용
전기자 권선에 전류가 흐를 때 발생되는 자속이 계자 주자속에 영향을 주어 유기기전력을 변화하게 하는 현상

위상 (유기기전력 E)	전기자전류(I)		
	동상(R)	90° 지상 전류(L)	90° 진상 전류(C)
반작용	횡축 반작용	직축 반작용	
동기발전기	교차 자화작용	감자작용	증자작용
동기전동기	교차 자화작용	증자작용	감자작용

[답] ④

12 동기발전기가 난조를 일으키는 원인 중 틀린 것은?

① 부하가 급격히 변화하는 경우
② 발전기의 전기자 저항이 작은 경우
③ 회전자의 관성 모멘트가 작은 경우
④ 원동기의 토크에 고조파가 포함되어 있는 경우

해 설 ★★★

난조의 원인
1) 부하가 급격히 변화하는 경우
2) 원동기의 조속기 감도가 너무 예민한 경우
3) 전기자 회로의 저항이 너무 큰 경우
4) 원동기의 토크에 고조파가 포함된 경우
[답] ②

13 직류전동기의 속도제어법 중 정출력 제어에 속하는 것은?

① 전압 제어법　② 계자 제어법
③ 2차 저항 제어법　④ 전기자저항 제어법

해설 ★★★★★

직류전동기 속도제어
1) $n = \dfrac{E}{K\phi}$[rps] (여기서, K : 기계 상수),
   $n \propto K\dfrac{E}{\phi}$[rps] (여기서, K : 기계 정수)
2) 제어방식 : 전압제어(정토크제어), 계자제어(정출력제어)

[답] ②

14 변압기의 임피던스 전압이란?

① 변압기 1차를 단락하고 2차에 저전압을 인가하여 2차 전류가 정격전류와 같도록 조정했을 때의 1차 전압
② 변압기 2차를 단락하고 1차에 저전압을 인가하여 2차 전류가 정격전류와 같도록 조정했을 때의 1차 전압
③ 변압기 2차를 단락하고 1차에 저전압을 인가하여 1차 전류가 정격전류와 같도록 조정했을 때의 1차 전압
④ 변압기 2차를 단락하고 1차에 저전압을 인가하여 1차 전류가 정격전류와 같도록 조정했을 때의 2차 전압

해설 ★★★★

임피던스 전압
변압기 2차 측을 단락시킨 다음 1차 측에 정격전류가 흐를 때까지 인가하는 전압으로, 정격전류가 흐를 때 변압기 내의 전압강하

[답] ③

15 특수 동기기에 대한 설명 중 틀린 것은?

① 반작용 전동기 : 역률이 좋다.
② 동기 주파수변환기 : 조작이 간편하고 효율이 좋다.
③ 정현파 발전기 : 부하에 관계없이 정현파 기전력을 발생한다.
④ 유도 동기전동기 : 기동 토크와 인입 토크가 크다.

해설 ★★

특수 동기기
반작용 전동기 : 토크는 비교적 작고, 직류여자기가 필요 없으므로 구조가 간단하나 역률은 매우 나쁘다.

[답] ①

16 유도전동기의 회전력 발생 요소 중 제곱에 비례하는 요소는?

① 슬립　② 2차 기전력
③ 2차 권선저항　④ 2차 임피던스

해설 ★★★★★

유도전동기 토크 특성
1) 토크와 2차 입력 P_2는 정비례 :
   $\tau = P_2 = E_2 I_2 \cos\theta_2$[W],
   $\tau = \dfrac{E_2^2 \dfrac{r_2}{s}}{(\dfrac{r_2}{s})^2 + x_2^2}$[N·m]
2) 토크는 전압 2승에 비례 : $\tau \propto V^2$

[답] ②

17 그림과 같이 공급전압 $V = 200\sqrt{2}\sin 377t$ [V], 부하저항 20[Ω]일 때 직류부하 전압의 평균값은 약 몇 [V]인가?
(단, $V = V_1 = V_2$ 이다.)

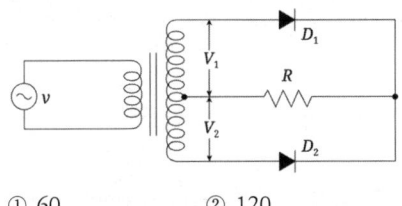

① 60 ② 120
③ 180 ④ 240

해설 ★★★★

단상 전파 평균전압
직류 출력 : $E_d = 0.9E = 0.9 \times 200 = 180$ [V]

[답] ③

18 직류전동기의 실측효율을 측정하는 방법이 아닌 것은?

① 블론델법을 사용하는 방법
② 보조 발전기를 사용하는 방법
③ 전기 동력계를 사용하는 방법
④ 프로니 브레이크를 사용하는 방법

해설 ★

직류기 온도상승 시험
반환부하법 : 카프법, 홉킨스법, 브론델법

[답] ①

19 다음 동기기 중 슬립링을 사용하지 않는 기기는?

① 동기발전기
② 동기전동기
③ 유도자형 고주파발전기
④ 고정자 회전기동형 동기전동기

해설 ★★

유도자형 고주파 발전기는 회전자는 철심과 도체로만 구성된다.

[답] ③

20 정류방식 중에서 맥동률이 가장 작은 회로는?
(단, 저항부하를 사용하였을 경우이다.)

① 단상 반파 정류회로
② 단상 전파 정류회로
③ 삼상 반파 정류회로
④ 삼상 전파 정류회로

해설 ★★★

정류기 전압 맥동률
1) 맥동률 : $\gamma = \dfrac{교류분전압}{직류분전압} \times 100$ [%]
2) 상수가 클수록 맥동률이 작다.
  (맥동 주파수는 증가)

종 류	단상 반파	단상 전파	3상 반파	3상 전파
맥동률	121[%]	48[%]	17[%]	4[%]

[답] ④

• 전기공사산업기사 필기 전기기기

2018년 기출문제

제 1 회   전기(공사)산업기사 필기시험

1 220[V], 50[kW]인 직류 직권전동기를 운전하는데 전기자 저항(브러시의 접촉저항 포함)이 0.05[Ω]이고 기계적 손실이 1.7[kW], 표유손이 출력의 1[%]이다. 부하전류가 100[A]일 때의 출력은 약 몇 [kW]인가?

① 14.5 ② 16.7 ③ 18.2 ④ 19.6

해 설 ★

직류 직권전동기 출력
1) 정격출력 : $P_m = EI_a$[W],
   $E = V - I_a r_a = 220 - 100 \times 0.05 = 215$[V]
2) 전부하 시 출력 :
   $P_m = 215 \times 100 = 21,500$[W]에서
   표류부하손 215[W], 기계손 1,700[W]이므로 실제부하로 나가는 출력
   $P_m = 21,500 - 1,700 - 215 = 19.6$[kW]

[답] ④

2 유도전동기의 출력과 같은 것은?

① 출력 = 입력전압 - 철손
② 출력 = 기계출력 - 기계손
③ 출력 = 2차 입력 - 2차 저항손
④ 출력 = 입력전압 - 1차 저항손

해 설 ★★

유도전동기 출력
전부하 시 실 출력 = 기계적인 출력 - 기계손
              = 2차 입력 - 2차 저항손

[답] ②, ③

3 농형 유도전동기의 속도제어법이 아닌 것은?

① 극수변환   ② 1차 저항변환
③ 전원전압변환   ④ 전원주파수변환

해 설 ★★★★

유도전동기 속도제어법
1) 농형 : 주파수 제어법, 극수 제어법, 전압 제어법
2) 권선형 : 2차 저항법, 2차 여자법, 종속법
3) 3상 농형 유도전동기는 저항을 접속할 수 없으므로 저항제어는 불가능

[답] ②

4 2대의 동기발전기가 병렬운전하고 있을 때 동기화 전류가 흐르는 경우는?

① 부하분담에 차가 있을 때
② 기전력의 크기에 차가 있을 때
③ 기전력의 위상에 차가 있을 때
④ 기전력의 파형에 차가 있을 때

해 설 ★★★★★

동기발전기 병렬운전 조건
1) 기전력의 크기, 위상, 주파수, 파형, 상회전 방향이 같을 것
2) 두 발전기의 위상차가 생기면 동기화전류(유효횡류)가 흐르게 되고 위상이 같게 된다.
3) 대책 : 원동기 출력 조정 (위상이 앞선 발전기에서 동기화력 공급)

[답] ③

5 다이오드를 사용한 정류회로에서 여러 개를 병렬로 연결하여 사용할 경우 얻는 효과는?

① 인가전압 증가
② 다이오드의 효율 증가
③ 부하 출력의 맥동률 감소
④ 다이오드의 허용전류 증가

해 설 ★★★

다이오드 직병렬접속
1) 직렬접속 : 다이오드 1개에 인가되는 전압이 작아져 전체 입력 증가
2) 병렬접속 : 다이오드 1개에 흐르는 전류를 작아지므로 전체 입력 전류 증가

[답] ④

6 △ 결선 변압기의 한 대가 고장으로 제거되어 V 결선으로 공급할 때 공급할 수 있는 전력은 고장 전 전력에 대하여 몇 [%]인가?

① 57.7 ② 66.7
③ 75.0 ④ 86.6

해 설 ★★★★★

V결선 변압기 출력 (△결선 대비)
1) 이용률 : $\frac{\sqrt{3}}{2} = 0.866 = 86.6[\%]$
2) 출력비 : $\frac{\sqrt{3}}{3} = 0.577 = 57.7[\%]$

[답] ①

7 60[Hz], 12극, 회전자의 외경 2[m]인 동기발전기에 있어서 회전자의 주변속도는 약 몇 [m/s]인가?

① 43 ② 62.8
③ 120 ④ 132

해 설 ★★★★

직류발전기 전기자 주변속도
회전자 주변속도 :
$v = \pi D n = 3.14 \times 2 \times \frac{600}{60} = 62.8 [m/s]$

여기서, $N_s = \frac{120f}{p} = \frac{120 \times 60}{12} = 600 [rpm]$

[답] ②

8 유도전동기의 특성에서 토크와 2차 입력 및 동기속도의 관계는?

① 토크는 2차 입력과 동기속도의 곱에 비례한다.
② 토크는 2차 입력에 반비례하고, 동기속도에 비례한다.
③ 토크는 2차 입력에 비례하고, 동기속도에 반비례한다.
④ 토크는 2차 입력의 자승에 비례하고, 동기속도의 자승에 반비례한다.

해 설 ★★★★★

유도전동기 토크 특성
전동기 토크 $\tau = 0.975 \frac{P_2}{N_s} [kg \cdot m]$, $s = \frac{P_{c2}}{P_2}$,
$N_s = \frac{120f}{p} [rpm]$

[답] ③

9 75[W] 이하의 소 출력으로 소형공구, 영사기, 치과 의료용 등에 널리 이용되는 전동기는?

① 단상 반발전동기
② 영구자석 스텝전동기
③ 3상 직권 정류자전동기
④ 단상 직권 정류자전동기

해 설 ★★★★★

단상 직권 정류자 전동기(만능형 전동기)
1) 계자권선과 전기자 권선이 직렬로 연결되어 있는 전동기 (직류·교류 모두 사용)로, 계자 철심은 성층 철심, 원통형 고정자 구조로 제작
2) 종류 : 직권형, 보상 직권형, 유도보상 직권형
3) 역류 개선 : 약계자, 강전기자 형, 회전속도 상승, 브러시 접촉저항 증가
4) 보상권선 설치 : 역률 개선, 전기자 반작용 억제, 누설 리액턴스 감소
5) 저항도선 설치 : 변압기 기전력에 의한 단락 전류 감소
6) 적용 : 기동 토크와 고속 회전수가 필요한 재봉틀, 소형공구, 치과 의료용 기기

[답] ④

10 직류 타여자발전기의 부하전류와 전기자 전류의 크기는?

① 전기자전류와 부하전류가 같다.
② 부하전류가 전기자전류보다 크다.
③ 전기자전류가 부하전류보다 크다.
④ 전기자전류와 부하전류는 항상 0이다.

해 설 ★★

직류 타여자발전기 구조
타여자는 전기자와 부하가 직렬이므로 전기자전류와 부하전류는 같다.

[답] ①

11 직류발전기를 병렬운전할 때 균압선이 필요한 직류발전기는?

① 분권발전기, 직권발전기
② 분권발전기, 복권발전기
③ 직권발전기, 복권발전기
④ 분권발전기, 단극발전기

해 설 ★★★★

직류 발전기 병렬운전 조건
1) 극성이, 정격전압이 같고, 외부특성이 수하특성일 것
2) 직권발전기와 복권발전기는 수하특성을 갖지 못하므로 균압환을 설치

[답] ③

12 전기자저항이 각각 $R_A=0.1[\Omega]$과 $R_B=0.2[\Omega]$인 100[V], 10[kW]의 두 분권발전기의 유기기전력을 같게 해서 병렬 운전하여, 정격전압으로 135[A]의 부하전류를 공급할 때 각 기기의 분담전류는 몇 [A]인가?

① $I_A=80$, $I_B=55$
② $I_A=90$, $I_B=45$
③ $I_A=100$, $I_B=35$
④ $I_A=110$, $I_B=25$

해 설 ★

분권발전기 병렬운전 부하분담
1) 전체 부하전류 : $I_A+I_B=135\,[A]$
2) 병렬운전 시 2차 단자전압 :
$V_A=V_B=E_A-I_Ar_A=E_B-I_Br_B$
3) 동일한 유기기전력으로 발전기 전압강하 동일
$I_Ar_A=I_Br_B$, $I_A\times 0.1=I_B\times 0.2$,
1) 식과 연립하면 $I_A=90, I_B=45$

[답] ②

13 변압기에서 권수가 2배가 되면 유기기전력은 몇 배가 되는가?

① 1   ② 2   ③ 4   ④ 8

> **해 설** ★★★
> 변압기 유기기전력
> $E = 4.44 f N \phi_m [V]$에서 유기기전력과 권수는 비례한다.
> [답] ②

14 전압이나 전류의 제어가 불가능한 소자는?

① SCR   ② GTO
③ IGBT   ④ Diode

> **해 설** ★★★
> 다이오드는 정류 소자이지 전압이나 전류를 제어할 수 없다.
> [답] ④

15 직류 분권전동기에서 단자전압 210[V], 전기자전류 20[A], 1,500[rpm]으로 운전할 때 발생 토크는 약 몇 [N·m]인가? (단, 전기자저항은 0.15[Ω]이다.)

① 13.2   ② 26.4
③ 33.9   ④ 66.9

> **해 설** ★★★★
> 직류 분권전동기 토크
> 1) $\tau = 0.975 \dfrac{P_m}{N} [\text{kg} \cdot \text{m}] \times 9.8 = [\text{N} \cdot \text{m}]$
> 2) 분권전동기 유기기전력 :
> $E = V - I_a r_a = 210 - 20 \times 0.15 = 207 [V]$
> 3) 정격출력 : $P_m = E I_a = 207 \times 20 = 4{,}140 [W]$
> 4) $\tau = 0.975 \times \dfrac{4{,}140}{1{,}500} \times 9.8 = 26.4 [\text{N} \cdot \text{m}]$
> [답] ②

16 병렬운전하고 있는 2대의 3상 동기발전기 사이에 무효순환전류가 흐르는 경우는?

① 부하의 증가
② 부하의 감소
③ 여자전류의 변화
④ 원동기의 출력 변화

> **해 설** ★★★★★
> 동기발전기 병렬운전 조건
> 1) 기전력의 크기, 위상, 주파수, 파형, 상회전 방향이 같을 것
> 2) 두 발전기의 기전력의 크기가 같지 않게 되어 무효순환전류가 흐르게 된다.
> 3) 대책 : 여자전류 조정
>   (여자전류 증가 → 발전기 역률 저하)
> [답] ③

17 선박추진용 및 전기자동차용 구동전동기의 속도제어로 가장 적합한 것은?

① 저항에 의한 제어
② 전압에 의한 제어
③ 극수변환에 의한 제어
④ 전원주파수에 의한 제어

> **해 설** ★★★
> 주파수 제어법 : 포트모터, 선박추진용모터
> [답] ④

18 220[V], 60[Hz], 8극, 15[kW]의 3상 유도 전동기에서 전부하 회전수가 864[rpm]이면 이 전동기의 2차 동손은 몇 [W]인가?

① 435 ② 537
③ 625 ④ 723

해설 ★★★★★

유도전동기 슬립(s) 특성
1) $N_s = \dfrac{120f}{p} = \dfrac{120 \times 60}{8} = 900$[rpm],
$s = \dfrac{N_s - N}{N_s} = \dfrac{900 - 864}{900} = 0.04$
2) 출력(P_0) : $P_0 = (1-s)P_2$,
P_2(2차입력) $= \dfrac{15,000}{1 - 0.04} = 15,625$[W]
3) 2차 동손(P_{c2}) :
$P_{c2}[W] = sP_2[W] = 0.04 \times 15,625 = 625$[W]

[답] ③

19 변압기의 2차를 단락한 경우에 1차 단락 전류 I_{s1}은? (단, V_1 : 1차 단자전압, Z_1 : 1차 권선의 임피던스, Z_2 : 2차 권선의 임피던스, a : 권수비, Z : 부하의 임피던스)

① $I_{s1} = \dfrac{V_1}{Z_1 + a^2 Z_2}$

② $I_{s1} = \dfrac{V_1}{Z_1 + aZ_2}$

③ $I_{s1} = \dfrac{V_1}{Z_1 - aZ_2}$

④ $I_{s1} = \dfrac{V_1}{Z_1 + Z_2 + Z}$

해설 ★★

변압기 2차 단락 시 단락전류
1) 변압기 등가 1차 환산 (권수비 = a) :
$Z_1 = a^2 Z_2$, $a^2 = \dfrac{Z_1}{Z_2}\left(a = \sqrt{\dfrac{Z_1}{Z_2}}\right)$
2) 단락전류 : $I_{s1} = \dfrac{V_1}{Z_1} = \dfrac{V_1}{Z_1 + a^2 Z_2}$[A]

[답] ①

20 변압기의 등가회로를 작성하기 위하여 필요한 시험은?

① 권선저항측정, 무부하시험, 단락시험
② 상회전시험, 절연내력시험, 권선저항측정
③ 온도상승시험, 절연내력시험, 무부하시험
④ 온도상승시험, 절연내력시험, 권선저항측정

해설 ★★

등가회로 작도시 시험
1) 무부하시험 : 철손, 여자전류, 여자어드미턴스
2) 단락시험 : 동손, 임피던스 전압, 전압변동률
3) 권선저항측정 : 권선저항

[답] ①

제 2 회 전기(공사)산업기사 필기시험

1 권선형 유도전동기의 설명으로 틀린 것은?

① 회전자의 3개의 단자는 슬립링과 연결되어 있다.
② 기동할 때에 회전자는 슬립링을 통하여 외부에 가감저항기를 접속한다.
③ 기동할 때에 회전자에 적당한 저항을 갖게 하여 필요한 기동토크를 갖게 한다.
④ 전동기 속도가 상승함에 따라 외부저항을 점점 감소시키고 최후에는 슬립링을 개방한다.

해 설 ★★

권선형 유도전동기
기동 시 2차 저항을 증가시켜서 기동시킨 다음, 기동 후에는 서서히 저항을 감소시킨 다음 단락시킨다.

[답] ④

2 단상변압기를 병렬 운전하는 경우 부하전류의 분담에 관한 설명 중 옳은 것은?

① 누설리액턴스에 비례한다.
② 누설임피던스에 비례한다.
③ 누설임피던스에 반비례한다.
④ 누설리액턴스의 제곱에 반비례한다.

해 설 ★★★★★

변압기 병렬운전 조건
1) 극성, (2차 측) 정격 전압, 권수비, %Z 강하(저항과 리액턴스 강하), 위상이 같을 것, 상회전 방향과 각 변위가 같을 것(3상 변압기)
2) 부하분담 : 용량에는 비례하고 퍼센트 임피던스에는 반비례할 것
3) 불가능 결선 : Δ-Δ와 Δ-Y, Δ-Y와 Y-Y

[답] ③

3 단상 유도전압 조정기의 원리는 다음 중 어느 것을 응용한 것인가?

① 3권선 변압기
② V결선 변압기
③ 단상 단권변압기
④ 스콧트결선(T결선) 변압기

해 설 ★★★

단상 유도전압 조정기
단권변압기 원리와 단상유도전동기 원리를 이용한 전압 조정기이다.

[답] ③

4 3상 동기기에서 제동권선의 주 목적은?

① 출력 개선
② 효율 개선
③ 역률 개선
④ 난조 방지

해 설 ★★★

동기기 제동권선 역할
1) 동기기 난조 발생 방지
2) 불평형 부하 시에 전류, 전압 파형의 개선
3) 송전선의 불평형 단락 시에 이상 전압의 방지
4) 동기전동기 : 기동 토크의 발생(자기동법)

[답] ④

5 단상 반파 정류회로에서 평균 직류전압 200[V]를 얻는 데 필요한 변압기 2차 전압은 약 몇 [V]인가? (단, 부하는 순저항이고 정류기의 전압강하는 15[V]로 한다.)

① 400 ② 478
③ 512 ④ 642

해설 ★★★★★

단상 반파 정류회로
반파 직류전압 : $E_d = 0.45E - e$ [V] 에서
$E = \dfrac{200 + 15}{0.45} = 478$ [V]

[답] ②

6 동기기의 단락전류를 제한하는 요소는?

① 단락비 ② 정격 전류
③ 동기 임피던스 ④ 자기 여자 작용

해설 ★★

동기기 단락전류
단락전류 : $I_s = \dfrac{E}{Z_s}$ [A] 이므로 단락전류를 억제할 수 있는 것은 동기 임피던스이다.

[답] ③

7 정격 전압에서 전부하로 운전하는 직류 직권전동기의 부하전류가 50[A]이다. 부하토크가 반으로 감소하면 부하전류는 약 몇 [A]인가? (단, 자기포화는 무시한다.)

① 25 ② 35 ③ 45 ④ 50

해설 ★★★

직류 직권전동기 토크
1) 토크 : $\tau \propto I^2$
2) 부하토크 1이라 하면 $1 : \dfrac{1}{2} = 50^2 : I'^2$ 에서
 $I' = 35$ [A]

[답] ②

8 병렬운전 중인 A, B 두 동기발전기 중 A 발전기의 여자를 B 발전기보다 증가시키면 A 발전기는?

① 동기화 전류가 흐른다.
② 부하 전류가 증가한다.
③ 90[°] 진상 전류가 흐른다.
④ 90[°] 지상 전류가 흐른다.

해설 ★★★★★

동기발전기 병렬운전 조건
1) 기전력의 크기, 위상, 주파수, 파형, 상회전 방향이 같을 것
2) A 발전기의 여자 전류 증가 시 (A 발전기 유기기전력 증가, 무효분 증가)
 ❶ A 발전기 : 지상 전류가 흘러 A 발전기의 역률은 저하
 ❷ B 발전기 : 진상 전류가 흘러 B 발전기의 역률은 향상

[답] ④

9 변압기 단락 시험과 관계없는 것은?

① 전압 변동률 ② 임피던스 와트
③ 임피던스 전압 ④ 여자 어드미턴스

해설 ★★★

변압기 손실 시험
1) 무부하 시험 : 철손, 여자전류, 여자어드미턴스
2) 단락 시험 : 동손, 임피던스 전압, 전압변동률

[답] ④

10 전기자 저항이 0.3[Ω]인 분권발전기가 단자전압 550[V]에서 부하전류가 100[A]일 때 발생하는 유도기전력[V]은? (단, 계자전류는 무시한다.)

① 260 ② 420
③ 580 ④ 750

해설 ★★★★★

직류발전기 유기기전력

1) $E = \frac{z}{a}p\phi n$[V], $E \propto \phi n \propto I_f n$[V],
   $E = V + I_a r_a$[V]
2) 분권발전기 : $E = 550 + 100 \times 0.3 = 580$[V]

[답] ③

11 임피던스 전압강하 4[%]의 변압기가 운전 중 단락되었을 때 단락전류는 정격전류의 몇 배가 흐르는가?

① 15 ② 20 ③ 25 ④ 30

해설 ★★★★★

%Z, 퍼센트 임피던스(강하), z

1) $\%Z = \frac{I_n \times Z}{V_n} \times 100[\%] = \frac{PZ}{10V^2}[\%]$,
   $\%Z = \frac{I_n}{I_s}\%Z = \frac{I_n}{I_s} \times 100[\%]$
2) 에서 $I_s = \frac{1}{0.04}I_n = 25I_n$

[답] ③

12 3상 동기발전기가 그림과 같이 1선 지락이 발생하였을 경우 지락전류 I_o를 구하는 식은? (단, E_a는 무부하 유기기전력의 상전압, Z_o, Z_1, Z_2는 영상, 정상, 역상 임피던스이다.)

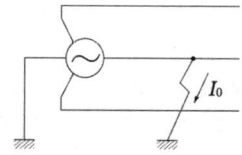

① $\dot{I_o} = \frac{3\dot{E_a}}{\dot{Z_o} \times \dot{Z_1} \times \dot{Z_2}}$ ② $\dot{I_o} = \frac{\dot{E_a}}{\dot{Z_o} \times \dot{Z_1} \times \dot{Z_2}}$

③ $\dot{I_o} = \frac{3\dot{E_a}}{\dot{Z_o} + \dot{Z_1} + \dot{Z_2}}$ ④ $\dot{I_o} = \frac{3\dot{E_a}}{\dot{Z_o} + \dot{Z_1}^2 + \dot{Z_2}^3}$

해설 ★★★

1선 지락 시는 정상분, 역상분, 영상분의 합인 전류가 흐르게 된다.

[답] ③

13 4극, 60[Hz]의 정류자 주파수 변환기가 회전자계방향과 반대방향으로 1,440[rpm]으로 회전할 때의 주파수는 몇 [Hz]인가?

① 8 ② 10
③ 12 ④ 15

해설 ★★★

정류자 주파수 변환기

1) 유도전동기 회전자에 공급하는 슬립주파수 전압을 얻기 위한 주파수 변환기이다.
2) $N_s = \frac{120f}{P} = \frac{120 \times 60}{4} = 1,800$[rpm]이므로
   $s = \frac{N_s - N}{N_s} = \frac{1,800 - 1,440}{1,800} = 0.2$
3) $f'_2 = sf_1 = 0.2 \times 60 = 12$[Hz]

[답] ③

14 유도전동기의 속도제어 방식으로 틀린 것은?

① 크레머 방식
② 일그너 방식
③ 2차 저항제어 방식
④ 1차 주파수제어 방식

해 설 ★★

유도전동기 속도제어법
1) 농형 : 주파수 제어법, 극수 제어법, 전압 제어법
2) 권선형 : 2차 저항법, 2차 여자법, 종속법
3) 일그너 방식은 직류전동기 속도제어법인 전압 제어에 속하는 방식이다.

[답] ②

15 직류 전동기의 속도제어법 중 광범위한 속도제어가 가능하며 운전효율이 좋은 방법은?

① 병렬 제어법   ② 전압 제어법
③ 계자 제어법   ④ 저항 제어법

해 설 ★★★★★

직류 전동기 속도제어
1) 제어방식 : 전압제어(정토크제어), 계자제어(정출력제어), 저항제어
2) 전압제어 : 효율이 가장 좋고, 광범위한 속도제어가 가능하며 정토크 제어 방식(워드 레오나드 방식, 일그너 방식)

[답] ②

16 유도전동기의 슬립 s의 범위는?

① $1 < s < 0$ ② $0 < s < 1$
③ $-1 < s < 1$ ④ $-1 < s < 0$

해 설 ★★★★★

유도전동기 슬립(s)
회전자계의 회전수와 회전자 회전수의 차이
1) 유도전동기 : $0 < s < 1$
2) 유도발전기 : $s < 0$
   ($n_s < n$, 유도전동기로서는 기동 불가)
3) 유도제동기 : $1 < s < 2$

[답] ②

17 직류 직권전동기의 운전상 위험속도를 방지하는 방법 중 가장 적합한 것은?

① 무부하 운전한다.
② 경부하 운전한다.
③ 무여자 운전한다.
④ 부하와 기어를 연결한다.

해 설 ★★

직류 직권전동기
운전 중 무부하 상태일 때 과속도가 되어 위험하므로 기어나 전동기 축과 부하를 직결하는 방식으로 운전하여야 한다.

[답] ④

18 교류 단상 직권전동기의 구조를 설명한 것 중 옳은 것은?

① 역률 및 정류개선을 위해 약계자 강전기자형으로 한다.
② 전기자 반작용을 줄이기 위해 약계자 강전기자형으로 한다.
③ 정류개선을 위해 강계자 약전기자형으로 한다.
④ 역률개선을 위해 고정자와 회전자의 자로를 성층철심으로 한다.

해 설 ★★★

교류 단상 직권전동기
교류를 인가하면 역률이 나쁘기 때문에 계자권수를 작게 하여 계자의 리액턴스를 작게 함으로써 역률을 향상시키고 그 대신 전기자권수를 많이 권선하여 회전자의 속도 기전력을 크게 한다.

[답] ①

19 3상 전원에서 2상 전원을 얻기 위한 변압기의 결선방법은?

① △　　　　② T
③ Y　　　　④ V

| 해 설 | ★★★★ |

3상 전원 공급 결선법
1) 2상 결선법 : 스콧트 결선(T 결선), 메이어 결선, 우드브릿지 결선
2) 6상 결선법 : 포크 결선, 2중성형 결선, 대각 결선

[답] ②

20 유도전동기의 동기와트에 대한 설명으로 옳은 것은?

① 동기속도에서 1차 입력
② 동기속도에서 2차 입력
③ 동기속도에서 2차 출력
④ 동기속도에서 2차 동손

| 해 설 | ★★★ |

3상 유도전동기의 동기와트
1) 전동기 토크 $\tau = 0.975 \dfrac{P_2}{N_s}[\text{kg}\cdot\text{m}]$
2) 동기속도로 운전 중, 2차 입력을 토크로 나타낸 것을 동기와트라 함

[답] ②

제4회 전기공사산업기사 필기시험

1 용량 P[kVA]인 동일 정격의 단상변압기 4대로 낼 수 있는 3상 최대출력용량은?

① $3P$ ② $\sqrt{3}P$
③ $2\sqrt{3}P$ ④ $3\sqrt{3}P$

해설 ★★★

2대씩을 V 결선하여 병렬운전
3상 출력 $P_3 = \sqrt{3}P \times 2 = 2\sqrt{3}P$가 되어
Y, △에 비하여 최대출력을 더 크게 할 수 있다.

[답] ③

2 직류기의 효율이 최대가 되는 경우는?

① 고정손 = 부하손
② 전부하동손 = 철손
③ 기계손 = 전기자동손
④ 와류손 = 히스테리시스손

해설 ★★★★★

전기기기 최대효율 조건
철손 P_i[W](고정손) = 동손 P_c[W](부하손)

[답] ①

3 변압기 여자전류에 가장 많이 포함되어 있으며, 3상 결선에서 계통의 과전압과 통신선로에 간섭을 일으키는 고조파는?

① 제2고조파 ② 제3고조파
③ 제4고조파 ④ 제5고조파

해설 ★★★★

전기회로에서 가장 많이 발생되는 고조파는 제3고조파이다.

[답] ②

4 직류기의 전기자 반작용에 대한 설명이 옳은 것은?

① 전기자 반작용을 방지하기 위해 보상권선의 전류 방향을 전기자 전류의 방향과 동일하게 한다.
② 전기자 반작용이란 전기자 전류에 의한 자속이 계자자속에 영향을 미쳐 공극에서의 자속분포가 변하는 현상을 말한다.
③ 전기자 반작용을 방지하기 위해 전동기의 경우 브러시를 새로운 중성점으로 회전방향과 같은 방향으로 이동시켜야 한다.
④ 전기자 반작용을 방지하기 위해 발전기의 경우 브러시를 새로운 중성점으로 회전방향과 반대 방향으로 이동시켜야 한다.

해설 ★★★★

직류 발전기 전기자 반작용 영향(감자작용)
1) 전기자 전류에 의한 자속이 계자 권선의 주자속에 영향을 주어 자속이 일그러지는 현상
2) 전기적 중성축 이동
 (발전기 : 회전방향, 전동기 : 회전반대방향)
3) 정류자 편간 국부적 불꽃 발생, 정류불량 및 브러시 손상
4) 발전기의 전체적인 효율 저하
5) 자속 감소 → 기전력 감소 → 발전기 출력 감소

[답] ②

5 단상 직권 정류자전동기에 전기자 권선의 권수를 계자 권수에 비해 많게 하는 이유가 아닌 것은?

① 역률 저하를 방지하기 위하여
② 속도 기전력을 크게 하기 위하여
③ 변압기 기전력을 크게 하기 위하여
④ 주자속을 작게 하고 토크를 증가시키기 위하여

> **해 설** ★★★★★
>
> 단상 직권 정류자 전동기(만능형 전동기)
> 1) 계자권선과 전기자 권선이 직렬로 연결되어 있는 전동기(직류·교류 모두 사용)로, 계자 철심은 성층 철심, 원통형 고정자 구조로 제작
> 2) 종류 : 직권형, 보상 직권형, 유도보상 직권형
> 3) 역률 개선 : 약계자, 강전기자 형, 회전속도 상승, 브러시 접촉저항 증가
> 4) 보상권선 설치 : 역률 개선, 전기자 반작용 억제, 누설 리액턴스 감소
> 5) 저항도선 설치 : 변압기 기전력에 의한 단락 전류 감소
> 6) 적용 : 기동 토크와 고속 회전수가 필요한 재봉틀, 소형공구, 치과 의료용 기기
>
> [답] ③

6 병렬운전을 하고 있는 두 대의 3상 동기 발전기 사이에 무효 순환전류가 흐르는 경우는?

① 부하의 증가
② 부하의 감소
③ 원동기 출력의 감소
④ 기전력 크기의 변화

> **해 설** ★★★★★
>
> 동기발전기 병렬운전 조건
> 1) 기전력의 크기, 위상, 주파수, 파형, 상회전 방향이 같을 것
> 2) 두 발전기의 기전력의 크기가 같지 않게 되어 무효순환전류가 흐르게 된다.
> 3) 대책 : 여자 전류 조정
> (여자전류 증가 → 발전기 역률 저하)
>
> [답] ④

7 실리콘제어정류기의 게이트 전류에 관한 설명으로 옳은 것은?

① 게이트 전류를 증가시키면 순방향 차단 전압은 감소한다.
② 게이트의 전류를 증가시키면 순방향 차단 전압은 변함없다.
③ 게이트 전류를 감소시키면 브레이크 오버 전압은 감소한다.
④ 게이트 전류를 감소시키면 브레이크 오버 전압은 변함없다.

> **해 설** ★★
>
> SCR 특성
> SCR 턴온 : 순방향 전압이 인가된 상태에서 게이트 전류가 증가하면 저지전압이 감소
>
> [답] ①

8 유도전동기로 직류발전기를 회전시킬 때, 직류발전기의 부하를 증가시키면 유도전동기의 속도는?

① 증가한다.
② 감소한다.
③ 변함없다.
④ 동기속도 이상으로 회전한다.

> **해 설** ★★
>
> 유도전동기의 부하가 발전기이므로 부하가 증가하면 전동기 속도는 감소한다.
>
> [답] ②

9 3상 유도전동기의 2차 저항을 m배로 하면 동일하게 m배로 되는 것은?

① 역률   ② 전류
③ 슬립   ④ 토크

해 설 ★★★★★

권선형 유도전동기 특징
1) 비례추이 : $\dfrac{r_2}{s} = \dfrac{r_2 + R}{s'}$,

최대토크 : $\tau_{max} = \dfrac{E_2^2}{2x_2}[\text{N} \cdot \text{m}]$

2) 2차 권선저항(r_2)을 증가시키면 외부저항(R) 삽입, 속도는 감소
3) 최대토크는 2차 저항과 관계없이 항상 일정

[답] ③

10 동기발전기의 부하 포화곡선에 대한 설명 중 옳은 것은?

① 무부하시의 유기기전력과 계자전류의 관계를 나타낸 곡선
② 발전기를 정격속도로 운전하여 일정 역률, 일정 부하를 인가할 때 단자전압과 계자전류의 관계를 나타낸 곡선
③ 중성점을 제외한 전 단자를 단락하고 정격속도로 운전하여 계자전류를 0에서부터 서서히 증가시키는 경우 단락전류와 계자전류의 관계를 나타낸 곡선
④ 발전기를 정격속도로 운전하고 지정된 정격전류에서 정격전압이 되도록 계자전류를 조정한 후 계자전류를 그대로 유지하면서 단자전압과 부하전류의 관계를 나타낸 곡선

해 설 ★

동기발전기 부하포화곡선
부하가 일정한 상태에서 단자전압과 계자전류와의 관계를 나타낸 곡선이다.

[답] ②

11 3상 동기발전기에 평형 3상전류가 흐를 때 전기자 반작용은 이 전류가 기전력에 대하여 (A) 때 감자작용이 되고 (B) 때 증자작용이 된다. A, B의 적당한 것은?

① A : 90[°] 뒤질, B : 동상일
② A : 90[°] 뒤질, B : 90[°] 앞설
③ A : 90[°] 앞설, B : 90[°] 뒤질
④ A : 동상일, B : 90[°] 뒤질

해 설 ★★★★★

동기발전기 전기자 반작용
전기자 권선에 전류가 흐를 때 발생되는 자속이 계자 주자속에 영향을 주어 유기기전력을 변화하게 하는 현상

위상 (유기기전력 E)	전기자전류(I)		
	동상(R)	90° 지상 전류(L)	90° 진상 전류(C)
반작용	횡축 반작용	직축 반작용	
동기발전기	교차 자화작용	감자작용	증자작용
동기전동기	교차 자화작용	증자작용	감자작용

[답] ②

12 직류에서 교류로 변환하는 기기는?

① 초퍼   ② 인버터
③ 회전 변류기 ④ 사이클로 컨버터

해 설 ★★★

전력 변환 기기의 종류
1) 컨버터 : 교류(AC)를 직류(DC)로 변환하는 장치
2) 인버터 : 직류(DC)를 교류(AC)로 변환하는 장치
3) 초퍼 : 직류(DC)를 직류(DC)로 직접 제어하는 장치
4) 사이클로 컨버터 : 교류(AC)를 교류(AC)로 주파수 변환하는 장치

[답] ②

13 자기용량 10[kVA]의 단권변압기를 그림과 같이 접속하였을 때 부하역률이 80[%]라면 부하에 몇 [kW]의 전력을 공급할 수 있는가?

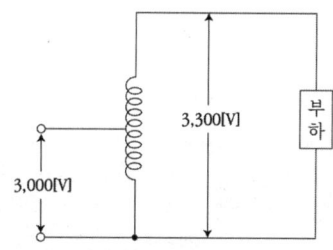

① 55 ② 66 ③ 77 ④ 88

해 설 ★★★

단권변압기 자기용량과 부하용량
1) 자기용량(단권변압기 용량) = $(V_2 - V_1)I_2$, 부하용량(2차 출력) = $V_2 I_2$
2) $\dfrac{\text{자기용량}}{\text{부하용량}} = \dfrac{V_h - V_l}{V_h}$,

$\dfrac{10}{\text{부하용량}} = \dfrac{3,300 - 3,000}{3,300}$

3) 부하용량 = $110[kVA] \times 0.8 = 88[kW]$

[답] ④

---

14 무부하 전동기는 역률이 낮지만 부하가 증가하면 역률이 커지는 이유는?

① 전류 증가 ② 효율 증가
③ 전압 감소 ④ 2차 저항 증가

해 설 ★★★

전동기는 부하가 증가하면 부하전류가 증가하므로 역률이 좋아진다.

[답] ①

---

15 4극 3상 유도전동기를 60[Hz]의 전원에 접속하여 운전하고 있다. 회전자의 주파수가 3[Hz]일 때의 회전자 속도[rpm]는?

① 1,700 ② 1,710
③ 1,720 ④ 1,730

해 설 ★★★★★

유도전동기 회전자(2차) 특성
1) 슬립주파수 $f_2' = sf_1[Hz]$
2) 회전 시 2차 주파수 $f_2' = sf_1$에서

$s = \dfrac{f_2'}{f_1} = \dfrac{3}{60} = 0.05$

3) 유도전동기 속도

$: N = (1-s)\dfrac{120 f_1}{p}$

$= (1-0.05)\dfrac{120 \times 60}{4} = 1,710[rpm]$

[답] ②

---

16 변압기 절연물의 열화 정도를 파악하는 방법이 아닌 것은?

① 유전정접시험 ② 절연내력시험
③ 절연저항측정시험 ④ 권선저항측정시험

해 설 ★★

전기기기 절연물의 열화시험
유전정접시험, 절연내력시험, 절연저항측정, 내압시험, 부분방전시험

[답] ④

17 동기발전기의 돌발 단락전류를 제한하는 것은?

① 권선저항　　② 누설 리액턴스
③ 역상 리액턴스　④ 동기 리액턴스

해 설 ★★★

3상 동기 발전기가 운전 시 단락되면 단락초기에는 아주 큰 돌발 단락전류가 흐르게 되며 약간 시간이 지나면 단락전류가 감소되어 지속단락전류로 계속 흐르게 된다. 단락 초기에 흐르는 돌발 단락전류를 억제할 수 있는 것은 누설 리액턴스이다.

[답] ②

18 동기 중 부하가 변하면 속도가 심하게 변하는 전동기는?

① 직류 분권전동기　② 직류 직권전동기
③ 차동 복권전동기　④ 가동 복권전동기

해 설 ★★★★

직류전동기는 부하가 증가할 때 직권, 가동복권, 분권, 차동복권 순으로 속도 변동이 작다.

[답] ②

19 △결선 변압기의 1대가 고장으로 제거되어 V 결선으로 할 때 공급할 수 있는 전력은 고장 전 전력의 몇 [%]인가?

① 57.7　　② 66.7
③ 75.0　　④ 81.6

해 설 ★★★

변압기 V결선 출력 (△결선 대비)

1) 이용률 : $\frac{\sqrt{3}}{2} = 0.866 = 86.6[\%]$

2) 출력비 : $\frac{\sqrt{3}}{3} = 0.577 = 57.7[\%]$

[답] ①

20 4극 60[Hz]의 정류자 주파수 변환기가 1,440[rpm]으로 회전할 때의 주파수는 몇 [Hz]인가?

① 8　　② 10
③ 12　 ④ 15

해 설 ★★★★

정류자 주파수 변환기

1) 유도전동기 회전자에 공급하는 슬립주파수 전압을 얻기 위한 주파수 변환기이다.

2) $N_s = \frac{120f}{P} = \frac{120 \times 60}{4} = 1,800[\text{rpm}]$ 이므로

$s = \frac{N_s - N}{N_s} = \frac{1,800 - 1,440}{1,800} = 0.2$

3) $f'_2 = sf_1 = 0.2 \times 60 = 12[\text{Hz}]$

[답] ③

2019년 기출문제

제1회 전기(공사)산업기사 필기시험

1 전격 150[kVA], 철손 1[kW], 전부하 동손이 4[kW]인 단상변압기의 최대효율[%]과 최대효율 시의 부하[kVA]는? (단, 부하 역률은 1이다.)

① 96.8[%], 125[kVA]
② 97[%], 50[kVA]
③ 97.2[%], 100[kVA]
④ 97.4[%], 75[kVA]

해설 ★★★★★

변압기 최대효율 조건
1) 최대효율 조건 : 철손 p_i[W] = 동손 p_c[W]
2) 최대효율 시 부 :

$$\frac{1}{m}(\text{최대효율 시 부하}) = \sqrt{\frac{p_i}{p_c}} = \sqrt{\frac{1}{4}} = \frac{1}{2},$$

$$150 \times \frac{1}{2} = 75[kVA]$$

3) η(최대효율) = $\frac{\text{최대효율시 출력}}{\text{최대효율시 출력} + 2p_i}$

$= \frac{75}{75 + 2 \times 1} \times 100 = 97.4[\%]$

[답] ④

2 사이리스터에 의한 제어는 무엇을 제어하여 출력전압을 변환시키는가?

① 토크
② 위상각
③ 회전수
④ 주파수

해설 ★★★

위상제어방식
사이리스터는 위상을 제어하여 직류, 교류전압을 제어할 수 있다.

[답] ②

3 전동력 응용기기에 GD^2의 값이 적은 것이 바람직한 기기는?

① 압연기
② 송풍기
③ 냉동기
④ 엘리베이터

해설 ★★

플라이휠 효과 = GD^2

관성모멘트 $J = \frac{GD^2}{4}$ 이므로

플라이휠 효과와 관성모멘트는 비례한다.
따라서 플라이휠 효과가 클수록 관성모멘트가 크게 되어 속도를 더욱 가속시키므로, 전동기는 기동 시 플라이휠 효과가 작은 것이 토크를 크게 할 수 있다. 그러므로 기중기, 크레인, 엘리베이터 전동기에 적합하다.

[답] ④

4 온도 측정장치 중 변압기의 권선온도 측정에 가장 적당한 것은?

① 탐지코일 ② dial온도계
③ 권선온도계 ④ 봉상온도계

해 설 ★★★★

변압기 내부 고장보호
1) 기계적인 보호 : 부흐홀쯔 계전기, 온도 계전기
2) 전기적인 보호 : 비율차동 계전기, 과전류 계전기, 과전압 계전기
3) 권선온도는 직접 측정이 어렵고 온도에 따라 저항값이 변화하므로 이를 이용한 저항법이나, 권선온도계를 이용하는 방법이 있다.

[답] ③

5 어떤 변압기의 백분율 저항강하가 2[%], 백분율 리액턴스강하가 3[%]라 한다. 이 변압기로 역률이 80[%]인 부하에 전력을 공급하고 있다. 이 변압기의 전압변동률은 몇 [%]인가?

① 2.4 ② 3.4
③ 3.8 ④ 4.0

해 설 ★★★★★

변압기 전압 변동률
$\varepsilon = p\cos\theta + q\sin\theta$
$= 2 \times 0.8 + 3 \times 0.6 = 3.4[\%]$
참고로 문제에서 역률이 어떤 상황인지 설명이 없으면 교류기에서는 역률을 지상으로 본다.

[답] ②

6 직류 및 교류 양용에 사용되는 만능 전동기는?

① 복권전동기 ② 유도전동기
③ 동기전동기 ④ 직권 정류자전동기

해 설 ★★★★★

단상 직권 정류자 전동기(만능형 전동기)
1) 계자권선과 전기자 권선이 직렬로 연결되어 있는 전동기(직류·교류 모두 사용)로, 계자 철심은 성층 철심, 원통형 고정자 구조로 제작
2) 종류 : 직권형, 보상 직권형, 유도보상 직권형
3) 역류 개선 : 약계자, 강전기자 형, 회전속도 상승, 브러시 접촉저항 증가
4) 보상권선 설치 : 역률 개선, 전기자 반작용 억제, 누설 리액턴스 감소
5) 저항도선 설치 : 변압기 기전력에 의한 단락 전류 감소
6) 적용 : 기동 토크와 고속 회전수가 필요한 재봉틀, 소형공구, 치과 의료용 기기

[답] ④

7 어떤 IGBT의 열용량은 0.02[J/℃], 열저항은 0.625[℃/W]이다. 이 소자에 직류 25[A]가 흐를 때 전압강하는 3[V]이다. 몇 [℃]의 온도상승이 발생하는가?

① 1.5 ② 1.7
③ 47 ④ 52

해 설 ★

IGBT 온도상승
1) T(상승온도) $= R\theta \times P$ [℃]
$= 0.625 \times (25 \times 3) = 46.87$ [℃]
2) $R\theta$: 열저항, P : 소비전력

[답] ③

8 직류전동기의 속도제어법 중 정지 워드레오나드 방식에 관한 설명으로 틀린 것은?

① 광범위한 속도제어가 가능하다.
② 정토크 가변속도의 용도에 적합하다.
③ 제철용 압연기, 엘리베이터 등에 사용된다.
④ 직권전동기의 저항제어와 조합하여 사용한다.

해 설 ★★

정지식 워드레오나드 방식은 직류전동기 속도제어법인 전압제어 방식으로, 광범위한 속도제어와 정토크제어 방식으로 제철용 압연기, 엘리베이터 속도제어법으로 이용된다. 전동차에 이용되는 직권전동기의 속도제어는 전압제어(직병렬제어)와 저항제어를 병행하는 방식이다.

[답] ④

9 권수비 30인 단상변압기의 1차에 6,600[V]를 공급하고, 2차에 40[kW], 뒤진 역률 80[%]의 부하를 걸 때 2차 전류 I_2 및 1차 전류 I_1은 몇 [A]인가? (단, 변압기의 손실은 무시한다.)

① $I_2 = 145.5$, $I_1 = 4.85$
② $I_2 = 181.8$, $I_1 = 6.06$
③ $I_2 = 227.3$, $I_1 = 7.58$
④ $I_2 = 321.3$, $I_1 = 10.28$

해 설 ★★★★★

변압기 권수비
1) $\dfrac{V_1}{V_2} = \dfrac{I_2}{I_1} = \dfrac{E_1}{E_2} = \dfrac{N_1}{N_2} = a$
2) 2차출력 : $P_2 = V_2 I_2 \cos\theta [\text{W}]$ 에서
$I_2 = \dfrac{40 \times 10^3}{220 \times 0.8} = 227.3 [\text{A}]$
3) $a = \dfrac{I_2}{I_1}$ 에서 $I_1 = \dfrac{227.3}{30} = 7.58 [\text{A}]$

[답] ③

10 동기전동기에서 90[°] 앞선 전류가 흐를 때 전기자 반작용은?

① 감자작용   ② 증자작용
③ 편자작용   ④ 교차자화작용

해 설 ★★★★★

동기발전기 전기자 반작용
전기자 권선에 전류가 흐를 때 발생되는 자속이 계자 주자속에 영향을 주어 유기기전력을 변화하게 하는 현상

위상 (유기기전력 E)	전기자전류(I)		
	동상(R)	90° 지상 전류(L)	90° 진상 전류(C)
반작용	횡축 반작용	직축 반작용	
동기발전기	교차 자화작용	감자작용	증자작용
동기전동기	교차 자화작용	증자작용	감자작용

[답] ①

11 일정 전압으로 운전하는 직류전동기의 손실이 $x + yI^2$으로 될 때 어떤 전류에서 효율이 최대가 되는가? (단, x, y는 정수이다.)

① $I = \sqrt{\dfrac{x}{y}}$ ② $I = \sqrt{\dfrac{y}{x}}$
③ $I = \dfrac{x}{y}$ ④ $I = \dfrac{y}{x}$

해 설 ★★★

직류전동기 최대효율 조건
최대효율 조건 : 철손 $P_i[\text{W}]$ = 동손 $P_c[\text{W}]$,
$x = yI^2$ 조건에서 $I = \sqrt{\dfrac{x}{y}}$

[답] ①

12 T-결선에 의하여 3,300[V]의 3상으로부터 200[V], 40[kVA]의 전력을 얻는 경우 T좌 변압기의 권수비는 약 얼마인가?

① 10.2 ② 11.7
③ 14.3 ④ 16.5

해설 ★★★

변압기 결선법
T좌 변압기 권수비 :
$$a = \frac{\frac{\sqrt{3}}{2}V_1}{V_2} = \frac{\frac{\sqrt{3}}{2} \times 3,300}{200} = 14.3$$

[답] ③

13 유도전동기 슬립 s의 범위는?

① 1 < s ② s < -1
③ -1 < s < 0 ④ 0 < s < 1

해설 ★★★★★

유도전동기 슬립(s)
회전자계의 회전수와 회전자 회전수의 차이
1) 유도전동기 : 0 < s < 1
2) 유도발전기 : s < 0
 ($n_s < n$, 유도전동기로서는 기동 불가)
3) 유도제동기 : 1 < s < 2

[답] ④

14 전기자 총 도체수 500, 6극, 중권의 직류 전동기가 있다. 전기자 전 전류가 100[A]일 때의 발생 토크는 약 몇 [kg·m]인가? (단, 1극당 자속수는 0.01[wb]이다.)

① 8.12 ② 9.54
③ 10.25 ④ 11.58

해설 ★★★★★

직류 전동기 토크
1) $\tau = \frac{P}{w} = \frac{EI_a}{2\pi n} = \frac{pz\phi I_a}{2\pi a}$ [N·m],
 (중권 : $a = p$)
2) $\tau = \frac{pz\phi I_a}{2\pi a \times 9.8}$
$= \frac{6 \times 0.01 \times 500 \times 100}{2 \times 3.14 \times 6 \times 9.8}$
$= 8.12$[kg·m]

[답] ①

15 3상 동기발전기 각 상의 유기기전력 중 제3고조파를 제거하려면 코일간격/극간격을 어떻게 하면 되는가?

① 0.11 ② 0.33
③ 0.67 ④ 1.34

해설 ★★★

동기발전기 단절계수
1) 3고조파 단절계수 :
 $K_p = \sin\frac{3\beta\pi}{2} = 0$이 될 때 3고조파가 제거
2) $\beta = 0, \frac{2}{3}$일 때 $\sin\theta$ 값이 영이 되고,
 $\beta < 1$보다 작고 1에 가까운 것이 좋다.

[답] ③

16 3상 유도전동기의 토크와 출력에 대한 설명으로 옳은 것은?

① 속도에 관계가 없다.
② 동일 속도에서 발생한다.
③ 최대출력은 최대토크보다 고속도에서 발생한다.
④ 최대토크가 최대출력보다 고속도에서 발생한다.

해 설 ★★★★

유도전동기 최대토크와 최대출력 발생 슬립

1) 최대토크 : $s_t = \dfrac{r_2^2}{x_1+x_2'} \fallingdotseq \dfrac{r_2^2}{x_2'}$,

  최대출력 : $s_p \fallingdotseq \dfrac{r_2'}{r_2'+z}$

2) $\dfrac{r_2'}{x_2'} > \dfrac{r_2'}{r_2'+z}$, $s_p < s_t$

3) 최대출력을 내는 슬립이 최대토크 슬립보다 작으므로 최대 출력 시 속도가 더 고속도이다.

[답] ③

17 단자전압 220[V], 부하전류 48[A], 계자전류 2[A], 전기자 저항 0.2[Ω]인 직류분권발전기의 유도기전력[V]은? (단, 전기자 반작용은 무시한다.)

① 210　② 220
③ 230　④ 240

해 설 ★★★★★

직류 발전기 유기기전력

1) $E = \dfrac{z}{a}p\phi n$[V], $E \propto \phi n \propto I_f n$[V],

  $E = V + I_a r_a$[V]

2) 분권발전기 : $I_a = I + I_f = 48 + 2 = 50$[A],

  $E = V + I_a r_a = 220 + 50 \times 0.2 = 230$[V]

[답] ③

18 200[kW], 200[V]의 직류 분권발전기가 있다. 전기자 권선의 저항이 0.025[Ω]일 때 전압변동률은 몇 [%]인가?

① 6.0　② 12.5
③ 20.5　④ 25.0

해 설 ★★★★★

직류 분권발전기 전압 변동률

1) $\varepsilon = \dfrac{V_0 - V}{V} \times 100 = \dfrac{E - V}{V} \times 100$[%],

  $I_a = I + I_f$[A], $E = V + I_a r_a$[V]

2) $I = \dfrac{P}{V} = \dfrac{200 \times 10^3}{200} = 1,000$[A]

3) $\varepsilon = \dfrac{E - V}{V} \times 100 = \dfrac{I_a r_a}{V} \times 100$[%]

  $= \dfrac{1,000 \times 0.025}{200} \times 100 = 12.5$[%]

[답] ②

19 동기발전기에서 전기자 전류를 I, 역률을 $\cos\theta$라 하면 횡축 반작용을 하는 성분은?

① $I\cos\theta$　② $I\cot\theta$
③ $I\sin\theta$　④ $I\tan\theta$

해 설 ★★★

동기발전기 전기자 반작용

1) 횡축 반작용 : 위상차가 θ일 때 $I\cos\theta$는 기전력과 동상인 성분
2) 직축 반작용 : 위상차가 θ일 때 $I\sin\theta$는 기전력과 앞서거나 뒤진 성분

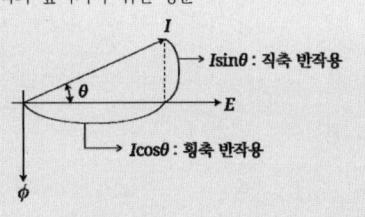

[답] ①

20 단상 유도전동기와 3상 유도전동기를 비교했을 때 단상 유도전동기의 특징에 해당되는 것은?

① 대용량이다.
② 중량이 작다.
③ 역률, 효율이 좋다.
④ 기동장치가 필요하다.

해 설 ★★★
단상 유도전동기는 기동 시 토크가 영이므로, 기동장치가 필요하다.

[답] ④

제 2 회   전기(공사)산업기사 필기시험

1 자극수 4, 전기자 도체수 50, 전기자저항 0.1[Ω]의 중권 타여자전동기가 있다. 정격전압 105[V], 정격전류 50[A]로 운전하던 것을 전압 106[V] 및 계자회로를 일정히 하고, 무부하로 운전했을 때 전기자전류가 10[A]이라면 속도변동률[%]은?
(단, 매극의 자속은 0.05[wb]라 한다.)

① 3   ② 5   ③ 6   ④ 8

해 설 ★

직류 타여자전동기 속도변동률
1) 직류전동기 속도 : $n = k\dfrac{E}{\phi}$[rps]에서 속도와 역기전력은 비례 관계
2) $V = 105$[V]일 때, 타여자전동기 역기전력
   $E = V - I_a r_a = 105 - 50 \times 0.1 = 100$[V]
3) 회전속도 :
   $E = \dfrac{z}{a}p\phi n \rightarrow 100 = \dfrac{50}{4} \times 4 \times 0.05 \times n$ 에서
   $n = 40$[rps]
4) $V' = 106$[V]일 때,
   $E' = 106 - 10 \times 0.1 = 105$[V]
5) 회전속도 : $100 : 105 = 40 : n_0 \rightarrow n_0 = 42$[rps]
6) $\varepsilon = \dfrac{n_0 - n}{n} \times 100 = \dfrac{42 - 40}{40} \times 100 = 5$[%]

[답] ②

2 동기발전기의 권선을 분포권으로 하면?

① 난조를 방지한다.
② 파형이 좋아진다.
③ 권선의 리액턴스가 커진다.
④ 집중권에 비하여 합성 유도 기전력이 높아진다.

해 설 ★★★★★

동기발전기 분포권
1) 고조파가 제거되어 파형이 좋아진다.
2) 누설 리액턴스가 작다.
3) 열발산이 빠르다.
4) 집중권에 비하여 유기기전력은 작다.

[답] ②

3 직류 분권발전기가 운전 중 단락이 발생하면 나타나는 현상으로 옳은 것은?

① 과전압이 발생한다.
② 계자저항선이 확립된다.
③ 큰 단락전류로 소손된다.
④ 작은 단락전류가 흐른다.

해 설 ★★

분권발전기를 운전 중 단락되면 부하저항이 0이 되므로, 전기자전류가 부하 쪽으로 다 흐른다. 그러므로 계자에 흐르는 전류는 0이 되므로 계자에서 자속이 발생되지 않으므로 유기기전력이 0이 되므로 단락전류가 거의 흐르지 않는다.

[답] ④

4 단락비가 큰 동기발전기에 대한 설명 중 틀린 것은?

① 효율이 나쁘다.
② 계자전류가 크다.
③ 전압변동률이 크다.
④ 안정도와 선로 충전용량이 크다.

해설 ★★★★★

동기발전기 단락비 (철크, 동작)
1) 단락비 : 부하 측을 단락 또는 개방한 경우에 각각 정격전류, 전압을 유지하기 위한 계자전류비
2) 단락비가 큰 동기기는 안정도가 좋고, 전압변동이 작고, 전기자 반작용도 작으나 구조가 커서 가격이 비싸다.
3) 출력이 증대되어 송전선로의 충전용량도 증가된다.

[답] ③

5 어떤 변압기의 부하역률이 60[%]일 때 전압변동률이 최대라고 한다. 지금 이 변압기의 부하역률이 100[%]일 때 전압변동률을 측정했더니 3[%]였다. 이 변압기의 부하역률이 80[%]일 때 전압변동률은 몇 [%]인가?

① 2.4　　② 3.6
③ 4.8　　④ 5.0

해설 ★★★★★

변압기 전압 변동률
1) $\epsilon = \sqrt{p^2+q^2}\left(\dfrac{p}{\sqrt{p^2+q^2}}\cos\theta + \dfrac{q}{\sqrt{p^2+q^2}}\sin\theta\right)[\%]$
2) $\cos\theta = 1 \rightarrow \epsilon = p = 3[\%]$
3) 최대 시 역률 $\cos\theta = \dfrac{p}{\sqrt{p^2+q^2}} = 0.6$에 $p=3$을 대입하면 $q=4[\%]$
4) $\epsilon = p\cos\theta + q\sin\theta$
　　$= 3 \times 0.8 + 4 \times 0.6 = 4.8[\%]$

[답] ③

6 직류발전기에서 기하학적 중성축과 각도 θ만큼 브러시의 위치가 이동되었을 때 감자 기자력[AT/극]은? (단, $K = \dfrac{I_a Z}{2Pa}$)

① $K\dfrac{\theta}{\pi}$　　② $K\dfrac{2\theta}{\pi}$
③ $K\dfrac{3\theta}{\pi}$　　④ $K\dfrac{4\theta}{\pi}$

해설 ★★

직류기 전기자 반작용 (감자 기전력)
매극당 감자 기자력 :
$AT_d = \dfrac{z}{2p}\dfrac{I_a}{a}\dfrac{2\alpha}{180}[\text{AT/pole}]$
$= K\dfrac{2\theta}{\pi}[\text{AT/pole}]$

[답] ②

7 동기 주파수변환기의 주파수 f_1 및 f_2 계통에 접속되는 양극을 P_1, P_2라 하면 다음 어떤 관계가 성립되는가?

① $\dfrac{f_1}{f_2} = P_2$　　② $\dfrac{f_1}{f_2} = \dfrac{P_2}{P_1}$
③ $\dfrac{f_1}{f_2} = \dfrac{P_1}{P_2}$　　④ $\dfrac{f_2}{f_1} = P_1 \cdot P_2$

해설 ★★

동기 주파수변환기
$N_s = \dfrac{120f}{p}$ 에서 $f \propto p$ 비례관계

[답] ③

8 다음은 직류 발전기의 정류곡선이다. 이 중에서 정류 말기에 정류의 상태가 좋지 않은 것은?

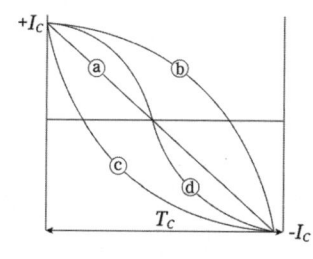

① ⓐ   ② ⓑ   ③ ⓒ   ④ ⓓ

| 해 설 | ★★★ |

직류발전기 정류곡선
1) ⓐ 직선전류 : 이상적인 정류
2) ⓑ 부족정류 : 정류말기에 브러시 후단부에서 불꽃이 발생
3) ⓒ 과정류 : 정류초기에 브러시 전단부에서 불꽃이 발생
4) ⓓ 정현정류 : 불꽃이 발생하지 않음

[답] ②

9 직류전압의 맥동률이 가장 작은 정류회로는? (단, 저항부하를 사용한 경우이다.)

① 단상 전파   ② 단상 반파
③ 3상 반파   ④ 3상 전파

| 해 설 | ★★★ |

정류기 전압 맥동률
1) 맥동률 : $\gamma = \dfrac{교류분전압}{직류분전압} \times 100 \, [\%]$
2) 상수가 클수록 맥동률이 작다.
   (맥동 주파수는 증가)

종 류	단상 반파	단상 전파	3상 반파	3상 전파
맥동률	121[%]	48[%]	17[%]	4[%]

[답] ④

10 권선형 유도전동기의 저항제어법의 장점은?

① 부하에 대한 속도변동이 크다.
② 역률이 좋고, 운전효율이 양호하다.
③ 구조가 간단하며, 제어조작이 용이하다.
④ 전부하로 장시간 운전하여도 온도 상승이 적다.

| 해 설 | ★★★ |

권선형 유도전동기 속도제어 방식
1) 권선형 : 2차 저항, 2차 여자전압, 종속법 방식
2) 2차 저항제어 : 구조가 간단하고 제어조작이 용이하고, 속도변동이 크고, 역률과 효율이 나쁘다.

[답] ③

11 권선형 유도전동기에서 비례추이를 할 수 없는 것은?

① 토크   ② 출력
③ 1차 전류   ④ 2차 전류

| 해 설 | ★★★★★ |

권선형 유도전동기 특징
1) 비례추이 : $\dfrac{r_2}{s} = \dfrac{r_2 + R}{s'}$,
   최대토크 : $\tau_{\max} = \dfrac{E_2^2}{2x_2} [\text{N} \cdot \text{m}]$
2) 비례추이 할 수 없는 것 : 출력, 효율, 2차 동손

[답] ②

12 직류 직권전동기의 속도제어에 사용되는 기기는?

① 초퍼 ② 인버터
③ 듀얼 컨버터 ④ 사이클로 컨버터

해설 ★★★

전력 변환 기기의 종류
1) 컨버터 : 교류(AC)를 직류(DC)로 변환하는 장치
2) 인버터 : 직류(DC)를 교류(AC)로 변환하는 장치
3) 초퍼 : 직류(DC)를 직류(DC)로 직접 제어하는 장치
4) 사이클로 컨버터 : 교류(AC)를 교류(AC)로 주파수 변환하는 장치

[답] ①

13 6극 유도전동기의 고정자 슬롯(slot)홈 수가 36이라면 인접한 슬롯 사이의 전기각은?

① 30[°] ② 60[°]
③ 120[°] ④ 180[°]

해설 ★★★

전기각 & 기계각
1) 전기적인 각 = 기하학적인 각 $\times \frac{p}{2}$

$= 2\pi \times \frac{6}{2} = 6\pi$

2) 슬롯과 슬롯 사이 전기적인 각 $= \frac{6 \times \pi}{36} = 30[°]$

[답] ①

14 그림은 복권발전기의 외부특성곡선이다. 이 중 과복권을 나타내는 곡선은?

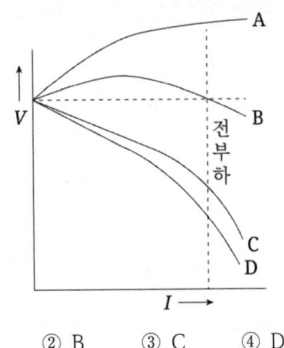

① A ② B ③ C ④ D

해설 ★★

복권발전기 외부특성곡선
A : 과복권, B : 평복권, C : 부족복권, D : 차동복권

[답] ①

15 누설 변압기에 필요한 특성은 무엇인가?

① 수하특성 ② 정전압특성
③ 고저항특성 ④ 고임피던스특성

해설 ★★★

누설 변압기
1) 2차 전류가 증가하면 누설자속이 증가하여 누설 리액턴스가 증가하므로 2차 기전력이 감소한다.
2) 수하특성을 갖는 변압기로 용접기, 온용변압기, 수은등변압기에 이용된다.

[답] ①

16 단상변압기 3대를 이용하여 △-△결선 하는 경우에 대한 설명으로 틀린 것은?

① 중성점을 접지할 수 없다.
② Y-Y결선에 비해 상전압이 선간전압의 $\frac{1}{\sqrt{3}}$ 배이므로 절연이 용이하다.
③ 3대 중 1대에서 고장이 발생하여도 나머지 2대로 V결선하여 운전을 계속할 수 있다.
④ 결선 내에 순환전류가 흐르나 외부에는 나타나지 않으므로 통신장애에 대한 염려가 없다.

해설 ★★★★★

변압기 결선방식 (△-△)
1) 중성점을 접지할 수 없다.
2) Y-Y결선에 비하여 선간전압과 상전압이 같으므로 절연에 불리하다.
3) 한 대가 소손되더라도 계속하여 V-V결선으로 운전이 가능하다.
4) 여자전류에 3고조파전류가 흐르므로 3고조파가 발생하지 않는다.

[답] ②

17 직류 전동기의 속도제어 방법에서 광범위한 속도제어가 가능하며, 운전효율이 가장 좋은 방법은?

① 계자제어   ② 전압제어
③ 직렬 저항제어   ④ 병렬 저항제어

해설 ★★★★★

직류 전동기 속도제어
1) 제어방식 : 전압제어(정토크제어), 계자제어(정출력 제어), 저항제어
2) 전압제어 : 효율이 가장 좋고, 광범위한 속도제어가 가능하며 정토크 제어 방식(워드 레오나드 방식, 일그너 방식)

[답] ②

18 200[V]의 배전선 전압을 220[V]로 승압하여 30[kVA]의 부하에 전력을 공급하는 단권변압기가 있다. 이 단권변압기의 자기 용량은 약 몇 [kVA]인가?

① 2.73   ② 3.55
③ 4.26   ④ 5.25

해설 ★★★★

단권변압기 자기용량과 부하용량
1) 자기용량(단권변압기 용량) = $(V_2 - V_1)I_2$,
   부하용량(2차 출력) = $V_2 I_2$
2) $\frac{\text{자기용량}}{\text{부하용량}} = \frac{V_h - V_l}{V_h}$,
   $\frac{\text{자기용량}}{30} = \frac{220-200}{220}$,
   자기용량 = 2.73[kVA]

[답] ①

19 동기발전기의 단락 시험, 무부하 시험에서 구할 수 없는 것은?

① 철손   ② 단락비
③ 동기리액턴스   ④ 전기자 반작용

해설 ★★★

변압기 시험
1) 단락 시험 : 동손(임피던스 와트), 임피던스 전압, 전압변동률
2) 무부하 시험 : 철손, 여자전류, 여자어드미턴스

[답] ④

20 유도전동기에서 공간적으로 본 고정자에 의한 회전자계와 회전자에 의한 회전자계는?

① 항상 동상으로 회전한다.
② 슬립만큼의 위상각을 가지고 회전한다.
③ 역률각만큼의 위상각을 가지고 회전한다.
④ 항상 180[°]만큼의 위상각을 가지고 회전한다.

해 설 ★★★

유도전동기 회전자계와 회전자
1) 회전자주파수 $= sf_1[\text{Hz}]$에 대한 속도는 sN_s이다.
2) 회전자의 회전자계속도는 회전자속도와 회전자주파수 속도의 합이다.
3) 회전자전류에 의한 회전자계의
   속도 $= (1-s)N_s + sN_s = N_s$이므로,
   고정자에 의한 회전자계속도와 같으므로 동상이다.

[답] ①

제 4 회 전기공사산업기사 필기시험

1 전기자권선과 계자권선이 병렬로만 연결된 직류기는?

① 직권　　② 분권
③ 복권　　④ 타여자

해 설 ★★★

직류분권발전기는 전기자권선과 계자권선이 병렬로 접속되어 있다.

[답] ②

2 1,732/200[V] 단상변압기의 고압 측에서 여자전류는 $i_o = 3\sin\omega t + 0.8\sin(3\omega t + a)$ [A]로 표시된다. 이 변압기 3대를 Y-△결선 하여 고압 측에 $\sqrt{3} \times 1,732 ≒ 3,000[V]$를 가할 때 저압 측 무부하 △결선 내 순환전류의 실효값은 약 몇 [A]인가?

① 2.85　　② 3.44
③ 4.89　　④ 6.93

해 설 ★

△결선에 흐르는 순환전류
1) 3고조파 순환전류이므로 이에 대한 실효값
$I_1 = \dfrac{0.8}{\sqrt{2}} = 0.565$
2) 저압 측(2차 측) 실효값 $= I_2 = aI_1$
$= 0.565 \times \dfrac{1,732}{200}$
$= 4.89$

[답] ③

3 1차 전압과 2차 전압 사이의 위상이 같도록 설계된 유도전압조정기는?

① 회전변류기
② 3상 유도전압조정기
③ 대각 유도전압조정기
④ 단상 유도전압조정기

해 설 ★★

3상 유도전압조정기
1차와 2차가 위상차가 존재하므로 1차와 2차가 위상이 같도록 설계된 유도전압조정기는 대각 유도전압조정기이다.

[답] ③

4 변압기의 철손이 P_i[kW], 전부하동손이 P_c[kW]일 때, 정격출력의 $\dfrac{1}{m}$인 부하를 걸었을 때 전손실[kW]은?

① $P_i + P_c(\dfrac{1}{m})$　　② $P_i + (\dfrac{1}{m})^2 P_c$
③ $(P_i + P_c)(\dfrac{1}{m})^2$　　④ $P_i(\dfrac{1}{m}) + P_c$

해 설 ★★★★★

변압기 최대효율 조건
1) 최대효율 조건 : 철손 P_i[W] = 동손 P_c[W]
2) 철손은 부하가 변화하더라도 항상 일정하며 동손은 부하전류의 제곱에 비례
3) 전손실 $= P_i + (\dfrac{1}{m})^2 P_c$

[답] ②

5 3상 유도전동기의 기계적 출력 P[kW], 슬립 s[%]로 운전할 때 2차 동손[kW]은?

① $(\dfrac{1-s}{s})P$ ② $(\dfrac{s}{1-s})P$

③ $(\dfrac{1+s}{s})P$ ④ $(\dfrac{s}{1+s})P$

| 해 설 | ★★★★★ |

유도전동기 슬립(s) 특성
1) 출력(P_0) : $P_0 = (1-s)P_2$ 에서
$$P_2(2\text{차 입력}) = \dfrac{P}{1-s}$$
2) 2차 동손(P_{c2}) :
$$P_{c2} = sP_2[W] = (\dfrac{s}{1-s})P[W]$$

[답] ②

6 교류기에서 분포권이란 매극 매상의 홈(slot) 수가 몇 개인 것을 말하는가?

① 1개 이상   ② 2개 이상
③ 3개 이상   ④ 4개 이상

| 해 설 | ★★★★ |

동기발전기 권선법
1) 집중권 : 매극 매상의 도체수가 한 슬롯에 집중 시켜서 권선하는 방식으로 매극 매상의 슬롯수 도 한 개이다.
2) 분포권 : 매극 매상의 도체수가 2개 이상의 슬 롯에 분포시켜 권선하는 방식으로 고조파 감소, 파형 개선, 누설리액턴스 감소, 유기기전력 감소

[답] ②

7 비례추이와 관계가 있는 전동기는?

① 동기전동기
② 정류자 전동기
③ 3상 농형 유도전동기
④ 3상 권선형 유도전동기

| 해 설 | ★★★★★ |

권선형 유도전동기 특징
1) 비례추이 : $\dfrac{r_2}{s} = \dfrac{r_2 + R}{s'}$,

최대토크 : $\tau_{max} = \dfrac{E_2^2}{2x_2}[N \cdot m]$

2) 2차 권선저항(r_2)을 증가시키면 외부저항(R) 삽입, 속도는 감소
3) 최대토크는 2차 저항과 관계없이 항상 일정

[답] ④

8 병렬운전을 하고 있는 두 대의 3상 동기발 전기 사이에 무효순환전류가 흐르는 것은 두 발전기의 기전력이 어떠할 때인가?

① 기전력의 위상이 다를 때
② 기전력의 파형이 다를 때
③ 기전력의 크기가 다를 때
④ 기전력의 주파수가 다를 때

| 해 설 | ★★★★★ |

동기발전기 병렬운전 조건
1) 기전력의 크기, 위상, 주파수, 파형, 상회전 방 향이 같을 것
2) 두 발전기의 기전력의 크기가 같지 않게 되어 무효순환전류가 흐르게 된다.
3) 대책 : 여자 전류 조정
(여자전류 증가 → 발전기 역률저하)

[답] ③

9 단상 전파정류회로에서 출력전압의 맥동률은 약 얼마인가? (단, 저항부하일 경우이다.)

① 0.17 ② 0.34
③ 0.48 ④ 0.90

해 설 ★★★

정류기 전압 맥동률
1) 맥동률 : $\gamma = \dfrac{\text{교류분전압}}{\text{직류분전압}} \times 100\,[\%]$
2) 상수가 클수록 맥동률이 작다.
 (맥동 주파수는 증가)

종 류	단상 반파	단상 전파	3상 반파	3상 전파
맥동률	121[%]	48[%]	17[%]	4[%]

[답] ③

10 동기전동기의 기동법으로 옳은 것은?

① 자기기동법, 직류초퍼법
② 계자제어법, 저항제어법
③ 자기기동법, 기동전동기법
④ 직류초퍼법, 기동전동기법

해 설 ★★★

동기전동기 기동법
1) 자기동법 : 제동권선을 이용 기동하는 방식, 기동 시 회전자계에 의해서 계자권선에 고압이 유기되어 절연이 파괴할 우려가 있으므로 계자권선을 단락시킨다.
2) 기동 전동기법 : 동기기보다 2극 적은 유도전동기를 이용 기동하는 방식

[답] ③

11 2중 농형 유도전동기에서 외측(회전자 표면에 가까운 쪽) 슬롯에 사용되는 전선에 대한 설명으로 적합한 것은?

① 누설 리액턴스가 작고 저항이 커야 한다.
② 누설 리액턴스가 크고 저항이 커야 한다.
③ 누설 리액턴스가 작고 저항이 작아야 한다.
④ 누설 리액턴스가 크고 저항이 작아야 한다.

해 설 ★★

특수 전동기
2중 농형 유도전동기 : 보통 농형에 비하여 기동 시 토크가 크고, 기동 전류가 작다.

[답] ①

12 단상 직권 정류자 전동기의 원리와 같은 전동기는?

① 직류 직권전동기
② 직류 분권전동기
③ 직류 가동복권전동기
④ 직류 차동복권전동기

해 설 ★★★★★

단상 직권 정류자 전동기(만능형 전동기)
1) 계자권선과 전기자 권선이 직렬로 연결되어 있는 전동기(직류·교류 모두 사용)로, 계자 철심은 성층 철심, 원통형 고정자 구조로 제작
2) 종류 : 직권형, 보상 직권형, 유도보상 직권형
3) 역률 개선 : 약계자, 강전기자 형, 회전속도 상승, 브러시 접촉저항 증가
4) 보상권선 설치 : 역률 개선, 전기자 반작용 억제, 누설 리액턴스 감소
5) 저항도선 설치 : 변압기 기전력에 의한 단락 전류 감소
6) 적용 : 기동 토크와 고속 회전수가 필요한 재봉틀, 소형공구, 치과 의료용 기기

[답] ①

13 직류전동기의 부하가 증가할 때 나타나는 현상으로 틀린 것은?

① 역기전력이 감소한다.
② 전동기의 속도가 떨어진다.
③ 전동기의 단자전압이 증가한다.
④ 전동기의 부하전류가 증가한다.

> **해설** ★★
>
> **직류전동기 부하 특성**
> 1) 직류전동기는 부하가 증가하면 부하전류가 증가하기 때문에 속도는 감소하고 역기전력도 감소한다.
> 2) 단자전압은 외부에서 전동기에 인가하는 전압으로 부하와는 무관하다.
> 3) 역기전력 : $E = V - I_a r_a$[V],
> 속도 : $n = k \dfrac{V - I_a r_a}{\phi}$
>
> [답] ③

14 단권변압기의 고압 측 전압을 V_1[V], 저압 측 전압을 V_2[V], 단권변압기의 자기용량을 P_n[kVA]이라 하면 부하용량[kVA]은?

① $\dfrac{V_2 - V_1}{V_1} P_n$ ② $\dfrac{V_2 - V_1}{V_2} P_n$

③ $\dfrac{V_1}{V_1 - V_2} P_n$ ④ $\dfrac{V_2}{V_1 - V_2} P_n$

> **해설** ★★★★★
>
> **단권변압기 자기용량과 부하용량**
> 1) 자기용량(단권변압기 용량) = $(V_2 - V_1) I_2$,
> 부하용량(2차 출력) = $V_2 I_2$
> 2) 3상 Y결선 : $\dfrac{자기용량}{부하용량} = \dfrac{V_h - V_l}{V_h}$
> 3) 단권변압기 : $\dfrac{자기용량}{부하용량} = \dfrac{V_1 - V_2}{V_1}$ 이므로
> 부하용량 = $\dfrac{V_1}{V_1 - V_2} P_n$
>
> [답] ③

15 3상 권선형 유도전동기의 속도제어를 위해서 2차 여자법을 사용하고자 할 때 그 방법은?

① 직류 전압을 3상 일괄해서 회전자에 가한다.
② 회전자에 저항을 넣어 그 값을 변화시킨다.
③ 회전자 기전력과 같은 주파수의 전압을 회전자에 가한다.
④ 1차 권선에 가해주는 전압과 동일한 전압을 회전자에 가한다.

> **해설** ★★★★★
>
> **권선형 유도전동기 속도제어 방식**
> 1) 권선형 : 2차 저항, 2차 여자전압, 종속법 방식
> 2) 2차 여자전압 제어 방식
>   ❶ 회전자에 슬립주파수전압을 인가시켜서 속도를 제어하는 방식
>   ❷ 동기속도 이상으로 속도 제어가 가능, 역률도 개선 가능
>
> [답] ③

16 3상 동기발전기의 여자전류 5[A]에 대한 1상의 유기기전력이 600[V]이고 3상 단락전류는 30[A]이다. 이 발전기의 동기임피던스[Ω]는 얼마인가?

① 2   ② 3
③ 20 ④ 30

> **해설** ★★★
>
> **동기임피던스**
> 동기발전기 3상 단락전류 $I_s = \dfrac{E}{Z_s}$[A]에서
> $Z_s = \dfrac{E}{I_s} = \dfrac{600}{30} = 20$[Ω]
>
> [답] ③

17 동기발전기의 부하에 커패시터를 설치하여 앞서는 전류가 흐르고 있을 때 발생하는 현상으로 옳은 것은?

① 편자 작용　　② 속도 상승
③ 단자전압 강하　④ 단자전압 상승

해설 ★★

동기발전기에 캐패시터를 접속하면 발전기 전류가 진상전류가 되므로 단자전압이 상승하고, 자기여자 현상이 일어나며, 전기자반작용 현상은 증자작용이 일어난다.

[답] ④

18 %임피던스 강하가 4[%]인 변압기가 운전 중 단락되었을 때 단락전류는 정격전류의 몇 배가 흐르는가?

① 15　　② 20　　③ 25　　④ 30

해설 ★★★★★

%Z, 퍼센트 임피던스(강하), z

1) $\%Z = \dfrac{I_n \times Z}{V_n} \times 100[\%] = \dfrac{PZ}{10V^2}[\%]$,

　$\%Z = \dfrac{I_n}{I_s} \times 100[\%]$

2) $\%Z = \dfrac{I_n}{I_s}$ 에서 $I_s = \dfrac{1}{0.04} I_n = 25 I_n$

[답] ③

19 유도전동기의 회전력에 대하여 옳게 설명한 것은?

① 단자전압에 비례
② 단자전압과 관계없음
③ 단자전압 2승에 비례
④ 단자전압 3승에 비례

해설 ★★★★★

유도전동기 토크 특성
1) 토크와 2차 입력 P_2는 정비례 :
$\tau = P_2 = E_2 I_2 \cos\theta_2 [W]$,

$\tau = \dfrac{E_2^2 \dfrac{r_2}{s}}{(\dfrac{r_2}{s})^2 + x_2^2}[N \cdot m]$

2) 토크는 전압 2승에 비례 : $\tau \propto V^2$

[답] ③

20 전력변환기 중 정류기, 위상제어정류기, 초퍼로 구동할 수 있는 회전기기는?

① 유도전동기　　② 동기전동기
③ 직류전동기　　④ 리니어전동기

해설 ★★

전력변환기 중 정류기, 위상제어정류기, 초퍼 등은 직류전동기로 구동

[답] ③

• 전기공사산업기사 필기 | 전기기기

2020년 기출문제

제 1, 2 회 전기(공사)산업기사 필기시험

1 임피던스 강하가 5[%]인 변압기가 운전 중 단락되었을 때 그 단락전류는 정격전류의 몇 배인가?

① 20　② 25　③ 30　④ 35

해설 ★★★★★

%Z, 퍼센트 임피던스(강하), z

1) $\%Z = \dfrac{I_n \times Z}{V_n} \times 100[\%] = \dfrac{PZ}{10V^2}[\%]$,

　$\%Z = \dfrac{I_n}{I_s} \times 100[\%]$

2) $I_s = \dfrac{I_n}{\%Z} = \dfrac{I_n}{0.05} = 20I_n[\text{A}]$

[답] ①

2 변압기의 임피던스와트와 임피던스전압을 구하는 시험은?

① 부하 시험　② 단락 시험
③ 무부하 시험　④ 충격전압 시험

해설 ★★★★★

%Z, 퍼센트 임피던스(강하) : 임피던스 전압
1) 변압기 2차 측을 단락시킨 다음 1차 측에 정격 전류가 흐를 때까지 인가하는 전압으로, 정격 전류가 흐를 때 변압기내의 전압강하
2) 단락 시험 : 동손, 임피던스 전압, 전압변동률

[답] ②

3 수은 정류기에 있어서 정류기의 밸브작용이 상실되는 현상을 무엇이라고 하는가?

① 통호　② 실호
③ 역호　④ 점호

해설 ★★★

수은 정류기 역호
전류가 거꾸로 양극에 흘러 들어가 밸브작용이 없어져서 정류기로서의 기능을 상실

[답] ③

4 8극, 유도기전력 100[V], 전기자전류 200[A]인 직류발전기의 전기자권선을 중권에서 파권으로 변경했을 경우의 유도기전력과 전기자전류는?

① 100[V], 200[A] ② 200[V], 100[A]
③ 400[V], 50[A]   ④ 800[V], 25[A]

해 설 ★★★★★

직류 발전기 유기기전력
1) $E = \dfrac{z}{a} p\phi n$ [V], $E \propto \phi n \propto I_f n$ [V],
   $E = V + I_a r_a$ [V]
2) 전기자권선 중권인 경우 :
   $E = \dfrac{z}{8} \times 8 \times \phi \times n = 100$ [V],
   $k = z\phi n = 100$,
   중권 $a = p = 8$
3) 전기자권선 파권인 경우 :
   $E = \dfrac{z}{2} \times 8 \times \phi \times n = 4z\phi n$
   $= 4 \times 100 = 400$ [V],
   파권 $a = 2$, $p = 8$
4) $E \propto \dfrac{1}{I}$, 파권의 전기자전류 $I = \dfrac{200}{4} = 50$ [A]

[답] ③

5 기동 시 정류자의 불꽃으로 라디오의 장해를 주며 단락장치의 고장이 일어나기 쉬운 전동기는?

① 직류 직권전동기
② 단상 직권전동기
③ 반발기동형 단상유도전동기
④ 셰이딩코일형 단상유도전동기

해 설 ★

반발기동형 단상유도전동기
고정자에는 단상의 주 권선이 감겨 있고 회전자에는 직류 전동기의 전기자와 비슷한 권선과 Slip ring과 브러시로 구성되어 있다.

[답] ③

6 어떤 공장에 뒤진 역률 0.8인 부하가 있다. 이 선로에 동기조상기를 병렬로 결선해서 선로의 역률을 0.95로 개선하였다. 개선 후 전력의 변화에 대한 설명으로 틀린 것은?

① 피상전력과 유효전력은 감소한다.
② 피상전력과 무효전력은 감소한다.
③ 피상전력은 감소하고 유효전력은 변화가 없다.
④ 무효전력은 감소하고 유효전력은 변화가 없다.

해 설 ★★★★★

동기조상기 역률 개선
동기조상기를 병렬로 결선해서 선로의 역률 개선 후 피상전력과 유효전력은 감소한다.

[답] ①

7 직류발전기의 병렬운전에서 균압모선을 필요로 하지 않는 것은?

① 분권발전기   ② 직권발전기
③ 평복권발전기   ④ 과복권발전기

해 설 ★★★★★

직류 발전기 병렬운전 조건
1) 극성과 단자 전압이 같고, 외부 특성이 수하특성일 것
2) 직권·복권발전기는 수하특성을 갖지 못하므로 균압선(환)을 설치
3) 직권계자를 가지고 있는 기기는 균압모선이 필요

[답] ①

8 3상 동기기의 제동권선을 사용하는 주목적은?

① 출력이 증가한다.
② 효율이 증가한다.
③ 역률을 개선한다.
④ 난조를 방지한다.

해설 ★★★

동기기 제동권선 역할
1) 난조의 방지
2) 불평형 부하 시에 전류, 전압 파형의 개선
3) 송전선의 불평형 단락 시에 이상 전압의 방지
4) 기동 토크의 발생

[답] ④

9 동기기의 과도 안정도를 증가시키는 방법이 아닌 것은?

① 속응 여자 방식을 채용한다.
② 동기 탈조계전기를 사용한다.
③ 동기화 리액턴스를 작게 한다.
④ 회전자의 플라이휠 효과를 작게 한다.

해설 ★★★★

동기기(발전기) 안정도
1) 단락비를 크게 한다.
2) 속응 여자 방식을 사용한다.
3) 동기 임피던스를 작게 한다.
4) 회전자의 플라이휠 효과를 크게 한다.
5) 정상분은 작고, 영과 역상분이 크게 한다.

[답] ④

10 전기자저항과 계자저항이 각각 0.8[Ω]인 직류 직권전동기가 회전수 200[rpm], 전기자전류 30[A]일 때 역기전력은 300[V]이다. 이 전동기의 단자전압을 500[V]로 사용한다면 전기자전류가 위와 같은 30[A]로 될 때의 속도[rpm]는? (단, 전기자 반작용, 마찰손, 풍손 및 철손은 무시한다.)

① 200　　② 301
③ 452　　④ 500

해설 ★★

직류 전동기 역기전력
1) $E = \dfrac{z}{a}p\phi n\,[V]$,
$V = E - I_a(r_a + r_f)[V] \rightarrow E \propto n$
2) $V = E - I_a(r_a + r_f)$
$= 300 - 30 \times (0.8 + 0.8) = 252\,[V]$
3) 단자전압 500[V] 인가한 경우 :
$500 = E - 30 \times (0.8 + 0.8)\,[V]$
$\rightarrow E = 452\,[V]$
4) $E \propto n,\ 300 : 452 = 200 : N'$,
$N' = 301.33\,[rpm]$

[답] ②

11 SCR에 대한 설명으로 옳은 것은?

① 증폭기능을 갖는 단방향성 3단자 소자이다.
② 제어기능을 갖는 양방향성 3단자 소자이다.
③ 정류기능을 갖는 단방향성 3단자 소자이다.
④ 스위칭기능을 갖는 양방향성 3단자 소자이다.

해설 ★★

SCR 특징
1) 사이리스터 중에서 PNPN 4층으로 되어 게이트 단자를 갖는 실리콘반도체 제어정류소자
2) 단일방향성 3단자 반도체 소자

[답] ③

12 전압비 3,300/110[V], 1차 누설 임피던스 $Z_1 = 12 + j13[\Omega]$, 2차 누설 임피던스 $Z_2 = 0.015 + j0.013[\Omega]$인 변압기가 있다. 1차로 환산된 등가 임피던스[Ω]는?

① $22.7 + j25.5$ ② $24.7 + j25.5$
③ $25.5 + j22.7$ ④ $25.5 + j24.7$

해설 ★★★★

변압기 등가 1차 환산 (권수비 $= a$)
1) $Z_1 = a^2 Z_2$, $a^2 = \dfrac{Z_1}{Z_2} \left(a = \sqrt{\dfrac{Z_1}{Z_2}} \right)$, $a = 30$
2) 1차로 환산된 등가 임피던스 :
$Z_{21} = Z_1 + a^2 Z_2$
$= 12 + j13 + 30^2 (0.015 + j0.013)$
$= 25.5 + j24.7 [\Omega]$

[답] ④

13 직류 분권전동기의 정격전압 220[V], 정격전류 105[A], 전기자저항 및 계자회로의 저항이 각각 0.1[Ω] 및 40[Ω]이다. 기동전류를 정격전류의 150[%]로 할 때의 기동저항은 약 몇 [Ω]인가?

① 0.46   ② 0.92
③ 1.21   ④ 1.35

해설 ★★★★★

직류 분권전동기 기동전류
1) $V = E + I_a r_a [V]$에서 기동 시
 유기기전력 $E = 0[V]$,
 계자전류 $I_f = \dfrac{V}{r_f} = \dfrac{220}{40} = 5.5[A]$
2) 기동전류 : $I_s = \dfrac{V}{r_a + r_s}[A]$,
 정격전류 150[%] 제한
3) $r_s = \dfrac{V}{I_s} - r_a$
$= \dfrac{220}{(105 - 5.5) \times 1.5} - 0.1 = 1.374[\Omega]$

[답] ④

14 3상 유도전동기의 전원주파수와 전압의 비가 일정하고 정격속도 이하로 속도를 제어하는 경우 전동기의 출력 P와 주파수 f와의 관계는?

① $P \propto f$ ② $P \propto \dfrac{1}{f}$
③ $P \propto f^2$ ④ P는 f에 무관

해설 ★★★★★

유도전동기 토크 특성
전동기 토크 $\tau = 0.975 \dfrac{P_2}{N_s} [kg \cdot m]$,
$N_s = \dfrac{120f}{p} [rpm] \rightarrow P_2 \propto N_s \rightarrow P \propto f$

[답] ①

15 유도전동기의 주파수가 60[Hz]이고 전부하에서 회전수가 매분 1,164회이면 극수는? (단, 슬립은 3[%]이다.)

① 4   ② 6   ③ 8   ④ 10

해설 ★★★★★

유도전동기 속도(N)
$N = (1 - s) \dfrac{120f}{p}$
$= (1 - 0.03) \dfrac{120 \times 60}{p} = 1,164 [rpm]$,
극수 $p = 6$

[답] ②

16 단상 다이오드 반파정류회로인 경우 정류효율은 약 몇 [%]인가? (단, 저항부하인 경우이다.)

① 12.6 ② 40.6
③ 60.6 ④ 81.2

> **해 설** ★★★
> 정류회로 정류효율
> $$\eta = \frac{직류전력}{교류전력} = \frac{I_d^2 R}{I^2 R}$$
> $$= \left(\frac{I_d}{I}\right)^2 = \left(\frac{\frac{I_m}{\pi}}{\frac{I_m}{2}}\right)^2 = \left(\frac{2}{\pi}\right)^2 = 0.406$$
> 정류효율 40.6[%]
>
> [답] ②

17 동기발전기의 단자 부근에서 단락이 발생되었을 때 단락전류에 대한 설명으로 옳은 것은?

① 서서히 증가한다.
② 발전기는 즉시 정지한다.
③ 일정한 큰 전류가 흐른다.
④ 처음은 큰 전류가 흐르나 점차 감소한다.

> **해 설** ★★★
> 3상 동기발전기가 운전 시 단락되면 단락 초기에는 아주 큰 돌발단락전류가 흐르게 되며 약간 시간이 지나면 단락전류가 감소되어 지속단락전류로 계속 흐르게 된다. 단락 초기에 흐르는 돌발단락전류를 억제할 수 있는 것은 누설 리액턴스이다.
>
> [답] ④

18 변압기에서 1차 측의 여자 어드미턴스를 Y_0라고 한다. 2차 측으로 환산한 여자 어드미턴스 Y_0'을 옳게 표현한 식은? (단, 권수비를 a라고 한다.)

① $Y_0' = a^2 Y_0$ ② $Y_0' = a Y_0$
③ $Y_0' = \dfrac{Y_0}{a^2}$ ④ $Y_0' = \dfrac{Y_0}{a}$

> **해 설** ★★★★★
> 변압기 등가 1차 환산 (권수비 = a)
> $Z_1 = a^2 Z_2$, $a^2 = \dfrac{Z_1}{Z_2}\left(a = \sqrt{\dfrac{Z_1}{Z_2}}\right)$
> $\rightarrow \dfrac{1}{Y_0} = a^2 \dfrac{1}{Y_0'}$, $Y_0' = a^2 Y_0$
>
> [답] ①

19 3상 유도전동기의 전원 측에서 임의의 2선을 바꾸어 접속하여 운전하면?

① 즉각 정지된다.
② 회전방향이 반대가 된다.
③ 바꾸지 않았을 때와 동일하다.
④ 회전방향은 불변이나 속도가 약간 떨어진다.

> **해 설** ★★★★★
> 3상 유도전동기 전원
> 임의의 2선 접속 변경 : 회전자계 역회전으로 유도전동기 역토크 발생, 역회전 또는 역상제동
>
> [답] ②

20 8극, 50[kW], 3,300[V], 60[Hz]인 3상 권선형 유도전동기의 전부하 슬립이 4[%]라고 한다. 이 전동기의 슬립링 사이에 0.16[Ω]의 저항 3개를 Y로 삽입하면 전부하 토크를 발생할 때의 회전수[rpm]는? (단, 2차 각상의 저항은 0.04[Ω]이고, Y접속이다.)

① 660 ② 720
③ 750 ④ 880

해 설 ★★★★★

권선형 유도전동기 특징

1) 비례추이 : $\dfrac{r_2}{s} = \dfrac{r_2+R}{s'}$, $N_s = \dfrac{120f}{p}$ [rpm], $N = (1-s)N_s$ [rpm]

2) $\dfrac{r_2}{s} = \dfrac{r_2+R}{s'}$ → $\dfrac{0.04}{0.04} = \dfrac{0.04+0.16}{s'}$,
 $s' = 0.2$

3) $N = (1-s)N_s$ [rpm]
 → $N = (1-0.2)\dfrac{120 \times 60}{8} = 720$ [rpm]

[답] ②

제 3 회 전기(공사)산업기사 필기시험

1 돌극형 동기발전기에서 직축 리액턴스 x_d와 횡축 리액턴스 x_q는 그 크기 사이에 어떤 관계가 있는가?

① $x_d = x_q$ ② $x_d > x_q$
③ $x_d < x_q$ ④ $2x_d = x_q$

해설 ★★★

동기발전기 특성(돌극기)
1) 돌극기는 공극이 일정하지 않기 때문에 자기저항이 다르며, 반작용 리액턴스가 직축분과 횡축분으로 나누어짐
2) 직축반작용 리액턴스(x_d) > 횡축반작용 리액턴스(x_q)

[답] ②

2 어떤 정류기의 출력전압 평균값이 2,000[V]이고 맥동률이 3[%]이면 교류분은 몇 [V] 포함되어 있는가?

① 20 ② 30 ③ 60 ④ 70

해설 ★★★

리플 백분율 (맥동률, r)
1) $r = \dfrac{\text{출력전류(전압)에 포함된 교류성분의 실효값}}{\text{출력전류(전압)의 직류 평균값}} \times 100[\%]$

2) $0.03 = \dfrac{\text{출력전류(전압)에 포함된 교류성분의 실효값}}{2,000}$,

교류분 = $2,000 \times 0.03 = 60[\text{V}]$

[답] ③

3 직류기에서 전류용량이 크고 저전압 대전류에 가장 적합한 브러시 재료는?

① 탄소질   ② 금속 탄소질
③ 금속 흑연질 ④ 전기 흑연질

해설 ★★★★★

직류기 브러시
1) 탄소 브러시(carbon brush) : 전류용량이 적은 소형기, 저속기에 사용(직류기)
2) 전기흑연 브러시(electro graphite brush) : 접촉저항 및 마찰계수가 크므로 각종 기계에 광범위하게 사용
3) 금속흑연 브러시(metallic carbon brush) : 저전압, 대전류

[답] ③

4 동기발전기 종류 중 회전계자형의 특징으로 옳은 것은?

① 고주파 발전기에 사용
② 극소용량, 특수용으로 사용
③ 소요전력이 크고 기구적으로 복잡
④ 기계적으로 튼튼하여 가장 많이 사용

해설 ★★★★★

동기발전기 회전계자형 특징
1) 계자가 회전자, 저전압 소용량의 직류이므로 구조가 간단
2) 전기가자 고정자, 고전압 대전류 및 절연 유리
3) 전기자보다 계자극을 회전자로 하는 것이 구조가 간단 기계적 견고

[답] ④

5 전압비 a인 단상변압기 3대를 1차 △결선, 2차 Y결선으로 하고 1차에 선간전압 V[V]를 가했을 때 무부하 2차 선간전압[V]은?

① $\dfrac{V}{a}$ ② $\dfrac{a}{V}$

③ $\sqrt{3} \cdot \dfrac{V}{a}$ ④ $\sqrt{3} \cdot \dfrac{a}{V}$

해 설 ★★★★★

변압기 결선방식 △ - Y

1) 변압기 권수비 : $\dfrac{V_1}{V_2} = \dfrac{I_2}{I_1} = \dfrac{E_1}{E_2} = \dfrac{N_1}{N_2} = a$

2) 상전압을 E_2, E_1이라 하면 선간전압을 V_2, V_1이라 하면
   : $a = \dfrac{E_1}{E_2} = \dfrac{V_1}{\dfrac{V_2}{\sqrt{3}}}$ 에서 $V_2 = \sqrt{3}\dfrac{V_1}{a}$

3) 변압기 상전류를 I_{2p}, I_{1p}이라 하고 선전류를 I_2, I_1이라 하면
   : $a = \dfrac{I_{2p}}{I_{1p}} = \dfrac{I_2}{\dfrac{I_1}{\sqrt{3}}}$ $I_2 = \dfrac{a}{\sqrt{3}} I_1$

[답] ③

6 단상 및 3상 유도전압조정기에 대한 설명으로 옳은 것은?

① 3상 유도전압조정기에는 단락권선이 필요 없다.
② 3상 유도전압조정기의 1차와 2차 전압은 동상이다.
③ 단락권선은 단상 및 3상 유도전압조정기 모두 필요하다.
④ 단상 유도전압조정기의 기전력은 회전자계에 의해서 유도된다.

해 설 ★★★

단상 및 3상 유도전압조정기
1) 3상 유도전압조정기에는 단락권선이 필요 없다.
2) 1상 유도전압조정기의 1차와 2차 전압은 동상
3) 단락권선은 단상 유도전압조정기 필요
4) 단상 유도전압조정기의 기전력은 교번자계에 의해서 유도

[답] ①

7 12극과 8극인 2개의 유도전동기를 종속법에 의한 직렬접속법으로 속도제어할 때 전원주파수가 60[Hz]인 경우 무부하 속도 N_0는 몇 [rps]인가?

① 5   ② 6
③ 200   ④ 360

해 설 ★★★

권선형 유도전동기 종속법 전동기 속도

직렬 종속법 : $N_s = \dfrac{120f}{p_1 + p_2}$ [rpm]

$= \dfrac{120 \times 60}{12 + 8} = 360$ [rpm],

$N_s = \dfrac{360}{60} = 6$ [rps]

[답] ②

8 인버터에 대한 설명으로 옳은 것은?

① 직류를 교류로 변환
② 교류를 교류로 변환
③ 직류를 직류로 변환
④ 교류를 직류로 변환

해설 ★★★

전력 변환 기기의 종류
1) 컨버터 : 교류(AC)를 직류(DC)로 변환하는 장치
2) 인버터 : 직류(DC)를 교류(AC)로 변환하는 장치
3) 초퍼 : 직류(DC)를 직류(DC)로 직접 제어하는 장치
4) 사이클로 컨버터 : 교류(AC)를 교류(AC)로 주파수 변환하는 장치

[답] ①

9 직류전동기의 역기전력에 대한 설명으로 틀린 것은?

① 역기전력은 속도에 비례한다.
② 역기전력은 회전방향에 따라 크기가 다르다.
③ 역기전력이 증가할수록 전기자 전류는 감소한다.
④ 부하가 걸려 있을 때에는 역기전력은 공급전압보다 크기가 작다.

해설 ★★★

직류전동기 역기전력
$E = \frac{z}{a} p \phi n [V]$, $E \propto \phi n \propto I_f n [V]$

[답] ②

10 유도전동기의 실부하법에서 부하로 쓰이지 않는 것은?

① 전동발전기
② 전기동력계
③ 프로니 브레이크
④ 손실을 알고 있는 직류발전기

해설 ★

유도전동기의 부하시험 (실부하법)
전기 동력계법, 프로니 브레이크 법, 손실을 알고 있는 직류 발전기 사용

[답] ①

11 직류기의 구조가 아닌 것은?

① 계자 권선   ② 전기자 권선
③ 내철형 철심   ④ 전기자 철심

해설 ★★★★★

직류기의 구조
계자 + 전기자 + 정류자 + 브러시

[답] ③

12 30[kW]의 3상 유도전동기에 전력을 공급할 때 2대의 단상변압기를 사용하는 경우 변압기의 용량은 약 몇 [kVA]인가?
(단, 전동기의 역률과 효율은 각각 84[%], 86[%]이고 전동기 손실은 무시한다.)

① 17   ② 24   ③ 51   ④ 72

해설 ★★★★★

V결선 변압기 출력 (Δ 결선 대비)
1) 이용률 : $\frac{\sqrt{3}}{2} = 0.866 = 86.6[\%]$
2) $P_a = \frac{P}{0.866 \times \eta \times pf}$
$= \frac{30}{0.866 \times 0.86 \times 0.84} = 47.954[kVA]$
3) 한 대 용량 $= \frac{P_a}{2} = \frac{47.95}{2} = 23.97[kVA]$

[답] ②

13 3상, 6극, 슬롯 수 54의 동기발전기가 있다. 어떤 전기자 코일의 두 변이 제1슬롯과 제8슬롯에 들어있다면 단절권 계수는 약 얼마인가?

① 0.9397
② 0.9567
③ 0.9837
④ 0.9117

| 해 설 | ★★★★★ |

동기발전기 단절권

단절계수 : $k_p = \sin\dfrac{\beta\pi}{2} = \sin(\dfrac{\frac{7}{9}\pi}{2}) = 0.9397$,

$\beta = \dfrac{\text{코일간격}}{\text{극간격}} = \dfrac{7}{9}$

[답] ①

---

14 브흐홀쯔 계전기로 보호되는 기기는?

① 변압기
② 발전기
③ 유도전동기
④ 회전변류기

| 해 설 | ★★★★★ |

변압기 내부 고장보호
1) 기계적인 보호 : 브흐홀쯔 계전기, 온도 계전기
2) 전기적인 보호 : 비율차동 계전기, 과전류 계전기, 과전압 계전기
3) 비율차동계전기는 전기적인 고장 보호용으로, 단락, 지락, 결상 과부하에 이용된다.

[답] ①

---

15 변압기의 효율이 가장 좋을 때의 조건은?

① 철손 = 동손
② 철손 = $\dfrac{1}{2}$ 동손
③ $\dfrac{1}{2}$ 철손 = 동손
④ 철손 = $\dfrac{2}{3}$ 동손

| 해 설 | ★★★★★ |

변압기 최대효율 조건
1) 최대효율 조건 : 철손 $P_i[W]$ = 동손 $P_c[W]$
2) 부하율(m)의 최대효율 조건 : $P_i = m^2 P_c$,

부하율($m = \sqrt{\dfrac{P_i}{P_c}}$)

[답] ①

---

16 직류전동기 중 부하가 변하면 속도가 심하게 변하는 전동기는?

① 분권 전동기
② 직권 전동기
③ 자동 복권 전동기
④ 가동 복권 전동기

| 해 설 | ★★★★★ |

직류전동기 중 부하가 변하면 속도가 심하게 변하는 전동기는 직권 전동기

[답] ②

---

17 1차 전압 6,900[V], 1차 권선 3,000회, 권수비 20의 변압기가 60[Hz]에 사용할 때 철심의 최대 자속[wb]은?

① 0.76×10^{-4}
② 8.63×10^{-3}
③ 80×10^{-3}
④ 90×10^{-3}

| 해 설 | ★★★ |

변압기 유기기전력
$E_1 = 4.44 f N_1 \phi_m$ 에서

$\phi_m = \dfrac{E_1}{4.44 f N_1} = \dfrac{6,900}{4.44 \times 60 \times 3,000}$
$= 8.634 \times 10^{-3}[wb]$

[답] ②

18 표면을 절연 피막처리 한 규소강판을 성층하는 이유로 옳은 것은?

① 절연성을 높이기 위해
② 히스테리시스손을 작게 하기 위해
③ 자속을 보다 잘 통하게 하기 위해
④ 와전류에 의한 손실을 작게 하기 위해

해설 ★★★★★

무부하 손실
1) 종류 : 히스테리시스손, 와류손, 유전체손
2) 감소 대책 : 규소강판(히스테리시스손), 성층철심(와류손)

[답] ④

19 단상 유도전동기 중 기동토크가 가장 작은 것은?

① 반발기동형　② 분상기동형
③ 세이딩코일형　④ 커패시터기동형

해설 ★★★★★

단상 유도전동기 기동 방식 (토크가 큰 순서)
반발기동형 > 반발유도형 > 콘덴서기동형 > 콘덴서전동기 > 분상기동형 > 세이딩코일형

[답] ③

20 동기기의 전기자 권선법으로 적합하지 않은 것은?

① 중권　② 2층권
③ 분포권　④ 환상권

해설 ★★★★★

동기기 전기자 권선법
고상권 → 폐로권 → 이층권 → 중권 → 분포권 (단절권)

[답] ④

전기공사산업기사 필기
회로이론
2011~2020년 과년도 기출문제

회로이론 출제분석

항목	2011			2012			2013			2014			2015			2016			2017			2018			2019			2020	
	1회	2회	4회	1회	2회	4회	1회	2회	4회	1회	2회	4회	1회	2회	4회	1회	2회	4회	1회	2회	4회	1회	2회	4회	1회	2회	4회	1,2회	3회
기초 회로 법칙	2	1	2	2	2	0	2	0	1	2	1	1	1	1	1	2	2	1	2	1	1	2	2	1	2	0	1	2	1
회로망 해석 기법	1	1	1	1	2	2	1	2	0	1	1	1	2	1	1	1	2	1	2	1	1	1	2	1	1	2	2	1	1
교류 전원	1	2	1	2	2	2	0	3	2	1	2	1	1	2	2	2	2	1	1	1	1	2	2	1	0	3	2	1	2
교류 기본 회로	1	1	2	1	1	1	2	0	1	1	1	2	1	1	2	1	1	2	1	1	2	1	1	1	2	0	1	1	1
유도 결합 회로	1	1	2	1	1	0	0	1	0	1	1	1	2	1	2	1	1	1	1	1	1	1	1	1	1	0	1	1	1
교류 전력	1	1	2	1	2	0	0	0	2	1	1	1	1	1	1	1	1	2	1	2	0	1	2	1	1	2	0	0	1	1
3상 교류	1	2	2	1	2	1	5	5	6	1	2	1	1	2	1	1	2	2	1	2	1	2	2	1	5	5	5	1	2
비정현파 교류	2	2	2	2	2	2	2	1	0	2	2	1	2	2	1	2	2	1	1	3	2	2	2	1	2	1	2	2	2
2단자 회로망	1	2	1	2	1	1	0	1	0	1	1	1	2	1	2	1	2	1	2	1	1	2	1	1	1	0	1	0	1	2
4단자 회로망	2	2	1	2	1	2	2	1	2	2	2	2	2	2	1	2	1	3	1	2	2	2	2	2	2	1	2	2	2
분포 정수 회로	2	1	2	1	1	3	0	0	0	2	1	2	2	1	1	1	1	1	1	2	2	1	1	1	0	0	0	2	1
과도 현상	1	1	1	2	1	3	3	2	1	2	2	1	1	1	1	2	1	2	1	0	2	0	1	2	3	2	1	1	1
라플라스 변환	2	2	1	2	1	2	2	3	2	2	2	1	1	1	1	1	1	1	1	2	1	2	2	2	3	2	2
전달 함수	2	1	1	2	1	1	1	1	2	2	1	2	1	2	1	2	1	2	2	2	1	1	1	2	1	1	0	2	1

2011년 기출문제

제 1 회 전기(공사)산업기사 필기시험

1 교류회로에서 역률이란 무엇인가?

① 전압과 전류의 위상차의 정현
② 전압과 전류의 위상차의 여현
③ 임피던스와 리액턴스의 위상차의 여현
④ 임피던스와 저항의 위상차의 정현

해설 ★★

역률 : 전압과 전류의 위상차를 말하는 것으로 여현 ($\cos\theta$)으로 표현한다.

[답] ②

2 그림과 같은 T회로에서 임피던스 정수는 각각 얼마인가?

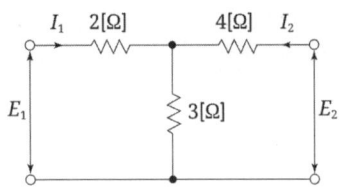

① $Z_{11} = 5[\Omega], Z_{21} = 3[\Omega],$
  $Z_{22} = 7[\Omega], Z_{12} = 3[\Omega]$
② $Z_{11} = 7[\Omega], Z_{21} = 5[\Omega],$
  $Z_{22} = 3[\Omega], Z_{12} = 5[\Omega]$
③ $Z_{11} = 3[\Omega], Z_{21} = 7[\Omega],$
  $Z_{22} = 3[\Omega], Z_{12} = 5[\Omega]$
④ $Z_{11} = 5[\Omega], Z_{21} = 7[\Omega],$
  $Z_{22} = 3[\Omega], Z_{12} = 7[\Omega]$

해설 ★★★

$Z_{11} = 2 + 3 = 5[\Omega]$
$Z_{12} = Z_{21} = 3[\Omega]$
$Z_{22} = 4 + 3 = 7[\Omega]$

[답] ①

3 상호 인덕턴스 100[mH]인 회로의 1차 코일에 3[A]의 전류가 0.3초 동안에 18[A]로 변화할 때 2차 유도기전력[V]은?

① 5 ② 6 ③ 7 ④ 8

해설 ★★★

$$e = M\frac{di}{dt} = 100 \times 10^{-3} \times \frac{18-3}{0.3} = 5[\text{V}]$$

[답] ①

4 1상의 임피던스 $\dot{Z}_P = 12 + j9[\Omega]$인 평형 △부하에 평형 3상 전압 208[V]가 인가되어 있다. 이 회로의 피상전력[VA]은 약 얼마인가?

① 8,653 ② 7,640
③ 6,672 ④ 5,340

해설 ★★

$$P_a = 3I^2Z = 3\left(\frac{V_p}{\sqrt{R^2+X^2}}\right)^2 Z$$
$$= 3 \times \left(\frac{208}{\sqrt{12^2+9^2}}\right)^2 \times \sqrt{12^2+9^2}$$
$$= 8653[\text{VA}]$$

[답] ①

5 그림과 같은 회로에서 저항 R_4에 소비되는 전력은 약 몇 [W]인가?

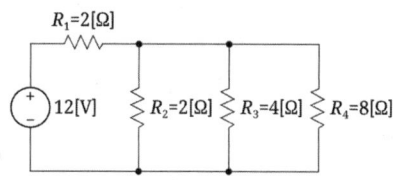

① 2.38 ② 4.76
③ 9.52 ④ 29.2

해설 ★★★

(1) R_1, R_2, R_3의 합성저항 :

$$R_t = \frac{1}{\frac{1}{R_1}+\frac{1}{R_2}+\frac{1}{R_3}} = \frac{1}{\frac{1}{2}+\frac{1}{4}+\frac{1}{8}}$$
$$= \frac{8}{7}[\Omega]$$

(2) R_1, R_2, R_3에 걸리는 전압 :

$$V_t = \frac{\frac{8}{7}}{2+\frac{8}{7}} \times 12 = 4.36[\text{V}]$$

(3) R_4에서 소비되는 전력 :

$$P_4 = \frac{V_t^2}{R_4} = \frac{4.36^2}{8} = 2.38[\text{W}]$$

[답] ①

6 그림과 같은 비정현파의 실효값[V]은?

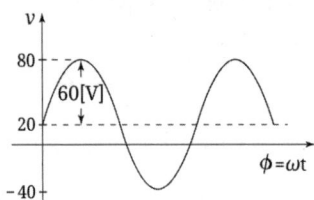

① 46.90　② 51.61
③ 59.04　④ 80

해설 ★★

문제에 주어진 파형은 크기가 20[V]인 직류전압과 최대값 $V_m = 60[V]$인 정현파의 합이다. 따라서, 전압 $v(t) = 20 + 60\sin\omega t\,[V]$으로 표현된다. 이에 대한 실효값의 벡터합을 구하면,

$$V = \sqrt{20^2 + \left(\frac{60}{\sqrt{2}}\right)^2} = 46.9[V]$$

[답] ①

7 그림과 같은 파형의 파고율은 얼마인가?

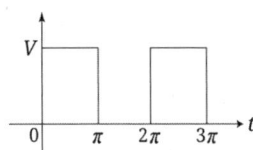

① 1　② 1.414
③ 1.732　④ 2.449

해설 ★★★

(1) 문제에 주어진 구형 반파의 실효값 및 평균값은
$$V = \frac{V_m}{\sqrt{2}},\quad V_a = \frac{V_m}{2}$$

(2) 따라서, 파고율은,
$$파고율 = \frac{최대값}{실효값} = \frac{V_m}{\frac{V_m}{\sqrt{2}}} = \sqrt{2} = 1.414$$

[답] ②

8 그림과 같은 $R-C$ 회로에서 입력을 $e_i(t)\,[V]$, 출력을 $e_o(t)\,[V]$라 할 때의 전달함수는? (단, $T = RC$ 이다.)

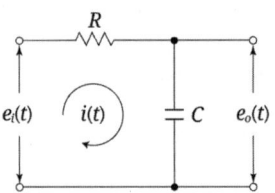

① $\dfrac{1}{Ts+1}$　② $\dfrac{1}{Ts+2}$
③ $\dfrac{2}{Ts+3}$　④ $\dfrac{1}{Ts+3}$

해설 ★★★

(1) 출력 전압을 전압 분배의 법칙에 의하여 구하면,
$$V_0(s) = \frac{\frac{1}{Cs}}{R + \frac{1}{Cs}} V_i(s) = \frac{1}{RCs+1} V_i(s)$$

(2) 따라서, 전압비 전달함수는,
$$G(s) = \frac{V_0(s)}{V_i(s)} = \frac{1}{RCs+1} = \frac{1}{Ts+1}$$

[답] ①

9 회로에서 a, b 간의 합성 인덕턴스 L_0[H]의 값은? (단, M[H]은 L_1, L_2 코일 사이의 상호 인덕턴스이다.)

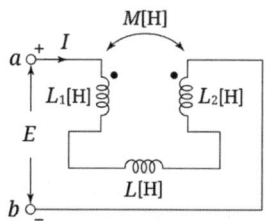

① $L_1 + L_2 + L$
② $L_1 + L_2 - 2M + L$
③ $L_1 + L_2 + 2M + L$
④ $L_1 + L_2 - M + L$

해 설 ★★★

문제에 주어진 2개의 인덕턴스 L_1, L_2는 감극성 결합이므로 합성 인덕턴스는,
$L_0 = L_1 + L_2 - 2M + L$ [H]

[답] ②

10 그림과 같이 L형 회로의 영상 임피던스 Z_{02}를 구하면?

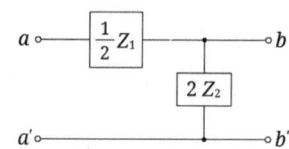

① $\sqrt{\dfrac{Z_1 Z_2}{(1 + \dfrac{Z_1}{4Z_2})}}$ ② $\sqrt{Z_1 Z_2 (1 + \dfrac{Z_1}{4Z_2})}$

③ $\sqrt{\dfrac{Z_1}{4Z_2}}$ ④ $\sqrt{1 + \dfrac{Z_1}{4Z_2}}$

해 설 ★★★

(1) 우선, 4단자 정수를 구하면,
$\begin{bmatrix} A & B \\ C & D \end{bmatrix} = \begin{bmatrix} 1 & \dfrac{Z_1}{2} \\ 0 & 1 \end{bmatrix} \begin{bmatrix} 1 & 0 \\ \dfrac{1}{2Z_2} & 1 \end{bmatrix} = \begin{bmatrix} 1 + \dfrac{Z_1}{4Z_2} & \dfrac{Z_1}{2} \\ \dfrac{1}{2Z_2} & 1 \end{bmatrix}$

(2) 따라서 영상 임피던스를 구하면,
$Z_{02} = \sqrt{\dfrac{BD}{AC}} = \sqrt{\dfrac{\dfrac{Z_1}{2} \times 1}{(1 + \dfrac{Z_1}{4Z_2}) \times \dfrac{1}{2Z_2}}}$
$= \sqrt{\dfrac{Z_1 Z_2}{1 + \dfrac{Z_1}{4Z_2}}}$

[답] ①

11 $i = 2t^2 + 8t$ [A]로 표시되는 전류를 도선에 3[sec] 동안 흘렸을 때 통과한 전기량은 몇 [C]인가?

① 18   ② 48   ③ 54   ④ 61

해 설 ★★

$Q = \int_0^t i\,dt = \int_0^3 (2t^2 + 8t)\,dt = \left[\dfrac{2}{3}t^3 + 4t^2\right]_0^3$
$= 54$ [C]

[답] ③

12 자계 코일의 권수 $N=1,000$, 코일의 내부 저항 $R[\Omega]$으로 전류 $I=10[A]$를 통했을 때의 자속 $\phi=2\times10^{-2}[Wb]$이다. 이때 이 회로의 시정수가 $0.1[s]$라면 저항 R은 몇 $[\Omega]$인가?

① 0.2 ② $\dfrac{1}{20}$
③ 2   ④ 20

해설 ★★

(1) 인덕턴스 :
$$L = \frac{N\phi}{I} = \frac{1,000 \times 2 \times 10^{-2}}{10} = 2[H]$$
(2) 저항 :
시정수 $\tau = \dfrac{L}{R}$ 에서 $R = \dfrac{L}{\tau} = \dfrac{2}{0.1} = 20[\Omega]$

[답] ④

13 그림과 같이 단상 전력계법을 이용하여 스위치를 P_1에 연결하여 측정하였더니 300[W]이고 스위치를 P_2에 연결하여 측정하였더니 600[W]이었다. 이 3상 부하의 역률은?

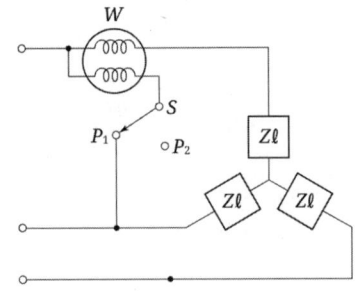

① 0.577 ② 0.637
③ 0.707 ④ 0.866

해설 ★★★

$$\cos\theta = \frac{P_1 + P_2}{2\sqrt{P_1^2 + P_2^2 - P_1 P_2}}$$
$$= \frac{300+600}{2\sqrt{300^2+600^2-300\times600}} = 0.866$$

[답] ④

14 $f(t) = u(t-a) - u(t-b)$ 식으로 표시되는 4각파의 라플라스변환은?

① $\dfrac{1}{s}(e^{-as} - e^{-bs})$ ② $\dfrac{1}{s}(e^{as} + e^{bs})$
③ $\dfrac{1}{s^2}(e^{-as} - e^{-bs})$ ④ $\dfrac{1}{s^2}(e^{as} + e^{bs})$

해설 ★★★

시간추이 정리를 이용하여,
$F(s) = \dfrac{1}{s}e^{-as} - \dfrac{1}{s}e^{-bs} = \dfrac{1}{s}(e^{-as} - e^{-bs})$

[답] ①

15 대칭 좌표법에 관한 설명 중 잘못된 것은?

① 대칭 좌표법은 일반적인 비대칭 3상 교류 회로의 계산에도 이용된다.
② 대칭 3상 전압의 영상분과 역상분은 0이고, 정상분만 남는다.
③ 비대칭 3상 교류회로는 영상분, 역상분 및 정상분의 3성분으로 해석한다.
④ 비대칭 3상 회로의 접지식 회로에는 영상분이 존재하지 않는다.

해 설 ★★

(1) 접지식 회로 : 접지선을 통하여 영상전류가 흐른다.
(2) 비접지식 회로 : 영상전류가 흐를 수 있는 접지선이 없다.

[답] ④

16 그림과 같은 궤환 회로의 종합 전달함수는?

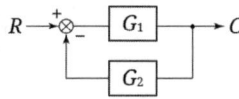

① $\dfrac{1}{G_1} + \dfrac{1}{G_2}$ ② $\dfrac{G_1}{1 - G_1 G_2}$

③ $\dfrac{G_1}{1 + G_1 G_2}$ ④ $\dfrac{G_1 G_2}{1 + G_1 G_2}$

해 설 ★★★

메이슨 공식을 적용하면,

$\dfrac{C}{R} = \dfrac{경로}{1 - 폐루프} = \dfrac{G_1}{1 - (-G_1 \times G_2)}$

$= \dfrac{G_1}{1 + G_1 G_2}$

[답] ③

17 20[kVA] 변압기 2대로 공급할 수 있는 최대 3상 전력[kVA]은?

① 20 ② 17.3
③ 24.64 ④ 34.64

해 설 ★★★

$P_v = \sqrt{3} P_1 = \sqrt{3} \times 20 = 34.64 [kVA]$

[답] ④

18 $e_1 = 30\sqrt{2} \sin wt [V]$,

$e_2 = 40\sqrt{2} \cos(wt - \dfrac{\pi}{6})[V]$일 때

$e_1 + e_2$의 실효값은 몇 [V]인가?

① 50 ② 70
③ $10\sqrt{7}$ ④ $10\sqrt{37}$

해 설 ★★

$E_1 = 30 \angle 0°, \ E_2 = 40 \angle 60°$
$E_1 + E_2 = 30 + 40\cos 60° + j40\sin 60°$
$\quad\quad\quad = 50 + j34.64$
$|E_1 + E_2| = \sqrt{50^2 + 34.64^2} = \sqrt{3,700} = 10\sqrt{37}$

[답] ④

19 그림에서 절점 B의 전위[V]는?

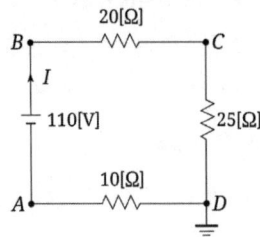

① 130 ② 110
③ 100 ④ 90

> **해 설** ★
>
> (1) 우선, 회로 전체에 흐르는 전류를 구하면,
> $$I = \frac{V}{R} = \frac{110}{20+25+10} = 2[\text{A}]$$
> (2) D점과 A점 사이의 전압강하는,
> $$V_{DA} = (-2) \times 10 = -20[\text{V}]$$
> (3) 따라서 B점의 전위는,
> $$V_B = 110 - 20 = 90[\text{V}]$$
>
> [답] ④

20 한 상의 직렬임피던스가 $R = 6[\Omega]$, $X_L = 8[\Omega]$인 △결선 평형 부하가 있다. 여기에 선간전압 100[V]인 대칭 3상 교류 전압을 가하면 선전류는 몇 [A]인가?

① $\dfrac{10\sqrt{3}}{3}$ ② $3\sqrt{3}$
③ 10 ④ $10\sqrt{3}$

> **해 설** ★★★
>
> $$I_l = \sqrt{3}\, I_p = \sqrt{3} \times \frac{V_p}{Z_p}$$
> $$= \sqrt{3} \times \frac{100}{\sqrt{6^2+8^2}} = 10\sqrt{3}\,[\text{A}]$$
>
> [답] ④

제 2 회 전기(공사)산업기사 필기시험

1 회로에서 저항 15[Ω]에 흐르는 전류는 몇 [A]인가?

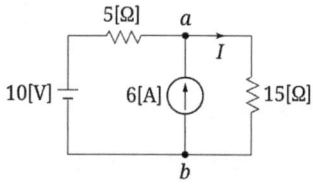

① 8 ② 5.5
③ 2 ④ 0.5

해 설 ★★★

중첩의 원리 적용
(1) 10[V] 전압원만 있는 회로 (전류원 개방) :
$I_1 = \dfrac{V}{R} = \dfrac{10}{5+15} = 0.5[A]$
(2) 6[A] 전류원만 있는 회로 (전압원 단락) :
$I_2 = \dfrac{R_1}{R_1+R_2}I = \dfrac{5}{5+15} \times 6 = 1.5[A]$
(3) 따라서, 위 두 전류값을 더하면,
$I = I_1 + I_2 = 0.5 + 1.5 = 2[A]$

[답] ③

2 $F(s) = \dfrac{5s+8}{5s^2+4s}$ 일 때 $f(t)$의 최종값은?

① 1 ② 2 ③ 3 ④ 4

해 설 ★★★

$\lim\limits_{t \to \infty} f(t) = \lim\limits_{s \to 0} sF(s)$
$= \lim\limits_{s \to 0} s \times \dfrac{5s+8}{5s^2+4s} = \lim\limits_{s \to 0} \dfrac{5s+8}{5s+4} = 2$

[답] ②

3 불평형 3상전류 $I_a = 10+j2[A]$, $I_b = -20-j24[A]$, $I_c = -5+j10[A]$ 일 때의 영상전류 I_0값은 얼마인가?

① $15+j2[A]$ ② $-5-j4[A]$
③ $-15-j12[A]$ ④ $-45-j36[A]$

해 설 ★★★

$I_0 = \dfrac{1}{3}(I_a + I_b + I_c)$
$= \dfrac{1}{3}(10+j2-20-j24-5+j10)$
$= -5-j4[A]$

[답] ②

4 라플라스 변환함수 $\dfrac{1}{S(S+1)}$에 대한 역라플라스 변환은?

① $1+e^{-t}$ ② $1-e^{-t}$
③ $\dfrac{1}{1-e^{-t}}$ ④ $\dfrac{1}{1+e^{-t}}$

해 설 ★★★

(1) 문제에 주어진 식을 부분분수 전개하면,
$F(s) = \dfrac{1}{s(s+1)} = \dfrac{A}{s} + \dfrac{B}{s+1}$
$A = \dfrac{1}{s+1}\bigg|_{s=0} = 1, \ B = \dfrac{1}{s}\bigg|_{s=-1} = -1$
$F(s) = \dfrac{1}{s} - \dfrac{1}{s+1}$
(2) 위 식을 라플라스 역변환하면,
$f(t) = 1 - e^{-t}$

[답] ②

5 상순이 abc인 3상 회로에 있어서 대칭분 전압이 $V_0 = -8+j3$[V], $V_1 = 6-j8$[V] $V_2 = 8+j12$[V]일 때 a상의 전압 V_a[V]는?

① $6+j7$ ② $8+j12$
③ $6+j14$ ④ $16+j4$

해설 ★★★

$V_a = V_0 + V_1 + V_2$
$= -8+j3+6-j8+8+j12$
$= 6+j7$[V]

[답] ①

6 그림과 같은 회로에서 e_o[V]의 위상은 e_i[V]보다 어떻게 되는가?

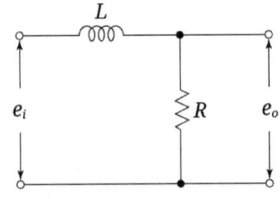

① 앞선다.   ② 뒤진다.
③ 동상이다. ④ 90[°] 앞선다.

해설 ★★★

입력 전압 e_i에 의한 전류가 인덕턴스 L을 통해 흐르면서 위상이 뒤진 지상전류로 바뀌고 이 지상 전류가 출력 측 저항 R을 흐르게 되므로 저항에 나타나는 출력전압 e_0는 위상이 뒤지게 된다.

[답] ②

7 L형 4단자 회로망에서 4단자 정수가 $A = \dfrac{15}{4}$, $D = 1$이고 영상 임피던스 Z_{02}가 $\dfrac{12}{5}$[Ω]일 때, 영상 임피던스 Z_{01}[Ω]의 값은 얼마인가?

① 12 ② 9
③ 8   ④ 6

해설 ★★★

$Z_{01} \times Z_{02} = \dfrac{B}{C}$, $\dfrac{Z_{01}}{Z_{02}} = \dfrac{A}{D}$에서,

$Z_{01} = \dfrac{A}{D} Z_{02} = \dfrac{\frac{15}{4}}{1} \times \dfrac{12}{5} = 9$[Ω]

[답] ②

8 다음과 같은 회로에서 정 K형 저역 여파기 (filter)에 해당되는 것은?
(단, 인덕턴스는 L, 커패시턴스는 C이다.)

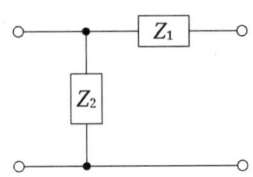

① Z_1이 L, Z_2가 C인 경우
② Z_1이 C, Z_2가 L인 경우
③ Z_1, Z_2 모두가 C인 경우
④ Z_1, Z_2 모두가 L인 경우

해설 ★

(1) 정 K형 저역 여파기 :
    인덕턴스 직렬 접속, 커패시턴스 병렬 접속
(2) 정 K형 고역 여파기 :
    인덕턴스 병렬 접속, 커패시턴스 직렬 접속

[답] ①

9 그림과 같은 평형 3상 Y형 결선에서 각 상이 8[Ω]의 저항과 6[Ω]의 리액턴스가 직렬로 접속된 부하에 선간전압 $100\sqrt{3}$ [V]가 공급되었다. 이때 선전류는 몇 [A] 인가?

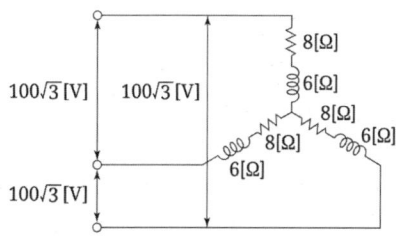

① 5　　　② 10
③ 15　　　④ 20

해설 ★★

상전류 $I_p = \dfrac{V_p}{Z} = \dfrac{\frac{100\sqrt{3}}{\sqrt{3}}}{\sqrt{8^2+6^2}} = 10[A]$

Y결선에서 상전류=선전류이므로
$I_l = I_p = 10[A]$

[답] ②

10 RC 직렬 회로의 과도현상에 관한 설명 중 옳게 표현된 것은?

① 과도 전류값은 RC 값에 상관이 없다.
② RC 값이 클수록 과도 전류값은 빨리 사라진다.
③ RC 값이 클수록 과도 전류값은 천천히 사라진다.
④ $\dfrac{1}{RC}$ 의 값이 클수록 과도 전류값은 천천히 사라진다.

해설 ★★★

시정수가 클수록 과도현상은 오래 지속되므로, 시정수 RC값이 클수록 과도전류 값은 천천히 사라지는 특성이 있다.

[답] ③

11 구형파 파고율은 얼마인가?

① 1.0　　　② 1.414
③ 1.732　　④ 2.0

해설 ★★★

(1) 문제에 주어진 구형파의 실효값 및 평균값은
　$V = V_m, \quad V_a = V_m$
(2) 따라서, 파고율은,
　파고율 $= \dfrac{최대값}{실효값} = \dfrac{V_m}{V_m} = 1$

[답] ①

12 어떤 사인파 교류전압의 평균값이 191[V] 이면 최대값은 약 몇 [V]인가?

① 150　② 250　③ 300　④ 400

해설 ★★★

$V_a = \dfrac{2}{\pi} V_m$ 에서,

$V_m = \dfrac{\pi}{2} V_a = \dfrac{\pi}{2} \times 191 ≒ 300[V]$

[답] ③

13 대칭 좌표법에서 사용되는 용어 중 3상에 공통된 성분을 표시하는 것은?

① 공통분　　② 정상분
③ 역상분　　④ 영상분

해설 ★★★

3상 전원
$V_a = V_0 + V_1 + V_2$
$V_b = V_0 + a^2 V_1 + a V_2$
$V_c = V_0 + a V_1 + a^2 V_2$
에서 공통으로 들어가는 성분은 영상분 전압 V_0가 된다.

[답] ④

14 어떤 제어계의 임펄스 응답이 $\sin t$일 때, 이 계의 전달함수를 구하면?

① $\dfrac{1}{s+1}$ ② $\dfrac{1}{s^2+1}$

③ $\dfrac{s}{s+1}$ ④ $\dfrac{s}{s^2+1}$

해 설 ★★

(1) 임펄스 입력의 라플라스 변환 :
$r(t) = \delta(t) \to R(s) = 1$
(2) 문제 조건의 응답(출력)의 라플라스 변환 :
$c(t) = \sin t \to C(s) = \dfrac{1}{s^2+1^2} = \dfrac{1}{s^2+1}$
(3) 따라서, 전달함수는,
$G(s) = \dfrac{C(s)}{R(s)} = \dfrac{\frac{1}{s^2+1}}{1} = \dfrac{1}{s^2+1}$

[답] ②

15 테브낭의 정리와 쌍대 관계에 있는 정리는?

① 보상의 정리 ② 노톤의 정리
③ 중첩의 정리 ④ 밀만의 정리

해 설 ★★

테브낭 정리(등가 전압원 정리)와 노튼 정리(등가 전류원 정리)는 서로 쌍대관계가 있다.

[답] ②

16 그림과 같은 회로에서 인가 전압에 의한 전류 i를 입력, V_0를 출력이라 할 때 전달함수는? (단, 초기조건은 모두 0이다.)

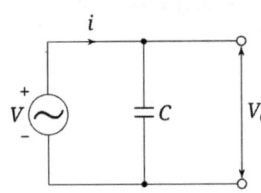

① $\dfrac{1}{Cs}$ ② Cs

③ $\dfrac{1}{1+Cs}$ ④ $1+Cs$

해 설 ★★

$v_0(t) = \dfrac{1}{C}\int i(t)\,dt$ 이므로 $V_0(s) = \dfrac{1}{Cs}I(s)$
따라서, 전달함수는,
$G(s) = \dfrac{V_0(s)}{I(s)} = \dfrac{\frac{1}{Cs}I(s)}{I(s)} = \dfrac{1}{Cs}$

[답] ①

17 정전용량 C만의 회로에서 100[V], 60[Hz]의 교류를 가했을 때 60[mA]의 전류가 흐른다면 C는 몇 [μF]인가?

① 5.26[μF] ② 4.32[μF]
③ 3.59[μF] ④ 1.59[μF]

해 설 ★★★

(1) 우선, 용량성 리액턴스를 구하면,
$X_c = \dfrac{V}{I} = \dfrac{100}{60 \times 10^{-3}} = 1.66 \times 10^3 [\Omega]$
(2) 따라서, 정전용량 C값은,
$X_c = \dfrac{1}{2\pi f C}$ 에서
$C = \dfrac{1}{2\pi f X_c} = \dfrac{1}{2\pi \times 60 \times 1.66 \times 10^3}$
$= 1.59 \times 10^{-6}[F] = 1.59[\mu F]$

[답] ④

18 그림에서 $e(t) = E_m \cos\omega t$의 전원전압을 인가했을 때 인덕턴스 L에 축적되는 에너지 [J]는?

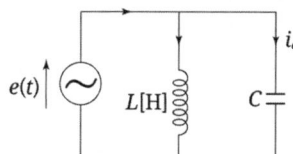

① $\dfrac{1}{2} \dfrac{E_m^2}{\omega^2 L^2}(1+\cos\omega t)$

② $\dfrac{1}{4} \dfrac{E_m^2}{\omega^2 L}(1-\cos\omega t)$

③ $\dfrac{1}{2} \dfrac{E_m^2}{\omega^2 L^2}(1+\cos 2\omega t)$

④ $\dfrac{1}{4} \dfrac{E_m^2}{\omega^2 L}(1-\cos 2\omega t)$

해설 ★★

(1) 인덕턴스에 흐르는 전류는,
$i(t) = \dfrac{1}{L}\int e(t)\,dt = \dfrac{1}{L}\int E_m\cos\omega t\,dt$
$\quad\quad = \dfrac{E_m}{\omega L}\sin\omega t$

(2) 따라서, 인덕턴스에 축적되는 에너지는,
$W = \dfrac{1}{2}Li(t)^2 = \dfrac{L}{2}\left(\dfrac{E_m}{\omega L}\sin\omega t\right)^2$
$\quad = \dfrac{E_m^2}{2\omega^2 L}\left(\dfrac{1-\cos 2\omega t}{2}\right)$
$\quad = \dfrac{E_m^2}{4\omega^2 L}(1-\cos 2\omega t)$

[답] ④

19 ϕ가 0에서 π까지는 $i=20$[A], π에서 2π까지는 $i=0$[A]인 파형을 푸리에 급수로 전개할 때 a_o는?

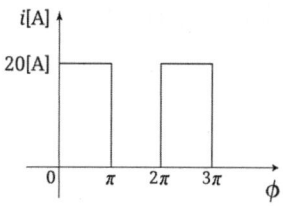

① 5   ② 7.07
③ 10   ④ 14.14

해설 ★★

푸리에 급수의 a_0(직류항)은 교류의 평균값을 의미하므로 반구형파의 평균값을 구하면,
$I_a = \dfrac{I_m}{2} = \dfrac{20}{2} = 10$[A]

[답] ③

20 코일에 단상 100[V]의 전압을 가하면 30[A]의 전류가 흐르고 1.8[kW]의 전력을 소비한다고 한다. 이 코일과 병렬로 콘덴서를 접속하여 회로의 합성 역률을 100[%]로 하기 위한 용량 리액턴스는 대략 몇 [Ω]이어야 하는가?

① 1.2   ② 2.6   ③ 3.2   ④ 4.2

해설 ★★

(1) 지상 무효전력 계산 :
$P_a = VI = 100 \times 30 = 3,000$[VA]
$Q = \sqrt{P_a^2 - P^2} = \sqrt{3,000^2 - 1,800^2}$
$\quad = 2,400$[Var]

(2) 역률이 100[%]가 되려면 위 지상 무효전력을 0으로 하는 진상 무효전력을 콘덴서에서 공급해야 한다. 따라서,
$Q_c = \dfrac{V^2}{X_c} \rightarrow X_c = \dfrac{V^2}{Q_c} = \dfrac{100^2}{2,400} \fallingdotseq 4.2[\Omega]$

[답] ④

제4회 전기공사산업기사 필기시험

1 비정현파의 전압이
$3+10\sqrt{2}\sin\omega t+5\sqrt{2}\sin(3\omega t)$ [V]일 때 실효전압은 약 몇 [V]인가?

① 11.6[V] ② 10.6[V]
③ 9.6[V]   ④ 8.6[V]

해 설 ★★★

$E = \sqrt{E_0^2+E_1^2+E_3^2} = \sqrt{3^2+10^2+5^2}$
$= 11.6[V]$

[답] ①

2 임피던스 $Z(s)$가
$Z(s) = \dfrac{s+30}{s^2+2RLs+1}$ [Ω]으로 주어지는 2단자 회로에 직류 전류원 30[A]를 가할 때, 이 회로의 단자전압[V]은?
(단, $s=j\omega$이다.)

① 30[V]   ② 90[V]
③ 300[V]   ④ 900[V]

해 설 ★★

(1) 직류 전류를 가했을 때의 임피던스를 구하면,
$Z(s) = \dfrac{s+30}{s^2+2RLs+1}\bigg|_{s=j\omega=0}$
$= \dfrac{0+30}{0^2+2RL\times 0+1} = 30[\Omega]$

(2) 따라서, 회로의 단자전압은,
$V = ZI = 30\times 30 = 900[V]$

[답] ④

3 저항 $R_1[\Omega]$, $R_2[\Omega]$ 및 인덕턴스 $L[H]$이 직렬로 연결되어 있는 회로의 시정수[s]는?

① $-\dfrac{R_1+R_2}{L}$ ② $\dfrac{R_1+R_2}{L}$

③ $-\dfrac{L}{R_1+R_2}$ ④ $\dfrac{L}{R_1+R_2}$

해 설 ★★★

R-L 직렬회로의 시정수 공식에 적용하여,
$\tau = \dfrac{L}{R} = \dfrac{L}{R_1+R_2}$ [sec]

[답] ④

4 그림과 같은 회로에서 r_1에 흐르는 전류를 최소로 하기 위한 r_2의 값[Ω]은?

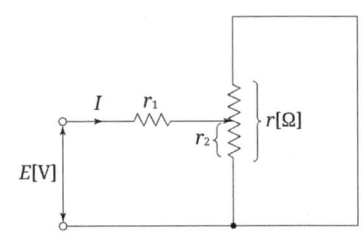

① $\dfrac{r_1}{2}$ ② $\dfrac{r}{2}$ ③ r_1 ④ r

해 설 ★★

회로에 흐르는 전류가 최소가 되기 위해서는 합성저항값이 최대가 되어야 한다. 따라서, 병렬회로 부분의 합성저항 값이 최대로 되기 위해서는 두 저항 값이 같아야 하므로, $r_2 = \dfrac{r}{2}[\Omega]$이 되어야 한다.

[답] ②

5 단위계단 함수 $u[t]$의 라플라스 변환은?

① 1 ② $\frac{1}{s}$ ③ $\frac{1}{s^2}$ ④ $\frac{1}{s}e^{-ts}$

해설 ★★★

$f(t) = u(t) = 1$의 라플라스 변환 공식은,
$F(s) = \frac{1}{s}$

[답] ②

6 3상 대칭분 전류를 I_0, I_1, I_2라 하고 선전류를 I_a, I_b, I_c라 할 때 I_b는 어떻게 되는가?

① $I_0 + a^2 I_1 + a I_2$ ② $I_0 + a I_1 + a^2 I_2$
③ $\frac{1}{3}(I_0 + I_1 + I_2)$ ④ $I_0 + I_1 + I_2$

해설 ★★★

$I_a = I_0 + I_1 + I_2$
$I_b = I_0 + a^2 I_1 + a I_2$
$I_c = I_0 + a I_1 + a^2 I_2$

[답] ①

7 $\frac{B(s)}{A(s)} = \frac{2}{2s+3}$의 전달함수를 미분방정식으로 표시하면? (단, $L^{-1}[A(s)] = a(t)$, $L^{-1}[B(s)] = b(t)$이다.)

① $2\frac{d}{dt}b(t) + 3b(t) = a(t)$

② $\frac{d}{dt}b(t) + b(t) = a(t)$

③ $2\frac{d}{dt}b(t) + 3b(t) = 2a(t)$

④ $3\frac{d}{dt}a(t) + a(t) = 2b(t)$

해설 ★★

(1) 우선, 문제에 주어진 방정식을 변형하면,
$\frac{B(s)}{A(s)} = \frac{2}{2s+3}$
$\rightarrow 2s\,B(s) + 3B(s) = 2A(s)$
(2) 따라서, 위 식을 라플라스 역변환하면,
$2\frac{d}{dt}b(t) + 3b(t) = 2a(t)$

[답] ③

8 3상 유도전동기의 출력이 3.7[kW], 선간전압 200[V], 효율 90[%], 역률 85[%]일 때, 이 전동기에 유입되는 선전류는?

① 4[A] ② 6[A] ③ 8[A] ④ 14[A]

해설 ★

$P_i = \sqrt{3}\,VI\cos\theta\,\eta$에서,
$I = \frac{P}{\sqrt{3}\,V\cos\theta\,\eta} = \frac{3,700}{\sqrt{3} \times 200 \times 0.85 \times 0.9}$
$= 14[A]$

[답] ④

9 저항 1[Ω] 인덕턴스 1[H]를 직렬로 연결한 후 여기에 60[Hz], 100[V]의 전압을 인가 시 흐르는 전류의 위상은 전압의 위상보다 어떻게 되는가?

① 90[°] 늦다.
② 같다.
③ 90[°] 빠르다.
④ 늦지만 90[°] 이하이다.

해 설 ★★

R-L 직렬회로의 임피던스 $Z = R + jX$ 에서 위상각을 구해보면,
$\theta = \tan^{-1}\frac{X}{R} = \tan^{-1}\frac{2\pi \times 60 \times 1}{1} = 89.84°$
로서 90도보다는 작은 지상전류가 흐른다.

[답] ④

10 다음 중 옳지 않은 것은?

① 역률 = $\frac{유효전력}{피상전력}$
② 파형률 = $\frac{실효값}{평균값}$
③ 파고율 = $\frac{실효값}{최대값}$
④ 왜형률 = $\frac{전고조파의실효값}{기본파의실효값}$

해 설 ★★★

• 파형률 = $\frac{실효값}{평균값}$, • 파고율 = $\frac{최대값}{실효값}$

[답] ③

11 3상 평형부하가 있을 때 선전류 20[A]이고 부하의 전 소비전력이 4[kW]이다. 이 부하가 등가 Y회로에 대한 각 상의 저항[Ω]은?

① 10[Ω] ② $10\sqrt{3}$[Ω]
③ $\frac{10}{3}$[Ω] ④ $\frac{10}{\sqrt{3}}$[Ω]

해 설 ★★

3상 회로에서 유효전력 $P = 3I^2R$ 에서,
$R = \frac{P}{3I^2} = \frac{4,000}{3 \times 20^2} = \frac{10}{3}$ [Ω]

[답] ③

12 RC 직렬회로의 과도현상에 대하여 옳게 설명된 것은?

① RC값이 클수록 과도 전류값은 빨리 사라진다.
② RC값이 클수록 과도 전류값은 천천히 사라진다.
③ 과도 전류는 RC값에 관계가 없다.
④ $\frac{1}{RC}$의 값이 클수록 과도 전류값은 천천히 사라진다.

해 설 ★★★

시정수는 과도현상이 진행되는 시간을 표현한 것으로서 시정수 $\tau = RC$[sec] 가 클수록 과도현상은 오래 지속되어 과도전류값은 천천히 사라지게 된다.

[답] ②

13 그림과 같은 전원 측 저항 100[Ω], 부하 저항 1[Ω]일 때 이것에 변압비 $n:1$의 이상 변압기를 써서 정합을 취하려고 한다. 이때 n의 값은 얼마인가?

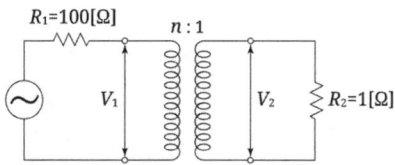

① 100   ② 10
③ $\dfrac{1}{10}$ ④ $\dfrac{1}{100}$

해설 ★

(1) 변압기 권수비에 의하여,
 $R_1 = n^2 R_2$ 의 관계가 있다.
(2) 따라서, 임피던스 정합을 위해서는
 $n = \sqrt{\dfrac{R_1}{R_2}} = \sqrt{\dfrac{100}{1}} = 10$

[답] ②

14 전압과 전류가 $V = 100 + j20$[V], $I = 8 + j6$[A]인 회로의 무효전력 크기는?

① 420[Var]   ② 440[Var]
③ 460[Var]   ④ 480[Var]

해설 ★★

(1) 우선, 복소전력을 계산하여 유효전력과 무효전력을 계산하면,
 $P_a = VI^* = (100 + j20) \times (8 - j6)$
 $= 920 - j440$ [VA]
(2) 따라서, 무효전력은 440[Var] 이다.

[답] ②

15 정전용량이 같은 콘덴서 2개를 병렬로 연결했을 때 합성용량은 직렬로 연결했을 때의 몇 배인가?

① 2배   ② 4배   ③ 6배   ④ 8배

해설 ★

(1) 정전용량이 같은 콘덴서 2개를 병렬 연결 시 합성 정전용량은,
 $C_p = C + C = 2C$
(2) 정전용량이 같은 콘덴서 2개를 직렬 연결 시 합성 정전용량은,
 $C_s = \dfrac{C \times C}{C + C} = \dfrac{C}{2}$
(3) 따라서, 병렬 연결은 직렬 연결에 비하여 4배의 정전용량 값을 가진다.

[답] ②

16 그림과 같은 회로에 대칭 3상 전압 220[V]를 가할 때 $a - a'$ 선이 단선되었다고 하면 선전류[A]는 얼마인가?

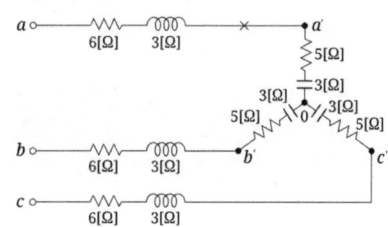

① 5[A]   ② 10[A]
③ 15[A]   ④ 20[A]

해설 ★★

$I = \dfrac{V}{Z} = \dfrac{220}{6 + j3 + 5 - j3 + 2 - j3 + 6 + j3}$
$= 10$[A]

[답] ②

17 그림과 같은 회로에서 $t=0$의 순간 S를 열었을 때 L의 양단에 발생하는 역기전력은 인가전압의 몇 배가 발생하는가?
(단, 스위치 S를 열기 전에 회로는 정상 상태이었다.)

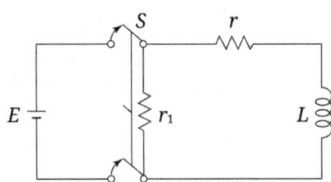

① $\dfrac{r}{r+r_1}$ ② $\dfrac{r_1 r}{r+r_1}$

③ $\dfrac{r+r_1}{r_1 r}$ ④ $\dfrac{r+r_1}{r}$

해설 ★

(1) 인덕턴스에 걸리는 전압을 구하면,
$i = \dfrac{E}{r} e^{-\frac{r+r_1}{L}t}$

$e_L = -L\dfrac{di}{dt} = -\dfrac{\leq}{r}\left(-\dfrac{r+r_1}{L}\right) e^{-\frac{r+r_1}{L}t}$

(2) 여기서, $t=0$이면,
$e_L = \dfrac{r+r_1}{r} E$ 가 되므로,

$\therefore \dfrac{e_L}{E} = \dfrac{r+r_1}{r}$

[답] ④

18 저항 $R=4[\Omega]$과 용량성 리액턴스 $X_C=3[\Omega]$이 직렬로 접속된 회로에 $I=10[A]$의 전류가 흐를 때 교류전력은 몇 [VA]인가?

① $400+j300$ ② $460-j320$
③ $400-j300$ ④ $360+j420$

해설 ★★

$P_a = VI^* = (ZI) \times I^* = ZI^2 = (4-j3) \times 10^2$
$= 400 - j300 [VA]$

[답] ③

19 그림과 같은 회로를 사용하여 출력파형이 입력파형을 미분한 결과가 되려면 입력파형의 주기 T와 회로의 시정수 RC 사이에 어떤 조건이 만족되어야 하는가?

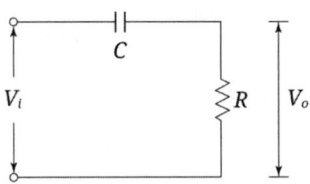

① $T \gg RC$ ② $T \ll RC$
③ $T = RC$ ④ T와 RC는 무관

해설 ★

회로에서 $v_i(t) = \dfrac{1}{C}\displaystyle\int_0^t i(t)dt + Ri(t)$ 에서
시정수를 충분히 작게 하면
$\dfrac{1}{C}\displaystyle\int_0^t i(t)dt \gg Ri(t)$ 가 되므로
$v_i(t) \fallingdotseq \dfrac{1}{C}\displaystyle\int_0^t i(t)dt$ 이다.
즉, $i(t) \fallingdotseq C\dfrac{dv_i(t)}{dt}$ 가 되고
$v_0(t) \fallingdotseq Ri(t) = RC\dfrac{dv_i(t)}{dt} \fallingdotseq \dfrac{dv_i(t)}{dt}$
가 되어 근사적인 입력 전압의 미분 파형이 얻어진다.

[답] ①

20 불평형 회로에서 영상분이 존재하는 3상 회로 구성은?

① $\triangle$-$\triangle$ 결선의 3상 3선식
② $\triangle$-Y 결선의 3상 3선식
③ Y-Y 결선의 3상 3선식
④ Y-Y 결선의 3상 4선식

해설 ★

Y-Y 결선의 3상 4선식은 중성점을 접지하므로 영상분이 존재한다.
(∴ 영상분 : 접지선에 흐르는 전류)

[답] ④

2012년 기출문제

제 1 회 전기(공사)산업기사 필기시험

1 그림과 같은 교류 브리지가 평형상태에 있다. $L[H]$의 값은 얼마인가?

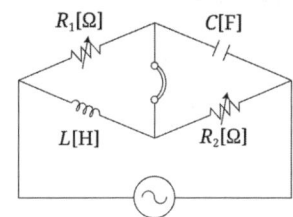

① $L = \dfrac{R_1 R_2}{C}$ ② $L = \dfrac{C}{R_1 R_2}$

③ $L = R_1 R_2 C$ ④ $L = \dfrac{R_2}{R_1 C}$

해설 ★★

브리지 평형 조건 $R_1 \times R_2 = \dfrac{1}{j\omega C} \times j\omega L$에서,

$L = R_1 R_2 C$

[답] ③

2 그림과 같은 4단자 회로의 4단자 정수 중 D의 값은?

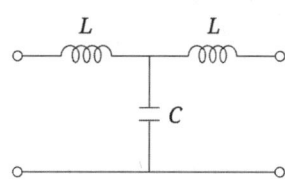

① $1 - \omega^2 LC$ ② $j\omega L(2 - \omega^2 LC)$
③ $j\omega C$ ④ $j\omega L$

해설 ★★★

T형 회로의 D값 구하는 공식에 적용하면,

$D = 1 + \dfrac{Z_2}{Z_3} = 1 + \dfrac{j\omega L}{\dfrac{1}{j\omega C}}$

$= 1 + j^2 \omega^2 LC = 1 - \omega^2 LC$

[답] ①

3 $\dfrac{s\sin\theta+\omega\cos\theta}{s^2+\omega^2}$ 의 역 라플라스 변환을 구하면 어떻게 되는가?

① $\sin(\omega t-\theta)$ ② $\sin(\omega t+\theta)$
③ $\cos(\omega t-\theta)$ ④ $\cos(\omega t+\theta)$

해 설 ★★

(1) 우선, 문제에 주어진 식을 변형하면,
$\dfrac{s\sin\theta+\omega\cos\theta}{s^2+\omega^2} = \dfrac{s}{s^2+\omega^2}\sin\theta + \dfrac{\omega}{s^2+\omega^2}\cos\theta$
(2) 따라서, 역 라플라스 변환하면,
$\cos\omega t\sin\theta + \sin\omega t\cos\theta$
(3) 위 식은 삼각함수 가법정리에 의해서,
∴ $\sin(\omega t+\theta)$

[답] ②

4 파고율이 2가 되는 파형은?

① 정현파 ② 톱니파
③ 사각파 ④ 정류파(정현반파)

해 설 ★★★

(1) 반파 정류 파형의 평균값과 실효값은,
$V_a = \dfrac{V_m}{\pi}, \quad V = \dfrac{V_m}{2}$
(2) 따라서, 파고율은,
파고율 $= \dfrac{V_m}{V} = \dfrac{V_m}{\dfrac{V_m}{2}} = 2$

[답] ④

5 그림과 같은 회로의 2단자 임피던스 $Z(s)$ 는? (단, $s=j\omega$ 이다.)

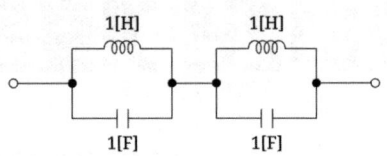

① $\dfrac{1}{s^2+1}$ ② $\dfrac{s}{s^2+1}$
③ $\dfrac{2s}{s^2+1}$ ④ $\dfrac{3s}{s^2+1}$

해 설 ★★

$Z = \dfrac{s\times\dfrac{1}{s}}{s+\dfrac{1}{s}} + \dfrac{s\times\dfrac{1}{s}}{s+\dfrac{1}{s}} = \dfrac{1}{s+\dfrac{1}{s}} + \dfrac{1}{s+\dfrac{1}{s}}$
$= \dfrac{s}{s^2+1} + \dfrac{s}{s^2+1} = \dfrac{2s}{s^2+1}$

[답] ③

6 리액턴스 함수가 $Z(\lambda) = \dfrac{3\lambda}{\lambda^2 + 15}$ 로 표시되는 리액턴스 2단자망은?

①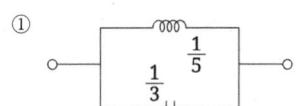

②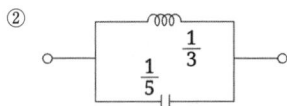

③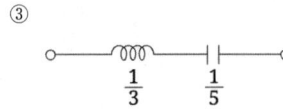

④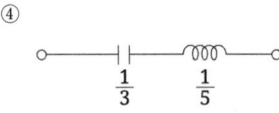

해설 ★

(1) 우선, 문제에 주어진 식을 $\lambda = s$ 로 놓고 변형하면,
$$Z(\lambda) = \dfrac{3\lambda}{\lambda^2+15} = \dfrac{3s}{s^2+15} = \dfrac{1}{\dfrac{1}{3}s + \dfrac{5}{s}}$$
$$= \dfrac{1}{\dfrac{1}{3}s + \dfrac{1}{\dfrac{1}{5}s}}$$

(2) 위 식은 병렬 회로의 어드미턴스 형태로 되므로, $C = \dfrac{1}{3}$ [F], $L = \dfrac{1}{5}$ [H] 값을 갖는다.

[답] ①

7 평형 3상 부하에 전력을 공급할 때 선전류 값이 20[A]이고 부하의 소비전력이 4[kW]이다. 이 부하의 등가 Y회로에 대한 각 상의 저항은 약 몇 [Ω]인가?

① 3.3[Ω] ② 5.7[Ω]
③ 7.2[Ω] ④ 10[Ω]

해설 ★★

3상 회로에서 유효전력 $P = 3I^2R$ 에서,
$R = \dfrac{P}{3I^2} = \dfrac{4,000}{3 \times 20^2} = \dfrac{10}{3} = 3.33$ [Ω]

[답] ①

8 자동차 축전지의 무부하 전압을 측정하니 13.5[V]를 지시하였다. 이때 정격이 12[V], 55[W]인 자동차 전구를 연결하여 축전지의 단자전압을 측정하니 12[V]를 지시하였다. 축전지의 내부저항은 약 몇 [Ω]인가?

① 0.33[Ω] ② 0.45[Ω]
③ 2.62[Ω] ④ 3.31[Ω]

해설 ★

(1) 전구의 내부저항 :
$R_L = \dfrac{V_L^2}{P} = \dfrac{12^2}{55} ≒ 2.62$ [Ω]

(2) 회로에 흐르는 전류 :
$I = \dfrac{V_L}{R_L} = \dfrac{12}{2.62} ≒ 4.58$ [A]

(3) 축전지 내부저항 :
$R_0 = \dfrac{13.5 - 12}{4.58} ≒ 0.33$ [Ω]

[답] ①

9 다음과 같은 회로에서 입력전압의 실효치가 12[V]의 정현파일 때 전 전류 I[A]는?

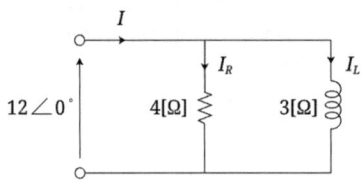

① $3-j4$[A] ② $3+j4$[A]
③ $4-j3$[A] ④ $6+j10$[A]

해 설 ★★★

$I_R = \dfrac{V}{R} = \dfrac{12}{4} = 3$[A]

$I_L = \dfrac{V}{jX} = \dfrac{12}{j3} = -j4$[A]

$\therefore I = I_R + I_L = 3 - j4$[A]

[답] ①

10 그림과 같은 회로에서 $t=0$의 시각에 스위치 S를 닫을 때 전류 $i(t)$의 라플라스 변환 $I_{(s)}$는? (단, $V_C(0) = 1$[V]이다.)

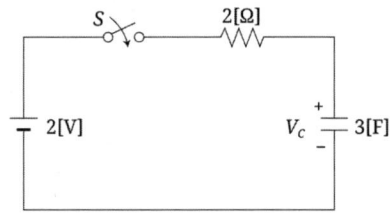

① $\dfrac{3s}{6s+1}$ ② $\dfrac{3}{6s+1}$
③ $\dfrac{6}{6s+1}$ ④ $\dfrac{-s}{6s+1}$

해 설 ★★

(1) 문제에 주어진 회로는 R-C 직렬회로로서 과도 전류는,

$i(t) = \dfrac{E-V_c}{R}e^{-\frac{1}{RC}t} = \dfrac{2-1}{2}e^{-\frac{1}{2\times 3}t}$

$= \dfrac{1}{2}e^{-\frac{1}{6}t}$

(2) 위 식을 라플라스 변환하면,

$I(s) = \dfrac{1}{2} \times \dfrac{1}{s+\dfrac{1}{6}} = \dfrac{1}{2} \times \dfrac{6}{6s+1} = \dfrac{3}{6s+1}$

[답] ②

11 3상 불평형 전압을 V_a, V_b, V_c라고 할 때 정상전압은? (단, $a = -\frac{1}{2} + j\frac{\sqrt{3}}{2}$ 이다.)

① $\frac{1}{3}(V_a + aV_b + a^2V_c)$

② $\frac{1}{3}(V_a + a^2V_b + aV_c)$

③ $\frac{1}{3}(V_a + a^2V_b + V_c)$

④ $\frac{1}{3}(V_a + V_b + V_c)$

해설 ★★★

$V_0 = \frac{1}{3}(V_a + V_b + V_c)$

$V_1 = \frac{1}{3}(V_a + aV_b + a^2V_c)$

$V_2 = \frac{1}{3}(V_a + a^2V_b + aV_c)$

[답] ①

12 그림과 같은 회로에서 부하 R_L에서 소비되는 최대전력은 몇 [W]인가?

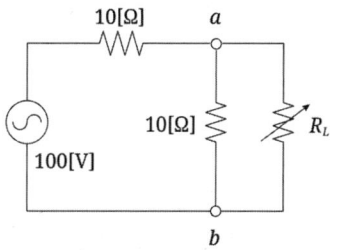

① 50 ② 125
③ 250 ④ 500

해설 ★★★

(1) 문제에 주어진 회로의 테브낭 전압과 저항을 구하면,

$V_{th} = \frac{10}{10+10} \times 100 = 50[\text{V}]$

$R_{th} = \frac{10 \times 10}{10+10} = 5[\Omega]$

(2) 최대전력이 되기 위해서는 부하저항과 내부저항(테브낭 저항)이 같아야 하므로, $R_L = R_{th} = 5[\Omega]$ 이 된다.
따라서 최대전력은,

$P_m = I^2 R_L = \left(\frac{50}{5+5}\right)^2 \times 5 = 125[\text{W}]$

[답] ②

13 RL 직렬회로에 V인 직류 전압원을 갑자기 연결하였을 때 $t=0_+$인 순간, 이 회로에 흐르는 회로전류에 대하여 바르게 표현된 것은?

① 이 회로에는 전류가 흐르지 않는다.
② 이 회로에는 $\dfrac{V}{R}$ 크기의 전류가 흐른다.
③ 이 회로에는 무한대의 전류가 흐른다.
④ 이 회로에는 $\dfrac{V}{(R+j\omega L)}$ 의 전류가 흐른다.

해 설 ★★

R-L 직렬회로의 전류 $i(t) = \dfrac{E}{R}\left(1 - e^{-\frac{R}{L}t}\right)$ 에서 $t=0$ 인 경우 $i(t)=0$ 이다.

[답] ①

14 $t=3[\text{ms}]$에서 최대치 5[V]에 도달하는 60[Hz]의 정현파 전압 $e(t)$를 시간함수로 표시하면 어떻게 되는가?

① $e = 5\sin(376.8t + 25.2°)[\text{V}]$
② $e = 5\sin(376.8t + 35.2°)[\text{V}]$
③ $e = 5\sqrt{2}\sin(376.8t + 25.2°)[\text{V}]$
④ $e = 5\sqrt{2}\sin(376.8t + 35.2°)[\text{V}]$

해 설 ★★

순시값 e 의 표현은 $e = E_m\sin(\omega t + \theta)$ 이다.
따라서, $t = 3[\text{ms}]$에서 최대값($E_m = 5[\text{V}]$)이 되어야 하므로 $(\omega t + \theta) = 90°$ 가 되어야 한다.
즉, $2\pi \times 60 \times 3 \times 10^{-3} \times \dfrac{180°}{\pi} + \theta = 90°$ 에서
$\theta = 25.23°$
따라서, 순시값 $e = 5\sin(376.8t + 25.2°)[\text{V}]$

[답] ①

15 비접지 3상 Y부하의 각 선에 흐르는 비대칭 각 선전류를 I_a, I_b, I_c라 할 때 선전류의 영상분 I_0는?

① $I_a + I_b$
② $I_a + I_b + I_c$
③ $\dfrac{1}{3}(I_a - I_b - I_c)$
④ 0

해 설 ★★

영상분은 접지선, 중성선에 흐르는 전류이다.
따라서, 비접지의 3상 Y부하는 중성선이 존재하지 않아 영상분이 존재할 수 없다.

[답] ④

16 다음 회로에서 전압비 전달함수 $\dfrac{V_2(s)}{V_1(s)}$ 는 어떻게 되는가?

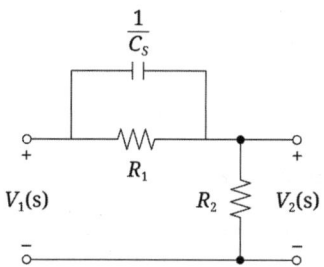

① $\dfrac{R_1 + R_2 + R_1 R_2 Cs}{R_2 + R_1 R_2 Cs}$

② $\dfrac{R_1 R_2 Cs + R_2}{R_1 R_2 Cs + R_1 + R_2}$

③ $\dfrac{R_1 Cs + R_2}{R_2 + R_1 R_2 Cs}$

④ $\dfrac{R_1 R_2 Cs}{R_1 R_2 Cs + R_1 + R_2}$

해설 ★★★

(1) 우선, R_1 과 $\dfrac{1}{Cs}$ 병렬회로를 합성하면,

$$Z_1 = \dfrac{R_1 \times \dfrac{1}{Cs}}{R_1 + \dfrac{1}{Cs}} = \dfrac{R_1}{R_1 Cs + 1}$$

(2) 출력전압 $V_2(s)$ 에 대하여 전압분배의 법칙을 적용하면

$$V_2(s) = \dfrac{R_2}{\dfrac{R_1}{R_1 Cs + 1} + R_2} V_1(s)$$

$$= \dfrac{R_1 R_2 Cs + R_2}{R_1 + R_1 R_2 Cs + R_2} V_1(s)$$

(3) 따라서, 전압비 전달함수는,

$$G(s) = \dfrac{V_2(s)}{V_1(s)} = \dfrac{R_2 + R_1 R_2 Cs}{R_1 + R_2 + R_1 R_2 Cs}$$

[답] ②

17 평형 3상 무유도 저항 부하가 3상 4선식 회로에 접속되어 있을 때 단상 전력계를 그림과 같이 접속했더니 그 지시값이 W [W]이었다. 이 부하의 전력[W]은?
(단, 정현파 교류이다.)

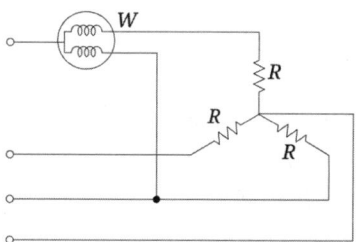

① $\sqrt{2}\,W$ ② $2W$
③ $\sqrt{3}\,W$ ④ $3W$

해설 ★★

선간전압을 E_{12}, 부하전류를 I_1 이라 하면 I_1 은 상전압 E_1 과 동상이 되지만 E_{12} 와는 $30°$의 위상차가 있으므로,

$$W = E_{12} I_1 \cos 30° = \dfrac{\sqrt{3}}{2} E_{12} I_1$$

$$\therefore E_{12} I_1 = \dfrac{2W}{\sqrt{3}}$$

부하 전력 $P = \sqrt{3}\, E_{12} I_1 = \sqrt{3} \times \dfrac{2W}{\sqrt{3}} = 2W$

[답] ②

18 반파 및 정현대칭의 왜형파의 푸리에 급수에서 옳게 표현된 것은?

(단, $f(t) = a_o + \sum_{n=1}^{\infty} a_n \cos n\omega t + \sum_{n=1}^{\infty} b_n \sin n\omega t$ 임)

① a_n의 우수항만 존재한다.
② a_n의 기수항만 존재한다.
③ b_n의 우수항만 존재한다.
④ b_n의 기수항만 존재한다.

해 설 ★★

(1) 반파 대칭 :
  직류성분 $a_0 = 0$, 홀수항의 sin, cos항 존재
(2) 정현 대칭 :
  직류성분 $a_0 = 0$, cos항 = 0, sin항 존재
(3) 따라서, 반파 및 정현 대칭의 경우, 홀수항(기수항)의 sin만 존재한다.

[답] ④

19 2개의 전력계로 평형 3상 부하의 전력을 측정하였더니 한쪽의 지시치가 다른 쪽 전력계의 지시치보다 3배이었다면 부하역률은 약 얼마인가?

① 0.37 ② 0.57
③ 0.76 ④ 0.86

해 설 ★★

(1) 2전력계법에서 역률은,
$$\cos\theta = \frac{P_1 + P_2}{2\sqrt{P_1^2 + P_2^2 - P_1 P_2}}$$
(2) 따라서, 문제의 조건을 적용하여 $P_1 = 3_2$인 경우,
$$\cos\theta = \frac{3P_2 + P_2}{2\sqrt{(3P_2)^2 + P_2^2 - 3P_2 P_2}} = 0.76$$

[답] ③

20 $F(s) = \dfrac{s}{s^2 + \pi^2} \cdot e^{-2s}$ 함수를 시간추이 정리에 의해서 역변환하면?

① $\sin\pi(t-2) \cdot u(t-2)$
② $\sin\pi(t+a) \cdot u(t+a)$
③ $\cos\pi(t-2) \cdot u(t-2)$
④ $\cos\pi(t+a) \cdot u(t+a)$

해 설 ★

문제에 주어진 식에서,
$F(s) = \dfrac{s}{s^2 + \pi^2}$ 는 $f(t) = \cos \pi t$ 를 라플라스 변환한 것이고,
$F(s) = e^{-2s}$ 는 시간이 −2만큼 추이된 형태이므로, 이 두 가지 모두를 적용하여 라플라스 역변환하면,
$f(t) = \cos\pi(t-2) \cdot u(t-2)$

[답] ③

제 2 회 전기(공사)산업기사 필기시험

1 3상 불평형 회로의 전압에서 불평형률[%]은?

① $\dfrac{영상전압}{정상전압} \times 100[\%]$

② $\dfrac{정상전압}{역상전압} \times 100[\%]$

③ $\dfrac{정상전압}{영상전압} \times 100[\%]$

④ $\dfrac{역상전압}{정상전압} \times 100[\%]$

해 설 ★★★

불평형률 $= \dfrac{역상전압}{정상전압} \times 100[\%] = \dfrac{V_2}{V_1} \times 100[\%]$

[답] ④

2 $V = 50\sqrt{3} - j50[\text{V}]$, $I = 15\sqrt{3} + j15[\text{A}]$ 일 때 유효전력 $P[\text{W}]$와 무효전력 $P_r[\text{Var}]$은 각각 얼마인가?

① $P = 3{,}000$, $P_r = 1{,}500$
② $P = 1{,}500$, $P_r = 1{,}500\sqrt{3}$
③ $P = 750$, $P_r = 750\sqrt{3}$
④ $P = 2{,}250$, $P_r = 1{,}500\sqrt{3}$

해 설 ★★

$P_a = VI^* = (50\sqrt{3} - j50)(15\sqrt{3} - j15)$
$\quad = 1{,}500 - j1{,}500\sqrt{3}\,[\text{VA}]$
$P = 1{,}500[\text{W}]$, $Q = 1{,}500\sqrt{3}\,[\text{Var}]$

[답] ②

3 대칭 n상 환상결선에서 선전류와 환상전류 사이의 위상차는 어떻게 되는가?

① $\dfrac{\pi}{2}\left(1 - \dfrac{2}{n}\right)$ ② $2\left(1 - \dfrac{2}{n}\right)$

③ $\dfrac{n}{2}\left(1 - \dfrac{\pi}{2}\right)$ ④ $\dfrac{\pi}{2}\left(1 - \dfrac{n}{2}\right)$

해 설 ★★

대칭 n상에서 선전류는 환상전류(상전류)에 비하여 $\dfrac{\pi}{2}\left(1 - \dfrac{2}{n}\right)[\text{rad}]$만큼 위상이 뒤진다.

[답] ①

4 $R = 100[\Omega]$, $L = \dfrac{1}{\pi}[\text{H}]$, $C = \dfrac{100}{4\pi}[\text{pF}]$ 가 직렬로 연결되어 공진할 경우 이 공진 회로의 전압확대율 Q는?

① 2×10^3 ② 2×10^4
③ 3×10^3 ④ 3×10^4

해 설 ★★

$Q = \dfrac{1}{R}\sqrt{\dfrac{L}{C}} = \dfrac{1}{100}\sqrt{\dfrac{\dfrac{1}{\pi}}{\dfrac{100}{4\pi} \times 10^{-12}}} = 2 \times 10^3$

[답] ①

5 RL 직렬회로에 $v = 150\sqrt{2}\cos\omega t + 100\sqrt{2}\sin 3\omega t + 25\sqrt{2}\sin 5\omega t$ [V]인 전압을 가하였다. 이때 제3고조파 성분 전류의 실효치[A]는? (단, $R = 5[\Omega]$, $\omega L = 4[\Omega]$이다.)

① 약 7.69[A] ② 약 10.88[A]
③ 약 15.62[A] ④ 약 22.08[A]

해설 ★★

$I_3 = \dfrac{V_3}{Z_3} = \dfrac{V_3}{\sqrt{R^2 + (3\omega L)^2}} = \dfrac{100}{\sqrt{5^2 + (3 \times 4)^2}}$
$= 7.69[A]$

[답] ①

6 3상 회로에 △결선된 평형 순저항 부하를 사용하는 경우 선간전압 220[V], 상전류가 7.33[A]라면 1상의 부하저항은 약 몇 [Ω]인가?

① 80[Ω] ② 60[Ω]
③ 45[Ω] ④ 30[Ω]

해설 ★★

$Z_p = \dfrac{V_p}{I_p} = \dfrac{220}{7.33} = 30[\Omega]$

[답] ④

7 60[Hz], 100[V]의 교류전압을 어떤 콘덴서에 인가하니 1[A]의 전류가 흘렀다. 이 콘덴서의 정전용량[μF]은?

① 약 377[μF] ② 약 265[μF]
③ 약 26.5[μF] ④ 약 2.65[μF]

해설 ★★

$X_c = \dfrac{V}{I} = \dfrac{100}{1} = 100[\Omega]$

$X_c = \dfrac{1}{\omega C}$ 에서,

$C = \dfrac{1}{\omega X_c} = \dfrac{1}{2\pi \times 60 \times 100} = 26.6 \times 10^{-6}[F]$
$= 26.5[\mu F]$

[답] ③

8 분류기를 사용하여 전류를 측정하는 경우 전류계의 내부저항이 0.12[Ω], 분류기의 저항이 0.03[Ω]이면 그 배율은?

① 6 ② 5 ③ 4 ④ 3

해설 ★★

배율 $m = 1 + \dfrac{r_a}{R_s} = 1 + \dfrac{0.12}{0.03} = 5$

[답] ②

9 RL 직렬회로에서 시정수의 값이 클수록 과도현상의 소멸되는 시간에 대한 설명으로 옳은 것은?

① 짧아진다.
② 과도기가 없어진다.
③ 길어진다.
④ 변화가 없다.

| 해 설 | ★★★ |

시정수가 크면 클수록 과도현상이 오래 지속되므로, 시정수 값이 클수록 과도현상이 소멸되는 시간은 그만큼 길어지게 된다.

[답] ③

10 그림과 같은 이상적인 변압기로 구성된 4단자 회로에서 정수 A와 C는 어떻게 되는가?

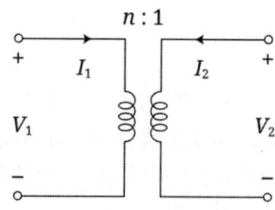

① $A=0$, $C=n$
② $A=0$, $C=\dfrac{1}{n}$
③ $A=n$, $C=0$
④ $A=\dfrac{1}{n}$, $C=0$

| 해 설 | ★★ |

변압기의 4단자 정수는 $\begin{bmatrix} A & B \\ C & D \end{bmatrix} = \begin{bmatrix} a & 0 \\ 0 & \dfrac{1}{a} \end{bmatrix}$ 이므로

문제에 주어진 변압기의 권수비를 적용하면,

$\begin{bmatrix} A & B \\ C & D \end{bmatrix} = \begin{bmatrix} a & 0 \\ 0 & \dfrac{1}{a} \end{bmatrix} = \begin{bmatrix} n & 0 \\ 0 & \dfrac{1}{n} \end{bmatrix}$

[답] ③

11 비정현파의 성분을 가장 적합하게 나타낸 것은?

① 직류분 + 고조파
② 교류분 + 고조파
③ 직류분 + 기본파 + 고조파
④ 교류분 + 기본파 + 고조파

| 해 설 | ★★ |

비정현파의 표현 : 직류분 + 기본파 + 고조파

[답] ③

12 어느 저항에

$v_1 = 220\sqrt{2}\sin(2\pi \cdot 60t - 30°)$ [V]와
$v_2 = 100\sqrt{2}\sin(3 \cdot 2\pi \cdot 60t - 30°)$ [V]의

전압이 각각 걸릴 때 올바른 것은?

① v_1이 v_2보다 위상이 15[°] 앞선다.
② v_1이 v_2보다 위상이 15[°] 뒤진다.
③ v_1이 v_2보다 위상이 75[°] 앞선다.
④ v_1이 v_2의 위상관계는 의미가 없다.

| 해 설 | ★★ |

저항은 동상 소자이므로 위상에 변화가 없다.
따라서, v_1과 v_2의 위상 관계는 의미가 없다.

[답] ④

13 다음 미분방정식으로 표시되는 계에 대한 전달함수를 구하면? (단, $x(t)$는 입력, $y(t)$는 출력을 나타낸다.)

$$\frac{d^2y(t)}{dt^2}+3\frac{dy(t)}{dt}+2y(t)=x(t)+\frac{dx(t)}{dt}$$

① $\dfrac{s+1}{s^2+3s+2}$ ② $\dfrac{s-1}{s^2+3s+2}$

③ $\dfrac{s+1}{s^2-3s+2}$ ④ $\dfrac{s-1}{s^2-3s+2}$

해설 ★★★

(1) 우선, 문제에 주어진 미분 방정식을 라플라스 변환하면,
$s^2Y(s)+3sY(s)+2Y(s)=X(s)+sX(s)$
(2) 따라서, 전달함수는,
$G(s)=\dfrac{Y(s)}{X(s)}=\dfrac{s+1}{s^2+3s+2}$

[답] ①

14 각 상의 임피던스가 $Z=6+j8$인 평형 Y 부하에 선간전압 220[V]인 대칭 3상 전압이 가해졌을 때 선전류는 약 몇 [A]인가?

① 11.7[A]   ② 12.7[A]
③ 13.7[A]   ④ 14.7[A]

해설 ★★★

$I_l=I_p=\dfrac{V_p}{Z_p}=\dfrac{\frac{220}{\sqrt{3}}}{\sqrt{6^2+8^2}}=12.7[A]$

[답] ②

15 다음 그림에서 $V_1=24[V]$일 때 $V_0[V]$의 값은?

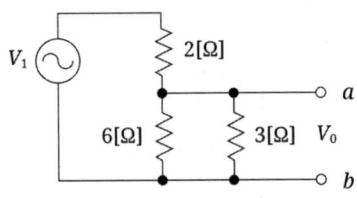

① 8[V]   ② 12[V]
③ 16[V]   ④ 24[V]

해설 ★★

(1) 우선, 병렬 접속된 저항 6[Ω]과 3[Ω]을 합성하면, $R_2=\dfrac{6\times3}{6+3}=2[\Omega]$
(2) 전압 분배의 법칙을 적용하여 출력 전압 V_0을 구하면, $V_0=\dfrac{2}{2+2}\times24=12[V]$

[답] ②

16 일정 전압의 직류 전원에 저항 R을 접속하고 전류를 흘릴 때, 이 전류값을 20[%] 증가시키기 위해서는 저항값을 얼마로 하여야 하는가?

① $1.25R$ ② $1.20R$
③ $0.83R$ ④ $0.80R$

해설 ★★

원래의 저항값은, $R=\dfrac{V}{I}$인데 전류값을 1.2배로 하려면 바꾸어야 할 저항값은,
$R'=\dfrac{V}{1.2I}=0.83\dfrac{V}{I}=0.83R$

[답] ③

17 그림과 같은 회로의 임피던스 파라미터는?

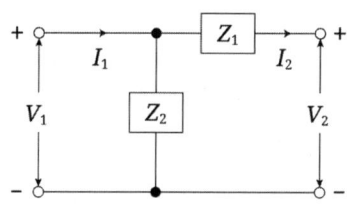

① $Z_{11} = Z_1 + Z_2$, $Z_{12} = Z_1$,
   $Z_{21} = Z_1$, $Z_{22} = Z_1$

② $Z_{11} = Z_1$, $Z_{12} = Z_2$,
   $Z_{21} = -Z_1$, $Z_{22} = Z_2$

③ $Z_{11} = Z_2$, $Z_{12} = -Z_2$,
   $Z_{21} = -Z_2$, $Z_{22} = Z_1 + Z_2$

④ $Z_{11} = Z_2$, $Z_{12} = Z_1 + Z_2$,
   $Z_{21} = Z_1 + Z_2$, $Z_{22} = Z_1$

해 설 ★★★

(1) $Z_{11} = 0 + Z_2 = Z_2$
(2) $Z_{12} = Z_{21} = -Z_2$
   (전류 I_1과 I_2의 방향이 반대이므로)
(3) $Z_{22} = Z_1 + Z_2$

[답] ③

18 전류가 전압에 비례한다는 것을 가장 잘 나타낸 것은?

① 테브낭의 정리
② 상반의 정리
③ 밀만의 정리
④ 중첩의 원리

해 설 ★★

테브낭 정리는 회로망을 하나의 전압원과 저항으로 회로를 간단화하여 해석하는 기법으로서 전류가 전압에 비례한다는 원리를 가장 잘 적용한 것이다.

[답] ①

19 a가 상수, $t>0$일 때 $f(t)=e^{at}$의 라플라스 변환은?

① $\dfrac{1}{s-a}$ ② $\dfrac{1}{s+a}$

③ $\dfrac{1}{s^2-a^2}$ ④ $\dfrac{1}{s^2+a^2}$

해 설 ★★★

문제에 주어진 식은 상수가 +값인 지수함수로서 이에 대한 라플라스 변환 식은,

$f(t) = e^{at} \to F(s) = \dfrac{1}{s-a}$

[답] ①

20 다음과 같은 파형을 푸리에 급수로 전개하면?

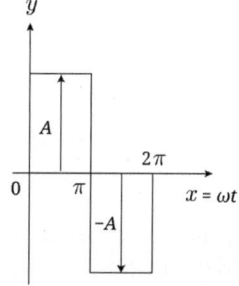

① $y = \dfrac{A}{\pi} + \dfrac{\sin 2x}{2} + \dfrac{\sin 4x}{4} + \cdots$

② $y = \dfrac{4A}{\pi}(\sin\alpha\sin x + \dfrac{1}{9}\sin 3\alpha\sin 3x + \cdots)$

③ $y = \dfrac{4A}{\pi}(\sin x + \dfrac{1}{3}\sin 3x + \dfrac{1}{5}\sin 5x + \cdots)$

④ $y = \dfrac{4}{\pi}(\dfrac{\cos 2x}{1.3} + \dfrac{\cos 4x}{3.5} + \dfrac{\cos 6x}{5.7} + \cdots)$

해 설 ★★

문제에 주어진 파형은 반파 및 정현 대칭이므로 직류항 $a_0 = 0$, $\cos$항 $b_n = 0$이 되고 기수항의 $\sin$항만 존재한다.

[답] ③

제 4 회 전기공사산업기사 필기시험

1 그림과 같은 회로에서 15[Ω]의 저항에 흐르는 전류 I는 몇 [A]인가?

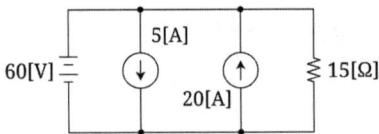

① 4[A] ② 6[A]
③ 8[A] ④ 10[A]

해 설 ★★★

이 문제는 아래와 같이 중첩의 원리로 푸는 것이 가장 쉽다.
(1) 전압원 60[V]만 있는 경우 :
$I_1 = \dfrac{V}{R} = \dfrac{60}{15} = 4[A]$
(2) 전류원 5[A]만 있는 경우 :
$I_2 = 0$
(∵ 단락된 전압원으로 전류가 모두 흐르므로)
(3) 전류원 20[A]만 있는 경우 :
$I_3 = 0$
(∵ 단락된 전압원으로 전류가 모두 흐르므로)
(4) 따라서, 15[Ω] 저항에 흐르는 총전류는,
∴ $I = I_1 + I_2 + I_3 = 4 + 0 + 0 = 4[A]$

[답] ①

2 그림과 같은 회로에서 $G_2[\mho]$ 양단의 전압 강하 $E_2[V]$는?

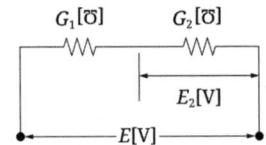

① $\dfrac{G_2}{G_1+G_2}E$ ② $\dfrac{G_1}{G_1+G_2}E$

③ $\dfrac{G_1 G_2}{G_1+G_2}E$ ④ $\dfrac{G_1+G_2}{G_1+G_2}E$

해 설 ★★

콘덕턴스 회로에 대한 전압 분배의 법칙을 적용하면,
$E_2 = \dfrac{G_1}{G_1+G_2}E$

[답] ②

3 $\mathcal{L}^{-1}[\dfrac{\omega}{s(s^2+\omega^2)}]$는 얼마인가?

① $\dfrac{1}{\omega}(1-\cos\omega t)$ ② $\dfrac{1}{\omega}(1-\sin\omega t)$

③ $\dfrac{1}{s}(1-\cos\omega t)$ ④ $\dfrac{1}{s}(1-\sin\omega t)$

해 설 ★★

본 문제는 라플라스 역변환하여 문제를 풀이하는 것보다 보기에 있는 식을 라플라스 변환하여 주어진 식과 일치하는 보기의 식을 찾는 것이 더 문제 풀이가 쉽다. 즉,
$\dfrac{1}{\omega}(1-\cos\omega t) \to \dfrac{1}{\omega}\left(\dfrac{1}{s} - \dfrac{s}{s^2+\omega^2}\right) = \dfrac{\omega}{s(s^2+\omega)}$
로서 ①의 보기가 문제에 주어진 식과 일치함을 알 수 있다.

[답] ①

4 어떤 회로에 $E=100\angle 45°$ [V]의 전압을 가할 때 전류 $I=5\angle -15°$ [A]가 흘렀다. 이 회로에서의 소비전력[W]는?

① 250[W] ② 500[W]
③ 950[W] ④ 1,200[W]

해설 ★★

$P = EI\cos\theta = 100\times 5\cos(45° -(-15°))$
$= 250[W]$

[답] ①

5 회로에서 단자 1-1′에서 본 구동점 임피던스 Z_{11}은 몇 [Ω]인가?

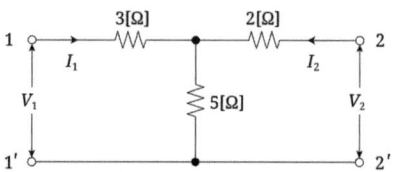

① 5[Ω] ② 8[Ω]
③ 10[Ω] ④ 15[Ω]

해설 ★★★

$Z_{11} = 3+5 = 8[\Omega]$
$Z_{12} = Z_{21} = 5[\Omega]$
$Z_{22} = 2+5 = 7[\Omega]$

[답] ②

6 RS 직렬회로의 과도현상에 대한 설명이다. 옳게 설명한 것은?

① RC 값이 클수록 과도 전류값은 빨리 사라진다.
② RC 값이 클수록 과도 전류값은 천천히 사라진다.
③ RC 값에 관계없다.
④ $\dfrac{1}{RC}$ 값이 클수록 과도 전류값은 천천히 사라진다.

해설 ★★★

시정수 $\tau = RC$[sec]가 크면 클수록 과도현상이 오래 지속되므로, 시정수 값이 클수록 과도현상이 소멸되는 시간은 그만큼 길어지게 된다.

[답] ②

7 $i_1 = I_m\sin\omega t$[A]와 $i_2 = I_m\cos\omega t$[A]인 두 교류 전류의 위상차는 몇 도인가?

① 0[°] ② 60[°]
③ 30[°] ④ 90[°]

해설 ★★

$i_1 = I_m\sin\omega t$
$i_2 = I_m\cos\omega t = I_m\sin(\omega t + 90°)$
로서, 두 전류의 위상차는 90°이다.

[답] ④

8 선간전압 E[V]의 3상 평형 전원에 저항 $R[\Omega]$이 그림과 같이 접속되어있는 경우 a, b 2상 간에 접속된 전력계의 눈금을 W[W]라고 하면 c상의 전류를 계산하면 얼마인가?

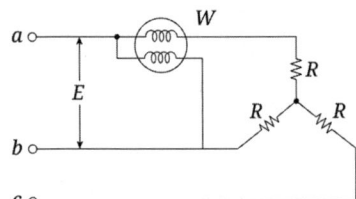

① $\dfrac{\sqrt{3}\,W}{2E}$ [A] 　② $\dfrac{3W}{\sqrt{3}\,E}$ [A]

③ $\dfrac{2W}{\sqrt{3}\,E}$ [A] 　④ $\dfrac{W}{\sqrt{3}\,W}$ [A]

해 설 ★★

(1) 문제에 주어진 회로는 3상 전력을 측정하기 위해서 전력계 W를 1개 연결한 회로이지만 3상 전력을 측정하기 위해서는 전력계가 3개가 필요한 2전력계법으로 측정하여야 한다.
(출제자가 전력계 1개를 생략한 그림을 주어진 상태의 문제 조건임)
(2) 따라서, 2전력계법에서 전체 전력은,
$W + W = 2W = \sqrt{3}\,EI$
에서, 전류는,
$I = \dfrac{2W}{\sqrt{3}\,E}$ [A]가 된다.

[답] ③

9 그림과 같은 회로에서 단자 a, b 간의 전압 V_{ab}[V]는?

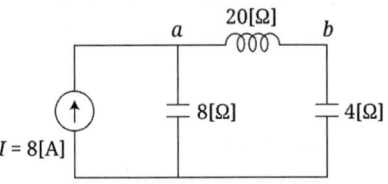

① $-j160$　② $j160$
③ 40　④ 80

해 설 ★★

(1) $a-b$ 사이에 흐르는 전류는, 전류 분배의 법칙에 의하여,
$I_{ab} = \dfrac{-j8}{j20 - j4 - j8} \times 8 = -8$ [A]
(2) 따라서, $a-b$ 간의 전압을 구하면,
$V_{ab} = I_{ab} \times Z_{ab} = -8 \times j20 = -j160$ [V]

[답] ①

10 분포 정수회로에서 직렬 임피던스 $Z[\Omega]$, 병렬 어드미턴스 $Y[\mho]$일 때 선로의 전파 정수 γ는?

① $\sqrt{\dfrac{Z}{Y}}$　② $\sqrt{\dfrac{Y}{Z}}$
③ $\sqrt{ZY}$　④ ZY

해 설 ★★★

$\gamma = \sqrt{ZY} = \sqrt{(R + j\omega L)(G + j\omega C)}$

[답] ③

11 h 파라미터(h-parameter)에서 개방출력 어드미턴스와 같은 것은?

① H_{11} ② H_{12} ③ H_{21} ④ H_{22}

해설 ★

$H_{22} = \dfrac{I_2}{V_2}\bigg|_{I_1=0}$ 로 표현되며, 이는 입력단자를 개방($I_1 = 0$)하고, 출력 측에서 본 개방 어드미턴스를 의미한다.

[답] ④

12 LC 직렬회로에 직류 기전력 E[V]를 $t = 0$에서 갑자기 인가할 때 C[F]에 걸리는 최대 전압[V]은?

① E ② $1.5E$
③ $2E$ ④ $2.5E$

해설 ★★

L과 C는 모두 전류를 충전시키는 소자로서, L에 충전된 상태의 전압 E가 또한번 C에 재충전되어 최대로 충전되는 전압은 $2E$가 된다.

[답] ③

13 그림과 같은 회로에서 전류 i[A]를 나타내는 식은?

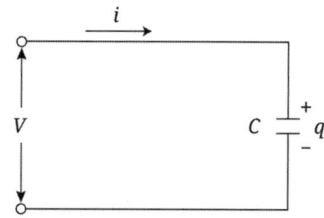

① $i = C\dfrac{dv}{dt}$ ② $i = C\dfrac{dq}{dt}$

③ $i = \dfrac{qV}{C}$ ④ $i = \dfrac{q}{j\omega C}$

해설 ★★

$i_c = \dfrac{dq}{dt} = C\dfrac{dv}{dt}$ [A]

[답] ①

14 대칭 3상 전압이 a상 V_a[V], b상 $V_b = a^2 V_a$[V], c상 $V_c = a V_a$[V]일 때 a상을 기준으로 한 대칭분 전압 중 정상분 V_1[V]은 어떻게 표시되는가? (단, $a = -\dfrac{1}{2} + j\dfrac{\sqrt{3}}{2}$이다.)

① 0 ② V_a
③ $a V_a$ ④ $a^2 V_a$

해설 ★★★

$V_1 = \dfrac{1}{3}(V_a + a V_b + a^2 V_c)$
$= \dfrac{1}{3}(V_a + a^3 V_a + a^3 V_a)$
$= \dfrac{1}{3} V_a (1 + a^3 + a^3) = V_a$

[답] ②

15 정현파 사이클의 수학적인 평균값은?

① 0.637×최대값   ② 0.707×최대값
③ 1.414×최대값   ④ 0

해 설 ★★

정현파는 정(+), 부(-)가 대칭이므로, 이를 수학적으로 평균을 취하면 정, 부가 상쇄되어 0의 값을 갖는다.

[답] ④

16 RC 직렬회로에 V[V]의 교류 기전력을 가하는 경우 저항 R[Ω]에서 소비되는 최대전력 [W]은 얼마인가?

① $\dfrac{1}{4}\omega CV^2$ ② $2\omega^2 CV$

③ $C\omega^2 V^2$ ④ $\dfrac{1}{2}\omega CV^2$

해 설 ★★

(1) 문제의 조건에서 저항 R에서 소비되는 최대 전력이라고 하였으므로, 저항(R)을 부하, 용량성 리액턴스 $\left(X_c = \dfrac{1}{\omega C}\right)$을 회로의 내부 리액턴스라고 해석하여 문제를 풀어야 한다.

(2) 따라서, 최대 전력 조건은,
$R = \dfrac{1}{\omega C}$

(3) 위 조건을 이용하여 최대 전력을 구하면,
$P_m = I^2 R = \left(\dfrac{V}{\sqrt{R^2 + X_c^2}}\right)^2 R$
$= \left(\dfrac{V}{\sqrt{X_c^2 + X_c^2}}\right)^2 X_c = \dfrac{V^2}{2X_c}$
$= \dfrac{V^2}{2 \times \dfrac{1}{\omega C}} = \dfrac{\omega CV^2}{2}$ [W]

[답] ④

17 $\sin(10t + 60°)$의 라플라스 변환은?

① $\dfrac{s+1}{s^2+100}$ ② $\dfrac{0.866s+5}{s^2+100}$

③ $\dfrac{s+5}{s^2+100}$ ④ $\dfrac{0.866s}{s^2+100}$

해 설 ★★

(1) 우선, 문제에 주어진 식을 삼각함수 가법정리에 의하여 식을 변형시키면,
$\sin(10t + 60°)$
$= \sin 10t \cos 60° + \cos 10t \sin 60°$

(2) 따라서, 위 식을 라플라스 변환하면,
$f(t) = \sin 10t \cos 60° + \cos 10t \sin 60°$
$F(s) = \dfrac{10}{s^2 + 10^2} \times 0.5 + \dfrac{s}{s^2 + 10^2} \times 0.866$
$= \dfrac{5}{s^2 + 100} + \dfrac{0.866s}{s^2 + 100} = \dfrac{5 + 0.866s}{s^2 + 100}$

[답] ②

18 그림과 같은 정현파의 평균값[V]은?

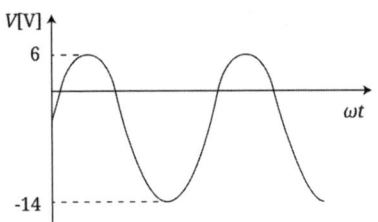

① -10[V]   ② 10[V]
③ -4[V]   ④ 4[V]

해 설 ★★

(1) 문제에 주어진 파형은 최대값이 +6과 -14인 상태로서, 이는 직류 -4[V] 및 정현파교 최대값 10[V]의 합성 파형이다.
(2) 따라서, 직률의 평균값은 -4[V]가 되며, 정현파의 1주기 평균값은 0으로 되어 전체 평균값은 -4[V]가 된다.

[답] ③

19 비정현파의 일그러짐의 정도를 표시하는 양으로서 왜형률이란?

① $\dfrac{평균치}{실효치}$

② $\dfrac{실효치}{평균치}$

③ $\dfrac{고조파만의 실효치}{기본파의 실효치}$

④ $\dfrac{기본파의 실효치}{고조파만의 실효치}$

해 설 ★★★

왜형률 $= \dfrac{고조파만의 실효치}{기본파의 실효치}$

[답] ③

20 역률이 50[%]이고 1상의 임피던스가 60 [Ω]인 유도부하를 △로 결선하고 여기에 병렬로 저항 20[Ω]을 Y결선으로 하여 3상 선간전압 200[V]를 가할 때의 소비전력 [W]은?

① 2,000[W] ② 2,200[W]
③ 2,500[W] ④ 3,000[W]

해 설 ★★

(1) 1상의 저항에서 소비되는 전력 :
Y결선 저항을 △결선으로 변환하면,
$R_\Delta = 3R_Y = 3 \times 20 = 60[\Omega]$
1상의 저항에서 소비되는 전력은,
$P_1 = \dfrac{V^2}{R} = \dfrac{200^2}{60}$

(2) 1상의 임피던스에서 소비되는 전력 :
$P_2 = VI\cos\theta = 200 \times \dfrac{200}{60} \times 0.5$

$= \dfrac{200^2 \times 0.5}{60}$

(3) 따라서, 3상 전체에서 소비되는 전력을 구하면,
$P = 3 \times (P_1 + P_2)$
$= 3 \times \left(\dfrac{200^2}{60} + \dfrac{200^2}{60} \times 0.5\right) = 3,000[W]$

[답] ④

2013년 기출문제

제 1 회 전기(공사)산업기사 필기시험

1 다음과 같이 변환 시 $R_1 + R_2 + R_3$ 의 값 [Ω]은? (단, $R_{ab} = 2[\Omega]$, $R_{bc} = 4[\Omega]$, $R_{ca} = 6[\Omega]$이다.)

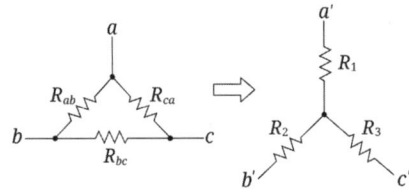

① 1.57[Ω] ② 2.67[Ω]
③ 3.67[Ω] ④ 4.87[Ω]

해 설 ★★★

(1) 우선, △ → Y 등가변환에 의하여 각각의 저항 R_1, R_2, R_3의 값을 구하면,

- $R_1 = \dfrac{R_{ab} \times R_{ca}}{R_{ab} + R_{ca} + R_{bc}} = \dfrac{2 \times 6}{2 + 6 + 4} = 1[\Omega]$
- $R_2 = \dfrac{R_{ab} \times R_{bc}}{R_{ab} + R_{ca} + R_{bc}} = \dfrac{2 \times 4}{2 + 6 + 4} = 0.67[\Omega]$
- $R_3 = \dfrac{R_{bc} \times R_{ca}}{R_{ab} + R_{ca} + R_{bc}} = \dfrac{4 \times 6}{2 + 6 + 4} = 2[\Omega]$

(2) 따라서, 이 3개의 저항을 더하면,
- $R_1 + R_2 + R_3 = 1 + 0.67 + 2 = 3.67[\Omega]$

[답] ③

2 그림과 같은 회로에서 $t = 0$일 때 스위치 K를 닫을 때 과도 전류 $i(t)$는 어떻게 표시되는가?

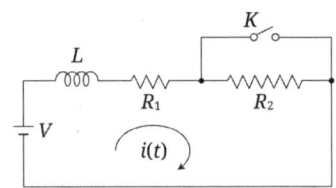

① $i(t) = \dfrac{V}{R_1}(1 - \dfrac{R_2}{R_1 + R_2}e^{-\frac{R_1}{L}t})$

② $i(t) = \dfrac{V}{R_1 + R_2}(1 + \dfrac{R_2}{R_1}e^{-\frac{(R_1 + R_2)}{L}t})$

③ $i(t) = \dfrac{V}{R_1}(1 + \dfrac{R_2}{R_1}e^{-\frac{R_2}{L}t})$

④ $i(t) = \dfrac{R_1 V}{R_2 + R_1}(1 + \dfrac{R_1}{R_2 + R_1}e^{-\frac{(R_1 + R_2)}{L}t})$

해 설 ★

(1) 우선, 스위치 K를 닫은 후의 정상전류는,
- $I = \dfrac{V}{R_1}$

(정상전류 상태에서는 인덕턴스 L은 단락 상태)

(2) 시정수는,
- $\tau = \dfrac{L}{R}[\sec]$

(3) 초기전류 $i(0) = \dfrac{V}{R_1 + R_2} = \dfrac{V}{R_1} + K$ 에서,
- $K = \dfrac{-R_2 V}{R_1(R_1 + R_2)}$

(4) 따라서, 스위치 K를 닫을 때 과도전류는,
- $i(t) = I_s + Ke^{-\frac{1}{\tau}t}[\text{A}]$ 에서,

$$\therefore i(t) = \frac{V}{R_1} - \frac{R_2 V}{R_1(R_1+R_2)} e^{-\frac{R_1}{L}t}$$

$$= \frac{V}{R_1}\left(1 - \frac{R_2}{R_1+R_2} e^{-\frac{R_1}{L}t}\right)[A]$$

[답] ①

3 그림과 같은 4단자 회로망에서 어드미턴스 파라미터 $Y_{12}[\mho]$는?

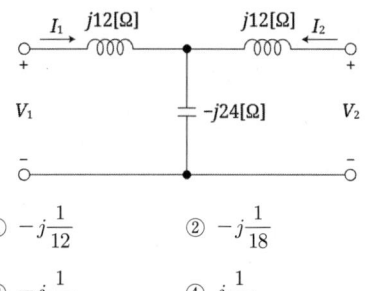

① $-j\dfrac{1}{12}$ ② $-j\dfrac{1}{18}$

③ $-j\dfrac{1}{24}$ ④ $j\dfrac{1}{24}$

해설 ★

(1) 우선 $Y \to \triangle$ 변환을 이용하여, 문제에 주어진 T형 회로를 π형 회로로 바꾸면,

- $Z_1 = \dfrac{j12 \times j12 + j12 \times (-j24) + (-j24) \times j12}{j12}$
  $= -j36[\Omega]$
- $Z_2 = \dfrac{j12 \times j12 + j12 \times (-j24) + (-j24) \times j12}{-j24}$
  $= j18[\Omega]$
- $Z_3 = \dfrac{j12 \times j12 + j12 \times (-j24) + (-j24) \times j12}{j12}$
  $= -j36[\Omega]$

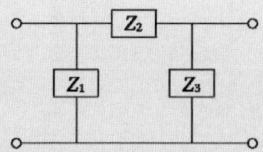

(2) 따라서, π형 회로에서 Y_{12}를 구하면,

- $Y_{12} = \dfrac{1}{j18} = -j\dfrac{1}{18}[\mho]$

[답] ②

4 테브난의 정리를 이용하여 그림(a)의 회로를 (b)와 같은 등가회로로 만들려고 할 때 V와 R의 값은?

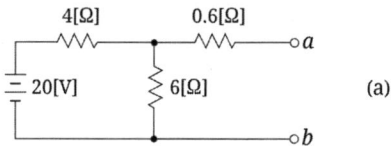

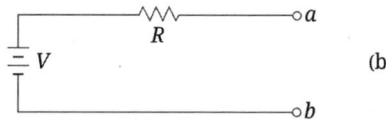

① $V = 12[V]$, $R = 3[\Omega]$
② $V = 20[V]$, $R = 3[\Omega]$
③ $V = 12[V]$, $R = 10[\Omega]$
④ $V = 20[V]$, $R = 10[\Omega]$

해설 ★★★

- $V_{ab} = \dfrac{6}{4+6} \times 20 = 12[V]$

  $R_{ab} = 0.6 + \dfrac{4 \times 6}{4+6} = 3[\Omega]$

[답] ①

5 저항 $R_1 = 10[\Omega]$과 $R_2 = 40[\Omega]$이 직렬로 접속된 회로에 100[V], 60[Hz]인 정현파 교류전압을 인가할 때, 이 회로에 흐르는 전류로 옳은 것은?

① $\sqrt{2}\sin 377t$ [A]   ② $2\sqrt{2}\sin 377t$ [A]
③ $\sqrt{2}\sin 422t$ [A]   ④ $2\sqrt{2}\sin 422t$ [A]

해설 ★★

- $i(t) = I_m \sin(\omega t \pm \theta) = \dfrac{V_m}{R}\sin(2\pi f t \pm \theta)$

  $= \dfrac{100\sqrt{2}}{10+40}\sin(2\pi \times 60t \pm 0°)$

  $= 2\sqrt{2}\sin 377t$ [A]

[답] ②

6 다음 중 옳지 않은 것은?

① 역률 = $\dfrac{\text{유효전력}}{\text{피상전력}}$

② 파형률 = $\dfrac{\text{실효값}}{\text{평균값}}$

③ 파고율 = $\dfrac{\text{실효값}}{\text{최대값}}$

④ 왜형률 = $\dfrac{\text{전고조파의 실효값}}{\text{기본파의 실효값}}$

해설 ★★★

파고율 및 파형률
(1) 일그러짐이 전혀 없는 구형파를 기준(1.0)으로 하여 나머지 교류 파형들의 일그러짐의 정도를 나타내는 계수.
(2) 파형률(Form factor)은, 교류 파형에서 실효값을 평균값으로 나눈 값으로 비정현파의 파형 평활도를 나타내는 것이다.
(3) 파고율(Peak factor)은, 교류 파형에서 최대값을 실효값으로 나눈 값으로 각종 파형의 날카로움의 정도를 나타내기 위한 것이다.
(4) 관계식

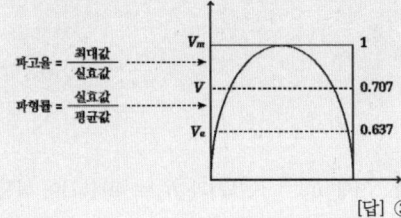

[답] ③

7 그림과 같은 4단자 회로망에서 출력 측을 개방하니 $V_1 = 12[V]$, $I_1 = 2[A]$, $V_2 = 4[V]$이고 출력 측을 단락하니 $V_1 = 16[V]$, $I_1 = 4[A]$, $I_2 = 2[A]$이었다. 4단자 정수 A, B, C, D는 얼마인가?

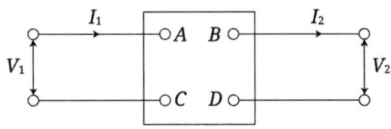

① $A = 2$, $B = 3$, $C = 8$, $D = 0.5$
② $A = 0.5$, $B = 2$, $C = 3$, $D = 8$
③ $A = 8$, $B = 0.5$, $C = 2$, $D = 3$
④ $A = 3$, $B = 8$, $C = 0.5$, $D = 2$

해설 ★★

- $A = \dfrac{V_1}{V_2}\bigg|_{I_2=0} = \dfrac{12}{4} = 3$,
- $B = \dfrac{V_1}{I_2}\bigg|_{V_2=0} = \dfrac{16}{2} = 8$
- $C = \dfrac{I_1}{V_2}\bigg|_{I_2=0} = \dfrac{2}{4} = 0.5$,
- $D = \dfrac{I_1}{I_2}\bigg|_{V_2=0} = \dfrac{4}{2} = 2$

[답] ④

8 대칭 3상 전압을 그림과 같은 평형 부하에 가할 때 부하의 역률은 얼마인가?
(단, $R = 9[\Omega]$, $\dfrac{1}{wC} = 4[\Omega]$이다.)

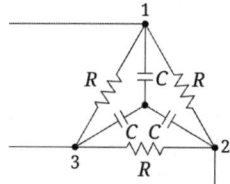

① 0.4 ② 0.6 ③ 0.8 ④ 1.0

해 설 ★★★

(1) 우선, 저항 △ 결선 부분을 Y 결선으로 변경하면,
- $R_Y = \dfrac{1}{3}R_\triangle = \dfrac{1}{3} \times 9 = 3[\Omega]$

(2) 따라서, $R-X$ 병렬 회로의 역률 공식에 대입하여,
- $\cos\theta = \dfrac{X}{\sqrt{R^2+X^2}}$
  $= \dfrac{4}{\sqrt{3^2+4^2}} = 0.8$

[답] ③

9 두 점 사이에는 20[C]의 전하를 옮기는 데 80[J]의 에너지가 필요하다면 두 점 사이의 전압은?

① 2[V] ② 3[V] ③ 4[V] ④ 5[V]

해 설 ★

- $W = QV \Rightarrow \therefore V = \dfrac{W}{Q} = \dfrac{80}{20} = 4[V]$

[답] ③

10 대칭 3상 전압을 공급한 3상 유도 전동기에서 각 계기의 지시는 다음과 같다. 유도 전동기의 역률은 얼마인가?
(단, $W_1 = 1.2[kW]$, $W_2 = 1.8[kW]$, $V = 200[V]$, $A = 10[A]$이다.)

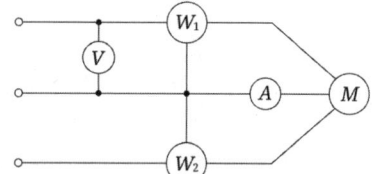

① 0.70 ② 0.76
③ 0.80 ④ 0.87

해 설 ★★★

- $\cos\theta = \dfrac{P}{P_a} = \dfrac{W_1 + W_2}{\sqrt{3}\, VI}$
  $= \dfrac{1,200 + 1,800}{\sqrt{3} \times 200 \times 10} = 0.866$

[답] ④

11 비정현파에서 정현 대칭의 조건은 어느 것인가?

① $f(t) = f(-t)$
② $f(t) = -f(-t)$
③ $f(t) = -f(t)$
④ $f(t) = -f(t + \dfrac{T}{2})$

해 설 ★★

(1) 여현 대칭 조건 : $f(t) = f(-t)$
(2) 정현 대칭 조건 : $f(t) = -f(-t)$
(3) 반파 대칭 조건 : $f(t) = -f(t+\pi)$

[답] ②

12 그림과 같은 회로의 합성 인덕턴스는?

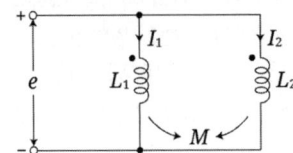

① $\dfrac{L_1L_2 - M^2}{L_1 + L_2 - 2M}$ ② $\dfrac{L_1L_2 + M^2}{L_1 + L_2 - 2M}$

③ $\dfrac{L_1L_2 - M^2}{L_1 + L_2 + 2M}$ ④ $\dfrac{L_1L_2 + M^2}{L_1 + L_2 + 2M}$

해 설 ★★★

병렬 합성 인덕턴스

(1) 가극성 : $L = \dfrac{L_1L_2 - M^2}{L_1 + L_2 - 2M}$

(2) 감극성 : $L = \dfrac{L_1L_2 - M^2}{L_1 + L_2 + 2M}$

[답] ①

13 코일에 단상 100[V]의 전압을 가하면 30[A]의 전류가 흐르고 1.8[kW]의 전력을 소비한다고 한다. 이 코일과 병렬로 콘덴서를 접속하여 회로의 합성 역률을 100[%]로 하기 위한 용량 리액턴스[Ω]는?

① 약 4.2[Ω] ② 약 6.8[Ω]
③ 약 8.4[Ω] ④ 약 10.6[Ω]

해 설 ★★

(1) 우선, 부하에 의한 지상 무효전력을 구하면,
- $P_a = VI = 100 \times 30 = 3,000$[VA]
- $\therefore Q = \sqrt{P_a^2 - P^2}$
  $= \sqrt{3,000^2 - 1,800^2} = 2,400$[Var]

(2) 역률이 100[%]가 되려면 무효전력이 0이 되어야 하므로,
- $Q_c = \dfrac{V^2}{X}$
- $\Rightarrow \therefore X = \dfrac{V^2}{Q_c} = \dfrac{100^2}{2,400} = 4.17$[Ω]

[답] ①

14 100[V] 전압에 대하여 늦은 역률 0.8로서 10[A]의 전류가 흐르는 부하와 앞선 역률 0.8로서 20[A]의 전류가 흐르는 부하가 병렬로 연결되어 있다. 전 전류에 대한 역률은 약 얼마인가?

① 0.66 ② 0.76
③ 0.87 ④ 0.97

해 설 ★★

(1) 문제에 주어진 전류와 역률 조건을 이용하여 피상전류를 구하면,
- $\dot{I}_1 = I_1 \angle -\theta_1 = I_1(\cos\theta_1 - j\sin\theta_1)$
  $= 10 \times (0.8 - j0.6) = 8 - j6$[A]
- $\dot{I}_2 = I_2 \angle +\theta_2 = I_2(\cos\theta_2 + j\sin\theta_2)$
  $= 20 \times (0.8 + j0.6) = 16 + j12$[A]
- $\therefore I_1 + I_2 = 8 - j6 + 16 + j12 = 24 + j6$[A]

(2) 따라서, 전전류에 대한 역률은,
- $\cos\theta = \dfrac{I_R}{I} = \dfrac{24}{\sqrt{24^2 + 6^2}} = 0.97$

[답] ④

15 두 코일이 있다. 한 코일의 전류가 매초 40[A]의 비율로 변화할 때 다른 코일에는 20[V]의 기전력이 발생하였다면 두 코일의 상호 인덕턴스는 몇 [H]인가?

① 0.2[H] ② 0.5[H]
③ 1.0[H] ④ 2.0[H]

해 설 ★★

- $e = M\dfrac{di}{dt}$
- $\Rightarrow \therefore M = e \times \dfrac{dt}{di} = 20 \times \dfrac{1}{40} = 0.5$[H]

[답] ②

16 3상 불평형 전압에서 영상 전압이 150[V]이고, 정상 전압이 600[V], 역상전압이 300[V]이면 전압의 불평형률[%]은?

① 60[%]　　② 50[%]
③ 40[%]　　④ 30[%]

해 설 ★★★

불평형률 $= \dfrac{V_2}{V_1} \times 100 = \dfrac{300}{600} \times 100 = 50[\%]$

[답] ②

17 $t\sin wt$의 라플라스 변환은?

① $\dfrac{w}{(s^2+w^2)^2}$　　② $\dfrac{ws}{(s^2+w^2)^2}$
③ $\dfrac{w^2}{(s^2+w^2)^2}$　　④ $\dfrac{2ws}{(s^2+w^2)^2}$

해 설 ★★

$F(s) = -\dfrac{d}{ds}\{\mathcal{L}(\sin\omega t)\} = -\dfrac{d}{ds}\left\{\dfrac{\omega}{s^2+\omega^2}\right\}$
$= -\dfrac{-2s\omega}{(s^2+\omega^2)^2} = \dfrac{2s\omega}{(s^2+\omega^2)^2}$

[답] ④

18 $\dfrac{2s+3}{s^2+3s+2}$의 라플라스 함수의 역변환의 값은?

① $e^{-t}+e^{-2t}$　　② $e^{-t}-e^{-2t}$
③ $-e^{-t}-e^{-2t}$　　④ $e^{t}+e^{2t}$

해 설 ★★★

(1) 우선, 문제에 주어진 함수를 부분 분수 전개하면,

• $F(s) = \dfrac{2s+3}{s^2+3s+2} = \dfrac{A}{s+1} + \dfrac{B}{s+2}$
$= \dfrac{1}{s+1} + \dfrac{1}{s+2}$

단, $A = \dfrac{2s+3}{s+2}\bigg|_{s=-1} = 1$,
　　$B = \dfrac{2s+3}{s+1}\bigg|_{s=-2} = 1$

(2) 따라서, 위 식을 라플라스 역변환하면,

• $f(t) = e^{-t} + e^{-2t}$

[답] ①

19 RLC 직렬회로에서 $t=0$에서 교류전압 $e = E_m\sin(wt+\theta)$를 가할 때 $R^2 - 4\dfrac{L}{C} > 0$이면 이 회로는?

① 진동적이다.
② 비진동적이다.
③ 임계진동적이다.
④ 비감쇠진동이다.

해 설 ★★

• $R^2 - 4\dfrac{L}{C} > 0$의 식을 변형하면,

$R^2 > 4\dfrac{L}{C}$로서 비진동 조건이다.

[답] ②

20 전압 $e = 5 + 10\sqrt{2}\sin wt + 10\sqrt{2}\sin 3wt$[V]일 때 실효값은?

① 7.07[V]　② 10[V]
③ 15[V]　④ 20[V]

해 설 ★★★

$V = \sqrt{5^2 + 10^2 + 10^2} = 15[V]$

[답] ③

제 2 회 전기(공사)산업기사 필기시험

1 다음과 같은 Y 결선 회로와 등가인 △ 결선 회로의 A, B, C 값은 몇 $[\Omega]$인가?

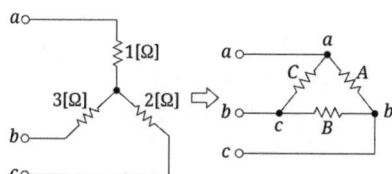

① $A = 11$, $B = \dfrac{11}{2}$, $C = \dfrac{11}{3}$

② $A = \dfrac{7}{3}$, $B = 7$, $C = \dfrac{7}{2}$

③ $A = \dfrac{11}{3}$, $B = 11$, $C = \dfrac{11}{2}$

④ $A = 7$, $B = \dfrac{7}{2}$, $C = \dfrac{7}{3}$

해설 ★★★

- $A = \dfrac{1 \times 2 + 2 \times 3 + 3 \times 1}{3} = \dfrac{11}{3}[\Omega]$
- $B = \dfrac{1 \times 2 + 2 \times 3 + 3 \times 1}{1} = 11[\Omega]$
- $C = \dfrac{1 \times 2 + 2 \times 3 + 3 \times 1}{2} = \dfrac{11}{2}[\Omega]$

[답] ③

2 부하저항 $R_L[\Omega]$이 전원의 내부저항 $R_o[\Omega]$의 3배가 되면 부하저항 R_L에서 소비되는 전력 $P_L[W]$은 최대 전송전력 $P_m[W]$의 몇 배인가?

① 0.89배 ② 0.75배
③ 0.5배   ④ 0.3배

해설 ★★

(1) 최대 전송전력 :
- $P_m = I^2 R_L = \left(\dfrac{V}{R_0 + R_L}\right)^2 \times R_L$

  $= \left(\dfrac{V}{R_0 + R_0}\right)^2 \times R_0 = \dfrac{V^2}{4R_0}$

(2) $R_L = 3R_0$ 일 때의 소비전력 :
- $P_L = I^2 R_L = \left(\dfrac{V}{R_0 + R_L}\right)^2 \times R_L$

  $= \left(\dfrac{V}{R_0 + 3R_0}\right)^2 \times 3R_0 = \dfrac{3V^2}{16R_0}$

(3) 따라서, 두 전력을 비교해보면,
- $\dfrac{P_L}{P_m} = \dfrac{\dfrac{3V^2}{16R_0}}{\dfrac{V^2}{4R_0}} = \dfrac{12}{16} = \dfrac{3}{4} = 0.75$ [배]

[답] ②

3 다음과 같은 회로에서 $t=0$인 순간에 스위치 S를 닫았다. 이 순간에 인덕턴스 L에 걸리는 전압은? (단, L의 초기 전류는 0이다.)

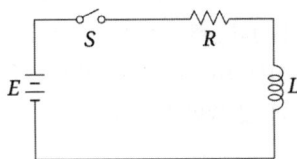

① 0   ② $\dfrac{L}{R}$

③ E ④ $\dfrac{E}{R}$

해 설 ★★

(1) 우선, R-L 직렬회로의 과도전류는,
- $i(t) = \dfrac{E}{R}\left(1 - e^{-\frac{R}{L}t}\right)$

(2) 따라서, 인덕턴스에 걸리는 전압은,
- $V_L = -L\dfrac{di(t)}{dt}$
  $= -L\dfrac{d}{dt}\left\{\dfrac{E}{R}\left(1 - e^{-\frac{R}{L}t}\right)\right\}$
  $= -\dfrac{LE}{R} \times -\dfrac{R}{L}e^{-\frac{R}{L}\times 0} = E$

[답] ③

4 라플라스 함수 $F(s) = \dfrac{A}{a+s}$이라 하면 이의 라플라스 역변환은?

① ae^{At} ② Ae^{at}

③ ae^{-At} ④ Ae^{-at}

해 설 ★★★

- $F(s) = \dfrac{A}{a+s} = A \times \dfrac{1}{s+a}$
  $\Rightarrow \therefore f(t) = Ae^{-at}$

[답] ④

5 파고율이 2이고 파형률이 1.57인 파형은?

① 구형파   ② 정현반파

③ 삼각파   ④ 정현파

해 설 ★★★

(1) 정현반파의 평균값 및 실효값은,
- 평균값 $= \dfrac{V_m}{\pi}$, 실효값 $= \dfrac{V_m}{2}$

(2) 따라서, 파고율 및 파형율은,
- 파고율 $= \dfrac{최대값}{실효값} = \dfrac{V_m}{\dfrac{V_m}{2}} = 2$

- 파형율 $= \dfrac{실효값}{평균값} = \dfrac{\dfrac{V_m}{2}}{\dfrac{V_m}{\pi}} = \dfrac{\pi}{2} = 1.57$

[답] ②

6 RL 직렬회로에서 시정수의 값이 클수록 과도현상이 소멸되는 시간은 어떻게 변화하는가?

① 길어진다.   ② 짧아진다.

③ 관계없다.   ④ 과도기가 없어진다.

해 설 ★★★

(1) 시정수 : 정상 전류 값(100[%])의 63.2[%]에 도달하는 데 걸리는 시간

(2) 따라서, 시정수 값이 크다는 것은 정상 전류의 63.2[%]에 도달하는 데 걸리는 시간이 그만큼 오래 걸린다는 것을 의미하므로, 과도현상은 오랫동안 지속된다.

[답] ①

7 e^{jwt}의 라플라스 변환은?

① $\dfrac{1}{s-jw}$ ② $\dfrac{1}{s+jw}$

③ $\dfrac{1}{s^2+w^2}$ ④ $\dfrac{w}{s^2+w^2}$

해 설 ★★★

- $f(t) = e^{jwt} \Rightarrow \therefore F(s) = \dfrac{1}{s-j\omega}$

[답] ①

8 그림과 같은 회로의 컨덕턴스 G_2에 흐르는 전류는 몇 [A]인가?

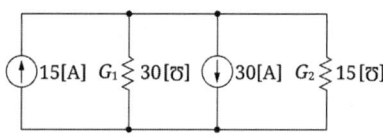

① 3 ② 5
③ 10 ④ 15

해 설 ★★

(1) 우선, 문제에 주어진 두 전류원을 합성하면, 2개의 전류원 방향이 반대이므로,
- $I = 30 - 15 = 15[A]$

(2) 따라서, 전류 분배의 법칙을 적용하여 컨덕턴스 G_2에 흐르는 전류를 구해보면,
- $I_2 = \dfrac{G_2}{G_1+G_2} I = \dfrac{15}{30+15} \times 15 = 5[A]$

[답] ②

9 2단자 임피던스 함수 $Z(s) = \dfrac{(s+2)(s+3)}{(s+4)(s+5)}$일 때 극점(pole)은?

① $-2, -3$ ② $-3, -4$
③ $-2, -4$ ④ $-4, -5$

해 설 ★★

(1) 영점 : 임피던스 값이 0이 되는 값
(분자 = 0을 만드는 조건)
- $z = -2, -3$

(2) 극점 : 임피던스 값이 ∞가 되는 값
(분모 = 0을 만드는 조건)
- $p = -4, -5$

[답] ④

10 다음 중 LC 직렬회로의 공진 조건으로 옳은 것은?

① $\dfrac{1}{wL} = wC + R$

② 직류 전원을 가할 때

③ $wL = wC$

④ $wL = \dfrac{1}{wC}$

해 설 ★★★

(1) 공진 조건 :
- $\omega L = \dfrac{1}{\omega C}$

(2) 공진 주파수 :
- $f = \dfrac{1}{2\pi\sqrt{LC}}[Hz]$

[답] ④

11 RL 직렬회로에 $V_R = 100$[V]이고, $V_L = 173$[V]이다. 전원 전압이 $v = \sqrt{2}\, V\sin wt$[V]일 때 리액턴스 양단 전압의 순시값 V_L[V]은?

① $173\sqrt{2}\sin(wt + 60°)$
② $173\sqrt{2}\sin(wt + 30°)$
③ $173\sqrt{2}\sin(wt - 60°)$
④ $173\sqrt{2}\sin(wt - 30°)$

해설 ★★★

(1) 우선, $R-L$ 직렬회로의 합성 전압을 구하면,
 • $V = V_R + jV_L = 100 + j173 = 200\angle 60°$
(2) 따라서, V_L은 V 보다 위상이 $30°$ 앞서게 되므로,
 • $V_L = 173\angle 30°$
  $\Rightarrow \therefore v_L = 173\sqrt{2}\sin(\omega t + 30°)$

[답] ②

12 그림의 $R-L-C$ 직렬회로에서 입력을 전압 $e_i(t)$, 출력을 전류 $i(t)$로 할 때 이 계의 전달함수는?

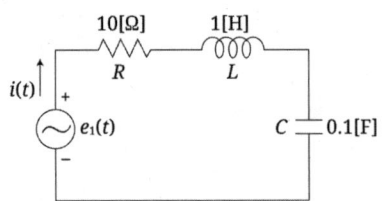

① $\dfrac{s}{s^2 + 10s + 10}$ ② $\dfrac{10s}{s^2 + 10s + 10}$
③ $\dfrac{s}{s^2 + s + 1}$ ④ $\dfrac{10s}{s^2 + s + 1}$

해설 ★

• $\dfrac{I(s)}{E(s)} = Y(s) = \dfrac{1}{Z(s)}$

$= \dfrac{1}{R + Ls + \dfrac{1}{Cs}} = \dfrac{Cs}{LCs^2 + RCs + 1}$

$= \dfrac{0.1 \times s}{1 \times 0.1 \times s^2 + 10 \times 0.1 \times s + 1}$

$= \dfrac{s}{s^2 + 10s + 10}$

[답] ①

13 그림과 같은 톱니 파형의 실효값은?

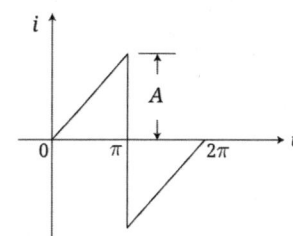

① $\dfrac{A}{\sqrt{3}}$ ② $\dfrac{A}{\sqrt{2}}$

③ $\dfrac{A}{3}$ ④ $\dfrac{A}{2}$

해 설 ★★★

톱니파(삼각파)의 실효값은,
- $I = \dfrac{I_m}{\sqrt{3}} = \dfrac{A}{\sqrt{3}}$

[답] ①

14 임피던스가 $Z(s) = \dfrac{s+30}{s^2 + 2RLs + 1}$ [Ω]
으로 주어지는 2단자 회로에 직류 전류원 3[A]를 가할 때, 이 회로의 단자전압[V]은? (단, $s = jw$이다.)

① 30[V] ② 90[V]
③ 300[V] ④ 900[V]

해 설 ★★

(1) 우선, 직류 전류를 가했을 때의 임피던스는,
- $Z(s) = \dfrac{s+30}{s^2 + 2RLs + 1}\bigg|_{s=jw=0} = 30[Ω]$

(2) 따라서, 회로의 단자전압을 구하면,
- $V = IZ = 3 \times 30 = 90[V]$

[답] ②

15 그림과 같이 선형 저항 R_1과 이상 전압원 V_2와의 직렬 접속된 회로에서 $V-i$ 특성을 나타낸 것은?

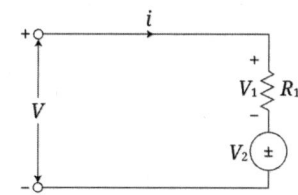

①
```
V↑
V_2 ─────────
    │
    0─────────→ i
```

②
```
V↑       R_1
       ╱
      ╱
     ╱
    0─────────→ i
```

③
```
V↑
V_2╲
    ╲    V_2/R_1
     ╲
    0───╲─────→ i
```

④
```
        V↑
           V_2
          ╱
         ╱
  -V_2/R_1
    ────╱────→ i
        0
```

해 설 ★

- $i = \dfrac{V - V_2}{R_1}$ 에서,

(1) $V = 0$일 때, $i = -\dfrac{V_2}{R_1}$[A]

(2) $V = V_2$일 때, $i = 0$

[답] ④

16 Y결선 전원에서 각 상전압이 100[V]일 때 선간전압[V]은?

① 150 ② 170 ③ 173 ④ 179

해 설 ★★★

$V_l = \sqrt{3}\, V_p = \sqrt{3} \times 100 = 173[\text{V}]$

[답] ③

17 두 벡터의 값이

$A_1 = 20(\cos\frac{\pi}{3} + j\sin\frac{\pi}{3})$ 이고,

$A_2 = 5(\cos\frac{\pi}{6} + j\sin\frac{\pi}{6})$ 일 때 $\dfrac{A_1}{A_2}$ 의 값은?

① $10(\cos\frac{\pi}{6} + j\sin\frac{\pi}{6})$

② $10(\cos\frac{\pi}{3} + j\sin\frac{\pi}{3})$

③ $4(\cos\frac{\pi}{6} + j\sin\frac{\pi}{6})$

④ $4(\cos\frac{\pi}{3} + j\sin\frac{\pi}{3})$

해 설 ★★

$\dfrac{A_1}{A_2} = \dfrac{20(\cos\frac{\pi}{3} + j\sin\frac{\pi}{3})}{5(\cos\frac{\pi}{6} + j\sin\frac{\pi}{6})}$

$= \dfrac{20(\cos\frac{2\pi}{6} + j\sin\frac{2\pi}{6})}{5(\cos\frac{\pi}{6} + j\sin\frac{\pi}{6})}$

$= 4(\cos\frac{\pi}{6} + j\sin\frac{\pi}{6})$

[답] ③

18 그림과 같은 회로에서 지로전류 I_L[A]과 I_C[A]가 크기는 같고 90°의 위상차를 이루는 조건은?

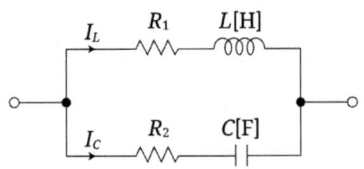

① $R_1 = R_2,\ R_2 = \dfrac{1}{wC}$

② $R_1 = \dfrac{1}{wC},\ R_2 = wL$

③ $R_1 = wL,\ R_2 = -\dfrac{1}{wC}$

④ $R_1 = -wL,\ R_2 = \dfrac{1}{wL}$

해 설 ★★

(1) 우선, 각각의 지로전류를 구해보면,

- $I_L = \dfrac{V}{R_1 + j\omega L}$, $I_c = \dfrac{V}{R_2 + \dfrac{1}{j\omega C}}$

(2) 위의 두 지로전류의 크기가 같고, 위상차가 90° 조건이므로,

- $jI_L = I_c$

  $\Rightarrow \therefore j\dfrac{V}{R_1 + j\omega L} = \dfrac{V}{R_2 + \dfrac{1}{j\omega C}}$

(3) 위 식을 정리하여 각각의 조건을 구해보면,

- $j\dfrac{V}{R_1 + j\omega L} = \dfrac{V}{R_2 + \dfrac{1}{j\omega C}}$

  $\Rightarrow \therefore jR_2 + \dfrac{1}{\omega C} = R_1 + j\omega L$

  $\therefore R_1 = \dfrac{1}{\omega C},\ R_2 = \omega L$

(4) 참고 : • $I_L = jI_c$ 조건으로도 풀 수는 있으나, 각각의 저항값 R_1, R_2 값이 (-) 값이 나오므로 성립이 안 된다. (저항은 (-) 값이 존재하지 않기 때문)

[답] ②

19 그림과 같은 불평형 Y형 회로에 평형 3상 전압을 가할 경우 중성점의 전위 V_n[V]는? (단, Y_1, Y_2, Y_3는 각 상의 어드미턴스[℧]이고, Z_1, Z_2, Z_3는 각 어드미턴스에 대한 임피던스[Ω]이다.)

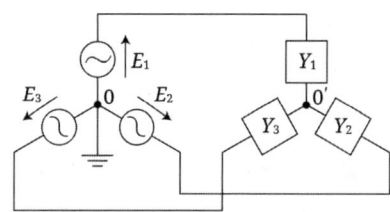

① $\dfrac{E_1 + E_2 + E_3}{Z_1 + Z_2 + Z_3}$

② $\dfrac{Z_1 E_1 + Z_2 E_2 + Z_3 E_3}{Z_1 + Z_2 + Z_3}$

③ $\dfrac{E_1 + E_2 + E_3}{Y_1 + Y_2 + Y_3}$

④ $\dfrac{Y_1 E_1 + Y_2 E_2 + Y_3 E_3}{Y_1 + Y_2 + Y_3}$

해 설 ★★★

이 문제는 밀만의 법칙을 적용하면 쉽게 풀 수 있다. 즉,

- $V_n = \dfrac{\dfrac{E_1}{Z_1} + \dfrac{E_2}{Z_2} + \dfrac{E_3}{Z_3}}{\dfrac{1}{Z_1} + \dfrac{1}{Z_2} + \dfrac{1}{Z_3}}$

  $= \dfrac{Y_1 E_1 + Y_2 E_2 + Y_3 E_3}{Y_1 + Y_2 + Y_3}$

[답] ④

20 푸리에 급수에서 직류 항은?

① 우함수이다.
② 기함수이다.
③ 우함수 + 기함수이다.
④ 우함수 × 기함수이다.

해 설 ★★

(1) 여현 대칭파 (우함수) : 고조파 항에서 직류항과 cos항 존재
(2) 정현 대칭파 (기함수) : 고조파 항에서 sin항 존재

[답] ①

제4회 전기공사산업기사 필기시험

1 라플라스 함수 $F(s) = \dfrac{30s + 40}{2s^3 + 2s^2 + 5s}$ 일 때, $t = \infty$ 에서의 값은?

① 0 ② 6 ③ 8 ④ 15

해 설 ★★★

최종값 정리 식에 대입하여,
- $\lim\limits_{t \to \infty} f(t) = \lim\limits_{s \to 0} s F(s)$

$= \lim\limits_{s \to 0} s \times \dfrac{30s + 40}{2s^3 + 2s^2 + 5s}$

$= \lim\limits_{s \to 0} \dfrac{30s + 40}{2s^2 + 2s + 5} = \dfrac{40}{5} = 8$

[답] ③

2 $F(s) = \dfrac{s}{(s+1)(s+2)}$ 일 때 $f(t)$를 구하면?

① $1 - 2e^{-2t} + e^{-t}$ ② $e^{-2t} - 2e^{-t}$
③ $2e^{-2t} + e^{-t}$ ④ $2e^{-2t} - e^{-t}$

해 설 ★★★

(1) 우선, 주어진 함수를 부분분수 전개하면,
- $F(s) = \dfrac{s}{(s+1)(s+2)}$

$= \dfrac{A}{s+1} + \dfrac{B}{s+2}$

$= -\dfrac{1}{s+1} + \dfrac{2}{s+2}$

단, $A = \dfrac{s}{s+2}\Big|_{s=-1} = -1$,

$B = \dfrac{s}{s+1}\Big|_{s=-2} = 2$

(2) 따라서, 위 식을 라플라스 역변환하면,
- $F(s) = -\dfrac{1}{s+1} + \dfrac{2}{s+2}$

$\Rightarrow \therefore f(t) = -e^{-t} + 2e^{-2t}$

[답] ④

3 $Z = 3 + j4[\Omega]$이 △로 접속된 회로에서 100[V]의 대칭 3상 선간전압을 가했을 때 선전류[A]는?

① 20[A] ② 14.14[A]
③ 40[A] ④ 34.63[A]

해 설 ★★★

- $I_l = \sqrt{3}\, I_p = \sqrt{3} \times \dfrac{V_p}{I_p}$

$= \sqrt{3} \times \dfrac{100}{\sqrt{3^2 + 4^2}} = 34.63[A]$

[답] ④

4 100[kVA] 단상 변압기 3대로 △ 결선하여 3상 전원을 공급하던 중 1대의 고장으로 V 결선하였다면 출력은 약 몇 [kVA]인가?

① 100 ② 173
③ 245 ④ 300

해 설 ★★★

$P_v = \sqrt{3}\, P = \sqrt{3} \times 100 = 173[kVA]$

[답] ②

5 대칭 3상 전압을 그림과 같은 평형 부하에 가할 때 부하의 역률은 약 얼마인가?

(단, $R = 12[\Omega]$, $\dfrac{1}{wC} = 3[\Omega]$이다.)

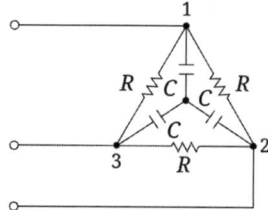

① 0.6 ② 0.7 ③ 0.8 ④ 0.9

해 설 ★★★

(1) 우선, 저항의 △ 결선을 Y 결선으로 등가 변환하여 $R-C$ 병렬회로의 Y 결선으로 변형하면,
- $R_Y = \dfrac{1}{3}R_\triangle = \dfrac{1}{3} \times 12 = 4[\Omega]$

(2) 따라서, $R-X$ 병렬회로일 경우의 역률 식에 대입하면,
- $\cos\theta = \dfrac{X}{\sqrt{R^2+X^2}} = \dfrac{3}{\sqrt{4^2+3^2}} = 0.6$

[답] ①

6 그림과 같이 저항 $R = 100[\Omega]$인 회로에 200[V]의 교류 전압을 가했을 때, 저항 R에서 소비되는 전력은 얼마인가?

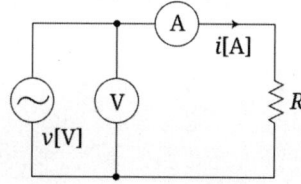

① 200[W] ② 400[W]
③ 600[W] ④ 800[W]

해 설 ★★

- $P = \dfrac{V^2}{R} = \dfrac{200^2}{100} = 400[W]$

[답] ②

7 그림과 같은 회로가 공진이 되기 위한 조건을 만족하는 어드미턴스는?

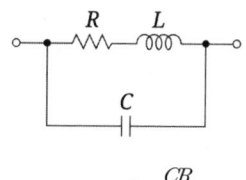

① $\dfrac{CL}{R}$ ② $\dfrac{CR}{L}$
③ $\dfrac{L}{CR}$ ④ $\dfrac{LR}{C}$

해 설 ★★★

(1) 우선, 문제에 주어진 회로의 어드미턴스를 구하면,
- $Y = \dfrac{1}{R+j\omega L} + j\omega C$
  $= \dfrac{R-j\omega L}{R^2+(\omega L)^2} + j\omega C$
  $= \dfrac{R}{R^2+(\omega L)^2} + j\left(\omega C - \dfrac{\omega L}{R^2+(\omega L)^2}\right)$

(2) 회로가 공진이 되기 위해서는 허수부가 0이어야 하므로,
- $\omega C - \dfrac{\omega L}{R^2+(\omega L)^2} = 0$
  $\Rightarrow \therefore \omega C = \dfrac{\omega L}{R^2+(\omega L)^2}$

(3) 따라서, 공진 시 어드미턴스는,
- $Y_0 = \dfrac{R}{R^2+(\omega L)^2} = \dfrac{R}{\dfrac{L}{C}} = \dfrac{RC}{L}$

[답] ②

8 다음 회로의 3[Ω] 저항 양단에 걸리는 전압 [V]은?

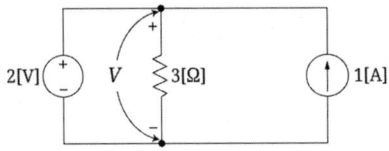

① 3[V] ② -2[V]
③ -3[V] ④ 2[V]

> **해 설** ★★
> (1) 중첩의 원리에 의하여, 각각의 전원이 단독으로 있을 때의 저항에 걸리는 전압은,
>   • $V_{2[V]} = 2[V]$ (전류원 개방)
>   • $V_{1[A]} = 0[V]$ (전압원 단락)
> (2) 따라서, 저항에 걸리는 전압은, $2+0 = 2[V]$
> (3) 별해 : 전류원과 관계없이 2[V] 전압원이나 저항에 걸리는 전압은 등전위이므로 곧바로 저항에 걸리는 전압은 2[V]이다.
> 　　　　　　　　　　　　　　　　　　[답] ④

9 그림과 같은 이상적인 변압기로 구성된 4단자 회로에서 4단자 정수 A와 C는 어떻게 되는가?

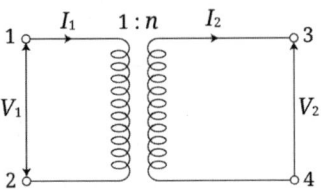

① $A = 1/n,\ C = 0$
② $A = n,\ C = 0$
③ $A = 0,\ C = 1/n$
④ $A = 0,\ C = n$

> **해 설** ★★★
> (1) 우선, 변압기의 권수비 관계식은,
>   • $a = \dfrac{N_1}{N_2} = \dfrac{1}{n} = \dfrac{V_1}{V_2} = \dfrac{I_2}{I_1}$
> (2) 따라서, 4단자 정수를 각각 구해보면,
>   • $A = \dfrac{V_1}{V_2} = \dfrac{1}{n}$,　• $B = \dfrac{V_1}{I_2} = 0$,
>   • $C = \dfrac{I_1}{V_2} = 0$,　• $D = \dfrac{I_1}{I_2} = n$
> 　　　　　　　　　　　　　　　　　　[답] ①

10 $i_1 = 5\sqrt{2}\sin(wt+\theta)$[A]와
$i_2 = 3\sqrt{2}\sin(wt+\theta-\pi)$[A]와의 차에
상당하는 전류의 실효값[A]은?

① 3[A]　　② $3\sqrt{2}$[A]
③ 8[A]　　④ $9\sqrt{2}$[A]

해 설 ★★★

(1) 우선, 문제에 주어진 전류의 순시값을 극좌표
    형식으로 변환하면,
- $i_1 = 5\sqrt{2}\sin(wt+\theta)$
  $\Rightarrow \therefore I_1 = 5\angle\theta$
- $i_2 = 3\sqrt{2}\sin(wt+\theta-\pi)$
  $\Rightarrow \therefore I_2 = 3\angle\theta-\pi$

(2) 따라서, 두 전류의 차에 상당하는 전류의 실효
    값은,
- $I_1 - I_2 = 5\angle\theta - 3\angle\theta - 180°$
  $= 5 - 3(\cos180° - j\sin180°)$
  $= 8[A]$

[답] ③

11 ϕ가 0에서 π까지는 $i = 20$[A], π에서
2π까지는 $i = 0$[A]인 파형을 푸리에 급수
로 전개할 때 a_0는?

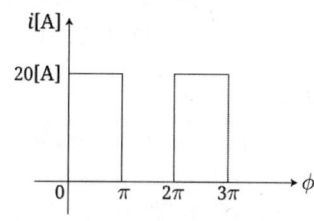

① 5　　② 7.07
③ 10　　④ 14.14

해 설 ★★

푸리에 급수로 a_0를 전개하라는 말은 문제에 주어진
반 구형파의 평균값(직류)을 구하라는 의미이므로,
- $I_a = \dfrac{I_m}{2} = \dfrac{20}{2} = 10[A]$

[답] ③

12 그림과 같은 회로에 대칭 3상 전압 220[V]
를 가할 때 $a-a'$ 선이 단선되었다고 하면
선전류[A]는 얼마인가?

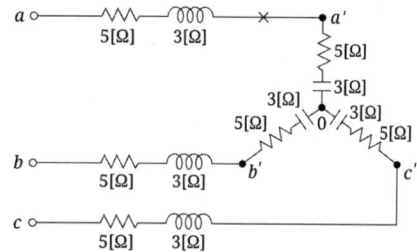

① 8[A]　　② 11[A]
③ 15[A]　　④ 18[A]

해 설 ★

(1) 우선, $a-a'$ 선이 단선되었을 때 $b-c$ 단자
    간의 임피던스를 구하면,
- $Z_{bc} = 5 + j3 + 5 - j3 - j3 + 5 + j3 + 5$
  $= 20[\Omega]$

(2) 따라서, 선전류는,
- $I = \dfrac{V}{Z} = \dfrac{220}{20} = 11[A]$

[답] ②

13 그림과 같은 RC 회로에서 입력을 $e_i(t)$ [V], 출력을 $e_o(t)$ [V]라 할 때 전달함수는? (단, $T = RC$ 이다.)

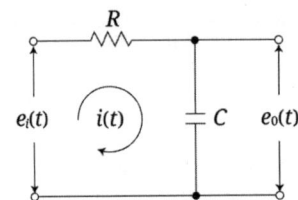

① $\dfrac{1}{Ts+1}$ ② $\dfrac{1}{Ts+2}$

③ $\dfrac{2}{Ts+3}$ ④ $\dfrac{1}{Ts+3}$

해 설 ★★★

(1) 우선, 전압분배의 법칙을 적용하여 출력전압을 구해보면,

- $E_0(s) = \dfrac{\dfrac{1}{Cs}}{R+\dfrac{1}{Cs}} E_i(s)$

  $= \dfrac{1}{RCs+1} E_i(s)$

(2) 따라서, 전압비 전달함수는,

- $\dfrac{E_0(s)}{E_i(s)} = \dfrac{1}{RCs+1} = \dfrac{1}{Ts+1}$

[답] ①

14 3상 불평형 전압에서 불평형률은?

① $\dfrac{영상전압}{정상전압} \times 100[\%]$

② $\dfrac{역상전압}{정상전압} \times 100[\%]$

③ $\dfrac{정상전압}{역상전압} \times 100[\%]$

④ $\dfrac{정상전압}{영상전압} \times 100[\%]$

해 설 ★★★

- 불평형률 $= \dfrac{역상전압}{정상전압} \times 100[\%]$

  $= \dfrac{V_2}{V_1} \times 100[\%]$

[답] ②

15 대칭 좌표법에 관한 설명 중 잘못된 것은?

① 대칭 좌표법은 일반적인 비대칭 3상 교류회로의 계산에도 이용된다.
② 대칭 3상 전압의 영상분과 역상분은 0이고, 정상분만 남는다.
③ 비대칭 3상 교류회로는 영상분, 역상분 및 정상분의 3성분으로 해석한다.
④ 비대칭 3상 회로의 접지식 회로에는 영상분이 존재하지 않는다.

해 설 ★★★

영상 전류(I_0) : 접지 회로(지락 회로)에 흐르는 전류. 따라서, 비대칭 3상 회로의 접지식 회로에는 영상분(영상 전류)이 존재한다.

[답] ④

16 그림과 같은 궤환 회로의 종합 전달함수는?

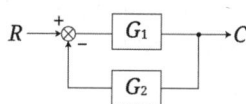

① $\dfrac{1}{G_1} + \dfrac{1}{G_2}$ ② $\dfrac{G_1}{1 - G_1 G_2}$

③ $\dfrac{G_1}{1 + G_1 G_2}$ ④ $\dfrac{G_1 G_2}{1 + G_1 G_2}$

해 설 ★★★

$$\dfrac{C}{R} = \dfrac{G_1}{1-(-G_1 \times G_2)} = \dfrac{G_1}{1 + G_1 G_2}$$

[답] ③

17 이상 변압기에 대한 설명 중 옳은 것은?

① 단자전압의 비 V_1/V_2는 코일의 권수비와 같다.
② 1차 측의 복소전력은 2차 측 부하의 복소전력과 같다.
③ 단자전류의 비 I_1/I_2는 권수비와 같다.
④ 1차 단자에서 본 전체 임피던스는 부하 임피던스에 권수비 자승의 역수를 곱한 것과 같다.

해 설 ★

변압기의 권수비 관계식

- $a = \dfrac{N_1}{N_2} = \dfrac{1}{n} = \dfrac{V_1}{V_2} = \dfrac{I_2}{I_1}$

에 의하여 단자전압의 비 V_1/V_2는 코일의 권수비 (a)와 같다.

[답] ①

18 그림과 같은 T형 회로에 대한 서술에서 잘못된 것은?

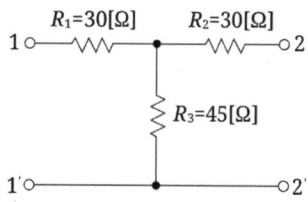

① 영상 임피던스 $Z_{01} = 60[\Omega]$이다.
② 개방 구동점 임피던스 $Z_{11} = 60[\Omega]$이다.
③ 단락 전달 어드미턴스 $Y_{12} = \dfrac{1}{80}[\mho]$이다.
④ 전달 정수 $\theta = \cosh^{-1} \dfrac{5}{3}$이다.

해 설 ★★

(1) T형 회로의 구동점 임피던스를 각각 구하면,
- $Z_{11} = 30 + 45 = 75[\Omega]$,
- $Z_{12} = Z_{21} = 45[\Omega]$,
- $Z_{22} = 30 + 45 = 75[\Omega]$

(2) 4단자 정수 및 영상 임피던스와 전달 정수는,
- $A = D = 1 + \dfrac{30}{45} = \dfrac{75}{45}$,
 $B = 30 + 30 + \dfrac{30 \times 30}{45} = 80$,
 $C = \dfrac{1}{45}$

$\therefore Z_{01} = Z_{02} = \sqrt{\dfrac{B}{C}} = \sqrt{\dfrac{80}{\dfrac{1}{45}}} = 60[\Omega]$

$\therefore \theta = \cosh^{-1}\sqrt{AD}$
$= \cosh^{-1}\sqrt{\dfrac{75}{45} \times \dfrac{75}{45}}$
$= \cosh^{-1}\dfrac{5}{3}$

[답] ②

19 그림과 같은 회로를 사용하여 출력 파형이 입력 파형을 미분한 결과가 되려면 입력 파형의 주기 T와 회로의 시정수 RC 사이에 어떤 조건이 만족되어야 하는가?

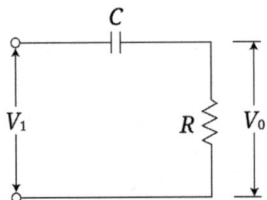

① $T \ll RC$
② $T = RC$
③ $T \gg RC$
④ T와 RC는 무관

해 설 ★

(1) 회로에서, $v_i(t) = \dfrac{1}{C}\displaystyle\int_0^t i(t)\,dt + Ri(t)$ 에서 시정수(RC)를 충분히 작게($T \gg RC$) 하면,

$\dfrac{1}{C}\displaystyle\int_0^t i(t)\,dt \gg Ri(t)$ 가 되므로,

$v_i(t) \fallingdotseq \dfrac{1}{C}\displaystyle\int_0^t i(t)\,dt$ 이다.

(2) 따라서, 위 식을 미분식으로 다시 변형하면,

- $i(t) = C\dfrac{d}{dt}v_i(t)$

로 되어 출력은 다음과 같이 입력의 미분 파형으로 된다.

$\therefore v_0(t) = Ri(t) = RC\dfrac{d}{dt}v_i(t)$

[답] ③

20 1,000[Hz]인 정현파 교류에서 5[mH]인 유도 리액턴스와 같은 용량 리액턴스를 갖는 $C[\mu F]$의 값은?

① 5.07 ② 4.07
③ 3.07 ④ 2.07

해 설 ★★★

- $\omega L = \dfrac{1}{\omega C}$

  ⇒ · $2\pi \times 1{,}000 \times 5 \times 10^{-3}$

  $= \dfrac{1}{2\pi \times 1{,}000 \times C \times 10^{-6}}$

  $\therefore C = \dfrac{1}{(2\pi \times 1{,}000)^2 \times 5 \times 10^{-3} \times 10^{-6}}$

  $= 5.07[\mu F]$

[답] ①

• 전기공사산업기사 필기 회로이론

2014년 기출문제

제 1 회 전기(공사)산업기사 필기시험

1 $F(s) = \dfrac{2s+3}{s^2+3s+2}$ 인 라플라스 함수를 시간함수로 고치면 어떻게 되는가?

① $e^{-t} - 2e^{-2t}$ ② $e^{-t} + te^{-2t}$
③ $e^{-t} + e^{-2t}$ ④ $2t + e^{-t}$

해설 ★★★

(1) 우선, 주어진 함수를 부분분수 전개하면,
- $F(s) = \dfrac{2s+3}{s^2+3s+2} = \dfrac{2s+3}{(s+1)(s+2)}$
  $= \dfrac{A}{s+1} + \dfrac{B}{s+2} = \dfrac{1}{s+1} + \dfrac{1}{s+2}$

  단, $A = \dfrac{2s+3}{s+2}\bigg|_{s=-1} = 1$,
  $B = \dfrac{2s+3}{s+1}\bigg|_{s=-2} = 1$

(2) 따라서, 위 식을 라플라스 역변환하면,
- $F(s) = \dfrac{1}{s+1} + \dfrac{1}{s+2}$
  $\Rightarrow \therefore f(t) = e^{-t} + e^{-2t}$

[답] ③

2 대칭 3상 교류에서 각 상의 전압이 v_a, v_b, v_c 일 때 3상 전압의 합은?

① 0 ② $0.3v_a$
③ $0.5v_a$ ④ $3v_a$

해설 ★★

- $v_a + v_b + v_c = v_a + a^2 v_a + a v_a$
  $= v_a(1 + a^2 + a) = 0$

[답] ①

3 $v_1 = 20\sqrt{2}\sin wt$ [V],
$v_2 = 50\sqrt{2}\cos(wt - \dfrac{\pi}{6})$ [V]일 때,
$v_1 + v_2$ 의 실효값 [V]은?

① $\sqrt{1,400}$ ② $\sqrt{2,400}$
③ $\sqrt{2,900}$ ④ $\sqrt{3,900}$

해설 ★★★

(1) 우선 문제에 주어진 전류의 순시값을 극좌표로 변환하면,
- $v_1 = 20\sqrt{2}\sin wt \Rightarrow \therefore V_1 = 20\angle 0°$,
- $v_2 = 50\sqrt{2}\cos(wt - \dfrac{\pi}{6})$
  $= 50\sqrt{2}\sin(wt + \dfrac{\pi}{3})$
  $\Rightarrow \therefore V_2 = 50\angle 60°$

(2) 따라서, 두 전류를 합하여 실효값을 구하면,
- $V_1 + V_2 = 20 + 50\angle 60°$
  $= 20 + 50(\cos 60° + j\sin 60°)$
  $= 45 + j43.3$
- $|V_1 + V_2| = \sqrt{45^2 + 43.3^2} = \sqrt{3,900}$

[답] ④

4 어떤 회로의 단자 전압 및 전류의 순시값이
$v = 220\sqrt{2}\sin(377t + \frac{\pi}{4})$[V],
$i = 5\sqrt{2}\sin(377t + \frac{\pi}{3})$[A]일 때,
복소 임피던스는 약 몇 [Ω]인가?

① $42.5 - j11.4$ ② $42.5 - j9$
③ $50 + j11.4$ ④ $50 - j11.4$

해 설 ★★

(1) 우선 문제에 주어진 전압과 전류의 순시값을 극좌표로 변환하면,
- $v = 220\sqrt{2}\sin(377t + \frac{\pi}{4})$
  $\Rightarrow \therefore V = 220\angle 45°$,
- $i = 5\sqrt{2}\sin(377t + \frac{\pi}{3})$
  $\Rightarrow \therefore I = 5\angle 60°$
(2) 따라서, 복소 임피던스는,
- $Z = \frac{V}{I} = \frac{220\angle 45°}{5\angle 60°}$
  $= 44\angle 45° - 60°$
  $= 44(\cos 15° - j\sin 15°)$
  $= 42.5 - j11.39$[Ω]

[답] ①

5 전원과 부하가 다 같이 △결선된 3상 평형 회로에서 전원 전압이 200[V], 부하 한 상의 임피던스가 $6 + j8$[Ω]인 경우 선전류는 몇 [A]인가?

① 20 ② $\frac{20}{\sqrt{3}}$
③ $20\sqrt{3}$ ④ $40\sqrt{3}$

해 설 ★★★

$I_l = \sqrt{3}I_p = \sqrt{3} \times \frac{V_p}{Z_p}$
$= \sqrt{3} \times \frac{200}{\sqrt{6^2+8^2}} = 20\sqrt{3}$[A]

[답] ③

6 단자 전압의 각 대칭분 V_0, V_1, V_2가 0이 아니면서 서로 같게 되는 고장의 종류는?

① 1선 지락 ② 선간 단락
③ 2선 지락 ④ 3선 단락

해 설 ★★

(1) 1선 지락 고장 : $I_0 = I_1 = I_2$
(2) 2선 지락 고장 : $V_0 = V_1 = V_2$

[답] ③

7 그림과 같은 T형 회로의 영상 전달정수 θ는?

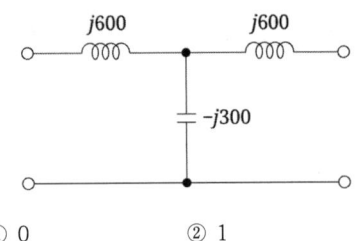

① 0 ② 1
③ -3 ④ -1

해 설 ★★

(1) 우선, T형 회로의 4단자 정수를 구하면,
- $A = D = 1 + \frac{j600}{-j300} = -1$,
- $B = j600 + j600 + \frac{j600 \times j600}{-j300} = 0$,
- $C = \frac{1}{-j300} = j\frac{1}{300}$
(2) 따라서 T 대칭회로의 영상 전달정수는,
- $\theta = \log_e(\sqrt{AD} + \sqrt{BC})$
  $= \log_e(\sqrt{-1 \times -1} + \sqrt{0 \times j\frac{1}{300}}) = 0$

[답] ①

8 어떤 회로에 $e = 50\sin wt$[V]를 인가 시 $i = 4\sin(wt - 30°)$[A]가 흘렀다면 유효전력은 몇 [W]인가?

① 173.2 ② 122.5
③ 86.6   ④ 61.2

해설 ★★★

$P = VI\cos\theta$
$= \dfrac{50}{\sqrt{2}} \times \dfrac{4}{\sqrt{2}} \times \cos(0 - (-30°)) = 86.6$[W]

[답] ③

9 다음과 같은 전기회로의 입력을 e_i, 출력을 e_o라고 할 때 전달함수는?

(단, $T = \dfrac{L}{R}$ 이다.)

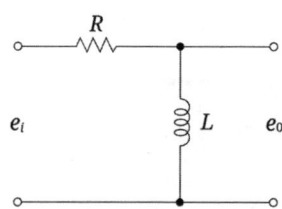

① $Ts + 1$ ② $Ts^2 + 1$
③ $\dfrac{1}{Ts+1}$ ④ $\dfrac{Ts}{Ts+1}$

해설 ★★★

$\dfrac{E_0}{E_i} = \dfrac{Ls}{R + Ls} = \dfrac{\dfrac{L}{R}s}{1 + \dfrac{L}{R}s} = \dfrac{Ts}{1 + Ts}$

[답] ④

10 RC 회로의 입력 단자에 계단 전압을 인가하면 출력전압은?

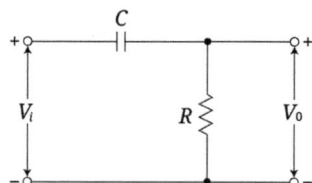

① 0부터 지수적으로 증가한다.
② 처음에는 입력과 같이 변했다가 지수적으로 감쇠한다.
③ 같은 모양의 계단전압이 나타난다.
④ 아무것도 나타나지 않는다.

해설 ★★

(1) 우선, 출력전압에 대하여 전압분배의 법칙을 적용하면,

$V_0 = \dfrac{R}{\dfrac{1}{Cs} + R} V_i = \dfrac{RCs}{1 + RCs} V_i$

(2) 따라서, 위 식은 미분 동작이면서 1차 지연 동작이므로, 처음에는 입력과 같이 변했다가 점차 지수적으로 감소하는 특성을 보인다.

[답] ②

11 $Ri(t) + L\dfrac{di(t)}{dt} = E$ 에서 모든 초기값을 0으로 하였을 때의 $i(t)$의 값은?

① $\dfrac{E}{R}e^{-\frac{RL}{2}}$ ② $\dfrac{E}{R}e^{-\frac{L}{R}t}$

③ $\dfrac{E}{R}(1-e^{-\frac{R}{L}t})$ ④ $\dfrac{E}{R}(1-e^{-\frac{L}{R}t})$

해 설 ★★

(1) 우선, 문제에 주어진 미분 방정식을 라플라스 변환하면,
- $Ri(t) + L\dfrac{di(t)}{dt} = E$
- $\Rightarrow RI(s) + LsI(s) = \dfrac{E}{s}$
- $\therefore I(s) = \dfrac{E}{s(R+Ls)} = \dfrac{E}{s(s+\dfrac{R}{L})}$
- $= \dfrac{A}{s} + \dfrac{B}{s+\dfrac{R}{L}} = \dfrac{\dfrac{E}{R}}{s} - \dfrac{\dfrac{E}{R}}{s+\dfrac{R}{L}}$

(2) 따라서, 위 식을 라플라스 역변환하여 시간 함수를 구하면,
- $i(t) = \dfrac{E}{R}\left(1-e^{-\frac{R}{L}t}\right)$[A]

[답] ③

12 $t = 0$에서 스위치 S를 닫았을 때 정상 전류값[A]은?

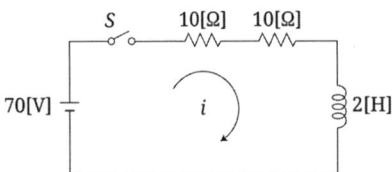

① 1   ② 2.5
③ 3.5   ④ 7

해 설 ★★★

$I = \dfrac{E}{R} = \dfrac{70}{10+10} = 3.5[A]$

[답] ③

13 교류 회로에서 역률이란 무엇인가?

① 전압과 전류의 위상차의 정현
② 전압과 전류의 위상차의 여현
③ 임피던스와 리액턴스의 위상차의 여현
④ 임피던스와 저항의 위상차의 정현

해 설 ★★

역률 $\cos\theta$에서, θ는 전압과 전류간의 위상차의 여현(우함수 = (+)값)을 의미한다.

[답] ②

14 $R[\Omega]$의 저항 3개를 Y로 접속하고 이것을 선간전압 200[V]의 평형 3상 교류 전원에 연결할 때 선전류가 20[A] 흘렀다. 이 3개의 저항을 △로 접속하고 동일 전원에 연결하였을 때의 선전류는 몇 [A]인가?

① 30   ② 40   ③ 50   ④ 60

해 설 ★★★

(1) Y 결선 시 선전류 :
- $I_Y = I_p = \dfrac{V_p}{R} = \dfrac{\dfrac{200}{\sqrt{3}}}{R} = \dfrac{200}{\sqrt{3}R}$

(2) △ 결선 시 선전류 :
- $I_\triangle = \sqrt{3}I_p = \sqrt{3} \times \dfrac{V_p}{R} = \sqrt{3} \times \dfrac{200}{R}$
- $= \dfrac{200\sqrt{3}}{R}$

(3) 따라서, 두 전류를 비교하면,
- $\dfrac{I_\triangle}{I_Y} = \dfrac{\dfrac{200\sqrt{3}}{R}}{\dfrac{200}{\sqrt{3}R}} = 3$
- $\Rightarrow \therefore I_\triangle = 3I_Y = 3 \times 20 = 60[A]$

[답] ④

15 비정현파에서 여현 대칭의 조건은 어느 것인가?

① $f(t) = f(-t)$
② $f(t) = -f(-t)$
③ $f(t) = -f(t)$
④ $f(t) = -f(t+\dfrac{T}{2})$

해설 ★★

(1) 여현 대칭 : $f(t) = f(-t)$
(2) 정현 대칭 : $f(t) = -f(-t)$
(3) 반파 대칭 : $f(t) = -f(t+\pi)$

[답] ①

16 그림과 같은 회로의 출력전압 $e_o(t)$의 위상은 입력전압 $e_i(t)$의 위상보다 어떻게 되는가?

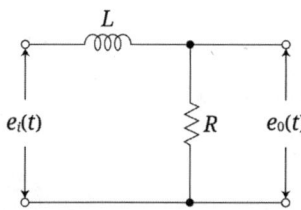

① 앞선다.
② 뒤진다.
③ 같다.
④ 앞설 수도 있고, 뒤질 수도 있다.

해설 ★★

문제에 주어진 회로에서, 전류가 인덕턴스를 흐르면서 지상으로 바뀌고, 이 지상 전류가 저항을 통해서 흐르므로 출력전압은 지상이 되어 출력전압은 입력전압에 비해서 위상이 늦어진다.

[답] ②

17 그림과 같은 회로의 합성 인덕턴스는?

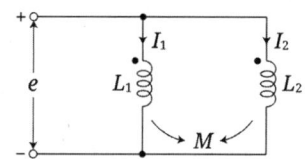

① $\dfrac{L_1 - M^2}{L_1 + L_2 - 2M}$ ② $\dfrac{L_2 - M^2}{L_1 + L_2 - 2M}$

③ $\dfrac{L_1L_2 + M^2}{L_1 + L_2 - 2M}$ ④ $\dfrac{L_1L_2 - M^2}{L_1 + L_2 - 2M}$

해설 ★★★

인덕턴스의 병렬 합성 인덕턴스

(1) 가극성 접속 : $L = \dfrac{L_1L_2 - M^2}{L_1 + L_2 - 2M}$

(2) 감극성 접속 : $L = \dfrac{L_1L_2 - M^2}{L_1 + L_2 + 2M}$

[답] ④

18 L형 4단자 회로망에서 R_1, R_2를 정합하기 위한 Z_1은? (단, $R_2 > R_1$이다.)

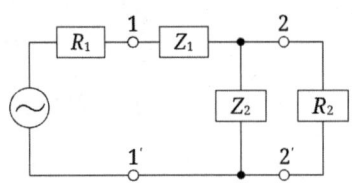

① $\pm jR_2\sqrt{\dfrac{R_1}{R_2-R_1}}$

② $\pm jR_1\sqrt{\dfrac{R_1}{R_2-R_1}}$

③ $\pm j\sqrt{R_2(R_2-R_1)}$

④ $\pm j\sqrt{R_1(R_2-R_1)}$

해설 ★

(1) $1-1'$, $2-2'$ 단자를 기준으로 L형 4단자 회로의 4단자 정수를 구하면 다음과 같다.
- $A = 1 + \dfrac{Z_1}{Z_2}$, $B = Z_1$, $C = \dfrac{1}{Z_2}$, $D = 1$

(2) 또한, 영상 임피던스를 구하면,
- $Z_{01} = \sqrt{\dfrac{AB}{CD}} = \sqrt{\dfrac{\left(1+\dfrac{Z_1}{Z_2}\right) \times Z_1}{\dfrac{1}{Z_2} \times 1}}$

  $= \sqrt{Z_1(Z_1+Z_2)} = R_1$

- $Z_{01} = \sqrt{\dfrac{BD}{AC}} = \sqrt{\dfrac{Z_1 \times 1}{\left(1+\dfrac{Z_1}{Z_2}\right) \times \dfrac{1}{Z_2}}}$

  $= \sqrt{\dfrac{Z_1 Z_2^2}{Z_1+Z_2}} = R_2$

(3) 따라서, 위 두 식을 정리하면,
- $Z_1 = \pm j\sqrt{R_1(R_2-R_1)}$
- $Z_2 = \mp jR_2\sqrt{\dfrac{R_1}{R_2-R_1}}$ 로 된다.

(4) 참고 :
- 이 문제는 산업기사 수준을 넘는 매우 난해한 문제로서, 실제로 1번 출제된 후, 더 이상 출제가 안 되는 문제이기 때문에 직접 풀어 보려고 하기보다는 그냥 넘어가는 것이 더 낫다고 판단되는 문제입니다!

[답] ④

19 임피던스 궤적이 직선일 때 이의 역수인 어드미턴스 궤적은?

① 원점을 통하는 직선
② 원점을 통하지 않는 직선
③ 원점을 통하는 원
④ 원점을 통하지 않는 원

해설 ★

궤적에서 쌍대 관계
(1) 임피던스 ↔ 어드미턴스
(2) 원점을 통하지 않는 직선 ↔ 원점을 통하는 원
(3) 1상한에 궤적 존재 ↔ 4상한에 궤적 존재

[답] ③

20 3[μF]인 커패시턴스를 50[Ω]의 용량성 리액턴스로 사용하려면 정현파 교류의 주파수는 약 몇 [kHz]로 하면 되는가?

① 1.02 ② 1.04
③ 1.06 ④ 1.08

해설 ★★

- $X_c = \dfrac{1}{2\pi fC}$

  $\Rightarrow \therefore f = \dfrac{1}{2\pi X_c C} = \dfrac{1}{2\pi \times 50 \times 3 \times 10^{-6}}$

  $= 1,061[\text{Hz}] = 1.06[\text{kHz}]$

[답] ③

제 2 회 전기(공사)산업기사 필기시험

1 1차 지연 요소의 전달함수는?

① K ② $\dfrac{K}{s}$

③ Ks ④ $\dfrac{K}{1+Ts}$

해설 ★★★

(1) 비례 요소의 전달함수 : $G(s) = K$
(2) 미분 요소의 전달함수 : $G(s) = Ks$
(3) 적분 요소의 전달함수 : $G(s) = \dfrac{K}{s}$
(4) 1차 지연 요소의 전달함수 : $G(s) = \dfrac{K}{1+Ts}$
(5) 부동작 시간 요소의 전달함수 : $G(s) = Ke^{-Ls}$

[답] ④

2 그림과 같은 회로에서 공진 시의 어드미턴스[℧]는?

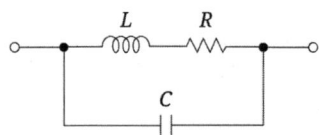

① $\dfrac{CR}{L}$ ② $\dfrac{LC}{R}$

③ $\dfrac{C}{RL}$ ④ $\dfrac{R}{LC}$

해설 ★★★

(1) 우선, 문제에 주어진 회로의 어드미턴스를 구하면,

• $Y = \dfrac{1}{R+j\omega L} + j\omega C = \dfrac{R-j\omega L}{R^2+(\omega L)^2} + j\omega C$

$= \dfrac{R}{R^2+(\omega L)^2} + j\left(\omega C - \dfrac{\omega L}{R^2+(\omega L)^2}\right)$

(2) 회로가 공진이 되기 위해서는 허수부가 0이어야 하므로,

• $\omega C - \dfrac{\omega L}{R^2+(\omega L)^2} = 0$

$\Rightarrow \therefore \omega C = \dfrac{\omega L}{R^2+(\omega L)^2}$

(3) 따라서, 공진 시 어드미턴스는,

• $Y_0 = \dfrac{R}{R^2+(\omega L)^2} = \dfrac{R}{\dfrac{L}{C}} = \dfrac{RC}{L}$

[답] ①

3 어떤 회로에 $E = 200 \angle \frac{\pi}{3}$ [V]의 전압을 가하니 $I = 10\sqrt{3} + j10$[A]의 전류가 흘렀다. 이 회로의 무효전력[Var]은?

① 707　　② 1,000
③ 1,732　④ 2,000

해 설 ★★

(1) 우선, 문제에 주어진 전압을 직각 좌표형으로 변환 후, 피상전력을 구하면,
- $E = 200 \angle \frac{\pi}{3} = 200(\cos 60° + j\sin 60°)$
  $= 100 + j173.2$[V]
- $\therefore P_a = \overline{E}\,I$
  $= (100 - j173.2) \times (10\sqrt{3} + j10)$
  $= 3,462 - j1,996$[VA]

(2) 따라서, 유효전력은 3,462[W]이고, 무효전력은 지상 1,996[Var]이다.

[답] ④

4 3상 불평형 전압에서 영상전압이 150[V]이고 정상전압이 500[V], 역상전압이 300[V] 이면 전압의 불평형률[%]은?

① 70　② 60　③ 50　④ 40

해 설 ★★★

불평형률 = $\frac{역상전압}{정상전압} \times 100$
　　　 = $\frac{300}{500} \times 100 = 60$[%]

[답] ②

5 어떤 제어계의 출력이 $C(s) = \dfrac{5}{s(s^2+s+2)}$로 주어질 때 출력의 시간함수 $c(t)$의 정상값은?

① 5　　② 2
③ $\dfrac{2}{5}$　④ $\dfrac{5}{2}$

해 설 ★★★

- $\lim_{t \to \infty} c(t) = \lim_{s \to 0} s\,C(s) = \lim_{s \to 0} s \times \dfrac{5}{s(s^2+s+2)}$
  $= \lim_{s \to 0} \dfrac{5}{s^2+s+2} = \dfrac{5}{2}$

[답] ④

6 그림과 같은 회로에서 정전용량 C[F]를 충전한 후 스위치 S를 닫아서 이것을 방전할 때 과도전류는? (단, 회로에는 저항이 없다.)

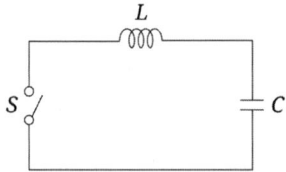

① 주파수가 다른 전류
② 크기가 일정하지 않은 전류
③ 증가 후 감쇠하는 전류
④ 불변의 진동 전류

해 설 ★★★

문제에 주어진 회로는 과도전류를 억제하는 작용을 하는 저항 소자는 없고, 전기 에너지를 저장시켜 과도현상을 일으키는 L, C 직렬 회로이므로 계속 불변의 진동 전류가 흐르게 된다.

[답] ④

7 저항 4[Ω]과 유도 리액턴스 X_L[Ω]이 병렬로 접속된 회로에 12[V]의 교류전압을 가하니 5[A]의 전류가 흘렀다. 이 회로의 X_L[Ω]은?

① 8　　② 6　　③ 3　　④ 1

해 설 ★★

(1) 우선, 저항과 유도 리액턴스에 흐르는 전류를 구하면,
- $I_R = \dfrac{V}{R} = \dfrac{12}{4} = 3[A]$,
  $I_L = \sqrt{I^2 - I_R^2} = \sqrt{5^2 - 3^2} = 4[A]$

(2) 따라서, 유도 리액턴스 값은,
- $X_L = \dfrac{V}{I_L} = \dfrac{12}{4} = 3[Ω]$

[답] ③

8 다음 용어 설명 중 틀린 것은?

① 역률 = $\dfrac{유효전력}{피상전력}$

② 파형률 = $\dfrac{평균값}{실효값}$

③ 파고율 = $\dfrac{최대값}{실효값}$

④ 왜형률 = $\dfrac{전고조파의 실효값}{기본파의 실효값}$

해 설 ★★★

파고율 및 파형률

(1) 일그러짐이 전혀없는 구형파를 기준(1.0)으로 하여 나머지 교류 파형들의 일그러짐의 정도를 나타내는 계수

(2) 파형률(Form factor)은, 교류 파형에서 실효값을 평균값으로 나눈 값으로 비정현파의 파형 평활도를 나타내는 것이다.

(3) 파고율(Peak factor)은, 교류 파형에서 최대값을 실효값으로 나눈 값으로 각종 파형의 날카로움의 정도를 나타내기 위한 것이다.

(4) 관계식

파고율 = $\dfrac{최대값}{실효값}$

파형률 = $\dfrac{실효값}{평균값}$

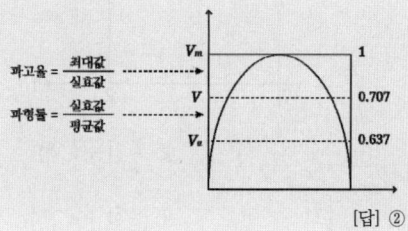

[답] ②

9 3상 회로의 영상분, 정상분, 역상분을 각각 I_0, I_1, I_2라 하고 선전류를 I_a, I_b, I_c라 할 때 I_b는? (단, $a = -\dfrac{1}{2} + j\dfrac{\sqrt{3}}{2}$이다.)

① $I_0 + I_1 + I_2$
② $\dfrac{1}{3}(I_0 + I_1 + I_2)$
③ $I_0 + a^2 I_1 + a I_2$
④ $\dfrac{1}{3}(I_0 + a I_1 + a^2 I_2)$

해 설 ★★★

- $I_a = I_0 + I_1 + I_2$
- $I_b = I_0 + a^2 I_1 + a I_2$
- $I_c = I_0 + a I_1 + a^2 I_2$

[답] ③

11 3대의 단상 변압기를 △ 결선으로 하여 운전하던 중 변압기 1대가 고장으로 제거하여 V 결선으로 한 경우 공급할 수 있는 전력은 고장 전 전력의 몇 [%]인가?

① 57.7 ② 50.0
③ 63.3 ④ 67.7

해 설 ★★★

(1) 단상 변압기 3대 △ 결선 운전 시 출력 :
- $P_\triangle = 3P$

(2) 단상 변압기 2대 V 결선 운전 시 출력 :
- $P_V = \sqrt{3}\,P$

(3) 따라서, 위 두 값을 비교해보면,
- $\dfrac{P_V}{P_\triangle} = \dfrac{\sqrt{3}\,P}{3P} = \dfrac{1}{\sqrt{3}}$
  $= 0.577$ (∴ 57.7[%])

[답] ①

10 그림과 같은 구형파의 라플라스 변환은?

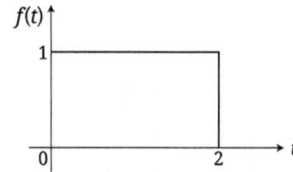

① $\dfrac{1}{s}(1 - e^{-s})$
② $\dfrac{1}{s}(1 + e^{-s})$
③ $\dfrac{1}{s}(1 - e^{-2s})$
④ $\dfrac{1}{s}(1 + e^{-2s})$

해 설 ★★★

(1) 우선, 문제에 주어진 파형의 시간 함수는,
- $f(t) = u(t) - u(t-2)$

(2) 따라서, 위 함수를 라플라스 변환하면,
- $F(s) = \dfrac{1}{s} - \dfrac{1}{s}e^{-2s} = \dfrac{1}{s}(1 - e^{-2s})$

[답] ③

12 정상상태에서 시간 $t=0$일 때 스위치 S를 열면 흐르는 전류 i는?

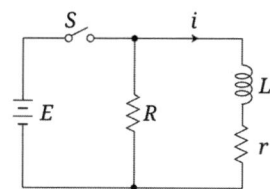

① $\dfrac{E}{R}e^{-\frac{R+r}{L}t}$ ② $\dfrac{E}{r}e^{-\frac{R+r}{L}t}$

③ $\dfrac{E}{r}e^{-\frac{L}{R+r}t}$ ④ $\dfrac{E}{R}e^{-\frac{L}{R+r}t}$

해 설 ★★

(1) 우선, 스위치를 닫을 때의 과도전류는,
- $i = \dfrac{E}{r}(1-e^{-\frac{r}{L}t})[A]$

(2) 계속 스위치를 닫고 있을 때의 정상전류는,
- $I = \dfrac{E}{r}[A]$

(3) 스위치를 열 때의 전류는,
- $i = \dfrac{E}{r}e^{-\frac{R+r}{L}t}[A]$

[답] ②

13 어떤 코일의 임피던스를 측정하고자 직류 전압 100[V]를 가했더니 500[W]가 소비되고, 교류전압 150[V]를 가했더니 720[W]가 소비되었다. 코일의 저항[Ω]과 리액턴스[Ω]는 각각 얼마인가?

① $R = 20$, $X_L = 15$
② $R = 15$, $X_L = 20$
③ $R = 25$, $X_L = 20$
④ $R = 30$, $X_L = 25$

해 설 ★★

(1) 직류를 가했을 때의 저항 값을 구하면,
- $P = \dfrac{V^2}{R}$
- $\Rightarrow \therefore R = \dfrac{V^2}{P} = \dfrac{100^2}{500} = 20[\Omega]$

(2) 교류 전압을 가했을 때의 리액턴스를 구해보면,
- $P = I^2 R = \left(\dfrac{V}{Z}\right)^2 R = \dfrac{V^2 R}{R^2 + X^2}$
- $\Rightarrow \therefore X = \sqrt{\dfrac{V^2 R}{P} - R^2}$
- $= \sqrt{\dfrac{150^2 \times 20}{720} - 20^2} = 15[\Omega]$

[답] ①

14 단자 $a-b$에 30[V]의 전압을 가했을 때 전류 I는 3[A]가 흘렀다고 한다. 저항 r [Ω]은 얼마인가?

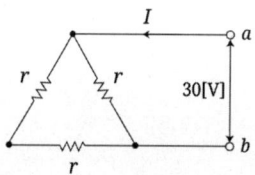

① 5   ② 10
③ 15   ④ 20

해 설 ★★

- $R = \dfrac{2r \times r}{2r + r} = \dfrac{2}{3}r = \dfrac{30}{3}$
- $\Rightarrow \therefore r = \dfrac{3}{2} \times \dfrac{30}{3} = 15[\Omega]$

[답] ③

15 그림과 같은 회로망에서 Z_1을 4단자 정수에 의해 표시하면 어떻게 되는가?

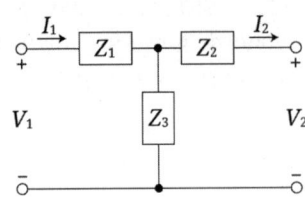

① $\dfrac{1}{C}$ ② $\dfrac{D-1}{C}$
③ $\dfrac{B-1}{C}$ ④ $\dfrac{A-1}{C}$

해설 ★★

(1) 우선, 문제에 주어진 T형 회로의 A, B, C, D 값은,
- $A = 1 + \dfrac{Z_1}{Z_3}$, $B = Z_1 + Z_2 + \dfrac{Z_1 Z_2}{Z_3}$,
  $C = \dfrac{1}{Z_3}$, $D = 1 + \dfrac{Z_2}{Z_3}$

(2) 따라서, 위 식에서 Z_1을 구하면,
- $A = 1 + \dfrac{Z_1}{Z_3} = 1 + Z_1 \times C$

$\Rightarrow \therefore Z_1 = \dfrac{A-1}{C}$

[답] ④

16 그림과 같은 회로에서 임피던스 파라미터 Z_{11}은?

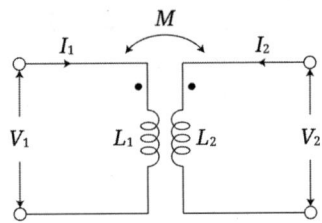

① sL_1 ② sM
③ $sL_1 L_2$ ④ sL_2

해설 ★★

(1) 문제에 주어진 감극성 유도회로의 T형 등가회로를 구하면,

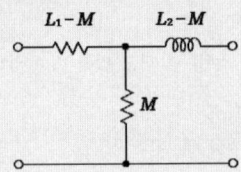

(2) 따라서, 각각의 임피던스 파라미터를 구하면,
- $Z_{11} = j\omega(L_1 - M + M) = j\omega L_1 = sL_1$
- $Z_{12} = Z_{21} = j\omega M = sM$
- $Z_{22} = j\omega(L_2 - M + M) = j\omega L_2 = sL_2$

[답] ①

17 RL 병렬회로의 합성 임피던스[Ω]는? (단, ω[rad/s]는 이 회로의 각 주파수이다.)

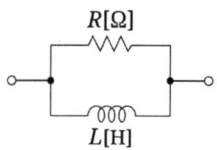

① $R(1+j\dfrac{\omega L}{R})$ ② $R(1-j\dfrac{1}{\omega L})$

③ $\dfrac{R}{(1-j\dfrac{R}{\omega L})}$ ④ $\dfrac{R}{(1+j\dfrac{R}{\omega L})}$

해설 ★★

• $Z = \dfrac{R \times j\omega L}{R + j\omega L} = \dfrac{\frac{j\omega RL}{j\omega L}}{\frac{R+j\omega L}{j\omega L}} = \dfrac{R}{1-j\dfrac{R}{\omega L}}$

[답] ③

18 어떤 회로에 흐르는 전류가 $i = 7 + 14.1\sin wt$[A]인 경우 실효값은 약 몇 [A]인가?

① 11.2   ② 12.2
③ 13.2   ④ 14.2

해설 ★★★

• $I = \sqrt{7^2 + \left(\dfrac{14.1}{\sqrt{2}}\right)^2} = 12.2$[A]

[답] ②

19 $f(t) = At^2$ 의 라플라스 변환은?

① $\dfrac{A}{s^2}$ ② $\dfrac{2A}{s^2}$ ③ $\dfrac{A}{s^3}$ ④ $\dfrac{2A}{s^3}$

해설 ★★★

• $f(t) = At^2 \Rightarrow F(s) = A \times \dfrac{2!}{s^3} = \dfrac{2A}{s^3}$

[답] ④

20 3상 유도 전동기의 출력이 3.7[kW], 선간전압 200[V], 효율 90[%], 역률 80[%]일 때, 이 전동기에 유입되는 선전류는 약 몇 [A]인가?

① 8   ② 10
③ 12   ④ 15

해설 ★★

• $P = \sqrt{3}\,VI\cos\theta\,\eta$

$\Rightarrow \therefore I = \dfrac{P}{\sqrt{3}\,V\cos\theta\,\eta}$

$= \dfrac{3,700}{\sqrt{3}\times 200\times 0.8\times 0.9} = 14.8$[A]

[답] ④

제4회 전기공사산업기사 필기시험

1 RLC 직렬회로에서 공진 시의 전류는 공급전압에 대하여 어떤 위상차를 갖는가?

① 0° ② 90°
③ 180° ④ 270°

해설 ★★★

(1) RLC 직렬회로의 임피던스는,
- $Z = R + j\left(\omega L - \dfrac{1}{\omega C}\right)[\Omega]$

(2) 공진일 경우 ωL 과 $\dfrac{1}{\omega C}$ 값이 같으므로, 위 임피던스의 허수부가 0이 되므로, 저항 R의 영향밖에 없으므로 전류와 전압은 위상이 같다.

[답] ①

2 다음 회로에서 10[Ω]의 저항에 흐르는 전류는?

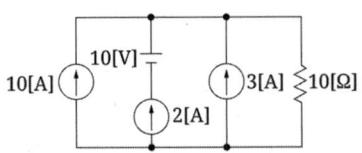

① 20[A] ② 15[A]
③ 10[A] ④ 8[A]

해설 ★★★

(1) 중첩의 원리를 적용하여 각각의 전원만 존재할 경우의 10[Ω] 저항에 흐르는 각각의 전류는,
- $I_{10[A]} = 10[A]$
 (10[V] 전압원 단락, 2[A], 3[A] 전류원 개방)
- $I_{10[V]} = 0[A]$
 (10[A], 2[A], 3[A] 전류원 개방)
- $I_{2[A]} = 2[A]$
 (10[V] 전압원 단락, 10[A], 3[A] 전류원 개방)
- $I_{3[A]} = 3[A]$
 (10[V] 전압원 단락, 10[A], 2[A] 전류원 개방)

(2) 따라서, 10[Ω] 저항에 흐르는 총 전류는,
- $I = 10 + 0 + 2 + 3 = 15[A]$

[답] ②

3 RL 직렬회로에 직류전압 E[V]를 어느 순간에 인가하였을 때 시정수의 5배의 시간에서는 정상 전류의 약 몇 [%]에 도달하는가?

① 93.3 ② 95.3
③ 97.3 ④ 99.3

해설 ★★

- $i(t) = \dfrac{E}{R}\left(1 - e^{-\frac{R}{L}t}\right) = \dfrac{E}{R}\left(1 - e^{-\frac{R}{L} \times \frac{5L}{R}}\right)$
  $= \dfrac{E}{R}(1 - e^{-5}) = 0.993\dfrac{E}{R}$ ($\therefore$ 99.3[%])

[답] ④

4 그림과 같은 주기 전압파에 있어서 0으로부터 0.02초의 사이에서는 $e = 5 \times 10^4 (t - 0.02)^2$[V]로 표시되고 0.02초에서부터 0.04초까지는 $e = 0$이다. 전압의 평균치[V]는 약 얼마인가?

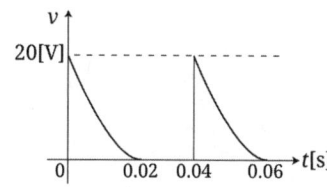

① 2.2 ② 3.3
③ 4   ④ 5.5

해 설 ★★

- $V_a = \dfrac{1}{T} \int_0^T v(t)\,dt$

  $= \dfrac{1}{0.04}\left\{ \int_0^{0.02} 5 \times 10^4 (t-0.02)^2 dt + \int_{0.02}^{0.04} 0\,dt \right\}$

  $= \dfrac{5 \times 10^4}{0.04} \left[\dfrac{1}{3}(t-0.02)^3 \right]_0^{0.02} = 3.3$[V]

[답] ②

5 기전력 3[V], 내부 저항 0.5[Ω]인 전지 9개가 있다. 이것을 3개씩 직렬로 하여 3조 병렬 접속한 것에 부하저항 1.5[Ω]을 접속하면 부하전류[A]는?

① 2.5 ② 3.5 ③ 4.5 ④ 5.5

해 설 ★★

(1) 기전력이 3[V], 내부 저항이 0.5[Ω]인 전지 3개씩 직렬로 하였을 때의 합성 기전력 및 저항은,
- $V_s = 3 \times 3 = 9$[V],
  $R_s = 0.5 \times 3 = 1.5$[Ω]

(2) 위 직렬 접속의 전지 3조를 병렬 접속하였을 때의 합성 기전력 및 저항은,
- $V_p = 9$[V](병렬 접속 시 건전지의 기전력의 변화는 없음.), $R_p = \dfrac{1.5}{3} = 0.5$[Ω]

(3) 따라서, 여기에 부하저항 1.5[Ω]을 접속하였을 경우의 부하 전류는,
- $I = \dfrac{V}{R} = \dfrac{9}{0.5 + 1.5} = 4.5$[A]

[답] ③

6 입력신호가 V_i, 출력신호가 V_o일 때 $a_1 v_0 + a_2 \dfrac{dv_0}{dt} + a_3 \int v_0 dt = v_i$ 의 전달함수는?

① $\dfrac{s}{a_2 s^2 + a_1 s + a_3}$ ② $\dfrac{1}{a_2 s^2 + a_1 s + a_3}$

③ $\dfrac{s}{a_3 s^2 + a_2 s + a_1}$ ④ $\dfrac{1}{a_3 s^2 + a_2 s + a_1}$

해 설 ★★★

(1) 우선, 문제에 주어진 방정식을 라플라스 변환하면,
- $a_1 v_0 + a_2 \dfrac{dv_0}{dt} + a_3 \int v_0 dt = v_i$

  $\Rightarrow \therefore a_1 V_0 + a_2 s V_0 + \dfrac{a_3}{s} V_0 = V_i$

(2) 따라서, 전압비 전달함수는,
- $\dfrac{V_0}{V_i} = \dfrac{1}{a_1 + a_2 s + \dfrac{a_3}{s}} = \dfrac{s}{a_2 s^2 + a_1 s + a_3}$

[답] ①

7 복소전압 $E = -20e^{j\frac{3}{2}\pi}$ [V]를 정현파의 순시값으로 나타내면 어떻게 되는가?

① $-20\sin(\omega t + \frac{\pi}{2})$[V]

② $20\sin(\omega t + \frac{2}{3}\pi)$[V]

③ $20\sqrt{2}\sin(\omega t - \frac{\pi}{2})$[V]

④ $20\sqrt{2}\sin(\omega t + \frac{\pi}{2})$[V]

해설 ★★

(1) 우선, 문제에 주어진 복소 전압을 극좌표로 바꾸면,
- $E = -20e^{j\frac{3}{2}\pi} = -20\angle\frac{3\pi}{2}$
  $= 20\angle -\frac{3\pi}{2} = 20\angle\frac{\pi}{2}$[V]

(2) 위 극좌표 전압을 정현파의 순시값으로 표현하면,
- $e(t) = V_m \sin(\omega t \pm \theta)$
  $= 20\sqrt{2}\sin(\omega t + \frac{\pi}{2})$[V]

[답] ④

8 3상 평형 부하가 있을 때 선전류 10[A]이고 부하의 전 소비전력이 4[kW]이다. 이 부하의 등가 Y회로에 대한 각 상의 저항 [Ω]은?

① 40 ② $40\sqrt{3}$

③ $\frac{40}{3}$ ④ $\frac{40}{\sqrt{3}}$

해설 ★★

- $P = 3I^2 R$
  $\Rightarrow \therefore R = \frac{P}{3I^2} = \frac{4,000}{3\times 10^2} = \frac{40}{3}$[Ω]

[답] ③

9 $3r$[Ω]인 6개의 저항을 그림과 같이 접속하고 평형 3상 전압 [V]를 가했을 때 전류 I는 몇 [A]인가?
(단, $r = 2$[Ω], $V = 200\sqrt{3}$[V]이다.)

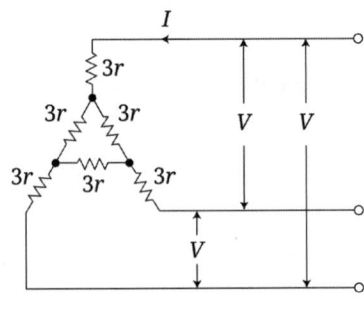

① 10 ② 15
③ 20 ④ 25

해설 ★★

(1) 우선, $3r$ △ 결선 부분의 저항을 Y 결선으로 변환 후, 한상당 합성저항을 구하면,
- $R_Y = \frac{R_\triangle}{3} = \frac{3r}{3} = r$,
  $\therefore R = r + 3r = 4r = 4\times 2 = 8$[Ω]

(2) 따라서, 선전류는,
- $I_l = I_p = \frac{V_p}{R} = \frac{\frac{200\sqrt{3}}{\sqrt{3}}}{8} = 25$[Ω]

[답] ④

10 그림에서 e_i를 입력전압, e_o를 출력전압이라 할 때 전달함수는 어느 것인가?

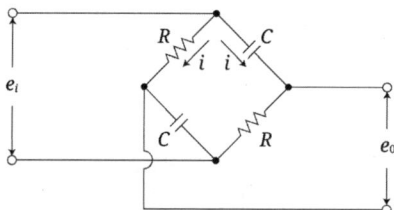

① $\dfrac{RCs-1}{RCs+1}$ ② $\dfrac{1}{RCs+1}$

③ RCs ④ $\dfrac{1}{RCs-1}$

해 설 ★★

• $e_0 = \dfrac{R}{\frac{1}{Cs}+R}e_i - \dfrac{\frac{1}{Cs}}{R+\frac{1}{Cs}}e_i$

$= \dfrac{RCs}{1+RCs}e_i - \dfrac{1}{RCs+1}e_i = \dfrac{RCs-1}{RCs+1}e_i$

$\therefore \dfrac{e_0}{e_i} = \dfrac{RCs-1}{RCs+1}$

[답] ①

11 코일에 단상 100[V]의 전압을 가하면 30[A]의 전류가 흐르고 1.8[kW]의 전력을 소비한다고 한다. 이 코일과 병렬로 콘덴서를 접속하여 회로의 역률을 100[%]로 하기 위한 용량 리액턴스는 약 몇 [Ω]인가?

① 4.2 ② 6.2 ③ 8.2 ④ 10.2

해 설 ★★

(1) 우선, 문제의 조건을 이용하여, 무효전력을 구하면,

• $P_a = VI = 100 \times 30 = 3{,}000[\text{VA}]$

$\Rightarrow \therefore Q = \sqrt{P_a^2 - P^2}$

$= \sqrt{3{,}000^2 - 1{,}800^2} = 2{,}400[\text{Var}]$

(2) 역률을 100[%]로 하기 위해서는 위 지상 무효전력과 같은 콘덴서 용량이 되어야 하므로,

• $Q = \dfrac{V^2}{X}$

$\Rightarrow \therefore X = \dfrac{V^2}{Q} = \dfrac{100^2}{2{,}400} \fallingdotseq 4.2[\Omega]$

[답] ①

12 $5\dfrac{d^2q(t)}{dt^2} + \dfrac{dq(t)}{dt} = 10\sin t$ 에서 모든 초기 조건을 0으로 하고 라플라스 변환하면? (단, $Q(s)$는 $q(t)$의 라플라스 변환이다.)

① $Q(s) = \dfrac{10}{(5s+1)(s^2+1)}$

② $Q(s) = \dfrac{10}{(5s^2+s)(s^2+1)}$

③ $Q(s) = \dfrac{10}{2(s^2+1)}$

④ $Q(s) = \dfrac{10}{(s^2+5)(s^2+1)}$

해 설 ★★

• $5\dfrac{d^2q(t)}{dt^2} + \dfrac{dq(t)}{dt} = 10\sin t$

$\Rightarrow \therefore 5s^2 Q(s) + s Q(s) = 10 \times \dfrac{1}{s^2+1^2}$

$\therefore Q(s) = \dfrac{10}{(5s^2+s)(s^2+1)}$

[답] ②

13 그림과 같은 T형 회로에서 4단자 정수가 아닌 것은?

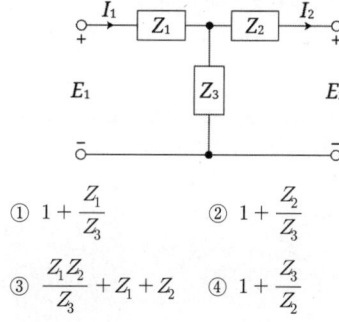

① $1 + \dfrac{Z_1}{Z_3}$ ② $1 + \dfrac{Z_2}{Z_3}$

③ $\dfrac{Z_1 Z_2}{Z_3} + Z_1 + Z_2$ ④ $1 + \dfrac{Z_3}{Z_2}$

해 설 ★★★

T형 회로에서 각각의 4단자 정수를 구하면,

• $A = 1 + \dfrac{Z_1}{Z_3}$, $B = Z_1 + Z_2 + \dfrac{Z_1 Z_2}{Z_3}$,

$C = \dfrac{1}{Z_3}$, $D = 1 + \dfrac{Z_2}{Z_3}$

[답] ④

14 $f(t) = 3u(t) + 2e^{-t}$ 의 라플라스 변환은?

① $\dfrac{s+3}{s(s+1)}$ ② $\dfrac{5s+3}{s(s+1)}$

③ $\dfrac{3s}{s^2+1}$ ④ $\dfrac{5s+1}{(s+1)s^2}$

해 설 ★★★

- $f(t) = 3u(t) + 2e^{-t}$

$\Rightarrow \therefore F(s) = 3 \times \dfrac{1}{s} + 2 \times \dfrac{1}{s+1}$

$= \dfrac{3(s+1) + 2s}{s(s+1)} = \dfrac{5s+3}{s(s+1)}$

[답] ②

15 임피던스 함수가 $Z(s) = \dfrac{3s+3}{s}$ 으로 표시되는 2단자 회로망은? (단, $s = jw$ 이다.)

① ─3─1/3─ ② ─3─1/3─

③ ─3─3─ ④ ─3─3─1─

해 설 ★

(1) 우선, 문제에 주어진 함수를 회로를 그리기 위한 적당한 형태로 변환하면,

- $Z(s) = \dfrac{3s+3}{s} = 3 + \dfrac{3}{s} = 3 + \dfrac{1}{\frac{1}{3}s}$

(2) 위 식은 저항과 콘덴서의 직렬 회로가 되며, 이때 저항 $R = 3[\Omega]$, 콘덴서는 $C = \dfrac{1}{3}[F]$으로 된다.

[답] ①

16 10[Ω]의 저항 3개를 Y로 결선한 것을 등가 △결선으로 환산한 저항의 크기는?

① 20[Ω] ② 30[Ω]
③ 40[Ω] ④ 60[Ω]

해 설 ★★★

$Y \Leftrightarrow \triangle$ 등가 변환 시 저항값 변화
(1) $Y \rightarrow \triangle$ 변환 :
$R_\triangle = 3R_Y = 3 \times 10 = 30[\Omega]$
(2) $\triangle \rightarrow Y$ 변환 :
$R_Y = \dfrac{1}{3}R_\triangle = \dfrac{1}{3} \times 30 = 10[\Omega]$

[답] ②

17 상순이 $a-b-c$ 인 3상 회로에 있어서 대칭분 전압이 $V_0 = -8 + j3$[V], $V_1 = 6 - j8$[V], $V_2 = 8 + j12$[V]일 때 a상의 전압 V_a[V]는?

① $6 + j7$ ② $8 + j12$
③ $6 + j14$ ④ $16 + j4$

해 설 ★★★

- $V_a = V_0 + V_1 + V_2$
$= -8 + j3 + 6 - j8 + 8 + j12 = 6 + j7$[V]

[답] ①

18 다음 회로에서 전압비 전달함수 $\dfrac{V_2(s)}{V_1(s)}$ 는 어떻게 되는가?

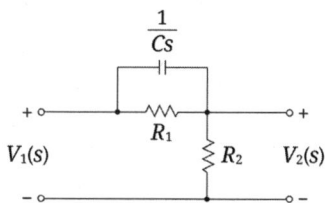

① $\dfrac{R_1 R_2 Cs + R_2}{R_1 R_2 Cs + R_1 + R_2}$

② $\dfrac{R_1 + R_2 + R_1 R_2 Cs}{R_2 + R_1 R_2 Cs}$

③ $\dfrac{R_1 Cs + R_2}{R_2 + R_1 R_2 Cs}$

④ $\dfrac{R_1 R_2 Cs}{R_1 R_2 Cs + R_1 + R_2}$

해설 ★★

(1) 우선, 콘덴서와 저항 병렬 접속 부분의 합성 임피던스를 구하면,

- $Z = \dfrac{\dfrac{1}{Cs} \times R_1}{\dfrac{1}{Cs} + R_1} = \dfrac{R_1}{1 + R_1 Cs}$

(2) 따라서, 전압비 전달함수는,

- $V_2(s) = \dfrac{R_2}{\dfrac{R_1}{1 + R_1 Cs} + R_2} V_1(s)$

  $= \dfrac{R_2 + R_1 R_2 Cs}{R_1 + R_2 + R_1 R_2 Cs} V_1(s)$

- $\dfrac{V_2(s)}{V_1(s)} = \dfrac{R_2 + R_1 R_2 Cs}{R_1 + R_2 + R_1 R_2 Cs}$

[답] ①

19 그림과 같은 회로에서 $t = 0$의 순간 S를 열었을 때 L의 양단에 발생하는 역기전력은 인가전압의 몇 배가 발생하는가? (단, 스위치 S를 열기 전에 회로는 정상상태이다.)

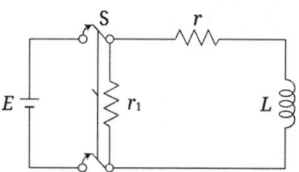

① $\dfrac{r}{r + r_1}$ ② $\dfrac{r_1 r}{r + r_1}$

③ $\dfrac{r - r_1}{r_1}$ ④ $\dfrac{r + r_1}{r}$

해설 ★

(1) 스위치를 닫을 때의 과도전류는,

- $i(t) = \dfrac{E}{r}\left(1 - e^{-\frac{r}{L}t}\right)$

(2) 계속 스위치를 닫고 있을 때의 정상전류는,

- $I = \dfrac{E}{r}$

(3) 스위치를 열었을 때의 과도전류는,

- $i(t) = \dfrac{E}{r} e^{-\frac{r + r_1}{L}t}$

(4) 따라서, L의 양단에 발생하는 역기전력을 구하면,

- $V_L = -L\dfrac{di(t)}{dt} = -L\dfrac{d}{dt}\left(\dfrac{E}{r} e^{-\frac{r+r_1}{L}t}\right)$

  $= \dfrac{LE}{r} \times \dfrac{r + r_1}{L} e^{-0} = E \times \dfrac{r + r_1}{r}$

으로서, 인가전압 E에 비해서 $\dfrac{r + r_1}{r}$ 배가 된다.

[답] ④

20 $a + a^2$ 의 값은? (단, $a = e^{j120°}$ 이다.)

① 0 ② -1
③ 1 ④ a^3

> **해설** ★★★
>
> 연산자의 성질에 의하여,
> - $1 + a + a^2 = 0 \Rightarrow \therefore a + a^2 = -1$
>
> [답] ②

• 전기공사산업기사 필기 회로이론

2015년 기출문제

제 1 회   전기(공사)산업기사 필기시험

1 1,000[Hz]인 정현파 교류에서 5[mH]인 유도 리액턴스와 같은 용량 리액턴스를 갖는 [C]의 값은 약 몇 [μF]인가?

① 4.07   ② 5.07
③ 6.07   ④ 7.07

해 설 ★★★

- $\omega L = \dfrac{1}{\omega C}$

  $\Rightarrow \therefore C = \dfrac{1}{\omega^2 L} = \dfrac{1}{(2\pi f)^2 L}$

  $= \dfrac{1}{(2\pi \times 1{,}000)^2 \times 5 \times 10^{-3}}$

  $= 5.07 \times 10^{-6}[F] = 5.07[\mu F]$

[답] ②

2 $Z = 8 + j6[\Omega]$인 평형 Y 부하에 선간전압 200[V]인 대칭 3상 전압을 가할 때 선전류는 약 몇 [A]인가?

① 20   ② 11.5
③ 7.5   ④ 5.5

해 설 ★★★

- $I_l = I_p = \dfrac{V_p}{Z_p} = \dfrac{\frac{200}{\sqrt{3}}}{\sqrt{8^2 + 6^2}} = 11.5[A]$

[답] ②

3 그림과 같은 이상적인 변압기로 구성된 4단자 회로에서 정수 A, B, C, D 중 A는?

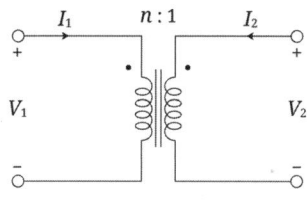

① 1   ② 0
③ n ④ $\dfrac{1}{n}$

해 설 ★★★

(1) 변압기의 권수비 :

- $a = \dfrac{N_1}{N_2} = \dfrac{n}{1} = \dfrac{V_1}{V_2} = \dfrac{I_2}{I_1}$

(2) 따라서, 4단자 정수 A, B, C, D 는,

- $A = \dfrac{V_1}{V_2} = n,\ B = \dfrac{V_1}{I_2} = 0,$

  $C = \dfrac{I_1}{V_2} = 0,\ D = \dfrac{I_1}{I_2} = \dfrac{1}{n}$

[답] ③

4 $f(t) = u(t-a) - u(t-b)$의 라플라스 변환은?

① $\dfrac{1}{s}(e^{-as} - e^{-bs})$ ② $\dfrac{1}{s}(e^{as} + e^{bs})$

③ $\dfrac{1}{s^2}(e^{-as} - e^{-bs})$ ④ $\dfrac{1}{s^2}(e^{as} + e^{bs})$

해설 ★★★

시간 추이의 정리에 의하여,
- $f(t) = u(t-a) - u(t-b)$
  $\Rightarrow \therefore F(s) = \dfrac{1}{s}e^{-as} - \dfrac{1}{s}e^{-bs}$
  $= \dfrac{1}{s}(e^{-as} - e^{-bs})$

[답] ①

5 복소수 $I_1 = 10\angle \tan^{-1}\dfrac{4}{3}$,

$I_2 = 10\angle \tan^{-1}\dfrac{3}{4}$ 일 때 $I = I_1 + I_2$는 얼마인가?

① $-2 + j2$ ② $14 + j14$
③ $14 + j4$ ④ $14 + j3$

해설 ★★★

(1) 우선, 두 전류 합의 극좌표 형식은,
- $I_1 + I_2 = 10\angle \tan^{-1}\dfrac{4}{3} + 10\angle \tan^{-1}\dfrac{3}{4}$
  $= 10\angle 53° + 10\angle 37°$
(2) 위 벡터값을 계산하면,
- $I_1 + I_2$
  $= 10\angle 53° + 10\angle 37°$
  $= 10(\cos 53° + j\sin 53°) + 10(\cos 37° + j\sin 37°)$
  $= 14 + j14 [A]$

[답] ②

6 그림과 같은 회로의 전달함수는?
(단, e_1은 입력, e_2는 출력이다.)

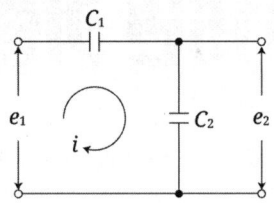

① $C_1 + C_2$ ② $\dfrac{C_2}{C_1}$

③ $\dfrac{C_1}{C_1 + C_2}$ ④ $\dfrac{C_2}{C_1 + C_2}$

해설 ★★

(1) 우선, 콘덴서 회로에서의 출력전압을 전압 분배의 법칙에 의해서 구하면,
- $E_2 = \dfrac{C_1}{C_1 + C_2}E_1$
(2) 따라서, 전압비 전달함수는,
- $\dfrac{E_2}{E_1} = \dfrac{C_1}{C_1 + C_2}$

[답] ③

7 그림과 같은 4단자망의 영상 전달정수 θ 는?

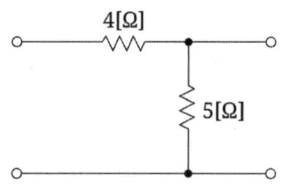

① $\sqrt{5}$
② $\log_e \sqrt{5}$
③ $\log_e \dfrac{1}{\sqrt{5}}$
④ $5\log_e \sqrt{5}$

해 설 ★★

(1) 우선, 4단자 정수 A, B, C, D를 구하면,
- $\begin{bmatrix} A & B \\ C & D \end{bmatrix} = \begin{bmatrix} 1 & 4 \\ 0 & 1 \end{bmatrix} \begin{bmatrix} 1 & 0 \\ \frac{1}{5} & 1 \end{bmatrix} = \begin{bmatrix} \frac{9}{5} & 4 \\ \frac{1}{5} & 1 \end{bmatrix}$

(2) 따라서, 영상 전달정수는,
- $\theta = \log_e(\sqrt{AD} + \sqrt{BC})$
  $= \log_e(\sqrt{\frac{9}{5} \times 1} + \sqrt{4 \times \frac{1}{5}})$
  $= \log_e \sqrt{5}$

[답] ②

8 그림 (a)의 회로를 그림 (b)와 같은 등가회로로 구성하고자 한다. 이때 V 및 R의 값은?

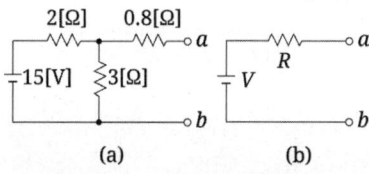

(a)　　　　　(b)

① 6[V], 2[Ω]
② 6[V], 6[Ω]
③ 9[V], 2[Ω]
④ 9[V], 6[Ω]

해 설 ★★★

- $V_{ab} = \dfrac{3}{2+3} \times 15 = 9[V]$,

  $R_{ab} = 0.8 + \dfrac{2 \times 3}{2+3} = 2[\Omega]$

[답] ③

9 구형파의 파형률(㉠)과 파고율(㉡)은?

① ㉠ 1, ㉡ 0
② ㉠ 1.11, ㉡ 1.414
③ ㉠ 1, ㉡ 1
④ ㉠ 1.57, ㉡ 2

해 설 ★★★

구형파의 실효값과 평균값은 최대값과 같으므로,
- 파형률 $= \dfrac{\text{실효값}}{\text{평균값}} = \dfrac{V_m}{V_m} = 1$,

  파고율 $= \dfrac{\text{최대값}}{\text{실효값}} = \dfrac{V_m}{V_m} = 1$

[답] ③

10 모든 초기값을 0으로 할 때, 출력과 입력의 비를 무엇이라 하는가?

① 전달함수　　② 충격함수
③ 경사함수　　④ 포물선함수

해 설 ★★

전달함수 : 제어장치에서 초기값이 0인 상태에서 입력과 출력의 비

[답] ①

11 그림과 같은 파형의 라플라스 변환은?

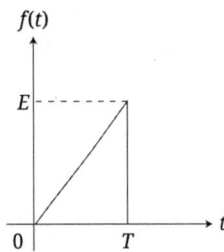

① $\dfrac{E}{Ts}(1-e^{-Ts})$

② $\dfrac{E}{Ts^2}(1-e^{-Ts})$

③ $\dfrac{E}{Ts}(1-e^{-Ts}-Tse^{-Ts})$

④ $\dfrac{E}{Ts^2}(1-e^{-Ts}-Tse^{-Ts})$

해 설 ★

(1) 우선, 문제에 주어진 파형의 시간함수를 구하면,
- $f(t) = \dfrac{E}{T}t - \dfrac{E}{T}(t-T) - Eu(t-T)$

(2) 따라서, 시간추이 정리를 이용하여 라플라스 변환하면,
- $F(s)$
$= \dfrac{E}{T} \times \dfrac{1}{s^2} - \dfrac{E}{T} \times \dfrac{1}{s^2}e^{-Ts} - E \times \dfrac{1}{s}e^{-Ts}$
$= \dfrac{E}{Ts^2}(1-e^{-Ts}-Tse^{-Ts})$

[답] ④

12 그림에서 전류 i_5의 크기는?

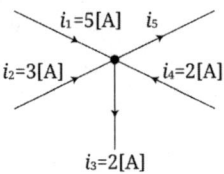

① 3[A] ② 5[A]
③ 8[A] ④ 12[A]

해 설 ★★★

키르히호프의 전류법칙을 적용하여,
- $i_1 + i_2 + i_4 = i_3 + i_5$
  $\Rightarrow \therefore i_5 = i_1 + i_2 + i_4 - i_3 = 5 + 3 + 2 - 2$
  $= 8[A]$

[답] ③

13 1상의 직렬 임피던스가 $R=6[\Omega]$, $X_L=8[\Omega]$인 △결선 평형 부하가 있다. 여기에 선간전압 100[V]인 대칭 3상 교류 전압을 가하면 선전류는 몇 [A]인가?

① $\dfrac{10\sqrt{3}}{3}$ ② $3\sqrt{3}$

③ 10 ④ $10\sqrt{3}$

해 설 ★★★

- $I_l = \sqrt{3}\,I_p = \sqrt{3} \times \dfrac{V_p}{Z_p}$
$= \sqrt{3} \times \dfrac{100}{\sqrt{6^2+8^2}} = 10\sqrt{3}\,[A]$

[답] ④

14 그림과 같은 회로에서 S를 열었을 때 전류계는 10[A]를 지시하였다. S를 닫을 때 전류계의 지시는 몇 [A]인가?

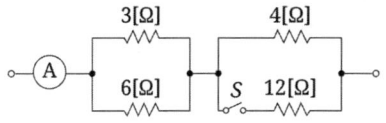

① 10   ② 12   ③ 14   ④ 16

해 설 ★★

(1) 스위치를 열었을 경우의 회로에 인가한 전압은,
- $R = \dfrac{3 \times 6}{3 + 6} + 4 = 6[\Omega]$
  $\Rightarrow \therefore V = IR = 10 \times 6 = 60[V]$

(2) 스위치를 닫았을 경우의 회로에 흐르는 전류는,
- $R = \dfrac{3 \times 6}{3 + 6} + \dfrac{4 \times 12}{4 + 12} = 5[\Omega]$
  $\Rightarrow \therefore I = \dfrac{V}{R} = \dfrac{60}{5} = 12[A]$

[답] ②

15 2전력계법으로 평형 3상 전력을 측정하였더니 각각의 전력계가 500[W], 300[W]를 지시하였다면 전 전력[W]은?

① 200   ② 300
③ 500   ④ 800

해 설 ★★★

2전력계법의 역률 공식
$\cos\theta = \dfrac{P}{P_a} = \dfrac{P_1 + P_2}{2\sqrt{P_1^2 + P_2^2 - P_1 P_2}}$ 에서

유효전력은,
- $P = P_1 + P_2 = 500 + 300 = 800[W]$

[답] ④

16 그림과 같은 회로에서 $a-b$ 양단 간의 전압은 몇 [V]인가?

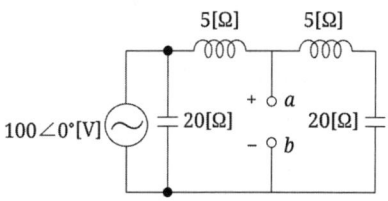

① 80   ② 90
③ 120   ④ 150

해 설 ★★

전압 분배의 법칙을 이용하여 계산하면,
- $V_{ab} = \dfrac{-j15}{j5 - j15} \times 100 = 150[V]$ [답] ④

17 역률이 60[%]이고 1상의 임피던스가 60[Ω]인 유도 부하를 △로 결선하고 여기에 병렬로 저항 20[Ω]을 Y결선으로 하여 3상 선간전압 200[V]를 가할 때의 소비전력[W]은?

① 3,200   ② 3,000
③ 2,000   ④ 1,000

해 설 ★★

(1) 우선, △ 결선의 유도 부하를 Y 결선으로 변환하면,
- $X_Y = \dfrac{60}{3} = 20[\Omega]$

(2) 따라서, 저항과 리액턴스에서 소비되는 전력을 각각 구하면,
- $P_R = 3 \dfrac{V_p^2}{R} = 3 \times \dfrac{\left(\dfrac{200}{\sqrt{3}}\right)^2}{20} = 2,000[W]$
- $P_X = 3 V_p I_p \cos\theta$
  $= 3 \times \left(\dfrac{200}{\sqrt{3}}\right) \times \left(\dfrac{\dfrac{200}{\sqrt{3}}}{20}\right) \times 0.6$
  $= 1,200[W]$

(3) 따라서, 전 소비전력은 $2,000 + 1,200 = 3,200[W]$

[답] ①

18 회로에서 각 계기들의 지시값은 다음과 같다. 전압계 ⓥ는 240[V], 전류계 Ⓐ는 5[V], 전력계 ⓦ는 720[W]이다. 이때 인덕턴스 L[H]은 얼마인가? (단, 전원 주파수 60[Hz]이다.)

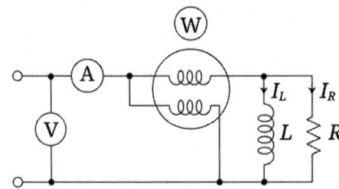

① $\dfrac{1}{\pi}$　　② $\dfrac{1}{2\pi}$

③ $\dfrac{1}{3\pi}$　　④ $\dfrac{1}{4\pi}$

해 설 ★★

(1) 문제에 주어진 조건에서 무효전력을 구하면,
- $P_a = VI = 240 \times 5 = 1,200[W]$
$\Rightarrow \therefore Q = \sqrt{P_a^2 - P^2}$
$= \sqrt{1,200^2 - 720^2} = 960[\text{Var}]$

(2) 위 무효 전력으로부터 인덕턴스를 구하면,
- $Q = \dfrac{V^2}{X}$
$\Rightarrow \therefore X = \dfrac{V^2}{Q} = \dfrac{240^2}{960} = 60[\Omega]$
- $X = 2\pi f L$
$\Rightarrow \therefore L = \dfrac{X}{2\pi f} = \dfrac{60}{2\pi \times 60} = \dfrac{1}{2\pi}[H]$

[답] ②

19 다음 회로에 대한 설명으로 옳은 것은?

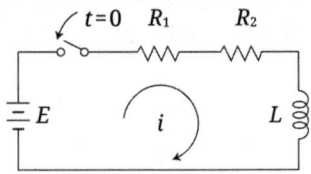

① 이 회로의 시정수는 $\dfrac{L}{R_1 + R_2}$ 이다.

② 이 회로의 특성근은 $\dfrac{R_1 + R_2}{L}$ 이다.

③ 정상 전류값은 $\dfrac{E}{R_2}$ 이다.

④ 이 회로의 전류값은
$i(t) = \dfrac{E}{R_1 + R_2}\left(1 - e^{-\frac{L}{R_1+R_2}t}\right)$ 이다.

해 설 ★★★

$R-L$ 직렬 회로의 과도 특성
(1) 과도 전류 :
$i(t) = \dfrac{E}{R}\left(1 - e^{-\frac{R}{L}t}\right) = \dfrac{E}{R_1+R_2}\left(1 - e^{-\frac{R_1+R_2}{L}t}\right)$

(2) 특성근 : $s = -\dfrac{R}{L} = -\dfrac{R_1+R_2}{L}$

(3) 시정수 : $\tau = \dfrac{L}{R} = \dfrac{L}{R_1+R_2}$[sec]

(4) 정상 전류 : $I = \dfrac{E}{R} = \dfrac{E}{R_1+R_2}$[A]

[답] ①

20 3상 평형 부하가 있다. 선간전압이 200[V], 역률이 0.8이고 소비전력이 10[kW]라면 선전류는 약 몇 [A]인가?

① 30　② 32　③ 34　④ 36

해 설 ★★★

- $P = \sqrt{3}\,VI\cos\theta$
$\Rightarrow \therefore I = \dfrac{P}{\sqrt{3}\,V\cos\theta} = \dfrac{10,000}{\sqrt{3} \times 200 \times 0.8}$
$= 36[A]$

[답] ④

제 2 회 전기(공사)산업기사 필기시험

1 $\dfrac{dx(t)}{dt}+x(t)=1$의 라플라스 변환 $X(s)$의 값은? (단, $x(0)=0$이다.)

① $s+1$ ② $s(s+1)$
③ $\dfrac{1}{s}(s+1)$ ④ $\dfrac{1}{s(s+1)}$

해 설 ★★★

(1) 우선, 문제에 주어진 방정식을 라플라스 변환하면,
- $\dfrac{dx(t)}{dt}+x(t)=1$
  $\Rightarrow \therefore sX(s)+X(s)=\dfrac{1}{s}$

(2) 따라서, 위 식을 정리하면,
- $X(s)=\dfrac{1}{s(s+1)}$

[답] ④

2 4단자 회로에서 4단자 정수를 A, B, C, D라 할 때 전달정수 θ는 어떻게 되는가?

① $\ln(\sqrt{AB}+\sqrt{BC})$
② $\ln(\sqrt{AB}-\sqrt{CD})$
③ $\ln(\sqrt{AD}+\sqrt{BC})$
④ $\ln(\sqrt{AD}-\sqrt{BC})$

해 설 ★★

전달정수 : $\theta=\log_e(\sqrt{AD}+\sqrt{BC})$
$=\ln(\sqrt{AD}+\sqrt{BC})$

[답] ③

3 다음 회로에서 10[Ω]의 저항에 흐르는 전류는 몇 [A]인가?

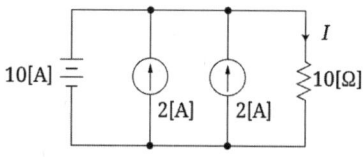

① 1 ② 2 ③ 4 ④ 5

해 설 ★★★

(1) 중첩의 원리를 적용하여 각각의 전원이 단독으로 존재할 경우의 저항에 흐르는 전류를 각각 구하면,
- $I_{10[V]}=\dfrac{V}{R}=\dfrac{10}{10}=1[A]$
- $I_{2[A]}=0[A]$
- $I_{2[A]}=0[A]$

(2) 따라서, 저항에 흐르는 총 전류는,
- $I=1+0+0=1[A]$

[답] ①

4 3상 회로에 △결선된 평형 순저항 부하를 사용하는 경우 선간전압 220[V], 상전류가 7.33[A]라면 1상의 부하저항은 약 몇 [Ω]인가?

① 80 ② 60 ③ 45 ④ 30

해 설 ★★

- $R=\dfrac{V_p}{I_p}=\dfrac{220}{7.33}=30[\Omega]$

[답] ④

5 그림과 같은 순저항으로 된 회로에 대칭 3상 전압을 가했을 때 각 선에 흐르는 전류가 같으려면 $R[\Omega]$의 값은?

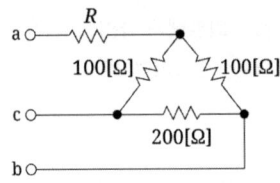

① 20 ② 25 ③ 30 ④ 35

해 설 ★★★

(1) 우선, △ 부분의 저항 3개를 Y 결선으로 바꾸면,
  · $R_1 = \dfrac{100 \times 100}{100 + 100 + 200} = 25[\Omega]$
  · $R_2 = R_3 = \dfrac{100 \times 200}{100 + 100 + 200} = 50[\Omega]$

(2) 따라서, 각 선에 흐르는 전류가 같으려면 3상의 저항이 같아야 하므로 a상의 직렬 저항 $R = 25[\Omega]$을 연결해야 a상의 전체저항이 $25 + 25 = 50[\Omega]$이 된다.

[답] ②

6 다음 용어에 대한 설명으로 옳은 것은?

① 능동소자는 나머지 회로에 에너지를 공급하는 소자이며 그 값은 양과 음의 값을 갖는다.
② 종속전원은 회로 내의 다른 변수에 종속되어 전압 또는 전류를 공급하는 전원이다.
③ 선형소자는 중첩의 원리와 비례의 법칙을 만족할 수 있는 다이오드 등을 말한다.
④ 개방회로는 두 단자 사이에 흐르는 전류가 양단자에 전압과 관계없이 무한대 값을 갖는다.

해 설 ★★

(1) 능동 소자 : 회로에 에너지를 공급하는 소자이며, 반드시 양의 값만을 가진다.
(2) 종속 전원 : 전압원이나 전류원의 크기가 일정한 값이 아닌 다른 변수에 따라 같이 변하는 전원을 말한다.
(3) 선형 소자 : 선형 소자의 대표적인 예는 저항처럼 전압과 전류의 관계가 비례하는 소자를 말한다. 다이오드는 단방향성 특성을 가지는 비선형 소자이다.
(4) 개방 회로 : 전류가 흐를 수 있는 폐회로가 성립이 안 되므로 전류는 0이 된다.

[답] ②

7 그림과 같은 회로에서 입력을 $V_1(s)$, 출력을 $V_2(s)$라 할 때 전압비 전달함수는?

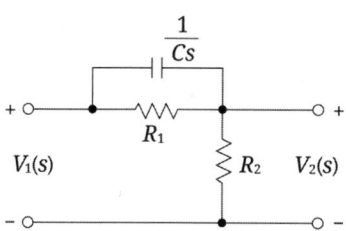

① $\dfrac{R_1}{R_1 Cs + 1}$

② $\dfrac{R_2 + R_1 R_2 Cs}{R_1 + R_2 + R_1 R_2 Cs}$

③ $\dfrac{R_1 R_2 S + RCs}{R_1 Cs + R_1 R_2 S^2 + C}$

④ $\dfrac{S+1}{S+(R_1+R_2)+R_1 R_2 C}$

해설 ★★

(1) 우선, $C-R_1$ 병렬회로 부분을 합성하면,

- $Z = \dfrac{\dfrac{1}{Cs} \times R_1}{\dfrac{1}{Cs} + R_1} = \dfrac{R_1}{1 + R_1 Cs}$

(2) 따라서, 출력전압을 전압 분배의 법칙에 의하여 구하면,

- $V_2(s) = \dfrac{R_2}{\dfrac{R_1}{1+R_1 Cs} + R_2} V_1(s)$

  $= \dfrac{R_2 + R_1 R_2 Cs}{R_1 + R_2 + R_1 R_2 Cs} V_1(s)$

(3) 전압비 전달함수를 구하면,

- $\dfrac{V_2(s)}{V_1(s)} = \dfrac{R_2 + R_1 R_2 Cs}{R_1 + R_2 + R_1 R_2 Cs}$

[답] ②

8 어떤 코일에 흐르는 전류를 0.5[ms] 동안에 5[A]만큼 변화시킬 때 20[V]의 전압이 발생한다. 이 코일의 자기 인덕턴스[mH]는?

① 2 ② 4 ③ 6 ④ 8

해설 ★★

- $e = L \dfrac{di}{dt}$

  $\Rightarrow \therefore L = e \times \dfrac{dt}{di} = 20 \times \dfrac{0.5 \times 10^{-3}}{5}$

  $= 2 \times 10^{-3} [\text{H}] = 2 [\text{mH}]$

[답] ①

9 반파대칭 및 정현대칭인 왜형파의 푸리에 급수의 전개에서 옳게 표현된 것은? (단, $f(t) = a_o + \sum\limits_{n=1}^{\infty} a_n \cos nwt + \sum\limits_{n=1}^{\infty} b_n \sin nwt$ 임)

① a_n의 우수항만 존재한다.
② a_n의 기수항만 존재한다.
③ b_n의 우수항만 존재한다.
④ b_n의 기수항만 존재한다.

해설 ★★

(1) 여현 대칭파 : 직류 및 cos 함수의 홀수, 짝수 모두 존재
(2) 정현 대칭파 : sin 함수의 홀수, 짝수 모두 존재
(3) 반파 대칭파 : sin 및 cos 함수의 홀수만 존재
(4) 따라서, 문제에 주어진 반파 대칭 및 정현 대칭인 파형은 $\sin(b_n)$ 함수의 홀수(기수)항만 존재하게 된다.

[답] ④

10 어떤 소자가 60[Hz]에서 리액턴스 값이 10[Ω]이었다. 이 소자를 인덕터 또는 커패시터라 할 때, 인덕턴스[mH]와 정전용량[μF]은 각각 얼마인가?

① 26.53[mH], 295.37[μF]
② 18.37[mH], 265.25[μF]
③ 18.37[mH], 295.37[μF]
④ 26.53[mH], 265.25[μF]

해설 ★★★

(1) $X_L = 2\pi f L$
$\Rightarrow \therefore L = \dfrac{X_L}{2\pi f} = \dfrac{10}{2\pi \times 60} = 0.02653[H]$
$= 26.53[mH]$

(2) $X_c = \dfrac{1}{2\pi f C}$
$\Rightarrow \therefore C = \dfrac{1}{2\pi f X_c} = \dfrac{1}{2\pi \times 60 \times 10}$
$= 2.6526 \times 10^{-4}[F] = 265.26[\mu F]$

[답] ④

11 다음과 같은 π형 회로의 4단자 정수 중 D의 값은?

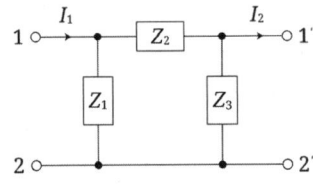

① Z_2
② $1 + \dfrac{Z_2}{Z_1}$
③ $\dfrac{1}{Z_1} + \dfrac{1}{Z_2}$
④ $1 + \dfrac{Z_2}{Z_3}$

해설 ★★

$\begin{bmatrix} A & B \\ C & D \end{bmatrix} = \begin{bmatrix} 1 & 0 \\ \dfrac{1}{Z_1} & 1 \end{bmatrix} \begin{bmatrix} 1 & Z_2 \\ 0 & 1 \end{bmatrix} \begin{bmatrix} 1 & 0 \\ \dfrac{1}{Z_3} & 1 \end{bmatrix}$

$= \begin{bmatrix} 1 + \dfrac{Z_2}{Z_3} & Z_2 \\ \dfrac{1}{Z_1} + \dfrac{Z_2}{Z_1 Z_3} & 1 + \dfrac{Z_2}{Z_1} \end{bmatrix}$

[답] ②

12 전기량(전하)의 단위로 알맞은 것은?

① [C]   ② [mA]
③ [nW]   ④ [μF]

해설 ★★

전하 $Q = It[A \cdot s] = [C]$

[답] ①

13 저항 $R = 60[Ω]$과 유도 리액턴스 $wL = 80[Ω]$인 코일이 직렬로 연결된 회로에 200[V]의 전압을 인가할 때 전압과 전류의 위상차는?

① 48.17°   ② 50.23°
③ 53.13°   ④ 55.27°

해설 ★★

• $\theta = \tan^{-1}\dfrac{\omega L}{R}$
$= \tan^{-1}\dfrac{80}{60} = 53.13°$

[답] ③

14 다음 회로에서 $t=0$일 때 스위치 K를 닫았다. $i_1(0_+)$, $i_2(0_+)$의 값은? (단, $t<0$에서 C전압과 L전압은 각각 0[V]이다.)

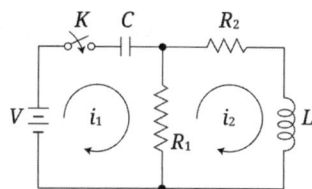

① $\dfrac{V}{R_1}$, 0 ② 0, $\dfrac{V}{R_2}$

③ 0, 0 ④ $-\dfrac{V}{R_1}$, 0

해 설 ★★

에너지가 완전히 충전된 후의 콘덴서는 단락, 인덕턴스는 개방 상태로 작용하므로,

• $i_1 = \dfrac{V}{R_1}$, $i_2 = 0$

[답] ①

15 그림과 같이 저항 $R=3[\Omega]$과 용량 리액턴스 $\dfrac{1}{wC}=4[\Omega]$인 콘덴서가 병렬로 연결된 회로에 100[V]의 교류 전압을 인가할 때, 합성 임피던스 $Z[\Omega]$는?

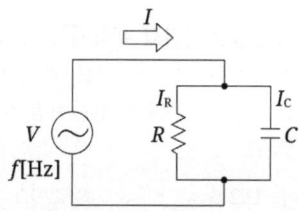

① 1.2 ② 1.8 ③ 2.2 ④ 2.4

해 설 ★★

• $Z = \dfrac{3\times(-j4)}{3-j4} = 1.92 - j1.44$

$\Rightarrow \therefore |Z| = \sqrt{1.92^2+1.44^2} = 2.4[\Omega]$

[답] ④

16 전달함수 $G(s)=\dfrac{20}{3+2s}$을 갖는 요소가 있다. 이 요소에 $w=2[\text{rad/sec}]$인 정현파를 주었을 때 $|G(j\omega)|$를 구하면?

① 8 ② 6 ③ 4 ④ 2

해 설 ★★

(1) 우선, 문제에 주어진 전달함수에 $w=2[\text{rad/sec}]$를 대입하면,

• $G(s) = \dfrac{20}{3+2s} = \dfrac{20}{3+2j\omega}\bigg|_{\omega=2}$

$= \dfrac{20}{3+j4}$

(2) 따라서, 전달함수의 크기를 구하면,

• $|G(j\omega)| = \dfrac{20}{\sqrt{3^2+4^2}} = 4$

[답] ③

17 시정수 τ를 갖는 RL 직렬회로에 직류전압을 가할 때 $t=2\tau$ 되는 시간에 회로에 흐르는 전류는 최종값의 약 몇 [%]인가?

① 98 ② 95 ③ 86 ④ 63

해 설 ★★★

• $i(t) = \dfrac{E}{R}\left(1-e^{-\frac{R}{L}t}\right)$

$= \dfrac{E}{R}\left(1-e^{-\frac{R}{L}\times 2\frac{L}{R}}\right) = \dfrac{E}{R}(1-e^{-2})$

$= \dfrac{E}{R}\times 0.865 \quad (\therefore 86.5[\%])$

[답] ③

18 3상 4선식에서 중성선이 필요하지 않아서 중성선을 제거하여 3상 3선식으로 하려고 한다. 이때 중선선의 조건식은 어떻게 되는가? (단, I_a, I_b, I_c[A]는 각 상의 전류이다.)

① $I_a + I_b + I_c = 1$
② $I_a + I_b + I_c = \sqrt{3}$
③ $I_a + I_b + I_c = 3$
④ $I_a + I_b + I_c = 0$

해설 ★★★

중성선을 제거하려면 중성선에 흐르는 전류가 0이어야 하므로,
- $I_n = I_a + I_b + I_c = I_a + a^2 I_a + a I_a$
  $= I_a(1 + a^2 + a) = 0$

[답] ④

19 $e_i(t) = Ri(t) + L\dfrac{di}{dt}(t) + \dfrac{1}{C}\int i(t)dt$

에서 모든 초기값을 0으로 하고 라플라스 변환할 때 $I(s)$는? (단, $I(s)$, $E_i(s)$는 $i(t)$, $e_i(t)$의 라플라스 변환이다.)

① $\dfrac{Cs}{LCs^2 + RCs + 1} E_i(s)$

② $\dfrac{1}{R + Ls + \dfrac{s}{C}} E_i(s)$

③ $\dfrac{1}{R + Ls + Cs^2} E_i(s)$

④ $(R + Ls + \dfrac{1}{Cs}) E_i(s)$

해설 ★★

(1) 우선, 문제에 주어진 방정식을 라플라스 변환하면,
- $e_i(t) = Ri(t) + L\dfrac{di}{dt}(t) + \dfrac{1}{C}\int i(t)dt$
  $\Rightarrow \therefore E_i(s) = RI(s) + Ls I(s) + \dfrac{1}{Cs} I(s)$

(2) 따라서, 전류에 대해서 식을 정리하면,
- $I(s) = \dfrac{E_i(s)}{R + Ls + \dfrac{1}{Cs}}$
  $= \dfrac{Cs}{LCs^2 + RCs + 1} E_i(s)$

[답] ①

20 대칭 3상 Y결선 부하에서 각 상의 임피던스가 $16 + j12[\Omega]$이고, 부하전류가 10[A]일 때, 이 부하의 선간전압은 약 몇 [V]인가?

① 152.6 ② 229.1
③ 346.4 ④ 445.1

해설 ★★★

- $V_l = \sqrt{3}\, V_p = \sqrt{3}\, I_p Z_p$
  $= \sqrt{3} \times 10 \times \sqrt{16^2 + 12^2} = 346.4[V]$

[답] ③

제 4 회 　 전기공사산업기사 필기시험

1 3상 대칭분 전류를 I_0, I_1, I_2라 하고 선전류를 I_a, I_b, I_c라고 할 때 I_b는 어떻게 되는가?

① $I_0 + a^2 I_1 + a I_2$
② $I_0 + a I_1 + a^2 I_2$
③ $\frac{1}{3}(I_0 + I_1 + I_2)$
④ $I_0 + I_1 + I_2$

해 설 ★★★

- $I_a = I_0 + I_1 + I_2$
- $I_b = I_0 + a^2 I_1 + a I_2$
- $I_c = I_0 + a I_1 + a^2 I_2$

[답] ①

2 공칭 임피던스 $K = 600[\Omega]$, 차단주파수 $f_h = 60[kHz]$인 정 K형 고역 필터에서 $L[mH]$, $C[\mu F]$값은?

① 7.96[mH], 0.0221[μF]
② 7.96[mH], 0.00221[μF]
③ 0.796[mH], 0.00221[μF]
④ 1.592[mH], 0.0044[μF]

해 설 ★

정 K형 고역 필터의 L 및 C 계산 공식에 대입하여,
- $L = \frac{K}{4\pi f} = \frac{600}{4\pi \times 60,000}$
  $= 0.796 \times 10^{-3}[H] = 0.796[mH]$
- $C = \frac{1}{4\pi f K} = \frac{1}{4\pi \times 60,000 \times 600}$
  $= 0.00221 \times 10^{-6}[H] = 0.00221[\mu F]$

[답] ③

3 그림과 같은 램프함수의 라플라스 변환식은?

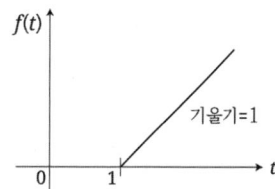

① $e^2 \frac{1}{s^2}$
② $e^{-s} \frac{1}{s^2}$
③ $e^{2s} \frac{1}{s^2}$
④ $e^{-2s} \frac{1}{s^2}$

해 설 ★★

(1) 우선, 문제에 주어진 파형의 시간 함수를 구하면,
- $f(t) = t(t-1)$
(2) 따라서, 위 시간 함수의 라플라스 변환을 시간추이 정리에 의하여 구하면,
- $F(s) = \frac{1}{s^2} e^{-s}$

[답] ②

4 4단자 회로망에서 영상 임피던스 Z_{01}과 Z_{02}를 같게 하려면 4단자 정수간에 서로 어떤 관계가 되어야 하는가?

① $A = B$
② $B = C$
③ $C = D$
④ $A = D$

해 설 ★★

영상 임피던스 $Z_{01} = \sqrt{\frac{AB}{CD}}$ 과 $Z_{02} = \sqrt{\frac{BD}{AC}}$ 에서, $Z_{01} = Z_{02}$ 가 되기 위해서는, $A = D$ 이면 된다.

[답] ④

5 $\dfrac{B(s)}{A(s)} = \dfrac{2}{2s+3}$ 의 전달함수를 미분방정식으로 표시하면?
(단, $\mathcal{L}^{-1}[A(s)] = a(t)$, $\mathcal{L}^{-1}[B(s)] = b(t)$ 이다.)

① $2\dfrac{d}{dt}b(t) + 3b(t) = a(t)$

② $\dfrac{d}{dt}b(t) + b(t) = a(t)$

③ $2\dfrac{d}{dt}b(t) + 3b(t) = 2a(t)$

④ $3\dfrac{d}{dt}a(t) + a(t) = 2b(t)$

해 설 ★★

(1) 우선, 문제에 주어진 전달 함수를 변형하면,
- $\dfrac{B(s)}{A(s)} = \dfrac{2}{2s+3}$
  $\Rightarrow \therefore 2sB(s) + 3B(s) = 2A(s)$

(2) 따라서, 위 식을 라플라스 역변환하여 시간 함수를 구하면,
- $2sB(s) + 3B(s) = 2A(s)$
  $\Rightarrow \therefore 2\dfrac{d}{dt}b(t) + 3b(t) = 2a(t)$

[답] ③

6 그림과 같은 회로에 있어서 스위치 S를 닫았을 때 L에 가해지는 전압은?
(단, $i(0) = 0$이다.)

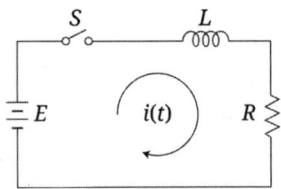

① $\dfrac{E}{R}e^{-\frac{R}{L}t}$ ② $\dfrac{E}{R}e^{-\frac{L}{R}t}$

③ $Ee^{-\frac{R}{L}t}$ ④ $Ee^{\frac{L}{R}t}$

해 설 ★★

(1) $R-L$ 직렬 회로의 과도 전류 :
- $i(t) = \dfrac{E}{R}(1 - e^{-\frac{R}{L}t})$

(2) 따라서, L에 가해지는 전압을 구하면,
- $V_L = -L\dfrac{di(t)}{dt} = -L\dfrac{d}{dt}\left\{\dfrac{E}{R}(1-e^{-\frac{R}{L}t})\right\}$
  $= -\dfrac{LE}{R} \times \left(-\dfrac{R}{L}\right)e^{-\frac{R}{L}t} = Ee^{-\frac{R}{L}t}$

[답] ③

7 $f(t) = e^{-at}\sin t \cos t$ 를 라플라스 변환하면?

① $\dfrac{1}{(s-a)^2+4}$ ② $\dfrac{1}{(s+a)^2+4}$

③ $\dfrac{e}{s^2+4}$ ④ $\dfrac{2}{(s-a)^2+4}$

해설 ★

(1) 우선, 문제에 주어진 식을 삼각함수의 가법정리를 이용하여 변형하면,
- $f(t) = e^{-at}\sin t \cos t = e^{-at} \times \dfrac{1}{2}\sin 2t$

$(\because \sin t \cos t = \dfrac{1}{2}\sin 2t)$

(2) 따라서, 복소추이 정리에 의하여 라플라스 변환하면,
- $f(t) = e^{-at}\sin t \cos t = e^{-at} \times \dfrac{1}{2}\sin 2t$

$\Rightarrow F(s) = \dfrac{1}{2} \times \dfrac{2}{(s+a)^2+2^2}$

$= \dfrac{1}{(s+a)^2+4}$

[답] ②

8 3상 Y결선회로에서 소비하는 전력은 몇 [W]인가? (단, 임피던스 Z의 단위는 [Ω]이다.)

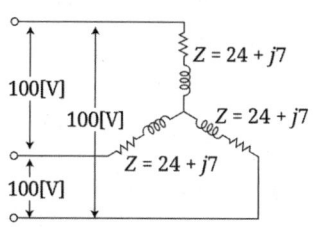

① 3,072 ② 1,536
③ 768   ④ 384

해설 ★★★

- $P = 3I_p^2 R = 3\left(\dfrac{V_p}{Z_p}\right)^2 R$

$= 3 \times \left(\dfrac{\dfrac{100}{\sqrt{3}}}{\sqrt{24^2+7^2}}\right)^2 \times 24 = 384\,[\text{W}]$

[답] ④

9 그림의 회로에서 단자 $b-c$에 나타나는 전압 V_{bc}는 몇 [V]인가?

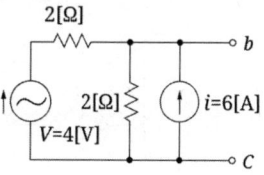

① 4 ② 6 ③ 8 ④ 10

해설 ★★

(1) 중첩의 원리를 적용하여 각각의 전원이 단독으로 존재할 때의 단자전압을 구하면,
- $V_{4[\text{V}]} = \dfrac{2}{2+2} \times 4 = 2\,[\text{V}]$
- $V_{6[\text{A}]} = \left(\dfrac{2}{2+2} \times 6\right) \times 2 = 6\,[\text{V}]$

(2) 따라서, 두 전압을 중첩하여 단자전압을 구하면,
- $V_{bc} = 2 + 6 = 8\,[\text{V}]$

[답] ③

10 RC 직렬 회로의 양단에 $e = 50 + 141.4\sin2\omega t + 212.1\sin4\omega t$[A]인 전압을 인가할 때 제2고조파 전류의 실효값은 몇 [A]인가? (단, $R = 8[\Omega]$, $1/\omega C = 12[\Omega]$이다.)

① 6 ② 8
③ 10 ④ 12

해설 ★★★

(1) 우선, 제2고조파에 대한 임피던스를 구하면,
- $Z_2 = R + \dfrac{1}{j2\omega C} = 8 - j\dfrac{12}{2} = 8 - j6$
- $\Rightarrow \therefore |Z_2| = \sqrt{8^2 + 6^2} = 10[\Omega]$

(2) 따라서, 제2고조파 전류의 실효값은,
- $I_2 = \dfrac{V_2}{Z_2} = \dfrac{\frac{141.4}{\sqrt{2}}}{10} = 10[A]$

[답] ③

11 그림에서 $a-b$ 단자의 전압이 $50\angle0°$[V], $a-b$ 단자에서 본 능동 회로망의 임피던스가 $Z = 6 + j8[\Omega]$일 때, $a-b$ 단자에 임피던스 $Z' = 2 - j2[\Omega]$을 접속하면 이 임피던스에 흐르는 전류[A]는 얼마인가?

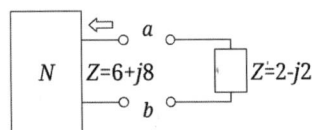

① $4 - j3$ ② $4 + j3$
③ $3 - j4$ ④ $3 + j4$

해설 ★★

- $I = \dfrac{V}{Z} = \dfrac{50}{6 + j8 + 2 - j2}$
  $= \dfrac{50}{8 + j6} = 4 - j3[A]$

[답] ①

12 어떤 계에 임펄스 함수(δ함수)가 입력으로 가해졌을 때 시간함수 e^{-2t}가 출력으로 나타났다. 이 계의 전달함수는?

① $\dfrac{1}{s+2}$ ② $\dfrac{1}{s-2}$
③ $\dfrac{2}{s+2}$ ④ $\dfrac{2}{s-2}$

해설 ★★

- $G(s) = \dfrac{C(s)}{R(s)} = \dfrac{\frac{1}{s+2}}{1} = \dfrac{1}{s+2}$

[답] ①

13 RLC 직렬회로에서 회로저항의 값이 다음의 어느 때이어야 이 회로가 부족제동이 되었다고 하는가?

① $R = 0$ ② $R > 2\sqrt{\dfrac{L}{C}}$
③ $R = 2\sqrt{\dfrac{L}{C}}$ ④ $R < 2\sqrt{\dfrac{L}{C}}$

해설 ★★★

부족제동 조건 : $R^2 < 4\dfrac{L}{C} \Rightarrow \therefore R < 2\sqrt{\dfrac{L}{C}}$

[답] ④

14 그림의 T회로에서 전류 I_1은 몇 [A]인가?

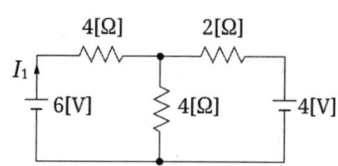

① 0.625 ② 1.333
③ 1.505 ④ 1.673

해 설 ★★

(1) 밀만의 정리에 의하여 중간 $4[\Omega]$ 양단에 걸리는 전압을 구하면,

- $V_{4[\Omega]} = \dfrac{\dfrac{V_1}{R_1} + \dfrac{V_2}{R_2} + \dfrac{V_3}{R_3}}{\dfrac{1}{R_1} + \dfrac{1}{R_2} + \dfrac{1}{R_3}}$

$= \dfrac{\dfrac{6}{4} + \dfrac{0}{4} + \dfrac{4}{2}}{\dfrac{1}{4} + \dfrac{1}{4} + \dfrac{1}{2}} = 3.5[\text{V}]$

(2) 따라서, 전류 I_1은,

- $I_1 = \dfrac{6 - 3.5}{4} = 0.625[\text{A}]$

[답] ①

15 횡축에 대칭인 삼각파 교류전압의 평균값 [V]은?

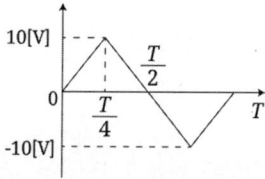

① 3 ② 5 ③ 8 ④ 10

해 설 ★★★

- $V_a = \dfrac{V_m}{2} = \dfrac{10}{2} = 5[\text{V}]$

[답] ②

16 어떤 회로에 전압 $e(t) = E_m \cos(wt + \theta)$ [V]를 가했더니 전류 $i(t) = I_m \cos(wt + \theta + \phi)$[A]가 흘렀다. 이때에 회로에 유입하는 평균전력 [W]은?

① $\dfrac{1}{4} E_m I_m \cos\phi$ ② $\dfrac{1}{2} E_m I_m \cos\phi$

③ $\dfrac{E_m I_m}{\sqrt{2}} \sin\phi$ ④ $E_m I_m \sin\phi$

해 설 ★★★

- $P = VI\cos\theta$

$= \dfrac{E_m}{\sqrt{2}} \times \dfrac{I_m}{\sqrt{2}} \times \cos(\theta - (\theta - \phi))$

$= \dfrac{E_m I_m}{2} \cos\phi$

[답] ②

17 그림과 같은 결합 회로의 등가 인덕턴스 [H]는?

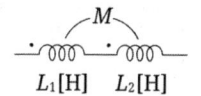

① $L_1 + L_2 + M$ ② $L_1 + L_2 - M$
③ $L_1 + L_2 + 2M$ ④ $L_1 + L_2 - 2M$

해 설 ★★★

문제에 주어진 인덕턴스의 직렬회로는 가극성이므로,
- $L = L_1 + L_2 + 2M[\text{H}]$

[답] ③

18 불평형 3상 전류 $I_a = 15 + j2$[A], $I_b = -20 - j14$[A], $I_c = -3 + j10$[A] 일 때 영상전류 I_0는 약 몇 [A]인가?

① $2.67 + j0.36$ ② $-2.67 - j0.67$
③ $15.7 - j3.25$ ④ $1.91 + j6.24$

해설 ★★★

- $I_0 = \dfrac{1}{3}(I_a + I_b + I_c)$
  $= \dfrac{1}{3}(15 + j2 - 20 - j14 - 3 + j10)$
  $= -2.67 - j0.67$[A]

[답] ②

19 그림과 같은 회로에서 전압계 3개로 단상 전력을 측정할 때 유효전력[W]은?

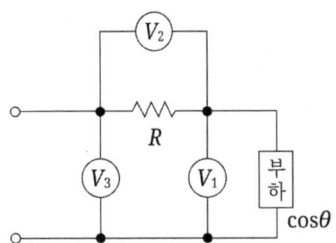

① $\dfrac{1}{2R}(V_3^2 - V_1^2 - V_2^2)$

② $\dfrac{1}{2R}(V_3^2 - V_1^2)$

③ $\dfrac{R}{2}(V_3^2 - V_1^2 - V_2^2)$

④ $\dfrac{R}{2}(V_2^2 - V_1^2 - V_3^2)$

해설 ★★

전압계 V_3가 전원 측에 위치해 있다는 점에 주의하면서 유효전력을 구하면,

- $P = \dfrac{V^2}{R} = \dfrac{1}{2R}(V_3^2 - V_1^2 - V_2^2)$

[답] ①

20 부하에 $100 \angle 30°$[V]의 전압을 가하였을 때 $10 \angle 60°$[A]의 전류가 흘렀다면 부하에서 소비되는 유효전력은 약 몇 [W]인가?

① 400   ② 500
③ 682   ④ 866

해설 ★★★

- $P = VI\cos\theta$
  $= 100 \times 10 \times \cos(30° - 60°) = 866$[W]

[답] ④

• 전기공사산업기사 필기 회로이론

2016년 기출문제

제 1 회 전기(공사)산업기사 필기시험

1 아래와 같은 비정현파 전압을 RL 직렬회로에 인가할 때에 제3고조파 전류의 실효값[A]은? (단, $R=4[\Omega]$, $\omega L=1[\Omega]$이다.)

$$e = 100\sqrt{2}\sin\omega t + 75\sqrt{2}\sin 3\omega t + 20\sqrt{2}\sin 5\omega t [V]$$

① 4   ② 15   ③ 20   ④ 75

해설 ★★★

(1) 우선, 제3고조파 임피던스를 구하면,
- $Z_3 = R + j3\omega L = 4 + j3 \times 1 = 4 + j3$
  $\Rightarrow \therefore |Z_3| = \sqrt{4^2 + 3^2} = 5[\Omega]$

(2) 따라서, 제3고조파 전류를 구하면,
- $I_3 = \dfrac{V_3}{Z_3} = \dfrac{75}{5} = 15[A]$

[답] ②

2 선간전압 220[V], 역률 60[%]인 평형 3상 부하에서 소비전력 $P=10[kW]$일 때 선전류는 약 몇 [A]인가?

① 25.3   ② 32.8
③ 43.7   ④ 53.6

해설 ★★★

- $P = \sqrt{3}\,VI\cos\theta$
  $\Rightarrow \therefore I = \dfrac{P}{\sqrt{3} \times V\cos\theta}$
  $= \dfrac{10{,}000}{\sqrt{3} \times 220 \times 0.6} = 43.74[W]$

[답] ③

3 $\dfrac{E_o(s)}{E_i(s)} = \dfrac{1}{s^2 + 3s + 1}$ 의 전달함수를 미분 방정식으로 표시하면? (단, $\mathcal{L}^{-1}[E_o(s)] = e_o(t)$, $\mathcal{L}^{-1}[E_i(s)] = e_i(t)$ 이다.)

① $\dfrac{d^2}{dt^2}e_o(t) + 3\dfrac{d}{dt}e_o(t) + e_o(t) = e_i(t)$

② $\dfrac{d^2}{dt^2}e_i(t) + 3\dfrac{d}{dt}e_i(t) + e_i(t) = e_o(t)$

③ $\dfrac{d^2}{dt^2}e_i(t) + 3\dfrac{d}{dt}e_i(t) + \int e_i(t)dt = e_o(t)$

④ $\dfrac{d^2}{dt^2}e_o(t) + 3\dfrac{d}{dt}e_o(t) + \int e_o(t)dt = e_i(t)$

해설 ★★

(1) 우선, 문제에 주어진 전달 함수를 변형하면,
- $\dfrac{E_o(s)}{E_i(s)} = \dfrac{1}{s^2 + 3s + 1}$
  $\Rightarrow \therefore s^2 E_0(s) + 3s E_0(s) + 1 E_0(s) = 1 E_i(s)$

(2) 따라서, 위 방정식을 라플라스 역변환하여 시간함수를 구하면,
- $s^2 E_0(s) + 3s E_0(s) + 1 E_0(s) = 1 E_i(s)$
  $\Rightarrow \therefore \dfrac{d^2}{dt^2}e_o(t) + 3\dfrac{d}{dt}e_o(t) + e_o(t) = e_i(t)$

[답] ①

4 $i(t) = \dfrac{4I_m}{\pi}\left(\sin wt + \dfrac{1}{3}\sin 3wt + \dfrac{1}{5}\sin 5wt + \cdots\right)$로 표시하는 파형은?

①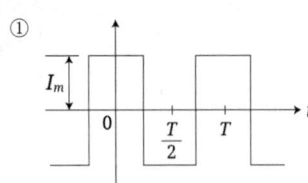

②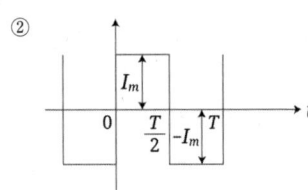

③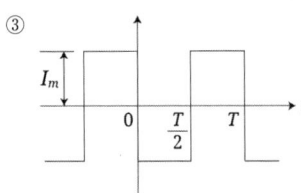

④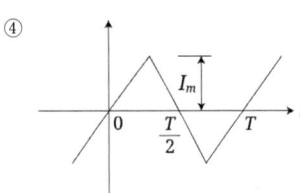

> **해 설** ★
> 문제에 주어진 식은 sin 함수의 홀수(기수)로 이루어진 식이므로, 여기에 대한 파형은 보기 ②번과 같은 정현 및 반파 대칭파가 되어야 한다.
> [답] ②

5 그림과 같은 회로에서 전류 I[A]는?

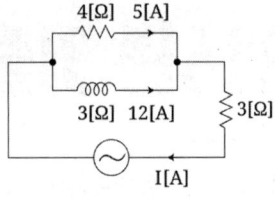

① 7 ② 10
③ 13 ④ 17

> **해 설** ★★
> • $I = \sqrt{I_R^2 + I_L^2} = \sqrt{5^2 + 12^2} = 13$[A]
> [답] ③

6 $F(s) = \dfrac{3s+10}{s^3+2s^2+5s}$ 일 때 $f(t)$의 최종 값은?

① 0 ② 1 ③ 2 ④ 3

> **해 설** ★★★
> $\lim\limits_{t\to\infty} f(t) = \lim\limits_{s\to 0} sF(s) = \lim\limits_{s\to 0} s \times \dfrac{3s+10}{s^3+2s^2+5s}$
> $= \lim\limits_{s\to 0} \dfrac{3s+10}{s^2+2s+5} = 2$
> [답] ③

7 RLC 직렬회로에서 n 고조파의 공진 주파수 f[Hz]는?

① $\dfrac{1}{2\pi\sqrt{LC}}$ ② $\dfrac{1}{2\pi\sqrt{nLC}}$
③ $\dfrac{1}{2\pi n\sqrt{LC}}$ ④ $\dfrac{1}{2\pi n^2\sqrt{LC}}$

> **해 설** ★★★
> n 고조파 공진 조건 및 공진 주파수 :
> • $n\omega L = \dfrac{1}{n\omega C} \Rightarrow \therefore f = \dfrac{1}{2\pi n\sqrt{LC}}$[Hz]
> [답] ③

8 $\dfrac{1}{s+3}$ 을 역라플라스 변환하면?

① e^{3t} ② e^{-3t}
③ $e^{\frac{t}{3}}$ ④ $e^{-\frac{t}{3}}$

해설 ★★★

$F(s) = \dfrac{1}{s+3} \Rightarrow \therefore f(t) = e^{-3t}$

[답] ②

9 20[kVA] 변압기 2대로 공급할 수 있는 최대 3상 전력은 약 몇 [kVA]인가?

① 17   ② 25   ③ 35   ④ 40

해설 ★★★

- $P_v = \sqrt{3}\,P = \sqrt{3} \times 20 = 34.64[\text{kVA}]$

[답] ③

10 한 상의 임피던스 $Z = 6 + j8[\Omega]$인 평형 Y부하에 평형 3상 전압 200[V]를 인가할 때 무효전력은 약 몇 [Var]인가?

① 1,330   ② 1,848
③ 2,381   ④ 3,200

해설 ★★

- $Q = 3I_p^2 X = 3\left(\dfrac{V_p}{Z_p}\right)^2 X$

$= 3 \times \left(\dfrac{\frac{200}{\sqrt{3}}}{\sqrt{6^2+8^2}}\right)^2 \times 8 = 3{,}200[\text{Var}]$

[답] ④

11 T형 4단자 회로의 임피던스 파라미터 중 Z_{22}는?

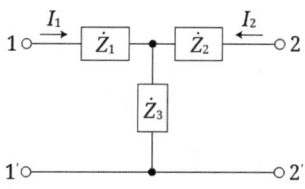

① $Z_1 + Z_2$ ② $Z_2 + Z_3$
③ $Z_1 + Z_3$ ④ $-Z_2$

해설 ★★★

- $Z_{11} = Z_1 + Z_3[\Omega]$
- $Z_{12} = Z_{21} = Z_3[\Omega]$
- $Z_{22} = Z_2 + Z_3[\Omega]$

[답] ②

12 정전용량 C만의 회로에서 100[V], 60[Hz]의 교류를 가했을 때 60[mA]의 전류가 흐른다면 C는 약 몇 [μF]인가?

① 5.26   ② 4.32
③ 3.59   ④ 1.59

해설 ★★

- $X_c = \dfrac{V}{I} = \dfrac{100}{60 \times 10^{-3}} = 1{,}667[\Omega]$

$\Rightarrow \therefore C = \dfrac{1}{\omega X_c} = \dfrac{1}{2\pi \times 60 \times 1{,}667}$

$= 1.59 \times 10^{-6}[\text{F}] = 1.59[\mu\text{F}]$

[답] ④

13 △결선된 부하를 Y결선으로 바꾸면 소비전력은 어떻게 되겠는가? (단, 선간전압은 일정하다.)

① 1/3로 된다. ② 3배로 된다.
③ 1/9로 된다. ④ 9배로 된다.

해설 ★★★

(1) △ 결선 시 소비전력 :
- $P_\triangle = 3\dfrac{V_p^2}{R} = \dfrac{3V_l^2}{R}[\text{W}]$

(2) Y 결선 시 소비전력 :
- $P_Y = 3\dfrac{V_p^2}{R} = \dfrac{3\left(\dfrac{V_l}{\sqrt{3}}\right)^2}{R} = \dfrac{V_l^2}{R}[\text{W}]$

(3) 따라서, 위 두 값을 비교해보면, △ → Y 변경 시 소비전력은 1/3로 됨을 알 수 있다.

[답] ①

14 RLC 회로망에서 입력을 $e_i(t)$, 출력을 $i(t)$로 할 때, 이 회로의 전달함수는?

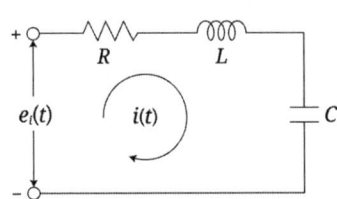

① $\dfrac{Rs}{LCs^2 + RCs + 1}$ ② $\dfrac{RLs}{LCs^2 + RCs + 1}$
③ $\dfrac{Ls}{LCs^2 + RCs + 1}$ ④ $\dfrac{Cs}{LCs^2 + RCs + 1}$

해설 ★★

- $\dfrac{I(s)}{E_i(s)} = Y(s) = \dfrac{1}{Z(s)}$
  $= \dfrac{1}{R + Ls + \dfrac{1}{Cs}} = \dfrac{Cs}{LCs^2 + RCs + 1}$

[답] ④

15 그림과 같은 회로를 $t=0$에서 스위치 S를 닫았을 때 $R[\Omega]$에 흐르는 전류 $i_R(t)$ [A]는?

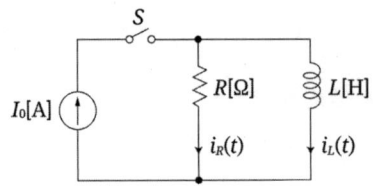

① $I_0(1 - e^{-\frac{R}{L}t})$ ② $I_0(1 + e^{-\frac{R}{L}t})$
③ I_0 ④ $I_0 e^{-\frac{R}{L}t}$

해설 ★★

(1) 우선, 전류원 ⇔ 전압원 등가 변환을 한 후, 인덕턴스에 흐르는 과도전류를 구하면,
- $i_L = \dfrac{E}{R}\left(1 - e^{-\frac{R}{L}t}\right) = I_0\left(1 - e^{-\frac{R}{L}t}\right)$

(2) 키르히호프의 법칙에 의하여,
$I_0 = i_R - i_L$이므로,
- $i_R = I_0 - i_L = I_0 - I_0\left(1 - e^{-\frac{R}{L}t}\right) = I_0 e^{-\frac{R}{L}t}$

[답] ④

16 $e = E_m\cos(100\pi t - \frac{\pi}{3})$ [V]와 $i = I_m\sin(100\pi t + \frac{\pi}{4})$ [A]의 위상차를 시간으로 나타내면 약 몇 초인가?

① 3.33×10^{-4}
② 4.33×10^{-4}
③ 6.33×10^{-4}
④ 8.33×10^{-4}

해설 ★

(1) 우선, 전압과 전류 간의 위상차를 구하면,
- $e = E_m\cos(100\pi t - \frac{\pi}{3})$
  $= E_m\sin(100\pi t - \frac{\pi}{3} + \frac{\pi}{2})$
  $= E_m\sin(100\pi t + \frac{\pi}{6})$
- $\therefore \theta = \frac{\pi}{4} - \frac{\pi}{6} = \frac{3\pi}{12} - \frac{2\pi}{12} = \frac{\pi}{12}$

(2) 따라서, 이를 시간으로 환산하면,
- $\theta = \omega t$
  $\Rightarrow \therefore t = \frac{\theta}{\omega} = \frac{\frac{\pi}{12}}{100\pi}$
  $= 8.33 \times 10^{-4}$ [sec]　[답] ④

17 회로의 3[Ω]저항 양단에 걸리는 전압 [V]은?

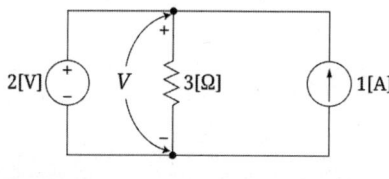

① 2　② -2　③ 3　④ -3

해설 ★★

(1) 우선, 중첩의 원리를 적용하여 각각 전원이 단독으로 있을 경우의 각각의 전압은,
- $V_{2[V]} = 3$[V] (1[A] 전류원 개방)
- $V_{1[A]} = IR = 0 \times 3 = 0$[V]
  (2[V] 전압원 단락)

(2) 따라서, 두 전압을 중첩시키면,
- $V = 2 + 0 = 2$[V]　[답] ①

18 대칭 3상 전압이 a상 V_a[V], b상 $V_b = a^2 V_a$[V], c상 $V_c = a V_a$[V]일 때 a상을 기준으로 한 대칭분 전압 중 정상분 V_1[V]은 어떻게 표시되는가?

(단, $a = -\frac{1}{2} + j\frac{\sqrt{3}}{2}$ 이다.)

① 0
② V_a
③ aV_a
④ $a^2 V_a$

해설 ★★★

- $V_1 = \frac{1}{3}(V_a + aV_b + a^2 V_c)$
  $= \frac{1}{3}(V_a + a^3 V_a + a^3 V_a)$
  $= \frac{V_a}{3}(1 + a^3 + a^3) = V_a$
　[답] ②

19 314[mH]의 자기 인덕턴스에 120[V], 60[Hz]의 교류전압을 가하였을 때 흐르는 전류[A]는?

① 10　② 8
③ 1　④ 0.5

해설 ★★★

- $I = \frac{V}{X_L} = \frac{V}{2\pi f L}$
  $= \frac{120}{2\pi \times 60 \times 314 \times 10^{-3}} = 1.01$[A]
　[답] ③

20 그림과 같은 회로의 구동점 임피던스[Ω]는?

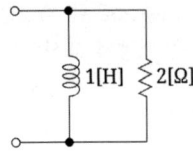

① $2 + jw$
② $\dfrac{2w^2 + j4w}{3}$
③ $\dfrac{w^2 + j8w}{4 + w^2}$
④ $\dfrac{2w^2 + j4w}{4 + w^2}$

해 설 ★★

- $Z = \dfrac{2 \times j\omega}{2 + j\omega} = \dfrac{j2\omega}{2 + j\omega} \times \dfrac{2 - j\omega}{2 - j\omega}$

  $= \dfrac{j4\omega + 2\omega^2}{2^2 + \omega^2} = \dfrac{2\omega^2 + j4\omega}{4 + \omega^2}$

[답] ④

제 2 회 전기(공사)산업기사 필기시험

1 다음 방정식에서 $\dfrac{X_3(s)}{X_1(s)}$ 를 구하면?

$$\begin{aligned} x_2(t) &= \frac{d}{dt}x_1(t) \\ x_3(t) &= x_2(t) + 3\int x_3(t)dt + 2\frac{d}{dt}x_2(t) \\ &\quad - 2x_1(t) \end{aligned}$$

① $\dfrac{s(2s^2+s-2)}{s-3}$ ② $\dfrac{s(2s^2-s-2)}{s-3}$

③ $\dfrac{2(s^2+s+2)}{s-3}$ ④ $\dfrac{(2s^2+s+2)}{s-3}$

해 설 ★

(1) 우선, 문제에 주어진 시간 함수를 라플라스 변환하면,
- $x_2(t) = \dfrac{d}{dt}x_1(t) \Rightarrow \therefore X_2(s) = sX_1(s)$
- $x_3(t) = x_2(t) + 3\int x_3(t)dt$
  $\qquad + 2\dfrac{d}{dt}x_2(t) - 2x_1(t)$
  $\Rightarrow \therefore X_3(s) = X_2(s) + \dfrac{3}{s}X_3(s)$
  $\qquad + 2sX_2(s) - 2X_1(s)$

(2) 따라서, 두 식의 관계를 대입하여 정리하면,
- $X_3(s) = sX_1(s) + \dfrac{3}{s}X_3(s)$
  $\qquad + 2s^2 X_1(s) - 2X_1(s)$
  $\Rightarrow \cdot X_3(s)\left(1-\dfrac{3}{s}\right) = X_1(s)(s+2s^2-2)$
  $\therefore \dfrac{X_3(s)}{X_1(s)} = \dfrac{2s^2+s-2}{1-\dfrac{3}{s}} = \dfrac{s(2s^2+s-2)}{s-3}$

[답] ①

2 그림과 같이 높이가 1인 펄스의 라플라스 변환은?

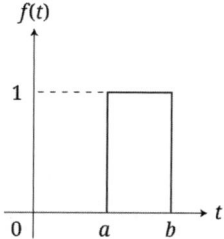

① $\dfrac{1}{s}(e^{-as} + e^{-bs})$

② $\dfrac{1}{a-b}\left(\dfrac{e^{-as}+e^{-bs}}{1}\right)$

③ $\dfrac{1}{s}(e^{-as} - e^{-bs})$

④ $\dfrac{1}{a-b}\left(\dfrac{e^{-as}-e^{-bs}}{s}\right)$

해 설 ★★

(1) 우선, 문제에 주어진 파형에 대한 시간 함수를 구하면,
- $f(t) = u(t-a) - u(t-b)$

(2) 따라서, 위 시간 함수를 라플라스 변환하면,
- $F(s) = \dfrac{1}{s}e^{-as} - \dfrac{1}{s}e^{-bs}$
  $\qquad = \dfrac{1}{s}(e^{-as} - e^{-bs})$

[답] ③

3 그림과 같은 회로의 전달 함수는?
(단, 초기 조건은 0이다.)

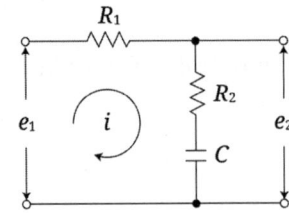

① $\dfrac{R_2 + Cs}{R_1 + R_2 + Cs}$

② $\dfrac{R_1 + R_2 + Cs}{R_1 + Cs}$

③ $\dfrac{R_2 Cs + 1}{R_2 Cs + R_1 Cs + 1}$

④ $\dfrac{R_1 Cs + R_2 Cs + 1}{R_2 Cs + 1}$

해 설 ★★★

(1) 우선, 전압 분배의 법칙에 의하여 출력 전압을 구하면,

- $E_2 = \dfrac{R_2 + \dfrac{1}{Cs}}{R_1 + R_2 + \dfrac{1}{Cs}} E_1$

  $= \dfrac{R_2 Cs + 1}{R_1 Cs + R_2 Cs + 1} E_1$

(2) 따라서, 전압비 전달 함수는,

- $\dfrac{E_2}{E_1} = \dfrac{R_2 Cs + 1}{R_1 Cs + R_2 Cs + 1}$

[답] ③

4 그림과 같은 반파 정현파의 실효값은?

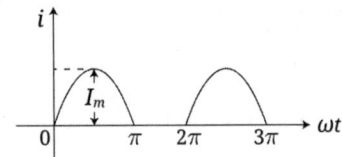

① $\dfrac{1}{\sqrt{2}} I_m$　　② $\dfrac{2}{\pi} I_m$

③ $\dfrac{1}{\pi} I_m$　　④ $\dfrac{1}{2} I_m$

해 설 ★★★

반파 정현파의 평균값 및 실효값은 각각,

- 평균값 $I_a = \dfrac{1}{\pi} I_m$, • 실효값 $I = \dfrac{1}{2} I_m$

[답] ④

5 비대칭 다상 교류가 만드는 회전 자계는?

① 교번자기장　　② 타원형 회전자기장
③ 원형 회전자기장　　④ 포물선 회전자기장

해 설 ★★

(1) 3상 대칭 교류가 만드는 회전 자계 : 원형 회전 자계
(2) 3상 비대칭 교류가 만드는 회전 자계 : 타원형 회전 자계

[답] ②

6 다음과 같은 회로의 전달함수 $\dfrac{E_0(s)}{I(s)}$ 는?

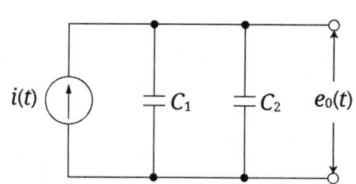

① $\dfrac{1}{s(C_1+C_2)}$ ② $\dfrac{C_1 C_2}{(C_1+C_2)}$

③ $\dfrac{C_1}{s(C_1+C_2)}$ ④ $\dfrac{C_2}{s(C_1+C_2)}$

해 설 ★★

• $\dfrac{E_0(s)}{I(s)} = Z(s) = \dfrac{\dfrac{1}{C_1 s} \times \dfrac{1}{C_2 s}}{\dfrac{1}{C_1 s} + \dfrac{1}{C_2 s}}$

$= \dfrac{\dfrac{1}{s}}{C_2 + C_1} = \dfrac{1}{s(C_1+C_2)}$

[답] ①

7 그림과 같은 L형 회로의 4단자 A, B, C, D 정수 중 A는?

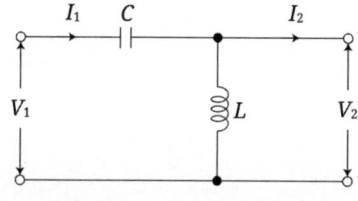

① $1 + \dfrac{1}{\omega LC}$ ② $1 - \dfrac{1}{\omega^2 LC}$

③ $1 + \dfrac{1}{j\omega L}$ ④ $\dfrac{1}{2\sqrt{LC}}$

해 설 ★

• $A = 1 + \dfrac{\dfrac{1}{j\omega C}}{j\omega L} = 1 - \dfrac{1}{\omega^2 LC}$

[답] ②

8 다음 회로에서 I를 구하면 몇 [A]인가?

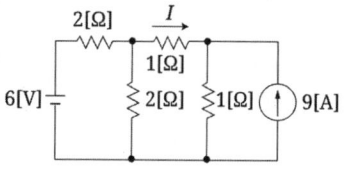

① 2 ② -2
③ -4 ④ 4

해 설 ★★

(1) 중첩의 원리를 적용하여, 우선 각각 전원이 단독으로 있을 경우의 전류를 구하면,

• $I_{6[V]} = \dfrac{6}{2 + \dfrac{2 \times (1+1)}{2+(1+1)}} = 2[A]$

$\Rightarrow \therefore I_1 = \dfrac{2}{2+1+1} \times 2 = 1[A]$

• $I_{9[A]} = \dfrac{1}{1+1+\dfrac{2 \times 2}{2+2}} \times 9 = 3[A]$

(2) 위에서 구한 두 전류는 서로 방향이 반대이므로, 서로 빼주면,

• $I = 1 - 3 = -2[A]$

[답] ②

9 인덕턴스 L[H] 및 커패시턴스 C[F]를 직렬로 연결한 임피던스가 있다. 정저항 회로를 만들기 위하여 그림과 같이 L 및 C의 각각에 서로 같은 저항 R[Ω]을 병렬로 연결할 때, R[Ω]은 얼마인가?
(단, $L = 4$[mH], $C = 0.1$[μF]이다.)

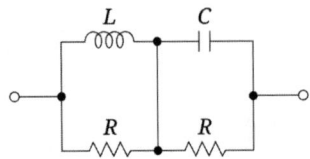

① 100
② 200
③ 2×10^{-5}
④ 0.5×10^{-2}

해 설 ★★★

• $R^2 = \dfrac{L}{C}$

$\Rightarrow \therefore R = \sqrt{\dfrac{L}{C}} = \sqrt{\dfrac{4 \times 10^{-3}}{0.1 \times 10^{-6}}} = 200$[Ω]

[답] ②

10 두 개의 회로망 N_1과 N_2가 있다. $a-b$ 단자, $a'-b'$ 단자의 각각의 전압은 50[V], 30[V]이다. 또, 양단자에서 N_1, N_2를 본 임피던스가 15[Ω]과 25[Ω]이다. $a-a'$, $b-b'$를 연결하면 이때 흐르는 전류는 몇 [A]인가?

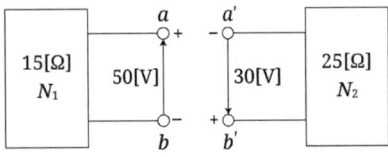

① 0.5
② 1
③ 2
④ 4

해 설 ★★

• $I = \dfrac{V_1 + V_2}{Z_1 + Z_2} = \dfrac{50 + 30}{15 + 25} = 2$[A]

[답] ③

11 다음과 같은 파형 $v(t)$를 단위계단함수로 표시하면 어떻게 되는가?

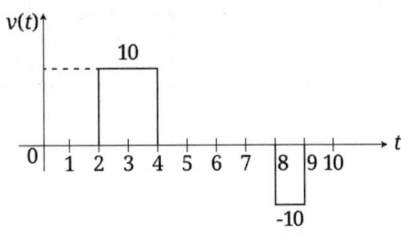

① $10u(t-2) + 10u(t-4) + 10u(t-8)$
  $+ 10u(t-9)$
② $10u(t-2) - 10u(t-4) - 10u(t-8)$
  $- 10u(t-9)$
③ $10u(t-2) - 10u(t-4) + 10u(t-8)$
  $- 10u(t-9)$
④ $10u(t-2) - 10u(t-4) - 10u(t-8)$
  $+ 10u(t-9)$

해 설 ★★

시간 추이를 적용하여 주어진 파형의 시간 함수를 구하면,
• $v(t) = 10u(t-2) - 10u(t-4) - 10u(t-8)$
  $+ 10u(t-9)$로 된다.

[답] ④

12 3상 회로의 선간 전압이 각각 80[V], 50[V], 50[V]일 때의 전압의 불평형률[%]은?

① 39.6　　② 57.3
③ 73.6　　④ 86.7

해 설 ★

(1) 우선, 문제에 주어진 3상 전압의 벡터값은,
- $V_a = 80[V]$, $V_b = -40 - j30[V]$,
  $V_c = -40 + j30[V]$

(2) 위 값에서 정상 전압과 역상 전압을 구하면,
- $V_1 = \dfrac{1}{3}(V_a + aV_b + a^2V_c)$
  $= \dfrac{1}{3}(80 + (-0.5 + j0.866)$
  $\times (-40 - j30) + (-0.5 - j0.866)$
  $\times (-40 + j30))$
  $= 57.32[V]$
- $V_2 = \dfrac{1}{3}(V_a + a^2V_b + aV_c)$
  $= \dfrac{1}{3}(80 + (-0.5 - j0.866)$
  $\times (-40 - j30) + (-0.5 + j0.866)$
  $\times (-40 + j30))$
  $= 22.68[V]$

(3) 따라서, 전압 불평형률은,
- 전압 불평형률 $= \dfrac{역상\ 전압}{정상\ 전압} \times 100$
  $= \dfrac{22.68}{57.32} \times 100$
  $= 39.6[\%]$

(4) 별해 : 위 풀이는 상당한 수학 실력이 있는 수험생들만이 풀 수 있는 수준이기 때문에 위 풀이가 너무 어려운 수험생들은 제가 제시하는 아래와 같은 방법으로 정리하셔도 됩니다.
❶ 문제의 선간 전압 조건이 80[V], 50[V], 50[V] 라고 주어진 경우 :
- 전압 불평형률 약 40[%] 정도
❷ 문제의 선간 전압 조건이 120[V], 100[V], 100[V] 라고 주어진 경우 :
- 전압 불평형률 약 13[%] 정도

(전압 불평형 문제는 위의 예인 2가지 수치로 문제가 잘 나오는 편입니다.)

[답] ①

13 Y 결선된 대칭 3상 회로에서 전원 한 상의 전압이 $V_a = 220\sqrt{2}\sin wt[V]$일 때 선간 전압의 실효값은 약 몇 [V]인가?

① 220　　② 310
③ 380　　④ 540

해 설 ★★★

- $V_l = \sqrt{3}\,V_p = \sqrt{3} \times 220 = 380[V]$

[답] ③

14 저항 R인 검류계 G에 그림과 같이 r_1인 저항을 병렬로, 또 r_2인 저항을 직렬로 접속하였을 때 A, B 단자 사이의 저항을 R과 같게 하고 또 G에 흐르는 전류를 전전류의 $1/n$로 하기 위한 $r_1[\Omega]$의 값은?

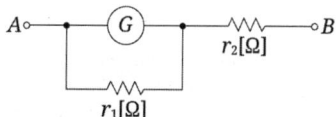

① $\dfrac{n-1}{R}$　　② $R\left(1 - \dfrac{1}{n}\right)$
③ $\dfrac{R}{n-1}$　　④ $R\left(1 + \dfrac{1}{n}\right)$

해 설 ★★

(1) 우선, 검류계에 흐르는 전류를 구하면,
- $I_G = \dfrac{r_1}{R + r_1}I = \dfrac{1}{n}I$

(2) 따라서, 위 식에서 r_1 값을 구하면,
- $nr_1 = R + r_1 \Rightarrow \therefore r_1 = \dfrac{R}{n-1}$

[답] ③

15 저항 $R = 5,000[\Omega]$, 정전용량 $C = 20[\mu F]$가 직렬로 접속된 회로에 일정전압 $E = 100[V]$를 가하고 $t = 0$에서 스위치를 넣을 때 콘덴서 단자전압 $V[V]$을 구하면?
(단, $t = 0$에서의 콘덴서 전압은 0[V]이다.)

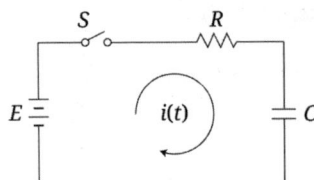

① $100(1 - e^{10t})$ ② $100e^{10t}$
③ $100(1 - e^{-10t})$ ④ $100e^{-10t}$

해 설 ★★

(1) 우선, $R - C$ 직렬회로의 과도 전류는,
- $i(t) = \dfrac{E}{R} e^{-\frac{1}{RC}t}$

(2) 따라서, 콘덴서의 단자전압은,
- $V_c = \dfrac{1}{C} \displaystyle\int_0^t i(t)\,dt$

$= \dfrac{1}{C} \displaystyle\int_0^t \dfrac{E}{R} e^{-\frac{1}{RC}t} dt$

$= \dfrac{E}{RC} \times (-RC) \left[e^{-\frac{1}{RC}t} \right]_0^t$

$= -E(e^{-\frac{1}{RC}t} - 1) = E(1 - e^{-\frac{1}{RC}t})$

$= 100(1 - e^{-\frac{1}{5,000 \times 20 \times 10^{-6}}t})$

$= 100(1 - e^{-10t})$

[답] ③

16 그림과 같이 T형 4단자 회로망의 A, B, C, D 파라미터 중 B 값은?

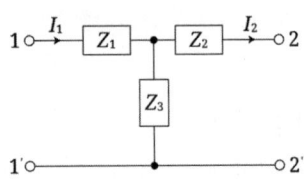

① $\dfrac{1}{Z_3}$ ② $1 + \dfrac{Z_1}{Z_3}$

③ $\dfrac{Z_3 + Z_2}{Z_3}$ ④ $\dfrac{Z_1 Z_2 + Z_2 Z_3 + Z_3 Z_1}{Z_3}$

해 설 ★★★

- $A = 1 + \dfrac{Z_1}{Z_3}$,

  $B = Z_1 + Z_2 + \dfrac{Z_1 Z_2}{Z_3} = \dfrac{Z_1 Z_3 + Z_2 Z_3 + Z_1 Z_2}{Z_3}$,

  $C = \dfrac{1}{Z_3}$, $D = 1 + \dfrac{Z_2}{Z_3}$

[답] ④

17 휘스톤 브리지에서 R_L에 흐르는 전류(I)는 약 몇 [mA]인가?

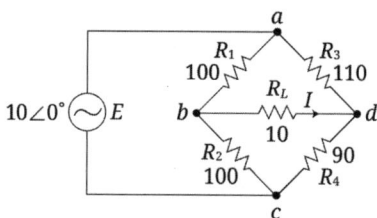

① 2.28 ② 4.57
③ 7.84 ④ 22.8

> **해 설** ★★★
>
> (1) 우선, b-d 단자 간의 부하저항 10[Ω]을 제거한 상태에서의 테브낭 등가 회로를 구하면,
>
> - $V_{bd} = \dfrac{100}{100+100} \times 10 - \dfrac{90}{110+90} \times 10$
> $= 0.5[V]$
> - $R_{bd} = \dfrac{100 \times 100}{100+100} + \dfrac{110 \times 90}{110+90}$
> $= 99.5[\Omega]$
>
> (2) 따라서, 부하저항 10[Ω]을 연결한 상태에서의 부하저항에 흐르는 전류를 구하면,
> - $I = \dfrac{V}{R} = \dfrac{0.5}{99.5+10}$
> $= 4.57 \times 10^{-3}[A] = 4.57[mA]$
>
> [답] ②

18 그림은 상순이 $a-b-c$인 3상 대칭회로이다. 선간전압이 220[V]이고 부하 한상의 임피던스가 $100\angle 60°$[Ω]일 때 전력계 W_a의 지시값[W]은?

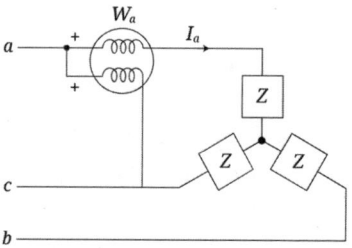

① 242 ② 386 ③ 419 ④ 484

> **해 설** ★
>
> 문제에 주어진 그림은 2전력계법에서 부하가 대칭부하이므로 2전력계는 같은 전력을 지시하게 되므로 전력계 1개를 생략한 회로이다. 따라서, 우리는 이 문제를 풀 때 주의할 점은 3상전력은 2개의 전력계로서만이 측정가능하다는 점을 착안하여 2전력계로 문제를 풀어야 한다. 따라서,
> - $2W_a = \sqrt{3}\,VI$
> - $\Rightarrow \therefore W_a = \dfrac{\sqrt{3}}{2}VI$
> $= \dfrac{\sqrt{3}}{2} \times 220 \times \left(\dfrac{\frac{220}{\sqrt{3}}}{100}\right) = 242[W]$
>
> [답] ①

19 C[F]인 콘덴서에 q[C]의 전하를 충전하였더니 C의 양단 전압이 e[V]이었다. C에 저장된 에너지는 몇 [J]인가?

① qe ② Ce
③ $\dfrac{1}{2}Cq^2$ ④ $\dfrac{1}{2}Ce^2$

> **해 설** ★★★
>
> - $W = \dfrac{1}{2}CV^2 = \dfrac{1}{2}Ce^2[J]$
>
> [답] ④

20 비정현파에 있어서 정현 대칭의 조건은?

① $f(t) = f(-t)$
② $f(t) = -f(t)$
③ $f(t) = -f(t+\pi)$
④ $f(t) = -f(-t)$

해 설 ★★

(1) 여현 대칭 : $f(t) = f(-t)$
(2) 정현 대칭 : $f(t) = -f(-t)$
(3) 반파 대칭 : $f(t) = -f(t+\pi)$

[답] ④

제 4 회 전기공사산업기사 필기시험

1 다음 두 회로의 4단자 정수가 동일할 조건은?

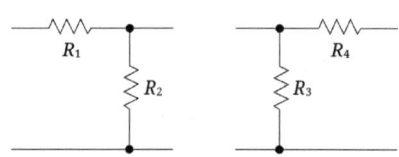

① $R_1 = R_2,\ R_3 = R_4$
② $R_1 = R_3,\ R_2 = R_4$
③ $R_1 = R_4,\ R_2 = R_3 = 0$
④ $R_2 = R_3,\ R_1 = R_4 = 0$

해설 ★

(1) 왼쪽의 회로에 대하여 4단자 정수를 구하면,

- $\begin{bmatrix} A & B \\ C & D \end{bmatrix} = \begin{bmatrix} 1 & R_1 \\ 0 & 1 \end{bmatrix} \begin{bmatrix} 1 & 0 \\ \frac{1}{R_2} & 1 \end{bmatrix}$

$= \begin{bmatrix} 1 + \dfrac{R_1}{R_2} & R_1 \\ \dfrac{1}{R_2} & 1 \end{bmatrix}$

(2) 오른쪽의 회로에 대하여 4단자 정수를 구하면,

- $\begin{bmatrix} A & B \\ C & D \end{bmatrix} = \begin{bmatrix} 1 & 0 \\ \frac{1}{R_3} & 1 \end{bmatrix} \begin{bmatrix} 1 & R_4 \\ 0 & 1 \end{bmatrix}$

$= \begin{bmatrix} 1 & R_4 \\ \dfrac{1}{R_3} & 1 + \dfrac{R_4}{R_3} \end{bmatrix}$

(3) 따라서, 위 두 결과가 같기 위한 조건은,
- $R_2 = R_3$, - $R_1 = R_4 = 0$

[답] ④

2 그림과 같은 회로에서 인가 전압에 의한 전류 i를 입력, V_0를 출력이라 할 때 전달함수는? (단, 초기 조건은 모두 0이다.)

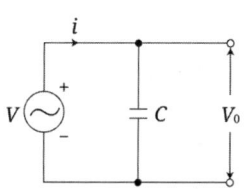

① $\dfrac{1}{Cs}$ ② Cs
③ $\dfrac{1}{1+Cs}$ ④ $1+Cs$

해설 ★★

- $\dfrac{V_0}{I} = Z = \dfrac{1}{Cs}$

[답] ①

3 RLC 직렬회로에서 $L = 0.1 \times 10^{-3}$[H], $R = 100$[Ω], $C = 0.1 \times 10^{-6}$[F]일 때 이 회로는?

① 진동적이다.
② 비진동적이다.
③ 정현파로 진동한다.
④ 진동과 비진동을 반복한다.

해설 ★★★

- $R^2 = 100^2 = 10,000$,
- $4\dfrac{L}{C} = 4 \times \dfrac{0.1 \times 10^{-3}}{0.1 \times 10^{-6}} = 4,000$

($\therefore R^2 > 4\dfrac{L}{C}$ 의 조건이므로, 비진동이 된다.)

[답] ②

4 저항(R)과 유도 리액턴스(X_L)의 직렬 회로에 $E = 14 + j38$[V]인 교류 전압을 가하니 $I = 6 + j2$[A]의 전류가 흐른다. 이 회로의 저항 R[Ω]과 유도 리액턴스 X_L[Ω]은?

① $R = 4$[Ω], $X_L = 5$[Ω]
② $R = 5$[Ω], $X_L = 4$[Ω]
③ $R = 6$[Ω], $X_L = 3$[Ω]
④ $R = 7$[Ω], $X_L = 2$[Ω]

해설 ★★

- $Z = \dfrac{E}{I} = \dfrac{14+j38}{6+j2} = 4+j5 = R+jX$ [Ω]

[답] ①

5 어느 회로의 전압과 전류가 각각
$e = 50\sin(wt+\theta)$[V],
$i = 4\sin(wt+\theta-30°)$[A]일 때 무효전력[Var]은?

① 100   ② 86.6
③ 70.7 ④ 50

해설 ★★★

- $Q = VI\sin\theta$
$= \dfrac{50}{\sqrt{2}} \times \dfrac{4}{\sqrt{2}} \times \sin\{\theta-(\theta-30°)\}$
$= 50$[Var]

[답] ④

6 3상 평형회로에서 선간 전압 200[V], 각 상의 부하 임피던스가 $24 + j7$[Ω]인 Y결선의 3상 유효전력[W]은?

① 192   ② 512
③ 1,536 ④ 4,608

해설 ★★★

- $P = 3I_p^2 R = 3\left(\dfrac{V_p}{Z_p}\right)^2 R$
$= 3 \times \left(\dfrac{\dfrac{200}{\sqrt{3}}}{\sqrt{24^2+7^2}}\right)^2 \times 24 = 1,536$[W]

[답] ③

7 그림에서 $V_1 = 10[V]$, $v_2 = 20\sqrt{2}\cos\omega t[V]$, $\omega = 200[\text{rad/s}]$ 일 때 전류의 순시값[A]은?

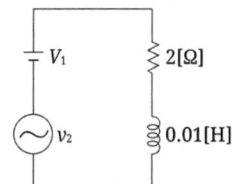

① 10
② 12.07
③ $5 + 10\sin(\omega t + 45°)$
④ $5 + 5\sqrt{2}\cos(\omega t + 30°)$

해설 ★★

(1) 직류 전압 V_1에 의한 전류 :
- $I_1 = \dfrac{V_1}{R} = \dfrac{10}{2} = 5[A]$

(∴ 직류일 경우, $\omega = 2\pi f = 0$ 이므로 인덕턴스는 단락 상태)

(2) 교류 전압 v_2에 의한 전류의 순시값 :
- $Z = 2 + j200 \times 0.01 = 2 + j2$
  $= \sqrt{2^2 + 2^2} \angle \tan^{-1}\dfrac{2}{2}$
  $= 2\sqrt{2} \angle 45°[\Omega]$

∴ $i_2 = \dfrac{v_2}{Z} = \dfrac{20\sqrt{2}}{2\sqrt{2}\angle 45°}\cos\omega t$
$= 10\sin(\omega t + 90° - 45°)$
$= 10\sin(\omega t + 45°)$

(3) 따라서, 두 전류의 합성 순시값은,
- $I_1 + i_2 = 5 + 10\sin(\omega t + 45°)$

[답] ③

8 $f(t) = 1$의 라플라스 변환은?

① 1
② s
③ $\dfrac{1}{s}$
④ $\dfrac{1}{s^2}$

해설 ★★★

- $f(t) = u(t) = 1 \Rightarrow \therefore F(s) = \dfrac{1}{s}$

[답] ③

9 공급 전압이 10[V]이며 회로에 흐른 전류가 10[A]일 때, 이 회로의 유효전력이 50[W]라면 전압과 전류의 위상차는?

① 0°
② 30°
③ 45°
④ 60°

해설 ★★

- $P = VI\cos\theta$
  $\Rightarrow \therefore \cos\theta = \dfrac{P}{VI} = \dfrac{50}{10 \times 10} = 0.5$
  $\therefore \theta = \cos^{-1} 0.5 = 60°$

[답] ④

10 4단자 정수 A, B, C, D의 관계로 옳은 것은?

① $AC + BD = 1$
② $AB - CD = 1$
③ $AB + CD = 1$
④ $AD - BC = 1$

해설 ★★★

4단자 정수 관계 : $AD - BC = 1$

[답] ④

11 다음과 같은 파형의 맥동전류를 열선형 계기로 측정한 결과 10[A]이었다. 이를 가동 코일형 계기로 측정할 때 전류의 값[A]은?

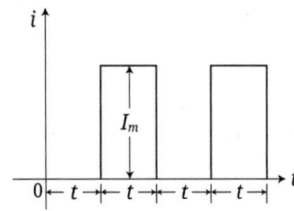

① 7.07　　② 10
③ 14.14　　④ 17.32

해 설 ★★

(1) 열선형 계기로 측정한 10[A]는 실효값이다.
따라서, 최대값은,
- $I = \dfrac{I_m}{\sqrt{2}}$
  $\Rightarrow \therefore I_m = \sqrt{2}\,I = \sqrt{2} \times 10 [\mathrm{A}]$

(2) 따라서, 이를 가동 코일형 계기(평균값)로 측정하였을 때의 전류는,
- $I_a = \dfrac{I_m}{2} = \dfrac{10\sqrt{2}}{2} = 5\sqrt{2} = 7.07 [\mathrm{A}]$

[답] ①

12 과도현상에 관한 내용 중 틀린 것은?

① RL 직렬회로의 시정수는 $\dfrac{L}{R}$ 초이다.
② RC 직렬회로에서 V_0로 충전된 콘덴서를 방전시킬 경우 $\tau = RC$에서의 콘덴서 단자전압은 $0.632\,V_0$이다.
③ 정현파 교류회로에서는 전원을 넣을 때의 위상을 조절함으로써 과도현상의 영향을 제거할 수 있다.
④ 전원이 직류 기전력인 때에도 회로의 전류가 정현파로 되는 경우가 있다.

해 설 ★★

RC 직렬회로에서 V_0로 충전된 콘덴서를 방전시킬 경우 $\tau = RC$ 에서의 콘덴서 단자전압은
- $V_c = V_0 e^{-\frac{1}{RC}t} = V_0 e^{-\frac{1}{RC} \times RC}$
  $= V_0 e^{-1} = 0.368\,V_0$ 가 된다.

[답] ②

13 그림의 회로에서 $a-b$ 사이의 전압 E_{ab}[V]는?

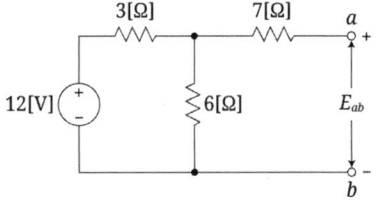

① 6　　② 8
③ 10　　④ 12

해 설 ★★

7[Ω] 저항은 개방 상태이므로 전류가 흐를 수가 없어 전압강하가 발생하지 않으므로 전압 분배의 법칙을 적용하여 6[Ω] 양단의 전압을 구하면,
- $E = \dfrac{6}{3+6} \times 12 = 8[\mathrm{V}]$

[답] ②

14 $F(s) = \dfrac{5s+8}{5s^2+4s}$ 일 때 $f(t)$의 최종값은?

① 1 ② 2 ③ 3 ④ 4

해 설 ★★★

• $\lim\limits_{t \to \infty} f(t) = \lim\limits_{s \to 0} s\, F(s) = \lim\limits_{s \to 0} s \times \dfrac{5s+8}{5s^2+4s}$
$= \lim\limits_{s \to 0} \dfrac{5s+8}{5s+4} = 2$

[답] ②

15 전압 200[V], 전류 30[A]로서 4.3[kW]의 전력을 소비하는 회로의 리액턴스는 약 몇 [Ω]인가?

① 3.35 ② 4.65
③ 5.35 ④ 6.65

해 설 ★★

(1) 우선, 문제에 주어진 조건에서 무효전력을 구하면,
• $P_a = VI = 200 \times 30 = 6{,}000[\text{VA}]$
$\Rightarrow \therefore Q = \sqrt{P_a^2 - P^2}$
$= \sqrt{6{,}000^2 - 4{,}300^2}$
$= 4{,}184.5[\text{Var}]$

(2) 따라서, 리액턴스는,
• $Q = I^2 X$
$\Rightarrow \therefore X = \dfrac{Q}{I^2} = \dfrac{4{,}184.5}{30^2} = 4.65[\Omega]$

[답] ②

16 전류의 대칭분을 I_0, I_1, I_2, 유기 기전력 및 단자 전압의 대칭분을 E_a, E_b, E_c 및 V_0, V_1, V_2라 할 때 교류 발전기의 기본식 중 역상분 V_2의 값은? (단, 임피던스의 대칭분은 Z_0, Z_1, Z_2라 한다.)

① $-Z_0 I_0$ ② $-Z_2 I_2$
③ $E_a - Z_1 I_1$ ④ $E_b - Z_2 I_2$

해 설 ★★

발전기 기본식
• $V_0 = -Z_0 I_0$
• $V_1 = E_a - Z_1 I_1$
• $V_2 = -Z_2 I_2$

[답] ②

17 그림과 같이 대칭 3상 교류발전기의 a상이 임피던스 Z를 통하여 지락되었을 때 흐르는 지락전류 I_g는?

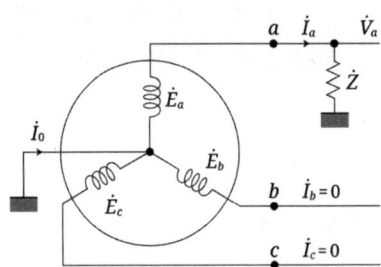

① $\dfrac{3V_a}{Z_0 + Z_1 + Z_2 + Z}$

② $\dfrac{V_a}{Z_0 + Z_1 + Z_2 + Z}$

③ $\dfrac{3V_a}{Z_0 + Z_1 + Z_2 + 3Z}$

④ $\dfrac{V_a}{Z_0 + Z_1 + Z_2 + 3Z}$

해 설 ★★

(1) 지락 사고 전류의 특성 :
 • 지락 전류가 흐를 때의 성분은 영상, 정상, 역상 임피던스가 모두 존재한다.
 • 지락 사고 지점의 임피던스는 3배가 된다.
 • 지락 전류는 영상 전류의 3배이다.
(2) 따라서, 위의 내용을 이용하여 지락 전류를 구하면,
 • $I_g = 3I_0 = 3 \times \dfrac{V_a}{Z_0 + Z_1 + Z_2 + 3Z}$

[답] ③

18 그림과 같은 회로에서 L_1[H] 양단의 전압 V_1[V]은? (단, 상호 인덕턴스는 무시한다.)

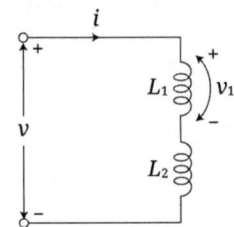

① $\dfrac{L_1}{L_1 + L_2}V$

② $\dfrac{L_1 + L_2}{L_1}V$

③ $\dfrac{L_2}{L_1 + L_2}V$

④ $\dfrac{L_1 + L_2}{L_2}V$

해 설 ★★

전압 분배의 법칙에 의하여,
 • $V_1 = \dfrac{L_1}{L_1 + L_2} \times V$

[답] ①

19 선형 회로망 소자가 아닌 것은?

① 저항기
② 콘덴서
③ 철심이 있는 코일
④ 철심이 없는 코일

해 설 ★★★

철심이 있는 코일 소자는 자속이 철심에서 포화되는 특성 때문에 직선적인 선형이 아닌 비선형 특성으로 된다.

[답] ③

20 평형 3상 부하에 전력을 공급할 때 선전류가 20[A]이고 부하의 소비전력이 4[kW]이다. 이 부하의 등가 Y회로에 대한 각 상의 저항은 약 몇 [Ω]인가?

① 3.3　　② 5.7
③ 7.2　　④ 10

해 설 ★★★

- $P = 3I^2 R$

  $\Rightarrow \therefore R = \dfrac{P}{3I^2} = \dfrac{4,000}{3 \times 20^2} = 3.3 [\Omega]$

[답] ①

• 전기공사산업기사 필기 | 회로이론 |

2017년 기출문제

제 1 회 전기(공사)산업기사 필기시험

1 인덕턴스 $L = 20$[mH]인 코일에 실효값 $V = 50$[V], 주파수 $f = 60$[Hz]인 정현파 전압을 인가했을 때 코일에 축적되는 평균 자기에너지(W_L)은 약 몇 [J]인가?

① 0.22
② 0.33
③ 0.44
④ 0.55

해 설 ★★★

$I = \dfrac{V}{X} = \dfrac{V}{2\pi fL} = \dfrac{50}{2\pi \times 60 \times 0.02} = 6.63$[A]

$W = \dfrac{1}{2}LI^2 = \dfrac{1}{2} \times 0.02 \times 6.63^2 = 0.44$[J]

[답] ③

2 그림과 같은 회로가 있다. $I = 10$[A], $G = 4$[℧], $G_L = 6$[℧]일 때 G_L의 소비전력[W]은?

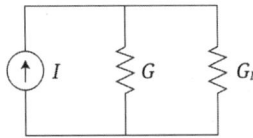

① 100
② 10
③ 6
④ 4

해 설 ★★

$I_L = \dfrac{6}{4+6} \times 10 = 6$[A],

$P_L = I_L^2 R_L = I_L^2 \times \dfrac{1}{G_L} = 6^2 \times \dfrac{1}{6} = 6$[W]

[답] ③

3 단위 임펄스 $\delta(t)$의 라플라스 변환은?

① e^{-s}
② $\dfrac{1}{s}$
③ $\dfrac{1}{s^2}$
④ 1

해 설 ★★★

$f(t) = \delta(t)$의 라플라스 변환은 $F(s) = 1$이다.

[답] ④

4 다음의 4단자 회로에서 단자 $a-b$에서 본 구동점 임피던스 Z_{11}[Ω]은?

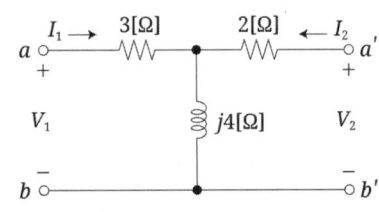

① $2 + j4$
② $2 - j4$
③ $3 + j4$
④ $3 - j4$

해 설 ★★

$Z_{11} = 3 + j4$ [Ω], $Z_{12} = Z_{21} = j4$ [Ω],
$Z_{22} = 2 + j4$ [Ω]

[답] ③

5 정현파 교류전압의 파고율은?

① 0.91 ② 1.11
③ 1.41 ④ 1.73

해설 ★★★

파고율 = $\dfrac{\text{최대값}(V_m)}{\text{실효값}(V)} = \dfrac{V_m}{\dfrac{V_m}{\sqrt{2}}} = \sqrt{2} = 1.414$

[답] ③

6 불평형 3상 전류가 다음과 같을 때 역상 전류 I_2는 약 몇 [A]인가?

$I_a = 15 + j2$ [A],
$I_b = -20 - j14$ [A],
$I_c = -3 + j10$ [A]

① $1.91 + j6.24$ ② $2.17 + j5.34$
③ $3.38 - j4.26$ ④ $4.27 - j3.68$

해설 ★★★

$I_2 = \dfrac{1}{3}(I_a + a^2 I_b + a I_c)$
$= \dfrac{1}{3}[15 + j2 + (-\dfrac{1}{2} - j\dfrac{\sqrt{3}}{2}) \times (-20 - j14)$
$\quad + (-\dfrac{1}{2} + j\dfrac{\sqrt{3}}{2}) \times (-3 + j10)]$
$= 1.91 + j6.24$ [A]

[답] ①

7 어떤 회로의 단자 전압과 전류가 다음과 같을 때, 회로에 공급되는 평균전력은 약 몇 [W]인가?

$v(t) = 100\sin\omega t + 70\sin 2\omega t$
$\quad + 50\sin(3\omega t - 30°)$ [V]
$i(t) = 20\sin(\omega t - 60°)$
$\quad + 10\sin(3\omega t + 45°)$ [V]

① 565 ② 525
③ 495 ④ 465

해설 ★★★

$P = VI\cos\theta$
$= \dfrac{100}{\sqrt{2}} \times \dfrac{20}{\sqrt{2}} \times \cos(0° + 60°)$
$\quad + \dfrac{50}{\sqrt{2}} \times \dfrac{10}{\sqrt{2}} \times \cos(-30° + 45°)$
$= 565$ [W]

[답] ①

8 그림과 같이 π형 회로에서 Z_3를 4단자 정수로 표시한 것은?

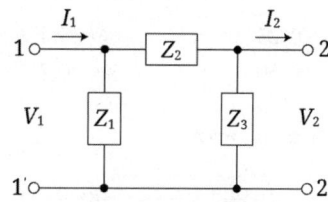

① $\dfrac{A}{1-B}$ ② $\dfrac{B}{1-A}$
③ $\dfrac{A}{B-1}$ ④ $\dfrac{B}{A-1}$

해설 ★★

(1) $A = 1 + \dfrac{Z_2}{Z_3}$, $B = Z_2$

(2) $Z_3 = \dfrac{Z_2}{A-1} = \dfrac{B}{A-1}$

[답] ④

9 그림과 같은 회로에서 스위치 S를 $t=0$에서 닫았을 때 $(V_L)_{t=0} = 100$[V], $(\dfrac{di}{dt})_{t=0} = 400$[A/s]이다. L[H]의 값은?

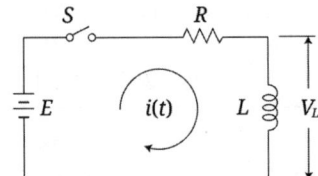

① 0.75　② 0.5
③ 0.25　④ 0.1

해설 ★★

$V_L = L\dfrac{di}{dt}$ 식에 문제 조건을 대입하면,
$100 = L \times 400$ 이므로, $L = \dfrac{100}{400} = 0.25$[H]

[답] ③

10 전류 $I = 30\sin wt + 40\sin(3wt + 45°)$ [A]의 실효값은 약 몇 [A]인가?

① 25　② 35.4
③ 50　④ 70.7

해설 ★★★

$|I| = \sqrt{(\dfrac{30}{\sqrt{2}})^2 + (\dfrac{40}{\sqrt{2}})^2} = 35.4$[A]

[답] ②

11 저항 R[Ω]과 리액턴스 X[Ω]이 직렬로 연결된 회로에서 $\dfrac{X}{R} = \dfrac{1}{\sqrt{2}}$일 때, 이 회로의 역률은?

① $\dfrac{1}{\sqrt{2}}$　② $\dfrac{1}{\sqrt{3}}$
③ $\sqrt{\dfrac{2}{3}}$　④ $\dfrac{\sqrt{3}}{2}$

해설 ★★

(1) 문제 조건, $\dfrac{X}{R} = \dfrac{1}{\sqrt{2}}$ 에서,
　$R = \sqrt{2}$, $X = 1$
(2) $R-X$ 직렬 회로의 역률식에 대입하여,
$$\cos\theta = \dfrac{R}{\sqrt{R^2 + X^2}}$$
$$= \dfrac{\sqrt{2}}{\sqrt{(\sqrt{2})^2 + 1^2}} = \dfrac{\sqrt{2}}{\sqrt{3}}$$

[답] ③

12 테브난의 정리를 이용하여 (a)회로를 (b)와 같은 등가 회로로 바꾸려 한다. V[V]와 R[Ω]의 값은?

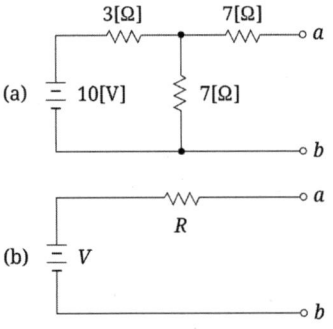

① 7[V], 9.1[Ω]　② 10[V], 9.1[Ω]
③ 7[V], 6.5[Ω]　④ 10[V], 6.5[Ω]

해설 ★★★

$V = \dfrac{7}{3+7} \times 10 = 7$[V], $R = 7 + \dfrac{3 \times 7}{3+7} = 9.1$[Ω]

[답] ①

13 $F(s) = \dfrac{s+1}{s^2+2s}$ 의 역라플라스 변환은?

① $\dfrac{1}{2}(1-e^{-t})$ ② $\dfrac{1}{2}(1-e^{-2t})$

③ $\dfrac{1}{2}(1+e^{-t})$ ④ $\dfrac{1}{2}(1+e^{-2t})$

해 설 ★★★

$F(s) = \dfrac{s+1}{s(s+2)} = \dfrac{A}{s} + \dfrac{B}{s+2}$ 에서,

$A = \dfrac{s+1}{s+2}\big|_{s=0} = \dfrac{1}{2}$, $B = \dfrac{s+1}{s}\big|_{s=-2} = \dfrac{1}{2}$

• $F(s) = \dfrac{1}{2}\left(\dfrac{1}{s} + \dfrac{1}{s+2}\right)$

위 식을 라플라스 역변환하면,

∴ $f(t) = \dfrac{1}{2}(1+e^{-2t})$

[답] ④

14 임피던스 함수 $Z(s) = \dfrac{s+50}{s^2+3s+2}[\Omega]$ 으로 주어지는 2단자 회로망에 100[V]의 직류 전압을 가했다면 회로의 전류는 몇 [A]인가?

① 4 ② 6 ③ 8 ④ 10

해 설 ★★

$Z = \dfrac{s+50}{s^2+3s+2}\big|_{s=0}$(직류이므로) $= 25[\Omega]$,

$I = \dfrac{V}{Z} = \dfrac{100}{25} = 4[A]$

[답] ①

15 $\mathcal{L}^{-1}\left[\dfrac{\omega}{s(s^2+\omega^2)}\right]$ 은?

① $\dfrac{1}{\omega}(1-\sin\omega t)$ ② $\dfrac{1}{\omega}(1-\cos\omega t)$

③ $\dfrac{1}{s}(1-\sin\omega t)$ ④ $\dfrac{1}{s}(1-\cos\omega t)$

해 설 ★★

이 문제는 보기의 시간함수를 라플라스 변환하여, 문제에 주어진 식이 일치하는가를 찾는 방법이 더 쉽게 풀 수 있다. 즉 ②번 보기의 식을 라플라스 변환하면,

• $\dfrac{1}{\omega}(1-\cos\omega t)$

→ $F(s) = \dfrac{1}{\omega}\left(\dfrac{1}{s} - \dfrac{s}{s^2+\omega^2}\right)$

$= \dfrac{1}{\omega}\left(\dfrac{s^2+\omega^2-s^2}{s(s^2+\omega^2)}\right) = \dfrac{\omega}{s(s^2+\omega^2)}$

로서, 문제에 주어진 원 식과 일치함을 알 수 있다.

[답] ②

16 그림과 같은 회로에서 $t=0$에서 스위치를 닫으면 전류 $i(t)$[A]는? (단, 콘덴서의 초기 전압은 0[V]이다.)

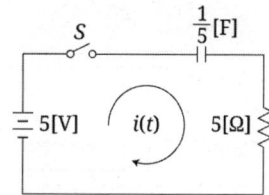

① $5(1-e^{-t})$ ② $1-e^{-t}$

③ $5e^{-t}$ ④ e^{-t}

해 설 ★★

$R-C$ 직렬 회로의 과도전류식 $i = \dfrac{E}{R}e^{-\frac{1}{RC}t}$ 에 문제조건을 대입하여,

$i = \dfrac{5}{5}e^{-\frac{1}{5 \times \frac{1}{5}}t} = e^{-t}$

[답] ④

17 그림과 같은 회로에서 r_1 저항에 흐르는 전류를 최소로 하기 위한 저항 $r_2[\Omega]$는?

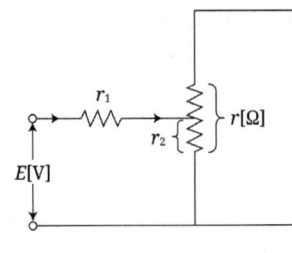

① $\dfrac{r_1}{2}$ ② $\dfrac{r}{2}$

③ r_1 ④ r

해 설 ★★

전류가 최소가 되려면 저항이 최대가 되어야 한다. 따라서, 병렬부분의 저항이 같아야 하므로 r_2는 전체 저항(r)의 $\dfrac{1}{2}$이 되어야 한다.

[답] ②

18 다음과 같은 회로에서 E_1, E_2, E_3[V]를 대칭 3상 전압이라 할 때 전압 E_0[V]은?

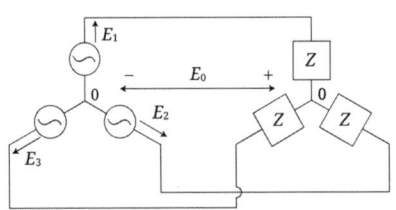

① 0   ② $\dfrac{E_1}{3}$

③ $\dfrac{2}{3}E_1$ ④ E_1

해 설 ★★★

대칭 3상 회로의 중성점 전압은 평형이므로 0이 된다.

[답] ①

19 100[kVA] 단상 변압기 3대로 △ 결선하여 3상 전원을 공급하던 중 1대의 고장으로 V 결선하였다면 출력은 약 몇 [kVA]인가?

① 100   ② 173
③ 245   ④ 300

해 설 ★★★

$P_V = \sqrt{3}\,P = \sqrt{3} \times 100 ≒ 173[\text{kVA}]$

[답] ②

20 옴의 법칙은 저항에 흐르는 전류와 전압의 관계를 나타낸 것이다. 회로의 저항이 일정할 때 전류는?

① 전압에 비례한다.
② 전압에 반비례한다.
③ 전압의 제곱에 비례한다.
④ 전압의 제곱에 반비례한다.

해 설 ★

$I = \dfrac{V}{R}$에서, 회로의 저항(R)이 일정하면 전류와 전압은 비례($I \propto V$)한다.

[답] ①

제 2 회 전기(공사)산업기사 필기시험

1 주기적인 구형파 신호의 구성은?

① 직류성분만으로 구성된다.
② 기본파 성분만으로 구성된다.
③ 고조파 성분만으로 구성된다.
④ 직류성분, 기본파 성분, 무수히 많은 고조파 성분으로 구성된다.

해 설 ★★

구형파(사각파)는 정현파뿐만 아니라 무수히 많은 고조파 성분이 중첩되어 발생되는 파형이다.

[답] ④

2 $F(s) = \dfrac{5s+3}{s(s+1)}$ 일 때 $f(t)$의 최종값은?

① 3　　② -3
③ 5　　④ -5

해 설 ★★★

$\lim\limits_{t\to\infty} f(t) = \lim\limits_{s\to 0} sF(s) = \lim\limits_{s\to 0} s \times \dfrac{5s+3}{s(s+1)}$
$= \lim\limits_{s\to 0} \dfrac{5s+3}{s+1} = 3$

[답] ①

3 어떤 회로망의 4단자 정수가 $A=8$, $B=j2$, $D=3+j2$ 이면 이 회로망의 C는?

① $2+j3$　　② $3+j3$
③ $24+j14$　　④ $8-j11.5$

해 설 ★★

$AD - BC = 1$ 에서,
$C = \dfrac{AD-1}{B} = \dfrac{8\times(3+j2)-1}{j2} = 8-j11.5\,[\mho]$

[답] ④

4 2단자 회로 소자 중에서 인가한 전류파형과 동위상의 전압파형을 얻을 수 있는 것은?

① 저항　　② 콘덴서
③ 인덕턴스　　④ 저항 + 콘덴서

해 설 ★★

저항소자는 위상에 전혀 영향을 주지 않는 특성 때문에 인가전압과 전류가 동위상으로 된다.

[답] ①

5 다음 회로에서 부하 R_L에 최대 전력이 공급될 때의 전력 값이 5[W]라고 하면 $R_L + R_i$의 값은 몇 [Ω]인가? (단, R_i는 전원의 내부저항이다.)

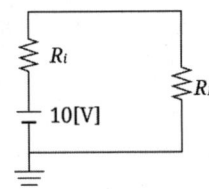

① 5　　　② 10
③ 15　　 ④ 20

해 설 ★★

$$P_L = I^2 R_L = (\frac{V}{R_i + R_L})^2 R_L = (\frac{V}{R_i + R_L})^2 R_i$$
$$= \frac{V^2}{4R_i} = \frac{10^2}{4R_i} = 5$$
$$\therefore R_i = \frac{100}{4 \times 5} = 5[\Omega]$$
$$\therefore R_i + R_L = 5 + 5 = 10[\Omega]$$

[답] ②

6 다음과 같은 회로에서 $i_1 = I_m \sin\omega t$[A]일 때, 개방된 2차 단자에 나타나는 유기기전력 e_2는 몇 [V]인가?

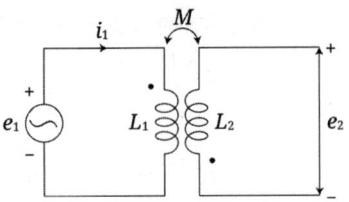

① $\omega MI_m \sin(\omega t - 90°)$
② $\omega MI_m \cos(\omega t - 90°)$
③ $-\omega M \sin\omega t$
④ $\omega M \cos\omega t$

해 설 ★★

$$e_2 = -M\frac{di_1}{dt} = -M\frac{d}{dt}(I_m \sin\omega t)$$
$$= -MI_m \omega \cos\omega t = -MI_m \omega \sin(\omega t + 90°)$$
$$= MI_m \omega \sin(\omega t - 90°)$$

[답] ①

7 부동작 시간(dead time) 요소의 전달함수는?

① K　　　② $\frac{K}{s}$
③ Ke^{-Ls}　　④ Ks

해 설 ★★★

(1) 비례 요소 : $G(s) = K$
(2) 미분 요소 : $G(s) = Ks$
(3) 적분 요소 : $G(s) = \frac{K}{s}$
(4) 1차 지연 요소 : $G(s) = \frac{K}{1 + Ts}$
(5) 부동작 시간 요소 : $G(s) = \frac{K}{e^{Ls}} = Ke^{-Ls}$

[답] ③

8 불평형 3상 전류가 $I_a = 15 + j2$[A], $I_b = -20 - j14$[A], $I_c = -3 + j10$[A] 일 때의 영상전류 I_0[A]는?

① $1.57 - j3.25$ ② $2.85 + j0.36$
③ $-2.67 - j0.67$ ④ $12.67 + j2$

해설 ★★★

$I_0 = \dfrac{1}{3}(I_a + I_b + I_c)$
$= \dfrac{1}{3}(15 + j2 - 20 - j14 - 3 + j10)$
$= -2.67 - j0.67$ [A]

[답] ③

10 RL 병렬회로의 양단에 $e = E_m \sin(wt + \theta)$[V]의 전압이 가해졌을 때 소비되는 유효전력[W]은?

① $\dfrac{E_m^2}{2R}$ ② $\dfrac{E_m^2}{\sqrt{2}\,R}$
③ $\dfrac{E_m}{2R}$ ④ $\dfrac{E_m}{\sqrt{2}\,R}$

해설 ★★

$P = \dfrac{V^2}{R} = \dfrac{(\dfrac{E_m}{\sqrt{2}})^2}{R} = \dfrac{E_m^2}{2R}$

[답] ①

9 그림과 같은 회로에서 $V_1(S)$를 입력, $V_2(S)$를 출력으로 한 전달함수는?

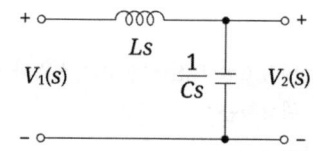

① $\dfrac{1}{\dfrac{1}{Ls} + Cs}$ ② $\dfrac{1}{1 + s^2 LC}$
③ $\dfrac{1}{LC + Cs}$ ④ $\dfrac{Cs}{s^2(s + LC)}$

해설 ★★★

$\dfrac{V_2(s)}{V_1(s)} = \dfrac{\dfrac{1}{Cs}}{Ls + \dfrac{1}{Cs}} = \dfrac{1}{LCs^2 + 1}$

[답] ②

11 회로에서 $L = 50$[mH], $R = 20$[kΩ]인 경우 회로의 시정수는 몇 [μs]인가?

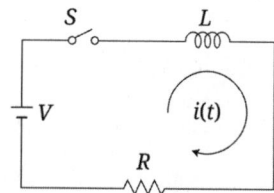

① 4.0 ② 3.5
③ 3.0 ④ 2.5

해설 ★★★

$t = \dfrac{L}{R}$
$= \dfrac{50 \times 10^{-3}}{20 \times 10^3} = 2.5 \times 10^{-6}$ [sec] $= 2.5$ [μsec]

[답] ④

12 RC 회로에 비정현파 전압을 가하여 흐른 전류가 다음과 같을 때 이 회로의 역률은 약 몇 [%]인가?

$$v = 20 + 220\sqrt{2}\sin 120\pi t + 40\sqrt{2}\sin 360\pi t\,[V]$$
$$i = 2.2\sqrt{2}\sin(120\pi t + 36.87°) + 0.49\sqrt{2}\sin(360\pi t + 14.04°)\,[A]$$

① 75.8　　② 80.4
③ 86.3　　④ 89.7

해설 ★★★

(1) $P = VI\cos\theta$
$= 220 \times 2.2 \times \cos(0° - 36.87°)$
$+ 40 \times 0.49 \times \cos(0° - 14.04°)$
$= 406.21\,[W]$

(2) $P_a = VI$
$= \sqrt{20^2 + 220^2 + 40^2} \times \sqrt{2.2^2 + 0.49^2}$
$= 506\,[VA]$

(3) $\cos\theta = \dfrac{P}{P_a} = \dfrac{406.21}{506}$
$= 0.8027\quad(\therefore 80.27[\%])\;(약\;80.4[\%])$

[답] ②

13 대칭 좌표법에 관한 설명이 아닌 것은?

① 대칭 좌표법은 일반적인 비대칭 3상 교류 회로의 계산에도 이용된다.
② 대칭 3상 전압의 영상분과 역상분은 0이고, 정상분만 남는다.
③ 비대칭 3상 교류회로는 영상분, 역상분 및 정상분의 3성분으로 해석한다.
④ 비대칭 3상 회로의 접지식 회로에는 영상분이 존재하지 않는다.

해설 ★★★

(1) 비접지 회로(3상 3선식) : 영상전류(I_0)가 존재하지 않는다.
(2) 접지 회로(3상 4선식) : 영상전류가 존재하여 흐른다.

[답] ④

14 다음 미분 방정식으로 표시되는 계에 대한 전달함수는? (단, $x(t)$는 입력, $y(t)$는 출력을 나타낸다.)

$$\dfrac{d^2y(t)}{dt^2} + 3\dfrac{dy(t)}{dt} + 2y(t) = x(t) + \dfrac{dx(t)}{dt}$$

① $\dfrac{s+1}{s^2+3s+2}$　　② $\dfrac{s-1}{s^2+3s+2}$
③ $\dfrac{s+1}{s^2-3s+2}$　　④ $\dfrac{s-1}{s^2-3s+2}$

해설 ★★★

(1) 주어진 미분 방정식을 라플라스 변환하면,
・$s^2Y(s) + 3sY(s) + 2Y(s) = X(s) + sX(s)$
(2) 위 식을 정리하면,
・$\dfrac{Y(s)}{X(s)} = \dfrac{s+1}{s^2+3s+2}$

[답] ①

15 대칭 6상 기전력의 선간 전압과 상기전력의 위상차는?

① 120°　　② 60°
③ 30°　　④ 15°

해설 ★★

$\theta = \dfrac{\pi}{2}\left(1 - \dfrac{2}{n}\right) = 90°\left(1 - \dfrac{2}{6}\right) = 60°$

[답] ②

16 3상 Y결선 전원에서 각 상전압이 100[V]일 때 선간전압[V]은?

① 150　　② 170
③ 173　　④ 179

해설 ★★★

$V_l = \sqrt{3}\,V_p = \sqrt{3} \times 100 = 173\,[V]$

[답] ③

17 다음과 같은 교류 브리지 회로에서 Z_0에 흐르는 전류가 0이 되기 위한 각 임피던스의 조건은?

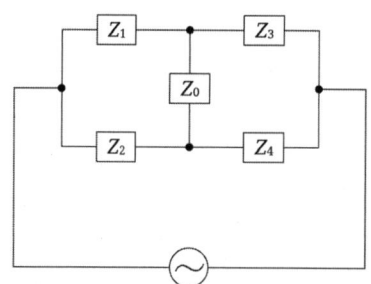

① $Z_1 Z_2 = Z_3 Z_4$ ② $Z_1 Z_2 = Z_3 Z_0$
③ $Z_2 Z_3 = Z_1 Z_0$ ④ $Z_2 Z_3 = Z_1 Z_4$

해설 ★★★

브리지 평형조건 : $Z_2 Z_3 = Z_1 Z_4$

[답] ④

18 회로의 양 단자에서 테브난의 정리에 의한 등가 회로로 변환할 경우 V_{ab} 전압과 테브난 등가저항은?

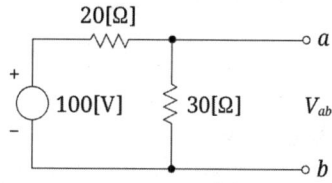

① 60[V], 12[Ω] ② 60[V], 15[Ω]
③ 50[V], 15[Ω] ④ 50[V], 50[Ω]

해설 ★★★

(1) 테브난 등가전압 : $V_{ab} = \dfrac{30}{20+30} \times 100$
$= 60[\text{V}]$
(2) 테브난 등가저항 : $R_{ab} = \dfrac{20 \times 30}{20 + 30} = 12[\Omega]$

[답] ①

19 저항 $R[\Omega]$, 리액턴스 $X[\Omega]$와의 직렬 회로에 교류전압 $V[\text{V}]$를 가했을 때 소비되는 전력[W]은?

① $\dfrac{V^2 R}{\sqrt{R^2 + X^2}}$ ② $\dfrac{V}{\sqrt{R^2 + X^2}}$
③ $\dfrac{V^2 R}{R^2 + X^2}$ ④ $\dfrac{X}{R^2 + X^2}$

해설 ★★★

$P = I^2 R = (\dfrac{V}{Z})^2 R$
$= (\dfrac{V}{\sqrt{R^2 + X^2}})^2 R = \dfrac{V^2 R}{R^2 + X^2} [\text{W}]$

[답] ③

20 RLC 직렬회로에서 각 주파수 ω를 변화시켰을 때 어드미턴스의 궤적은?

① 원점을 지나는 원
② 원점을 지나는 반원
③ 원점을 지나지 않는 원
④ 원점을 지나지 않는 직선

해설 ★

(1) $Z = R + j(\omega L - \dfrac{1}{\omega C})$ $\begin{cases} \omega = 0 : Z = R - j\infty \\ \omega = \infty : Z = R + j\infty \end{cases}$

(2) Z 궤적 Y 궤적

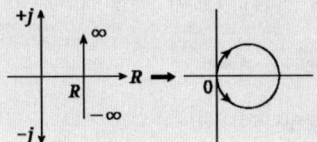

[답] ①

제 4 회 전기공사산업기사 필기시험

1 구형파의 파고율은?

① 1
② 2
③ 1.414
④ 1.732

해 설 ★★★

구형파(사각파)의 실효값과 평균값은 모두 V_m이므로, 파고율은

• 파고율 = $\dfrac{\text{최대값}(V_m)}{\text{실효값}(V)} = \dfrac{V_m}{V_m} = 1$ 이 된다.

[답] ①

2 불평형 회로에서 영상분이 존재하는 3상 회로 구성은?

① △-△ 결선의 3상 3선식
② △-Y 결선의 3상 3선식
③ Y-Y 결선의 3상 3선식
④ Y-Y 결선의 3상 4선식

해 설 ★★★

영상 전류는 접지선에 흐르므로 접지 계통인 Y-Y 결선의 3상 4선식에서만 영상분이 존재한다.

[답] ④

3 $R-L-C$ 직렬 회로에서 진동 조건은 어느 것인가?

① $R < 2\sqrt{\dfrac{L}{C}}$
② $R < 2\sqrt{\dfrac{C}{L}}$
③ $R < 2\sqrt{LC}$
④ $R < \dfrac{1}{2\sqrt{LC}}$

해 설 ★★★

(1) $R-L-C$ 직렬 회로에서 진동 조건은
$R^2 < 4\dfrac{L}{C}$

(2) 위 식의 양변에 $\sqrt{}$ 를 취하여 제곱 형태를 소거시키면, $R < 2\sqrt{\dfrac{L}{C}}$

[답] ①

4 그림과 같은 단위 계단함수는?

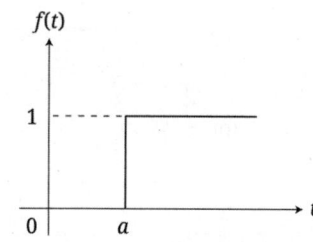

① $u(t)$
② $-u(a)$
③ $u(t-a)$
④ $u(a-t)$

해 설 ★★★

문제에 주어진 파형은 단위 계단함수가 a[초]만큼 시간 지연된 파형으로서 이를 수식으로 표현하면,
$f(t) = u(t)$ ⇒ • $f(t) = u(t-a)$

[답] ③

5 불평형 3상 전류 $I_a = 10 + j2$[A], $I_b = -20 - j24$[A], $I_c = -5 + j10$[A] 일 때의 영상전류 I_0[A]는?

① $15 + j2$ ② $-5 - j4$
③ $-15 - j12$ ④ $-45 - j36$

해 설 ★★★

- $I_0 = \dfrac{1}{3}(I_a + I_b + I_c)$
  $= \dfrac{1}{3}(10 + j2 - 20 - j24 - 5 + j10)$
  $= -5 - j4$[A]

[답] ②

6 테브낭의 정리를 이용하여 그림(a)의 회로를 그림(b)와 같은 등가회로로 만들려고 한다. E[V]와 R[Ω]의 값은 각각 얼마인가?

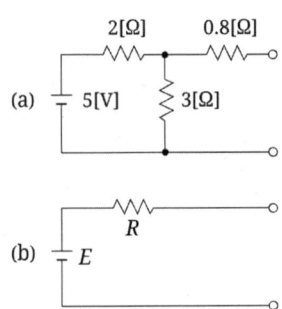

① $E = 3$, $R = 2$ ② $E = 5$, $R = 2$
③ $E = 5$, $R = 5$ ④ $E = 3$, $R = 1.2$

해 설 ★★★

(1) 전압 분배의 법칙에 의하여 테브낭 전압은
$E = \dfrac{3}{2+3} \times 5 = 3$[V]

(2) 5[V] 전압원을 단락시켜 소거시킨 상태에서의 테브낭 저항은,
- $R = 0.8 + \dfrac{2 \times 3}{2+3} = 2$[Ω]

[답] ①

7 분포 정수회로에서 직렬 임피던스 Z[Ω], 병렬 어드미턴스 Y[℧]일 때 선로의 전파 정수 γ는?

① $\sqrt{\dfrac{Z}{Y}}$ ② $\sqrt{\dfrac{Y}{Z}}$
③ $\sqrt{ZY}$ ④ ZY

해 설 ★★★

분포 정수회로에서,

(1) 특성 임피던스 : $Z_0 = \sqrt{\dfrac{Z}{Y}}$
  $= \sqrt{\dfrac{R + j\omega L}{G + j\omega C}}$ [Ω]

(2) 전파 정수 : $\gamma = \sqrt{ZY}$
  $= \sqrt{(R + j\omega L)(G + j\omega C)}$

[답] ③

8 그림에서 저항 양단의 전압 V[V]는 얼마인가?

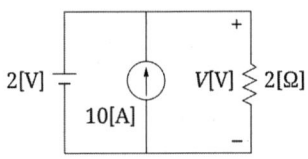

① 2 ② 4
③ 18 ④ 22

해 설 ★★

문제에 주어진 회로에서 전압원과 전류원 및 저항이 모두 병렬 회로이고, 전압원 2[V]가 저항 2[Ω]에 바로 걸리게 되므로 전류원과는 상관없이 저항에는 2[V]가 걸리게 된다.

[답] ①

9 키르히호프의 전류법칙(KCL) 적용에 대한 설명 중 틀린 것은?

① 이 법칙은 집중정수회로에 적용된다.
② 이 법칙은 선형소자로만 이루어진 회로에 적용된다.
③ 이 법칙은 회로의 선형, 비선형에 관계 받지 않고 적용된다.
④ 이 법칙은 회로의 시변, 시불변에는 관계 받지 않고 적용된다.

해설 ★★★

키르히호프의 법칙은 회로에서 기본적인 법칙으로 어떠한 회로망에도 적용 가능한 법칙으로서, 선형 회로망이던 비선형 회로망이던 상관없이 적용 가능하다.

[답] ②

10 상순이 $a-b-c$인 3상 회로의 각 상전압이 보기와 같을 때 역상분 전압은 약 몇 [V]인가? (단, 보기 전압의 단위는 [V]이다.)

[보기]
$V_a = 220\angle 0°$, $V_b = 220\angle -130°$,
$V_c = 185.95\angle 115°$

① 22 ② 28 ③ 30 ④ 35

해설 ★★

- $V_2 = \frac{1}{3}(V_a + a^2 V_b + a V_c)$

$= \frac{1}{3}(220\angle 0° + 1\angle 240° \times 220\angle -130°$
$+ 1\angle 120° \times 185.95\angle 115°)$

$= \frac{1}{3}(220 + 220\angle 110° + 185.95\angle 235°)$

$= \frac{1}{3}(220 + 220(\cos 110° + j\sin 110°)$
$+ 185.95(\cos 235° + j\sin 235°))$

$= \frac{1}{3}(38 + j54) = 12.7 + j18$

∴ $|V_2| = \sqrt{12.7^2 + 18^2} = 22[V]$

[답] ①

11 $R = 40[\Omega]$, $L = 80[mH]$의 코일이 있다. 이 코일에 100[V], 60[Hz]의 전압을 가할 때에 소비되는 전력은 약 몇 [W]인가?

① 200 ② 160
③ 120 ④ 100

해설 ★★★

우선 코일에 흐르는 전류를 구해보면,
$I = \frac{V}{Z} = \frac{100}{\sqrt{40^2 + (2\pi \times 60 \times 80 \times 10^{-3})^2}} = 2[A]$
따라서, 코일에서 소비되는 전력은,
$P = I^2 R = 2^2 \times 40 = 160[W]$

[답] ②

12 그림과 같은 주기파형의 전류 $i(t) = 10e^{-100t}[A]$의 평균값은 약 몇 [A]인가?

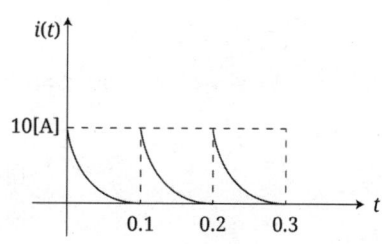

① 0.5 ② 1
③ 2.5 ④ 5

해설 ★

- $I_a = \frac{1}{T}\int_0^T i(t)\,dt = \frac{1}{0.1}\int_0^{0.1} 10e^{-100t}\,dt$

$= \frac{10}{0.1}\left[\frac{1}{-100}e^{-100t}\right]_0^{0.1}$

$= 100 \times \frac{1}{-100}(4.54 \times 10^{-5} - 1) = 1[A]$

[답] ②

13 그림과 같은 $R-C$ 회로에서 입력전압을 $e_i(t)$, 출력전압을 $e_o(t)$라 할 때의 전달 함수는? (단, $\tau = RC$이다.)

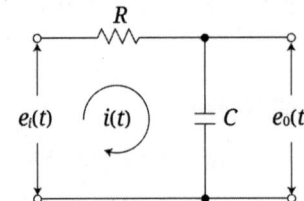

① $\dfrac{1}{\tau s + 1}$ ② $\dfrac{1}{\tau s + 2}$

③ $\dfrac{2}{\tau s + 3}$ ④ $\dfrac{1}{\tau s + 3}$

해설 ★★

(1) 우선, 출력에 대하여 전압 분배 법칙을 적용하여 출력전압을 구하면,

- $E_0 = \dfrac{\dfrac{1}{sC}}{R + \dfrac{1}{sC}} E_i = \dfrac{1}{RCs+1} E_i$

(2) 따라서, 입력과 출력에 대한 전달 함수는,

- $G(s) = \dfrac{E_0}{E_i} = \dfrac{1}{RCs+1} = \dfrac{1}{\tau s+1}$

[답] ①

14 단위램프 함수 $tu(t)$의 라플라스 변환은?

① $-\dfrac{1}{s+a}$ ② $\dfrac{1}{s+a}$

③ $-\dfrac{1}{s^2}$ ④ $\dfrac{1}{s^2}$

해설 ★★★

문제에 주어진 시간 함수
$f(t) = tu(t) = t \times 1 = t$을 라플라스 변환하면,

- $F(s) = \dfrac{1}{s^2}$으로 된다.

[답] ④

15 $i(t) = 10\sin\left(\omega t - \dfrac{\pi}{3}\right)$[A]로 표시되는 전류파형보다 위상이 30° 앞서고, 최대치가 100[V]인 전압파형을 식으로 나타내면?

① $100\sin(\omega t - \dfrac{\pi}{2})$

② $100\sin(\omega t - \dfrac{\pi}{6})$

③ $100\sqrt{2}\sin(\omega t - \dfrac{\pi}{6})$

④ $100\sqrt{2}\cos(\omega t - \dfrac{\pi}{6})$

해설 ★★

문제에 주어진 전류 식 $i(t) = 10\sin\left(\omega t - \dfrac{\pi}{3}\right)$에 대해서 위상이 30° $\left(= \dfrac{\pi}{6}\right)$ 앞서고, 최대값이 100[V]인 전압의 순시값 표현은,

- $v(t) = 100\sin\left(\omega t - \dfrac{\pi}{3} + \dfrac{\pi}{6}\right)$
  $= 100\sin\left(\omega t - \dfrac{\pi}{6}\right)$[V]

[답] ②

16 그림과 같은 $R-C$ 직렬회로에 비정현파 전압 $v(t) = 20 + 220\sqrt{2}\sin\omega t + 40\sqrt{2}\sin 3\omega t$[V]을 가할 때 제3고조파 전류 $i_3(t)$는 몇 [A]인가?
(단, $\omega = 120\pi$[rad/s]이다.)

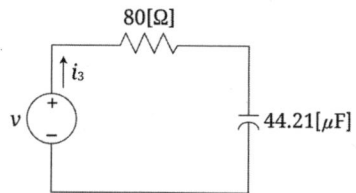

① $0.49\sin(360\pi t - 14.04°)$
② $0.49\sin(360\pi t + 14.04°)$
③ $0.49\sqrt{2}\sin(360\pi t - 14.04°)$
④ $0.49\sqrt{2}\sin(360\pi t + 14.04°)$

해설 ★★

(1) 우선, $R-C$ 직렬 회로에 대한 제3고조파 임피던스 값과 위상은,

- $Z_3 = R - j\dfrac{1}{3\omega C}$

    $= 80 - j\dfrac{1}{3 \times 120\pi \times 44.21 \times 10^{-6}}$

    $= 80 - j20 [\Omega]$

- $\theta = \tan^{-1}\dfrac{\dfrac{1}{3\omega C}}{R}$

    $= \tan^{-1}\dfrac{\dfrac{1}{3 \times 120\pi \times 44.21 \times 10^{-6}}}{80}$

    $= 14.04°$

(2) 따라서, 제3고조파 전류의 순시값은,

$i_3(t) = \dfrac{v_3(t)}{|Z_3|}$

$= \dfrac{40\sqrt{2}\sin(3\omega t + 14.04°)}{\sqrt{80^2 + 20^2}}$

$= 0.49\sqrt{2}\sin(360\pi t + 14.04°)$[V]

[답] ④

17 4단자 정수 A, B, C, D 중에서 전압 이득의 차원을 가지는 것은?

① A　② B　③ C　④ D

해설 ★★★

4단자 정수 각각의 의미는,
(1) A : 4단자 회로망의 입력과 출력의 전압비(이득)
(2) B : 4단자 회로망의 입력과 출력의 임피던스[Ω]
(3) C : 4단자 회로망의 입력과 출력의 어드미턴스[℧]
(4) D : 4단자 회로망의 입력과 출력의 전류비(이득)

[답] ①

18 대칭 3상 Y결선에서 선간전압이 $200\sqrt{3}$ [V]이고 각 상의 임피던스 $Z = 30 + j40$ [Ω]의 평형 부하일 때 선전류는 몇 [A]인가?

① 2　② $2\sqrt{3}$
③ 4　④ $4\sqrt{3}$

해설 ★★★

- $I_l = I_p = \dfrac{V_p}{Z_p} = \dfrac{200}{50} = 4$[A]

[답] ③

19 시간함수 $1 - \cos\omega t$를 라플라스 변환하면?

① $\dfrac{s}{s^2 + \omega^2}$　② $\dfrac{\omega^2}{s(s^2 + \omega^2)}$

③ $\dfrac{s}{s(s^2 - \omega^2)}$　④ $\dfrac{\omega^2}{s(s - \omega^2)}$

해설 ★★

- $f(t) = 1 - \cos\omega t$

    $\Rightarrow \therefore F(s) = \dfrac{1}{s} - \dfrac{s}{s^2 + \omega^2}$

    $= \dfrac{s^2 + \omega^2 - s^2}{s(s^2 + \omega^2)} = \dfrac{\omega^2}{s(s^2 + \omega^2)}$

[답] ②

20 스위치 S를 닫을 때의 전류 $i(t)$는?

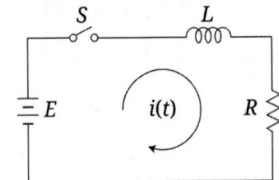

① $\dfrac{E}{R}e^{-\frac{R}{L}t}$ ② $\dfrac{E}{R}(1-e^{-\frac{R}{L}t})$

③ $\dfrac{E}{R}e^{-\frac{L}{R}t}$ ④ $\dfrac{E}{R}(1-e^{-\frac{L}{R}t})$

해 설 ★★★

주어진 $R-L$ 직렬회로의 스위치 닫는 순간의 과도전류 식은,

- $i(t) = \dfrac{E}{R}\left(1-e^{-\frac{R}{L}t}\right)$[A]

[답] ②

• 전기공사산업기사 필기 회로이론

2018년 기출문제

제 1 회 　 전기(공사)산업기사 필기시험

1 $R=50[\Omega]$, $L=200[mH]$의 직렬회로에서 주파수 $f=50[Hz]$의 교류에 대한 역률 [%]은?

① 82.3　　② 72.3
③ 62.3　　④ 52.3

해 설 ★★★

(1) 우선, 문제에 주어진 인덕턴스를 리액턴스 값으로 환산하면,
$X = 2\pi fL = 2\pi \times 50 \times 200 \times 10^{-3}$
$= 62.83[\Omega]$

(2) 따라서, 저항과 리액턴스의 직렬회로에서 역률 구하는 공식에 대입하여,
$\cos\theta = \dfrac{R}{\sqrt{R^2+X^2}} = \dfrac{50}{\sqrt{50^2+62.83^2}}$
$= 0.623$　($\therefore 62.3[\%]$)

[답] ③

2 $r[\Omega]$인 6개의 저항을 그림과 같이 접속하고 평형 3상 전압 E를 가했을 때 전류 I는 몇 [A]인가? (단, $r=3[\Omega]$, $E=60$[V]이다.)

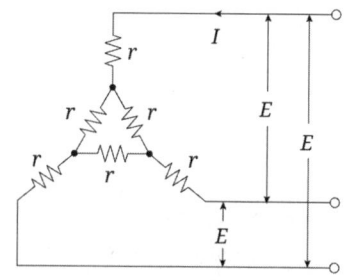

① 8.66　　② 9.56
③ 10.8　　④ 12.6

해 설 ★★

(1) 문제에 주어진 3상 회로는 안에 접속된 저항 3개는 △ 결선이고, 바깥에 접속된 저항 3개는 Y 결선이므로 △ 결선 회로를 Y 결선으로 등가 변환하여 저항회로를 합성하여 보면,
$R = r + \dfrac{r}{3} = \dfrac{4r}{3} = \dfrac{4 \times 3}{3} = 4[\Omega]$

(2) 따라서, 선전류 I를 계산하면 다음과 같다.
$I = \dfrac{\frac{60}{\sqrt{3}}}{4} = 8.66[A]$

[답] ①

3 다음과 같은 회로에서 $t = 0$인 순간에 스위치 S를 닫았다. 이 순간에 인덕턴스 L에 걸리는 전압[V]은? (단, L의 초기 전류는 0이다.)

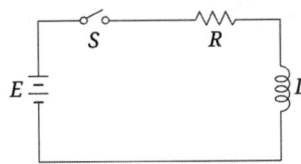

① 0
② $\dfrac{LE}{R}$
③ E
④ $\dfrac{E}{R}$

해설 ★★

(1) 우선, $R-L$ 직렬회로에서 스위치를 닫았을 때 흐르는 과도전류는,
$$i(t) = \dfrac{E}{R}\left(1 - e^{-\frac{R}{L}t}\right)[A]$$

(2) 따라서, 인덕턴스 L에 걸리는 전압을 구해보면.
$$V_L = L\dfrac{di(t)}{dt} = L\dfrac{d}{dt}\left\{\dfrac{E}{R}\left(1 - e^{-\frac{R}{L}t}\right)\right\}$$
$$= \dfrac{LE}{R} \times \dfrac{R}{L} = E\,[V]$$

[답] ③

4 그림과 같이 주기가 3[s]인 전압 파형의 실효값은 약 몇 [V]인가?

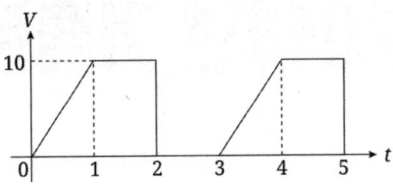

① 5.67
② 6.67
③ 7.57
④ 8.57

해설 ★★

문제에 주어진 파형을 실효값 구하는 식에 대입하면,
$$V = \sqrt{\dfrac{1}{T}\int_0^T v(t)^2 dt}$$
$$= \sqrt{\dfrac{1}{3}\left\{\int_0^1 (10t)^2 dt + \int_1^2 10^2 dt\right\}}$$
$$= \sqrt{\dfrac{1}{3}\left[100 \times \dfrac{1}{3}t^3\right]_0^1 + [100t]_1^2}$$
$$= \sqrt{\dfrac{1}{3}\left(\dfrac{100}{3} + 100\right)} = 6.67[V]$$

[답] ②

5 측정하고자 하는 전압이 전압계의 최대 눈금보다 클 때에 전압계에 직렬로 저항을 접속하여 측정 범위를 넓히는 것은?

① 분류기
② 분광기
③ 배율기
④ 감쇠기

해설 ★★

(1) 배율기 : 전압 분배의 법칙을 이용하여 전압계의 측정 범위를 크게 하기 위하여 전압계에 직렬로 저항을 접속한 것
(2) 분류기 : 전류 분배의 법칙을 이용하여 전류계의 측정 범위를 크게 하기 위하여 전류계에 병렬로 저항을 접속한 것

[답] ③

6 회로의 전압비 전달함수 $G(s) = \dfrac{V_2(s)}{V_1(s)}$ 는?

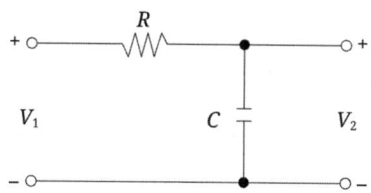

① RC
② $\dfrac{1}{RC}$
③ $RCs+1$
④ $\dfrac{1}{RCs+1}$

해 설 ★★★

(1) 주어진 회로에 전압 분배의 법칙을 적용하면,
$$V_2 = \dfrac{\dfrac{1}{Cs}}{R+\dfrac{1}{Cs}}V_1 = \dfrac{1}{RCs+1}V_1$$

(2) 따라서, 입력과 출력의 비인 전달 함수는,
$$G(s) = \dfrac{V_2}{V_1} = \dfrac{1}{RCs+1}$$

[답] ④

7 비정현파 $f(x)$가 반파대칭 및 정현대칭일 때 옳은 식은? (단, 주기는 2π이다.)

① $f(-x) = f(x),\ f(x+\pi) = f(x)$
② $f(-x) = f(x),\ f(x+2\pi) = f(x)$
③ $f(-x) = -f(x),\ -f(x+\pi) = f(x)$
④ $f(-x) = -f(x),\ -f(x+2\pi) = f(x)$

해 설 ★★

비정현파의 종류 및 함수 식
(1) 여현 대칭파 : $f(t) = f(-t)$
(2) 정현 대칭파 : $f(t) = -f(-t)$
 $\Rightarrow f(-t) = -f(-(-t)) = -f(t)$
(3) 반파 대칭파 : $f(t) = -f(t+\pi)$

[답] ③

8 다음과 같은 Y결선 회로와 등가인 △결선 회로의 A, B, C 값은 몇 [Ω]인가?

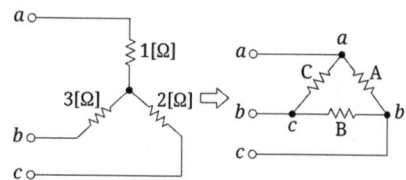

① $A = \dfrac{7}{3},\ B = 7,\ C = \dfrac{7}{2}$
② $A = 7,\ B = \dfrac{7}{2},\ C = \dfrac{7}{3}$
③ $A = 11,\ B = \dfrac{11}{2},\ C = \dfrac{11}{3}$
④ $A = \dfrac{11}{3},\ B = 11,\ C = \dfrac{11}{2}$

해 설 ★★★

Y → △ 등가 변환 공식에 문제의 조건을 대입하면,
- $A = \dfrac{1\times 2 + 2\times 3 + 3\times 1}{3} = \dfrac{11}{3}[\Omega]$
- $B = \dfrac{1\times 2 + 2\times 3 + 3\times 1}{1} = 11\,[\Omega]$
- $C = \dfrac{1\times 2 + 2\times 3 + 3\times 1}{2} = \dfrac{11}{2}[\Omega]$

[답] ④

9 대칭 3상 교류전원에서 각 상의 전압이 $v_a,\ v_b,\ v_c$일 때 3상 전압[V]의 합은?

① 0
② $0.3v_a$
③ $0.5v_a$
④ $3v_a$

해 설 ★★★

대칭 3상 교류전원은 a상, b상, c상 전원의 크기 및 위상이 모두 같은 전원을 말하는 것으로서, 이 3상 전원의 벡터 합은 0가 된다.

[답] ①

10 1[mV]의 입력을 가했을 때 100[mV]의 출력이 나오는 4단자 회로의 이득[dB]은?

① 40 ② 30 ③ 20 ④ 10

해설 ★

이득이란, 어떤 제어계나 회로망의 입력과 출력의 비를 말하는 것이므로,

$$G[\text{dB}] = 20\log_{10}\left|\frac{출력}{입력}\right|$$
$$= 20\log_{10}\left|\frac{100}{1}\right| = 40[\text{dB}]$$

[답] ①

11 어느 회로망의 응답 $h(t) = (e^{-t} + 2e^{-2t})u(t)$의 라플라스 변환은?

① $\dfrac{3s+4}{(s+1)(s+2)}$ ② $\dfrac{3s}{(s-1)(s-2)}$

③ $\dfrac{3s+2}{(s+1)(s+2)}$ ④ $\dfrac{-s-4}{(s-1)(s-2)}$

해설 ★★

$h(t) = (e^{-t} + 2e^{-2t})u(t)$
$= (e^{-t} + 2e^{-2t}) \times 1 = e^{-t} + 2e^{-2t}$

$\therefore H(s) = \dfrac{1}{s+1} + \dfrac{2}{s+2} = \dfrac{s+2+2s+2}{(s+1)(s+2)}$
$= \dfrac{3s+4}{(s+1)(s+2)}$

[답] ①

12 그림과 같은 $e = E_m \sin wt$인 정현파 교류의 반파정류파형의 실효값은?

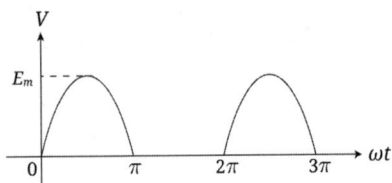

① E_m ② $\dfrac{E_m}{\sqrt{2}}$

③ $\dfrac{E_m}{2}$ ④ $\dfrac{E_m}{\sqrt{3}}$

해설 ★★★

종류	파형	평균값	실효값
정현파		$\dfrac{2}{\pi}V_m$	$\dfrac{1}{\sqrt{2}}V_m$
반파 정류파		$\dfrac{1}{\pi}V_m$	$\dfrac{1}{2}V_m$
구형파		V_m	V_m
반구형파		$\dfrac{1}{2}V_m$	$\dfrac{1}{\sqrt{2}}V_m$
삼각파		$\dfrac{1}{2}V_m$	$\dfrac{1}{\sqrt{3}}V_m$

[답] ③

13 그림과 같은 회로에서 스위치 S를 닫았을 때 시정수[sec]의 값은? (단, $L=10$[mH], $R=20$[Ω]이다.)

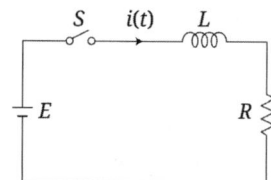

① 200
② 2,000
③ 5×10^{-3}
④ 5×10^{-4}

해 설 ★★★

$R-L$ 직렬회로에서의 시정수 공식에 대입하여,
$t = \dfrac{L}{R} = \dfrac{10 \times 10^{-3}}{20} = 5 \times 10^{-4}$[sec]

[답] ④

14 전압 $e=100\sin 10t+20\sin 20t$[V]이고, 전류 $i=20\sin(10t-60)+10\sin 20t$[A]일 때 소비전력은 몇 [W]인가?

① 500
② 550
③ 600
④ 650

해 설 ★★★

$P = VI\cos\theta$
$= \dfrac{100}{\sqrt{2}} \times \dfrac{20}{\sqrt{2}} \times \cos(0-(-60))$
$+ \dfrac{20}{\sqrt{2}} \times \dfrac{10}{\sqrt{2}} \times \cos(0-0)$
$= 600$[W]

[답] ③

15 회로에서 단자 1-1′에서 본 구동점 임피던스 Z_{11}은 몇 [Ω]인가?

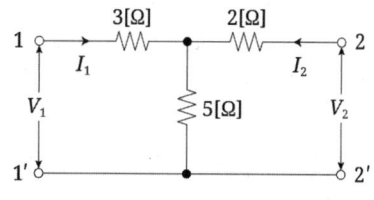

① 5
② 8
③ 10
④ 15

해 설 ★★★

- $Z_{11} = 3+5 = 8$[Ω]
- $Z_{12} = Z_{21} = 5$[Ω]
- $Z_{22} = 2+5 = 7$[Ω]

[답] ②

16 RLC 직렬회로에서 공진 시의 전류는 공급전압에 대하여 어떤 위상차를 갖는가?

① 0°
② 90°
③ 180°
④ 270°

해 설 ★★★

$R-L-C$ 직렬 회로에서 공진에서는 유도성 리액턴스 ωL과 용량성 리액턴스 $\dfrac{1}{\omega C}$이 같아져서 저항 R만의 회로가 되므로, 전압과 전류의 위상차는 0°이다.

[답] ①

17 $f(t) = 3u(t) + 2e^{-t}$인 시간함수를 라플라스 변환한 것은?

① $\dfrac{3s}{s^2+1}$ ② $\dfrac{s+3}{s(s+1)}$

③ $\dfrac{5s+3}{s(s+1)}$ ④ $\dfrac{5s+1}{(s+1)s^2}$

해설 ★★

$f(t) = 3u(t) + 2e^{-t} = 3 \times 1 + 2e^{-t} = 3 + 2e^{-t}$

$\therefore F(s) = \dfrac{3}{s} + \dfrac{2}{s+1} = \dfrac{3s+3+2s}{s(s+1)}$

$= \dfrac{5s+3}{s(s+1)}$

[답] ③

18 $F(s) = \dfrac{2(s+1)}{s^2+2s+5}$의 시간함수 $f(t)$는 어느 것인가?

① $2e^t \cos 2t$ ② $2e^t \sin 2t$

③ $2e^{-t} \cos 2t$ ④ $2e^{-t} \sin 2t$

해설 ★★

• $F(s) = \dfrac{2(s+1)}{s^2+2s+5} = \dfrac{2(s+1)}{(s+1)^2+4}$

$= 2 \times \dfrac{s+1}{(s+1)^2+2^2}$

• $f(t) = 2e^{-t} \cdot \cos 2t$

[답] ③

19 대칭 10상회로의 선간전압이 100[V]일 때, 상전압은 약 몇 [V]인가?
(단, $\sin 18° = 0.309$ 이다.)

① 161.8 ② 172

③ 183.1 ④ 193

해설 ★★

대칭 n상 전원의 선간전압과 상전압의 관계는
$V_l = 2 V_p \sin \dfrac{\pi}{n}$ 이므로, 이 식에 문제 조건을 대입하여 풀면,

• $V_p = \dfrac{V_l}{2 \sin \dfrac{\pi}{n}} = \dfrac{100}{2 \times \sin \dfrac{180°}{10}}$

$= \dfrac{100}{2 \times \sin 18°} = \dfrac{100}{2 \times 0.309} = 161.8 [V]$

[답] ①

20 다음 중 정전용량의 단위 [F](패럿)과 같은 것은? (단, [C]는 쿨롱, [N]은 뉴턴, [V]는 볼트, [m]은 미터이다.)

① $\dfrac{[V]}{[C]}$ ② $\dfrac{[N]}{[C]}$ ③ $\dfrac{[C]}{[m]}$ ④ $\dfrac{[C]}{[V]}$

해설 ★★

$Q = CV$ 에서, $C[F] = \dfrac{Q[C]}{V[V]}$

[답] ④

제 2 회 전기(공사)산업기사 필기시험

1 $R-L-C$ 직렬회로에서 시정수의 값이 작을수록 과도현상이 소멸되는 시간은 어떻게 되는가?

① 짧아진다.   ② 관계없다.
③ 길어진다.   ④ 일정하다.

해설 ★★★

(1) 시정수 : 과도전류가 정상전류(100[%])의 63.2[%]에 도달되는 시간[sec]
(2) 따라서, 시정수 값이 작다는 것은 과도현상이 비례해서 짧아진다는 것을 의미한다.

[답] ①

2 전기회로의 입력을 V_1, 출력을 V_2라고 할 때 전달함수는? (단, $s=j\omega$이다.)

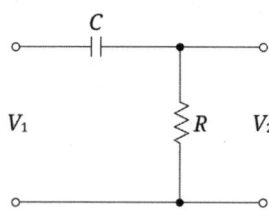

① $\dfrac{1}{R+\dfrac{1}{j\omega C}}$ ② $\dfrac{1}{j\omega+\dfrac{1}{RC}}$

③ $\dfrac{j\omega}{j\omega+\dfrac{1}{RC}}$ ④ $\dfrac{j\omega}{R+\dfrac{1}{j\omega C}}$

해설 ★★

(1) 우선 문제에 주어진 회로에서 출력에 대해서 전압분배의 법칙을 적용하면,
$$V_2 = \dfrac{R}{\dfrac{1}{j\omega C}+R}V_1 = \dfrac{j\omega CR}{1+j\omega CR}V_1$$
$$= \dfrac{j\omega}{\dfrac{1}{RC}+j\omega}V_1$$
(2) 따라서, 전압비 전달함수는,
$$G(j\omega) = \dfrac{V_2}{V_1} = \dfrac{j\omega}{j\omega+\dfrac{1}{RC}}$$

[답] ③

3 $\mathcal{L}[u(t-a)]$는 어느 것인가?

① $\dfrac{e^{as}}{s^2}$ ② $\dfrac{e^{-as}}{s^2}$

③ $\dfrac{e^{as}}{s}$ ④ $\dfrac{e^{-as}}{s}$

해 설 ★★★

시간추이 정리에 의하여,
- $F(s) = u(t-a) \Rightarrow \therefore f(t) = \dfrac{1}{s}e^{-as}$

[답] ④

4 그림과 같은 회로에서 $G_2[\mho]$ 양단의 전압 강하 $E_2[V]$는?

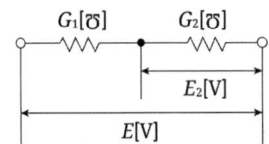

① $\dfrac{G_2}{G_1+G_2}E$ ② $\dfrac{G_1}{G_1+G_2}E$

③ $\dfrac{G_1 G_2}{G_1+G_2}E$ ④ $\dfrac{G_1+G_2}{G_1+G_2}E$

해 설 ★★

문제에 주어진 회로에 전압분배의 법칙을 적용하여,
$E_1 = \dfrac{G_2}{G_1+G_2}E$, $E_2 = \dfrac{G_1}{G_1+G_2}E$
(∴ 문제에 주어진 소자는 컨덕턴스 G임에 주의한다. : 저항과 반대 특성)

[답] ②

5 그림과 같은 회로에서 $0.2[\Omega]$의 저항에 흐르는 전류는 몇 [A]인가?

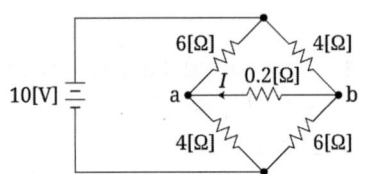

① 0.1 ② 0.2 ③ 0.3 ④ 0.4

해 설 ★★★

(1) a, b 단자에 연결된 부하저항($0.2[\Omega]$)을 개방한 후, a, b 단자에서 본 테브난 등가 회로를 구하면,
- $V_T = \dfrac{6}{4+6}\times 10 - \dfrac{4}{6+4}\times 10 = 2[V]$
- $R_T = \dfrac{6\times 4}{6+4} + \dfrac{4\times 6}{4+6} = 4.8[\Omega]$

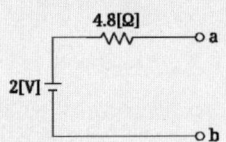

(2) 위 테브난 회로의 a, b 단자에 부하저항($0.2[\Omega]$)을 연결한 후, 부하저항에 흐르는 전류를 구하면,
- $I = \dfrac{V}{R} = \dfrac{2}{4.8+0.2} = 0.4[A]$

[답] ④

6 정현파의 파고율은?

① 1.111　　② 1.414
③ 1.732　　④ 2.356

해 설 ★★★

(1) 정현파의 평균값과 실효값은 각각,
- $V_a = \dfrac{2}{\pi} V_m$, $V = \dfrac{1}{\sqrt{2}} V_m$

(2) 따라서, 정현파의 파고율 및 파형율은,
- 파고율 $= \dfrac{V_m}{V}$
  $= \dfrac{V_m}{\dfrac{1}{\sqrt{2}} V_m} = \sqrt{2} = 1.414$

- 파형율 $= \dfrac{V}{V_a}$
  $= \dfrac{\dfrac{1}{\sqrt{2}} V_m}{\dfrac{2}{\pi} V_m} = \dfrac{\pi}{2\sqrt{2}} = 1.11$

[답] ②

7 어떤 회로의 단자전압이 $V = 100\sin\omega t + 40\sin 2\omega t + 30\sin(3\omega t + 60°)$ [V]이고 전압강하의 방향으로 흐르는 전류가 $I = 10\sin(\omega t - 60°) + 2\sin(3\omega t + 105°)$ [A]일 때 회로에 공급되는 평균전력[W]은?

① 271.2　　② 371.2
③ 530.2　　④ 630.2

해 설 ★★★

$P = VI\cos\theta$
$= \dfrac{100}{\sqrt{2}} \times \dfrac{10}{\sqrt{2}} \times \cos(0° - (-60°))$
$+ \dfrac{30}{\sqrt{2}} \times \dfrac{2}{\sqrt{2}} \times \cos(60° - 105°)$
$= 271.2$ [W]

[답] ①

8 저항 $\dfrac{1}{3}$ [Ω], 유도 리액턴스 $\dfrac{1}{4}$ [Ω]인 $R-L$ 병렬회로의 합성 어드미턴스[℧]는?

① $3 + j4$　　② $3 - j4$
③ $\dfrac{1}{3} + j\dfrac{1}{4}$　　④ $\dfrac{1}{3} - j\dfrac{1}{4}$

해 설 ★

$Y = \dfrac{1}{R} + \dfrac{1}{jX_L} = \dfrac{1}{\dfrac{1}{3}} - j\dfrac{1}{\dfrac{1}{4}} = 3 - j4$ [℧]

[답] ②

9 $\dfrac{1}{s^2 + 2s + 5}$ 의 라플라스 역변환 값은?

① $e^{-2t}\cos 2t$　　② $\dfrac{1}{2}e^{-t}\sin t$
③ $\dfrac{1}{2}e^{-t}\sin 2t$　　④ $\dfrac{1}{2}e^{-t}\cos 2t$

해 설 ★★★

(1) 우선, 문제에 주어진 식을 변형하면,
$F(s) = \dfrac{1}{s^2 + 2s + 5} = \dfrac{1}{(s+1)^2 + 2^2}$
$= \dfrac{1}{2} \times \dfrac{2}{(s+1)^2 + 2^2}$

(2) 따라서, 라플라스 역변환하여 시간함수를 구하면,
$f(t) = \dfrac{1}{2} e^{-t} \sin 2t$

[답] ③

10 $i(t) = I_o e^{st}$ [A]로 주어지는 전류가 콘덴서 C [F]에 흐르는 경우의 임피던스[Ω]는?

① C　　② sC
③ $\dfrac{C}{s}$　　④ $\dfrac{1}{sC}$

해 설 ★★

콘덴서의 임피던스는, $Z_c = \dfrac{1}{j\omega C} = \dfrac{1}{sC}$ [Ω]

[답] ④

11 부하에 $100\angle 30°$[V]의 전압을 가하였을 때 $10\angle 60°$[A]의 전류가 흘렀다면 부하에서 소비되는 유효전력은 약 몇 [W]인가?

① 400　　② 500
③ 682　　④ 866

해 설 ★★★

$P = VI\cos\theta = 100 \times 10 \times \cos(30° - 60°)$
$= 866[W]$

[답] ④

12 3상 대칭분 전류를 I_0, I_1, I_2라 하고 선전류를 I_a, I_b, I_c라고 할 때 I_b는 어떻게 되는가?

① $I_0 + I_1 + I_2$　　② $I_0 + a^2I_1 + aI_2$
③ $I_0 + aI_1 + a^2I_2$　　④ $\frac{1}{3}(I_0 + I_1 + I_2)$

해 설 ★★★

- $I_a = I_0 + I_1 + I_2$
- $I_b = I_0 + a^2I_1 + aI_2$
- $I_c = I_0 + aI_1 + a^2I_2$

[답] ②

13 대칭 3상 Y결선 부하에서 각 상의 임피던스가 $Z = 16 + j12[\Omega]$이고 부하전류가 5[A]일 때, 이 부하의 선간전압[V]은?

① $100\sqrt{2}$　　② $100\sqrt{3}$
③ $200\sqrt{2}$　　④ $200\sqrt{3}$

해 설 ★★★

Y 결선에서의 선간전압은,
- $V_l = \sqrt{3}\,V_p = \sqrt{3}\,Z_pI_p$
$= \sqrt{3} \times \sqrt{16^2 + 12^2} \times 5 = 100\sqrt{3}\,[V]$

[답] ②

14 비정현파 전압 $v = 100\sqrt{2}\sin\omega t + 50\sqrt{2}\sin 2\omega t + 30\sqrt{2}\sin 3\omega t$[V]의 왜형률은 약 얼마인가?

① 0.36　　② 0.58
③ 0.87　　④ 1.41

해 설 ★★

왜형률 $= \dfrac{\sqrt{V_2^2 + V_3^2}}{V_1} = \dfrac{\sqrt{50^2 + 30^2}}{100} = 0.58$

[답] ②

15 대칭 좌표법에서 사용되는 용어 중 3상에 공통된 성분을 표시하는 것은?

① 공통분　　② 정상분
③ 역상분　　④ 영상분

해 설 ★★★

(1) 3상 전원을 대칭분으로 표현하면,
- $I_a = I_0 + I_1 + I_2$
- $I_b = I_0 + a^2I_1 + aI_2$
- $I_c = I_0 + aI_1 + a^2I_2$

(2) 따라서, 위식에서 3상에 공통인 성분은 영상분 (I_0)이다.

[답] ④

16 다음과 같은 회로의 a-b간 합성 인덕턴스는 몇 [H]인가? (단, L_1=4[H], L_2=4[H], L_3=2[H], L_4=2[H]이다.)

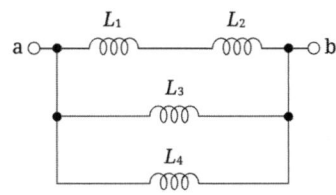

① $\frac{8}{9}$ ② 6
③ 9 ④ 12

해설 ★★

(1) L_1과 L_2 직렬 합성 인덕턴스는,
 • $L_1 + L_2 = 4+4 = 8[H]$
(2) 또한, L_3과 L_4 병렬 합성 인덕턴스는,
 • $\frac{L_3 \times L_4}{L_3 + L_4} = \frac{2\times 2}{2+2} = 1[H]$
(3) 따라서, 전체 병렬 합성 인덕턴스는,
 • $\frac{8\times 1}{8+1} = \frac{8}{9}[H]$

[답] ①

17 2단자 임피던스함수
$Z(s) = \dfrac{(s+2)(s+3)}{(s+4)(s+5)}$ 일 때 극점(pole)은?

① -2, -3 ② -3, -4
③ -2, -4 ④ -4, -5

해설 ★★

(1) 영점 : 2단자 임피던스 함수 $Z(s)$가 0이 되는 값 ⇒ ∴ $z = -2, -3$
(2) 극점 : 2단자 임피던스 함수 $Z(s)$가 ∞가 되는 값 ⇒ ∴ $p = -4, -5$

[답] ④

18 3상 불평형 전압에서 역상전압이 50[V], 정상전압이 200[V], 영상전압이 10[V]라고 할 때 전압의 불평형률[%]은?

① 1 ② 5
③ 25 ④ 50

해설 ★★★

불평형률 $= \dfrac{역상분}{정상분} \times 100$
$= \dfrac{V_2}{V_1} \times 100 = \dfrac{50}{200} \times 100 = 25[\%]$

[답] ③

19 그림과 같은 T형 회로의 영상 전달정수 θ는?

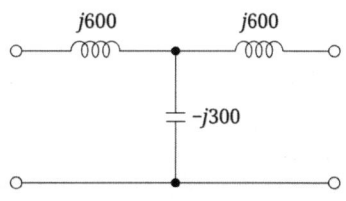

① 0 ② 1
③ -3 ④ -1

해설 ★★

(1) 우선, 문제에 주어진 T형 회로의 4단자 정수 A, B, C, D를 구하면,
 • $A = 1 + \dfrac{Z_1}{Z_3} = 1 + \dfrac{j600}{-j300} = -1$
 • $B = Z_1 + Z_2 + \dfrac{Z_1 Z_2}{Z_3}$
  $= j600 + j600 + \dfrac{j600 \times j600}{-j300} = 0$
 • $C = \dfrac{1}{Z_3} = \dfrac{1}{-j300} = j\dfrac{1}{300}$
 • $D = \dfrac{Z_2}{Z_3} = 1 + \dfrac{j600}{-j300} = -1$
(2) 따라서, 영상 전달정수는,
 • $\theta = \log_e(\sqrt{AD} + \sqrt{BC})$
  $= \log_e(\sqrt{(-1)\times(-1)} + \sqrt{0 \times j\dfrac{1}{300}})$
  $= 0$

[답] ①

20 부동작 시간(dead time) 요소의 전달함수는?

① Ks ② $\dfrac{K}{s}$

③ Ke^{-Ls} ④ $\dfrac{K}{Ts+1}$

해 설 ★★★

부동작 시간 요소 :
- 입력신호 $X(s)$에 대하여 출력신호 $Y(s)$가 어떤 영향도 받지 않는 제어장치의 전달함수 요소이다.
- $G(s) = \dfrac{C(s)}{R(s)} = Ke^{-Ls}$

$R(s) \longrightarrow \boxed{Ke^{Ls}} \longrightarrow C(s)$

[답] ③

제 4 회 전기공사산업기사 필기시험

1 전달함수에 대한 설명으로 틀린 것은?

① 전달함수가 s가 될 때 적분요소라 한다.
② 전달함수는 $\dfrac{출력 라플라스변환}{입력 라플라스변환}$ 으로 정의된다.
③ 어떤 계의 전달함수의 분모를 0으로 놓으면 이것이 곧 특성방정식이 된다.
④ 어떤 계의 전달함수는 그 계에 대한 임펄스 응답의 라플라스 변환과 같다.

해설 ★★★

전달함수가 s가 되는 것은 미분요소이다.

[답] ①

2 다음과 같은 전기회로의 입력을 e_i, 출력을 e_o라고 할 때 전달함수는?
(단, $T = \dfrac{L}{R}$ 이다.)

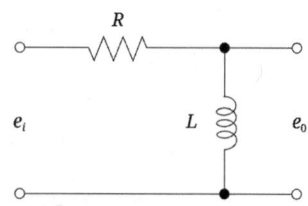

① $Ts+1$
② Ts^2+1
③ $\dfrac{1}{Ts+1}$
④ $\dfrac{Ts}{Ts+1}$

해설 ★★★

(1) 우선 문제에 주어진 회로에서 출력에 대해서 전압분배의 법칙을 적용하면,

$$e_0 = \dfrac{Ls}{R+Ls}e_i = \dfrac{\dfrac{L}{R}s}{1+\dfrac{L}{R}s}e_i = \dfrac{Ts}{1+Ts}e_i$$

(2) 따라서, 전압비 전달함수는,

· $\dfrac{e_0}{e_i} = \dfrac{Ts}{1+Ts}$

[답] ④

3 RL 직렬회로에 직류전압을 가했을 때 흐르는 전류가 정상전류 $I = \dfrac{E}{R}$ 의 70[%]에 도달하는 데 걸리는 시간은? (단, τ 는 시정수이다.)

① $t = 0.7\tau$ ② $t = 1.1\tau$
③ $t = 1.2\tau$ ④ $t = 1.4\tau$

> **해설** ★★
>
> (1) 정상전류에 70[%] :
> - $i = \dfrac{E}{R}\left(1 - e^{-\frac{R}{L}t}\right) = 0.7 \times \dfrac{E}{R}$ [A]
>
> (2) 따라서, 정상전류의 70[%]에 도달하는 시간은,
> - $1 - e^{-\frac{R}{L} \times \frac{L}{R} \times k} = 1 - e^{-k} = 0.7$
> $\Rightarrow \therefore k = -\ln(1 - 0.7) = 1.2$
>
> (3) 그러므로, 시간은,
> - $t = 1.2\tau$ [sec]
>
> [답] ③

4 $f(t) = 10[u(t-3) - u(t-5)]$ 를 라플라스 변환하면 어떻게 되는가?

① $\dfrac{10}{s}(e^{3s} + e^{-5s})$ ② $\dfrac{10}{s}(e^{-3s} - e^{-5s})$
③ $\dfrac{10}{s}(e^{-3s} + e^{-5s})$ ④ $\dfrac{10}{s}(e^{-3s} - e^{5s})$

> **해설** ★★★
>
> - $f(t) = 10[u(t-3) - u(t-5)]$
> $\therefore F(s) = 10 \times \dfrac{1}{s}e^{-3s} - 10 \times \dfrac{1}{s}e^{-5s}$
> $= \dfrac{10}{s}(e^{-3s} - e^{-5s})$
>
> [답] ②

5 $V_a = 3$[V], $V_b = 2 - j3$[V], $V_c = 4 + j3$[V]를 3상 불평형 전압이라고 할 때 영상전압[V]은?

① 0   ② 3   ③ 9   ④ 27

> **해설** ★★★
>
> - $V_0 = \dfrac{1}{3}(V_a + V_b + V_c)$
> $= \dfrac{1}{3}(3 + 2 - j3 + 4 + j3) = 3$[V]
>
> [답] ②

6 $5\dfrac{d^2q(t)}{dt^2} + \dfrac{dq(t)}{dt} = 10\sin t$ 에서 모든 초기조건을 0으로 하고 라플라스 변환하면 어떻게 되는가? (단, $Q(s)$ 는 $q(t)$ 의 라플라스 변환이다.)

① $Q(s) = \dfrac{10}{2(s^2 + 1)}$
② $Q(s) = \dfrac{10}{(s^2 + 5)(s^2 + 1)}$
③ $Q(s) = \dfrac{10}{(5s + 1)(s^2 + 1)}$
④ $Q(s) = \dfrac{10}{(5s^2 + s)(s^2 + 1)}$

> **해설** ★★
>
> (1) 우선, 주어진 미분 방정식을 라플라스 변환하면,
> - $5s^2 Q(s) + s Q(s) = \dfrac{10}{s^2 + 1^2}$
>
> (2) 따라서, $Q(s)$ 는,
> - $Q(s) = \dfrac{10}{(5s^2 + s)(s^2 + 1)}$
>
> [답] ④

7 어떤 회로의 단자전압이 $V=100\sin\omega t +40\sin 2\omega t+30\sin(3\omega t+60°)$ [V]이고 전압강하의 방향으로 흐르는 전류가 $I=10\sin(\omega t-60°)+2\sin(3\omega t+105°)$ [A]일 때 회로의 공급되는 평균전력[W]은?

① 271.2 ② 371.2
③ 530.2 ④ 630.2

해 설 ★★★

- $P = VI\cos\theta$
  $= \dfrac{100}{\sqrt{2}} \times \dfrac{10}{\sqrt{2}} \times \cos(0° - (-60°))$
  $+ \dfrac{30}{\sqrt{2}} \times \dfrac{2}{\sqrt{2}} \times \cos(60° - 105°)$
  $= 271.2$ [W]

[답] ①

8 그림과 같은 회로망에서 전류를 산출하는 데 옳게 표시한 식은?

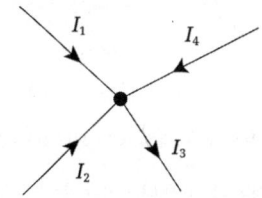

① $I_1 + I_2 - I_4 - I_3 = 0$
② $I_1 + I_4 - I_2 - I_3 = 0$
③ $I_1 + I_2 + I_3 + I_4 = 0$
④ $I_1 + I_2 - I_3 + I_4 = 0$

해 설 ★★

키르히호프의 전류법칙 : 어느 절점에 유입하는 전류와 유출하는 전류는 같다.
- $I_1 + I_2 + I_4 = I_3$
- $I_1 + I_2 + I_4 - I_3 = 0$

[답] ④

9 정현파 사이클의 수학적인 평균값은?

① 0 ② 0.637×최대값
③ 0.707×최대값 ④ 1.414×실효값

해 설 ★★

정현파는 전압이나 전류의 사이클경과에 따라 (+), (-)로 극성이 바뀌므로 단순히 수학적인 평균값은 0이 된다.

[답] ①

10 대칭 3상 Y부하에서 각상의 임피던스가 $3+j4$[Ω]이고 부하전류가 20[A]일 때 이 부하에서 소비되는 유효전력[W]은?

① 1,400 ② 1,600
③ 1,800 ④ 3,600

해 설 ★★★

- $P = 3I^2R = 3 \times 20^2 \times 3 = 3,600$ [W]

[답] ④

11 직류 과도현상이 저항 $R[\Omega]$과 인덕턴스 $L[H]$의 직렬회로에 대한 설명으로 틀린 것은?

① 회로의 시정수는 $\tau = \dfrac{L}{R}[s]$이다.

② 과도기간에 있어서의 인덕턴스 L의 단자전압은 $V_L(t) = Ee^{-\frac{L}{R}t}$이다.

③ 과도기간에 있어서의 저항 R의 단자전압 $V_R(t) = E(1-e^{-\frac{R}{L}t})$이다.

④ $t=0$에서 직류전압 $E[V]$를 가했을 때 $t[s]$ 후의 전류는 $i(t) = \dfrac{E}{R}(1-e^{-\frac{R}{L}t})[A]$이다.

해설 ★★

과도기간이라는 것은 정상상태의 전류가 되기 전, 전류의 과도전류가 흐르는 상태이므로,

• $e_L = L\dfrac{di(t)}{dt} = L\dfrac{d}{dt}\left\{\dfrac{E}{R}(1-e^{-\frac{R}{L}t})\right\}$

$= \dfrac{LE}{R} \times \dfrac{R}{L} e^{-\frac{R}{L}t} = Ee^{-\frac{R}{L}t}[V]$

[답] ②

12 대칭 3상 전압을 그림과 같은 평형 부하에 가할 때 부하의 역률은 약 얼마인가?

(단, $R = 12[\Omega]$, $\dfrac{1}{\omega C} = 4[\Omega]$이다.)

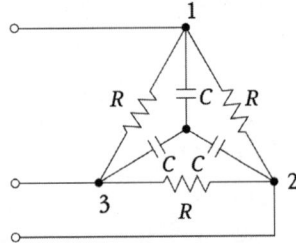

① 0.6 ② 0.7 ③ 0.8 ④ 0.9

해설 ★★★

(1) 우선 저항을 $\triangle \rightarrow Y$ 변환하면,

• $R_Y = \dfrac{12}{3} = 4[\Omega]$

(2) 따라서, $R-C$ 병렬 회로의 역률을 구하면,

• $\cos\theta = \dfrac{X}{\sqrt{R^2+X^2}} = \dfrac{4}{\sqrt{4^2+4^2}} = 0.7$

[답] ②

13 어떤 회로에서 $i = 10\sin\left(314t - \dfrac{\pi}{6}\right)[A]$의 전류가 흐른다. 이를 복소수로 표시하면?

① $3.54 - j6.12[A]$
② $5 - j17.32[A]$
③ $6.12 - j3.54[A]$
④ $17.32 - j5[A]$

해설 ★★

• $\dot{I} = \dfrac{10}{\sqrt{2}} \angle -30°$

$= \dfrac{10}{\sqrt{2}}(\cos(-30°) + j\sin(-30°))$

$= 6.12 - j3.54[A]$

[답] ③

14 다음의 회로에서 입력 임피던스 Z의 실수부가 $\dfrac{R}{2}$이 되려면 $\dfrac{1}{\omega C}$은? (단, 각 주파수는 ω[rad/s]이다.)

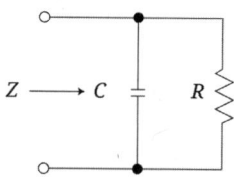

① R
② $R\omega$
③ $\dfrac{1}{R}$
④ $\dfrac{\omega}{R}$

해설 ★★

- $Z = \dfrac{R \times \dfrac{1}{j\omega C}}{R \times \dfrac{1}{j\omega C}} = \dfrac{R}{1 + j\omega RC}$

  $= \dfrac{R}{1 + j\omega RC} \times \dfrac{1 - j\omega RC}{1 - j\omega RC}$

  $= \dfrac{R}{1 + \omega^2 R^2 C^2} - j\dfrac{\omega R^2 C}{1 + \omega^2 R^2 C^2}$

  에서, 실수부가 $\dfrac{R}{2}$이 되려면,

- $\dfrac{R}{1 + \omega^2 R^2 C^2} = \dfrac{R}{2}$

- $\omega^2 R^2 C^2 = 1 \Rightarrow \therefore \dfrac{1}{\omega^2 C^2} = R^2$

  $\therefore \dfrac{1}{\omega C} = R$

[답] ①

15 그림과 같이 주파수 f[Hz]인 교류회로에서 전류 I와 I_R이 같은 값으로 되는 조건은? (단, R은 저항[Ω], C는 정전용량[F], L은 인덕턴스[H]이다.)

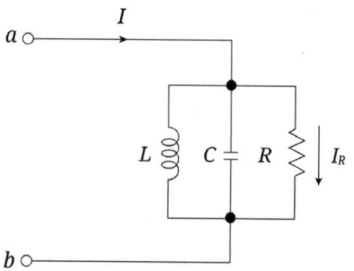

① $f = \dfrac{1}{\sqrt{LC}}$
② $f = \dfrac{2\pi}{\sqrt{LC}}$
③ $f = \dfrac{1}{2\pi\sqrt{LC}}$
④ $f = 2\pi(LC)^2$

해설 ★★

(1) 회로의 전체 전류 I와 저항에 흐르는 전류 I_R이 같으려면, L과 C가 서로 상쇄되는 병렬공진 조건이 되어야 한다. 즉,

- $\omega L = \dfrac{1}{\omega C}$

(2) 공진 주파수는,

- $2\pi f L = \dfrac{1}{2\pi f C} \Rightarrow \therefore f = \dfrac{1}{2\pi\sqrt{LC}}$ [Hz]

[답] ③

16 그림과 같은 이상적인 변압기로 구성된 4단자 회로에서 4단자 정수 A와 C는 어떻게 되는가?

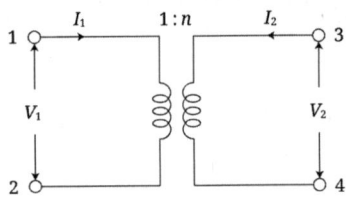

① $A = n,\ C = 0$
② $A = 0,\ C = n$
③ $A = 0,\ C = 1/n$
④ $A = 1/n,\ C = 0$

해 설 ★★

(1) 변압기의 권선비,
 $a = \dfrac{n_1}{n_2} = \dfrac{1}{n} = \dfrac{V_1}{V_2} = \dfrac{I_2}{I_1}$

(2) 따라서, 4단자 정수를 각각 구해보면,
 $A = \dfrac{V_1}{V_2} = \dfrac{1}{n}$, $B = \dfrac{V_1}{I_2} = 0$,
 $C = \dfrac{I_1}{V_2} = 0$, $D = \dfrac{I_1}{I_2} = n$

[답] ④

17 $i = 2 + 5\sin(100t + 30°) + 10\sin(200t - 10°)$[A]와 파형은 동일하나 기본파의 위상이 20° 늦은 비정현파 전류[A]의 순시값을 나타내는 식은?

① $2 + 5\sin(100t + 10°) + 10\sin(200t - 30°)$
② $2 + 5\sin(100t + 10°) + 10\sin(200t + 30°)$
③ $2 + 5\sin(100t + 10°) + 10\sin(200t + 50°)$
④ $2 + 5\sin(100t + 10°) + 10\sin(200t - 50°)$

해 설 ★

• $i = 2 + 5\sin(100t + 30° - 20°)$
    $+ 10\sin(200t - 10° - 20° \times 2)$
∴ $i = 2 + 5\sin(100t + 10°) + 10\sin(200t - 50°)$

[답] ④

18 2개의 전력계로 평형 3상 부하의 전력을 측정하였더니 한쪽의 지시치가 다른 쪽 전력계의 지시치보다 3배이었다면 부하역률은 약 얼마인가?

① 0.37   ② 0.57
③ 0.76   ④ 0.86

해 설 ★★★

• $\cos\theta = \dfrac{P_1 + P_2}{2\sqrt{P_1^2 + P_2^2 - P_1 P_2}}$
 $= \dfrac{P_1 + 3P_1}{2\sqrt{P_1^2 + (3P_1)^2 - P_1 \times 3P_1}} = 0.76$

[답] ③

19 다음의 회로가 정저항 회로가 되기 위한 L[H]의 값은?

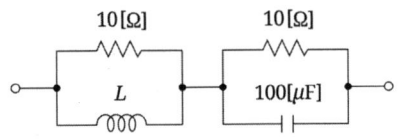

① 1   ② 0.1
③ 0.01   ④ 0.001

해 설 ★★★

• $R^2 = \dfrac{L}{C}$
∴ $L = R^2 C = 10^2 \times 100 \times 10^{-6} = 0.01$[H]

[답] ③

20 비접지 3상 Y부하의 각 선에 흐르는 비대칭 각 선전류를 I_a, I_b, I_c라 할 때 선전류의 영상분 I_0는?

① 0
② $I_a + I_b$
③ $I_a + I_b + I_c$
④ $\frac{1}{3}(I_a - I_b - I_c)$

> **해 설** ★★★
> 비접지 회로는 접지선이 없으므로, 영상전류의 통로가 없어지게 되므로 영상전류는 0이 된다.
> [답] ①

• 전기공사산업기사 필기 회로이론

2019년 기출문제

제 1 회 전기(공사)산업기사 필기시험

1 비정현파의 성분을 가장 옳게 나타낸 것은?

① 직류분 + 고조파
② 교류분 + 고조파
③ 교류분 + 기본파 + 고조파
④ 직류분 + 기본파 + 고조파

해설 ★★★

푸리에 급수
(1) 직류 성분, 정현파(기본파) 및 수많은 고조파가 포함되어 있는 비정현파를 수학적으로 표현한 함수를 말한다.
(2) 푸리에 급수표현식
- $f(t) = a_0 + a_1 \sin\omega t + a_2 \sin 2\omega t +$
  $\cdots + b_1 \cos\omega t + b_2 \cos 2\omega t + \cdots$
  $= a_0 + \sum_{n=1}^{\infty} a_n \sin n\omega t + \sum_{n=1}^{\infty} b_n \cos n\omega t$

즉, (비정현파 교류 = 직류분 + 기본파 + 고조파)로 함수식을 표현할 수 있다.

[답] ④

2 다음과 같은 전류의 초기값 $i(0^+)$를 구하면?

$$I(s) = \frac{12(s+8)}{4s(s+6)}$$

① 1
② 2
③ 3
④ 4

해설 ★★★

$\lim_{t \to 0} i(t) = \lim_{s \to \infty} s I(s) = \lim_{s \to \infty} s \times \frac{12(s+8)}{4s(s+6)}$

$= \lim_{s \to \infty} \frac{12(s+8)}{4(s+6)} = \lim_{s \to \infty} \frac{12(1+\frac{8}{s})}{4(1+\frac{6}{s})}$

$= 3$

[답] ③

3 대칭 n상 환상결선에서 선전류와 환상전류 사이의 위상차는 어떻게 되는가?

① $2(1-\frac{2}{n})$
② $\frac{n}{2}(1-\frac{\pi}{2})$
③ $\frac{\pi}{2}(1-\frac{n}{2})$
④ $\frac{\pi}{2}(1-\frac{2}{n})$

해설 ★★

n상 전원의 전압과 위상차 관련 공식
(1) 전압 : $V_l = 2V_p \sin\frac{\pi}{n}$
(2) 위상차 : $\theta = \frac{\pi}{2}\left(1-\frac{2}{n}\right)$

[답] ④

4 V_a, V_b, V_c를 3상 불평형 전압이라 하면 정상(正相) 전압[V]은?

(단, $a = -\frac{1}{2} + j\frac{\sqrt{3}}{2}$ 이다.)

① $3(V_a + V_b + V_c)$

② $\frac{1}{3}(V_a + V_b + V_c)$

③ $\frac{1}{3}(V_a + a^2 V_b + a V_c)$

④ $\frac{1}{3}(V_a + a V_b + a^2 V_c)$

해 설 ★★★

(1) 영상 전압 : $V_0 = \frac{1}{3}(V_a + V_b + V_c)$

(2) 정상 전압 : $V_1 = \frac{1}{3}(V_a + a V_b + a^2 V_c)$

(3) 역상 전압 : $V_2 = \frac{1}{3}(V_a + a^2 V_b + a V_c)$

[답] ④

5 그림에서 4단자 회로 정수 A, B, C, D 중 출력 단자 3, 4가 개방되었을 때의 $\frac{V_1}{V_2}$ 인 [A]의 값은?

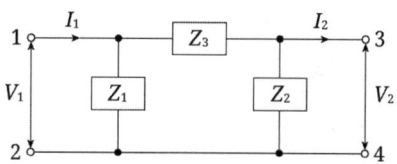

① $1 + \frac{Z_2}{Z_1}$

② $1 + \frac{Z_3}{Z_2}$

③ $1 + \frac{Z_2}{Z_3}$

④ $\frac{Z_1 + Z_2 + Z_3}{Z_1 Z_3}$

해 설 ★★★

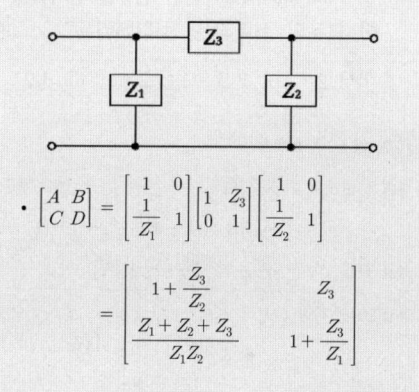

- $\begin{bmatrix} A & B \\ C & D \end{bmatrix} = \begin{bmatrix} 1 & 0 \\ \frac{1}{Z_1} & 1 \end{bmatrix} \begin{bmatrix} 1 & Z_3 \\ 0 & 1 \end{bmatrix} \begin{bmatrix} 1 & 0 \\ \frac{1}{Z_2} & 1 \end{bmatrix}$

$= \begin{bmatrix} 1 + \frac{Z_3}{Z_2} & Z_3 \\ \frac{Z_1 + Z_2 + Z_3}{Z_1 Z_2} & 1 + \frac{Z_3}{Z_1} \end{bmatrix}$

[답] ②

6 $R=1[\text{k}\Omega]$, $C=1[\mu\text{F}]$가 직렬접속된 회로에 스텝(구형파)전압 10[V]를 인가하는 순간에 커패시터 C에 걸리는 최대전압[V]은?

① 0　　② 3.72
③ 6.32　　④ 10

해 설 ★★

전원을 인가한 순간($t=0$)에는 커패시터 C는 단락된 상태가 되므로, 커패시터 C에 걸리는 전압은 0이 된다.

[답] ①

7 저항 $R=6[\Omega]$과 유도리액턴스 $XL=8[\Omega]$이 직렬로 접속된 회로에서 $v=200\sqrt{2}\sin\omega t$[V]인 전압을 인가하였다. 이 회로의 소비되는 전력[kW]은?

① 1.2　② 2.2　③ 2.4　④ 3.2

해 설 ★★★

(1) 임피던스 : $Z=6+j8$
$\Rightarrow \therefore |Z|=\sqrt{6^2+8^2}=10[\Omega]$
(2) 전류 : $I=\dfrac{V}{|Z|}=\dfrac{200}{10}=20[\text{A}]$
(3) 소비 전력 : $P=I^2R=20^2\times 6$
$=2,400[\text{W}]=2.4[\text{kW}]$

[답] ③

8 어느 소자에 전압 $e=125\sin377t$[V]를 가했을 때 전류 $i=50\cos377t$[A]가 흘렀다. 이 회로의 소자는 어떤 종류인가?

① 순저항
② 용량 리액턴스
③ 유도 리액턴스
④ 저항과 유도 리액턴스

해 설 ★★

문제에 주어진 전압 $e=125\sin\omega t$[V]에 대해서, 전류 $i=50\cos377t=50\sin(377t+90°)$[A]이므로 전류가 전압보다 위상이 90° 앞서게 되므로 이 회로는 진상(용량성 리액턴스)이다.

[답] ②

9 기전력 3[V], 내부저항 0.5[Ω]의 전지 9개가 있다. 이것을 3개씩 직렬로 하여 3조 병렬 접속한 것에 부하저항 1.5[Ω]을 접속하면 부하전류[A]는?

① 2.5　② 3.5　③ 4.5　④ 5.5

해 설 ★★

(1) 기전력이 3[V], 내부저항이 0.5[Ω]인 건전지 3개 직렬 연결 :
　• $V=3\times 3=9[\text{V}]$, $R=0.5\times 3=1.5[\Omega]$
(2) 위 직렬 조합의 건전지 3조를 병렬 연결 :
　• $V_{ab}=9[\text{V}]$
　(병렬에서 건전지의 전압은 불변),
　$R_{ab}=\dfrac{1.5}{3}=0.5[\Omega]$
(3) 이 회로에 부하저항 1.5[Ω]을 연결했을 때, 부하저항에 흐르는 전류는,
　• $I_L=\dfrac{V_{ab}}{R_{ab}+R_L}=\dfrac{9}{0.5+1.5}=4.5[\text{V}]$

[답] ③

10 $\dfrac{E_o(s)}{E_i(s)} = \dfrac{1}{s^2+3s+1}$ 의 전달함수를 미분방정식으로 표시하면? (단, $\mathcal{L}^{-1}[E_o(s)] = e_o(t)$, $\mathcal{L}^{-1}[E_i(s)] = e_i(t)$ 이다.)

① $\dfrac{d^2}{dt^2}e_i(t) + 3\dfrac{d}{dt}e_i(t) + e_i(t) = e_o(t)$

② $\dfrac{d^2}{dt^2}e_o(t) + 3\dfrac{d}{dt}e_o(t) + e_o(t) = e_i(t)$

③ $\dfrac{d^2}{dt^2}e_i(t) + 3\dfrac{d}{dt}e_i(t) + \int e_i(t)dt = e_o(t)$

④ $\dfrac{d^2}{dt^2}e_o(t) + 3\dfrac{d}{dt}e_o(t) + \int e_o(t)dt = e_i(t)$

해 설 ★★★

(1) 우선, 문제에 주어진 전달함수를 변형하면,

- $\dfrac{E_0(s)}{E_i(s)} = \dfrac{1}{s^2+3s+1}$

$\Rightarrow \therefore s^2 E_0(s) + 3s E_0(s) + 1 E_0(s) = 1 E_i(s)$

(2) 따라서, 위 식을 라플라스 역변환하면,

- $\dfrac{d^2}{dt^2}e_o(t) + 3\dfrac{d}{dt}e_o(t) + e_o(t) = e_i(t)$

[답] ②

11 정격전압에서 1[kW]의 전력을 소비하는 저항에 정격의 80[%]의 전압을 가할 때의 전력[W]은?

① 340　② 540
③ 640　④ 740

해 설 ★★

(1) 정격전압 인가 시 소비전력 :
- $P = \dfrac{V^2}{R} = 1,000[W]$

(2) 정격전압의 80[%] 인가 시 소비전력 :
- $P' = \dfrac{V'^2}{R} = \dfrac{(0.8V)^2}{R} = 0.64 \times \dfrac{V^2}{R}$
 $= 0.64 \times 1,000 = 640[W]$

[답] ③

12 $e = 200\sqrt{2}\sin\omega t + 150\sqrt{2}\sin 3\omega t + 100\sqrt{2}\sin 5\omega t$[V]인 전압을 $R-L$ 직렬회로에 가할 때에 제3고조파 전류의 실효값은 몇 [A]인가? (단, $R=8[\Omega]$, $\omega L = 2[\Omega]$이다.)

① 5　② 8
③ 10　④ 15

해 설 ★★★

(1) 제3고조파 임피던스 :
- $Z_3 = R + j3\omega L = 8 + j3 \times 2 = 8 + j6$
$\Rightarrow \therefore |Z_3| = \sqrt{8^2+6^2} = 10[\Omega]$

(2) 제3고조파 전류 :
- $I_3 = \dfrac{V_3}{|Z_3|} = \dfrac{150}{10} = 15[A]$

[답] ④

13 대칭 3상 Y결선에서 선간전압이 $200\sqrt{3}$[V]이고, 각 상의 임피던스가 $30+j40[\Omega]$의 평형 부하일 때 선전류[A]는?

① 2　② $2\sqrt{3}$
③ 4　④ $4\sqrt{3}$

해 설 ★★★

Y결선에서의 선전류는,

- $I_l = I_p = \dfrac{V_p}{Z} = \dfrac{\frac{200\sqrt{3}}{\sqrt{3}}}{\sqrt{30^2+40^2}} = \dfrac{200}{50} = 4[A]$

[답] ③

14 3상 회로에 △결선된 평형 순저항 부하를 사용하는 경우 선간전압 220[V], 상전류가 7.33[A]라면 1상의 부하저항은 약 몇 [Ω]인가?

① 80 ② 60 ③ 45 ④ 30

해설 ★★

(1) △결선에서, $I_p = \dfrac{V_p}{R} = \dfrac{V_l}{R}$

(2) 따라서, 저항은 $R = \dfrac{V_l}{I_p} = \dfrac{220}{7.33} ≒ 30[Ω]$

[답] ④

15 두 대의 전력계를 사용하여 3상 평형 부하의 역률을 측정하려고 한다. 전력계의 지시가 각각 P_1[W], P_2[W] 할 때 이 회로의 역률은?

① $\dfrac{\sqrt{P_1+P_2}}{P_1+P_2}$

② $\dfrac{P_1+P_2}{P_1^2+P_2^2-2P_1P_2}$

③ $\dfrac{2(P_1+P_2)}{\sqrt{P_1^2+P_2^2-P_1P_2}}$

④ $\dfrac{P_1+P_2}{2\sqrt{P_1^2+P_2^2-P_1P_2}}$

해설 ★★★

2 전력계법
단상 전력계 2대로 3상의 전력 및 역률을 측정하는 방법

(1) 유효 전력 : $P = P_1 + P_2$ [W]

(2) 피상 전력 : $P_a = 2\sqrt{P_1^2+P_2^2-P_1P_2}$ [VA]

(3) 역률 : $\cos\theta = \dfrac{P}{P_a} = \dfrac{P_1+P_2}{2\sqrt{P_1^2+P_2^2-P_1P_2}}$

[답] ④

16 $t=0$에서 스위치 S를 닫았을 때 정상전류 값[A]는?

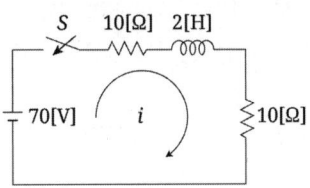

① 1 ② 2.5
③ 3.5 ④ 7

해설 ★★★

정상전류 $I_s = \dfrac{E}{R} = \dfrac{70}{10+10} = 3.5[A]$

[답] ③

17 L형 4단자 회로망에서 4단자 정수가 $B = \dfrac{5}{3}$, $C=1$이고, 영상 임피던스 $Z_{01} = \dfrac{20}{3}[Ω]$일 때 영상 임피던스 $Z_{02}[Ω]$의 값은?

① 4 ② $\dfrac{1}{4}$
③ $\dfrac{100}{9}$ ④ $\dfrac{9}{100}$

해설 ★★

(1) 영상 임피던스 : $Z_{01} = \sqrt{\dfrac{AB}{CD}}$, $Z_{02} = \sqrt{\dfrac{BD}{AC}}$

(2) 두 식을 곱해보면,

$Z_{01} \times Z_{02} = \sqrt{\dfrac{AB}{CD}} \times \sqrt{\dfrac{BD}{AC}} = \dfrac{B}{C}$

(3) 따라서, 문제의 조건을 대입하여 보면,

$Z_{02} = \dfrac{1}{Z_{01}} \times \dfrac{B}{C} = \dfrac{1}{\dfrac{20}{3}} \times \dfrac{\dfrac{5}{3}}{1}$

$= \dfrac{3}{20} \times \dfrac{5}{3} = \dfrac{1}{4}$

[답] ②

18 다음과 같은 회로에서 a, b 양단의 전압은 몇 [V]인가?

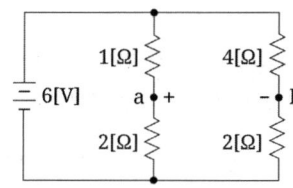

① 1　　　　② 2
③ 2.5　　　④ 3.5

해설 ★★

$V_{ab} = V_a - V_b = \dfrac{2}{1+2} \times 6 - \dfrac{2}{4+2} \times 6 = 2[V]$

[답] ②

19 저항 $R_1[\Omega]$, $R_2[\Omega]$ 및 인덕턴스 $L[H]$이 직렬로 연결되어 있는 회로의 시정수 [sec]는?

① $\dfrac{R_1+R_2}{L}$　　② $\dfrac{L}{R_1+R_2}$

③ $-\dfrac{R_1+R_2}{L}$　　④ $-\dfrac{L}{R_1+R_2}$

해설 ★★★

시정수 : $\tau = \dfrac{L}{R} = \dfrac{L}{R_1+R_2} [\sec]$

[답] ②

20 $F(s) = \dfrac{s}{s^2+\pi^2} \cdot e^{-2s}$ 함수를 시간추이 정리에 의해서 역변환하면?

① $\sin\pi(t+a) \cdot u(t+a)$
② $\sin\pi(t-2) \cdot u(t-2)$
③ $\cos\pi(t+a) \cdot u(t+a)$
④ $\cos\pi(t-2) \cdot u(t-2)$

해설 ★

(1) 우선, 각각의 함수에 대한 라플라스 변환 관계는,

- $f(t) = \cos\pi t \Leftrightarrow F(s) = \dfrac{\pi}{s^2+\pi^2}$
- $f(t) = e^{-2t} \Leftrightarrow F(s) = \dfrac{1}{s+2}$

(2) 따라서, 두 함수의 곱의 함수에 대해서 시간추이 정리를 적용하여 역변환하여 보면,

- $F(s) = \dfrac{\pi}{s^2+\pi^2} e^{-2s}$
  $\Rightarrow \therefore f(t) = \cos\pi(t-2) \cdot u(t-2)$

[답] ④

제 2 회   전기(공사)산업기사 필기시험

1 $f(t) = e^{-t} + 3t^2 + 3\cos 2t + 5$ 의 라플라스 변환식은?

① $\dfrac{1}{s+1} + \dfrac{6}{s^2} + \dfrac{3s}{s^2+5} + \dfrac{5}{s}$

② $\dfrac{1}{s+1} + \dfrac{6}{s^3} + \dfrac{3s}{s^2+4} + \dfrac{5}{s}$

③ $\dfrac{1}{s+1} + \dfrac{5}{s^2} + \dfrac{3s}{s^2+5} + \dfrac{4}{s}$

④ $\dfrac{1}{s+1} + \dfrac{5}{s^3} + \dfrac{2s}{s^2+4} + \dfrac{4}{s}$

해 설 ★★

(1) 주요 라플라스 변환 공식 :

시간 함수 $f(t)$	주파수 함수 $F(S)$
단위 계단 함수 : $u(t) = 1$	$\dfrac{1}{s}$
속도 함수 : t	$\dfrac{1}{s^2}$
가속도 함수 : t^2	$\dfrac{2!}{s^3}$
지수 함수 : e^{at}	$\dfrac{1}{s-a}$
삼각 함수 : $\sin \omega t$	$\dfrac{\omega}{s^2+\omega^2}$
삼각 함수 : $\cos \omega t$	$\dfrac{s}{s^2+\omega^2}$

(2) 위 라플라스 변환 공식을 이용하여 문제에 주어진 식을 라플라스 변환하면,

- $f(t) = e^{-t} + 3t^2 + 3\cos 2t + 5 \implies$
- $F(s) = \dfrac{1}{s+1} + 3 \times \dfrac{2!}{s^3} + 3 \times \dfrac{s}{s^2+2^2}$
  $\quad + 5 \times \dfrac{1}{s}$
  $= \dfrac{1}{s+1} + \dfrac{6}{s^3} + \dfrac{3s}{s^2+4} + \dfrac{5}{s}$

[답] ②

2 그림의 회로에서 전류 I 는 약 몇 [A]인가? (단, 저항의 단위는 [Ω]이다.)

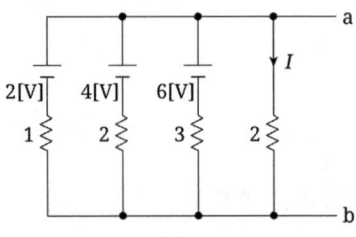

① 1.125   ② 1.29
③ 6   ④ 7

해 설 ★★★

(1) 우선, 밀만의 정리에 의하여 a-b 양단의 전압을 구하면,

- $V_{ab} = \dfrac{\dfrac{V_1}{R_1} + \dfrac{V_2}{R_2} + \dfrac{V_3}{R_3} + \dfrac{V_4}{R_4}}{\dfrac{1}{R_1} + \dfrac{1}{R_2} + \dfrac{1}{R_3} + \dfrac{1}{R_4}}$

$= \dfrac{\dfrac{2}{1} + \dfrac{4}{2} + \dfrac{6}{3} + \dfrac{0}{2}}{\dfrac{1}{1} + \dfrac{1}{2} + \dfrac{1}{3} + \dfrac{1}{2}} \fallingdotseq 2.57[\text{V}]$

(2) 따라서, 그림의 회로에서 전류는,

- $I = \dfrac{V_{ab}}{R} = \dfrac{2.57}{2} \fallingdotseq 1.29[\text{A}]$

[답] ②

3 구형파의 파형률(㉠)과 파고율(㉡)은?

① ㉠ 1, ㉡ 0
② ㉠ 1.11, ㉡ 1.414
③ ㉠ 1, ㉡ 1
④ ㉠ 1.57, ㉡ 2

해설 ★★★

(1) 교류 파형의 평균값 및 실효값 :

종류	파형	평균값	실효값
정현파		$\dfrac{2}{\pi}V_m$	$\dfrac{1}{\sqrt{2}}V_m$
반파 정류파		$\dfrac{1}{\pi}V_m$	$\dfrac{1}{2}V_m$
구형파		V_m	V_m
반구형파		$\dfrac{1}{2}V_m$	$\dfrac{1}{\sqrt{2}}V_m$
삼각파		$\dfrac{1}{2}V_m$	$\dfrac{1}{\sqrt{3}}V_m$

(2) 구형파의 파형률과 파고율을 구하면,
- 파형률 = $\dfrac{실효값}{평균값} = \dfrac{V_m}{V_m} = 1$
- 파고율 = $\dfrac{최대값}{실효값} = \dfrac{V_m}{V_m} = 1$

[답] ③

4 a-b 단자의 전압이 50∠0°[V], a-b 단자에서 본 능동 회로망[N]의 임피던스가 $Z=6+j8[\Omega]$일 때, a-b 단자에 임피던스 $Z'=2-j2[\Omega]$를 접속하면 이 임피던스에 흐르는 전류[A]는?

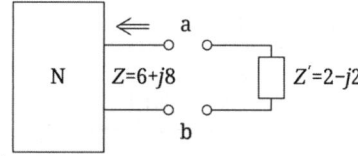

① $3-j4$
② $3+j4$
③ $4-j3$
④ $4+j3$

해설 ★★

$I = \dfrac{E}{Z} = \dfrac{50\angle 0°}{6+j8+2-j2} = 4-j3\,[A]$

[답] ③

5 3상 평형회로에서 선간전압이 200[V]이고, 각 상의 임피던스가 $24+j7[\Omega]$인 Y결선 3상 부하의 유효전력은 약 몇 [W]인가?

① 192
② 512
③ 1,536
④ 4,608

해설 ★★★

$P = 3I^2 R = 3\times\left(\dfrac{V_p}{Z}\right)^2 R$

$= 3\times\left(\dfrac{\dfrac{200}{\sqrt{3}}}{\sqrt{24^2+7^2}}\right)^2 \times 24 = 1{,}536\,[W]$

[답] ③

6 $Z(s) = \dfrac{2s+3}{s}$ 로 표시되는 2단자 회로망은?

① ─⟋⟍⟋⟍─ 2[Ω] ─┤├─ $\dfrac{1}{3}$[F]

② ─⌇⌇⌇─ 2[H] ─⟋⟍⟋⟍─ 3[Ω]

③ ─⟋⟍⟋⟍─ 2[Ω] ─⌇⌇⌇─ 3[H]

④ ─┤├─ 3[F] ─⟋⟍⟋⟍─ 2[Ω]

해 설 ★

$Z(s) = \dfrac{2s+3}{s} = 2 + \dfrac{3}{s}$

$= 2 + \dfrac{1}{s + \dfrac{1}{3}} = R + \dfrac{1}{sC}$ 로서,

저항 2[Ω], 정전용량 $\dfrac{1}{3}$[F]의 직렬 회로가 된다.

[답] ①

7 $F(s) = \dfrac{2}{(s+1)(s+3)}$ 의 역라플라스 변환은?

① $e^{-t} - e^{-3t}$ ② $e^{-t} - e^{3t}$
③ $e^{t} - e^{3t}$ ④ $e^{t} - e^{-3t}$

해 설 ★★★

(1) 우선, 주어진 식을 부분 분수 전개하면,

- $\dfrac{2}{(s+1)(s+3)} = \dfrac{A}{s+1} + \dfrac{B}{s+3}$
- $A = \dfrac{2}{(s+1)(s+3)} \times (s+1)$
  $= \dfrac{2}{s+3}\Big|_{s=-1} = 1$
- $B = \dfrac{21}{(s+1)(s+3)} \times (s+3)$
  $= \dfrac{2}{s+1}\Big|_{s=-3} = -1$

(2) 따라서, 라플라스 역변환하여,

- $\dfrac{1}{s+1} - \dfrac{1}{s+3} \Rightarrow \therefore e^{-t} - e^{-3t}$

[답] ①

8 그림과 같은 회로의 영상 임피던스 Z_{01}, $Z_{02}[\Omega]$는 각각 얼마인가?

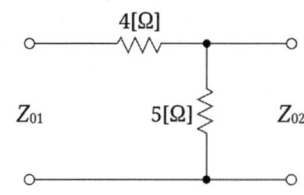

① 9, 5 ② 6, $\dfrac{10}{3}$

③ 4, 5 ④ 4, $\dfrac{20}{9}$

해 설 ★★★

(1) 우선, 4단자 정수 A, B, C, D 값은,
- $A = 1 + \dfrac{4}{5} = 1.8$,
- $B = 4 + 0 + \dfrac{4 \times 0}{5} = 4$,
- $C = \dfrac{1}{5} = 0.2$, $D = 1 + \dfrac{0}{5} = 1$

(2) 따라서, 위에서 구한 A, B, C, D 값을 이용하여 영상 임피던스를 각각 구해보면,
- $Z_{01} = \sqrt{\dfrac{AB}{CD}} = \sqrt{\dfrac{1.8 \times 4}{0.2 \times 1}} = 6\,[\Omega]$
- $Z_{02} = \sqrt{\dfrac{BD}{AC}} = \sqrt{\dfrac{4 \times 1}{1.8 \times 0.2}} = \dfrac{10}{3}\,[\Omega]$

[답] ②

9 $e_1 = 6\sqrt{2}\sin\omega t\,[V]$,
$e_2 = 4\sqrt{2}\sin(\omega t - 60°)\,[V]$일 때,
$e_1 - e_2$의 실효값[V]은?

① 4 ② $2\sqrt{2}$
③ $2\sqrt{7}$ ④ $2\sqrt{13}$

해 설 ★★

(1) 우선, 문제에 주어진 교류 순시값 수식을 복소수 형식으로 변환하면,
- $e_1 = 6\sqrt{2}\sin\omega t\,[V]$
  $\Rightarrow \therefore E_1 = 6\angle 0° = 6\,[V]$
- $e_2 = 4\sqrt{2}\sin(\omega t - 60°)\,[V]$
  $\Rightarrow \therefore E_2 = 4\angle -60°$
  $= 4(\cos(-60°) + j\sin(-60°))$
  $= 2 - j2\sqrt{3}\,[V]$

(2) 따라서, 두 전압의 차인 $E_1 - E_2$는,
- $E_1 - E_2 = 6 - (2 - j2\sqrt{3})$
  $= 4 - j2\sqrt{3}\,[V]$
$\therefore |E_1 - E_2| = \sqrt{4^2 + (2\sqrt{3})^2} = 5.29$
$= 2\sqrt{7}\,[V]$

[답] ③

10 기본파의 60[%]인 제3고조파와 80[%]인 제5고조파를 포함하는 전압의 왜형률은?

① 0.3 ② 1
③ 5 ④ 10

해 설 ★★★

- 왜형률 $D = \dfrac{\sqrt{V_3^2 + V_5^2}}{V_1} = \dfrac{\sqrt{60^2 + 80^2}}{100} = 1$

[답] ②

11 인덕턴스가 각각 5[H], 3[H]인 두 코일을 모두 dot 방향으로 전류가 흐르게 직렬로 연결하고 인덕턴스를 측정하였더니 15[H]이었다. 두 코일간의 상호 인덕턴스[H]는?
① 3.5   ② 4.5
③ 7   ④ 9

해 설 ★★★

문제에 주어진 조건은 가극성(두 코일 모두 dot 방향으로 흐르게 직렬로 연결) 연결이므로,
• $L = L_1 + L_2 + 2M$
$\Rightarrow \therefore M = \dfrac{1}{2}(L - L_1 - L_2)$
$= \dfrac{1}{2} \times (15 - 5 - 3) = 3.5[H]$

[답] ①

12 1상의 직렬 임피던스가 $R = 6[\Omega]$, $X_L = 8[\Omega]$인 △결선의 평형부하가 있다. 여기에 선간전압 100[V]인 대칭 3상 교류전압을 가하면 선전류는 몇 [A]인가?
① $3\sqrt{3}$ ② $\dfrac{10\sqrt{3}}{3}$
③ 10   ④ $10\sqrt{3}$

해 설 ★★★

• $I_l = \sqrt{3}\, I_p = \sqrt{3} \times \dfrac{V_p}{Z_p}$
$= \sqrt{3} \times \dfrac{100}{\sqrt{6^2 + 8^2}} = 10\sqrt{3}\ [A]$

[답] ④

13 RL 직렬회로에서 시정수의 값이 클수록 과도현상은 어떻게 되는가?
① 없어진다.   ② 짧아진다.
③ 길어진다.   ④ 변화가 없다.

해 설 ★★★

시정수 $\tau = \dfrac{L}{R}$ [sec]는 정상전류(100[%])의 63.2[%]에 도달하는 데 걸리는 시간이므로, 이 시정수가 클수록 과도현상은 오랫동안 지속되어 그만큼 길어지게 된다.

[답] ③

14 대칭 6상 전원이 있다. 환상결선으로 각 전원이 150[A]의 전류를 흘린다고 하면 선전류는 몇 [A]인가?
① 50   ② 75
③ $\dfrac{150}{\sqrt{3}}$ ④ 150

해 설 ★★

$I_l = 2 I_p \sin\dfrac{\pi}{n} = 2 \times 150 \times \sin\dfrac{\pi}{6}$
$= 2 \times 150 \times \sin 30° = 150[A]$

[답] ④

15 RLC 직렬회로에서 $R = 100[\Omega]$, $L = 5$ [mH], $C = 2[\mu F]$일 때 이 회로는?
① 과제동이다.   ② 무제동이다.
③ 임계제동이다.   ④ 부족제동이다.

해 설 ★★★

$R^2 = 100^2 = 10,000$ 이고,
$4\dfrac{L}{C} = 4 \times \dfrac{5 \times 10^{-3}}{2 \times 10^{-6}} = 10,000$ 이므로,
$R^2 = 4\dfrac{L}{C}$ 의 조건이 되므로 이 회로는 임계제동이다.

[답] ③

16 $i = 20\sqrt{2}\sin(377t - \frac{\pi}{6})$의 주파수는 약 몇 [Hz]인가?

① 50   ② 60   ③ 70   ④ 80

해 설 ★★

- $\omega = 2\pi f = 377\,[\text{rad/s}]$
  $\Rightarrow \therefore f = \dfrac{377}{2\pi} = 60\,[\text{Hz}]$

[답] ②

17 그림과 같은 회로의 전압 전달함수 $G(s)$는?

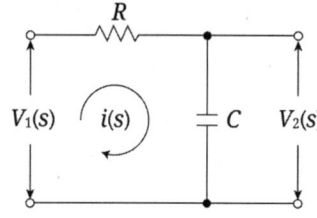

① $\dfrac{RC}{s + \dfrac{1}{RC}}$ ② $\dfrac{RC}{s + RC}$

③ $\dfrac{RC}{RCs + 1}$ ④ $\dfrac{1}{RCs + 1}$

해 설 ★★★

$G(s) = \dfrac{V_2}{V_1} = \dfrac{\dfrac{1}{sC}}{R + \dfrac{1}{sC}} = \dfrac{1}{RCs + 1}$

[답] ④

18 평형 3상 부하에 전력을 공급할 때 선전류가 20[A]이고 부하의 소비전력이 4[kW]이다. 이 부하의 등가 Y회로에 대한 각 상의 저항은 약 몇 [Ω]인가?

① 3.3   ② 5.7
③ 7.2   ④ 10

해 설 ★★

- $P = 3I^2 R$
  $\Rightarrow \therefore R = \dfrac{P}{3I^2} = \dfrac{4,000}{3 \times 20^2} ≒ 3.3\,[\Omega]$

[답] ①

19 $f(t) = e^{at}$의 라플라스 변환은?

① $\dfrac{1}{s-a}$ ② $\dfrac{1}{s+a}$

③ $\dfrac{1}{s^2 - a^2}$ ④ $\dfrac{1}{s^2 + a^2}$

해 설 ★★★

(1) 주요 라플라스 변환 공식 :

시간 함수 $f(t)$	주파수 함수 $F(S)$
단위 계단 함수 : $u(t) = 1$	$\dfrac{1}{s}$
속도 함수 : t	$\dfrac{1}{s^2}$
가속도 함수 : t^2	$\dfrac{2!}{s^3}$
지수 함수 : e^{at}	$\dfrac{1}{s-a}$

(2) 위 라플라스 변환 공식을 이용하여 문제에 주어진 식을 라플라스 변환하면,

- $f(t) = e^{at} \Rightarrow \therefore F(s) = \dfrac{1}{s-a}$

[답] ①

20 그림과 같은 평형 3상 Y결선에서 각 상이 8[Ω]의 저항과 6[Ω]의 리액턴스가 직렬로 연결된 부하에 선간전압 $100\sqrt{3}$ [V]가 공급되었다. 이때 선전류는 몇 [A]인가?

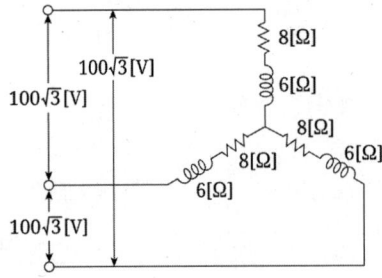

① 5　　② 10
③ 15　　④ 20

해 설 ★★★

- $I_l = I_p = \dfrac{V_p}{Z_p} = \dfrac{100}{\sqrt{8^2 + 6^2}} = 10 \text{[A]}$

[답] ②

제 4 회　　전기공사산업기사 필기시험

1 3상 회로에서 각 상전압이 $V_a = 60$[V], $V_b = 0$[V], $V_c = -10 + j120$[V]일 때, a상의 정상분 전압은 약 몇 [V]인가?

① $-13 - j24$　　② $16 + j40$
③ $56 - j17$　　④ $60 + j0$

해설 ★★

- $V_1 = \dfrac{1}{3}(V_a + aV_b + a^2V_c)$

  $= \dfrac{1}{3}(60 + 0 + (-\dfrac{1}{2} - \dfrac{\sqrt{3}}{2})(-10 + j120)$

  $= 56 - j17$ [V]

[답] ③

2 30[Ω]의 저항과 40[Ω]의 유도성 리액턴스가 병렬로 연결되어 있다. 이 RL 병렬회로에 $v(t) = 220\sqrt{2}\sin 377t$[V]의 전압을 인가할 때 흐르는 전류는 약 몇 [A]인가?

① $12.96\sin(377t - 36.87°)$
② $9.17\sin(377t - 36.87°)$
③ $12.96\angle -36.87°$
④ $10.37 + j7.78$

해설 ★★

(1) 우선 저항과 유도성 리액턴스의 합성 어드미턴스를 구하면,

- $Y = \sqrt{\left(\dfrac{1}{30}\right)^2 + \left(\dfrac{1}{40}\right)^2} \angle \tan^{-1}\dfrac{-\dfrac{1}{40}}{\dfrac{1}{30}}$

  $= 0.0417 \angle -36.87°$

(2) 따라서, 회로에 흐르는 전류는,

- $i = Yv(t)$

  $= 0.0417 \times 220\sqrt{2}\sin(377t - 36.87°)$

  $= 12.96\sin(377t - 36.87°)$ [A]

[답] ①

3 600[kVA], 역률 0.6(지상)의 부하 A와 800[kVA], 역률 0.8(진상)의 부하 B가 함께 접속되어 있을 때 전체 피상전력[kVA]은?

① 0　　② 960
③ 1,000　　④ 1,400

해설 ★★

(1) 부하 A의 유효전력과 무효전력은,
 $P_1 = 600 \times 0.6 = 360$[kW],
 $Q_1 = 600 \times 0.8 = 480$[kVar](지상)
(2) 부하 B의 유효전력과 무효전력은,
 $P_2 = 800 \times 0.8 = 640$[kW],
 $Q_2 = 800 \times 0.6 = 480$[kVar](진상)
(3) 따라서, 두 부하의 합성 피상전력은,

- $P_a = \sqrt{(P_1 + P_2)^2 + (Q_1 - Q_2)^2}$

  $= \sqrt{(360 + 640)^2 + (480 - 480)^2}$

  $= 1,000$[kVA]

[답] ③

4 불평형 3상 회로 조건에서 영상분 회로 (경로)가 존재하는 3상 변압기의 구성은?

① $\triangle - \triangle$ 결선의 3상 3선식
② $\triangle - Y$ 결선의 3상 3선식
③ $Y - \triangle$ 결선의 3상 3선식
④ $Y - Y$ 결선의 3상 4선식

해설 ★★★

영상 전류는 접지선에 흐르므로 접지 계통인 $Y - Y$ 결선의 3상 4선식에서만 영상분이 존재한다.

[답] ④

5 커패시터 C를 100[V]로 충전하고 10[Ω]의 저항으로 1초 동안 방전하였더니 C의 단자전압이 90[V]로 감소하였다. 이때 C는 약 몇 [F]인가?

① 1.05　　② 0.95
③ 0.75　　④ 0.55

해설 ★

(1) 문제에 주어진 회로는 R-C 직렬 회로이므로, R-C 과도현상에 의하여 콘덴서 양단에 걸리는 전압은,
$$V_c = E(1 - e^{-\frac{t}{RC}}) \text{ [V]}$$

(2) 따라서, 문제에 주어진 조건을 대입하면,
$$100 - 90 = 100 \times (1 - e^{-\frac{1}{10C}})$$

(3) 문제 보기에 주어진 각각의 C값을 대입하여 $100 - 90$, 즉 10의 결과가 나오는 값은 보기 ②의 0.95[F]으로서,
$$100 \times (1 - e^{-\frac{1}{10 \times 0.95}}) = 9.99 ≒ 10 \text{ [V]}$$

[답] ②

6 대칭 3상 Y 결선 부하에서 1상당의 부하 임피던스가 $Z = 16 + j12$ [Ω]이다. 부하 전류의 크기가 10[A]일 때 이 부하의 선간 전압의 크기는 약 몇 [V]인가?

① 200　　② 245
③ 346　　④ 375

해설 ★★★

$$V_l = \sqrt{3}\, V_p = \sqrt{3}\, I_p Z_p$$
$$= \sqrt{3} \times 10 \times \sqrt{16^2 + 12^2} = 346 \text{[V]}$$

[답] ③

7 다음 회로에서 4단자 정수 A, B, C, D 중 C의 값은?

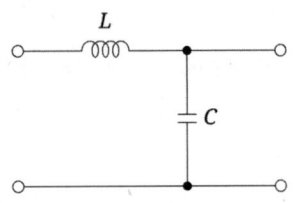

① 1　　② $j\omega L$
③ $j\omega C$　　④ $1 + j\omega(L+C)$

해설 ★★★

- $C = \dfrac{1}{Z_3} = \dfrac{1}{\dfrac{1}{j\omega C}} = j\omega C$

[답] ③

8 그림과 같이 높이가 1인 펄스의 라플라스 변환은?

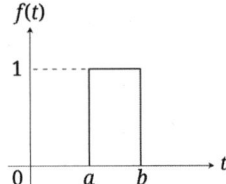

① $\dfrac{1}{s}(e^{-as} + e^{-bs})$

② $\dfrac{1}{a-b}\left(\dfrac{e^{-as} + e^{-bs}}{1}\right)$

③ $\dfrac{1}{s}(e^{-as} - e^{-bs})$

④ $\dfrac{1}{a-b}\left(\dfrac{e^{-as} - e^{-bs}}{1}\right)$

해설 ★★

(1) 우선, 문제에 주어진 파형에 대한 시간 함수를 구하면,
- $f(t) = u(t-a) - u(t-b)$

(2) 따라서, 위 시간 함수를 라플라스 변환하면,
- $F(s) = \dfrac{1}{s}e^{-as} - \dfrac{1}{s}e^{-bs} = \dfrac{1}{s}(e^{-as} - e^{-bs})$

[답] ③

9 전압이 $v(t) = 20\sin\omega t + 30\sin3\omega t$[V]이고, 전류가 $i(t) = 30\sin\omega t + 20\sin3\omega t$[A]인 왜형파 교류 전압과 전류에 대한 역률은 약 얼마인가?

① 0.43　　② 0.57
③ 0.86　　④ 0.92

해설 ★★★

(1) 우선, 유효 전력과 피상 전력을 구하면,
- $P = VI\cos\theta$
  $= \dfrac{20}{\sqrt{2}} \times \dfrac{30}{\sqrt{2}} \cos0°$
  $+ \dfrac{30}{\sqrt{2}} \times \dfrac{20}{\sqrt{2}} \cos0°$
  $= 600$[W]
- $P_a = |V||I|$
  $= \sqrt{\left(\dfrac{20}{\sqrt{2}}\right)^2 + \left(\dfrac{30}{\sqrt{2}}\right)^2} \times \sqrt{\left(\dfrac{30}{\sqrt{2}}\right)^2 + \left(\dfrac{20}{\sqrt{2}}\right)^2}$
  $= 650$[VA]

(2) 따라서, 역률은,
- $\cos\theta = \dfrac{P}{P_a} = \dfrac{600}{650}$
  $= 0.92$　($\therefore 92$[%])

[답] ④

10 극좌표 형식으로 표현된 전류의 페이저가 각각 $I_1 = 10\angle\tan^{-1}\dfrac{4}{3}$[A], $I_2 = 10\angle\tan^{-1}\dfrac{3}{4}$[A]이고, $I = I_1 + I_2$일 때, I[A]는?

① $-2 + j2$　　② $14 + j14$
③ $14 + j4$　　④ $14 + j3$

해설 ★★

(1) 우선 문제에 주어진 전류를 직각 좌표형으로 표현하면,
- $I_1 = 10\angle\tan^{-1}\dfrac{4}{3}$
  $= 10\angle 53.13°$
  $= 10(\cos53.13° + j\sin53.13°)$
  $= 6 + j8$
- $I_2 = 10\angle\tan^{-1}\dfrac{3}{4}$
  $= 10\angle 36.87°$
  $= 10(\cos36.87° + j\sin36.87°)$
  $= 8 + j6$

(2) 따라서 두 전류의 합은,
- $I = I_1 + I_2 = 6 + j8 + 8 + j6 = 14 + j14$

[답] ②

11 그림의 T형 회로에 대한 4단자 정수 A, B, C, D로 틀린 것은?

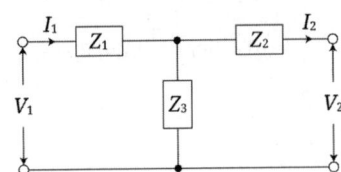

① $A = 1 + \dfrac{Z_1}{Z_3}$
② $B = \dfrac{Z_1 Z_2}{Z_3} + Z_1 + Z_2$
③ $C = 1 + \dfrac{Z_3}{Z_2}$
④ $D = 1 + \dfrac{Z_2}{Z_3}$

해설 ★★★

- $A = 1 + \dfrac{Z_1}{Z_3}$,
  $B = Z_1 + Z_2 + \dfrac{Z_1 Z_2}{Z_3} = \dfrac{Z_1 Z_3 + Z_2 Z_3 + Z_1 Z_2}{Z_3}$,
  $C = \dfrac{1}{Z_3}$, $D = 1 + \dfrac{Z_2}{Z_3}$

[답] ③

12 정현파 교류의 평균치에 어떠한 수를 곱하여 실효치를 얻을 수 있는가?

① $\dfrac{\pi}{2\sqrt{2}}$
② $\dfrac{2}{\sqrt{3}}$
③ $\dfrac{\sqrt{3}}{2}$
④ $\dfrac{2\sqrt{2}}{\pi}$

해설 ★★

(1) 정현파 교류의 평균값과 실효값은,
- $V_a = \dfrac{2}{\pi} V_m$, $V = \dfrac{1}{\sqrt{2}} V_m$

(2) 따라서, 실효값은,
- $V = \dfrac{1}{\sqrt{2}} V_m = \dfrac{1}{\sqrt{2}} \times \dfrac{\pi}{2} V_a = \dfrac{\pi}{2\sqrt{2}} V_a$

[답] ①

13 RL 직렬회로에 $v(t)$ 전압을 인가하였을 때 제3고조파 성분의 실효치 전류는 약 몇 [A]인가?
(단, $v(t) = 150\sqrt{2}\cos\omega t + 100\sqrt{2}\sin 3\omega t + 25\sqrt{2}\sin 5\omega t$[V], $R = 5[\Omega]$, $\omega L = 4[\Omega]$)

① 7.69
② 10.88
③ 15.62
④ 22.08

해설 ★★★

(1) 우선, 제3고조파 임피던스를 구하면,
- $Z_3 = R + j3\omega L = 5 + j3 \times 4 = 5 + j12$
  $\Rightarrow \therefore |Z_3| = \sqrt{5^2 + 12^2} = 13[\Omega]$

(2) 따라서, 제3고조파 전류를 구하면,
- $I_3 = \dfrac{V_3}{Z_3} = \dfrac{100}{13} = 7.69[\mathrm{A}]$

[답] ①

14 회로에서 단자 a-b 사이의 합성저항 R_{ab}는 몇 [Ω]인가?

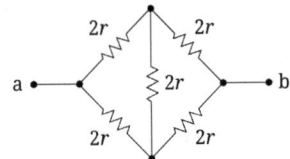

① $\dfrac{1}{3}r$
② $\dfrac{1}{2}r$
③ r
④ $2r$

해설 ★★

브리지 평형 상태이므로, 중간의 $2r$ 저항은 개방시키고 합성저항을 구하면,
- $R_{ab} = \dfrac{(2r + 2r) \times (2r + 2r)}{(2r + 2r) + (2r + 2r)} = \dfrac{4r}{2} = 2r$

[답] ④

15 3상 Y 결선의 전원에서 각 상전압의 크기가 220[V]일 때 선간전압의 크기는 약 몇 [V]인가?

① 127　　② 220
③ 311　　④ 381

해 설 ★★★

- $V_l = \sqrt{3}\, V_p = \sqrt{3} \times 220 = 381[V]$

[답] ④

17 그림에서 전류 I_5[A]의 크기는?
(단, $I_1 = 5[A]$, $I_2 = 3[A]$, $I_3 = 2[A]$, $I_4 = 2[A]$)

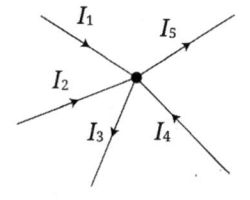

① 3　　② 5　　③ 8　　④ 12

해 설 ★★

키르히호프의 전류법칙을 적용하여,
- $i_1 + i_2 + i_4 = i_3 + i_5$
  $\Rightarrow \therefore i_5 = i_1 + i_2 + i_4 - i_3$
  $= 5 + 3 + 2 - 2 = 8[A]$

[답] ③

16 전압 V가 200[V]인 3상 회로에 그림과 같은 평형 부하를 접속했을 때 선전류의 크기는 약 몇 [A]인가?

(단, $R = 9[\Omega]$, $\dfrac{1}{\omega C} = 4[\Omega]$)

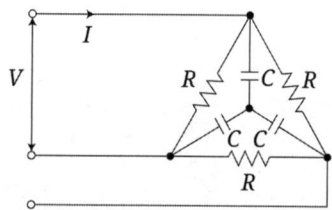

① 28.9　　② 38.5
③ 48.1　　④ 115.5

해 설 ★★

(1) 우선 △ 결선의 저항 3개를 Y 결선으로 등가 변환하면,

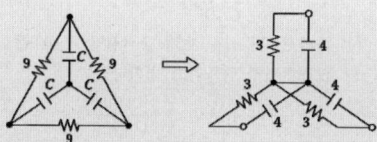

(2) 또한, 저항과 콘덴서의 한 상에 대한 합성 어드미턴스는,

- $Y_p = \sqrt{\left(\dfrac{1}{3}\right)^2 + \left(\dfrac{1}{4}\right)^2} = 0.417$

(3) 따라서, 선전류는,

- $I_l = I_p = Y_p V_p = 0.417 \times \dfrac{200}{\sqrt{3}} = 48.1[A]$

[답] ③

18 저항 $R=5,000[\Omega]$과, 커패시터 $C=20$ $[\mu F]$이 직렬로 접속된 회로에 일정전압 $V=100[V]$를 연결하고 $t=0$에서 스위치 (S)를 넣을 때 커패시터 단자전압[V]은? (단, $t=0$에서의 커패시터 전압은 0[V] 이다.)

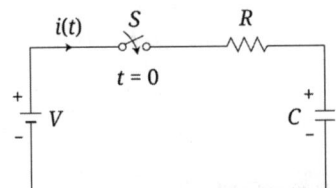

① $100(1-e^{10t})$ ② $100e^{10t}$
③ $100(1-e^{-10t})$ ④ $100e^{-10t}$

해설 ★★

(1) 우선, R-C 직렬 회로의 과도전류는,
- $i(t) = \dfrac{E}{R} e^{-\frac{1}{RC}t}$ [A]

(2) 따라서, 콘덴서 단자전압은,
- $V_c = \dfrac{1}{C}\displaystyle\int_0^t i(t)\,dt$

$= \dfrac{1}{C}\displaystyle\int_0^t \dfrac{E}{R} e^{-\frac{1}{RC}t} dt$

$= \dfrac{E}{RC}\left[-RCe^{-\frac{1}{RC}t}\right]_0^t$

$= -E\left(e^{-\frac{1}{RC}t} - e^{-\frac{1}{RC}\times 0}\right)$

$= E(1 - e^{-\frac{1}{RC}t})$

(3) 위 식에 문제에 주어진 값을 대입하면,
- $V_c = 100(1 - e^{-\frac{1}{5,000\times 20\times 10^{-6}}t})$
  $= 100(1 - e^{-10t})$ [V]

[답] ③

19 그림과 같은 커패시터 C의 초기 전압이 $V(0)$일 때 라플라스 변환에 의하여 s함수로 표현된 등가회로로 옳은 것은?

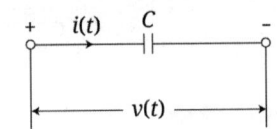

①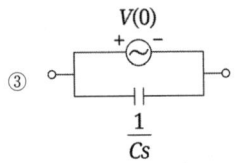

②

③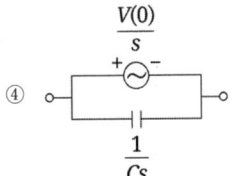

④

해설 ★

(1) 우선, 문제에 주어진 회로의 전압 방정식은,
- $v(t) = \dfrac{1}{C}\displaystyle\int i(t)\,dt$

(2) 따라서, 위 식을 초기 충전전압 $V(0)$를 고려하면서 라플라스 변환하면,
- $V(s) = \dfrac{1}{Cs}I(s) + \dfrac{V(0)}{s}$

로서, 정전용량 $\dfrac{1}{Cs}$과 초기 충전전압 $\dfrac{V(0)}{s}$의 직렬회로로 구성된다.

[답] ②

20 그림에서 저항 20[Ω]에 흐르는 전류[A]는?

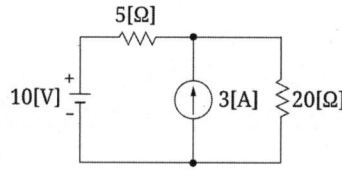

① 0.5
② 1.0
③ 1.5
④ 2.0

해 설 ★★★

(1) 중첩의 원리에 의하여,
   ❶ 전압원만 있는 회로

   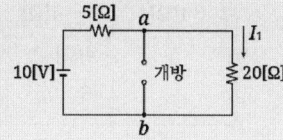

   • $I_1 = \dfrac{10}{5+20} = \dfrac{10}{25}$ [A]

   ❷ 전류원만 있는 회로

   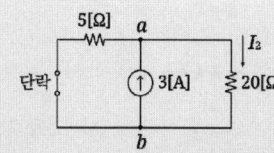

   • $I_2 = \dfrac{5}{5+20} \times 3 = \dfrac{15}{25}$ [A]

2) 따라서, 20[Ω]에 흐르는 전류는,
   $I = \dfrac{10}{25} + \dfrac{15}{25} = \dfrac{25}{25} = 1$ [A]

[답] ②

2020년 기출문제

제 1, 2회 전기(공사)산업기사 필기시험

1 푸리에 급수로 표현된 왜형파 $f(t)$가 반파 대칭 및 정현 대칭일 때 $f(t)$에 대한 특징으로 옳은 것은?

$$f(t) = a_0 + \sum_{n=1}^{\infty} a_n \cos n\omega t + \sum_{n=1}^{\infty} b_n \sin n\omega t$$

① a_n의 우수항만 존재한다.
② a_n의 기수항만 존재한다.
③ b_n의 우수항만 존재한다.
④ b_n의 기수항만 존재한다.

해 설 ★★★

(1) 여현 대칭파 : 직류 및 cos 함수의 홀수, 짝수 모두 존재
(2) 정현 대칭파 : sin 함수의 홀수, 짝수 모두 존재
(3) 반파 대칭파 : sin 및 cos 함수의 홀수만 존재
(4) 따라서, 문제에 주어진 반파 대칭 및 정현 대칭인 파형은 $\sin(b_n)$ 함수의 홀수(기수)항만 존재하게 된다.

[답] ④

2 회로의 4단자 정수로 틀린 것은?

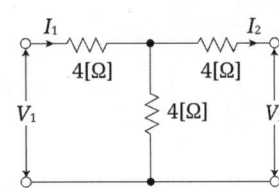

① $A = 2$
② $B = 12$
③ $C = \dfrac{1}{4}$
④ $D = 6$

해 설 ★★★★★

- $A = 1 + \dfrac{4}{4} = 2$, $B = 4 + 4 + \dfrac{4 \times 4}{4} = 12$,
  $C = \dfrac{1}{4}$, $D = 1 + \dfrac{4}{4} = 2$

[답] ④

3 용량이 50[kVA]인 단상 변압기 3대를 △결선하여 3상으로 운전하는 중 1대의 변압기에 고장이 발생하였다. 나머지 2대의 변압기를 이용하여 3상 V결선으로 운전하는 경우 최대 출력은 몇 [kVA]인가?

① $30\sqrt{3}$
② $50\sqrt{3}$
③ $100\sqrt{3}$
④ $200\sqrt{3}$

해 설 ★★★★★

$P_v = \sqrt{3}\,P = \sqrt{3} \times 50 = 50\sqrt{3}\,[\text{kVA}]$

[답] ②

4 그림과 같은 회로에서 L_2에 흐르는 전류 I_2[A]가 단자전압 V[V]보다 위상이 90° 뒤지기 위한 조건은? (단, ω는 회로의 각주파수[rad/s]이다.)

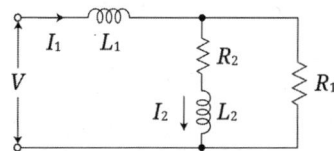

① $\dfrac{R_2}{R_1} = \dfrac{L_2}{L_1}$ ② $R_1 R_2 = L_1 L_2$

③ $R_1 R_2 = \omega L_1 L_2$ ④ $R_1 R_2 = \omega^2 L_1 L_2$

> **해설** ★
>
> (1) 우선, 회로의 전체 임피던스를 구하면,
>
> - $Z = j\omega L_1 + \dfrac{(R_2 + j\omega L_2) \times R_1}{(R_2 + j\omega L_2) + R_1}$
>
> $= \dfrac{-\omega^2 L_1 L_2 + (R_1 + R_2)j\omega L_1 + R_1 R_2 + j\omega L_2 R_1}{R_1 + R_2 + j\omega L_2}$
>
> (2) 또한, 전류 분배의 법칙을 적용하여 인덕턴스 L_2에 흐르는 전류를 구하면,
>
> - $I_2 = \dfrac{R_1}{R_2 + j\omega L_2 + R_1}$
>
> $\times \dfrac{R_1 + R_2 + j\omega L_2}{-\omega^2 L_1 L_2 + (R_1 + R_2)j\omega L_1 + R_1 R_2 + j\omega L_2 R_1} V$
>
> (3) 따라서, L_2에 흐르는 전류 I_2(A)가 단자전압 V(V)보다 위상이 90[°] 뒤지기 위한 조건은,
>
> - $R_1 R_2 - \omega^2 L_1 L_2 = 0 \Rightarrow \therefore R_1 R_2 = \omega^2 L_1 L_2$
>
> [답] ④

5 $f(t) = \sin t + 2\cos t$를 라플라스 변환하면?

① $\dfrac{2s}{s^2 + 1}$ ② $\dfrac{2s + 1}{(s+1)^2}$

③ $\dfrac{2s + 1}{s^2 + 1}$ ④ $\dfrac{2s}{(s+1)^2}$

> **해설** ★★★★★
>
> - $f(t) = \sin t + 2\cos t$
>
> $\Rightarrow \therefore F(s) = \dfrac{1}{s^2 + 1^2} + 2 \times \dfrac{s}{s^2 + 1^2} = \dfrac{1 + 2s}{s^2 + 1}$
>
> [답] ③

6 그림과 같은 회로에서 스위치 S를 $t=0$에서 닫았을 때 $v_L(t)\big|_{t=0} = 100$[V], $\dfrac{di(t)}{dt}\bigg|_{t=0} = 400$[A/s]이다. L[H]의 값은?

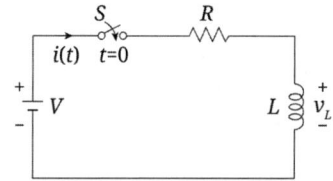

① 0.75 ② 0.5
③ 0.25 ④ 0.1

> **해설** ★★★
>
> - $e = L \dfrac{di}{dt}$
>
> $\Rightarrow \therefore L = e \times \dfrac{dt}{di} = 100 \times \dfrac{1}{400} = 0.25$[H]
>
> [답] ③

7 파형율과 파고율이 모두 1인 파형은?

① 고조파 ② 삼각파
③ 구형파 ④ 사인파

> **해설** ★★★★★
>
> 구형파의 실효값과 평균값은 최대값과 같으므로,
>
> - 파형률 $= \dfrac{\text{실효값}}{\text{평균값}} = \dfrac{V_m}{V_m} = 1$,
>
>   파고율 $= \dfrac{\text{최대값}}{\text{실효값}} = \dfrac{V_m}{V_m} = 1$
>
> [답] ③

8 $r_1[\Omega]$인 저항에 $r[\Omega]$인 가변저항이 연결된 그림과 같은 회로에서 전류 I를 최소로 하기 위한 저항 $r_2[\Omega]$는? (단, $r[\Omega]$은 가변저항의 최대 크기이다.)

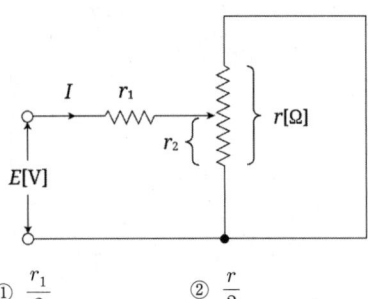

① $\dfrac{r_1}{2}$ ② $\dfrac{r}{2}$

③ r_1 ④ r

해 설 ★★★

전류가 최소가 되려면 저항이 최대가 되어야 한다. 따라서, 병렬부분의 저항이 같아야 하므로 r_2는 전체 저항(r)의 $\dfrac{1}{2}$이 되어야 한다.

[답] ②

9 그림과 같은 4단자 회로망에서 출력 측을 개방하니 $V_1=12[V]$, $I_1=2[A]$, $V_2=4[V]$이고, 출력 측을 단락하니 $V_1=16[V]$, $I_1=4[A]$, $I_2=2[A]$이었다. 4단자 정수 A, B, C, D는 얼마인가?

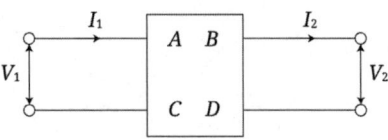

① $A=2$, $B=3$, $C=8$, $D=0.5$
② $A=0.5$, $B=2$, $C=3$, $D=8$
③ $A=8$, $B=0.5$, $C=2$, $D=3$
④ $A=3$, $B=8$, $C=0.5$, $D=2$

해 설 ★★★

- $A=\left.\dfrac{V_1}{V_2}\right|_{I_2=0}=\dfrac{12}{4}=3$
- $B=\left.\dfrac{V_1}{I_2}\right|_{V_2=0}=\dfrac{16}{2}=8$
- $C=\left.\dfrac{I_1}{V_2}\right|_{I_2=0}=\dfrac{2}{4}=0.5$
- $D=\left.\dfrac{I_1}{I_2}\right|_{V_2=0}=\dfrac{4}{2}=2$

[답] ④

10 어떤 전지에 연결된 외부 회로의 저항은 5[Ω]이고 전류는 8[A]가 흐른다. 외부 회로에 5[Ω]대신 15[Ω]의 저항을 접속하면 전류는 4[A]로 떨어진다. 이 전지의 내부 기전력은 몇 [V]인가?

① 15　② 20　③ 50　④ 80

해 설 ★★★

(1) 외부 회로 저항값에 따른 각각의 전압 식은,

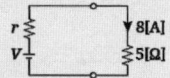 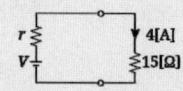

- $V = IR = 8 \times (r+5)$
　　　$= 8r + 40$
- $V = IR = 4 \times (r+15)$
　　　$= 4r + 60$

(2) 두 전압은 같아야 하므로,

- $8r + 40 = 4r + 60 \Rightarrow r = \dfrac{60-40}{8-4} = 5[\Omega]$

∴ $V = 8 \times (5+5) = 80[V]$

[답] ④

11 $V = 50\sqrt{3} - j50[V]$, $I = 15\sqrt{3} + j15[A]$ 일 때 유효전력 $P[W]$와 무효전력 $Q[var]$는 각각 얼마인가?

① $P = 3{,}000$, $Q = -1{,}500$
② $P = 1{,}500$, $Q = -1{,}500\sqrt{3}$
③ $P = 750$, $Q = -750\sqrt{3}$
④ $P = 2{,}250$, $Q = -1{,}500\sqrt{3}$

해 설 ★★★★★

$P_a = VI^* = (50\sqrt{3} - j50)(15\sqrt{3} - j15)$
　　$= 1{,}500 - j1{,}500\sqrt{3}\,[VA] = P - jQ\,[VA]$

[답] ②

12 그림과 같은 회로에서 5[Ω]에 흐르는 전류 I는 몇 [A]인가?

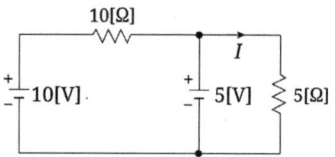

① $\dfrac{1}{2}$　② $\dfrac{2}{3}$

③ 1　④ $\dfrac{5}{3}$

해 설 ★★★

주어진 회로에서 5[Ω] 저항에 걸리는 전압은 5[V]이므로, 5[Ω]에 흐르는 전류는 곧바로 오옴의 법칙을 적용하면,

$I = \dfrac{V}{R} = \dfrac{5}{5} = 1[A]$

[답] ③

13 다음과 같은 회로에서 V_a, V_b, $V_c[V]$를 평형 3상 전압이라 할 때 전압 $V_0[V]$은?

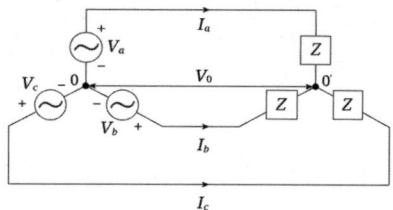

① 0　② $\dfrac{V_1}{3}$

③ $\dfrac{2}{3}V_1$　④ V_1

해 설 ★★★★

- $V_0 = V_a + V_b + V_c$
　　$= V_a + a^2 V_a + a V_a = V_a(1 + a^2 + a) = 0$
(∴ 문제 조건의 V_0는 영상전압이 아닌 중성점 전압임에 유의한다.)

[답] ①

14 RC 직렬회로의 과도현상에 대한 설명으로 옳은 것은?

① $(R \times C)$의 값이 클수록 과도 전류는 빨리 사라진다.
② $(R \times C)$의 값이 클수록 과도 전류는 천천히 사라진다.
③ 과도 전류는 $(R \times C)$의 값에 관계가 없다.
④ $\dfrac{1}{R \times C}$의 값이 클수록 과도 전류는 천천히 사라진다.

해 설 ★★★★★

$R-C$ 직렬회로의 시정수는 $\tau = RC[\sec]$이므로, RC 값이 클수록 과도현상은 더욱 오랫동안 지속된다.

[답] ②

15 $9[\Omega]$과 $3[\Omega]$인 저항 6개를 그림과 같이 연결하였을 때, a와 b 사이의 합성저항 $[\Omega]$은?

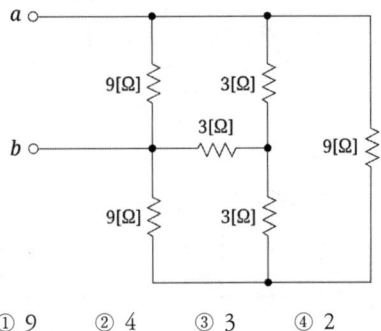

① 9 ② 4 ③ 3 ④ 2

해 설 ★★★

(1) 우선, $3[\Omega]$ 저항 3개의 Y결선을 △결선으로 바꾸면,

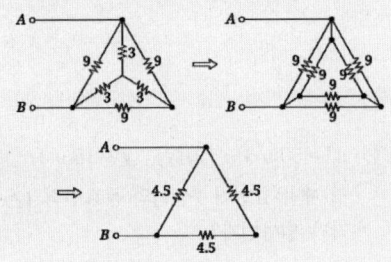

(2) 따라서, A, B 단자 간의 합성저항은,

- $R_{AB} = \dfrac{4.5 \times (4.5+4.5)}{4.5+(4.5+4.5)}$

  $= \dfrac{4.5 \times 9}{4.5+9} = 3[\Omega]$

[답] ③

16 어떤 회로에 흐르는 전류가 $i(t) = 7 + 14.1\sin\omega t$[A]인 경우 실효값은 약 몇 [A]인가?

① 11.2 ② 12.2
③ 13.2 ④ 14.2

해 설 ★★★★★

$V = \sqrt{7^2 + \left(\dfrac{14.1}{\sqrt{2}}\right)^2} = 12.2[V]$

[답] ②

17 그림과 같은 회로의 전달함수는?
(단, 초기조건은 0이다.)

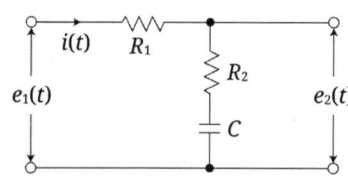

① $\dfrac{R_2 + Cs}{R_1 + R_2 + C_3}$ ② $\dfrac{R_1 + R_2 + Cs}{R_1 + Cs}$

③ $\dfrac{R_2 Cs + 1}{R_2 Cs + R_1 Cs + 1}$ ④ $\dfrac{R_1 Cs + R_2 Cs + 1}{R_2 Cs + 1}$

해 설 ★★★★★

(1) 우선, 전압 분배의 법칙에 의하여 출력 전압을 구하면,

- $E_2 = \dfrac{R_2 + \dfrac{1}{Cs}}{R_1 + R_2 + \dfrac{1}{Cs}} E_1$

  $= \dfrac{R_2 Cs + 1}{R_1 Cs + R_2 Cs + 1} E_1$

(2) 따라서, 전압비 전달 함수는,

- $\dfrac{E_2}{E_1} = \dfrac{R_2 Cs + 1}{R_1 Cs + R_2 Cs + 1}$

[답] ③

18 전류의 대칭분이 $I_0 = -2 + j4$[A], $I_1 = 6 - j5$[A], $I_2 = 8 + j10$[A]일 때 3상 전류 중 a상 전류 (I_a)의 크기($|I_a|$)는 몇 [A]인가? (단, I_0는 영상분이고, I_1은 정상분이고, I_2는 역상분이다.)

① 9   ② 12
③ 15   ④ 19

해 설 ★★★★★

- $I_a = I_0 + I_1 + I_2$
  $= -2 + j4 + 6 - j5 + 8 + j10 = 12 + j9$ [A]
- $\therefore |I_a| = \sqrt{12^2 + 9^2} = 15$ [A]

[답] ③

19 $Z = 5\sqrt{3} + j5$[Ω]인 3개의 임피던스를 Y결선하여 선간전압 250[V]의 평형 3상 전원에 연결하였다. 이때 소비되는 유효전력은 약 몇 [W]인가?

① 3,125   ② 5,413
③ 6,252   ④ 7,120

해 설 ★★★★

$P = 3I^2 R = 3 \times \left(\dfrac{\dfrac{250}{\sqrt{3}}}{\sqrt{(5\sqrt{3})^2 + 5^2}} \right) \times 5\sqrt{3}$

$= 5,413$ [W]

[답] ②

20 각 상의 전류가 $i_a = 30\sin\omega t$[A], $i_b = 30\sin(\omega t - 90°)$[A], $i_c = 30\sin(\omega t + 90°)$[A]일 때 영상분 전류[A]의 순시치는?

① $10\sin\omega t$ ② $10\sin\dfrac{\omega t}{3}$

③ $30\sin\omega t$ ④ $\dfrac{30}{\sqrt{3}}\sin(\omega t + 45°)$

해 설 ★★★

$I_0 = \dfrac{1}{3}(I_a + I_b + I_c)$

$= \dfrac{1}{3}(30\sin\omega t + 30\sin(\omega t - 90°) + 30\sin(\omega t + 90°))$

$= 10\sin\omega t$

[답] ①

제 3 회 전기(공사)산업기사 필기시험

1 $e_i(t) = Ri(t) + L\dfrac{di(t)}{dt} + \dfrac{1}{C}\int i(t)dt$

에서 모든 초기 값을 0으로 하고 라플라스 변환했을 때 $I(s)$는? (단, $I(s)$, $E_i(s)$는 각각 $i(t)$, $e_i(t)$를 라플라스 변환한 것이다.)

① $\dfrac{Cs}{LCs^2 + RCs + 1}E_i(s)$

② $\dfrac{1}{R + Ls + \dfrac{1}{C}s}E_i(s)$

③ $\dfrac{1}{s^2 + \dfrac{L}{R}s + \dfrac{1}{LC}}$

④ $(R + Ls + \dfrac{1}{Cs})E_i(s)$

해 설 ★★★★

(1) 우선, 문제에 주어진 방정식을 라플라스 변환하면,
$e_i(t) = Ri(t) + L\dfrac{di(t)}{dt} + \dfrac{1}{C}\int i(t)dt$
$\Rightarrow \therefore E_i(s) = RI(s) + LsI(s) + \dfrac{1}{Cs}I(s)$

(2) 따라서, 위 식을 전류 $I(s)$에 대해서 정리하면,
$I(s) = \dfrac{E_i(s)}{R + Ls + \dfrac{1}{Cs}}$
$= \dfrac{Cs}{LCs^2 + RCs + 1}E_i(s)$

[답] ①

2 기본파인 30[%]인 제3고조파와 기본파의 20[%]인 제5고조파를 포함하는 전압의 왜형률은 약 얼마인가?

① 0.21 ② 0.31
③ 0.36 ④ 0.42

해 설 ★★★★

문제의 조건 내용은 기본파를 기준(100[%])으로 하였을 때, 제3고조파는 30[%], 제5고조파는 20[%]라는 것이므로 왜형률은,

$D = \dfrac{\sqrt{제3고조파^2 + 제5고조파^2}}{기본파}$
$= \dfrac{\sqrt{30^2 + 20^2}}{100} = 0.36$

[답] ③

3 3상 회로의 대칭분 전압이
$V_0 = -8 + j3[V]$, $V_1 = 6 - j8[V]$,
$V_2 = 8 + j12[V]$일 때 a상의 전압[V]은?
(단, V_0는 영상분, V_1은 정상분, V_2는 역상분 전압이다.)

① $5 - j6$ ② $5 + j6$
③ $6 - j7$ ④ $6 + j7$

해 설 ★★★

$V_a = V_0 + V_1 + V_2 = -8 + j3 + 6 - j8 + 8 + j12$
$= 6 + j7\,[V]$

[답] ④

4 어느 회로에 $V = 120 + j90$[V]의 전압을 인가하면 $I = 3 + j4$[A]의 전류가 흐른다. 이 회로의 역률은?

① 0.92　　② 0.94
③ 0.96　　④ 0.98

해설 ★★★★

(1) 우선, 문제의 조건에 의하여 복소전력을 구하면,
$P_a = \overline{V}I = (120 - j90) \times (3 + j4)$
$= 720 + j210$ [VA]

(2) 따라서, 역률을 구하면,
$\therefore \cos\theta = \dfrac{P}{P_a} = \dfrac{720}{\sqrt{720^2 + 210^2}} = 0.96$

[답] ③

5 2단자 회로망에 단상 100[V]의 전압을 가하면 30[A]의 전류가 흐르고 1.8[kW]의 전력이 소비된다. 이 회로망과 병렬로 커패시터를 접속하여 합성 역률을 100[%]로 하기 위한 용량성 리액턴스는 약 몇 [Ω]인가?

① 2.1　　② 4.2
③ 6.3　　④ 8.4

해설 ★★★

(1) 우선 문제에 주어진 조건을 이용하여 피상전력과 무효전력을 구해보면,
$P_a = VI = 100 \times 30 = 3,000$ [VA],
$Q = \sqrt{P_a^2 - P^2}$
$= \sqrt{3,000^2 - 1,800^2} = 2,400$ [Var]

(2) 따라서, 역률을 100[%]로 하기 위해서는 위에서 무효전력이 없어야 하므로 이에 필요한 용량성 리액턴스는,
$Q = \dfrac{V^2}{X}$
$\Rightarrow \therefore X = \dfrac{V^2}{Q} = \dfrac{100^2}{2,400} \fallingdotseq 4.2$ [Ω]

[답] ②

6 22[kVA]의 부하가 0.8의 역률로 운전될 때 이 부하의 무효전력[kVar]은?

① 11.5　　② 12.3
③ 13.2　　④ 14.5

해설 ★★★

$Q = VI\sin\theta = P_a \sin\theta = 22 \times 0.6 = 13.2$ [kVar]

[답] ③

7 어드미턴스 Y(℧)로 표현된 4단자 회로망에서 4단자 정수 행렬 T는?

(단, $\begin{bmatrix} V_1 \\ I_1 \end{bmatrix} = T \begin{bmatrix} V_1 \\ I_1 \end{bmatrix}$, $T = \begin{bmatrix} A & B \\ C & D \end{bmatrix}$)

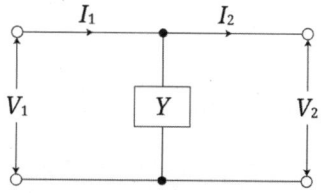

① $\begin{bmatrix} 1 & 0 \\ Y & 1 \end{bmatrix}$　　② $\begin{bmatrix} 1 & Y \\ 0 & 1 \end{bmatrix}$

③ $\begin{bmatrix} 1 & 0 \\ \dfrac{1}{Y} & 1 \end{bmatrix}$　　④ $\begin{bmatrix} Y & 1 \\ 1 & 0 \end{bmatrix}$

해설 ★★★★★

회로망을 행렬식으로 표현하면 다음과 같다.

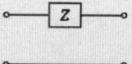

$\begin{bmatrix} A & B \\ C & D \end{bmatrix} = \begin{bmatrix} 1 & Z \\ 0 & 1 \end{bmatrix}$

(a) 직렬 임피던스 회로

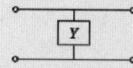

$\begin{bmatrix} A & B \\ C & D \end{bmatrix} = \begin{bmatrix} 1 & 0 \\ Y & 1 \end{bmatrix}$

(b) 병렬 어드미턴스 회로

[답] ①

8 회로에서 10[Ω]의 저항에 흐르는 전류[A]는?

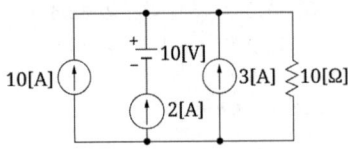

① 8 ② 10
③ 15 ④ 20

해설 ★★★

(1) 중첩에 의하여 각각의 전원이 1개씩만 존재할 경우의 회로로 분리하여 10[Ω]에 흐르는 전류를 각각 구한다. 이때 제거시킬 전원은 전류원은 개방, 전압원은 단락시켜 소거한다.
$I_{10[A]} = 10[A]$, $I_{10[V]} = 0[A]$, $I_{2[A]} = 2[A]$,
$I_{3[A]} = 3[A]$

(2) 따라서, 10[Ω]에 흐르는 총 전류는,
$I = 10 + 2 + 3 = 15[A]$

[답] ③

9 10[Ω]의 저항 5개를 접속하여 얻을 수 있는 합성저항 중 가장 적은 값은 몇 [Ω]인가?

① 10 ② 5
③ 2 ④ 0.5

해설 ★★

합성저항은 병렬합성일 때 가장 작은 값을 나타내므로, 저항 5개를 모두 병렬 접속하면,
$R = \dfrac{10}{5} = 2[\Omega]$

[답] ③

10 동일한 용량 2대의 단상 변압기를 V결선하여 3상으로 운전하고 있다. 단상 변압기 2대의 용량에 대한 3상 V결선 시 변압기 용량의 비인 변압기 이용률은 약 몇 [%] 인가?

① 57.7 ② 70.7
③ 80.1 ④ 86.6

해설 ★★★★★

이용률 (V결선 출력 비교)
$\dfrac{\text{실제출력}}{\text{이론출력}} = \dfrac{\sqrt{3}P}{2P}$
$= \dfrac{\sqrt{3}}{2} = 0.866 \ (\therefore 86.6[\%])$

[답] ④

11 4단자 회로망에서의 영상 임피던스[Ω]는?

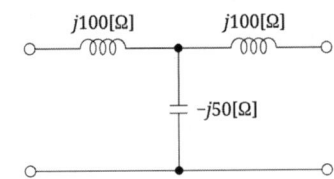

① $j\dfrac{1}{50}$ ② -1
③ 1 ④ 0

해설 ★★★

(1) 우선, 주어진 회로는 T형 대칭 회로이므로 B, C 값만 구해보면,
$B = j100 + j100 + \dfrac{j100 \times j100}{-j50} = 0$,
$C = \dfrac{1}{-j50} = j0.02$

(2) 따라서, 영상 임피던스는,
$Z_{01} = Z_{02} = \sqrt{\dfrac{B}{C}} = \sqrt{\dfrac{0}{j0.02}}$
$= 0[\Omega]$

[답] ④

12 $i(t) = 3\sqrt{2}\sin 377t - 30°$ [A]의 평균값은 약 몇 [A]인가?

① 1.35　　② 2.7
③ 4.35　　④ 5.4

해설 ★★★

문제에 주어진 순시값에서 최대값은 $3\sqrt{2}$ 이므로 평균값은,

$I_a = \dfrac{2}{\pi}I_m = \dfrac{2}{\pi} \times 3\sqrt{2} = 2.7[A]$

[답] ②

13 $20[\Omega]$과 $30[\Omega]$의 병렬회로에서 $20[\Omega]$에 흐르는 전류가 $6[A]$라면 전체 전류 $I[A]$는?

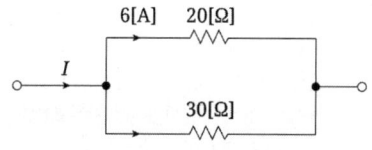

① 3　　② 4　　③ 9　　④ 10

해설 ★★★

(1) $20[\Omega]$ 저항에 걸리는 전압은
$V = IR = 6 \times 20 = 120[V]$이므로, $30[\Omega]$ 저항에도 이와 똑같은 $120[V]$의 전압이 걸리게 된다. 따라서, $30[\Omega]$ 저항에 흐르는 전류를 구해보면,
- $I_{30} = \dfrac{120}{30} = 4[A]$

(2) 따라서, 회로에 흐르는 전체 전류값은,
$\therefore I = I_{20} + I_{30} = 6 + 4 = 10[A]$

[답] ④

14 $F(s) = \dfrac{A}{\alpha + s}$의 라플라스 역변환은?

① αe^{At}　　② $Ae^{\alpha t}$
③ αe^{-At}　　④ $Ae^{-\alpha t}$

해설 ★★★★★

문제에 주어진 주파수 함수는 지수함수를 라플라스 변환한 식이므로, 지수함수의 라플라스 변환 공식을 이용하여 시간 함수를 구해보면,

- $f(t) = e^{-at} \Rightarrow \therefore F(s) = \dfrac{1}{s+a}$
- $F(s) = \dfrac{A}{\alpha + s} = A\dfrac{1}{s+\alpha} \Rightarrow \therefore f(t) = Ae^{-\alpha t}$

[답] ④

15 RC 직렬회로의 과도현상에 대한 설명으로 옳은 것은?

① 과도상태 전류의 크기는 $(R \times C)$의 값과 무관하다.
② $(R \times C)$의 값이 클수록 과도상태 전류의 크기는 빨리 사라진다.
③ $(R \times C)$의 값이 클수록 과도상태 전류의 크기는 천천히 사라진다.
④ $\dfrac{1}{R \times C}$의 값이 클수록 과도상태 전류의 크기는 천천히 사라진다.

해설 ★★★★★

$R-C$ 직렬회로의 시정수는 $\tau = RC[\sec]$ 이므로, RC 값이 클수록 과도현상은 더욱 오랫동안 지속된다.

[답] ③

16 불평형 Y결선의 부하 회로에 평형 3상 전압을 가할 경우 중성점의 전위 $V_{n'n}$[V]는? (단, Z_1, Z_2, Z_3는 각 상의 임피던스[Ω]이고, Y_1, Y_2, Y_3는 각 상의 임피던스에 대한 어드미턴스[℧]이다.)

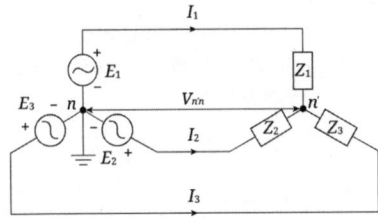

① $\dfrac{E_1+E_2+E_3}{Z_1+Z_2+Z_3}$

② $\dfrac{Z_1E_1+Z_2E_2+Z_3E_3}{Z_1+Z_2+Z_3}$

③ $\dfrac{E_1+E_2+E_3}{Y_1+Y_2+Y_3}$

④ $\dfrac{Y_1E_1+Y_2E_2+Y_3E_3}{Y_1+Y_2+Y_3}$

해설 ★★★★

밀만의 정리를 이용하면 매우 간단히 풀 수 있는 문제이다.

• $V_{n-n'} = \dfrac{\dfrac{E_1}{Z_1}+\dfrac{E_2}{Z_2}+\dfrac{E_3}{Z_3}}{\dfrac{1}{Z_1}+\dfrac{1}{Z_2}+\dfrac{1}{Z_3}}$

$= \dfrac{Y_1E_1+Y_2E_2+Y_3E_3}{Y_1+Y_2+Y_3}$

$\left(\therefore Y = \dfrac{1}{Z} \text{을 적용}\right)$

[답] ④

17 RL 병렬회로에서 $t=0$일 때 스위치 S를 닫는 경우 $R[\Omega]$에 흐르는 전류 $i_R(t)$[A]는?

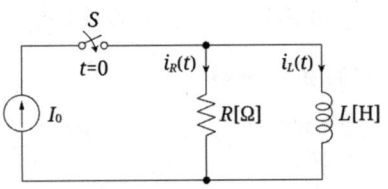

① $I_0(1-e^{-\frac{R}{L}t})$ ② $I_0(1+e^{-\frac{R}{L}t})$

③ I_0 ④ $I_0 e^{-\frac{R}{L}t}$

해설 ★★

(1) 우선, 주어진 회로에서 전류원 I_0와 저항 $R[\Omega]$의 병렬 회로를 노튼↔테브냉 등가 변환하여 전압원 $E=I_0R$과 저항 $R[\Omega]$의 직렬회로로 바꾸면, 문제에 주어진 회로는 직류전압원 E[V] 및 $R[\Omega]$과 L[H]의 직렬회로가 된다. 따라서, $R-L$ 직렬회로의 과도전류는,

• $i(t) = \dfrac{E}{R}\left(1-e^{-\frac{R}{L}t}\right)$[A] $= I_0\left(1-e^{-\frac{R}{L}t}\right)$[A]

(2) 키르히호프의 법칙에 의하여,
$I_0 = i_R - i_L$ 이므로,

• $i_R = I_0 - i_L = I_0 - I_0\left(1-e^{-\frac{R}{L}t}\right)$

$= I_0 - I_0 + I_0 e^{-\frac{R}{L}t} = I_0 e^{-\frac{R}{L}t}$[A]

[답] ④

18 1상의 임피던스가 $14+j48$[Ω]인 평형 △ 부하에 선간전압이 200[V]인 평형 3상 전압이 인가될 때 이 부하의 피상전력[VA]은?

① 1,200 ② 1,384
③ 2,400 ④ 4,157

해설 ★★

$P_a = 3\dfrac{V^2}{Z} = 3 \times \dfrac{200^2}{\sqrt{14^2+48^2}} = 2,400$[VA]

[답] ③

19 $i(t) = 100 + 50\sqrt{2}\sin\omega t + 20\sqrt{2}\sin(3\omega t + \dfrac{\pi}{6})$ [A]로 표현되는 비정현파 전류의 실효값은 약 몇 [A]인가?

① 20
② 50
③ 114
④ 150

해 설 ★★★★★

$I = \sqrt{100^2 + 50^2 + 20^2} = 113.58 ≒ 114$ [A]

[답] ③

20 저항만으로 구성된 그림의 회로에 평형 3상 전압을 가했을 때 각 선에 흐르는 선전류가 모두 같게 되기 위한 $R[\Omega]$의 값은?

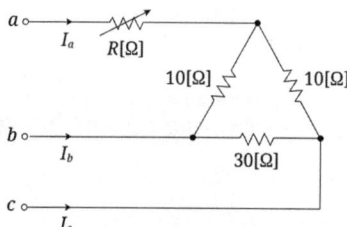

① 2
② 4
③ 6
④ 8

해 설 ★★★

(1) 우선, $10[\Omega]$, $10[\Omega]$, $30[\Omega]$ 저항 3개의 △결선을 Y결선으로 바꾸면,

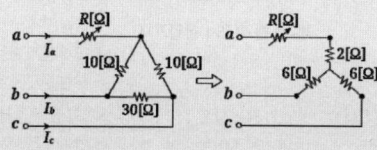

- $\dfrac{10 \times 10}{10 + 10 + 30} = 2[\Omega]$
- $\dfrac{10 \times 30}{10 + 10 + 30} = 6[\Omega]$
- $\dfrac{10 \times 30}{10 + 10 + 30} = 6[\Omega]$

(2) 따라서, 대칭 3상 전압을 인가한 상태에서 각 선전류가 같기 위해서는 각 상의 저항 값이 동일하여야 하므로, a상에 직렬로 삽입되는 저항 R은,
- $R = 6 - 2 = 4[\Omega]$

[답] ②

KEC 개정에 따른
전기공사산업기사 기출문제 삭제 및 변경 목록

2011
제1회 전기(공사)산업기사
- 03번 문제 변경
- 07번 문제 보기 변경
- 12번 문제 삭제
- 14번 문제 삭제
- 16번 문제 삭제
- 20번 문제 삭제

제2회 전기(공사)산업기사
- 04번 문제 삭제
- 10번 문제 변경
- 18번 문제 보기 변경

제4회 전기공사산업기사
- 03번 문제 삭제
- 06번 문제 삭제
- 07번 문제 삭제
- 11번 문제 변경
- 14번 문제 삭제
- 16번 문제 삭제
- 20번 문제 보기 변경

2012
제1회 전기(공사)산업기사
- 01번 문제 삭제
- 06번 문제 삭제
- 20번 문제 삭제

제2회 전기(공사)산업기사
- 02번 문제 삭제
- 03번 문제 삭제
- 07번 문제 삭제
- 16번 문제 삭제

제4회 전기공사산업기사
- 05번 문제 삭제
- 09번 문제 보기 변경
- 15번 문제 삭제

2013
제1회 전기(공사)산업기사
- 03번 문제 변경
- 04번 문제 삭제
- 07번 문제 삭제
- 13번 문제 보기 삭제
- 15번 문제 보기 삭제

제2회 전기(공사)산업기사
- 03번 문제 삭제
- 06번 문제 삭제
- 07번 문제 변경
- 17번 문제 삭제
- 18번 문제 삭제

제4회 전기공사산업기사
- 03번 문제 삭제
- 04번 문제 보기 변경
- 07번 문제 보기 변경
- 10번 문제 삭제
- 20번 문제 변경

2014
제1회 전기(공사)산업기사
- 07번 문제 변경
- 10번 문제 삭제
- 19번 문제 삭제

제2회 전기(공사)산업기사
- 07번 문제 삭제
- 08번 문제 보기 변경
- 09번 문제 삭제
- 11번 문제 보기 변경
- 15번 문제 삭제

제4회 전기공사산업기사
- 01번 문제 삭제
- 08번 정답 변경
- 13번 문제 변경
- 14번 문제 삭제
- 16번 문제 삭제

2015
제1회 전기(공사)산업기사
- 01번 문제 삭제
- 04번 문제 삭제
- 09번 문제 보기 삭제
- 14번 문제 삭제
- 19번 문제 보기 변경

제2회 전기(공사)산업기사
- 01번 문제 보기 삭제
- 05번 문제 삭제
- 10번 문제 보기 삭제
- 14번 문제 삭제
- 16번 문제 보기 변경
- 20번 문제 변경

제4회 전기공사산업기사
- 06번 문제 변경
- 19번 문제 삭제

2016
제1회 전기(공사)산업기사
- 04번 문제 보기 변경
- 05번 문제 삭제
- 10번 문제 삭제
- 13번 문제 삭제
- 15번 문제 변경
- 19번 문제 보기 삭제

제2회 전기(공사)산업기사
- 11번 문제 삭제

제4회 전기공사산업기사
- 08번 문제 삭제
- 09번 문제 보기 변경
- 13번 문제 보기 삭제
- 19번 문제 보기 변경

2017
제1회 전기(공사)산업기사
- 05번 문제 삭제
- 14번 문제 삭제
- 16번 문제 보기 변경
- 18번 문제 삭제
- 20번 문제 변경

제2회 전기(공사)산업기사
- 01번 문제 삭제
- 06번 문제 삭제
- 07번 문제 삭제
- 10번 문제 삭제
- 11번 문제 삭제
- 17번 문제 보기 삭제

제4회 전기공사산업기사
- 03번 문제 삭제
- 04번 문제 보기 변경
- 05번 문제 보기 삭제
- 10번 문제 삭제
- 13번 정답 변경
- 15번 문제 보기 변경
- 16번 문제 삭제

2018
제1회 전기(공사)산업기사
- 03번 문제 삭제
- 06번 문제 삭제
- 07번 문제 삭제
- 12번 문제 변경
- 16번 문제 보기 변경
- 17번 문제 삭제

제2회 전기(공사)산업기사
- 01번 문제 삭제
- 04번 문제 삭제
- 06번 문제 삭제
- 07번 문제 삭제
- 11번 문제 삭제
- 17번 문제 보기 변경
- 18번 문제 삭제

제4회 전기공사산업기사
- 02번 문제 삭제
- 08번 문제 삭제

2019
제1회 전기(공사)산업기사
- 16번 문제 보기 삭제
- 17번 문제 삭제
- 18번 문제 삭제

제2회 전기(공사)산업기사
- 01번 문제 삭제
- 09번 문제 삭제
- 12번 문제 삭제
- 14번 문제 삭제
- 15번 문제 삭제

제4회 전기공사산업기사
- 03번 문제 변경
- 05번 문제 삭제
- 06번 문제 삭제
- 09번 문제 보기 변경
- 16번 문제 보기 변경
- 18번 문제 삭제

2020
제1,2회 전기(공사)산업기사
- 01번 문제 삭제
- 05번 문제 삭제
- 12번 문제 보기 삭제
- 14번 문제 삭제
- 16번 문제 변경
- 18번 문제 보기 삭제

제3회 전기(공사)산업기사
- 01번 문제 삭제
- 16번 문제 삭제

전기공사산업기사 필기
전기설비기술기준

2011~2020년 과년도 기출문제

전기설비기술기준 출제 분석

항목	2011			2012			2013			2014			2015			2016			2017			2018			2019			2020	
	1회	2회	4회	1회	2회	4회	1회	2회	4회	1회	2회	4회	1회	2회	4회	1회	2회	4회	1회	2회	4회	1회	2회	4회	1회	2회	4회	1,2회	3회
공통사항	2	1	7	2	3	3	3	4	0	2	1	6	3	5	3	4	1	2	2	1	2	3	2	3	3	4	5	2	3
저압전기설비	0	0	0	0	0	3	0	1	0	0	0	0	1	0	1	1	2	1	0	3	0	0	3	2	0	0	1	0	0
고압, 특고압 전기설비	1	2	1	1	1	1	0	2	3	1	3	0	0	3	1	1	2	3	2	2	2	0	1	2	2	0	1	1	3
전선로	9	9	4	11	8	8	6	9	8	11	8	7	8	6	9	8	7	7	7	6	8	8	6	5	6	8	8	8	7
전력보안통신설비	0	0	1	0	1	1	1	0	1	0	1	0	0	0	0	0	1	3	1	1	1	1	1	1	2	1	1	1	1
배선 및 조명설비	4	4	4	3	3	3	5	3	2	1	3	3	3	5	2	4	5	2	5	0	5	4	4	2	3	2	3	1	3
특수설비	1	1	1	1	1	0	1	0	1	1	2	1	3	1	2	1	1	1	0	4	2	1	0	4	2	0	0	4	2
기계·기구 시설 및 옥내배선	3	2	1	1	2	1	2	1	3	2	2	1	1	0	2	1	0	2	0	2	0	1	2	1	2	3	0	2	0
전기철도설비	0	1	1	1	0	0	2	0	1	1	1	0	1	0	0	0	0	0	1	1	0	1	1	0	0	2	1	1	1
분산형전원설비	0	0	0	0	1	0	0	0	0	0	0	1	0	0	0	0	1	1	0	0	0	0	1	0	0	0	0	0	0

• 전기공사산업기사 필기   전기설비기술기준

2011년 기출문제

제 1 회   전기(공사)산업기사 필기시험

1 발전기·변압기·조상기·계기용변성기·모선 또는 이를 지지하는 애자는 어떤 전류에 의하여 생기는 기계적 충격에 견디는 것이어야 하는가?

① 지상전류   ② 유도전류
③ 충전전류   ④ 단락전류

해 설 ★

- **전기설비 기술기준 제 23 조(발전기 등의 기계적 강도)**
발전기, 변압기, 조상기, 계기용변성기, 모선 및 이를 지지하는 애자는 단락전류에 의하여 생기는 기계적 충격에 견디는 것

[답] ④

2 아파트 세대 욕실에 "비데용 콘센트"를 시설하고자 한다. 다음의 시설방법 중 적합하지 않은 것은?

① 콘센트를 시설하는 경우에는 인체감전보호용 누전차단기로 보호된 전로에 접속할 것
② 습기가 많은 곳에 시설하는 배선기구는 방습장치를 시설할 것
③ 저압용 콘센트는 접지극이 없는 것을 사용할 것
④ 충전 부분이 노출되지 않을 것

해 설 ★★★★★

- **KEC 234.5 콘센트의 시설**
욕조나 샤워시설이 있는 욕실 또는 화장실 등 인체가 물에 젖어있는 상태에서 전기를 사용하는 장소에 콘센트를 시설하는 경우
1) 인체감전보호용 누전차단기(정격감도전류 15[mA] 이하, 동작시간 0.03초 이하 전류동작형) 또는 절연변압기(정격용량 3[kVA] 이하)로 보호된 전로에 접속하거나, 인체감전보호용 누전차단기가 부착된 콘센트를 시설할 것
2) 콘센트는 접지극이 있는 방적형 콘센트를 사용하여 접지시스템 규정에 준하여 접지하여야 한다.

[답] ③

3 고·저압의 혼촉에 의한 위험을 방지하기 위하여 저압 측 중성점에 제2종 접지공사를 변압기의 시설장소마다 시행하여야 한다. 그러나 토지의 상황에 따라 규정의 접지저항 값을 얻기 어려운 경우에는 변압기의 시설장소로부터 몇 [m]까지 떼어서 시설할 수 있는가?

① 75　② 100　③ 200　④ 300

해 설　★

※ [한국전기설비규정(KEC) 규정 변경으로 문제 변경]

- KEC 322.1
  고압 또는 특고압과 저압의 혼촉에 의한 위험방지 시설
  1) 고압전로 또는 특고압전로와 저압전로를 결합하는 변압기의 저압측의 중성점에는 변압기 중성점 접지공사를 할 것
  2) 접지공사는 변압기 시설장소마다 시행할 것
  3) 가공공동지선은 인장강도 5.26[kN] 이상 또는 지름 4[mm] 이상의 경동선을 사용하며, 변압기의 시설장소로부터 200[m]까지 떼어놓을 수 있음

[답] ③

4 고압 옥상 전선로의 전선이 다른 시설물과 접근하거나 교차하는 경우에는 고압 옥상 전선로의 전선과 이들 사이의 이격거리는 몇 [cm] 이상이어야 하는가?

① 30　② 40　③ 50　④ 60

해 설　★

- KEC 331.14.1 고압 옥상전선로의 시설
  고압 옥상 전선로의 전선이 다른 시설물(가공전선 제외)과 접근하거나 교차하는 경우에는 고압 옥상 전선로의 전선과 이들 사이의 이격거리는 0.6[m] 이상일 것

[답] ④

5 특고압 가공전선로의 지지물로서 직선형의 철탑을 연속하여 사용하는 부분에는 몇 기 이하마다 내장 애자장치가 되어있는 철탑 또는 이와 동등 이상의 강도를 가지는 철탑 1기를 시설하여야 하는가?

① 5　② 10　③ 15　④ 20

해 설　★

- KEC 333.16
  특고압 가공전선로의 내장형 등의 지지물 시설
  특고압 가공전선로 중 지지물로서 직선형의 철탑을 연속하여 10기 이상 사용하는 부분에는 10기 이하마다 장력에 견디는 애자장치가 되어있는 철탑 또는 이와 동등 이상의 강도를 가지는 철탑 1기를 시설할 것

[답] ②

6 사용전압이 170[kV]을 초과하는 특고압 가공전선로를 시가지에 시설하는 경우 전선의 단면적은 몇 [mm^2] 이상의 강심알루미늄 또는 이와 동등 이상의 인장강도 및 내 아크 성능을 가지는 연선을 사용하여야 하는가?

① 22　② 55　③ 150　④ 240

해 설　★

- KEC 333.1 시가지 등에서 특고압 가공전선로의 시설
  사용전압 170[kV] 초과하는 전로의 전선은 단면적 240[mm^2] 이상의 강심알루미늄선 또는 이와 동등 이상의 인장강도 및 내아크 성능을 가지는 연선을 사용할 것

[답] ④

7 발전소 또는 변전소에 준하는 시설에 관한 내용 중 틀린 것은?

① 고압 가공전선과 금속제의 울타리, 담 등이 교차하는 경우 금속제의 울타리, 담 등에는 제1종 접지공사를 하여야 한다.
② 상용전원으로 쓰이는 축전지에는 자동차단장치를 시설하지 않아야 한다.
③ 발전기 또는 변전소의 특별고압 전로에는 보기 쉬운 곳에 상별 표시를 하여야 한다.
④ 사용전압이 100[kV] 이상의 변압기를 설치하는 곳에는 절연유 유출 방지설비를 하여야 한다.

해 설 ★

※ [한국전기설비규정(KEC) 규정 변경으로 문제 보기 변경]
- KEC 512.2.2 제어 및 보호장치

발전소 또는 변전소 혹은 이에 준하는 장소에 전기저장장치를 시설하는 경우 전로가 차단되었을 때에 경보하는 장치를 시설하여야 한다.

[답] ②

8 최대사용전압이 23,000[V]인 중성점 비접지식 전로의 절연내력 시험전압은 몇 [V]인가?

① 16,560   ② 21,160
③ 25,300   ④ 28,750

해 설 ★★★★★

- KEC 132 전로의 절연저항 및 절연내력
1) 최대 사용전압 7[kV] 초과 60[kV] 이하인 전로의 시험전압은 최대 사용전압의 1.25배일 것
2) 절연내력 시험전압 = 23,000 × 1.25
   = 28,750[V]

[답] ④

9 접지공사에서 접지선을 지하 0.75[m]에서 지표상 2[m]까지의 부분을 보호하기 위한 보호물로 적합한 것은?

① 합성수지관   ② 후강전선관
③ 케이블 트레이 ④ 케이블 덕트

해 설 ★★★★★

- KEC 142.3.1 접지도체
1) 접지극은 동결 깊이를 감안 매설깊이는 지표면으로부터 지하 0.75[m] 이상으로 할 것
2) 접지선은 절연전선(옥외용 비닐절연전선 제외), 캡타이어케이블 또는 케이블(통신용 케이블 제외)을 사용할 것
3) 접지도체는 지하 0.75[m]부터 지표상 2[m]까지 부분은 합성수지관 등으로 보호할 것
4) 접지도체를 철주 기타의 금속체를 따라서 시설하는 경우에는 접지극을 철주의 밑면으로부터 0.3[m] 이상의 깊이에 매설하는 경우 이외에는 접지극을 지중에서 그 금속체로부터 1[m] 이상 떼어 매설할 것

[답] ①

10 방직공장의 구내 도로에 220[V] 조명등용 가공전선로를 시설하고자 한다. 전선로의 경간은 몇 [m] 이하이어야 하는가?

① 20   ② 30   ③ 40   ④ 50

해 설 ★

- KEC 222.23 구내에 시설하는 저압 가공전선로

구내에 시설하는 저압 가공전선로의 경간은 30[m] 이하일 것

[답] ②

11 고압 가공전선이 안테나와 접근상태로 시설되는 경우, 가공전선과 안테나와의 이격거리는 고압 가공전선으로 사용되는 전선이 케이블이 아니라면 몇 [cm] 이상으로 이격시켜야 하는가?

① 60 ② 80 ③ 100 ④ 120

해 설 ★★

- KEC 332.14 고압 가공전선과 안테나의 접근 또는 교차
  가공전선이 안테나와 접근상태로 시설되는 경우 수평 이격거리 저압 0.6[m], 고압 0.8[m] 이상일 것

[답] ②

12 허용전류 60[A]인 옥내저압간선에 간선 보호용 과전류차단기가 시설되어 있다. 이 과전류차단기에 ◆삭제◆ 부하를 접속할 때 최대 몇 [A]까지 접속이 가능한가?

① 120 ② 150 ③ 180 ④ 200

해 설

※ [한국전기설비규정(KEC) 규정 변경으로 문제 삭제]

13 345[kV] 변전소의 충전 부분에서 5.98[m] 거리에 울타리를 설치할 경우 울타리 최소 높이는 몇 [m]인가?

① 2.1 ② 2.3 ③ 2.5 ④ 2.7

해 설 ★★★★★

- KEC 351.1 발전소 등의 울타리·담 등의 시설
1) 사용전압이 35[kV] 초과 160[kV] 이하 울타리, 담 등의 높이와 울타리, 담 등으로부터 충전부분까지 거리의 합계는 6[m] 이상일 것
2) 160[kV]를 초과하는 10[kV] 또는 그 단수마다 0.12[m]를 가산할 것
3) 단수 = (345 − 160) / 10 = 18.5
   → 19 (소수점 이하 절상)
4) 거리의 합계 = 6 + (19 × 0.12) = 8.28[m]
5) 8.28 − 5.98 = 2.3[m]

[답] ②

14 내부깊이 150[mm] 이하의 사다리형 케이블 트레이 안에 다심 제어용 케이블만을 넣는 경우 혹은 이들 케이블을 함께 넣는 경우에는 모든 ◆삭제◆ 단면적의 합계는 케이블 트레이의 내부 단면적의 몇 % 이하로 하여야 하는가?

① 30 ② 40 ③ 50 ④ 60

해 설

※ [한국전기설비규정(KEC) 규정 변경으로 문제 삭제]

15 저압 옥내배선의 사용 전압이 220[V]인 출·퇴 표시등 회로를 금속관 공사에 의하여 시공하였다. 여기에 사용되는 배선은 지름 몇 [mm²] 이상의 연동선을 사용하여야 하는가?

① 1.5 ② 2.0 ③ 5.0 ④ 5.5

해설 ★★★★★

- **KEC 231.3.1 저압 옥내배선의 사용전선**
전광표시장치 기타 이와 유사한 장치 또는 제어 회로 등에 사용하는 배선을 합성수지관, 금속관, 금속몰드, 금속덕트, 플로어덕트 공사에 시설하는 경우 단면적 1.5[mm²] 이상의 연동선을 사용할 것

[답] ①

16 관·암거 기타 지중전선을 넣은 방호장치의 금속제 부분 및 지중전선의 피복으로 사용하는 금속체에는 제 몇 종 접지공사를 하여야 하는가?
(단, 금속제 부분에는 케이블을 지지하는 금구류를 제외한다.) ❖ 삭제 ❖

① 제1종 접지공사
② 제2종 접지공사
③ 제3종 접지공사
④ 특별 제3종 접지공사

해설

※ [한국전기설비규정(KEC) 규정 변경으로 문제 삭제]

17 저압 옥내배선을 금속관 공사에 의하여 시설하는 경우에 대한 설명 중 옳은 것은?

① 전선에 옥외용 비닐 절연 전선을 사용하여야 한다.
② 전선은 굵기에 관계없이 연선을 사용하여야 한다.
③ 콘크리트에 매설하는 금속관의 두께는 1.2[mm] 이상이어야 한다.
④ 옥내 배선의 사용 전압이 교류 600[V] 이하인 경우 관에는 제3종 접지 공사를 하여야 한다.

해설 ★★★★★

- **KEC 232.12 금속관 공사**
1) 연선 : 절연전선(옥외용 비닐 절연전선(OW)은 제외)
2) 단선 : 단면적 10[mm²] (알루미늄선은 단면적 16[mm²]) 이하(짧고 가는 관에 넣은 경우)
3) 콘크리트에 매설하는 금속관은 1.2[mm] 이상
4) 관에는 감전에 대한 보호와 접지시스템에 준하여 접지공사를 할 것
5) 관의 끝 부분에는 전선의 피복을 손상하지 아니하도록 적당한 구조의 부싱을 사용할 것

[답] ③

18 동일 지지물에 저압가공전선(다중접지된 중성선은 제외)과 고압가공전선을 시설하는 경우 저압 가공전선은?

① 고압 가공전선의 위로 하고 동일 완금류에 시설
② 고압 가공전선과 나란하게 하고 동일 완금류에 시설
③ 고압 가공전선의 아래로 하고 별개의 완금류에 시설
④ 고압 가공전선과 나란하게 하고 별개의 완금류에 시설

해 설 ★★★★★

- KEC 332.8 고압 가공전선 등의 병행설치
저압 가공전선과 고압 가공전선을 동일 지지물에 시설하는 경우
1) 저압 가공전선을 고압 가공전선의 아래로 하고 별개의 완금류에 시설할 것
2) 저압 가공전선과 고압 가공전선 사이의 이격거리는 0.5[m] 이상일 것
3) 저압 가공전선과 고압 가공케이블 사이의 이격거리는 0.3[m] 이상일 것

[답] ③

19 가공 전선로의 지지물에 시설하는 지선의 설치기준으로 옳은 것은?

① 지선의 안전율은 1.2 이상일 것
② 연선을 사용할 경우에는 소선 3가닥 이상의 연선일 것
③ 소선은 지름 1.2[mm] 이상인 금속선일 것
④ 허용 인장하중의 최저는 2.15[kN]으로 할 것

해 설 ★★★★★

- KEC 331.11 지선의 시설
가공전선로의 지지물에 시설하는 지선
1) 지선의 안전율은 2.5 이상, 허용 인장하중의 최저 4.31[kN] 이상
2) 지선에 연선을 사용하는 경우
   - 소선 3가닥 이상의 연선일 것
   - 소선의 지름이 2.6[mm] 이상의 금속선을 사용한 것일 것
   - 아연도강연선 : 소선 지름이 2[mm] 이상, 인장강도가 0.68[kN/mm^2] 이상
3) 지중부분 및 지표상 0.3[m]까지의 부분에는 내식성이 있는 것 또는 아연도금을 한 철봉을 사용하고 쉽게 부식되지 아니하는 근가에 견고하게 붙일 것. 다만, 목주에 시설하는 지선에 대해서는 그러하지 아니하다.
4) 지선근가는 지선의 인장하중에 충분히 견디도록 시설할 것
5) 도로를 횡단하는 곳의 지선의 높이는 지표상 5[m] 이상일 것
6) 철탑은 지선을 사용하여 그 강도를 분담시켜서는 안 됨

[답] ②

20 전기부식방지를 위한 귀선의 시설방법에 해당되지 않는 것은?

① 귀선의 부극성으로 할 것
② 이음매 하나의 저항은 그 궤조의 길이 5[m]의 저항에 상당하는 값 이하인 것
③ 특수한 곳을 제외하고 궤도는 길이 30[m] 이상이 되도록 연속하여 용접할 것
④ 용접용 본드는 단면적 22[mm²] 이상, 길이 60[cm] 이상의 연동 연선일 것

❖ 삭제 ❖

해 설

※ [한국전기설비규정(KEC) 규정 변경으로 문제 삭제]

제 2 회　　전기(공사)산업기사 필기시험

1 154[kV] 옥외 변전소의 울타리 최소 높이는 몇 [m]인가?

① 2.0　② 2.5　③ 3.0　④ 3.5

해 설 ★★★★★

- KEC 351.1 발전소 등의 울타리·담 등의 시설
1) 울타리·담 등을 시설할 것
2) 출입구에는 출입금지의 표시를 할 것
3) 출입구에는 자물쇠장치 기타 적당한 장치를 할 것
4) 울타리·담 등의 높이는 2[m] 이상으로 하고 지표면과 울타리·담 등의 하단사이의 간격은 0.15[m] 이하로 할 것

[답] ①

2 관등 회로란 무엇인가?

① 분기점으로부터 안정기까지의 전로
② 스위치로부터 방전등까지의 전로
③ 스위치로부터 안정기까지의 전로
④ 방전등용 안정기로부터 방전관까지의 전로

해 설 ★★★

- KEC 112 용어 정의
『관등회로』란 방전등용 안정기 또는 방전등용 변압기로부터 방전관까지의 전로를 말한다.

[답] ④

3 고압 절연전선을 사용한 6,600[V] 배전선이 안테나와 접근상태로 시설되는 경우 그 이격거리는 몇 [cm] 이상이어야 하는가?

① 60　② 80　③ 100　④ 120

해 설 ★★★

- KEC 332.14 고압 가공전선과 안테나의 접근 또는 교차
가공전선이 안테나와 접근상태로 시설되는 경우 수평 이격거리 저압 0.6[m], 고압 0.8[m] 이상일 것

[답] ②

4 직류식 전기철도에서 가공으로 시설하는 배류선은 케이블인 경우 이외에는 지름 몇 [mm]의 경동선이나 이와 동등 이상의 세기 및 굵기의 것이어야 하는가?

① 2.0　② 2.5　③ 3.5　④ 4.0

해 설

※ [한국전기설비규정(KEC) 규정 변경으로 문제 삭제]

5 수소냉각식 발전기안의 수소 순도가 몇 [%] 이하로 저하한 경우에 경보하는 장치를 시설해야 하는가?

① 65　② 75　③ 85　④ 95

해 설 ★

- KEC 351.10 수소냉각식 발전기 등의 시설
1) 발전기 내부 또는 조상기 내부의 수소의 순도가 85[%] 이하로 저하한 경우에 이를 경보하는 장치를 시설할 것
2) 발전기 내부 또는 조상기 내부의 수소의 온도를 계측하는 장치를 시설할 것

[답] ③

6 고압 가공전선로의 지지물로 철탑을 사용하는 경우 최대 경간은 몇 [m]인가?

① 150 ② 200 ③ 250 ④ 600

해 설 ★★★★★

- KEC 332.9 고압 가공전선로 경간의 제한
1) 목주, A종 철주 또는 A종 철근콘크리트주 표준경간 150[m] 이하
2) B종 철주 또는 B종 철근콘크리트주 표준경간 250[m] 이하
3) 철탑 표준경간 600[m] 이하

[답] ④

7 전기부식방식 시설은 지표 또는 수중에서 1[m] 간격의 임의의 2점간의 전위차가 몇 [V]를 넘으면 안 되는가?

① 5 ② 10 ③ 25 ④ 30

해 설 ★★★

- KEC 241.16 전기부식방지 시설
1) 전기부식방지회로의 사용전압은 직류 60[V] 이하일 것
2) 지중에 매설하는 양극(+)의 매설깊이는 0.75[m] 이상일 것
3) 수중에 시설하는 양극(+)과 그 주위 1[m] 이내의 전위차는 10[V]를 넘지 말 것
4) 지표 또는 수중에서 1[m] 간격의 임의의 2점간의 전위차는 5[V]를 넘지 말 것

[답] ①

8 특고압 가공전선이 도로·횡단보도교·철도 또는 궤도와 제1차 접근 상태로 시설되는 경우 특고압 가공전선로는 제 몇 종 보안공사에 의하여야 하는가?

① 제1종 특고압 보안공사
② 제2종 특고압 보안공사
③ 제3종 특고압 보안공사
④ 제4종 특고압 보안공사

해 설 ★★★

- KEC 333.23 특고압 가공전선과 건조물의 접근
1) 제1차 접근상태 : 제3종 특고압 보안공사
2) 제2차 접근상태
  • 35[kV] 이하 : 제2종 특고압 보안공사
  • 35[kV] 초과 400[kV] 미만 : 제1종 특고압 보안공사

[답] ③

9 뱅크용량이 20,000[kVA]인 전력용 커패시터에 자동적으로 전로로부터 차단하는 보호장치를 하려고 한다. 반드시 시설하여야 할 보호장치가 아닌 것은?

① 내부에 고장이 생긴 경우에 동작하는 장치
② 절연유의 압력이 변화할 때 동작하는 장치
③ 과전류가 생긴 경우에 동작하는 장치
④ 과전압이 생긴 경우에 동작하는 장치

해 설 ★★★★★

- KEC 351.5 조상설비의 보호장치
설치용량이 15,000[kVA] 이상의 전력용 커패시터 및 분로리액터에는 내부에 고장이 생긴 경우에 동작하는 장치 및 과전류 또는 과전압이 생긴 경우에 동작하는 장치를 설치할 것

[답] ②

10 변압기의 고압 측 전로와의 혼촉에 의하여 저압 전로의 대지 전압이 150[V]를 넘는 경우에 2초 이내에 고압 전로를 자동 차단하는 장치가 되어 있는 6,600/200[V] 배전 선로에 있어서 1선 지락 전류가 2[A]이면 제2종 접지 저항 값의 최대는 얼마인가?

① 50[Ω]　② 75[Ω]
③ 150[Ω]　④ 300[Ω]

해설 ★★★★★

※ [한국전기설비규정(KEC) 규정 변경으로 문제 변경]
- **KEC 142.5 변압기 중성점 접지**
1) 35[kV] 이하의 특고압 측 전로가 저압 측 전로와 혼촉하는 경우 자동적으로 이를 1초 초과 2초 이내에 차단하는 장치가 있는 경우
2) 변압기 중성점 접지저항 값
$R = 300 / I_g = 300 / 2 = 150[Ω]$

[답] ③

11 케이블 트레이 공사에 사용하는 케이블 트레이에 적합하지 않은 것은?

① 케이블 트레이의 안전율은 1.5 이상이어야 한다.
② 지지대는 트레이 자체 하중과 포설된 케이블 하중을 충분히 견딜 수 있는 강도를 가져야 한다.
③ 전선의 피복 등을 손상시킬 돌기 등이 없이 매끈하여야 한다.
④ 금속재의 것은 내식성 재료의 것으로 하지 않아도 된다.

해설 ★★★★★

- **KEC 232.41 케이블 트레이 공사**
1) 케이블 트레이의 종류 : 사다리형, 펀칭형, 메시형, 바닥밀폐형
2) 전선 : 연피 케이블, 알루미늄피 케이블 등 난연성 케이블, 기타 케이블 또는 금속관 혹은 합성수지관 등에 넣은 절연전선
3) 케이블트레이 안에서 전선을 접속하는 경우에는 전선 접속부분에 사람이 접근할 수 있고 또한 그 부분이 측면 레일 위로 나오지 않도록 하고 그 부분을 절연 처리할 것
4) 케이블 트레이의 안전율은 1.5 이상일 것
5) 전선의 피복 등을 손상시킬 돌기 등이 없이 매끈하여야 할 것
6) 비금속제 케이블 트레이는 난연성 재료일 것
7) 케이블을 지지하기 위하여 사용하는 금속제 또는 불연성 재료로 제작
8) 감전에 대한 보호 및 접지시스템 규정에 따라 접지공사를 할 것

[답] ④

12 사용전압이 400[V] 미만인 저압 가공전선은 지름 몇 [mm] 이상의 절연전선이어야 하는가?

① 3.2 ② 3.6 ③ 4.0 ④ 5.0

해 설 ★★★

- KEC 222.5 저압 가공전선의 굵기 및 종류
1) 저압 가공전선은 나전선(중성선 또는 다중접지된 접지 측 전선으로 사용하는 전선), 절연전선, 다심형 전선 또는 케이블을 사용할 것
2) 사용전압 400[V] 이하인 저압 가공전선은 케이블인 경우를 제외하고는 인장강도 3.43[kN] 이상의 것 또는 지름 3.2[mm] 이상일 것

[답] ①

13 345[kV]의 가공송전선로를 평지에 건설하는 경우 전선의 지표상 높이는 최소 몇 [m] 이상이어야 하는가?

① 7.58 ② 7.95 ③ 8.28 ④ 8.85

해 설 ★★★

- KEC 333.7 특고압 가공전선의 높이
1) 사용전압 35[kV] 이하인 특고압가공전선이 도로를 횡단하는 경우, 지표상 높이는 최소 6[m] 이상일 것, 사용전압 160[kV] 초과하는 경우 10[kV] 단수마다 0.12[m]를 더한 값일 것
2) 단수계산 = (345 - 160) / 10 = 18.5 → 19 (소수점 이하 절상)
3) 지표상의 높이 = 6 + 19 × 0.12 = 8.28[m]

[답] ③

14 전력보안 가공통신선(광섬유 케이블은 제외)을 조가할 경우 조가용 선은?

① 금속으로 된 단선
② 알루미늄으로 된 단선
③ 강심 알루미늄 연선
④ 금속선으로 된 연선

해 설 ★

- KEC 362.3 조가선 시설기준
조가선은 아연도금강연선을 사용할 것

[답] ④

15 저압 옥내배선용 전선의 굵기는 연동선을 사용할 때 일반적으로 몇 [mm^2] 이상의 것을 사용하여야 하는가?

① 2.5 ② 1 ③ 1.5 ④ 0.75

해 설 ★★★★★

- KEC 231.3.1 저압 옥내배선의 사용전선
저압 옥내배선의 전선은 단면적 2.5[mm^2] 이상의 연동선 또는 이와 동등 이상의 강도 및 굵기의 것

[답] ①

16 고압 지중전선이 지중 약전류전선 등과 접근하여 이격거리가 몇 [cm] 이하인 때에는 양 전선사이에 견고한 내화성의 격벽을 설치하는 경우 이외에는 지중전선을 견고한 불연성 또는 난연성의 관에 넣어 그 관이 지중 약전류전선 등과 직접 접촉되지 않도록 하여야 하는가?

① 15   ② 20   ③ 25   ④ 30

해 설 ★

- KEC 334.6
  지중전선과 지중약전류전선 등 또는 관과의 접근 또는 교차
  상호 간의 이격거리가 저압 또는 고압의 지중전선은 0.3[m] 이하, 특고압 지중전선은 0.6[m] 이하인 때에는 지중전선과 지중약전류 전선 등 사이에 견고한 내화성의 격벽을 설치할 것

  [답] ④

17 사용 전압이 154[kV]인 가공 송전선의 시설에서 전선과 식물과의 이격거리는 일반적인 경우에 몇 [m] 이상으로 하여야 하는가?

① 2.8   ② 3.2   ③ 3.6   ④ 4.2

해 설 ★

- KEC 333.3 **특고압 가공전선과 식물의 이격거리**
  1) 사용전압 60[kV] 이하인 특고압가공전선과 식물과의 이격거리는 2[m] 이상일 것, 사용전압 60[kV] 초과하는 경우 10[kV] 단수마다 0.12[m]를 더한 값일 것
  2) 단수계산 = (154 - 60) / 10 = 9.4 → 10 (소수점 이하 절상)
  3) 지표상의 높이 = 2 + 10 × 0.12 = 3.2[m]

  [답] ②

18 금속 덕트 공사에 의한 저압 옥내배선 공사 시설 기준에 적합하지 않은 것은?

① 금속 덕트에 넣은 전선의 단면적의 합계가 덕트의 내부 단면적의 20[%] 이하가 되게 하였다.
② 덕트 상호 및 덕트와 금속관과는 전기적으로 완전하게 접속했다.
③ 덕트를 조영재에 붙이는 경우 덕트의 지지점간의 거리를 4[m] 이하로 견고하게 붙였다.
④ 저압 옥내 배선의 사용 전압이 400[V] 미만인 경우 덕트에는 제3종 접지공사를 한다.

해 설 ★★

※ [한국전기설비규정(KEC) 규정 변경으로 문제 변경]
- KEC 232.31 **금속 덕트 공사**
  덕트를 조영재에 붙이는 경우 덕트의 지지점 간의 거리를 3[m](수직 6[m]) 이하일 것

  [답] ③

19 다음 중 지선의 시설 목적으로 적절하지 않은 것은?

① 유도장해를 방지하기 위하여
② 지지물의 강도를 보강하기 위하여
③ 전선로의 안전성을 증가시키기 위하여
④ 불평형 장력을 줄이기 위하여

해 설 ★★★

- KEC 331.11 **지선의 시설**
  가공전선로의 지지물에 시설하는 지선은 지지물의 강도를 보강하고 불평형 장력을 줄임으로써 전선로의 안전성을 높이기 위해 설치

  [답] ①

20 백열전등 또는 방전등에 전기를 공급하는 옥내 전선로의 대지 전압의 최대값은 일반적으로 몇 [V]인가?

① 150   ② 300   ③ 400   ④ 600

해 설 ★★★★★

- **KEC 231.6 옥내전로의 대지 전압의 제한**
백열전등 및 방전등에 전기를 공급하는 옥내전로의 대지전압은 300[V] 이하일 것

[답] ②

제 4 회   전기공사산업기사 필기시험

1 한 수용장소의 인입선에서 분기하여 지지물을 거치지 않고 다른 수용장소의 인입구에 이르는 부분의 전선을 무엇이라고 하는가?

① 가공인입선 ② 인입선
③ 연접인입선 ④ 옥측배선

해 설 ★★★

전기설비 기술기준 제3조 (정의)
『연접인입선』이란 한 수용장소의 인입선에서 분기하여 지지물을 거치지 않고 다른 수용장소의 인입구에 이르는 부분의 전선을 말한다.

[답] ③

2 가공전선로의 지지물에 하중이 가해지는 경우에 그 하중을 받는 지지물의 기초 안전율은 얼마 이상이어야 하는가?

① 1.5   ② 2
③ 2.5   ④ 3

해 설 ★★★★★

- KEC 331.7 가공전선로 지지물의 기초의 안전율

가공전선로의 지지물에 하중이 가하여지는 경우에 그 하중을 받는 지지물의 기초의 안전율은 2 이상이어야 하며, 철탑의 기초에 대하여는 1.33 이상일 것

[답] ②

3 사용전압이 몇 [kV] 이상의 변압기를 설치하는 곳에 절연유의 구외 유출 및 지하침투를 방지하기 위하여 절연유 유출 방지설비를 하여야 ❖ **삭제** ❖

① 22.9[kV]   ② 66[kV]
③ 100[kV]   ④ 154[kV]

해 설

※ [한국전기설비규정(KEC) 규정 변경으로 문제 삭제]

4 345[kV] 초고압 송전선을 사람이 용이하게 들어가지 않는 산지에 시설할 때 전선의 최소 높이는 지표상 몇 [m] 이상인가?

① 7.28   ② 7.85
③ 8.28   ④ 9.28

해 설 ★★★

- KEC 333.7 특고압 가공전선의 높이

1) 특고압 가공전선이 사람이 쉽게 들어갈 수 없는 산지에 시설하는 경우
   사용전압 35[kV] 초과 160[kV] 이하인 경우 지표상의 높이는 5[m],
   사용전압 160[kV] 초과하는 경우 10[kV] 단수마다 0.12[m]를 더한 값일 것
2) 단수계산 = (345 − 160) / 10 = 18.5 → 19
   (소수점 이하 절상)
3) 지표상의 높이 = 5 + 19 × 0.12 = 7.28[m]

[답] ①

5 농사용 저압 가공전선로의 경간은 일반적인 경우 몇 [m] 이하이어야 하는가?

① 30 ② 50 ③ 60 ④ 100

해설 ★

- KEC 222.22 농사용 저압 가공전선로의 시설
1) 전선로의 지지점 간 거리는 30[m] 이하일 것
2) 목주의 굵기는 말구 지름이 0.09[m] 이상일 것
3) 저압 가공전선은 인장강도 1.38[kN] 이상의 것 또는 지름 2[mm] 이상의 경동선일 것

[답] ①

6 고압 가공전선에 케이블을 사용하는 경우의 조가용선 및 케이블의 피복에 사용하는 금속체에는 제 몇 종 접지공사를 하여야 하는가?

❖ 삭제 ❖

① 제1종 접지공사
② 제2종 접지공사
③ 제3종 접지공사
④ 특별 제3종 접지공사

해설

※ [한국전기설비규정(KEC) 규정 변경으로 문제 삭제]

7 교류 전차선과 식물사이의 이격 거리는 몇 [m] 이상이어야 하는가?

❖ 삭제 ❖

① 1.0 ② 1.5 ③ 2.0 ④ 2.5

해설

※ [한국전기설비규정(KEC) 규정 변경으로 문제 삭제]

8 특고압을 옥내에 시설하는 경우 그 사용전압의 최대한도는 몇 [kV] 이하인가? (단, 케이블 트레이공사는 제외)

① 25[kV] ② 80[kV]
③ 100[kV] ④ 160[kV]

해설 ★★

- KEC 342.4 특고압 옥내 전기설비의 시설
1) 사용전압은 100[kV] 이하일 것
2) 케이블트레이배선에 의하여 시설하는 경우에는 35[kV] 이하일 것

[답] ③

9 금속 덕트 공사에 의한 저압 옥내배선 시설방법에 해당되지 않는 것은?

① 전선은 절연전선(옥외용 비닐절연전선을 제외한다)일 것
② 금속 덕트 안에는 전선의 접속점이 없을 것
③ 덕트의 끝 부분은 막지 않을 것
④ 덕트는 물이 고이는 낮은 부분을 만들지 않도록 시설할 것

해설 ★★★

- KEC 232.31 금속 덕트 공사
1) 전선은 절연전선(옥외용 비닐절연전선을 제외한다)일 것
2) 금속 덕트 안에는 전선의 접속점이 없을 것
3) 덕트(환기형 제외)의 끝부분은 막을 것
4) 덕트는 물이 고이는 낮은 부분을 만들지 않도록 시설할 것

[답] ③

10 교량 위에 시설하는 조명용 저압 가공전선로에 사용되는 경동선의 최소 굵기는 몇 [mm]인가?

① 1.6　② 2.0　③ 2.6　④ 3.2

해 설　★

- KEC 335.6 교량에 시설하는 전선로
1) 전선은 케이블인 경우 이외에는 인장강도 2.30[kN] 이상의 것 또는 지름 2.6[mm] 이상의 경동선의 절연전선일 것
2) 전선과 조영재 사이의 이격거리는 전선이 케이블인 경우 이외에는 0.3[m] 이상일 것
3) 전선은 케이블인 경우 이외에는 조영재에 견고하게 붙인 완금류에 절연성·난연성 및 내수성의 애자로 지지할 것　　　　　[답] ③

11 제1종 또는 제2종 접지공사에 사용하는 접지선을 사람이 접촉할 우려가 있는 곳에 시설하는 경우, 접지선은 다음 중 전기용품안전 관리법에 적용되는 부분에 대하여 합성수지관 또는 이와 동등 이상의 절연 효력 및 강도를 가지는 몰드로 덮게 되어 있어야 하는가?

① 지하 30[cm]로부터 지표상 1.0[m]까지의 부분
② 지하 60[cm]로부터 지표상 1.5[m]까지의 부분
③ 지하 75[cm]로부터 지표상 1.5[m]까지의 부분
④ 지하 75[cm]로부터 지표상 2.0[m]까지의 부분

해 설　★★★★★

※ [한국전기설비규정(KEC) 규정 변경으로 문제 변경]
- KEC 142.3.1 접지도체
1) 접지극은 동결 깊이를 감안 매설깊이는 지표면으로부터 지하 0.75[m] 이상으로 할 것
2) 접지선은 절연전선(옥외용 비닐절연전선 제외), 캡타이어케이블 또는 케이블(통신용 케이블 제외)을 사용할 것
3) 접지도체는 지하 0.75[m]부터 지표상 2[m]까지 부분은 합성수지관 등으로 보호할 것　[답] ④

12 가공전선과 첨가 통신선과의 이격거리에서 통신선과 저압가공전선 또는 특고압 가공전선로의 다중 접지를 한 중성선 사이의 이격거리는 몇 [cm] 이상인가?

① 60　② 70　③ 80　④ 90

해 설　★★★

- KEC 362.2 전력보안통신선의 시설 높이와 이격거리
통신선과 저압 가공전선 또는 특고압가공전선로의 다중 접지를 한 중성선 사이의 이격거리는 0.6[m] 이상일 것
　　　　　　　　　　　　　[답] ①

13 일반 주택 및 아파트 각 호실의 현관에 조명용 백열전등을 설치할 때 사용하는 타임스위치는 몇 [분] 이내에 소등되는 것을 시설하여야 하는가?

① 1분　② 3분　③ 5분　④ 10분

해 설　★★★

- KEC 234.6 점멸기의 시설
1) 관광숙박업 또는 숙박업(여인숙업 제외)에 이용되는 객실의 입구등은 1분 이내에 소등되는 것
2) 일반주택 및 아파트 각 호실의 현관등은 3분 이내에 소등되는 것
　　　　　　　　　　　　　[답] ②

14 고압 및 특고압 전로에 시설하는 피뢰기의 접지공사는?

① 제1종 접지공사
② 제2종 접지공사
③ 제3종 접지공사
④ 특별 제3종 접지공사

❖ 삭제 ❖

해 설

※ [한국전기설비규정(KEC) 규정 변경으로 문제 삭제]

15 방전등용 안정기로부터 방전관까지의 전로는?

① 보안회로　② 전열회로
③ 급전회로　④ 관등회로

해설 ★★★

- KEC 112 용어 정의
『관등회로』란 방전등용 안정기 또는 방전등용 변압기로부터 방전관까지의 전로를 말한다.　[답] ④

16 저압 전로에서 당해 전로에 지락이 생긴 경우에 0.5초 이내에 자동적으로 전로를 차단하는 장치를 시설하는 경우에는 자동차단기의 정격감도전류가 50[mA]이라면 제3종 접지공사의 접지 저항값은 몇 [Ω] 이하로 하여야 하는가? ※삭제※

① 100　② 200　③ 300　④ 500

해설

※ [한국전기설비규정(KEC) 규정 변경으로 문제 삭제]

17 철근 콘크리트주로서 전장이 15[m]이고, 설계하중이 7.8[kN]이다. 이 지지물을 논, 기타 지반이 약한 곳 이외에 기초 안전율의 고려없이 시설하는 경우에 그 묻히는 깊이는 기준보다 몇 [cm]을 가산하여 시설하여야 하는가?

① 10　② 30　③ 50　④ 70

해설 ★★★★★

- KEC 331.7 가공전선로 지지물의 기초의 안전율
철근콘크리트주로서 전체의 길이가 14[m] 이상 20[m] 이하이고, 설계하중이 6.8[kN] 초과 9.8[kN] 이하의 것을 논이나 그 밖의 지반이 연약한 곳, 이외에 시설하는 경우 그 묻히는 깊이는 기준(전장의 1/6)보다 30[cm]을 가산하여 시설할 것　[답] ②

18 220[V]용 전동기의 절연내력 시험을 하고자 할 때 시험전압은 몇 [V]인가?

① 300　② 330　③ 450　④ 500

해설 ★★★★

- KEC 133 회전기 및 정류기의 절연내력
1) 회전기류 최대사용전압 7[kV] 이하 절연내력 시험전압은 최대사용전압의 1.5배일 것 (최소 10분간 견디어야 함)
2) 절연내력 시험전압 = 220 × 1.5 = 330[V] (500[V] 미만인 경우 500[V])
　[답] ④

19 대지전압 300[V] 이하인 주택 옥내전로의 시설기준에 적합하지 않은 것은?

① 주택의 전로인입구에 인체보호용 누전차단기를 시설한다.
② 전기기계기구 및 옥내의 전선은 사람이 쉽게 접촉할 우려가 없도록 시설한다.
③ 백열전등의 전구소켓은 키나 그 밖의 점멸기구가 없도록 한다.
④ 정격소비전력 5[kW] 이상인 전기기계기구는 옥내 배선과 직접 접속한다.

해설 ★

- KEC 231.6 옥내전로의 대지 전압의 제한
1) 주택의 전로인입구에 인체보호용 누전차단기를 시설한다.
2) 전기기계기구 및 옥내의 전선은 사람이 쉽게 접촉할 우려가 없도록 시설한다.
3) 백열전등의 전구소켓은 키나 그 밖의 점멸기구가 없도록 한다.
4) 정격소비전력 3[kW] 이상인 전기기계기구는 옥내 배선과 직접 접속한다.
　[답] ④

20 케이블 트레이 공사에 사용하는 케이블 트레이의 시설기준으로 적합하지 않는 것은?

① 비금속제 케이블 트레이는 난연성 재료의 것이어야 한다.
② 전선의 피복 등을 손상 시킬 돌기 등이 없이 매끈해야 한다.
③ 저압 옥내배선의 사용전압이 400[V] 미만인 경우에는 제3종 접지공사를 하여야 한다.
④ 케이블 트레이 안전율은 1.3 이상이어야 한다.

해 설 ★★★★★

※ [한국전기설비규정(KEC) 규정 변경으로 문제 보기 변경]
- **KEC 232.41 케이블 트레이 공사**
1) 케이블 트레이의 종류 : 사다리형, 펀칭형, 메시형, 바닥밀폐형
2) 전선 : 연피 케이블, 알루미늄피 케이블 등 난연성 케이블, 기타 케이블 또는 금속관 혹은 합성수지관 등에 넣은 절연전선
3) 케이블트레이 안에서 전선을 접속하는 경우에는 전선 접속부분에 사람이 접근할 수 있고 또한 그 부분이 측면 레일 위로 나오지 않도록 하고 그 부분을 절연 처리할 것
4) 케이블 트레이의 안전율은 1.5 이상일 것
5) 전선의 피복 등을 손상시킬 돌기 등이 없이 매끈하여야 할 것
6) 비금속제 케이블 트레이는 난연성 재료일 것
7) 감전에 대한 보호 및 접지시스템 규정에 따라 접지공사를 할 것

[답] ④

• 전기공사산업기사 필기 전기설비기술기준

2012년 기출문제

제 1 회 전기(공사)산업기사 필기시험

1 전기철도에서 직류 귀선의 비절연 부분에 대한 전식방지를 위한 귀선의 극성은 어떻게 해야 하는가? ❖ 삭제 ❖

① 감극성으로 한다. ② 가극성으로 한다.
③ 부극성으로 한다. ④ 정극성으로 한다.

해 설

※ [한국전기설비규정(KEC) 규정 변경으로 문제 삭제]

---

2 특고압 가공전선로에 사용하는 철탑 종류 중 전선로 지지물의 양측 경간의 차가 큰 곳에 사용하는 철탑은?

① 각도형 철탑 ② 인류형 철탑
③ 보강형 철탑 ④ 내장형 철탑

해 설 ★★★★★

- KEC 333.11
  특고압 가공전선로의 철주, 철근 콘크리트주 또는 철탑의 종류
  1) 내장형 : 전선로의 지지물 양쪽의 경간의 차가 큰 곳에 사용하는 것
  2) 직선형 : 전선로의 직선부분 (3도 이하인 수평각도를 이루는 곳을 포함한다.)에 사용하는 것
  3) 각도형 : 전선로중 3도를 초과하는 수평각도를 이루는 곳에 사용하는 것

[답] ④

---

3 중성선 다중접지식의 것으로 전로에 지락이 생겼을 때에 2초 이내에 자동적으로 이를 전로로부터 차단하는 장치가 되어 있는 22.9[kV] 가공전선로를 상부 조영재의 위쪽에서 접근상태로 시설하는 경우, 가공전선과 건조물과의 이격거리는 몇 [m] 이상이어야 하는가? (단, 전선으로는 나전선을 사용한다고 한다.)

① 1.2 ② 1.5 ③ 2.5 ④ 3.0

해 설 ★★★

- KEC 333.23 특고압 가공전선과 건조물의 접근
  사용전압이 35[kV] 이하인 특고압 가공전선과 건조물의 상부 조영재 위쪽 이격거리는 특고압 나전선 사용 시 3[m] 이상일 것

[답] ④

---

4 저압 가공전선이 다른 저압 가공전선과 접근상태로 시설되거나 교차하여 시설되는 경우에 저압 가공전선 상호간의 이격거리는 몇 [cm] 이상이어야 하는가? (단, 한 쪽의 전선이 고압 절연전선이라고 한다.)

① 30 ② 60 ③ 80 ④ 100

해 설 ★★

- KEC 332.16 저압 가공전선과 접근 또는 교차
  저압 가공전선이 다른 저압 가공전선과 접근상태로 시설되거나 교차하여 시설되는 경우에 한 쪽의 전선을 고압 절연전선을 사용하는 경우 상호간 이격거리는 0.3[m] 이상일 것

[답] ①

5 66[kV] 특고압 가공전선로를 케이블을 사용하여 시가지에 시설하려고 한다. 애자장치는 50[%] 충격섬락전압의 값이 다른 부분을 지지하는 애자장치의 몇 [%] 이상으로 되어야 하는가?

① 100 ② 115 ③ 110 ④ 105

해설 ★

- KEC 333.1 시가지 등에서 특고압 가공전선로의 시설
특고압 가공전선을 지지하는 애자장치는 50[%] 충격섬락전압 값이 그 전선의 근접한 다른 부분을 지지하는 애자장치 값의 110[%] (사용전압이 130[kV]를 초과하는 경우는 105[%]) 이상일 것

[답] ③

8 66[kV] 특고압 가공전선로를 시가지에 설치할 때, 전선의 인장강도 21.67[kN] 이상의 연선 또는 단면적 최소 몇 [mm^2] 이상의 경동 연선 또는 이와 동등 이상의 세기 및 굵기의 연선을 사용해야 하는가?

① 30 ② 38 ③ 50 ④ 55

해설 ★★★★★

- KEC 333.1 시가지 등에서 특고압 가공전선로의 시설
사용전압 100[kV] 미만 특고압 가공전선로를 시가지에 시설하는 경우 인장강도 21.67[kN] 이상의 연선 또는 단면적 55[mm^2] 이상의 경동연선을 사용할 것

[답] ④

6 특고압 가공전선이 케이블인 경우에 통신선이 절연전선과 동등 이상의 절연효력이 있을 때 통신선과 특고압 가공전선과의 이격거리는 몇 [cm] 이상인가?

※삭제※

① 30 ② 60 ③ 75 ④ 90

해설

※ [한국전기설비규정(KEC) 규정 변경으로 문제 삭제]

9 변전소에 울타리·담 등을 시설할 때, 사용전압이 345[kV]이면 울타리·담 등의 높이와 울타리·담 등으로부터 충전부분까지의 거리의 합계는 몇 [m] 이상으로 하여야 하는가?

① 6.48 ② 8.16
③ 8.40 ④ 8.28

해설 ★★★★★

- KEC 351.1 발전소 등의 울타리·담 등의 시설
1) 사용전압이 35[kV] 초과 160[kV] 이하 울타리, 담 등의 높이와 울타리, 담 등으로부터 충전부분까지 거리의 합계는 6[m] 이상일 것
2) 160[kV]를 초과하는 10[kV] 또는 그 단수마다 0.12[m]를 가산할 것
3) 단수 = (345 - 160) / 10 = 18.5
→ 19 (소수점 이하 절상)
4) 거리의 합계 = 6 + (19 × 0.12) = 8.28[m]

[답] ④

7 최대사용전압이 380[V]인 3상 유도전동기의 절연내력은 몇 [V]의 시험전압에 견디어야 하는가?

① 475 ② 500 ③ 570 ④ 760

해설 ★★★★★

- KEC 133 회전기 및 정류기의 절연내력
1) 회전기류 최대사용전압 7[kV] 이하 절연내력 시험전압은 최대사용전압의 1.5배일 것 (최소 10분간 견디어야 함)
2) 절연내력 시험전압 = 380 × 1.5 = 570[V] (500[V] 미만인 경우 500[V])

[답] ③

10 케이블 공사로 저압 옥내배선을 시설하려고 한다. 캡타이어 케이블을 사용하여 조영재의 아랫면에 따라 붙이고자 할 때 전선의 지지점간의 거리는 몇 [m] 이하로 하여야 하는가?

① 1　　② 2　　③ 3　　④ 5

해 설 ★

- KEC 232.51 케이블공사
전선을 조영재의 아랫면 또는 옆면에 따라 붙이는 경우 전선의 지지점 간의 거리를 케이블은 2[m] (사람이 접촉할 우려가 없는 곳에서 수직으로 붙이는 경우 6[m]) 이하 캡타이어 케이블은 1[m] 이하로 하고 또한 그 피복을 손상하지 아니하도록 붙일 것

[답] ①

11 저압 옥상전선로의 전선과 식물사이의 이격거리는 일반적으로 어떻게 규정하고 있는가?

① 20[cm] 이상 이격거리를 두어야 한다.
② 30[cm] 이상 이격거리를 두어야 한다.
③ 특별한 규정이 없다.
④ 바람 등에 의하여 접촉하지 않도록 한다.

해 설 ★

- KEC 332.19 고압 가공전선과 식물의 이격거리
저고압 가공전선은 상시 부는 바람 등에 의하여 식물에 접촉하지 않도록 시설할 것

[답] ④

12 옥내에 시설하는 전기시설물에 대한 내용 중 틀린 것은?

① 백열전등 또는 방전등에 전기를 공급하는 옥내전로의 대지전압은 300[V] 이하이어야 한다.
② 정격 소비전력 5[kW] 이상의 전기기계기구는 그 전로의 옥내배선과 직접 접속할 수 있다.
③ 옥내에 시설하는 저압용의 배선기구는 그 충전 부분이 노출하지 않도록 시설하여야 한다.
④ 저압 옥내배선의 사용전선은 단면적 2.5[mm^2] 이상의 연동선이어야 한다.

해 설 ★

- KEC 231.6 옥내전로의 대지 전압의 제한
정격소비전력 3[kW] 이상인 전기기계기구는 옥내배선과 직접 접속한다.

[답] ②

13 특고압 가공전선이 삭도와 제2차 접근상태로 시설할 경우 특고압 가공전선로는 어느 보안공사를 하여야 하는가?

① 고압 보안공사
② 제1종 특고압 보안공사
③ 제2종 특고압 보안공사
④ 제3종 특고압 보안공사

해 설 ★

- KEC 333.25 특고압 가공전선과 삭도의 접근 또는 교차
특고압 가공전선과 삭도와 제1차 접근 상태의 경우 제3종 특고압 보안공사, 2차 접근 상태의 경우 제2종 특고압 보안공사에 의할 것

[답] ③

14 발전소에서 계측장치를 시설하지 않아도 되는 것은?

① 발전기의 전압, 전류 및 전력
② 발전기의 베어링 및 고정자 온도
③ 특고압 모선의 전압, 전류 및 전력
④ 특고압용 변압기의 온도

해 설   ★★★★★

- KEC 351.6 계측장치
1) 발전기, 연료전지 또는 태양전지 모듈의 전압 및 전류 또는 전력
2) 발전기의 베어링 및 고정자의 온도
3) 주요 변압기의 전압 및 전류 또는 전력
4) 특고압용 변압기의 온도

[답] ③

15 폭연성 분진 또는 화약류의 분말이 존재하는 곳의 저압 옥내배선은 어느 공사에 의하는가?

① 애자사용 공사 또는 가요전선관 공사
② 캡타이어 케이블 공사
③ 합성수지관 공사
④ 금속관 공사

해 설   ★★★

- KEC 242.2 분진 위험장소
가연성 분진(소맥분, 전분, 유황 기타 가연성 먼지)에서의 저압 옥내 배선 등은 합성수지관 공사, 금속관 공사 또는 케이블 공사에 의할 것

[답] ④

16 다음 중 농사용 저압 가공전선로의 시설 기준으로 옳지 않은 것은?

① 사용전압이 저압일 것
② 저압 가공전선의 인장강도는 1.38[kN] 이상일 것
③ 저압 가공전선의 지표상 높이는 3.5[m] 이상일 것
④ 전선로의 경간은 40[m] 이하일 것

해 설   ★

- KEC 222.22 농사용 저압 가공전선로의 시설
1) 전선로의 지지점 간 거리는 30[m] 이하일 것
2) 목주의 굵기는 말구 지름이 0.09[m] 이상일 것
3) 저압 가공전선은 인장강도 1.38[kN] 이상의 것 또는 지름 2[mm] 이상의 경동선일 것

[답] ④

17 특고압 가공전선과 지지물, 완금류, 지주 또는 지선사이의 이격거리는 사용전압 15[kV] 미만인 경우 일반적으로 몇 [cm] 이상이어야 하는가?

① 15   ② 20   ③ 30   ④ 35

해 설   ★

- KEC 333.5 특고압 가공전선과 지지물 등의 이격거리
사용전압이 15[kV] 미만인 경우 특고압 가공전선과 그 지지물, 완금류, 지주 또는 지선 사이의 이격거리는 0.15[m] 이상일 것

[답] ①

18 사람이 상시 통행하는 터널 내 저압전선로의 애자 사용 공사 시 노면상 최소 높이는?

① 2.0[m]　② 2.2[m]
③ 2.5[m]　④ 3.0[m]

해 설　★★★★★

- KEC 335.1 터널 안 전선로의 시설
철도, 궤도 또는 자동차도 전용터널 안의 전선로
1) 애자사용공사 : 2.6[mm] 이상 경동선의 절연전선 (고압 4.0[mm] 이상)
2) 합성수지관, 금속관, 가요전선관 공사 : 케이블 배선
3) 레일면상 또는 노면상 2.5[m] 이상의 높이로 유지할 것 (고압 3.0[m] 이상)

[답] ③

19 154[kV]의 특고압 가공전선을 사람이 쉽게 들어갈 수 없는 산지(山地) 등에 시설하는 경우 지표상의 높이는 몇 [m] 이상으로 하여야 하는가?

① 4　② 5　③ 6.5　④ 8

해 설　★

- KEC 333.7 특고압 가공전선의 높이
특고압 가공전선이 사람이 쉽게 들어갈 수 없는 산지에 시설하는 경우 사용전압 35[kV] 초과 160[kV] 이하인 경우 지표상의 높이는 5[m] 이상

[답] ②

20 특고압 가공전선로로부터 공급을 받는 수용장소의 인입구에 시설하는 피뢰기의 접지공사는?

① 제1종 접지공사 ❖삭제❖
② 제2종 접지공사
③ 제3종 접지공사
④ 특별 제3종 접지공사

해 설

※ [한국전기설비규정(KEC) 규정 변경으로 문제 삭제]

제2회 전기(공사)산업기사 필기시험

1 다음 중 전선 접속 방법이 잘못된 것은?

① 알루미늄과 동을 사용하는 전선을 접속하는 경우에는 접속 부분에 전기적 부식이 생기지 않아야 한다.
② 공칭단면적 10[mm^2] 미만인 캡타이어 케이블 상호간을 접속하는 경우에는 접속함을 사용할 수 없다.
③ 절연전선 상호간을 접속하는 경우에는 접속부분을 절연효력이 있는 것으로 충분히 피복하여야 한다.
④ 나전선 상호간의 접속인 경우에는 전선의 세기를 20[%] 이상 감소시키지 않아야 한다.

해 설 ★★★★★

- **KEC 123 전선의 접속**
1) 코드상호, 캡타이어 케이블 상호 또는 이들 상호를 접속하는 경우에는 코드 접속기, 접속함 기타의 기구를 사용할 것
2) 공칭단면적 10[mm^2] 이상인 캡타이어 케이블 전선의 접속 규정에 준하여 시공하는 경우 접속기, 접속함 적용하지 않을 수 있다.

[답] ②

2 의료실내에 시설하는 의료기기의 금속제 외함에 시설하는 보호접지의 접지저항값은 몇 [Ω] 이하로 하여야 하는가? (단, 등전위 접지가 아닌 경우) ❖삭제❖

① 5 ② 10 ③ 50 ④ 100

해 설

※ [한국전기설비규정(KEC) 규정 변경으로 문제 삭제]

3 중성점 비접지식 고압전로(케이블을 사용하는 전로)에서 제2종 접지공사의 접지저항값을 결정하는 1선 지락전류의 계산식은? (단, V는 전로의 공칭전압[kV]을 1.1로 나눈 전압, L은 동일모선에 접속되는 고압전로의 선로연장[km]이다.)

❖삭제❖

① $1+\dfrac{\dfrac{V}{2}L'-1}{3}$ ② $1+\dfrac{\dfrac{V}{3}L'-1}{2}$

③ $\dfrac{\dfrac{V}{3}L-1}{2}$ ④ $1+\dfrac{\dfrac{V}{3}L-1}{4}$

해 설

※ [한국전기설비규정(KEC) 규정 변경으로 문제 삭제]

4 다음 ( )에 들어갈 적당한 것은?

> 지중 전선로는 기설 지중 약전류 전선로에 대하여 (ⓐ) 또는 (ⓑ)에 의하여 통신상의 장해를 주지 않도록 기설 약전류 전선으로부터 충분히 이격시키거나 기타 적당한 방법으로 시설하여야 한다.

① ⓐ 정전용량, ⓑ 표피작용
② ⓐ 정전용량, ⓑ 유도작용
③ ⓐ 누설전류, ⓑ 표피작용
④ ⓐ 누설전류, ⓑ 유도작용

해 설 ★

- **KEC 334.5 지중약전류전선의 유도장해 방지**
지중전선로는 기설 지중 약전류 전선로에 대하여 누설전류 또는 유도작용에 의하여 통신상의 장해를 주지 아니하도록 기설 약전류 전선로로부터 충분히 이격시키거나 기타 적당한 방법으로 시설할 것

[답] ④

5 고압 가공전선로에 사용하는 가공전선은 지름 몇 [mm] 이상의 나경동선을 사용하여야 하는가?

① 2.6 ② 3.0 ③ 4.0 ④ 5.0

해 설 ★

- KEC 332.6 고압 가공전선로의 가공지선
  고압 가공전선로에 사용하는 가공지선은 인장강도 5.26[kN] 이상의 것 또는 지름 4[mm] 이상의 나경동선을 사용할 것

  [답] ③

6 전력보안통신 설비인 무선통신용 안테나를 지지하는 목주는 풍압하중에 대한 안전율이 얼마 이상이어야 하는가?

① 1.0 ② 1.2 ③ 1.5 ④ 2.0

해 설 ★★★

- KEC 364.1
  무선용 안테나 등을 지지하는 철탑 등의 시설
  전력보안 통신설비인 무선통신용 안테나 또는 반사판을 지지하는 목주, 철주, 철근 콘크리트주 또는 철탑의 기초의 안전율을 1.5 이상일 것

  [답] ③

7 옥내에 시설하는 조명용 전등의 점멸장치에 대한 설명으로 틀린 것은?

① 가정용 전등은 등기구마다 점멸이 가능하도록 한다.
② 국부조명설비는 그 조명대상에 따라 점멸할 수 있도록 시설한다.
③ 공장, 사무실 등에 시설하는 전체 조명용 전등은 부분 조명이 가능하도록 등기구수 6개 이내의 전등군으로 구분하여 전등군마다 점멸이 가능하도록 한다.
④ 광 천장 조명 또는 간접조명을 위하여 전등을 격등회로로 시설하는 경우에는 10개의 전등군으로 구분하여 점멸이 가능하도록 한다.

해 설

※ [한국전기설비규정(KEC) 규정 변경으로 문제 삭제]

8 인입용 비닐절연전선을 사용한 저압 가공전선을 횡단보도교 위에 시설하는 경우 노면상의 높이는 몇 [m] 이상으로 하여야 하는가?

① 3 ② 3.5 ③ 4 ④ 4.5

해 설 ★

- KEC 221.1.1 저압 인입선의 시설
  저압 가공인입선의 시설 시 전선의 높이
  1) 도로횡단 : 지표면상 5[m] 이상
  2) 철도횡단 : 레일면상 6.5[m] 이상
  3) 횡단보도교 위 : 노면상 3[m] 이상
  4) 기타 : 지표면상 4[m] 이상 (기술상 부득이한 경우 교통에 지장이 없는 경우 2.5[m])

  [답] ①

9 발전소에서 사용하는 차단기의 압축공기장치의 공기압축기는 최고 사용압력 몇 배의 수압을 연속하여 10분간 가하였을 때 견디고 새지 않아야 하는가?

① 1.2배 ② 1.25배
③ 1.5배 ④ 1.55배

해 설 ★★

- KEC 341.16 절연가스 취급설비
발 · 변전소, 개폐소 또는 이에 준하는 곳에 시설하는 가스 절연기기의 최고사용압력의 1.5배의 수압을 연속하여 10분간 가하여 시험하였을 경우 이에 견디고 또한 새지 아니할 것

[답] ③

10 태양전지 발전소에 시설하는 태양전지 모듈, 전선 및 개폐기 기타 기구의 시설방법으로 적합하지 않은 것은?

① 충전부분은 노출되지 아니하도록 시설할 것
② 태양전지 모듈에 전선을 접속하는 경우에는 접속점에 장력이 가해지도록 할 것
③ 옥내에 시설하는 경우에는 금속관공사, 가요전선관공사로 할 것
④ 태양전지 모듈의 지지물은 진동과 충격에 안전한 구조이어야 할 것

해 설 ★★★

- KEC 520 태양광발전설비
1) 태양전지 모듈을 지붕에 시설하는 경우 취급자에게 추락의 위험이 없도록 점검통로를 안전하게 시설할 것
2) 태양전지 모듈의 직렬군 최대개방전압이 직류 750[V] 초과 1,500[V] 이하인 시설장소는 울타리, 담 등의 안전조치를 할 것
3) 태양전지 모듈을 일반인이 쉽게 출입할 수 없는 옥상, 지붕에 설치하는 경우는 모듈 프레임 등 쉽게 식별할 수 있는 위치에 위험 표시를 할 것
4) 태양전지 모듈, 전선, 개폐기 및 기타 기구는 충전부분이 노출되지 않도록 시설할 것
5) 모듈 및 기타 기구에 전선을 접속하는 경우는 나사로 조이고, 기타 이와 동등 이상의 효력이 있는 방법으로 기계적·전기적으로 안전하게 접속하고, 접속점에 장력이 가해지지 않도록 할 것
6) 모듈의 출력배선은 극성별로 확인할 수 있도록 표시할 것

[답] ②

11 고압 보안공사에서 지지물이 A종 철주인 경우 경간은 몇 [m] 이하인가?

① 100 ② 150 ③ 200 ④ 250

해 설 ★★★★★

- KEC 332.10 고압 보안공사
1) 목주, A종 철주 또는 A종 철근콘크리트주를 지지물 사용 시 경간은 100[m] 이하일 것
2) B종 철주 또는 B종 철근콘크리트주를 지지물 사용 시 경간은 150[m] 이하일 것
3) 철탑를 지지물 사용 시 경간은 400[m] 이하일 것

[답] ①

12 사용전압이 22,900[V]인 특고압 가공전선이 건조물 등과 접근상태로 시설되는 경우 지지물로 A종 철근 콘크리트주를 사용하면 그 경간은 몇 [m] 이하이어야 하는가? (단, 중성선 다중접지식으로 전로에 단락이 생겼을 때에 2초 이내에 자동적으로 이를 전로로부터 차단하는 장치가 되어 있는 경우)

① 100 ② 150 ③ 200 ④ 250

해 설 ★★★★★

- KEC 333.22 25[kV] 이하인 특고압 가공전선로의 시설
15[kV] 초과 25[kV] 이하 특고압 가공전선로(중성선 다중접지방식의 것으로서 전로에 지락이 생겼을 때에 2초 이내에 자동적으로 이를 전로로부터 차단하는 장치가 되어 있는 것) 경간 제한
1) 목주, A종 철주 또는 A종 철근 콘크리트 : 100[m]
2) B종 철주 또는 B종 철근 콘크리트 : 150[m]
3) 철탑 : 400[m]

[답] ①

13 전기울타리 시설에 대한 설명으로 옳지 않은 것은?

① 사람이 쉽게 출입하지 아니하는 곳에 시설할 것
② 전선과 이를 지지하는 기둥 사이의 이격거리는 2.5[cm] 이상일 것
③ 전기울타리용 전원장치에 전기를 공급하는 전로의 사용전압은 250[V] 이하일 것
④ 전선과 다른 시설물 또는 수목사이의 이격거리는 20[cm] 이상일 것

해 설 ★★★

- KEC 241.1.3 전기울타리의 시설
1) 전원장치에 전원을 공급하는 전로의 사용전압은 250[V] 이하일 것
2) 전기울타리는 사람이 쉽게 출입하지 아니하는 곳에 시설할 것
3) 전선은 인장강도 1.38[kN] 이상의 것 또는 지름 2[mm] 이상의 경동선일 것
4) 전선과 이를 지지하는 기둥 사이의 이격거리는 25[mm] 이상일 것
5) 전선과 다른 시설물(가공 전선을 제외한다) 또는 수목과의 이격거리는 0.3[m] 이상일 것

[답] ④

14 제1종 금속제 가요전선관의 두께는 몇 [mm] 이상인가?

① 0.8 ② 1.0 ③ 1.2 ④ 1.6

해 설 ★

- KEC 232.12.2 금속관 및 부속품의 선정
제1종 금속제 가요전선관의 두께는 0.8[mm] 이상일 것

[답] ①

15 철도 또는 궤도를 횡단하는 저고압 가공전선의 높이는 레일면상 몇 [m] 이상이어야 하는가?

① 5.5　② 6.5　③ 7.5　④ 8.5

해 설 ★

- KEC 222.7 저압 가공전선의 높이
  & KEC 332.5 고압 가공전선의 높이
1) 도로횡단 : 지표면상 6[m] 이상
2) 철도횡단 : 레일면상 6.5[m] 이상
3) 횡단보도교 위 : 노면상 3.5[m] 이상
   (단, 절연전선 사용 시 3[m] 이상)
4) 기타 : 지표면상 5[m] 이상
   (교통이 번잡하지 않은 장소)
5) 다리하부 : 저압의 전기철도용 급전선은 지표상 3.5[m]까지 감할 수 있음

[답] ②

16 금속제 지중 관로에 대하여 전식 작용에 의한 장해를 줄 우려가 있어 배류 시설에 사용되는 선택 배류기를 보호할 목적으로 시설하여야 ❖삭제❖

① 과전류 차단기　② 과전압 계전기
③ 유입 개폐기　④ 피뢰기

해 설

※ [한국전기설비규정(KEC) 규정 변경으로 문제 삭제]

17 케이블 트레이 공사에 사용하는 케이블 트레이에 적합하지 않은 것은?

① 금속재의 것은 적절한 방식처리를 하거나 내식성 재료의 것이어야 한다.
② 비금속재 케이블 트레이는 난연성 재료가 아니어도 된다.
③ 케이블 트레이가 방화구획의 벽 등을 관통하는 경우에는 개구부에 연소방지시설을 하여야 한다.
④ 금속재 케이블 트레이 계통은 기계적 또는 전기적으로 완전하게 접속하여야 한다.

해 설 ★★★★★

- KEC 232.41 케이블 트레이 공사
1) 케이블 트레이의 종류 : 사다리형, 펀칭형, 메시형, 바닥밀폐형
2) 전선 : 연피 케이블, 알루미늄피 케이블 등 난연성 케이블, 기타 케이블 또는 금속관 혹은 합성수지관 등에 넣은 절연전선
3) 케이블 트레이 안에서 전선을 접속하는 경우에는 전선 접속부분에 사람이 접근할 수 있고 또한 그 부분이 측면 레일 위로 나오지 않도록 하고 그 부분을 절연 처리할 것
4) 케이블 트레이의 안전율은 1.5 이상일 것
5) 전선의 피복 등을 손상시킬 돌기 등이 없이 매끈하여야 할 것
6) 비금속제 케이블 트레이는 난연성 재료일 것
7) 감전에 대한 보호 및 접지시스템 규정에 따라 접지공사를 할 것

[답] ②

18 지중전선이 지중약전류 전선 등과 접근하거나 교차하는 경우에 상호 간의 이격거리가 저압 또는 고압의 지중전선이 몇 [cm] 이하일 때, 지중전선과 지중약전류 전선 사이에 견고한 내화성의 격벽(隔壁)을 설치하여야 하는가?

① 10[cm]　② 20[cm]
③ 30[cm]　④ 60[cm]

해 설 ★★★

- KEC 334.6
  지중전선과 지중약전류전선 등 또는 관과의 접근 또는 교차
  1) 상호 간의 이격거리가 저압 또는 고압의 지중전선은 0.3[m] 이하, 특고압 지중전선은 0.6[m] 이하인 때에는 지중전선과 지중약전류 전선 등 사이에 견고한 내화성의 격벽을 설치할 것
  2) 내화성의 격벽을 설치하지 않는 경우 지중전선을 견고한 불연성 또는 난연성의 관에 넣어 그 관이 지중약전류전선 등과 직접 접촉하지 아니하도록 시설할 것
  [답] ③

19 특고압 전선로에 접속하는 배전용 변압기를 시설하는 경우에 대한 설명으로 틀린 것은?

① 변압기의 2차 전압이 고압인 경우에는 저압 측에 개폐기를 시설한다.
② 특고압 전선으로 특고압 절연전선 또는 케이블을 사용한다.
③ 변압기의 특고압 측에 개폐기 및 과전류차단기를 시설한다.
④ 변압기의 1차 전압은 35[kV] 이하, 2차 전압은 저압 또는 고압이어야 한다.

해 설 ★★

- KEC 341.2 특고압 배전용 변압기의 시설
  1) 특고압 전선에 특고압 절연전선 또는 케이블을 사용할 것
  2) 변압기의 1차 전압은 35[kV] 이하, 2차 전압은 저압 또는 고압일 것
  3) 변압기의 특고압 측에 개폐기 및 과전류차단기를 시설할 것
  4) 변압기의 2차 전압이 고압인 경우에는 고압 측에 개폐기를 시설하고 또한 쉽게 개폐할 수 있도록 할 것
  [답] ①

20 특고압 가공전선과 가공약전류 전선사이에 시설하는 보호망에서 보호망을 구성하는 금속선 상호간의 간격은 가로 및 세로를 각각 몇 [m] 이하로 시설하여야 하는가?

① 0.75[m]　② 1.0[m]
③ 1.25[m]　④ 1.5[m]

해 설 ★★★

- KEC 333.24
  특고압 가공전선과 도로 등의 접근 또는 교차
  1) 보호망은 접지공사를 한 금속제의 망상장치로 하고 견고하게 지지할 것
  2) 보호망을 구성하는 금속선 상호의 간격은 가로, 세로 각 1.5[m] 이하일 것
  3) 보호망은 규정에 준하여 접지공사를 한 금속제의 망상장치로 하고 견고하게 지지할 것
  4) 한국전기설비규정은 접지공사의 종별을 구분하지 않음
  [답] ④

제 4 회 전기공사산업기사 필기시험

1 터널내 전선로의 시설방법으로 옳지 않은 것은?

① 저압 전선은 지름 2.0[mm]의 경동선이나 이와 동등 이상의 세기 및 굵기의 절연전선을 사용하였다.
② 고압 전선은 케이블공사로 하였다.
③ 저압 전선을 애자사용공사에 의하여 시설하고 이를 레일면상 또는 노면상 2.5[mm] 이상으로 하였다.
④ 저압 전선을 가요전선관 공사에 의해 시설하였다.

해 설 ★★★★★

- KEC 335.1 터널 안 전선로의 시설
철도, 궤도 또는 자동차도 전용터널 안의 전선로
1) 애자사용공사 : 2.6[mm] 이상 경동선의 절연전선 (고압 4.0[mm] 이상)
2) 합성수지관, 금속관, 가요전선관 공사 : 케이블배선
3) 레일면상 또는 노면상 2.5[m] 이상의 높이로 유지할 것 (고압 3.0[m] 이상)

[답] ①

2 특고압 가공전선로의 지지물로 사용하는 B종 철주에서 각도형은 전선로 중 몇 도를 넘는 수평각도를 이루는 곳에 사용되는가?

① 1 ② 2 ③ 3 ④ 5

해 설 ★★★★★

- KEC 333.11
특고압 가공전선로의 철주, 철근 콘크리트주 또는 철탑의 종류
1) 내장형 : 전선로의 지지물 양쪽의 경간의 차가 큰 곳에 사용하는 것
2) 직선형 : 전선로의 직선부분(3도 이하인 수평각도를 이루는 곳을 포함한다.)에 사용하는 것
3) 각도형 : 전선로중 3도를 초과하는 수평각도를 이루는 곳에 사용하는 것

[답] ③

3 제1종 특고압 보안공사의 154[kV]에 있어서 가공전선으로 시설할 경우 단면적 몇 [mm^2] 이상의 경동연선으로 시설하여야 하는가?

① 55 ② 150 ③ 200 ④ 250

해 설 ★

- KEC 333.22 특고압 보안공사
사용전압 100[kV] 이상 300kV 미만인 특고압 가공전선로를 시설할 경우 인장강도 58.84[kN] 이상의 연선 또는 단면적 150[mm^2] 이상의 경동연선을 사용할 것

[답] ②

4 접지공사에서 접지극으로 사용되는 금속체 수도관의 접지저항의 최대값은 얼마인가?

① 2[Ω] ② 3[Ω] ③ 4[Ω] ④ 5[Ω]

해 설 ★★★

- KEC 142.2 접지극의 시설 및 접지저항_(수도관 등을 접지극으로 사용)
지중에 매설되어 있고 대지와의 전기저항 값이 3[Ω] 이하의 값을 유지하고 있는 금속제수도관로의 경우 접지극으로 사용이 가능

[답] ②

5 전동기의 정격전류 합계가 40[A]이고, 전열기 및 전등부하가 30[A]일 때 옥내 간선의 허용전류는? ❖ 삭제 ❖

① 40[A] ② 70[A]
③ 80[A] ④ 110[A]

해 설

※ [한국전기설비규정(KEC) 규정 변경으로 문제 삭제]

---

6 1차 22,900[V], 2차 3,300[V]의 변압기를 지상에 설치할 경우 울타리의 높이와 울타리로부터 충전부까지의 거리 합계는 최소 몇 [m] 이상인가?

① 8 ② 7 ③ 6 ④ 5

해 설 ★★★★★

- KEC 351.1 발전소 등의 울타리·담 등의 시설
사용전압이 35[kV] 이하 울타리, 담 등의 높이와 울타리, 담 등으로부터 충전부분까지 거리의 합계는 5[m] 이상일 것

[답] ④

---

7 고압 가공 전선로의 지지물로서 B종 철주 또는 B종 철근 콘크리트주를 시설하는 경우의 경간은 몇 [m] 이하인가?

① 150 ② 200 ③ 250 ④ 300

해 설 ★★★

- KEC 332.9 고압 가공전선로 경간의 제한
1) 목주, A종 철주 또는 A종 철근콘크리트주 표준경간 150[m] 이하
2) B종 철주 또는 B종 철근콘크리트주 표준경간 250[m] 이하
3) 철탑 표준경간 600[m] 이하

[답] ③

---

8 건조한 장소로서 전개된 장소에 한하여 시설할 수 있는 사용전압 3,300[V]인 옥내 배선공사는?

① 금속관 공사 ② 플로어덕트 공사
③ 케이블 공사 ④ 합성수지관 공사

해 설 ★★★★★

- KEC 342.1 고압 옥내배선 등의 시설
고압 옥내배선 : 애자사용배선(건조한 장소로서 전개된 장소), 케이블배선, 케이블 트레이배선

[답] ③

---

9 고압 가공전선로의 케이블을 사용하는 기준에 적합하지 않은 것은?

① 케이블은 조가용선에 행거로 시설하여 1[m] 이하로 시설하여야 한다.
② 조가용선은 단면적 22[mm^2] 이상인 아연도금 강연선을 사용하여야 한다.
③ 조가용선 및 케이블의 피복에 사용하는 금속체에는 제3종 접지공사를 하여야 한다.
④ 조가용선의 중량 및 수평풍압에는 각각 케이블의 중량 및 케이블에 대한 수평풍압을 가산한다.

해 설 ★★★★★

※ [한국전기설비규정(KEC) 규정 변경으로 문제 보기 변경]
- KEC 332.2 가공케이블의 시설
1) 케이블은 조가용선에 행거로 시설할 것, 고압인 경우 행거의 간격을 0.5[m] 이하일 것
2) 조가용선은 인장강도 5.93[kN] 이상의 것 또는 단면적 22[mm^2] 이상인 아연도강연선일 것
3) 조가용선 및 케이블의 피복에 사용하는 금속체에는 접지공사를 할 것
4) 조가용선의 케이블에 접촉시켜 금속 테이프를 감는 경우에는 0.2[m] 이하의 간격을 유지하며 나선상으로 감을 것

[답] ①

10 사용전압이 35[kV] 이하인 특고압 가공전선이 건조물과 제2차 접근상태로 시설되는 경우에 특고압 가공전선로는 제 몇 종 특고압 보안공사를 하여야 하는가?

① 제1종 특고압 보안공사
② 제2종 특고압 보안공사
③ 제3종 특고압 보안공사
④ 제4종 특고압 보안공사

> **해 설** ★
> - KEC 333.23 특고압 가공전선과 건조물의 접근
> 1) 제1차 접근상태 : 제3종 특고압 보안공사
> 2) 제2차 접근상태
>   • 35[kV] 이하 : 제2종 특고압 보안공사
>   • 35[kV] 초과 400[kV] 미만 : 제1종 특고압 보안공사
>
> [답] ②

11 3,300[V]용 전동기의 절연내력시험은 몇 [V] 전압에서 권선과 대지간에 연속하여 10분간 가하여 견디어야 하는가?

① 4,125   ② 4,950
③ 6,600   ④ 7,600

> **해 설** ★★★★★
> - KEC 133 회전기 및 정류기의 절연내력
> 1) 회전기류 최대사용전압 7[kV] 이하 절연내력 시험전압은 최대사용전압의 1.5배일 것(최소 10분간 견디어야 함)
> 2) 절연내력 시험전압 = 3,300 × 1.5 = 4,950[V]
>
> [답] ②

12 저고압 가공전선이 철도를 횡단하는 경우 레일면상 높이는 몇 [m] 이상이어야 하는가?

① 4[m]   ② 5[m]
③ 5.5[m] ④ 6.5[m]

> **해 설** ★★★★★
> - KEC 222.7 저압 가공전선의 높이
>   & KEC 332.5 고압 가공전선의 높이
> 1) 도로횡단 : 지표면상 6[m] 이상
> 2) 철도횡단 : 레일면상 6.5[m] 이상
>
> [답] ④

13 특고압 가공전선로의 지지물에 시설하는 통신선 또는 이것에 직접 접속하는 통신선일 경우에 설치하여야 할 보안장치로서 모두 옳은 것은?

① 특고압용 제1종 보안장치, 특고압용 제3종 보안장치
② 특고압용 제2종 보안장치, 고압용 제2종 보안장치
③ 특고압용 제2종 보안장치, 특고압용 제3종 보안장치
④ 특고압용 제1종 보안장치, 특고압용 제2종 보안장치

> **해 설** ★
> - KEC 362.5
>   **특고압 가공전선로 첨가설치 통신선의 시가지 인입 제한**
>   특고압 가공전선로의 지지물에 첨가설치하는 통신선 또는 이에 직접 접속하는 통신선과 시가지의 통신선과의 접속점 특고압용 제1종 보안장치, 특고압용 제2종 보안장치 또는 이에 준하는 보안장치를 시설하고 또한 그 중계선륜 또는 배류 계선륜의 2차 측에 시가지의 통신선을 접속하는 경우
>
> [답] ④

14 가공전선로에 사용되는 지지물의 강도계산에 적용되는 병종풍압하중은 갑종풍압하중의 얼마를 기초로 하여 계산한 것인가?

① $\frac{1}{4}$ ② $\frac{1}{3}$ ③ $\frac{1}{2}$ ④ $\frac{2}{3}$

해 설 ★★★★

- KEC 331.6 풍압하중의 종별과 적용
가공전선로에 사용하는 지지물의 강도계산에 적용하는 병종 풍압하중은 갑종 풍압하중의 50[%]을 기초로 하여 계산할 것

[답] ③

15 11,000[V] 전로와 100[V] 전로를 결합한 변압기의 100[V]측 1단자 접지공사와 접지저항 최대값은 얼마로 하여야 하는가?

① 제2종 접지공사로 하고 그 값은 10[Ω] 이하
② 제2종 접지공사로 하고 그 값은 100[Ω] 이하 ❖삭제❖
③ 제3종 접지공사로 하고 그 값은 100[Ω] 이하
④ 제1종 접지공사로 하고 그 값은 10[Ω] 이하

해 설

※ [한국전기설비규정(KEC) 규정 변경으로 문제 삭제]

16 옥내에 시설하는 전동기에 과부하 보호장치의 시설을 생략할 수 없는 경우는?

① 전동기가 단상의 것으로 전원 측 전로에 시설하는 과전류 차단기의 정격 전류가 15[A] 이하인 경우
② 전동기가 단상의 것으로 전원 측 전로에 시설하는 배선용 차단기의 정격 전류가 20[A] 이하인 경우
③ 전동기의 구조나 부하의 성질로 보아 전동기가 소손할 정도의 과전류가 생길 우려가 없는 경우
④ 전동기의 정격 출력이 0.75[kW]인 전동기

해 설 ★★★★★

- KEC 212.6.3 저압전로 중의 전동기 보호용 과전류 보호장치의 시설
옥내에 시설하는 전동기 정격 출력이 0.2[kW] 이하인 전동기에는 과부하 보호장치 생략 가능

[답] ④

17 사용전압이 400[V] 미만인 옥내전로로서 다른 옥내전로에 접속하는 길이가 얼마일 때 인입구 개폐기를 생략할 수 있는가?

① 5[m] 이하 ② 8[m] 이하
③ 10[m] 이하 ④ 15[m] 이하

해 설 ★

- KEC 212.6.2
 저압 옥내전로 인입구에서의 개폐기의 시설
사용전압 400[V] 이하인 옥내 전로로서 다른 옥내 전로에 접속하는 길이 15[m] 이하의 전로에서 전기의 공급을 받는 경우 인입구 개폐기를 생략할 수 있다.

[답] ④

18 다음 중 발전소의 계측요소가 아닌 것은?

① 발전기의 전압 및 전류
② 발전기의 고정자 온도
③ 저압용 변압기의 온도
④ 변압기의 전류 및 전력

해 설 ★★★★★

- KEC 351.6 계측장치
1) 발전기, 연료전지 또는 태양전지 모듈의 전압 및 전류 또는 전력
2) 발전기의 베어링 및 고정자의 온도
3) 주요 변압기의 전압 및 전류 또는 전력
4) 특고압용 변압기의 온도

[답] ③

19 폭발성 또는 연소성의 가스가 침입할 우려가 있는 지중함에 그 크기가 몇 [m³] 이상의 것은 통풍장치 기타 가스를 방산시키기 위한 적당한 장치를 시설하여야 하는가?

① 0.9 ② 1.0 ③ 1.5 ④ 2.0

해 설 ★★★★★

- KEC 334.2 지중함의 시설
1) 지중함은 견고하고 차량 기타 중량물의 압력에 견디는 구조일 것
2) 지중함은 그 안의 고인 물을 제거할 수 있는 구조일 것
3) 폭발성 또는 연소성의 가스가 침입할 우려가 있는 지중함에 그 크기가 1[m³] 이상의 것에는 통풍장치 기타 가스를 방산시키기 위한 적당한 장치를 시설할 것
4) 지중함의 뚜껑은 시설자 이외의 자가 쉽게 열 수 없도록 시설할 것

[답] ②

20 저압 옥내배선에서 시설장소 및 사용전압의 제한을 받지 않고 시설할 수 있는 공사가 아닌 것은?

① 금속관 공사   ② 애자사용 공사
③ 케이블 공사   ④ 합성수지관 공사

해 설 ★★

저압 옥내배선에서 애자사용 공사는 시설장소 및 사용전압에 제한을 가장 많이 받는 공사방법이다.

[답] ②

2013년 기출문제

제1회 전기(공사)산업기사 필기시험

1 특고압 가공 전선로를 제3종 특고압 보안공사에 의하여 시설하는 경우는?

① 건조물과 제1차 접근상태로 시설되는 경우
② 건조물과 제2차 접근상태로 시설되는 경우
③ 도로 등과 교차하여 시설하는 경우
④ 가공 약전류선과 공가하여 시설하는 경우

해설 ★★★

- **KEC 333.23 특고압 가공전선과 건조물의 접근**
1) 제1차 접근상태 : 제3종 특고압 보안공사
2) 제2차 접근상태
  - 35[kV] 이하 : 제2종 특고압 보안공사
  - 35[kV] 초과 400[kV] 미만 : 제1종 특고압 보안공사

[답] ①

2 가공 전선로의 지지물에 시설하는 지선의 안전율은 일반적인 경우 얼마 이상이어야 하는가?

① 1.8   ② 2.0   ③ 2.2   ④ 2.5

해설 ★★★★★

- **KEC 331.11 지선의 시설**
가공전선로의 지지물에 지선 시설
1) 지선의 안전율은 2.5 이상, 허용 인장하중의 최저는 4.31[kN] 이상
2) 지선에 연선을 사용하는 경우
  - 소선 3가닥 이상의 연선일 것
  - 소선의 지름이 2.6[mm] 이상의 금속선을 사용한 것일 것
  - 아연도강연선 : 소선 지름이 2[mm] 이상, 인장강도가 0.68[kN/mm^2] 이상
3) 지중부분 및 지표상 30[cm]까지의 부분에는 내식성이 있는 것 또는 아연도금을 한 철봉을 사용하고 쉽게 부식되지 아니하는 근가에 견고하게 붙일 것. 다만, 목주에 시설하는 지선에 대해서는 그러하지 아니하다.
4) 지선근가는 지선의 인장하중에 충분히 견디도록 시설할 것

[답] ④

3 ~~제1종 또는 제2종~~ 접지공사에 사용하는 접지선을 사람이 접촉할 우려가 있는 곳에 시설하는 경우에 합성수지관 또는 이와 동등 이상의 절연 효력 및 강도를 가지는 몰드로 접지선을 덮어야 하는가?

① 지하 30[cm]로부터 지표상 1.5[m]까지의 부분
② 지하 50[cm]로부터 지표상 1.8[m]까지의 부분
③ 지하 90[cm]로부터 지표상 2.5[m]까지의 부분
④ 지하 75[cm]로부터 지표상 2.0[m]까지의 부분

해설 ★★★★★

※ [한국전기설비규정(KEC) 규정 변경으로 문제 변경]
- KEC 142.3.1 접지도체
1) 접지극은 지하 75[cm] 이상으로 하되 동결 깊이를 감안하여 매설할 것
2) 접지선은 절연전선(옥외용 비닐절연전선 제외), 캡타이어케이블 또는 케이블(통신용 케이블 제외)을 사용할 것
3) 접지선의 지하 75[cm]로부터 지표상 2[m]까지의 부분은 합성수지관 등으로 보호할 것
4) 접지선을 시설한 지지물에는 피뢰침용 지선을 시설하지 아니할 것

[답] ④

4 400[V] 미만의 저압용 계기용변성기에 있어서 그 철심에서 몇 종 접지공사를 하여야 하는가?

① 특별 제 ❖ **삭제** ❖
② 제1종 접지공사
③ 제2종 접지공사
④ 제3종 접지공사

해설

※ [한국전기설비규정(KEC) 규정 변경으로 문제 삭제]

5 저압 접촉전선을 절연 트롤리 공사에 의하여 시설하는 경우에 대한 기준으로 옳지 않은 것은? (단, 기계기구에 시설하는 경우가 아닌 것으로 한다.)

① 절연 트롤리선은 사람이 쉽게 접할 우려가 없도록 시설할 것
② 절연 트롤리선의 개구부는 아래 또는 옆으로 향하여 시설할 것
③ 절연 트롤리선의 끝 부분은 충전 부분이 노출되는 구조일 것
④ 절연 트롤리선의 각 지지점에서 견고하게 시설하는 것 이외에 그 양쪽 끝을 내장 인류장치에 의하여 견고하게 인류할 것

해설 ★

- KEC 232.81 옥내에 시설하는 저압 접촉전선 배선 저압 접촉전선을 절연 트롤리 공사
1) 절연 트롤리선은 사람이 쉽게 접할 우려가 없도록 시설할 것
2) 절연 트롤리선의 끝 부분은 충전부분이 노출되지 아니하는 구조의 것일 것
3) 절연트롤리선의 도체는 지름 6[mm]의 경동선 또는 이와 동등 이상의 세기의 것으로서 단면적이 28[mm²] 이상의 것일 것

[답] ③

6 철도·궤도 또는 자동차도의 전용터널 안의 터널 내 전선로의 시설방법으로 틀린 것은?

① 저압전선으로 지름 2.0[mm]의 경동선을 사용하였다.
② 고압전선은 케이블공사로 하였다.
③ 저압전선을 애자 사용 공사에 의하여 시설하고 이를 레일면상 또는 노면상 2.5[m] 이상으로 하였다.
④ 저압전선을 가요전선관공사에 의하여 시설하였다.

해설 ★★★★★

- KEC 335.1 터널 안 전선로의 시설
철도, 궤도 또는 자동차도 전용터널 안의 전선로
1) 애자사용공사 : 2.6[mm] 이상 경동선의 절연전선

(고압 4.0[mm] 이상)
2) 합성수지관, 금속관, 가요전선관 공사 : 케이블배선
2) 레일면상 또는 노면상 2.5[m] 이상의 높이로 유지할 것 (고압 3.0[m] 이상)

[답] ①

7 강색 철도의 시설에 대한 설명으로 틀린 것은?

① 강색 차선은 지름 7[mm]의 경동선을 사용한다.
② 강색 차선의 레일면상 높이는 3[m] 이상으로 한다.
③ 강색 차선과 대지 사이의 절연저항은 사용전압에 대한 누설 전류가 궤도의 연장 1[km]마다 10[mA]를 넘지 않는다.
④ 레일에 접속하는 전선은 레일 사이 및 레일의 바깥쪽 30[cm] 안에 시설하는 것 이외에는 대지로부터 절연한다.

❖ 삭제 ❖

해 설

※ [한국전기설비규정(KEC) 규정 변경으로 문제 삭제]

8 345[kV] 옥외 변전소에 울타리 높이와 울타리에서 충전부분까지 거리[m]의 합계는?

① 6.48 ② 8.16 ③ 8.40 ④ 8.28

해 설 ★★★★★

- KEC 351.1 발전소 등의 울타리·담 등의 시설
1) 사용전압이 35[kV] 초과 160[kV] 이하 울타리, 담 등의 높이와 울타리, 담 등으로부터 충전부분까지 거리의 합계는 6[m] 이상일 것
2) 160[kV]를 초과하는 10[kV] 또는 그 단수마다 0.12[m]를 가산할 것
3) 단수 = (345 - 160) / 10 = 18.5
    → 19 (소수점 이하 절상)
4) 거리의 합계 = 6 + (19 × 0.12) = 8.28[m]

[답] ④

9 고압 가공전선이 교류 전차선과 교차하는 경우, 고압 가공전선으로 케이블을 사용하는 경우 이외에는 단면적 몇 [mm²] 이상의 경동연선을 사용하여야 하는가?

① 14 ② 22 ③ 30 ④ 38

해 설 ★

- KEC 332.15
  고압 가공전선과 교류전차선 등의 접근 또는 교차
  고압 가공전선이 경동연선이면 38[mm²] 이상이어야 한다. 또한 교류 전차선과의 상호 간격은 0.65[m] 이상 이격할 것

[답] ④

10 고압 옥내배선이 다른 고압 옥내배선과 접근하거나 교차하는 경우 상호간의 이격거리는 최소 몇 [cm] 이상이어야 하는가?

① 10 ② 15 ③ 20 ④ 25

해 설 ★★★★★

- KEC 342.1 고압 옥내배선 등의 시설
  고압 옥내배선이 다른 고압 배선, 저압 배선, 약전류 전선, 수도관 등과 접근, 교차하는 경우 이격거리 15[cm] 이상일 것

[답] ②

11 가공 전선로에 사용하는 지지물의 강도 계산에 적용하는 갑종 풍압하중을 계산할 때 구성재의 수직 투영면적 1[m²]에 대한 풍압의 기준이 잘못된 것은?

① 목주 : 588[Pa]
② 원형 철주 : 588[Pa]
③ 원형 철근콘크리트주 : 882[Pa]
④ 강관으로 구성(단주는 제외)된 철탑 : 1,255[Pa]

해 설 ★★★★★

- KEC 331.6 풍압하중의 종별과 적용
1) 목주, 원형(철주, 철근콘크리트주, 철탑) : 588[Pa]
2) 기타 철근콘크리트주 : 882[Pa]

3) 강관 구성 철탑 : 1,255[Pa]
4) 애자장치 : 1,039[Pa]
5) 다도체 전선 : 666[Pa]   [답] ③

12 금속 덕트 공사에 의한 저압 옥내배선에서, 금속 덕트에 넣은 전선의 단면적의 합계는 덕트 내부 단면적의 몇 [%] 이하이어야 하는가?

① 20 ② 30 ③ 40 ④ 50

해 설 ★★★

- KEC 232.31 금속덕트공사

금속 덕트에 넣은 전선의 단면적(절연피복의 단면적을 포함)의 합계는 덕트의 내부 단면적의 20[%] 이하일 것

[답] ①

13 가공 전선로의 지지물에 시설하는 통신선은 가공 전선과의 이격거리를 몇 [cm] 이상 유지하여야 하는가? (단, 가공전선은 고압으로 케이블을 사용한다.)

~~① 30~~ ~~② 45~~ ~~③ 60~~ ~~④ 75~~

해 설 ★★★

※ [한국전기설비규정(KEC) 규정 변경으로 문제 보기 삭제]

- KEC 332.21 고압 가공전선과 가공약전류전선 등의 공용설치

1) 고압 가공전선과 가공약전류전선을 동일 지지물에 시설하는 경우 전선 상호간의 최소 이격거리는 저압 0.75[m], 고압 1.5[m] 이상일 것
2) 가공약전류전선 등이 절연전선과 동등 이상의 절연성능이 있는 것 또는 통신용 케이블인 경우에 이격거리를 저압 가공전선이 고압 절연전선, 특고압 절연전선 또는 케이블인 경우에는 0.3[m], 고압가공전선이 케이블인 때에는 0.5[m]

[답] 50[cm]

14 주상변압기 전로의 절연내력을 시험할 때 최대 사용전압이 23,000[V]인 권선으로서 중성점 접지식 전로(중성선을 가지는 것으로써 그 중성선에 다중접지를 한 것)에 접속하는 것의 시험전압은?

① 16,560[V]   ② 21,160[V]
③ 25,300[V]   ④ 28,750[V]

해 설 ★★★★★

- KEC 132 전로의 절연저항 및 절연내력

1) 최대 사용전압 25[kV] 이하 중성점 다중접지식 전로의 절연내력 시험전압은 최대 사용전압의 0.92배일 것
2) 절연내력 시험전압 = 23,000 × 0.92
   = 21,160[V]

[답] ②

15 교류식 전기철도의 전차선과 식물 사이의 이격거리는 몇 [m] 이상이어야 하는가?

~~① 1~~   ~~② 1.5~~
~~③ 2~~   ~~④ 2.5~~

해 설 ★

※ [한국전기설비규정(KEC) 규정 변경으로 문제 보기 삭제]

- KEC 431.11 전차선 등과 식물 사이의 이격거리

교류 전차선 등과 식물 사이의 이격거리는 5[m] 이상일 것

[답] 5[m]

16 아파트 세대 욕실에 '비데용 콘센트'를 시설하고자 한다. 다음의 시설방법 중 적합하지 않는 것은?

① 충전 부분이 노출되지 않을 것
② 배선기구에 방습장치를 시설할 것
③ 전압용 콘센트는 접지극이 없는 것을 사용할 것
④ 인체감전 보호용 누전차단기가 부착된 것을 사용할 것

> **해설** ★★
> • KEC 234.5 콘센트의 시설
> 욕실 등의 인체가 물에 젖어 있는 상태에서 물을 사용하는 장소에 시설하는 저압 콘센트는 접지극이 있는 것을 사용하여 접지할 것
> [답] ③

17 저압 및 고압 가공전선의 최소 높이는 도로를 횡단하는 경우와 철도를 횡단하는 경우에 각각 몇 [m] 이상이어야 하는가?

① 도로 : 지표상 6[m], 철도 : 레일면상 6.5[m]
② 도로 : 지표상 6[m], 철도 : 레일면상 6[m]
③ 도로 : 지표상 5[m], 철도 : 레일면상 6.5[m]
④ 도로 : 지표상 5[m], 철도 : 레일면상 6[m]

> **해설** ★★★★★
> • KEC 222.7 저압 가공전선의 높이
> 1) 도로횡단 : 지표면상 6[m] 이상
> 2) 철도횡단 : 레일면상 6.5[m] 이상
> 3) 횡단 보도교 위 : 노면상 3.5[m] 이상 (단, 인입용 절연전선 사용 시 3[m])
> 4) 기타 : 지표면상 5[m] 이상
> [답] ①

18 유희용 전차에 전기를 공급하는 전로의 사용전압이 교류인 경우 몇 [V] 이하이어야 하는가?

① 20   ② 40   ③ 60   ④ 100

> **해설** ★
> • KEC 241.8 유희용 전차
> 유희용 전차 안에 전기를 공급하는 전로의 사용전압은 직류의 경우 60[V] 이하, 교류의 경우 40[V] 이하일 것
> [답] ②

19 빙설이 적고 인가가 밀집된 도시에 시설하는 고압 가공전선로 설계에 사용하는 풍압하중은?

① 갑종 풍압하중
② 을종 풍압하중
③ 병종 풍압하중
④ 갑종 풍압하중과 을종 풍압하중을 각 설비에 따라 혼용

> **해설** ★★★★★
> • KEC 331.6 풍압하중의 종별과 적용
> 1) 갑종 풍압하중 : 고온계 지방
> 2) 을종 풍압하중 : 빙설이 많은 저온계 지방
> 3) 병종 풍압하중 : 인가 밀집지역
> [답] ③

20 저압 옥내배선 버스 덕트 공사에서 지지점 간의 거리[m]는? (단, 취급자만이 출입하는 곳에서 수직으로 붙이는 경우)

① 3   ② 5   ③ 6   ④ 8

> **해설** ★★
> • KEC 232.61 버스덕트공사
> 1) 덕트를 조영재에 붙이는 경우에는 덕트의 지지점 간의 거리를 3[m] 이하로 할 것
> 2) 취급자 이외의 자가 출입할 수 없도록 설비한 곳에서 수직으로 붙이는 경우에는 6[m] 이하로 하고 또한 견고하게 붙일 것
> [답] ③

제 2 회 전기(공사)산업기사 필기시험

1 저압 가공인입선에 사용하지 않는 전선은?

① 나전선　　② 절연전선
③ 다심형 전선　　④ 케이블

> **해설** ★★
> - KEC 221.1.1 저압 인입선의 시설
> 저압 가공인입전선은 절연전선, 다심형 전선 또는 케이블일 것
> [답] ①

2 케이블을 지지하기 위하여 사용하는 금속제 케이블 트레이의 종류가 아닌 것은?

① 통풍 밀폐형　　② 통풍 채널형
③ 바닥 밀폐형　　④ 사다리형

> **해설** ★★★★★
> - KEC 232.41 케이블 트레이 공사
> 금속제 케이블 트레이의 종류는 사다리형, 펀칭형, 메시형, 바닥 밀폐형임
> [답] ①

3 옥내 저압 간선 시설에서 전동기 등의 정격전류 합계가 50[A] 이하인 경우에는 그 정격전류 합계의 몇 배 이상의 허용전류가 있는 전선을 ❖삭제❖ 하는가?

① 0.8　　② 1.1
③ 1.25　　④ 1.5

> **해설**
> ※ [한국전기설비규정(KEC) 규정 변경으로 문제 삭제]

4 가공 전화선에 고압 가공전선을 접근하여 시설하는 경우, 이격거리는 최소 몇 [cm] 이상이어야 하는가? (단, 가공전선으로는 절연전선을 사용한다고 한다.)

① 60　　② 80
③ 100　　④ 120

> **해설** ★
> - KEC 332.13
> **고압 가공전선과 가공약전류전선 등의 접근 또는 교차**
> 고압 가공전선이 가공약전류전선과 접근하는 경우 고압 가공저선과 가공약전류전선 사이의 이격거리는 0.8[m] 이상일 것 (단, 케이블 사용 시 0.4[m])
> [답] ②

5 저압 가공전선과 식물이 상호 접촉되지 않도록 이격시키는 기준으로 옳은 것은?

① 이격거리는 최소 50[cm] 이상 떨어져 시설하여야 한다.
② 상시 불고 있는 바람 등에 의하여 식물에 접촉하지 않도록 시설하여야 한다.
③ 저압 가공전선은 반드시 방호구에 넣어 시설하여야 한다.
④ 트리와이어(Tree Wire)를 사용하여 시설하여야 한다.

> **해설** ★
> - KEC 332.19 고압 가공전선과 식물의 이격거리
> 저고압 가공전선은 상시 부는 바람 등에 의하여 식물에 접촉하지 않도록 시설할 것
> [답] ②

6 풀용 수중조명등에 전기를 공급하기 위하여 1차 측 120[V], 2차측 30[V]의 절연 변압기를 사용하였다. 절연 변압기의 2차 측 전로의 접지에 대한 방법으로 옳은 것은?

❖ 삭제 ❖

① 제1종 접지공사로 접지한다.
② 제2종 접지공사로 접지한다.
③ 특별 제3종 접지공사로 접지한다.
④ 접지하지 않는다.

해 설

※ [한국전기설비규정(KEC) 규정 변경으로 문제 삭제]

7 고압전로와 비접지식의 저압전로를 결합하는 변압기로 그 고압권선과 저압권선 간에 금속제의 혼촉방지판이 있고 그 혼촉방지판에 변압기 중성점 접지공사를 한 것에 접속하는 저압 전선을 옥외에 시설하는 경우로 옳지 않은 것은?

① 저압 옥상전선로의 전선은 케이블이어야 한다.
② 저압 가공전선과 고압의 가공전선은 동일 지지물에 시설하지 않아야 한다.
③ 저압 전선은 2구내에만 시설한다.
④ 저압 가공전선로의 전선은 케이블이어야 한다.

해 설 ★★

※ [한국전기설비규정(KEC) 규정 변경으로 문제 변경]

- KEC 322.2 혼촉방지판이 있는 변압기에 접속하는 저압 옥외전선의 시설 등

고압전로 또는 특고압전로와 비접지식의 저압전로를 결합한 변압기로서 그 고압권선 또는 특고압권선과 저압권선 간에 금속제의 혼촉방지판이 있고 또한 그 혼촉방지판에 변압기 중성점 접지공사를 한 것에 접속하는 저압전선을 옥외에 시설할 경우
1) 저압전선은 1구내에만 시설할 것
2) 저압 가공전선로 또는 저압 옥상전선로의 전선은 케이블일 것
3) 저압 가공전선과 고압 또는 특고압의 가공전선을 동일 지지물에 시설하지 아니할 것
4) 계산된 접지저항 값이 10[Ω]을 넘는 경우 10[Ω] 이하로 할 것

[답] ③

8 옥내 고압용 이동전선의 시설방법으로 옳은 것은?

① 전선은 MI 케이블을 사용하였다.
② 다선식 선로의 중성선에 과전류차단기를 시설하였다.
③ 이동전선과 전기사용기계기구와는 해체가 쉽게 되도록 느슨하게 접속하였다.
④ 전로에 지락이 생겼을 때에 자동적으로 전로를 차단하는 장치를 시설하였다.

해 설 ★

- KEC 342.2 옥내 고압용 이동전선의 시설
1) 옥내에 시설하는 고압용 이동전선은 캡타이어 케이블일 것
2) 이동전선에 전기를 공급하는 전로에는 전용 개폐기 및 과전류차단기를 각 극에 시설하고, 또한 전로에 지락이 생겼을 때에 자동적으로 전로를 차단하는 장치를 시설할 것

[답] ④

9 특고압 가공전선이 다른 특고압 가공전선과 접근상태로 시설되거나 교차하는 경우에 양쪽이 특고압 절연전선으로 시설할 경우 이격거리는 몇 [m] 이상인가?

① 0.8   ② 1.0
③ 1.2   ④ 1.6

해 설 ★★

- KEC 333.27
  특고압 가공전선 상호 간의 접근 또는 교차
1) 35[kV] 이하 : 케이블 0.5[m], 절연전선 1.0[m] 이상
2) 60[kV] 이하 : 2[m] 이상
3) 60[kV] 초과 : 2[m] + 단수 × 0.12[m]

[답] ②

10 고압 옥내배선의 시설 공사로 할 수 있는 것은?

① 금속관 공사 ② 케이블 공사
③ 합성수지관 공사 ④ 버스 덕트 공사

해 설 ★★★★★

- KEC 342.1 고압 옥내배선 등의 시설
고압 옥내배선은 애자 사용 공사(건조한 장소로서 전개된 장소에 한한다.), 케이블 공사, 케이블 트레이 공사에 의한다.

[답] ②

11 저압 가공전선이 상부 조영재 위쪽에서 접근하는 경우 전선과 상부 조영재간의 이격거리[m]는 얼마 이상이어야 하는가? (단, 특고압 절연전선 또는 케이블인 경우이다.)

① 0.8 ② 1.0 ③ 1.2 ④ 2.0

해 설 ★★

- KEC 332.11 고압 가공전선과 건조물의 접근
고압 가공전선이 상부 조영재의 위쪽으로 접근 시 가공전선과 조영재의 이격거리는 2.0[m] 이상 유지할 것(단, 고압 절연전선 또는 케이블인 경우 1.0[m] 이상)

[답] ②

12 냉각장치에 고장이 생긴 경우 특고압용 변압기의 보호장치는?

① 경보장치 ② 과전류 측정장치
③ 온도 측정장치 ④ 자동차단장치

해 설 ★★★★★

- KEC 351.4 특고압용 변압기의 보호장치
타냉식 특고압용 변압기의 냉각장치에 고장이 생긴 경우 또는 변압기의 온도가 현저히 상승한 경우 동작하는 경보장치를 시설할 것

[답] ①

13 중성선 다중접지식의 것으로 전로에 지락이 생긴 경우에 2초 안에 자동적으로 이를 차단하는 장치를 가지는 22.9[kV] 특고압 가공전선로에서 각 접지점의 대지 전기저항 값이 300[Ω] 이하이며, 1[km]마다의 중성선과 대지간의 합성전기 저항 값은 몇 [Ω] 이하이어야 하는가?

① 10 ② 15
③ 20 ④ 30

해 설 ★★★★★

- KEC 333.32
25[kV] 이하인 특고압 가공전선로의 시설
1) 특고압 가공전선로의 중성선의 다중접지 시설에서 각 접지선을 중성선으로부터 분리하였을 경우 각 접지점의 대지 전기저항값은 300[Ω] 이하일 것
2) 1[km]마다의 중선선과 대지 사이의 합성전기 저항치는 15[kV] 이하 30[Ω] 이하, 15[kV] 초과 25[kV] 이하 15[Ω] 이하일 것

[답] ②

14 다도체 가공전선의 을종 풍압하중은 수직 투영면적 1[m^2]당 몇 [Pa]을 기초로 하여 계산하는가? (단, 전선 기타의 가섭선 주위에 두께 6[mm], 비중 0.9의 빙설이 부착한 상태임)

① 333 ② 372
③ 588 ④ 666

해 설 ★★★★★

- KEC 331.6 풍압하중의 종별과 적용
1) 전선로에 사용되는 전선 기타 가섭선 다도체(구성하는 전선이 2가닥마다 수평으로 배열되고 또한 그 전선 상호 간의 거리가 전선의 바깥지름의 20배 이하인 것에 한한다.)에 대한 구성재의 수직 투영면적 1[m^2]에 대한 갑종 풍압 하중은 666[Pa]를 기초로 을종 풍압하중은 갑종 풍압 하중의 1/2를 적용
2) 다도체의 을종 풍압 하중 = 666 × 1/2
   = 333[Pa]

[답] ①

15 지상에 전선로를 시설하는 규정에 대한 내용으로 설명이 잘못된 것은?

① 1구내에서만 시설하는 전선로의 전부 또는 일부로 시설하는 경우에 사용한다.
② 사용전선은 케이블 또는 클로로프렌 캡타이어 케이블을 사용한다.
③ 전선이 케이블인 경우는 철근 콘크리트제의 견고한 개거 또는 트라프에 넣어야 한다.
④ 캡타이어 케이블을 사용하는 경우 전선 도중에 접속점을 제공하는 장치를 시설한다.

해 설 ★

- KEC 335.5 지상에 시설하는 전선로
1) 1구내에서만 시설하는 전선로의 전부 또는 일부로 시설하는 경우에 사용할 것
2) 사용전선은 케이블 또는 클로로프렌 캡타이어 케이블을 사용할 것
3) 전선이 케이블인 경우는 철근 콘크리트제의 견고한 개거 또는 트라프에 넣을 것
4) 캡타이어 케이블을 사용하는 경우 전선의 도중에는 접속점을 만들지 아니할 것

[답] ④

16 고압 가공전선으로 ACSR선을 사용할 때의 안전율은 얼마 이상이 되는 이도(弛度)로 시설하여야 하는가?

① 2.2   ② 2.5
③ 3   ④ 3.5

해 설 ★★★★★

- KEC 332.4 고압 가공전선의 안전율
고압 가공전선은 케이블인 경우 이외에는 경동선 또는 내열 동합금선은 2.2 이상일 것
그 밖에 전선은 2.5 이상이 되는 이도로 시설할 것

[답] ②

17 다심 코드 및 다심 캡타이어케이블의 일심 이외의 가요성이 있는 연동연선으로 제3종 접지공사 시 접지선의 단면적은 몇 [mm²] 이상이어야 ❖ **삭제** ❖

① 0.75   ② 1.5
③ 6   ④ 10

해 설

※ [한국전기설비규정(KEC) 규정 변경으로 문제 삭제]

18 전로에 설치하는 고압용 기계기구의 철대 및 외함에 설치하여야 할 접지공사는?
❖ **삭제** ❖
① 제1종 접지   ② 제2종 접지
③ 제3종 접지   ④ 특별 제3종 접지

해 설

※ [한국전기설비규정(KEC) 규정 변경으로 문제 삭제]

19 피뢰기 설치기준으로 옳지 않은 것은?

① 발전소·변전소 또는 이에 준하는 장소의 가공전선의 인입구 및 출입구
② 가공전선로와 특고압 전선로가 접속되는 곳
③ 가공 전선로에 접속한 1차 측 전압이 35[kV] 이하인 배전용 변압기의 고압 측 및 특고압측
④ 고압 및 특고압 가공전선로로부터 공급받는 수용장소의 인입구

해 설 ★★

- KEC 341.13 피뢰기의 시설
1) 발전소·변전소 또는 이에 준하는 장소의 가공전선 인입구 및 인출구
2) 가공전선로에 접속하는 배전용 변압기의 고압 측 및 특고압 측
3) 고압 및 특고압 가공전선로로부터 공급을 받는 수용장소의 인입구
4) 가공전선로와 지중전선로가 접속되는 곳
5) 설치하지 않아도 되는 장소
  • 직접 접속하는 전선이 짧은 경우
  • 피보호기기가 보호범위 내에 위치하는 경우

[답] ②

20 "지중관로"에 대한 정의로 가장 옳은 것은?

① 지중전선로·지중 약전류 전선로와 지중 매설지선 등을 말한다.
② 지중전선로·지중 약전류 전선로와 복합 케이블선로·기타 이와 유사한 것 및 이들에 부속되는 지중함을 말한다.
③ 지중전선로·지중 약전류 전선로·지중에 시설하는 수관 및 가스관과 지중매설지선을 말한다.
④ 지중전선로·지중 약전류 전선로·지중 광섬유 케이블선로·지중에 시설하는 수관 및 가스관과 기타 이와 유사한 것 및 이들에 부속하는 지중함 등을 말한다.

해 설 ★★★

- KEC 112 용어 정의
『지중관로』란 지중 전선로, 지중 약전류 전선로, 지중 광섬유케이블 선로, 지중에 시설하는 수관 및 가스관과 이와 유사한 것 및 이들에 부속하는 지중함 등을 말한다.

[답] ④

제4회 전기공사산업기사 필기시험

1 15[kV] 이하인 특고압 가공전선로의 중성선의 다중접지 및 중성선의 시설 중 접지공사에서 접지한 곳 상호 간의 거리는 전선로에 따라 몇 [m] 이하이어야 하는가?

① 150　　② 300
③ 400　　④ 500

해 설 ★★★★★

- KEC 333.32
  25[kV] 이하인 특고압 가공전선로의 시설
  15[kV] 이하 특고압 가공전선로의 중성선의 중접지 및 중성선의 시설 중 접지공사에서 접지한 곳 상호 간의 거리는 전선로에 따라 300[m] 이하일 것

[답] ②

2 특고압 가공전선로 중 지지물로서 직선형의 철탑을 연속하여 10기 이상 사용하는 부분에는 몇 기 이하마다 내장 애자장치가 되어있는 철탑 또는 이와 동등 이상의 강도를 가지는 철탑 1기를 시설하여야 하는가?

① 3　② 5　③ 7　④ 10

해 설 ★

- KEC 333.16
  특고압 가공전선로의 내장형 등의 지지물 시설
  특고압 가공전선로 중 지지물로서 직선형의 철탑을 연속하여 10기 이상 사용하는 부분에는 10기 이하마다 내장 애자장치가 되어 있는 철탑 1기를 시설할 것

[답] ④

3 전개된 건조한 장소에서 400[V] 이상의 저압 옥내배선을 할 때 특별한 경우를 제외하고는 시공할 수 없는 공사는?
① 애자 사용 공사　② 금속 덕트 공사
③ 버스 덕트 공사　④ 합성수지몰드 공사

❖ 삭제 ❖

해 설

※ [한국전기설비규정(KEC) 규정 변경으로 문제 삭제]

4 다음 중 1 경간의 고압 가공전선으로 케이블을 사용할 때 이용되는 조가용선에 대한 설명으로 옳은 것은?

① 조가용선은 아연도 강연선으로 단면적 14[mm²] 이상으로 하여야 하며, 제2종 접지공사를 시행한다.
② 조가용선은 아연도 강연선으로 단면적 30[mm²] 이상으로 하여야 하며, 제1종 접지공사를 시행한다.
③ 조가용선은 아연도 강연선으로 단면적 22[mm²] 이상으로 하여야 하며, 제3종 접지공사를 시행한다.
④ 조가용선은 아연도 강연선으로 단면적 22[mm²] 이상으로 하여야 하며, 특별 제3종 접지공사를 시행한다.

해 설 ★★★★★

※ [한국전기설비규정(KEC) 규정 변경으로 문제 보기 변경]

- KEC 332.2 가공케이블의 시설
1) 케이블은 조가용선에 행거로 시설할 것, 고압인 경우 행거의 간격을 0.5[m] 이하일 것
2) 조가용선은 인장강도 5.93[kN] 이상의 것 또는 단면적 22[mm²] 이상인 아연도강연선일 것
3) 조가용선 및 케이블의 피복에 사용하는 금속체에는 접지공사를 할 것
4) 조가용선의 케이블에 접촉시켜 금속 테이프를 감는 경우에는 0.2[m] 이하의 간격을 유지하며

나선상으로 감을 것
5) 한국전기설비규정은 접지공사의 종별을 구분하지 않음

[답] ③

5 고압 가공전선에 ACSR을 쓸 때의 안전율은 얼마 이상이 되는 이도로 시설하여야 하는가?

① 2.0 ② 2.5
③ 3.0 ④ 3.5

해설 ★★★★★

- KEC 332.4 고압 가공전선의 안전율
고압 가공전선은 케이블인 경우 이외에는 경동선 또는 내열 동합금선은 2.2 이상일 것
그 밖에 전선은 2.5 이상이 되는 이도로 시설할 것

[답] ②

6 애자 사용 공사에 의한 고압 옥내배선을 사람이 접촉할 우려가 없도록 시설할 경우 전선의 지지점 간의 거리는 일반적으로 몇 [m] 이하인가?

① 4 ② 5 ③ 6 ④ 7

해설 ★★★★★

- KEC 342.1 고압 옥내배선 등의 시설_애자사용배선
1) 전선의 지지점 간의 거리는 6[m] 이하일 것
다만 전선을 조영재의 면을 따라 붙이는 경우에는 2[m] 이하일 것
2) 전선 상호 간의 간격은 8[cm] 이상, 전선과 조영재 사이의 이격거리는 5[cm] 이상일 것

[답] ③

7 교통신호등의 시설에 관한 내용으로 적합하지 않은 것은?

① 교통신호등 회로의 사용전압은 300[V] 이하로 한다.
② 제어장치의 전원 측에는 전용 개폐기 및 과전류 차단기를 시설한다.
③ 제어장치의 금속재 외함은 제3종 접지공사를 한다.
④ 교통신호등 전선은 지표상 2[m] 이상 시설한다.

해설 ★★

※ [한국전기설비규정(KEC) 규정 변경으로 문제 보기 변경]
- KEC 234.15 교통신호등
1) 교통신호등 제어장치의 2차 측 배선의 최대사용 전압은 300[V] 이하일 것
2) 교통신호등 회로의 인하선은 전선의 지표상의 높이 2.5[m] 이상일 것
3) 교통신호등의 제어장치의 금속제외함 및 신호등을 지지하는 철주에는 접지시스템의 규정에 준하여 접지공사를 할 것

[답] ④

8 154/22.9[kV]용 변전소의 변압기에 반드시 시설하지 않아도 되는 계측장치는?

① 전압계 ② 전류계
③ 역률계 ④ 온도계

해설 ★★★★★

- KEC 351.6 계측장치
1) 발전기, 연료전지 또는 태양전지 모듈의 전압 및 전류 또는 전력
2) 발전기의 베어링 및 고정자의 온도
3) 주요 변압기의 전압 및 전류 또는 전력
4) 특고압용 변압기의 온도

[답] ③

9 35[kV]의 특고압 가공전선과 가공 약전류전선을 동일 지지물에 시설하는 경우, 특고압 가공전선로는 몇 종 특고압 보안공사에 의하여야 하는가?

① 제1종　② 제2종
③ 제3종　④ 제4종

해설 ★★★

- KEC 333.19
  특고압 가공전선과 가공약전류전선 등의 공용설치
  사용전압이 35[kV] 이하인 특고압 가공전선과 가공약전류전선 등을 동일 지지물에 시설하는 경우 특고압 가공전선로는 제2종 특고압 보안공사에 의할 것

[답] ②

10 직류식 전기철도용 전차선로의 절연 부분과 대지 간의 절연저항은 사용전압에 대한 누설전류가 궤도의 연장 1[km]마다 가공 직류 전차선(강체조가식은 제외)에서 몇 [mA]를 넘지 아니하도록 유지하여야 하는가?

① 5　② 10
③ 50　④ 100

해설

※ [한국전기설비규정(KEC) 규정 변경으로 문제 삭제]

11 고저압 혼촉에 의한 위험방지시설로 가공공동지선을 설치하여 시설하는 경우에 각 접지선을 가공공동지선으로부터 분리하였을 경우의 각 접지선과 대지 간의 전기저항 값은 몇 [Ω] 이하로 하여야 하는가?

① 75　② 150
③ 300　④ 600

해설 ★★★★★

- KEC 322.1
  고압 또는 특고압과 저압의 혼촉에 의한 위험방지 시설
  각 접지선을 가공공동지선으로부터 분리하였을 경우의 각 접지선과 대지 사이의 전기저항값은 300[Ω] 이하로 할 것

[답] ③

12 변압기에 의하여 특고압 전로에 결합되는 고압 전로에는 사용전압의 몇 배 이하인 전압이 가하여진 경우에 방전하는 장치를 그 변압기의 단자에 가까운 1극에 설치하여야 하는가?

① 6　② 5　③ 4　④ 3

해설 ★★★

- KEC 322.3
  특고압과 고압의 혼촉 등에 의한 위험방지 시설
  변압기에 의하여 특고압전로에 결합되는 고압전로에는 사용전압의 3배 이하인 전압이 가하여진 경우에 방전하는 장치를 그 변압기의 단자에 가까운 1극에 설치하고 접지공사 할 것

[답] ④

13 22.9[kV] 특고압 가공전선이 건조물과 제1차 접근 상태로 시설되는 경우 이격거리는 몇 [m] 이상인가? (단, 특고압 절연전선으로 상부조영재이며 접근형태는 위쪽인 경우이다.)

① 0.5 ② 1.2
③ 2.5 ④ 3.0

해설 ★★★

- **KEC 333.23 특고압 가공전선과 건조물의 접근**
사용전압이 35[kV] 이하인 특고압 가공전선과 건조물의 상부 조영재 위쪽 이격거리는 특고압 절연전선 사용 시 2.5[m] 이상일 것

[답] ③

14 발전소의 개폐기 또는 차단기에 사용하는 압축공기장치의 주공기 탱크에는 어떠한 최대 눈금이 있는 압력계를 시설해야 하는가?

① 사용압력의 1배 이상 2배 이하
② 사용압력의 1.15배 이상 2배 이하
③ 사용압력의 1.5배 이상 3배 이하
④ 사용압력의 2배 이상 3배 이하

해설 ★★★★★

- **KEC 341.15 압축공기계통**
주 공기탱크 또는 이에 근접한 곳에는 사용압력의 1.5배 이상 3배 이하의 최고 눈금이 있는 압력계를 시설할 것

[답] ③

15 저압 가공전선이 교류 전차선의 위에 교차하여 시설되는 경우 저압 가공전선으로 케이블을 사용하고 단면적 몇 [mm^2] 이상인 아연도강연선으로 조가하여 시설하여야 하는가?

① 22 ② 38 ③ 55 ④ 100

해설 ★

- **KEC 332.15
고압 가공전선과 교류전차선 등의 접근 또는 교차**
고압 가공 전선이 경동연선이면 38[mm^2] 이상이어야 한다. 또한 교류 전차선과의 상호 간격은 65[cm] 이상 이격할 것

[답] ②

16 특고압 옥내 케이블 트레이 공사의 경우 사용전압 최대한도는 몇 [kV] 이하이여야 하는가?

① 20 ② 35 ③ 60 ④ 100

해설 ★

- **KEC 342.4 특고압 옥내 전기설비의 시설**
사용전압은 100[kV] 이하일 것. 다만 케이블 트레이 공사에 의하여 시설하는 경우에는 35[kV] 이하일 것

[답] ②

17 154[kV] 전선로를 제1종 특고압 보안공사로 시설할 경우, 여기에 사용되는 경동연선의 단면적은 몇 [mm^2] 이상이어야 하는가?

① 100 ② 125
③ 150 ④ 200

해설 ★★★★★

- **KEC 333.22 특고압 보안공사**
사용전압 100[kV] 이상 300[kV] 미만인 특고압 가공전선로를 시설할 경우 인장강도 58.84[kN] 이상의 연선 또는 단면적 150[mm^2] 이상의 경동선 전선을 사용할 것

[답] ③

18 22.9[kV-Y]의 특고압용 가공전선로의 지지물에 첨가한 통신선은 전력선과 몇 [cm] 이상 이격시켜야 하는가? (단, 중성선 다중 접지식의 것으로서 전로에 지락이 생긴 경우에 2초 이내에 자동적으로 이를 전로로부터 차단하는 장치가 되어 있다고 한다.)

① 50　　② 75
③ 120　　④ 150

해 설 ★★★

- KEC 362.2 전력보안통신선의 시설 높이와 이격거리
1) 통신선은 가공전선의 아래에 시설할 것
2) 통신선과 고압 가공전선 사이의 이격거리는 0.6[m] 이상일 것
3) 통신선과 특고압 가공전선(특고압 가공전선이 다중 접지를 한 중성선 제외) 사이의 이격거리는 1.2[m] 이상일 것(25[kV] 이하인 특고압 가공전선의 시설은 75[cm] 이상)
4) 중성점 다중 접지방식의 특고압 가공전선은 75[cm] 이상일 것

[답] ③

19 가공전선로의 지지물에 시설하는 통신선 또는 이에 직접 접속하는 가공 통신선을 횡단 보도교 위에 시설하는 경우에는 그 노면상 높이는 몇 [m] 이상이어야 하는가?

① 3.5　　② 4
③ 4.5　　④ 5

해 설 ★★★★★

- KEC 362.2 전력보안통신선의 시설 높이와 이격거리
가공전선로의 지지물에 시설하는 통신선 또는 이에 직접 접속하는 가공 통신선
1) 도로 횡단 시 6[m] 이상(교통에 지장이 없는 경우 5[m])
2) 철도 또는 궤도를 횡단하는 곳은 6.5[m] 이상
3) 횡단 보도교 위 시설 시는 노면상 5[m] 이상, 단 저압 또는 고압의 가공전선로의 지지물에 시설하는 경우 3.5[m] 이상

[답] ④

20 케이블 트레이 공사 시 저압 옥내배선의 사용전압이 400[V] 미만인 경우에는 금속제 트레이에 몇 종 접지공사를 하여야 하는가?

① 제1종 접지공사
② 제2종 접지공사
③ 제3종 접지공사
④ 특별 제3종 접지공사

해 설 ★★★★★

※ [한국전기설비규정(KEC) 규정 변경으로 문제 보기 삭제]
- KEC 232.41 케이블 트레이 공사
1) 케이블 트레이의 종류 : 사다리형, 펀칭형, 메시형, 바닥밀폐형
2) 전선 : 연피 케이블, 알루미늄피 케이블 등 난연성 케이블, 기타 케이블 또는 금속관 혹은 합성수지관 등에 넣은 절연전선
3) 케이블트레이 안에서 전선을 접속하는 경우에는 전선 접속부분에 사람이 접근할 수 있고 또한 그 부분이 측면 레일 위로 나오지 않도록 하고 그 부분을 절연 처리할 것
4) 케이블 트레이의 안전율은 1.5 이상일 것
5) 전선의 피복 등을 손상시킬 돌기 등이 없이 매끈하여야 할 것
6) 비금속제 케이블 트레이는 난연성 재료일 것
7) 감전에 대한 보호 및 접지시스템 규정에 따라 접지공사를 할 것

[답] 없음

2014년 기출문제

제 1 회 전기(공사)산업기사 필기시험

1 765[kV] 특고압 가공전선이 건조물과 2차 접근상태로 있는 경우 전선 높이가 최저상태일 때 가공전선과 건조물 상부와의 수직거리는 몇 [m] 이상이어야 하는가?

① 20 ② 22 ③ 25 ④ 28

해설 ★★★

- KEC 333.23 특고압 가공전선과 건조물의 접근
사용전압이 400[kV] 이상이 특고압 가공전선이 건조물과 제2차 접근상태에 있는 경우 전선 높이가 최저상태일 때 **가공전선과 건조물 상부와의 수직거리 28[m] 이상일 것**

[답] ④

2 고압 옥상 전선로의 전선이 다른 시설물과 접근하거나 교차하는 경우 이들 사이의 이격거리는 몇 [cm] 이상이어야 하는가?

① 30 ② 60 ③ 90 ④ 120

해설 ★

- KEC 331.14.1 고압 옥상 전선로의 시설
고압 옥상 전선로의 전선이 다른 시설물(가공전선 제외)과 접근하거나 교차하는 경우에는 **고압 옥상 전선로의 전선과 이들 사이의 이격거리는 0.6[m] 이상일 것**

[답] ②

3 고압 가공전선이 상부 조영재의 위쪽으로 접근 시의 가공전선과 조영재의 이격거리는 몇 [m] 이상이어야 하는가?

① 0.6 ② 0.8 ③ 1.2 ④ 2.0

해설 ★★

- KEC 332.11 고압 가공전선과 건조물의 접근
고압 가공전선이 상부 조영재의 위쪽으로 접근 시 가공전선과 조영재의 이격거리는 2.0[m] 이상 유지할 것(단, 고압 절연전선 또는 케이블인 경우 1.0[m] 이상)

[답] ④

4 15[kV] 특고압 가공전선로의 중성선의 다중접지 시설에서 각 접지선을 중성선으로부터 분리하였을 경우 각 접지점의 대지 전기저항값은 몇 [Ω] 이하이어야 하는가?

① 100 ② 150
③ 300 ④ 500

해설 ★★★★★

- KEC 333.32 25[kV] 이하인 특고압 가공전선로의 시설
1) 특고압 가공전선로의 중성선의 다중접지 시설에서 각 접지선을 중성선으로부터 분리하였을 경우 각 접지점의 대지 전기저항값은 300[Ω] 이하일 것
2) 1[km]마다의 중성선과 대지 사이의 합성전기 전기저항 값은 15[kV] 이하 30[Ω] 이하, 15[kV] 초과 25[kV] 이하 15[Ω] 이하일 것

[답] ③

5 고압 가공전선이 가공 약전류전선과 접근하는 경우 고압 가공전선과 가공 약전류전선 사이의 이격거리는 몇 [cm] 이상이어야 하는가? (단, 전선이 케이블인 경우이다.)

① 15 ② 30 ③ 40 ④ 80

해 설 ★

- KEC 332.13 고압 가공전선과 가공 약전류전선 등의 접근 또는 교차
고압 가공전선이 가공 약전류전선과 접근하는 경우 고압 가공저선과 가공 약전류전선 사이의 이격거리는 0.8[m] 이상일 것(단, 케이블 사용 시 0.4[m] 이상)

[답] ③

6 발전기·전동기·조상기·기타 회전기(회전변류기 제외)의 절연내력 시험시 시험전압은 권선과 대지사이에 연속하여 몇 분 이상 가하여야 하는가?

① 10 ② 15 ③ 20 ④ 30

해 설 ★★★★★

- KEC 133 회전기 및 정류기의 절연내력
전동기의 절연내력시험은 최대 사용전압에 배수를 곱하고 그 값의 **시험전압으로 전로와 대지 사이 10분간 견딜 것**

[답] ①

7 터널에 시설하는 사용전압이 400[V] 이하의 저압인 경우, 전구선은 몇 [mm²] 이상의 0.6/1[kV] EP 고무 절연 클로로프렌 케이블이어야 하는가?

① 0.25 ② 0.55
③ 0.75 ④ 1.25

해 설 ★

※ [한국전기설비규정(KEC) 규정 변경으로 문제 변경]

- KEC 242.7.4 터널 등의 전구선 또는 이동전선 등의 시설
1) 사용전압 400[V] 이하인 저압의 전구선 또는 이동전선 사용
2) 전구선 : **단면적 0.75[mm²] 이상의 300/300[V] 편조 고무코드 또는 0.6/1[kV] EP 고무절연 클로로프렌 캡타이어케이블일 것**
3) 이동전선 : 300/300[V] 편조 고무코드, 비닐코드 또는 캡타이어케이블일 것

[답] ③

8 저압 가공전선이 철도 또는 궤도를 횡단하는 경우에는 레일면상 높이가 몇 [m] 이상이어야 하는가?

① 5 ② 5.5
③ 6 ④ 6.5

해 설 ★★★★★

- KEC 222.7 저압 가공전선의 높이 & KEC 332.5 고압 가공전선의 높이
1) 도로횡단 : 지표면상 6[m] 이상
2) **철도횡단 : 레일면상 6.5[m] 이상**
3) 횡단보도교 위 : 노면상 3.5[m] 이상
   (단, 절연전선 사용 시 3[m] 이상)
4) 기타 : 지표면상 5[m] 이상
   (교통이 번잡하지 않은 장소)
5) 다리하부 : 저압의 전기철도용 급전선은 지표상 3.5[m]까지 감할 수 있음

[답] ④

9 고압용 기계기구를 시설하여서는 안 되는 경우는?

① 발전소, 변전소, 개폐소 또는 이에 준하는 곳에 시설하는 경우
② 시가지 외로서 지표상 3[m]인 경우
③ 공장 등의 구내에서 기계 기구의 주위에 사람이 쉽게 접촉할 우려가 없도록 적당한 울타리를 설치하는 경우
④ 옥내에 설치한 기계 기구를 취급자 이외의 사람이 출입할 수 없도록 설치한 곳에 시설하는 경우

해 설 ★

- KEC 341.8 고압용 기계기구의 시설
고압용 기계기구를 시설하는 경우 지표상 4.5[m] (시가지 외에는 4[m]) **이상**의 높이에 시설하고 또한 사람이 쉽게 접촉할 우려가 없도록 시설할 것

[답] ②

10 전철에서 직류귀선의 비절연부분이 금속제 지중관로와 접근하거나 교차하는 경우 상호 전식 방지를 위한 이격거리는? ❖삭제❖

① 0.5[m] 이상 ② 1[m] 이상
③ 1.5[m] 이상 ④ 2[m] 이상

해 설

※ [한국전기설비규정(KEC) 규정 변경으로 문제 삭제]

11 애자 사용 공사에 의한 고압 옥내배선의 시설에 사용되는 연동선의 단면적은 최소 몇 [mm²]의 것을 사용하여야 하는가?

① 2.5 ② 4
③ 6   ④ 10

해 설 ★★★★★

- KEC 342.1 고압 옥내배선 등의 시설_애자사용배선
1) 전선은 공칭 단면적 6[mm²] 이상의 연동선 또는 이와 동등 이상의 세기 및 굵기의 고압 절연전선이나 특고압 절연전선 또는 인하용 고압 절연전선일 것
2) 전선의 지지점 간의 거리는 6[m] 이하일 것. 다만, 전선을 조영재의 면을 따라 붙이는 경우에는 2[m] 이하일 것
3) 전선 상호 간의 간격은 8[cm] 이상, 전선과 조영재 사이의 이격거리는 5[cm] 이상일 것

[답] ③

12 전로의 중성점을 접지하는 목적에 해당되지 않는 것은?

① 보호장치의 확실한 동작의 확보
② 부하전류의 일부를 대지로 흐르게 하여 전선 절약
③ 이상전압의 억제
④ 대지전압의 저하

해 설 ★★★★★

- KEC 322.5 전로의 중성점의 접지
전로의 **보호장치의 확실한 동작의 확보, 이상 전압의 억제 및 대지전압의 저하**를 위하여 특히 필요한 경우에 전로의 중성점에 접지공사를 할 것

[답] ②

13 특고압용 변압기로서 변압기 내부고장이 발생할 경우 경보장치를 시설하여야 뱅크 용량의 범위는?

① 1,000[kVA] 이상 5,000[kVA] 미만
② 5,000[kVA] 이상 10,000[kVA] 미만
③ 10,000[kVA] 이상 15,000[kVA] 미만
④ 15,000[kVA] 이상 20,000[kVA] 미만

해 설 ★★★★★

- KEC 351.4 특고압용 변압기의 보호장치
뱅크용량이 5,000[kVA] 이상 10,000[kVA] 미만인 특고압용 변압기에 내부고장이 생겼을 경우 자동적으로 이를 전로로부터 자동차단하는 장치 또는 경보장치를 시설할 것

[답] ②

14 154[kVA] 가공전선로를 제1종 특고압 보안공사에 의하여 시설하는 경우 사용 전선은 인장강도 58.84[kN] 이상의 연선 또는 단면적 몇 [mm²] 이상의 경동연선이어야 하는가?

① 35 ② 50 ③ 95 ④ 150

해 설 ★★★★★

- KEC 333.22 특고압 보안공사
사용전압 100[kV] 이상 300kV] 미만인 특고압 가공전선로를 시설할 경우 인장강도 58.84[kN] 이상의 연선 또는 단면적 150[mm²] 이상의 경동연선을 사용할 것

[답] ④

15 동일 지지물에 고압 가공전선과 저압 가공전선을 병가할 때 저압 가공전선의 위치는?

① 저압 가공전선을 고압 가공전선 위에 시설
② 저압 가공전선을 고압 가공전선 아래에 시설
③ 동일 완금류에 평행되게 시설
④ 별도의 규정이 없으므로 임의로 시설

해 설 ★★★★★

- KEC 332.8 고압 가공전선 등의 병행설치
저압 가공전선과 고압 가공전선을 동일 지지물에 시설하는 경우
1) **저압 가공전선을 고압 가공전선의 아래로 하고 별개의 완금류에 시설할 것**
2) 저압 가공전선과 고압 가공전선 사이의 이격거리는 0.5[m] 이상일 것
3) 저압 가공전선과 고압 가공케이블 사이의 이격거리는 0.3[m] 이상일 것

[답] ②

16 시가지에 시설하는 특고압 가공전선로의 철탑의 경간은 몇 [m] 이하이어야 하는가?

① 250 ② 300
③ 350 ④ 400

해 설 ★★★★★

- KEC 333.1 시가지 등에서 특고압 가공전선로의 시설
시가지 등에서 특고압 가공전선로의 지지물 중 철탑을 사용할 경우 표준경간은 400[m] 이하일 것

[답] ④

17 지중 전선로의 매설방법이 아닌 것은?

① 관로식   ② 인입식
③ 암거식   ④ 직접 매설식

해설 ★★★★★

- KEC 334.1 지중 전선로의 시설

지중 전선로는 전선에 **케이블**을 사용하고 또한 **관로식, 암거식 또는 직접 매설식**에 의하여 시설할 것

[답] ②

18 지중 전선로를 직접 매설식에 의하여 시설하는 경우, 차량 기타 중량물의 압력을 받을 우려가 있는 장소의 매설 깊이는 최소 몇 [cm] 이상이면 되는가?

① 100   ② 150
③ 180   ④ 200

해설 ★★★★★

- KEC 334.1 지중 전선로의 시설
1) 지중 전선로를 직접 매설식에 의하여 시설하는 경우에는 매설 깊이를 **차량 기타 중량물의 압력을 받을 우려가 있는 장소에는 1.0[m] 이상**, 기타 장소에는 0.6[m] 이상으로 하고 또한 지중 전선을 견고한 트라프 기타 방호물에 넣어 시설할 것
2) 견고한 트라프 기타 방호물에 넣지 않고 시공할 수 있는 케이블은 콤바인덕트 케이블 또는 규정된 개장한 케이블이어야 할 것

[답] ①

19 전기욕기용 전원장치의 금속제 외함 및 전선을 넣는 금속관에는 제 몇 종 접지공사를 하여야 하는가? ❖삭제❖

① 제1종   ② 제2종
③ 제3종   ④ 특별 제3종

해설

※ [한국전기설비규정(KEC) 규정 변경으로 문제 삭제]

추가학습 자료

- KEC 241.2 전기욕기
1) 전기욕기에 전기를 공급하는 전원장치 중 전기욕기에 내장되는 전원 변압기의 2차 측 전로의 사용전압은 10[V] 이하로 제한할 것
2) 전기욕기용 전원장치로부터 욕기 안의 전극까지의 전선상호간 및 전선과 대지사이에 절연저항은 전로의 절연내력 규정에 준할 것
3) 전기욕기용 전원장치의 금속제 외함 및 전선을 넣는 금속관에는 접지시스템의 규정에 준하여 접지공사를 할 것
4) 한국전기설비규정은 접지공사의 종별을 구분하지 않음

20 전력보안통신용 전화설비를 시설하지 않아도 되는 경우는?

① 수력설비의 강수량 관측소와 수력발전소간
② 동일 수계에 속한 수력발전소 상호간
③ 발전제어소와 기상대
④ 휴대용 전화설비를 갖춘 22.9[kV] 변전소와 기술원 주재소

해 설 ★★★

- **KEC 362.1 전력보안통신설비의 시설 요구사항**

1) 원격감시제어가 되지 아니하는 발전소, 원격 감시제어가 되지 아니하는 변전소, 개폐소, 전선로 및 이를 운용하는 급전소 및 급전분소 간
2) 2개 이상의 급전소(분소) 상호 간과 이들을 통합 운용하는 급전소(분소) 간
3) 수력설비 중 필요한 곳, 수력설비의 안전상 필요한 양수소 및 강수량 관측소와 수력발전소 간
4) 동일 수계에 속하고 안전상 긴급 연락의 필요가 있는 수력발전소 상호 간
5) 동일 전력계통에 속하고 또한 안전상 긴급연락의 필요가 있는 발전소, 변전소 및 개폐소 상호 간
6) 발전소, 변전소 및 개폐소와 기술원 주재소 간
7) 시설 제외 장소
   - 휴대용이거나 이동형 전력보안통신설비에 의하여 연락이 확보된 경우
   - 발전소로서 전기의 공급에 지장을 미치지 않는 곳
   - 상주감시를 하지 않는 변전소(사용전압이 35[kV] 이하의 것에 한한다)로서 그 변전소에 접속되는 전선로가 동일 기술원 주재소에 의하여 운용되는 곳

[답] ④

제 2 회 전기(공사)산업기사 필기시험

1 발전소 등의 울타리·담 등을 시설할 때 사용전압이 154[kV]인 경우 울타리·담 등의 높이와 울타리·담 등으로부터 충전부분까지의 거리의 합계는 몇 [m] 이상이어야 하는가?

① 5   ② 6   ③ 8   ④ 10

해설 ★★★★★

- KEC 351.1 발전소 등의 울타리 · 담 등의 시설
  사용전압이 35[kV] 초과 160[kV] 이하 울타리, 담 등의 높이와 울타리, 담 등으로부터 충전 부분까지 거리의 합계는 6[m] 이상일 것

[답] ②

2 중성점 접지식 22.9[kV] 가공전선과 직류 1,500[V] 전차선을 동일 지지물에 병가할 때 상호 간의 이격거리는 몇 [m] 이상인가?

① 1.0   ② 1.2   ③ 1.5   ④ 2.0

해설 ★

- KEC 333.18 특고압 가공전선과 저고압 전차선의 병가
  사용전압 35[kV] 이하인 특고압 가공전선과 직류 저고압 전차선을 동일 지지물에 병가할 경우 상호 이격거리는 1.2[m] 이상일 것(다만, 특고압 가공전선이 케이블인 경우 0.5[m] 이상)

[답] ②

3 지선 시설에 관한 설명으로 틀린 것은?

① 철탑은 지선을 사용하여 그 강도를 분담시켜야 한다.
② 지선의 안전율은 2.5 이상이어야 한다.
③ 지선에 연선을 사용할 경우 소선 3가닥 이상의 연선이어야 한다.
④ 지선근가는 지선의 인장하중에 충분히 견디도록 시설하여야 한다.

해설 ★★★★★

- KEC 331.11 지선의 시설
가공전선로의 지지물에 시설하는 지선
1) **지선의 안전율은 2.5 이상**, 허용 인장하중의 최저 4.31[kN] 이상
2) 지선에 연선을 사용하는 경우
   - **소선 3가닥 이상의 연선일 것**
   - 소선의 지름이 2.6[mm] 이상의 금속선을 사용한 것일 것
   - 아연도강연선 : 소선 지름이 2[mm] 이상, 인장강도가 0.68[kN/mm^2] 이상
3) 지중부분 및 지표상 0.3[m]까지의 부분에는 내식성이 있는 것 또는 아연도금을 한 철봉을 사용하고 쉽게 부식되지 아니하는 근가에 견고하게 붙일 것. 다만, 목주에 시설하는 지선에 대해서는 그러하지 아니하다.
4) 지선근가는 지선의 인장하중에 충분히 견디도록 시설할 것
5) 도로를 횡단하는 곳의 지선의 높이는 지표상 5[m] 이상일 것
6) 철탑은 지선을 사용하여 그 강도를 분담시켜서는 안 됨

[답] ①

4 사용전압 66[kV]의 가공전선을 시가지에 시설할 경우 전선의 지표상 최소 높이는 몇 [m]인가?

① 6.48　　② 8.36
③ 10.48　　④ 12.36

해·설 ★★★★★

- KEC 333.1 시가지 등에서 특고압 가공전선로의 시설
1) 사용전압 35[kV] 이하인 경우 지표상의 높이는 10[m], 사용전압 35[kV] 초과하는 경우 10[kV] 단수마다 0.12[m]를 더한 값일 것
2) 단수계산 = (66 - 35)/10 = 3.1
→ 4 (소수점 이하 절상)
3) 지표상의 높이 = 10 + 4 × 0.12 = 10.48[m]

[답] ③

5 시가지 등에서 특고압 가공전선로를 시설하는 경우 특고압 가공전선로용 지지물로 사용할 수 없는 것은? (단, 사용전압이 170[kV] 이하인 경우이다.)

① 철탑　　② 철근 콘크리트주
③ A종 철주　　④ 목주

해 설 ★★★★★

- KEC 333.1 시가지 등에서 특고압 가공전선로의 시설
시가지 등에서 특고압 가공전선로의 지지물은 목주를 사용할 수 없고 철주, 철근 콘크리트주 또는 철탑을 사용할 것

[답] ④

6 전기설비의 접지계통과 건축물의 피뢰설비 및 통신설비 등의 접지극을 공용하는 통합 접지공사를 하는 경우 낙뢰 등 과전압으로부터 전기설비를 보호하기 위하여 설치해야 하는 것은?

① 과전류차단기　　② 지락보호장치
③ 서지보호장치　　④ 개폐기

해 설 ★★★★★

- KEC 142.6 공통접지 및 통합접지
전기설비의 접지설비, 건축물의 피뢰설비, 전자통신 설비 등의 접지극을 공용하는 통합 접지시스템을 하는 경우 낙뢰에 의한 과전압 등으로부터 전기 전자 기기 등을 보호하기 위해 서지보호장치를 설치할 것

[답] ③

7 가공 직류 전차선의 레일면상의 높이는 몇 [m] 이상이어야 하는가? ❖삭제❖

① 6.0　② 5.5　③ 5.0　④ 4.8

해 설

※ [한국전기설비규정(KEC) 규정 변경으로 문제 삭제]

추가학습 자료

- KEC 431.6 전차선 및 급전선의 높이
전차선과 급전선의 최소 높이는
- 직류 750[V], 1,500[V]인 경우 동적 4,800[mm] 이상, 정적 4,400[mm] 이상일 것
- 교류 2,500[V]인 경우 동적 4,800[mm] 이상, 정적 4,570[mm] 이상일 것

8 가요전선관 공사에 의한 저압 옥내배선으로 틀린 것은?

① 2종 금속제 가요전선관을 사용하였다.
② 사용전압이 380[V]이므로 가요전선관에 접지공사를 하였다.
③ 전선으로 옥외용 비닐 절연전선을 사용하였다.
④ 사용전압 440[V]에서 사람이 접촉할 우려가 없어 접지공사를 하였다.

해 설 ★

※ [한국전기설비규정(KEC) 규정 변경으로 문제 보기 변경]

- KEC 232.13 금속제 가요전선관공사
1) 연선 : 절연전선(옥외용 비닐 절연전선(OW)은 제외)
2) 단선 : 단면적 10[mm²](알루미늄선은 단면적 16[mm²]) 이하(짧고 가는 관에 넣은 경우)
3) 가요전선관 안에는 전선에 접속점이 없도록 할 것
4) **관에는 감전에 대한 보호와 접지시스템에 준하여 접지공사를 할 것**
5) 1종 금속제 가요 전선관은 두께 0.8[mm] 이상으로 4[m]를 넘는 것은 단면적 2.5[mm²] 이상의 나연동선을 전장에 걸쳐 삽입 또는 첨가하여 양단에서 관과 전기적으로 완전하게 접속할 것

[답] ③

9 특고압 가공전선이 도로 등과 교차하여 도로 상부 측에 시설할 경우에 보호망도 같이 시설하려고 한다. 보호망은 제 몇 종 접지공사로 하여야 하는가?

❖ **삭제** ❖

① 제1종 접지공사
② 제2종 접지공사
③ 제3종 접지공사
④ 특별 제3종 접지공사

해 설

※ [한국전기설비규정(KEC) 규정 변경으로 문제 삭제]

추가학습 자료

- KEC 333.24 특고압 가공전선과 도로 등의 접근 또는 교차
1) 보호망은 접지공사를 한 금속제의 망상장치로 하고 견고하게 지지할 것
2) 보호망을 구성하는 금속선 상호의 간격은 가로, 세로 각 1.5[m] 이하일 것
3) 보호망은 규정에 준하여 접지공사를 한 금속제의 망상장치로 하고 견고하게 지지할 것
4) **한국전기설비규정은 접지공사의 종별을 구분하지 않음**

10 저압 가공전선과 고압 가공전선을 동일 지지물에 시설하는 경우 이격거리는 몇 [cm] 이상이어야 하는가?

① 50　② 60　③ 70　④ 80

해 설 ★★★★★

- KEC 332.8 고압 가공전선 등의 병행설치
저압 가공전선과 고압 가공전선을 동일 지지물에 시설하는 경우
1) 저압 가공전선을 고압 가공전선의 아래로 하고 별개의 완금류에 시설할 것
2) **저압 가공전선과 고압 가공전선 사이의 이격거리는 0.5[m] 이상일 것**
3) 저압 가공전선과 고압 가공케이블 사이의 이격거리는 0.3[m] 이상일 것

[답] ①

11 옥내의 네온 방전등 공사에 대한 설명으로 틀린 것은?

① 방전등용 변압기는 네온변압기일 것
② 관등회로의 배선은 점검할 수 없는 은폐장소에 시설할 것
③ 관등회로의 배선은 애자 사용 공사에 의하여 시설할 것
④ 방전등용 변압기의 외함에는 접지공사를 할 것

해 설 ★★★

※ [한국전기설비규정(KEC) 규정 변경으로 문제 보기 변경]
▪ KEC 234.12 네온방전등
1) 배선은 외상을 받을 우려가 없고 사람이 접촉될 우려가 없는 노출장소에 시설할 것
2) 옥내에 시설하는 관등회로의 사용전압이 고압인 경우 관등회로의 배선은 애자사용 공사에 의하여 시설할 것 (사람이 접촉될 우려가 없는 노출장소에 시설)
3) 네온변압기 외함은 접지공사를 할 것
4) 전선 상호 간의 이격거리는 60[mm] 이상일 것
5) 전선 지지점 간의 거리는 1[m]
6) 한국전기설비규정은 접지공사의 종별을 구분하지 않음

[답] ②

12 사용전압 220[V]인 경우에 애자 사용 공사에 의한 옥측전선로를 시설할 때 전선과 조영재와의 이격거리는 몇 [cm] 이상이어야 하는가?

① 2.5   ② 4.5
③ 6   ④ 8

해 설 ★★

▪ KEC 221.2 옥측전선로
사용전압이 400[V] 이하인 **애자사용공사에 의한 옥측전선로를 시설할 경우, 전선과 조영재와의 이격거리는 25[mm] 이상일 것**

[답] ①

13 사용전압 66[kV] 가공전선과 6[kV] 가공전선을 동일 지지물에 시설하는 경우, 특고압 가공전선은 케이블인 경우를 제외하고는 단면적이 몇 [mm^2]인 경동연선 또는 이와 동등 이상의 세기 및 굵기의 연선이어야 하는가?

① 22   ② 38   ③ 55   ④ 100

해 설 ★★★★★

▪ KEC 333.17 특고압 가공전선과 저고압 가공전선 등의 병행설치
사용전압이 35[kV] 초과 100[kV] 미만인 특고압 가공전선과 저고압 가공전선을 병가하는 경우 특고압 가공전선의 전선은 인장강도 21.67[kN] 이상의 **연선 또는 단면적이 55[mm^2] 이상의 경동연선일 것**

[답] ③

14 가공전선 및 지지물에 관한 시설기준 중 틀린 것은?

① 가공전선은 다른 가공전선로, 전차선로, 가공 약전류전선로 또는 가공 광섬유 케이블로의 지지물을 사이에 두고 시설하지 말 것
② 가공전선의 분기는 그 전선의 지지점에서 할 것(단, 전선의 장력이 가하여지지 않도록 시설하는 경우는 제외)
③ 가공전선로의 지지물에는 승탑 및 승주를 할 수 없도록 발판 못 등을 시설하지 말 것
④ 가공전선로의 지지물로는 목주·철주·철근콘크리트주 또는 철탑을 사용할 것

해 설 ★★★

▪ KEC 331.4 가공전선로 지지물의 철탑오름 및 전주오름 방지
가공전선로의 지지물에 취급자가 오르고 내리는 데 사용하는 **발판 볼트 등을 지표상 1.8[m] 미만**에 시설하여서는 아니 된다.

[답] ③

15 300[kHz]부터 3,000[kHz]까지의 주파수 대에서 전차선로에서 발생하는 전파의 허용한도 상대레벨의 준첨두 값[dB]은?

① 25.5 ② 32.5
③ 36.5 ④ 40.5

해 설

※ [한국전기설비규정(KEC) 규정 변경으로 문제 삭제]

---

16 수소냉각식 발전기 및 이에 부속하는 수소 냉각장치에 관한 시설기준 중 틀린 것은?

① 발전기안의 수소의 압력 계측장치 및 압력 변동에 대한 경보장치를 시설할 것
② 발전기안의 수소 온도를 계측하는 장치를 시설할 것
③ 발전기는 기밀구조이고 또한 수소가 대기압에서 폭발하는 경우에 생기는 압력에 견디는 강도를 가지는 것일 것
④ 발전기안의 수소의 순도가 70[%] 이하로 저하한 경우에 경보를 하는 장치를 시설할 것

해 설 ★★★★★

- KEC 351.10 수소냉각식 발전기 등의 시설
1) 발전기 내부 또는 조상기 내부의 **수소의 순도가 85[%] 이하**로 저하한 경우에 이를 경보하는 장치를 시설할 것
2) 발전기 내부 또는 조상기 내부의 수소의 온도를 계측하는 장치를 시설할 것

[답] ④

---

17 과전류 차단기로 시설하는 퓨즈 중 고압 전로에 사용되는 포장 퓨즈는 정격전류의 몇 배의 전류에 견디어야 하는가?

① 1.1 ② 1.2 ③ 1.3 ④ 1.5

해 설 ★★★

- KEC 341.10 고압 및 특고압 전로 중의 과전류차단기의 시설
고압 전로에 사용하는 포장 퓨즈는 정격전류의 1.3배의 전류에 견디고 또한 2배의 전류로 120분 안에 용단되는 것

[답] ③

---

18 저압 옥내배선을 합성수지관 공사에 의하여 실시하는 경우 사용할 수 있는 단선(동선)의 최대 단면적은 몇 [mm^2]인가?

① 4 ② 6
③ 10 ④ 16

해 설 ★★★★★

- KEC 232.11 합성수지관공사
1) 연선 : 절연전선(옥외용 비닐 절연전선(OW)을 제외)
2) 단선 : 단면적 10[mm^2](알루미늄선은 단면적 16[mm^2]) 이하(짧고 가는 합성수지관에 넣은 것)
3) 지지점 간의 거리는 1.5[m] 이하로 시설할 것
4) 관상호간 및 박스와의 접속은 관에 삽입하는 깊이를 관 바깥지름의 1.2배 이상, 접착제를 사용하는 경우에는 0.8배 이상으로 할 것

[답] ③

19 가반형의 용접전극을 사용하는 아크 용접장치를 시설할 때 용접변압기의 1차 측 전로의 대지전압은 몇 [V] 이하이어야 하는가?

① 200 ② 250
③ 300 ④ 600

해 설 ★★★

- KEC 241.10 아크 용접기
1) 용접변압기는 절연변압기일 것
2) **용접변압기의 1차 측 전로의 대지전압은 300[V] 이하일 것**
3) 용접변압기의 1차 측 전로에는 용접 변압기에 가까운 곳에 쉽게 개폐할 수 있는 개폐기를 시설할 것
4) 용접기 외함 및 피용접재 또는 이와 전기적으로 접속되는 받침대, 정반 등의 금속체는 접지시스템의 규정에 준하여 접지공사를 할 것

[답] ③

20 저압 전로에 사용하는 80[A] 퓨즈는 수평으로 붙일 경우 정격전류의 1.6배 전류에 몇 분 안에 용단되어야 하는가?

① 60 ② 120
③ 180 ④ 240

해 설 ★★★★★

- KEC 212.3.4 보호장치의 특성_퓨즈(gG)
1) 과전류차단기로 저압 전로에 사용하는 범용의 퓨즈(gG)에 적합한 것을 적용
2) **정격전류 63[A] 이상 160[A] 이하에서 1.6배 120분 용단 특성일 것**

[답] ②

제4회 전기공사산업기사 필기시험

1 사용전압이 고압인 전로에만 사용되는 케이블은?

① 알루미늄피 케이블
② 클로로프렌 외장 케이블
③ 비닐 외장 케이블
④ 콤바인 덕트 케이블

해설

※ [한국전기설비규정(KEC) 규정 변경으로 문제 삭제]

추가학습 자료

- KEC 122 한국전기설비규정(KEC) 전선의 종류
1) 절연전선, 코드, 캡타이어케이블, 저압케이블, 고압 및 특고압케이블, 나전선 등
2) 관련 규정에 따라 [전기용품 및 생활용품 안전관리법] 및 KS 표준에 적합한 전선을 선정 적용
3) 관련 규정에 따라 예외, 단서 조항은 해당 규정에 준함

2 최대 사용전압 1,500[V]인 정류기는 몇 [V]의 절연내력 시험전압에 견디어야 하는가?

① 1,500
② 1,650
③ 1,875
④ 2,250

해설 ★★★

- KEC 133 회전기 및 정류기의 절연내력
1) 정류기류 최대사용전압 60[kV] 이하
   절연내력 시험전압은 직류 측의 최대사용전압의 1배의 교류전압
2) 절연내력 시험전압
   = 1,500 × 1
   = 1,500[V](500[V] 미만인 경우 500[V])

[답] ①

3 154[kV] 가공전선로를 제1종 특고압 보안공사에 의하여 시설하는 경우 전선에 지락 또는 단락이 발생하면 몇 초 이내에 자동적으로 이것을 전로로부터 차단하는 장치를 시설하여야 하는가?

① 1
② 2
③ 3
④ 5

해설 ★★★★★

- KEC 333.22 특고압 보안공사
35[kV] 초과 400[kV] 미만 특고압 가공전선에 지락 또는 단락이 생겼을 경우에 3초(사용전압 100[kV] 이상인 경우에는 2초) 이내에 자동적으로 이것을 전로로부터 차단하는 장치를 시설할 것

[답] ②

4 급경사지에 시설하는 전선로의 시설 중 옳지 않은 것은?

① 저압과 고압 전선로를 같은 벼랑에 설치 시 저압전선로를 고압전선로 위에 시설한다.
② 전선에 사람이 접촉할 우려가 있는 곳에 시설하는 경우에는 적당한 방호장치를 시설한다.
③ 전선은 케이블인 경우 이외에는 벼랑에 견고하게 붙인 금속제 완금류에 절연성 및 내수성의 애자로 지지한다.
④ 전선의 지지점간 거리는 15[m] 이하로 한다.

해설 ★

- KEC 335.8 급경사지에 시설하는 전선로의 시설
저, 고압 전선로를 같은 벼랑에 시설하는 경우에는 고압 전선로를 저압 전선로의 위로 하고 또한 고압 전선과 저압전선 사이의 이격거리는 0.5[m] 이상일 것

[답] ①

5 전기사용장소의 옥내배선이 다음과 같이 시공되어 있었다. 잘못 시공된 것은?

① 애자 사용 공사 시 전선 상호 간의 간격이 7[cm]로 되어있었다.
② 라이팅 덕트의 지지점간 거리는 2[m]로 되어있었다.
③ 합성수지관공사의 관의 지지점 간의 거리가 2[m]로 되어있었다.
④ 금속관공사로 시공하였고 절연전선이 사용되었다.

해설 ★★★★★

- KEC 232.11 합성수지관공사
1) 연선 : 절연전선(옥외용 비닐 절연전선(OW)을 제외)
2) 단선 : 단면적 10[mm²](알루미늄선은 단면적 16[mm²]) 이하(짧고 가는 합성수지관에 넣은 것)
3) 지지점 간의 거리는 1.5[m] 이하로 시설할 것
4) 관상호간 및 박스와의 접속은 관에 삽입하는 깊이를 관 바깥지름의 1.2배 이상, 접착제를 사용하는 경우에는 0.8배 이상으로 할 것

[답] ③

6 제2종 특고압 보안공사 시 B종 철주를 지지물로 사용하는 경우 경간은 몇 [m] 이하인가?

① 100   ② 200
③ 400   ④ 500

해설 ★★★

- KEC 333.22 특고압 보안공사
1) 목주, A종 철주, A종 철근 콘크리트주를 지지물로 사용 시 제2종, 제3종 특고압 보안공사의 경간은 100[m] 이하일 것
2) B종 철주, B종 철근 콘크리트주의 제2종, 제3종 특고압 보안공사의 경간은 200[m] 이하일 것

[답] ②

7 저압 가공전선과 고압 가공전선을 동일 지지물에 시설하는 경우 저압 가공전선과 고압 가공전선과의 이격거리는 몇 [cm] 이상이어야 하는가?

① 40   ② 50   ③ 60   ④ 70

해설 ★★★★★

- KEC 332.8 고압 가공전선 등의 병행설치
저압 가공전선과 고압 가공전선을 동일 지지물에 시설하는 경우
1) 저압 가공전선을 고압 가공전선의 아래로 하고 별개의 완금류에 시설할 것
2) 저압 가공전선과 고압 가공전선 사이의 이격거리는 0.5[m] 이상일 것
3) 저압 가공전선과 고압 가공케이블 사이의 이격거리는 0.3[m] 이상일 것

[답] ②

8 전로의 사용전압이 300[V] 초과 400[V] 미만인 경우의 절연저항 값은 몇 [MΩ] 이상이어야 하는가?

~~① 0.1   ② 0.2   ③ 0.3   ④ 0.4~~

해설 ★★★★★

※ [한국전기설비규정(KEC) 규정 변경으로 정답 변경]
- 전기설비 기술기준 제 52 조(저압 전로의 절연성능)
대지전압에 따른 절연 저항값

전로의 사용전압[V]	DC 시험전압 [V]	절연저항 [MΩ]
SELV 및 PELV	250	0.5
FELV, 500[V] 이하	500	1.0
500[V] 초과	1,000	1.0

[답] 1.0[MΩ]

9 특고압 가공전선로에서 발생하는 극저주파 전자계는 지표상 1[m]에서 전계강도는 몇 [kV/m] 이하이어야 하는가?

① 2.0   ② 2.5   ③ 3.5   ④ 4.5

해설 ★★★

- 전기설비 기술기준 제 17 조(유도장해 방지)
교류 특고압 가공전선로에서 발생하는 극저주파 **전자계는 지표상 1[m]에서 전계가 3.5[kV/m] 이하**, 자계가 83.3[μT] 이하가 되도록 시설

[답] ③

10 사람이 상시 통행하는 터널 안의 배선 시설로 적합하지 않은 것은?

① 사용전압은 저압에 한한다.
② 애자 사용 공사에 의하여 시설하고 이를 노면상 2[m] 이상의 높이에 시설한다.
③ 전로에는 터널입구에 가까운 곳에 전용 개폐기를 시설한다.
④ 공칭단면적 2.5[mm²] 연동선과 동등 이상의 세기 및 굵기의 절연전선을 사용한다.

해설 ★★★★★

- KEC 335.1 터널 안 전선로의 시설
철도, 궤도 또는 자동차용 전용 터널 안의 전선로
1) 애자사용공사 : 2.6[mm] 이상 경동선의 절연전선(고압 4.0[mm] 이상)
2) 합성수지관, 금속관, 가요전선관 공사 : 케이블 배선
3) 레일면상 또는 노면상 2.5[m] 이상의 높이로 유지할 것(고압 3.0[m] 이상)

[답] ②

11 백열전등 또는 방전등에 전기를 공급하는 옥내전로의 대지전압은 몇 [V] 이하이어야 하는가?

① 150   ② 220
③ 300   ④ 600

해설 ★★★★★

- KEC 231.6 옥내전로의 대지 전압의 제한
백열전등 및 방전등에 전기를 공급하는 **옥내전로의 대지전압은 300[V] 이하일 것**

[답] ③

12 연료전지 및 태양전지 모듈은 최대 사용전압의 1.5배의 직류전압 또는 몇 배의 교류전압을 충전부분과 대지사이에 연속하여 10분간 가하여 절연내력 시험을 하여 견디어야 하는가?

① 0.5   ② 1.0   ③ 1.5   ④ 2.0

해설 ★★★

- KEC 134 연료전지 및 태양전지 모듈의 절연내력
1) 연료전지 및 태양전지 모듈은 **최대사용전압의 1.5배의 직류전압 또는 1배의 교류전압**
2) 시험전압이 500[V] 미만으로 되는 경우에는 500[V]
3) 충전부분과 대지사이에 **연속하여 10분간 가하여 절연내력을 시험**

[답] ②

13 저압 옥내전로의 인입구에 가까운 곳으로서 쉽게 개폐할 수 있는 곳에 개폐기를 시설하여야 한다. 그러나 사용전압이 400[V] 이하인 옥내전로로써 다른 옥내전로에 접속하는 길이가 몇 [m] 이하인 경우는 개폐기를 생략할 수 있는가?

① 10 ② 15 ③ 20 ④ 25

해 설 ★

※ [한국전기설비규정(KEC) 규정 변경으로 문제 변경]
- KEC 212.6.2 저압 옥내전로 인입구에서의 개폐기의 시설

사용전압 400[V] 이하인 옥내 전로로서 다른 옥내 전로에 접속하는 길이 15[m] 이하의 전로에서 전기의 공급을 받는 경우 인입구 개폐기를 생략할 수 있다.

[답] ②

14 제3종 접지공사의 특례에 따른 금속체와 대지 간의 전기저항 값이 몇 [Ω] 이하인 경우에는 제3종 접지공사를 한 것으로 보는가? ❖ 삭제 ❖

① 100 ② 200
③ 300 ④ 400

해 설

※ [한국전기설비규정(KEC) 규정 변경으로 문제 삭제]

추가학습 자료
- KEC 142.2 접지극의 시설 및 접지저항(건축물, 구조물의 철골 기타의 금속제 등을 접지극으로 사용)
1) 건축물, 구조물의 철골 기타의 금속제는 이를 비접지식 고압 전로에 시설하는 기계기구의 철대 또는 금속제 외함의 접지공사 또는 비접지식 고압 전로와 저압 전로를 결합하는 변압기의 저압 전로의 접지공사의 접지극으로 사용
2) 다만, 대지와의 사이에 전기저항 값이 2[Ω] 이하인 값을 유지하는 경우

15 시가지에 시설하는 170[kV] 이하인 특고압 가공전선로의 지지물이 철탑이고 전선이 수평으로 2 이상 있는 경우에 전선 상호 간의 간격이 4[m] 미만인 때에는 특고압 가공전선로의 경간은 몇 [m] 이하이어야 하는가?

① 100 ② 150
③ 200 ④ 250

해 설 ★★★★★

- KEC 333.1 시가지 등에서 특고압 가공전선로의 시설

시가지 등에서 특고압 가공전선로의 지지물이 철탑이고 전선이 수평으로 2 이상 있는 경우, 전선 상호 간의 간격이 4[m] 미만인 때에는 특고압 가공전선로 경간은 250[m] 이하일 것

[답] ④

16 400[V] 미만의 저압용 계기용 변성기의 철심에는 몇 종 접지 공사를 하여야 하는가?

① 특별 제3종 접지공사 ❖ 삭제 ❖
② 제1종 접지공사
③ 제2종 접지공사
④ 제3종 접지공사

해 설

※ [한국전기설비규정(KEC) 규정 변경으로 문제 삭제]

추가학습 자료
- KEC 141 접지시스템의 구분 및 종류
1) 접지시스템은 구분 : 계통접지, 보호접지, 피뢰시스템 접지
2) 접지시스템의 종류 : 단독접지, 공통접지, 통합접지
3) 한국전기설비규정은 접지공사의 종별을 구분하지 않음

17 220[V]의 가공전선이 횡단 보도교 위를 횡단할 때의 최저 높이[m]는?

① 2.0　② 2.5　③ 3.0　④ 3.5

해설 ★★★★★

- KEC 222.7 저압 가공전선의 높이 & KEC 332.5 고압 가공전선의 높이
1) 도로횡단 : 지표면상 6[m] 이상
2) 철도횡단 : 레일면상 6.5[m] 이상
3) **횡단보도교 위 : 노면상 3.5[m] 이상**
 (단, 절연전선 사용 시 3[m] 이상)
4) 기타 : 지표면상 5[m] 이상
 (교통이 번잡하지 않은 장소)
5) 다리하부 : 저압의 전기철도용 급전선은 지표상 3.5[m]까지 감할 수 있음

[답] ④

18 특고압 전선로에 접속하는 배전용변압기를 시설할 때 변압기의 1차 전압은 몇 [kV] 이하이어야 하는가? (단, 발전소, 변전소, 개폐소 또는 이에 준하는 곳은 제외)

① 30　② 35　③ 40　④ 45

해설 ★

- KEC 341.2 특고압 배전용 변압기의 시설
1) 특고압 전선에 특고압 절연전선 또는 케이블을 사용할 것
2) **변압기의 1차 전압은 35[kV] 이하, 2차 전압은 저압 또는 고압일 것**
3) 변압기의 특고압 측에 개폐기 및 과전류차단기를 시설할 것
4) 변압기의 2차 전압이 고압인 경우에는 고압 측에 개폐기를 시설하고 또한 쉽게 개폐할 수 있도록 할 것

[답] ②

19 다음 중 전선로의 종류가 아닌 것은?

① 공간 전선로　② 수상 전선로
③ 옥측 전선로　④ 옥상 전선로

해설 ★★★★★

- 전기설비 기술기준 제 3 조(정의)
『전선로』란 발전소, 변전소, 개폐소 이에 준하는 곳, 전기사용장소 상호 간의 전선 및 이를 지지하거나 수용하는 시설물을 말한다. 전선로의 종류는 가공전선로, 옥측 전선로, 옥상 전선로, 지중 전선로, 터널 내 전선로, 수상 전선로, 수저 전선로가 있다.

[답] ①

20 교통신호등 회로의 사용전압은 몇 [V] 이하이어야 하는가?

① 110　② 220
③ 300　④ 380

해설 ★★

- KEC 234.15 교통신호등
1) **교통신호등 제어장치의 2차 측 배선의 최대사용전압은 300[V] 이하일 것**
2) 교통신호등 회로의 인하선은 전선의 지표상의 높이 2.5[m] 이상일 것
3) 교통신호등의 제어장치의 금속 제외함 및 신호등을 지지하는 철주에는 접지시스템의 규정에 준하여 접지공사를 할 것
4) 한국전기설비규정은 접지공사의 종별을 구분하지 않음

[답] ③

2015년 기출문제

제 1 회 전기(공사)산업기사 필기시험

1 저압 전로에서 그 전로에 지락이 생겼을 경우 0.5초 이내에 자동적으로 전로를 차단하는 장치를 시설하는 경우에는 제3종 접지공사의 접지저항 값을 몇 [Ω]까지 허용할 수 있는가? (단, 자동차단기의 정격감도전류는 30[mA]이다.) ※삭제※

① 10 ② 100
③ 300 ④ 500

해 설

※ [한국전기설비규정(KEC) 규정 변경으로 문제 삭제]

추가학습 자료

- KEC 211.2 전원의 자동차단에 의한 보호대책_(누전차단기의 시설)
1) 보호장치의 특성과 회로의 임피던스 충족 조건
   : $Z_s \times I_a \leq U_0[V]$
2) 금속제 외함을 가지는 사용전압이 50[V]를 초과하는 저압의 기계기구로서 사람이 쉽게 접촉할 우려가 있는 곳에 누전차단기 설치
3) 인체감전보호용 누전차단기 :
   정격감도전류 30[mA], 동작시간 0.03[초] 이하 전류동작형

2 애자 사용 공사에 의한 저압 옥내배선을 시설할 때 전선 상호 간의 간격은 몇 [cm] 이상이어야 하는가?

① 2 ② 4 ③ 6 ④ 8

해 설 ★★★★★

- KEC 232.56 애자공사

저압 옥내배선으로 절연전선을 애자 사용 공사에 의해서 점검할 수 있는 은폐장소에 시설하는 경우 **전선 상호 간의 간격은 0.06[m] 이상 시설할 것**

[답] ③

3 "지중관로"에 대한 정의로 옳은 것은?

① 지중 전선로, 지중 약전류 전선로와 지중 매설지선 등을 말한다.
② 지중 전선로, 지중 약전류 전선로와 복합 케이블 선로, 기타 이와 유사한 것 이들에 부속하는 지중함을 말한다.
③ 지중 전선로, 지중 약전류 전선로, 지중에 시설하는 수관 및 가스관과 지중 매설지선을 말한다.
④ 지중 전선로, 지중 약전류 전선로, 지중 광섬유 케이블 선로, 지중에 시설하는 수관 및 가스관과 이와 유사한 것 및 이들에 부속하는 지중함 등을 말한다.

해 설 ★★★★★

- KEC 112 용어 정의

『지중관로』란 지중 전선로, 지중 약전류 전선로, 지중 광섬유 케이블 선로, 지중에 시설하는 수관 및 가스관과 이와 유사한 것 및 이들에 부속하는 지중함 등을 말한다.

[답] ④

4 고압 가공전선에 케이블을 사용하는 경우의 조가용선 및 케이블의 피복에 사용하는 금속체는 몇 종 접지공사를 하여야 하는가?

① 제1종 접지공사 ❖삭제❖
② 제2종 접지공사
③ 제3종 접지공사
④ 특별 제3종 접지공사

해 설

※ [한국전기설비규정(KEC) 규정 변경으로 문제 삭제]

추가학습 자료

- KEC 332.2 가공케이블의 시설
1) 케이블은 조가용선에 행거로 시설할 것, 고압인 경우 행거의 간격을 0.5[m] 이하일 것
2) 조가용선은 인장강도 5.93[kN] 이상의 것 또는 단면적 22[mm²] 이상인 아연도강연선일 것
3) 조가용선 및 케이블의 피복에 사용하는 금속체에는 접지공사를 할 것
4) 조가용선의 케이블에 접촉시켜 금속 테이프를 감는 경우에는 0.2[m] 이하의 간격을 유지하며 나선상으로 감을 것
5) 한국전기설비규정은 접지공사의 종별을 구분하지 않음

5 방전등용 안정기로부터 방전관까지의 전로를 무엇이라 하는가?

① 가섭선 ② 가공인입
③ 관등회로 ④ 지중관로

해 설 ★★★★★

- KEC 112 용어 정의

『관등회로』란 방전등용 안전기로부터 방전관까지의 전로를 말한다.

[답] ③

6 345[kV]의 송전선을 사람이 쉽게 들어갈 수 없는 산지에 시설하는 경우 전선의 지표상 높이는 최소 몇 [m] 이상이어야 하는가?

① 7.28　　② 8.28
③ 7.85　　④ 8.85

> **해 설** ★★★
> - KEC 333.7 특고압 가공전선의 높이
> 1) 특고압 가공전선이 사람이 쉽게 들어갈 수 없는 산지에 시설하는 경우
>   **사용전압 35[kV] 초과 160[kV] 이하인 경우** 지표상의 높이는 5[m], 사용전압 160[kV] 초과하는 경우 **10[kV] 단수마다 0.12[m]를 더한 값일 것**
> 2) 단수계산 = (345 - 160) / 10
>   = 18.5 → 19 (소수점 이하 절상)
> 3) 지표상의 높이 = 5 + 19 × 0.12
>   = 7.28[m]
>
> [답] ①

7 전기설비기술기준에서 정하는 15[kV] 이상 25[kV] 미만인 특고압 가공전선과 그 지지물, 완금류, 지주 또는 지선 사이의 이격거리는 몇 [cm] 이상이어야 하는가?

① 20　② 25　③ 30　④ 40

> **해 설** ★
> - KEC 333.5 특고압 가공전선과 지지물 등의 이격거리
> **사용전압이 15[kV] 이상 25[kV] 미만인 경우** 특고압 가공전선과 그 지지물, 완금류, 지주 또는 지선 사이의 **이격거리는 0.2[m] 이상일 것**
>
> [답] ①

8 고압 지중케이블로서 직접 매설식에 의하여 콘크리트제 기타 견고한 관 또는 트라프에 넣지 않고 부설할 수 있는 케이블은?

① 비닐 외장 케이블
② 고무 외장 케이블
③ 클로로프렌 외장 케이블
④ 콤바인 덕트 케이블

> **해 설** ★★★★★
> - KEC 334.1 지중 전선로의 시설
> 1) 지중 전선로를 직접 매설식에 의하여 시설하는 경우에는 매설 깊이를 차량 기타 중량물의 압력을 받을 우려가 있는 장소에는 1.0[m] 이상, 기타 장소에는 0.6[m] 이상으로 하고 또한 지중전선을 견고한 트라프 기타 방호물에 넣어 시설할 것
> 2) 견고한 트라프 기타 방호물에 넣지 않고 시공할 수 있는 케이블은 **콤바인덕트 케이블** 또는 **규정된 개장한 케이블**이어야 할 것
>
> [답] ④

9 관, 암거 기타 지중전선을 넣은 방호장치의 금속제 부분 및 지중전선의 피복으로 사용하는 금속체에는 몇 종 접지공사를 하여야 하는가?

① 제1종 접지공사
② 제2종 접지공사
③ 제3종 접지공사
④ 특별 제3종 접지공사

> **해 설** ★★★★★
> ※ [한국전기설비규정(KEC) 규정 변경으로 문제 보기 삭제]
> - KEC 334.4 지중전선의 피복금속체의 접지
> 1) 관, 암거, 기타 지중전선을 넣은 방호장치의 금속제 부분, 금속제의 저선 접속함 및 지중전선의 피복으로 사용하는 금속체에는 접지공사를 시행할 것
> 2) 한국전기설비규정은 접지공사의 종별을 구분하지 않음
>
> [답] 정답 없음

10 전기 울타리의 시설에 관한 설명으로 틀린 것은?

① 전원장치에 전기를 공급하는 전로의 사용전압은 600[V] 이하이어야 한다.
② 사람이 쉽게 출입하지 아니하는 곳에 시설한다.
③ 전선은 지름 2[mm] 이상의 경동선을 사용한다.
④ 수목 사이의 이격거리는 30[cm] 이상이어야 한다.

> **해 설** ★
>
> - KEC 241.1.3 전기울타리의 시설
> 1) 전원장치에 전원을 공급하는 전로의 사용전압은 250[V] 이하일 것
> 2) 전기울타리는 사람이 쉽게 출입하지 아니하는 곳에 시설할 것
> 3) 전선은 인장강도 1.38[kN] 이상의 것 또는 지름 2[mm] 이상의 경동선일 것
> 4) 전선과 이를 지지하는 기둥 사이의 이격거리는 25[mm] 이상일 것
> 5) 전선과 다른 시설물(가공 전선을 제외한다) 또는 수목과의 이격거리는 0.3[m] 이상일 것
>
> [답] ①

11 전선의 접속법을 열거한 것 중 틀린 것은?

① 전선의 세기를 30[%] 이상 감소시키지 않는다.
② 접속 부분을 절연 전선의 절연물과 동등 이상의 절연 효력이 있도록 충분히 피복한다.
③ 접속 부분은 접속관 기타의 기구를 사용한다.
④ 알루미늄 도체의 전선과 동 도체의 전선을 접속할 때에는 전기적 부식이 생기지 않도록 한다.

> **해 설** ★★★
>
> - KEC 123 전선의 접속
> 1) 전선의 전기저항을 증가시키지 않을 것
> 2) **전선의 세기(인장 하중)를 20[%] 이상 감소시키지 아니할 것**
> 3) 접속부분을 그 부분의 절연전선의 절연물과 동등 이상의 절연성능이 있는 것으로 충분히 피복할 것
> 4) 전기화학적 성질이 다른 도체를 접속하는 경우에는 접속부분에 전기적 부식이 생기지 않도록 할 것
> 5) 병렬로 사용하는 각 전선의 굵기는 동선 50[mm^2] 이상 또는 알루미늄 70[mm^2] 이상으로 하고, 전선은 같은 도체, 같은 재료, 같은 길이 및 같은 굵기의 것을 사용할 것
>
> [답] ①

12 가공전선로의 지지물에 하중이 가하여지는 경우에 그 하중을 받는 지지물의 기초의 안전율은 일반적인 경우 얼마 이상이어야 하는가?

① 1.2 ② 1.5 ③ 1.8 ④ 2

> **해 설** ★★★★★
>
> - KEC 331.7 가공전선로 지지물의 기초의 안전율
> 가공전선로의 지지물에 하중이 가하여지는 경우에 그 하중을 받는 **지지물의 기초의 안전율은 2 이상**이어야 하며, 철탑의 기초에 대하여는 1.33 이상일 것
>
> [답] ④

13 소맥분, 전분 기타의 가연성 분진이 존재하는 곳의 저압 옥내배선으로 적합하지 않은 공사방법은?

① 케이블 공사
② 두께 2[mm] 이상의 합성수지관 공사
③ 금속관 공사
④ 가요전선관 공사

해설 ★★★

- KEC 242.2 분진 위험장소
가연성 분진(소맥분, 전분, 유황 기타 가연성 먼지) 에서의 저압 옥내배선 등은 **합성수지관 공사, 금속관 공사 또는 케이블 공사**에 의할 것

[답] ④

14 도로에 시설하는 가공 직류 전차 선로의 경간은 몇 ❖삭제❖

① 30　② 60　③ 80　④ 100

해설

※ [한국전기설비규정(KEC) 규정 변경으로 문제 삭제]

15 도로, 주차장 또는 조영물의 조영재에 고정하여 시설하는 전열장치의 발열선에 공급하는 전로의 대지전압은 몇 [V] 이하이어야 하는가?

① 30　　　② 60
③ 220　　④ 300

해설 ★

- KEC 241.12 도로 등의 전열장치
발열선을 도로, 주차장 또는 조영물의 조영재에 고정시켜 시설하는 경우 발열선에 전기를 공급하는 **전로의 대지 전압은 300[V] 이하일 것**

[답] ④

16 철근 콘크리트주로서 전장이 15[m]이고, 설계하중이 7.8[kN]이다. 이 지지물을 논, 기타 지반이 약한 곳 이외에 기초 안전율의 고려 없이 시설하는 경우에 그 묻히는 깊이는 기준보다 몇 [cm]를 가산하여 시설하여야 하는가?

① 10　② 30　③ 50　④ 70

해설 ★★★★★

- KEC 331.7 가공전선로 지지물의 기초의 안전율
철근 콘크리트주로서 전체의 길이가 **14[m] 이상 20[m] 이하**이고, **설계하중 6.8[kN] 초과 9.8[kN] 이하**의 것을 논이나 그 밖의 지반이 연약한 곳, 이외에 시설하는 경우 그 묻히는 깊이는 **기준(전장의 1/6)보다 30[cm]을 가산하여 시설할 것**

[답] ②

17 66[kV]에 사용되는 변압기를 취급자 이외의 자가 들어가지 않도록 적당한 울타리·담 등을 설치하여 시설하는 경우 울타리·담 등의 높이와 울타리·담 등으로부터 충전부분까지의 거리의 합계는 최소 몇 [m] 이상으로 하여야 하는가?

① 5　② 6　③ 8　④ 10

해설 ★

- KEC 341.4 특고압용 기계기구의 시설
1) 울타리·담 등의 높이는 2[m] 이상으로 할 것
2) 지표면과 울타리·담 등의 하단 사이의 간격은 15[cm] 이하로 할 것
3) **사용전압이 35[kV] 초과 160[kV] 이하** 울타리의 높이와 울타리로부터 충전 부분까지의 **거리의 합계 또는 지표상의 높이는 6[m] 이상일 것**

[답] ②

18 가공 전선로에 사용하는 지지물의 강도 계산에 적용하는 병종풍압하중은 갑종풍압하중의 몇 [%]를 기초로 하여 계산한 것인가?

① 30　② 50　③ 80　④ 110

해 설 ★★★★★

- KEC 331.6 풍압하중의 종별과 적용

가공전선로에 사용하는 지지물의 강도계산에 적용하는 **병종 풍압하중은 갑종 풍압하중의 50[%]을 기초로 하여 계산할 것**

[답] ②

19 저압옥내배선에서 시행하는 공사 내용 중 틀린 것은?

① 합성수지몰드 공사에서는 절연전선을 사용한다.
② 합성수지관 안에서는 접속점이 없어야 한다.
③ 가요전선관은 2종 금속제 가요전선관이어야 한다.
④ 사용전압이 400[V] 이상인 금속관에는 접지공사를 한다.

해 설 ★★★★★

※ [한국전기설비규정(KEC) 규정 변경으로 문제 보기 변경]

- KEC 232.12 금속관 공사

1) 연선 : 절연전선(옥외용 비닐 절연전선(OW)은 제외)
2) 단선 : 단면적 10[mm^2](알루미늄선은 단면적 16[mm^2]) 이하(짧고 가는 관에 넣은 경우)
3) 콘크리트에 매설하는 금속관은 1.2[mm] 이상
4) **관에는 감전에 대한 보호와 접지시스템에 준하여 접지공사를 할 것**
5) 관의 끝부분에는 전선의 피복을 손상하지 아니하도록 적당한 구조의 부싱을 사용할 것

[답] 정답 없음

20 케이블 트레이 공사에 사용하는 케이블 트레이의 최소 안전율은?

① 1.5　② 1.8　③ 2.0　④ 3.0

해 설 ★★★★★

- KEC 232.41 케이블 트레이 공사

1) 케이블 트레이의 종류 : 사다리형, 펀칭형, 메시형, 바닥 밀폐형
2) 전선 : 연피 케이블, 알루미늄피 케이블 등 난연성 케이블, 기타 케이블 또는 금속관 혹은 합성수지관 등에 넣은 절연전선
3) 케이블 트레이 안에서 전선을 접속하는 경우에는 전선 접속부분에 사람이 접근할 수 있고 또한 그 부분이 측면 레일 위로 나오지 않도록 하고 그 부분을 절연 처리할 것
4) **케이블 트레이의 안전율은 1.5 이상일 것**
5) 전선의 피복 등을 손상시킬 돌기 등이 없이 매끈하여야 할 것
6) 비금속제 케이블 트레이는 난연성 재료일 것
7) 감전에 대한 보호 및 접지시스템 규정에 따라 접지공사를 할 것

[답] ①

제2회 전기(공사)산업기사 필기시험

1 변압기로서 특고압과 결합되는 고압 전로의 혼촉에 의한 위험방지 시설은?

① 프라이머리 컷 아웃 스위치
② 제2종 접지공사
③ 퓨즈
④ 사용전압의 3배의 전압에서 방전하는 방전장치

해 설 ★★★

※ [한국전기설비규정(KEC) 규정 변경으로 문제 보기 삭제]
- KEC 322.3 특고압과 고압의 혼촉 등에 의한 위험방지 시설

변압기에 의하여 특고압 전로에 결합되는 고압 전로에는 **사용전압의 3배 이하인 전압**이 가하여진 경우에 **방전하는 장치**를 그 변압기의 단자에 가까운 1극에 설치하고 접지공사 할 것

[답] ④

2 특고압 가공전선로에서 양측의 경간의 차가 큰 곳에 사용하는 철탑의 종류는?

① 내장형 ② 직선형
③ 인류형 ④ 보강형

해 설 ★★★

- KEC 333.11 특고압 가공전선로의 철주, 철근 콘크리트주 또는 철탑의 종류
1) **내장형** : 전선로의 지지물 양쪽의 경간의 차가 큰 곳에 사용하는 것
2) 직선형 : 전선로의 직선부분(3도 이하인 수평각도를 이루는 곳을 포함한다)에 사용하는 것
3) 각도형 : 전선로 중 3도를 초과하는 수평각도를 이루는 곳에 사용하는 것

[답] ①

3 발전기, 변압기, 조상기, 모선 또는 이를 지지하는 애자는 단락전류에 의하여 생기는 어느 충격에 견디어야 하는가?

① 기계적 충격
② 철손에 의한 충격
③ 동손에 의한 충격
④ 표류부하손에 의한 충격

해 설 ★

- 전기설비 기술기준 제 23 조(발전기 등의 기계적 강도)
발전기, 변압기, 조상기, 계기용 변성기, 모선 및 이를 지지하는 애자는 **단락전류에 의하여 생기는 기계적 충격에 견디는 것**

[답] ①

4 옥내에 시설하는 저압 전선으로 나전선을 사용할 수 있는 배선공사는?

① 합성 수지관 공사
② 금속관 공사
③ 버스 덕트 공사
④ 플로어 덕트 공사

해 설 ★★★★★

- KEC 231.4 나전선의 사용 제한
옥내에 시설하는 저압전선으로 **나전선**을 사용할 수 있는 공사는 애자사용공사, **버스 덕트공사**, 라이팅 덕트 공사 및 **접촉전선**을 시설하는 경우

[답] ③

5 금속제 수도관로 또는 철골, 기타의 금속제를 접지극으로 사용한 제1종 또는 제2종 접지공사의 접지선 시설방법은 어느 것에 준하여 시설하여야 하는가?

① 애자 사용 공사 ② 금속 몰드 공사
③ 금속관 공사   ④ 케이블 공사

해 설

※ [한국전기설비규정(KEC) 규정 변경으로 문제 삭제]

6 22[kV] 전선로의 절연내력시험은 전로와 대지 간에 시험전압을 연속하여 몇 분간 가하여 시험하게 되는가?

① 2   ② 4   ③ 8   ④ 10

해 설 ★★★★★

- KEC 132 전로의 절연저항 및 절연내력

최대 사용전압에 배수를 곱하고 그 값의 시험전압으로 전로와 대지 사이 **10분간 견딜 것**

[답] ④

7 저압 옥내배선을 케이블 트레이 공사로 시설하려고 한다. 틀린 것은?

① 저압케이블과 고압케이블은 동일 케이블 트레이 내에 시설하여서는 아니 된다.
② 케이블 트레이 내에서는 전선을 접속하여서는 아니 된다.
③ 수평으로 포설하는 케이블 이외의 케이블은 케이블 트레이의 가로대에 견고하게 고정시킨다.
④ 절연전선을 금속관에 넣으면 케이블 트레이 공사에 사용할 수 있다.

해 설 ★★★★★

- KEC 232.41 케이블 트레이 공사

1) 케이블 트레이의 종류 : 사다리형, 펀칭형, 메시형, 바닥 밀폐형
2) 전선 : 연피 케이블, 알루미늄피 케이블 등 난연성 케이블, 기타 케이블 또는 금속관 혹은 합성수지관 등에 넣은 절연전선
3) 케이블 트레이 안에서 전선을 접속하는 경우에는 전선 접속부분에 사람이 접근할 수 있고 또한 그 부분이 측면 레일 위로 나오지 않도록 하고 그 부분을 절연 처리할 것
4) 케이블 트레이의 안전율은 1.5 이상일 것
5) 전선의 피복 등을 손상시킬 돌기 등이 없이 매끈하여야 할 것
6) 비금속제 케이블 트레이는 난연성 재료일 것
7) 감전에 대한 보호 및 접지시스템 규정에 따라 접지공사를 할 것

[답] ②

8 건조한 장소에 시설하는 애자 사용 공사로서 사용전압이 440[V]인 경우 전선과 조영재와의 이격거리는 최소 몇 [cm] 이상이어야 하는가?

① 2.5 ② 3.5 ③ 4.5 ④ 5.5

해 설 ★★★★★

- KEC 232.56 애자공사
  전선과 조영재 사이의 이격거리는 사용 전압이 400[V] 미만 경우에는 2.5[cm] 이상, 400[V] 이상인 경우 건조한 장소 2.5[cm], 습기가 많은 장소 4.5[cm] 이상일 것

[답] ①

9 가공전선로의 지지물에 지선을 시설할 때 옳은 방법은?

① 지선의 안전율을 2.0으로 하였다.
② 소선은 최소 2가닥 이상의 연선을 사용하였다.
③ 지중의 부분 및 지표상 20[cm]까지의 부분은 아연도금 철봉 등 내부식성 재료를 사용하였다.
④ 도로를 횡단하는 곳의 지선의 높이는 지표상 5[m]로 하였다.

해 설 ★★★★★

- KEC 331.11 지선의 시설
  가공전선로의 지지물에 시설하는 지선
  1) 지선의 안전율은 2.5 이상, 허용 인장하중의 최저 4.31[kN] 이상
  2) 지선에 연선을 사용하는 경우
     - 소선 3가닥 이상의 연선일 것
     - 소선의 지름이 2.6[mm] 이상의 금속선을 사용한 것일 것
     - 아연도강연선 : 소선 지름이 2[mm] 이상, 인장강도가 0.68[kN/mm²] 이상
  3) 지중부분 및 지표상 0.3[m]까지의 부분에는 내식성이 있는 것 또는 아연도금을 한 철봉을 사용하고 쉽게 부식되지 아니하는 근가에 견고하게 붙일 것. 다만, 목주에 시설하는 지선에 대해서는 그러하지 아니하다.
  4) 지선근가는 지선의 인장하중에 충분히 견디도록 시설할 것
  5) 도로를 횡단하는 곳의 지선의 높이는 지표상 5[m] 이상일 것

[답] ④

10 교통신호등의 시설공사를 다음과 같이 하였을 때 틀린 것은?

① 전선은 450/750[V] 일반용 단심 비닐 절연전선을 사용하였다.
② 신호등의 인하선은 지표상 2.5[m]로 하였다.
③ 사용전압을 300[V] 이하로 하였다.
④ 제어장치의 금속제 외함은 특별 제3종 접지공사를 하였다.

해설 ★★

※ [한국전기설비규정(KEC) 규정 변경으로 문제 보기 삭제]

- KEC 234.15 교통신호등
1) 교통신호등 제어장치의 2차 측 배선의 최대사용전압은 300[V] 이하일 것
2) 교통신호등 회로의 인하선은 전선의 지표상의 높이 2.5[m] 이상일 것
3) 교통신호등의 제어장치의 금속 제외함 및 신호등을 지지하는 철주에는 접지시스템의 규정에 준하여 접지공사를 할 것
4) 한국전기설비규정은 접지공사의 종별을 구분하지 않음

[답] 정답 없음

11 전로의 절연원칙에 따라 반드시 절연하여야 하는 것은?

① 수용장소의 인입구 접지점
② 고압과 특별고압 및 저압과의 혼촉 위험 방지를 한 경우 접지점
③ 저압 가공전선로의 접지 측 전선
④ 시험용 변압기

해설 ★★

- KEC 131 전로의 절연 원칙(전로 절연 제외 대상)
1) 저압 전로에 접지공사를 하는 경우의 접지점
2) 전로의 중성점에 접지공사를 하는 경우의 접지점
3) 계기용 변성기의 2차 측 전로에 접지공사를 하는 경우의 접지점
4) 중성점이 접지된 특고압 가공선로의 중성선에 25[kV] 이하인 특고압 가공전선로의 시설에 따라 다중 접지를 하는 경우의 접지점
5) 단선식 전기 철도의 귀선 등 전로의 일부를 대지로부터 절연하지 아니하고 전기를 사용하는 것이 부득이한 것
6) 전기욕기(욕탕), 전기로, 전기보일러, 전해조 등 대지로부터 절연하는 것이 기술상 곤란한 것

[답] ③

12 발전기의 용량에 관계없이 자동적으로 이를 전로로부터 차단하는 장치를 시설하여야 하는 경우는?

① 과전류 인입
② 베어링 과열
③ 발전기 내부 고장
④ 유압의 과팽창

해설 ★★★

- KEC 351.3 발전기 등의 보호장치
발전기의 용량에 관계없이 과전류나 과전압이 발생한 경우에 자동적으로 이를 전로로부터 차단하는 장치를 시설할 것

[답] ①

13 방직공장의 구내 도로에 220[V] 조명등용 가공전선로를 시설하고자 한다. 전선로의 경간은 몇 [m] 이하이어야 하는가?

① 20 ② 30 ③ 40 ④ 50

> **해 설** ★
> - KEC 222.23 구내에 시설하는 저압 가공전선로
>   구내에 시설하는 저압 가공전선로의 경간은 30[m] 이하일 것
>
> [답] ②

14 옥외 백열전등의 인하선으로 공칭단면적 2.5[mm²] 이상의 연동선과 동등 이상의 세기 및 굵기의 절연전선을 사용해야 하는 지표상의 높이는 **삭제** [m] 미만인가?

① 2.5 ② 3
③ 3.5 ④ 4

> **해 설**
> ※ [한국전기설비규정(KEC) 규정 변경으로 문제 삭제]

15 345[kV] 가공 송전선로를 제1종 특고압 보안공사에 의할 때 사용되는 경동연선의 굵기는 몇 [mm²] 이상이어야 하는가?

① 150 ② 200
③ 250 ④ 300

> **해 설** ★★★★★
> - KEC 333.22 특고압 보안공사
>   사용전압 300[kV] 이상 제1종 특고압 보안공사의 전선은 인장강도 77.47[kV] 이상의 연선 또는 **단면적 200[mm²] 이상의 경동연선을 사용할 것**
>
> [답] ②

16 금속관공사에 의한 저압옥내배선 시설방법으로 틀린 것은?

① 전선의 절연전선일 것
② 전선은 연선일 것
③ 관의 두께는 콘크리트에 매설 시 1.2[mm] 이상일 것
④ 사용전압이 400[V] 이상인 관에는 접지공사를 할 것

> **해 설** ★★★★★
> ※ [한국전기설비규정(KEC) 규정 변경으로 문제 보기 변경]
> - KEC 232.12 금속관공사
> 1) 연선 : 절연전선(옥외용 비닐 절연전선(OW)은 제외)
> 2) 단선 : 단면적 10[mm²](알루미늄선은 단면적 16[mm²]) 이하(짧고 가는 관에 넣은 경우)
> 3) 콘크리트에 매설하는 금속관은 1.2[mm] 이상
> 4) **관에는 감전에 대한 보호와 접지시스템에 준하여 접지공사를 할 것**
> 5) 관의 끝부분에는 전선의 피복을 손상하지 아니하도록 적당한 구조의 부싱을 사용할 것
>
> [답] 정답 없음

17 한 수용장소의 인입선에서 분기하여 지지물을 거치지 않고 다른 수용장소의 인입구에 이르는 부분의 전선을 무엇이라고 하는가?

① 가공인입선 ② 인입선
③ 연접인입선 ④ 옥측배선

> **해 설** ★★★★★
> - 전기설비 기술기준 제 3 조(정의)
>   『**연접인입선**』이란 한 수용장소의 인입선에서 분기하여 지지물을 거치지 않고 다른 수용장소의 인입구에 이르는 부분의 전선을 말한다.
>
> [답] ③

18 중량물이 통과하는 장소에 비닐 외장 케이블을 직접 매설식으로 시설하는 경우 매설 깊이는 몇 [m] 이상이어야 하는가?

① 0.8 ② 1.0 ③ 1.2 ④ 1.5

해설 ★★★★★

- KEC 334.1 지중 전선로의 시설
1) 지중 전선로를 직접 매설식에 의하여 시설하는 경우에는 매설 깊이를 차량 **기타 중량물의 압력**을 받을 우려가 있는 장소에는 **1.0[m] 이상**, 기타 장소에는 0.6[m] 이상으로 하고 또한 지중전선을 견고한 트라프 기타 방호물에 넣어 시설할 것
2) 견고한 트라프 기타 방호물에 넣지 않고 시공할 수 있는 케이블은 콤바인덕트 케이블 또는 규정된 개장된 케이블이어야 할 것

[답] ②

19 특고압 가공전선이 다른 특고압 가공전선과 교차하여 시설하는 경우는 제 몇 종 특고압 보안공사에 의하여야 하는가?

① 1종 ② 2종 ③ 3종 ④ 4종

해설 ★★

- KEC 333.27 특고압 가공전선 상호 간의 접근 또는 교차
특고압 가공전선이 다른 특고압 가공전선과 교차하여 시설하는 경우 제3종 특고압 보안공사에 의할 것

[답] ③

20 특고압 전로와 저압 전로를 결합하는 변압기 저압 측의 중성점에 제2종 접지공사를 토지의 상황 때문에 변압기의 시설장소마다 하기 어려워서 가공접지선을 시설하려고 한다. 이때 가공 접지선으로 경동선을 사용한다면 그 최소 굵기는 몇 [mm]인가?

① 3.2 ② 4
③ 4.5 ④ 5

해설 ★★★★★

※ [한국전기설비규정(KEC) 규정 변경으로 문제 변경]
- KEC 322.1 고압 또는 특고압과 저압의 혼촉에 의한 위험방지 시설
1) 고압 전로 또는 특고압 전로와 저압 전로를 결합하는 변압기의 저압측의 중성점에는 변압기 중성점 접지공사를 할 것
2) 접지공사는 변압기 시설장소마다 시행할 것
3) 가공공동지선은 인장강도 5.26[kN] 이상 또는 지름 4[mm] 이상의 경동선을 사용하며, 변압기의 시설장소로부터 200[m]까지 떼어놓을 수 있음

[답] ②

제4회 전기공사산업기사 필기시험

1 변압기 전로에서 최대 사용전압이 8,000[V]인 권선으로서 중성점 접지식 전로(중성선을 가지는 것으로서 그 중성선에 다중접지를 하는 것에 한한다.)에 접속하는 것의 시험전압은 최대 사용전압의 몇 배인가?

① 0.92 ② 1.1
③ 1.25 ④ 1.5

해 설 ★★★★★

- KEC 135 변압기 전로의 절연내력
최대 사용전압 25[kV] 이하 중성점 다중접지식 전로의 절연내력 시험전압은 최대 사용전압의 0.92배일 것

[답] ①

2 60[kV] 특별 고압 가공 전선로를 시가지 등에 시설하는 경우 전선의 지표상 최소 높이는 약 몇 [m]인가?

① 8   ② 8.36
③ 10.12 ④ 10.36

해 설 ★★★★★

- KEC 333.1 시가지 등에서 특고압 가공전선로의 시설
1) 사용전압 35[kV] 이하인 경우 지표상의 높이는 10[m], 사용전압 35[kV] 초과하는 경우 10[kV] 단수마다 0.12[m]를 더한 값일 것
2) 단수계산 = (60 - 35)/10 = 2.5 → 3 (소수점 이하 절상)
3) 지표상의 높이 = 10 + 3 × 0.12 = 10.36[m]

[답] ④

3 고압 지중전선이 지중 약전류전선 등과 접근하거나 교차하는 경우에 상호의 이격거리가 몇 [cm] 이하인 때에는 두 전선이 직접 접촉하지 아니하도록 하여야 하는가?

① 15 ② 20 ③ 30 ④ 40

해 설 ★★★

- KEC 334.6 지중전선과 지중약전류전선 등 또는 관과의 접근 또는 교차
1) 상호 간의 이격거리가 저압 또는 고압의 지중전선은 0.3[m] 이하, 특고압 지중전선은 0.6[m] 이하인 때에는 지중전선과 지중 약전류전선 등 사이에 견고한 내화성의 격벽을 설치할 것
2) 내화성의 격벽을 설치하지 않는 경우 지중전선을 견고한 불연성 또는 난연성의 관에 넣어 그 관이 지중 약전류전선 등과 직접 접촉하지 아니하도록 시설할 것

[답] ③

4 154,000[V] 특별고압 가공전선로를 시가지에 위험의 우려가 없도록 시설하는 경우, 지지물로 A종 철주를 사용한다면 경간은 최대 몇 [m] 이하인가?

① 50   ② 75
③ 150 ④ 200

해 설 ★★★★★

- KEC 333.1 시가지 등에서 특고압 가공전선로의 시설
시가지 등에서 170[kV] 이하 특고압 가공전선로의 지지물 중 A종 철주 또는 A종 철근 콘크리트주를 사용할 경우 표준경간은 75[m] 이하일 것

[답] ②

5 사용전압이 35,000[V] 이하인 특별고압 가공전선이 건조물과 제2차 접근상태로 시설되는 경우, 특별고압 가공전선로의 보안공사는?

① 고압보안공사
② 제1종 특고압 보안공사
③ 제2종 특고압 보안공사
④ 제3종 특고압 보안공사

해설 ★★★

- KEC 333.23 특고압 가공전선과 건조물의 접근
1) 제1차 접근상태 : 제3종 특고압 보안공사
2) 제2차 접근상태
   - 35[kV] 이하 : 제2종 특고압 보안공사
   - 35[kV] 초과 400[kV] 미만 : 제1종 특고압 보안공사

[답] ③

6 고압 전로와 비접지식 저압 전로를 결합하는 변압기로 금속제의 혼촉방지판이 있고, 또한 그 혼촉방지판에 접지 공사를 한 것에 접촉하는 저압 전선을 옥외에 시설할 때 저압 가공 전선로의 전선으로 사용할 수 있는 것은?

① 케이블
② 다심형 전선
③ 600[V] 비닐 절연 전선
④ 옥외용 비닐 절연 전선

해설 ★★

※ [한국전기설비규정(KEC) 규정 변경으로 문제 변경]

- KEC 322.2 혼촉방지판이 있는 변압기에 접속하는 저압 옥외전선의 시설 등

고압 전로 또는 특고압 전로와 비접지식의 저압 전로를 결합한 변압기로서 그 고압권선 또는 특고압 권선과 저압 권선 간에 금속제의 혼촉방지판이 있고 또한 그 혼촉방지판에 변압기 중성점 접지공사를 한 것에 접속하는 저압 전선을 옥외에 시설할 경우
1) 저압전선은 1구 내에만 시설할 것
2) **저압 가공전선로 또는 저압 옥상전선로의 전선은 케이블일 것**
3) 저압 가공전선과 고압 또는 특고압의 가공전선을 동일 지지물에 시설하지 아니할 것
4) 계산된 접지저항 값이 10[Ω]을 넘는 경우 10[Ω] 이하로 할 것

[답] ①

7 출퇴표시등 회로에 전기를 공급하기 위한 변압기는 1차측 전로의 대지전압이 (가) [V] 이하, 2차측 전로의 사용전압이 (나)[V] 이하인 절연변압기를 사용하여야 한다. (가)와 (나)에 알맞은 것은?

① 300, 40
② 300, 60
③ 400, 40
④ 400, 60

해 설 ★★

- KEC 241.14 소세력 회로
1) 전자 개폐기의 조작회로 또는 초인벨, 경보벨 등에 접속하는 전로로서 **최대 사용전압이 60[V] 이하**일 것
2) 소세력 회로에 전기를 공급하기 위한 절연변압기의 사용전압은 **대지전압 300[V] 이하**일 것

[답] ②

8 특고압용 제2종 보안장치 또는 이에 준하는 보안장치 등이 되어 있지 않은 25[kV] 이하인 특고압 가공전선로의 지지물에 시설하는 통신선 또는 이에 직접 접속하는 통신선으로 사용할 수 있는 것은?

① 지름 2[mm]의 인장강도 8.0[kN]의 경동선
② 지름 2.6[mm] 이상의 절연전선
③ 광섬유 케이블
④ 인장강도 8.0[kN]의 연동선

해 설 ★

- KEC 362.6 25[kV] 이하인 특고압 가공전선로 첨가 통신선의 시설에 관한 특례
특고압 가공전선로의 지지물에 시설하는 통신선 또는 이에 직접 접속하는 **통신선은 광섬유 케이블**일 것

[답] ③

9 가공전선로에 사용되는 특고압 전선용의 애자장치에 대한 갑종풍압하중은 그 구성재의 수직투영면적 1[m^2]에 대한 풍압으로 몇 [Pa]를 기초로 계산하여야 하는가?

① 588
② 745
③ 660
④ 1,039

해 설 ★★★★★

- KEC 331.6 풍압하중의 종별과 적용
1) 목주, 원형(철주, 철근 콘크리트주, 철탑) : 588[Pa]
2) 기타 철근 콘크리트주 : 882[Pa]
3) 철주 강관 4각형 : 1,117[Pa]
4) 강관 구성 철탑 : 1,255[Pa]
5) **애자장치 : 1,039[Pa]**
6) 다도체 전선 : 666[Pa]

[답] ④

10 방전등용 안정기로부터 방전관까지의 전로를 무엇이라고 하는가?

① 소세력회로
② 관등회로
③ 급전선로
④ 약전류 전선로

해 설 ★★★★★

- KEC 112 용어 정의
『관등회로』란 방전등용 안전기로부터 방전관까지의 전로를 말한다.

[답] ②

11 특별고압 가공 전선로에서 철탑(단주 제외)의 경간은 몇 [m] 이하로 하여야 하는가?

① 400
② 500
③ 600
④ 700

해 설 ★★★

- KEC 333.21 특고압 가공전선로의 경간 제한
특고압 가공전선로의 지지물이 철탑인 경우 표준경간은 **600[m] 이하**일 것

[답] ③

12 발전기의 용량에 관계없이 자동적으로 이를 전로로부터 차단하는 장치를 시설하여야 하는 경우는?

① 수차 압유 장치의 유압이 현저히 저하한 경우
② 과전류가 생긴 경우
③ 스러스트 베어링의 온도가 급상승한 경우
④ 발전기의 내부에 고장이 생긴 경우

해 설 ★★★

- KEC 351.3 발전기 등의 보호장치
발전기의 용량에 관계없이 과전류나 과전압이 발생한 경우에 자동적으로 이를 전로로부터 차단하는 장치를 시설할 것

[답] ②

13 단상 2선식인 저압의 전선로 중 절연부분의 전선과 대지 간의 절연저항은 사용전압에 대한 누설전류가 최대공급전류의 몇 배를 넘지 아니하도록 유지하여야 하는가?

① $\dfrac{1}{500}$ ② $\dfrac{1}{1,000}$
③ $\dfrac{1}{1,500}$ ④ $\dfrac{1}{2,000}$

해 설 ★★★★

- 전기설비 기술기준 제27조(전선로의 전선 및 절연성능)
절연 저항값 사용전압에 대한 누설 전류가 최대 공급전류의 1/2,000을 넘지 않도록 유지할 것(다만, 단상 2선식으로 공급되는 옥내배선의 경우 1/1,000)

[답] ②

14 수소냉각식 발전기안의 수소의 순도가 몇 [%] 이하로 저하된 경우에 경보하는 장치가 시설되어야 하는가?

① 65 ② 85 ③ 95 ④ 98

해 설 ★★★★★

- KEC 351.10 수소냉각식 발전기 등의 시설
1) 발전기 내부 또는 조상기 내부의 수소의 순도가 85[%] 이하로 저하한 경우에 이를 경보하는 장치를 시설할 것
2) 발전기 내부 또는 조상기 내부의 수소의 온도를 계측하는 장치를 시설할 것

[답] ②

15 철도·궤도 또는 자동차도 전용 터널 안의 전선로의 시설 중에서 기준에 적합하지 않은 것은?

① 저압 전선으로 지름 2.0[mm]의 경동선의 절연전선을 사용하였다.
② 저압 전선으로 인장강도 2.30[kN] 이상의 절연전선을 사용하였다.
③ 저압 전선을 애자 사용 공사에 의하여 시설하고 이를 노면상 2.5[m] 이상의 높이로 유지하였다.
④ 저압 전선을 가요전선관 공사에 의하여 시설하였다.

해 설 ★★★★★

- KEC 335.1 터널 안 전선로의 시설
철도, 궤도 또는 자동차도 전용 터널 안의 전선로
1) 애자사용공사 : 2.6[mm] 이상 경동선의 절연전선(고압 4.0[mm] 이상)
2) 레일면상 또는 노면상 2.5[m] 이상의 높이로 유지할 것(고압 3.0[m] 이상)
3) 합성수지관, 금속관, 가요전선관 공사 : 케이블 배선

[답] ①

16 농사용 저압 가공전선로 시설에 대한 설명으로 틀린 것은?

① 목주의 말구 지름은 9[cm] 이상일 것
② 지름 2.6[cm] 이상의 경동선일 것
③ 지표상의 높이는 3.5[m] 이상일 것
④ 전선로의 경간은 30[m] 이하일 것

해 설 ★

- KEC 222.22 농사용 저압 가공전선로의 시설
1) 전선로의 지지점 간 거리는 30[m] 이하일 것
2) 목주의 굵기는 말구 지름이 0.09[m] 이상일 것
3) 저압 가공전선은 인장강도 1.38[kN] 이상의 것 또는 지름 2[mm] 이상의 경동선일 것

[답] ②

17 저압 옥내간선에서 분기하여 전기사용 기계기구에 이르는 저압 옥내전로는 저압 옥내간선과의 분기점에서 전선의 길이가 몇 [m] 이하인 곳에 개폐기 및 과전류차단기를 시설하여야 하는가?

① 1.5   ② 2
③ 2.5   ④ 3

해 설 ★★★★★

- KEC 212.4.2 과부하 보호장치의 설치 위치
1) 과부하 보호장치는 전로 중 도체의 단면적, 특성, 설치방법, 구성의 변경으로 도체의 허용전류 값이 줄어드는 곳(이하 분기점이라 함)에 설치할 것
2) 저압 옥내간선과의 분기점에서 전선의 길이가 3[m] 이하인 곳에 개폐기 및 과전류 차단기를 시설할 것

[답] ④

18 터널 내에 3,300[V] 전선로를 케이블 공사로 시설하려고 한다. 케이블을 조영재의 옆면 또는 아랫면에 따라 붙일 경우에 케이블의 지지점 간의 거리는 몇 [m] 이하로 하여야 하는가?

① 1   ② 1.5
③ 2   ④ 2.5

해 설 ★

- KEC 232.51 케이블 공사
전선을 조영재의 아랫면 또는 옆면에 따라 붙이는 경우 전선의 지지점 간의 거리를 케이블은 2[m](사람이 접촉할 우려가 없는 곳에서 수직으로 붙이는 경우 6[m]) 이하, 캡타이어케이블은 1[m] 이하로 하고 또한 그 피복을 손상하지 아니하도록 붙일 것

[답] ③

19 전기부식방지를 위한 귀선의 시설방법에 대한 서명으로 틀린 것은?

① 귀선은 부극성(負極性)으로 할 것
② 이음매 하나의 저항은 그 레일의 길이 5[m]의 저항에 상당한 값 이하일 것
③ 귀선용 ❖삭제❖ 곳 이외에는 길이 30[m] 이상이 되도록 연속하여 용접할 것
④ 단면적 38[mm²] 이상, 길이 60[cm] 이상의 연동연선을 사용한 본드 2개 이상을 용접함으로써 레일 용접에 갈음할 수 있을 것

해 설

※ [한국전기설비규정(KEC) 규정 변경으로 문제 삭제]

20 저압 가공전선으로 케이블을 사용하는 경우이다. 케이블을 조가용선에 행거로 시설하였을 때 사용전압이 고압인 경우에는 행거의 간격을 몇 [cm] 이하로 시설하여야 하는가?

① 30 ② 50 ③ 75 ④ 100

해 설 ★★★★★

- KEC 332.2 가공케이블의 시설
1) 케이블은 조가용선에 행거로 시설할 것, 고압인 경우 행거의 간격을 0.5[m] 이하일 것
2) 조가용선은 인장강도 5.93[kN] 이상의 것 또는 단면적 22[mm2] 이상인 아연도강연선일 것
3) 조가용선 및 케이블의 피복에 사용하는 금속체에는 접지공사를 할 것
4) 조가용선의 케이블에 접촉시켜 금속 테이프를 감는 경우에는 0.2[m] 이하의 간격을 유지하며 나선상으로 감을 것

[답] ②

2016년 기출문제

제 1 회 전기(공사)산업기사 필기시험

1 지중 전선로의 전선으로 적합한 것은?

① 케이블 ② 동복강선
③ 절연전선 ④ 나경동선

해 설 ★★★★★

- KEC 334.1 지중 전선로의 시설
  지중 전선로는 전선에 케이블을 사용하고 또한 **관로식, 암거식 또는 직접 매설식**에 의하여 시설할 것

[답] ①

2 저압 옥내배선에 사용되는 연동선의 굵기는 일반적인 경우 몇 [mm²] 이상이어야 하는가?

① 2 ② 2.5
③ 4 ④ 6

해 설 ★★★

- KEC 231.3.1 저압 옥내배선의 사용전선
1) 저압 옥내배선의 전선은 단면적 2.5[mm²] 이상의 연동선 또는 이와 동등 이상의 강도 및 굵기의 것
2) 전광표시장치 기타 이와 유사한 장치 또는 제어회로 등에 사용하는 배선을 합성수지관, 금속관, 금속몰드, 금속덕트, 플로어덕트 공사에 시설하는 경우 단면적 1.5[mm²] 이상의 연동선을 사용할 것
3) 옥내배선의 사용 전압이 400[V] 이하인 경우 전광표시 장치 기타 이와 유사한 장치 또는 제어회로 배선에 단면적 0.75[mm²] 이상인 다심코드 또는 캡타이어 케이블을 사용할 것

[답] ②

3 과전류차단기를 설치하지 않아야 할 곳은?

① 수용가의 인입선 부분
② 고압 배전선로의 인출장소
③ 직접 접지계통에 설치한 변압기의 접지선
④ 역률조정용 고압 병렬콘덴서 뱅크의 분기선

해 설 ★★

- KEC 341.11 과전류차단기의 시설 제한
  접지공사의 접지도체, 다선식 전로의 중성선 및 혼촉에 의한 위험방지 시설 전로의 일부에 접지공사를 한 저압 가공전선로의 접지측 전선

[답] ③

4 금속관 공사에 대한 기준으로 틀린 것은?

① 저압 옥내배선에 사용하는 전선으로 옥외용 비닐절연전선을 사용하였다.
② 저압 옥내배선의 금속관 안에는 전선에 접속점이 없도록 하였다.
③ 콘크리트에 매설하는 금속관의 두께는 1.2[mm]를 사용하였다.
④ 저압 옥내배선의 사용전압이 400[V] 이상인 관에는 접지공사를 하였다.

해 설 ★★★★★

※ [한국전기설비규정(KEC) 규정 변경으로 문제 보기 변경]

- KEC 232.12 금속관공사
1) 연선 : 절연전선(옥외용 비닐 절연전선(OW)은 제외)
2) 단선 : 단면적 10[mm^2](알루미늄선은 단면적 16[mm^2]) 이하(짧고 가는 관에 넣은 경우)
3) 콘크리트에 매설하는 금속관은 1.2[mm] 이상
4) 관에는 감전에 대한 보호 및 접지시스템에 준하여 접지공사를 할 것
5) 관의 끝부분에는 전선의 피복을 손상하지 아니하도록 적당한 구조의 부싱을 사용할 것

[답] ①

5 버스 덕트 공사에 대한 설명 중 옳은 것은?

① 버스 덕트 끝부분을 개방할 것
② 덕트를 수직으로 붙이는 경우 지지점간 거리는 12[m] 이하로 할 것
③ 덕트를 조영재에 붙이는 경우 덕트의 지지점간 거리는 6[m] 이하로 할 것
④ 저압 옥내배선의 사용전압이 400[V] 미만인 경우에는 덕트에 제3종 접지공사를 할 것

❖ 삭제 ❖

해 설

※ [한국전기설비규정(KEC) 규정 변경으로 문제 삭제]

추가학습 자료

- KEC 232.61 버스덕트공사
1) 덕트 상호 간 및 전선 상호 간은 견고하고 또한 전기적으로 완전하게 접속할 것
2) 덕트를 조영재에 붙이는 경우 덕트의 지지점 간의 거리를 3[m] 이하로 할 것
3) 덕트(환기형 제외)의 끝부분은 막을 것
4) 덕트는 감전에 대한 보호와 접지시스템 규정에 따라 접지공사를 할 것
5) 한국전기설비규정은 접지공사의 종별을 구분하지 않음

6 154[kV]용 변성기를 사람이 접촉할 우려가 없도록 시설하는 경우에 충전부분의 지표상의 높이는 최소 몇 [m] 이상이어야 하는가?

① 4   ② 5   ③ 6   ④ 8

해 설 ★

- KEC 341.4 특고압용 기계기구의 시설
1) 울타리·담 등의 높이는 2[m] 이상으로 할 것
2) 지표면과 울타리·담 등의 하단 사이의 간격은 15[cm] 이하로 할 것
3) 사용전압이 35[kV] 초과 160[kV] 이하 울타리의 높이와 울타리로부터 충전 부분까지의 거리의 합계 또는 지표상의 높이는 6[m] 이상일 것

[답] ③

7 옥내배선에서 나전선을 사용할 수 없는 것은?

① 전선의 피복 전열물이 부식하는 장소의 전선
② 취급자 이외의 자가 출입할 수 없도록 설비한 장소의 전선
③ 전용의 개폐기 및 과전류 차단기가 시설된 전기기계기구의 저압전선
④ 애자 사용 공사에 의하여 전개된 장소에 시설하는 경우로 전기로용 전선

해 설 ★★★★★

- KEC 231.4 나전선의 사용 제한
옥내에 시설하는 저압전선 중 전기로용, 전선의 피복 절연물이 부식하는 장소 또는 취급자 이외의 자가 출입할 수 없도록 설비한 장소에서는 나전선 사용 가능

[답] ③

8 시가지 등에서 특고압 가공전선로의 시설에 대한 내용 중 틀린 것은?

① A종 철주를 지지물로 사용하는 경우의 경간은 75[m] 이하이다.
② 사용전압이 170[kV] 이하인 전선로를 지지하는 애자장치는 2련 이상의 현수애자 또는 장간애자를 사용한다.
③ 사용전압이 100[kV]를 초과하는 특고압 가공전선에 지락 또는 단락이 생겼을 때에는 1초 이내에 자동적으로 이를 전로로부터 차단하는 장치를 시설한다.
④ 사용전압이 170[kV] 이하인 전선로를 지지하는 애자장치는 50[%] 충격섬락전압 값이 그 전선의 근접한 다른 부분을 지지하는 애자장치 값의 100[%] 이상인 것을 사용한다.

해 설 ★★★★★

- KEC 333.1 시가지 등에서 특고압 가공전선로의 시설
특고압 가공전선을 지지하는 애자장치는 50[%] 충격섬락전압 값이 그 전선의 근접한 다른 부분을 지지하는 애자장치 값의 110[%](사용전압이 130[kV]를 초과하는 경우는 105[%]) 이상일 것

[답] ④

9 전력보안 통신설비인 무인용 안테나 등을 지지하는 철주의 기초의 안전율이 얼마 이상이어야 하는가?

① 1.3 ② 1.5 ③ 1.8 ④ 2.0

해 설 ★

- KEC 364.1 무선용 안테나 등을 지지하는 철탑 등의 시설
전력보안 통신설비인 무선 통신용 안테나 또는 반사판을 지지하는 목주, 철주, 철근 콘크리트주 또는 철탑의 기초의 안전율을 1.5 이상일 것

[답] ②

10 특고압 계기용 변성기의 2차 측 전로의 접지공사는?

① 제1종 접지공사
② 제2종 접지공사
③ 제3종 접지공사
④ 특별 제3종 접지공사

❖삭제❖

해 설

※ [한국전기설비규정(KEC) 규정 변경으로 문제 삭제]

추가학습 자료

- KEC 322.4 계기용 변성기의 2차 측 전로의 접지
1) 고압의 계기용 변성기의 2차 측 전로에는 중성점 접지공사를 할 것
2) 특고압 계기용 변성기의 2차 측 전로에는 중성점 접지공사를 할 것
3) 한국전기설비규정은 접지공사의 종별을 구분하지 않음

11 345[kV] 가공전선로를 제1종 특고압 보안공사에 의하여 시설할 때 사용되는 경동연선의 굵기는 몇 [mm²] 이상이어야 하는가?

① 100 ② 125
③ 150 ④ 200

해설 ★★★

- KEC 333.22 특고압 보안공사
  사용전압 300[kV] 이상 제1종 특고압 보안공사의 전선은 인장강도 77.47[kV] 이상의 연선 또는 **단면적 200[mm²] 이상의 경동연선을 사용할 것**

[답] ④

12 차단기에 사용하는 압축공기장치에 대한 설명 중 틀린 것은?

① 공기압축기를 통하는 관은 용접에 의한 잔류 응력이 생기지 않도록 할 것
② 주 공기탱크에는 사용압력 1.5배 이상 3배 이하의 최고 눈금이 있는 압력계를 시설할 것
③ 공기압축기는 최고사용압력의 1.5배 수압을 연속하여 10분간 가하여 시험하였을 때 이에 견디고 새지 아니할 것
④ 공기탱크는 사용압력에서 공기의 보급이 없는 상태로 차단기의 투입 및 차단을 연속하여 3회 이상 할 수 있는 용량을 가질 것

해설 ★★★★★

- KEC 341.15 압축공기계통
  사용 압력에서 공기의 보급이 없는 상태로 개폐기 또는 차단기의 투입 및 차단을 연속하여 1회 이상 할 수 있는 용량을 가지는 것일 것

[답] ④

13 평상시 개폐를 하지 않는 고압 진상용 콘덴서에 고압 컷아웃 스위치(C.O.S)를 설치하는 경우 옳은 것은?

① C.O.S에 단면적 6[mm²] 이상의 나동선을 직결한다.
② C.O.S에 단면적 10[mm²] 이상의 나동선을 직결한다.
③ C.O.S에 단면적 16[mm²] 이상의 나동선을 직결한다.
④ C.O.S에 단면적 25[mm²] 이상의 나동선을 직결한다.

해설

※ [한국전기설비규정(KEC) 규정 변경으로 문제 삭제]

14 사용전압이 22,900[V]인 가공전선이 건조물과 제2차 접근상태로 시설되는 경우에 이 특고압 가공전선로의 보안공사는 어떤 종류의 보안공사로 하여야 하는가?

① 고압 보안공사
② 제1종 특고압 보안공사
③ 제2종 특고압 보안공사
④ 제3종 특고압 보안공사

해설 ★★★

- KEC 333.23 특고압 가공전선과 건조물의 접근
1) 제1차 접근상태 : 제3종 특고압 보안공사
2) 제2차 접근상태
   - 35[kV] 이하 : 제2종 특고압 보안공사
   - 35[kV] 초과 400[kV] 미만 : 제1종 특고압 보안공사

[답] ③

15 비접지식 고압 전로에 접속되는 변압기의 외함에 실시하는 접지공사의 접지극으로 사용할 수 있는 건물 철골의 대지 전기저항은 몇 [Ω] 이하인가?

① 2 ② 3 ③ 5 ④ 10

해 설 ★★★

※ [한국전기설비규정(KEC) 규정 변경으로 문제 변경]
- KEC 142.2 접지극의 시설 및 접지저항(건축물, 구조물의 철골 기타의 금속제 등을 접지극으로 사용)
1) 건축물, 구조물의 철골 기타의 금속제는 이를 비접지식 고압 전로에 시설하는 기계기구의 철대 또는 금속제 외함의 접지공사 또는 비접지식 고압 전로와 저압 전로를 결합하는 변압기의 저압 전로의 접지공사의 접지극으로 사용
2) 다만, 대지와의 사이에 전기저항 값이 2[Ω] 이하인 값을 유지하는 경우

[답] ①

16 저압 수상전선로에 사용되는 전선은?

① MI 케이블
② 알루미늄피 케이블
③ 클로로프렌시스 케이블
④ 클로로프렌 캡타이어 케이블

해 설 ★

- KEC 335.3 수상전선로의 시설
1) 전선은 전선로의 사용전압이 **저압인 경우에는 클로로프렌 캡타이어 케이블**이어야 하며, 고압인 경우에는 캡타이어 케이블일 것
2) 수상전선로의 전선을 가공전선로의 전선과 접속하는 경우에는 그 부분의 전선은 접속점으로부터 전선의 절연 피복 안에 물이 스며들지 아니하도록 시설하고 또한 전선의 접속점은 다음의 높이로 지지물에 견고하게 붙일 것
3) 수상전선로에 사용하는 부대(浮臺)는 쇠사슬 등으로 견고하게 연결한 것일 것
4) 수상전선로의 전선은 부대의 위에 지지하여 시설하고 또한 그 절연피복을 손상하지 아니하도록 시설할 것

[답] ④

17 22.9[kV] 특고압으로 가공전선과 조영물이 아닌 다른 시설물이 교차하는 경우, 상호 간의 이격거리는 몇 [cm]까지 감할 수 있는가? (단, 전선은 케이블이다.)

① 50 ② 60
③ 100 ④ 120

해 설 ★

- KEC 333.23 특고압 가공전선과 건조물의 접근
사용전압이 35[kV] 이하인 특고압 가공전선과 건조물 옆쪽 이격거리는 **특고압 케이블 사용 시 0.5[m] 이상일 것**

[답] ①

18 가공전선로의 지지물에 시설하는 지선의 안전율과 허용인장하중의 최저값은?

① 안전율은 2.0 이상, 허용인장하중 최저값은 4[kN]
② 안전율은 2.5 이상, 허용인장하중 최저값은 4[kN]
③ 안전율은 2.0 이상, 허용인장하중 최저값은 4.4[kN]
④ 안전율은 2.5 이상, 허용인장하중 최저값은 4.31[kN]

해 설 ★★★★★

- KEC 331.11 지선의 시설
가공전선로의 지지물에 시설하는 지선
1) **지선의 안전율은 2.5 이상, 허용 인장하중의 최저 4.31[kN] 이상**
2) 지선에 연선을 사용하는 경우
   - 소선 3가닥 이상의 연선일 것
   - 소선의 지름이 2.6[mm] 이상의 금속선을 사용한 것일 것
   - 아연도강연선 : 소선 지름이 2[mm] 이상, 인장강도가 0.68[kN/mm^2] 이상
3) 지중부분 및 지표상 0.3[m]까지의 부분에는 내식성이 있는 것 또는 아연도금을 한 철봉을 사용하고 쉽게 부식되지 아니하는 근가에 견고하게 붙일 것. 다만, 목주에 시설하는 지선에 대해서는 그러하지 아니하다.
4) 지선근가는 지선의 인장하중에 충분히 견디도록

시설할 것
5) 도로를 횡단하는 곳의 지선의 높이는 지표상 5[m] 이상일 것

[답] ④

19 사용전압이 380[V]인 저압 전로의 전선 상호 간의 절연저항은 몇 [MΩ] 이상이어야 하는가?

① 0.1   ② 0.3   ③ 0.4   ④ 0.5

해 설 ★★★★★

※ [한국전기설비규정(KEC) 규정 변경으로 문제 보기 삭제]

- 전기설비 기술기준 제 52 조(저압 전로의 절연성능)
대지전압에 따른 절연 저항값

전로의 사용전압[V]	DC 시험전압 [V]	절연저항 [MΩ]
SELV 및 PELV	250	0.5
FELV, 500[V] 이하	500	1.0
500[V] 초과	1,000	1.0

[답] 1.0[MΩ]

20 단락전류에 의하여 생기는 기계적 충격에 견디는 것을 요구하지 않는 것은?

① 애자   ② 변압기
③ 조상기 ④ 접지선

해 설 ★

- 전기설비 기술기준 제 23 조(발전기 등의 기계적 강도)
발전기, 변압기, 조상기, 계기용 변성기, 모선 및 이를 지지하는 애자는 **단락전류에 의하여 생기는 기계적 충격에 견디는 것**

[답] ④

제 2 회   전기(공사)산업기사 필기시험

1 특고압 가공 전선로의 지지물 양쪽의 경간의 차가 큰 곳에 사용되는 철탑은?

① 내장형 철탑   ② 인류형 철탑
③ 각도형 철탑   ④ 보강형 철탑

해설 ★★★

- KEC 333.11 특고압 가공전선로의 철주, 철근 콘크리트주 또는 철탑의 종류
1) 내장형 : 전선로의 지지물 양쪽의 경간의 차가 큰 곳에 사용하는 것
2) 직선형 : 전선로의 직선부분(3도 이하인 수평각도를 이루는 곳을 포함한다)에 사용하는 것
3) 각도형 : 전선로 중 3도를 초과하는 수평각도를 이루는 곳에 사용하는 것

[답] ①

2 특고압 가공 전선이 건조물과 1차 접근 상태로 시설되는 경우를 설명한 것 중 틀린 것은?

① 상부 조영재와 위쪽으로 접근 시 케이블을 사용하면 1.2[m] 이상 이격거리를 두어야 한다.
② 상부 조영재와 옆쪽으로 접근 시 특고압 절연전선을 사용하면 1.5[m] 이상 이격거리를 두어야 한다.
③ 상부 조영재와 아래쪽으로 접근 시 특고압 절연전선을 사용하면 1.5[m] 이상 이격거리를 두어야 한다.
④ 상부 조영재와 위쪽으로 접근 시 특고압 절연전선을 사용하면 2.0[m] 이상 이격거리를 두어야 한다.

해설 ★★★

- KEC 333.23 특고압 가공전선과 건조물의 접근
사용전압 35[kV] 이하인 특고압 가공전선과 건조물의 상부 조영재 위쪽 이격거리는 특고압 절연전선 사용 시 2.5[m] 이상일 것

[답] ④

3 가공 전선로의 지지물에 취급자가 오르고 내리는 데 사용하는 발판 볼트 등은 지표상 몇 [m] 미만에 시설하여서는 아니 되는가?

① 1.2   ② 1.8   ③ 2.2   ④ 2.5

해설 ★★★

- KEC 331.4 가공전선로 지지물의 철탑오름 및 전주오름 방지
가공전선로의 지지물에 취급자가 오르고 내리는 데 사용하는 **발판 볼트** 등을 **지표상 1.8[m]** 미만에 시설하여서는 아니 된다.

[답] ②

4 계통연계하는 분산형전원을 설치하는 경우에 이상 또는 고장 발생 시 자동적으로 분산형전원을 전력계통으로부터 분리하기 위한 장치를 시설해야 하는 경우가 아닌 것은?

① 역률 저하 상태
② 단독운전 상태
③ 분산형 전원의 이상 또는 고장
④ 연계한 전력계통의 이상 또는 고장

해설 ★★

- KEC 503.2.4 계통 연계용 보호장치의 시설
1) 계통 연계하는 분산형 전원설비를 설치하는 경우 다음에 해당하는 이상 또는 고장발생 시 자동적으로 분산형 전원설비를 전력계통으로부터 분리하기 위한 장치 시설 및 해당 계통과의 보호협조를 실시할 것
2) **분산형 전원설비의 이상 또는 고장**
3) **연계한 전력계통의 이상 또는 고장**
4) **단독운전 상태**

[답] ①

5 고압 가공전선 상호간이 접근 또는 교차하여 시설되는 경우, 고압 가공전선 상호 간의 이격거리는 몇 [cm] 이상이어야 하는가? (단, 고압 가공전선은 모두 케이블이 아니라고 한다.)

① 50　　② 60　　③ 70　　④ 80

해 설 ★★

- KEC 332.16 고압 가공전선 등과 저압 가공전선 등의 접근 또는 교차

고압 가공전선 상호 간 접근 또는 교차하여 시설되는 경우 **고압 가공전선 상호 간의 이격거리는 케이블 아닌 경우 0.8[m] 이상일 것**, 하나의 고압 가공전선과 다른 고압 가공전선로의 지지물 사이 이격거리는 0.6[m] 이상일 것

[답] ④

6 저압 옥내배선의 사용전압이 220[V]인 출퇴표시등 회로를 금속관공사에 의하여 시공하였다. 여기에 사용되는 배선은 단면적이 몇 [mm^2] 이상의 연동선을 사용하여도 되는가?

① 1.5　　② 2.0　　③ 2.5　　④ 3.0

해 설 ★★★

- KEC 231.3.1 저압 옥내배선의 사용전선
1) 저압 옥내배선의 전선은 단면적 2.5[mm^2] 이상의 연동선 또는 이와 동등 이상의 강도 및 굵기의 것
2) 전광표시장치 기타 이와 유사한 장치 또는 제어회로 등에 사용하는 **배선을 합성수지관, 금속관, 금속몰드, 금속덕트, 플로어덕트 공사에 시설하는 경우 단면적 1.5[mm^2] 이상의 연동선을 사용할 것**
3) 옥내배선의 사용 전압이 400[V] 이하인 경우 전광표시 장치 기타 이와 유사한 장치 또는 제어회로 배선에 단면적 0.75[mm^2] 이상인 다심 코드 또는 캡타이어 케이블을 사용할 것

[답] ①

7 합성수지관 공사 시 관 상호 간 및 박스와의 접속은 관에 삽입하는 깊이를 관 바깥지름의 몇 배 이상으로 하여야 하는가? (단, 접착제를 사용하지 않는 경우이다.)

① 0.5　　② 0.8　　③ 1.2　　④ 1.5

해 설 ★★★★★

- KEC 232.11 합성수지관공사
1) 연선 : 절연전선(옥외용 비닐 절연전선(OW)을 제외)
2) 단선 : 단면적 10[mm^2](알루미늄선은 단면적 16[mm^2]) 이하(짧고 가는 합성수지관에 넣은 것)
3) 지지점 간의 거리는 1.5[m] 이하로 시설할 것
4) **관상호간 및 박스와의 접속은 관에 삽입하는 깊이를 관 바깥지름의 1.2배 이상, 접착제를 사용하는 경우에는 0.8배 이상으로 할 것**

[답] ③

8 고저압 혼촉에 의한 위험방지시설로 가공공동지선을 설치하여 시설하는 경우에 각 접지선을 가공공동지선으로부터 분리하였을 경우의 각 접지선과 대지 간의 전기저항 값은 몇 [Ω] 이하로 하여야 하는가?

① 75　　② 150
③ 300　　④ 600

해 설 ★★★★★

- KEC 322.1 고압 또는 특고압과 저압의 혼촉에 의한 위험방지 시설

가공공동지선과 대지 사이의 합성 전기저항 값은 1[km]를 지름으로 하는 지역 안마다 공통접지 및 통합접지에 의해 접지저항 값을 가지는 것으로 하고 또한 **각 접지도체를 가공공동지선으로부터 분리하였을 경우의 각 접지도체와 대지 사이의 전기저항 값은 300[Ω] 이하로 할 것**

[답] ③

9 금속제 외함을 가진 저압의 기계기구로서 사람이 쉽게 접촉할 우려가 있는 곳에 시설하는 것에 전기를 공급하는 전로에 지락이 생겼을 때에 자동적으로 차단하는 장치를 설치하여야 한다. 사용전압이 몇 [V]를 초과하는 기계기구의 경우인가?

① 25 ② 30 ③ 50 ④ 60

해 설 ★★★

- KEC 211.2.4 누전차단기의 시설
1) 금속제 외함을 가지는 사용전압이 50[V]를 초과하는 저압의 기계기구로서 사람이 쉽게 접촉할 우려가 있는 곳에 누전차단기 설치
2) 인체감전보호용 누전차단기 :
   정격감도전류 30[mA], 동작시간 0.03[초] 이하 전류동작형

[답] ③

10 전기설비기술기준의 안전원칙에 관계없는 것은?

① 에너지 절약 등에 지장을 주지 아니하도록 할 것
② 사람이나 다른 물체에 위해 손상을 주지 않도록 할 것
③ 기기의 오작동에 의한 전기 공급에 지장을 주지 않도록 할 것
④ 다른 전기설비의 기능에 전기적 또는 자기적인 장해를 주지 아니하도록 할 것

해 설 ★★★★★

- 전기설비 기술기준 제 2 조(안전 원칙)
1) 전기설비는 감전, 화재 그 밖에 사람에게 위해를 주거나 물건에 손상을 줄 우려가 없도록 시설할 것
2) 전기설비는 사용 목적에 적절하고 안전하게 작동하여야 하며, 그 손상으로 인하여 전기 공급에 지장을 주지 않도록 시설할 것
3) 전기설비는 다른 전기설비, 그 밖의 물건의 기능에 전기적 또는 자기적인 장해를 주지 않도록 시설할 것

[답] ①

11 가로등, 경기장, 공장, 아파트 단지 등의 일반조명을 위하여 시설하는 고압방전등은 그 효율이 몇 [lm/W] 이상의 것이어야 하는가?

① 30 ② 50 ③ 70 ④ 100

해 설

※ [한국전기설비규정(KEC) 규정 변경으로 문제 삭제]

12 전력보안통신설비로 무선용 안테나 등의 시설에 관한 설명으로 옳은 것은?

① 항상 가공전선로의 지지물에 시설한다.
② 피뢰침설비가 불가능한 개소에 시설한다.
③ 접지와 공용으로 사용할 수 있도록 시설한다.
④ 전선로의 주위 상태를 감시할 목적으로 시설한다.

해 설 ★

- KEC 364.2 무선용 안테나 등의 시설 제한
무선용 안테나 등은 전선로의 주위 상태를 감시하거나 배전자동화, 원격검침 등 지능형 전력망을 목적으로 시설하는 것 이외에는 가공전선로의 지지물에 시설하여서는 아니 된다.

[답] ④

13 저압 옥내배선에 사용하는 연동선의 최소 굵기는 몇 [mm²] 이상인가?

① 1.5   ② 2.5   ③ 4.0   ④ 6.0

해 설 ★★★

- **KEC 231.3.1 저압 옥내배선의 사용전선**
1) 저압 옥내배선의 전선은 단면적 2.5[mm²] 이상의 연동선 또는 이와 동등 이상의 강도 및 굵기의 것
2) 전광표시장치 기타 이와 유사한 장치 또는 제어회로 등에 사용하는 배선을 합성수지관, 금속관, 금속몰드, 금속덕트, 플로어덕트 공사에 시설하는 경우 단면적 1.5[mm²] 이상의 연동선을 사용할 것
3) 옥내배선의 사용 전압이 400[V] 이하인 경우 전광표시 장치 기타 이와 유사한 장치 또는 제어회로 배선에 단면적 0.75[mm²] 이상인 다심 코드 또는 캡타이어 케이블을 사용할 것

[답] ②

14 호텔 또는 여관 각 객실의 입구 등을 설치할 경우 몇 분 이내에 소등되는 타임스위치를 시설해야 하는가?

① 1   ② 2   ③ 3   ④ 10

해 설 ★★★

- **KEC 234.6 점멸기의 시설**
1) 관광숙박업 또는 숙박업(여인숙업 제외)에 이용되는 객실의 입구등은 1분 이내에 소등되는 것
2) 일반주택 및 아파트 각 호실의 현관등은 3분 이내에 소등되는 것

[답] ①

15 고압 가공전선이 철도를 횡단하는 경우 레일면상에서 몇 [m] 이상으로 유지되어야 하는가?

① 5.5   ② 6
③ 6.5   ④ 7.0

해 설 ★★★★★

- **KEC 222.7 저압 가공전선의 높이 & KEC 332.5 고압 가공전선의 높이**
1) **도로횡단** : 지표면상 6[m] 이상
2) **철도횡단** : 레일면상 6.5[m] 이상
3) 횡단보도교 위 : 노면상 3.5[m] 이상
   (단, 절연전선 사용 시 3[m] 이상)
4) 기타 : 지표면상 5[m] 이상
   (교통이 번잡하지 않은 장소)
5) 다리하부 : 저압의 전기철도용 급전선은 지표상 3.5[m]까지 감할 수 있음

[답] ③

16 타냉식 특고압용 변압기에는 냉각장치에 고장이 생긴 경우를 대비하여 어떤 장치를 하여야 하는가?

① 경보장치   ② 속도조정장치
③ 온도시험장치   ④ 냉매흐름장치

해 설 ★★★★★

- **KEC 351.4 특고압용 변압기의 보호장치**
타냉식 특고압용 변압기의 냉각장치에 고장이 생긴 경우 또는 변압기의 온도가 현저히 상승한 경우 이를 경보하는 **경보장치를 시설할 것**

[답] ①

17 특고압 가공전선이 삭도와 제2차 접근상태로 시설할 경우 특고압 가공전선로에 적용하는 보안공사는?

① 고압 보안공사
② 제1종 특고압 보안공사
③ 제2종 특고압 보안공사
④ 제3종 특고압 보안공사

> **해설** ★
> - KEC 333.25 특고압 가공전선과 삭도의 접근 또는 교차
>   특고압 가공전선과 삭도와 제1차 접근상태의 경우 제3종 특고압 보안공사, **2차 접근상태의 경우 제2종 특고압 보안공사에 의할 것**
>
> [답] ③

18 가반형의 용접전극을 사용하는 아크 용접장치의 용접변압기의 1차 측 전로의 대지전압은 몇 [V] 이하이어야 하는가?

① 220 ② 300
③ 380 ④ 440

> **해설** ★★★
> - KEC 241.10 아크 용접기
> 1) 용접변압기는 절연변압기일 것
> 2) **용접변압기의 1차 측 전로의 대지전압은 300[V] 이하일 것**
> 3) 용접변압기의 1차 측 전로에는 용접 변압기에 가까운 곳에 쉽게 개폐할 수 있는 개폐기를 시설할 것
> 4) 용접기 외함 및 피용접재 또는 이와 전기적으로 접속되는 받침대, 정반 등의 금속체는 접지시스템의 규정에 준하여 접지공사를 할 것
>
> [답] ②

19 과전류차단기를 시설할 수 있는 곳은?

① 접지공사의 접지선
② 다선식 전로의 중성선
③ 단상 3선식 전로의 저압측 전선
④ 접지공사를 한 저압 가공전선로의 접지측 전선

> **해설** ★★
> - KEC 341.11 과전류차단기의 시설 제한
>   접지공사의 접지도체, 다선식 전로의 중성선 및 혼촉에 의한 위험방지 시설 전로의 일부에 접지공사를 한 저압 가공전선로의 접지측 전선
>
> [답] ③

20 철탑의 강도 계산에 사용하는 이상 시 상정하중의 종류가 아닌 것은?

① 수직하중   ② 좌굴하중
③ 수평 횡하중 ④ 수평 종하중

> **해설** ★
> - KEC 333.14 이상 시 상정하중
>   철탑의 강도 계산에 사용하는 이상 시 상정하중은 수직하중, 수평하중 및 수평 종하중을 동시에 가하여지는 것으로 계산
>
> [답] ②

제 4 회 전기공사산업기사 필기시험

1 특고압 가공전선로의 지지물 양측에 경간의 차가 큰 곳에 사용하는 철탑의 종류는?

① 내장형　② 보강형
③ 직선형　④ 인류형

해설 ★★★

- KEC 333.11 특고압 가공전선로의 철주, 철근 콘크리트주 또는 철탑의 종류
1) 내장형 : 전선로의 지지물 양쪽의 경간의 차가 큰 곳에 사용하는 것
2) 직선형 : 전선로의 직선부분(3도 이하인 수평각도를 이루는 곳을 포함한다)에 사용하는 것
3) 각도형 : 전선로 중 3도를 초과하는 수평각도를 이루는 곳에 사용하는 것

[답] ①

2 고압 가공전선으로 경동선 또는 내열 동합금선을 사용할 경우에 이도의 최소 안전율은? (단, 빙설이 많지 않은 지방에서 그 지방의 평균온도에서 전선의 중량과 그 전선의 수직투영면적 1[m²]당 745[Pa]의 수평풍압과의 합성하중을 지지하는 경우임)

① 2.2　② 2.5　③ 2.7　④ 3.0

해설 ★★★★★

- KEC 332.4 고압 가공전선의 안전율
고압 가공전선은 케이블인 경우 안전율은 경동선 또는 내열 동합금선은 2.2 이상, 그 밖의 전선 2.5 이상이 되는 이도로 시설할 것

[답] ①

3 가공전선로의 지지물에 시설하는 지선의 시설기준에 대한 설명 중 옳은 것은?

① 지선의 안전율은 2.5 이상일 것
② 연선을 사용하는 경우 소선 4가닥 이상의 연선일 것
③ 지중 부분 및 지표상 100[cm]까지의 부분은 철봉을 사용할 것
④ 도로를 횡단하여 시설하는 지선의 높이는 지표상 4[m] 이상으로 할 것

해설 ★★★★★

- KEC 331.11 지선의 시설
가공전선로의 지지물에 시설하는 지선
1) **지선의 안전율은 2.5 이상**, 허용 인장하중의 최저 4.31[kN] 이상
2) 지선에 연선을 사용하는 경우
　- **소선 3가닥 이상의 연선일 것**
　- 소선의 지름이 2.6[mm] 이상의 금속선을 사용한 것일 것
　- 아연도강연선 : 소선 지름이 2[mm] 이상, 인장강도가 0.68[kN/mm²] 이상
3) **지중부분 및 지표상 0.3[m]까지의 부분에는 내식성이 있는 것 또는 아연도금을 한 철봉을 사용하고 쉽게 부식되지 아니하는 근가에 견고하게 붙일 것.** 다만, 목주에 시설하는 지선에 대해서는 그러하지 아니하다.
4) 지선근가는 지선의 인장하중에 충분히 견디도록 시설할 것
5) **도로를 횡단하는 곳의 지선의 높이는 지표상 5[m] 이상일 것**

[답] ①

4 154[kV] 전선로를 제1종 특고압 보안공사로 시설할 때 경동연선의 굵기는 몇 [mm²] 이상이어야 하는가?

① 55 ② 100
③ 150 ④ 200

> **해 설** ★★★
>
> - KEC 333.22 특고압 보안공사
> 사용전압 100[kV] 이상 300kV] 미만인 특고압 가공전선로를 시설할 경우 인장강도 58.84[kN] 이상의 연선 또는 단면적 150[mm²] 이상의 경동연선을 사용할 것
>
> [답] ③

5 애자 사용 공사에 의한 고압옥내배선을 할 때 전선을 조영재의 면에 따라 붙이는 경우, 전선의 지지점 간의 거리는 몇 [m] 이하이어야 하는가?

① 2 ② 3 ③ 4 ④ 5

> **해 설** ★★★★★
>
> - KEC 342.1 고압 옥내배선 등의 시설_애자사용배선
> 1) 전선은 공칭 단면적 6[mm²] 이상의 연동선 또는 이와 동등 이상의 세기 및 굵기의 고압 절연전선이나 특고압 절연전선 또는 인하용 고압 절연전선일 것
> 2) 전선의 지지점 간의 거리는 6[m] 이하일 것 다만, 전선을 조영재의 면을 따라 붙이는 경우에는 2[m] 이하일 것
> 3) 전선 상호 간의 간격은 8[cm] 이상, 전선과 조영재 사이의 이격거리는 5[cm] 이상일 것
>
> [답] ①

6 전기자동차 충전설비 시설에 대한 설명 중 틀린 것은?

① 과전류 차단기를 각 극에 설치한다.
② 충전장치와 전기자동차의 접속에는 연장 코드를 사용한다.
③ 전로의 지락이 생겼을 때 자동으로 그 전로를 차단하는 장치를 시설한다.
④ 커플러의 접지극은 투입 시 먼저 접속되고 차단 시 나중에 분리되는 구조로 한다.

> **해 설** ★★
>
> - KEC 241.17.4 전기자동차의 충전 케이블 및 부속품 시설
> 1) 충전장치와 전기자동차의 접속에는 연장코드를 사용하지 말 것
> 2) 충전장치와 전기자동차의 접속에는 자동차 어댑터를 사용할 것
> 3) 충전 케이블은 유연성이 있는 것으로서 통상의 충전전류를 흘릴 수 있는 충분한 굵기의 것일 것
>
> [답] ②

7 고주파 이용 설비에서 다른 고주파 이용 설비에 누설되는 고주파 전류의 허용한도는 측정 장치 또는 이에 준하는 측정 장치로 2회 이상 연속하여 10분간 측정하였을 때에 각각 측정값의 최대값에 대한 평균값이 몇 [dB]인가? (단, 1[mW]를 0[dB]로 한다.)

① 20 ② -20
③ -30 ④ 30

> **해 설** ★
>
> - KEC 341.5 고주파 이용 전기설비의 장해방지
> 고조파 이용 전기설비에서 다른 고조파 이용 전기설비에 누설되는 고주파 전류의 허용한도는 측정 장치로 2회 이상 연속하여 10분간 측정하였을 때에 각각 측정값의 최대값에 대한 평균값이 −30[dB](1[mW]를 0[dB])일 것
>
> [답] ③

8 정격전류 30[A]인 과전류 차단기로 보호되는 저압옥내배선의 최소 굵기는 몇 [mm²]인가? (단, 미네럴인슈레이션 케이블은 제외한다.) ❖ **삭제** ❖

① 2.5 ② 4
③ 6 ④ 10

해 설

※ [한국전기설비규정(KEC) 규정 변경으로 문제 삭제]

9 가요전선관공사에 의한 저압 옥내배선의 시설방법으로 기술기준에 적합한 것은?

① 옥외용 비닐절연전선을 사용하였다.
② 2종 금속제 가요전선관을 사용하였다.
③ 가요전선관에 접지공사를 하지 않았다.
④ 전선은 연동선으로 단면적 16[mm²]의 단선을 사용하였다.

해 설 ★

※ [한국전기설비규정(KEC) 규정 변경으로 문제 보기 변경]
- KEC 232.13 금속제 가요전선관공사
1) 연선 : 절연전선(옥외용 비닐 절연전선(OW)은 제외)
2) 단선 : 단면적 10[mm²](알루미늄선은 단면적 16[mm²]) 이하(짧고 가는 관에 넣은 경우)
3) 가요전선관 안에는 전선에 접속점이 없도록 할 것
4) 관에는 감전에 대한 보호와 접지시스템에 준하여 접지공사를 할 것
5) 1종 금속제 가요전선관은 두께 0.8[mm] 이상으로 4[m]를 넘는 것은 단면적 2.5[mm²] 이상의 나연동선을 전장에 걸쳐 삽입 또는 첨가하여 양단에서 관과 전기적으로 완전하게 접속할 것

[답] ②

10 특고압 지중전선이 가연성이나 유독성의 유체를 내포하는 관과 접근하기 때문에 상호 간에 견고한 내화성의 격벽을 시설하였다. 상호 간의 이격거리가 몇 [m] 이하인 경우인가? (단, 사용전압이 25[kV] 이하인 다중접지방식 지중선로는 제외한다.)

① 0.4 ② 0.6
③ 0.8 ④ 1.0

해 설 ★★★

- KEC 334.6 지중전선과 지중약전류전선 등 또는 관과의 접근 또는 교차
특고압 지중전선이 가연성이나 유독성의 유체를 내포하는 관과 접근하거나 교차하는 경우에 상호 간의 이격거리가 1[m] 이하인 경우에는 견고한 내화성 격벽을 설치할 것

[답] ④

11 옥내에 시설하는 사용전압이 400[V] 미만인 전구선으로 고무코드를 사용할 경우, 단면적이 몇 [mm²] 이상의 것을 사용하여야 하는가?

① 0.75 ② 2
③ 3.5 ④ 5.5

해 설 ★

- KEC 234.3 코드 및 이동전선
옥내에서 **조명용 전원코드** 또는 **이동전선**을 습기가 많은 장소 또는 수분이 있는 장소에 시설할 경우에는 **고무코드**(사용전압이 400[V] 이하) 또는 0.6/1[kV] EP 고무 절연 클로로프렌캡타이어케이블로서 단면적이 **0.75[mm²] 이상**일 것

[답] ①

12 발전소에는 운전보안상 각종의 계측장치를 시설하여야 한다. 이때 계측대상이 아닌 것은?

① 주요 변압기의 역률
② 발전기의 고정자 온도
③ 특고압용 변압기의 온도
④ 주요 변압기의 전압 및 전류 또는 전력

해설 ★★★★★

- KEC 351.6 계측장치
1) 발전기, 연료전지 또는 태양전지 모듈의 **전압 및 전류 또는 전력**
2) 발전기의 베어링 및 고정자의 온도
3) 주요 변압기의 **전압 및 전류 또는 전력**
4) **특고압용 변압기의 온도**
5) 정격출력이 10,000[kW]를 초과하는 증기터빈에 접속하는 **발전기의 진동의 진폭**
6) 동기발전기를 시설하는 경우에는 **동기검정장치를** 시설할 것
7) 전기철도용 변전소는 주요 변압기의 **전압을 계측하는 장치를 시설하지 아니할 수 있다.**

[답] ①

13 특고압 전로와 저압 전로를 결합하는 변압기의 저압 측의 중성점에 행하는 접지공사는?

① 제1종 접지공사
② 제2종 접지공사
③ 제3종 접지공사
④ 특별 제3종 접지공사

해설 ★★★★★

※ [한국전기설비규정(KEC) 규정 변경으로 문제 보기 삭제]

- KEC 322.1 고압 또는 특고압과 저압의 혼촉에 의한 위험방지 시설

고압 전로 또는 특고압 전로와 저압 전로를 결합하는 변압기의 저압 측의 중성점에는 접지공사를 하며, 계산된 접지저항 값이 10[Ω]을 넘는 경우 10[Ω] 이하로 할 것

[답] 정답 없음

14 농사용 저압 가공전선로의 경간은 몇 [m] 이하이어야 하는가?

① 30 ② 50 ③ 60 ④ 100

해설 ★

- KEC 222.22 농사용 저압 가공전선로의 시설
1) 전선로의 지지점 간 거리는 30[m] 이하일 것
2) 목주의 굵기는 말구 지름이 0.09[m] 이상일 것
3) 저압 가공전선은 인장강도 1.38[kN] 이상의 것 또는 지름 2[mm] 이상의 경동선일 것

[답] ①

15 화약류 저장소의 전기설비 시설에 있어서 틀린 것은?

① 전기기계기구는 전폐형으로 시설한다.
② 케이블이 손상될 우려가 없도록 시설한다.
③ 전용 개폐기 및 과전류 차단기는 화약류 저장소 안에 둔다.
④ 과전류 차단기에서 저장소 입구까지의 배선에는 케이블을 사용한다.

해설 ★

- KEC 242.5 화약류 저장소 등의 위험장소
1) 전로에 대지전압은 300[V] 이하일 것
2) 전기기계기구는 전폐형의 것일 것
3) 케이블을 전기기계기구에 인입할 때에는 인입구에서 케이블이 손상될 우려가 없도록 시설할 것
4) **전용 개폐기 및 과전류 차단기를 각 극**(과전류 차단기는 다선식 전로의 중성극을 제외)에 취급자 이외의 자가 쉽게 조작할 수 없도록 시설하고 또한 전로에 지락이 생겼을 때에 자동적으로 전로를 차단하거나 경보하는 장치를 시설할 것

[답] ③

16 고압 가공인입선의 높이는 그 전선의 아래쪽에 위험표시를 하였을 경우에 지표상 몇 [m]까지로 감할 수 있는가?

① 2.5 ② 3
③ 3.5 ④ 4

해 설 ★★★

- KEC 331.12.1 고압 가공인입선의 시설
1) 고압 가공인입선은 고압 절연전선, 특고압 절연전선 또는 지름 5[mm] 이상의 경동선의 고압 절연전선, 특고압 절연전선을 사용할 것
2) 고압 가공인입선의 높이는 위험표시를 할 경우 지표상 3.5[m]까지로 감할 수 있다.
3) 고압 연접인입선은 시설하여서는 아니 된다.

[답] ③

17 사용전압이 저압인 전로에서 정전이 어려운 경우 등 절연저항 측정이 곤란한 경우에 누설전류를 몇 [mA] 이하로 유지하여야 하는가?

① 0.5 ② 1
③ 2   ④ 3

해 설 ★★★★★

- KEC 132 전로의 절연저항 및 절연내력
저압 전로에서 정전이 어려운 경우 등 절연저항 측정이 곤란한 경우 저항성분의 누설전류가 1[mA] 이하이면 그 전로의 절연성능은 적합한 것으로 본다.

[답] ②

18 변전소에 울타리·담 등을 시설할 때, 사용전압이 345[kV]이면 울타리·담 등의 높이와 울타리·담 등으로부터 충전부분까지의 거리의 합계는 몇 [m] 이상으로 하여야 하는가?

① 6.48 ② 8.16
③ 8.40 ④ 8.28

해 설 ★★★★★

- KEC 351.1 발전소 등의 울타리·담 등의 시설
1) 사용전압이 35[kV] 초과 160[kV] 이하 울타리, 담 등의 높이와 울타리, 담 등으로부터 충전부분까지 거리의 합계는 6[m] 이상일 것
2) 160[kV]를 초과하는 10[kV] 또는 그 단수마다 0.12[m]를 가산할 것
3) 단수 = (345 - 160) / 10 = 18.5 → 19 (소수점 이하 절상)
4) 거리의 합계 = 6 + (19 × 0.12) = 8.28[m]

[답] ④

19 교류에서 고압의 범위는?

① 1,000[V]를 초과하고 7[kV] 이하인 것
② 1,500[V]를 초과하고 7[kV] 이하인 것
③ 1,000[V]를 초과하고 7.5[kV] 이하인 것
④ 1,500[V]를 초과하고 7.5[kV] 이하인 것

해 설 ★★★★★

※ [한국전기설비규정(KEC) 규정 변경으로 문제 보기 변경]
- 전기설비 기술기준 제 3 조(정의)_전압의 종별
1) 국내에 사용되는 전압의 종별은 저압, 고압, 특고압으로 분류
2) 직류 1,500[V] 이하, 교류 1,000[V] 이하를 저압
3) **직류 1,500[V], 교류 1,000[V]를 초과하고 7,000[V] 이하인 것을 고압**

[답] ①

20 변압기에 의하여 특고압 전로에 결합되는 고압 전로에는 사용전압의 몇 배 이하의 전압이 가해진 경우에 방전장치를 시설하여야 하는가?

① 2 ② 3 ③ 4 ④ 5

해 설 ★★★

- KEC 322.3 특고압과 고압의 혼촉 등에 의한 위험방지 시설

변압기에 의하여 특고압 전로에 결합되는 고압 전로에는 **사용전압의 3배** 이하인 전압이 가하여진 경우에 방전하는 장치를 그 변압기의 단자에 가까운 1극에 설치하고 접지공사 할 것

[답] ②

• 전기공사산업기사 필기 　전기설비기술기준

2017년 기출문제

제 1 회　　전기(공사)산업기사 필기시험

1 저압 가공전선 또는 고압 가공전선이 도로를 횡단할 때 지표상의 높이는 몇 [m] 이상으로 하여야 하는가? (단, 농로 기타 교통이 번잡하지 않은 도로 및 횡단도로교는 제외한다.)

① 4　　② 5　　③ 6　　④ 7

해 설　★★★★★

- KEC 222.7 저압 가공전선의 높이
  & KEC 332.5 고압 가공전선의 높이
1) 도로횡단 : 지표면상 6[m] 이상
2) 철도횡단 : 레일면상 6.5[m] 이상
3) 횡단보도교 위 : 노면상 3.5[m] 이상
   (단, 절연전선 사용 시 3[m] 이상)
4) 기타 : 지표면상 5[m] 이상
   (교통이 번잡하지 않은 장소)
5) 다리하부 : 저압의 전기철도용 급전선은 지표상 3.5[m]까지 감할 수 있음

[답] ③

2 다음 (㉮), (㉯) 에 들어갈 내용으로 옳은 것은?

"지중 전선로는 기설 지중 약전류 전선로에 대하여 (㉮) 또는 (㉯)에 의하여 통신상의 장해를 주지 않도록 기설 약전류 전선로로부터 충분히 이격시키거나 기타 적당한 방법으로 시설하여야 한다."

① ㉮ 정전용량 ㉯ 표피작용
② ㉮ 정전용량 ㉯ 유도작용
③ ㉮ 누설전류 ㉯ 표피작용
④ ㉮ 누설전류 ㉯ 유도작용

해 설　★

- KEC 334.5 지중 약전류전선의 유도장해 방지

지중 전선로는 기설 지중 약전류 전선로에 대하여 **누설전류 또는 유도작용에 의하여** 통신상의 장해를 주지 아니하도록 기설 약전류 전선로로부터 충분히 이격시키거나 기타 적당한 방법으로 시설할 것

[답] ④

3 B종 철주 또는 B종 철근 콘크리트주를 사용하는 특고압 가공전선로의 경간은 몇 [m] 이하이어야 하는가?

① 150   ② 250
③ 400   ④ 600

해설 ★★★

- KEC 332.9 고압 가공전선로 경간의 제한
1) 목주, A종 철주 또는 A종 철근 콘크리트주 표준경간 150[m] 이하
2) B종 철주 또는 B종 철근 콘크리트주 표준경간 250[m] 이하
3) 철탑 표준경간 600[m] 이하

[답] ②

4 22.9[kV] 특고압 가공전선로의 시설에 있어서 중성선을 다중 접지하는 경우에 각각 접지한 곳 상호 간의 거리는 전선로에 따라 몇 [m] 이하이어야 하는가?

① 150   ② 300
③ 400   ④ 500

해설 ★★★★★

- KEC 333.32 25[kV] 이하인 특고압 가공전선로의 시설
1) 15[kV] 이하 특고압 가공전선로의 중성선의 다중접지 및 중성선의 시설 중 접지공사에서 접지한 곳 상호 간의 거리는 전선로에 따라 300[m] 이하일 것
2) 15[kV] 초과 25[kV] 이하 특고압 가공전선로의 중성선의 다중접지 및 중성선의 시설 중 접지공사에서 접지한 곳 상호 간의 거리는 전선로에 따라 150[m] 이하일 것

[답] ①

5 전력보안 통신선 시설에서 가공전선로의 지지물에 시설하는 가공 통신선에 직접 접속하는 통신선의 종류로 틀린 것은?

① 조가용선 ❖ **삭제** ❖
② 절연전선
③ 광섬유 케이블
④ 일반통신용 케이블 이외의 케이블

해설

※ [한국전기설비규정(KEC) 규정 변경으로 문제 삭제]

6 특고압으로 시설할 수 없는 전로는?

① 지중전선로   ② 옥상전선로
③ 가공전선로   ④ 수중전선로

해설 ★

- KEC 331.14.2 특고압 옥상전선로의 시설
특고압 옥상전선로(특고압 인입선의 옥상부분 제외)는 시설하여서는 아니 된다.

[답] ②

7 변전소의 주요 변압기에서 계측하여야 하는 사항 중 계측장치가 꼭 필요하지 않은 것은? (단, 전기철도용 변전소의 주요 변압기는 제외한다.)

① 전압 ② 전류 ③ 전력 ④ 주파수

해 설 ★★★★★

- KEC 351.6 계측장치
1) 발전기, 연료전지 또는 태양전지 모듈의 **전압 및 전류 또는 전력**
2) 발전기의 베어링 및 고정자의 온도
3) 주요 변압기의 **전압 및 전류 또는 전력**
4) 특고압용 변압기의 온도
5) 정격출력이 10,000[kW]를 초과하는 증기터빈에 접속하는 발전기의 진동의 진폭
6) 동기발전기를 시설하는 경우에는 **동기검정장치**를 시설할 것
7) 전기철도용 변전소는 주요 변압기의 전압을 계측하는 장치를 시설하지 아니할 수 있다.

[답] ④

8 변압기 1차 측 3,300[V], 2차 측 220[V]의 변압기 전로의 절연내력시험 전압은 각각 몇 [V]에서 10분간 견디어야 하는가?

① 1차 측 4,950[V], 2차 측 500[V]
② 1차 측 4,500[V], 2차 측 400[V]
③ 1차 측 4,125[V], 2차 측 500[V]
④ 1차 측 3,300[V], 2차 측 400[V]

해 설 ★★★★★

- KEC 135 변압기 전로의 절연내력
1) 변압기 전로의 **최대사용전압 7[kV] 이하** 전로의 절연내력 시험전압은 **최대 사용전압의 1.5배**일 것
2) 시험전압이 500[V] 미만으로 되는 경우에는 500[V]
3) 절연내역 시험전압 = 3,300 × 1.5 = 4,950[V]
4) 절연내역 시험전압 = 220 × 1.5 = 330[V]

[답] ①

9 저압 옥내배선을 금속 덕트 공사로 할 경우 금속 덕트에 넣는 전선의 단면적(절연피복의 단면적 포함)의 합계는 덕트의 내부 단면적의 몇 [%]까지 할 수 있는가?

① 20 ② 30 ③ 40 ④ 50

해 설 ★★★

- KEC 232.31 금속덕트공사
1) 전선은 절연전선(옥외용 비닐 절연전선(OW)은 제외)일 것
2) 금속덕트에 넣은 전선의 단면적(절연피복의 단면적을 포함)의 합계는 덕트의 내부 단면적의 **20[%]**(전광 표시장치, 기타 이와 유사한 장치 또는 제어회로 등의 배선만을 넣는 경우 50[%]) 이하일 것

[답] ①

10 22.9[kV] 전선로를 제1종 특고압 보안공사로 시설할 경우 전선으로 경동연선을 사용한다면 그 단면적은 몇 [mm²] 이상의 것을 사용하여야 하는가?

① 38　② 55　③ 80　④ 100

해 설 ★★★★★

- KEC 333.22 특고압 보안공사
  사용전압 100[kV] 미만인 특고압 가공전선로를 인가가 밀집한 지역에 시설할 경우 인장강도 21.67[kN] 이상의 연선 또는 **단면적 55[mm²] 이상의 경동연선을 사용할 것**

[답] ②

11 무대·무대마루 밑·오케스트라박스·영사실 기타 사람이나 무대 도구가 접촉할 우려가 있는 곳에 시설하는 저압 옥내배선·전구선 또는 이동전선은 사용전압이 몇 [V] 미만이어야 하는가?

① 100　② 200
③ 300　④ 400

해 설 ★

- KEC 242.6 전시회, 쇼 및 공연장의 전기설비
  1) 무대, 무대마루 밑, 오케스트라 박스, 영사실 기타 사람이나 무대 도구가 접촉할 우려가 있는 곳에 시설하는 저압 옥내배선, 전구선 또는 이동전선은 사용전압이 400[V] 이하일 것
  2) 전로에는 전용 개폐기 및 과전류차단기를 시설할 것

[답] ④

12 저압 가공전선로와 기설 가공약전류전선로가 병행하는 경우에는 유도작용에 의하여 통신상의 장해가 생기지 아니하도록 전선과 기설 약전류전선 간의 이격거리는 몇 [m] 이상이어야 하는가?

① 1　② 2
③ 2.5　④ 4.5

해 설 ★

- KEC 332.1 가공약전류 전선로의 유도장해 방지
  저고압 가공전선로와 기설 가공약전류 전선로가 병행하는 경우에는 유도작용에 의하여 통신상의 장해를 고려하여, **전선과 기설 약전류전선 간의 이격거리는 2[m] 이상일 것**

[답] ②

13 금속관 공사에 의한 저압 옥내배선의 방법으로 틀린 것은?

① 전선으로 연선을 사용하였다.
② 옥외용 비닐절연전선을 사용하였다.
③ 콘크리트에 매설하는 관은 두께 1.2[mm] 이상을 사용하였다.
④ 사용전압 400[V] 이상이고 사람의 접촉 우려가 없어 제3종 접지공사를 하였다.

해 설 ★★★★★

- KEC 232.12 금속관공사
  1) 연선 : 절연전선(옥외용 비닐 절연전선(OW)은 제외)
  2) 단선 : 단면적 10[mm²](알루미늄선은 단면적 16[mm²]) 이하(짧고 가는 관에 넣은 경우)
  3) 콘크리트에 매설하는 금속관은 1.2[mm] 이상
  4) **관에는 감전에 대한 보호와 접지시스템에 준하여 접지공사를 할 것**
  5) 관의 끝부분에는 전선의 피복을 손상하지 아니하도록 적당한 구조의 부싱을 사용할 것

[답] ②

14 저압 옥내배선의 사용전압이 400[V] 미만인 경우에는 금속제 트레이에 몇 종 접지공사를 하여야 하는가?

① 제1종 접지공사 ❖삭제❖
② 제2종 접지공사
③ 제3종 접지공사
④ 특별 제3종 접지공사

해 설

※ [한국전기설비규정(KEC) 규정 변경으로 문제 삭제]

추가학습 자료

- KEC 232.41 케이블 트레이 공사
1) 케이블 트레이의 종류 : 사다리형, 펀칭형, 메시형, 바닥 밀폐형
2) 전선 : 연피 케이블, 알루미늄피 케이블 등 난연성 케이블, 기타 케이블 또는 금속관 혹은 합성수지관 등에 넣은 절연전선
3) 케이블 트레이 안에서 전선을 접속하는 경우에는 전선 접속부분에 사람이 접근할 수 있고 또한 그 부분이 측면 레일 위로 나오지 않도록 하고 그 부분을 절연 처리할 것
4) 케이블 트레이의 안전율은 1.5 이상일 것
5) 전선의 피복 등을 손상시킬 돌기 등이 없이 매끈하여야 할 것
6) 비금속제 케이블 트레이는 난연성 재료일 것
7) 감전에 대한 보호 및 접지시스템 규정에 따라 접지공사를 할 것

15 고압 가공전선로의 가공지선으로 나경동선을 사용할 경우 지름 몇 [mm] 이상으로 시설하여야 하는가?

① 2.5   ② 3
③ 3.5   ④ 4

해 설 ★

- KEC 332.6 고압 가공전선로의 가공지선
고압 가공전선로에 사용하는 가공지선은 인장강도 5.26[kN] 이상의 것 또는 지름 4[mm] 이상의 나경동선을 사용할 것

[답] ④

16 옥내의 네온 방전등 공사의 방법으로 옳은 것은?

① 전선 상호 간의 간격은 5[cm] 이상일 것
② 관등회로의 배선은 애자사용 공사에 의할 것
③ 전선의 지지점 간의 거리는 2[m] 이하로 할 것
④ 관등회로의 배선은 점검할 수 없는 은폐된 장소에 시설할 것

해 설 ★★★

※ [한국전기설비규정(KEC) 규정 변경으로 문제 보기 변경]

- KEC 234.12 네온방전등
1) 배선은 외상을 받을 우려가 없고 사람이 접촉될 우려가 없는 노출장소에 시설할 것
2) **옥내에 시설하는 관등회로의 사용전압이 고압인 경우 관등회로의 배선은 애자사용 공사에 의하여 시설할 것** (사람이 접촉될 우려가 없는 노출장소에 시설)
3) 네온변압기 외함은 접지공사를 할 것
4) 전선 상호 간의 이격거리는 60[mm] 이상일 것
5) 전선 지지점 간의 거리는 1[m]
6) **한국전기설비규정은 접지공사의 종별을 구분하지 않음**

[답] ②

17 가공전선로의 지지물에 취급자가 오르고 내리는 데 사용하는 발판 볼트 등은 지표상 몇 [m] 미만에 시설하여서는 아니 되는가?

① 1.2   ② 1.5   ③ 1.8   ④ 2

해 설 ★★★

- KEC 331.4 가공전선로 지지물의 철탑오름 및 전주오름 방지

가공전선로의 지지물에 취급자가 오르고 내리는 데 사용하는 **발판 볼트 등을 지표상 1.8[m] 미만**에 시설하여서는 아니 된다.

[답] ③

18 교류 전차선 등이 교량 기타 이와 유사한 것의 밑에 시설되는 경우에 시설 기준으로 틀린 것은?

① 교류 전차선 등과 교량 등 사이의 이격거리는 30[cm] 이상일 것
② 교량의 가더 등의 금속제 부분에는 제1종 접지공사를 할 것
③ 교량 등의 위에서 사람이 교류 전차선 등에 접촉할 우려가 있는 경우에는 방호장치를 하고 위험표지를 할 것
④ 기술상 부득이한 경우에는 사용전압이 25[kV]인 교류 전차선과 교량 등 사이의 이격거리를 25[cm]까지로 감할 수 있을 것

❖ 삭제 ❖

해 설

※ [한국전기설비규정(KEC) 규정 변경으로 문제 삭제]

---

19 타냉식 특고압용 변압기의 냉각장치에 고장이 생긴 경우 시설해야 하는 보호장치는?

① 경보장치
② 온도측정장치
③ 자동차단장치
④ 과전류 측정장치

해 설 ★★★★★

- KEC 351.4 특고압용 변압기의 보호장치
  타냉식 특고압용 변압기의 냉각장치에 고장이 생긴 경우 또는 변압기의 온도가 현저히 상승한 경우 이를 경보하는 **경보장치를 시설할 것**

[답] ①

---

20 혼촉 사고 시에 1초를 초과하고 2초 이내에 자동 차단되는 6.6[kV] 전로에 결합된 변압기 저압 측의 전압이 220[V]인 경우 접지 저항값[Ω]은? (단, 고압 측 1선 지락전류는 30[A]라 한다.)

① 5   ② 10
③ 20 ④ 30

해 설 ★★★★★

※ [한국전기설비규정(KEC) 규정 변경으로 문제 변경]
- KEC 142.5 변압기 중성점 접지
1) 접지시스템은 **계통접지**, 보호접지, 피뢰시스템 접지 등으로 구분
2) 변압기 중성점 접지

변압기 중성점 접지		접지저항 값
기준 접지		$R = \dfrac{150}{I_g}[\Omega]$
35[kV] 이하의 특고압 측 전로가 저압 측 전로와 혼촉하는 경우 자동적으로 이를 차단하는 장치가 있는 경우	1초를 초과하고 2초 이내에 차단	$R = \dfrac{300}{I_g}[\Omega]$
	1초 이내에 차단	$R = \dfrac{600}{I_g}[\Omega]$

3) I_g[A] : 변압기의 고압 측 또는 특고압 측 전로의 1선 지락전류의 암페어 수
4) 중성점 접지공사 접지저항값 = 300 / 30
   = 10[Ω]

[답] ②

제 2 회 전기(공사)산업기사 필기시험

1 풀용 수중조명등의 시설공사에서 절연변압기는 그 2차 측 전로의 사용전압이 몇 [V] 이하인 경우에는 1차권선과 2차권선 사이에 금속제의 혼촉방지판을 설치하여야 하며, 제 몇 종 접지공사를 하여야 하는가?

❖ 삭제 ❖

① 30[V], 제1종 접지공사
② 30[V], 제2종 접지공사
③ 60[V], 제1종 접지공사
④ 60[V], 제2종 접지공사

해 설

※ [한국전기설비규정(KEC) 규정 변경으로 문제 삭제]

추가학습 자료

- **KEC 234.14 수중조명등**
수중조명등의 절연변압기의 2차 측 전로의 사용전압이 30[V]를 초과하는 경우에는 그 전로에 지락이 생겼을 때에 자동적으로 전로를 차단하는 정격감도전류 30[mA] 이하의 누전차단기를 시설할 것

2 특고압 전선로에 접속하는 배전용 변압기의 1차 및 2차 전압은?

① 1차 : 35[kV] 이하, 2차 : 저압 또는 고압
② 1차 : 50[kV] 이하, 2차 : 저압 또는 고압
③ 1차 : 35[kV] 이하, 2차 : 특고압 또는 고압
④ 1차 : 50[kV] 이하, 2차 : 특고압 또는 고압

해 설 ★

- **KEC 341.2 특고압 배전용 변압기의 시설**
1) 특고압 전선에 특고압 절연전선 또는 케이블을 사용할 것
2) 변압기의 1차 전압은 35[kV] 이하, 2차 전압은 저압 또는 고압일 것
3) 변압기의 특고압 측에 개폐기 및 과전류차단기를 시설할 것
4) 변압기의 2차 전압이 고압인 경우에는 고압 측에 개폐기를 시설하고 또한 쉽게 개폐할 수 있도록 할 것

[답] ①

3 가공전선로의 지지물에 시설하는 통신선 또는 이에 직접 접속하는 가공 통신선의 높이에 대한 설명 중 틀린 것은?

① 도로를 횡단하는 경우에는 지표상 6[m] 이상으로 한다.
② 철도 또는 궤도를 횡단하는 경우에는 레일면상 6[m] 이상으로 한다.
③ 횡단 보도교의 위에 시설하는 경우에는 그 노면상 5[m] 이상으로 한다.
④ 도로를 횡단하는 경우, 저압이나 고압의 가공전선로의 지지물에 시설하는 통신선이 교통에 지장을 줄 우려가 없는 경우에는 지표상 5[m]까지 감할 수 있다.

해 설 ★★★★★

- **KEC 362.2 전력보안통신선의 시설 높이와 이격거리**
가공전선로의 지지물에 시설하는 통신선 또는 이에 직접 접속하는 가공 통신선
1) 도로를 횡단하는 경우 지표상 6[m] 이상(교통에 지장을 줄 우려가 없는 경우 5[m])
2) 철도 또는 궤도를 횡단하는 경우에는 레일면선 6.5[m] 이상
3) 횡단보도교 위 시설하는 경우에는 노면상 5[m] 이상, 단 저압 또는 고압의 가공전선로의 지지물에 시설하는 경우 3.5[m] 이상

[답] ②

4 폭연성 분진 또는 화약류의 분말이 전기설비가 발화원이 되어 폭발할 우려가 있는 곳에 시설하는 저압 옥내 전기설비를 케이블 공사로 할 경우 관이나 방호장치에 넣지 않고 노출로 설치할 수 있는 케이블은?

① 미네랄인슈레이션 케이블
② 고무절연 비닐 시스케이블
③ 폴리에틸렌절연 비닐 시스케이블
④ 폴리에틸렌절연 폴리에틸렌 시스케이블

해 설 ★★★

- KEC 242.2 분진 위험장소
케이블 공사에 의하는 때에는 개장된 케이블 또는 미네랄인슈레이션 케이블을 사용하는 경우 이외에는 관 기타의 방호 장치에 넣어 사용할 것

[답] ①

5 수소냉각식 발전기 및 이에 부속하는 수소 냉각장치 시설에 대한 설명으로 틀린 것은?

① 발전기안의 수소의 온도를 계측하는 장치를 시설할 것
② 발전기안의 수소의 순도가 70[%] 이하로 저하한 경우에 이를 경보하는 장치를 시설할 것
③ 발전기안의 수소의 압력을 계측하는 장치 및 그 압력이 현저히 변동한 경우에 이를 경보하는 장치를 시설할 것
④ 발전기는 기밀구조의 것이고 또한 수소가 대기압에서 폭발하는 경우에 생기는 압력에 견디는 강도를 가지는 것일 것

해 설 ★★★★★

- KEC 351.10 수소냉각식 발전기 등의 시설
1) 발전기 내부 또는 조상기 내부의 수소의 순도가 85[%] 이하로 저하한 경우에 이를 경보하는 장치를 시설할 것
2) 발전기 내부 또는 조상기 내부의 수소의 온도를 계측하는 장치를 시설할 것

[답] ②

6 교류식 전기철도는 그 단상부하에 의한 전압불평형의 허용한도가 그 변전소의 수전점에서 몇 [%] ❖삭제❖이야 하는가?

① 1   ② 2   ③ 3   ④ 4

해 설

※ [한국전기설비규정(KEC) 규정 변경으로 문제 삭제]

7 물기가 있는 장소의 저압 전로에서 그 전로에 지락이 생긴 경우, 0.5초 이내에 자동적으로 전로를 차단하는 장치를 시설하는 경우에는 자동차단기의 정격감도 전류가 50[mA] ❖삭제❖ 접지공사의 접지저항 값은 몇 [Ω] 이하로 하여야 하는가?

① 100   ② 200
③ 300   ④ 500

해 설

※ [한국전기설비규정(KEC) 규정 변경으로 문제 삭제]

추가학습 자료

- KEC 211.2 전원의 자동차단에 의한 보호대책_(누전차단기의 시설)
1) 보호장치의 특성과 회로의 임피던스 충족 조건 : $Z_s \times I_a \leq U_0$[V]
2) 금속제 외함을 가지는 사용전압이 50[V]를 초과하는 저압의 기계기구로서 사람이 쉽게 접촉할 우려가 있는 곳에 누전차단기 설치
3) 인체감전보호용 누전차단기 : 정격감도전류 30[mA], 동작시간 0.03[초] 이하 전류동작형

8 변전소의 주요 변압기에 시설하지 않아도 되는 계측 장치는?

① 전압계　　② 역률계
③ 전류계　　④ 전력계

해 설 ★★★★★

- KEC 351.6 계측장치
1) 발전기, 연료전지 또는 태양전지 모듈의 **전압 및 전류 또는 전력**
2) 발전기의 베어링 및 고정자의 온도
3) 주요 변압기의 **전압 및 전류 또는 전력**
4) 특고압용 변압기의 온도
5) 정격출력이 10,000[kW]를 초과하는 증기터빈에 접속하는 **발전기의 진동의 진폭**
6) 동기발전기를 시설하는 경우에는 **동기검정장치를** 시설할 것
7) 전기철도용 변전소는 주요 변압기의 **전압을 계측** 하는 장치를 시설하지 아니할 수 있다.

[답] ②

9 지중 전선로를 관로식에 의하여 시설하는 경우에는 매설 깊이를 몇 [m] 이상으로 하여야 하는가?

① 0.6　② 1.0　③ 1.2　④ 0.5

해 설 ★★★★

- KEC 334.1 지중 전선로의 시설
지중 전선로를 **관로식**에 의하여 시설하는 경우 매설 깊이는 **1.0[m]** 이상으로 할 것

[답] ②

10 정격전류가 15[A] 이하인 과전류차단기로 보호되는 저압 옥내전로에 접속하는 콘센트는 정격전류가 ❖삭제❖[A] 이하인 것이어야 하는가?

① 15　② 20　③ 25　④ 30

해 설

※ [한국전기설비규정(KEC) 규정 변경으로 문제 삭제]

11 접지공사의 특례와 관련하여 특별 제3종 접지공사를 하여야 하는 금속체와 대지 간의 전기저항 값이 몇 [Ω] 이하인 경우에는 특별 제3종❖삭제❖한 것으로 보는가?

① 3　　② 10
③ 50　④ 100

해 설

※ [한국전기설비규정(KEC) 규정 변경으로 문제 삭제]

추가학습 자료

- KEC 142.2 접지극의 시설 및 접지저항(건축물, 구조물의 철골 기타의 금속제 등을 접지극으로 사용)
1) 건축물, 구조물의 철골 기타의 금속제는 이를 비접지식 고압 전로에 시설하는 기계기구의 철대 또는 금속제 외함의 접지공사 또는 비접지식 고압 전로와 저압 전로를 결합하는 변압기의 저압 전로의 접지공사의 접지극으로 사용
2) 다만, 대지와의 사이에 전기저항 값이 2[Ω] 이하인 값을 유지하는 경우

12 가공 전선로의 지지물이 원형 철근 콘크리트주인 경우 갑종 풍압하중은 몇 [Pa]를 기초로 하여 계산하는가?

① 294　　② 588
③ 627　　④ 1,078

해 설 ★★★★★

- KEC 331.6 풍압하중의 종별과 적용
1) 목주, 원형(철주, 철근 콘크리트주, 철탑) : 588[Pa]
2) 기타 철근 콘크리트주 : 882[Pa]
3) 철주 강관 4각형 : 1,117[Pa]
4) 강관 구성 철탑 : 1,255[Pa]
5) 애자장치 : 1,039[Pa]
6) 다도체 전선 : 666[Pa]

[답] ②

13 아크가 발생하는 고압용 차단기는 목재의 벽 또는 천장, 기타의 가연성 물체로부터 몇 [m] 이상 이격하여야 하는가?

① 0.5　　② 1
③ 1.5　　④ 2

해 설 ★

- KEC 341.7 아크를 발생하는 기구의 시설

개폐기, 차단기, 피뢰기 기타 이와 유사한 기구로서 동작 시에 아크가 생기는 것은 **목재의 벽 또는 천장 기타의 가연성 물체로부터 고압 1[m], 특고압 2[m] 이상 이격할 것**

[답] ②

14 옥내에 시설하는 전동기에 과부하 보호장치의 시설을 생략할 수 없는 경우는?

① 정격출력이 0.75[kW]인 전동기
② 전동기의 구조나 부하의 성질로 보아 전동기가 소손할 수 있는 과전류가 생길 우려가 없는 경우
③ 전동기가 단상의 것으로 전원 측 전로에 시설하는 배선용 차단기의 정격전류가 20[A] 이하인 경우
④ 전동기가 단상의 것으로 전원 측 전로에 시설하는 과전류 차단기의 정격전류가 15[A] 이하인 경우

해 설 ★★★

- KEC 212.6.3 저압 전로 중의 전동기 보호용 과전류 보호장치의 시설
1) 옥내에 시설하는 **전동기 정격출력이 0.2[kW] 이하인 전동기에는 과부하 보호장치 생략 가능**
2) 단상전동기로써 그 전원 측 전로에 시설하는 과전류 차단기의 정격전류가 16[A](배선차단기 20[A]) 이하인 경우 보호장치를 생략 가능

[답] ①

15 100[kV] 미만인 특고압 가공전선로를 인가가 밀집한 지역에 시설할 경우 전선로에 사용되는 전선의 단면적이 몇 [mm²] 이상의 경동연선이어야 하는가?

① 38　　② 55
③ 100　　④ 150

해 설 ★★★★★

- KEC 333.22 특고압 보안공사

사용전압 100[kV] 미만인 특고압 가공전선로를 인가가 밀집한 지역에 시설할 경우 인장강도 21.67[kN] 이상의 연선 또는 **단면적 55[mm²] 이상의 경동연선을 사용할 것**

[답] ②

16 특고압 가공전선로의 지지물 중 전선로의 지지물 양쪽의 경간의 차가 큰 곳에 사용하는 철탑은?

① 내장형 철탑　　② 인류형 철탑
③ 보강형 철탑　　④ 각도형 철탑

해 설 ★★★

- KEC 333.11 특고압 가공전선로의 철주, 철근 콘크리트주 또는 철탑의 종류
1) 내장형 : 전선로의 지지물 양쪽의 경간의 차가 큰 곳에 사용하는 것
2) 직선형 : 전선로의 직선부분(3도 이하인 수평각도를 이루는 곳을 포함한다)에 사용하는 것
3) 각도형 : 전선로 중 3도를 초과하는 수평각도를 이루는 곳에 사용하는 것

[답] ①

17 관·암거·기타 지중전선을 넣은 방호장치의 금속제 부분(케이블을 지지하는 금구류는 제외한다.) 금속제의 전선 접속함 및 지중전선의 피복으로 사용하는 금속체에 시설하는 접지공사의 종류는?

① 제1종 접지공사
② 제2종 접지공사
③ 제3종 접지공사
④ 특별 제3종 접지공사

| 해 설 | ★ |

※ [한국전기설비규정(KEC) 규정 변경으로 문제 보기 삭제]
- KEC 334.4 지중전선의 피복금속체의 접지
1) 관, 암거, 기타 지중전선을 넣은 방호장치의 금속제 부분, 금속제의 저선 접속함 및 지중전선의 피복으로 사용하는 금속체에는 접지공사를 시행할 것
2) 한국전기설비규정은 접지공사의 종별을 구분하지 않음

[답] 정답 없음

18 애자 사용 공사에 의한 고압 옥내배선을 시설하고자 할 경우 전선과 조영재 사이의 이격거리는 몇 [cm] 이상인가?

① 3 ② 4 ③ 5 ④ 6

| 해 설 | ★★★★★ |

- KEC 342.1 고압 옥내배선 등의 시설_애자사용배선
1) 전선은 공칭 단면적 6[mm²] 이상의 연동선 또는 이와 동등 이상의 세기 및 굵기의 고압 절연전선이나 특고압 절연전선 또는 인하용 고압 절연전선일 것
2) 전선의 지지점 간의 거리는 6[m] 이하일 것. 다만, 전선을 조영재의 면을 따라 붙이는 경우에는 2[m] 이하일 것
3) 전선 상호 간의 간격은 8[cm] 이상, **전선과 조영재 사이의 이격거리는 5[cm] 이상일 것**

[답] ③

19 지선을 사용하여 그 강도를 분담시켜서는 아니 되는 가공전선로 지지물은?

① 목주 ② 철주
③ 철탑 ④ 철근 콘크리트주

| 해 설 | ★★★★★ |

- KEC 331.11 지선의 시설
가공전선로의 지지물로 사용하는 철탑은 지선을 사용하여 그 강도를 분담시켜서는 안 됨

[답] ③

20 터널 내에 교류 220[V]의 애자 사용 공사로 전선을 시설할 경우 노면으로부터 몇 [m] 이상의 높이로 유지해야 하는가?

① 2 ② 2.5
③ 3 ④ 4

| 해 설 | ★★★★★ |

- KEC 335.1 터널 안 전선로의 시설
철도, 궤도 또는 자동차도 전용 터널 안의 전선로
1) 애자사용공사 : 2.6[mm] 이상 경동선의 절연전선(고압 4.0[mm] 이상)
2) 합성수지관, 금속관, 가요전선관 공사 : 케이블 배선
2) 레일면상 또는 노면상 2.5[m] 이상의 높이로 유지할 것(고압 3.0[m] 이상)

[답] ②

제 4 회 전기공사산업기사 필기시험

1 특고압 가공전선로 중 지지물로 직선형의 철탑을 연속하여 10기 이상 사용하는 부분에는 몇 기 이하마다 내장 애자장치가 되어 있는 철탑 또는 이와 등등 이상의 강도를 가지는 철탑 1기를 시설하여야 하는가?

① 1   ② 3   ③ 5   ④ 10

해 설 ★

- KEC 333.16 특고압 가공전선로의 내장형 등의 지지물 시설
특고압 가공전선로 중 지지물로서 **직선형의 철탑을 연속하여 10기 이상 사용**하는 부분에는 **10기 이하마다** 장력에 견디는 애자장치가 되어 있는 철탑 또는 이와 등등 이상의 강도를 가지는 **철탑 1기를 시설할 것**

[답] ④

2 가공전선로의 지지물에 시설하는 통신선 또는 이에 직접 접속하는 가공통신선의 높이는 도로를 횡단하는 경우에는 지표상 몇 [m] 이상이어야 하는가?

① 5.5   ② 6
③ 6.5   ④ 7

해 설 ★★★★★

- KEC 362.2 전력보안통신선의 시설 높이와 이격거리
가공전선로의 지지물에 시설하는 통신선 또는 이에 직접 접속하는 가공 통신선
1) **도로를 횡단하는 경우 지표상 6[m] 이상**(교통에 지장을 줄 우려가 없는 경우 5[m])
2) 철도 또는 궤도를 횡단하는 경우에는 레일면선 6.5[m] 이상
3) 횡단보도교 위 시설하는 경우에는 노면상 5[m] 이상, 단 저압 또는 고압의 가공전선로의 지지물에 시설하는 경우 3.5[m] 이상

[답] ②

3 조명용 전등의 시설에 대한 설명으로 틀린 것은?

① 가정용 전등은 등기구마다 점멸이 가능하도록 한다.
② 국부조명설비는 그 조명대상에 따라 점멸할 수 있 ❖ **삭제** ❖.
③ 가로등에 시설하는 고압방전등은 그 효율이 50[lm/W] 이상의 것이어야 한다.
④ 관광진흥법과 공중위생법에 의한 숙박업에 이용되는 객실의 입구 등은 1분 이내에 소등되도록 한다.

해 설

※ [한국전기설비규정(KEC) 규정 변경으로 문제 삭제]

4 저압 옥내배선을 금속관 공사에 의하여 시설하는 경우에 대한 설명 중 옳은 것은?

① 전선은 옥외용 비닐절연전선을 사용하여야 한다.
② 전선은 굵기에 관계없이 연선을 사용하여야 한다.
③ 콘크리트에 매설하는 금속관의 두께는 1.2[mm] 이상이어야 한다.
④ 옥내배선의 사용 전압이 교류 600[V] 이하인 경우 관에는 접지공사를 하여야 한다.

> **해설** ★★★★★
>
> ※ [한국전기설비규정(KEC) 규정 변경으로 문제 보기 변경]
> - **KEC 232.12 금속관공사**
> 1) 연선 : 절연전선(옥외용 비닐 절연전선(OW)은 제외)
> 2) 단선 : 단면적 10[mm²](알루미늄선은 단면적 16[mm²]) 이하(짧고 가는 관에 넣은 경우)
> 3) 콘크리트에 매설하는 금속관은 1.2[mm] 이상
> 4) 관에는 감전에 대한 보호와 접지시스템에 준하여 접지공사를 할 것
> 5) 관의 끝부분에는 전선의 피복을 손상하지 아니하도록 적당한 구조의 부싱을 사용할 것
>
> [답] ③

5 사용전압이 15[kV] 이하인 특고압 가공전선로의 중성선의 다중접지 및 중성선의 시설 기준을 설명한 것 중 틀린 것은?

① 접지한 곳 상호 간의 거리는 전선로에 따라 300[m] 이하로 한다.
② 다중접지한 중성선은 저압 전로의 접지측 전선이나 중성선과 공용할 수 있다.
③ 각 접지선을 중성선으로부터 분리하였을 경우의 각 접지점의 대지 전기저항 값은 100[Ω] 이하로 한다.
④ ~~접지선은 공칭단면적 6[mm²] 이상의 연동선 또는 이와 동등 이상의 세기 및 굵기의 쉽게 부식하지 않는 금속선으로 한다.~~

> **해설** ★★★★★
>
> ※ [한국전기설비규정(KEC) 규정 변경으로 문제 보기 삭제]
> - **KEC 333.32 25[kV] 이하인 특고압 가공전선로의 시설**
> 1) 특고압 가공전선로의 중성선의 다중접지 시설에서 각 접지선을 중성선으로부터 분리하였을 경우 각 접지점의 대지 전기저항값은 300[Ω] 이하일 것
> 2) 1[km]마다의 중선선과 대지 사이의 합성전기 전기저항 값은 15[kV] 이하 30[Ω] 이하, 15[kV] 초과 25[kV] 이하 15[Ω] 이하일 것
> 3) 15[kV] 이하 특고압 가공전선로의 중성선의 다중접지 및 중성선의 시설 중 접지공사에서 접지한 곳 상호 간의 거리는 전선로에 따라 300[m] 이하일 것
>
> [답] ③

6 시가지에 시설하는 154[kV] 가공전선로에는 지락 또는 단락이 발생한 경우 몇 초 이내에 자동적으로 이를 전로로부터 차단하는 장치를 시설하여야 하는가?

① 1 ② 2 ③ 3 ④ 5

해 설 ★★★★★

- KEC 333.1 시가지 등에서 특고압 가공전선로의 시설
사용전압이 100[kV]를 초과하는 특고압 가공전선에 지락 또는 단락이 생겼을 때에는 1초 이내에 자동적으로 이를 전로로부터 차단하는 장치를 시설할 것

[답] ①

7 발전소, 변전소, 개폐소 또는 이에 준하는 장소이외에 시설된 특고압 전선로에 접속하는 배전용 변압기의 1차 및 2차 전압은?

① 1차 : 35[kV] 이하, 2차 : 저압 또는 고압
② 1차 : 50[kV] 이하, 2차 : 저압 또는 고압
③ 1차 : 35[kV] 이하, 2차 : 특고압 또는 고압
④ 1차 : 50[kV] 이하, 2차 : 특고압 또는 고압

해 설 ★

- KEC 341.2 특고압 배전용 변압기의 시설
1) 특고압 전선에 특고압 절연전선 또는 케이블을 사용할 것
2) 변압기의 1차 전압은 35[kV] 이하, 2차 전압은 저압 또는 고압일 것
3) 변압기의 특고압 측에 개폐기 및 과전류차단기를 시설할 것
4) 변압기의 2차 전압이 고압인 경우에는 고압 측에 개폐기를 시설하고 또한 쉽게 개폐할 수 있도록 할 것

[답] ①

8 유희용 전차의 시설에서 전차안의 전로 및 전기공급설비의 시설방법 중 틀린 것은?

① 전로의 사용전압은 직류 60[V] 이하, 교류 40[V] 이하일 것
② 유희용 전차에 전기를 공급하는 전로에는 전용 개폐기를 시설할 것
③ 전로와 대지 절연저항은 사용전압에 대한 누설전류 규정 전류의 2,000분의 1을 넘지 않을 것
④ 유희용 전차 안에 승압용 변압기를 시설하는 경우에는 그 변압기의 2차 전압은 150[V] 이하일 것

해 설 ★

- KEC 241.8 유희용 전차
1) 유희용 전차에 전기를 공급하는 변압기의 1차 전압은 400[V] 이하일 것
2) 유희용 전차에 전기를 공급하는 전원장치전의 2차 측 단자의 최대사용전압은 직류의 경우 60[V] 이하, 교류의 경우 40[V] 이하일 것
3) 2차 측 회로의 접촉전선은 제3레일 방식에 의하여 시설할 것
4) 유희용 전차 내 승압용 변압기를 시설하는 경우 변압기는 절연변압기를 사용하고 2차 전압은 150[V] 이하로 할 것
5) 유희용 전차 안의 전로와 대지 사이의 절연저항은 사용전압에 대한 누설전류가 규정 전류의 5,000분의 1을 넘지 않도록 유지할 것

[답] ③

9 전로의 중성점을 접지하는 목적이 아닌 것은?

① 고전압 침입 예방
② 이상 시 전위상승 억제
③ 부하 전류의 경감으로 전선을 절약
④ 보호계전장치 등의 확실한 동작의 확보

해 설 ★★★★★

- KEC 322.5 전로의 중성점의 접지
전로의 보호장치의 확실한 동작의 확보, 이상 전압의 억제 및 대지전압의 저하를 위하여 특히 필요한 경우에 전로의 중성점에 접지공사를 할 것

[답] ③

10 특고압 가공전선로에 케이블을 사용하는 경우 조가용선 및 케이블의 피복에 사용하는 금속체에는 제 몇 종 접지공사를 하여야 하는가?

❖ **삭제** ❖

① 제1종 접지공사
② 제2종 접지공사
③ 제3종 접지공사
④ 특별 제3종 접지공사

해 설

※ [한국전기설비규정(KEC) 규정 변경으로 문제 삭제]

추가학습 자료

- **KEC 332.2 가공케이블의 시설**
1) 케이블은 조가용선에 행거로 시설할 것, 고압인 경우 행거의 간격은 0.5[m] 이하일 것
2) 조가용선은 인장강도 5.93[kN] 이상의 것 또는 단면적 22[mm^2] 이상인 아연도강연선일 것
3) 조가용선 및 케이블의 피복에 사용하는 금속체에는 접지공사를 할 것
4) 조가용선의 케이블에 접촉시켜 금속 테이프를 감는 경우에는 0.2[m] 이하의 간격을 유지하며 나선상으로 감을 것
5) 한국전기설비규정은 접지공사의 종별을 구분하지 않음

11 변전소의 주요 변압기에 반드시 시설하지 않아도 되는 계측 장치는?

① 전류계 ② 전압계
③ 전력계 ④ 역률계

해 설 ★★★★★

- **KEC 351.6 계측장치**
1) 발전기, 연료전지 또는 태양전지 모듈의 **전압 및 전류 또는 전력**
2) 발전기의 베어링 및 고정자의 온도
3) 주요 변압기의 **전압 및 전류 또는 전력**
4) 특고압용 변압기의 온도
5) 정격출력이 10,000[kW]를 초과하는 증기터빈에 접속하는 발전기의 진동의 진폭
6) 동기발전기를 시설하는 경우에는 **동기검정장치**를 시설할 것
7) 전기철도용 변전소는 주요 변압기의 **전압을 계측**하는 장치를 시설하지 아니할 수 있다.

[답] ④

12 3상 220[V] 유도전동기의 권선과 대지 간의 절연내력시험 시험전압과 견디어야 할 최소시간으로 옳은 것은?

① 220[V], 5분 ② 275[V], 10분
③ 330[V], 20분 ④ 500[V], 10분

해 설 ★★★

- **KEC 133 회전기 및 정류기의 절연내력**
1) 회전기류 최대사용전압 7[kV] 이하 절연내력 시험전압은 **최대사용전압의 1.5배**일 것(최소 10분간 견디어야 함)
2) 절연내력 시험전압
 = 220 × 1.5
 = 330[V](500[V] 미만인 경우 500[V])

[답] ④

13 지중 전선로를 직접 매설식에 의하여 차량 기타 중량물의 압력을 받을 우려가 있는 장소에 시설하는 경우 매설 깊이는 몇 [m] 이상으로 하여야 하는가?

① 1   ② 1.2
③ 1.5   ④ 2

해 설 ★★★★★

※ [한국전기설비규정(KEC) 규정 변경으로 정답 변경]
- **KEC 334.1 지중 선선로의 시설**
1) 지중 전선로를 직접 매설식에 의하여 시설하는 경우에는 매설 깊이를 **차량 기타 중량물의 압력**을 받을 우려가 있는 장소에는 **1.0[m] 이상**, 기타 장소에는 0.6[m] 이상으로 하고 또한 지중 전선을 견고한 트라프 기타 방호물에 넣어 시설할 것
2) 견고한 트라프 기타 방호물에 넣지 않고 시공할 수 있는 케이블은 콤바인덕트 케이블 또는 규정된 개장한 케이블이어야 할 것

[답] ①

14 저압옥내배선을 애자 사용 공사에 의하여 조영재의 옆면에 따라 시설하는 경우 전선의 지지점 간의 거리는 몇 [m] 이하이어야 하는가?

① 1   ② 2   ③ 6   ④ 8

해 설 ★★★★★

- **KEC 232.56 애자공사**
전선의 지지점 간의 거리는 전선을 조영재의 윗면 또는 옆면에 따라 붙일 경우에는 2[m] 이하일 것

[답] ②

15 저압 및 고압 가공전선의 시설 기준으로 틀린 것은?

① 사용전압 400[V] 초과의 저압 가공전선에는 인입용 비닐절연전선을 사용하여 시설할 수 있다.
② 사용전압 400[V] 이하인 저압 가공전선은 2.6[mm] 이상의 절연전선을 사용하여 시설할 수 있다.
③ 사용전압 400[V] 초과의 고압 가공전선을 시가지 외에 가설하는 경우 지름 4[mm] 이상의 경동선을 사용하여야 한다.
④ 사용전압 400[V] 이하인 저압 가공전선으로 다심형 전선을 사용하는 경우 접지를 한 조가용선으로 사용하여야 한다.

해 설 ★★★

※ [한국전기설비규정(KEC) 규정 변경으로 문제 보기 변경]
- **KEC 222.5 저압 가공전선의 굵기 및 종류**
1) 저압 가공전선은 나전선(중성선 또는 다중접지된 접지 측 전선으로 사용하는 전선), 절연전선, 다심형 전선 또는 케이블을 사용할 것
2) 사용전압 400[V] 이하인 저압 가공전선은 케이블인 경우를 제외하고는 인장강도 3.43[kN] 이상의 것 또는 지름 3.2[mm] 이상일 것
3) 저압 가공전선이 절연전선인 경우 인장강도 2.3[kN] 이상의 것 또는 지름 2.6[mm] 이상의 경동선 이상일 것
4) **사용전압 400[V] 초과인 저압 가공전선에는 인입용 비닐 절연전선을 사용하지 말 것**

[답] ①

16 전기욕기용 전원장치로부터 욕탕안의 전극까지의 전선 상호간 및 전선과 대지 사이의 절연 저항값은 몇 [MΩ] 이상이어야 하는가? ❖ 삭제 ❖

① 0.1 ② 0.5
③ 1   ④ 5

> **해 설**
>
> ※ [한국전기설비규정(KEC) 규정 변경으로 문제 삭제]
>
> **추가학습 자료**
>
> ▪ KEC 241.2 전기욕기
> 1) 전기욕기에 전기를 공급하는 전원장치 중 전기욕기에 내장되는 전원 변압기의 2차 측 전로의 사용전압은 10[V] 이하로 제한할 것
> 2) 전기욕기용 전원장치로부터 욕기 안의 전극까지의 전선상호간 및 전선과 대지사이에 절연저항은 전로의 절연내력 규정에 준할 것
> 3) 전기욕기용 전원장치의 금속제 외함 및 전선을 넣는 금속관에는 접지시스템의 규정에 준하여 접지공사를 할 것

17 인입용 비닐절연전선을 사용한 저압 가공전선은 횡단 보도교 위에 시설하는 경우 노면상의 높이는 몇 [m] 이상으로 하여야 하는가?

① 3   ② 3.5
③ 4   ④ 4.5

> **해 설** ★★
>
> ▪ KEC 221.1.1 저압 인입선의 시설
> 저압 가공인입선의 시설 시 전선의 높이
> 1) 도로횡단 : 지표면상 5[m] 이상
> 2) 철도횡단 : 레일면상 6.5[m] 이상
> 3) **횡단보도교 위 : 노면상 3[m] 이상**
> 4) 기타 : 지표면상 4[m] 이상(기술상 부득이한 경우 교통에 지장이 없는 경우 2.5[m])
>
> [답] ①

18 일반주택 및 아파트 각 호실의 현관등과 같은 조명용 백열전등을 설치할 때에는 타임스위치를 시설하여야 한다. 몇 분 이내에 소등되는 것이어야 하는가?

① 3 ② 5 ③ 7 ④ 10

> **해 설** ★★★
>
> ▪ KEC 234.6 점멸기의 시설
> 1) 관광숙박업 또는 숙박업(여인숙업 제외)에 이용되는 객실의 입구등은 1분 이내에 소등되는 것
> 2) **일반주택 및 아파트 각 호실의 현관등은 3분 이내에 소등되는 것**
>
> [답] ①

19 사용전압이 400[V] 미만인 쇼윈도 또는 쇼케이스 안의 배선공사에 캡타이어 케이블을 사용하여 직접 조영재에 접촉하여 시설하는 경우, 전선의 붙임점 간의 거리는 최대 몇 [m] 이하로 하는가?

① 0.3 ② 0.5
③ 0.8 ④ 1

> **해 설** ★
>
> ▪ KEC 234.11.5 진열장 또는 이와 유사한 것의 내부 관등회로 배선
> 전선의 부착점 간의 거리는 1[m] 이하로 하고 배선에는 전구 또는 기구의 중량을 지지하지 않도록 할 것
>
> [답] ④

20 사용전압 154[kV]의 가공전선과 식물 사이의 이격거리는 최소 몇 [m] 이상이어야 하는가?

① 2　　　② 2.6
③ 3.2　　④ 3.8

> **해설** ★
>
> - KEC 333.26 특고압 가공전선과 저고압 가공전선 등의 접근 또는 교차
> 1) **사용전압 60[kV] 이하** 특고압 가공전선과 이격거리는 **2[m]**, 60[kV] 초과하는 **10[kV] 단수마다 0.12[m]**를 더한 값일 것
> 2) 단수계산 = (154 - 60) / 10 = 9.4 → 10 (소수점 이하 절상)
> 3) 이격거리 = 2 + 10 × 0.12 = 3.2[m]
>
> [답] ③

2018년 기출문제

제 1 회 전기(공사)산업기사 필기시험

1 금속관 공사에 의한 저압 옥내배선 시설에 대한 설명으로 틀린 것은?

① 인입용 비닐절연전선을 사용했다.
② 옥외용 비닐절연전선을 사용했다.
③ 짧고 가는 금속관에 연선을 사용했다.
④ 단면적 10[mm^2] 이하의 전선을 사용했다.

해설 ★★★★★

- KEC 232.12 금속관공사
1) 연선 : 절연전선(옥외용 비닐 절연전선(OW)은 제외)
2) 단선 : 단면적 10[mm^2](알루미늄선은 단면적 16[mm^2]) 이하(짧고 가는 관에 넣은 경우)
3) 콘크리트에 매설하는 금속관은 1.2[mm] 이상
4) 관에는 감전에 대한 보호와 접지시스템에 준하여 접지공사를 할 것
5) 관의 끝부분에는 전선의 피복을 손상하지 아니하도록 적당한 구조의 부싱을 사용할 것

[답] ②

2 전광표시 장치에 사용하는 저압 옥내배선을 금속관 공사로 시설할 경우 연동선의 단면적은 몇 [mm^2] 이상 사용하여야 하는가?

① 0.75　　② 1.25
③ 1.5　　　④ 2.5

해설 ★★★

- KEC 231.3.1 저압 옥내배선의 사용전선
1) 저압 옥내배선의 전선은 단면적 2.5[mm^2] 이상의 연동선 또는 이와 동등 이상의 강도 및 굵기의 것
2) 전광표시장치 기타 이와 유사한 장치 또는 제어회로 등에 사용하는 배선을 합성수지관, 금속관, 금속몰드, 금속덕트, 플로어덕트 공사에 시설하는 경우 단면적 1.5[mm^2] 이상의 연동선을 사용할 것
3) 옥내배선의 사용 전압이 400[V] 이하인 경우 전광표시 장치 기타 이와 유사한 장치 또는 제어회로 배선에 단면적 0.75[mm^2] 이상인 다심 코드 또는 캡타이어 케이블을 사용할 것

[답] ③

3 다음 ( ) 안에 들어갈 내용으로 옳은 것은?

> 강체방식에 의하여 시설하는 직류식 전기 철도용 전차선로는 전차선의 높이가 지표상 ( )[m] 이상인 경우 이외에는 사람이 쉽게 출입할 수 없는 ❖삭제❖ 안에 시설하여야 한다.

① 4.5　　　② 5
③ 5.5　　　④ 6

해 설

※ [한국전기설비규정(KEC) 규정 변경으로 문제 삭제]

4 지중 전선로의 시설방식이 아닌 것은?

① 관로식　　② 압착식
③ 암거식　　④ 직접매설식

해 설 ★★★★★

- KEC 334.1 지중 전선로의 시설
지중 전선로는 전선에 케이블을 사용하고 또한 **관로식, 암거식 또는 직접 매설식**에 의하여 시설할 것

[답] ②

5 지중 전선로에 사용하는 지중함의 시설기준으로 틀린 것은?

① 조명 및 세척이 가능한 장치를 하도록 할 것
② 그 안의 고인 물을 제거할 수 있는 구조일 것
③ 견고하고 차량 기타 중량물의 압력에 견딜 수 있을 것
④ 뚜껑은 시설자 이외의 자가 쉽게 열 수 없도록 할 것

해 설 ★★★

- KEC 334.2 지중함의 시설
1) 지중함은 견고하고 차량 기타 중량물의 압력에 견디는 구조일 것
2) 지중함은 그 안의 고인 물을 제거할 수 있는 구조일 것
3) 폭발성 또는 연소성의 가스가 침입할 우려가 있는 **지중함에 그 크기가 1[m³] 이상**의 것에는 **통풍장치** 기타 가스를 방산시키기 위한 적당한 장치를 시설할 것
4) 지중함의 뚜껑은 시설자 이외의 자가 쉽게 열 수 없도록 시설할 것

[답] ①

6 자동 차단기가 설치되어 있지 않는 전로에 접속되어 있는 440[V] 전동기의 외함을 접지할 때, 접지저항은 ❖삭제❖ 몇 [Ω] 이하이어야 하는가?

① 5　　② 10　　③ 30　　④ 50

해 설

※ [한국전기설비규정(KEC) 규정 변경으로 문제 삭제]

추가학습 자료

- KEC 141 접지시스템의 구분 및 종류
1) 접지시스템은 구분 : 계통접지, 보호접지, 피뢰시스템 접지
2) 접지시스템의 종류 : 단독접지, 공통접지, 통합접지
3) 한국전기설비규정은 접지공사의 종별을 구분하지 않음

7 태양전지 발전소에 태양전지 모듈 등을 시설할 경우 사용전선(연동선)의 공칭단면적은 몇 [mm²] 이상인가? ❖ 삭제 ❖

① 1.6 ② 2.5 ③ 5 ④ 10

해 설

※ [한국전기설비규정(KEC) 규정 변경으로 문제 삭제]

추가학습 자료

- **KEC 520 태양광 발전설비**
1) 태양전지 모듈을 지붕에 시설하는 경우 취급자에게 추락의 위험이 없도록 점검통로를 안전하게 시설할 것
2) 태양전지 모듈의 직렬군 최대개방전압이 직류 750[V] 초과 1,500[V] 이하인 시설 장소는 울타리, 담 등의 안전조치를 할 것
3) 태양전지 모듈을 일반인이 쉽게 출입할 수 없는 옥상, 지붕에 설치하는 경우는 모듈 프레임 등 쉽게 식별할 수 있는 위치에 위험 표시를 할 것
4) 태양전지 모듈, 전선, 개폐기 및 기타 기구는 충전 부분이 노출되지 않도록 시설할 것
5) 모듈 및 기타 기구에 전선을 접속하는 경우는 나사로 조이고, 기타 이와 동등 이상의 효력이 있는 방법으로 기계적·전기적으로 안전하게 접속하고, 접속점에 장력이 가해지지 않도록 할 것
6) 모듈의 출력배선은 극성별로 확인할 수 있도록 표시할 것

8 철근 콘크리트주로서 전장이 15[m]이고, 설계하중이 8.2[kN]이다. 이 지지물을 논이나 기타 지반이 연약한 곳 이외에 기초 안전율의 고려 없이 시설하는 경우에 그 묻히는 깊이는 기준보다 몇 [cm]를 가산하여 시설하여야 하는가?

① 10 ② 30 ③ 50 ④ 70

해 설 ★★★★★

- **KEC 331.7 가공전선로 지지물의 기초의 안전율**
철근 콘크리트주로서 전체의 길이가 14[m] 이상 20[m] 이하이고, 설계하중이 6.8[kN] 초과 9.8[kN] 이하의 것을 논이나 그 밖의 지반이 연약한 곳, 이외에 시설하는 경우 그 묻히는 깊이는 기준(전장의 1/6)보다 30[cm]을 가산하여 시설할 것

[답] ②

9 고압 가공전선로에 케이블을 조가용선에 행거로 시설할 경우 그 행거의 간격은 몇 [cm] 이하로 하여야 하는가?

① 50 ② 60 ③ 70 ④ 80

해 설 ★★★★★

- **KEC 332.2 가공케이블의 시설**
1) 케이블은 조가용선에 행거로 시설할 것, 고압인 경우 행거의 간격을 0.5[m] 이하일 것
2) 조가용선은 인장강도 5.93[kN] 이상의 것 또는 단면적 22[mm²] 이상인 아연도강연선일 것
3) 조가용선 및 케이블의 피복에 사용하는 금속체에는 접지공사를 할 것
4) 조가용선의 케이블에 접촉시켜 금속 테이프를 감는 경우에는 0.2[m] 이하의 간격을 유지하며 나선상으로 감을 것

[답] ①

10 특고압 가공전선과 저압 가공전선을 동일 지지물에 병가하여 시설하는 경우 이격거리는 몇 [m] 이상이어야 하는가?

① 1 ② 2 ③ 3 ④ 4

해 설 ★★★★★

- KEC 333.17 특고압 가공전선과 저고압 가공전선 등의 병행설치
1) 사용전압 35[kV] 이하인 특고압 가공전선과 저고압 가공전선을 병기하는 경우 상호 이격거리는 1.2[m] 이상일 것(다만, 가공전선이 케이블인 경우 0.5[m] 이상)
2) 사용전압 35[kV] 초과 100[kV] 미만인 특고압 가공전선과 저고압 가공전선을 병가하는 경우 상호 이격거리는 2.0[m] 이상일 것(다만, 가공전선이 케이블인 경우 1.0[m] 이상)

[답] 모두 정답

11 345[kV] 변전소의 충전 부분에서 6[m]의 거리에 울타리를 설치하려고 한다. 울타리의 최소 높이는 약 몇 [m]인가?

① 2 ② 2.28
③ 2.57 ④ 3

해 설 ★

- KEC 351.1 발전소 등의 울타리·담 등의 시설
1) 사용전압이 35[kV] 초과 160[kV] 이하 울타리, 담 등의 높이와 울타리, 담 등으로부터 충전 부분까지 거리의 합계는 6[m] 이상일 것
2) 160[kV]를 초과하는 10[kV] 또는 그 단수마다 0.12[m]를 가산할 것
3) 단수 = (345 - 160) / 10 = 18.5 → 19 (소수점 이하 절상)
4) 거리의 합계 = 6 + (19 × 0.12) = 8.28[m]
5) 울타리 최소 높이 = 8.28 - 6 = 2.28[m]

[답] ②

12 변압기의 고압 측 1선 지락전류가 30[A]인 경우에 접지공사의 최대 접지저항 값은 몇 [Ω]인가? (단, 고압 측 전로가 저압 측 전로와 혼촉하는 경우 1초 이내에 자동적으로 차단하는 장치가 설치되어 있다.)

① 5 ② 10
③ 15 ④ 20

해 설 ★★★★★

※ [한국전기설비규정(KEC) 규정 변경으로 문제 변경]

- KEC 142.5 변압기 중성점 접지
1) 접지시스템은 **계통접지**, 보호접지, 피뢰시스템 접지 등으로 구분
2) **변압기 중성점 접지**

변압기 중성점 접지		접지저항 값
기준 접지		$R = \dfrac{150}{I_g}[\Omega]$
35[kV] 이하의 특고압 측 전로가 저압 측 전로와 혼촉하는 경우 자동적으로 이를 차단하는 장치가 있는 경우	1초를 초과하고 2초 이내에 차단	$R = \dfrac{300}{I_g}[\Omega]$
	1초 이내에 차단	$R = \dfrac{600}{I_g}[\Omega]$

3) I_g[A] : 변압기의 고압 측 또는 특고압 측 전로의 1선 지락전류의 암페어 수
4) 제2종 접지공사 접지저항 값 = 600 / 30 = 20[Ω]

[답] ④

13 특고압 가공전선은 케이블인 경우 이외에는 단면적이 몇 [mm²] 이상의 경동연선이어야 하는가?

① 8
② 14
③ 22
④ 30

해 설 ★★

- **KEC 333.4 특고압 가공전선의 굵기 및 종류**
  특고압 가공전선은 케이블인 경우 이외에는 인장강도 8.71[kN] 이상의 연선 또는 단면적이 22[mm²] 이상의 경동연선 또는 동등 이상의 인장강도를 갖는 알루미늄 전선이나 절연전선일 것

[답] ③

14 전력보안 통신용 전화설비를 시설하지 않아도 되는 것은?

① 원격감시제어가 되지 아니하는 발전소
② 원격감시제어가 되지 아니하는 변전소
③ 2 이상 급전소 상호 간과 이들을 총합 운용하는 급전소 간
④ 발전소로서 전기공급에 지장을 미치지 않고, 휴대용 전력보안통신 전화설비에 의하여 연락이 확보된 경우

해 설 ★★★

- **KEC 362.1 전력보안통신설비의 시설 요구사항**
1) 원격감시제어가 되지 아니하는 발전소, 원격 감시제어가 되지 아니하는 변전소, 개폐소, 전선로 및 이를 운용하는 급전소 및 급전분소 간
2) 2개 이상의 급전소(분소) 상호 간과 이들을 통합 운용하는 급전소(분소) 간
3) 수력설비 중 필요한 곳, 수력설비의 안전상 필요한 양수소 및 강수량 관측소와 수력발전소 간
4) 동일 수계에 속하고 안전상 긴급 연락의 필요가 있는 수력발전소 상호 간
5) 동일 전력계통에 속하고 또한 안전상 긴급연락의 필요가 있는 발전소, 변전소 및 개폐소 상호 간
6) 발전소, 변전소 및 개폐소와 기술원 주재소 간
7) 시설 제외 장소
   - 휴대용이거나 이동형 전력보안통신설비에 의하여 연락이 확보된 경우
   - 발전소로서 전기의 공급에 지장을 미치지 않는 곳

- 상주감시를 하지 않는 변전소(사용전압이 35[kV] 이하의 것에 한한다)로서 그 변전소에 접속되는 전선로가 동일 기술원 주재소에 의하여 운용되는 곳

[답] ④

15 케이블 트레이 공사에 사용되는 케이블 트레이가 수용된 모든 전선을 지지할 수 있는 적합한 강도의 것일 경우 케이블 트레이의 안전율은 얼마 이상으로 하여야 하는가?

① 1.1
② 1.2
③ 1.3
④ 1.5

해 설 ★★★★★

- **KEC 232.41 케이블 트레이 공사**
1) 케이블 트레이의 종류 : 사다리형, 펀칭형, 메시형, 바닥 밀폐형
2) 전선 : 연피 케이블, 알루미늄피 케이블 등 난연성 케이블, 기타 케이블 또는 금속관 혹은 합성수지관 등에 넣은 절연전선
3) 케이블 트레이 안에서 전선을 접속하는 경우에는 전선 접속부분에 사람이 접근할 수 있고 또한 그 부분이 측면 레일 위로 나오지 않도록 하고 그 부분을 절연 처리할 것
4) **케이블 트레이의 안전율은 1.5 이상일 것**
5) 전선의 피복 등을 손상시킬 돌기 등이 없이 매끈하여야 할 것
6) 비금속제 케이블 트레이는 난연성 재료일 것
7) 감전에 대한 보호 및 접지시스템 규정에 따라 접지공사를 할 것

[답] ④

16 케이블 공사에 의한 저압 옥내배선의 시설 방법에 대한 설명으로 틀린 것은?

① 전선은 케이블 및 캡타이어케이블로 한다.
② 콘크리트 안에는 전선에 접속점을 만들지 아니한다.
③ 400[V] 미만의 경우 전선을 넣는 방호장치의 금속제 부분에는 접지공사를 한다.
④ 전선을 조영재의 옆면에 따라 붙이는 경우 전선의 지지점 간의 거리를 케이블은 3[m] 이하로 한다.

해 설 ★

※ [한국전기설비규정(KEC) 규정 변경으로 문제 보기 변경]
- KEC 232.51 케이블 공사
전선을 조영재의 아랫면 또는 옆면에 따라 붙이는 경우 전선의 지지점 간의 거리를 케이블은 2[m](사람이 접촉할 우려가 없는 곳에서 수직으로 붙이는 경우 6[m]) 이하 캡타이어케이블은 1[m] 이하로 하고 또한 그 피복을 손상하지 아니하도록 붙일 것
[답] ④

17 교통신호등 제어장치의 금속제 외함에는 몇 종 접지공사를 하여야 하는가?

① 제1종 접지공사
② 제2종 접지공사   ❖ 삭제 ❖
③ 제3종 접지공사
④ 특별 제3종 접지공사

해 설

※ [한국전기설비규정(KEC) 규정 변경으로 문제 삭제]

| 추가학습 자료 |

- KEC 234.15 교통신호등
1) 교통신호등 제어장치의 2차 측 배선의 최대사용전압은 300[V] 이하일 것
2) 교통신호등 회로의 인하선은 전선의 지표상의 높이 2.5[m] 이상일 것
3) 교통신호등의 제어장치의 금속 제외함 및 신호등을 지지하는 철주에는 접지시스템의 규정에 준하여 접지공사를 할 것
4) 한국전기설비규정은 접지공사의 종별을 구분하지 않음

18 고압 가공전선로에 사용하는 가공지선은 인장강도 5.26[kN] 이상의 것 또는 지름이 몇 [mm] 이상의 나경동선을 사용하여야 하는가?

① 2.6   ② 3.2   ③ 4.0   ④ 5.0

해 설 ★

- KEC 332.6 고압 가공전선로의 가공지선
고압 가공전선로에 사용하는 가공지선은 인장강도 5.26[kN] 이상의 것 또는 지름 4[mm] 이상의 나경동선을 사용할 것
[답] ③

19 전가섭선에 관하여 각 가섭선의 상정 최대장력의 33[%]와 같은 불평균 장력의 수평 종분력에 의한 하중을 더 고려하여야 할 철탑의 유형은?

① 직선형   ② 각도형
③ 내장형   ④ 인류형

해 설 ★

- KEC 333.13 상시 상정하중
내장형·보강형의 경우에는 전가섭선에 관하여 각 가섭선의 상정 최대장력의 33[%]와 같은 불평균 장력의 수평 종분력에 의한 하중
[답] ③

20 최대 사용전압이 23,000[V]인 중성점 비접지식 전로의 절연내력 시험전압은 몇 [V]인가?

① 16,560   ② 21,160
③ 25,300   ④ 28,750

해 설 ★★★★★

- KEC 132 전로의 절연저항 및 절연내력
1) 최대 사용전압 7[kV] 초과 60[kV] 이하인 전로의 시험전압은 최대 사용전압의 1.25배일 것
2) 절연내력 시험전압 = 23,000 × 1.25
         = 28,750[V]
[답] ④

제 2 회 전기(공사)산업기사 필기시험

1 도로에 시설하는 가공 직류 전차 선로의 경간은 몇 [m] 이하로 하여야 하는가?
① 30 ② 40 ③ 50 ④ 60

[삭제]

해 설

※ [한국전기설비규정(KEC) 규정 변경으로 문제 삭제]

2 가공전선로의 지지물 중 지선을 사용하여 그 강도를 분담시켜서는 안 되는 것은?
① 철탑 ② 목주
③ 철주 ④ 철근 콘크리트주

해 설 ★★★★★

- KEC 331.11 지선의 시설
  가공전선로의 지지물로 사용하는 철탑은 지선을 사용하여 그 강도를 분담시켜서는 안 됨
  [답] ①

3 최대 사용전압이 23[kV]인 권선으로서 중성선 다중접지방식의 전로에 접속되는 변압기권선의 절연내력시험 시험전압은 약 몇 [kV]인가?
① 21.16 ② 25.3
③ 28.75 ④ 34.5

해 설 ★★★★★

- KEC 135 변압기 전로의 절연내력
1) 최대 사용전압 7[kV] 초과 25[kV] 이하인 전로의 시험전압은 최대 사용전압의 0.92배일 것
2) 절연내력 시험전압 = 23,000 × 0.92
   = 21,160[V]
   [답] ①

4 사용전압이 100[kV] 이상의 변압기를 설치하는 곳의 절연유 유출방지 설비의 용량은 변압기 탱크 내장유량의 몇 [%] 이상으로 하여야 하는가?
① 25 ② 50 ③ 75 ④ 100

[삭제]

해 설

※ [한국전기설비규정(KEC) 규정 변경으로 문제 삭제]

추가학습 자료

- KEC 311.7 절연유 누설에 대한 보호
1) 환경보호를 위하여 절연유를 함유한 기기의 누설에 대한 대책이 있어야 한다.
2) 옥내기기의 절연유 유출방지설비 : 유출방지 턱, 보존구역(용량 = 기기의 절연유량 + 화재보호 시스템의 용수량)
3) 옥외기기의 절연유 유출방지설비(자연배수 및 강재배수 기능) : 벽, 집유조 및 집수탱크(용량 = 최대 용량 변압기의 유량)

5 목주, A종 철주 및 A종 철근 콘크리트주를 사용할 수 없는 보안공사는?
① 고압 보안공사
② 제1종 특고압 보안공사
③ 제2종 특고압 보안공사
④ 제3종 특고압 보안공사

해 설 ★★★★★

- KEC 333.22 특고압 보안공사
제1종 특고압 보안공사 전선로에는 목주 및 A종 지지물을 사용할 수 없다.
[답] ②

6 과전류 차단 목적으로 정격전류가 70[A]인 배선용 차단기를 저압 전로에서 사용하고 있다. 정격전류의 2배 전류를 통한 경우 자동적으로 동작해야 하는 시간은? ❖삭제❖

① 2분 ② 4분 ③ 6분 ④ 8분

해 설

※ [한국전기설비규정(KEC) 규정 변경으로 문제 삭제]

추가학습 자료

- **KEC 212.3.4 보호장치의 특성_주택용 배선차단기**
1) 주택, 준주택 등 일반인이 접촉할 우려가 있는 장소에는 주택용 배선차단기 적용
2) 정격전류 63[A] 초과하는 배선차단기는 정격전류 1.45배에서 60분 동작 특성일 것

7 과전류차단기로 저압 전로에 사용하는 퓨즈는 수평으로 붙인 경우에 정격전류의 몇 배의 전류에 견디어야 하는가? ❖삭제❖

① 1.1 ② 1.25
③ 1.6 ④ 2.0

해 설

※ [한국전기설비규정(KEC) 규정 변경으로 문제 삭제]

추가학습 자료

- **KEC 212.3.4 보호장치의 특성_퓨즈(gG)**
1) 과전류차단기로 저압 전로에 사용하는 범용의 퓨즈(gG)에 적합한 것을 적용
2) 정격전류 16[A] 미만 퓨즈는 정격전류 1.5배, 정격전류 16[A] 이상 63[A] 이하에서 1.25배 60분 불용단 특성일 것

8 특고압 가공전선로의 경간은 지지물이 철탑인 경우 몇 [m] 이하이어야 하는가? (단, 단주가 아닌 경우이다.)

① 400 ② 500
③ 600 ④ 700

해 설 ★★★

- **KEC 332.9 고압 가공전선로 경간의 제한**
1) 목주, A종 철주 또는 A종 철근 콘크리트주 표준경간 150[m] 이하
2) B종 철주 또는 B종 철근 콘크리트주 표준경간 250[m] 이하
3) **철탑 표준경간 600[m] 이하**

[답] ③

9 백열전등 또는 방전등에 전기를 공급하는 옥내전로의 대지전압은 몇 [V] 이하이어야 하는가?

① 150 ② 220
③ 300 ④ 600

해 설 ★★★★★

- **KEC 231.6 옥내전로의 대지 전압의 제한**
백열전등 및 방전등에 전기를 공급하는 **옥내전로의 대지전압은 300[V] 이하일 것**

[답] ③

10 "조상설비"에 대한 용어의 정의로 옳은 것은?

① 전압을 조정하는 설비를 말한다.
② 전류를 조정하는 설비를 말한다.
③ 유효전력을 조정하는 전기기계기구를 말한다.
④ 무효전력을 조정하는 전기기계기구를 말한다.

해 설 ★★★★★

- 전기설비 기술기준 제 3 조(정의)
『조상설비』란 무효전력을 조정하는 전기기계기구를 말한다.

[답] ④

11 특고압 가공전선과 발전소 금속제의 울타리 등이 교차하는 경우에 울타리에는 교차점에서 좌, 우로 45[m] 이내에 시설하는 접지공사의 종류는 무엇인가?

❖ 삭제 ❖

① 제1종 접지공사
② 제2종 접지공사
③ 제3종 접지공사
④ 특별 제3종 접지공사

해 설

※ [한국전기설비규정(KEC) 규정 변경으로 문제 삭제]

추가학습 자료

- KEC 351.1 발전소 등의 울타리·담 등의 시설
1) 고압 또는 특고압 가공전선(전선에 케이블을 사용하는 경우는 제외)과 금속제의 울타리, 담 등이 교차하는 경우에 금속제의 울타리, 담 등에는 교차점과 좌, 우로 45[m] 이내의 개소에 접지공사를 할 것
2) 한국전기설비규정은 접지공사의 종별을 구분하지 않음

12 저압 옥내배선의 사용전선으로 틀린 것은?

① 단면적 2.5[mm^2] 이상의 연동선
② 단면적 1[mm^2] 이상의 미네럴인슈레이션 케이블
③ 사용전압 400[V] 미만의 전광표시장치 배선 시 단면적 1.5[mm^2] 이상의 연동선
④ 사용전압 400[V] 미만의 출퇴 표시등 배선 시 단면적 0.5[mm^2] 이상의 다심케이블

해 설 ★★★

- KEC 231.3.1 저압 옥내배선의 사용전선
1) 저압 옥내배선의 전선은 단면적 2.5[mm^2] 이상의 연동선 또는 이와 동등 이상의 강도 및 굵기의 것
2) 전광표시장치 기타 이와 유사한 장치 또는 제어회로 등에 사용하는 배선을 합성수지관, 금속관, 금속몰드, 금속덕트, 플로어덕트 공사에 시설하는 경우 단면적 1.5[mm^2] 이상의 연동선을 사용할 것
3) 옥내배선의 사용 전압이 400[V] 이하인 경우 전광표시 장치 기타 이와 유사한 장치 또는 제어회로 배선에 단면적 0.75[mm^2] 이상인 다심코드 또는 캡타이어 케이블을 사용할 것

[답] ④

13 특고압 가공전선로에 사용하는 철탑 중에서 전선로의 지지물 양쪽의 경간의 차가 큰 곳에 사용하는 철탑의 종류는?

① 각도형 ② 인류형
③ 보강형 ④ 내장형

해 설 ★★★★★

- KEC 333.11 특고압 가공전선로의 철주, 철근 콘크리트주 또는 철탑의 종류
1) 내장형 : 전선로의 지지물 양쪽의 경간의 차가 큰 곳에 사용하는 것
2) 직선형 : 전선로의 직선부분(3도 이하인 수평각도를 이루는 곳을 포함한다)에 사용하는 것
3) 각도형 : 전선로 중 3도를 초과하는 수평각도를 이루는 곳에 사용하는 것

[답] ④

14 전력보안통신 설비인 무선통신용 안테나를 지지하는 목주는 풍압하중에 대한 안전율이 얼마 이상이어야 하는가?

① 1.0　② 1.2　③ 1.5　④ 2.0

해 설 ★

- KEC 364.1 무선용 안테나 등을 지지하는 철탑 등의 시설

전력보안 통신설비인 무선 통신용 안테나 또는 반사판을 지지하는 목주, 철주, 철근 콘크리트주 또는 철탑의 기초의 안전율은 1.5 이상일 것

[답] ③

15 사용전압이 380[V]인 옥내배선을 애자 사용공사로 시설할 때 전선과 조영재 사이의 이격거리는 몇 [cm] 이상이어야 하는가?

① 2　② 2.5
③ 4.5　④ 6

해 설 ★★★★★

- KEC 232.56 애자공사

전선과 조영재 사이의 이격거리는 사용 전압이 400[V] 미만인 경우에는 2.5[cm] 이상
400[V] 이상인 경우 건조한 장소 2.5[cm], 습기가 많은 장소 4.5[cm] 이상일 것

[답] ②

16 고압 가공전선로의 경간은 B종 철근 콘크리트주로 시설하는 경우 몇 [m] 이하로 하여야 하는가?

① 100　② 150
③ 200　④ 250

해 설 ★★★

- KEC 332.9 고압 가공전선로 경간의 제한
1) 목주, A종 철주 또는 A종 철근 콘크리트주 표준경간 150[m] 이하
2) B종 철주 또는 B종 철근 콘크리트주 표준경간 250[m] 이하
3) 철탑 표준경간 600[m] 이하

[답] ④

17 가요전선관 공사에 의한 저압 옥내배선 시설에 대한 설명으로 틀린 것은?

① 옥외용 비닐전선을 제외한 절연전선을 사용한다.
② 제1종 금속제 가요전선관의 두께는 0.8[mm] 이상으로 한다.
③ 중량물의 압력 또는 기계적 충격을 받을 우려가 없도록 시설한다.
④ 옥내배선의 사용전압이 400[V] 이상인 경우에 접지공사를 하지 않는다.

해 설 ★★★

※ [한국전기설비규정(KEC) 규정 변경으로 문제 보기 변경]
- KEC 232.13 금속제 가요전선관공사
1) 연선 : 절연전선(옥외용 비닐 절연전선(OW)은 제외)
2) 단선 : 단면적 10[mm^2](알루미늄선은 단면적 16[mm^2]) 이하(짧고 가는 관에 넣은 경우)
3) 가요전선관 안에는 전선에 접속점이 없도록 할 것
4) **관에는 감전에 대한 보호와 접지시스템에 준하여 접지공사를 할 것**
5) 1종 금속제 가요 전선관은 두께 0.8[mm] 이상으로 4[m]를 넘는 것은 단면적 2.5[mm^2] 이상의 나연동선을 전장에 걸쳐 삽입 또는 첨가하여 양단에서 관과 전기적으로 완전하게 접속할 것
6) 한국전기설비규정은 접지공사의 종별을 구분하지 않음

[답] ④

18 정격전류 20[A]인 배선용 차단기로 보호되는 저압 옥내전로에 접속할 수 있는 콘센트 정격전류는 ❖ **삭제** ❖ 이하인가?

① 15   ② 20   ③ 22   ④ 25

해 설

※ [한국전기설비규정(KEC) 규정 변경으로 문제 삭제]

19 345[kV] 가공 송전선로를 평야에 시설할 때, 전선의 지표상의 높이는 몇 [m] 이상으로 하여야 하는가?

① 6.12   ② 7.36
③ 8.28   ④ 9.48

해 설 ★

- KEC 351.1 발전소 등의 울타리·담 등의 시설
1) 사용전압이 35[kV] 초과 160[kV] 이하 울타리, 담 등의 높이와 울타리, 담 등으로부터 **충전 부분까지 거리의 합계는 6[m] 이상일 것**
2) 160[kV]를 초과하는 10[kV] 또는 그 단수마다 0.12[m]를 가산할 것
3) 단수 = (345 - 160) / 10 = 18.5 → 19 (소수점 이하 절상)
4) 거리의 합계 = 6 + (19 × 0.12) = 8.28[m]

[답] ③

20 저압 가공전선이 가공 약전류전선과 접근하여 시설될 때 저압 가공전선과 가공 약전류전선 사이의 이격거리는 몇 [cm] 이상이어야 하는가?

① 40   ② 50   ③ 60   ④ 80

해 설 ★

- KEC 332.13 고압 가공전선과 가공 약전류전선 등의 접근 또는 교차

저압 가공전선이 가공 약전류전선과 접근하는 경우 고압 가공저선과 가공 약전류전선 사이의 이격거리는 0.6[m] 이상일 것(단, 케이블 사용 시 0.3[m] 이상)

[답] ③

제4회 전기공사산업기사 필기시험

1 직류식 전기철도에서 귀선의 궤도 근접 부분에 1년간의 평균 전류가 통할 때, 그 구간안의 어느 2점 사이에서의 전위차는 몇 [V] 이하이어야 하는가?

① 2　　② 6
③ 10　　④ 15

해설 ★★

- KEC 241.16 전기부식방지 시설
1) 전기부식방지회로의 사용전압은 직류 60[V] 이하일 것
2) 지중에 매설하는 양극(+)의 매설깊이는 0.75[m] 이상일 것
3) 수중에 시설하는 양극(+)과 그 주위 1[m] 이내의 전위차는 10[V]를 넘지 말 것
4) 지표 또는 수중에서 1[m] 간격의 임의의 2점 간의 전위차는 5[V]를 넘지 말 것
5) 귀선의 궤도 근접 부분에 1년 간의 평균 전류가 통할 때에 생기는 전위차는 그 구간 안의 어느 2점 사이에서도 2[V] 이하일 것

[답] ①

2 제1종 접지공사의 접지저항 값은 몇 [Ω] 이하로 유지하여야 하는가? ❖삭제❖

① 10　　② 20　　③ 30　　④ 50

해설

※ [한국전기설비규정(KEC) 규정 변경으로 문제 삭제]

추가학습 자료

- KEC 141 접지시스템의 구분 및 종류
1) 접지시스템은 구분 : 계통접지, 보호접지, 피뢰시스템 접지
2) 접지시스템의 종류 : 단독접지, 공통접지, 통합접지
3) 한국전기설비규정은 접지공사의 종별을 구분하지 않음

3 22.9[kV] 특고압 가공전선과 그 지지물·완금류·지주 또는 지선 사이의 이격거리는 몇 [cm] 이상이어야 하는가?

① 15　　② 20　　③ 25　　④ 30

해설 ★

- KEC 333.5 특고압 가공전선과 지지물 등의 이격거리
사용전압이 15[kV] 이상 25[kV] 미만인 경우 특고압 가공전선과 그 지지물, 완금류, 지주 또는 지선 사이의 이격거리는 0.2[m] 이상일 것

[답] ②

4 유희용 전차의 시설방법으로 틀린 것은?

① 유희용 전차에 전기를 공급하는 전로에는 전용 개폐기를 시설할 것
② 유희용 전차에 전기를 공급하기 위하여 사용하는 접촉전선은 제3레일 방식에 의하여 시설할 것
③ 유희용 전차에 전기를 공급하는 전로의 사용접압은 직류의 경우는 60[V] 이하, 교류의 경우는 40[V] 이하일 것
④ 유희용 전차 안에 승압용 변압기를 시설하는 경우 그 변압기의 2차 전압은 300[V] 이하일 것

해설 ★

- KEC 241.8 유희용 전차
1) 유희용 전차에 전기를 공급하는 변압기의 1차 전압은 400[V] 이하일 것
2) 유희용 전차에 전기를 공급하는 전원장치전의 2차 측 단자의 최대사용전압은 직류의 경우 60[V] 이하, 교류의 경우 40[V] 이하일 것
3) 2차 측 회로의 접촉전선은 제3레일 방식에 의하여 시설할 것
4) 유희용 전차 내 승압용 변압기를 시설하는 경우 변압기는 절연변압기를 사용하고 2차 전압은 150[V] 이하로 할 것

5) 유희용 전차 안의 전로와 대지 사이의 절연저항은 사용전압에 대한 누설전류가 규정 전류의 5,000분의 1을 넘지 않도록 유지할 것

[답] ④

5 최대 사용전압이 154[kV]인 중성점 직접 접지식 전로의 절연내력 시험전압은 약 몇 [kV]인가?

① 110.88   ② 141.68
③ 169.40   ④ 192.50

해 설 ★★★★★

- KEC 132 전로의 절연저항 및 절연내력
1) 최대사용전압 60[kV] 초과 170[kV] 이하 중성점 직접접지식 전로의 절연내력 시험전압은 최대 사용전압의 0.72배일 것
2) 절연내역 시험전압 = 154,000 × 0.72
   = 110,880[V]

[답] ①

6 고압 옥상 전선로의 전선이 다른 시설물과 접근하거나 교차하는 경우에는 고압 옥상 전선로의 전선과 이들 사이의 이격거리는 몇 [cm] 이상이어야 하는가?

① 30   ② 40   ③ 50   ④ 60

해 설 ★

- KEC 331.14.1 고압 옥상 전선로의 시설
고압 옥상 전선로의 전선이 다른 시설물(가공전선 제외)과 접근하거나 교차하는 경우에는 **고압 옥상 전선로의 전선과 이들 사이의 이격거리는 0.6[m] 이상일 것**

[답] ④

7 발전소에서 계측장치를 시설하지 않아도 되는 것은?

① 특고압용 변압기의 온도
② 특고압용 변압기유 절연내력
③ 발전기의 베어링 및 고정자 온도
④ 발전기의 전압 및 전류 또는 전력

해 설 ★★★★★

- KEC 351.6 계측장치
1) 발전기, 연료전지 또는 태양전지 모듈의 **전압 및 전류 또는 전력**
2) 발전기의 베어링 및 고정자의 온도
3) 주요 변압기의 **전압 및 전류 또는 전력**
4) 특고압용 변압기의 온도
5) 정격출력이 10,000[kW]를 초과하는 증기터빈에 접속하는 **발전기의 진동의 진폭**
6) 동기발전기를 시설하는 경우에는 **동기검정장치를 시설할 것**
7) 전기철도용 변전소는 주요 변압기의 **전압을 계측하는 장치를 시설하지 아니할 수 있다.**

[답] ②

8 가로등, 경기장, 공장, 아파트 단지 등의 일반조명을 위하여 시설하는 고압방전등은 그 효율이 몇 [lm/W] 이상의 것이어야 하는가?

① 60   ② 70   ③ 80   ④ 90

해 설

※ [한국전기설비규정(KEC) 규정 변경으로 문제 삭제]

9 고압용의 개폐기·차단기·피뢰기 기타 이와 유사한 기구로서 동작 시에 아크가 생기는 것은 가연성 물체로부터 몇 [m] 이상 이격하여야 하는가?

① 0.5 ② 1
③ 1.5 ④ 2

해 설 ★★

- KEC 341.7 아크를 발생하는 기구의 시설
개폐기, 차단기, 피뢰기 기타 이와 유사한 기구로서 동작 시에 아크가 생기는 것은 목재의 벽 또는 천장 기타의 가연성 물체로부터 고압 1[m], 특고압 2[m] 이상 이격할 것

[답] ②

10 중앙급전 전원과 구분되는 것으로서 전력소비지역 부근에 분산하여 배치 가능한 전원을 무엇이라 하는가?

① 임시전력원 ② 분산형전원
③ 분전반전원 ④ 계통연계전원

해 설 ★★★★★

- KEC 112 용어 정의
『분산형전원』이란 중앙급전 전원과 구분되는 것으로서 전력소비지역 부근에 분산하여 배치 가능한 전원을 말하며, 신·재생에너지 발전설비, 전기저장장치 등을 포함한다.

[답] ②

11 저고압 가공전선이 철도를 횡단하는 경우 레일면상 높이는 몇 [m] 이상이어야 하는가?

① 4 ② 5
③ 5.5 ④ 6.5

해 설 ★★★★★

- KEC 222.7 저압 가공전선의 높이
 & KEC 332.5 고압 가공전선의 높이
1) 도로횡단 : 지표면상 6[m] 이상
2) **철도횡단 : 레일면상 6.5[m] 이상**
3) 횡단보도교 위 : 노면상 3.5[m] 이상
   (단, 절연전선 사용 시 3[m] 이상)
4) 기타 : 지표면상 5[m] 이상
   (교통이 번잡하지 않은 장소)
5) 다리하부 : 저압의 전기철도용 급전선은 지표상 3.5[m]까지 감할 수 있음

[답] ④

12 급경사지에 시설하는 전선로의 시설에 대한 설명으로 틀린 것은?

① 전선의 지지점간 거리는 15[m] 이하로 한다.
② 전선에 사람이 접촉할 우려가 있는 곳에 시설하는 경우에는 적당한 방호장치를 시설한다.
③ 저압과 고압 전선로를 같은 벼랑에 시설하는 경우에는 저압 전선로를 고압 전선로 위에 시설한다.
④ 전선은 케이블인 경우 이외에는 벼랑에 견고하게 붙인 금속제 완금류에 절연성·난연성 및 내수성의 애자로 지지한다.

해설 ★

- KEC 335.8 급경사지에 시설하는 전선로의 시설
1) 전선의 지지점 간의 거리는 15[m] 이하일 것
2) 전선은 케이블인 경우 이외에는 벼랑에 견고하게 붙인 금속제 완금류에 절연성, 난연성 및 내수성의 애자로 지지할 것
3) 전선에 사람이 접촉할 우려가 있는 곳 또는 손상을 받을 우려가 있는 곳에 시설하는 경우에는 적당한 방호장치를 시설할 것
4) 저압 전선로와 고압 전선로를 같은 벼랑에 시설하는 경우에는 고압 전선로를 저압전선로의 위로하고 또한 고압전선과 저압전선 사이의 이격거리는 0.5[m] 이상일 것

[답] ③

13 진열장 내의 배선으로 사용전압 400[V] 미만에 사용하는 코드 또는 캡타이어 케이블의 최소 단면적은 몇 [mm^2]인가?

① 1.25   ② 1.0
③ 0.75   ④ 0.5

해설 ★★

- KEC 234.8 진열장 또는 이와 유사한 것의 내부 배선
1) 건조한 장소에 시설하고 또한 내부를 건조한 상태로 사용하는 진열장 또는 이와 유사한 것의 내부에 사용전압이 400[V] 이하의 배선을 외부에서 잘 보이는 장소에 한하여 코드 또는 캡타이어케이블로 직접 조영재에 밀착하여 배선할 수 있다.
2) 배선은 단면적 0.75[mm^2] 이상의 코드 또는 캡타이어케이블일 것

[답] ③

14 22.9[kV]의 전압을 변압하는 변전소가 있다. 이 변전소에 울타리를 시설하고자 하는 경우, 울타리의 높이와 울타리로부터 충전 부분까지의 거리의 합계는 몇 [m] 이상으로 하여야 하는가?

① 4   ② 5   ③ 6   ④ 8

해설 ★★★★★

- KEC 351.1 발전소 등의 울타리·담 등의 시설
사용전압이 35[kV] 이하 울타리, 담 등의 높이와 울타리, 담 등으로부터 충전 부분까지 거리의 합계는 5[m] 이상일 것

[답] ②

15 저압 옥내간선에서 분기하여 차단기를 설치하는 경우 분기점으로부터 차단기의 설치 거리는 원칙적으로 몇 [m] 이하인가?

① 3 ② 4 ③ 5 ④ 6

해 설 ★★★★★

- KEC 212.4.2 과부하 보호장치의 설치 위치
1) 과부하 보호장치는 전로 중 도체의 단면적, 특성, 설치방법, 구성의 변경으로 도체의 허용전류 값이 줄어드는 곳(이하 분기점이라 함)에 설치할 것
2) 저압 옥내간선과의 분기점에서 전선의 길이가 3[m] 이하인 곳에 개폐기 및 과전류 차단기를 시설할 것

[답] ①

16 기계기구 및 전선을 보호하기 위하여 과전류 차단기를 전로 중에 시설할 수 있는 곳은?

① 접지공사의 접지선
② 다선식 전로의 중성선
③ 저압 옥내배선의 전원선
④ 전로의 일부에 접지공사를 한 저압 가공전선로의 접지 측 전선

해 설 ★★★

- KEC 341.11 과전류차단기의 시설 제한
접지공사의 접지도체, 다선식 전로의 중성선 및 혼촉에 의한 위험방지 시설 전로의 일부에 접지공사를 한 저압 가공전선로의 접지 측 전선

[답] ③

17 전격살충기는 전격격자가 지표상 또는 마루 위 몇 [m] 이상 되도록 설치하여야 하는가?

① 1.5 ② 2.5 ③ 3.5 ④ 4.5

해 설 ★

- KEC 241.7 전격살충기
1) 전격살충기는 안전관리법의 적용을 받는 것일 것
2) **전격살충기의 전격격자는 지표 또는 바닥에서 3.5[m] 이상의 높은 곳에 시설할 것**
3) 전격살충기의 전격격자와 다른 시설물(가공전선은 제외한다) 또는 식물과의 이격거리는 0.3[m] 이상일 것

[답] ③

18 154[kV] 가공전선로를 시가지에 시설하는 경우 특고압 가공전선에 지락 또는 단락이 생기면 몇 초 이내에 자동적으로 이를 전로로부터 차단하는 장치를 시설하는가?

① 1 ② 2 ③ 3 ④ 5

해 설 ★★★★★

- KEC 333.1 시가지 등에서 특고압 가공전선로의 시설
사용전압이 100[kV]를 초과하는 특고압 가공전선에 지락 또는 단락이 생겼을 때에는 1초 이내에 자동적으로 이를 전로로부터 차단하는 장치를 시설할 것

[답] ①

19 저압 가공인입선에 사용할 수 없는 전선은?

① 나전선　　② 케이블
③ 절연전선　④ 다심형 전선

해 설　★★★

- KEC 221.1.1 저압 인입선의 시설
1) 전선은 절연전선 또는 케이블일 것
2) 경간이 15[m] 이하인 경우 인장강도 1.25[kN] 이상의 것 또는 지름 2.0[mm] 이상의 인입용 비닐절연전선 사용
3) 경간이 15[m] 초과인 경우 인장강도 2.30[kN] 이상의 것 또는 지름 2.6[mm] 이상의 인입용 비닐절연전선 사용
4) 전선이 옥외용 비닐절연전선인 경우에는 사람이 접촉할 우려가 없도록 시설하고, 옥외용 비닐절연전선 이외의 절연전선인 경우에는 사람이 쉽게 접촉할 우려가 없도록 시설할 것

[답] ①

20 전력보안 통신설비인 무선통신용 안테나 또는 반사판을 지지하는 철주·철근 콘크리트주 또는 철탑의 기초의 안전율은 얼마 이상이어야 하는가?

① 1.2　② 1.3　③ 1.5　④ 2.2

해 설　★

- KEC 364.1 무선용 안테나 등을 지지하는 철탑 등의 시설

전력보안 통신설비인 무선 통신용 안테나 또는 반사판을 지지하는 **목주, 철주, 철근 콘크리트주 또는 철탑의 기초의 안전율을 1.5 이상일 것**

[답] ③

2019년 기출문제

제 1 회 전기(공사)산업기사 필기시험

1 건조한 장소로서 전개된 장소에 한하여 시설할 수 있는 고압 옥내배선의 방법은?

① 금속관 공사 ② 애자사용 공사
③ 가요전선관 공사 ④ 합성수지관 공사

해설 ★★★★★

- KEC 342.1 고압 옥내배선 등의 시설
  고압 옥내배선은 애자사용 배선(건조한 장소로서 전개된 장소), 케이블배선, 케이블 트레이배선에 의할 것

[답] ②

2 154/22.9[kV]용 변전소의 변압기에 반드시 시설하지 않아도 되는 계측장치는?

① 전압계 ② 전류계
③ 역률계 ④ 온도계

해설 ★★★★★

- KEC 351.6 계측장치
1) 발전기, 연료전지 또는 태양전지 모듈의 **전압 및 전류 또는 전력**
2) 발전기의 베어링 및 고정자의 온도
3) 주요 변압기의 **전압 및 전류 또는 전력**
4) 특고압용 변압기의 온도
5) 정격출력이 10,000[kW]를 초과하는 증기터빈에 접속하는 **발전기의 진동의 진폭**
6) 동기발전기를 시설하는 경우에는 **동기검정장치**를 시설할 것
7) 전기철도용 변전소는 주요 변압기의 **전압을** 계측하는 장치를 시설하지 아니할 수 있다.

[답] ③

3 22.9[kV] 특고압 가공전선로의 중성선은 다중접지를 하여야 한다. 각 접지선을 중성선으로부터 분리하였을 경우 1[km]마다 중성선과 대지 사이의 합성전기저항 값은 몇 [Ω] 이하인가? (단, 전로에 지락이 생겼을 때에 2초 이내에 자동적으로 이를 전로로부터 차단하는 장치가 되어 있다.)

① 1 ② 10
③ 15 ④ 20

해설 ★★★★★

- KEC 333.32 25[kV] 이하인 특고압 가공전선로의 시설
1) 특고압 가공전선로의 중성선의 다중접지 시설에서 각 접지선을 중성선으로부터 분리하였을 경우 각 접지점의 대지 전기저항값은 300[Ω] 이하일 것
2) 1[km]마다의 중성선과 대지 사이의 합성전기 전기저항 값은 15[kV] 이하 30[Ω] 이하, 15[kV] 초과 25[kV] 이하 15[Ω] 이하일 것

[답] ③

4 전기부식방식 시설은 지표 또는 수중에서 1[m] 간격의 임의의 2점(양극의 주위 1[m] 이내의 거리에 있는 점 및 울타리의 내부점을 제외한다.) 간의 전위차가 몇 [V]를 넘으면 안 되는가?

① 5 ② 10
③ 25 ④ 30

해설 ★★★

- KEC 241.16 전기부식방지 시설
1) 전기부식방지회로의 사용전압은 직류 60[V] 이하일 것
2) 지중에 매설하는 양극(+)의 매설깊이는 0.75[m] 이상일 것
3) 수중에 시설하는 양극(+)과 그 주위 1[m] 이내의 전위차는 10[V]를 넘지 말 것
4) **지표 또는 수중에서 1[m] 간격의 임의의 2점 간의 전위차는 5[V]를 넘지 말 것**
5) 귀선의 궤도 근접 부분에 1년 간의 평균 전류가 통할 때에 생기는 전위차는 그 구간 안의 어느 2점 사이에서도 2[V] 이하일 것

[답] ①

5 고압 가공전선이 가공 약전류전선 등과 접근하는 경우에 고압 가공전선과 가공 약전류전선 사이의 이격거리는 몇 [cm] 이상이어야 하는가? (단, 전선이 케이블인 경우)

① 20 ② 30 ③ 40 ④ 50

해설 ★

- KEC 332.13 고압 가공전선과 가공 약전류전선 등의 접근 또는 교차
고압 가공전선이 가공 약전류전선과 접근하는 경우 고압 가공전선과 가공 약전류전선 사이의 이격거리는 0.8[m] 이상일 것(단, 케이블 사용 시 0.4[m] 이상)

[답] ③

6 가공전선로의 지지물에 지선을 시설하는 기준으로 옳은 것은?

① 소선 지름 : 1.6[mm], 안전율 : 2.0, 허용인장하중 : 4.31[kN]
② 소선 지름 : 2.0[mm], 안전율 : 2.5, 허용인장하중 : 2.11[kN]
③ 소선 지름 : 2.6[mm], 안전율 : 1.5, 허용인장하중 : 3.21[kN]
④ 소선 지름 : 2.6[mm], 안전율 : 2.5, 허용인장하중 : 4.31[kN]

해설 ★★★★★

- KEC 331.11 지선의 시설
가공전선로의 지지물에 시설하는 지선
1) **지선의 안전율은 2.5 이상, 허용 인장하중의 최저 4.31[kN] 이상**
2) 지선에 연선을 사용하는 경우
   - 소선 3가닥 이상의 연선일 것
   - **소선의 지름이 2.6[mm] 이상의 금속선을 사용한 것일 것**
   - 아연도강연선 : 소선 지름이 2[mm] 이상, 인장강도가 0.68[kN/mm²] 이상
3) 지중부분 및 지표상 0.3[m]까지의 부분에는 내식성이 있는 것 또는 아연도금을 한 철봉을 사용하고 쉽게 부식되지 아니하는 근가에 견고하게 붙일 것. 다만, 목주에 시설하는 지선에 대해서는 그러하지 아니하다.
4) 지선근가는 지선의 인장하중에 충분히 견디도록 시설할 것
5) 도로를 횡단하는 곳의 지선의 높이는 지표상 5[m] 이상일 것

[답] ④

7 시가지 등에서 특고압 가공전선로를 시설하는 경우 특고압 가공전선로용 지지물로 사용할 수 없는 것은? (단, 사용전압이 170[kV] 이하인 경우이다.)

① 철탑   ② 목주
③ 철주   ④ 철근 콘크리트주

해 설 ★★★★★

- KEC 333.1 시가지 등에서 특고압 가공전선로의 시설
시가지 등에서 특고압 가공전선로의 지지물은 목주를 사용할 수 없고 철주, 철근 콘크리트주 또는 철탑을 사용할 것

[답] ②

8 중성선 다중접지식의 것으로 전로에 지락이 생겼을 때에 2초 이내에 자동적으로 이를 전로로부터 차단하는 장치가 되어 있는 22.9[kV] 가공전선로를 상부 조영재의 위쪽에서 접근상태로 시설하는 경우, 가공전선과 건조물과의 이격거리는 몇 [m] 이상이어야 하는가? (단, 전선으로는 나전선을 사용한다고 한다.)

① 1.2   ② 1.5   ③ 2.5   ④ 3.0

해 설 ★★★

- KEC 333.23 특고압 가공전선과 건조물의 접근
사용전압이 35[kV] 이하인 특고압 가공전선과 건조물의 상부 조영재 위쪽 이격거리는 특고압 나전선 사용 시 3[m] 이상일 것

[답] ④

9 시가지에 시설하는 고압 가공전선으로 경동선을 사용하려면 그 지름은 최소 몇 [mm]이어야 하는가?

① 2.6   ② 3.2
③ 4.0   ④ 5.0

해 설 ★★★★

- KEC 222.5 저압 가공전선의 굵기 및 종류
사용전압이 400[V] 초과인 저압 가공전선은 케이블인 경우 이외에는 **시가지에 시설하는 것은 인장강도 8.01[kN] 이상의 것 또는 지름 5[mm] 이상의 경동선**, 시가지 외에 시설하는 것은 인장강도 5.26[kN] 이상의 것 또는 지름 4[mm] 이상의 경동선

[답] ④

10 케이블을 지지하기 위하여 사용하는 금속제 케이블 트레이의 종류가 아닌 것은?

① 사다리형   ② 통풍 밀폐형
③ 통풍 채널형   ④ 바닥 밀폐형

해 설 ★★★★★

- KEC 232.41 케이블 트레이 공사
금속제 케이블 트레이 종류는 **사다리형, 펀칭형, 통풍 채널형, 바닥 밀폐형**임

[답] ②

11 출퇴표시등 회로에 전기를 공급하기 위한 변압기는 2차 측 전로의 사용전압이 몇 [V] 이하인 절연 변압기이어야 하는가?

① 40　　② 60
③ 150　　④ 300

해설 ★★

- KEC 241.14 소세력 회로
1) 전자 개폐기의 조작회로 또는 초인벨, 경보벨 등에 접속하는 전로로서 최대 사용전압이 60[V] 이하일 것
2) 소세력 회로에 전기를 공급하기 위한 절연변압기의 사용전압은 대지전압 300[V] 이하일 것

[답] ②

12 발전소·변전소 또는 이에 준하는 곳의 특고압 전로에는 그의 보기 쉬운 곳에 어떤 표시를 반드시 하여야 하는가?

① 모선(母線) 표시
② 상별(相別) 표시
③ 차단(遮斷) 위험표시
④ 수전(受電) 위험표시

해설 ★

- KEC 351.2 특고압 전로의 상 및 접속 상태의 표시
1) 발전소, 변전소 또는 이에 준하는 곳의 특고압 전로에는 그의 보기 쉬운 곳에 상별 표시 및 그 접속 상태를 모의모선의 사용 기타의 방법에 의하여 표시할 것
2) 다만, 이러한 전로에 접속하는 특고압 전선로의 회선수가 2 이하이고 또한 특고압의 모선이 단일모선인 경우 제외

[답] ②

13 전력보안 통신용 전화설비를 시설하여야 하는 곳은?

① 2 이상의 발전소 상호 간
② 원격 감시 제어가 되는 변전소
③ 원격 감시 제어가 되는 급전소
④ 원격 감시 제어가 되지 않는 발전소

해설 ★★★

- KEC 362.1 전력보안통신설비의 시설 요구사항
1) 원격감시제어가 되지 아니하는 발전소, 원격 감시제어가 되지 아니하는 변전소, 개폐소, 전선로 및 이를 운용하는 급전소 및 급전분소 간
2) 2개 이상의 급전소(분소) 상호 간과 이들을 통합 운용하는 급전소(분소) 간
3) 수력설비 중 필요한 곳, 수력설비의 안전상 필요한 양수소 및 강수량 관측소와 수력발전소 간
4) 동일 수계에 속하고 안전상 긴급 연락의 필요가 있는 수력발전소 상호 간
5) 동일 전력계통에 속하고 또한 안전상 긴급연락의 필요가 있는 발전소, 변전소 및 개폐소 상호 간
6) 발전소, 변전소 및 개폐소와 기술원 주재소 간
7) 시설 제외 장소
    - 휴대용이거나 이동형 전력보안통신설비에 의하여 연락이 확보된 경우
    - 발전소로서 전기의 공급에 지장을 미치지 않는 곳
    - 상주감시를 하지 않는 변전소(사용전압이 35[kV] 이하의 것에 한한다)로서 그 변전소에 접속되는 전선로가 동일 기술원 주재소에 의하여 운용되는 곳

[답] ④

14 6.6[kV] 지중 전선로의 케이블을 직류전원으로 절연 내력시험을 하자면 시험전압은 직류 몇 [V]인가?

① 9,900　　② 14,420
③ 16,500　　④ 19,800

해 설 ★★★★★

- KEC 132 전로의 절연저항 및 절연내력
1) 최대사용전압 7[kV] 이하 전로의 절연내력 시험전압은 **최대 사용전압의 1.5배일 것**
2) 전로에 케이블을 사용하는 경우에는 **직류로 시험할 수 있으며, 시험전압은 교류의 경우 2배로 적용할 것**
3) 절연내력 시험전압 = 6,600 × 1.5 × 2
　　　　　　　　　= 19,800[V]

[답] ④

15 전기부식방지 시설을 시설할 때 전기부식방지용 전원 장치로부터 양극 및 피방식체까지의 전로의 사용전압은 직류 몇 [V] 이하이어야 하는가?

① 20　② 40　③ 60　④ 80

해 설 ★★★

- KEC 241.16 전기부식방지 시설
1) **전기부식방지회로의 사용전압은 직류 60[V] 이하일 것**
2) 지중에 매설하는 양극(+)의 매설깊이는 0.75[m] 이상일 것
3) 수중에 시설하는 양극(+)과 그 주위 1[m] 이내의 전위차는 10[V]를 넘지 말 것
4) 지표 또는 수중에서 1[m] 간격의 임의의 2점 간의 전위차는 5[V]를 넘지 말 것
5) 귀선의 궤도 근접 부분에 1년간의 평균 전류가 통할 때에 생기는 전위차는 그 구간 안의 어느 2점 사이에서도 2[V] 이하일 것

[답] ③

16 변압기의 안정권선이나 유휴권선 또는 전압조정기의 내장권선을 이상전압으로부터 보호하기 위하여 특히 필요할 경우에 그 권선에 접지공사를 할 때에는 몇 종 접지공사를 하여야 하는가?

① 제1종 접지공사
② 제2종 접지공사
③ 제3종 접지공사
④ 특별 제3종 접지공사

해 설 ★★★★★

※ [한국전기설비규정(KEC) 규정 변경으로 문제 보기 삭제]
- KEC 322.5 전로의 중성점의 접지
변압기의 안정권선이나 유휴권선 또는 전압조정기의 내장권선을 이상전압으로부터 보호하기 위하여 특히 필요할 경우에 그 권선에 접지공사를 할 때에는 접지시스템의 규정에 의하여 접지공사를 할 것

[답] 정답 없음

17 가공 직류 전차선의 레일면상의 높이는 몇 [m] 이상이어야 하는가? ※삭제※

① 6.0　② 5.5　③ 5.0　④ 4.8

해 설

※ [한국전기설비규정(KEC) 규정 변경으로 문제 삭제]

추가학습 자료

- KEC 431.6 전차선 및 급전선의 높이
전차선과 급전선의 최소 높이는
직류 750[V], 1,500[V]인 경우 동적 4,800[mm] 이상, 정적 4,400[mm] 이상일 것
교류 2,500[V]인 경우 동적 4,800[mm] 이상, 정적 4,570[mm] 이상일 것

18 제1종 접지공사의 접지저항 값은 몇 [Ω] 이하로 유지하여야 하는가? ※ 삭제 ※

① 10　② 30　③ 50　④ 100

> **해설**
>
> ※ [한국전기설비규정(KEC) 규정 변경으로 문제 삭제]
>
> **추가학습 자료**
>
> ▪ KEC 141 접지시스템의 구분 및 종류
> 1) 접지시스템은 구분 : 계통접지, 보호접지, 피뢰시스템 접지
> 2) 접지시스템의 종류 : 단독접지, 공통접지, 통합접지
> 3) 한국전기설비규정은 접지공사의 종별을 구분하지 않음

19 고압 가공전선 상호 간의 접근 또는 교차하여 시설되는 경우, 고압 가공전선 상호 간의 이격거리는 몇 [cm] 이상이어야 하는가? (단, 고압 가공전선은 모두 케이블이 아니라고 한다.)

① 50　② 60　③ 70　④ 80

> **해설** ★★
>
> ▪ KEC 332.16 고압 가공전선 등과 저압 가공전선 등의 접근 또는 교차
>
> 고압 가공전선 상호 간 접근 또는 교차하여 시설되는 경우 고압 가공전선 상호 간의 이격거리는 케이블 아닌 경우 0.8[m] 이상일 것, 하나의 고압 가공전선과 다른 고압 가공전선로의 지지물 사이 이격거리는 0.6[m] 이상일 것
>
> [답] ④

20 과전류차단기로 시설하는 퓨즈 중 고압 전로에 사용하는 비포장 퓨즈는 정격전류의 몇 배의 전류에 견디어야 하는가?

① 1.1　② 1.25
③ 1.5　④ 2

> **해설** ★★★★
>
> ▪ KEC 341.10 고압 및 특고압 전로 중의 과전류차단기의 시설
>
> 고압 전로에 사용하는 비포장 퓨즈는 정격전류의 1.25배의 전류에 견디고 또한 2배의 전류로 2분 안에 용단되는 것
>
> [답] ②

제 2 회 전기(공사)산업기사 필기시험

1 저압 옥내배선과 옥내 저압용의 전구선의 시설방법으로 틀린 것은?

① 쇼케이스 내의 배선에 0.75[mm²]의 캡타이어케이블을 사용하였다.
② 출퇴표시등용 전선으로 1.0[mm²]의 연동선을 사용하여 금속관에 넣어 시설하였다. ❖ 삭제 ❖
③ 전광표시장치의 배선으로 1.5[mm²]의 연동선을 사용하고 합성수지관에 넣어 시설하였다.
④ 조영물에 고정시키지 아니하고 백열전등에 이르는 전구선으로 0.55[mm²]의 케이블을 사용하였다.

해설

※ [한국전기설비규정(KEC) 규정 변경으로 문제 삭제]

2 사용전압이 20[kV]인 변전소에 울타리·담 등을 시설하고자 할 때 울타리·담 등의 높이는 몇 [m] 이상이어야 하는가?

① 1 ② 2 ③ 5 ④ 6

해설 ★★★★★

- KEC 351.1 발전소 등의 울타리·담 등의 시설
1) 울타리·담 등을 시설할 것
2) 출입구에는 출입금지의 표시를 할 것
3) 출입구에는 자물쇠장치 기타 적당한 장치를 할 것
4) 울타리·담 등의 높이는 2[m] 이상으로 하고 지표면과 울타리·담 등의 하단사이의 간격은 0.15[m] 이하로 할 것

[답] ②

3 최대사용전압 440[V]인 전동기의 절연내력 시험전압은 몇 [V]인가?

① 330 ② 440
③ 500 ④ 660

해설 ★★★

- KEC 133 회전기 및 정류기의 절연내력
1) 회전기류 **최대사용전압 7[kV] 이하**
   절연내력 시험전압은 **최대사용전압의 1.5배일 것**
   (최소 10분간 견디어야 함)
2) 절연내력 시험전압 = 440 × 1.5
                    = 660[V]
   (500[V] 미만인 경우 500[V])

[답] ④

4 고압 옥내배선을 애자사용 공사로 하는 경우, 전선의 지지점 간의 거리는 전선을 조영재의 면을 따라 붙이는 경우 몇 [m] 이하이어야 하는가?

① 1 ② 2 ③ 3 ④ 5

해설 ★★★★★

- KEC 342.1 고압 옥내배선 등의 시설_애자사용배선
1) 전선은 공칭 단면적 6[mm²] 이상의 연동선 또는 이와 동등 이상의 세기 및 굵기의 고압 절연전선이나 특고압 절연전선 또는 인하용 고압 절연전선일 것
2) **전선의 지지점 간의 거리는 6[m] 이하일 것. 다만, 전선을 조영재의 면을 따라 붙이는 경우에는 2[m] 이하일 것**
3) 전선 상호 간의 간격은 8[cm] 이상, 전선과 조영재 사이의 이격거리는 5[cm] 이상일 것

[답] ②

5 특고압 가공전선로의 지지물에 시설하는 통신선 또는 이것에 직접 접속하는 통신선일 경우에 설치하여야 할 보안장치로서 모두 옳은 것은?

① 특고압용 제2종 보안장치, 고압용 제2종 보안장치
② 특고압용 제1종 보안장치, 특고압용 제3종 보안장치
③ 특고압용 제2종 보안장치, 특고압용 제3종 보안장치
④ 특고압용 제1종 보안장치, 특고압용 제2종 보안장치

> **해설** ★
> - KEC 362.5 특고압 가공전선로 첨가설치 통신선의 시가지 인입 제한
> 특고압 가공전선로의 지지물에 첨가설치하는 통신선 또는 이에 직접 접속하는 통신선과 **시가지의 통신선과의 접속점에 특고압용 제1종 보안장치, 특고압용 제2종 보안장치** 또는 이에 준하는 보안장치를 시설할 것
> [답] ④

6 사용전압 60,000[V]인 특고압 가공전선과 그 지지물·지주·완금류 또는 지선 사이의 이격거리는 몇 [cm] 이상이어야 하는가?

① 35   ② 40   ③ 45   ④ 65

> **해설** ★
> - KEC 333.5 특고압 가공전선과 지지물 등의 이격거리
> 사용전압이 60[kV] 이상 70[kV] 미만인 경우 특고압 가공전선과 그 지지물, 완금류, 지주 또는 지선 사이의 이격거리는 0.4[m] 이상일 것
> [답] ②

7 특고압 가공전선로에서 발생하는 극저주파 전자계는 지표상 1[m]에서 전계가 몇 [kV/m] 이하가 되도록 시설하여야 하는가?

① 3.5   ② 2.5   ③ 1.5   ④ 0.5

> **해설** ★★★★★
> - 전기설비 기술기준 제 17 조(유도장해 방지)
> 교류 특고압 가공전선로에서 발생하는 극저주파 전자계는 지표상 1[m]에서 전계가 3.5[kV/m] 이하, 자계가 83.3[μT] 이하가 되도록 시설
> [답] ①

8 동일 지지물에 저압 가공전선(다중접지된 중성선은 제외)과 고압 가공전선을 시설하는 경우 저압 가공전선은?

① 고압 가공전선의 위로 하고 동일 완금류에 시설
② 고압 가공전선과 나란하게 하고 동일 완금류에 시설
③ 고압 가공전선의 아래로 하고 별개의 완금류에 시설
④ 고압 가공전선과 나란하게 하고 별개의 완금류에 시설

> **해설** ★★★★★
> - KEC 332.8 고압 가공전선 등의 병행설치
> 저압 가공전선과 고압 가공전선을 동일 지지물에 시설하는 경우
> 1) 저압 가공전선을 고압 가공전선의 아래로 하고 별개의 완금류에 시설할 것
> 2) 저압 가공전선과 고압 가공전선 사이의 이격거리는 0.5[m] 이상일 것
> 3) 저압 가공전선과 고압 가공케이블 사이의 이격거리는 0.3[m] 이상일 것
> [답] ③

9 23[kV] 특고압 가공전선로의 전로와 저압 전로를 결합한 주상변압기의 2차 측 접지선의 굵기는 공칭단면적이 몇 [mm²] 이상의 연동선인가? ❖삭제❖ (특고압 가공전선로는 중성선 다중접지식의 것을 제외한다.)

① 2.5 ② 6
③ 10 ④ 16

해 설

※ [한국전기설비규정(KEC) 규정 변경으로 문제 삭제]

추가학습 자료

- KEC 142.3.1 접지도체
1) 연동선 또는 이와 동등 이상의 세기 및 굵기의 부식하지 않는 금속선
2) 고장 시 흐르는 전류를 안전하게 통할 수 있는 금속선
3) 접지도체의 최소 단면적

접지시스템		최소 단면적
큰 고장전류가 통하지 않는 접지도체, 고압/특고압 전기설비용 접지도체		6[mm²]
중성점 접지용	접지도체 (또는 피뢰시스템에 접속된 접지도체)	16[mm²]
	7[kV] 이하 전로 또는 25[kV] 이하 특고압 가공전선로의 전로(중성선 다중 접지식)에 지락이 생겼을 때 2초 이내에 자동적으로 이를 전로로부터 차단하는 장치가 되어있는 것	6[mm²]

10 특고압 가공전선로의 지지물 양쪽의 경간의 차가 큰 곳에 사용되는 철탑은?

① 내장형철탑 ② 인류형철탑
③ 각도형철탑 ④ 보강형철탑

해 설 ★★★★★

- KEC 333.11 특고압 가공전선로의 철주, 철근 콘크리트주 또는 철탑의 종류
1) 내장형 : 전선로의 지지물 양쪽의 경간의 차가 큰 곳에 사용하는 것
2) 직선형 : 전선로의 직선부분(3도 이하인 수평각도를 이루는 곳을 포함한다)에 사용하는 것
3) 각도형 : 전선로 중 3도를 초과하는 수평각도를 이루는 곳에 사용하는 것

[답] ①

11 철탑의 강도 계산에 사용하는 이상 시 상정하중의 종류가 아닌 것은?

① 좌굴하중 ② 수직하중
③ 수평 횡하중 ④ 수평 종하중

해 설 ★

- KEC 333.14 이상 시 상정하중
철탑의 강도 계산에 사용하는 **이상 시 상정하중**은 **수직하중, 수평횡중 및 수평 종하중**을 동시에 가하여지는 것으로 계산

[답] ①

12 교류 전차선 등이 교량 등의 밑에 시설되는 경우 교량의 가더 등의 금속제 부분에는 제 몇 종 접지공사를 하여야 하는가?

① 제1종 접지공사 ❖삭제❖
② 제2종 접지공사
③ 제3종 접지공사
④ 특별 제3종 접지공사

해 설

※ [한국전기설비규정(KEC) 규정 변경으로 문제 삭제]

13 사용전압 15[kV] 이하인 특고압 가공전선로의 중성선 다중 접지시설은 각 접지선을 중성선으로부터 분리하였을 경우 1[km]마다의 중성선과 대지사이의 합성 전기저항 값은 몇 [Ω] 이하이어야 하는가?

① 30　　　② 50
③ 400　　④ 500

해 설 ★★★★★

- KEC 333.32 25[kV] 이하인 특고압 가공전선로의 시설
1) 특고압 가공전선로의 중성선의 다중접지 시설에서 각 접지선을 중성선으로부터 분리하였을 경우 각 접지점의 대지 전기저항값이 300[Ω] 이하일 것
2) 1[km]마다의 중선선과 대지 사이의 합성전기 전기저항 값은 15[kV] 이하 30[Ω] 이하, 15[kV] 초과 25[kV] 이하 15[Ω] 이하일 것

[답] ①

14 고압 가공전선에 케이블을 사용하는 경우의 조가용선 및 케이블의 피복에 사용하는 금속체에는 몇 종 접지공사를 하여야 하는가?

① 제1종 접지공사 ❖삭제❖
② 제2종 접지공사
③ 제3종 접지공사
④ 특별 제3종 접지공사

해 설

※ [한국전기설비규정(KEC) 규정 변경으로 문제 삭제]

추가학습 자료

- KEC 332.2 가공케이블의 시설
1) 케이블은 조가용선에 행거로 시설할 것, 고압인 경우 행거의 간격은 0.5[m] 이하일 것
2) 조가용선은 인장강도 5.93[kN] 이상의 것 또는 단면적 22[mm²] 이상인 아연도강연선일 것
3) 조가용선 및 케이블의 피복에 사용하는 금속체에는 접지공사를 할 것
4) 조가용선의 케이블에 접촉시켜 금속 테이프를 감는 경우에는 0.2[m] 이하의 간격을 유지하며 나선상으로 감을 것
5) 한국전기설비규정은 접지공사의 종별을 구분하지 않음

15 강색 차선의 레일면상의 높이는 몇 [m] 이상이어야 하는가? (단, 터널 안, 교량아래 그 밖에 이와 유사한 곳에 시설하는 경우는 제외한다.) ❖삭제❖

① 2.5　② 3.0　③ 3.5　④ 4.0

해 설

※ [한국전기설비규정(KEC) 규정 변경으로 문제 삭제]

16 "지중 관로"에 포함되지 않는 것은?

① 지중 전선로
② 지중 레일 선로
③ 지중 약전류 전선로
④ 지중 광섬유 케이블 선로

해 설 ★★★★★

- KEC 112 용어 정의
『지중관로』란 지중 전선로, 지중 약전류 전선로, 지중 광섬유케이블 선로, 지중에 시설하는 수관 및 가스관과 이와 유사한 것 및 이들에 부속하는 지중함 등을 말한다.

[답] ②

17 수소냉각식의 발전기·조상기에 부속하는 수소 냉각 장치에서 필요 없는 장치는?

① 수소의 압력을 계측하는 장치
② 수소의 온도를 계측하는 장치
③ 수소의 유량을 계측하는 장치
④ 수소의 순도 저하를 경보하는 장치

해 설 ★★★★★

- KEC 351.10 수소냉각식 발전기 등의 시설
1) 발전기 내부 또는 조상기 내부의 **수소의 순도가 85[%]** 이하로 저하한 경우에 이를 경보하는 장치를 시설할 것
2) 발전기 내부 또는 조상기 **내부의 수소의 온도를** 계측하는 장치를 시설할 것

[답] ③

18 고압 가공 전선이 경동선 또는 내열 동합금선인 경우 안전율의 최소값은?

① 2.0　② 2.2　③ 2.5　④ 4.0

해 설　★★★★★

- KEC 332.4 고압 가공전선의 안전율
  고압 가공전선은 케이블인 경우 안전율은 **경동선 또는 내열 동합금선은 2.2 이상**, 그 밖의 전선 2.5 이상이 되는 이도로 시설할 것

[답] ②

19 전체의 길이가 16[m]이고 설계하중이 6.8[kN] 초과 9.8[kN] 이하인 철근 콘크리트주를 논, 기타 지반이 연약한 곳 이외의 곳에 시설할 때, 묻히는 깊이를 2.5[m]보다 몇 [cm] 가산하여 시설하는 경우에는 기초의 안전율에 대한 고려 없이 시설하여도 되는가?

① 10　② 20　③ 30　④ 40

해 설　★★★★★

- KEC 331.7 가공전선로 지지물의 기초의 안전율
  철근 콘크리트주로서 전체의 길이가 14[m] 이상 20[m] 이하이고, 설계하중이 6.8[kN] 초과 9.8[kN] 이하의 것을 논이나 그 밖의 지반이 연약한 곳, 이외에 시설하는 경우 그 묻히는 깊이는 기준(전장의 1/6)보다 30[cm]을 가산하여 시설할 것

[답] ③

20 저압 및 고압 가공전선의 높이에 대한 기준으로 틀린 것은?

① 철도를 횡단하는 경우는 레일면상 6.5[m] 이상이다.
② 횡단 보도교 위에 시설하는 경우 저압 가공전선은 노면 상에서 3[m] 이상이다.
③ 횡단 보도교 위에 시설하는 경우 고압 가공전선은 그 노면 상에서 3.5[m] 이상이다.
④ 다리의 하부 기타 이와 유사한 장소에 시설하는 저압의 전기철도용 급전선은 지표상 3.5[m]까지로 감할 수 있다.

해 설　★★★★★

- KEC 222.7 저압 가공전선의 높이
  & KEC 332.5 고압 가공전선의 높이
1) 도로횡단 : 지표면상 6[m] 이상
2) 철도횡단 : 레일면상 6.5[m] 이상
3) **횡단보도교 위 : 노면상 3.5[m] 이상**
   (단, 절연전선 사용 시 3[m] 이상)
4) 기타 : 지표면상 5[m] 이상
   (교통이 번잡하지 않은 장소)
5) 다리하부 : 저압의 전기철도용 급전선은 지표상 3.5[m]까지 감할 수 있음

[답] ②

제4회 전기공사산업기사 필기시험

1 특고압 가공전선로의 지지물로 사용되는 B종 철근·B종 콘크리트주의 각도형은 전선로 중 최소 몇 도를 초과하는 수평각도를 이루는 곳에 사용하는가?

① 3   ② 5   ③ 8   ④ 10

해설 ★★★★★

- KEC 333.11 특고압 가공전선로의 철주, 철근 콘크리트주 또는 철탑의 종류
1) 내장형 : 전선로의 지지물 양쪽의 경간의 차가 큰 곳에 사용하는 것
2) 직선형 : 전선로의 직선부분(3도 이하인 수평각도를 이루는 곳을 포함한다)에 사용하는 것
3) 각도형 : 전선로 중 3도를 초과하는 수평각도를 이루는 곳에 사용하는 것

[답] ①

2 특고압 가공전선로의 지지물로 사용하는 B종 철근·B종 콘크리트주 또는 철탑의 종류 중 전선로의 지지물 양쪽의 경간의 차가 큰 곳에 사용하는 것은?

① 내장형   ② 직선형
③ 인류형   ④ 보강형

해설 ★★★★★

- KEC 333.11 특고압 가공전선로의 철주, 철근 콘크리트주 또는 철탑의 종류
1) 내장형 : 전선로의 지지물 양쪽의 경간의 차가 큰 곳에 사용하는 것
2) 직선형 : 전선로의 직선부분(3도 이하인 수평각도를 이루는 곳을 포함한다)에 사용하는 것
3) 각도형 : 전선로 중 3도를 초과하는 수평각도를 이루는 곳에 사용하는 것

[답] ①

3 사람이 접촉할 우려가 있는 접지공사에서 지하 75[cm]로부터 지표상 2[m]까지의 접지선은 사람의 접촉우려가 없도록 하기 위하여 어느 것을 사용하여 보호하는가?

① 이음부분이 없는 플로어덕트
② 난연성이 없는 콤바인덕트관
③ 두께 2[mm] 이상의 합성수지관
④ 피막의 두께가 균일한 비닐포장지

해설 ★★★★★

※ [한국전기설비규정(KEC) 규정 변경으로 문제 변경]
- KEC 142.3.1 접지도체
1) 접지극은 동결 깊이를 감안 매설깊이는 지표면으로부터 지하 0.75[m] 이상으로 할 것
2) 접지선은 절연전선(옥외용 비닐 절연전선 제외), 캡타이어케이블 또는 케이블(통신용 케이블 제외)을 사용할 것
3) **접지도체는 지하 0.75[m]부터 지표상 2[m]까지 부분은 합성수지관 등으로 보호할 것**
4) 접지도체를 철주 기타의 금속체를 따라서 시설하는 경우에는 접지극을 철주의 밑면으로부터 0.3[m] 이상의 깊이에 매설하는 경우 이외에는 접지극을 지중에서 그 금속체로부터 1[m] 이상 떼어 매설할 것

[답] ③

4 66[kV] 가공전선이 건조물과 제1차 접근상태로 시설되는 경우 가공전선과 건조물 사이의 이격거리는 최소 몇 [m] 이상이어야 하는가? (단, 전선은 나전선으로 한다.)

① 3.0   ② 3.2   ③ 3.4   ④ 3.6

해 설 ★★★★★

- KEC 333.24 특고압 가공전선과 도로 등의 접근 또는 교차
1) 사용전압 35[kV] 이하 건조물 사이의 이격거리는 3[m], 35[kV] 초과하는 10[kV] 단수마다 0.15[m]를 더한 값일 것(기타 전선 사용)
2) 단수계산 = (66 - 35) / 10
   = 3.1 → 4 (소수점 이하 절상)
3) 이격거리 = 3 + 4 × 0.15 = 3.6[m]

[답] ④

5 도로에 시설하는 가공 직류 전차선로의 경간은 몇 [m] ❖삭제❖ 하여야 하는가?

① 40   ② 50   ③ 60   ④ 70

해 설

※ [한국전기설비규정(KEC) 규정 변경으로 문제 삭제]

6 변압기에 의하여 특고압 전로에 결합되는 고압전로에 방전하는 장치를 그 변압기의 단자에 가까운 1극에 설치하였다고 할 때, 이 방전장치❖삭제❖은 몇 [Ω] 이하로 유지하여야 하는가?

① 10   ② 30   ③ 50   ④ 100

해 설

※ [한국전기설비규정(KEC) 규정 변경으로 문제 삭제]

추가학습 자료

- KEC 322.3 특고압과 고압의 혼촉 등에 의한 위험방지 시설

변압기에 의하여 특고압 전로에 결합되는 고압 전로에는 사용전압의 3배 이하인 전압이 가하여진 경우에 방전하는 장치를 그 변압기의 단자에 가까운 1극에 설치하고 접지공사 할 것

7 고압 가공전선이 사람이 거주 또는 근무하거나 빈번히 출입하거나 모이는 조영물과 접근 상태로 시설되는 경우 고압가공전선과 상부 조영재의 옆쪽에서의 이격거리는 몇 [m] 이상이어야 하는가? (단, 전선은 경동연선이라고 한다.)

① 0.4   ② 1.0   ③ 1.2   ④ 2.0

해 설 ★★★

- KEC 332.11 고압 가공전선과 건조물의 접근

저고압 가공전선이 상부 조영재의 옆쪽 또는 아래쪽으로 접근 시 가공전선과 조영재의 이격거리는 1.2[m] 이상 유지할 것(단, 전선에 사람이 쉽게 접촉할 우려가 없도록 시설한 경우 0.8[m] 이상, 케이블인 경우 0.4[m] 이상)

[답] ③

8 사람이 접촉할 우려가 없도록 시설된 백열전등 또는 방전등 및 이에 부속하는 전선에 전기를 공급하는 옥내 전로의 대지전압은 최대 몇 [V]인가? (단, 주택의 옥내 전로를 제외한다.)

① 100　　② 150
③ 300　　④ 450

해 설 ★★★★★

- KEC 231.6 옥내전로의 대지 전압의 제한
백열전등 및 방전등에 전기를 공급하는 **옥내전로의 대지전압은 300[V] 이하**일 것

[답] ③

9 가요전선관 공사에 의한 저압 옥내배선의 시설 기준에 적합한 것은?

① 옥외용 비닐절연전선을 사용하였다.
② 2종 금속제 가요전선관을 사용하였다.
③ 가요전선관에 접지공사를 하지 않았다.
④ 전선은 연동선으로 단면적 16[mm²]의 단선을 사용하였다.

해 설 ★★★

※ [한국전기설비규정(KEC) 규정 변경으로 문제 보기 변경]
- KEC 232.13 금속제 가요전선관공사
1) 연선 : 절연전선(옥외용 비닐 절연전선(OW)은 제외)
2) 단선 : 단면적 10[mm²](알루미늄선은 단면적 16[mm²]) 이하(짧고 가는 관에 넣은 경우)
3) 가요전선관 안에는 전선에 접속점이 없도록 할 것
4) 관에는 감전에 대한 보호와 접지시스템에 준하여 접지공사를 할 것
5) 1종 금속제 가요전선관은 두께 0.8[mm] 이상으로 4[m]를 넘는 것은 단면적 2.5[mm²] 이상의 나연동선을 전장에 걸쳐 삽입 또는 첨가하여 양단에서 관과 전기적으로 완전하게 접속할 것
6) 한국전기설비규정은 접지공사의 종별을 구분하지 않음

[답] ②

10 고압 가공전선로에 사용하는 가공지선은 인장강도 5.26[kN] 이상의 것 또는 지름 몇 [mm] 이상의 나경동선이어야 하는가?

① 2　　② 3　　③ 4　　④ 5

해 설 ★★★

- KEC 332.6 고압 가공전선로의 가공지선
고압 가공전선로에 사용하는 가공지선은 인장강도 5.26[kN] 이상의 것 또는 지름 4[mm] 이상의 나경동선을 사용할 것

[답] ③

11 가공전선로의 지지물에 하중이 가하여지는 경우에 그 하중을 받는 지지물의 기초의 안전율은 얼마 이상이어야 하는가?

① 0.5　　② 1
③ 1.5　　④ 2

해 설 ★★★★★

- KEC 331.7 가공전선로 지지물의 기초의 안전율
가공전선로의 지지물에 하중이 가하여지는 경우에 그 하중을 받는 **지지물의 기초의 안전율은 2 이상**이어야 하며, 철탑의 기초에 대하여는 1.33 이상일 것

[답] ④

12 한 수용장소의 인입선에서 분기하여 지지물을 거치지 않고 다른 수용 장소의 인입구에 이르는 부분의 전선을 무엇이라 하는가?

① 옥상배선　　② 옥외배선
③ 연접인입선　　④ 가공인입선

해 설 ★★★★★

- KEC 112 용어 정의
『**연접인입선**』이란 한 수용장소의 인입선에서 분기하여 지지물을 거치지 않고 다른 수용장소의 인입구에 이르는 부분의 전선을 말한다.

[답] ③

13 다도체를 구성하는 전선이 2가닥마다 수평으로 배열되고 또한 그 전선 상호 간의 거리가 전선의 바깥지름의 20배 이하인 경우 구성재의 수직 투영면적 1[m^2]에 대한 풍압하중은 몇 [Pa]인가?

① 444 ② 455
③ 666 ④ 677

해설 ★★★★★

- KEC 331.6 풍압하중의 종별과 적용
1) 목주, 원형(철주, 철근 콘크리트주, 철탑) : 588[Pa]
2) 기타 철근 콘크리트주 : 882[Pa]
3) 철주 강관 4각형 : 1,117[Pa]
4) 강관 구성 철탑 : 1,255[Pa]
5) 애자장치 : 1,039[Pa]
6) **다도체 전선 : 666[Pa]**

[답] ③

14 저압 옥내간선에서 분기하여 전기사용기계기구에 이르는 저압 옥내 전로는 저압 옥내간선과의 분기점에서 전선의 길이가 몇 [m] 이하인 곳에 개폐기 및 과전류차단기를 시설하여야 하는가? (단, 분기점에서 개폐기 및 과전류차단기까지의 전선의 허용전류 등은 고려하지 않고 일반적인 경우이다.)

① 2 ② 3 ③ 4 ④ 5

해설 ★★★★★

- KEC 212.4.2 과부하 보호장치의 설치 위치
1) 과부하 보호장치는 전로 중 도체의 단면적, 특성, 설치방법, 구성의 변경으로 도체의 허용전류 값이 줄어드는 곳(이하 분기점이라 함)에 설치할 것
2) 저압 옥내간선과의 분기점에서 전선의 길이가 **3[m] 이하**인 곳에 개폐기 및 과전류 차단기를 시설할 것

[답] ②

15 지중 전선로의 시설 방식이 아닌 것은?

① 관로식 ② 압착식
③ 암거식 ④ 직접 매설식

해설 ★★★★★

- KEC 334.1 지중 전선로의 시설
지중 전선로는 전선에 케이블을 사용하고 또한 **관로식, 암거식 또는 직접 매설식**에 의하여 시설할 것

[답] ②

16 지중에 매설된 금속제 수도관로를 접지공사의 접지극으로 사용하려고 할 경우로 틀린 것은?

① 대지와의 전기저항 값이 3[Ω] 이하로 유지되는 금속제 수도관로는 접지공사의 접지극으로 사용할 수 있다.
② 접지선과 금속제 수도관로의 접속부를 사람이 접촉할 우려가 있는 곳에 설치하는 경우에는 손상을 방지하도록 방호장치를 설치하여야 한다.
③ 대지와의 사이에 전기저항 값이 2[Ω] 이하를 유지하는 건물의 철골은 경우에 따라 접지공사의 접지극으로 사용할 수 있다.
④ 접지선과 금속제 수도관로의 접속부를 수도계량기로부터 수도 수용가측에 설치하는 경우에는 수도계량기를 사이에 두고 양측 수도관로를 전기적으로 확실하게 연결해야 한다.

해설 ★★★

※ [한국전기설비규정(KEC) 규정 변경으로 문제 보기 변경]

- KEC 142.2 접지극의 시설 및 접지저항_(수도관 등을 접지극으로 사용)
1) 지중에 매설되어 있고 대지와의 전기저항 값이 3[Ω] 이하의 값을 유지하고 있는 금속제 수도관로의 경우 접지극으로 사용이 가능
2) 접지도체와 금속제 수도관로의 접속부를 수도계량기로부터 수도 수용가 측에 설치하는 경우에는 수도계량기를 사이에 두고 양측 수도관로를 등전위본딩 할 것
3) 접지도체와 금속제 수도관로의 접속부를 사람이

접촉할 우려가 있는 곳에 설치하는 경우에는 손상을 방지하도록 방호장치를 설치할 것
4) 접지도체와 금속제 수도관로의 접속에 사용하는 금속제는 접속부에 전기적 부식이 생기지 않아야 할 것

[답] 정답 없음

17 아래 그림은 전력보안통신설비의 보안장치이다. RP_1에 대한 설명으로 틀린 것은?

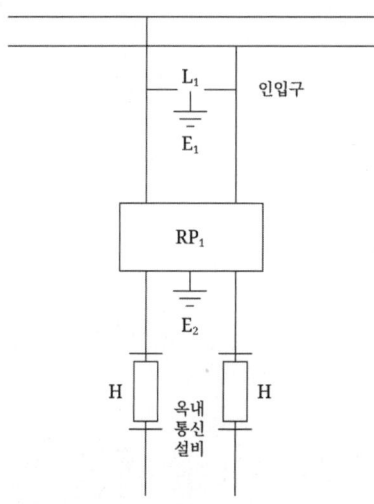

① 전류용량은 50[A]이다.
② 자복성(自復性)이 없는 릴레이 보안기이다.
③ 최소 감도전류 때의 응동시간이 1사이클 이하이다.
④ 교류 300[V] 이하에서 동작하고, 최소 감도전류가 3[A] 이하이다.

해 설 ★

- KEC 362.5 특고압 가공전선로 첨가설치 통신선의 시가지 인입 제한
RP : 교류 300[V] 이하에서 동작하고, 최소 감도전류가 3[A] 이하로서 최소 감도전류 때의 응동시간이 1사이클 이하이고 또한 전류 용량이 50[A], 20[초] 이상인 자복성이 있는 릴레이 보안기

[답] ②

18 전로에 시설하는 400[V] 이상의 저압용 기계기구의 철대 및 금속제 외함에는 제 몇 종 접지공사를 하여야 하는가?
① 제1종 접지공사 ❖삭제❖
② 제2종 접지공사
③ 제3종 접지공사
④ 특별 제3종 접지공사

해 설

※ [한국전기설비규정(KEC) 규정 변경으로 문제 삭제]

추가학습 자료

- KEC 141 접지시스템의 구분 및 종류
1) 접지시스템은 구분 : 계통접지, 보호접지, 피뢰시스템 접지
2) 접지시스템의 종류 : 단독접지, 공통접지, 통합접지
3) 한국전기설비규정은 접지공사의 종별을 구분하지 않음

19 최대 사용전압이 161[kV], 중성점 직접접지식 전로에 접속되는 변압기 전로의 절연내력 시험전압은 몇 [kV]인가? (단, 성형결선의 것에 한하며, 정류기에 접속하는 권선은 제외한다.)
① 115.92 ② 147.12
③ 187.10 ④ 201.25

해 설 ★★★★★

- KEC 135 변압기 전로의 절연내력
1) 최대사용전압 60[kV] 초과 170[kV] 이하 중성점 직접접지식 전로의 절연내력 시험전압은 **최대 사용전압의 0.72배**일 것
2) 절연내역 시험전압 = 161,000 × 0.72
= 115,920[V]

[답] ①

20 옥내에 시설하는 저압전선으로 나전선을 사용하고 공사방법으로 애자사용공사에 의하여 전개된 곳에 시설하는 방법이 아닌 것은?

① 전기로용 전선
② 금속덕트용 전선
③ 전선의 피복 절연물이 부식하는 장소에 시설하는 전선
④ 취급자 이외의 자가 출입할 수 없도록 설비한 장소에 시설하는 전선

해 설 ★★★★★

- KEC 231.4 나전선의 사용 제한

옥내에 시설하는 저압전선 중 전기로용, 전선의 피복 절연물이 부식하는 장소 또는 취급자 이외의 자가 출입할 수 없도록 설비한 장소에서는 나전선 사용 가능

[답] ②

2020년 기출문제

제 1, 2회   전기(공사)산업기사 필기시험

1 직류식 전기철도에서 배류선의 상승 부분 중 지표상 몇 [m] 미만의 부분은 절연전선 (옥외용 비닐 절연전선을 제외한다.), 캡타이어 케이블 ❖삭제❖ 을 사용하고 사람이 접촉할 우려가 없고 또한 손상을 받을 우려가 없도록 시설하여야 하는가?

① 1.5   ② 2.0   ③ 2.5   ④ 3.0

[해설]

※ [한국전기설비규정(KEC) 규정 변경으로 문제 삭제]

2 특고압 가공전선과 가공약전류 전선 사이에 보호망을 시설하는 경우 보호망을 구성하는 금속선 상호 간의 간격은 가로 및 세로를 각각 몇 [m] 이하로 시설하여야 하는가?

① 0.75   ② 1.0
③ 1.25   ④ 1.5

[해설] ★

- KEC 333.24 특고압 가공전선과 도로 등의 접근 또는 교차
1) 보호망은 접지공사를 한 금속제의 망상장치로 하고 견고하게 지지할 것
2) **보호망을 구성하는 금속선 상호의 간격은 가로, 세로 각 1.5[m] 이하일 것**
3) 보호망은 규정에 준하여 접지공사를 한 금속제의 망상장치로 하고 견고하게 지지할 것
4) 한국전기설비규정은 접지공사의 종별을 구분하지 않음

[답] ④

3 1차 측 3,300[V], 2차 측 220[V]인 변압기 전로의 절연내력 시험전압은 각각 몇 [V]에서 10분간 견디어야 하는가?

① 1차 측 4,950[V], 2차 측 500[V]
② 1차 측 4,500[V], 2차 측 400[V]
③ 1차 측 4,125[V], 2차 측 500[V]
④ 1차 측 3,300[V], 2차 측 400[V]

[해설] ★★★★★

- KEC 135 변압기 전로의 절연내력
1) 변압기 전로의 **최대사용전압 7[kV] 이하** 전로의 절연내력 시험전압은 **최대 사용전압의 1.5배일 것**
2) 시험전압이 500[V] 미만으로 되는 경우에는 500[V]
3) 절연내역 시험전압 = 3,300 × 1.5 = 4,950[V]
4) 절연내역 시험전압 = 220 × 1.5 = 330[V]

[답] ①

4 가공전선로의 지지물에 지선을 시설하려는 경우 이 지선의 최저 기준으로 옳은 것은?

① 허용인장하중 : 2.11[kN],
　 소선지름 : 2.0[mm], 안전율 : 3.0
② 허용인장하중 : 3.21[kN],
　 소선지름 : 2.6[mm], 안전율 : 1.5
③ 허용인장하중 : 4.31[kN],
　 소선지름 : 1.6[mm], 안전율 : 2.0
④ 허용인장하중 : 4.31[kN],
　 소선지름 : 2.6[mm], 안전율 : 2.5

해설 ★★★★★

- **KEC 331.11 지선의 시설**
가공전선로의 지지물에 시설하는 지선
1) **지선의 안전율은 2.5 이상, 허용 인장하중의 최저 4.31[kN] 이상**
2) 지선에 연선을 사용하는 경우
　- 소선 3가닥 이상의 연선일 것
　- **소선의 지름이 2.6[mm] 이상의 금속선을 사용한 것일 것**
　- 아연도강연선 : 소선 지름이 2[mm] 이상, 인장강도가 0.68[kN/mm^2] 이상
3) 지중부분 및 지표상 0.3[m]까지의 부분에는 내식성이 있는 것 또는 아연도금을 한 철봉을 사용하고 쉽게 부식되지 아니하는 근가에 견고하게 붙일 것. 다만, 목주에 시설하는 지선에 대해서는 그러하지 아니하다.
4) 지선근가는 지선의 인장하중에 충분히 견디도록 시설할 것
5) 도로를 횡단하는 곳의 지선의 높이는 지표상 5[m] 이상일 것

[답] ④

5 버스덕트 공사에 의한 저압의 옥측배선 또는 옥외배선의 사용전압이 400[V] 이상인 경우의 시설기준에 대한 설명으로 틀린 것은?

① 목조 외의 조영물(점검할 수 없는 은폐장소)에 시설할 것
② 버스덕트는 사람이 쉽게 접촉할 우려가 없도록 시설할 것
③ 버스덕트는 KS C IEC 60529(2006)에 의한 보호등급 IPX4에 적합할 것
④ 버스덕트는 옥외용 버스덕트를 사용하여 덕트 안에 물이 스며들어 고이지 아니하도록 한 것일 것

해설

※ [한국전기설비규정(KEC) 규정 변경으로 문제 삭제]

6 전력보안 통신설비인 무선통신용 안테나를 지지하는 목주의 풍압하중에 대한 안전율은 얼마 이상으로 해야 하는가?

① 0.5　② 0.9　③ 1.2　④ 1.5

해설 ★★★

- **KEC 364.1 무선용 안테나 등을 지지하는 철탑 등의 시설**
전력보안 통신설비인 무선 통신용 안테나 또는 반사판을 지지하는 **목주, 철주, 철근 콘크리트주 또는 철탑의 기초의 안전율을 1.5 이상일 것**

[답] ④

7 변압기에 의하여 특고압 전로에 결합되는 고압 전로에는 사용전압의 몇 배 이하인 전압이 가하여진 경우에 방전하는 장치를 그 변압기의 단자에 가까운 1극에 설치하여야 하는가?

① 3 ② 4 ③ 5 ④ 6

해 설 ★★★

- KEC 322.3 특고압과 고압의 혼촉 등에 의한 위험방지 시설

변압기에 의하여 특고압 전로에 결합되는 고압 전로에는 사용전압의 3배 이하인 전압이 가하여진 경우에 방전하는 장치를 그 변압기의 단자에 가까운 1극에 설치하고 접지공사 할 것

[답] ①

8 저압 가공전선과 고압 가공전선을 동일 지지물에 시설하는 경우 이격거리는 몇 [cm] 이상이어야 하는가? (단, 각도주(角度柱)·분기주(分岐柱) 등에서 혼촉(混觸)의 우려가 없도록 시설하는 경우는 제외한다.)

① 50 ② 60 ③ 70 ④ 80

해 설 ★★★★★

- KEC 332.8 고압 가공전선 등의 병행설치

저압 가공전선과 고압 가공전선을 동일 지지물에 시설하는 경우
1) 저압 가공전선을 고압 가공전선의 아래로 하고 별개의 완금류에 시설할 것
2) 저압 가공전선과 고압 가공전선 사이의 이격거리는 0.5[m] 이상일 것
3) 저압 가공전선과 고압 가공케이블 사이의 이격거리는 0.3[m] 이상일 것

[답] ①

9 의료장소 중 그룹 1 및 그룹 2의 의료 IT 계통에 시설되는 전기설비의 시설기준으로 틀린 것은?

① 의료용 절연변압기의 정격출력은 10[kVA] 이하로 한다.
② 의료용 절연변압기의 2차 측 정격전압은 교류 250[V] 이하로 한다.
③ 전원 측에 강화절연을 한 의료용 절연변압기를 설치하고 그 2차 측 전로는 접지한다.
④ 절연감시장치를 설치하여 절연저항이 50[kΩ]까지 감소하면 표시설비 및 음향설비로 경보를 발하도록 한다.

해 설 ★★★

- KEC 242.10.3 의료장소의 안전을 위한 보호 설비

1) 의료 IT 계통의 절연상태를 지속적으로 계측, 감시하는 절연감시장치를 설치하고 절연저항이 50[kΩ]까지 감소하면 표시설비 및 음향설비로 경보를 발하도록 할 것
2) 의료장소마다 그 내부 또는 근처에 등전위본딩 바를 설치할 것. 다만, 인접하는 의료장소와의 바닥 면적 합계가 50[m^2] 이하인 경우에는 등전위본딩 바를 공용할 수 있다.
3) 비단락보증 절연변압기의 2차 측 정격전압은 교류 250[V] 이하로 하며 공급방식은 단상 2선식, 정격출력은 10[kVA] 이하로 할 것
4) 전원 측에 이중 또는 강화절연을 한 비단락보증 절연변압기를 설치하고 그 2차 측 전로는 접지하지 말 것

[답] ③

10 사람이 상시 통행하는 터널 안 배선의 시설기준으로 틀린 것은?

① 사용전압은 저압에 한한다.
② 전로에는 터널의 입구에 가까운 곳에 전용 개폐기를 시설한다.
③ 애자사용 공사에 의하여 시설하고 이를 노면상 2[m] 이상의 높이에 시설한다.
④ 공칭단면적 2.5[mm^2] 연동선과 동등 이상의 세기 및 굵기의 절연전선을 사용한다.

해 설 ★★★★★

- KEC 335.1 터널 안 전선로의 시설
철도, 궤도 또는 자동차도 전용 터널 안의 전선로
1) 애자사용공사 : 2.6[mm] 이상 경동선의 절연전선(고압 4.0[mm] 이상)
2) 합성수지관, 금속관, 가요전선관 공사 : 케이블 배선
2) 레일면상 또는 노면상 2.5[m] 이상의 높이로 유지할 것(고압 3.0[m] 이상)

[답] ③

11 특고압 가공전선이 가공약전류 전선 등 저압 또는 고압의 가공전선이나 저압 또는 고압의 전차선과 제1차 접근상태로 시설되는 경우 60[kV] 이하 가공전선과 저고압 가공전선 등 또는 이들의 지지물이나 지주 사이의 이격거리는 몇 [m] 이상인가?

① 1.2   ② 2
③ 2.6   ④ 3.2

해 설 ★★

- KEC 333.26 특고압 가공전선과 저고압 가공전선 등의 접근 또는 교차
1) **사용전압 60[kV]** 이하 특고압 가공전선과 **이격거리는 2[m]**
2) 60[kV] 초과하는 10[kV] 단수마다 0.12[m]를 더한 값일 것

[답] ②

12 교통신호등의 시설기준에 관한 내용으로 틀린 것은?

① 제어장치의 금속제 외함에는 제3종 접지공사를 한다.
② 교통신호등 회로의 사용전압은 300[V] 이하로 한다.
③ 교통신호등 회로의 인하선은 지표상 2[m] 이상으로 시설한다.
④ LED를 광원으로 사용하는 교통신호등의 설치는 KS C 7528 "LED 교통신호등"에 적합한 것을 사용한다.

해 설 ★★★

※ [한국전기설비규정(KEC) 규정 변경으로 문제 보기 삭제]
- KEC 234.15 교통신호등
1) 교통신호등 제어장치의 2차 측 배선의 최대사용전압은 300[V] 이하일 것
2) 교통신호등 회로의 인하선은 전선의 지표상의 높이 2.5[m] 이상일 것
3) 교통신호등의 제어장치의 금속 제외함 및 신호등을 지지하는 철주에는 접지시스템의 규정에 준하여 접지공사를 할 것
4) 한국전기설비규정은 접지공사의 종별을 구분하지 않음

[답] ③

13 중성선 다중접지식의 것으로서 전로에 지락이 생겼을 때 2초 이내에 자동적으로 이를 전로로부터 차단하는 장치가 되어 있는 22.9[kV] 특고압 가공전선이 다른 특고압 가공전선과 접근하는 경우 이격거리는 몇 [m] 이상으로 하여야 하는가? (단, 양쪽이 나전선인 경우이다.)

① 0.5   ② 1.0   ③ 1.5   ④ 2.0

해 설 ★★★★★

- KEC 333.32 25[kV] 이하인 특고압 가공전선로의 시설
1) 25[kV] 이하인 특고압 가공전선로가 상호 접근 또는 교차하는 경우 사용전선이 양쪽 모두 케이블인 경우 이격거리는 0.5[m] 이상일 것
2) 25[kV] 이하의 특고압 가공전선로가 상호 접근 또는 교차하는 경우 사용전선이 양쪽 모두 나전선인 경우 상호 이격거리는 1.5[m] 이상일 것

[답] ③

14 터널 안의 윗면, 교량의 아랫면 기타 이와 유사한 곳 또는 이에 인접하는 곳에 시설하는 경우 가공 직류 전차선의 레일면상의 높이는 몇 ❖삭제❖?

① 3   ② 3.5
③ 4   ④ 4.5

해 설

※ [한국전기설비규정(KEC) 규정 변경으로 문제 삭제]

15 고압 가공전선이 교류 전차선과 교차하는 경우, 고압 가공전선으로 케이블을 사용하는 경우 이외에는 단면적 몇 [mm^2] 이상의 경동연선(교류 전차선 등과 교차하는 부분을 포함하는 경간에 접속점이 없는 것에 한한다.)을 사용하여야 하는가?

① 14   ② 22   ③ 30   ④ 38

해 설 ★

- KEC 332.15 고압 가공전선과 교류전차선 등의 접근 또는 교차
고압 가공전선이 경동연선이면 38[mm^2] 이상이어야 한다. 또한 교류 전차선과의 상호 간격은 0.65[m] 이상 이격할 것

[답] ④

16 고압 또는 특고압 가공전선과 금속제의 울타리가 교차하는 경우 교차점과 좌, 우로 몇 [m] 이내의 개소에 접지공사를 하여야 하는가? (단, 전선에 케이블을 사용하는 경우는 제외한다.)

① 25   ② 35   ③ 45   ④ 55

해 설 ★★★★★

※ [한국전기설비규정(KEC) 규정 변경으로 문제 변경]
- KEC 351.1 발전소 등의 울타리·담 등의 시설
1) 고압 또는 특고압 가공전선(전선에 케이블을 사용하는 경우는 제외)과 금속제의 울타리, 담 등이 교차하는 경우에 금속제의 울타리, 담 등에는 교차점과 좌, 우로 45[m] 이내의 개소에 접지공사를 할 것
2) 한국전기설비규정은 접지공사의 종별을 구분하지 않음

[답] ③

17 옥내 고압용 이동전선의 시설기준에 적합하지 않은 것은?

① 전선은 고압용의 캡타이어케이블을 사용하였다.
② 전로에 지락이 생겼을 때에 자동적으로 전로를 차단하는 장치를 시설하였다.
③ 이동전선과 전기사용기계기구와는 볼트 조임 기타의 방법에 의하여 견고하게 접속하였다.
④ 이동전선에 전기를 공급하는 전로의 중성극에 전용 개폐기 및 과전류차단기를 시설하였다.

해설 ★

- KEC 342.2 옥내 고압용 이동전선의 시설
1) 전선은 고압용의 캡타이어케이블일 것
2) **전용 개폐기 및 과전류 차단기를 각극에 시설하고, 또한 전로에 지락이 생겼을 때에 자동적으로 전로를 차단하는 장치를 시설할 것**
3) 이동전선과 전기사용 기계기구와는 볼트 조임 기타의 방법에 의하여 견고하게 접속할 것
4) 고압용 이동전선은 0.6/1[kV] EP 고무 절연 클로로프렌 캡타이어케이블 또는 0.6/1[kV] 비닐 절연 비닐 캡타이어케이블일 것

[답] ④

18 고압 전로 또는 특고압 전로와 저압 전로를 결합하는 변압기의 저압측의 중성점에는 제 몇 종 접지공사를 하여야 하는가?

① 제1종 접지공사
② 제2종 접지공사
③ 제3종 접지공사
④ 특별 제3종 접지공사

해설 ★★★★★

※ [한국전기설비규정(KEC) 규정 변경으로 문제 보기 삭제]
- KEC 142.5 변압기 중성점 접지
1) 접지시스템은 **계통접지**, 보호접지, 피뢰시스템 접지 등으로 구분
2) **변압기 중성점 접지**

변압기 중성점 접지		접지저항 값
기준 접지		$R = \dfrac{150}{I_g}[\Omega]$
35[kV] 이하의 특고압 측 전로가 저압 측 전로와 혼촉하는 경우	1초를 초과하고 2초 이내에 차단	$R = \dfrac{300}{I_g}[\Omega]$
자동적으로 이를 차단하는 장치가 있는 경우	1초 이내에 차단	$R = \dfrac{600}{I_g}[\Omega]$

3) I_g[A] : 변압기의 고압 측 또는 특고압 측 전로의 1선 지락전류의 암페어 수
4) 한국전기설비규정은 접지공사의 종별을 구분하지 않음

[답] 정답 없음

19 가공전선로의 지지물에는 취급자가 오르고 내리는 데 사용하는 발판 볼트 등은 특별한 경우를 제외하고 지표상 몇 [m] 미만에는 시설하지 않아야 하는가?

① 1.5   ② 1.8   ③ 2.0   ④ 2.2

해 설 ★★★★★

- KEC 331.4 가공전선로 지지물의 철탑오름 및 전주오름 방지
가공전선로의 지지물에 취급자가 오르고 내리는 데 사용하는 **발판 볼트 등을 지표상 1.8[m] 미만에 시설하여서는 아니 된다.**

[답] ②

20 수상전선로의 시설기준으로 옳은 것은?

① 사용전압이 고압인 경우에는 클로로프렌 캡타이어 케이블을 사용한다.
② 수상전선로에 사용하는 부대(浮臺)는 쇠사슬 등으로 견고하게 연결한다.
③ 고압 수상전선로에 지락이 생길 때를 대비하여 전로를 수동으로 차단하는 장치를 시설한다.
④ 수상전선로의 전선은 부대의 아래에 지지하여 시설하고 또한 그 절연피복을 손상하지 아니하도록 시설한다.

해 설 ★

- KEC 335.3 수상전선로의 시설
1) 전선은 전선로의 사용전압이 저압인 경우에는 클로로프렌 캡타이어 케이블이어야 하며, 고압인 경우에는 캡타이어 케이블일 것
2) 수상전선로의 전선을 가공전선로의 전선과 접속하는 경우에는 그 부분의 전선은 접속점으로부터 전선의 절연 피복 안에 물이 스며들지 아니하도록 시설하고 또한 전선의 접속점은 다음의 높이로 지지물에 견고하게 붙일 것
3) **수상전선로에 사용하는 부대(浮臺)는 쇠사슬 등으로 견고하게 연결한 것일 것**
4) 수상전선로의 전선은 부대의 위에 지지하여 시설하고 또한 그 절연피복을 손상하지 아니하도록 시설할 것

[답] ②

제 3 회 전기(공사)산업기사 필기시험

1 22,900[V]용 변압기의 금속제 외함에는 몇 종 접지공사를 하여야 하는가?

① 제1종 접지공사
② 제2종 접지공사
③ 제3종 접지공사
④ 특별 제3종 접지공사

❖ 삭제 ❖

해 설

※ [한국전기설비규정(KEC) 규정 변경으로 문제 삭제]

추가학습 자료

- KEC 141 접지시스템의 구분 및 종류
1) 접지시스템은 구분 : 계통접지, 보호접지, 피뢰시스템 접지
2) 접지시스템의 종류 : 단독접지, 공통접지, 통합접지
3) 한국전기설비규정은 접지공사의 종별을 구분하지 않음

2 154[kV] 가공전선과 식물과의 최소 이격거리는 몇 [m]인가?

① 2.8   ② 3.2   ③ 3.8   ④ 4.2

해 설 ★★★

- KEC 333.26 특고압 가공전선과 저고압 가공전선 등의 접근 또는 교차
1) **사용전압 60[kV] 이하** 특고압 가공전선과 이격거리는 **2[m]**
   60[kV] 초과하는 10[kV] 단수마다 **0.12[m]**를 더한 값일 것
2) 단수계산 = (154 - 60) / 10 = 9.4 → 10 (소수점 이하 절상)
3) 이격거리 = 2 + 10 × 0.12 = 3.2[m]

[답] ②

3 다음 (　)의 ㉠, ㉡에 들어갈 내용으로 옳은 것은?

"전기철도용 급전선"이란 전기철도용 (㉠)로부터 다른 전기철도용 (㉠) 또는 (㉡)에 이르는 전선을 말한다.

① ㉠ 급전소, ㉡ 개폐소
② ㉠ 궤전선, ㉡ 변전소
③ ㉠ 변전소, ㉡ 전차선
④ ㉠ 전차선, ㉡ 급전소

해 설 ★★★

- KEC 112 용어 정의
『**전기철도용 급전선**』이란 전기철도용 변전소로부터 다른 전기철도용 변전소 또는 전차선에 이르는 전선을 말한다.

[답] ③

4 제1종 특고압 보안공사로 시설하는 전선로의 지지물로 사용할 수 없는 것은?

① 목주
② 철탑
③ B종 철주
④ B종 철근 콘크리트주

해 설 ★★★★★

- KEC 333.22 특고압 보안공사
제1종 특고압 보안공사 전선로에는 목주 및 A종 지지물을 사용할 수 없다.

[답] ①

5 저압 가공인입선 시설 시 도로를 횡단하여 시설하는 경우 노면상 높이는 몇 [m] 이상으로 하여야 하는가?

① 4 ② 4.5
③ 5 ④ 5.5

해 설 ★★★★★

- KEC 221.1.1 저압 인입선의 시설
저압 가공인입선의 시설 시 전선의 높이는 도로를 횡단하는 경우 노면상 5[m](기술상 부득이한 경우에 교통에 지장이 없을 때에는 3[m]) 이상일 것

[답] ③

6 기구 등의 전로의 절연내력 시험에서 최대 사용전압이 60[kV]를 초과하는 기구 등의 전로로서 중성점 비접지식전로에 접속하는 것은 최대 사용전압의 몇 배의 전압에 10분간 견디어야 하는가?

① 0.72 ② 0.92
③ 1.25 ④ 1.5

해 설 ★★★★★

- KEC 132 전로의 절연저항 및 절연내력
1) 최대사용전압 60[kV] 초과 중성점 비접지식 전로의 절연내력 시험전압은 최대 사용전압의 1.25배일 것
2) 절연내역 시험전압 = 69,000 × 1.25
   = 86,250[V]

[답] ③

7 저압 가공전선(다중접지된 중성선은 제외한다.)과 고압 가공전선을 동일 지지물에 시설하는 경우 저압 가공전선과 고압 가공전선 사이의 이격거리는 몇 [cm] 이상이어야 하는가? (단, 각도주(角度柱)·분기주(分岐柱) 등에서 혼촉(混觸)의 우려가 없도록 시설하는 경우가 아니다.)

① 50 ② 60 ③ 80 ④ 100

해 설 ★★★★★

- KEC 332.8 고압 가공전선 등의 병행설치
저압 가공전선과 고압 가공전선을 동일 지지물에 시설하는 경우
1) 저압 가공전선을 고압 가공전선의 아래로 하고 별개의 완금류에 시설할 것
2) 저압 가공전선과 고압 가공전선 사이의 이격거리는 0.5[m] 이상일 것
3) 저압 가공전선과 고압 가공케이블 사이의 이격거리는 0.3[m] 이상일 것

[답] ①

8 폭연성 분진이 많은 장소의 저압 옥내배선에 적합한 배선공사방법은?

① 금속관 공사 ② 애자사용 공사
③ 합성수지관 공사 ④ 가요전선관 공사

해 설 ★★★

- KEC 242.2 분진 위험장소
폭연성 분진 또는 화약류의 분말이 전기설비가 발화원이 되어 폭발할 우려가 있는 곳의 전선은 금속관 공사 또는 케이블 공사로 시공하며, 합성수지관 공사를 할 경우 두께 2[mm] 이상의 것을 사용할 것

[답] ①

9 절연내력시험은 전로와 대지 사이에 연속하여 10분간 가하여 절연내력을 시험하였을 때에 이에 견디어야 한다. 최대 사용전압이 22.9[kV]인 중성선 다중 접지식 가공전선로의 전로와 대지 사이의 절연내력 시험전압은 몇 [V]인가?

① 16,488 ② 21,068
③ 22,900 ④ 28,625

해설 ★★★★★

- KEC 132 전로의 절연저항 및 절연내력
1) 최대사용전압 7[kV] 초과 25[kV] 이하 중성점 다중접지식 전로의 절연내력 시험전압은 최대 사용전압의 0.92배일 것
2) 절연내력 시험전압 = 23,000 × 0.92
   = 21,160[V]

[답] ②

10 특고압 가공전선로의 지지물에 시설하는 통신선 또는 이에 직접 접속하는 통신선이 도로·횡단보도교·철도의 레일 등 또는 교류전차선 등과 교차하는 경우의 시설기준으로 옳은 것은?

① 인장강도 4.0[kN] 이상의 것 또는 지름 3.5[mm] 경동선일 것
② 통신선이 케이블 또는 광섬유 케이블일 때는 이격거리의 제한이 없다.
③ 통신선과 삭도 또는 다른 가공약전류 전선 등 사이의 이격거리는 20[cm] 이상으로 할 것
④ 통신선이 도로·횡단보도교·철도의 레일과 교차하는 경우에는 통신선은 지름 4[mm]의 절연전선과 동등 이상의 절연 효력이 있을 것

해설 ★

- KEC 362.2 전력보안통신선의 시설 높이와 이격거리
1) 통신선이 도로, 횡단보도교, 철도의 레일 또는 삭도와 교차하는 경우에는 통신선은 지름 4[mm] (단면적 16[mm²])의 절연전선과 동등 이상의 절연 효력이 있는 것
2) 인장강도 8.01[kN] 이상의 것 또는 지름 5[mm] (단면적 25[mm²])의 경동선일 것
3) 통신선과 삭도 또는 다른 가공약전류 전선 등 교차하는 경우 이격거리는 0.8[m](통신선이 케이블 또는 광섬유 케이블일 때는 0.4[m]) 이상으로 할 것

[답] ④

11 시가지 또는 그 밖에 인가가 밀집한 지역에 154[kV] 가공 전선로의 전선을 케이블로 시설하고자 한다. 이때 가공전선을 지지하는 애자장치의 50[%] 충격섬락전압 값이 그 전선의 근접한 다른 부분을 지지하는 애자장치 값의 몇 [%] 이상이어야 하는가?

① 75 ② 100
③ 105 ④ 110

해 설 ★★★★★

- KEC 333.1 시가지 등에서 특고압 가공전선로의 시설
특고압 가공전선을 지지하는 애자장치는 50[%] 충격섬락전압 값이 그 전선의 근접한 다른 부분을 지지하는 애자장치 값의 **110[%](사용전압이 130[kV]를 초과하는 경우는 105[%])** 이상일 것

[답] ③

12 변압기에 의하여 154[kV]에 결합되는 3,300[V] 전로에는 몇 배 이하의 사용전압이 가하여진 경우에 방전하는 장치를 그 변압기의 단자에 가까운 1극에 시설하여야 하는가?

① 2 ② 3 ③ 4 ④ 5

해 설 ★★★

- KEC 322.3 특고압과 고압의 혼촉 등에 의한 위험방지 시설
변압기에 의하여 특고압 전로에 결합되는 고압 전로에는 **사용전압의 3배 이하인 전압이 가하여진 경우에 방전하는 장치를 그 변압기의 단자에 가까운 1극에 설치하고 접지공사 할 것**

[답] ②

13 고압 가공전선으로 ACSR(강심알루미늄연선)을 사용할 때의 안전율은 얼마 이상이 되는 이도(弛度)로 시설하여야 하는가?

① 1.38 ② 2.1
③ 2.5 ④ 4.01

해 설 ★★★★★

- KEC 332.4 고압 가공전선의 안전율
고압 가공전선은 케이블인 경우 안전율은 경동선 또는 내열 동합금선은 2.2 이상, 그 밖의 전선 2.5 이상이 되는 이도로 시설할 것

[답] ③

14 발전기를 구동하는 풍차의 압유장치의 유압, 압축공기장치의 공기압 또는 전동식 브레이드 제어장치의 전원전압이 현저히 저하한 경우 발전기를 자동적으로 전로로부터 차단하는 장치를 시설하여야 하는 발전기 용량은 몇 [kVA] 이상인가?

① 100 ② 300
③ 500 ④ 1,000

해 설 ★★★

- KEC 351.3 발전기 등의 보호장치
용량이 100[kVA] 이상의 발전기를 구동하는 풍차(風車)의 압유장치의 유압, 압축 공기장치의 공기압 또는 전동식 브레이드 제어장치의 전원전압이 현저히 저하한 경우 자동적으로 전로로부터 차단하는 장치를 시설할 것

[답] ①

15 욕조나 샤워시설이 있는 욕실 또는 화장실 등 인체가 물에 젖어있는 상태에서 전기를 사용하는 장소에 콘센트를 시설하는 경우에 적합한 누전차단기는?

① 정격감도전류 15[mA] 이하, 동작시간 0.03초 이하의 전류동작형 누전차단기
② 정격감도전류 15[mA] 이하, 동작시간 0.03초 이하의 전압동작형 누전차단기
③ 정격감도전류 20[mA] 이하, 동작시간 0.3초 이하의 전류동작형 누전차단기
④ 정격감도전류 20[mA] 이하, 동작시간 0.3초 이하의 전압동작형 누전차단기

해 설 ★★★★★

- KEC 234.5 콘센트의 시설
욕조나 샤워시설이 있는 욕실 또는 화장실 등 인체가 물에 젖어있는 상태에서 전기를 사용하는 장소에 콘센트를 시설하는 경우
1) 인체감전보호용 누전차단기(정격감도전류 15[mA] 이하, 동작시간 0.03초 이하 전류동작형) 또는 절연변압기(정격용량 3[kVA] 이하)로 보호된 전로에 접속하거나, 인체감전보호용 누전차단기가 부착된 콘센트를 시설할 것
2) 콘센트는 접지극이 있는 방적형 콘센트를 사용하여 접지시스템 규정에 준하여 접지하여야 한다.

[답] ①

16 풀장용 수중조명등에 전기를 공급하기 위하여 사용되는 절연변압기에 대한 설명으로 틀린 것은?

① 절연변압기 2차 측 전로의 사용전압은 150[V] 이하이어야 한다.
② 절연변압기의 2차 측 전로에는 반드시 제2종 접지공사를 하며, 그 저항 값은 5[Ω] 이하가 되어야 한다.
③ 절연변압기 2차 측 전로의 사용전압이 30[V] 이하인 경우에는 1차 권선과 2차 권선 사이에 금속제의 혼촉방지판이 있어야 한다.
④ 절연변압기의 2차 측 전로의 사용전압이 30[V]를 초과하는 경우에는 그 전로에 지락이 생겼을 때에 자동적으로 전로를 차단하는 장치가 있어야 한다.

❖ 삭제 ❖

해 설

※ [한국전기설비규정(KEC) 규정 변경으로 문제 삭제]

추가학습 자료

- KEC 234.14 수중조명등
수중조명등의 절연변압기의 2차 측 전로의 사용전압이 30[V]를 초과하는 경우에는 그 전로에 지락이 생겼을 때에 자동적으로 **전로를 차단하는 정격감도전류 30[mA] 이하의 누전차단기를 시설할 것**

17 건조한 곳에 시설하고 또한 내부를 건조한 상태로 사용하는 진열장 안의 사용전압이 400[V] 미만인 저압 옥내배선은 외부에서 보기 쉬운 곳에 한하여 코드 또는 캡타이어 케이블을 조영재에 접촉하여 시설할 수 있다. 이때 전선의 붙임점 간의 거리는 몇 [m] 이하로 시설하여야 하는가?

① 0.5   ② 1.0   ③ 1.5   ④ 2.0

해 설 ★

- KEC 234.11.5 진열장 또는 이와 유사한 것의 내부 관등회로 배선
전선의 부착점 간의 거리는 1[m] 이하로 하고 배선에는 전구 또는 기구의 중량을 지지하지 않도록 할 것

[답] ②

18 가공전선로의 지지물에 사용하는 지선의 시설기준과 관련된 내용으로 틀린 것은?

① 지선에 연선을 사용하는 경우 소선(素線) 3가닥 이상의 연선일 것
② 지선의 안전율은 2.5 이상, 허용 인장하중의 최저는 3.31[kN]으로 할 것
③ 지선에 연선을 사용하는 경우 소선의 지름이 2.6[mm] 이상의 금속선을 사용한 것일 것
④ 가공전선로의 지지물로 사용하는 철탑은 지선을 사용하여 그 강도를 분담시키지 않을 것

해 설 ★★★★★

- KEC 331.11 지선의 시설
가공전선로의 지지물에 시설하는 지선
1) 지선의 안전율은 2.5 이상, 허용 인장하중의 최저 4.31[kN] 이상
2) 지선에 연선을 사용하는 경우
   - 소선 3가닥 이상의 연선일 것
   - 소선의 지름이 2.6[mm] 이상의 금속선을 사용한 것일 것
   - 아연도강연선 : 소선 지름이 2[mm] 이상, 인장강도가 0.68[kN/mm²] 이상
3) 지중부분 및 지표상 0.3[m]까지의 부분에는 내식성이 있는 것 또는 아연도금을 한 철봉을 사용하고 쉽게 부식되지 아니하는 근가에 견고하게 붙일 것. 다만, 목주에 시설하는 지선에 대해서는 그러하지 아니하다.
4) 지선근가는 지선의 인장하중에 충분히 견디도록 시설할 것
5) 도로를 횡단하는 곳의 지선의 높이는 지표상 5[m] 이상일 것
6) 가공전선로의 지지물로 사용하는 철탑은 지선을 사용하여 그 강도를 분담시켜서는 안 된다.

[답] ②

19 뱅크용량 15,000[kVA] 이상인 분로리액터에서 자동적으로 전로로부터 차단하는 장치가 동작하는 경우가 아닌 것은?

① 내부 고장 시
② 과전류 발생 시
③ 과전압 발생 시
④ 온도가 현저히 상승한 경우

해 설 ★★★★★

- KEC 351.5 조상설비의 보호장치
설치용량이 15,000[kVA] 이상의 전력용 커패시터 및 분로리액터에는 내부에 고장이 생긴 경우에 동작하는 장치 및 과전류 또는 과전압이 생긴 경우에 동작하는 장치를 설치할 것

[답] ④

20 발열선을 도로, 주차장 또는 조영물의 조영재에 고정시켜 시설하는 경우, 발열선에 전기를 공급하는 전로의 대지전압은 몇 [V] 이하이어야 하는가?

① 220　　② 300
③ 380　　④ 600

해 설 ★★★

- KEC 241.12 도로 등의 전열장치
발열선을 도로, 주차장 또는 조영물의 조영재에 고정시켜 시설하는 경우 발열선에 전기를 공급하는 **전로의 대지 전압은 300[V] 이하일 것**

[답] ②

MEMO

공동저자

윤석만　「전력공학」,「회로이론」

고려대학교 전기공학과 졸업
現 배울학 전기 교수
現 배울학 발송배전기술사 교수
現 오진택 기술사전문학원 교수
前 대양 전기학원 교수
前 김상훈 전기학원 교수
前 김기남 전기학원 교수
前 대한 전기학원 교수

발송배전기술사 / 전기기사

· 배울학 ② 회로이론
· 배울학 ④ 전력공학
· 배울학 ⑤ 제어공학
· 2022 배울학 전기기사 766 필기 7개년 기출문제집
· 2022 배울학 전기공사기사 766 필기 7개년 기출문제집
· 배울학 전기산업기사 1033 필기 10개년 기출문제집
· 회로이론(NT미디어)
· 전력공학(NT미디어)
· 발송배전기술사-기본서 상·하(윤북스)
· 발송배전기술사-심화과정문제풀이집 상·하 (윤북스)
· 발송배전기술사-기출문제풀이집(윤북스)

강장규　「전기응용」

숭실대학교 대학원 제어계측 및 시스템 공학박사
現 배울학 전기 교수
現 가천대학교 겸임교수
現 ㈜대한전기학원 원장
前 숭실대학교 겸임교수
前 ㈜한국전기학원 대표강사
前 육군특수전학교 외래강사
前 철도경영 연수원 기술연수부 강사
前 서울시 기술심사담관실 전기관련교육 강사
前 서울시립대학교 서울시 건설관련교육 강사
前 삼성디스플레이 교육강사

전기기사 / 소방설비기사 / 산업안전기사

· 배울학 ① 전기자기학
· 배울학 ⑥ 전기응용 및 공사재료
· 2022 배울학 전기기사 766 필기 7개년 기출문제집
· 2022 배울학 전기공사기사 766 필기 7개년 기출문제집
· 배울학 전기산업기사 1033 필기 10개년 기출문제집

황민욱　「전기기기」,「전기설비기술기준」

한양대학교 대학원 박사과정 전기공학과
現 배울학 전기 교수
現 배울학 건축전기설비기술사 교수
現 일오삼엔지니어링 팀장
現 동양미래대학교 겸임교수
現 숭실대학교 외래교수
現 한국신재생에너지협회 강사
現 대한전기학원 대표강사
現 한국전기공사협회 강사
現 유한대학교 외래교수
前 한국폴리텍대학교 외래교수
前 모아전기학원 대표강사
前 한국산업인력공단 & 한국취업지원센터 해외플랜트
　현장 관리자 교육

건축전기설비기술사 / 직업능력개발훈련교사(전기 2급) /
전기기사 / 전기공사기사 / 소방설비기사(전기분야)

· 배울학 ③ 전기기기
· 배울학 ⑦ 전기설비기술기준 및 판단기준
· 2022 배울학 전기기사 766 필기 7개년 기출문제집
· 2022 배울학 전기공사기사 766 필기 7개년 기출문제집
· 배울학 전기산업기사 1033 필기 10개년 기출문제집
· 배울학 건축전기설비기술사 Level Zero
· 배울학 건축전기설비기술사 Level A
· 배울학 건축전기설비기술사 Level B
· 배울학 건축전기설비기술사 Level C
· 마스터건축전기설비기술사(엔트미디어)

배울학 전기공사산업기사 1033 필기 10개년 기출문제집

발행일　2022. 01. 01 (1쇄)
발행처　배울학
주소　　서울특별시 동대문구 왕산로 43 디그빌딩 2층
이메일　help@baeulhak.com

ISBN　　979-11-89762-39-1
정가　　26,000원

· 교재에 관한 문의나 의견, 시험 관련 정보는 배울학 홈페이지 http://electric.baeulhak.com을 이용해주시기 바랍니다.
· 이 책의 모든 부분은 배울학 발행인의 승인문서 없이 복사, 재생 등 무단복제를 금합니다.

※ 이 도서의 파본은 교환해드립니다.